Handbuch Nachhaltige Entwicklung

Gudrun Linne · Michael Schwarz (Hrsg.)

Handbuch Nachhaltige Entwicklung

Wie ist nachhaltiges Wirtschaften machbar?

Leske + Budrich, Opladen 2003

Gedruckt auf säurefreiem und alterungsbeständigem Papier.

Die Deutsche Bibliothek – CIP-Einheitsaufnahme
Ein Titeldatensatz für die Publikation ist bei
Der Deutschen Bibliothek erhältlich

ISBN 3-8100-3758-3

Satz: Verlag Leske + Budrich, Opladen
Druck: DruckPartner Rübelmann, Hemsbach
Printed in Germany

Inhalt

Gudrun Linne und Michael Schwarz
Vom Leitbild nachhaltiger Entwicklung zur Praxis nachhaltigen Wirtschaftens.
Einführung 11

Kapitel 1:
Politik für nachhaltiges Wirtschaften.
Zielvorstellungen, Steuerungsansätze und Rahmenbedingungen für politisches Handeln

Urban Rid
Perspektiven für Deutschland: Die nationale Nachhaltigkeitsstrategie 23

Volker Hauff
Nachhaltige Beratung. Die Rolle von nationalen Nachhaltigkeitsräten im Zeichen der Globalisierung 31

Angelika Zahrnt
Nachhaltigkeit als Wegweiser für zukunftsfähiges Wirtschaften.
Neue Verantwortungen 39

Hubert Weinzierl
Eine Denkblockade überwinden.
Wissensmanagement als Kernelement einer Politik des nachhaltigen Wirtschaftens 47

Emilio Gabaglio
Europäische Gewerkschaften: Akteure für eine nachhaltige Entwicklung 53

Heinz Putzhammer
Nachhaltiges Wirtschaften und gewerkschaftliche Nachhaltigkeitspolitik 63

Andreas Heigl
Nachhaltige Ökonomie im Zeitalter der Globalisierung 71

Udo Ernst Simonis
Institutionelle Innovation für nachhaltige Entwicklung.
Plädoyer für eine neue Weltorganisation 83

Herman Edward Daly (übersetzt von Udo Ernst Simonis)
Ökologische Ökonomie. Konzepte, Analysen, Politik 89

Edgar Ludwig Gärtner
Ökologie und Markt – ein schönes Missverständnis. Oder: Wieweit sind aktuelle Nachhaltigkeitskonzepte mit Selbstorganisation und Marktwirtschaft vereinbar? 97

Volkmar Lübke
Informationskonzepte für einen nachhaltigen Konsum 107

Günter Warsewa
Aufklären, Verordnen oder Verkaufen? Wie lässt sich nachhaltiger Konsum gesellschaftlich herstellen? 119

Kapitel 2:
Governance-Strukturen für nachhaltiges Wirtschaften.
Kooperation, Koordination und Steuerung

Uwe Schneidewind
Symbolsysteme als Governance-Strukturen für nachhaltiges Wirtschaften 135

Stefan Schaltegger
Nachhaltigkeitsmanagement im Spannungsfeld von inner- und außerbetrieblicher Interessenpolitik 147

Paul Hild
Institutionelle Investoren: Impulsgeber für Sustainable Corporate Governance? 159

Uta Kirschten
Unternehmensnetzwerke für nachhaltiges Wirtschaften 171

Eckhard Störmer
Funktions- und Wirkungsweisen umweltinformationsorientierter Unternehmensnetzwerke. Ein Beitrag zu Corporate Sustainablity? 183

Herbert Klemisch
Nachhaltiges Wirtschaften zwischen Umweltmanagement und integrierter Produktpolitik. Was leisten Branchendialoge zur Umsetzung von Nachhaltigkeitskonzepten? 195

Wolfgang Meyer, Klaus-Peter Jacoby und Reinhard Stockmann
Umweltkommunikation in Verbänden. Von der Aufklärungsarbeit zur institutionellen Steuerung nachhaltiger Entwicklung 209

Sebastian Brandl
Transformation des Systems der industriellen Beziehungen und nachhaltiges Wirtschaften 223

Kapitel 3:
Nachhaltig wirtschaftende Unternehmen.
Konzeptionelle Grundlagen, strategische Optionen und Instrumente des Nachhaltigkeitsmanagements in Unternehmen

Thomas Dyllick
Konzeptionelle Grundlagen unternehmerischer Nachhaltigkeit 235

Georg Müller-Christ und Michael Hülsmann
Erfolgsbegriff eines nachhaltigen Managements 245

Heike Leitschuh-Fecht und Ulrich Steger
Wie wird Nachhaltigkeit für Unternehmen attraktiv?
Business Case für nachhaltige Unternehmensentwicklung 257

Thomas Dyllick
Nachhaltigkeitsorientierte Wettbewerbsstrategien 267

Klaus Fichter und Marlen Gabriele Arnold
Nachhaltigkeitsinnovationen von Unternehmen.
Erkenntnisse einer explorativen Untersuchung 273

Carlo Burschel
Nachhaltiges Designmanagement 287

Helmut Brentel
Strategische Organisationsanalyse und organisationales Lernen.
Schlüsselkompetenzen für nachhaltiges Wirtschaften 299

Frank Ebinger und Michael Schwarz
Nachhaltiges Wirtschaften in kleinen und mittelständischen Unternehmen.
Ansätze organisationaler Such- und Lernprozesse 309

Christian Lehmann
Umweltmanagement und zukunftsfähige Unternehmensentwicklung 321

Stefan Schaltegger, Oliver Kleiber und Jan Müller
Die „Werkzeuge" des Nachhaltigkeitsmanagements.
Konzepte und Instrumente zur Umsetzung unternehmerischer Nachhaltigkeit 331

Udo Westermann, Thomas Merten und Angelika Baur
Nachhaltige Prozessbewertung mittels des Sustainable Excellence Ansatzes 343

Georg Winter
Die SMALL®-Initiative. Sustainable Management for All Local Leaders 355

Immanuel Stieß und Irmgard Schultz
Nachhaltigkeitskonzepte für Wohnungsunternehmen.
Nachhaltiges Sanieren im Bestand als strategische Unternehmensperspektive 369

Kapitel 4:
Arbeit und Nachhaltigkeit.
Arbeitsgestaltung und Arbeitspolitik für nachhaltiges Wirtschaften

Eckart Hildebrandt
Arbeit und Nachhaltigkeit. Wie geht das zusammen? 381

Karl Georg Zinn
Nachhaltigkeit im Arbeitsleben. Hindernislauf gegen Unvernunft und Ideologie 395

Gudrun Linne
Innovationspotenziale von Nachhaltigkeitsstrategien für die Arbeitspolitik 407

Heinz Putzhammer
Zukunft der Arbeit und Lebensqualität 417

Gisela Notz
Nachhaltiges Wirtschaften und die Bedeutung für ein
zukunftsfähiges Geschlechterverhältnis 423

Carsten Dreher, Elna Schirrmeister und Jürgen Wengel
Nachhaltige Arbeitsgestaltung und industrielle Kreislaufwirtschaft auf hoher
Wertschöpfungsstufe 433

Jörg Pfeiffer und Michael Walther
Nachhaltige Unternehmensentwicklung durch Beteiligung. Den Lernprozess der
nachhaltigen Entwicklung durch Partizipation in Unternehmen gestalten 447

Guido Lauen
Nachhaltiges Wirtschaften und Partizipation. Die Rolle der Betriebsräte 461

Werner Widuckel
Mitbestimmung und Nachhaltigkeit. Ein ungeklärtes Verhältnis in der Entwicklung ... 471

Veronika Pahl und Volker Ihde
Berufliche Bildung für eine nachhaltige Entwicklung –
Aspekte und Anstöße zur Diskussion 479

Kapitel 5:
Beratung für nachhaltiges Wirtschaften.
Praxisanforderungen, konzeptionelle Probleme und Perspektiven

André Martinuzzi
Beratung für nachhaltiges Wirtschaften. Von der Öko-Nische am Consultingmarkt zum Instrument einer effizienten Nachhaltigkeitspolitik 493

Michael Mohe und Reinhard Pfriem
Sustainability Consulting. Nachhaltige Perspektiven für Klienten und Berater? 507

Martin Birke
Unternehmensberatung und nachhaltiges Wirtschaften.
Prognosen eines Berater-Delphis 521

Guido Becke
Perspektiven soziologischer Beratung für eine nachhaltige
Unternehmensentwicklung 533

Kapitel 6:
Forschung für Nachhaltigkeit.
Braucht nachhaltiges Wirtschaften eine Forschung neuen Typs?

Thomas Jahn
Sozial-ökologische Forschung. Ein neuer Forschungstyp in der
Nachhaltigkeitsforschung 545

Angelika Willms-Herget
Sozial-ökologische Forschung als Experimentierfeld für Nachhaltigkeitsforschung.
Ein integrativer forschungspolitischer Ansatz 557

Hellmuth Lange
Interdisziplinarität und Transdisziplinarität.
Eine „Wissenschaft neuen Typs“ oder „vergebliche Liebesmüh“? 563

Joachim Hans Spangenberg
Forschung für Nachhaltigkeit. Herausforderungen, Hemmnisse, Perspektiven.............. 575

Christa Liedtke und Holger Rohn
System Nachhaltiges Wirtschaften. Ein Wohlstands- und Wettbewerbsfaktor? 587

Michael Schwarz
Von der Vogelperspektive der Leitbildsteuerung zur organisationalen Bodenhaftung.
Anforderungen an eine anwendungsbezogene Nachhaltigkeitsforschung 603

Verzeichnis der Autorinnen und Autoren 615

Vom Leitbild nachhaltiger Entwicklung zur Praxis nachhaltigen Wirtschaftens
Einführung

Gudrun Linne und Michael Schwarz

„Die Agenda 21 war und ist ein Meilenstein
in dem Bemühen der Menschheit,
die drängenden globalen Probleme zu lösen und
den Wohlstand für heutige und
zukünftige Generationen zu sichern.
Sie beinhaltet mit dem
Leitmotiv einer nachhaltigen Entwicklung
eine normative Langzeit-Vision.
Trotz großer Bemühungen vieler Staaten,
Organisationen, Nicht-Regierungsorganisationen,
der Wirtschaft und Individuen
sind die Erfolge in der Praxis aber
bislang deutlich geringer als erwartet.
Zu großen Teilen ist die Situation sogar schlechter als 1992.
(...) Es herrscht eine große Diskrepanz zwischen
den Zielen der Agenda 21 und deren Implementierung."
(Geiß 2002: 112)

Wie ist nachhaltiges Wirtschaften machbar? Diese Frage stellt sich, wenn man nicht in der Skepsis verharren will, dass Nachhaltigkeit ein zwar breit akzeptiertes, aber letztlich illusorisches Leitbild gesellschaftlicher Entwicklung sei. Trotzdem waren wir uns einer positiven Resonanz keineswegs sicher, als wir erstmals die Idee diskutierten, die *Realisierungsbedingungen und -probleme* nachhaltigen Wirtschaftens zum Thema eines gemeinsamen Buchprojektes zu machen und ins Zentrum einer breit angelegten Debatte zu stellen. Denn bei nüchterner Bilanz muss man feststellen, dass der Diskurs über eine nachhaltige Entwicklung in einer schwierigen Phase ist. Mehr als zehn Jahre nach Rio ist einerseits weitgehend Konsens, dass an einem konsequenten Übergang zu einer nachhaltigen Entwicklung kein Weg mehr vorbei gehen kann. Andererseits mehren sich die Befürchtungen, wenn nicht gar die Anzeichen, die Nachhaltigkeitsdebatte habe ihren Zenit bereits wieder überschritten und ziehe sich angesichts vermeintlich dringlicherer Probleme in die Nische von schöngeistigen Sonntagsreden zurück. Bei aller Popularisierung des Begriffs und eines dementsprechend zum Teil inflationären rhetorischen Labellings ist

> „in der Politik, bei den Unternehmen, bei den lokalen Agenda-Gruppen und in den Verbänden eine gewisse Verzagtheit vor der Nachhaltigkeit" (Hauff 2003: 1)

nicht zu übersehen. Damit einher geht eine zunehmende „akademische Verriegelung" des Nachhaltigkeitsdiskurses. Zwar fehlt es nicht an wissenschaftlichen Erkenntnissen, *was* inhaltlich unter Nachhaltigkeit zu verstehen ist. Programmatische und instrumentelle Operationalisierungen führen aber in der Praxis offenbar eher zu Irritationen als zu nachhaltigen Umorientierungen.

Vor diesem Hintergrund erschien uns die Überlegung plausibel, dass der Übergang zu einer nachhaltigen Entwicklung nur dann erfolgreich gelingen kann, wenn das Augenmerk in Wissenschaft und Praxis verstärkt auf die Realisierungsbedingungen und -möglichkeiten selbst gelegt wird. Zweifel hatten wir allerdings, ob sich dieses Ansinnen hinreichend motivierend als ein Thema kommunizieren lassen würde, das sich aus unterschiedlichen Perspektiven zu bearbeiten und zu diskutieren lohnt. Umso mehr hat uns die außergewöhnlich breite Aufgeschlossenheit überrascht und gefreut, auf die das Konzept für dieses Buch stieß. Die von uns angefragten Autorinnen und Autoren aus Politik, Verbänden, Wirtschaft und Wissenschaft haben nahezu vollständig ihre Mitwirkung zugesagt. Wenn uns in der Schlussphase noch einige kurzfristige Absagen ereilten, so war dies schlichtweg dem Umstand geschuldet, dass nicht alle eingeplanten Autorinnen und Autoren die vereinbarten Termine einhalten konnten. So hatten wir beispielsweise gehofft, die Ansätze für eine Politik nachhaltigen Wirtschaftens, die das Kapitel 1 behandelt, noch um die konzeptionellen Vorstellungen der Europäischen Kommission und der OECD (Organisation für Wirtschaftliche Zusammenarbeit und Entwicklung) bereichern zu können. Und im Kapitel 5 ist uns in der sprichwörtlichen letzten Minute die Perspektive eines professionellen Beraters in Sachen Nachhaltigkeit abhanden gekommen, der dem im Beratungskontext relevanten Aspekt der Klientenprofessionalisierung auf die Spur kommen sollte. Dennoch ist es aus unserer Sicht in der Gesamtschau gelungen, einen Kreis von Autorinnen und Autoren zu gewinnen, der – so wie es sich für die Politik und Strategie der Nachhaltigkeit gehört – für einen Disziplinen und Handlungsebenen übergreifenden Diskussionsprozess über die Umsetzungsbedingungen und -hemmnisse nachhaltigen Wirtschaftens steht.

Das Spektrum derjenigen, die in diesem Band zu Wort kommen, ist äußerst heterogen und trägt damit schon rein formal betrachtet einer wichtigen Realisierungsbedingung nachhaltigen Wirtschaftens, nämlich der breiten akteursübergreifenden Kommunikation und Kooperation, Rechnung. Politisch handelnde Akteure, Praktiker in Verbänden und Unternehmen, Berater, international renommierte und Nachwuchs-Wissenschaftler verschiedener Disziplinen haben naturgemäß unterschiedliche Zugänge zu dem hier verhandelten Thema und eine jeweils andere Art der Argumentation. Im Mainstream der gegeneinander abgeschotteten Experten- und Spezialdiskurse mögen derart heterogene Denk- und Herangehensweisen auf den ersten Blick sperrig und gewöhnungsbedürftig erscheinen. Wir haben uns jedoch im Sinne eines dialogisch-partizipativen Diskurses und besonders im Interesse der nur Handlungsebenen- und Fachdisziplinen übergreifend zu beantwortenden Frage, *wie* nachhaltiges Wirtschaften machbar ist, bewusst gegen die Konzeption eines „Fach-Buches" entschieden. Stattdessen haben wir einen Ansatz gewählt, der die Perspektiven, Erkenntnisse, Argumente und Handlungsprioritäten sehr unterschiedlicher gesellschaftlicher Akteure zusammenträgt und auf eine für die um Nachhaltigkeit bemühten „Aktivistinnen und Aktivisten" aus Politik, Wirtschaft, Nicht-Regierungs-Organisationen und Wissenschaft nachvollziehbare Art und Weise in Form eines Handbuches zu verbinden sucht.

Bei aller Unterschiedlichkeit im Detail, im analytischen und praxisrelevanten Potenzial, gehen alle Beiträge dieses Bandes von einer gemeinsam geteilten Beschreibung der Ausgangssituation und einer damit korrespondierenden Vorstellung über die Konturen des künftigen prioritären Handlungs–, Innovations–, Forschungs- und Beratungsbedarfs aus:

Das Leitbild einer nachhaltigen Entwicklung ist als allgemeiner gesellschaftspolitischer Anspruch kaum noch umstritten. Auch besteht weitgehend Einigkeit darüber, worin sich eine nachhaltige von einer nicht-nachhaltigen und damit krisenhaften Entwicklung unterscheidet und dass auf die Integration ökologischer, sozialer und ökonomischer Dimensionen orientierte Umsetzungskonzepte erforderlich sind. Dieser Konsens schlägt sich auf programmatischer Ebene bereits eindrucksvoll nieder: Das Bekenntnis zu den Zielvorgaben einer nachhaltigen Entwicklung ist mittlerweile fester Bestandteil nationaler und europäischer Nachhaltigkeitsstrategien, der Programme von Parteien, Wirtschaftsverbänden und Gewerkschaften, von institutionellen Investoren und Finanzdienstleistern, regionalen Unternehmensnetzwerken sowie zahlreicher Initiativen von Nicht-Regierungsorganisationen. Laut Umweltbundesamt verbinden immerhin bereits 28 Prozent der Bundesbürger eine konkrete Vorstellung mit dem Begriff der Nachhaltigkeit (siehe www.umweltbewusstsein.de). Und nach den Erhebungen des Ifo Instituts für Wirtschaftsforschung ist das Leitbild Nachhaltigkeit auch in deutschen Unternehmen keine unbekannte Größe mehr:

> „Knapp jedes fünfte Unternehmen im produzierenden Gewerbe orientiert sich bereits daran" (Schulz u.a. 2002).

Trotz dieser zweifellos beeindruckenden Karriere eines Begriffs fließen die Grundannahmen der Nachhaltigkeit jedoch nicht selbstverständlich und reibungslos in wirtschaftliches, umweltrelevantes und soziales Handeln ein. Es mangelt ganz offensichtlich an tragfähigen Brückenschlägen zwischen Zielvorgaben, Umsetzungskonzepten und den vorhandenen Innovationspotenzialen in den relevanten Handlungsfeldern. Eine modellhafte und optimale Umsetzung einer nachhaltigen Entwicklung scheitert an der Konfrontation mit höchst unterschiedlichen Gestaltungsoptionen wie auch -restriktionen, die sich aus vorhandenen Zielkonflikten und inhaltlichen Unvereinbarkeiten zwischen den Vorgaben ökologischer, sozialer und ökonomischer Nachhaltigkeit ergeben.

Doch wenn sich das Konzept der Nachhaltigkeit weder mit normativen Appellen und politischen Vorgaben noch mit dem (werbenden) Verweis auf langfristige Vorteile oder mit konkreten Angeboten modellhafter Umsetzungskonzepte im Selbstlauf verwirklichen lässt, dann entsteht neuer Klärungsbedarf: Wovon hängt es im Einzelnen ab, dass die mit dem Leitbild Nachhaltigkeit vorgegebenen Herausforderungen in der sozialen Praxis auch aufgegriffen werden und in bereichs- und akteursspezifische Handlungsorientierungen eingehen? Diese Fragestellung lenkt die Aufmerksamkeit auf die mit dem Übergang zu einer nachhaltigen Entwicklung aufkommenden institutionellen Anforderungen wie auch auf Erfordernisse der Handlungskoordination und Steuerung. Sie weist darauf hin, dass soziale und ökonomische Ressourcen für den angestrebten Umsteuerungsprozess Richtung Nachhaltigkeit erforderlich sind und dass sich Macht- und Interessenkonstellationen neu formieren. Mit dem Übergang vom „Was" zum „Wie" im Nachhaltigkeitsdiskurs wird deutlich, dass die normativen Leitbildimplikationen in Gestalt von Zielvorgaben und Regularien ergänzungsbedürftig sind um Analysen von Nachhaltigkeit fördernden Governance-Formen und der prozessualen Aspekte im Zusammenhang mit den Handlungskonstellationen und -möglichkeiten auf Seiten der relevanten Akteure, Organisationen und Institutionen.

Damit geraten zum einen unterschiedliche Handlungsarenen und Akteure in den Blick: die Makroebene staatlicher Politik und Regulierung, die Mesoebene interessenpolitischer Verbände und Netzwerke und schließlich die Mikroebene des inter- und intraorganisationalen Handelns. Auf allen diesen Feldern geht es darum, die jeweiligen institutionellen, organisationalen und prozessuralen Voraussetzungen für nachhaltiges Wirtschaften offenzulegen sowie die Potenziale strategischer Allianzen auszuleuchten. Die *Kapitel 1 bis 4* des Handbuches behandeln diese Themen.

Zum anderen ist zu erörtern, ob in Reaktion auf vorhandene Handlungsrestriktionen und künftige Handlungsanforderungen auch der Bedarf an Forschung und Beratung, an Wissensgenerierung und -transfer neu zu bestimmen ist. Diese Fragestellung greifen die *Kapitel 5 und 6* auf und wollen damit die noch ausstehende Diskussion anstoßen, welche konzeptionellen und methodischen Ansätze gefordert sind, wenn Forschung und Beratung einen praxistauglichen Beitrag zur Operationalisierung der Prämissen für nachhaltiges Wirtschaften leisten wollen.

Zunächst aber steigen wir auf der Ebene der Politik in die Bearbeitung der Leitfrage dieses Buches ein. In *Kapitel 1* geht es um aktuell und vor allem künftig relevante Ansatzpunkte einer Politik für nachhaltiges Wirtschaften. Die Blickwinkel, aus denen heraus die Zielvorstellungen, Handlungsprioritäten, Steuerungsansätze und Rahmenbedingungen für politisches Handeln entworfen werden, variieren. Was die Beiträge dieses Kapitels mehrheitlich eint, ist die Einschätzung, dass ein neues Verständnis von Politikgestaltung die „conditio sine qua non" jedweden Versuches ist, Umsteuerungsprozesse in Richtung Nachhaltigkeit zu erreichen. Demzufolge sind staatliche Rahmensetzungen, wie sie die nationale Nachhaltigkeitsstrategie der Bundesregierung vorsieht *(Rid)*, ein notwendiger Schritt für eine breite Umsetzung nachhaltigen Wirtschaftens. Denn kein anderer politischer Akteur hat der Regierung vergleichbar die Möglichkeit und Legitimität, die nationale Verantwortung für das globale Projekt Nachhaltigkeit zu unterstreichen, der Politik einen neuen Richtungssinn zu geben und verbindliche wie auch sanktionsfähige Eckpunkte für das Handeln gesellschaftlicher Akteure festzulegen. Doch im Modernisierungsverständnis nachhaltigkeitsgerechter Politik sind staatliche Rahmensetzungen zwar eine notwendige, aber bei weitem keine hinreichende Bedingung für eine nachhaltige Entwicklung. Eine zumindest gleichgewichtige Verantwortung wird zivilgesellschaftlichen Akteuren zugeschrieben. Damit wird offensichtlich, dass Wirtschafts- und Interessenverbände, Unternehmen, Bildungsträger und schließlich auch Bürger und Verbraucher nicht einfach nur einen „Anspruch" auf Beteiligung haben, sondern als Träger von Nachhaltigkeitspolitiken selber in der Pflicht sind, ihr Handlungspotenzial für eine nachhaltigkeitsgerechte Politik wie auch die Zweckmäßigkeit von neuen Kooperationsstrukturen auszuloten. Wie angesichts eines derart veränderten politischen Agenda-Settings die Koordination von zivilgesellschaftlichem und staatlichem Handeln gelingen und die Balance zwischen Orientierung gebenden und verbindlichen politischen Richtlinien gefunden werden kann, ist ein zentraler Diskussionspunkt in diesem Kapitel *(Rid, Hauff, Zahrnt)*. Zum anderen wird deutlich, dass der als notwendig erachtete Beitrag jedes Politikfeldes und jedes zivilgesellschaftlichen Akteurs höchst voraussetzungsvoll ist. Bedeutet dies doch, die Anschlussfähigkeit des Nachhaltigkeitskonzeptes an Bereichs- und Akteurspolitiken herzustellen, was die selbstkritische Reflexion eigener bisheriger Handlungsmaximen ebenso erfordert wie die Bereitschaft, das klassische Politikverständnis und den Interessenfokus bislang abgeschotteter Bereichspolitiken in Frage zu stellen bzw. um neue Perspektiven zu erweitern. Dieses feinmaschige Bedingungsgefüge wird am Beispiel der Bildungspolitik *(Weinzierl)*, der Gewerkschaften (*Gabaglio und Putzhammer*) und des privaten Konsums *(Lübke und Warsewa)* konkretisiert.

Für nachhaltiges Wirtschaften richtungsweisend können staatliche und zivilgesellschaftliche Interventionen und Steuerungsimpulse aber erst dann sein, wenn die Funktionsmechanismen ökologischen Wirtschaftens erkannt und in ein triadisches Nachhaltigkeitsverständnis adäquat eingebettet werden. Aus diesem Grund greifen wir im Rahmen der Diskussion über nachhaltigkeitsgerechte Politiken auch die Frage auf, wann Wirtschaften ökologisch ist und welchen Gesetzmäßigkeiten eine „ökologische Ökonomie" folgt *(Daly)*.

Ohne Kenntnis der Prämissen ökologischen Wirtschaften ist nachhaltiges Wirtschaften sicher nicht zu erreichen. Doch damit stellt sich auch die Frage, wann Ziel- und Handlungsvorgaben sowie Steuerungsimpulse im Namen der Nachhaltigkeit Gefahr laufen, das breit akzeptierte Drei-Säulen-Modell einem ökologischen Primat zu opfern und das Verständnis von Nachhaltigkeitspolitik als ein partizipatives und damit richtungsoffenes Entwicklungsmodell durch quasi obrigkeitsstaatliche Interventionen zu unterlaufen *(Gärtner)*.

Noch komplexer werden die Anforderungen, wenn das „Projekt" nachhaltigen Wirtschaftens nicht nur im nationalen, sondern seinem Anspruch gemäß im internationalen Rahmen gedacht wird. Deshalb behandeln wir in Kapitel 1 auch das Thema, wie eine internationale Kooperation und Koordination nachhaltigkeitsrelevanter Akteure zu befördern ist und welcher verbindlichen Rahmensetzungen und institutionellen Innovationen es im globalen Maßstab bedarf *(Simonis und Heigl).*

Die in Kapitel 1 bereits angesprochene Notwendigkeit der Aktivierung und Nutzung vielfältiger dezentral organisierter Formen der Steuerung, Einbindung, Vernetzung und Kooperationen von unterschiedlichen Akteuren wird in *Kapitel 2* vertiefend behandelt. Die Bedeutung polyzentrischer Steuerungsmuster für nachhaltiges Wirtschaften wird aus unterschiedlichen Blickwinkeln thematisiert. Am Fallbeispiel des Stoffstrommanagements bei Öko-Textilien wird die Wirkungsweise einer Steuerung über Symbolsysteme wie zum Beispiel Moden, ökologische Bewertungs- und Kostenrechnungssysteme illustriert *(Schneidewind).* Die in ihrer Bedeutung für das Nachhaltigkeitsmanagement meist unterschätzten interessenpolitischen Prozesse im Verhältnis zwischen Unternehmen und außerbetrieblichen Stakeholdern *(Schaltegger)* und speziell die Bedeutung institutioneller Investoren im Hinblick auf eine nachhaltigkeitsgerichtete Unternehmensführung und -kontrolle *(Hild)* werden näher untersucht. Anhand von Fallbeispielen werden die Potenziale von unternehmensübergreifenden Kooperationen in Form von Branchendialogen *(Klemisch)* und Netzwerken für nachhaltiges Wirtschaften aufgezeigt *(Störmer)* und aus theoretischer Sicht werden die diesbezüglichen Stärken und Schwächen verschiedener Netzwerktypen vorgestellt *(Kirschten).* Schließlich wird der Frage nachgegangen, welchen Beitrag die verbandsinterne Kommunikation über Umweltfragen zur institutionellen Steuerung nachhaltiger Entwicklung leisten kann *(Meyer/Jacoby/Stockmann)* und inwieweit der zu beobachtende Wandel des deutschen Systems der industriellen Beziehungen und der damit einhergehende Steuerungsverlust korporativ-verbandlicher Regulierung durch den Aufbau „nachhaltiger", im Wesentlichen auf die zivilgesellschaftlichen Akteure gestützter Governances kompensiert werden können *(Brandl).*

Während in den Kapiteln 1 und 2 die Frage im Zentrum steht, welche Rahmenbedingungen, Koordinations- und Steuerungsformen erforderlich bzw. tauglich sind, um nachhaltiges Wirtschaften zu ermöglichen, und damit der Fokus auf die Makroebene staatlicher Politik und Regulierung sowie die Mesoebene interessenpolitischer Verbände, Netzwerke und andere unternehmensübergreifende Akteurskonstellationen gerichtet ist, widmet sich *Kapitel 3* der Binnenperspektive unternehmerischen Handelns. Dabei geht es zunächst um die Herausarbeitung der konzeptionellen Grundlagen des Nachhaltigkeitsmanagements, also um die Fragen, was Nachhaltigkeit in und für Unternehmen konkret bedeutet *(Dyllick),* inwieweit sich die ökonomische Rationalität der Effizienz mit der Rationalität der Nachhaltigkeit „verträgt" und im Rahmen der betriebswirtschaftlichen Entscheidungstheorie zu einem dualen Erfolgsbegriff des Managements zusammen geführt werden kann *(Müller-Christ/Hülsmann).* In diesem Zusammenhang werden, gestützt auf Forschungsbefunde, nicht nur konkrete Antworten darauf gegeben, was Nachhaltigkeit für Unternehmen letztlich attraktiv macht *(Leitschuh-Fecht/Steger).* Es wird auch dargestellt, welche Nachhaltigkeitsstrategien den Unternehmen überhaupt offen stehen und worin ihre jeweils spezifische Wettbewerbsrelevanz besteht *(Dyllick).*

Daran anknüpfend wird näher betrachtet, mit welchen managementstrategischen Anforderungen und Optionen Unternehmensnachhaltigkeit verbunden ist, und wie sich diese in der Perspektive einer nachhaltigen Unternehmensentwicklung organisatorisch verankern lassen. Zunächst wird ein empirisch fundierter Blick auf die Auslöser, treibenden Kräfte und strategischen Bezüge von Nachhaltigkeitsinnovationen in der Unternehmenspraxis geworfen, um auf dieser Grundlage unterscheidbare Innovationstypen zu identifizieren und im Hinblick auf ihre Nachhaltigkeitsrelevanz zu bewerten *(Fichter/Arnold).* Sofern es bei Nachhaltigkeitsinnovationen um die Produkte selbst geht, wird der zugrunde liegende Entstehungsprozess meist nur sehr vordergründig betrachtet. Im historischen Rückgriff auf die Traditionen des Industriedesigns in Deutschland kann jedoch gezeigt werden, dass der Designprozess in Unternehmen ein bislang weitgehend unterschätztes Nachhaltigkeitspotenzial in sich birgt und dass sich kreative Umwege im Spannungsverhältnis von Design und Betriebswirtschaft als durchaus wettbewerbswirksame Erfolgsfaktoren für eine nachhaltige Produkt- und Unternehmensentwicklung erweisen können *(Burschel).*

Weil die endogenen Innovationspotenziale zur Realisierung nachhaltigen Wirtschaftens in den Unternehmen nicht einfach als gegeben voraussetzbar sind, kommt der Identifizierung und Entwicklung organisationaler Schlüsselkompetenzen der betrieblichen Akteure für eine permanente Selbstreflexion und Selbstveränderung eine ganz entscheidende Bedeutung zu. Dafür lassen sich die Konzepte und Einsichten der mikropolitischen bzw. strategischen Organisationsanalyse und des organisationalen Lernens fruchtbar machen und praktisch nutzen *(Brentel).* Wie sich eine nicht normativ überhöhte, sondern pragmatische, bedarfs- und potenzialorientierte Realisierung nachhaltigen Wirtschaftens als Ergebnis organisationaler Such- und Lernprozesse speziell unter den besonderen Strukturbedingungen kleiner und mittelständischer Unternehmen darstellen kann, zeigen die Befunde branchenübergreifender Fallstudien und Beratungsprojekte *(Ebinger/Schwarz).* Aus der Binnenperspektive eines Unternehmens und unter Rückgriff auf neuere Befunde der Organisationsforschung wird schließlich näher beleuchtet, inwieweit unter Einbeziehung externen Sachverstands und diverser anwendungsorientierter Forschungsprojekte ausgehend vom betrieblichen Umweltmanagement eine Erhöhung der internen Innovationsfähigkeit im Sinne einer nachhaltig zukunftsfähigen Unternehmensentwicklung gelingen kann *(Lehmann).*

Das dritte Kapitel schließt mit mehreren Beiträgen, die sich, beginnend mit einer umfassenden Übersicht über den „Werkzeugkasten des unternehmerischen Nachhaltigkeitsmanagements" *(Schaltegger/Kleiber/Müller),* mit speziellen Umsetzungsinstrumenten bzw. –projekten befassen: dem Vorstoß der Umweltinitiative von Unternehme(r)n, future e.V., das in Europa derzeit führende ganzheitliche Unternehmensmodell der European Foundation for Quality Management (EFQM) um Nachhaltigkeitskriterien zu ergänzen und zu einem „Sustainable Excellence Ansatz" weiter zu entwickeln *(Westermann/Merten/Baur);* der vom Gründer des Bundesdeutschen Arbeitskreises für Umweltbewusstes Management (B.A.U.M. e.V.) ins Leben gerufenen SMALL®-Company-Initiative, die darauf abzielt, eine kritische Masse kleiner und mittlerer Unternehmen mit einfachen Methoden auf ihrem Weg zu einer nachhaltigen Unternehmensführung zu unterstützen *(Winter);* und last but not least das in der Wohnungswirtschaft praxiserprobte Konzept Nachhaltiges Sanieren im Bestand, das eine in bauökologischer, sozialer und wirtschaftlicher Hinsicht nachhaltige Bestandssanierung systematisch mit dem Instrument einer integrierten Gesamtplanung verknüpft *(Stieß/Schultz).*

Das im Kapitel 3 aufgeworfene Thema, was das Postulat nachhaltigen Wirtschaftens für unternehmerisches Handeln bedeutet, führt bereits zu der Frage, welchen Stellenwert die (Erwerbs-)Arbeit für die Machbarkeit nachhaltigen Wirtschaftens hat. Dieser Gedanke wird in *Kapitel 4* mit der Zielsetzung vertieft, die aktuelle Arbeitsgestaltung und -politik hinsichtlich ihrer nachhaltigkeitsrelevanten Potenziale und Hemmnisse zu überprüfen und Anforderungen an künftige Arbeitsgestaltung unter Berücksichtigung von Nachhaltigkeitszielen zu formulieren. Dabei fällt auf, dass die Einbeziehung des Themenfeldes Arbeit wie auch des Handlungsfeldes Arbeitspolitik in die Nachhaltigkeitsdiskussion noch keineswegs selbstverständlich ist. Vice versa spielen Nachhaltigkeitsaspekte in Debatten über die Zukunft der Arbeit eine eher marginale Rolle. Über punktuelle Schnittstellen hinaus – für die als Beispiel der viel diskutierte Zusammenhang von Umweltschutz und Beschäftigungswachstum steht – wird kaum wahrgenommen, wie sich die Anforderungen an Arbeitsgestaltung konzeptionell in das Drei-Säulen-Konzept der Nachhaltigkeit einfügen. Aus diesem Grund beginnt das Kapitel mit der Analyse der Wechselwirkungen von Arbeit und nachhaltigem Wirtschaften *(Hildebrandt)* und fragt weitergehend zum einen danach, welche individuellen und gesellschaftlichen Wahrnehmungsmuster und dominanten Definitionen des Arbeitsverständnisses den Blick auf diese Zusammenhänge verstellen *(Zinn)*. Zum anderen wird aufgezeigt, dass eine entlang der Nachhaltigkeitskriterien reformulierte Arbeitspolitik für den Umstellungsprozess auf nachhaltiges Wirtschaften durchaus impulsgebend wirken kann *(Linne)*. Dass die Suche nach Verknüpfungspunkten zwischen Arbeit und Nachhaltigkeit mehr als ein abstraktes Gedankenspiel ist und durchaus einen praxisrelevanten Bezugspunkt hat, zeigt der Beitrag von *Putzhammer*.

Wie schnell auch um Zukunftsfähigkeit bemühte Konzepte und Ansätze der Arbeitspolitik Gefahr laufen, zu kurz zu greifen, weil ihrem Verständnis von nachhaltigem Wirtschaften implizit ein Arbeitsbegriff zu Grunde liegt, der einzig auf marktförmige Arbeiten fokussiert, ist das Thema des Beitrages von *Notz*. Er macht deutlich, dass sich die Anforderungen an nachhaltiges Wirtschaften bei konsequenter Berücksichtigung der Genderperspektive, die ein normatives, jedoch häufig vernachlässigtes Element von Nachhaltigkeit ist, nochmals potenzieren.

Wenngleich alle Beiträge dieses Kapitels in der Einschätzung übereinstimmen, dass die Praxis derzeitiger Arbeitsgestaltung nicht nachhaltig ist, so gibt es dennoch bereits erprobte Modelle, in denen das Wechselspiel zwischen nachhaltiger Arbeitsgestaltung und nachhaltigem Wirtschaften gelingt. Dies wird am Beispiel einer Kreislaufwirtschaft auf hoher Wertschöpfungsstufe aufgezeigt *(Dreher/Schirrmeister/Wengel)*. Anhand dieser Praxiserfahrungen ist ersichtlich, dass normative Postulate einer sozialen und innovativen Arbeitsgestaltung wie Förderung von Qualifizierung, Partizipation und Beurteilungskompetenz ein Mehr an Eigenverantwortlichkeit und Handlungsspielräumen der Beschäftigten zum Erfolgsfaktor in der Kreislaufwirtschaft werden und erhebliche Synergieeffekte zwischen ökonomischen, ökologischen und sozialen Kriterien freisetzen. Qualifizierung und Partizipation, die im Nachhaltigkeitsdiskurs einen großen Stellenwert haben, sind auch die Schlüsselbegriffe der folgenden Beiträge. Sie fragen danach, wie Qualifizierung und Partizipation als strategische Ressource für nachhaltiges Wirtschaften gefördert und genutzt werden können. Dabei geht es erstens darum, über eine verbesserte Beteiligung der Beschäftigten den Schritt zu einer nachhaltigen Unternehmensentwicklung zu schaffen *(Pfeiffer/Walther)*. Zweitens wird thematisiert, welchen Beitrag Interessenvertretungen leisten können bzw. welchen Restriktionen sie unterliegen *(Lauen und Widuckel)*. Und schließlich wird – ausgehend von der Überlegung, dass die Förderung nachhaltigkeitsrelevanter Qualifikationen zum unverzichtbaren Bestandteil beruflicher Bildungsprozesse werden muss – versucht, die damit verbundenen Anforderungen an die Inhalte und didaktischen Konzepte beruflicher Bildung auszuloten *(Pahl/Ihde)*.

Angesichts der hier nur angedeuteten vielfältigen Anforderungen, zu überwindenden Probleme und zu initiierenden Innovationsprozesse wird offensichtlich, dass die Realisierung nachhaltigen Wirtschaftens auf Beratung angewiesen ist. Dass konventionelle Beratung diesen Anforderungen kaum genügen und wie eine Beratung neuen Typs aussehen kann, beleuchten die Beiträge des *5. Kapitels*. Ausgehend von der europäischen Nachhaltigkeitsstrategie und der darin eingebauten Aufforderung an die Industrie, diesen Prozess durch konkrete Ansätze nachhaltigen Wirtschaftens aktiv zu unterstützen und zu befördern, wird zunächst untersucht, welchen Beitrag der Ökoconsulting-Sektor dazu bislang geleistet hat, unter welchen Bedingungen sich dieser Sektor entwickelt und positioniert hat, und wie

Beratung aus der Öko-Nische herauskommen und zu einem Instrument einer effizienten Nachhaltigkeitspolitik werden könnte *(Martinuzzi)*. Weil es im Falle des nachhaltigen Wirtschaftens für die Unternehmen wie für die Berater um eine angemessene Verarbeitung einer extern an die Unternehmen herangetragenen Herausforderung geht, muss „sustainability consulting" zwar einerseits an genau dieser Konfrontation ansetzen, aber gleichzeitig auch daran arbeiten, endogene Lernprozesse der Unternehmen in Gang setzen zu helfen. Auf die damit verbundenen Probleme und Risiken, Kompetenzanforderungen und notwendigen Korrekturen im Rollenverständnis von Berater und Klient geht der Beitrag von *Mohe/Pfriem* näher ein. Vor dem Hintergrund, dass weder in qualitativer noch in quantitativer Hinsicht eindeutige Trends von Nachhaltigkeit als Beratungsgeschäft absehbar sind, wird auf der Basis der Befunde eines mit Unternehmens- und Umweltberatern durchgeführten Expertendelphis dargestellt, welche Chancen Unternehmensnachhaltigkeit sowohl den Kunden als auch den Beratern mittelfristig als Geschäfts- und Modernisierungsmodell eröffnen kann. In diesem Zusammenhang wird auch thematisiert, welche Beratung eine zukunftsfähige Beratung selbst benötigt *(Birke)*. Das Kapitel schließt mit einer wissenschaftsprogrammatischen Diskussion, inwieweit speziell eine soziologische Beratung organisatorische Lernprozesse für nachhaltiges Wirtschaften unterstützen und sich für dieses neue Beratungsfeld profilieren kann *(Becke)*.

Die Konkretisierung und praktische Umsetzung einer nachhaltigen Entwicklung sowie eine darauf orientierte Beratung und Qualifizierung der gesellschaftlichen Akteure in unterschiedlichen Handlungsfeldern stellen auch die Wissenschaft und Forschung vor neue Herausforderungen. In dem Maße, wie Wissenschaft und Forschung selber nachhaltigkeitsrelevante Akteure auf der einen Seite und „Dienstleister der Gesellschaft" (Spangenberg in diesem Band) auf der anderen Seite sind, gilt es, den Suchprozess, wie nachhaltiges Wirtschaften machbar ist, durch Forschung zu unterstützen und generiertes Wissen durch geeignete Formen des Wissenstransfers an die Gesellschaft zurück zu vermitteln. Nachhaltigkeitsforschung ist per definitionem *Handlungswissen*, das einen am Leitbild nachhaltiger Entwicklung orientierten gesellschaftlichen Entwicklungs- und Transformationsprozess ermöglichen und befördern soll. Deswegen beschäftigt sich dieses Handbuch abschließend in *Kapitel 6* zum einen mit der Frage, welche Anforderungen an Forschung und Wissenschaft sich aus dem mit Nachhaltigkeit fokussierten Gegenstandsbereich eines ökonomisch, sozial und ökologisch zukunftsfähigen Entwicklungsprozesses ergeben. Zum anderen wird diskutiert, wie sich angesichts ihrer Einbindung in einen komplexen und spannungsreichen gesellschaftlichen Diskussions- und Umorientierungsprozess das Verhältnis von Forschung und Praxis neu formieren muss.

Dass mit Blick auf die geforderte systematische Verschränkung ökologischer, ökonomischer und sozialer Forschungsperspektiven Interdisziplinarität ein zwingendes Merkmal von Nachhaltigkeitsforschung ist, wird in allen Beiträgen dieses Kapitels übereinstimmend herausgearbeitet. Auch ist Konsens, dass ein spezifisches Verständnis von Akteursbezug, wie es sich in der Nachhaltigkeitsdiskussion herausgebildet hat, Transdisziplinarität unverzichtbar macht. Gleichwohl bleibt es eine offene Frage, ob damit ein neuer „Forschungstyp" entsteht, der sich zunehmend aus disziplinären Bindungen herauslöst *(Jahn und Willms-Herget)*, oder ob die mit Inter- und Transdisziplinarität verbundenen Anforderungen eher den Forschungsprozess berühren und im Wesentlichen die Forschungsorganisation und Forschungsförderung vor neue Aufgaben stellen *(Lange)*. Keiner der Beiträge erhebt den Anspruch, schon mit Sicherheit sagen zu können, wohin die Reise geht. Doch wieviel Unsicherheit bei der Strukturierung des Forschungsfeldes Nachhaltigkeit zur Zeit noch besteht, macht der Diskussionsbeitrag von *Liedtke/Rohn* anschaulich. Bei dem in Kapitel 6 zur Diskussion stehenden Versuch, die Erfordernisse inter- und transdiziplinärer Nachhaltigkeitsforschung zu bestimmen, schälen sich auf der einen Seite Probleme heraus, die in einem offensiven Prozess der Neudefinition der Rolle und des Selbstverständnisses der Wissenschaft wie auch der Forschenden selbst und mit einem gleichzeitigen Neuzuschnitt der Forschungsorganisation zu bewältigen wären (*Spangenberg*). Auf der anderen Seite zeigt sich, dass auch jenseits forschungsmethodischer und -organisatorischer Anforderungen noch Klärungsbedarf besteht, welche Inhalte und Forschungsperspektiven im Vordergrund stehen sollten, wenn der weite Weg zu einem nachhaltigen Wirtschaften mit Hilfe der Forschung richtungsweisend bestimmt und verkürzt werden soll (*Schwarz*).

Abschließend möchten wir all denjenigen Dank sagen, ohne die dieses Handbuch nicht zu realisieren gewesen wäre. Wenngleich sein Inhalt wie auch eventuelle Lücken und Mängel in der Verantwortung der Herausgeber bleiben, so sind es doch die mitwirkenden Autorinnen und Autoren, die „das Buch geschrieben", ihre Gedanken beigesteuert und ihre Zeit geopfert haben. Ihnen danken wir ganz herzlich für ihr Interesse, die reibungslose, angenehme und inhaltlich inspirierende Zusammenarbeit sowie für ihr Vertrauen, mit diesem Handbuch und in gemeinsamer Autorenschaft zu einem Ergebnis zu kommen, das mehr ist als nur die Summe der versammelten Einzelbeiträge. Dass aus der Idee ein Buch werden konnte, ist dem professionellen, flexiblen und unbürokratischen Engagement des Verlages Leske + Budrich, namentlich und pars pro toto Frau Karen Reinfeld (Lektorat) und Herrn Edmund Budrich (Verlagsleitung) zu verdanken. Besonders gefreut hat uns, dass Herr Budrich aus verlegerischer Sicht auf Anhieb von der Relevanz des Themas und der vorgeschlagenen Art seiner Bearbeitung überzeugt war und uns mit seiner entgegenkommenden Unterstützung sehr ermuntert hat, den Schritt vom Konzept zur Umsetzung tatsächlich zu wagen. Unser ganz besonderer und persönlicher Dank gilt Guido Lauen. Er hat sich nicht nur als Autor für dieses Buch engagiert, sondern in einer unermüdlichen, allen Widrigkeiten standhaltenden und hoch professionellen Weise dafür gesorgt, dass aus den Einzelbeiträgen ein Gesamtmanuskript geworden ist, das den Anforderungen des Verlages ebenso genügt wie den wissenschaftlichen Gepflogenheiten der Texterstellung. Ohne seine Unterstützung hätten wir weder die gesamte Textbe- und -verarbeitung bewältigen noch unseren ehrgeizigen Zeitplan zur Fertigstellung des Bandes einhalten können. Sabine Meister, Kirsten Hermeling und Ursula Düker-Thomashoff haben uns bei der Autorenansprache und -information und den zahlreichen darüber hinaus anfallenden Sekretariatsaufgaben viel Arbeit abgenommen. Renate Schneider hat die mühevolle Aufgabe der Endkorrektur des Buchmanuskriptes übernommen. Auch ihnen danken wir herzlich. Last but not least sind wir der Hans-Böckler-Stiftung (Düsseldorf) und dem ISO Institut zur Erforschung sozialer Chancen (Köln) für die großzügige Unterstützung dieser Veröffentlichung zu Dank verpflichtet.

Literatur

Geiß, Jan: Akteure, Handlungsebenen und Problemlösungsansätze im System des Sustainable Development. In: Sebaldt, Martin (Hrsg.): Sustainable Development – Utopie oder realistische Vision? Karriere und Zukunft einer entwicklungspolitischen Strategie (Politica, Band 49). Hamburg 2002

Hauff, Volker: Nachhaltigkeit ist ein hartes Wirtschaftsthema im alten Europa. Rede vor dem Kuratorium von econsense, Forum für nachhaltige Entwicklung am 30. Januar 2003 im Haus der Wirtschaft, BDI, Berlin, www.nachhaltigkeitsrat.de/aktuell/news/2003/05-02 02

Schultz, Werner F. u.a.: Nachhaltiges Wirtschaften in Deutschland. Erfahrungen, Trends und Potenziale. August 2002, in: www.oekoradar.de

Kapitel 1
Politik für nachhaltiges Wirtschaften. Zielvorstellungen, Steuerungsansätze und Rahmenbedingungen für politisches Handeln

Perspektiven für Deutschland: Die nationale Nachhaltigkeitsstrategie

Urban Rid

„Wer morgen sicher leben will, muss heute für Reformen kämpfen.“ Was Bundeskanzler Willy Brandt vor dreißig Jahren so griffig formulierte, beschreibt besser als alle wissenschaftlichen Definitionen die Anforderungen an eine nachhaltige Politik. Eine Politik, die sich nicht nur den Herausforderungen der Gegenwart stellt, sondern auch die Verantwortung für zukünftige Generationen übernimmt. Das ist nicht immer einfach im mitunter von kurzlebigen Debatten bestimmten Tagesgeschäft. Zumal wenn kurzfristige Ankündigungen mehr Rendite zu versprechen scheinen als langfristiges Engagement.

Nachhaltigkeit erfordert in der Politik wie in der Wirtschaft ein Denken, das über die nächste Legislaturperiode, die nächste Jahresbilanz hinausreicht. Kurzfristig kann es sich für ein Unternehmen vielleicht rechnen, bei den Kosten beispielsweise für die Luftreinhaltung oder die Abwasserbehandlung zu sparen. Langfristig profitiert die Volkswirtschaft jedoch von einer umweltverträglichen und ressourcenschonenden Produktion. Damit die betriebswirtschaftliche der volkswirtschaftlichen und die kurzfristige der langfristigen Betrachtungsweise entspricht, müssen in einer Marktwirtschaft die richtigen Signale gesetzt werden. Dazu gehören eine verursachergerechte Anlastung von Kosten, die mit Produktion und Konsum verbunden sind, sowie klare Ziele und Vorgaben.

Solche klaren Ziele und Vorgaben enthält die nationale Strategie für eine nachhaltige Entwicklung, die die Bundesregierung im April 2002 beschlossen hat. Ganz bewusst steht sie unter der Überschrift: „Perspektiven für Deutschland“. Damit machen wir deutlich, in welche Richtung sich unser Land entwickeln soll und welche Weichenstellungen dafür notwendig sind. Es geht darum, den durch die Globalisierung ausgelösten Strukturwandel wirtschaftlich erfolgreich und umweltverträglich zu gestalten.

1. Kernelemente der deutschen Nachhaltigkeitsstrategie

Kernbestandteil der Strategie ist das „Leitbild für eine nachhaltige Entwicklung“, mit dem wir die eingefahrenen Bahnen der Nachhaltigkeitsdiskussion gezielt verlassen. Bisher orientierte sich die Debatte an den drei Säulen Ökologie, Ökonomie und Soziales. Dieser Ansatz macht es zwar leicht, die entscheidenden Herausforderungen gleichberechtigt nebeneinander zu stellen. Er zementiert aber zugleich Denkstrukturen, die mit der Nachhaltigkeitsidee eigentlich überwunden werden sollen. Das führte nicht selten dazu, dass in der politischen Auseinandersetzung je nach Interessenschwerpunkt die ökologische, soziale oder ökonomische Dimension isoliert im Zentrum der Argumentation stand.

Eine Nachhaltigkeitsstrategie verlangt einen integrierten Ansatz. Wir haben deshalb vier Koordinaten eingeführt, die jeweils sektorübergreifend die Leitlinien für eine gute Zukunft beschreiben: Generationengerechtigkeit, Lebensqualität, Sozialer Zusammenhalt und Internationale Verantwortung. Zehn Managementregeln der Nachhaltigkeit bilden gemeinsam mit 21 Indikatoren und Zielen sowie einem regelmäßigen Monitoring zur Erfolgskontrolle unser Managementkonzept für eine nachhaltige Entwicklung. Mit konkreten Maßnahmen und Pilotprojekten setzen wir klare Prioritäten in den Bereichen Energie und Klimaschutz, Verkehr sowie Landwirtschaft und Verbraucherschutz.

Mit diesem Konzept holen wir das Thema ganz bewusst aus der Öko-Nische und entwickeln es fort zu einem umfassenden Reform- und Modernisierungsansatz. Ziel ist eine ausgewogene Balance zwischen den Bedürfnissen der heutigen Generation und den Lebensperspektiven künftiger Generationen. In der Nachhaltigkeitsidee steckt ein enormes Innovationspotenzial für Wirtschaft, Umwelt und Gesellschaft, das mit unserer Strategie erschlossen werden soll. Nachhaltiges Wirtschaften ist machbar und es verspricht Gewinn.

Ein eindrucksvolles Beispiel dafür ist der Energiebereich. Hier hat die Bundesregierung seit 1998 verlässliche Rahmenbedingungen für nachhaltiges Wirtschaften gesetzt: Mit der Ökosteuer, der Förderung der Kraft-Wärme-Koppelung und der Vereinbarung mit der deutschen Wirtschaft zum Klimaschutz verfolgen wir konsequent unsere Strategie für eine langfristig angelegte Steigerung der Energieeffizienz. Mit dem Erneuerbare-Energien-Gesetz, dem 100.000-Dächer Programm und weiteren Förderprogrammen haben wir die Voraussetzungen für einen massiven Ausbau umweltverträglicher erneuerbarer Energien geschaffen. Seit 1998 hat sich allein die Kapazität von Windkraftanlagen verdreifacht. Heute wird in Deutschland bereits mehr Stahl zu Windrädern verarbeitet als zu Schiffen. Die Fotovoltaik boomt: Im letzten Jahr wurde die Fläche an Sonnenkollektoren auf eine Million m^2 verdreifacht. Diese Zahlen belegen, dass wir erfolgreich dabei sind, einen ökologischen „Lead Market" zu schaffen, und damit den Aufbau neuer Branchen unterstützen, die eine hervorragende Ausgangsposition auf den Weltmärkten für effiziente Umwelt- und Energietechnologie haben.

Von dieser Entwicklung profitieren vor allem die kleinen und mittleren Betriebe: die Ingenieur- und Planungsbüros, die Hersteller von Komponenten für Windräder oder Fotovoltaikanlagen und viele Handwerksbetriebe, die solche Anlagen installieren und warten. Insgesamt sind schon rund 120.000 Menschen im Bereich erneuerbarer Energien beschäftigt. Und das sind überwiegend Arbeitsplätze, die nicht „exportierbar" sind, – aber Produkte, die wir weltweit exportieren können.

Auf diese Weise verbinden wir konkret Arbeit und Umwelt. Wir entwickeln ein Wachstums- und Wohlstandsmodell, das nachhaltig ist, weil es nicht zu Lasten der Umwelt und zukünftiger Generationen geht. So werden wir Akzeptanz nicht nur national, sondern international finden. Denn wir werden den Wunsch der weniger entwickelten Länder nach Wachstum, Wohlstand und Beschäftigung nicht mit Podiumsdiskussionen in den Industriestaaten beantworten können, sondern nur mit einer Wirtschafts- und Lebensweise, die einige Fehler des Industrialisierungsprozesses nicht wiederholt, sondern sie überspringt. Das liegt übrigens in unserem eigenen, existenziellen Interesse. Die Übertragung unserer heutigen Art zu leben und zu produzieren auf sich entwickelnde Länder, würde das Überleben auf der Welt unmöglich machen.

Denn trotz aller Bemühungen sind die absoluten Umweltbelastungen, die mit unserer Wirtschaftsweise verbunden sind, immer noch viel zu hoch. Zwar konnte die Ressourcen- und Energieeffizienz in der Wirtschaft im letzten Jahrzehnt deutlich erhöht werden. Jedoch wurden die Verbräuche nicht wesentlich reduziert: Der Gesamtverbrauch an Rohstoffen und Energie ging zwischen 1991 und 2000 jeweils absolut nur um ca. zwei Prozent zurück.

Für die Verfügbarkeit von Ressourcen und die Tragekapazitäten unserer Ökosysteme bedeutet dies: Würde unser Lebens- und Konsumstil zum globalen Maßstab, bräuchten wir den Planeten Erde noch dreimal zusätzlich.

Im Mittelpunkt unserer Strategie für eine nachhaltige Entwicklung steht daher die Erhöhung der Energie- und Ressourceneffizienz. Und dies nicht allein aus ökologischen, sondern auch aus ökonomischen Gründen: Angesichts einer wachsenden Weltbevölkerung, der stark wachsenden Nachfrage aus Schwellenländern wie China und Indien müssen wir auch in Zukunft mit steigenden Preisen für Rohstoffe und Energie rechnen. Wer immer knapper werdende Güter effizienter nutzt, wird sich im globalen Wettbewerb besser behaupten. In Zukunft werden Ressourcen- und Energieeffizienz weltweit die Markenzeichen erfolgreicher Volkswirtschaften sein.

Jahrzehntelang haben Unternehmen ihre Rationalisierungsanstrengungen im Wesentlichen auf den Faktor Arbeit konzentriert. So stieg in den alten Bundesländern zwischen 1950 und 1991 die Arbeitsproduktivität um den Faktor 4,2. Im gleichen Zeitraum vergrößerte sich die Energieproduktivität jedoch nur um den Faktor 2,1. Die Produktivitätssteigerungen der Zukunft müssen daher vor allem beim Energie- und Ressourcenverbrauch liegen. Hier brauchen wir eine ähnliche Effizienzrevolution wie wir sie bei der Arbeitsproduktivität bereits erreicht haben.

In den vergangenen Jahren konnten wir bereits eine durchaus erfreuliche Entwicklung verzeichnen. Während beispielsweise die Energieproduktivität in Deutschland von 1991 bis 2000 um 1,9 Prozent pro Jahr verbessert wurde, lag der EU-Durchschnitt bei nur 1,1 Prozent. Diesen Trend wollen wir fortsetzen. Bis 2020 soll die Energieproduktivität gegenüber 1990 verdoppelt werden. Das bedeutet, dass mit einer bestimmten Energiemenge im Jahr 2020 etwa doppelt soviel produziert werden kann wie 1990. Langfristig gibt die Vision „Faktor vier“ die Richtung an, in die wir gehen müssen: doppelter Wohlstand bei halbem Naturverbrauch.

Das sind durchaus keine utopischen Vorstellungen. Allein die effiziente Nutzung von Primärenergie kann die Verdreifachung des Energiegewinns pro eingesetzter Primärenergieeinheit bedeuten. Die Energieeffizienz von herkömmlichen Braunkohlekraftwerken beträgt ca. 33 Prozent. Die Energieeffizienz von Blockheizkraftwerken oder Gas- und Dampfturbinenanlagen ist höher als 80 Prozent!

Potenziale zur Effizienzsteigerung gibt es nicht nur im Energiebereich. Brauchte man vor 50 Jahren noch rund zweieinhalb Tonnen Erz und Schrott, um eine Tonne Stahl herzustellen, sind es heute nur noch 1,5 Tonnen. Wie weit die „Dematerialisierung“ der Produktion gehen kann, zeigen Effizienzsteigerungen beim Wasserverbrauch. Um 1900 brauchte man eine Tonne Wasser, um ein einziges Kilogramm Papier zu erzeugen. 1990 waren es nur noch 64 Kilogramm. Heute arbeiten die modernsten Papierfabriken mit nahezu geschlossenen Kreisläufen, die mit 1,5 Kilogramm Frischwasser auskommen.

Wer endliche Ressourcen effizient und sparsam einsetzt, tut nicht nur etwas für die Umwelt, sondern auch für die Wettbewerbsfähigkeit des eigenen Unternehmens. So ermöglichen moderne Lackrecycling-Verfahren geschlossene Stoffkreisläufe: Beim Lackiervorgang übrig gebliebene Farbe wird gesammelt und so gefiltert, dass sie ohne Qualitätsverlust auf ein neues Produkt aufgetragen werden kann. Das Ergebnis dieser innovativen Verfahren: Umweltentlastung und Kostenersparnis durch weniger Rohstoffeinsatz und geringere Gebühren für Abfälle und Abwässer.

Immer mehr Unternehmen erkennen, dass es sich lohnt, Wert auf Umwelt- und Sozialverträglichkeit zu legen. Wer heute mehr tut, als er muss, braucht für die Zukunft keine kostspieligen Nachrüstungen zu fürchten. Studien belegen zwischen umweltverträglichem Wirtschaften und finanzieller Rendite einen positiven Zusammenhang. Dieser wirtschaftliche Erfolg umweltfreundlicher Unternehmen ist kein Zufall: Besseres Kundenimage, höhere Energie- und Ressourceneffizienz in der Produktion, höhere Mitarbeitermotivation – alle diese Faktoren verschaffen umweltorientierten Unternehmen häufig einen Vorsprung am Markt. Gleichzeitig ist ein offensives, modernes Umweltmanagement (z.B. EMAS) Zeichen dafür, dass ein Unternehmen auch sonst seine „Hausaufgaben" gemacht hat. Davon profitieren natürlich auch die Anleger.

Seit 1999 gibt es einen internationalen Aktienindex für Nachhaltigkeit. Der Dow Jones Sustainability Group World Index (DJSGI) enthält über 200 Großunternehmen, die sich in ihrer Branche als besonders öko-effizient erwiesen haben. Der DJSGI entwickelte sich in den vergangen Jahren besser als der normale Dow Jones, der die Aktienbewegungen von 2.000 internationalen Unternehmen abbildet. Gleiches gilt auch für den Natur-Aktien-Index (NAI), in dem 20 internationale umweltfreundliche Unternehmen vertreten sind und der seit seiner Auflage vor fünf Jahren um über 150 Prozent gestiegen ist. Selbst im Jahr 2000, als viele Technologiewerte und Internetaktien abstürzten, konnte der NAI um fast 50 Prozent zulegen.

Dass sich Ökologie und Ökonomie gegenseitig ausschließen ist also ein – wenn auch langlebiger – Mythos. In der Informations- und Wissensgesellschaft des 21. Jahrhunderts sind Köpfe und Können entscheidend für wirtschaftlichen Erfolg. Deshalb gibt es auch und gerade aus ökonomischer Sicht keine bessere Modernisierungsstrategie als die Nachhaltigkeit.

Nachhaltige Entwicklung heißt, mit Visionen, Fantasie und Kreativität die Zukunft zu gestalten und dabei auch Neues zu wagen und unbekannte Wege zu erkunden. Es geht um einen schöpferischen Dialog darüber, wie wir in Zukunft leben wollen, wie wir auf die Herausforderungen der globalisierten Welt in Wirtschaft und Gesellschaft antworten wollen.

2. Der demografische Wandel als Handlungsfeld nachhaltiger Politik

Eine der größten Aufgaben, die wir in den kommenden Jahrzehnten zu bewältigen haben, ist der demografische Wandel. Eine immer älter werdende Bevölkerung wird das Gesicht unserer Gesellschaft prägen. Auf Grund der niedrigen Geburtenrate wird derzeit in Deutschland die Elterngeneration nur zu zwei Dritteln durch Nachkommen ersetzt. Gleichzeitig führt die gestiegene Lebenserwartung zu einer massiven Verschiebung der Altersstruktur. Projektionen gehen davon aus, dass der Anteil der 65-jährigen und Älteren an der Gesamtbevölkerung von heute rund 16 Prozent auf rund 29 Prozent steigen wird.

Für die Beschäftigung und den Arbeitsmarkt, den Bildungsbereich, die medizinische Versorgung und die soziale Sicherung ergeben sich daraus gravierende Konsequenzen. Wie wird sich das Verhältnis im Zusammenleben der Generationen entwickeln, wenn sich die Alterspyramide umkehrt? Wie flexibel, wie innovativ kann eine älter werdende Bevölkerung auf die Herausforderungen des wirtschaftlichen und gesellschaftlichen Strukturwandels antworten?

Ein maßgeblicher Indikator dafür, inwieweit die Konsequenzen des demografischen Wandels bewältigt werden können, ist der Anteil der Erwerbstätigen (Arbeitnehmer und Selbständige) an der gesamten Bevölkerung. Die Erwerbstätigen erbringen die wirtschaftliche Leistung, schaffen den Wohlstand für alle, zahlen Steuern und die Beiträge für die Sozialversicherung. Neben einer stärkeren Erwerbsbeteiligung der Frauen können neue geeignete Formen der Erwerbsbeteiligung älterer Menschen das Potenzial der Erwerbstätigen ausschöpfen.

Die Chancen für eine höhere Erwerbsbeteiligung älterer Menschen nehmen möglicherweise dann zu, wenn nach Abschluss der bisher praktizierten Berufstätigkeit die Menschen eine andere Arbeit aufnehmen, die ihren Möglichkeiten und ihren Lebensbedürfnissen entspricht. So verstanden geht es um einen neuen Abschnitt im Erwerbsleben und nicht lediglich um eine Fortsetzung der bisherigen Berufstätigkeit. Der Wechsel in eine neue Tätigkeit mit einem den Möglichkeiten und Bedürfnissen älterer Menschen entsprechenden Profil kennzeichnet diesen Weg. In diesem Sinne wird der gleitende Übergang von der bisherigen Arbeit in den Ruhestand zu einem eigenen und unter Umständen längeren Abschnitt in der Erwerbsbiographie.

Für eine solche Entwicklung muss jedoch unsere Vorstellung vom älteren Menschen, von seinen Möglichkeiten und seinen Grenzen, auf den Prüfstand. Zu sehr hat bisher der zur Entlastung des Arbeitsmarktes eingeführte vorzeitige Ruhestand das Bild geprägt. Andererseits sind auch die veränderten Lebensbedürfnisse älterer Menschen ernst zu nehmen. Insgesamt lässt sich die Aufgabe der kommenden Jahre wie folgt formulieren: Die Chancen älterer Menschen zur Beteiligung am wirtschaftlichen und gesellschaftlichen Leben sind zu entwickeln und zu nutzen. Das wird in dem Maße gelingen, wie sich die Gesellschaft auf ihre Lebensbedürfnisse, ihre Möglichkeiten und Grenzen einstellt. Das gilt insbesondere für die Angebote zur Bildung und Qualifikation und die Beteiligung am Erwerbsleben.

Gefordert sind vor allem die Unternehmen und Betriebsräte, wenn es darum geht, ein Profil zu entwickeln, das den Lebensbedürfnissen älterer Menschen entspricht. Internet für ältere Mitarbeiter könnte beispielsweise ein Kurs sein, der die betrieblichen Einsatzmöglichkeiten erweitert und gleichzeitig neue Formen der Kommunikation erschließt. Eine flexible Arbeitsorganisation, die sich auf den Lebensrhythmus älterer Menschen einstellt, wäre ein anderes Element. Aber auch die Tarifpolitik ist gefordert, etwa für angepasste Strukturen der Bezahlung, die Vereinbarung individueller Arbeitsvolumina und Urlaubsregelungen.

Auf Initiative der Bundesregierung wurden im März 2001 im Bündnis für Arbeit, Ausbildung und Wettbewerbsfähigkeit Maßnahmen zur Verbesserung der Beschäftigungschancen älterer Arbeitnehmerinnen und Arbeitnehmer vereinbart. Gemeinsam stellten Bundesregierung, Gewerkschaften und die Vertreter der Wirtschaft fest, dass ein Paradigmenwechsel erforderlich sei. „Anstelle einer vorzeitigen Ausgliederung aus dem Erwerbsleben sollten künftig die verstärkte Beschäftigung Älterer, die vorbeugende Verhinderung von Arbeitslosigkeit und die Wiedereingliederung bereits Arbeitsloser vorrangiges Ziel arbeitsmarktpolitischer Maßnahmen sein", formulierten die Bündnispartner.

3. Partizipation und internationale Verantwortung als Handlungsprämissen

Das Beispiel „Demografischer Wandel" zeigt deutlich: Nachhaltigkeit kann nicht einfach staatlich verordnet werden. Der Staat kann und muss zwar die Rahmenbedingungen für eine nachhaltige Entwicklung setzen. Es ist jedoch Aufgabe der Akteure in Wirtschaft und Gesellschaft, diese Rahmenbedingungen für Nachhaltigkeit in ihrem jeweiligen Verantwortungsbereich mit Leben zu füllen. Denn wer als Unternehmer investiert oder als Verbraucher konsumiert, entscheidet über Nachhaltigkeit ebenso wie der Staat mit seinen Gesetzen und Programmen. Daher kann das Ziel einer zukunftsfähigen Gesellschaft nur in Partnerschaft mit allen gesellschaftlichen Gruppen erreicht werden. Nachhaltigkeitspolitik muss zum täglichen Geschäft in allen Lebensbereichen werden. In der Industrie, bei Handwerk und Dienstleistern, bei Gewerkschaften, Kirche, Verbraucherinnen und Verbrauchern. Sie alle müssen beteiligt sein.

Die Beteiligung beginnt bereits bei der Diskussion um die angestrebten Ziele. Um die Akzeptanz der Strategie zu erhöhen und um von den Erfahrungen unterschiedlicher Akteure zu profitieren, haben wir bei der Erarbeitung der nationalen Nachhaltigkeitsstrategie bewusst einen partizipativen Ansatz gewählt. Die Nachhaltigkeitsstrategie steht deshalb auch für einen neuen Politikstil. Erstmals hatten Bürgerinnen und Bürger die Möglichkeit, aktiv an einem Strategiepapier der Bundesregierung mitzuwirken. Die Eckpunkte sowie ein erster Entwurf der Strategie wurden im Internet-Forum „Dialog Nachhaltigkeit" zur Diskussion gestellt. Die eingegangenen Anregungen und Vorschläge wurden ebenso in die Strategie einbezogen wie die Stellungnahmen zahlreicher gesellschaftlicher Gruppen. Wichtige Beiträge lieferte insbesondere der von Bundeskanzler Gerhard Schröder im April 2001 berufene Rat für Nachhaltige Entwicklung unter Leitung von Volker Hauff (vgl. Hauff in diesem Band).

Nachhaltigkeit beginnt im eigenen Land. Doch nationale Maßnahmen allein reichen für eine globale nachhaltige Entwicklung nicht aus. Die Güter–, Dienstleistungs–, Kapital- und Arbeitsmärkte werden heute durch den internationalen Wettbewerb bestimmt. Im Zeitalter der Globalisierung haben jede Investition und vor allem unsere Produktions- und Lebensweise Auswirkungen jenseits der staatlichen Grenzen. Damit sind große Chancen verbunden. Die Globalisierung verspricht mehr Wohlstand und Stabilität, eröffnet neue Kommunikationswege und ermöglicht damit mehr Begegnungen von Menschen und Austausch zwischen den Kulturen. Allerdings sind die Vorteile der Globalisierung heute sehr ungleich verteilt. Die Kritiker der Globalisierung befürchten zudem, dass der Globalisierungsprozess zu Lasten von Umwelt und Entwicklung geht, soziale Standards und kulturelle Identitäten in Frage stellt.

Auch auf die kritischen Fragen so genannter Globalisierungsgegner heißt die Antwort Nachhaltigkeit. Die Idee der nachhaltigen Entwicklung ist stark genug, der Globalisierung eine Richtung zu geben. Bundeskanzler Gerhard Schröder sieht im Leitbild der nachhaltigen Entwicklung „die strategische Antwort auf die Herausforderungen der Globalisierung". So wie wir uns in Deutschland und Europa nicht nur auf die Kräfte des Marktes verlassen, sondern soziale und ökologische Fehlentwicklungen ausgleichen, müssen wir auch global Rahmenbedingungen dafür schaffen, dass alle Menschen an Wachstum und Wohlstand teilhaben können (vgl. auch Heigl in diesem Band).

Ganz entscheidend für die wirtschaftlichen Entfaltungsmöglichkeiten der Entwicklungsländer sind faire Handelschancen. Mit der Öffnung des EU-Marktes für Produkte aus den am wenigsten entwickelten Ländern ist ein erster Schritt getan. Die Bundesregierung wird sich im Rahmen der Europäischen Union (EU) sowie der Welthandelsorganisation (WTO) für den weiteren Abbau von Importzöllen wie auch für eine Reduzierung der Subventionen für Exporte aus der EU einsetzen. Wir sind fest davon überzeugt, dass derartige Schritte mindestens genauso wichtig für eine faire Teilhabe der Entwicklungsländer am weltweiten Wohlstand sind, wie die Erhöhung finanzieller Hilfen.

Darüber hinaus brauchen wir Unternehmen und Unternehmer, die sich ihrer globalen Verantwortung stellen. Ein globaler Ordnungsrahmen kann nicht allein durch staatliches Handeln sichergestellt werden. Hier kommt den international agierenden Unternehmen eine wichtige Rolle zu. Sie haben einen erheblichen Einfluss auf die lokalen und regionalen Strukturen in den Entwicklungsländern. Die Bundesregierung bestärkt international tätige deutsche Unternehmen, sich bei ihrem weltweiten Engagement ausdrücklich zur Einhaltung von ökologischen und sozialen Standards zu verpflichten. Im Rahmen der Organisation für Wirtschaftliche Zusammenarbeit und Entwicklung (OECD) haben wir uns intensiv für die

Verabschiedung entsprechender „Leitsätze für multinationale Unternehmen" eingesetzt. Dazu gehören die international anerkannten Kernarbeitsnormen, eine Empfehlung über Menschenrechte sowie Aussagen über Korruptionsbekämpfung und Verbraucherschutz. Durch diese Initiativen können Unternehmen unter Beweis stellen, wie sie ihre gesellschaftliche und soziale Verantwortung wahrnehmen.

Eine zentrale Bedeutung hat in diesem Zusammenhang der vom Generalsekretär der Vereinten Nationen (UN), Kofi Annan, ins Leben gerufene „Global Compact". Durch den Beitritt zu diesem globalen Pakt machen die Unternehmensleitungen neun Prinzipien in den Bereichen Menschenrechte, Arbeitsrechte und Umweltschutz zu „ihrer Sache". Drei dieser Prinzipien sind explizit dem Umweltbereich gewidmet. Sie beziehen sich auf einen vorausschauenden strategischen Ansatz für die globalen Umweltherausforderungen, auf konkrete Initiativen im Rahmen der gemeinsamen Verantwortung für die Umwelt und auf die Entwicklung neuer umweltfreundlicher Technologie. Die Bundesregierung unterstützt den Global Compact, zum Beispiel über regelmäßige Gesprächskreise mit Unternehmen, zu denen auch Nichtregierungsorganisationen eingeladen werden.

Auch bei der Außenwirtschaftsförderung hat die Bundesregierung mit der Hermes-Reform die Voraussetzungen für eine stärkere Berücksichtigung ökologischer, sozialer und entwicklungspolitischer Gesichtspunkte geschaffen. Seit 2001 verfügen wir erstmals über Leitlinien mit einem Prüfungs- und Entscheidungsleitfaden, bei dem die Förderwürdigkeit von Exportgeschäften auch am Leitbild einer nachhaltigen Entwicklung abgeprüft wird. Das wird sich insbesondere auf den Export von Umwelttechnik und regenerativer Energietechnologie auswirken.

Deutschland hat sich sehr frühzeitig dafür eingesetzt, beim Weltgipfel 2002 in Johannesburg – zehn Jahre nach der großen Konferenz für Umwelt und Entwicklung in Rio de Janeiro – neue Ziele und auch neue Aktionsprogramme zu vereinbaren. In einigen Bereichen – etwa bei der biologischen Vielfalt, der Chemikaliensicherheit oder der sanitären Grundversorgung – ist dies gelungen. In anderen Bereichen hätten wir uns mutigere Schritte gewünscht. Insgesamt aber kann sich die Bilanz des Gipfels sehen lassen. Erstmals hat sich die Staatengemeinschaft darauf verständigt, den Anteil erneuerbarer Energien weltweit deutlich zu erhöhen und konkrete Maßnahmen zum Zugang zu Energie und damit zur Armutsbekämpfung zu ergreifen. Bundeskanzler Gerhard Schröder hat in seiner Rede in Johannesburg deutlich gemacht: wir werden dies nicht nur proklamieren, sondern in die Praxis umsetzen.

Nachhaltigkeit bleibt ein globales Projekt. So wurde es in Rio entworfen und in Johannesburg konkretisiert. Unsere Strategie für eine nachhaltige Entwicklung ist ein Beitrag zu diesem Projekt und zugleich Handlungsanleitung für Deutschland. Dabei setzen wir bewusst im Kern auf die Steigerung von Effizienz, nicht in erster Linie auf Suffizienz. Denn wer wollte anderen Ländern die Partizipation an Wachstum und Wohlstand verwehren? Mit unserer Strategie rücken wir die Chancen nachhaltiger Entwicklung in den Mittelpunkt: Zukunftsfähige Arbeitsplätze, Wirtschaftswachstum, das dauerhaft ist, weil es nicht zu Lasten der Umwelt geht, die Erhaltung einer intakten Natur für unsere Kinder und Enkel. Denn nur wenn es gelingt, die Menschen davon zu überzeugen, dass mehr Nachhaltigkeit auch für sie persönlich mehr Lebensqualität bedeutet, werden wir die notwendige Akzeptanz bekommen, national wie international.

Nachhaltige Beratung. Die Rolle von nationalen Nachhaltigkeitsräten im Zeichen der Globalisierung

Volker Hauff

Nachhaltige Entwicklung ist eine feste Größe im politischen Diskurs über die Zukunftsgestaltung. Der Begriff hält nach und nach auch Einzug in das unternehmerische Handeln. Im politischen Sprachgebrauch avanciert der Ausdruck „Nachhaltigkeit" inzwischen fast schon zu einem Statthalter, wenn von Dauerhaftem und von Beständigkeit die Rede ist und wenn auf Veränderungsprozesse abgestellt wird, die ihre eigenen Grundlagen nicht untergraben dürfen, sondern sich fortentwickeln sollen. Der aus der Forstwirtschaft des 18. Jahrhunderts stammende Begriff bezeichnete ursprünglich eine neue Wirtschaftsweise, bei der nur so viel Holz geschlagen werden soll wie nachwächst. Diese war angesichts der damaligen Übernutzung der Wälder als Baumaterial für den Erzbergbau und für die wachsenden Städte wie auch als Brennmaterial für die Erzverhüttung notwendig geworden. Nachhaltige Forstwirtschaft war eine Reaktion auf die Bedrohung der Waldökologie zu Beginn der mitteleuropäischen Industrialisierung. In den achtziger Jahren wurde der Begriff „Nachhaltigkeit" durch die Brundtland-Kommission in die Politik eingeführt (vgl. Hauff 1987). Vorausgegangen war die Umweltkonferenz der Vereinten Nationen (UN) in Stockholm 1972, die grundlegende Prinzipien des Umweltschutzes zum Thema hatte. Sie erscheinen heute selbstverständlich, waren damals jedoch, wie etwa das Verursacherprinzip, höchst umstritten. Mit dieser Konferenz wurde Umweltpolitik als globales Politikfeld etabliert. Während der achtziger Jahre wurde offenbar, dass das Bemühen um die Erhaltung der Umwelt ohne eine Verbindung mit Entwicklungspolitik schnell seine Grenzen erreicht. Was unmittelbar für die globale Ebene galt – und gilt –, ist im Grunde aber auch für die nationale Ebene bedeutsam, wenn man an den Zusammenhang von Umwelt- und Verkehrs–, Wirtschafts–, Energie- und Landwirtschaftspolitik denkt.

Mit dem Brundtland-Bericht der Weltkommission für Umwelt und Entwicklung von 1987 wurde erstmals ein tragfähiger konzeptioneller Zusammenhang zwischen Wirtschaftsentwicklung und Umwelt hergestellt. Den zugrunde liegenden roten Faden bildete die Vorstellung von „sustainable development" – ein Begriff, der im Deutschen als „nachhaltige Entwicklung" ungenügend und abgehoben wiedergegeben scheint, weil er nicht die Alltagsbedeutung des englischen Wortes „sustainability" trifft. Dieser sprachliche Mangel wird auch nicht durch die Rückbesinnung auf die deutschen Wurzeln der Nachhaltigkeit in der Fortwirtschaft behoben.

1. Von Rio nach Johannesburg

Die im historischen Rückblick wichtigste Empfehlung der Brundtland-Kommission war der Vorschlag, eine Weltkonferenz zu Umwelt und Entwicklung durchzuführen. Diese fand 1992 in Rio de Janeiro statt. Während der erste Weltgipfel von Aufbruch, Begeisterung und Vision geprägt war, stand der Folge-Gipfel in Johannesburg, der im September 2002 stattfand, unter dem Motto, nach zehn Jahren Bilanz zu ziehen, nach der Umsetzung der Agenda 21 zu fragen und neue Herausforderungen aufzugreifen. Die Ergebnisse des Johannesburger Weltgipfels sind an anderer Stelle dargestellt und bewertet worden (vgl. Hauff 2002a und b). Im vorliegenden Zusammenhang und bei der Frage nach einer effizienten politischen Beratung zur Nachhaltigkeitspolitik sei lediglich auf einen Aspekt hingewiesen: Johannesburg hat allen Beteiligten deutlich gemacht, dass die Zeit für Diskussionen um Begriffe und Konzepte vorbei ist. Vielmehr standen in Johannesburg Maßnahmen, Inhalte und tatsächliche Aktionen im Vordergrund – je nach Verhandlungsposition unter dem Vorzeichen der Umsetzung oder des Verhinderns.

In Deutschland stehen mit der vom Kabinett beschlossenen Nachhaltigkeitsstrategie (vgl. Bundesregierung 2002 und Rid in diesem Band) nunmehr die praktischen Schritte zur Umsetzung auf der politischen Agenda. Dies betrifft sowohl den Staat und die Kommunen als auch alle diejenigen, die man als Akteure der Zivilgesellschaft bezeichnet, also die Unternehmen, Verbände, die Wissenschaft, Kirchen, freien Bildungsträger etc. Dass sich alle auf den begrifflichen Fokus Nachhaltigkeit beziehen, ist gut. Allerdings droht angesichts seiner heute sehr breiten Verwendung auf „die“ Ökologie oder „den“ Finanzhaushalt und „die“ Gesellschaft die grundlegende Herausforderung, die der Nachhaltigkeit zugrunde liegt, verloren zu gehen. Deshalb erscheint es wichtig, dass die politische Beratung an einige zentrale Wegmarken erinnert:

Nachhaltigkeit birgt ein ethisches Grundpostulat, das Hans Jonas in Anlehnung an Kants Kategorischen Imperativ beschrieb als:

> „Handle so, dass die Wirkungen deines Handelns nicht zerstörerisch sind für die Permanenz echten menschlichen Lebens auf Erden“ (Jonas 1993: 36).

Indessen ist in dem Begriff mehr mitgedacht als eine bloße Handlungsmaxime. In seiner räumlichen und zeitlichen Dimension reicht das Leitbild über Landesgrenzen und Legislaturperioden hinaus. Nachhaltigkeit ist ein integratives und prozedurales Konzept, das Orientierung für neue, strategisch-zielführende Lern- und Suchprozesse ist, um wirtschaftliche Entwicklung in intakter Umwelt zum einen, Lebensqualität und sozialen Zusammenhalt in globaler Verantwortung zum anderen zu erlangen und zu sichern. Diese Ziele setzen auf allen Ebenen des gesellschaftlichen Handelns an, betreffen eine Reihe unterschiedlicher Akteure und berühren verschiedene Politikfelder. Unter den heutigen Bedingungen der „Politik in entgrenzten Räumen“ (Leggewie/Münch) erfordert dies vor allem gesellschaftliche und institutionelle Verständigungs- und Aushandlungsprozesse über neue Ansätze zur Integration und Koordinierung politischer Initiativen.

2. Nachhaltigkeit als Auftrag

Der erste Weltgipfel in Rio de Janeiro 1992 markierte einen politischen Aufbruch: konzeptionell wurden Umwelt und Entwicklung nicht mehr getrennt voneinander betrachtet, sondern als ganzheitlicher Entwurf verstanden. Damit hat sich ein Begriffsverständnis durchgesetzt, dem die schon 1972 erstmals geäußerten Befürchtungen des Club of Rome über die „Grenzen des Wachstums" vorausgegangen sind und das in der Definition des Brundtland-Berichts von 1987 gründet. Demnach ist nachhaltige Entwicklung eine Entwicklung,

> „die die Bedürfnisse der gegenwärtigen Generation befriedigt, ohne zu riskieren, dass künftige Generationen ihre eigenen Bedürfnisse nicht befriedigen können" (Hauff 1987 : 47).

So verstanden, führt Nachhaltigkeit die ökonomischen, sozialen und ökologischen Dimensionen von Entwicklung in einem integrativen Konzept zusammen. Indem es die Rechte der heute lebenden und die der nachkommenden Generationen in den verschieden entwickelten Gebieten der Welt anspricht, birgt es eine prozessorientierte, zeitliche Komponente.

Diese Begrifflichkeit ist aber kein einfaches Rezept: Zwar herrscht über das Ziel, vorsorgende wirtschaftliche, gesellschaftliche und ökologische Entwicklung in globalem Handlungsauftrag miteinander zu verbinden, mittlerweile international Einigkeit; heftigst debattiert wird aber, wie sich Nachhaltigkeit konkret umsetzen lässt.

Tatsächlich wurde in Rio zunächst Politik durch Ankündigung gemacht. Politisch-institutionell betrachtet setzte die Rio-Konferenz einen weiteren Meilenstein, weil erstmals nicht nur Regierungen mit den Vereinbarungen betraut, sondern auch zivilgesellschaftliche Akteure darin eingebunden waren. Ein globales Aktionsprogramm, die Agenda 21, die Konstitution einer UN-Kommission für Nachhaltige Entwicklung (CSD) und die Verpflichtung von 173 Unterzeichnerstaaten, Nachhaltigkeit im eigenen Land und in enger Kooperation mit anderen Ländern in konkrete Politik zu überführen, waren wichtige Ergebnisse.

Trotz der weiteren Schritte im Rio-Folgeprozess, genannt seien die Biodiversitätskonvention von 1993, die Klimakonvention (1994) und die Wüstenkonvention (1996), blieb die Ausgestaltung der großen Klammer für die Formulierung grenzüberschreitender globaler Interessen unbefriedigend. So offenbarte der Vorbereitungsprozess für den zweiten Weltgipfel in Johannesburg im Jahr 2002 die großen Defizite der Weltgemeinschaft bei der Umsetzung der nachhaltigen Entwicklung. Die Johannesburger Konferenz zeitigte denn auch stark auseinanderstrebende Bewertungen – vom Scheitern bis zur vorsichtigen Begeisterung über erreichte Teilziele war in den unterschiedlichen Stellungnahmen die Rede. Ist also nachhaltige Entwicklung als gesellschaftliche Perspektive für wirtschaftliches Handeln ein leitfähiges Konzept? Und: Wo stehen wir in Deutschland mit dem Ziel, nachhaltige Entwicklung auf allen Ebenen zum bestimmenden Faktor gesellschaftlichen Handelns zu machen?

3. Barrieren und Chancen in der globalisierten Gesellschaft

Dieses Jahrhundert zeitigt einen Strukturwandel der Politik: Sie findet in offenen Räumen und zunehmend in einem Mehrebensystem statt und entwächst damit ihren etablierten Formen (Leggewie/Münch 2001). Damit einher geht ein neues Verständnis der Politikgestaltung. Die Politik erkennt neue Gestaltungsmöglichkeiten. Sie ist nicht mehr allein Staatsaufgabe, sondern öffnet sich der nicht-staatlichen Politik und bildet eine neue Qualität an Partizipationsmöglichkeiten heraus, indem sie Akteure der Zivilgesellschaft mit einbezieht. So wie das Ringen um Nachhaltigkeit auf der Ebene der internationale Politik nicht mehr allein Politik zwischen souveränen Staaten ist, sondern vielmehr auf einem immer dichteren Geflecht von transnationaler Arbeitsteilung, zivilgesellschaftlichen Vereinigungen und kultureller Kommunikation aufbaut, spielt es sich auch im binnenpolitischen Bereich zunehmend außerhalb der klassischen Politikzusammenhänge ab. Damit verändern sich die

Koordinationsmechanismen des politischen Agenda-Setting. Diese neuen Dimensionen der Verständigungs- und Aushandlungsprozesse bergen neue Möglichkeiten zur Integration und Koordinierung politischer Initiativen für Nachhaltigkeit. Dabei sollte man jedoch nicht vergessen, dass all dies bei Weitem keine logisch gerichtete und quasi von allein ablaufende Entwicklung ist. Es handelt sich vielmehr um eine Reaktion darauf, dass die altbewährten Politikmuster des nationalstaatlichen Handelns und der innenpolitischen Fixierung auf den Staat als nahezu einziger Handlungsträger nicht mehr oder zunehmend schlechter funktionieren. Dies ist ein Lernprozess mit vielen Vorwärts- und Rückwärtsschritten.

Dabei gibt es nur eine Konstante: Das ist das wachsende Bedürfnis von Parlamenten und Regierungen nach fundierter politischer Beratung. Dass Entscheidungsfragen in globalisierten Problemzusammenhängen immer komplizierter und unüberschaubarer werden, ist nur eine Konsequenz der „neuen Unübersichtlichkeit" der Einen Welt. Insbesondere die Ökologie folgt ihren eigenen Zeitläuften, die sich nicht an Landesgrenzen und Legislaturperioden orientieren. Gegenwärtiges wirtschaftliches Handeln wirkt sich räumlich unter Umständen ganz woanders und zeitlich sehr viel – womöglich Generationen – später aus. Politik erfordert deshalb unter den Bedingungen der entgrenzten Räume und der langen Wellen der Nachhaltigkeit zunehmend fachliche Analysekompetenz. Darüber hinaus bedarf sie in Anbetracht des dichter werdenden Geflechts partizipierender Akteure solches Wissen, das allen Beteiligten Nutzungs- und Anwendungsmöglichkeiten bietet oder neu erschließt.

4. Der Rat für Nachhaltige Entwicklung

Zu ihrer Beratung in der Nachhaltigkeitspolitik hat die Bundesregierung den Rat für Nachhaltige Entwicklung berufen. 18 Persönlichkeiten aus Wirtschaft, Umweltverbänden, Kirchen, Gewerkschaften, Wissenschaft sowie Verbänden zur Entwicklungspolitik und zum Verbraucherschutz gehören ihm derzeit an. In seiner breiten Zusammensetzung liegt das politische Gewicht des Rates. Das Gremium hat die Aufgaben, die Bundesregierung zur Nachhaltigkeitspolitik zu beraten und dem sogenannten „Green Cabinet" zuzuarbeiten, Ziele, Indikatoren und Projekte vorzuschlagen und zur öffentlichen Kommunikation des Nachhaltigkeitsgedankens beizutragen. Manche Unterzeichnerstaaten der Rio-Deklaration haben die Entwicklung einer nationalen Nachhaltigkeitsstrategie als logische Fortsetzung der Arbeit an einer nationalen Umweltpolitik begriffen (vgl. Jänicke/Jörgens 1997), andere als Fortsetzung von nationalen Entwicklungsplänen. Dies spiegelt sehr unterschiedliche Interpretationen und Spielräume des Nachhaltigkeitsauftrags wider. Der Grund dafür liegt in der Rio-Agenda selbst. Denn die Rio-Deklaration „Agenda 21" besagt zwar, dass die nationale Umsetzung einer derartig breit angelegten Agenda einer „Strategie" bedürfe, enthält sich dann aber jeder weiteren Festlegung, was eine solche Strategie eigentlich ausmacht. Es wird nicht einmal eine Richtung angedeutet oder eine Orientierung gegeben, wie sie aufgebaut sein sollte. Nach Rio dauerte es einige Jahre bis die internationale Gemeinschaft das Vakuum, das zum Thema „Nachhaltigkeitsstrategie" bestand, aufgriff. Das Londoner Institut für Environment and Development hat erst in Johannesburg ein Buch präsentieren können, das eine gewisse Anleitung für die Erstellung und die Umsetzung von Nachhaltigkeitsstrategien gibt (Dalal-Clayton/Bass 2002). Die erste Generation von Nachhaltigkeitsstrategien war oftmals paralysiert, weil die Strategien mit dem vermeintlichen Auftrag, eine „ganzheitliche Vorgehensweise" und einen „übergreifenden Ansatz" finden zu müssen, nicht zu handlungsrelevanten Maßnahmen kamen. Im besten Falle waren solche Strategien als Checkliste oder Ideensammlung behandelt worden, nicht aber als Empfehlungen zum

Regierungshandeln. Die Idee des „perfektionierten Masterplans“ als staatlich fixierte Blaupause für die nationale Entwicklung ist aus heutiger Sicht jedoch längst nicht mehr die Grundlage für Nachhaltigkeitsstrategien der zweiten Generation. Sie verfolgen einen neuen, partizipativ ausgerichteten Denkansatz, der auch Akteure der Zivilgesellschaft einbezieht und auf einen kontinuierlichen Such- und Lernprozess baut (Bass/Dalal-Clayton 2002).

Im April 2002 hat die Bundesregierung die nationale Nachhaltigkeitsstrategie „Perspektiven für Deutschland“ beschlossen (Bundesregierung 2002). Diese nationale Nachhaltigkeitsstrategie fokussiert die gesellschaftliche Debatte über Ziele, Inhalte, Indikatoren und Projekte zur nachhaltigen Entwicklung auf alle Ebenen der Gesellschaft. Falsch wäre es, die in Deutschland erreichten Fortschritte etwa im Klimaschutz und bei wirtschaftlichen Lösungen zum Umweltschutz gering zu schätzen. Dennoch stehen wir erst am Anfang, das strategische Postulat der Nachhaltigkeit, die politische Verknüpfung von Wirtschaft, Sozialem und Ökologischem, einzulösen. Nachhaltiges Wirtschaften braucht politische Wegmarken und entsprechende überprüfbare Kennzahlen im Sinne eines unternehmerischen Controlling-Ansatzes. Die Nachhaltigkeitsstrategie lässt keinen Zweifel daran, dass unsere Produktions- und Lebensweise in Deutschland noch lange nicht umweltgerecht und zukunftsfähig sind. Sie verkörpert das moderne Verständnis des Nachhaltigkeitsauftrags im Sinne eines integrativen und prozeduralen Konzeptes. Sie löst die geforderte Kohärenz von Umwelt und Entwicklung ein und ist auf Empfehlung des Nachhaltigkeitsrates von einer eher eingeschränkten Betrachtung der Situation in Deutschland abgerückt hin zur Betonung unserer globalen Verantwortung. Ihr Entstehungsprozess, der durch eine intensive Dialogphase mit der Fach- und breiten Öffentlichkeit flankiert wurde, kennzeichnet eine partizipative Herangehensweise. Wichtigste Errungenschaft sind die konkrete Ziele und messbare Indikatoren. Der Nachhaltigkeitsrat sieht seine Empfehlungen in einer Reihe von wichtigen Punkten aufgegriffen:

- Mit dem Zwischenschritt, in 2006 0,33 Prozent des Bruttonationaleinkommens für Entwicklungspolitik aufzuwenden, wird der jahrelangen Stagnation der Entwicklungsausgaben begegnet. Es kommt wieder Bewegung in die Entwicklungszusammenarbeit. Der internationalen Verantwortung der deutschen Politik wird stärkeres Gewicht beigemessen. Die Regierung hat zugesagt, die Folgen der Globalisierung auf internationaler Ebene zu thematisieren.
- Der in den letzten Jahren zu verzeichnende Anstieg der Importe von Produkten aus Entwicklungsländern soll fortgesetzt werden. Dazu sollen faire Handelsbeziehungen geschaffen werden.
- Die Begrenzung des Flächenverbrauches von jetzt 130 auf 30 Hektar pro Tag im Jahr 2020 ist ein Ziel, das äußerst ambitioniert ist und dem durch seine Auswirkung vor allem auf die Städte–, Fiskal–, Landes- und Kommunalpolitik eine große Signalwirkung zukommt.
- Erneuerbare Energien sollen bis zur Mitte des Jahrhunderts rund 50 Prozent des Energieverbrauches in Deutschland decken – ein Ziel, das die Innovationspolitik in Deutschland vor ganz neue Herausforderungen stellt.
- Auf Drängen des Rates unterstreicht die Bundesregierung ihre Absicht, die Vorreiterrolle im Klimaschutz auch weiterhin wahrzunehmen und ein anspruchvolles Klimaziel für die nächste Etappe internationaler Vereinbarungen vorzuschlagen – der Rat sieht damit die Diskussion um langfristige Ziele der Klima- und Energiepolitik und den Platz, den die verschiedenen Energieträger darin haben werden, eröffnet.
- Die fünf vom Rat vorgeschlagenen Projekte (Energie-Contracting bei Bundesliegenschaften, Gebäudesanierung auf Niedrigenergiestandard, Kommunikationsstrategie für

nachhaltiges Verkehrsverhalten, Kampagne: Zukunft gestalten durch Verbraucherverhalten, Welthunger bekämpfen mit nachhaltiger, standortgerechter Landnutzung), mit denen die Idee der Nachhaltigkeit verdeutlicht werden soll, werden von der Regierung aufgegriffen. Es handelt sich um Projekte, die soziale und technische Innovation verknüpfen.
- Nachhaltigkeit in der Naturschutzpolitik wird in Zukunft anhand von Indikator-Tierarten messbar, wenngleich die Liste aus Sicht naturschutzfachlichem Votums der Umweltverbände Mängel aufweist.
- In der agrarpolitischen Konzeption hat die Regierung den zunächst vorgelegten Entwurf auf Empfehlung des Rates zugunsten der Verbraucher- und Konsumpolitik grundlegend überarbeitet, wenngleich sie nicht in allen Punkten den Ratsvorschlägen folgt.
- In der Formulierung des Stickstoff-Indikators als Maßstab für den Weg zur Nachhaltigkeit in der Landwirtschaft ist die Regierung dem Rat gefolgt. Sie hat allerdings – entgegen dem Votum des Rates – einen zweiten Indikator festgelegt, der den Ökolandbau als den Anforderungen an eine nachhaltige Landwirtschaft schon heute in besonderem Maße gerecht werdend bezeichnet und einen Flächenanteil des Ökolandbaus von 20 Prozent der Landwirtschaftsfläche anstrebt. Der Rat spricht sich zwar grundsätzlich auch für die angezielte Expansion des Ökolandbaus aus, hält aber den Öko-Flächenanteil als Indikator für die gesamte Landbewirtschaftung für nicht geeignet.
- Einer weiteren Empfehlung des Rates folgend hebt die Nachhaltigkeitsstrategie die Rolle der Kulturpolitik hervor und beschreibt die ethischen Grundlagen der Nachhaltigkeitspolitik.
- Der Prozesscharakter der Nachhaltigkeitsstrategie wird ausdrücklich bestätigt, und es werden nächste Schritte angekündigt – der Rat unterstützt die Konzeption der Strategie als Such- und Anpassungsprozess. Es geht nicht darum, unfertige Konzepte einfach abzuhaken, sondern den Wettbewerb um die besten Konzepte für die Zukunftsfähigkeit zu fördern.

Nicht alle Empfehlungen des Rates wurden bei Formulierung der nationalen Nachhaltigkeitsstrategie aufgegriffen. So hatte der Rat unter anderem dafür plädiert, schon zum jetzigen Zeitpunkt ein politisches Signal für ein anspruchsvolles Klimaziel für das Jahr 2020 festzulegen, die Subventionierung der Steinkohleförderung zu beenden, die Nachhaltigkeit wirtschaftlicher Investitionen anhand eines spezifischen Indikators zum „ethischen Investment" zu messen und einen Indikator für das ehrenamtliche und demokratische Engagement in der Nachhaltigkeitspolitik einzuführen, sowie die Ressourcenschonung nicht nur an den Maßstäben der Intensität, sondern auch an absoluten Verbrauchszahlen zu messen. Insbesondere das Klimaziel sieht der Rat als Gradmesser für die gesamte Strategie.

Die von der Bundesregierung verabschiedete Nachhaltigkeitsstrategie gibt noch keine umfassenden Antworten für die anstehenden Zukunftsfragen; aus Sicht des Rates bleiben Differenzen zur Regierungspolitik bestehen. Neben allem technologischen Fortschritt zu einer effizienteren Nutzung von Ressourcen und der Schaffung entsprechender Rahmenbedingungen darf sich die Umsetzung von Nachhaltigkeit nicht in einer intelligenteren, effektiveren Ausgestaltung eines „technokratischer Reißbrettentwurfs" (Ulrich Grober) erschöpfen. Vielmehr muss das Potenzial des Leitbildes Nachhaltigkeit als kulturell-gesellschaftlicher Entwurf für einen an ökologischen und sozialen Werthaltungen ausgerichtetem Konsum- und Lebensstil erkannt und als handlungsorientierte Determinante unseres Alltags schätzen gelernt werden. Bei Goethe findet sich dafür ein immer noch gültiges Sinnbild: „Wer das Saatgut verspeist, kann morgen nicht ernten", heißt es in Wilhelm Meisters Lehrjahre.

5. Nachhaltige Beratung als diskursiven Prozess organisieren

Die Nachhaltigkeitsstrategie stellt mit ihrer konkreten Benennung von Handlungsprioritäten und zu erreichenden Zielen in den verschiedenen Politikfeldern eine durchdachte und öffentlich transparente Grundlage für eine politische Umsetzung des Nachhaltigkeitsauftrags dar. Allerdings erschöpft sich die Umsetzung von nachhaltiger Entwicklung nicht allein in politischen Steuerungsinstrumenten wie Gesetzen und Verordnungen. Vielmehr braucht Nachhaltigkeit ein zivilgesellschaftliches Engagement, dass sich von einem althergebrachten Staatsverständnis verabschiedet. Die Nachhaltigkeitsstrategie setzt wichtige politische Wegmarken. Der nächste, gemeinsame Schritt muss deshalb sein, sie auszufüllen und programmatisch umzusetzen. Dabei wird der so genannte Monitoring-Prozess, die statistische Fortschreibung der Indikatoren und deren politische Überprüfung, eine zentrale Rolle spielen. Als Wegweiser zu einer nachhaltigen Entwicklung ist die Strategie aber selbst ein „Objekt im Fluss", das einem kontinuierlichen Ausbau unterliegt. Die Wege zu einer nachhaltigen Lebens- und Wirtschaftsweise sind vielfältig. In das Projekt „Nachhaltigkeit" bringen alle Akteure ihre spezifische Kompetenz ein. „Nachhaltige Beratung" ist keine kommunikative Einbahnstrasse, sondern muss als diskursiver Prozess organisiert und betrieben werden.

Literatur

Bachmann, Günther: Nachhaltigkeit – Politik mit gesellschaftlicher Perspektive. In: Aus Politik und Zeitgeschichte. Beilage zur Wochenzeitung Das Parlament, B 31-32/2002

Bass, Stephen/Dalal-Clayton, Barry: National Strategies for Sustainable Development: New Thinking and Time for Action. In: IIED (Hrsg.): Words into Action. For the UN World Summit on Sustainable Development. o.O. 2002, S. 30-34

Beck, Ulrich: Perspektiven der Weltgesellschaft. Frankfurt/Main 1998

Beck, Ulrich: Was ist Globalisierung? Irrtümer des Globalismus – Antworten auf Globalisierung. Frankfurt/Main 1997

Bundesregierung: Perspektiven für Deutschland. Berlin 2002

Cassel, Susanne: Politikberatung und Politikerberatung. Bern 2001

Dalal-Clayton, Barry/Bass, Stephen (Hrsg.): Sustainable Development Strategies. A Resource Book. London 2002

Gellner, Wienand: Ideenagenturen für Politik und Öffentlichkeit. Think Tanks in den USA und Deutschland. Opladen 1995

Grober, Ulrich: Die Idee der Nachhaltigkeit als zivilisatorischer Entwurf. In: Aus Politik und Zeitgeschichte. Beilage zur Wochenzeitung Das Parlament, B 24 / 2001

Hauff, Volker (Hrsg.): Unsere gemeinsame Zukunft. Der Brundtland-Bericht und die Weltkommission für Umwelt und Entwicklung. Greven 1987

Hauff, Volker: Nachhaltigkeit nach dem Weltgipfel von Johannesburg. Perspektiven für die Politik in Deutschland und Europa. Vortrag zum VDZ – Zukunftssymposium: Erfolgsstrategie für Zeitschriftenverlage und ihre Zulieferer. Nachhaltigkeit als Managementaufgabe am 19.09.2002. Ms. (unveröff.) 2002a

Hauff, Volker: Erfolge, Defizite, Perspektiven – ein Resümee von Johannesburg und Perspektiven für die Umsetzung der Nachhaltigkeitsstrategie in Deutschland. Vortrag zur Fachtagung der Friedrich-Ebert-Stiftung und der Gesellschaft für Nachhaltigkeit, neue Umweltökonomie und nachhaltigkeitsgerechtes Umweltrecht e.V. am 24.10.2002. Ms. (unveröff.) 2002b

Jänicke, Martin/Jörgens, Helge: Nationale Umweltpläne und Nachhaltigkeitsstrategien – eine Bilanz internationaler Erfahrungen. In: Rennings, Klaus/Hohmeier, Olav (Hrsg.): Nachhaltigkeit. Baden-Baden 1997, S. 137-161

Jonas, Hans: Das Prinzip Verantwortung. Versuch einer Ethik für die technologische Zivilisation. Frankfurt/Main 1993

Leggewie, Claus/Münch, Richard (Hrsg.): Politik im 21. Jahrhundert. Frankfurt/Main 2001
Menzel, Ulrich: Globalisierung versus Fragmentierung. Frankfurt/Main 1998
Rat von Sachverständigen für Umweltfragen: Umweltgutachten 2002. Für eine neue Vorreiterrolle. Stuttgart 2002
Wissenschaftlicher Beirat der Bundesregierung Globale Umweltveränderungen (WBGU): Entgelte für die Nutzung globaler Gemeinschaftsgüter. Sondergutachten. Berlin 2002

Nachhaltigkeit als Wegweiser für zukunftsfähiges Wirtschaften. Neue Verantwortungen

Angelika Zahrnt

Beständig, oft wiederholt und doch immer wieder neuartig: Ein Merkmal der letzten 20 Jahre ist die stets wiederkehrende und immer wieder aufs Neue gewandelte Nachricht, dass die Auswirkungen unseres wirtschaftlichen und gesellschaftlichen Handelns zunehmend auf globaler Ebene zu ökologischen Auswirkungen führen. Die wissenschaftlichen Erkenntnisse bestätigen den Abbau der Ozonschicht, einen globalen Klimawandel, die Überfischung der Meere, das Ausmaß des Artensterbens und die negativen Veränderungen der natürlichen Artenvielfalt durch die Einwanderung von sogenannten Invasoren-Arten, die Zunahme der Erosion und Versalzung der Böden, die Ausbreitung der Wüstenbildung, Schäden durch Abholzen von Wäldern, die Schadstoffbelastung auch noch der entlegensten Naturgebiete (vgl. zum Beispiel WBGU 2002). Die Überbeanspruchung gemeinschaftlicher Naturgüter auf globaler Ebene ist dramatisch. Und längst schon sind auch die Gesundheit und die Überlebensfähigkeit der Menschen direkt durch die Umweltschäden bedroht. Sauberes Trinkwasser ist in vielen Regionen der Welt unbekannt, mangelnde hygienische Verhältnisse bei der Abwasserentsorgung verursachen vielerorts eine Zunahme von Infektionskrankheiten. Armut – so der Direktor des Umweltprogramms der UNO, Klaus Töpfer, – ist das schlimmste Umweltgift, aber aus dieser Erkenntnis ist bis jetzt wenig Konsequenz erwachsen.

Heute besteht kein Zweifel mehr, dass wir alle Verantwortung für die Zerstörungen und Schäden an der Umwelt und für Armut und Unterernährung in der Welt mittragen: jede und jeder von uns ein Stück, und am meisten diejenigen, die mit ihrer wirtschaftlichen und unternehmerischen Entscheidungsmacht vom Zustand der Welt gar profitieren oder ihn als „Geschäftsbedingungen und terms of trade" hinnehmen.

Gibt es eine Perspektive, in der sich die Unternehmen ihrer Verantwortung für Mensch und Umwelt stellen? Wie ist nachhaltiges Wirtschaften machbar? Zu dieser Frage gehört auch die: Wer kann überhaupt Nachhaltigkeit „machen"? Wer kann Nachhaltigkeit denken und umsetzen? Zunächst einmal ist sicher die Politik zu nennen, da sie den politischen Anstoß geben, eine Nachhaltigkeitsstrategie entwickeln und wirtschaftliche und gesellschaftliche Rahmenbedingungen für das Handeln von Unternehmen und Bürgern setzen kann. Aber andere Akteure sind auch direkt gefragt, Einzelpersonen, Non-Governmental Organizations (NGOs), Verbände, und Unternehmen. „Nachhaltiges Wirtschaften" ist längst nicht etwas, was allein in den Handlungsbereich der Unternehmen und der Wirtschaft fiele. Die Vorstellung, dass die Tätigkeit „Wirtschaften" das ist, was allein Unternehmen tun, und „Konsumieren" das, was allein die Endverbraucher tun, und dass diese Sphären am besten getrennt und auseinander zu halten sind, so wie in den Zeitungen die Wirtschaftsseite von den Rubriken „Leben, Feuilleton, Reisen, Auto etc.", gehört zu einem veralteten Denken.

So wie die Idee des Ständestaates nicht mehr zu den bürgerlichen Staaten der Industriellen Revolution gehörte, so gehört die Aufteilung der Verantwortungen für Produzieren und Konsumieren nicht mehr zu einem zukunftsfähigen Konzept des nachhaltigen Wirtschaftens.

Die wachsende Bedeutung der Zivilgesellschaft hat sich erst kürzlich beim Weltgipfel für nachhaltige Entwicklung in Johannesburg wieder gezeigt. Nichtregierungsorganisationen können die Regierungsverhandlungen indirekt beeinflussen. Das mag dem einen oder anderen zu wenig erscheinen, kann aber in repräsentativen Demokratien nicht anders sein, weil die NGOs die Exekutive nicht ersetzen können. Die überaus hohe Bedeutung der NGOs liegt ohnehin in einem anderen Feld. Die öffentliche Bewertung der von den Regierungen erreichten inhaltlichen Verhandlungsergebnisse wird in hohem Maße durch die NGOs beeinflusst. Über ihre inhaltliche Kompetenz, die Unabhängigkeit von wirtschaftlichen Interessen und ihre Fähigkeit, in einer kritischen Offenheit über Ziele und Maßnahmen zu reden, haben sie sich für diese Rolle legitimiert.

Nach Berechnungen von UNCTAD (UN Conference on Trade and Development) sind heute 29 Unternehmen wirtschaftlich stärker als Nationalstaaten. Beim Weltgipfel von Johannesburg waren neben Staaten vor allem auch multinationale Konzerne vertreten. Sie wollten ihre Rolle als Akteur der nachhaltigen Entwicklung erkennbar machen. Prinzipiell setzen sich die Unternehmen dafür ein, dass Nachhaltigkeit auf Basis von freiwilligen Beteiligungen der Wirtschaft angegangen wird. Sie argumentieren, dass verbindliche Regeln zu Bürokratien führten, ihre Kosten erhöhen und damit ihre Wettbewerbsfähigkeit senken würden. Aber ist eine freiwillige Förderung des Nachhaltigkeitskonzepts ausreichend? Wie erreicht man ein verantwortungsvolles Verhalten von Unternehmen?

1. Internationale Initiativen zugunsten eines nachhaltigen Wirtschaftens

Ein nachhaltiges Wirtschaften bedeutet für die Wirtschaft neue Ansprüche und Herausforderungen. Was früher von den Unternehmen verlangt worden ist – nationale Umwelt- und Sozialgesetze einzuhalten, gegebenenfalls auch die unvermeidbaren Eingriffe in die Natur finanziell auszugleichen – ist unter den Vorzeichen globaler Umweltbelastungen und der neuen sozialen Frage von Arm und Reich im Nord-Süd-Zusammenhang nicht mehr ausreichend. Die Verantwortung für ein Unternehmen liegt nicht mehr allein darin, dem Staat Steuer zu entrichten und Genehmigungsvoraussetzungen einzuhalten. Vielmehr müssen sie darüber hinaus der Öffentlichkeit ihre Unternehmenstätigkeit – insbesondere ihre weltweite – begründen. Nach Meinung des Zentrums für Wirtschaftsethik (Wieland 2002) steht jedes an der Spitze einer Wertschöpfungskette operierende globale Unternehmen vor neuen Herausforderungen der Zusammenarbeit, der Kontrolle, des Aufbaus von Vertrauen und Glaubwürdigkeit. Die Verantwortung eines Unternehmens für Natur und Umwelt sowie für den Zusammenhalt seines sozialen Umfeldes kann ein Unternehmen nicht „ergreifen, wählen, übernehmen oder ablehnen" – sie wird dem Unternehmen von der Öffentlichkeit auferlegt. Aus Sicht des Unternehmens wird ihm diese Verantwortung ungefragt zugeordnet. Das Brent Spar Syndrom ist noch in allen Köpfen. Unter Druck von Greenpeace, anderen NGOs und der Öffentlichkeit hat der Ölkonzern Shell letztlich auf die Versenkung der Ölplattform „Brent Spar" im Atlantik verzichtet. Die Medien, die Macht der Öffentlichkeit und die Rolle des Internets waren stärker als bis dahin allgemein angenommen worden war.

Die Erwartungen der Öffentlichkeit an Unternehmen erklären sich auch dadurch, dass heute multinationale Konzerne mehr Macht haben können als Staaten. Während die staatliche Gesetzgebung in der Regel wegen der langen Konsultationsprozesse nur langsam auf neue Herausforderungen antwortet, wird den Unternehmen oft ein rascheres Reagieren zugetraut. Während die meisten Entwicklungsländer zum Beispiel Kinderarbeit noch tolerieren, kann es wegen der Wirkung in der Öffentlichkeit im strategischen Interesse eines Unternehmens liegen, die Kinderarbeit zu vermeiden – aber welches Unternehmen entschließt sich hierzu?

Mit dem Konzept der nachhaltigen Entwicklung sind in den achtziger Jahre viele Initiativen für eine größere Verantwortung der Unternehmen („*Corporate Responsibility*"), insbesondere im Bezug zu Mitarbeitern und anderen Anspruchsgruppen („*stakeholders*") und der Umwelt entstanden (vgl. auch Schaltegger und Leitschuh-Fecht/Steger in diesem Band). Selbstverpflichtungen der Wirtschaft und Verhaltenskodizes spielen in der sozialen und ökologischen Gestaltung der Globalisierung eine wichtige Rolle. Als Folge des Tankerunfalls der Exxon Valdez schlug die Coalition for Environmentally Responsible Economies (CERES) im September 1989 zehn Prinzipien für eine Umweltethik vor. Die CERES Prinzipien sind mittlerweile von 70 Unternehmen übernommen worden. Die zehn Prinzipien sind: Schutz der Biosphäre, nachhaltige Nutzung natürlicher Ressourcen, Abfallvermeidung und -entsorgung, Energieeinsparung, Risikoverminderung, Produkt- und Dienstleistungssicherheit, Erhaltung und Wiederherstellung der Umwelt, Transparenz, Managementverpflichtung, Audit und Berichterstattung.

Neben den CERES-Prinzipien haben sich viele Unternehmen verpflichtet, die 16 Grundsätze der Business Charter for Sustainable Development umzusetzen. Diese 16 Prinzipien sind: *corporate priority, integrated management, process of improvement, employee education, prior assessment, products and services, customer advice, facilities and operations, research, precautionary approach, contractors and suppliers, emergency preparedness, transfer and technology, contributing to the common effort, openness to concerns, compliance and reporting* (WBCSD). Der Schwerpunkt der Charta liegt auf dem Umwelt-Management, da dies nach Meinung der internationalen Wirtschaftskammer, ICC, der vordringlichste Aspekt der nachhaltigen Entwicklung für ein Unternehmen ist. Das World Business Council for Sustainable Development bietet den Unternehmen die Möglichkeit, Ideenaustausch und Erfahrungen der Unternehmensführung im Bereich nachhaltige Entwicklung zu diskutieren. 160 Unternehmen sind derzeit im Council vertreten.

Die Vereinten Nationen haben in einer Initiative von Kofi Annan die Unternehmen eingeladen, den U.N. – Global Compact zu unterschreiben. Der Global Compact erfasst neun Prinzipien in den drei Bereichen der Menschen- und Arbeitsrechte und der Umwelt. 74 Unternehmen haben den Compact unterschrieben, unter anderem BASF, Bayer, BMW, Deutsche Bank.

In Deutschland wurde im Sommer 2000 „econsense – das Forum Nachhaltige Entwicklung" (vgl. ebd. 2002) gegründet als eine Plattform von Unternehmen der deutschen Wirtschaft, die das Leitbild der nachhaltigen Entwicklung in ihre Unternehmensstrategie integrieren wollen. Econsense entstand auf Initiative des Bundesverbandes der Deutschen Industrie (BDI). Ziel der Initiative ist es nach eigenem Bekunden zum einen, ein Klima zu schaffen, das Innovation ermöglicht und fördert. Zum anderen soll sie auf eine ausgewogene Betrachtung ökologischer, ökonomischer und gesellschaftspolitischer Fragen hinwirken. Als Dialogplattform diskutiert das Forum sowohl in der Wirtschaft als auch mit der Politik und Stakeholdern die Anforderungen an künftige Leistungen von Unternehmen und Politik.

Kennzeichen aller dieser Kodizes und Gruppierungen sind die Freiwilligkeit und die Abwesenheit von nachvollziehbaren und „abrechenbaren" Erfolgskriterien. Es gibt weder ein Monitoring noch einen festgelegten Vollzug von Zielen und Vereinbarungen im Sinne eines Enforcements. Der Bund Umwelt und Naturschutz Deutschland (BUND) und sein internationales Netzwerk Friends of the Earth stehen Initiativen wie dem Global Compact sehr kritisch gegenüber und treten für verbindliche Regeln für globale Unternehmen ein. Nicht die Freiwilligkeit an sich wird dabei kritisiert, sondern die Beliebigkeit, die zu befürchten ist, wenn die Maßstäbe und Kriterien für eine beschworene – und dem Anspruch nach ja auch angestrebte – Änderung des Verhaltens von Wirtschaftsunternehmen nicht festgelegt sind und in einem offenen Prozess des Monitorings überprüft werden können. Zudem werden die unzulänglichen freiwilligen Vereinbarungen oft als Vorwand genommen, um verbindliche Regeln für alle Unternehmen zu verhindern.

2. Problematik der Common Goods und Haftung von Unternehmen

Umweltorganisationen fordern schon seit langem ein internationales Haftungsrecht, das die Produzenten in die Pflicht nimmt. Selbstverständlich sind der Klimawandel, die Wüstenbildung oder die Überfischung der Meere nicht allein einigen Konzernen vorzuwerfen. Die diskutierten Vorstellungen von einem internationalen Umwelthaftungsrecht stellen auch nicht auf die im nationalen Bereich gewohnten Konzepte ab. Sind wir hierzulande gewohnt, dass Haftung dann eintritt, wenn ein Zusammenhang von Verursachung und Schaden nachgewiesen ist und wenn dieser Zusammenhang einem bestimmten Verursacher anzurechnen ist, so kann dieses Konzept auf internationaler Ebene keine oder nur unzureichende Ansatzpunkte bieten. Es ist ja gerade die Spezifik der so genannten Global Common Goods wie der Atmosphäre, der Hohen See, des erdnahen Orbits, dass sie gemeinsame Güter sind und dass sie durch unspezifische Einflüsse geschädigt werden. Die Einflussfaktoren sind – denken wir an die Ozonschicht – jeder für sich gering. Aber sie wirken letztlich in einem additiven Sinn. So ähnlich ist dies bei allen Einwirkungen auf die Global Common Goods. Deshalb trifft eine globale Umwelthaftung keinen einzelnen, spezifischen Verursacher, sondern ist im Sinne einer gesamtschuldnerischen Haftung der am Prozess Beteiligten zu verstehen. Globale Verantwortung für eine nachhaltige Entwicklung setzt also auch an Sachverhalten an, die außerhalb der bekannten, unmittelbaren Haftung eines Unternehmens für die ordnungsgemäßen Anlagen und die Zulässigkeit des hergestellten Produktes liegen.

Die globale Haftung von Unternehmen hat auch mit verbindlichen Regeln zu tun. Verbindliche Regeln würden den Unternehmen ihre Rechte, aber auch ihre Pflichten hinsichtlich Produktionsprozess, Produktverantwortung und globaler Auswirkungen ihrer Aktivitäten vorschreiben. Globale Umweltschäden und Menschenrechtsverletzungen finden auf diesem Weg einen Verursacher: die Unternehmen, die wiederum alles machen müssen, um diese Schäden und Verletzungen zu reduzieren. Die Unternehmen sollen dazu verpflichtet werden, über die gesamten ökologischen und sozialen Folgen ihrer Aktivitäten zu berichten, um Transparenz gegenüber den verschiedenen Anspruchsgruppen zu schaffen. Letztendlich gehört zu diesem Mechanismus ein Strafensystem, um eventuelle Verstöße verhindern bzw. verurteilen zu können.

3. Ergebnis von Johannesburg hinsichtlich einer nachhaltigen Unternehmenspolitik

Der Aktionsplan von Johannesburg eröffnet die Möglichkeit für die Erarbeitung globaler Regeln für „Global Players". Paragraph 45 des „Plan of Implementation" besagt, dass es dringend sei, aktive Maßnahmen zu ergreifen, um die Unternehmensverantwortung (*corporate responsibility and accountability*) zu fördern (*to promote*). Die Entwicklung globaler Regeln für Konzerne wird zwar nicht explizit gefordert. Sie wird aber auch nicht ausgeschlossen. International wirkende Konzerne können jetzt international auf hohe soziale und ökologische Standards verpflichtet werden.

Bisher fehlen allerdings verbindliche Regeln für die Wirtschaft. Viele freiwillige Vereinbarungen waren nur „greenwash"-Aktionen, um von negativem Umweltverhalten abzulenken. Jeder Schritt in Richtung verbindlicher Regeln, zum Beispiel im Bereich des Umweltmanagements oder Eco-Audits, wird aber von multinationalen Konzernen als Wettbewerbsverzerrung betrachtet und Auslagerungen in „günstigere" Länder werden damit begründet. Dennoch kann ein nachhaltiges Wirtschaften schon heute für die Privatwirtschaft durchaus vorteilhaft sein.

4. Unternehmerischer Nutzen eines nachhaltigen Wirtschaftens

> „Die ökologische Modernisierung ist ein Plus für die Umwelt. Sie ist auch ein Plus für Beschäftigung. Die Energiewende schafft neue Arbeit. In den erneuerbaren Energien sind in Deutschland heute schon mehr Menschen beschäftigt als bei der Atomenergie – allein 30.000 Jobs entstanden in der Windbranche im vergangenen Jahrzehnt. Klimaschutz und Energiewende zusammen werden bis 2020 netto 200.000 neue, zusätzliche Jobs entstehen lassen" (Trittin 2002).

Nachhaltigkeit bedeutet, dass das Unternehmen nicht nur verpflichtet ist, Löhne zu bezahlen, sondern es muss jetzt eine Verantwortung für Aus- und Weiterbildung, Mitarbeiterbeteiligung, Gewinnanteile für Mitarbeiter, ihre Sicherheit und Gesundheit und Flexibilität übernehmen. Stichwort Gerechtigkeit: Das Unternehmen ist auch dazu verpflichtet, die Arbeitszeit so zu gestalten, dass Frauen oder auch Männer nicht wegen Familienpflichten diskriminiert werden können. Stichwort Unternehmensgewinne: Einen Gewinnanteil an die Mitarbeiter zu gewähren, gilt als Motivationsfaktor für die Belegschaft. Verantwortung hat das Unternehmen aber auch gegenüber anderen Anspruchsgruppen wie Kunden, Lieferanten, Nachbarschaften, Entwicklungsländern. Damit hat das Unternehmen die Verpflichtung, alle Anspruchsgruppen in unternehmerische Entscheidungsprozesse einzubeziehen. Das bedeutet einen höheren Aufwand, führt aber zu einer langfristigen Steigerung des Unternehmenserfolgs, da das Vertrauen der Anspruchsgruppen gewährleistet ist.

Aus einer Studie zum nachhaltigen Wirtschaften in Deutschland, die vom ifo Institut für Wirtschaftsforschung im Auftrag des oekoradar-Verbundprojekts erstellt wurde, geht hervor: nachhaltige Unternehmen sind erfolgreicher. Insgesamt wurden 5.788 Unternehmen befragt, inwieweit das Thema nachhaltiges Wirtschaften in der betrieblichen Praxis Fuß gefasst hat.

> „Dass ökologische Effizienz, soziale Kompetenz und ökonomischer Erfolg eng miteinander verzahnt sind und positiv aufeinander rückwirken, beweist die gute Wettbewerbsposition nachhaltigkeits-orientierter Unternehmen",

so die Studie. Dies lässt sich mit dem Erfolg des Dow Jones Sustainability World Index (DJSI) beweisen: Im Vergleich zum „klassischen" Dow Jones Index zeigen seine Werte langfristig eine deutlich bessere Entwicklung. Die Aktien und Fonds der Anbieter „grüner" und ethischer Geldanlagen gelten auch als besonders sicher und stabil. Die Vorteile einer nachhaltigen Unternehmensführung sind vielseitig. Sie bietet Innovationspotenziale an, die zu einer strategischen Produktplatzierung und Kosteneinsparung führen. Für die Belegschaft bedeutet sie mehr Qualifikation, Aus- und Weiterbildungsmöglichkeiten und persönliche Ausgeglichenheit – Vorteile, die sich auf die Motivation der Mitarbeiter auswirken. Gegenüber der Gesellschaft gewinnt ein nachhaltiges Unternehmen ein positives Image und Reputation, die das Risikomanagement erleichtern.

5. Gesellschaftlicher Nutzen eines nachhaltigen Wirtschaftens

Nachhaltigkeitspolitik ist aber nicht nur positiv für die Wirtschaft, sondern für die Gesellschaft als Ganze. Nur mit einer langfristigen, integrierten, werteorientierten Nachhaltigkeitspolitik werden wir Antworten zu aktuellen Problemen unserer Gesellschaft finden, sei es zu Klimawandel, Armut in Entwicklungsländern, Gesundheitsproblemen der Landwirtschaft, Gewalt und Rassismus, Generationsungerechtigkeit und der Konsumgesellschaft. Nachhaltigkeit stellt die Frage nach den Werten unserer Gesellschaft, die auf der Basis des Wohlstands entstanden sind. Neben gesetzlichen Rahmenbedingungen, beispielsweise zur Unternehmenspolitik, erfordert Nachhaltigkeit individuelle Verhaltensänderungen. Letztendlich haben nicht nur die Unternehmen oder die Regierungen eine Rolle als Akteur der Nachhaltigkeit, sondern die Menschen. Wir alle tragen eine Verantwortung, dass die Gesellschaft, in der wir leben, grüner, gesünder und gerechter wird.

Literatur

BUND/MISERIOR (Hrsg.): Zukunftsfähiges Deutschland. Ein Beitrag zu einer global nachhaltigen Entwicklung. Studie des Wuppertal Instituts. Basel u.a. 1997

BUND/MISEREOR (Hrsg.): Wegweiser für ein zukunftsfähiges Deutschland. München 2002

BUND/Unternehmensgrün (Hrsg.): Zukunftsfähige Unternehmen. München 2002

Bundesministerium für Umwelt, Naturschutz und Reaktorsicherheit (Hrsg.): Agenda 21 – Konferenz der Vereinten Nationen für Umwelt und Entwicklung im Juni 1002 in Rio de Janeiro. Bonn 1997

econsense – das Forum Nachhaltige Entwicklung: www.econsense.de 2002

Friends of the Earth: Towards Binding Corporate Accountability. In: www.foei.org/publications/corporates/accountability.html 2002

Hardte, Arnd/Prehn, Marco (Hrsg.): Perspektiven der Nachhaltigkeit. Vom Leitbild zur Erfolgsstrategie. Wiesbaden 2001

Hauff, Volker: Erfolge, Defizite, Perspektiven – ein Resümee von Johannesburg und Perspektiven für die Umsetzung der Nachhaltigkeitsstrategie in Deutschland. Vortrag zur Fachtagung der Friedrich-Ebert-Stiftung und der Gesellschaft für Nachhaltigkeit, neue Umweltökonomie und nachhaltigkeitsgerechtes Umweltrecht e.V. am 24. Oktober 2002a

Hauff, Volker: Nachhaltigkeit als gesellschaftliche Perspektive. Vortrag zur Veranstaltung „Niedersachsen Zukunft gestalten. Nachhaltige Entwicklung: Von Rio nach Johannesburg" (Hannover, 3. Juni 2002b). In: www.nachhaltigkeitsrat.de/service/download/pdf/ Rede_Hauff_03-06-02.pdf

Hauth, Philip/Raupach, Michaela: Nachhaltigkeitsberichte schaffen vertrauen. In: Harvard Business Manager 25 (2001), S.24-33

Hennicke, Peter (Hrsg.): Nachhaltigkeit – Ein neues Geschäftsfeld? Stuttgart 2002

Hugues, Steve/Wilkinson, Rorden: The Global Compact: Promoting Corporate Responsibility. In: Environmental Politics 10 (2001) 1, S. 155-159
Luks, Fred: Nachhaltigkeit. Hamburg 2002
Mitchell, Lawrence E.: Der parasitäre Konzern. München 2002
Rat für Nachhaltige Entwicklung: Ziele zur Nachhaltigen Entwicklung in Deutschland – Schwerpunktthemen, Dialogpapier des Nachhaltigkeitsrates. In: www.nachhaltigkeitsrat.de/dialog/dialogpapier/index.html 2001
Rat für Nachhaltige Entwicklung, www.nachhaltigkeitsrat.de
Schaltegger, Stefan/Petersen, Holger: „Ecopreneure": Nach der Dekade des Umweltmanagements das Jahrzehnt des nachhaltigen Unternehmertums? In: Das Parlament. Beilage zur Wochenzeitung, B31-32/2002, S.37-46
Schulz, Werner u.a.: Nachhaltiges Wirtschaften in Deutschland – Erfahrungen, Trends und Potenziale (Studie der Ifo Institut für Wirtschaftsforschung und des Deutschen Kompetenzzentrums für Nachhaltiges Wirtschaften). München 2002
Simonis, Udo Ernst (Hrsg.): World Summit on Sustainable Development – Political Declaration and Johannesburg Plan of Implementation (WZB Papers, FS II 02-405). Berlin 2002 (Der Aktionsplan des Weltgipfel in Johannesburg „Plan of Implementation" ist erhältlich als pdf-Dokument unter www.iisd.ca/linkages/2002/wssd/PlanFinal.pdf [final, pre-edited and unofficial version]. Die Politische Erklärung des Weltgipfels ist erhältlich unter www.weltgipfel2002.de)
Trittin, Jürgen: Ein Plus für den Umweltschutz. Der Atomausstieg ist zentraler Bestandteil der Energiewende. Vortrag zur Lesung des Bundeshaushaltes in Berlin am 27. September 2001. In: www.bmu.de/fset1024.php
UN Global Compact, www.unglobalcompact.org
UNCTAD: www.unctad.org/en/press/pr0247en.htm 2002
WBCSD, World Business Council for Sustainable Development, www.wbcsd.ch
WBGU, Wissenschaftlicher Beirat Globale Umweltveränderungen: Diverse Gutachten, vgl. www.wbgu.de 2002
Wieland, Josef (Zentrum für Wirtschaftsethik), www.dnwe.de/2/content/ab_02_wielandp.htm

Eine Denkblockade überwinden. Wissensmanagement als Kernelement einer Politik des nachhaltigen Wirtschaftens

Hubert Weinzierl

1. Wissensmanagement ist mehr als Bildung

Die These, dass Nachhaltigkeit und Bildungspolitik eng zusammengehören, ist heute weitgehend unwidersprochen. Aber dennoch sind wir von einer erfolgversprechenden, praktischen Umsetzung noch weit entfernt. Das Programme for International Student Assessment (PISA) hat erneut erhebliche Probleme in unserem Bildungssystem offen gelegt. Die PISA-Diskussion leidet aber selbst unter eine Denkblockade, wenn sie bei der zu Recht beklagten Schulrealität stehen bleibt. Die formelle wie vor allem die informelle Bildung sind gefragt, um aus der Flut von Informationen gesellschaftlich relevantes Wissen und Kreativität werden zu lassen. Wissen für eine nachhaltige Entwicklung ist ein neues Wissen. Es wird zum Großteil noch nicht geschult.

Eine effizientere Wirtschaftsweise, eine kohlendioxid- und abfallfreie Produktion und eine gesunde Ernährung – um nur einige Elemente einer Wende zu einer nachhaltigen Wirtschaft zu nennen – sind nicht ausschließlich mit technischen Innovationen und wirtschaftspolitischer Kompetenz zu erreichen. Eine per se nachhaltige Produktionsweise gibt es nicht. Es kommt auch auf das Verhalten der Menschen bei der Verwendung von Produkten, auf den Einsatz der Technik und die Einstellungen und Bedürfnisse der Menschen, kurz: den Lebensstil, an. In nachhaltiger Wirtschaftspolitik spielen daher soziale und kulturelle Aspekte eine große Rolle. Die Klammer zwischen wirtschaftlich-technischen Innovationen und der sozialen Kompetenz der Akteure ist das Wissensmanagement. Der Begriff umfasst sowohl das formelle Bildungsangebot des Staates und der beruflichen Qualifikation als auch die informelle Bildung durch Alltagserfahrungen, soziales Lernen, Lernen durch Vorbilder, Konsum- und Verhaltensmuster und durch eigenverantwortliches Handeln insbesondere des bürgerschaftlichen Engagements. „Wissensmanagement" ist also auch ein Begriff, der nach der persönlichen Verantwortung des Einzelnen für sein Wissen fragt. Er erweitert das traditionelle Verhältnis von Lernenden und Lehrangebot. Nicht mehr das relativ passive Abarbeiten des Angebotes (das klassische Schule-Schüler-Verhältnis) zählt, sondern wichtig sind die aktive Gestaltung und die Wahrnehmung von persönlicher Verantwortung für die Beschaffung des Wissens, das für die informierten Entscheidungen des mündigen Bürgers nötig ist. Bildungspolitische Kapazität und Verantwortung haben daher auch Familien, die Medien, Sportvereine und Unternehmen.

Die in jüngster Zeit vorgelegten Nachhaltigkeitsberichte von Unternehmen, die sich als Trendsetter frühzeitig um eine Neuorientierung an den Zielen der Nachhaltigkeit bemühen, rücken das Wissensmanagement in den Mittelpunkt der innerbetrieblichen Gestaltung einer an den Maßstäben der Nachhaltigkeit ausgerichteten Geschäftspolitik. Wissensmanagement heißt in diesem Sinn, dass neben traditionellen Methoden der Weiterbildung vor allem die Handlungsabläufe des Unternehmens selbst zur Schaffung und Weitergabe von Wissen genutzt werden sollten. Insbesondere in Branchen mit hoch spezialisiertem Expertenwissen geht es darum, wie man externes Wissen in das soziale Lernen des Unternehmens integriert. Vor allem die Kommunikation mit Stakeholdern und die Integration neuer Leitbilder in die Unternehmenspraxis machen neue Formen des Wissensmanagements erforderlich.

2. Was wird getan? Nachhaltigkeit und staatliche Bildungspolitik

Die vier Bereiche Lebensqualität, sozialer Zusammenhalt, Generationengerechtigkeit und internationale Verantwortung sind die Eckpfeiler der Nachhaltigkeitsstrategie. Im nächsten Schritt wird es nun darauf ankommen, die Vorgaben der Strategie schrittweise in konkretes Regierungshandeln umzusetzen. Damit stellt die Nachhaltigkeitsstrategie Weichen für die nächste Legislaturperiode.

Die Nachhaltigkeitsstrategie der Bundesregierung betont zu Recht die Bedeutung einer interdisziplinären Bildung für die Nachhaltigkeit. Sie greift damit Forderungen des Rates für Nachhaltige Entwicklung auf. In nahezu allen Beiträgen und Kommentaren gesellschaftlicher Gruppen zur nationalen Nachhaltigkeitsstrategie wird die Rolle der Bildung für die Befähigung zu einer bewussten Lebensführung betont; es werden neue und weitergehende Bildungsprogramme in der Schul–, Hochschul- und Erwachsenenbildung gefordert. Die Nachhaltigkeitsstrategie der Bundesregierung selbst führt als einen der 21 Indikatoren, an denen sie die Nachhaltigkeit konkret festmacht, die Bildung an. Die Studienanfängerquote soll bis zum Jahr 2010 von jetzt 30 auf 40 Prozent erhöht werden. Die Studienabbrecher- und wechslerquote soll gesenkt werden. Die gegenwärtig noch vorherrschende soziale Trennung in der Schulbildung wird durch die bei ausländischen Schulkindern signifikant höhere Anzahl der Schulabgänger ohne Hauptschulabschluss deutlich: waren es in den achtziger Jahren noch über 30 Prozent, so sind es heute immer noch unakzeptable 17 Prozent (gegenüber der Quote von neun Prozent bei den deutschen Hauptschülern).

Zu Recht stellt die Bundesregierung auf die Bildungspolitik als ein wichtiges Element der Nachhaltigkeitsstrategie ab. Gleichwohl greift auch sie zu kurz. Verbesserungen in der Schulbildung sind wichtig und überfällig. Aber selbst wenn sie in der besten denkbaren Form umgesetzt würden, könnten sie nicht die gesellschaftliche Denkblockade überwinden: Es ist falsch, Lösungen für alle Wissens- und Ausbildungsprobleme nur im Bereich der formellen Bildung zu suchen.

Einzuräumen ist, dass bereits viele wichtige Aktivitäten im Bereich der Bildungspolitik von Bund und Ländern aufgegriffen worden sind. Der Bericht der Bundesregierung zur „Bildung für eine nachhaltige Entwicklung“ vom Dezember 2001 will Nachhaltigkeit zu einem festen Bestandteil des Bildungswesens in Deutschland machen. Beispielhaft für eine gelungene Kooperation von Bund und Ländern ist das BLK-Programm „BINE“, das Nachhaltigkeit als Thema in den allgemeinbildenden Schulen verankern will. Auf das Leitbild der nachhaltigen Entwicklung hat auch die internationale Bildungszusammenarbeit Deutschlands reagiert. Die internationalen Bildungseinrichtungen haben in den vergangenen Jahren ihr Bildungsangebot für Partner in Entwicklungs- und Transformationsländern von Einzelprogrammen auf die langfristige Stärkung der institutionellen Strukturen zum Wissen um Umwelt- und Entwicklungsfragen umgestellt.

Die Bilanz zur Umsetzung einer Bildung für nachhaltige Entwicklung in Deutschland offenbart neben vielversprechenden „innovativen Potenzialen“ im Bildungsbereich unzureichende Rahmenbedingungen und eine Vielzahl von Umsetzungsproblemen. Noch immer gibt es ein Spannungsverhältnis zwischen dem Leitbild der Nachhaltigkeit und dem allgegenwärtigen Streben nach einer auf traditionelle ökonomische Werte verkürzten Wettbewerbsfähigkeit. Die Kategorien ökologische Wissens- und Handlungskompetenz und globale und intergenerative Gerechtigkeit sind noch nicht hinreichend zentral.

3. Ein neues Projekt: Wissensmanagement für nachhaltige Entwicklung

Der Handlungsrahmen des Staates greift zu kurz, wenn er das Thema „Nachhaltigkeit und Bildung" nur auf die formelle Bildung beschränkt. Eine moderne und zukunftsfähige Bildungspolitik ist mehr. Sie muss zu einem übergreifenden Wissensmanagement werden.

Die demografische Entwicklung Deutschlands birgt Herausforderungen für ein neues Wissensmanagement, die in gesamtgesellschaftlicher Verantwortung bewältigt werden müssen. Mit einer zunehmend „älter" werdenden Bevölkerung nimmt die Bedeutung des dritten Lebensabschnittes zu; es werden neue Anforderungen an die Zugänglichkeit und Verfügbarkeit von Wissen gestellt. Die Fähigkeit, Probleme zu erkennen und Lösungsmöglichkeiten zu finden, nach ethischen Grundsätzen zu handeln, eigene Initiativen mit den Handlungsmöglichkeiten anderer Menschen zu verbinden – das sind wesentliche Aufgaben sowohl für den Staat als auch für Unternehmen und nicht-staatliche Bildungsträger.

Der Rat für Nachhaltige Entwicklung hat in seinen Beiträgen und Kommentaren zur Nachhaltigkeitsstrategie der Bundesregierung darauf hingewiesen, dass einer Bildungs- und Wissenspolitik in allen Sektoren der Nachhaltigkeitspolitik wie der Energie–, der Agrar- und Mobilitätspolitik eine zentrale Rolle zukommt. Das Ernährungsverhalten, die Nachfrage nach Lebensmitteln, die Verwendung von Energie, die Nutzung von Einsparpotenzialen und die Nachfrage nach neuen Formen der Mobilität müssen dabei „vom Konsumenten aus" gedacht werden.

Die Nachhaltigkeit hat für die politische Bildung bisher nur einen geringen Stellenwert. Die Bedeutung des Themas wird noch kaum verstanden. Angesichts der globalen Umweltprobleme und der demografischen Entwicklung in Deutschland müssen indessen völlig neue Wege gegangen werden. Der Wunsch nach besseren Möglichkeiten für lebenslanges Lernen und eine aktive Gestaltung des dritten Lebensabschnitts deuten darauf hin, dass neue Angebote geschaffen werden müssen, um bürgerschaftliches Engagement und eine aktive Aneignung von Wissen miteinander zu verbinden. Das neue Lernen ist ein Lernen zwischen dem Erlernen von Faktenkenntnissen und dem Erwerben von Verständnis. Die Ökologie spielt hier eine besondere Rolle; und zwar nicht allein wegen der Umweltprobleme der Erde – dies wäre gleichwohl Grund genug –, sondern vor allem wegen der generell gestiegenen Bedeutung naturwissenschaftlicher Bildung für das Verstehen der modernen Welt.

Die Auffassung,

> „naturwissenschaftliche Kenntnisse müssen zwar nicht versteckt werden, aber zur Bildung gehören sie nicht" (Schwanitz),

kann vor dem Hintergrund der weltweiten Auswirkungen menschlicher Eingriffe in die Natur und der Konsumentenverantwortung keinen Bestand mehr haben (vgl. Fischer 2001). Es ist ein Gebot der Zeit, der naturwissenschaftlichen Bildung und dem Verstehen der Natur einen größeren Raum einzuräumen. Damit wird nicht der faktenreichen Detailkenntnis etwa zur Taxonomie der Arten oder zur Plattentektonik das Wort geredet, sondern dem Erwerb eines Verständnisses für Prozesse der Natur. Es gilt, ein Verständnis zu schaffen für das oft recht widersprüchliche Verhältnis von Wissen und Nicht-Wissen, auf Grund dessen die Forscher zu Erkenntnissen und Hypothesen über die Erwärmung der Meere, das Ansteigen der Niederschlagshäufigkeit oder die Ausbreitung von Wüsten kommen. „Nachhaltigkeit und Bildung" trägt mit einer auf den Erwerb von Naturverständnis ausgerichteten Bildung auch dazu bei, Maßstäbe für das eigene Handeln zu erkennen und zu entwickeln. Diese Maßstäbe konkretisieren die Verantwortung aller Menschen vor der Schöpfung. Respekt vor der Vielfalt und Eigenart der Natur und Rücksichtnahme auf ihre Abläufe und Prozesse bieten Maßstäbe, die sowohl individuell als auch für die Gesellschaft gelten; denn sie beziehen sich auf den lokalen Alltag in der Nutzung von Natur und Umweltressourcen wie auch auf den Umgang der Gesellschaft mit den globalen Gemeinschaftsgütern.

Verstehendes Lernen ist vor allem auch dort gefordert, wo Wissen um (Nicht-)-Nachhaltigkeit in die Lücken des Fächerkanons der Schulbildung fällt, etwa hinsichtlich der Fächer Erdkunde, Biologie und Geschichte. Für ein wirkliches Verständnis der heutigen Probleme von Armut, Welternährung und der Verantwortung der Länder des „Nordens" für die Menschen des „Südens" ist elementar, zu wissen, wie gesellschaftlicher Reichtum in Europa entstanden ist und welchen Anteil natürliche Ressourcen und die Auswahl von domestizierbaren Tierarten und kultivierbare Pflanzenarten dabei hatten.

Oft ist zu beobachten, dass die Einrichtungen des informellen Bildungsbereiches schon viel weiter sind. Die Inhalte und Methoden einer Bildung für nachhaltige Entwicklung und Bildungszentren der Nicht-Regierungsorganisationen erreichen trotz finanzieller und struktureller Engpässe jährlich über 7,5 Millionen Menschen. Freie Bildungsträger, etwa in ökologischen Bildungseinrichtungen, aber auch in mancher vorwärtsweisender unternehmerischer Initiative könnten der „Sustainability Coach" für die formelle Bildungspolitik sein. Sie sind jedoch zur Zeit nur eine Nische für ein sehr spezielles Publikum, ihre „Coaching-Funktion" ist noch nicht erkannt, geschweige denn umgesetzt. Neue Wege zur Kommunikation zwischen dem formellen und informellen Bildungsbereich sind zu entwickeln. Dabei kommt dem freiwilligen bürgerschaftlichen Engagement eine zentrale Rolle zu (vgl. Enquête-Kommission 2002).

Ein neues politisches Nachdenken über langfristige Zukunftsaufgaben einer um das informelle Wissensmanagement erweiterten „Bildungspolitik" ist unabdingbar. Bislang wird dies jedoch kaum von der deutschen Öffentlichkeit wahrgenommen.

Zukunftsfragen sind daher: Wie wird eine solche Bildungspolitik für die wachsende Internationalisierung von Bildung in der globalen Wissensgesellschaft der Zukunft gestaltet? Welche neuen Wege der Bildungsfinanzierung sind für die Zukunft notwendig, und wie lassen sich Bildungszugang, Chancengleichheit, Qualitätssicherung und Finanzierbarkeit verbessern und auf Dauer sichern?

Die Zivilgesellschaft muss bei der Gestaltung der Bildungspolitik stärker als bisher beteiligt werden. Seit vielen Jahren entwickeln umwelt- und entwicklungspolitische Nichtregierungsorganisationen erfolgreich Konzepte und praktische Ansätze für eine Bildung für nachhaltige Entwicklung. Diese Beiträge müssen bei bildungspolitischen Entscheidungen stärker als bisher berücksichtigt werden. Ihren Vertretern müssen größere Möglichkeiten eingeräumt werden, ihre Sachkompetenz bei der Gestaltung von Bildungsstrukturen, Bildungsplänen und Schulprogrammen einzubringen.

Ohne die Einbindung zivilgesellschaftlicher Akteure lässt sich das Leitbild einer nachhaltigen Entwicklung nicht umsetzen. Auch im Bildungsbereich müssen daher neue Formen der Zusammenarbeit zwischen Bund, Ländern und Zivilgesellschaft entwickelt werden. Schulen, lokale Bildungseinrichtungen, Lehreraus- und Fortbildungsstätten wie auch Bildungsverwaltungen müssen sich für eine systematische Zusammenarbeit mit Nichtregierungsorganisationen für Kampagnen und entwicklungs- wie umweltpädagogische Beratungsstellen öffnen. Kooperationen zum Beispiel zwischen Schulen und lokalen Agenda 21 – Gruppen und -Prozessen müssen gefördert werden.

Ein Großteil der Bildungsarbeit für nachhaltige Entwicklung wird von zivilgesellschaftlichen Akteuren aus Initiativen und Netzwerken heraus geleistet. Die Finanzierung dieser Beiträge muss auf sichere Füße gestellt werden. Laut UNDP, dem UN-Entwicklungsprogramm, sollen zwei Prozent der öffentlichen Entwicklungshilfeleistungen für die Förderung der entwicklungsbezogenen Bildungs–, Medien- und Öffentlichkeitsarbeit eingesetzt werden.

Nach wie vor gilt es, das Ziel der Weltbildungskonferenz von 1990, allen Menschen einen Zugang zur Bildung zu garantieren, umzusetzen. Gleiches gilt für die auf dem Weltsozialgipfel 1995 getroffene Vereinbarung, spätestens ab 2015 allen Kindern der Welt eine Grundschulbildung zu ermöglichen, sowie für die im Aktionsplan des Weltkindergipfels 2002 unter „Gewährung einer guten Schulbildung“ aufgelisteten Maßnahmen. Hierzu muss der Anteil der bilateralen und multilateralen staatlichen Ausgaben für die Entwicklungszusammenarbeit im Bereich Grundbildung substanziell erhöht werden. Bildung für nachhaltige Entwicklung im Sinne der Agenda 21 ist ein internationaler Bildungsauftrag, für dessen Umsetzung internationale Kooperation erforderlich ist. Insbesondere zwischen Nord und Süd sind Bildungs- und Forschungseinrichtungen verstärkt zu vernetzten, um gegenseitig das jeweilige Lern- und Innovationspotenzial zu nutzen.

Literatur

Bundeskanzleramt (Hrsg.): Perspektiven für Deutschland – Strategie für eine nachhaltige Entwicklung. Berlin 2002

Bundesministerium für Bildung und Forschung: Antwort auf die Große Anfrage zur Bildungs- und Forschungspolitik zur Nachhaltigen Entwicklung (Bt-Drs. 14/6959 2001). Vgl. auch www.bmbf.de, www.fona.de, www.va-nachhaltigkeit.de

Club of Rome: No Limits to Knowledge, but Limits to Poverty: Towards a Sustainable Knowledge Society. Statement of the Club of Rome to the World Summit on Sustainable Development 2002 (Broschüre). Hamburg 2002

Enquete-Kommission „Zukunft des Bürgerschaftlichen Engagements“ (Hrsg.): Bürgerschaftliches Engagement: auf dem Weg in eine zukunftsfähige Bürgergesellschaft (Schriftenreihe, Band 4). Opladen 2002

Fischer, Ernst Peter: Die andere Bildung. Was man von den Naturwissenschaften wissen sollte. München 2001

Hardte, Arnd/Prehn, Marco (Hrsg.): Perspektiven der Nachhaltigkeit. Vom Leitbild zur Erfolgsstrategie. Wiesbaden 2001

Horgan, John: An den Grenzen des Wissens. Siegeszug und Dilemma der Naturwissenschaften. Frankfurt/Main 1997

Rat für Nachhaltige Entwicklung: Nachhaltige Entwicklung in Deutschland – nächste Schritte (Dialogpapier des Nachhaltigkeitsrates). 2001. Vgl. www.nachhaltigkeitsrat.de

Schönborn, Gregor/Steinert, Andreas: Sustainability Agenda. Nachhaltigkeitskommunikation für Unternehmen und Institutionen. Neuwied/Kriftel 2001

Schwanitz, Dietrich: Bildung. Frankfurt/Main 1999

Europäische Gewerkschaften: Akteure für eine nachhaltige Entwicklung

Emilio Gabaglio

Die Gewerkschaften waren und sind in erster Linie die soziale Interessenvertretung der Arbeitnehmerinnen und Arbeitnehmer. Seit Jahren sind sie mit neuen Herausforderungen konfrontiert, die es erforderlich machen, ihre klassischen Handlungsfelder um neue Bereiche zu ergänzen. Vor dem Hintergrund der voranschreitenden Globalisierung und Europäisierung sind sie zugleich gefordert, ihren nationalen Handlungsrahmen zu erweitern. Eine auf den Nationalstaat begrenzte Interessenvertretungspolitik ist immer weniger in der Lage, die sozialen, wirtschaftlichen und ökologischen Interessen der Arbeitnehmerinnen und Arbeitnehmer wahrzunehmen. Die Gründung des Europäischen Gewerkschaftsbundes (EGB) im Jahre 1973 war die organisationspolitische Antwort der Gewerkschaften auf den europäischen Integrationsprozess. In den letzten Jahren hat sich der EGB zunehmend vom Lobbyisten gegenüber den Institutionen der Europäischen Union zum sozialen Akteur auf europäischem Parkett entwickelt.

Spätestens seit den siebziger Jahren ist das Bewusstsein in den Gewerkschaften dafür gewachsen, dass nicht nur wirtschaftliche und soziale Fragen, sondern in zunehmendem Masse auch ökologische Fragen zu den zentralen Interessensbereichen der Arbeitnehmer gehören. Umweltfragen können nicht mehr länger als externe Angelegenheiten jenseits der gewerkschaftlichen Kernthemen behandelt werden. Dies betrifft alle Ebenen der gewerkschaftlichen Interessenvertretung, die betriebliche, die lokale und die regionale sowie die nationale, die europäische und die internationale Ebene. Spätestens seit dem Bericht des Club of Rome „Grenzen des Wachstums“ ist den Gewerkschaften auch bewusst, dass Umweltfragen globale Fragen sind. Der Europäische Gewerkschaftsbund drängt seit Jahren darauf, dass die Europäische Union auf internationaler Ebene die Rolle einer treibenden Kraft bei der ökologischen Modernisierung spielt. Denn: die Verteidigung und Weiterentwicklung des europäischen Sozialmodells wird ganz wesentlich auch von der Fähigkeit zur ökologischen Modernisierung abhängen.

Im Rahmen dieses Beitrages sollen die Positionen des EGB für eine nachhaltige Entwicklung skizziert werden. Die Herausforderung einer nachhaltigen Entwicklung liegt für den EGB in der systematischen Verzahnung von Umweltfragen mit klassischen gewerkschaftlichen Handlungsfeldern. Es gehört heute mit zu den Aufgaben der Gewerkschaften, eine tragfähige Balance zwischen den sozialen und ökologischen Interessen herzustellen. Dies ist nicht immer ein widerspruchsfreier Prozess und führt häufig dazu, dass konfligierende Interessen aufeinanderstoßen. Gleichwohl gibt es keine Alternative zu einer engeren Verknüpfung der Sozial–, Wirtschafts- und Beschäftigungspolitik mit der Umweltpolitik, wenn wir das Leitbild einer nachhaltigen Entwicklung auch im gewerkschaftlichen Handeln praktisch werden lassen wollen (vgl. dazu auch Putzhammer in diesem Band).

1. Gewerkschaftliche Perspektiven einer nachhaltigen Entwicklung

Die Gewerkschaften in Europa sind heute gefordert, ein eigenes Verständnis von einer nachhaltigen Entwicklung zu entwickeln, das auf ihren spezifischen Handlungsfeldern aufbaut. Umweltfragen, wie beispielsweise die effiziente Nutzung natürlicher Ressourcen und die Begrenzung ökologischer Risiken, sind untrennbar verbunden mit den klassischen Forderungen der Gewerkschaften nach Demokratie und sozialer Gerechtigkeit. Vor diesem Hintergrund kann man den Anforderungen, die mit einer nachhaltigen Entwicklung verbunden sind, nur gerecht werden, wenn es gelingt, eine neue Balance zwischen Umwelt- und Sozialpolitik herzustellen. Dazu gehört auch die Bereitschaft zu einer produktiven Arbeitsteilung der Gewerkschaften – die vorrangig soziale Interessen artikulieren – mit den Nichtregierungsorganisationen im Umweltbereich, die als Anwälte globaler ökologischer Interessen agieren. Eine vorläufige Bilanz der Gewerkschaftsarbeit und -politik im Umweltbereich macht deutlich, in welchem Umfang es ihnen in den letzten Jahren gelungen ist, als gestaltende Kraft für eine integrierte ökologische und soziale Politik zu wirken. Dazu einige Stichworte:

- Auf *programmatischer Ebene* haben die Gewerkschaften in Europa ihre Grundsatzprogramme um die ökologische Dimension erweitert. In Deutschland hat der Deutsche Gewerkschaftsbund (DGB) bereits 1976 ein erstes Umweltprogramm formuliert. Und auch im 1996 verabschiedeten Grundsatzprogramm finden sich klare Positionen zur Umwelt- und Beschäftigungspolitik.
- *Integriertes Umweltmanagement*: Gewerkschaftsmitglieder, Betriebsräte und Beauftragte für den betrieblichen Arbeits- und Gesundheitsschutz haben zahlreiche Initiativen entwickelt, um die Umweltstandards in den Betrieben und Unternehmen zu erhöhen. Verhandlungen mit dem Management in den Unternehmen sind heute ein ganz praktisches Handlungsfeld gewerkschaftlicher Akteure für eine nachhaltige Entwicklung.
- *Tarifpolitik*: Auch in der Tarifpolitik haben in den letzten Jahren zunehmend ökologische Fragestellungen Eingang gefunden. Themen wie gefährliche Arbeitsstoffe oder betriebliche Abfallwirtschaft sind zumindest in einigen Branchen Gegenstand von tarifvertraglichen Regelungen. Darüber hinaus konnten die Arbeitnehmerrechte im Bereich des betrieblichen Umweltschutzes in Ansätzen weiterentwickelt und ausgebaut werden. Zunehmend werden sie an der Entwicklung von unternehmensbezogenen Umweltprogrammen beteiligt.
- *Verbesserung der Arbeitsbedingungen und Mitbestimmung*: Arbeitnehmer und ihre Interessenvertretungen konnten zunehmend von der europäischen Rechtssetzung im Bereich des betrieblichen Arbeits- und Gesundheitsschutzes Gebrauch machen und damit Fragen der Arbeitsbedingungen mit ökologischen Themen verzahnen. In verschiedenen Mitgliedstaaten der EU konnten die Mitbestimmungsrechte ausgebaut und eine Beteiligung der Arbeitnehmer an umweltpolitischen Entscheidungen der Unternehmen sichergestellt werden.
- *Initiativen zur staatlichen Einflussnahme*: Von den Mitgliedsbünden des Europäischen Gewerkschaftsbundes wurden auf nationaler Ebene zahlreiche Initiativen für eine ökologische Steuerreform entwickelt oder Beschäftigungsprogramme im Umweltbereich (Arbeit und Umwelt) gefordert.
- *Teilnahme an gesellschaftspolitischen Diskursen:* Überall in Europa haben die Gewerkschaften ihre umweltpolitischen Positionen in öffentlichen Debatten vertreten.

Dabei wird eine Vielzahl von Themen berücksichtigt: Die ökologische Landwirtschaft, der Ausbau der Infrastruktur, die rationale Energieverwendung und erneuerbare Energien, Risiken chemischer Stoffe, Abfallwirtschaft etc. Dabei hat sich ein konstruktiver Diskurs mit verschiedenen Umweltinitiativen herausgebildet.

- *Europäische Initiativen*: Der EGB hat mehrfach die europäischen Arbeitgeber und die Europäische Kommission aufgefordert, gemeinsame umweltpolitischen Initiativen zu ergreifen. Dazu gehören beispielsweise Initiativen im Bereich der europäischen Beschäftigungsstrategie zur Förderung neuer Arbeitsplätze im Umweltbereich oder die europaweite Einführung einer Öko-Steuer. Im Mai 2001 hat der EGB-Vorstand ein umfangreiches Positionspapier zur „Nachhaltigen Entwicklung – Umweltpolitik als Kernbereich einer europäischen Beschäftigungspolitik" verabschiedet.
- *Internationale Initiativen*: Der Europäische Gewerkschaftsbund kooperiert eng mit dem Internationalen Bund Freier Gewerkschaften (IBFG) und dem Weltverband der Arbeit (WVA) in umweltpolitischen Fragen und beteiligt sich darüber hinaus an internationalen Foren innerhalb der Organisation for Economic Cooperation and Development (O-ECD) und der Internationalen Arbeitsorganisation (ILO).

Dieser kurze Überblick soll deutlich machen, dass die europäischen Gewerkschaften in vielfältiger Weise auf die umweltpolitischen Herausforderungen reagiert und zum Teil ganz praktische Politikansätze entwickelt haben. Grundsätzlich bleibt dennoch selbstkritisch festzustellen, dass es häufig nicht gelingt, sozialpolitische Themen systematisch mit umweltpolitischen Themen zu verzahnen. Statt einer integrierten Bearbeitung sozialer und ökologischer Themen erfolgt noch vielfach eine isolierte und manchmal recht formale Behandlung von Umweltthemen. Und oftmals müssen wir eine Kluft zwischen unserem programmatischen Anspruch und der praktischen Arbeit vor Ort feststellen. Dies ist nicht sonderlich verwunderlich, da in der Alltagspraxis gewerkschaftlicher Arbeitt das legitime Arbeitsplatzinteresse häufig gegen berechtigte Umweltinteressen steht. Die Auflösung des Widerspruchs zwischen praktischen Lösungen vor Ort und globalen ökologischen Anforderungen einer nachhaltigen Entwicklung bleibt den Gewerkschaften in Zukunft nicht erspart.

Eine zeitgemäße Bearbeitung der Nachhaltigkeitsfrage erfordert neue und breitangelegte Handlungsstrategien. Zahlreiche Probleme können heute nur noch in einer globalen Perspektive bewältigt werden und sie stellen sich dringlicher als noch vor zehn Jahren. Dazu gehört die wirksame Bekämpfung der Armut in der Welt. Über 800 Millionen Menschen leiden unter Hunger und sind unterernährt, zugleich haben Millionen von Menschen keinen Zugang zu Trinkwasser, adäquaten sanitären Einrichtungen und grundlegender Energieversorgung. Auch wenn wir heute über Programme verfügen, mit denen der Klimawandel oder der Verlust der Artenvielfalt bekämpft werden soll, wie beispielsweise das Kyoto-Protokoll und die entsprechenden UN-Konventionen, werden grundlegende lebensbedrohliche Probleme auf der Welt noch nicht angemessen und wirksam behandelt. Die eklatant wachsende soziale Ungerechtigkeit erfordert politische Antworten und gesellschaftliche Strategien auf allen Ebenen. Mittel- und langfristig angelegte Reformstrategien müssen einen grundlegenden Wandel bei der Verteilung von Ressourcen und den festgefügten Machtstrukturen herbeiführen, anderenfalls wird es kaum gelingen, dass es zukünftig zu einer nachhaltigen Entwicklung und damit zu einer größeren sozialen Kohäsion kommt. Für eine internationale Reformstrategie sind für den Europäischen Gewerkschaftsbund drei Aspekte von zentraler Bedeutung:

1. An oberster Stelle steht die Lösung ganz elementarer Probleme wie sichere Ernährung, erneuerbare Energien, die Förderung umweltfreundlicher Technologien und die Schaffung humaner Arbeitsplätze. Vor dem Hintergrund, dass die natürlichen Ressourcen

begrenzt sind, kann der bisherige Raubbau nicht beliebig fortgesetzt werden. Dies ist nicht nur eine Frage der effizienteren Energiegewinnung und –verwendung, sondern auch eine des gerechten Zugangs zu den natürlichen Ressourcen. Wir brauchen eine grundlegende Änderung unserer bisherigen Produktions- und Konsumweisen in Richtung ökologischer Modernisierung und nachhaltiger Entwicklung.

2. Die gegenwärtige Nutzung natürlicher Ressourcen und die traditionelle Technikanwendung bergen erhebliche Risiken im globalen Kontext. Probleme wie Klimawandel, gefährliche chemische Stoffe und die Nutzung der Atomenergie potenzieren unsere Gesundheits- und Umweltrisiken. Effektive Handlungsstrategien sind dringend erforderlich. Solche Handlungsstrategien und ein effektives Risikomanagement dürfen nicht länger das Thema von wenigen Experten allein sein. Wir benötigen dringend ökologische Standards für unsere Produkte und Dienstleistungen, ökologische Produktionskonzepte und deutlich höhere Ausgaben für umweltbezogene Forschungsprogramme.
3. Unsere Hauptprobleme sind heute nach wie vor Armut, soziale Ausgrenzung, Verteilungsungerechtigkeiten und der weltweite Mangel an humaner Arbeit. Der erforderliche Strukturwandel zur Bewältigung von Armut und Ausgrenzung erfordert die aktive Beteiligung und Zustimmung aller betroffenen Stakeholders, um letztendlich Demokratie und soziale Gerechtigkeit auf Dauer zu sichern.

Für die europäischen Gewerkschaften – dies sollte deutlich werden – ist die Förderung einer nachhaltigen Entwicklung für ihre eigenen Handlungsfelder von großem Interesse. Sie unterstützen die Prinzipien einer nachhaltigen Entwicklung, die für sie die einzige tragfähige Strategie zur Bewältigung der weltweiten Probleme darstellt. Auch sind sich die Gewerkschaften darüber bewusst, dass sie nicht nur die Interessen der heutigen Arbeitnehmer und Arbeitnehmerinnen zu vertreten haben, sondern auch die zukünftiger Generationen berücksichtigen müssen. Dies erfordert eine Verzahnung unterschiedlicher Politikbereiche, mit der die unterschiedlichen Zielsetzungen und Interessen aufgegriffen und bearbeitet werden können. Konsequenterweise setzen sich die europäischen Gewerkschaften für die Ausarbeitung eines integrierten Aktionsprogramms auf globaler und europäischer Ebene ein. Der EGB ist davon überzeugt, dass die Europäische Union bei der Entwicklung eines solchen globalen Aktionsplans für nachhaltige Entwicklung eine zentrale Verantwortung zu übernehmen hat.

2. Themen und Handlungsfelder einer gewerkschaftlichen Nachhaltigkeitsstrategie

Auch zehn Jahre nach dem Weltklimagipfel in Rio konnte das Leitbild einer nachhaltigen Entwicklung nur unzureichend durchgesetzt werden. Der Europäischen Union und ihren Mitgliedstaaten kommt eine besondere Verantwortung bei der Umsetzung der von mehr als 170 Staaten unterzeichneten Agenda 21 zu. Dies gilt vor allem für die in das Kyoto-Protokoll (1997) eingegangene Verpflichtung zur Reduktion der Treibhausgase. Insbesondere vor dem Hintergrund der ablehnenden Haltung der USA muss Europa selbst eine glaubwürdige und konsequente Politik einleiten, mit der die Kyoto-Ziele erkennbar und zeitgerecht verwirklicht werden können. Dazu gehören nach Auffassung des EGB eine europaweite Energiebesteuerung sowie die Verbesserung der Rahmenbedingungen zur Verdoppelung des Anteils der erneuerbaren Energien, eine Forderung, die im Übrigen auch im Weißbuch der EU zur Förderung der erneuerbaren Energien gestellt wurde. Allerdings besteht nach wie vor eine Kluft zwischen politischen Absichtserklärungen und konkret praktischen Maßnahmen, so dass es berechtigte Zweifel gibt, ob diese europäisch vereinbarten Zielsetzungen in den nächsten Jahren realisiert werden können. Auch die auf dem EU-Gipfel in Göteborg (2001) von den Staats- und Regierungschefs verabredeten europäischen Strategien einer nachhaltigen Entwicklung lassen keinen Richtungswechsel erkennen. Dieser kann nur bewirkt werden, wenn die Europäische Kommission die ihr zur Verfügung stehenden Instrumente verbindlich nutzt. Dazu gehören beispielsweise die verpflichtende Umsetzung von Sozial- und Umweltstandards bei der öffentlichen Auftragsvergabe an private Unternehmen oder entsprechende Anforderungen bei der Gewährung von europäischen Entwicklungshilfen wie auch bei der Gewährung von Garantien für Exportkredite. Zugleich müssen die Gewerkschaften im Rahmen ihrer eigenen Handlungsfelder der Realisierung einer Strategie für nachhaltige Entwicklung stärker Rechnung tragen. In dem Beitrag des EGB zum Weltgipfel über nachhaltige Entwicklung in Johannesburg wurde der Schwerpunkt auf drei Bereiche gelegt, die für eine Nachhaltigkeitsstrategie von besonderer Bedeutung sind. Dies sind:

1. Klimawandel und rationelle Energieverwendung,
2. Landwirtschaft, Lebens- und Nahrungsmittel sowie
3. die Begrenzung chemischer Risiken.

Alle drei Bereiche sind für eine nachhaltige Entwicklung zentral. Sie sind eng verbunden mit der Bekämpfung von Armut und Welthunger (Landwirtschaft), der Schonung natürlicher Ressourcen (Klimawandel) und der Begrenzung der Risiken für die öffentliche Gesundheit (Chemikalien).

2.1 Klimawandel, rationelle Energieverwendung und die wirksame Umsetzung des Kyoto-Protokolls in der EU

Energierohstoffe sind eine wesentliche Grundlage für soziale und ökonomische Entwicklungen. Ihre gegenwärtige Gewinnung und Verwendung haben zu gravierenden Umweltproblemen beigetragen, angefangen bei der Luftverschmutzung über sauren Regen bis hin zur Verschmutzung der Weltmeere. Am deutlichsten wird dies wohl bei dem sich vollziehenden Klimawandel und der weltweit steigenden Emission von Treibhausgasen. Im Rahmen einer globalen Nachhaltigkeitsstrategie ist die rationelle Energieverwendung von zentraler Bedeutung. Allen voran müssen die Industrieländer – insbesondere die Europäische Union – als größter Energieverbraucher einen deutlichen Wechsel in ihrer Energiepolitik vornehmen. Zugleich müssen die Entwicklungsländer, die für ihre wirtschaftliche und soziale Entwicklung auf einen erhöhten Energieverbrauch angewiesen sind, angemessen in eine globale Nachhaltigkeitsstrategie eingebunden werden. Im Rahmen der Europäischen Union kann ein radikaler Wandel nur über eine ambitionierte ökologische Steuerreform, eine rationalere Energieverwendung und eine stärkere Nutzung erneuerbarer Energien erreicht werden, um damit den Zielen des Kyoto-Protokolls effektiv Rechnung zu tragen. Die verschiedenen Elemente müssen in eine umfassende Politikstrategie der Europäischen Union integriert werden. Die Ziele für den Einsatz erneuerbarer Energien, wie beispielsweise für Kraft-Wärme-Kopplung und effiziente Energienutzung, sind weitgehend präzise definiert worden. Es geht daher vorrangig darum, dass diese Ziele in den Mitgliedstaaten verbindlich umgesetzt, kontrolliert und überwacht werden. Für die Nichteinhaltung sollten Sanktionen festgelegt werden.

Zugleich hat die Europäische Union Verantwortung dafür zu übernehmen, dass den grundlegenden Bedürfnissen der Menschen in den Entwicklungsländern Rechnung getragen wird. Zugang zu Energien und Wasser für die Menschen in den Entwicklungsländern erfordert eine stärkere Kooperation und die gezielte Förderung von Umwelttechnologien für diese Länder. Den Entwicklungsländern muss die Möglichkeit eines eigenen Entwicklungsweges gegeben werden, der ihren wirtschaftlichen, sozialen und ökologischen Bedürfnissen entspricht.

Energiepolitische Fragen haben erhebliche Auswirkungen auf die Arbeitsmärkte und die zukünftige Beschäftigungsstruktur, nicht zuletzt, weil enge Abhängigkeiten bestehen zwischen Energiequellen, Energiekosten, Energieeffizienz und Produktionssystemen. Ein nicht nachhaltiges Energiemodell führt letztendlich zu einer nicht nachhaltigen Beschäftigung. In gleicher Weise hat die Nutzung von verschiedenen Energiequellen und ihre zukünftige Entwicklung Rückwirkungen auf die Beschäftigungsentwicklung. Eine Umorientierung in Richtung erneuerbarer Energien und Energiesparprogramme kann in signifikantem Umfang neue Arbeitsplätze schaffen. Zugleich fördert sie Anpassungen der Arbeitsorganisation und die Weiterbildung der betroffenen Arbeitnehmer. Auf der anderen Seite kann die Reduzierung traditioneller Energiequellen Beschäftigungsprobleme hervorrufen, beispielsweise im Bereich der Atomindustrie oder des Steinkohlebergbaus. Diese Probleme können nur durch eine vorausschauende ökologisch orientierte Struktur–, Industrie- und Energiepolitik bewältigt werden, um nicht-intendierte soziale Negativeffekte zu vermeiden.

2.2 Landwirtschaft, gesunde Nahrungsmittel und Umweltqualität

Die Versorgung mit gesunden Nahrungsmitteln ist nach wie vor eines der größten Probleme für die Menschen in vielen Teilen der Welt. Die Gründe hierfür liegen in einer ungerechten Preispolitik für Nahrungsmittel und völlig inadäquaten Verteilungssystemen. Die Lasten haben die ärmsten und schwächsten Arbeitnehmer der Welt zu tragen. Viele von ihnen sind in der Landwirtschaft beschäftigt. Arbeitnehmer in der Landwirtschaft und in der Lebensmittelindustrie sind diejenigen, die die geringsten Löhne erhalten, unter den härtesten Bedingungen arbeiten und über völlig unzureichende Gewerkschaftsrechte verfügen. Die vorherrschenden landwirtschaftlichen Produktionsweisen tragen zu einer Verstärkung der Ungerechtigkeiten bei und verursachen inakzeptable Risiken im Hinblick auf die Lebensmittelsicherheit und die damit verbundenen Lasten für die Umwelt.

Die Perspektiven für eine wirtschaftliche und politische Stabilität in diesen Sektoren hängen von den Rechten und Möglichkeiten ab, über die die Menschen, die weltweit in landwirtschaftlichen Strukturen arbeiten, verfügen. Es geht um ihre Bedürfnisse, lokale Wirtschaftsstrukturen etablieren zu können. Und es geht nicht um die Interessen großer Konzerne an Massenproduktion, die letztendlich neue ökologische Schäden verursacht. Dies beinhaltet auch das Recht aller Länder, ihre Landwirtschaft an ihren Grenzen zu sichern. Die Entwicklungsländer müssen die Chance haben, ihre eigenen landwirtschaftlichen Strukturen zu entwickeln, die nicht dem Zwang unterliegen, sich den Produktionsmethoden der westlichen industrialisierten Welt anzupassen.

Eine Diversifizierung der Agrarwirtschaft ist auch innerhalb der Europäischen Union dringend erforderlich, einschließlich einer weitreichenden ökologischen Agrarreform. Eine Reform der europäischen Agrarpolitik muss zu einer größeren Lebensmittelsicherheit, einer höheren Produktqualität und einer Erneuerung des ländlichen Raums beitragen. Dazu gehört auch eine grundlegende Reform bei den europäischen Agrarsubventionen. Dabei muss in besonderer Weise der Situation der Landwirtschaft in den künftigen Mitgliedsländern in

Mittel- und Osteuropa Rechnung getragen werden, die zukünftig zwingend auf finanzielle Hilfen angewiesen sind, nicht zuletzt, um ihre lokalen Märkte zu stärken.

Die Subventionierung der europäischen Landwirtschaft behindert die Entwicklung alternativer Formen der Landwirtschaft in anderen Weltregionen. Neue Politikformen müssen entwickelt werden, die auch zu einem faireren Preissystem beitragen. Dies bedeutet unter anderem, dass die Externalisierung von Umweltkosten in der europäischen Landwirtschaft beendet werden muss. Nur so kann es zu einem fairen Wettbewerb zwischen einer biologischen und industriellen landwirtschaftlichen Produktionsweise kommen. Um die Gesundheitssicherheit der Nahrungsmittelproduktion zu gewährleisten, sind verbindliche Regeln zur Vorsorge und Lebensmittelsicherheit notwendig. Die Vorsorge betrifft insbesondere das Wissen über und die Anerkennung von Gesundheitsrisiken. Sicherheitsmassnahmen betreffen solche Risiken, die bisher nicht in vollem Umfang wissenschaftlich anerkannt wurden. Des Weiteren gilt es, die Risikofolgenabschätzung deutlich zu stärken. Die Europäische Union kann auch hier eine wichtige und wertvolle Rolle im Interesse der Konsumenten übernehmen. Dazu gehört auch, dass die Kompetenz der Konsumenten und der Beschäftigten in der Agrarwirtschaft gestärkt wird. Sie sind die am meisten Betroffenen. Daher ist es notwendig, dass auch die Gewerkschaften einen aktiven Part, beispielsweise der Moderation, wahrnehmen und Zusammenkünfte und Diskussionen zwischen Arbeitnehmern, Landwirten, Konsumenten und Wissenschaftlern organisieren.

Die Arbeitsbedingungen in der Landwirtschaft und in der Lebensmittelindustrie sind häufig außerordentlich schlecht. Der Landwirtschaftssektor ist am stärksten von Unfallrisiken betroffen, die nicht selten von Pestiziden und anderen chemischen Substanzen ausgehen. Die Anwendung solcher Chemikalien ist vielfach Ursache für schwere Berufskrankheiten. Insbesondere in den Entwicklungsländern werden diese Ursachen durch die Verwendung hochgiftiger Stoffe multipliziert, da es dort in der Regel an Sicherheitsmaßnahmen und ausreichenden Informationen über potentielle Risiken mangelt. Gesundheit und Sicherheit am Arbeitsplatz sind daher zentrale Prioritäten für eine nachhaltige Entwicklung. Die Gewerkschaften fordern deswegen, dass alle Länder die entsprechenden Konventionen und Empfehlungen zur Sicherheit und Gesundheit in der Landwirtschaft ratifizieren, die von der Internationalen Arbeitsorganisation im Juni 2001 verabschiedet wurden.

Die Internationale Arbeitsorganisation hat bereits 1997 auch darauf hingewiesen, dass mehr als 250 Millionen Kinder im Alter von fünf bis 14 Jahren im Landwirtschaftssektor in der Dritten Welt arbeiten. Es ist einer der größten Skandale, dass Zwangsarbeit in großem Umfang vor allem in der Landwirtschaft und Forstwirtschaft vorzufinden ist. Mit dem Konzept einer nachhaltigen Entwicklung ist es schlichtweg unvereinbar, dass solche unmenschlichen Praktiken und Ausbeutungsformen nach wie vor existieren. Es zählt mit zu den wichtigsten Aufgaben der Gewerkschaften, diese nicht akzeptablen Formen von Arbeit zu bekämpfen. Dazu gehört auch, dass die internationalen Gewerkschaftsorganisationen den Druck auf multinationale Konzerne in der Lebensmittelindustrie erhöhen, die zum großen Teil Nutznießer der katastrophalen Arbeitsbedingungen in der Landwirtschaft sind.

2.3 Die Bewältigung chemischer Risiken auf globaler und europäischer Ebene

Die gegenwärtigen Verfahren bei der Herstellung chemischer Produkte und ihre Verwendung beinhalten zahlreiche Risiken, die alle Bürgerinnen und Bürger in gleicher Weise betreffen. Unser aktuelles Wissen über diese Risiken umfasst nicht mehr als die Spitze des Eisberges. Die Anwendung gefährlicher Chemikalien bedroht sowohl die öffentliche Gesundheit als auch die Gesundheit und Sicherheit der in diesem Bereich Beschäftigten sowie die Umwelt insgesamt. Daher ist es einer der zentralen Forderungen der europäischen Gewerkschaften, das verfügbare Wissen über die Risiken chemischer Stoffe zu verbessern.

In Kapitel 19 der Agenda 21, wie sie 1992 verabschiedet wurde, sind hilfreiche Grundsätze und Maßnahmen formuliert, wie weltweit mit gefährlichen Chemikalien und risikoreichen Abfällen umgegangen werden kann. Eine wirksame Implementierung dieser Grundsätze kann wesentlich zu einem effektiven Schutz der menschlichen Gesundheit beitragen und eine nachhaltige Entwicklung für die Umwelt fördern. Die Gewerkschaften haben gefordert, dass die Grundsätze der Agenda 21 bis zum Jahre 2020 vollständig umgesetzt werden müssen. Zugleich setzen sich die Gewerkschaften dafür ein, dass in allen Ländern das global harmonisierte System (GHS) für die Kennzeichnung von Chemikalien spätestens bis zum Jahr 2018 zur Anwendung kommt. Des weiteren sind die internationalen Organisationen zu einer engeren Zusammenarbeit zu verpflichten. Dies betrifft beispielsweise die ILO im Bereich der Normierung von Sicherheitsstandards für chemische Stoffe und die OECD im Bereich der Forschung über die Risiken chemischer Substanzen.

Zu den gewerkschaftlichen Forderungen gehört auch, dass im Rahmen der Gesetzgebung und globaler Abkommen die Arbeitnehmerrechte verbessert werden. Dazu zählen ausreichende Informationen und Ausbildung, um die Sicherheit der Arbeitsplätze zu erhöhen. Dies betrifft die Arbeitnehmer in der chemischen Industrie in gleicher Weise wie Arbeitnehmer, die als Endverbraucher mit gefährlichen Stoffen arbeiten. Effektive Vorsorgemaßnahmen am Arbeitsplatz haben letztendlich positive Auswirkungen für die externe Umwelt. Beteiligungsrechte im Umweltbereich sollten daher weiterentwickelt werden, um die Arbeitnehmer unter anderem zu befähigen, wirksame Schutzmaßnahmen am Arbeitsplatz zu implementieren.

Der Europäische Gewerkschaftsbund unterstützt die Strategie der Europäischen Union bei ihrer zukünftigen Chemikalienpolitik, wie sie in dem gleichnamigen Weißbuch skizziert wird. Die Grundsätze des Weißbuchs sollten möglichst umgehend umgesetzt werden. Dennoch besteht für den EGB Nachbesserungsbedarf, insbesondere aus der Perspektive einer nachhaltigen Entwicklung. Zugleich fordert er die EU-Kommission auf, die Forschungsanstrengungen in diesem Bereich deutlich zu erhöhen. Außerdem soll im Rahmen der gemeinschaftlichen Forschungszentren der EU eine Datenbank über chemische Stoffe, ihre gesundheitlichen Risiken und mögliche Ersatzstoffe aufgebaut werden. Die Ergebnisse einer solchen Datenbank müssen öffentlich zugänglich sein.

3. Weiterentwicklung gewerkschaftlicher Kompetenzen für eine nachhaltige Entwicklung

Ausgehend von ihrer Rolle und Funktion sind die Gewerkschaften bereits heute ein wichtiger Akteur für eine nachhaltige Entwicklung. Eine nachhaltige Entwicklung ist in ihrem ureigensten Interesse (vgl. dazu auch Putzhammer sowie Linne in diesem Band). Sie sind traditionell wichtige Akteure für die Sicherung und Weiterentwicklung der sozialen Dimension, nicht nur im Rahmen des europäischen Integrationsprozesses, sondern auch im Hinblick auf eine sozial gerechtere Gestaltung der Globalisierung. Sie treten für eine stärkere Integration von Wirtschafts–, Sozial- und Umweltpolitiken ein, die für eine nachhaltige Entwicklung von zentraler Bedeutung ist. Um ihre Rolle als handlungsfähiger Akteur wahrzunehmen, müssen sie zugleich ihre ökologische Kompetenzen stärken und erweitern. Das erfordert auch, die Fähigkeiten der Arbeitnehmer und ihrer Interessenvertretungen auf Unternehmens- und auf lokaler Ebene auszubauen. Beschäftigung, Sozialrechte und Qualifizierung sind grundlegende Elemente zu einer wirksamen Bekämpfung von Armut und sozialer Ausgrenzung in Europa und weltweit. Darüber hinaus haben die Gewerkschaften eine bedeutsame Funktion bei der effektiven Durchsetzung von Maßnahmen zum Arbeits- und Gesundheitsschutz. In diesem Bereich sind sie vor allem ein wichtiger Akteur gegenüber den multinationalen Konzernen, um internationale Sicherheitsstandards weltweit verbindlich durchzusetzen. Hierbei spielen insbesondere die Europäischen Betriebsräte eine zunehmend wichtige Rolle. Zu den Aufgaben der Gewerkschaften gehört es daher auch, sicherzustellen, dass zukünftig alle betroffenen Unternehmen über einen Europäischen Betriebsrat verfügen, der effektiv seine Informations- und Konsultationsrechte wahrnehmen kann. Europäische Betriebsräte können ein einflussreicher Anwalt für eine nachhaltige Entwicklung sein. Aufgabe der Gewerkschaften ist es, die Europäischen Betriebsräte auch in diesem Bereich aktiv zu unterstützen. Darüber hinaus verfügen sie über zahlreiche Möglichkeiten, wo sie in ihrer alltäglichen Praxis konkrete Beiträge für eine Nachhaltigkeitsstrategie leisten können. Auf europäischer und internationaler Ebene müssen Erfahrungen in diesem Bereich stärker als bisher ausgetauscht und aufbereitet werden. Das macht einen offenen Dialog über konfligierende Interessen unabdingbar, um zu einer ausgewogenen Balance zwischen sozialen und ökologischen Prioritätssetzungen zu kommen.

Der EGB wird seine Möglichkeiten nutzen, sich gegenüber der Europäischen Kommission aktiv für die Umsetzung des EU-Umweltprogramms und Realisierung einer Nachhaltigkeitsstrategie, wie sie in Göteborg verabschiedet wurde, einzusetzen. In diesem Bereich wird der EGB insbesondere seine Kooperation und den Dialog mit den europäischen Nichtregierungsorganisationen fortsetzen und vertiefen und mit ihnen gemeinsame Initiativen entwickeln, um die ökologische Modernisierung auf den unterschiedlichen Ebenen voranzutreiben.

Nachhaltiges Wirtschaften und gewerkschaftliche Nachhaltigkeitspolitik

Heinz Putzhammer

Es ist verlockend, die Schnecke „nachhaltige Entwicklung" angesichts verhallender normativer Appelle, halbherziger politischer Initiativen, ungenutzter Innovationspotenziale und träger Wirtschaftssubjekte, die ihren langfristigen Vorteil einfach ignorieren, kurzerhand zu überholen und nachhaltiges Wirtschaften „praktisch" werden zu lassen; endlich die Handlungsfelder heraus zu greifen, in denen Zielkonflikte ausgeräumt und Umsetzungsprobleme bewältigt werden konnten, um anhand von best-practice-Beispielen auf die Eingriffsmöglichkeiten der Gewerkschaften und kooperierender zivilgesellschaftlicher Akteure zu verweisen. Selbst wenn sich bei den elementaren globalen Herausforderungen des 21. Jahrhunderts, vom Klimawandel über den Verlust biologischer Vielfalt, der Verknappung öffentlicher Güter bis zur weltweit steigenden Arbeitslosigkeit und der wachsenden Kluft zwischen Arm und Reich, keine Trendwende andeutet – es macht Sinn, die Chancen und Restriktionen in der sozialen Praxis nachhaltigen Wirtschaftens dagegen zu stellen. Auch wenn der Widerspruch nicht aufgehoben wird, können Fortschritte erkennbar werden. Allerdings soll nicht die Illusion genährt werden, die Komplexität der Problemlagen ließe sich mit der Zauberformel von der nachhaltigen Entwicklung auflösen. Das Prinzip der Nachhaltigkeit kann eher als Absage an Universalrezepte verstanden werden.

Ginge es „nur" um die ökologische Modernisierung der sozialen Marktwirtschaft, dann könnte man auf nationaler Ebene quantitative und qualitative Ziele für die prioritären Nachhaltigkeitsfelder festlegen und auf ein Aktionsprogramm setzen mit konkreten Schritten

- zur Verkehrsreduzierung und Verlagerung auf umweltfreundliche Verkehrsträger;
- zur Förderung regenerativer Energieträger, zur Energieeinsparung und rationellen Energieverwendung;
- zur Förderung einer umweltverträglichen Landwirtschaft;
- zur Vereinheitlichung des Umweltrechts und
- zur schrittweisen Ökologisierung des Steuer- und Abgabensystems mit dem Ziel einer Internalisierung von Umweltfolgekosten.

Verbindet man letztere Maßnahme mit der Senkung der Rentenbeiträge, wie in Deutschland geschehen, so ist – abgesehen von bisher geringen Lenkungserfolgen – mit der gleichrangigen Verfolgung sozialer, ökologischer und ökonomischer Ziele die von den Gewerkschaften geforderte sozial-ökologische Reformstrategie im Ansatz erkennbar. Die geringe Akzeptanz der Ökosteuer ist jedoch nicht nur ein Indiz für eine unglückliche politische Vermittlungsstrategie, sondern auch für das Beharrungsvermögen der Gesellschaft und die vermeintliche Unvereinbarkeit von aktuellem Wirtschaftshandeln und langfristigen Erfordernissen. Eingedenk dessen, dass der Vorsitzende der „Kommission für die Nachhaltigkeit in der Finanzierung der sozialen Sicherungssysteme", Bert Rürup, schon verkündet hat, Deutschland benötige eh noch eine Reihe von Rentenreformen, spricht vieles dafür, dass eine Formel „Generationsgerechtigkeit" von nachhaltigem oder dauerhaftem Bestand auf absehbare Zeit nicht zu erwarten ist. Deshalb sollen im Folgenden die notwendigen Rahmensetzungen benannt werden.

1. Globalisierung und Nachhaltigkeit

Eine ausschließlich neoliberalen Dogmen verpflichtete Globalisierung beeinträchtigt die Chancen auf eine weltweite nachhaltige Entwicklung entscheidend. Nach einer Phase der Deregulierung und des Freihandels zeichnen sich soziale Schieflagen zwischen Nord und Süd, aber auch innerhalb der Industriestaaten ab. Wachsende Armut ist die größte Bedrohung für die ökologischen Perspektiven der Erde. Die Entwicklungsländer holen unter diesen Bedingungen ihren ökonomischen und sozialpolitischen Rückstand nicht auf, kämpfen mit Oligarchiebildung, Korruption und ungleicher Einkommensverteilung und sind von politischer Stabilität und Demokratie weit entfernt.

Die Übereinstimmung darüber, dass notwendige Veränderungen gleichermaßen die soziale, die ökologische und die wirtschaftliche Dimension der Nachhaltigkeit berücksichtigen müssen, wächst. Die Gewerkschaften sehen sich in der Pflicht, die soziale Säule im Leitbild der Nachhaltigkeit zu stärken und für die zukunftsfähige Verbindung eines beschäftigungswirksamen ökologischen Strukturwandels mit sozialer Sicherheit, Gerechtigkeit und demokratischer Teilhabe zu streiten.

Die Proteste und Kongresse von Seattle bis Florenz zeigen, dass die mangelnde soziale Gerechtigkeit der Globalisierung Legitimationsprobleme mit sich bringt. In den Freihandelszonen wird die Idee nachhaltigen Wirtschaftens konterkariert: gewerkschaftsfreie Zonen, 16-Stunden-Arbeitstage von Frauen und Kinderarbeit in der Textilindustrie usw. In der Logik internationaler Arbeitsteilung sind hier soziale und ökologische Mindeststandards obsolet.

Der Deutsche Gewerkschaftsbund (DGB) fordert klare Regeln für den Welthandel. Die Welthandelsorganisation (WTO) muss sich daran messen lassen, ob wir einer sozial gerechten und ökologisch verantwortlichen Weltwirtschaft näher kommen. Deshalb wird die ‚Global Compact'-Initiative von Kofi Annan unterstützt, wenn zukünftig ein „green wash effect" ohne Gegenleistungen ausgeschlossen wird. Aus Sicht der Gewerkschaften müssen die WTO-Handelsbestimmungen an die Einhaltung der Menschenrechte und ILO-Kernarbeitsnormen, den Schutz der Umwelt, der Gesundheit und der Sicherheit als Grundlage globalen Wirtschaftens gekoppelt werden. Mensch und Umwelt müssen den Investoren rechtlich verbindlich gleichgestellt werden. Diskriminierende Beschäftigung, Kinderarbeit oder Zwangsarbeit hemmen eine nachhaltige wirtschaftliche Entwicklung, die auf die Qualität von Arbeit, Ausbildung und Qualifizierung angewiesen ist.

Ansätze zur Eindämmung dieser Praktiken bieten die OECD-Leitlinien für multinationale Unternehmen, das Grünbuch der EU-Kommission zur Sozialen Verantwortung internationaler Unternehmen sowie eine Reihe von ILO-Konventionen und die gesamte Sozial- und Ökoklauseln-Debatte. Gewerkschaftlich gestützte Initiativen in diesem Kontext sind unter anderem die „clean clothes"-Kampagne, das Flower Labeling oder das Forest Stewardship Council (FSC)-Projekt. Zunehmend werden in multinationalen Konzernen Weltbetriebsräte gegründet.

Zur globalen Umsetzung einer nachhaltigen Entwicklung müssen internationale Abkommen wie die ILO-Konventionen und United Nations Environment Programm (UNEP)-

Projekte Gegenstand einer kohärenten WTO-Politik werden. Ansonsten fehlt allen Ansätzen nachhaltigen Wirtschaftens weitgehend die Grundlage.

2. Rechtlicher Rahmen und Anreizsysteme für nachhaltiges Wirtschaften

Globale Regeln können nicht nur vor Sozialdumping und dem Verschieben von Umweltlasten gen Süden schützen. Sie helfen auch innovativen Unternehmen im Qualitätswettbewerb. In der hoch entwickelten deutschen Industriegesellschaft zielt nachhaltiges Wirtschaften nicht auf Preisdumping, sondern auf Stoffkreisläufe und Wettbewerb um hochwertige Produkte, Dienstleistungen und Arbeitskräfte (vgl. Dreher/Schirrmeister/Wengel in diesem Band).

Eine nachhaltige Entwicklung ist ohne sozial und ökologisch verantwortlich handelnde Unternehmen nicht realisierbar. Dafür ist aus Sicht des DGB ein ausbalancierter Mix von klaren rechtlichen Rahmenbedingungen für unternehmerisches Handeln und Anreizen, die über Verbraucher und Investoren gesetzt werden können, erforderlich.

Eine entsprechende Weiterentwicklung der rechtlichen Rahmenbedingungen für nachhaltiges Wirtschaften sollte sich an der Anwendung des Vorsorgeprinzips in allen Bereichen orientieren. Über das Ordnungsrecht hinaus sollten Instrumente wie Umweltabgaben zur Internalisierung der Kosten, Rücknahmepflichten und Haftungsregeln breite Anwendung finden, um die zukunftsorientierten Unternehmen in ihren Anstrengungen zu unterstützen. Dies gilt insbesondere für klein- und mittelständische Unternehmen, die die Ausbildungsverpflichtung ernst nehmen.

Nachhaltig wirtschaftende Unternehmen müssen aus Sicht des DGB gestärkt werden, insbesondere wenn sie auf die Entwicklung des Produktivitätsfaktors „soziales Kapital“ setzen. Denn sie stehen vor dem Problem, dass soziale und ökologische Verantwortung in einer „Kosten-Nutzen-Optimierung“ quantitativ oft nicht bewertbar sind: diese Kosten sind externalisierbar. Dass in einer sich nachhaltig entwickelnden Volkswirtschaft die Zielkonflikte zwischen ökologischen und ökonomischen Belangen abnehmen, ist betriebswirtschaftlich nur relevant, wenn kalkulierbare Schritte zu veränderten Rahmenbedingungen benannt werden.

Wichtig ist dem DGB deshalb ein öffentlich geführter Dialog zur sozial- und umweltpolitischen Dimension unternehmerischen Handelns, der gesellschaftliche Normen und Werte, das gewachsene Umweltbewusstsein oder die zunehmende Sensibilität gegenüber der Einhaltung grundlegender Menschenrechte bei der Herstellung von Produkten in Dritte-Welt-Ländern aufgreift. Das aktive Eintreten multinationaler Unternehmen für die Einhaltung von Umwelt- und Sozialstandards und grundlegenden Menschenrechten ist daher nicht nur Teil ihres Images, sondern es ist auch wichtig für die Glaubwürdigkeit des Nachhaltigkeitskonzeptes in der Bevölkerung. Es muss deshalb auch im nationalen Rahmen unter Beweis gestellt werden.

Staatliche Anreizsysteme sowie die Rechtsetzung sollten ein bewusstes, sozial verantwortliches Investieren fördern. Die Finanzmärkte und insbesondere institutionelle Anleger können durch eine aktive Öffentlichkeitsarbeit in die Umsetzung eingebunden werden (vgl. Hild in diesem Band). Laut einer Umfrage des Forschungsinstituts ECOLOGIC aus dem Jahr 2001 möchten 78 Prozent aller befragten Anleger Umweltaspekte bei der Veranlagung zur privaten Altersvorsorge berücksichtigen. Doch nur 3,1 Prozent wurden auf ethische Anlageformen hingewiesen, und nur 0,68 Prozent haben in diesem Bereich investiert.

Der DGB tritt für eine Berücksichtigung von ethischen Kriterien bei der staatlichen und europäischen Förderung von Investitionen sowie bei der zusätzlichen Altersvorsorge auf nationaler Ebene oder bei anderen Förderungsobjekten ein. Die rechtliche Vorschrift sollte aufgrund der negativen Erfahrung überdacht werden, damit sich eine erhöhte Transparenz dieser Kriterien im Rating-Verfahren auswirkt.

Die Mitarbeit, Vergabe und Evaluation von Kodizes, Sozial- und Umweltgütesiegeln ist für Gewerkschaften ein potenziell einflussreiches Aufgabenfeld. Auf diesem Weg kann die an nachhaltigem Wirtschaften orientierte Investitionstätigkeit von Anlegern deutlich an Marktanteilen gewinnen, weil entsprechendes Unternehmenshandeln für die ökonomische Performance und für die Gewinnaussichten der Shareholder relevant wird. Anhand eines Kriterienkatalogs (z.B. Umfang der Weiterbildungsmaßnahmen, Frauenförderpläne, Maßnahmen zur besseren Vereinbarkeit von Beruf und Familie, Umweltbeauftragte, Verstöße gegen Arbeits- und Umweltnormen etc.) werden Unternehmen evaluiert. Sie können dies wiederum in der Öffentlichkeit, zum Produktmarketing und zur Mitarbeiteranwerbung bzw. -motivation nutzen. Erfahrungsaustausch und die Verbreitung von Good Practices tragen zu einem produktiven Wettbewerb um gute, sozial verantwortliche Unternehmenspraktiken bei.

Die Wirtschaft hat die Imagewirkung des Etiketts „Nachhaltigkeit" erkannt und sich mit der Vereinigung „econsense" öffentlichkeitswirksam aufgestellt. Ein nachhaltiges Geschäftsgebaren ist gleichwohl noch die Ausnahme: Arbeitnehmerrechte, Mitbestimmung und Beteiligung müssen weiterhin unter schwierigen Bedingungen erkämpft werden. Wird die soziale und ökologische Verantwortung von Unternehmen allerdings zukünftig als generelle Leitlinie einer kohärenten Politik aller internationalen Organisationen verankert, bedeutet dies für Unternehmen, dass die Glaubwürdigkeit ihrer Marken davon abhinge, inwieweit ihr Sozial- und Umweltengagement positiv bewertet wird, das heißt ob sie

- sozial verantwortlich investieren,
- die Gesellschaft an ihrem wirtschaftlichen Erfolg teilhaben lassen und
- sich nur kurzfristigen Shareholderinteressen verpflichtet fühlen oder anerkannte sozial- und umweltpolitische Ziele einbeziehen.

Bisherige Ansätze müssen deshalb weiterentwickelt werden:

- Life-Cycle-Management darf nicht auf Einsparpotenziale und Effizienzsteigerungen reduziert werden. Prozessinnovationen müssen unter Beteiligung der Belegschaften vorangetrieben und externe Kosten einbezogen werden.
- Umweltberichterstattungen müssen zu Nachhaltigkeitsberichten weiter entwickelt und durch Kriterien zu ökonomischen, sozialen und ökologischen Mindeststandards vergleichbar, allgemeingültig und gesetzlich verbindlich werden.
- Durch Partnerschaftsprojekte muss verstärkt gesellschaftliche Verantwortung in den Regionen übernommen werden, in denen Unternehmen tätig sind.

Der am Bundesverband der deutschen Industrie (BDI) gescheiterte Dialogprozess „Umweltleitlinien für Auslandsdirektinvestitionen", der von Bundesregierung, Wirtschaft, Gewerkschaften und Umweltverbänden im Vorfeld von Johannesburg geführt wurde, zeigt, wie schwer es einigen Verbänden und Unternehmen fällt, über die bisher üblichen „freiwilligen Selbstverpflichtungen" hinaus hier *verbindlich* Verantwortung zu übernehmen.

3. Nachhaltiges Wirtschaften und Partizipation

Ein Wesensmerkmal nachhaltiger Entwicklung ist die breite gesellschaftliche Partizipation. Die Durchsetzung nachhaltiger Wirtschaftsstrukturen ist ohne neue Kooperationsformen und gesellschaftliche Bündnisse kaum denkbar. Jenseits traditioneller Arbeitsbeziehungen gewinnen neue zivilgesellschaftliche Akteure als potenzielle Partner bei Nachhaltigkeitsprojekten an Bedeutung.

Für die Gewerkschaften verspricht das Leitbild der Nachhaltigkeit die zukunftsfähige Verbindung eines beschäftigungswirksamen ökologischen Strukturwandels mit sozialer Sicherheit und Gerechtigkeit sowie demokratischer Teilhabe.

Für die betriebliche Ebene heißt dies Zweierlei: die Stärkung der bewährten Beteiligungs- und Mitbestimmungsstrukturen und ein größeres Engagement bei Qualifizierung und Weiterbildung. Denn heute gilt mehr denn je: das Tempo der heutigen Wirtschaftstätigkeit und der technologische Wandel verlangen Innovation und Wissen – das heißt das Humankapital wird immer wichtiger. Für die Gewerkschaften macht zukunftsfähiges Wirtschaften ein Mehr an Demokratie, Partizipation und Verantwortlichkeit aus zweierlei Gründen unumgänglich: Eine Umstrukturierung der Produktion auf umweltverträgliche, energie- und ressourcensparende, abfallarme Produktionsverfahren und Produkte kann nur mit Beteiligung der Arbeitnehmer erfolgreich sein. Zudem basiert bedarfsorientiertes, sich flexibel auf ressourcenschonende Innovationen und Nachfrageschwankungen einstellendes Wirtschaften auf dezentralen Strukturen mit flachen Hierarchien, eigenverantwortlichem Handeln und größeren Kompetenzen der Beschäftigten über die gesamte Wertschöpfungskette hinweg (vgl. Lauen und Pfeiffer/Walther in diesem Band). Nicht zuletzt deshalb ist im Kapitel 29 der Agenda 21 von Rio die Stärkung von Informations–, Beteiligungs- und Mitbestimmungsrechten für die Arbeitnehmer ausdrücklich festgehalten worden.

Im Nachgang zur Rio-Konferenz verabschiedeten die europäischen Regierungen 1993 die erste Öko-Audit-Verordnung (ECO Management and Audit Scheme – EMAS). Sie blieb allerdings hinsichtlich der Informations–, Beteiligungs- und Mitbestimmungsrechte in Umweltschutzfragen hinter der gängigen Praxis zurück. Betriebsfremde hatten mehr Einwirkungsmöglichkeiten als die Beschäftigten des Unternehmens selbst.

Auch bei der Revision im letzten Jahr gelang es den Gewerkschaften nicht, die Anwendung der „besten verfügbaren Technik“ verbindlich festzuschreiben und eine nur stichprobenartige Feststellung der Rechtskonformität zu verhindern. Immerhin ermöglicht EMAS II die aktive Einbeziehung und eine adäquate Aus- und Fortbildung der Arbeitnehmer bei der Förderung einer kontinuierlichen Verbesserung der Umweltleistung von Organisationen.

Erst mit der Integration des Umweltschutzes in das neue Betriebsverfassungsgesetz sind die Betriebsräte gleichberechtigte Partner in allen Fragen des betrieblichen Umweltschutzes geworden: von der Beteiligungs- und Informationspflicht über umfassende Qualifizierungsangebote bis zur Beratung. Der betriebliche Umweltschutz ist für Unternehmen ein wichtiger betriebswirtschaftlicher Faktor, der über die Arbeitssituation hinaus auch die Festlegung der Umweltpolitik und Umweltziele des Betriebs, die Umweltvorsorge bei Einführung neuer Produktionslinien bis hin zur umwelt- und gesundheitsverträglichen Gestaltung von Produktionsprozessen und Produkten berührt.

4. Nachhaltiges Wirtschaften und neue Beschäftigungschancen

Die ökologische Modernisierung hat angesichts nach wie vor steigender Dauer- und Massenarbeitslosigkeit und fortschreitender Umweltzerstörung eine Schlüsselstellung erhalten. Zwar ist in absehbarer Zeit nicht zu erwarten, dass im Umweltbereich selbst vier Millionen Arbeitsplätze geschaffen werden, aber aus der ökologischen Modernisierung kann als verbreitetes Produktionskonzept eine nachhaltige Arbeitswelt erwachsen. Mittlerweile sind nicht nur 1,2 Millionen Arbeitsplätze diesem neuen Arbeitsmarkt zuzurechnen. Durch die innovative Nutzung von erneuerbaren Rohstoffen und Energieträgern sowie durch integrierte und effiziente Umweltschutztechnologien wurden auch weltmarktrelevante Wettbewerbspositionen gehalten.

Die meisten der heutigen Umweltarbeitsplätze finden sich im Entsorgungsbereich (Wasser und Abfall) und lassen sich als nachsorgende Dienstleistungen (additiver Umweltschutz) charakterisieren. Viele dieser Beschäftigungen erfordern eine hohe Qualifikation, es gibt jedoch auch Arbeitsplätze mit niedrigem Qualifikationsniveau und hohen Gesundheitsbelastungen.

Umweltarbeitsplätze im integrierten Umweltschutz und in den Öko-Industrien (Bauarbeitsplätze, Maschinenbau, Ingenieurleistungen) weisen hohe Qualifikationsprofile auf. Umweltpolitisch ist integrierter Umweltschutz effektiver, beschäftigungspolitisch gewinnt er an Bedeutung, allerdings besteht zugleich latenter Rationalisierungsdruck.

Bei zunehmender Annäherung an eine nachhaltige Wirtschaftsweise werden sich durch strukturelle Änderungen des Umweltsektors deutliche qualitative Verbesserungen ergeben:

Einerseits ist zu erwarten, dass die problematischen (vorindustriellen) Arbeitsplätze im Bereich der Abfallwirtschaft (Sammlung, Sortierung, Zerlegung) mittelfristig an Qualifikation, Einkommen, Stabilität und sozialem Schutz gewinnen werden, allerdings mit der Konsequenz, dass die Zahl der Arbeitsplätze mit ihrer Industrialisierung deutlich abnimmt.

Andererseits ist abzusehen, dass integrierte Maßnahmen, die tendenziell qualitativ bessere Beschäftigung schaffen, an Bedeutung gewinnen werden. Im Zuge dieser Entwicklung besteht die Chance auf Beschäftigungszunahme durch zu erwartende Markterfolge integrierter Techniken und die Ausweitung ökologischer Dienstleistungen.

Durch die weitere Umsetzung von Effizienz- und Suffizienzstrategien (Sparsamkeit, Regionalorientierung, Gemeinsamnutzung, Langlebigkeit) wird die Umweltarbeit den engbegrenzten Umweltsektor immer mehr verlassen und die Integration in andere Sektoren und Bereiche weiter zunehmen.

Die PROGNOS-Studie zu Klimaschutz und Beschäftigung belegt, dass mit einer Minderung der Treibhausgase um 25 Prozent bis 2005 insgesamt 155.000 neue Arbeitsplätze entstehen, mit einer Minderung um 40 Prozent bis 2020 per Saldo sogar mehr als 190.000, insbesondere im Maschinenbau, im Handwerk und bei den Dienstleistungen.

Beschäftigungspolitisch bedeuten additive Nutzungsstrategien, dass der damit verbundene Trend zu ökologischen Dienstleistungen in dem Maße, wie er eigentumsbasierte Konsummuster ersetzt (z.B. Werkzeugmiete anstatt -kauf, bedarfsorientiertes Mieten von Pkw, Skileihe anstelle von Individualeigentum), zu einer Reduzierung des Güterbestandes beitragen kann und so den Strukturwandel von materieller, hoch rationalisierter Güterfertigung zu ressourcenschonender und arbeitsintensiver Dienstleistungsproduktion vorantreibt.

Das Handwerk kann bei der konkreten Ausgestaltung eines ressourcensparenden Wirtschaftssystems eine zentrale Rolle spielen – nicht nur weil hier immer noch sechs Millionen Menschen beschäftigt sind. Zentrale Kriterien nachhaltiger Produktion wie sparsamer Materialverbrauch, lokaler Bezug oder Langlebigkeit werden von vielen Handwerksbetrieben schon heute erfüllt.

Die stärkere Einbeziehung des Innovationspotenzials der Beschäftigten sollte als Bereicherung der Betriebe verstanden werden. Dies gilt auch für die Arbeitnehmerbeteiligung bei der Errichtung des Umweltmanagementsystems, der Umweltbetriebsprüfung oder der Erarbeitung der Umwelterklärung.

Auf dieser Basis können Unternehmen und Gewerkschaften in Zukunft gemeinsam dafür sorgen, dass das Know-how über ökologische Maßnahmen breiter gestreut wird. Denn ökologisch ausgerichtete Arbeitsplatzinitiativen der Beschäftigten sind nur zu erwarten, wenn das existierende Wissen durch Fortbildung auch nutzbar wird für ökologische Techniken und die Einführung von Elementen der Kreislaufwirtschaft.

Aufklärungsarbeit und Beratungsangebote der Industrie- und Handelskammern und Handwerkskammern sollten hier unbedingt ausgeweitet werden von der Grundlagenvermittlung über beispielsweise baulichen Wärmeschutz oder Kreislaufwirtschaft in unterschiedlichsten Branchen bis hin zu Praxisseminaren, die auch die Herausforderungen an eine neue, effiziente betriebliche Arbeitsorganisation thematisieren.

Das Beispiel „Reparieren statt Wegwerfen“ könnte als Ziel weitreichende Wirkungen in der Arbeitswelt haben und alte Arbeitsfelder für das Handwerk neu eröffnen: Die Nachhaltigkeitsmaxime „höhere Nutzungsintensität“ kann zum Beispiel für elektronische Geräte nur realisiert werden, wenn ihre Einsatzdauer durch intensive Pflege, Wartung, und modulare Modernisierung erhöht wird. Arbeitsteilige, wenig qualifizierte Fabrikarbeit müsste zum Teil durch wissensintensivere Werkstattarbeit ersetzt werden – ein breites Feld neuer Dienstleistungen für das Handwerk. Damit dies nicht wie bisher in Schwarzarbeit geschieht, muss die Diskriminierung des Faktors Arbeit durch eine stetige Veränderung der Rahmenbedingungen bekämpft werden. Die Bundesregierung hat mit der ökologischen Steuerreform den Anfang gemacht. Derzeit sind Recycling und sparsamer Ressourcenverbrauch im Vergleich zu Energiekosten oder produktionsbedingten Emissionen noch nicht marktfähig.

Für die Gewerkschaften ist der Kern der sozialen Dimension von Nachhaltigkeit die Schaffung von Arbeit für alle – die Zukunft der Arbeit liegt in neuen Branchen und Innovationsschwerpunkten, im Aufbau neuer Kompetenzfelder. Integrierte Umweltmaßnahmen werden an Bedeutung gewinnen. Im Zuge dieser Entwicklung sind durch die Markterfolge integrierter Techniken und die Ausweitung ökologischer Dienstleistungen Beschäftigungsgewinne zu erwarten.

5. Nachhaltige Industriepolitik

Eine umfassende sozial-ökologische Reformstrategie muss diese Erfolge aber stärker für eine moderne Industriepolitik nutzen. Forschungs- und innovationspolitische Anstrengungen sind in Zukunft darauf zu richten, den stattfindenden Strukturwandel an traditionellen Industriestandorten nachhaltig, das heißt ökonomisch erfolgreich und sozial-ökologisch ausgerichtet zu gestalten. Im Fokus stehen die sogenannten „sauberen Technologien“. Bereits heute hat diese Industrie – als Anbieter von Sanierungstechnologien, „aktivem“ Recycling und Abfallbehandlung – EU-weit einen Umsatz von 180 Milliarden Euro bei jährlichen Wachstumsraten von zehn Prozent und sie hat 500.000 Arbeitsplätze geschaffen.

Saubere Technologien bringen neue Industrieformen, neue Produkte und neue Produktionsprozesse und Verbrauchsmuster hervor und bewirken grundlegende Änderungen des Produktdesigns und des Lebenszyklus von Produkten. Neue Recycling- und Abfallbehandlungsverfahren ermöglichen es unter anderem, gefährliche Schadstoffe umweltgerecht weiter zu verarbeiten.

Wo, wenn nicht in Deutschland, können ähnliche industrielle Produktinnovationen und Dienstleistungen die Wege für nachhaltiges industrielles Wirtschaften aufzeigen und qualifizierte Arbeitsplätze schaffen?

Nachhaltige Ökonomie im Zeitalter der Globalisierung[1]

Andreas Heigl

1. Nachhaltigkeit als Leitbild

Nachhaltigkeit ist spätestens seit der Rio-Konferenz 1992 voll im Trend. Die von der Brundtland-Kommission inzwischen allgemein anerkannte Definition für nachhaltige Entwicklung ist allerdings wenig konkret und somit ungeeignet, sich mit Hilfe von Indikatoren beschreiben oder sich gar in ein quantitatives Modell einer nachhaltigen Welt überführen zu lassen. Zahlreiche wenig überzeugende Versuche haben gezeigt, dass die Strukturzusammenhänge hierfür zu komplex sind. Als prominentestes Beispiel mag hier das World 3 Modell dienen, auf dessen Basis die berühmte Studie von Meadows und Meadows „Die Grenzen des Wachstums" entstand.

Unser Studienansatz verfolgt deshalb einen alternativen Weg: Ausgehend von der allseits anerkannten Annahme, dass wir uns derzeit in einem nicht-nachhaltigen Zustand befinden, wollen wir auf Grundlage einer Expertenbefragung diejenigen Faktoren herausarbeiten, die erfüllt sein müssen, um die Welt wieder „ins Lot" zu bringen[2]. Diese Vorgehensweise erlaubt uns, der Frage nachzugehen, wie eine nachhaltige Welt eigentlich aussehen könnte: Kann es nur einen klar definierbaren „Endzustand" einer nachhaltigen Welt geben? Wird es ein Paradies auf Erden sein oder doch eher eine Ökodiktatur? Und was passiert, wenn wir die notwendigen Bedingungen für Nachhaltigkeit erst gar nicht erfüllen können? Aus den von uns entwickelten Zukunftsbildern können Antworten auf diese Fragen gegeben und Maßnahmen vorgeschlagen werden, wie sich Staaten, Unternehmen und Privatpersonen in eine nachhaltige Entwicklung steuern lassen. Nachhaltigkeit könnte sich dann als neues und allgemein akzeptiertes gesellschaftliches Leitbild etablieren.

2. Nachhaltigkeit, Globalisierung und Ökonomie

Im Zeitalter der Globalisierung mit Herausforderungen, die nur noch im weltweiten Maßstab zu bewältigen sind, wird Nachhaltigkeit auch zunehmend wichtiger für die Ökonomie.

---

1 Die ausführliche Studie befindet sich im Archiv von www.hvb.de/research. Der Nachhaltigkeitsbericht der HVB Group ist als Download unter www.hvbgroup.com/nachhaltigkeit verfügbar.

2 Die Ergebnisse dieser Studie wurden mit Hilfe von Experten (N = 37) aus Wissenschaft, Wirtschaft und Politik gewonnen, die sich am „Virtuellen Delphi-Forum" beteiligten, einer neu entwickelten Befragungsmethode, die auf Online-Instrumenten (Chat, Online-Fragebogen, Mailing-Liste) basiert. Die in diesem Text zitierten Aussagen zu nachhaltiger Ökonomie stammen aus dem Virtuellen-Delphi-Forum. Den Experten wurde Anonymität zugesichert. Wir danken allen Teilnehmern für die engagierte Mitarbeit.

Unsere Analyse beschränkt sich deshalb auf den Bereich einer nachhaltigen Ökonomie. Globalisierung als ein Prozess zunehmender ökonomischer und gesellschaftlicher Vernetzung der Welt ermöglicht einen geschärften Blick auf die Zusammenhänge.

Häufig wird nur die wirtschaftliche Globalisierung betrachtet, die durch ein wachsendes Volumen des grenzüberschreitenden Handels gekennzeichnet ist. Stärkere Vernetzung bedeutet jedoch auch, dass nicht nur wirtschaftliche Aktivitäten miteinander verflochten sind. Durch die Globalisierung entstehen neue Ursache-Wirkungs-Beziehungen, die zu einer Neuorientierung vieler gesellschaftlicher Regelungen führen. Zum Beispiel verändert sich die Rolle der Staaten, die in ihren Entscheidungen stärker von Entscheidungen anderer Staaten abhängig werden. Auch die Rolle von Unternehmen und nichtstaatlichen Organisationen (NGOs) verändert sich in diesem Prozess. Globalisierung geht nicht nur mit einer Vergrößerung des Handelsvolumens einher, sondern auch mit einer höheren internationalen Kommunikationsdichte. Auf der technischen Seite lässt sich dies gut durch die rasante Verbreitung des Internets illustrieren. Durch die Ausbreitung internationaler Unternehmen und die Vernetzung von Ideen, Informationen, Medien und Menschen kommt es zudem auch zum kulturellen Austausch zwischen Volkswirtschaften.

Verflechtung als Wesenszug der Globalisierung kommt nicht nur durch grenzüberschreitende menschliche Aktivitäten zustande. Auch natürliche Phänomene sind in hohem Maße vernetzt. Einige Ressourcen (z.B. Wasser, Luft) sind ihrer Natur nach global. Werden sie lokal so weit beansprucht, dass die natürliche Regenerationskapazität nicht mehr ausreicht, entsteht zwangsläufig ein überregionales Problem. Der Streit um Staudämme an Euphrat und Tigris oder Wasserentnahmen aus dem Jordan zeigt dies deutlich.

Aus mehreren Gründen wird Globalisierung häufig als Widerspruch zur nachhaltigen Ökonomie genannt: Wachsende Handelsströme würden verstärkte Transportaufwendungen und damit einhergehende ökologische Probleme verursachen. Die hohe Mobilität der Produktionsfaktoren sorge für kurzfristige Planungshorizonte – insbesondere trüge hierzu die Kapitalmobilität durch liberalisierte internationale Finanzmärkte bei. Die Entkopplung von Kapitalströmen und den dahinter stehenden realen Transaktionen (Handel, Erwerb von Anleihen sowie Aktien etc.) verdeutlichten hier das Eigenleben der internationalen Kapitalmärkte. Das Verhältnis der weltweiten Bruttokapitalströme zu den Nettokapitalströmen hat sich zwischen 1985 und 1999 tatsächlich von zwei zu eins auf sechs zu eins erhöht. Ebenfalls eine Folge der hohen Mobilität sind die Schwierigkeiten, höhere ökologische oder soziale Standards auf nationaler Ebene durchzusetzen, weil die Produktion innerhalb kurzer Zeit ins Ausland verlagert werden kann.

Dennoch greift diese Sichtweise auf die Globalisierung zu kurz: Einmal führt die Vernetzung im Rahmen der Globalisierung zu erheblichen wirtschaftlichen Vorteilen. Entwicklungsländer, die sich dem Weltmarkt geöffnet haben, verzeichneten in den neunziger Jahren ein durchschnittliches Wachstum von fünf Prozent, verglichen mit zwei Prozent in den Industrieländern. Globalisierung bedeutet aber auch die Möglichkeit zur Lösung überregionaler Probleme. Durch verstärkte Kooperation bauen die Beteiligten Vertrauen auf, was die Konsensfindung zwischen Verhandlungspartnern erleichtert. Globalisierung steht also nicht zwingend gegen nachhaltige Ökonomie. Globalisierung ist eine Rahmenbedingung, mit der sich die Akteure arrangieren müssen. Der Prozess der Globalisierung wird weiter fortschreiten, und nachhaltige Ökonomie muss sich innerhalb dieser Vorgaben bewegen.

3. Kritische Unsicherheiten auf dem Weg zur Nachhaltigkeit

Die Faktoren für eine nachhaltige Ökonomie sind recht zahlreich und im Zeitalter der Globalisierung werden die Wirkungszusammenhänge immer komplexer. Wie geht man mit einer Vielzahl wesentlicher Faktoren um und entwirft ein Bild für die Zukunft? Zur systematischen Darstellung bietet sich ein seit den siebziger Jahren etabliertes Instrument der Trendforschung an, die sogenannte Szenariotechnik. Dieses Analyseverfahren liefert Antworten auf Fragestellungen, die eine Dekade oder sogar weiter in die Zukunft reichen, deren Bestimmungsfaktoren vielschichtig und deren Ausgang offen ist. Die Szenariotechnik beleuchtet systematisch alle Aspekte und Kausalitäten, aus denen in mehreren Selektionsschritten die wichtigsten Faktoren herausgefiltert werden. Dabei bleiben diejenigen Einflussgrößen übrig, deren Entwicklung höchst ungewiss und besonders wichtig für die Fragestellung ist (die so genannten kritischen Unsicherheiten). Auf Basis dieser kritischen Unsicherheiten werden im Folgenden Szenarien entworfen, in denen alle zuvor gesammelten Aspekte in Entwürfe über alternative Zukunftswelten verdichtet werden.

Zuvor werden jedoch die zwei wichtigsten kritischen Unsicherheiten der Entwicklung in den nächsten zehn bis 20 Jahren beschrieben. Sie wurden aus der Expertenbefragung gefiltert und werden mit den entsprechenden Zitaten untermauert.

3.1 Kritische Unsicherheit „Globaler Ordnungsrahmen"

Ein globaler Ordnungsrahmen kann die „Spielregeln" für nachhaltige Ökonomie vorgeben. Dabei ist es wichtig, langfristige Planungshorizonte für künftige Generationen einzubeziehen. Das Gerüst eines verbindlichen Ordnungsrahmens müsste einerseits Stabilität, Verbindlichkeit und Verlässlichkeit garantieren, andererseits aber auch flexibel genug sein, um auf veränderte Umweltbedingungen, politische Umbrüche oder neue Technologien reagieren zu können. Der langfristige Planungshorizont solcher Strategien kann jedoch immer auch kurzfristig orientierten Staaten Spekulationsgewinne ermöglichen und damit das Gesamtziel gefährden.

> „Globalisierung ist die Erkenntnis, dass wir alle in einem Boot sitzen. Sustainable Development muss erreichen, dass alle in die gleiche Richtung rudern ... und das ist nicht zwangsläufig die Richtung, in die der ‚Westen' will".

Für nachhaltige Ökonomie ist eine einheitliche Auffassung über Ziele und Maßnahmen notwendig. Ein weltweiter Konsens kann wohl nur über einen Ordnungsrahmen hergestellt werden. Eher unwahrscheinlich ist es, dass der Ordnungsrahmen durch eine Hegemonialmacht gegen Widerstände weltweit durchgesetzt werden könnte.

Der Ordnungsrahmen erschließt sich aus einer Auswahl von Verhaltensweisen, die im Sinne einer nachhaltigen Ökonomie nützlich sind. Diese Vorgaben erfolgen meist durch Regulierungen auf nationalstaatlicher Ebene und müssen dort an die Erfordernisse nachhaltiger Ökonomie angepasst und internationalisiert werden.

> „Es geht primär um die kritische Selbstreflexion in sämtlichen gesellschaftlichen Zusammenhängen (...) über die bisherigen Fehlentwicklungen. Hierbei kommt öffentlichen Akteuren – sei es der EU oder der Nationalregierung (...) eine besondere Rolle zu."

Elementar für einen globalen Ordnungsrahmen sind Wettbewerbsregeln und Anreizsysteme, innerhalb derer sich die Marktkräfte ihrer jeweiligen Zielfunktion gemäß entfalten können. Zwei Drittel der Experten halten diese Art von Regulierung für einen möglichen Weg zur Nachhaltigkeit (vgl. Abbildung 1).

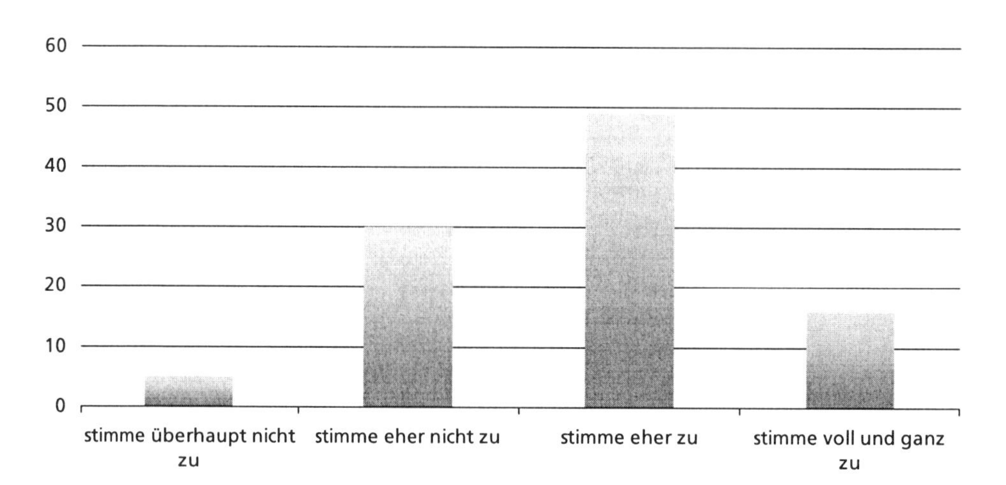

Abbildung 1: Nachhaltigkeit wird durch Regulierung erreicht werden können (Quelle: Ergebnisse der quantitativen Experten-Befragung, Angaben in Prozent)

Insbesondere in denjenigen Bereichen, wo Marktversagen droht, weil wegen unvollständiger Informationen externe Effekte sich nicht adäquat in der Preisbildung niederschlagen, müssen entsprechende Institutionen die notwendigen Regulierungen treffen. Beispiel gebend hierfür ist der Emissionshandel, bei dem im Konsens gemeinsame Zielvorgaben definiert werden und die Märkte für die Preisfindung sorgen.

Ein weiterer wichtiger Aspekt betrifft die Reichweite eines globalen Ordnungsrahmens. Die einzelnen Akteure handeln in ihrem spezifischen regionalen Umfeld, alle Auswirkungen sind zunächst lokal. Auch Lösungen müssen in einer nachhaltigen Ökonomie zunächst lokalen Charakter haben, da Verhaltensweisen stark vom kulturellen, technischen und natürlichen Umfeld abhängen (Subsidiaritätsprinzip).

> „Verhandlungen auf globaler Ebene müssen auf die Probleme beschränkt bleiben, die tatsächlich auch globaler Natur sind. (...) die wichtigste Verhaltensregel für Industrieländer ist es dabei, gegenüber Entwicklungsländern mit dem Vorwurf des ökologischen oder sozialen Dumping zurückhaltend zu sein."

Wie alle gesellschaftlichen Umwälzungen bedeutet eine Hinwendung zur nachhaltigen Ökonomie auch, dass sich manche Beteiligte als mögliche Verlierer sehen könnten. Das aus der Spieltheorie bekannte Gefangenendilemma kommt hier zum Vorschein. Kurzfristig können sich diejenigen Spieler, die sich weiterhin nicht nachhaltig verhalten, vielleicht sogar als Sieger wähnen. Regelungen, die die richtigen Signale setzen, können aber von vorneherein Anreizstrukturen schaffen. Daher sind globale Prozesse, die einheitliche Rahmenbedingungen kreieren, von großer Bedeutung. Diese Rahmenbedingungen werden um so mehr akzeptiert, je mehr sie für alle Beteiligten Gewinne versprechen (Win-Win-Situationen).

> „Wir brauchen Prozesse der Entwicklung von Global Governance, die zur weiteren Erarbeitung konkreter Ziele in einem globalen Diskurs führen und die Bereitschaft zu Kompromissen stärken".

Ob es gelingen wird, einen solchen Globalen Ordnungsrahmen zu schaffen, ist allerdings in hohem Maße unsicher. 76 Prozent der befragten Experten halten einen weltweiten Konsens über grundlegende Werte für eine Bedingung nachhaltiger Ökonomie. Aber 71 Prozent sind der Ansicht, dass ein solcher nicht zu erzielen sein wird.

Zusammenfassend lässt sich aus der Expertenbefragung als erste kritische Unsicherheit die Entwicklung eines Globalen Ordnungsrahmens herleiten. Gelingt es, einen Globalen Ordnungsrahmen zu schaffen, der von einem allgemeinen Konsens über die geltenden Spielregeln gekennzeichnet ist, oder verhindern kurzfristige Eigeninteressen, kulturelle Konflikte oder einseitige Machtausübung allgemein verbindliche Regulierungen? Wird es gelingen, einen von allen Akteuren gemeinsam getragenen Wertekonsens zu definieren und durchzusetzen? Die Extremwerte der kritischen Unsicherheit Globaler Ordnungsrahmen bezeichnen wir als „scheitert" und „wird gelingen".

3.2 Kritische Unsicherheit „Wettstreit"

Neben dem Globalen Ordnungsrahmen, der die „Spielregeln" für nachhaltige Ökonomie vorgibt, ist das Verhalten der Akteure („Spieler") eine weitere kritische Einflussgröße.

> „Die wenigsten Leute werden ‚aus der Einsicht in die Notwendigkeit' ihr eigenes Verhalten umstellen, wenn es andere nicht tun."

Die richtigen Anreizstrukturen zu schaffen ist – wie wir gesehen haben – eine kritische Größe auf dem Weg zur nachhaltigen Ökonomie. Dabei muss berücksichtigt werden, dass ethische Motive selten einen Handlungsanreiz darstellen. Unternehmen handeln in der Regel gewinnorientiert, einzelne Menschen versuchen, ihr persönliches Wohlbefinden zu optimieren. Wenn Anreize für nachhaltige Ökonomie diese Aspekte nicht berücksichtigen, kann es dazu kommen, dass die einzelnen Akteure zu einer destruktiven Verhaltensweise neigen.

Nachhaltige Ökonomie verlangt, dass autonome Teilnehmer Ziele definieren, über die Einigkeit hergestellt werden muss und dass sie für die Zielerreichung miteinander kooperieren. 76 Prozent der Experten halten das Zusammenspiel autonomer Akteure für einen aussichtsreichen Lösungsansatz. Autonome Akteure können nachhaltige Ökonomie aber auch verhindern, weil sie ihre Eigeninteressen gefährdet sehen – dieses Verhalten wird von 70 Prozent der Experten als ebenso wahrscheinlich angenommen.

> „Bei der Definition sozialer Handlungsfelder ist darauf zu achten, dass mit ihr nicht – wenn auch nur unterschwellig – die Überlegenheit des einen oder anderen Gesellschaftssystems transportiert oder manifestiert werden soll."

Beim Wettstreit zwischen den Spielern kommt den Staaten gegenüber globalen Unternehmen eine ungleich wichtigere Rolle zu. Im politischen Systemwettbewerb müssen Konflikte gewaltfrei ausgetragen und die kulturelle Identität der Mitstreiter respektiert werden. Kulturpluralität macht das globale System krisenfester, weil unterschiedliche Lösungsmodelle entwickelt und erprobt werden können. Hat sich eine Lösung bewährt, kann sie weltweite Anwendung finden. Eine zentrale Frage bezieht sich auf die Motive der Akteure. Solange die weniger entwickelten Länder den Verdacht haben, die Industrieländer wollten ihre Fehlentwicklungen auf Kosten anderer konservieren und dafür Nachhaltigkeit lediglich als neuen Deckmantel verwenden, wird ein fairer Umgang miteinander nicht möglich sein.

„Sind die eigentlichen Nutznießer in der Nachhaltigkeitsdebatte nicht die Industrienationen, die ihren Lebensstil konservieren wollen?"

Kritisch ist auch der jeweilige Entwicklungsstand der Akteure. Entwicklungs- und Schwellenländer haben nach Ansicht der Experten Vorteile durch eine verstärkte Bedeutung von Nicht-Regierungsorganisationen (NROs) und multilateralen Organisationen wie die Vereinten Nationen (UN) und die Welthandelsorganisation (WTO). Regionalen Bündnissen wird eine ebenfalls positive Wirkung zugesprochen, sie bilden eine wichtige Zwischenstufe zwischen einzelnen Länderinteressen und globaler Verantwortung. Da es nach Auffassung von 70 Prozent der Experten in den nächsten 15 Jahren aber auch zu internationalen Krisen kommen wird, müssen sich diese Institutionen immer wieder bewähren, um den Weg zur nachhaltigen Ökonomie nicht zu gefährden.

Die besten Erfolgsaussichten haben, wie beim Ordnungsrahmen, sogenannte Win-Win-Situationen. Der Technologie-Transfer wird hier von den Experten mehrheitlich als Nutzbringer für alle Beteiligten gesehen und ist Voraussetzung für einen fairen Wettbewerb, auch für die Technologieexporteure (vgl. Abbildung 2). Neue Ansätze in der Entwicklungshilfe gehen beispielsweise nicht mehr von einem bloßen Export westlicher Technologie in weniger entwickelte Regionen aus, sondern berücksichtigen die genauen Lebensumstände in den geförderten Gebieten. Dem Transfer von Technologie, Bildung und Arbeitskräften wird von den Experten eine positive Wirkung sowohl für Entwicklungs- als auch für Industrie- und Schwellenländer zugeschrieben. Eine Lockerung des Patentschutzes nutze mehr den Entwicklungs- und Schwellenländern, liberalisierte Finanzmärkte hingegen wären eher für Industrieländer von Vorteil. Doch eine Einigung im Bereich der Wettbewerbsregeln ist unsicher. Protektionsmotive und unzureichende oder nicht durchsetzbare Sanktionsmechanismen wirken als unüberwindbar scheinende Hürden. 71 Prozent der Experten sind der Ansicht, dass Einzelinteressen die Umsetzung nachhaltiger Entwicklung verhindern werden.

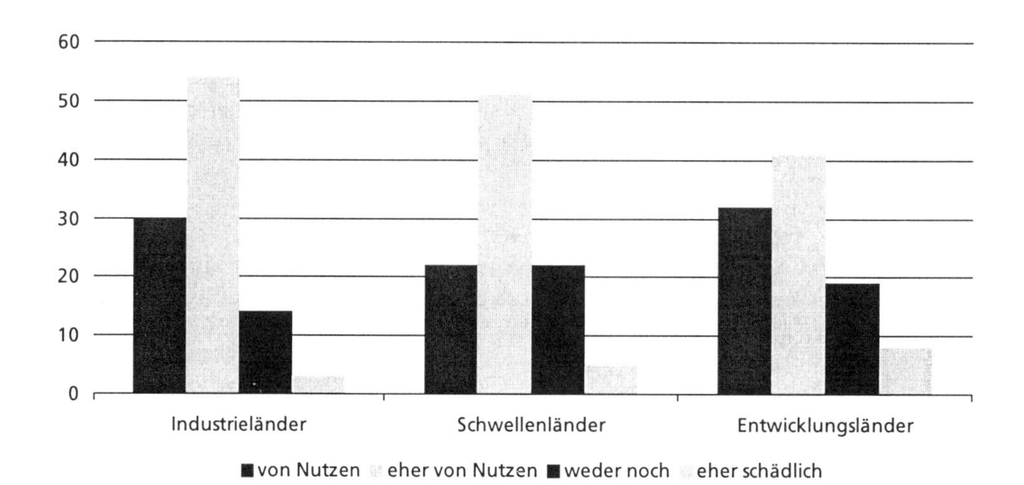

Abbildung 2: Herstellung einer Win-Win-Situation – Hilfe beim Technologietransfer (Quelle: Ergebnisse der quantitativen Experten-Befragung, Angaben in Prozent)

Wir definieren als zweite kritische Unsicherheit der Entwicklung: *Wettstreit von Ideen*. Befinden sich die ökonomischen Akteure in einem anspornenden, konstruktiven Wettbewerb um die besten Lösungen und Ideen, oder findet ein destruktiver Wettbewerb zum Zwecke kurzfristiger Vorteilsnahme statt? Spielen die Spieler ein faires Spiel? Werden regionale Bündnisse unter Gleichberechtigten geschlossen oder dienen sie der Übervorteilung? Die Extremwerte dieser kritischen Unsicherheit bezeichnen wir als *„destruktiv“* und *„konstruktiv“*.

4. Szenarien: Auf der Suche nach der nachhaltigen Ökonomie

Aus der Kombination der Extremwerte der kritischen Unsicherheiten „Globaler Ordnungsrahmen“ und „Wettstreit von Ideen“ ergeben sich vier Szenarien, die folgendermaßen benannt werden:

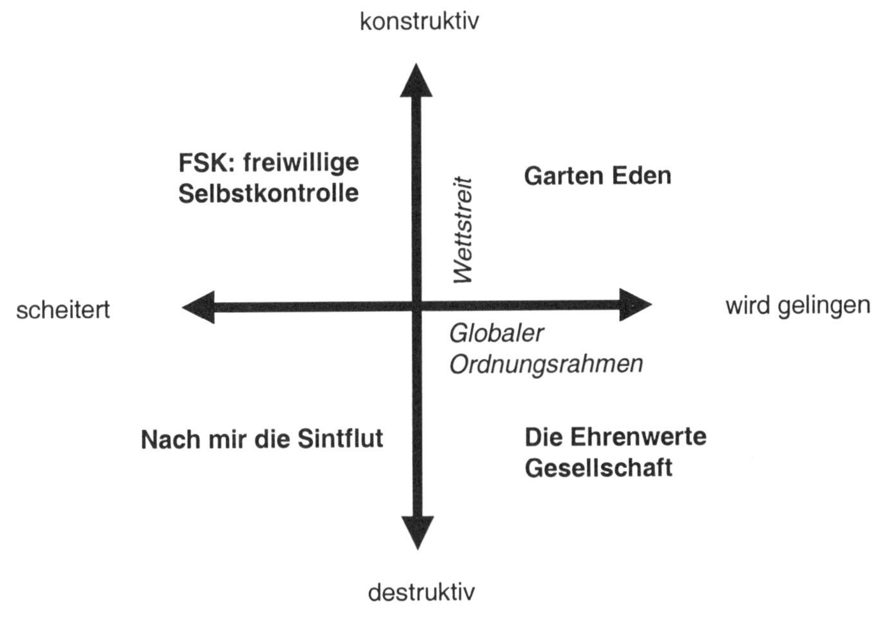

Abbildung 3: Szenarien zur nachhaltigen Ökonomie

4.1 Garten Eden

Die internationale Gemeinschaft hat den Turnaround geschafft. Es gibt einen weltweiten Konsens über die langfristige zukünftige Entwicklung. Man hat sich auf das Leitbild Nachhaltigkeit einigen können und einen Globalen Ordnungsrahmen gefunden, der nachprüfbare Zielgrößen definiert. Das Leitbild sieht vor, einzelnen Akteuren möglichst viele Freiheiten zu lassen. Grundsätzlich wird Marktlösungen der Vorzug gegeben. Dort, wo es globale Probleme nötig machen, findet die Regulierung auf internationaler Ebene statt. Weil das

Leitbild in Kombination mit einem funktionierenden Anreizsystem zu einer spürbaren Verbesserung des Lebensstandards geführt hat, wird der Globale Ordnungsrahmen allgemein anerkannt und als nützlich eingeschätzt.

Der Weg zum Konsens wurde im Rahmen zahlreicher Weltkonferenzen gefunden. Dort hatte man sich auf einen Fahrplan einigen können, der konkrete Ziele für eine globale Entwicklungslinie benannte. Dieser Prozess wurde maßgeblich von den großen Weltorganisationen wie den Vereinten Nationen und der Weltbank mitgestaltet, was ihre Position außerordentlich stärkte.

Inzwischen gibt es hoch effiziente Technologien, die mit wenig Ressourcenverbrauch funktionieren. So hat allein die Etablierung von Wasserstoffautos zu einer Reduktion des Ölverbrauchs von 50 Prozent geführt. Ein globales Forschungs–, Investitions- und Transferprogramm für nachhaltige Technologien ist installiert. Der zuvor umfangreiche Bildungstransfer zwischen Entwicklungsländern und „Wissensländern" hat dafür gesorgt, dass sich alle Länder an diesem Programm beteiligen können und sich damit die Rechte gesichert haben, das neue Wissen für sich zu nutzen.

Im internationalen Wirtschaftsverkehr wird auf die Balance von lokalen Dienstleistungen und internationaler Produktion geachtet. Dadurch wird Produktion so effizient wie möglich gestaltet, während die Wertschöpfung verteilt wird. Die Einhaltung von sozialen und Umweltstandards ist selbstverständlich und sorgt für gleiche Wettbewerbsbedingungen. Investitionen sind spürbar erleichtert worden, weil Handelsschranken gefallen und die Kapitalmärkte liberalisiert worden sind.

Im Umweltbereich hat sich die Zuteilung von Verschmutzungsrechten als effizientes Steuerungsinstrument auch für andere Problemlagen wie Wassermangel erwiesen. Eine immer geringere Zuteilung von Verschmutzungsrechten hat bewirkt, dass erneuerbare Energien nahezu überall die Nutzung fossiler Energiequellen abgelöst haben. Die handelbaren Rechte für den Wasserverbrauch pro Kopf haben dazu geführt, dass sich Länder nicht mehr gegenseitig das Wasser abgraben, sondern vorhandene Effizienzpotenziale ausschöpfen.

Nationalstaaten haben sich zu einer globalen Föderation formiert. Es gibt Ansätze für eine globale Gewaltenteilung mit Exekutive, Legislative und Judikative. Das allgemein anerkannte Leitbild der Generationengerechtigkeit bildet das Gerüst für eine Weltverfassung. Die Einführung eines globalen Risikomanagements unter Einschluss von sozialen und Umweltaspekten soll diese Verfassung mit Leben füllen.

4.2 Die Ehrenwerte Gesellschaft

Nach einigen Verteilungskonflikten hat sich eine stabile internationale Struktur herausgebildet. Die internationale Gemeinschaft besteht nun aus funktionierenden Netzwerken mit jeweiligen Paten(-staaten), in denen eigene Gesetze herrschen. Zwischen den Netzwerken hat man sich auf Einflusssphären und Regeln zur Konfliktlösung geeinigt. Die Netzwerkträger verhalten sich ähnlich wie manche Ölmultis in den sechziger Jahren, die ebenfalls ihre Claims abgesteckt hatten und bei der Exploration neuer Quellen unter dem Deckmantel der Entwicklungszusammenarbeit die produzierenden Länder von sich abhängig machten.

Man respektiert die Koexistenz verschiedener Einflussbereiche, weil der aktuelle Zustand allen Blöcken ausreichenden Zugang zu Ressourcen ermöglicht. Ein Teil der Welt fällt aus dieser Struktur heraus, weil dort weder nennenswerte Bodenschätze oder Agrarpotenzial, noch technisches Know-how vorhanden sind und auch die geographische Lage keinen strategischen Vorteil verspricht. Diese Staaten haben keinerlei Chance auf nachhaltige ökonomische Entwicklung. Hilfen für Entwicklungsländer werden gewährt, stehen aber in engem Zusammenhang mit den daraus erhofften Vorteilen.

Die einzelnen Gemeinschaften haben das Ziel langfristiger Stabilität. Darüber besteht auch zwischen den Netzwerken ein Konsens. Obwohl die Gemeinschaften relativ autark sind, existiert doch ein Austausch von Gütern, über den sich auch andere Kooperationen anbahnen. Die Dynamik des Welthandels und des internationalen Kapitalverkehrs hat im Vergleich zum Beginn des Jahrtausends nachgelassen. Infolgedessen liegt das Wachstumspotenzial des Weltsozialprodukts deutlich niedriger. Eine internationale Bankenkrise konnte gerade noch verhindert werden.

Falls es zu Engpässen oder Streit um Ressourcenzugang kommt, werden diese Konflikte zunehmend auf dem Verhandlungswege gelöst, um die Stabilität der ehrenwerten Gesellschaft nicht zu gefährden. Wegen der Zunahme solcher Konflikte gewinnen technische Lösungen (zur Erhöhung der Öko-Effizienz) an Bedeutung. Kooperative Lösungen (z.B. Verschmutzungsrechte) werden allerdings skeptisch betrachtet, da hierzu die einzelnen Gemeinschaften viel stärker zusammenarbeiten müssten. Globale Regelungen werden nur zur Einflusssicherung bzw. Sicherung des Status Quo eingesetzt.

Investitionen in neue Technologien und Bildung gewinnen mit der Einsicht in ihre langfristige Wirkung für die Lösung von Ressourcenproblemen an Bedeutung. Die Netzwerke haben einen ähnlichen Entwicklungsstand und somit eine ausgewogene Verhandlungsposition. Es gibt aber große Unterschiede innerhalb der Blöcke, weil auch im Inneren nach der Eigennutzmaximierung gehandelt wird. Die Entwicklungsländer bleiben zurück.

4.3 Nach mir die Sintflut

Die internationale Gemeinschaft ist in mehrere Machtblöcke zerfallen, die ihre Interessen mit allen verfügbaren Mitteln durchsetzen und dabei versuchen, ihren Einflussbereich zu vergrößern. Die Blockbildung ist eine Folge von Konflikten um Ressourcen. Dabei spielen zweierlei Arten von Konflikten um nicht-erneuerbare Ressourcen eine Rolle: Globale Ressourcen wie Erdöl, deren Vorkommen räumlich beschränkt sind, und lokale Ressourcen wie Wasser, die durch Übernutzung knapp werden. Die Nutzung nicht-erneuerbarer Rohstoffe ist auf kurzfristige Maximierung des Ertrags für die Zugangsbesitzer ausgelegt.

Die ersten Konflikte entstanden dabei um Staudämme in Regionen mit Wasserknappheit. Durch die Dämme wurden Nachbarländer von dieser für Landwirtschaft und Ernährung wichtigen Ressource abgeschnitten und gerieten so in Existenznot. Einige dieser Regionen waren für den Zugang zu den ebenfalls knapper werdenden globalen Ölvorkommen strategisch wichtig. Daher verbündeten sich die großen Blöcke der industrialisierten Länder wechselseitig mit einzelnen lokalen Kontrahenten.

Die Blöcke werden jeweils von einer Zentralmacht beherrscht, die jedoch keine umfassende Kontrolle ausüben kann. Weil die Interessen in den Blöcken differieren, setzen die Führungsmächte innerhalb ihrer Koalition eigene Interessen mit Gewalt durch. Aus strategischen Erwägungen werden regionale Konflikte künstlich am Leben gehalten.

Blockübergreifende Zusammenarbeit findet nur unter großem gegenseitigen Misstrauen statt. Parallelen zum Kalten Krieg im 20. Jahrhundert sind offensichtlich. Internationaler Handel ist auf die Binnenmärkte innerhalb der Blöcke beschränkt und stark von lokalen Regulierungen geprägt, da Bemühungen wie die der Welthandelsorganisation gescheitert sind. Lokalregierungen versuchen, ihre Märkte abzuschotten.

Das Gefälle zwischen armen und reichen Staaten steigt aufgrund der zunehmenden Ressourcenungleichheit. Immer mehr Wohlstandsinseln bilden sich heraus. Dabei sinkt der durchschnittliche Lebensstandard in allen Feldern, weil vor allem langfristige Investitionen nicht mehr getätigt werden. Staaten im „Mittelfeld" fallen zurück. In den „Verliererstaaten" des Mittelfelds wird der „Kampf der Kulturen" gegen die imperialistischen Interessen der „Gewinnerstaaten der Globalisierung" ausgerufen.

Ausgehend von einigen Krisenregionen finden große Wanderungsbewegungen in Länder mit besserer Versorgung statt. Dadurch werden die industrialisierten Länder innerhalb ihrer Grenzen in ethnische Konflikte hineingezogen.

4.4 FSK: Freiwillige Selbstkontrolle

Zahlreiche Versuche, sich im Rahmen internationaler Konferenzen auf einen Globalen Ordnungsrahmen zu einigen, sind gescheitert. Selbst zu enger gefassten Themenbereichen wie Klimaabkommen, Fischereirechte oder Armutsbekämpfung konnte kein Konsens gefunden werden. Der Problemdruck durch die Langfristfolgen der Ressourcenbelastung hat aber dazu geführt, dass sich in den einzelnen Ländern das Umweltbewusstsein verstärkt hat und vielfältige lokale und innerstaatliche Maßnahmen zur Effizienzsteigerung im Ressourcenumgang getroffen wurden. So genannte Umwelt-Sheriffs sorgen für die Einhaltung der selbst auferlegten Regeln. Der Gesamteffekt auf die globalen Umweltbedingungen ist durchaus beachtlich.

Ein besonderes Augenmerk liegt auf den Lebensgrundlagen und – solange notwendig – auch auf kulturellen Differenzen. Damit die Entwicklungsländer bessere Chancen für nachhaltiges Wirtschaften haben, werden Bildungsmöglichkeiten und der Technologiezugang erleichtert. Die einzelnen Länder handeln dabei weitgehend selbstbestimmt, mangelnde Koordination führt zu teilweise erheblichen Reibungsverlusten.

Um die Ressourcenverteilung zu regeln, werden Lösungen für Verteilungsfragen bilateral ausgehandelt. Auch andere Probleme werden im kleinen Rahmen geregelt. Die Nutzung von angepassten Technologien als Ressourcen schonende Strategie wird aber je nach Entwicklungsstand und Region weitgehend angestrebt. Die Entwicklungskontinente haben es in ihren Ländern geschafft, über Anreize und Sanktionen das starke Anwachsen ihrer Bevölkerungen zu stoppen. Vorbild war hierbei die Ein-Kind-Politik im China des zwanzigsten Jahrhunderts.

Nach wie vor bestehen allerdings erhebliche Entwicklungsunterschiede und Differenzen hinsichtlich der Lebensverhältnisse zwischen den Regionen. Immerhin findet zwischen den reichen und armen Ländern ein reger Austausch von Waren und Kapital statt. Die Länder verstehen es zusehends, ihre komparativen Vorteile unter den inzwischen fairen Marktbedingungen auszuspielen. Die Unternehmen werden auf den heimischen Märkten stark kontrolliert und die Expansion in andere Regionen der Welt wird behindert. Das gleiche gilt für die Finanzinstitutionen, die sich deshalb wieder mehr auf die ursprünglich heimischen Märkte konzentrieren mussten. Das durchschnittliche Bruttoinlandsprodukt-Wachstum früherer Zeiten wird zwar nicht mehr erreicht, dafür verläuft es stetiger.

5. Schlussfolgerungen

Was lässt sich aus den Szenarien für Wirtschaft und Politik heute lernen? Als wichtigstes Ergebnis der Studie bleibt festzuhalten, dass es *die* eine Welt der nachhaltigen Ökonomie nicht gibt. Alle bisherigen Versuche einer quantitativen Modellierung gehen aber genau davon aus! Die Szenarien haben gezeigt, dass durchaus unterschiedliche Modelle denkbar sind, die sich vor allem in ihrer Umsetzbarkeit, Erwünschtheit und auch in ihren Aussichten auf Stabilität unterscheiden.

5.1 Die Wege zur nachhaltigen Ökonomie

Die Wege zu einer nachhaltigen Ökonomie sind unterschiedlich motiviert und verlaufen mit mehr oder weniger großen globalen Verwerfungen. Im Szenario *Nach mir die Sintflut* ist der Point-of-no-return so weit überschritten, dass eine Wende nur unter großen Anstrengungen möglich wäre. Die nötigen Technologien, um mit den rapide knapper werdenden Ressourcen haushalten zu können, sind nicht vorhanden. Mangelnde internationale Kooperation und der kurzfristige Planungshorizont haben die Phantasie für neue Wege erlahmen lassen. Der Rückfall in Autarkie führt zu allgemeinen Wohlstandsverlusten.

Zu Beginn der Ära *der FSK: Freiwillige Selbstkontrolle* steht ein globaler politischer Umbruch, der zu einer Neuordnung der internationalen Gemeinschaft führt. Aus dem Scheitern zahlreicher internationaler Abkommen müssten die Länder zu der Schlussfolgerung kommen, dass es mehr Sinn macht, erst einmal den "eigenen Laden" in Ordnung zu bringen. Impulse zu Veränderungen kommen in erster Linie von der politischen Ebene. Der faire Umgang mit den Mitbewerbern und anderen Gesellschaftsmodellen entspringt vor allem dem daraus erwarteten Eigennutz.

Etwas weniger vielversprechend ist wohl der Weg der *Ehrenwerten Gesellschaft*. Der Streit um Ressourcen sorgt ebenfalls für eine Neuordnung der politischen Arena, aber der Umbruch findet hier als schmerzhafter Lernprozess statt, der erst spät und nur partiell zu einvernehmlichen Lösungen führt. Eine nachhaltige Ökonomie als stabilitätsgebender Rahmen ist aber durchaus im Bereich des Möglichen. In diesem Szenario geht es in erster Linie darum, die Ökonomie so nahe wie möglich an die natürlichen Grenzen heranzuführen.

Der Weg zum *Garten Eden* ist im Vergleich zu den anderen Szenarien geradliniger, wird aber trotzdem um soziale Verwerfungen nicht umhin kommen. Zur erfolgreichen Umsetzung ist die Chance trotzdem vorhanden. Umfassende Strategien sind auf jeden Fall vonnöten, insbesondere um die kulturellen Unterschiede zwischen den Regionen in Einklang zu bringen. Im Gegensatz zur *Ehrenwerten Gesellschaft* gilt es im *Garten Eden* nicht, die Ökonomie an ihre Grenzen zu bringen, sondern die natürliche Ressourcenbasis so weit wie möglich zu verbreitern. Da dieses Szenario beide kritischen Unsicherheiten als Erfolgsbedingungen für eine nachhaltige Ökonomie vereint, erscheint es bei erfolgreicher Umsetzung als das vergleichsweise stabilste Modell.

5.2 Maßnahmen

Letztendlich müssen früher oder später die ökologischen, ökonomischen und sozialen Bedingungen auf dem Raumschiff Erde wieder ein neues Gleichgewicht ermöglichen, will die

Menschheit ihre Erfolge auf dem Weg der kulturellen Evolution nicht leichtfertig aufgeben. Aber wie?

Nachhaltige Ökonomie kann offensichtlich leichter unter *kooperativen Bedingungen* zustande kommen. Die Herstellung und Proklamation von Win-Win-Situationen zwischen den Wettstreitern erscheint das Erfolg versprechendste Instrument zu sein. Es muss darüber hinaus eine Verständigung über Ziele geben. Das Kyoto-Protokoll könnte hier Beispiel gebend sein für viele weitere globale Problemlagen.

Ein *konstruktiver Wettbewerb* (wie in den Szenarien *FSK*, *Garten Eden*) erweist sich als zusätzliche Antriebskraft, weil hierdurch nicht Anreize für gegenseitige Unterstützung gegeben werden, sondern die gegenseitige Anerkennung kultureller Identität eine wichtige Vertrauensbasis darstellt. Das Anreizsystem für nachhaltige Ökonomie muss so geschaffen sein, dass es offen ist für kulturelle und technologische Ausgangsniveaus unterschiedlicher Art.

Die Wettbewerbssysteme müssen so ausgestaltet sein, dass ein klarer Nutzen erkennbar wird, der die Akteure in die richtige Richtung lenkt. Die marktbasierte Maximierung des Eigennutzes bei konsensgetragenen Regeln ist und bleibt auch weiterhin ein wichtiger Motor für technologischen Fortschritt und optimale Effizienzausschöpfung.

Ein konstruktiver Wettstreit und ein konsensgetragener Globaler Ordnungsrahmen sind sicherlich keine hinreichenden, aber doch notwendigen Bedingungen für eine nachhaltige Ökonomie. In den letzten Jahren haben viele Unternehmen die Erfahrung gemacht, dass sich nachhaltiges Wirtschaften auch betriebswirtschaftlich lohnt. Daraus resultierende Kostensenkungen, Effizienzsteigerungen und Imageverbesserungen führen zu steigender Rendite. Noch entscheidender ist allerdings die Absicherung gegenüber künftigen Risiken wie zum Beispiel die Knappheit bestimmter natürlicher Ressourcen. Langfristig ausgerichtetes ökonomisches Handeln führt zu Wachstumspotenzialen, von denen auch zukünftige Generationen noch profitieren können. Diese Einsicht muss sich schnell auch auf die verschiedenen Ebenen der internationalen Politik und Zusammenarbeit übertragen. Die Staatengemeinschaft kann schon heute deutliche Signale dahingehend aussenden, dass sich das Ausscheren aus globalen Bündnissen für eine Volkswirtschaft langfristig nicht auszahlt.

Institutionelle Innovation für nachhaltige Entwicklung. Plädoyer für eine neue Weltorganisation

Udo Ernst Simonis

1. Das Globalisierungsdefizit

> „Globalisierung bedeutete bisher die Internationalisierung der Wirtschaft, aber nicht die der Demokratie. (...) Für mich ist der Fehler an der Globalisierung, dass der Markt, aber nicht die Politik globalisiert wird“,

schrieb Benjamin Barber bereits 1995. Nun ist es nicht so, als ob seither nichts passiert wäre – und manche Erfolge sind auch unbestreitbar: Viele Beschlüsse wurden gefasst und völkerrechtliche Verträge wurden ratifiziert. Doch die Frage ist, ob die Vermehrung der Rechtstexte auch der Umwelt genutzt hat. Und daraus ergibt sich die These für diesen Beitrag: Wir müssen über die Reform des Institutionensystems der internationalen Umwelt- und Entwicklungspolitik nachdenken, um zu einer ökonomisch effizienten, sozial akzeptablen und ökologisch verträglichen Globalisierung zu kommen.

2. Der Weltgipfel in Johannesburg

Der Weltgipfel über Nachhaltige Entwicklung (*World Summit on Sustainable Development*) in Johannesburg 2002 hat sich der Frage der institutionellen Innovation nicht völlig verschlossen, aber keinen eigenständigen, innovativen Beschluss gefasst. Unter dem Titel „Institutioneller Rahmen für nachhaltige Entwicklung“ beschwören die Artikel 110 bis 153 des Aktionsplans (*Johannesburg Plan of Implementation*) zwar mit vielen schönen Worten die Notwendigkeit der Reform, doch ein konkretes Beispiel, eine echte Politikinnovation, ist nicht zu entdecken. So soll die Kommission für Nachhaltige Entwicklung (*Commission on Sustainable Development* – CSD) das höchste Gremium (*high-level commission*) für die Thematik sein (Artikel 127), doch genau das war sie auch bisher schon. Die Kapazitätsprogramme des UN-Entwicklungsprogramms (UNDP) sollen gestärkt werden (Artikel 135), doch *capacity-building* ist schon seit langem ein zentrales Anliegen dieser Institution. Paradigmatisch dann der Beschluss über das UN-Umweltprogramm (UNEP), der hier wegen seiner erkennbaren Unzulänglichkeit im Original zitiert werden soll (Artikel 136):

> „Strengthen cooperation among UNEP and other United Nations bodies and specialized agencies, the Bretton Woods institutions and WTO, within their mandates.“

Kein erweitertes Mandat, keine Aufwertung also dieser Institution, die keine Behörde der Vereinten Nationen ist (wie viele immer glauben), sondern nur ein dem Wirtschafts- und Sozialrat (ECOSOC) unterstelltes Programm, personell wie finanziell völlig unzureichend ausgestattet.

Die grundsätzliche Frage, wie es angesichts der sich zuspitzenden globalen Umwelt- und Entwicklungsprobleme mit den Vereinten Nationen und der globalen Politikarchitektur weitergehen soll, bleibt also nach dem Weltgipfel von Johannesburg bestehen – auch und gerade zu dessen zentralem Thema, der nachhaltigen Entwicklung.

3. Warum brauchen wir eine neue Weltorganisation?

Was die Effektivität der bestehenden internationalen Institutionen angeht, herrscht die Sichtweise vor, dass eine schlankere Form und effizientere Verfahren erforderlich seien. Häufig wird auch eine bessere Koordination bzw. Kooperation der internationalen umweltpolitisch relevanten Institutionen gefordert. Zu deren wichtigsten Akteuren zählen neben dem Umweltprogramm der Vereinten Nationen (UNEP) und der Kommission für Nachhaltige Entwicklung (CSD) die Globale Umweltfazilität (GEF), das Entwicklungsprogramm der Vereinten Nationen (UNDP), das Montrealer Protokoll, die Vertragsstaatenkonferenzen zur Klima–, Biodiversitäts- und Desertifikationskonvention und zur Konvention über persistente organische Stoffe (POP-Konvention) und deren Sekretariate. Zwischen all diesen Institutionen gibt es Überschneidungen im Aufgabenbereich. Eine Abstimmung findet, wenn überhaupt, nur *ad hoc* statt. Deshalb wären Koordination und Kooperation sicherlich wichtige Elemente zur Politikoptimierung. Ein Königsweg ist eine solche *minimalistische* Strategie aber sicherlich nicht.

Deshalb ist Integration angesagt. Hierzu sollten, auch und gerade wegen der mageren Ergebnisse von Johannesburg, möglichst bald Verhandlungen über die Einrichtung einer Weltorganisation für Umwelt und Entwicklung (*World Environment and Development Organization* – WEDO) aufgenommen werden. Was die Aufgaben einer solchen institutionellen Innovation betrifft, sollten drei Themen im Zentrum der Diskussion stehen:

- Die ungelösten Aufgaben der Weltumwelt- und -entwicklungspolitik müssen einen höheren Stellenwert bei nationalen Regierungen, internationalen Organisationen, der – Wirtschaft und anderen privaten Akteuren erhalten.
- Das Umfeld für die Aushandlung von Aktionsprogrammen und die Implementation von Umwelt- und Entwicklungsprojekten muss verbessert werden.
- Die ökologische und soziale Handlungskapazität der ärmeren Staaten in Afrika, Asien und Lateinamerika muss gezielt gestärkt werden.

Eine Weltorganisation für Umwelt und Entwicklung müsste von der UN-Generalversammlung oder auf einer speziellen UN-Konferenz beschlossen werden, die Mandat, Budget, Finanzierungsschlüssel und Verfahrensfragen festlegt. Die neue Organisation müsste das UNEP, die CSD, die Sekretariate der vier großen Umweltkonventionen sowie das UNDP integrieren; dies wären die Kernelemente einer echten Innovation. Eine enge Zusammenarbeit mit den Bretton-Woods-Organisationen (Weltbank und Währungsfonds) und der Welthandelsorganisation (WTO), aber auch mit anderen, schon bestehenden umwelt- und entwicklungsrelevanten UN-Sonderorganisationen (wie FAO, WHO, WMO, IMO) müsste sichergestellt werden; hierin ist Artikel 136 (auch 137 und 138) des Aktionsplans von Johannesburg ausdrücklich zuzustimmen.

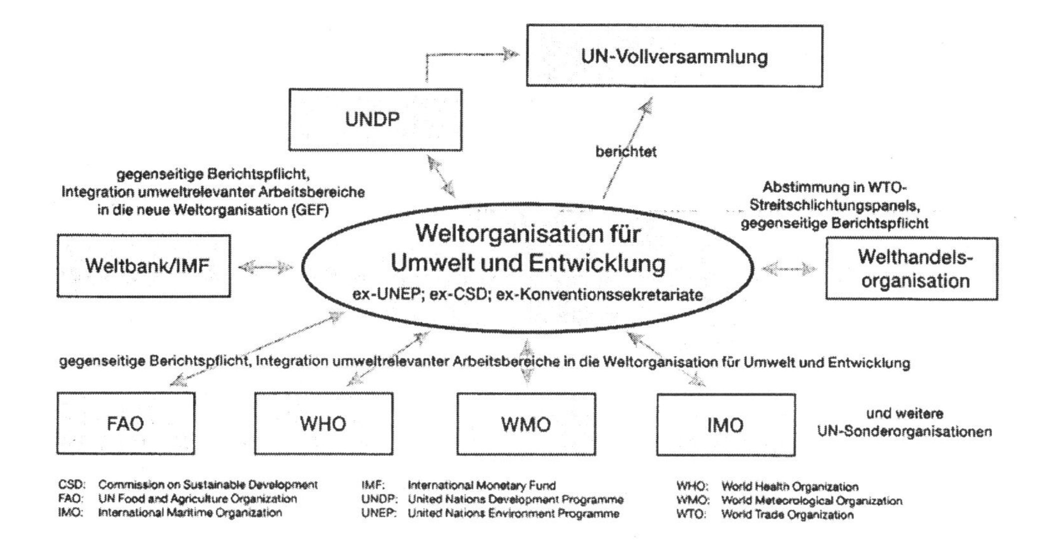

4. Akzeptanz schaffen – aber wie?

Wie ließe sich die nötige Innovationsbereitschaft herstellen, die in Johannesburg ganz offensichtlich noch nicht vorhanden war? Nun, ohne Zustimmung der Mehrheit der Regierungen des Südens ist Weltumwelt- und -entwicklungspolitik kaum möglich; aber auch ohne Zustimmung der Mehrheit der Regierungen des Nordens kann eine globale Politik nicht gelingen. Nord-süd-paritätische Entscheidungsverfahren sind dem süd-orientierten Entscheidungsverfahren der UN-Generalversammlung (*ein Land, eine Stimme*) und der nord-orientierten Prozedur der Bretton-Woods-Organisationen (*ein Dollar, eine Stimme*) ohne Zweifel vorzuziehen. Die größtmögliche Akzeptanz einer neuen Weltorganisation dürfte bei Einführung von nord-süd-paritätischen Entscheidungsverfahren nach dem Modell des Montrealer Protokolls zu erzielen sein.

In diesem so genannten Ozon-Regime wurde 1990 festgelegt, dass jede Entscheidung die Zustimmung von zwei Dritteln aller Vertragsparteien erfordert, wobei diese zwei Drittel zugleich die einfache Mehrheit der Entwicklungsländer und die einfache Mehrheit der Industrieländer einschließen müssen. In der Globalen Umweltfazilität (GEF) erfordern die Entscheidungen des Verwaltungsrates seit 1994 eine Dreifünftelmehrheit, die 60 Prozent der an der Fazilität beteiligten Staaten und zugleich 60 Prozent der finanziellen Beiträge zur Fazilität repräsentieren muss. Auch dies ist im Ergebnis ein nord-süd-paritätisches Verfahren, das den Entwicklungsländern und den Industrieländern zugleich jeweils ein Vetorecht einräumt.

Zusätzlich zu diesen generellen Regeln könnten (und sollten) Repräsentanten aus der Wirtschaft und aus den Umwelt- und Entwicklungsverbänden (NGOs) nach dem Modell der Internationalen Arbeitsorganisation (ILO) in die anstehende globale Politikarchitektur eingebunden und stimmberechtigt werden. So könnten beispielsweise jedem Staat vier Stimmen eingeräumt werden, wobei zwei auf die Regierung und jeweils eine auf die nationale Repräsentation der Wirtschaftsverbände und eine auf die der Umwelt- und Entwicklungsverbände entfielen.

5. Finanzierung sicherstellen – auf diese Weise

Viele Innovationsabsichten scheitern an der Finanzfrage, und die dürfte auch bei unserem Vorschlag nicht unwichtig sein. Grundsätzlich gibt es mehrere Möglichkeiten, die Aufgaben einer Weltorganisation für Umwelt und Entwicklung zu finanzieren.

Zum einen würden durch die Integration der bestehenden internationalen Organisationen, Programme und Konventionssekretariate nicht unerhebliche Kosten eingespart werden. Zum anderen erkennen die Industrieländer auch weiterhin das politische Ziel an, 0,7 Prozent ihres Bruttosozialprodukts für Entwicklungshilfe bereitzustellen, auch wenn sich nur wenige von ihnen daran gehalten haben; die Zusage muss also auch an dieser Stelle erneut angemahnt werden. Des weiteren hat die Schuldenkrise der Entwicklungsländer zu interessanten Vorschlägen geführt, die Lösung dieser Krise mit der Lösung ökologischer Probleme zu verknüpfen: Eine auf Umweltschutz zielende Schuldenstreichung oder -streckung ergäbe ein erhebliches Finanzierungspotenzial, wenn die Industrieländer öffentliche Schuldentitel von Entwicklungsländern an die neue Weltorganisation abtreten oder ihr die Rückflüsse aus diesen Krediten als Anschubfinanzierung andienen würden.

Daneben gibt es aber weiterreichende Möglichkeiten. In jüngster Zeit sind zwei Arten quasi-automatischer Finanzierungsquellen näher diskutiert worden: *Abgaben auf die Nutzung globaler Gemeinschaftsgüter* (insbesondere eine Luftverkehrsabgabe) und eine *Devisenumsatzsteuer*. Eine Abgabe von zehn Euro für jeden geflogenen Passagier würde zurzeit etwa drei Milliarden Euro pro Jahr erbringen. Der Vorschlag zur Einführung einer internationalen Devisenumsatzsteuer (so genannte *Tobin-Steuer*) ist nicht nur wegen der dadurch möglichen Abbremsung der ungesteuerten internationalen Devisentransaktionen interessant, sondern auch und gerade wegen der dadurch möglichen leichten Erzielung zusätzlicher Einnahmen für internationale Umwelt- und Entwicklungsaufgaben. Eine Steuer von einem Promille auf die weltweiten Devisentransaktionen würde zurzeit bis zu fünf Milliarden Euro pro Jahr erbringen. Das Thema Devisenumsatzsteuer hat das Stadium der theoretischen Diskussion inzwischen verlasen, praktikable Vorschläge wurden unterbreitet.

6. Fazit

Bessere Koordination und Kooperation der bestehenden Institutionen sind wünschenswert, reichen allein aber nicht aus, um die ökonomische Effizienz, die ökologische Verträglichkeit und die soziale Akzeptanz des bestehenden internationalen Institutionensystems durchgreifend zu verbessern. Deshalb sollten – über die Beschlüsse des Weltgipfels von Johannesburg hinaus – möglichst bald Verhandlungen über die Einrichtung einer Weltorganisation für Umwelt und Entwicklung (*World Enviroment and Development Organization* – WEDO) aufgenommen werden, die auf *sustainable development* verpflichtet wird und einem integrierten globalen Politikansatz entspricht.

Literatur

Barber, Benjamin: Jihad vs. McWorld. New York 1995 (deutsch: Coca-Cola und Heiliger Krieg. Bern 1996)

Biermann, Frank/Simonis, Udo E.: Eine Weltorganisation für Umwelt und Entwicklung. Funktionen, Chancen, Probleme (SEF-Policy Paper, Nr. 9). Bonn 1998; (auch in Englisch erschienen)

Environmental Sustainability Index. An Initiative of the Global Leaders for Tomorrow Environment Task Force. New Haven/New York 2002
Kimball, Lee A.: Reflections on International Institutions for Environment and Development. London 2001
Messner, Dirk/Nuscheler, Franz: Global Governance. Herausforderungen an die deutsche Politik an der Schwelle zum 21. Jahrhundert (SEF-Policy Paper, Nr. 2). Bonn 1996
Simonis, Udo E. u.a.: Weltumweltpolitik. Grundriss und Bausteine eines neuen Politikfeldes. Berlin, 2. Auflage 1999
Wissenschaftlicher Beirat der Bundesregierung Globale Umweltveränderungen: Engelte für die Nutzung globaler Gemeinschaftsgüter (Sondergutachten). Berlin 2002
World Summit on Sustainable Development: Political Declaration and the Johannesburg Plan of Implementation (WZB Discussion Paper, FS II 02-405). Berlin 2002 (auch in: www.johannesburgsummit.org)

Ökologische Ökonomie. Konzepte, Analysen, Politik

Herman Edward Daly[1]

1. Grundlegende Annahmen

Die Ökologische Ökonomie geht von der Annahme aus, dass die Wirtschaft in ihren physischen Dimensionen ein offenes Subsystem eines endlichen, nicht wachsenden und materiell geschlossenen Gesamtsystems ist – des Ökosystems Erde (Abbildung 1).

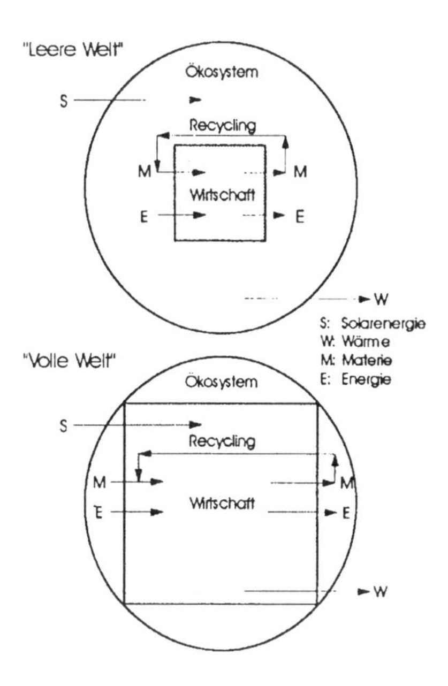

„Offen“ ist ein System, wenn es über einen „Verdauungstrakt“ verfügt, das heißt wenn es Material und Energie von der Umwelt in niedrig-entropischer Form (Rohmaterialien) auf-

1 Aus dem Amerikanischen übersetzt von Udo Ernst Simonis.

nimmt und sie in hoch-entropischer Form (Emissionen und Abfall) an die Umwelt abgibt. Alles, was durch ein System hindurchfließt, kann als (Stoff-)Durchsatz (*throughput*) bezeichnet werden. Analog zu einem Organismus, der seine physische Struktur durch einen Stoffwechsel aufrechterhält, bedarf auch die Wirtschaft eines solchen Durchsatzes, der einerseits der Umwelt Stoffe entzieht und sie andererseits durch Emissionen verschmutzt und belastet. Ökologisch wäre eine Wirtschaft nur dann, wenn deren Durchsatz konstant und auf einem Niveau bleibt, auf dem weder die Regenerationsfähigkeit noch die Absorptionskapazität der Umwelt überschritten wird (*steady-state economy*).

Das offene Subsystem Wirtschaft ist charakterisiert durch ein Komplementärverhältnis zwischen *menschen-geschaffenem* (*human made capital*) und *natur-gegebenem Kapital (natural capital).* Wären beide Kapitalformen äquivalent, könnte das Naturkapital durch vom Menschen geschaffenes Kapital völlig substituiert werden. Das aber ist nicht der Fall. In Wirklichkeit verliert das vom Menschen geschaffene Kapital ohne Ergänzung durch das Naturkapital an Wert. Beispiele: Welchen Nutzen haben Fischerboote ohne Fische, Sägemühlen ohne Wälder?

Dass die Standardökonomie, was die technischen Beziehungen zwischen den Produktionsfaktoren betrifft, von Substitution ausgeht – bis hin zur Leugnung jeglicher Komplementarität –, spiegelt ihre Präferenz für Wettbewerb (*Substitution*) gegenüber Kooperation (*Komplementarität*) in den sozialen Beziehungen. Die Grundannahme der Standardökonomie besteht darin, dass die Wirtschaft ein isoliertes System ist: ein Kreislauf von Tauschwerten, die zwischen Unternehmen und Haushalten entstehen (Abbildung 2).

Die Wirtschaft als isoliertes System

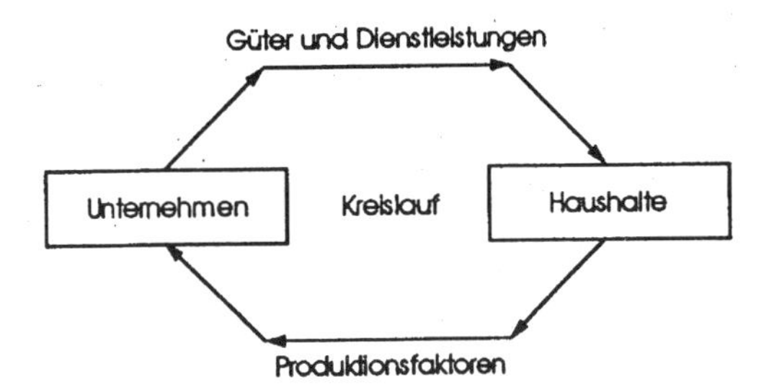

Ein „isoliertes" System ist eines, in das weder Material und Energie eintreten noch Emission und Abfall austreten – es steht in keiner Beziehung zur natürlichen Umwelt, es hat praktisch keine Umwelt. Während diese Sicht der Dinge noch verständlich sein mag, wenn es um die Beziehungen zwischen Produzenten und Verbrauchern geht, erweist sie sich als völlig unsinnig für die Analyse der Beziehungen zwischen Wirtschaft und Umwelt. Es wäre etwa so, als ob ein Biologe davon ausginge, dass ein Tier zwar über einen Blutkreislauf, nicht aber über einen Verdauungstrakt verfügte.

Ökonomen interessieren sich sehr für das Phänomen der Knappheit und so konnte man, so lange wie das Niveau der Wirtschaftstätigkeit (*scale*) im Vergleich zum Ökosystem nur gering war, den Durchsatz unberücksichtigt lassen, da seine Ausweitung scheinbar keine Kosten verursachte. Inzwischen ist die Wirtschaft auf dieser Erde jedoch so angewachsen, dass ein weiteres Ignorieren dieses Niveaus höchst unvernünftig ist. Die Ökonomen haben auch versäumt, eine sorgfältige Unterscheidung zwischen *Wachstum* (physische Größenzunahme durch Anhäufung oder Verwandlung von Material) und *Entwicklung* (Realisierung von Möglichkeiten, Evolution zu einem anderen Zustand) zu treffen. Quantitatives Wachstum und qualitative Veränderungen vollziehen sich nach unterschiedlichen Gesetzen. Beides zu vermischen, wie dies immer noch beim herrschenden Maßstab des ökonomischen Erfolges, dem Bruttosozialprodukt, geschieht, hat schwerwiegende Konsequenzen.

Auch heute gehen viele ökonomische Analysen noch immer von der Annahme aus, dass die Wirtschaft ein Gesamtsystem sei und ihr Wachstum durch nichts begrenzt werde. Die Natur wird dabei bestenfalls als Teilbereich der Wirtschaft angesehen, der im Grunde durch andere Aktivitäten ersetzt werden kann, ohne das Wirtschaftswachstum zu begrenzen. Wenn wir die Wirtschaft dagegen als Subsystem eines größeren, aber endlichen, nicht wachsenden Ökosystems begreifen (die *prä-analytische Vision* der Ökologischen Ökonomie), dann hat ihr Wachstum ganz offensichtlich Grenzen. Die Wirtschaft mag sich weiter qualitativ entwickeln – geradeso wie die Erde es tut –, aber sie kann nicht stetig quantitativ weiter wachsen. *Sustainable development ist Entwicklung ohne physisches Wachstum* – eine physisch stabile Wirtschaft, die eine größere Kapazität zur Befriedigung menschlicher Bedürfnisse entwickelt durch Steigerung der Ressourceneffizienz, nicht aber durch Steigerung des Durchsatzes an Ressourcen.

Zwei weitere Dimensionen gilt es fein säuberlich zu unterscheiden: Bestände (*stocks*) und Dienstleistungen (*services*), Bestände an vom Menschen geschaffenem und natürlichem Kapital und Dienstleistungen, die durch Bestände ermöglicht werden. Der Durchsatz ist der physische Stoffwechselstrom, der die Bestände erhält. Dienstleistungen sind Nutzen, Durchsatz ist mit Kosten verbunden. In einer „leeren Welt" mag eine Erhöhung des Durchsatzes keine (größeren) Opfer an Ökosystemleistungen bedingen; in einer „vollen Welt" ist dies aber der Fall.

Die höchsten Kosten entstehen, wenn man bestimmte Ökosystemleistungen opfert, indem Naturkapitalbestände als Quelle für mehr Durchsatz statt als Quelle direkter Ökosystemleistungen genutzt werden. Durchsatz beginnt mit Entnahme (*depletion*) und endet mit Verschmutzung (*pollution*) – beides bedeutet Kosten in einer „vollen Welt". Deshalb ist es sinnvoll (d.h. ökonomisch), für jeden gegebenen Bestand (*stock*) den Durchsatz zu minimieren.

Die Effizienz, mit der wir die Natur zu unserer Bedürfnisbefriedigung verwenden, hängt von zwei Dingen ab: der Dienstleistungsmenge, die sich pro Einheit des vom Menschen geschaffenen Kapitals ergibt, und der Dienstleistungsmenge, die dafür pro Einheit naturgegebenen Kapitals geopfert wird (das durch Konversion zu menschen-geschaffenem Kapital verloren geht). Diese *ökologisch-ökonomische Effizienz* drückt folgende Gleichung aus:

$$\frac{MK}{NK}$$

wobei MK die aus den vom Menschen geschaffenen Kapital gewonnenen Dienstleistungen und NK die geopferten Dienstleistungen aus naturgegebenem Kapital bedeuten.

In einer „leeren" Welt fällt das durch eine Steigerung von MK erforderliche Opfer an NK kaum ins Gewicht. In einer „vollen Welt" aber bedeutet jedes Ansteigen von MK einen Rückgang von NK und seiner Dienstleistungen. Dieses ökologisch-ökonomische Effizienzkriterium besteht aus vier Dimensionen:

$$\frac{\text{gewonnene MK-Dienstleistungen}}{\text{geopferte NK-Dienstleistungen}} =$$

$$\underset{(1)}{\frac{\text{gewonnene MK-Dienstleistungen}}{\text{MK-Bestände}}} \times \underset{(2)}{\frac{\text{MK-Bestände}}{\text{Durchsatz}}} \times \underset{(3)}{\frac{\text{Durchsatz}}{\text{NK-Bestände}}} \times \underset{(4)}{\frac{\text{NK-Bestände}}{\text{geopferte NK-Dienstleistungen}}}$$

Relation (1) beschreibt die *Dienstleistungseffizienz* der MK-Bestände. Sie hängt von verschiedenen Faktoren ab: erstens vom technischen Produktdesign, zweitens von der Ressourcenallokation, drittens von der Einkommensverteilung. Die ersten beiden Faktoren sind leicht verständlich und stimmen mit den gängigen Konzepten der Standardökonomie überein. Der dritte Faktor bedarf einer Erläuterung. Gewöhnlich werden Verteilung und Effizienz sorgfältig voneinander getrennt, gemäß der Pareto-Annahme, dass Nutzen nicht intersubjektiv vergleichbar sei. Im wirklichen Leben wird dieser Vergleich allerdings sehr wohl vorgenommen; man darf annehmen, dass der Gesamtnutzen einer Gesellschaft insgesamt steigt, wenn die Ressourcen vom niedrigen Grenznutzen der Reichen auf den hohen Grenznutzen der Armen umverteilt würden. In einer „vollen Welt" hängen Verteilung und Effizienz eng zusammen, die Steigerung der Effizienz durch Umverteilung darf daher nicht länger negiert werden.

Relation (2) spiegelt die *Unterhaltseffizienz* bzw. Dauerhaftigkeit der MK-Bestände wider. Eine niedrige Durchsatzrate bedeutet, *ceteris paribus,* eine Verminderung von Ressourcenentnahme und Umweltverschmutzung. Die Unterhaltseffizienz wird gesteigert durch die Herstellung langlebiger, reparaturfähiger und rezyklierbarer Produkte bzw. durch Verhaltensmuster, die den Verbrauch bestimmter Produkte reduzieren oder von vornherein überflüssig machen. Eine längere Lebensdauer der Bestände bedeutet, dass weniger Durchsatz erforderlich ist und damit weniger Ressourcenentnahme und Umweltverschmutzung.

Relation (3) beschreibt die *Wachstumseffizienz*, das heißt den Zuwachs, den das NK erbringt und der zu Durchsatz wird. Dieser Faktor wird bestimmt durch die biologische Reproduktionsrate der genutzten Populationen des Ökosystems. Tannen zum Beispiel wachsen schneller als Mahagoni. Bei Verwendungen, die den Einsatz beider Holzarten erlauben, sind daher Tannen effizienter. Wenn wir unsere Technologien und Konsummuster so entwerfen würden, dass ein Rückgriff nur auf die schneller wachsenden Ressourcen erfolgte, wäre dies, *ceteris paribus*, effizienter.

Relation (4) misst die NK-Bestände, die entweder als Quelle oder als Senke genutzt werden – und kann daher als *ökologische Leistungseffizienz* bezeichnet werden. Wenn man einen Wald so nutzt, dass der nachhaltig zu erwirtschaftende Holzertrag (bzw. die CO_2-Absorption) maximal ist, opfert man bis zu einem gewissen Grad andere Dienstleistungen des Waldes, zum Beispiel den Lebensraum wild lebender Tiere und Pflanzen.

Die Welt ist äußerst komplex und keine einfache Gleichung kann alles Wichtige einfangen. Doch können die beschriebenen vier Dimensionen ökologisch-ökonomischer Effizienz helfen, Investitionen für den Erhalt des natürlichen Kapitals rational zu begründen.

Bei der Umwandlung von NK in MK wollen wir die aus dem Anstieg des MK gewonnene Dienstleistung erhöhen und den Verlust von Leistungen aus dem Ökosystem aufgrund der Abnahme von NK minimieren. Doch dieser Prozess der Umwandlung von NK in MK stößt ab einem bestimmten Punkt an Grenzen, bei deren Überschreiten die ökologischen Kosten schneller ansteigen als der durch die Produktion geschaffene ökonomische Nutzen. Dieses *optimale* Niveau der Wirtschaftstätigkeit wird üblicherweise durch das Kriterium des Ausgleichs von Grenzkosten und Grenznutzen definiert. Hierbei wird unterstellt, dass der Grenznutzen abnimmt und die Grenzkosten steigen – beide in kontinuierlicher Weise. Es mag vernünftig sein anzunehmen, dass der Grenznutzen kontinuierlich sinkt, da Menschen hinreichend rational sind, um ihre dringendsten Bedürfnisse zuerst zu befriedigen. Die Annahme aber, dass Grenzkosten (geopferte Ökosystemleistungen) kontinuierlich und nicht sprunghaft steigen, ist problematisch.

Mit der Ausweitung der Wirtschaft ist die Beanspruchung des Ökosystems enorm gestiegen, doch hat keine irgendwie rationale Ordnung (oder inhärente Intelligenz) dafür gesorgt, dass die weniger wichtigen Ökosystemleistungen zuerst geopfert werden. Einige der lebenswichtigen Leistungen des Ökosystems wurden recht früh preisgegeben. Das heißt: Relation (4), die *ökologische Leistungseffizienz*, wird grundsätzlich ignoriert. Erst wenn diese Dimension berücksichtigt wird, können wir erwarten, dass menschliche Vernunft die Aufopferung von Ökosystemleistungen auf einer Schadensskala ordnet – und so die Annahme kontinuierlich steigender Grenzkosten rechtfertigt. Dies würde zugleich die praktische Bestimmung des *optimalen* Niveaus der Wirtschaftstätigkeit erheblich erleichtern.

Natürlich ist dieses Konzept des optimalen Niveaus rein anthropozentrisch, das heißt es veranschlagt alle anderen Arten nur mit ihrem instrumentellen Wert für das menschliche Wohlergehen. Würden wir dagegen auch anderen Wesen einen *Eigenwert* zugestehen, dann wäre das optimale Niveau der Wirtschaftstätigkeit sicherlich erheblich niedriger.

„Kapital intakt halten“, diese Forderung ist grundlegend für die realistische Definition von Einkommen. Sie sollte aber auf das naturgegebene Kapital (NK) ebenso angewendet werden wie auf das menschengeschaffene Kapital (MK). Eine ökologisch stabile Wirtschaft (*steady-state economy*) leistet dies in physischer Hinsicht, wenn sie das kritische NK unversehrt lässt und die Substitution von MK für NK über einen bestimmten Punkt hinaus vermeidet. In strenger Logik würde dies die Verwendung nicht-erneuerbarer Ressourcen ausschließen, da sie *per definitionem* durch Nutzung physisch nicht unversehrt bleiben können. Solche Ressourcen im Boden zu belassen, ohne dass sie irgendwem irgendwann einen Nutzen bringen, wäre aber unsinnig. Ihre Nutzung lässt sich auch aus ökologischer Sicht rechtfertigen, jedoch nur unter Befolgung der Regel der *„Quasi-Nachhaltigkeit“*: Nicht-erneuerbare Ressourcen sollten nicht schneller entnommen werden als ein Ersatz entwickelt werden kann (und natürlich nur in einem Umfang, der die Absorptionskapazität des Ökosystems nicht überschreitet). Dies bedeutet, dass ein (zunehmender) Teil der Erträge aus nicht-erneuerbaren Ressourcen in die Entwicklung erneuerbarer Ressourcen investiert werden muss.

2. Analyse-Schritte: Drei Fragen

Wenn man die *prä-analytische Vision* der Wirtschaft als offenes Subsystem eines endlichen, nicht wachsenden und materiell geschlossenen Ökosystems Erde akzeptiert, dann ergeben sich drei Fragen, die einer klärenden Analyse bedürfen:

1. Wie groß *ist* das Subsystem Wirtschaft bereits im Vergleich zum gesamten Ökosystem?
2. Wie groß *kann* die Wirtschaft werden, bevor ihr Unterhalt einen Durchsatz erforderlich macht, der die Regenerations- und Absorptionsfähigkeit des Ökosystems übersteigt?
3. Wie groß *sollte* das Subsystem Wirtschaft im Vergleich zum Ökosystem sein?

Zu 1: Der beste Indikator für die Beantwortung der ersten Frage dürfte der Prozentsatz der Aneignung der Nettoprimärproduktion der Photosynthese durch den Menschen sein (vgl. hierzu Vitousek u.a. 1986). Dieser liegt derzeit bei rund 25 Prozent für die Erde insgesamt und rund 40 Prozent für das terrestrische Ökosystem. Diese Zahlen beinhalten sowohl die direkte Aneignung, wie zum Beispiel vom Menschen genutzte Nahrungsmittel, als auch die indirekte Aneignung durch Reduktion der photosynthetischen Kapazität des Ökosystems aufgrund menschlicher Interventionen, wie zum Beispiel Überbauung und Bodendegradation.

Zu 2: Nimmt man die niedrigere Zahl von 25 Prozent, so werden zwei weitere Verdoppelungen 100 Prozent ergeben. Wir können daher einen Faktor 4 als die äußerste Grenze für das weitere Wachstum der Wirtschaft ansetzen. (Die gegenwärtige Verdopplungszeit beträgt etwa 40 Jahre). Diese Folgerung steht in scharfem Gegensatz zum Brundtland-Bericht, der davon ausgeht, dass Nachhaltigkeit (*sustainable development*) einen Wachstumsfaktor der Weltwirtschaft in der Größenordnung von 5 bis 10 erfordert, während unsere Überlegung zeigt, dass weniger als das Vierfache überhaupt möglich ist!

Zu 3: Die dritte Frage ist ethisch-normativer Art. Eine rein anthropozentrische Regel zur Erreichung des Optimums des Niveaus der Wirtschaftstätigkeit lautet: wachsen, bis die Grenznutzen (für die Menschen!) den Grenzkosten entsprechen. Andere Arten werden bei dieser Regel aber nur als instrumentell – als für den Menschen geschaffen – betrachtet. Eine biozentrische Definition des Optimums würde dagegen anderen Arten einen Eigenwert zuschreiben. Dies bedeutet, dass das *biozentrisch* definierte Optimum des Niveaus der Wirtschaftstätigkeit (erheblich) *kleiner* ist als das *anthropozentrische* Optimum!

3. Politische Schritte: Hin zu einer ökologischen Wirtschaft

Grundsätzlich ist zwischen drei Zielen einer ökologischen Wirtschaft zu unterscheiden, die drei unterschiedliche Instrumentarien zu ihrer Realisierung erfordern: *Optimale Allokation* (wobei relative Preise wichtig sind); *optimale Verteilung* (was Umverteilung von Einkommen und Vermögen impliziert); *optimales Niveau* (was die Einführung eines Instrumentariums der Durchsatz-Kontrolle erfordert, das heißt eine Politik, die das Bevölkerungswachstum und/oder den Pro-Kopf-Ressourcenverbrauch betrifft).

Die Unterscheidung zwischen *Allokation* und *Verteilung* ist Bestandteil der Standardökonomie. Niemand vertritt die Ansicht, dass die Kosten der Ungerechtigkeit als Teil des Effizienzproblems in die Preise eingehen sollten. Gerechtigkeit ist eine Sache, Effizienz eine andere, und die meisten Ökonomen geben sich große Mühe, beides auseinanderzuhalten. Trotzdem scheinen viele zu glauben, dass die Kosten einer Überschreitung des optimalen Niveaus der Wirtschaftstätigkeit (*excessive scale*) in die Preise eingehen können und sollen und dass es keinen fundamentalen Unterschied zwischen optimaler Allokation und optimalem Niveau gebe. Hier liegt eine intellektuelle Verwirrung vor.

Das Niveau der Wirtschaftstätigkeit ist – vereinfacht ausgedrückt – das Ergebnis von Bevölkerungszahl mal Ressourcenverbrauch pro Kopf. Die Bevölkerungszahl könnte sich verdoppeln oder um die Hälfte verringern, ohne dass der Markt versagen müsste, Ressourcen optimal auf ihre alternativen Nutzungen zu verteilen. Der Ressourcenverbrauch pro Kopf könnte sich aufgrund zufälliger Entdeckungen verdoppeln oder infolge von Naturkatastrophen und Erschöpfung halbieren; in beiden Fällen könnte der Markt eine optimale Allokation gewährleisten. Änderungen der relativen Preise führen zur bestmöglichen Anpassung, welche Verteilung und welches Niveau auch immer erreicht ist. Das heißt, Preise helfen uns, das Beste aus einer jeweils gegebenen Situation zu machen. Aber diese „gege-

Situation kann mit der Zeit immer ungerechter werden oder immer weniger auf Nachhaltigkeit (*sustainability*) ausgerichtet sein.

Die zentrale politische Aufgabe liegt darin, das Niveau der Wirtschaftstätigkeit (*scale*) zu begrenzen – am besten natürlich auf optimalem Niveau. Die Beeinflussung der Umwelt durch die Wirtschaft ergibt sich aus dem Umfang des Durchsatzes, der auf drei strategischen Faktoren beruht:

$$T = B \times Y / B \times T / Y,$$

wobei T = Durchsatz (*throughput*), B = Bevölkerung, Y = Einkommen ist. Anders ausgedrückt: Umweltbeeinflussung (T) ist gleich Bevölkerung (B) mal Wohlstand (Y/B, oder Pro-Kopf-Einkommen) mal Technologie (T/Y, oder Durchsatz-Intensität des Einkommens).

Da eine x-prozentige Veränderung eines der drei Faktoren zu einer x-prozentigen Veränderung des Ergebnisses (T) führt, folgt daraus, dass alle drei Faktoren im arithmetischen Sinne von gleicher Bedeutung sind. Trotzdem ist es sinnvoll, zu fragen, welcher dieser Faktoren in einer konkreten historischen und politischen Situation am ehesten eine x-prozentige Veränderung erlaubt.

Verallgemeinernd lässt sich sagen, dass für den *Süden* der größte Bewegungsspielraum für eine Verbesserung bei B liegt (Reduzierung der Bevölkerungswachstumsrate); beim *Norden* liegt dieser Spielraum dagegen bei Y/B (Reduzierung des Pro-Kopf-Ressourcenverbrauchs); und für den *Osten* bei T/Y (Reduzierung der Durchsatz-Intensität der Technologie). Doch sagen uns viele Ökonomen, dass sich das Problem durch Technologie schon lösen lasse und weder Reduktion des Bevölkerungswachstums noch Reduktion des Ressourcenverbrauchs erforderlich seien. Einige wenige Zahlen mögen Aufschluss darüber geben, wie groß der Glaube an die Technologie sein muss, wenn man einen solchen Standpunkt einnimmt.

Für B wird von den Vereinten Nationen zwischen 1985 und 2025 eine Verdopplung erwartet. Das Bruttosozialprodukt (BSP) pro Kopf war 1990 in den Ländern mit hohen Einkommen etwa 23mal so hoch wie in den Ländern mit niedrigen Einkommen (d.h. 23 = Dollar 18.330/Dollar 800, s. *World Development Report 1991*). Bestünde das Ziel darin, dass die Armen die Reichen einholen sollten, und käme es in den 40 Jahren zu keinem weiteren Anstieg des durchschnittlichen Pro-Kopf-Verbrauchs in den reichen Ländern, dann wäre – wenn zugleich eine Zunahme der Umweltbeeinträchtigung vermieden werden soll – eine Verbesserung der Technologie um einen Faktor von 2 x 23 = 46 erforderlich (!). Ist eine Erhöhung der technischen Effizienz auf das 46fache möglich und wahrscheinlich?

Der Brundtland-Bericht fordert einen Wachstumsfaktor von 5 bis 10 für die Weltwirtschaft. Der Bericht sagt nicht, wieviel davon durch eine Verbesserung der Technologie erreicht werden kann und wieviel durch eine Erhöhung des Durchsatzes. Nehmen wir einmal – unrealistischerweise – an, dass der Wachstumsfaktor 10 ausschließlich durch Verbesserung der Effizienz erreicht werden könnte, so bliebe immer noch ein Faktor von 4,6, der durch Verringerung der Bevölkerungszahl und/oder des Pro-Kopf-Ressourcenverbrauchs zu bewerkstelligen wäre, nur um den Durchsatz auf dem gegenwärtigen Niveau zu halten (das u.E. bereits nicht mehr den Erfordernissen der Nachhaltigkeit entspricht). Alternativ dazu könnte es zu einem 4,6fachen Anstieg des Durchsatzes bei gleichbleibender Bevölkerungszahl und unverändertem Pro-Kopf-Ressourcenverbrauch kommen. (Diese Berechnungen setzen voraus, dass die reichen Länder während der 40 Jahre, in denen die Verdopplung der Weltbevölkerung stattfindet, ihren Pro-Kopf-Verbrauch nicht über den 1989 erreichten Betrag (Dollar 18.330) steigern werden. Bis jetzt haben die Reichen aber keinerlei Bereitschaft gezeigt, still zu stehen, während die Armen aufholen. Ganz im Gegenteil: die Standarddoktrin sagt, dass die Reichen weiter wachsen sollten, um Märkte für die Armen zu schaffen.)

Vielleicht ist der Faktor 23 für die Relation zwischen Reichen und Armen zu hoch angesetzt, wenn man berücksichtigt, dass die armen Länder im Vergleich zu den reichen über einen relativ großen nicht-monetarisierten Sektor verfügen. Aber selbst wenn wir die Relation aufgrund dieses Arguments von 23 auf 10 reduzierten, wäre immer noch eine Erhöhung der Ressourcenproduktivität um den Faktor 2 x 10 = 20 erforderlich, um den Durchsatz konstant halten zu können.

Wie wahrscheinlich ist eine solche Erhöhung der Ressourcenproduktivität? Vergessen wir zunächst nicht, dass die großen Schübe an „Produktivität" in der Geschichte die Arbeits- und Kapitalproduktivität betrafen – *nicht* die Ressourcenproduktivität. Einer der Gründe für die Zunahme der Produktivität von Arbeit und Kapital lag in der enormen Zunahme des Stoffdurchsatzes. Der einzige Anlass für Optimismus in diesem Zusammenhang besteht darin, dass gerade *weil* wir die Ressourcenproduktivität so vernachlässigt haben, sich jetzt auf diesem Gebiet ein beträchtlicher Spielraum für mögliche Verbesserungen bietet, wenn auch Nichts, was einem Faktor 46 gleichkäme!

Ganz ohne Zweifel muss der Staat in Zukunft dazu beitragen, jene Preise, Produktivitäten und Einkommen zu erhöhen, die auf natürlichen Ressourcen beruhen. Deshalb spricht auch alles dafür, statt der Einkommen den Verbrauch zu besteuern. Viele Ökonomen befürworten die weltweite Einführung bzw. Erhöhung der Mehrwertsteuer. Aus ökologischer Sicht wäre es aber zielführender, nicht den Mehrwert zu besteuern, sondern den Stoffdurchsatz. Wir sollten Steuern erheben auf das, was wir verringern (Umweltverbrauch und Umweltbelastung) und nicht auf das, was wir erhöhen wollen (Einkommen oder Mehrwert).

4. Fazit

Da eine technische Erhöhung der Ressourceneffizienz um einen Faktor 46 (oder auch nur 20) eher unwahrscheinlich ist, können wir sicher sein, dass eine (drastische) Reduzierung des Bevölkerungswachstums und/oder des Ressourcenverbrauchs pro Kopf erforderlich wird, wenn wir einer Zerstörung des globalen Ökosystems wirklich vorbeugen wollen. Natürlich sollten technische Innovationen so weit wie möglich vorangetrieben werden, und zwar auf Wegen, die eine Steigerung der ökonomisch-ökologischen Effizienz erlauben. Aber wir sollten uns nicht der Illusion hingeben, dass technische Lösungen allein hinreichend sein könnten. Doch wird der Anreiz, die oben erläuterten vier Relationen auch strategisch zu nutzen, erst dann entstehen, wenn wir politisch und gesellschaftlich den Mut zu einer Ökologischen Ökonomie wirklich aufbringen.

Literatur

Daly, Herman Edward: Steady-State Economics. Washington DC, 2. Auflage 1991

Vitousek, Paige B. u.a.: Human Appropriation of the Products of Photosynthesis. In: BioScience 34 (1986), S. 368-373

Weltkommission für Umwelt und Entwicklung (so gen. Brundtland-Bericht): Unsere Gemeinsame Zukunft. Greven 1987

Anmerkung des Übersetzers: Herman Edward Dalys Arbeiten zur Ökologischen Ökonomie haben Maßstäbe gesetzt. Die Übersetzung seiner zentralen Begrifflichkeiten ins Deutsche ist allerdings nicht einfach, weshalb der im Amerikanischen gewählte Ausdruck hier jeweils in Klammern mitgenannt wird.

Ökologie und Markt – ein schönes Missverständnis. Oder: Wieweit sind aktuelle Nachhaltigkeitskonzepte mit Selbstorganisation und Marktwirtschaft vereinbar?

Edgar Ludwig Gärtner

1. Vom offenen Drei-Säulen- zum Haus-Modell

Als die Enquête-Kommission des 13. Deutschen Bundestages „Schutz des Menschen und der Umwelt" im Juli 1998 ihren Abschlussbericht „Konzept Nachhaltigkeit. Vom Leitbild zur Umsetzung" (im Folgenden zitiert als EK 1998) vorlegte, schien klargestellt, dass Nachhaltigkeit keine Formel für die heile Welt sein kann, die sich mithilfe quantitativer technokratischer bzw. obrigkeitsstaatlicher Zielvorgaben nach dem Muster der vielzitierten „Stoffstrom-Managementregeln" umsetzen lässt. Vielmehr müsse Nachhaltigkeit als offenes Leitbild, als „regulative Idee" im Sinne Kants aufgefasst werden (Gärtner 1997 und Gärtner o.J.).

Darunter verstand der Königsberger Philosoph praktische Handlungsmaximen ohne Erfahrungsgegenstand, die den vernünftigen Umgang mit Erfahrung regeln. Vernunftideen wie Gott, Wahrheit, Freiheit, Gerechtigkeit oder Gesundheit weisen dem menschlichen Verstand bei Such- und Lernprozessen eine Richtung, sie üben beim Ordnen von Erfahrungen zu einem sinnvollen Ganzen eine heuristische Funktion aus (Naumann-Beyer 1990).

Viel wichtiger als das bei der Herleitung von Managementregeln zunächst überbetonte stoffliche „Was" erschien deshalb am Ende der Parlaments-Enquête die Frage nach dem „Wie" der Stimulierung und Organisation gesellschaftlicher Lern- und Innovationsprozesse. Ohne solche sei ein Überleben in einer zusammenwachsenden und sich rasch wandelnden Welt schlechthin undenkbar. „Innovationen sind grundsätzlich offen", heißt es in ihrem Abschlussbericht.

> „Sie sind objektiv nicht antizipierbar, weil weder das Ergebnis noch ‚Zukunft' als solche geplant und verordnet werden können und sich technische, soziale und institutionelle Innovationen nicht wiederholen lassen."

Ausdrücklich warnte die Kommission vor folgendem Dilemma:

> „Innovationsprozesse, die erkennbar im Ansatz in die richtige Richtung zu laufen scheinen, können im Ergebnis Lösungen hervorbringen, die sich nicht als nachhaltig erweisen. Umgekehrt könnte ein Trend, der nach gegebenem Kenntnisstand als nicht förderwürdig im Sinne der Nachhaltigkeit eingestuft wird, sich dennoch als zukunftsverträglicher erweisen als andere Neuerungsprozesse, die im Ansatz zunächst mehr versprochen hatten. Dem gemäß geht es bei der Identifizierung und Unterstützung zukunftsfähiger Neuerungsprozesse weniger um deren genaue Planung, die einen hohen Grad der Vorhersehbarkeit voraussetzt, als vielmehr um die Förderung, Organisation und Kontinuität von permanenten Suchprozessen nach immer besseren Problemlösungen." (EK 1998: 357)

Diese benötigten ein innovationsfreudiges Klima und Reformwillen in der Gesellschaft.

Schaut man sich demgegenüber die im April 2002 vom Bundeskabinett beschlossene nationale Nachhaltigkeitsstrategie „*Perspektiven für Deutschland*" an (vgl. auch Rid in diesem Band), dann fällt als erstes auf, dass sich unter den insgesamt 21 für die Messung von Nachhaltigkeits-Fortschritten ausgewählten Schlüsselindikatoren mit größtenteils quantifizierten Zielen für die kommenden zehn oder zwanzig Jahre kein Indikator für die knappste Ressource auf der Welt, die Entwicklung individueller Entscheidungsfreiheit und Verantwortung, findet, obwohl solche Indikatoren bei internationalen Vergleichen der Leistungs- und Anpassungsfähigkeit von Volkswirtschaften längst gebräuchlich sind (so vor allem im regelmäßig erscheinenden „*Economic Freedom Report*", der in Deutschland vom Liberalen Institut der Friedrich-Naumann-Stiftung, Potsdam herausgegeben wird).

Stattdessen wird die Liste der Indikatoren angeführt von stofflichen Größen wie der Energie- und Rohstoffproduktivität, die bis 2020 gegenüber 1990 bzw. 1994 verdoppelt werden soll. An zweiter Stelle folgt die Entwicklung des Ausstoßes der sechs „Kyoto-Gase". Und an dritter Stelle kommt der Anteil erneuerbarer Energien an der Stromversorgung (vor allem der Windenergie), der bis 2010 auf 12,5 Prozent angehoben werden soll. Mit dieser Prioritätensetzung hat sich die Bundesregierung bewusst von dem von der Enquête des 13. Deutschen Bundestages noch bevorzugten marktorientierten und zukunftsoffenen „Drei-Säulen-Modell" der Nachhaltigkeit, das heißt von der Gleichrangigkeit ökologischer, wirtschaftlicher und sozialer Belange verabschiedet und sich für das Deutungs- und Ordnungsmodell „*Oikos*" (Haus) entschieden. Der breiteren Öffentlichkeit ist dieser Paradigmenwechsel (wohl wegen des nach wie vor sehr geringen Interesses am Thema Nachhaltigkeit) allerdings kaum aufgefallen.

Dieses im eigentlichen Sinne ökologische Modell (Ökologie = „Hauslehre") bringt aber gegenüber dem „Drei-Säulen-Modell", im dem viele so etwas wie die Quadratur des Kreises sehen, durchaus nicht nur Vorteile. Als solcher kann zunächst zweifelsohne der überaus erfolgreiche Einsatz der Haus-Metapher in der politischen Rhetorik von der Antike (Aristoteles) bis in die jüngste Gegenwart gelten. Erinnert sei in diesem Zusammenhang nur an die Faszination, die die wiederholte Beschwörung des „*gemeinsamen Hauses Europa*" durch Michail Gorbatschow ausübte.

Allerdings sollten sich die politischen Akteure, die sich der Haus-Metapher bedienen, der Tatsache bewusst sein, dass die (nachhaltige) Verwaltung eines Hauses einen Hausvater voraussetzt, der seiner Familie und dem Gesinde Ressourcen zuteilt und darüber wacht, dass in der Hausgemeinschaft bestimmte sexuelle, soziale, wirtschaftliche und religiöse Normen respektiert werden. Wer die Haus-Metapher verwendet, beruft sich also nicht auf eine demokratische, sondern auf eine patriarchalische bzw. obrigkeitsstaatliche Tradition und muss sich der Frage stellen, ob es ausreicht, die Patriarchen und Landesfürsten durch abberufbare bzw. abwählbare Geschäftsführer zu ersetzen, um das Leitbild „Haus" mit Demokratie und Marktwirtschaft vereinbaren zu können. Nicht minder wichtig sollte m.E. die Frage sein, woher die Fürsten oder Geschäftsführer ihr Management-Wissen beziehen.

2. Die „Hausväterliteratur" als Quelle der Ökologie

Die Geschichte der Ökologie beginnt nicht erst mit ihrer noch heute oft zitierten Definition in Ernst Haeckels Hauptwerk „*Generelle Morphologie der Organismen*" (1866). Der berühmte Zoologe, der in Deutschland willentlich die Rolle eines Statthalters Charles Darwins spielte, dachte damit seine „monistische Philosophie" (bzw. Wissenschaftsreligion) begründen zu können. Gegenstand der „*Oecologie*" oder „*Lehre vom Naturhaushalte*" sind für Haeckel die „*äusserst verwickelten Wechselbeziehungen der Organismen.*" Ökologie sei „*die gesammte Wissenschaft von den Beziehungen des Organismus zur umgebenden Aus-*

senwelt" und insofern *„ein Theil der Physiologie."* Die darwinsche Evolutionstheorie („Descendenz-Theorie"), so Haeckel weiter, erkläre

> „die Haushalts-Verhältnisse der Organismen mechanisch, als die nothwendigen Folgen wirkender Ursachen, und bildet somit die monistische Grundlage der Oecologie" (zit.n. Schramm 1984: 150ff.).

Haeckel, selbst bekennender Anhänger des Freihandels und der (von ihm sozialdarwinistisch, wenn nicht rassistisch fehlinterpretierten) freien Konkurrenz, verwendet hier den sehr viel älteren Begriff „Ökonomie der Natur" bzw. „Naturhaushalt" als Synonym für die Ökologie und legt seinen Lesern nahe, in Darwins Theorie der natürlichen Zuchtwahl im „Kampf ums Dasein" die theoretische Grundlegung der Haus-Lehre zu sehen – und das zu einer Zeit, als das Haus-Paradigma in der politischen und wirtschaftlichen Praxis bereits weitgehend vom Markt als Deutungsmodell und regulierendem Prinzip verdrängt worden war.

Er konnte sich dabei in gewisser Weise auf Darwin selbst berufen, der in seinem überaus einflussreichen Hauptwerk *„Die Entstehung der Arten"* (1859) nahegelegt hatte, seine Theorie sei lediglich der Schlussstein für ein altes und allgemein anerkanntes Theoriegebäude, zu dem auch die Lehre von der „Ökonomie der Natur" gehörte. Vieles spricht dafür, darin eine bewusste Verkaufsstrategie zu sehen. Es ging Darwin offenbar darum, seinen Lesern/Kunden die revolutionären Konsequenzen seines Denkansatzes zu verbergen, um sie dort abzuholen, wo sie geistig noch standen. Darwins kongenialer Zeitgenosse Alfred Russel Wallace war da weniger vorsichtig und erntete mit seiner der darwinschen entsprechenden und ebenbürtigen Evolutionstheorie weitaus geringeren öffentlichen Beifall.

In Wirklichkeit hat Darwin mit seiner materialistischen Erklärung der Entwicklung der Lebewelt in Richtung wachsender Komplexität, die ihrem Wesen nach eine Theorie spontaner Selbstorganisation ist, der alten Vorstellung vom „Naturhaushalt" als einem planmäßig und sinnvoll geordneten Ganzen den Garaus gemacht. Deren Stimmigkeit brauchte ohnehin niemals empirisch überprüft werden, da sie nicht naturwissenschaftlichen, sondern theologischen Ursprungs ist.

Gemeint sind damit erbauliche Werke wie die „Physico-Theologie" des anglikanischen Kanonikus William Derham (1657-1735) oder die „Insecto-Theologie" des deutschen Pastors Friedrich Christian Lesser (1692-1754). Darin wird die scheinbare Harmonie der Natur, das Gleichgewicht zwischen Nützlingen und Schädlingen, der Kreislauf von Werden und Vergehen als Beweis für die göttliche Vorsehung („Providentia") interpretiert (Schramm 1984). Vorbilder dieser Abhandlungen waren die im protestantischen Teil Europas weit verbreiteten volkspädagogischen Ökonomiken wie die *„Oeconomia Christiana"* (1529) des Thüringer Reformators Justus Menius, die unter der pejorativen Bezeichnung „Hausväterliteratur" überliefert sind (Holenstein 2002).

Es handelt sich dabei um Ratgeber für die Begründung und Aufrechterhaltung der häuslichen Ordnung. Deren Ursprünge reichen bis zu Platon und Aristoteles zurück. Entscheidende Quelle war aber Martin Luthers Bibelübersetzung, insbesondere die Haustafeln aus den Apostelbriefen, die Luther in seinen Katechismus integrierte. Die Ökonomiken betrachteten das Haus als sozialen, wirtschaftlichen und rechtlich-politischen Mikrokosmos: Ihre normative Beschreibung bezieht sich sowohl auf die eheliche Gemeinschaft zwischen dem Hausvater und seiner Gemahlin, auf die Beziehungen zwischen Eltern und Kindern sowie auf die Beherrschung und Anleitung des Gesindes bei der Sicherung der Subsistenz.

Justus Menius zog in seiner, von Luthers Zwei-Reiche-Lehre ausgehenden Ökonomik auch schon den Faden von der patriarchalischen Hauswirtschaft zur politischen Monarchie: Gott hat

> „zweyerley Reich verordnet (...)/Geistlich und Leiblich (...). Leiblich regiment ist Oeconomia und Politia. Und dis eusserliche und leibliche reich ist auch zweyerley/als nemlich Oeconomia/das ist haushaltung/und Politia/das ist landregierung/Inn der Oeconomia oder haushaltung ist verfassset/wie ein jegliches haus christlich und recht wol sol regieret werden(...)denn daran ist kein zweiffel/aus der Oeconomia oder haushaltung mus die Politia oder landregierung/ als einen brunnequell entspringen und herkomen" (zit.n. Holenstein 2002).

Ausdruck der Übertragung des Hausmodells auf die staatliche Gesetzgebung und Verwaltung waren die von protestantischen Landesherren im 17. Jahrhundert erlassenen Gesindeordnungen zur Bevormundung und Disziplinierung von Untertanen, die sich (wie „müßige" Eigenbrötlerinnen und „liederliche" Hausväter) gewisse individuelle Freiheiten herausnahmen. Die Gesindeordnungen wurden später zum Vorbild von Forstgesetzen wie etwa das Badische Forstgesetz von 1831, die Holz- und Wilddieberei armer Landbewohner mit dem Hinweis auf die Notwendigkeit einer nachhaltigen Wandnutzung unter strenge Strafe stellten.

Ich möchte niemandem, der sich heute auf die Ökologie bezieht, unterstellen, sich bewusst in diese Tradition einreihen zu wollen. Aber es sollte klar sein: Ideengeschichtlich können sich ökologische Nachhaltigkeitskonzepte nicht auf demokratie- und marktverträgliche Theorien der spontanen Selbstorganisation der belebten und unbelebten Materie berufen, indem sie so tun, als seien die „Ökonomie der Natur" (Ökologie), die sich auf die göttliche Vorsehung beruft, und die Darwinsche Theorie der Artenveränderung im „Kampf ums Dasein" auf dem gleichen Holz gewachsen.

Gerade in Deutschland (aber nicht nur hier) haben sich denn auch maßgebliche Ökologen bis in die zweite Hälfte des 20. Jahrhunderts schroff vom Darwinismus distanziert. Erinnert sei hier nur an den einflussreichen Limnologen (Süßwasserkundler) August Friedrich Thienemann, der sich in seinem 1956 erschienenen populären Büchlein *„Leben und Umwelt. Vom Gesamthaushalt der Natur"* ausdrücklich gegen Darwins Theorie und die damit verbundene Aufwertung von Zufall und Selbstorganisation wandte, indem er hervorhob,

> „dass wir den Zufall, der gemeinsam mit der Selektion, der sog. natürlichen Auslese, die Ganzheit und Harmonie des Kosmos angeblich erklären soll, scharf ablehnen" (Thienemann 1956: 42).

Die Wissenschaftsgeschichte gibt Thienemann recht: Die klassische Lehre vom geschlossenen und wohlgefügten Naturhaushalt, die die Erde, ihre verschiedenen Lebensräume und die menschlichen Gesellschaften als *„Organismen höherer Ordnung"* auffasste, auf der einen Seite und die neueren Theorien einer ergebnisoffenen Evolution/Selbstorganisation (*„ordre par fluctuation"*) auf der anderen Seite sind tatsächlich zwei verschiedene, wenn nicht gänzlich unvereinbare Weltsichten (Gärtner 1981, Gärtner/Schramm 1990).

3. „Ökologische Marktwirtschaft" oder „Parlament der Dinge"?

Vor diesem Hintergrund erhebt sich die Frage, ob die von allen im Deutschen Bundestag vertretenen politischen Parteien beschworene „ökologische Marktwirtschaft" nicht ein Widerspruch in sich ist. Handelt es sich doch beim Wettbewerb auf dem Markt um einen Prozess spontaner Ordnungsbildung ohne hoheitliche Vorgaben, das heißt ein zukunftsoffenes Entdeckungsverfahren, das auf den mehr oder weniger vernünftigen Entscheidungen einer Vielzahl freier Individuen beruht. Kurz: Was nachhaltig ist, „weiß" in einem demokratisch und marktwirtschaftlich verfassten Gemeinwesen nur der Markt. Wir sind immer erst hinterher klüger.

Gegenüber der selbstgenügsamen und innovationsfeindlichen patriarchalischen Hauswirtschaft mit ihrer festen Rollenverteilung zwischen dem Hausherrn, seiner Familie und dem Gesinde bedeutet (erkämpfte oder eingeräumte) individuelle Freiheit also das Wagnis, sich auf unvorhersehbare Entwicklungen einzulassen. Dieses ist getragen von der Hoffnung, dass sich im Wettbewerb hinter dem Rücken der Akteure materielle Fortschritte einstellen, von denen zuvor niemand geträumt hat. Friedrich-August von Hayek, der Wirtschaftsnobelpreisträger von 1974, hat diese Auffassung am klarsten auf den Punkt gebracht:

> „Weil jeder einzelne so wenig weiß und insbesondere, weil wir selten wissen, wer von uns etwas am besten weiß, vertrauen wir darauf, dass die unabhängigen und wettbewerblichen Bemühungen Vieler die Dinge hervorbringen, die wir wünschen werden, wenn wir sie sehen." (Hayek 1991: 38)

Hayek sah also den wichtigsten Vorteil einer freiheitlichen Wirtschaftsverfassung in ihrem nicht zaghaften, sondern zuversichtlichen und schöpferischen Umgang mit Nichtwissen. Grundlage dieser Zuversicht in einer undurchschaubaren und zukunftsoffenen Welt ist die Respektierung allgemeiner Regeln, die sich im Laufe der Evolution bewährt haben, aber nichts über die Beschaffenheit der äußeren Welt aussagen. In Hayeks Worten handelt es sich dabei um

> „Regeln, die uns zwar nicht sagen, was in dieser Welt geschieht, aber sagen, dass uns wahrscheinlich nichts geschehen wird, wenn wir sie befolgen" (Hayek 1969: 170).

Solche Regeln wie die Goldene Regel oder die Zehn Gebote der Bibel finden sich deshalb nicht von ungefähr sinngemäß, wenn nicht gar wortgleich in allen Kulturkreisen, die überlebt haben.

Inzwischen bestärken aber neurobiologische Forschungen die Annahme, dass die meisten Menschen das Leben in einer völlig kontingenten Welt nicht lange aushalten. Sie brauchen nicht nur etwas zu essen und ein Dach über dem Kopf, sondern einen Kosmos, in dem sie sich heimisch fühlen, einen geistigen und materiellen Bezugsrahmen, der ihnen Trost und Halt vermittelt. Auch Hayek hat deshalb nie behauptet, der Markt könne alles regeln, sondern bei vielen Gelegenheiten auf die Komplementarität von Marktwirtschaft und (christlicher) Religion hingewiesen.

In Europa ist diese Sicht der Dinge jedoch nicht mehrheitsfähig, weil der Rationalismus der europäischen Aufklärung Glaubenskriege gerade dadurch überwunden hat, dass er die Aufgabe der Sinnstiftung von Offenbarungsreligionen auf die Wissenschaft bzw. Vernunftreligion verlagert hat. Zum Erbe des Rationalismus gehört auch ein weit verbreiteter Faible für die wohlfahrtsstaatliche Variante von Planwirtschaft bzw. ein (zumindest anfängliches) Misstrauen gegenüber allem nicht bewusst politisch Geplanten. Nur Mischformen von Plan- und Marktwirtschaft bzw. schillernde Formeln wie „soziale Marktwirtschaft" haben daher Aussicht auf hinreichende Zustimmung. Zwar möchte angesichts des kläglichen Zusammenbruchs der sozialistischen Planwirtschaften im Osten heute selbst auf Seiten der politischen Linken kaum noch jemand auf die beeindruckenden Anpassungsleistungen von Märkten verzichten. Doch sollen marktwirtschaftliche Suchprozesse (zumindest in der Theorie) nicht ergebnisoffen bleiben, sondern sich an wissenschaftlich begründeten bzw. politisch festgelegten Leitplanken und Handlungszielen orientieren.

Dabei hatte gerade die Nachhaltigkeits-Enquête des 13. Deutschen Bundestages darauf hingewiesen, dass bei der Umsetzung politischer Gestaltungsansprüche meist andere als die gewollten Ergebnisse erzielt werden, wenn nicht sogar ihr Gegenteil:

> „Am Ende kommt man bei der Gestaltung gesellschaftlicher Prozesse selten dort an, wohin man wollte – und wenn doch, hat das ursprüngliche Ziel seine Bedeutung geändert, hat der Weg selbst

> mit seinen Stationen und Umwegen längst die Perspektiven verschoben, neue Horizonte geschaffen. Notwendig ist deshalb die Offenheit der Suchprozesse, damit Versuch und Irrtum einander ablösen und einmal gesetzte Ziele revidiert werden können, wenn sie sich als Irrtum erweisen" (EK 1998: 44).

Überdies, so die Kommission weiter, gebe es

> „keine eindeutigen Bezugspunkte, die es erlauben würden, wissenschaftlich zu entscheiden, was optimale Umweltzustände sind" (EK 1998: 45).

Diese Einsichten sind vermutlich beim Umzug von Parlament und Regierung nach Berlin bzw. beim Regierungswechsel von Schwarz/Gelb zu Rot/Grün in Vergessenheit geraten. Zwar versicherte der damals zuständige Staatsminister Hans-Martin Bury, mit Planwirtschaft habe die vom Bundeskabinett am 17. April 2002 verabschiedete „Nachhaltigkeitsstrategie", der deutsche Beitrag für die Rio+10-Konferenz in Johannesburg, nichts zu tun. Doch zeigen die Reihenfolge der dort gewählten Nachhaltigkeitsindikatoren wie auch das (vergebliche) Insistieren der deutschen und EU-Delegationen in Johannesburg auf entsprechende quantitative Vorgaben im dort verhandelten globalen Aktionsplan, dass dem Papier die Überzeugung zugrunde liegt, (natur-)wissenschaftlich sei längst ausgemacht, wohin die Reise gehen muss.

Der französische Wissenschaftsforscher Bruno Latour teilt diese Illusion nicht. In seinem Versuch einer „symmetrischen Anthropologie" von 1991 (Latour 1998) und in seiner Essay-Sammlung „*Pandora's Hope*" (Latour 2000) räumte er mit der Vorstellung auf, die exakten (Labor-)Wissenschaften („Sciences", auf deutsch ganz irreführend „Naturwissenschaften" genannt) beschäftigten sich mit *der* Natur und lieferten den Schlüssel für die saubere Trennung zwischen Objekt und Subjekt, zwischen Tatsachen und Werten. Da es unmöglich sei, Menschen und Dinge voneinander zu trennen, existierten die Gegenstände wissenschaftlicher Forschung nicht ohne die Forscher und umgekehrt. Latour schließt daraus: Vor Louis Pasteur hat es keine Mikroben gegeben.

Die Konsequenz: Um Glaubenskriege zu verhindern, kann sich die Politik nicht auf die „modernistische Übereinkunft" einer unabhängig von menschlichen Interessen existierenden Natur berufen. „Natur" gibt es nur im Plural. Die Erde ist nicht a priori die „eine Welt", das „gemeinsame Haus" der Menschen. Die unterschiedlichen konkreten Lebenswelten müssen vielmehr erst (auf möglichst demokratische Weise) „von unten" zu einem solchen gemacht werden – und zwar mithilfe des von Latour angeregten „*Parlaments der Dinge*" mit einem „Oberhaus", das entscheidet, welche Anliegen einbezogen werden, und einem „Unterhaus" für das Ordnen der einbezogenen Mischwesen (Latour 2001).

Ähnlich wie Friedrich-August von Hayek (aber unter einem ganz anderen politischem Vorzeichen!) geht also auch Latour davon aus, dass die Menschen, trotz aller erreichten wissenschaftlich-technischen Fortschritte, weiterhin grundsätzlich im Dunkeln tappen müssen. Sie können sich (in Form des „Parlaments der Dinge") lediglich *politisch* auf eine „*experimentelle Metaphysik*" (Latour 2001: 179) einigen. Das heißt, sie können nur so tun, als hätten sie das für das „*Erdsystemmanagement*" (Schellnhuber 1999) nötige „Haus-Wissen".

In diesem Sinne interpretiert Latour Verlauf und Ausgang der Klimakonferenzen von Kyoto (1997), Den Haag, Bonn (2000) und Marrakesch (2001). In den Mammut-Palavern sieht er Vorstufen seines „Parlaments der Dinge". Denn dort habe es erstmals eine politische Repräsentation nichtmenschlicher Wesen neben allen Formen legitimer menschlicher Interessen gegeben. Man dürfe in den Ergebnissen solcher und anderer Großveranstaltungen aber keinen durch rationale Diskurse erzielten Konsens sehen. Vielmehr handele es sich dabei um diplomatische Zweideutigkeiten.

> „Diplomatie bedeutet, dass es (...) keinen Schiedsrichter gibt, der darüber wacht, ob rationale Verhandlungsbedingungen eingehalten werden und der die eine oder andere Partei des Irrationalismus zeiht, wenn die Verhandlungen scheitern. In der Diplomatie ist vielmehr die Aufrechterhaltung der Zweideutigkeit Bedingung für die Einstellung von Feindseligkeiten. In einer Welt, in der Verstehen unwahrscheinlich ist, haben wir nur den Weg der Diplomatie um Blutvergießen zu verhindern“,

erklärt Latour.

> „Der rationale Diskurs ist demgegenüber ein unerreichbares Ideal. Wir sind zu viele auf der Welt, um uns darauf einigen zu können, wie diese aussehen soll.“ (FAS vom 12.5. 2002)

Die auf diplomatischen Arrangements fußenden Maßnahmen sind deshalb für Latour nichts weiter als (friedensstiftende) offene kollektive Realexperimente, deren Verlauf durch ein wissenschaftliches Monitoring begleitet werden sollte.

Ob das bei dem in Kyoto beschlossenen Experiment einer Regulierung des globalen Kohlenstoffkreislaufs möglich sein wird, bleibt aber aus mehreren Gründen fraglich. Sollte die Annahme eines engen Zusammenhangs zwischen dem Anstieg der atmosphärischen Kohlendioxidkonzentration und der im vergangen Jahrhundert registrierten globalen Erwärmung um etwa ein halbes Grad Celsius richtig sein, werden die beschlossenen Maßnahmen, die wegen ihres bescheidenen Ziels (Senkung des Ausstoßes von sechs „Treibhausgasen“ in den industrialisierten Ländern der Erde um durchschnittlich 5,2 Prozent bis zum Jahre 2010) eher Symbolcharakter haben, bei weitem nicht ausreichen, um die Temperaturkurve messbar beeinflussen zu können. Zudem scheint es auf der Erde (wie das Ergrünen der Sahel-Zone und die Häufung von Starkregen im Mittelmeergebiet nahe legen) inzwischen schon wieder kühler zu werden, bevor die Umsetzung des Kyoto-Protokolls durch die hoheitliche Zuteilung handelbarer „Treibhausgasemissionslizenzen“ überhaupt richtig begonnen hat.

So hat denn auch die Konferenz von Johannesburg Anfang September 2002 die Gewichte schon wieder verschoben: Auf dem ersten Platz der Problemhierarchie steht jetzt nicht mehr das Thema „Kohlendioxid und Klima“, sondern das Wasser, genauer: die Versorgung der Ärmsten der Welt mit sauberem Trinkwasser und sanitären Mindeststandards. Damit folgte die Konferenz nicht nur den Argumenten von Ökonomen, die vorrechneten, dass das dringende Problem, 1,2 Milliarden Menschen Zugang zu sauberem Trinkwasser zu verschaffen, höchstwahrscheinlich mit einem Bruchteil der Summen, die die Umsetzung des Kyoto-Protokolls kosten würde, zu bewältigen sein wird (Gärtner 2002). Vielmehr kann das in Form eines Kuhhandels zustande gekommene Ergebnis der Johannesburg-Konferenz insofern nicht als zufällig und ephemer gelten, als es an ökologischem Lehrbuch-Wissen anknüpft, das sich in diesem Fall mit dem Alltagsverstand deckt.

Folgt man nämlich einschlägigen Lehrbüchern der Ökologie (z.B. Remmert 1980: 202ff.), dann wird der globale „Naturhaushalt“ vom Wasser bzw. vom ständigen Wechsel zwischen dessen Aggregatzuständen dominiert. Angetrieben wird dieser Kreislauf von der Sonne. Auf dem zweiten Platz folgt der Kreislauf des Sauerstoffs und erst an dritter Stelle der des Kohlenstoffs. Diese und weitere Kreisläufe bleiben theoretische Vorstellungen, die bis heute empirisch nur zu einem sehr geringen Teil untermauert sind. Am größten sind die Wissenslücken über sogenannte Kohlenstoff-Senken (Schulze 2000). Kurz: Wir kennen die „ökologische Wahrheit“, die sich in einer ökologisierten Marktwirtschaft in den Preisen für Waren und Dienstleistungen ausdrücken soll, wenn überhaupt, nur bruchstückhaft. Insofern hat Bruno Latour recht, wenn er Versuche, das Kyoto-Protokoll naturwissenschaftlich zu begründen, von vornherein für müßig erklärt.

Bruno Latour hat mit dem von ihm vorgeschlagenen „Parlament der Dinge“ zwar das Problem der Quellen des Management-Wissens politisch-konstruktivistisch aufgelöst und dadurch die Ökologie (zumindest in der Theorie) einigermaßen mit demokratischen Ansprüchen versöhnt. Doch hinter dem damit ausgesprochenen „Primat der Politik" sind die Belange der Ökonomie beinahe vollständig dem Gesichtskreis entschwunden. Er verdächtigt die Ökonomen sogar, statt auf eine Politische Ökonomie auf eine „Ökonomie des Politischen" im Sinne eines sparsamen Umgangs mit Politik hin zu arbeiten. Ökologie und Marktwirtschaft sind weiter denn je voneinander entfernt. So wird die „eine Welt" zu einer (öffentlich-rechtlichen) Dauerbaustelle, auf der niemals ein bewohnbares Haus fertig wird.

4. Der Ausweg: Produktive Missverständnisse

Wie man es auch dreht und wendet: Haus und Markt, Ökologie und Marktwirtschaft bleiben ein Widerspruch in sich. Trotzdem gilt:

> „Nachhaltigkeit wird auf dem Markt erreicht oder gar nicht."

So Friedrich Schmidt-Bleek, der Urheber des Konzeptes einer „Dematerialisierung" der Wirtschaft um den Faktor 10 durch die Optimierung des Materialinputs pro Service-Einheit (MIPS), zum Ausgang der Johannesburg-Konferenz (Schmidt-Bleek 2002). Ökologie und Marktwirtschaft müssen also irgendwie zusammenkommen. Andernfalls drohte der Idee des „sustainable business" das Schicksal der vielen Management-Moden, die wir in den vergangenen Jahrzehnten kommen und gehen sahen.

Da die Ökologie ohnehin eindeutig religiösen Ursprungs ist, könnte man versuchen, diesem Dilemma zu entkommen, indem man ihr wieder den Platz einer Religion zuweist. Soll die deutsche Bundesrepublik nicht zum Obrigkeitsstaat unseligen Angedenkens werden, müsste man ökologische Fragen dann aber der im Grundgesetz proklamierten individuellen Glaubensfreiheit (und dem damit verbundenen „Recht auf Nichtwissen") überantworten. Damit kämen wir aber sogleich in ein weiteres Dilemma: Wie sollte man dann begründen, dass etwa Zeugen Jehovas im Namen der Glaubensfreiheit lebensrettende Bluttransfusionen verweigern dürfen, aber nicht die Zahlung der Öko-Steuer? Der einzig denkbare Ausweg bestünde meines Erachtens darin, der Nachhaltigkeit wieder den Status einer regulativen Idee zuzuweisen und auf deren konkrete Ausgestaltung zu verzichten, zumal es darüber schon einmal, wenn auch nur auf parlamentarischer Ebene, einen Konsens gab.

Konsens, da hat Bruno Latour zweifelsohne recht, beruht in einer ungeplanten, irrationalen Welt fast immer auf Missverständnissen. Fortschritte der Neurobiologie auf der einen Seite und die von der Wissenschaftsforschung vermittelten Einsichten in die Entstehungsbedingungen und den politischen Stellenwert wissenschaftlichen Wissens auf der andern Seite legen es nahe, die Hoffnung, über rationale Diskurse zu einvernehmlichen und dauerhaften Lösungen gesellschaftlicher Probleme gelangen zu können, als unbegründet fahren zu lassen.

Wir wissen heute: Missverständnisse sind unvermeidlich. Es fragt sich nur, ob diese destruktiv oder produktiv sind. Die große Kunst der Politik besteht darin, Konsensformeln zu finden, die auf produktiven Missverständnissen beruhen. Dabei handelt es sich im Prinzip um Leerformeln, die einen so großen politischen und wirtschaftlichen Interpretations- und Gestaltungsspielraum bieten, dass alle Akteure damit lange Zeit in Frieden leben und auf einigermaßen anständige Weise ihren persönlichen Interessen nachgehen können.

Als eine solche *„irenäische Formel"* par excellence erwies sich in der zweiten Hälfte des 20. Jahrhunderts das von Ludwig Erhards Berater Alfred Müller-Armack erfundene Begriffspaar „soziale Marktwirtschaft". Niemand weiß bis heute so recht, was darunter zu verstehen ist. Die Väter der „sozialen Marktwirtschaft“ wussten aber wohl, warum es besser war, ihr Leitbild nicht in die Form konkreter Zielvorgaben zu bringen. Jedenfalls gibt es darüber bis heute, je nach politischer Partei oder zivilgesellschaftlicher Organisation, die unterschiedlichsten Vorstellungen. Doch wurde dieses Manko bislang keineswegs zum Anlass, Meinungsverschiedenheiten mit juristischen Mitteln oder gar durch die Anwendung physischer Gewalt auszutragen. Im Gegenteil: Gerade als Leerformel brachte die „soziale Marktwirtschaft“ den Deutschen ein halbes Jahrhundert lang inneren Frieden und Wohlstand.

Hätten sich Wissenschaftler und Politiker jedoch schon in den fünfziger Jahren daran gemacht, die Formel zum operativen Managementkonzept mit 20 oder 50 Indikatoren für die Messung seiner Umsetzung auszubauen, hätte der schillernde Begriff höchstwahrscheinlich bald seine Faszination eingebüßt und wäre möglicherweise schon lägst wieder in Vergessenheit geraten.

Zwar kann es für Privatunternehmen sinnvoll sein, die Idee der Nachhaltigkeit nach dem Muster des „Eco-Compass“ von Dow oder der bereits bewährten „Ökoeffizienz-Analyse“ der BASF (Gärtner 1999, 2000) zum operativen Management-Tool für die detaillierte Bewertung der Umweltauswirkungen und der längerfristigen Marktchancen von Herstellungsverfahren und Einzelprodukten auszubauen. Doch wenn sich die Politik auf quantitative Vorgaben versteift, droht sie selber zum Problem zu werden (anders: Rid, Hauff und Zahrnt in diesem Band).

Der Verzicht auf inhaltliche Ausgestaltung und quantitative Operationalisierung wertet die Idee der Nachhaltigkeit keineswegs ab. Denn eine regulative Idee ist viel mehr als „nur so ´ne Idee.“ Sie kann, um mit Karl Marx zu sprechen, durchaus zur materiellen Gewalt werden, indem sie, wie die Ideen „Freiheit“ oder „Gerechtigkeit“, Leidenschaften erzeugt. Die Idee einer nachhaltigen Entwicklung mit und in der „ökologischen Marktwirtschaft“ hätte meines Erachtens durchaus das Zeug, die etwas in die Jahre gekommene Idee der „sozialen Marktwirtschaft“ als schönes, friedensstiftendes Missverständnis abzulösen. Das kann sie aber nur, wenn sie den Zauber der Vieldeutigkeit bewahrt.

Literatur

Deutscher Bundestag, Referat Öffentlichkeitsarbeit (Hrsg.): Konzept Nachhaltigkeit. Vom Leitbild zur Umsetzung. Abschlußbericht der Enquete-Kommission „Schutz des Menschen und der Umwelt – Ziele und Rahmenbedingungen einer nachhaltig zukunftsverträglichen Entwicklung“ des 13. Deutschen Bundestages. Bonn 1998

Die Bundesregierung: Perspektiven für Deutschland. Unsere Strategie für eine nachhaltige Entwicklung. April 2002. Im Internet unter www.dialog-nachhaltigkeit.de

Gärtner, Edgar: Die Evolutionstheorie und die Entwicklung der Ökologie. In: Materialistische Wissenschaftsgeschichte (Argument-Sonderband AS 54). Berlin 1981, S. 154-169

Gärtner, Edgar/Schramm, Engelbert: Stichwort „Ökologie“. In: Sandkühler, Hans Jörg (Hrsg.): Europäische Enzyklopädie zu Philosophie und Wissenschaften. Band 3. Hamburg 1990, S. 600-608

Gärtner, Edgar: Zukunftsfähigkeit lernen. Kurzfassung und Kommentar zum Diskurs-Projekt „Bausteine für ein zukunftsfähiges Deutschland“. Frankfurt/Main 1997

Gärtner, Edgar: Sustainable Business – Nachhaltige Entwicklung als Herausforderung für das Management. In: Der Umweltschutz-Berater. Köln 54. Erg.-Lfg. Februar 1999, S.1-38

Gärtner, Edgar: Was ist nachhaltig? Vorgeschichte, Verlauf und Ergebnisse der Bundestags-Enquête „Schutz des Menschen und der Umwelt“. Frankfurt/Main 1999

Gärtner, Edgar: Sustainable development: Computer und Indigo – Alles öko? In: Nachrichten aus der Chemie (48) November 2000, S. 1357-1360

Gärtner, Edgar: „Wir müssen schon bei Verdacht alarmieren." Ein Gespräch mit Bruno Latour über weltweite Umweltpolitik, Klimaforschung und Momente diplomatischer Gnade. In: Frankfurter Allgemeine Sonntagszeitung, 12.5.2002, S. 69
Gärtner, Edgar: Wasser wird wieder Thema Nr. 1. In: Chemische Rundschau 19 (8.10.2002), S. 31
Hayek, Friedrich August von: Freiburger Studien. Tübingen 1969
Hayek, Friedrich August von: Die Verfassung der Freiheit. Tübingen, 3. Auflage 1991
Holenstein, André: Oeconomia – das Haus als Welt. Historische Grundlagen eines sozialen Deutungs- und Ordnungsmodells. In: Neue Zürcher Zeitung, 11./12.5.2002, S. 57
Latour, Bruno: Nous n'avons jamais été modernes. Essai d'anthropologie symétrique. Paris 1991 (deutsch: Wir sind nie modern gewesen. Versuch einer symmetrischen Anthropologie) Frankfurt/Main 1998
Latour, Bruno: Pandora's Hope: An Essay on the Reality of Science Studies. Havard University Press 1999 (deutsch: Die Hoffnung der Pandora. Untersuchungen zur Wirklichkeit der Wissenschaft) Frankfurt/Main 2000
Latour, Bruno: Politiques de la nature. Comment faire entrer les sciences en démocratie. Paris 1999 (deutsch: Das Parlament der Dinge. Für eine politische Ökologie) Frankfurt/Main 2001
Naumann-Beyer, Waltraud: Stichwort „Regulative Idee". In: Sandkühler, Hans Jörg (Hrsg.): Europäische Enzyklopädie zu Philosophie und Wissenschaften, Band 4. Hamburg 1990, S.94f.
Remmert, Hermann: Ökologie. Ein Lehrbuch. Berlin u.a., 2. Auflage 1980
Schellnhuber, Hans-Joachim: ‚Earth system' analysis and the second Copernican revolution. In: Nature 402 (1999) Supplement, C19-C23
Schmidt-Bleek, Friedrich: Das MIPS-Konzept. Weniger Naturverbrauch – mehr Lebensqualität durch Faktor 10. München 1998
Schmidt-Bleek, Friedrich: Wir alle verschwenden Zukunft. Nach Johannesburg: Noch ein Anlauf, Entscheidungsträger zum nachhaltigen Denken über Nachhaltigkeit zu bewegen. Ms. (unveröff.) 2002
Schramm, Engelbert (Hrsg.): Ökologie-Lesebuch. Ausgewählte Texte zur Entwicklung ökologischen Denkens. Frankfurt/Main 1984
Schulze, Ernst-Detlef: Der Einfluss des Menschen auf die biogeochemischen Kreisläufe der Erde. In: MaxPlanckForschung – Das Wissenschaftsmagazin der Max-Planck-Gesellschaft. Sonderausgabe JV 2000, 76-89
Thienemann, August Friedrich: Leben und Umwelt. Vom Gesamthaushalt der Natur. Rowohlts Deutsche Enzyklopädie, Band 22. Hamburg 1956

Informationskonzepte für einen nachhaltigen Konsum

Volkmar Lübke

Bei der Suche nach möglichen zivilgesellschaftlichen Beiträgen zum nachhaltigen Wirtschaften kommen notwendigerweise auch die privaten Haushalte schnell als Träger von Verantwortung in das Blickfeld. Wie bei der Diskussion um die Umweltfolgen des privaten Konsums in den achtziger Jahren ist es dabei letztlich egal, ob Strukturen der (globalisierten) industriellen Produktionsweise oder Strukturen der Nachfrage – mit ihren typischen Konsummustern und Lebensstilen – als ursächlich für aktuelle Probleme angesehen werden. Aus dem unstrittig bedeutenden Anteil privater Haushalte an nicht-nachhaltigen Folgen von Produktion und Konsum folgt die Notwendigkeit, die Verbraucher mit Hilfe geeigneter Instrumentarien in die Lage zu versetzen, einen möglichst hohen Beitrag zu einem notwendigen Umsteuern in Richtung Nachhaltigkeit zu leisten (vgl. auch Warsewa in diesem Band).

1. Das Definitionsproblem

Eine verbindliche definitorische Grundlage dessen, was unter „nachhaltigem Konsum" verstanden werden soll, ist noch immer nicht verfügbar. Vielmehr steht dieser Begriff – so wie der Begriff der Nachhaltigkeit selbst – nach wie vor für vielfältige Interpretationen und Definitionen offen. Die gegenwärtige Beliebigkeit, mit der dieser Begriff ausgefüllt werden kann, erscheint bedenklich. In der bisherigen Debatte fallen vor allem drei problematische Varianten auf, sich des Begriffs der Nachhaltigkeit zu bedienen:

1. „Nachhaltigkeit ist gleich Umweltfreundlichkeit"

Wegen des jahrelangen Vorlaufs, den die Beschäftigung mit ökologischen Themen gegenüber der sozialen und (noch mehr) der ökonomischen Dimension von Nachhaltigkeit hat, sind in diesem Bereich individuelle Kompetenzen, Institutionen und Strukturen entstanden, die mit großem Beharrungsvermögen das Umwelt-Thema als einziges oder mindestens bestimmendes Element der Nachhaltigkeit weitertransportieren. Gegenwärtig ist der Ansatz der „drei Säulen der Nachhaltigkeit" allerdings soweit bekannt und verbreitet, dass mindestens eine Erwähnung der weiteren Elemente „soziale" und „ökonomische Dimension" unabdingbar erscheint, wenn auch die integrierte Behandlung dieser Aspekte noch selten gelingt.

2. Das Modell vom „gleichseitigen Dreieck“

Es hat sich relativ weit durchgesetzt, die drei Dimensionen der Nachhaltigkeit als ein gleichseitiges Dreieck darzustellen, in dem die Form auch die gleiche Wichtigkeit („Gleichberechtigung“) der drei Säulen symbolisiert. Demgegenüber legt die Logik gesellschaftspolitischer Steuerung es nahe, die drei Dimensionen in ihren unterschiedlichen Funktionen und daher in einem deutlichen Abhängigkeitsverhältnis voneinander zu sehen:

Die ökologische Dimension ist zunächst dafür geeignet, unserer Entwicklung so genannte Leitplanken zu setzen, die unbedingt beachtet werden müssen, wollen wir nicht die globalen natürlichen Lebensgrundlagen insgesamt gefährden (was uns der Sorge um die anderen beiden Dimensionen endgültig entheben würde). Axiome wie die „Nullbelastung“ oder die „Kreislaufwirtschaft“ und naturwissenschaftliche Methoden helfen uns dabei, die richtige Entwicklungsrichtung zu bestimmen. Dagegen muss die soziale Dimension Gegenstand gesellschaftlicher Diskurse sein, die gewünschte soziale Entwicklungsziele permanent neu reflektieren und abstimmen. (Hier gilt es also, statt Leitplanken zu identifizieren, aktuell gültige „Wegweiser“ aufzustellen.) Und erst wenn ökologische und soziale Entwicklungsziele geklärt sind, hat es Sinn, den „Motor“ anzuwerfen und ökonomische Kräfte zu mobilisieren, die den Wettbewerb um mehr ökologisch und sozial verantwortliches Handeln möglichst effektiv in Gang setzen, um diese Ziele mit einem günstigen Verhältnis von Aufwand und Ertrag zu erreichen. Im Modell der „Gleichberechtigung aller drei Säulen“ hat es dagegen den Anschein, als wäre Wirtschaften ein Selbstzweck. In der Argumentation mancher Unternehmensvertreter wird die ökonomische Nachhaltigkeit in einer bestimmten Interpretation gar dazu verwendet, Zielsetzungen der anderen beiden Dimensionen zu neutralisieren, falls der ökonomische Gewinn nicht zu garantieren ist.

3. „Verantwortliches Wirtschaften ist nachhaltiges Wirtschaften“

Bereits in der Vergangenheit sind Produkte und Unternehmen mit Hilfe unterschiedlichster Ansätze untersucht und bewertet worden, um Verbrauchern Handlungshilfen im Sinne eines verantwortlichen Konsums an die Hand zu geben. Dabei wurden üblicherweise Kriterien angewandt, die sich auf die vorhandenen Resultate und Effekte des unternehmerischen Handelns der vergangenen Jahre bezogen. Die Kriterien der Unternehmensverantwortung haben zudem häufig nur den Charakter von Mindeststandards, die unbedingt erfüllt werden müssen. So wird beim internationalen Sozialstandard „Social Accountability 8000“ zum Beispiel darauf geachtet, dass Brandschutztüren in Produktionsstätten nicht verschlossen sind, um das Leben der Mitarbeiter nicht zu gefährden. Einen derartigen Indikator bereits als einen Beleg für eine nachhaltige Unternehmensführung zu werten, hieße, den Begriff der Nachhaltigkeit komplett zu entwerten. Eine Orientierung für einen nachhaltigen Konsum muss demgegenüber auf die Lösung von gesellschaftlichen Zukunftsproblemen konzentriert werden, wie sie zum Beispiel in der Agenda 21 beschrieben sind. Und die bereits heute vorhandenen Kriterien und Indikatoren müssen auf entsprechende Lösungspotenziale hin untersucht, neu bewertet und selektiert werden.

Die hier exemplarisch beschriebenen problematischen Verständnisse des Begriffs der Nachhaltigkeit haben auch unmittelbare Folgen für die darauf gegebenenfalls aufbauende Verbraucherinformation. Im ersten Fall firmiert das damit bestärkte Verbraucherverhalten zwar unter „Nachhaltigkeit“, perpetuiert aber faktisch die Zielrichtung des ökologischen Verbraucherverhaltens. Im zweiten Fall sind notwendigerweise Denksperren die Folge und insbesondere Konzepte, die mit Suffizienz zu tun haben, werden verpönt, sobald sie Umsatzzahlen negativ beeinflussen könnten. Im dritten Fall basiert das auf die Lösung von Zukunftsproblemen gerichtete Verbraucherverhalten womöglich auf Datensätzen, die allein die Vergangenheit betreffen und im Sinne der Handlungsziele in die Irre leiten.

Solange die notwendigen Schritte zur weiteren Klärung der Definition eines nachhaltigen Konsums nicht geleistet sind, wird es eine der zentralen Aufgaben von Verbraucherorganisationen sein, als „Watchdog" auf Missbräuche des Nachhaltigkeits-Gedankens hinzuweisen und dabei gleichzeitig das eigene Verständnis dieses Ansatzes fortlaufend zu präzisieren.

2. Auf dem Weg zu „nachhaltigen Konsumenten"?

Dem Handeln von Menschen wird vor allem in vier Lebensbereichen gesellschaftliche Bedeutung zugeschrieben:

- als politische Bürger in Parteien oder Institutionen des politischen Systems;
- im Haushalt und in der Familie als Basis der gesellschaftlichen Reproduktion;
- in sonstigen Verbänden oder Institutionen, die sich mit gesellschaftlichen Anliegen befassen;
- in Märkten (wie den Konsumgütermärkten, am Arbeitsmarkt oder in Geldmärkten).

Betrachtet man näher, welche Motive den Handelnden in den zu diesen Bereichen gehörenden unterschiedlichen Rollen zugeschrieben werden, so fällt auf, dass uneigennützige Motive üblicherweise nur für die ersten drei Lebensbereiche angenommen werden. Das Handeln in Märkten dagegen scheint in der gängigen Betrachtungsweise ausschließlich vom blanken Egoismus diktiert zu sein. Die Märkte selbst werden als prinzipiell konservative Phänomene betrachtet, die sich sozialen Belangen und Werten gegenüber zunächst einmal völlig neutral verhalten. Insofern wird es möglich, dass sich Marktpartner im Spiel zwischen Angebot und Nachfrage vor allem daran orientieren, ihren eigenen Vorteil durchzusetzen.

Der Konsument wurde in diesem Sinne von Wirtschaftswissenschaftlern lange Zeit ausschließlich als „homo oeconomicus" definiert, dessen ganzes Trachten ausschließlich darauf gerichtet ist, seinen individuellen Nutzen zu maximieren. Auch die Leitlinien der offiziellen Verbraucherpolitik und die Arbeitskonzeptionen der meisten Verbraucherorganisationen in der Bundesrepublik waren bis in die siebziger Jahre hinein von derartigen Denkmustern bestimmt. Verbraucherberatungsstellen verstanden sich überwiegend als neutrale „Informations-Vermittler", die vor allem Informationsdefizite bei Ratsuchenden ausgleichen wollten, ohne deren zugrundeliegende Wertorientierungen zum Gegenstand ihrer Überlegungen zu machen. Die Stiftung Warentest orientierte sich (satzungsgemäß) vor allem an der Gebrauchstauglichkeit und Sicherheit von Produkten und unterstellte ihre Arbeit bruchlos der Konzeption des „optimalen Preis-Leistungs-Verhältnisses", das als Credo des individuellen Konsumenteninteresses verstanden wurde.

Auch die Mehrheitsmeinung der Konsumpsychologie schlägt seit vielen Jahrzehnten durchaus in die gleiche Kerbe, auch wenn sie natürlich das Axiom des individuellen Rationalverhaltens grundlegend in Frage stellt. Hier ist der Konsument fast ausschließlich von Emotionen und Anmutungen bestimmt, nutzt Produkte zur Selbstpräsentation, zur Identitätsfindung und als Botschaften innerhalb seiner Mitgliedsgruppen, glaubt an die Möglichkeit der Selbstverwirklichung (bis hin zur „Ersatzbefriedigung" und zur „Konsumsucht") im Verbrauch, hält sich im Wesentlichen für autonom und kompetent, genießt die Freiheit der zahlreichen Wahlmöglichkeiten und sieht den Konsumbereich damit als Inkarnation der Entwicklung seiner Individualität und des Privaten an.

Vereinzelte Beispiele von Konsumenten oder Konsumenten-Gruppen, die das Verbraucherhandeln bereits früh auch an gesellschaftspolitischen Kriterien orientieren wollten (wie zum Beispiel bei Boykottaufrufen gegen südafrikanische Produkte, um Druck auf das Apartheid-Regime auszuüben) galten eher als randständig und nicht durchsetzungsfähig.

Ende der siebziger Jahre setzte hier langsam ein Wandel ein. Vor allem die zunehmende Umweltproblematik, die sich nicht länger ignorieren ließ, führte zu einem Paradigmenwechsel sowohl in der Verbraucherpolitik als auch im konkreten Verbraucherhandeln. Spätestens mit der Entdeckung der Tatsache, dass auch die in einer Gesellschaft gepflegten Konsumstile etwas mit dem Zustand der Umwelt zu tun haben, wurde öffentlich die Übernahme von Verantwortung (auch) der Verbraucher für die Umweltfolgen ihres Handelns propagiert. Etliche Jahre hindurch war es für Kritiker dieser Entwicklung dann noch üblich, nach Umfragen zum „umweltbewussten Verbraucherverhalten" genüsslich auf die Kluft zwischen dem „Bewusstsein" und dem konkreten Verhalten von Verbrauchern hinzuweisen, um die alte These vom ausschließlich egoistischen Verhalten des „homo oeconomicus" über die Zeit zu retten. Als dann aber Ende der achtziger Jahre die ersten Belege dafür auftauchten, dass ein zunehmender Teil der umweltbewussten Verbraucher am Markt tatsächlich umweltfreundlichere Produkte auswählte (und dafür zum Teil sogar bereit war, einen gewissen Preisaufschlag zu akzeptieren), war dieses Verbraucherbild endgültig als nicht mehr erklärungsfähig anzusehen. Obwohl hier noch eingewendet werden kann, dass negative Umwelt-Effekte häufig auch ein Moment von individueller Betroffenheit in sich bergen, ist bei den Verbrauchern, die die Umweltinteressen berücksichtigen wollen, die scheinbar „natürliche" Grenze der individuellen Nutzenmaximierung durchbrochen worden.

Auf der anderen Seite kann natürlich auch bei weitem nicht von einer Verwirklichung des Leitbildes des „verantwortlichen Konsums" gesprochen werden, wie es in Konzeptionen der modernen Verbraucherbildung zugrundegelegt wird. Selbstverständlich blieb die enorme Bedeutung „klassischer" Kaufmotive wie beispielsweise das des Preises, der Qualität oder des Prestigewertes von Waren erhalten. Generell ist allerdings festzustellen, dass die Überlagerung der Entscheidungskriterien Preis und Qualität durch neue Kaufmotive umso leichter fällt, je mehr sich in zahlreichen Warengruppen die angebotenen Alternativen in Hinblick auf ihren Preis oder ihre Qualität gleichen.

Neuere Entscheidungskriterien von Verbrauchern orientieren sich an unterschiedlichen gesellschaftspolitischen Interessen, werden aber gegenwärtig erst bei vereinzelten, zum Teil relativ spektakulären Anlässen von den in den jeweiligen Feldern aktiven Gruppen thematisiert. So rief zum Beispiel die Verbraucher Initiative zu Zeiten des ersten Golfkrieges zum Boykott von deutschen Unternehmen auf, die an der Aufrüstung des Irak mitgewirkt hatten. Der Deutsche Tierschutzbund gibt seit einigen Jahren eine Liste heraus, in der diejenigen Unternehmen, die auf Tierversuche verzichten, positiv hervorgehoben werden. Das „E-Quality-Zertifikat" für frauenfreundliche Betriebe und das Transfair-Siegel für Produkte aus „fairem Handel" sind weitere Beispiele für Initiativen, die die gesellschaftspolitische Relevanz des Konsum-Aktes erkannt haben und darauf bauen, dass eine genügend große Zahl von Verbrauchern bereit ist, mit ihrem Marktverhalten diejenigen Anbieter zu bevorzugen, die ihren eigenen politischen oder ethischen Wertvorstellungen am ehesten entsprechen.

Es ist nicht Aufgabe dieses Beitrags, die vielen unterschiedlichen Konsumformen, die über die individuelle Nutzenmaximierung hinausgehen, definitorisch zu fassen. Aber die Vielfalt der benutzten Begriffe wie „reflexiver", „ökologischer", „sozialverträglicher", „verantwortlicher", „umweltfreundlicher", „ethischer", „politischer" oder „nachhaltiger" Konsum mag die generelle Notwendigkeit differenzierter Betrachtungsweisen verdeutlichen. In der weiteren Argumentation soll allerdings der Begriff des „nachhaltigen Konsums" trotz seiner Unschärfe weiter verwendet werden.

3. Welche Faktoren fördern einen „nachhaltigen“ Konsum?

Fragt man sich, welche Faktoren einen nachhaltigen Konsum wahrscheinlicher machen können, so bietet sich als allgemeiner Interpretationsrahmen das von Fietkau und Kessel bereits in den achtziger Jahren entwickelte "Einflussschema für umweltbewusstes Verhalten" an, das in der folgenden Grafik für jedwedes denkbare alternative Verbraucherverhalten verallgemeinert wurde:

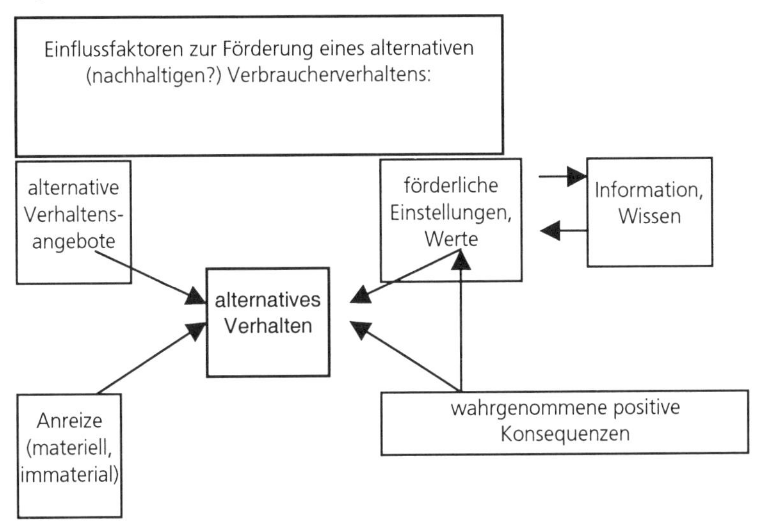

Abbildung 1: Einflussfaktoren zur Förderung eines alternativen (nachhaltigen?) Verbraucherverhaltens (nach Fietkau/Kessel: Umweltlernen. Königstein/Ts. 1981)

Die Faktoren, die konkrete Verhaltensänderungen begünstigen, sind nach den Untersuchungen dieser beiden Wissenschaftler

- das Vorhandensein echter Verhaltensalternativen: Wenn zum Beispiel die Bahn ihr Streckennetz kürzt und der Wohnort nicht mehr durch den öffentlichen Nahverkehr erreichbar ist, so nützt eine noch so positive Einstellung gegenüber öffentlichen Verkehrsmitteln nichts;
- das Vorhandensein von Handlungsanreizen: Hier ist besonders wichtig, dass es sich nicht immer um materielle Anreize wie Geld oder Aufwands- und Zeitersparnis handeln muss, vielmehr sind gegebenenfalls auch Erfahrungen wie „auf der richtigen Seite stehen“, „von seiner Mitgliedsgruppe anerkannt werden“, usw. als immaterielle Anreize wirksam;
- die Wahrnehmung von positiven Verhaltenskonsequenzen: Wenn sich nach der Wahrnehmung der Verbraucher trotz ihrer Verhaltensänderung in absehbarer Zeit das grundlegende Problem nicht löst oder mildert, wird sich das Verhalten wahrscheinlich wieder zurück entwickeln;
- das Vorhandensein relevanter Informationen: Man muss zum Beispiel um die Problematik, die Ursachen und Lösungsmöglichkeiten wissen;
- das Vorhandensein einschlägiger Einstellungen und Werte: Wenn grundlegende Einstellungen der Umsetzung entgegenstehen, nützt auch die Vermittlung von mehr Wissen nichts. Umgekehrt kann die „richtige“ Einstellung die Suche nach passenden Informationen begünstigen.

Es muss vermutet werden, dass im Konsumbereich tagtäglich Millionen von ethischen und politischen Fehlentscheidungen stattfinden, indem Verbraucher ihre Kaufkraft Unternehmen zukommen lassen, mit deren gesellschaftspolitischen Aktivitäten und Effekten sie aufgrund ihrer eigenen Werthaltungen eigentlich nicht übereinstimmen. Organisierte Gewerkschaftler kaufen Textilien von einer Firma, die sich weigert, einen Betriebsrat wählen zu lassen, engagierte Nichtraucher trinken den Kaffee eines Unternehmens, von dem sie nicht wissen, dass es die Muttergesellschaft eines Zigarettenkonzerns ist, und entwicklungspolitisch Interessierte entscheiden sich für das elektronische Gerät eines Konzerns, der in einer „free-trade-zone" unter Umgehung aller arbeitsrechtlichen Schutzvorschriften produziert. Dieses Bild suggeriert, dass es bei der Durchsetzung „ethischen" oder „nachhaltigen Konsums" weniger um ein Problem der Verbraucherbildung geht, als um ein Problem der Verbraucherinformation. Es müssen dem Verbraucher nicht erst ökologische, humanistische oder politische Werte von außen „nahegebracht" werden, denn darüber verfügt er bereits. Was ihm fehlt, ist die notwendige Informationsbasis, um seinem Handeln die „richtige Richtung" zu geben.

Wie auch in anderen Feldern scheitert die theoretisch postulierte „Konsumentensouveränität" nach dieser Analyse vor allem an der Informationsproblematik. Die für eine Entscheidungsoptimierung wichtigen Informationen sind entweder nicht zugänglich oder aber verstreut und nicht so aufbereitet, dass sie Wirksamkeit für das Marktverhalten von Verbrauchern entfalten können.

Das oben beschriebene Modell von Fietkau und Kessel zeigt allerdings sehr anschaulich, dass die Information nur einen Faktor in einer ganzen Reihe von Bedingungen darstellt, die zusammenwirken müssen, damit ein nachhaltiger Konsum begünstigt wird. Sie kann also nur als ein notwendiger, aber nicht hinreichender Faktor bewertet werden. Dies gilt es im Gedächtnis zu behalten, wenn im folgenden vor allem der Faktor „Information" näher diskutiert wird.

4. Welche Informationen sind wichtig?

Analog zum Lebenszyklus von Produkten benötigen Verbraucher gültige Informationen bei der Entscheidungsvorbereitung, im Moment der „Marktentnahme", zur richtigen Nutzung und zur angemessenen Entsorgung von Gütern. Sinngemäß gelten diese Kategorien auch bei der Nutzung von Dienstleistungen. Neben diesen klassischen Kernbereichen der Verbraucherinformationen geraten angesichts der Orientierung an einer „nachhaltigen" Entwicklung aber noch weitere Informationsbereiche ins Blickfeld, die sich exemplarisch mit den folgenden Begriffen beschreiben lassen: „Suffizienz" (Konsumverzicht), „Bedarfsreflexion" (benötige ich dieses Produkt überhaupt?), „länger nutzen" oder „Nutzen statt besitzen" (zum Beispiel in Form des Car-Sharings). Der Charakter dieser Informationsbereiche macht unmittelbar klar, dass hier gleichzeitig grundlegende Wertmuster der Konsumenten zur Disposition stehen. Sie werden deshalb im Rahmen der Verbraucherarbeit auch häufig systematisch dem Bereich der Verbraucherbildung zugeordnet.

Die folgenden Überlegungen dienen der notwendigen Weiterentwicklung klassischer Verbraucherinformationskonzepte im Sinne eines nachhaltigen Konsums. Hier hat sich in den letzten Jahren herausgestellt, dass für zahlreiche Zielsetzungen der übliche Ansatz an den Eigenschaften des Produktes oder der Dienstleistung nicht mehr zur Orientierung ausreicht.

5. Produkt- oder Unternehmensbewertung?

Unter der Zielsetzung „individuelle Nutzenmaximierung“ ist es sinnvoll, Verbraucher auf Produkte hinzuweisen, die auf der Basis ihrer individuellen Anforderungen ein Optimum darstellen. Allerdings ist auch hier bereits an Qualitätsdimensionen wie zum Beispiel Beratungsqualität, Servicequalität oder Kulanz zu denken, die nicht direkt an den Produkteigenschaften festgemacht werden können, sondern eher Qualitäten des Unternehmens betreffen.

Der alleinige Ansatz an der Produktbewertung zeigt noch deutlicher seine Grenzen, wenn es um ökologische und/oder soziale Entscheidungskriterien von Verbrauchern geht. So ist es beispielsweise sicherlich sinnvoll, wenn ökologisch orientierte Verbraucher sich an einer Produktkennzeichnung oder Produktbewertung orientieren, die auf geringe Verbrauchswerte hinweist, da sie sich damit in der Nutzungsphase des Produktes die besten Bedingungen für eine Schonung der Umwelt schaffen. Auf der anderen Seite sagt eine Bewertung der Produkteigenschaften in den meisten Fällen nicht unbedingt etwas über Umweltbelastungen in der Produktionsphase oder bei der Entsorgung aus. Wenn also die entscheidenden Umweltbelastungen in der Produktion entstehen, wäre es demnach sinnvoller, statt des Produktes die Produktionsverfahren zu untersuchen und zu bewerten.

Bei der Verfolgung sozialer und ethischer Zielsetzungen ist die Tragweite des Produktansatzes noch beschränkter: Ein gegen Kinderarbeit oder Tierversuche engagierter Verbraucher interessiert sich üblicherweise nicht dafür, ob nur das individuelle Produkt unter für ihn akzeptablen Bedingungen produziert wurde, sondern er will erfahren, ob in der Unternehmenspolitik generell alles unternommen wird, um Kinderarbeit oder Tierversuche zu verhindern oder wenigstens zu vermindern. Das gleiche gilt prinzipiell für die Anwendung von Gentechnik, die Produktion von Rüstungsgütern oder die Förderung der Atomkraft. Noch deutlicher wird der Zusammenhang, wenn man sich das Feld der Arbeitnehmer-Interessen ansieht und Kriterien wie „Vorhandensein einer Belegschaftsvertretung“ untersucht. Hier versagt der Produkt-Ansatz naturgemäß völlig.

Die konsequente Verfolgung sozialer und ethischer Zielsetzungen macht also eine Betrachtung und Bewertung des Unternehmensverhaltens im jeweiligen Bereich unbedingt notwendig. Im anderen Falle ginge man das Risiko ein, den Image-Transfer-Strategien von Public-Relations-Abteilungen aufzusitzen, die mithilfe von einzelnen „Vorführprodukten“ das gesamte Unternehmensimage verbessern wollen. Würde das Verbraucherverhalten an derartigen Beispielen ausgerichtet, wäre wiederum ein Handeln gegen die eigenen ethischen Überzeugungen die mögliche Folge.

Als bisher konsequentestes Konzept zur Überwindung dieser Schwierigkeiten ist wohl der amerikanische Ansatz „Shopping for a Better World“ des „Council on Economic Priorities“ (CEP) in New York anzusehen, der bereits Mitte der achtziger Jahre beschloss, seine ursprünglich nur für Zwecke des ethischen Investments gedachten sozialen und ökologischen Firmenbewertungen auch in Einkaufsführern für Verbraucher zu veröffentlichen. Dieses Konzept hat in vielen europäischen und außereuropäischen Ländern Nachahmer gefunden.

Frühe Adaptionen des „Shopping for a better world"-Ansatzes in Europa:

1989	New Consumer (Hrsg.): Shopping for a better world. America at the checkout. Newcastle upon Tyne
1990	Die Verbraucher Initiative (Hrsg.): Einkaufen für eine gerechtere Welt – Kühlschränke. In: Verbraucher Telegramm (1990) 8
1990	Orth, Martin: Checkliste Einkauf. Frankfurt/Main
1990/91	Praktisch: Kaufen & Verändern. Testreihe in natur (1990) 9 bis (1991) 8
1991	Adams, Richard u.a. (Hrsg.): Shopping for a better world. London
1992	Ethical Consumer (Hrsg.): The ethical consumer guide to everyday shopping. Manchester
1992	AG3WL (Hrsg.): Wegweiser durch den Supermarkt. Darmstadt
1993	alternatieve konsumenten bond (Hrsg.): Regelmäßige „Dossiers" zu Branchen in der Zeitschrift „Kritisch Konsumeren"
1994	Hamburger Umweltinstitut (Hrsg.): TOP 50-Untersuchung der Chemieindustrie. manager-magazin (1994) 1
1995	Imug u.a. (Hrsg.): Der Unternehmenstester Lebensmittel. Reinbek
1996	Centro Nuovo Modello Di Sviluppo (Hrsg.): Guida al Consumo Critico Bologna

In der Bundesrepublik ist die Idee des „Shopping for a Better World" unter dem Titel „sozial-ökologischer Unternehmenstest" in den Markt eingeführt worden. Unter der Projektträgerschaft der Arbeitsgemeinschaft der Verbraucherverbände, mehrerer Verbraucher-Zentralen, der Verbraucher Initiative und dem Institut für Markt-Umwelt-Gesellschaft wurden Unternehmen unterschiedlicher Branchen nach Aspekten ihrer gesellschaftlichen Verantwortungsübernahme befragt und untersucht. Die Ergebnisse wurden in Einkaufsratgebern – den sogenannten „Unternehmenstestern" – veröffentlicht. Die Unternehmen wurden hier in den Feldern Umwelt-Engagement, Verbraucherinteressen, Arbeitnehmer-Interessen, Frauenförderung, Behinderten-Interessen und Informationsoffenheit bewertet. Außerdem wurden in Form von unbewerteten Hinweisen Informationen zu den Themen Spenden – Stiftungen – Sponsoring, ausländerfreundliche Aktivitäten, Gentechnik, Tierschutz und Dritte-Welt-Interessen aufgenommen.

Die Träger sahen den Unternehmenstest als einen Auftakt, mit dem zunächst einmal der Ansatz der Informationsaufbereitung für den verantwortlichen Konsum bekannt gemacht und seine möglichen Leistungen verdeutlicht werden sollten. Bei einer Weiterführung des Ansatzes waren der permanente Diskurs über die Bewertungskriterien, die Aufnahme weiterer Untersuchungsfelder und die Nutzung zusätzlicher Informationsquellen Teile des Gesamtkonzeptes.

Das Ziel einer grundlegenden Neuorientierung des Informations- und Entscheidungsverhaltens bei einer relevanten Zahl von deutschen Verbrauchern konnte mit diesem Konzept bislang allerdings nicht erreicht werden. Mit einer Auflage von je circa 6.000 bis 10.000 Exemplaren sind die deutschen Haushalte von der neuartigen Verbraucherinformation noch kaum erreicht worden. Gründe für die mangelnde Wirkung sind:

- Beschränkungen in der Öffentlichkeitsarbeit: Trotz des eigentlich – angesichts der Tradition der Verbraucherinformation – spektakulären Ansatzes wurde der Unternehmenstest als ein seriöses und wissenschaftliches Projekt positioniert. Dies erschien vor allem deshalb notwendig, weil die Datenerhebung (in Deutschland) fast zu hundert Prozent auf die freiwillige Mitwirkung der betreffenden Unternehmen angewiesen ist. Damit verboten sich die Verwendung von Kampagnetechniken und klassischen Mechanismen, die den Nachrichtenwert für Massenmedien erhöhen (Konflikte, Skandale, usw.) von vornherein, da sonst die Auskunftsbereitschaft der Unternehmen gefährdet worden wäre.
- Komplexität der Information: Die klassische Aufbereitung und Darstellung der Untersuchungsergebnisse (Bereichsbewertungen, Unternehmensprofile) entspricht nicht der kognitiven Bequemlichkeit der Mehrheit der Verbraucher, die sich – im Sinne des „signaling" – eher eine kurze eingängige Gesamtnote oder ein Label wünschen würden. Die einfache Logik „wer sind die Guten – wer sind die Schlechten?" wäre auch den meisten Vertretern der Massenmedien interessanter erschienen. Mit einer derart verkürzten Information hätte man andererseits die Komplexität des Gegenstandsbereiches (Großunternehmen mit einer Palette von bis zu 4000 Produkten und mehreren zehntausend Beschäftigten) nicht angemessen abbilden können.
- Geringe Marktabdeckung der Information: Da die Bewertung wesentlich auf den von Unternehmen (freiwillig) auszufüllenden Fragebogen beruhte, wurde in den Untersuchungen nur eine Responserate von ca. 20 Prozent erreicht. Damit musste in Kauf genommen werden, dass zahlreiche Leser bei der Suche nach dem Unternehmen, dass hinter „ihrem" Produkt steht, enttäuscht werden.
- Komplexe Entscheidungsprozesse: Wer sich nach Unternehmensbewertungen richtet, kommt notwendigerweise in Zielkonflikte. Dies geschieht beispielsweise, wenn ein Produkt als umweltfreundlich gelten kann, der Hersteller selbst jedoch nicht, oder wenn ein Unternehmen in einigen Untersuchungsfeldern Spitzenwerte erhält, in anderen jedoch schlecht abschneidet. In vielen Fällen fordert der Ansatz zu komplexen Gewichtungs- und Entscheidungsprozessen auf, die für die meisten Verbraucher zumindest ungewohnt, wenn nicht unverständlich sein müssen.
- Probleme der Qualitätssicherung: Bisher existiert kein Konzept zur Integration des klassischen Warentests und des neuartigen Ansatzes „Unternehmenstest". Dies beruht vor allem auf den methodischen Bedenken der Stiftung Warentest gegenüber den Bewertungen, die zu mehr als 90 Prozent allein auf Selbstauskünften der Unternehmen beruhen. Nach den Qualitätsstandards, die sich in über dreißig Jahren Arbeit im Warentest etabliert haben, erscheint der Stiftung die Arbeit mit Daten, die nicht von unabhängiger Seite verifiziert sind, als unvertretbar.

Mit der Tatsache, dass der Unternehmenstest gegenwärtig fast ausschließlich auf freiwilligen Selbstauskünften der Unternehmen beruht, ist eine weitere ernste verbraucherpolitische Problematik verbunden. Es ist damit nicht nur die unabhängige Überprüfung der Daten weitgehend unmöglich, sondern nach allen Erfahrungen führt diese Bedingung dazu, dass sich insbesondere die Unternehmen beteiligen, die sich in den abgefragten Bereichen für bereits relativ „gut" halten. Unternehmen, denen ihre Schwächen bewusst sind, beteiligen sich nicht oder beantworten mindestens keine der kritischen Fragen. Im Ergebnis kommt es also häufig dazu, dass man mit der Bewertung der wenigen vorhandenen Informationen die „Ehrlichen" bestraft und die „Schweiger" belohnt. Alle bisherigen Versuche, die Informationsverweigerung als den schlimmsten Verstoß darzustellen, sind bisher gescheitert, da damit das Risiko eines von den Unternehmensverbänden organisierten Boykotts gegenüber dem gesamten Ansatz verbunden ist.

Solange dem Verbraucher aber kein kompletter Marktüberblick im Hinblick auf Nachhaltigkeitskriterien ermöglicht werden kann, sind kontraproduktive Wirkungen unvermeidlich (nach dem Muster: „Ich habe gehört, der Otto-Versand tut etwas gegen die Kinderarbeit – von Quelle habe ich noch nie gehört, dass man dort mit Kinderarbeit zu tun hat – also kaufe ich bei Quelle"!). Eine Lösung diese Problems kann letztlich nur durch eine sanktionsfähige Berichtspflicht für Unternehmen über ökologische und soziale Basisdaten herbeigeführt werden. Damit könnte zugleich das Grundproblem der Verbraucherinformation gelöst werden, immer nur mit einem „time-lag" und „ex-post" am Markt wirksam werden zu können.

6. Wie kommt man an die notwendigen Informationen?

Die Qualität der Entscheidungen beim nachhaltigen Konsum hängt in entscheidendem Maße von der Qualität der Informationen ab, die für die Bewertungen der jeweiligen Alternativen verwendet werden. In den meisten Ländern der Welt – und speziell in Deutschland – leiden die Organisationen und Agenturen, die sich mit der Bewertung von Unternehmen befassen, daran, dass die übergroße Mehrheit der Daten, die für eine zutreffende Bewertung benötigt werden, nicht frei zugänglich, sondern nur über die Unternehmen selbst verfügbar sind. Gesetzliche Publizitätspflichten für Unternehmen beschränken sich üblicherweise ausschließlich auf ökonomische Kennziffern und klammern ökologische und soziale Leistungsdaten aus. Selbst bei Regelungen wie denen der EU-Richtlinie über den freien Zugang zu Informationen über die Umwelt oder der Aarhus-Konvention wird der Zugang zu unternehmensbezogenen Daten durch die einfache Möglichkeit verhindert, sie zum „Geschäftsgeheimnis" zu erklären. Die mit der fortschreitenden Orientierung an Kriterien der Nachhaltigkeit der Unternehmensführung immer wichtiger werdenden sozialen Indikatoren haben in Deutschland praktisch keine Tradition. Und die Bereitschaft von Unternehmen zur Preisgabe von Daten, die Themen wie Gleichberechtigung, Partizipation oder Menschenrechtsverstöße berühren, ist dementsprechend gering.

Angesichts der beschriebenen quantitativen und qualitativen Grenzen, die für eine freiwillige Berichterstattung oder die freiwillige Beantwortung von Fragebogen durch Unternehmen bestehen, muss über politische Alternativen nachgedacht werden. Dazu gehört nicht nur die Forderung, Kerninformationen zu sozialen und ökologischen Leistungen von Unternehmen in die gesetzlichen Publizitätspflichten aufzunehmen, wie zum Beispiel in den französischen und belgischen Vorschriften für eine Sozialbilanz, sondern auch die systematische Suche nach Hemmnissen für den Zugang zu Daten, die „Dritte" erhalten (siehe dazu auch die folgende Abbildung 2).

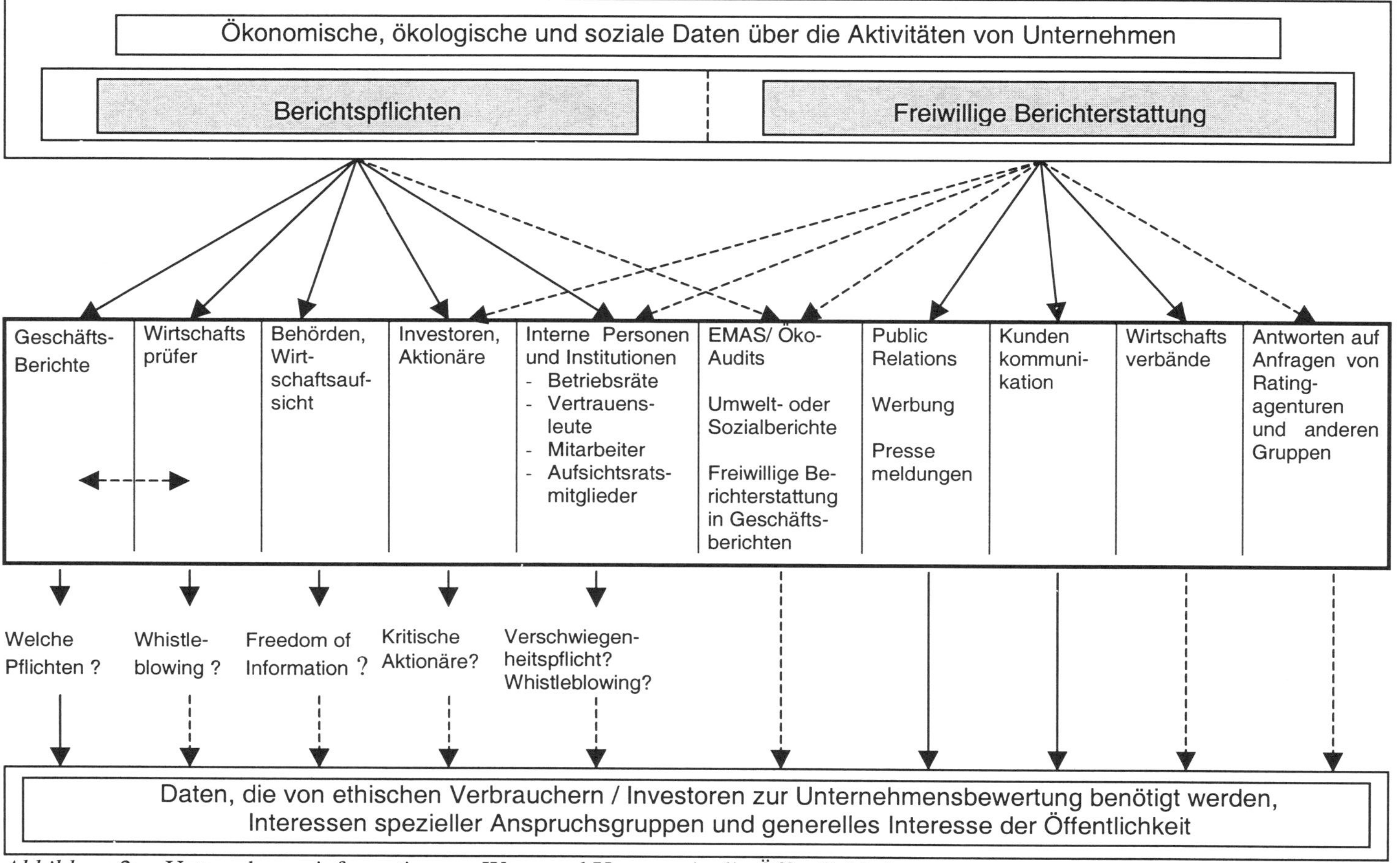

Abbildung 2: Unternehmensinformationen - Wege und Umwege in die Öffentlichkeit

Derartige Daten sind unter anderem im Besitz der Behörden, die die staatliche Wirtschaftsaufsicht repräsentieren. In Staaten mit einem „Freedom of Information-Act“ wie in den USA und einigen skandinavischen Staaten sind diese Informationen auch der allgemeinen Öffentlichkeit zugänglich.

Besonders interessant erscheint die Entwicklung in Großbritannien, das sich in den letzten Jahren von einem „Entwicklungsland der Informationsoffenheit“ in eine vorbildhafte Richtung verändert hat. Mit der „Campaign for Freedom of Information“ besteht dort zum Beispiel seit vielen Jahren ein engagierter Verband, der bereits einige Verbesserungen der einschlägigen Regelungen durchsetzen konnte und die weltweite Entwicklung in diesem Bereich beobachtet und beeinflusst. Für Mitarbeiter, die Kenntnis von Informationen erlangen, die von Wert für die Öffentlichkeit sein können (insbesondere bei Rechtsverstößen), existieren in Großbritannien mit dem „Public Interest Disclosure Act“ von 1998 Schutzregeln für diese sogenannten „Whistleblower“ und im Rahmen der Diskussion um den „Freedom of Information Act“ ist auch eine Präzisierung des Begriffs des „Geschäftsgeheimnisses“ erfolgt. Mit unseren Bemühungen um ein deutsches „Verbraucherinformationsgesetz“ haben wir in jüngster Zeit nur die ersten – überfälligen – Teilschritte in diese Richtung unternommen.

Aufklären, Verordnen oder Verkaufen? Wie lässt sich nachhaltiger Konsum gesellschaftlich herstellen?[1]

Günter Warsewa

1. Die Beeinflussung von privaten Konsummustern als Problem nachhaltiger Entwicklung

Für die Entwicklung der gesellschaftlichen Ökologiediskurse gilt – zumindest in Deutschland –, dass die Vorstellung von der Verantwortlichkeit der einzelnen Individuen für die Verursachung und die Bewältigung von Umweltproblemen etwa zu Beginn der neunziger Jahre einen bedeutenden Stellenwert gewann (Brand u.a. 1997; Warsewa 2000). Der Blick auf die Individuen, ihre Verhaltensmuster und -spielräume löste die bis dahin vorherrschenden Sichtweisen ab, die die Verantwortung sowohl für die Verursachung als auch für die Beseitigung ökologischer Probleme vor allem im Bereich unternehmerischen und staatlichen Handelns lokalisiert hatten. Bestärkt wurde die Vorstellung, dass „Wir Alle" bzw. „Jede/r Einzelne" durch ihr/sein Verhalten zu weltweiten Umwelt- wie auch Gerechtigkeitsproblemen beitrügen und daher auch im eigenen, individuellen Verhalten für eine Verminderung dieser Probleme verantwortlich seien, durch die AGENDA 21 von Rio (1992). „Nachhaltiger Konsum" ist in der Folge zu einem Eckpunkt der Debatten geworden und wurde als Anspruch an die Individuen, an deren Entscheidungen und Verhaltensweisen in der AGENDA 21 ausdrücklich neben der Ansprache institutioneller, organisierter Akteure wie Regierungen, Kommunen, Wirtschaft, Nicht-Regierungsorganisationen formuliert (vgl. Kapitel 4 der AGENDA 21: „Veränderung der Konsumgewohnheiten"; Bundesministerium für Umwelt, Naturschutz und Reaktorsicherheit 1992: 22ff.).

Ungeachtet der vielfach diskutierten definitorischen Unschärfen und inhaltlichen Widersprüche im Konzept der nachhaltigen Entwicklung ist seitdem weitgehend unstrittig, dass die mehrheitlich vorfindlichen und dominanten Konsummuster in den modernen Industriestaaten zu zahlreichen und miteinander verknüpften Problemen beitragen.

Unser Lebensmittelangebot zum Beispiel kommt zu wachsenden Teilen auf immer längeren Wegen zu uns: Radieschen zu Weihnachten (aus Florida), neue Kartoffeln im Januar (aus Südafrika), grüne Bohnen im Februar (aus Kenia) sind heute für viele Menschen in Nordeuropa eine Selbstverständlichkeit. Der zu entrichtende monetäre Preis ist meistens hoch. Unter Nachhaltigkeitsgesichtspunkten bedeutsamer sind die mitunter verheerenden ökonomischen und sozialen Wirkungen der entsprechenden großindustriellen Produktionsformen in den Ländern des Südens, ferner der erforderliche Energieaufwand für Transport und Kühlung derartiger Produkte und schließlich auch Entfremdungserscheinungen der Art,

---

1 Die Ausführungen beruhen auf den Arbeiten im Forschungsprojekt „Informieren-Anbieten-Verordnen. Wege zu nachhaltigen Konsummustern zwischen Konflikt und Konsens" (gefördert vom Bundesministerium für Bildung und Forschung im Förderschwerpunkt „Modellprojekte für nachhaltiges Wirtschaften"; beantragt und durchgeführt in Kooperation mit dem Forschungszentrum „Arbeit-Umwelt-Technik" – artec – der Universität Bremen). Vgl.: Blinde u.a. 2002.

dass vielen Menschen die jahreszeitlichen Grenzen des Wachstums natürlicher Lebensmittel kaum mehr bewusst sind.

Tatsächlich scheinen sich zudem im Zuge von Individualisierungs- und Pluralisierungstrends die individuellen Spielräume und Wahlmöglichkeiten in Bezug auf Konsumpraktiken noch zu vergrößern. Dadurch wird zwar auch die Etablierung selbstorganisierter Initiativen, ökologischer oder nachhaltigkeitsorientierter Konsummuster (z.B. mithilfe von Car-Sharing-Initiativen, Erzeuger-Verbraucher-Genossenschaften, ökologischer Wohnprojekte und –siedlungen) erleichtert; einer der stärksten Antriebe für diese Entwicklung liegt aber darin, dass zunehmend differenzierte und spezialisierte Konsummuster wesentliche Mechanismen der sozialen Differenzierung, Distinktion und Identifikation sind. Die entsprechende Zunahme von Vielfalt und Differenziertheit auf der Angebotsseite, das heißt auf Waren- und Dienstleistungsmärkten ist gleichzeitig Reflex und Verstärker dieser Entwicklung. Aus diesem Grund bleiben nachhaltige Konsummuster lediglich eine von vielen privaten, milieu- oder gruppenspezifischen Varianten der flexiblen Spezialisierung des industrialisierten Massenkonsums. Bislang entfalten sie allenfalls in Ausnahmefällen strukturbildende oder -verändernde Organisations- und Wirkungskraft. Mit anderen Worten: Die durchaus vorhandene Existenz der Ausnahme „nachhaltigkeitsorientierter" Konsummuster bestätigt vor allem die ungebrochene Regel des „nichtnachhaltigen" Konsums.

Im Verlauf der Entwicklung wurde freilich auch deutlich, dass die „ganzheitliche" Berücksichtigung ökologischer, ökonomischer und sozialer Anliegen – wie im magischen Dreieck der nachhaltigen Entwicklung vorgesehen – auch auf der Ebene des individuellen Verhaltens, der persönlichen Vorlieben, der alltäglichen Haushaltsorganisation, des privaten Konsums immer eine komplexe Abwägung vielfältiger kleinerer und größerer Widersprüche und Unvereinbarkeiten (Warsewa 2000) bedeutet. Diese Widersprüche und Unvereinbarkeiten sind unvermeidbare Elemente jener Arrangements und Routinen, die in der alltäglichen Lebensführung für eine angemessene und praktikable Balance zwischen individuellen Wünschen und Werten einerseits und verschiedensten äußeren Ansprüchen und Restriktionen andererseits sorgen (Jurczyk/Rerrich 1993; Projektgruppe „Alltägliche Lebensführung" 1995).

Insofern ist also davon auszugehen, dass individuelle Verhaltensveränderungen – so sehr sie auch als „prinzipiell richtig" angesehen werden mögen – das empfindliche Gleichgewicht der alltäglichen Lebensführung erheblich stören können. Nachhaltigkeitsbezogene Verhaltensansprüche an einzelne Personen sind daher stets mehr oder minder ambivalent, und handlungspraktische Kompromisse zwischen den vielfältigen und widerstreitenden Anforderungen stellen eher die Regel als die Ausnahme dar (Diekmann/Preisendörfer 1992; Schahn/Giesinger 1993; Poferl u.a. 1997). Individuelle Konsumgewohnheiten erscheinen also nur schwer veränderbar. Und allein durch vielfältige und intensive Informationsbemühungen, „unterstützt" durch stetig wiederkehrende Lebensmittelskandale und Verunsicherungen, und ohne Veränderungen in den persönlichen Lebensumständen, sind kaum mehr als vereinzelte Abweichungen von den dominierenden Konsummustern zu erwarten.

Aus einer Nachhaltigkeitsperspektive erscheinen Forderungen nach politischen Eingriffen in die private Konsumpraxis vor diesem Hintergrund unmittelbar einsichtig. Gleichzeitig bestehen freilich auch hohe Hürden gegenüber solchen politischen und institutionellen Interventionen. Nicht zuletzt deswegen sind bislang in Deutschland nur wenige Regulierungsmaßnahmen durchgesetzt worden, die sich unmittelbar auf das individuelle Konsumverhalten richten (Ökosteuer in Teilbereichen, zur Zeit das Dosenpfand).

Individuelles Konsumverhalten unterliegt in einem rechtsstaatlich verfassten und marktwirtschaftlich organisierten Gemeinwesen in erster Linie privater Abwägung und Entscheidung. Gleiches gilt für Veränderungen von Konsumpräferenzen, die sich im Rahmen des

Marktmechanismus beziehungsweise des Wechselspiels von Angebot und Nachfrage als Privatsache in Abhängigkeit von persönlichem Geschmack und Geldbeutel darstellen. Neben der individuellen Rationalität von Konsumentscheidungen umfassen Konsummuster aber auch die sozialen Verhältnisse zwischen Anbietern und Verbrauchern oder zwischen unterschiedlichen Kundengruppen – Konsum bedeutet eben auch Kommunikation, Distinktion oder etwa Herstellung von Vertrauen. All dies wirkt sich darauf aus, welche Waren und Dienstleistungen in welchem Umfang und an welcher Stelle nachgefragt werden, wie sie verteilt, genutzt und entsorgt werden. Wie diese Konsummuster konkret aussehen, welche unterschiedlichen Ausprägungen sie annehmen, hat weitreichende ökonomische, soziale und ökologische Folgen, zum Beispiel für die Stadtstrukturen oder das Mobilitätsgeschehen.

Gesellschaftliche Bemühungen um eine nachhaltige Entwicklung bewegen sich mithin – im Konsumbereich in besonders ausgeprägter Weise – in einem strukturellen Spannungsfeld: Mit zunehmender sozialer Differenzierung wächst die Notwendigkeit von integrativen Normbildungs- und Regulierungsprozessen, die sich an den Inhalten und Zielen nachhaltiger Entwicklung orientieren. Die gleiche Dynamik ist es jedoch auch, die in wachsendem Maße verhindert, zu verallgemeinerungsfähigen Zielbestimmungen und Regulierungen zu gelangen. Angesichts der realen sozialen Dynamik wird das Procedere, die Art und Weise, wie eine postmoderne Konsumgesellschaft sich auf allgemeine, zumindest mehrheitsfähige, Ziele und Maßnahmen verständigen kann, selbst zum Problem.

Wenn die Beförderung nachhaltiger Konsummuster also nicht allein den individuellen Kalkülen und Abwägungen überlassen bleiben soll, setzen erfolgversprechende Maßnahmen die Bewältigung vielfältiger Interessendivergenzen und Konflikte in komplexen Aushandlungs- und Auseinandersetzungsprozessen voraus. Die Möglichkeiten dafür scheinen auf lokaler Ebene eher gegeben als auf der Ebene gesamtstaatlicher Steuerungs- und Regulierungsmechanismen. Gleichzeitig ist davon auszugehen, dass angesichts der Komplexität der Aufgabe nicht einzelne Strategien bzw. Implementationsformen, gleichsam in Reinform, erfolgversprechend sind, sondern dass nach angemessenen Kombinationen und „Strategiemixen“ gesucht werden muss.

Ob und unter welchen Bedingungen neue Mischungen von Regulierungsmodi und Implementationsstrategien im Hinblick auf nachhaltigkeitsorientierte Veränderungen von Konsummustern erfolgreich sein könnten, soll im Folgenden erörtert werden.

2. Unterschiedliche Veränderungsstrategien – ähnliche Wirkungen

Aus zahlreichen Befunden der sozialwissenschaftlichen Forschung sind die Barrieren bekannt, welche die Konsument/inn/en von stärker ökologisch orientierten Verhaltensweisen abhalten. Drei der zentralen Hemmnisse leiteten die systematische Auswahl der praktischen Maßnahmen an, die das Anschauungs- und Untersuchungsmaterial für die folgenden Überlegungen lieferten. Dennoch zielten diese Maßnahmen nicht nur auf eine umweltverträglichere Konsumpraxis. Durchgeführt im Rahmen einer lokalen AGENDA 21, versuchten sie bewusst und absichtsvoll, auch den sozialen und ökonomischen Ansprüchen der nachhaltigen Entwicklung gerecht zu werden[2].

---

2 Bei den Praxisprojekten handelte es sich um Vorhaben, die in Bremen zwischen 1998 und 2001 umgesetzt und im Rahmen des BMBF-Programms „Modellprojekte für nachhaltiges Wirtschaften“ wissenschaftlich begleitet wurden. Vgl. Fußnote 1.

2.1 Aufklären

Auf die Verringerung jener Wissens- und Kontrolldefizite bei komplexen Zusammenhängen, die häufig eine umweltgerechte oder nachhaltige Orientierung des persönlichen (Konsum)Verhaltens blockieren (Bodenstein/Spiller 1996), zielen Maßnahmen zur Steigerung von Informiertheit und Motivation bei den Adressaten. Damit verbindet sich die Erwartung, dass das Wissen um Verursachungs- und Wirkungszusammenhänge nicht nur motivierend für Verhaltensmodifikationen wirkt, sondern auch die (tatsächliche oder vermutete) Effektivität des Handelns erhöht. Das Medium dieser Strategie ist also die *Information*, die zum Beispiel in Form von Aufklärungskampagnen zur Norm- und Bewusstseinsbildung eingesetzt werden soll (vgl. auch Lübke in diesem Band).

Praxisbeispiel:

In einer Aufklärungs- und Motivationskampagne zur Vermarktung regional hergestellter Lebensmittel ging es um Wissensvermittlung und Herstellung von Transparenz für Eltern und Kindergartenpersonal über die Qualitäts–, Produktions–, Vertriebs- und Transportbedingungen der verfügbaren Lebensmittelangebote. Beteiligt waren organisierte Öko-Aktivisten, die Umweltverwaltung, einige Kindertagesstätten kirchlicher Träger und die Erzeuger als Kooperationspartner. Hinzu kam später in einer Experten-/Beraterfunktion ein wissenschaftliches Institut. Die angestrebte Umorientierung von Kindertagesstätten auf die Verwendung regionaler Lebensmittel zielte auf die Stärkung der regionalen und lokalen Wirtschaft, die Reduzierung des Transportaufwandes bei Lebensmitteln und damit der Umweltbelastung durch Verkehr, die Versorgung der städtischen Bevölkerung mit gesunden Produkten aus der Region sowie die Festigung der Stadt-Land-Bezüge durch konkrete partnerschaftliche Beziehungen.

Die Diagnose eines verbreiteten Wissens- bzw. Informationsdefizits verweist gleichzeitig auf das Fehlen oder die mangelhafte Funktion von „zuständigen“ Institutionen. Statt zu unmittelbarer Institutionenbildung führen derartige Konstellationen zunehmend zur Herausbildung von Aktionsbündnissen, themen– und projektspezifischen Netzwerken, die etwa die Durchführung einer Aufklärungskampagne zum Ziel haben. Häufig wird in solchen Fällen allerdings – noch vor der „eigentlichen“ inhaltlichen Arbeit – die Zusammenarbeit zum Problem, weil die notwendigen Kooperationsroutinen fehlen. Besonders schwierig wird dieses Problem, wenn – wie in dem beobachteten Fall – die Akteurskonstellation Organisationen und Personen umfasst, die in ihrer bisherigen Praxis eher als Gegenspieler fungierten bzw. sich so verstanden. Das Zweckbündnis für die von allen Beteiligten gewollte „gute Sache“ muss dann zunächst mit der Hypothek unterschiedlicher Handlungslogiken und gegenseitigen Mangels an Vertrauen und Anerkennung fertig werden.

Da das Medium Information in seinem Einsatz sehr flüchtig und in seiner Wirkung schwer kontrollierbar ist, ist auch die Effizienz des Mitteleinsatzes bei einer Aufklärungskampagne kaum zu beurteilen. Darauf zu achten, ist in der Regel die Rolle desjenigen Beteiligten, der die Finanzierung zu tragen hat, und gerade bei Nachhaltigkeitsprojekten kommt diese Rolle häufig den Vertretern des politisch-administrativen Systems zu. Trotz des beachtlichen Know-hows und des großen Engagements der informellen und intermediären Akteure sind die Vorhaben deshalb letztlich doch auf die Initiative von Vertretern des politisch-administrativen Systems angewiesen.

Nicht zuletzt aus diesem Grund werden Durchführung und Finanzierung der Kampagne mit praktischen Zielen verknüpft, die über Information und Aufklärung weit hinausgehen – im beobachteten Fall die logistische Optimierung der regionalen Abnehmer-Lieferanten-

Beziehungen. Damit geht freilich auch eine Erweiterung der benötigten Kompetenzen und Kapazitäten einher, was auch eine Ausweitung der Akteurskonstellation bedeutet (im konkreten Fall: Einbeziehung eines Logistik-Instituts). Das damit verbundene innovative Element kann durchaus belebend wirken, verkompliziert aber auch die projektbezogene Interessenkonstellation und verschiebt unter Umständen die Schwerpunkte bei der Zielsetzung noch weiter. Auf diese Weise verliert der ursprünglich dominante ökologisch-aufklärerische Aspekt (Stichwort: Umweltpädagogik) gegenüber den ökonomisch-funktionalen Aspekten in der Praxis des Netzwerks zunehmend an Gewicht.

Dies kann im Interesse der Herstellung eines „handfesten" Ergebnisses durchaus eine sinnvolle Umsteuerung darstellen, zeigt aber auch deutlich die Probleme einer neuformierten netzwerkartigen Akteurskonstellation bei der ausschließlichen Orientierung auf eine Aufklärungsstrategie.

2.2 Verkaufen

Vielfach scheitert umwelt-/nachhaltigkeitsorientiertes Konsumverhalten jedoch nicht an mangelndem Wissen, sondern an fehlenden Gelegenheiten und Angeboten (Bierter/v.Winterfeld 1993; Lange 1995). Die Herstellung eines adäquaten Angebots, das einem aufgeklärten Konsuminteresse entgegenkommt, ist daher Ziel einer marktorientierten Angebotsstrategie. Im Medium *Geld* wird ausgedrückt, ob und inwieweit Angebot und Nachfrage tatsächlich aufeinander abgestimmt sind.

Praxisbeispiel:

Durch die Einrichtung eines überbetrieblichen Lieferdienstes des Einzelhandels wurde eine marktvermittelte Anreiz- und Angebotsstruktur geschaffen, die den KonsumentInnen die Möglichkeit eröffnete, das im Stadtteil verteilte Warenangebot zu nutzen, ohne dafür mit dem PKW weite Wege zurücklegen zu müssen. Beteiligt waren rund 30 Einzelhändler in einem Stadtteil, ein in sich differenzierter Logistikpartner, Umwelt- und Wirtschaftsbehörde sowie mehrere weitere in verschiedenen Funktionen beteiligte Akteure. Ob das Angebot den Bedürfnissen unterschiedlicher Konsumentengruppen sowie deren sozialen Voraussetzungen Rechnung trägt, musste sich daran erweisen, ob es eine hinreichend kaufkräftige Nachfrage findet. Als weitere Effekte wurden eine Stabilisierung des wohnortnahen Versorgungsangebotes, die Reduzierung des Pkw-Verkehrs sowie die Stärkung von sozialen Beziehungen im Stadtteil erhofft.

An der Markteinführung eines neuen Produktes bzw. einer neuen Dienstleistung sind – zumal wenn es sich um die Entwicklung und Etablierung eines verhältnismäßig komplexen Dienstleistungsangebotes handelt, das den Anforderungen der nachhaltigen Entwicklung gerecht werden soll – nicht immer nur der Hersteller und/oder der Vertreiber beteiligt. Ebenso wie bei größeren Forschungs- und Entwicklungsaufgaben ist die angezielte Innovation oftmals nur durch die Kooperation verschiedener Akteure in einem Netzwerk möglich.

In dem untersuchten Fall des *Verkaufens* war – wie bei der Implementationsstrategie des *Aufklärens* – ebenfalls zu Beginn die Herstellung einer neuen, breiten Akteurskonstellation erforderlich. Die Auseinandersetzung mit dieser Aufgabe war auch hier zunächst zentraler Gegenstand der Netzwerkaktivitäten: Bei einer marktorientierten Vorgehensweise spielen etwa Konkurrenzen zwischen verschiedenen Anbietern und die Flexibilität gegenüber der Nachfrage bzw. den Kundenwünschen eine wichtige Rolle für die Entwicklung der Beziehungen innerhalb des Akteursnetzwerks. Sowohl die Frage des Umgangs mit internen und externen Konkurrenzen als auch die Frage, wie weit man in einem kooperativen Projekt gemeinsam den Kundenbedürfnissen entgegenkommen könne und wolle, müssen auf eine Weise gelöst werden, die die Durchsetzungs- und Stabilisierungschancen des Angebots zumindest nicht zu stark vermindert. Die Erfolgschancen vergrößern sich, sofern der Aufbau des Netzwerks die Identifikation mit dem neuen, gemeinsamen Produkt und die nötige Bindung zwischen den einzelnen Akteuren längerfristig befördert. Im Unterschied zum *Verordnen* kommen die dafür erforderlichen Abstimmungen zwischen den beteiligten Akteuren im Wesentlichen durch Verhandlungen und Übereinkünfte zustande.

Zu diesem Zweck können in komplexen Konstellationen freilich Steuerungs–, Moderations- und Organisationskapazitäten erforderlich sein, die von den markt- und privatwirtschaftlich orientierten Akteuren zum einen wegen des Wettbewerbs untereinander, zum anderen wegen ihrer begrenzten Zeit- und Personalressourcen kaum einzubringen sind. Insofern müssen auch marktorientierte Implementationsprozesse zeitweilig auf formelle politische bzw. administrative Strukturen zurückgreifen, wobei freilich gerade dagegen durchaus auch eine Reihe von Vorbehalten von den Wirtschaftsakteuren geltend gemacht werden können. Eine stärkere finanzielle, vor allem aber inhaltliche und organisatorische Beteiligung, zum Beispiel der zuständigen Fachverwaltungen (etwa der Wirtschaftsförderung), kann zwar möglicherweise die auftretenden Kommunikations–, Kompetenz- und Organisationsdefizite reduzieren. Jedoch entspricht der damit oftmals gesteigerte Grad der Formalisierung und Verbindlichkeit innerhalb des Netzwerks in vielen Fällen nicht der Interessenlage der beteiligten Akteure.

Die Komplexität der Anforderungen ergibt sich bei dieser Implementationsstrategie also in erster Linie aus der Funktionslogik des Marktes, die das Verhalten der einzelnen Beteiligten stark bestimmt. Verstärkt werden die Bewältigungsprobleme dabei aber noch durch die besondere Komplexität der Ansprüche bzw. Ziele in nachhaltigkeitsorientierten Vorhaben. Die gleichrangige Berücksichtigung der drei Nachhaltigkeitsdimensionen führt in der Konzeptentwicklung leicht zu einer überkomplexen Konstruktion, die für die Beteiligten nur schwer zu handhaben ist. Im Prozess der praktischen Umsetzung setzt sich dann häufig eine notwendige Vereinfachung durch. Die zwingende Notwendigkeit einer wirtschaftlich tragfähigen Umsetzung sorgt dabei dafür, dass vor allem die ökonomischen bzw. betriebswirtschaftlichen Kriterien in den Vordergrund treten. Insofern ist auch hier die Gefahr groß, dass – trotz bester Absichten – während des Implementationsprozesses die ökologischen im Verhältnis zu anderen Zielen an Gewicht verlieren.

2.3 Verordnen

Eine weitere Strategie setzt sich schließlich damit auseinander, dass die Umsetzung nachhaltigkeitsorientierter Ansprüche häufig den sozialen Angemessenheits- und Gerechtigkeitsvorstellungen von Teilen der Betroffenen (oder auch ihrer Gesamtheit) zuwiderläuft (Montada/Kals 1995). Wer sich beispielsweise weder für die Verursachung noch für die Beseitigung eines Problems „zuständig“ fühlt, wer sich durch bestimmte Maßnahmen stärker belastet sieht als andere oder wer glaubt, in solchen Prozessen „über den Tisch gezogen“ zu werden, wird sein Verhalten nur schwer auf veränderte Regeln oder Anforderungen einstellen. Der herkömmliche Mechanismus, der dem entgegenwirken soll, bedient sich in erster Linie des Mediums *Recht*. Dessen Nutzung, zum Beispiel im Rahmen der behördlichen Verordnungspraxis, konfrontiert die einzelnen Bürger/innen mit Verhaltensanforderungen von höchstmöglicher Legitimität und strikter Gleichbehandlung.

Praxisbeispiel:

Das Anwohnerparken soll zu einer Entflechtung und Reduzierung von Verkehrsbewegungen im Wohnquartier und so zur Steigerung der Wohn- und Aufenthaltsqualität beitragen. Die Nutzung des Mediums „Recht“ bzw. des Instruments „Verordnung“ zielt dabei auf eine Neuordnung von Nutzungsrechten für den öffentlichen (Straßen)Raum in städtischen Wohnquartieren. Selbstverständlich stellt die damit einhergehende Besser- (z.B. Anwohner) bzw. Schlechterstellung (z.B. Einpendler) bestimmter bisheriger Nutzergruppen ein Problem des gesellschaftlichen Umgangs mit einem knappen Gut dar.

Mit der Anwendung eines traditionellen Instrumentariums geht zumeist auch die Herausbildung einer herkömmlichen Akteurskonstellation einher, die als solche nicht eigens entwickelt werden muss: Auf der einen Seite steht die Verwaltung (im Auftrag der Politik und gegebenenfalls unterstützt durch diverse Experten, Gutachter etc.), auf der anderen Seite die BürgerInnen (vor allem getrennt nach unterschiedlichen Graden und Formen der Betroffenheiten). Sofern die beteiligten bzw. betroffenen BürgerInnen nicht bereits auf existierende Organisationsstrukturen zurückgreifen können, ist die Konfrontation mit einer derartigen behördlichen Maßnahme vielfach der Anlass, eine geeignete Organisationsform zu suchen.

Die Akteurskonstellation entwickelt sich also hier eher nach dem bipolaren Muster zweier Kontrahenten anstatt als Netzwerkbildung mit einem gemeinsamen Innovationsziel. Und während die Herstellung des Netzwerks mit der Definition des gemeinsamen Ziels und des Umsetzungskonzepts einhergeht, stellt sich bei einer Verordnungsmaßnahme erst im Verlauf des Umsetzungsprozesses und aufgrund des gemeinsamen Engagements das her, was am Beginn des Prozesses fehlt: Organisierte und organisationsfähige Ansprechpartner auf Seiten der „Betroffenen“. Insofern trägt in vielen Fällen erst die Durchsetzung der Verordnungsstrategie dazu bei, dass sich die Voraussetzungen für eine alternative Strategie (stärker diskursiv, verhandlungsorientiert) überhaupt herausbilden. Häufig ist dann allerdings die Einführung einer Maßnahme bereits vollzogen.

Ein zweites gravierendes Problem ergibt sich aus dem tendenziell vereinheitlichenden und verallgemeinernden Charakter rechtsförmiger Maßnahmen: Wenn ihr sozialer oder räumlicher Geltungsbereich zu klein bemessen wird, eröffnen sich für die betroffenen Akteure verschiedene Ausweichstrategien, die das zu lösende Problem nur verlagern. In dem betrachteten Fall der Einführung des Anwohnerparkens in einem begrenzten Stadtgebiet etwa wurde durch die davon ausgelösten Verdrängungseffekte und Ausweichstrategien eine wachsende Belastung an anderen Stellen ausgelöst. Insofern waren – bezogen auf eine Gesamtbilanz – die ökologischen Effekte der durchgeführten Maßnahmen auch hier zumindest ambivalent.

3. Aufklären, Verkaufen *und* Verordnen – auf den Strategiemix kommt es an

3.1 Zur Herstellung von Handlungs- und Entscheidungsfähigkeit: Prozessorganisation

Im Vergleich zeigt sich zunächst, dass die Prozessverläufe tatsächlich mit der jeweils spezifischen Kombination aus Implementationsstrategie, Handlungsmedium und Akteurskonstellationen variieren. Die charakteristischen Merkmale der unterschiedlichen Implementationsstrategien, spiegeln sich sowohl in den Verläufen als auch in den Ergebnissen deutlich wider. Zum einen bietet jede dieser Strategien spezifische Vorteile. Deren Fehlen bei den anders gearteten Einführungsstrategien markiert jeweils spezifische "blinde Flecken", die dort mehr oder minder deutliche Probleme aufwerfen. Zum anderen besteht offenbar ein Zusammenhang zwischen der jeweiligen „Kern"strategie einerseits und der Präzisierung, Umsetzung, Einlösung der Projektziele durch die beteiligten Akteure andererseits. Da nämlich die betreffenden Akteurstypen nur die jeweilige Kernstrategie vollständig beherrschen, erreichen sie die angestrebten Ziele bestenfalls in suboptimaler Weise. Um eine optimale Zielerreichung zu ermöglichen, müssten die jeweiligen beiden anderen Strategien, wenn auch eher im Sinne einer Flankierung, ebenfalls eingesetzt werden.

Dieses Problem macht sich auch insofern bemerkbar, als Erfolge der „Kern"strategie oftmals durch komplementäre Maßnahmen abgesichert werden müssen, die negative Begleiterscheinungen kompensieren, – etwa wenn eine weitgehende Ausgestaltung des Anwohnerparkens im Sinne der Wohnbevölkerung zu Belastungen der ansässigen Einzelhändler und Gewerbetreibenden führt. Entsprechende Korrekturen im Sinne einer „Feinjustierung" einmal durchgesetzter Veränderungen sind eher durch eine kommunikative, diskursive Strategie zu erreichen, wobei es dem *Verordnen* aber an geeigneten Abstimmungs- und Beobachtungsinstrumenten mangelt, um die Steuerungsintensität und -richtung hinreichend elastisch zu korrigieren und damit die Prozessgestaltung zu optimieren.

Wenn sich überdies die Akteurkonstellationen der Praxisprojekte im Verlauf verändern, kommt es auch zu Reformulierungen der Projektziele. Neu hinzutretende oder sich im Verlauf erst konstituierende Akteure verfügen über je spezifische Handlungs*ressourcen* und verändern zugleich das vorgängige Set der Handlungs*strategien*. Um die damit noch zusätzlich wachsende Komplexität der Aufgaben bewältigen zu können, mussten die Praxisprojekte ihre Ziele und ihre jeweilige „Kernstrategie in jeweils unterschiedlicher Weise durch weitere Kooperations- und Vernetzungsstrategien unterfüttern beziehungsweise ergänzen:

Während etwa die eher netzwerkförmigen Akteurskonstellationen und selbstorganisierten bzw. sich selbst organisierenden Prozesse beim *„Verkaufen"* wie beim *„Aufklären"* vor allem durch ihren Mangel an Steuerungskapazitäten behindert wurden, liegt es in der Natur der Strategie *„Verordnen"*, dass ein starker Akteur vorhanden ist, der die Steuerungsfunktion in einem solchen Prozess ausfüllt. Gerade dies führt aber dazu, dass die Kapazitäten der Selbst- und der Umgebungsbeobachtung bei diesem Akteur zum Teil nur gering entwickelt sind, und zwar weniger weil die involvierten Personen in der Verwaltung dies nicht als nötig ansähen, als vor allem deshalb, weil ihnen keine adäquaten Instrumente (Monitoring, Controlling, Abgleich eigener Interessen mit denen weiterer Akteure oder auch bewusste Moderation) und keine ausreichenden Ressourcen (zeitlich und finanziell) zur Verfügung stehen.

Gleichwohl zeigt sich in allen Prozessverläufen, dass spezielle Abstimmungs- und Moderationskapazitäten zwar erforderlich, in den jeweiligen Konstellationen jedoch nicht in hinreichender Weise vorhanden oder mobilisierbar sind. Derlei Abstimmungs- und Moderationsleistungen erscheinen auch mit Blick auf die divergierenden Interessen und Strategien der unmittelbar Beteiligten in besonderem Maße erforderlich. Von den unmittelbar involvierten Akteuren können diese Aufgaben jedoch aus verschiedenen Gründen (Interesse, Qualifikation, Zeit- und Arbeitspotential) nur unzureichend erfüllt werden. Die Überwindung der darin liegenden Schranken erfordert eine „reflexive" Prozessgestaltung, die im Lichte der vergleichenden Befunde eine Schlüsselfrage des Erfolgs zu sein scheint. Allein die Schaffung neuer Kommunikationsbeziehungen und die Steigerung der Kommunikationsdichte zwischen den Akteuren bedeutet jedenfalls noch nicht, dass die Faktoren „gegenseitiges Vertrauen" und „gemeinsame Handlungsfähigkeit" entscheidend oder gar dauerhaft verbessert würden.

Die Notwendigkeit, Koordinationsprobleme zwischen den beteiligten Akteuren zu erkennen und zu bearbeiten, stellt sich auch vor dem Hintergrund der charakteristischen Selbstveränderungen auf dem Weg von der Projekteinführung, über die Projektrealisierung bis zur Stabilisierung (davon könnte sogar noch eine Vorphase unterschieden werden, in der zunächst die Projektidee Gestalt annimmt) als besonders gravierend dar. Die Tatsache, dass Nachhaltigkeitsprojekte wegen der angestrebten Balance mehrerer unterschiedlicher gesellschaftlicher Funktionssysteme bzw. Anspruchsdimensionen typischerweise die erfolgreiche Koordination besonders heterogener Akteure zu leisten haben, legt es nahe, auch die Fähigkeit zur reflexiven Selbstbeobachtung und zur Bewältigung der unvermeidlichen Kooperationsprobleme im typischen Ablauf der Entwicklungsetappen als eines der Kernprobleme derartiger Projekte anzusehen.

Je komplexer das Netzwerk der beteiligten Akteure und seine Aufgaben werden, desto wichtiger werden mithin die reflexiven und steuernden Funktionen als Erfolgsvoraussetzung. Die Erfüllung dieser Funktionen sicherzustellen und zu organisieren, kann eine gemeinsame Aufgabe der beteiligten Akteure oder die eines einzelnen Akteurs sein; die Durchführung dieser Aufgabe braucht in der Regel aber eigenständige zusätzliche Kapazitäten. Angesichts der diesbezüglich sehr deutlichen Defizite und strukturellen Probleme insbesondere in nachhaltigkeitsorientierten Handlungskonstellationen sind die oftmals sehr weitreichenden Erwartungen an die Leistungsfähigkeit zivilgesellschaftlicher und selbstorganisierter sozialer Handlungszusammenhänge zumindest zu relativieren.

3.2 Selbstorganisation geht auf Kosten der Richtungssicherheit

Bei aller Unterschiedlichkeit der Implementationsstrategien, Handlungsmedien und Akteurskonstellationen verfolgen die analysierten Prozessverläufe alle das gleiche Ziel: Sie versuchen über die Veränderung individueller Verhaltensmuster Annäherungen an eine nachhaltige Entwicklung lokaler bzw. regionaler Strukturen zu bewirken. Es handelt sich mithin um eine Zielstellung, die weit mehr als eine graduelle Beeinflussung von einzelnen Konsumentscheidungen umfasst.

Letztlich zeigen alle drei Prozessverläufe, dass sich die jeweiligen *inhaltlichen* Potentiale aufgrund der dargestellten *prozeduralen* Schwächen nicht voll entfalten konnten: Beim *Verordnen* scheiterte eine großräumigere Einführung der Maßnahme „Anwohnerparken" an fehlenden Ressourcen, vor allem aber an divergierenden Interessen und Verfahrensmängeln. Ähnliches gilt für das *Verkaufen*, wo die schwer zu handhabende Komplexität der Ansprüche und Handlungsbedingungen beim „Stadtteillieferdienst" mit der Zeit eine Reduzierung von Komplexität zur Folge hatte, der gerade die ökologischen Zielsetzungen teilweise zum Opfer fielen. Beim *Aufklären* führten die Widersprüche zwischen den beteiligten

Akteuren dazu, dass die angestrebte Veränderung der Einkaufs- und Ernährungspraxis in den Kindertagesstätten schon in der Konzeptphase fast scheiterte. Erst die Entstehung einer veränderten Akteurskonstellation ebnete schließlich den Weg für eine erfolgversprechendere Fortsetzung des Praxisprojektes – in deren Folge es allerdings seine Ziele und seinen Charakter deutlich veränderte.

In allen Prozessverläufen zeigt sich aber auch: Es gibt Weniges, was sich so schwer gezielt verändern lässt wie überkommene Verhaltensmuster und dahinter stehende Sichtweisen und symbolische Deutungen. Überkommene Muster sind immer in irgend einer Form eingespielte, routinisierte Muster. Als Routinen geben sie Sicherheit. Sie zu verlassen, bewirkt Unsicherheit und nötigt zu neuen Arrangements, im eigenen Verhalten ebenso wie auch in der Arbeitsteilung und Kooperation mit denjenigen Personen und Einrichtungen, die den Rahmen der alltäglichen Lebensführung ausmachen. Damit nicht genug, derlei Arrangements müssen im Rahmen vorhandener Sachstrukturen realisiert werden, die in der Regel nur in sehr begrenztem Ausmaß modifizierbar sind: im Rahmen gegebener räumlicher Strukturen mit ihren je spezifischen Mischungsverhältnissen aus Nähe und Entfernung, im Rahmen gegebener Infrastrukturen und nicht zuletzt auf der Grundlage der je verfügbaren technischen Mittel, mit deren Hilfe gegebene und im Zweifelsfalle eben auch neue Ziele erreicht werden sollen.

Selbstverständlich sind in den einzelnen Prozessverläufen auch spezifische Probleme auf der Nachfrageseite bzw. auf der Seite der Adressaten der Implementationstrategien erkennbar geworden – zum Beispiel die starke Differenzierung von Milieus und Lebensstilen, der ein einziges marktförmiges Dienstleistungsangebot kaum gerecht werden kann. Im Hinblick auf die notwendigen Modifikationen und Neuformierungen von Haushaltsarrangements und Verhaltensroutinen, das heißt von Konsummustern, zeigt sich als gemeinsames Problem aber vor allem die Bedeutung des Faktors Zeit. Nur wenn derartige Prozesse mit einem hinreichend langen Atem durchgehalten werden, geben sie einer größeren Zahl von Adressaten die Chance, Routinen tatsächlich umzustellen.

In allen drei Praxisprojekten deutet sich überdies an, dass die Gleichzeitigkeit ökonomischer, sozialer und ökologischer Ziele eine erhebliche Komplexität der Aufgabenstellungen und der Erfolgskriterien bewirkte. Die dabei angestrebte *Gleichrangigkeit* wurde in der Umsetzung nicht erreicht. Vielmehr scheint durchgängig die Zielerreichung der ökologischen Dimension hinter die beiden anderen Dimensionen zurückzutreten. Auch dieses Problem dürfte in vielen weiteren Nachhaltigkeitsprojekten eine ähnliche Rolle spielen. Aus den vorliegenden Befunden ist nicht systematisch zu schließen, wie weit es sich hierbei um ein generelles Strukturproblem handelt. Es steht allerdings zu vermuten, dass in relativ komplexen Veränderungsprozessen die Komplexität am ehesten auf Kosten des lobbyistisch und gesellschaftlich am schwächsten repräsentierten Zieles bzw. Interesses reduziert wird – und das ist in bezug auf das Postulat der nachhaltigen Entwicklung wohl gerade das Ökologische.

3.3 Neue Aufgaben für Politik und Verwaltung

Deutlich wird aus den Befunden, dass die – durchaus notwendige – Flexibilität und Anpassungsfähigkeit der Akteurskonstellationen leicht in Konflikt mit der Zielerreichung bzw. Zielverfolgung geraten. Korrekturen oder sogar gravierendere Modifikationen der Akteurskonstellationen wirken sich ebenso auf die Gestaltung bzw. Richtung der Prozessverläufe aus wie die Veränderung von Zielen selbst. In den beobachteten Praxisprojekten wirkten die Flexibilitätserfordernisse und die erforderlichen Anpassungen im Projektverlauf am stärksten zu Lasten der ökologischen Ziele. Mit anderen Worten: Zugunsten der Funktionsfähigkeit der Netzwerke bzw. der Akteurskonstellationen wurde die Richtungssicherheit des gemeinsamen Prozesses reduziert.

Bei dem Versuch, dies zu vermeiden, handelt es sich offenbar primär um eine im engeren Sinne „politische“ Funktion: Es geht eben darum, innerhalb einer bestimmten Akteurskonstellation für angemessene Beteiligung, Interessenabstimmung, gemeinsame Entscheidungs- und Handlungsfähigkeit sowie Verbindlichkeit (Schmidt 1995: 729) bei möglichst weitgehender Beibehaltung der Ziele und Inhalte zu sorgen. Sowohl wegen ihres gleichsam übergreifenden „öffentlichen“ Charakters als auch wegen der relativen Unabhängigkeit staatlicher Akteure ist diese steuernde Aufgabe in den Zuständigkeitsbereich von Politik und Verwaltung zu verweisen.

Insgesamt legen die vergleichenden Befunde nahe, dass insbesondere nachhaltigkeitsorientierte Prozesse in erheblichem Maße auf die Akteure des politisch-administrativen Systems angewiesen sind. Dies gilt aber eben nicht allein für den rahmensetzenden und anweisenden Modus des *Verordnens*. Auch dieser Modus bleibt bedeutsam, bedarf aber einer Ergänzung des traditionellen Aufgabenkatalogs und Handlungsrepertoires des politisch-administrativen Systems. Durch die Unterstützung sogenannter „zivilgesellschaftlicher“ Koordinationsmechanismen und netzwerkartiger Organisationsformen können die Akteure des formellen politisch-administrativen Systems zu einer Optimierung des erforderlichen Strategiemixes beitragen. Auf anderem, rein zivilgesellschaftlichem Wege lässt sich diese Aufgabe gar nicht oder nur sehr viel schwerer erfüllen. Insbesondere die ebenso notwendige wie aber auch zurückhaltend zu handhabende Übernahme von Steuerungs- und Reflexivitätsfunktionen lässt sich unter den Bedingungen von Nachhaltigkeitsprojekten kaum anders als durch nennenswerte Beteiligung der Akteure des politisch-administrativen Systems organisieren.

Es geht, mit anderen Worten, darum, die Grundlagen gemeinsamer Zielstellungen und Verbindlichkeiten erst einmal zu erarbeiten und im Verlauf immer wieder zu reproduzieren. Dies ist eine Funktion, die auch vom politisch-administrativen System erstmal akzeptiert und „gelernt“ werden muss, da sie gerade nicht der herkömmlichen Handlungslogik von Verwaltungen mit ihrem verordnenden Charakter entspricht.

4. Fazit

Die Realisierung von Prozessen, die auf nachhaltigkeitsorientierte Verhaltensveränderungen im Konsum abzielen, erweist sich – selbst bei verhältnismäßig kleinräumigen Maßnahmen auf Stadtteilebene – als eine außerordentlich anspruchsvolle Aufgabe von hoher Komplexität, die insbesondere im Hinblick auf die Gestaltung von Verfahren hohe Anforderungen an die Kommunikations–, Lern- und Innovationsfähigkeit aller beteiligter Akteure stellt. Vor diesem Hintergrund bestätigt sich, dass in den Debatten um das Konzept der nachhaltigen Entwicklung und konkret um nachhaltigkeitsfördernde Projekte formelle Politikprozesse einer durchgängigen Unterbewertung unterliegen. Gerade weil die einzelnen Strategien spezifische blinde Flecken und die entsprechenden herkömmlichen Handlungsrepertoires der verschiedenen Akteure spezifische Defizite aufweisen, sind selbstorganisierte bzw. selbstorganisierende Netzwerke kaum in der Lage, der inhaltlichen, sozialen und politischen Komplexität der Aufgabe gerecht zu werden. Damit dieser Umstand nicht zu einer ungewollten Komplexitätsreduktion führt, ist zum einen ein „Strategiemix“ und zum anderen ein wirkungsvoller Steuerungs- und Reflexivitätsmechanismus zu organisieren. Neben der Rolle als „gewöhnlicher“ Mitspieler im Rahmen der jeweiligen Handlungskonstellationen wäre diese Aufgabe am ehesten zusätzlich durch Politik und/oder Verwaltung – beispielsweise durch Organisation und Finanzierung eines unabhängigen Projektmanagements auf der Stadtteilebene – zu erfüllen.

Eine zielgerechte Entwicklung derartiger Prozesse ist mithin vor allem auf der Grundlage eines geeigneten Prozess- und Netzwerkmanagements zu erwarten. Dieses hätte jene übergreifenden Aufgaben zu erfüllen, die von den einzelnen involvierten Akteuren nicht für die ganze Akteurskonstellation übernommen werden und wohl auch grundsätzlich kaum in befriedigender Weise übernommen werden können. Dazu gehören vor allem Steuerungs- und Beobachtungsfunktionen. Um die notwendige Balance von Flexibilität und Stabilität einerseits und von Zielerreichung und Prozessoptimierung andererseits zu entwickeln und zu sichern, erscheint es also angeraten, explizite Vorkehrungen zur Optimierung von Steuerungsfunktionen und zum reflexiven Umgang mit Komplexität einzubauen. Eine derartige Vorkehrung könnte zum Beispiel ein Selbstbeobachtungsmechanismus sein, der die beteiligten Akteure in die Lage versetzt, sich unabhängig von ihrer eigenen Interessenposition ein Bild vom Zustand und Entwicklungsstand des gemeinsamen Vorhabens zu machen. Mithilfe eines Monitoring, Controlling und entsprechender Rückkopplungen könnte zumindest sichergestellt werden, dass gemeinsame Entscheidungsgrundlagen für gegebenenfalls erforderliche Anpassungen und Modifikationen bereitgestellt werden.

Im Kern geht es mithin darum, die sachlichen und prozeduralen Voraussetzungen zu fördern, in Teilen auch erst zu entwickeln, die dem vielgestaltigen Geflecht lokaler, regionaler und überregionaler Sachverhalte konkret Rechnung tragen und die von den unterschiedlich betroffenen, unterschiedlich interessierten und unterschiedlich leistungsfähigen Akteuren des Feldes in hinreichender Breite als angemessen (im Sinne von prozedural fair und inhaltlich gerecht) akzeptiert werden. Wie eine solche Lösung aussehen kann, lässt sich bestenfalls in Teilen bzw. in allgemeinen Umrissen vorhersehen und planerisch konkretisieren. Ein erheblicher Teil der definitiven Lösung muss in Gestalt von konkreten Umsetzungsregelungen „vor Ort" entwickelt werden. Die Erarbeitung der dazu erforderlichen Übereinkünfte ist als Schritt auf dem Wege dahin zu verstehen, was als „local justice" (Elster 1995; Schmidt 2000) bezeichnet worden ist: als Erarbeitung einer Übereinkunft zwischen heterogenen Akteuren, in der prozedurale und inhaltliche Elemente auf das Engste miteinander verbunden sind und die angesichts des unaufhaltsamen Veränderungsprozesses aller Elemente, die in die Übereinkunft eingegangen sind, stets nur für einen mehr oder minder begrenzten Zeitraum Bestand haben kann.

Literatur

Bierter, Willy/v.Winterfeld, Uta: Jenseits von Arbeit und Konsum? In: Politische Ökologie (1993) 9/10, S. 20-23

Blinde, Julia/Böge, Stefanie/Burwitz, Hiltrud/Lange, Hellmuth/Warsewa, Günter: Informieren – Anbieten – Verordnen. Wege zu nachhaltigen Konsummustern zwischen Konflikt und Konsens (Forschungsbericht des Verbundforschungsprojekts 07KON02/5 im Rahmen der Modellprojekte für nachhaltiges Wirtschaften – Innovation durch Umweltvorsorge). Bremen 2002

Bodenstein, Gerhard/Spiller, Achim: Entwicklungsstränge der ökologischen Konsumforschung. Forschungsansätze und Diffusionsbarrieren. In: Ökologisches Wirtschaften (1996) 3/4, S. 8-11

Brand, Karl-Werner (Hrsg.): Nachhaltige Entwicklung. Eine Herausforderung an die Soziologie. Opladen 1997

Brand, Karl-Werner/Eder, Klaus/Poferl, Angelika: Ökologische Kommunikation in Deutschland. Opladen 1997

Bundesministerium für Umwelt, Naturschutz und Reaktorsicherheit (Hrsg.): Umweltpolitik. Konferenz der Vereinten Nationen für Umwelt und Entwicklung im Juni 1992 in Rio de Janeiro – Dokumente. Agenda 21. Bonn 1992

Diekmann, Andreas/Preisendörfer, Peter: Persönliches Umweltverhalten: Diskrepanzen zwischen Anspruch und Wirklichkeit. In: Kölner Zeitschrift für Soziologie und Sozialpsychologie 44 (1992), S. 207-231
Elster, Jon: Local Justice. How Institutions Allocate Scarce Goods and Necessary Burdens. New York 1995
Jurczyk, Karin/Rerrich, Maria (Hrsg.): Die Arbeit des Alltags. Beiträge zu einer Soziologie der alltäglichen Lebensführung. Freiburg 1993
Lange, Hellmuth: Automobilarbeiter über die Zukunft von Auto und Verkehr. Anmerkungen zum Verhältnis von „Umweltbewusstsein" und „Umwelthandeln". In: Kölner Zeitschrift für Soziologie und Sozialpsychologie 47 (1995) 1, S. 141-156
Messner, Dirk: Fallstricke und Grenzen der Netzwerksteuerung. In: Zeitschrift für kritische Sozialwissenschaft (1997) 4, S. 563-596.
Montada, Leo/Kals, Elisabeth: Perceived Justice of ecological Policy and proenvironmental commitments. In: Social Justice Research (1995) 8, S. 305-327
Poferl, Angelika/Schilling, Karin/Brand, Karl-Werner: Umweltbewusstsein und Alltagshandeln. Opladen 1997
Projektgruppe „Alltägliche Lebensführung" (Hrsg.): Alltägliche Lebensführung. Arrangements zwischen Traditionalität und Modernisierung. Opladen 1995
Schahn, Joachim/Giesinger, Thomas (Hrsg.): Psychologie für den Umweltschutz. Weinheim 1993
Schmid, Manfred: Wörterbuch zur Politik. Stuttgart 1995
Schmid, Volker: Bedingte Gerechtigkeit. Soziologische Analysen und philosophische Theorien. Frankfurt 2000
Warsewa, Günter: Akteurskonstellationen im Nachhaltigkeitsprozess: Zwischen Diffusion und Konzentration. In: Molitor, Reimar/Nischwitz, Guido (Hrsg.): Kommunikation für eine nachhaltige Entwicklung in der Region. (Schriftenreihe des IÖW, Band 160) 2002, S. 140-145
Warsewa, Günter: Von den „Betroffenen" zum „aufgeklärten Egoisten" – Umwelthandeln zwischen gesellschaftlicher Normalisierung und sozialer Differenzierung. In: Lange, Hellmuth (Hrsg.): Ökologisches Handeln als sozialer Konflikt. Umwelt im Alltag. Opladen 2000
Weyer, Johannes: System und Akteur. Zum Nutzen zweier soziologischer Paradigmen bei der Erklärung erfolgreichen Scheiterns. In: Kölner Zeitschrift für Soziologie und Sozialpsychologie 45 (1993) 1, S. 1-22

Kapitel 2
Governance-Strukturen für nachhaltiges Wirtschaften. Kooperation, Koordination und Steuerung

Symbolsysteme als Governance-Strukturen für nachhaltiges Wirtschaften

Uwe Schneidewind

Die Förderung und Umsetzung nachhaltigen Wirtschaftens folgt polyzentrischen Steuerungsmustern und geht daher über den bisherigen institutionellen Rahmen hinaus. In diesen neuen Governance-Mustern spielen Symbolsysteme eine wichtige Rolle. Der Beitrag erläutert die Wirkung „symbolischer Steuerung“ für ein nachhaltiges Wirtschaften und zeigt Ansätze zur theoretischen Fundierung dieser Perspektive auf. Empirische Grundlage des Beitrages ist das Stoffstromstrommanagement in der textilen Kette als einer besonders „symbolgeladenen“ Branche, in der Formen symbolischer Steuerung auf der Makro-, Meso- und Mikroebene aufgezeigt werden.

1. Von der Ökologie zur Nachhaltigkeit – Wandel von Management- und Steuerungsmechanismen

Schon in der umweltpolitischen Debatte hat sich in den letzten zwei Jahrzehnten die Erkenntnis durchgesetzt, dass erfolgreiche Umweltpolitik nicht auf bestimmte Formen von Governance (wie zum Beispiel ordnungsrechtliche Instrumente) beschränkt bleiben kann, sondern die „Netzwerkgesellschaft“ vielmehr einen „institutionellen und organisatorischen Pluralismus“ (Messner 1995: 159) erfordert.

Bei der Diskussion über nachhaltiges Wirtschaften ist diese Konsequenz nochmals zu radikalisieren, da die Steuerung mit Herausforderungen konfrontiert ist, die klassische Governance-Muster überfordern:

- Die Ziele einer „Politik der Nachhaltigkeit“ sind häufig unscharf und unbestimmt; neben ökologische Ziele treten zum Teil wechselnde soziale und ökonomische Herausforderungen.
- Eine Politik der Nachhaltigkeit definiert sich daher sehr stark über den Prozess. In diese Prozesse ist eine große Zahl an Akteuren eingebunden.
- Insgesamt führen diese Bedingungen zu einer wachsenden Komplexität der Steuerung.

Vor diesem Hintergrund hat Ende der neunziger Jahre eine breite Debatte über institutionelle Reformen einer Politik der Nachhaltigkeit (vgl. z.B. Minsch u.a. 1998, Schneidewind u.a. 1997) begonnen.

Tabelle 1: Governance-Formen der Steuerung nachhaltigen Wirtschaftens (idealtypische Darstellung, Quelle: eigene)

	Steuerung über Strafe/Druck	Steuerung über Anreize	Steuerung über Symbolsysteme
Beispiele	– Stoffverbote – Rücknahmeverpflichtungen – Zulassungsgebote	– Ökosteuer – Abwasserabgaben	– Technische Normen – Codes of good conduct – Grundlegende umweltpolitische Leitbilder/Prinzipien (zum Beispiel Vorsorgeprinzip)
Wer steuert?	– Staat → Unternehmen – Unternehmen → Mitarbeiter	– Staat → Unternehmen – Unternehmen → Mitarbeiter	– Keine zentrale Steuerungsinstanz (Symbolsysteme bilden sich im Diskurs unterschiedlicher Akteure)
Voraussetzungen für die Anwendung	– Ökologisches Ziel muss exakt definiert sein	– Ökologisches Ziel muss zumindestens in der Wirkungsrichtung identifiziert sein	– Keine, da Symbolsysteme ubiquitär sind
Vorteile des Ansatzes	– Unmittelbare Wirkung – Insb. für direkte Gefahrenabwehr geeignet	– Ökonomisch effiziente Steuerung	– Steuerung auch bei schlecht erforschten und strukturieren Problemsituationen
Nachteile des Ansatzes	– Gefahr ökonomisch-ineffizienter Steuerung	– Verfehlung eigentlicher Schutzziele	– Verfehlung eigentlicher Schutzziele – Evtl. nur sehr langsames Anpssungsverhalten

In diese Diskussion fügen sich die folgenden Überlegungen ein. Sie vertreten die These, dass die „Steuerung über Symbolsysteme" eine angemessene Antwort auf die oben beschriebenen Herausforderungen darstellt und den Governance-Mix für die Beeinflussung nachhaltigen Wirtschaftens sinnvoll ergänzt. Dabei liegt dem Beitrag die Annahme zugrunde, dass Symbolsysteme immer schon ein wichtiges Element von Governance-Strukturen waren, ihre Bedeutung jedoch in der Debatte über nachhaltige Entwicklung an Bedeutung gewinnt und dies ein vertieftes (theoretisches) Verständnis des Wesens und der Wirkmechanismen der Steuerung über Symbolsysteme erfordert.

Tabelle 1 stellt die Steuerung über Symbolsysteme schematisch den umweltpolitischen Ansätzen der ersten und zweiten Generation (Ordnungsrecht, ökonomische Instrumente) gegenüber. Sie scheint daher insbesondere für Formen polyzentrischer Steuerung bei schlecht strukturierten Problemlagen angemessen zu sein, „erkauft" sich diese Vorteile jedoch durch Unschärfe und reduzierte Umsetzungsmacht. Im Folgenden wird es darum gehen, das Wesen der Steuerung über Symbolsysteme besser zu verstehen und es durch Beispiele aus einem konkreten Anwendungsfeld zu illustrieren.

2. Symbolische Strukturen: Definition – Formen – Wirkungsweisen

2.1 Das Wesen symbolischer Strukturen – ein Definitionsversuch

Symbole bilden geistig-sinnhafte Ordnungen, die ursprünglich als Erkennungszeichen galten und Ausdruck des Unbewussten waren. Sie bezeichnen ferner einen Gegenstand oder Vorgang, der stellvertretend für einen anderen, nicht wahrnehmbaren steht (Schmidt 2000; Duden 1990; Kluge 1989). Symbolische Strukturen oder Symbolsysteme können damit als komplexe Zeichensysteme verstanden werden, mit deren Hilfe Akteure Realität wahrnehmen, ihre Handlungen strukturieren und (insbesondere in der Koordination miteinander) Komplexität reduzieren. Symbolsysteme sind kulturelle Produkte, das heißt sie entstehen aus der sozialen Interaktion von Akteuren und gewinnen darüber ihre Gültigkeit und Dauer.

Symbolsysteme umfassen dabei immer eine Wahrnehmungs- und eine Bewertungsebene (vgl. hierzu auch die Ausführungen zur Giddens'schen Strukturationstheorie weiter unten), das heißt eine kognitive und eine normative Komponente. Erst durch das Zusammenspiel dieser beiden Ebenen tragen sie zur Handlungskoordination und Stabilisierung bei. Symbolsysteme zur kulturell vermittelten Handlungskoordination treten dabei auf allen sozialen Systemebenen auf. Tabelle 2 zeigt einige Beispiele für Symbolsysteme auf, die im Rahmen der weiteren Argumentation noch eine Rolle spielen werden.

Tabelle 2: Symbolsysteme auf unterschiedlichen Ebenen (Makro-, Mikroumwelt)

Ebene Symbolsystem	Arten Symbolsysteme	Beispiele in der Textilbranche
Symbolsysteme der Makroumwelt (Gesellschaft, Markt, Politik)	Moden	Aktuelle Moden, Wahrnehmungsmuster ökologischer Bekleidung
	Reinheitsverständnis	Weißgrad von Textilien wie Gardinen oder Oberhemden
	Normen, Standards wie zum Beispiel ökologische Bewertungs-/ Klassifizierungssysteme	Farb-/Textilhilfsmittel Klassifikationsschemata
Symbolsysteme der Meso-/Mikroumwelt (Unternehmen/ Wertschöpfungsketten)	Kostenrechnungssysteme/ -philosophien	Zuschlagskalkulationsverfahren in der textilen Kette
	Qualitätsphilosophien/-systeme	Null-Fehler-Philosophie, Total Quality Management
	Marketingphilosophien	Erlebnisorientiertes Marketing vs. moralisierendes Öko-Marketing

Die Beispiele machen deutlich, dass bestimmte Symbolsysteme (wie zum Beispiel Moden oder ein Reinheitsverständnis) auf starker, oft über Jahrzehnte oder Jahrhunderte gewachsener kultureller Codierung in einer Gesellschaft beruhen, andere dagegen Ergebnis bewusster Schaffung/Aushandlung durch soziale Akteure sind – wie beispielsweise kodifizierte Normen und Standards. Die Frage der Gestaltbarkeit von Symbolsystemen ist daher auch Gegenstand des Kapitels 3. Im Hinblick auf den Gegenstand des „Nachhaltigen Wirtschaftens" ist es wichtig zu sehen, dass vielfältige Symbolsysteme (wie Kostenrechnungs-, Qualitäts- und Marketingphilosophien) das Handeln in Unternehmen und Wertschöpfungsketten beeinflussen und damit die Nachhaltigkeit des Handelns der Akteure mitprägen.

2.2 Giddens' Strukturationstheorie als Metatheorie für die Steuerung nachhaltigen Wirtschaftens durch Symbolstrukturen

Einen geeigneten Zugang zum Verständnis des Wirkens von Symbolsystemen bietet die Strukturationstheorie des englischen Soziologen Anthony Giddens (1997), insbesondere aufgrund von drei Charakteristika:

- Sie betont neben der Bedeutung von Ressourcen in Governance-Strukturen (wie zum Beispiel staatliche Anordnungsmacht sowie finanziellen Ressourcen, die die Grundlage ökonomischer Instrumente bieten) in gleicher Weise das Wirken von „Regeln". Regeln im Sinne von Giddens können im Sinne des hier verwendeten Begriffes der Symbolsysteme verstanden werden (vgl. die Ausführungen weiter unten).
- Mit seinem Konzept der „Dualität von Struktur" liefert Giddens die theoretische Grundlage für ein Governance-Verständnis, das nicht unidirektional zwischen „Steuernden" und „Gesteuerten" unterscheidet, sondern deutlich macht, dass Governance-Strukturen (ob symbolischer oder anderer Natur) durch alle Akteure mit-produziert werden – eine wichtige Grundlage für ein polyzentrisches Governance-Verständnis.
- Als „Metatheorie" lässt sich die Giddens'sche Strukturationstheorie auf alle Ebenen von Governance-Strukturen anwenden: auf globale Politik-Regime wie auf die handlungsleitenden Effekte von Umweltrichtlinien in Unternehmen. Der vorangegangene Abschnitt hatte verdeutlicht, dass Symbolsysteme auf allen diesen Ebenen wirken.

Im Folgenden sollen die Grundelemente des Giddens'schen Strukturverständnisses in ihrer Relevanz für den hier dargelegten Problemkreis kurz erläutert werden: Die zentrale Idee der Strukturationstheorie liegt darin, dass Akteure in ihrem Handeln durch soziale Strukturen beeinflusst werden, jedoch gleichzeitig durch ihr Handeln diese Strukturen festigen und/ oder weiterentwickeln. Dieses Phänomen wird auch als Dualität von Handeln und Struktur bezeichnet. Die Akteure in der Strukturationstheorie können entweder Individuen oder Organisationen, also kollektive Akteure sein.

> „Organisationen sind für uns diejenigen sozialen Systeme, innerhalb derer das Handeln mittels Reflexion, und zwar mittels *Reflexion auf seine Strukturation,* gesteuert und koordiniert wird" (Ortmann u.a. 1997: 317, Hervorhebung im Original).

Dies sichert die Übertragbarkeit der Strukturationstheorie auf unterschiedliche Ebenen. Auch im Kontext nachhaltigen bzw. ökologischen Wirtschaftens finden sich heute entsprechende Transfers der Strukturationstheorie auf allen Ebenen (vgl. zur Übersicht Schneidewind 1998, Maier/Finger 2001).

Giddens definiert Regeln und Ressourcen, die in die Reproduktion sozialer Systeme in rekursiver Form integriert sind (Giddens 1997: 17ff.). Diese Regeln und Ressourcen, die er als Modalitäten bezeichnet, dienen als Bindeglied zwischen Struktur und Handeln. Regeln können in zwei Arten unterschieden werden, interpretative Schemata und Normen. Interpretative Schemata befähigen Akteure, ihren Handlungen einen Sinn zu geben, das heißt sie zu interpretieren und rationalisieren sowie diese Rationalisierung gegenüber ihrer Umwelt zu kommunizieren. Normen dienen als Basis, um Handeln zur legitimieren und somit auch negativ wie positiv sanktionieren zu können. Sie entscheiden darüber, welche Handlungen gerechtfertigt und akzeptiert werden und welche nicht. Ressourcen, oder Fazilitäten, wie Giddens sie ursprünglich bezeichnet, werden ebenso in zwei Arten unterteilt, allokative und autoritative Ressourcen. Beide Arten von Ressourcen generieren Macht. Allokative

Dinge. Autoritative Ressourcen beziehen sich auf die Macht von Akteuren über Subjekte, also über andere Akteure (Giddens 1997: 14ff., 28ff.).

Klassische Steuerungsmechanismen im Kontext nachhaltigen Wirtschaftens (vgl. Tabelle 1) sind ressourcen-basiert. Sie stützen sich unmittelbar auf staatliche Anordnungsmacht (als bedeutender autoritativer Ressource) oder auf eine Mischung von autoritativen und allokativen Ressourcen – wie bei ökonomischen Instrumenten: hier legt der Staat über Anordnungsmacht die Rahmenbedingungen der Instrumentenausgestaltung fest, danach bestimmt Zahlungsfähigkeit (allokative Ressourcen) über den Umfang des Umweltverbrauches.

Giddens' Strukturationstheorie sensibilisiert dafür, dass gesellschaftliche Steuerung und die Ausbildung sozialer Strukturen nicht ausschließlich über den Rückgriff auf Ressourcen passiert, sondern in gleicher Weise über den Bezug auf Regeln – bzw. „Symbolsysteme" im Sinne der vorliegenden Argumentation.

3. Symbolische Strukturen zwischen Selbstorganisation und aktiver Mitgestaltung – Chancen und Grenzen aktiver Governance

Während bei klassischen Steuerungsmustern (über Strafe/Druck oder Anreize) definiert ist, wer wie steuert (in der Regel der Staat durch Rahmensetzung), so ist dies bei der Steuerung über Symbolsysteme weit weniger klar. Trotz der plausiblen Bedeutung, die Symbolsysteme für die Steuerung des Handelns in Richtung nachhaltiges Wirtschaften haben, bleiben viele Fragen offen:

- Sind Symbolsysteme überhaupt aktiv und willentlich gestaltbar?
- Durch welche Akteure?
- Über welche Mechanismen?

Hier zeigt sich in besonderer Weise die Bedeutung der von Giddens herausgearbeiteten „Dualität von Struktur": Strukturen beeinflussen das Handeln von Akteuren, gleichzeitig werden sie aber im Handeln (re-)produziert, das heißt jedes Handeln hat auch immer Einfluss auf Strukturen. Diese Dualität gilt auch für Symbolsysteme: Diese wirken auf das Handeln von Akteuren zurück, gleichzeitig werden sie durch das Handeln von Akteuren konstituiert, stabilisiert, aber auch verändert. In Abschnitt 4 wird dies an Beispielen deutlich.

Akteure eines nachhaltigen Wirtschaftens müssen in der Lage sein, Symbolsysteme zu interpretieren, um sich in ihrem Handeln geeignet darauf zu beziehen, sie zu stabilisieren bzw. sie zu verändern. „Symbolisches" nachhaltiges Wirtschaften meint daher das gestaltungsorientierte, verantwortliche und ganzheitliche Beeinflussen von Symbolsystemen zur Steuerung nachhaltiger Handlungsweisen. Die Einflussnahme auf Symbolsysteme geschieht dabei auf betrieblicher Ebene, in Wertschöpfungsketten sowie auf marktlicher, staatlicher und gesellschaftlicher Ebene.

Akteure, die dies leisten wollen, benötigen sowohl analytisches als auch kreatives Denkpotenzial (Lester/Piore 1998) oder, nach Claxton (1988), „Hare Brain – Tortoise Mind". Hare brain bezieht sich auf die Fähigkeiten des analytischen Überlegens, Nachdenkens und Beratens, tortoise mind auf die kontemplative, fast meditative, kreative Art des Verstehens. Akteure nachhaltigen Wirtschaftens, die sich Symbolsystemen als Governance Mustern bedienen, sind dem Leader einer Jazzcombo oder einem Designer vergleichbar. Dieser muss die verschiedenen Musiker, Instrumente, Soli, Themen, Tempi und das Publikum sowie deren Rollen und Beziehungen, die sich die ganze Zeit ändern, steuern. Das Ziel ist, anders als oftmals in der klassischen Musik nicht fix und hat keine endgültige Form, sondern liegt in der Improvisation – die Wege dorthin sind kontingent (vgl. Lester/Piore 1998).

4. Nachhaltiges Wirtschaften durch Symbolsystemsteuerung – das Beispiel Stoffstrommanagement bei Öko-Textilien

Stoffstrommanagement und eine integrierte Produktpolitik werden seit einigen Jahren als wichtige Ansätze zur Umsetzung nachhaltigen Wirtschaftens diskutiert (vgl. insb. Enquete-Kommission 1994; de Man 1996; Henseling u.a. 1999 sowie EU-Kommission 2001). In diesem Kontext werden differenziert Erweiterungen der bisherigen Steuerungs- und Governance-Rahmen erörtert, da hier eine Vielzahl an Akteuren involviert sind sowie die Anforderung nach Innovationen und Offenheit der Entwicklung besonders stark zum Tragen kommen. Sie bieten sich daher als Illustrationsbeispiel für das Wirken von Symbolsystemen an.

Basierend auf einem dreijährigen Forschungsprojekt EcoMTex (siehe Kasten zum Projekt) sollen im Folgenden drei Symbolsysteme und deren Auswirkungen auf die Lenkung nachhaltigen Wirtschaftens im Bereich eines produktbezogenen Stoffstrommanagements näher beleuchtet werden:

- Mode als ein Symbolsystem der Makro-Umwelt, das sich direkter Steuerung entzieht und Interaktion mit wichtigen Akteuren wie Designern weiterentwickelt;
- Ökologische Bewertungssysteme, die in Verhandlungen von Akteuren gesetzt werden, jedoch in der Regel schon bestehenden Symbolsystemen aufsetzen;
- Kostenrechnungssysteme als unternehmens- und wertschöpfungsketteninterne Symbolsysteme, deren Gestaltung in der Verfügungsgewalt von Unternehmen liegt.

Tabelle 3: Näher betrachtete Symbolsysteme im Bereich des Stoffstrommanagements

Symbol-System-Beispiel	Umwelt	Interaktions-modus	Beschreibung
Mode	Makro-Umwelt	Interaktion – dynamisch	Designer und Modetrends befinden sich in einem ständig ändernden Gleichgewichts-Zustand mit der Interpretation gesellschaftlicher Trends.
Öko-Bewertungssysteme	Meso-Umwelt (Branchenebene)	Interaktion – dynamisch	TEGEWA[1]-Schema war schon politisch ausgehandelt. Hier treten Change Agents wie Öko-Institut als Akteure auf, die Strukturweiterentwicklung anbieten.
Kostenrechnung (OTTO)	Mikro-Umwelt (Unternehmen, Wertschöfungskette)	Willentliche Setzung	Kostenrechnungssysteme sind in der Regel sehr starre Strukturen (hier Zuschlagskalkulation). Mit Aufkauf der Baumwolle hat Otto das Muster radikal durchbrochen und damit auch den Boden für neue Kostenrechnung gelegt.

1 Branchenverband der Textilhilfsmittelhersteller.

> „Unter dem Management von Stoffströmen der beteiligten Akteure wird das zielorientierte, verantwortliche, ganzheitliche und effiziente Beeinflussen von Stoffsystemen verstanden, wobei die Zielvorgaben aus dem ökonomischen und ökologischen Bereich kommen, unter Berücksichtigung von sozialen Aspekten. Die Ziele werden auf betrieblicher Ebene, in der Kette der an einem Stoffstrom beteiligten Akteure oder auf der staatlichen Ebene entwickelt" (Enquete-Kommission 1994: 549f.).

Stoffstrommanagement ist dabei nur vordergründig eine technische Optimierungsaufgabe, sondern im Kern eine organisationale Herausforderung: Nur bei Kenntnis der Art und Weise, mit der sich Akteure im Wertschöpfungsprozess (Rohstofflieferanten, Produzenten, Händler, Konsumenten, Entsorger) koordinieren und Entscheidungen treffen, lassen sich Wege für die ökologische, soziale und ökonomische Optimierung von Stoffströmen finden. Die Schlüsselfrage eines so verstandenen Stoffstrommanagements ist: Wie kann das Verhalten von Unternehmen, Wertschöpfungsketten und Konsumenten so beeinflusst werden, dass die mit der Rohstoffgewinnung, der Produktion, der Distribution, dem Konsum und der Entsorgung einhergehenden ökologischen (und sozialen) Belastungen möglichst gering gehalten werden?

Das EcoMTex-Projekt (Ecological Mass Textiles)

Während ökologische Produkte heute in vielen Märkten als festes Nischenangebot etabliert sind, gelingt die Durchsetzung entsprechender Produkte im Massenmarkt nicht. Die Marktanteile entsprechender Produkte liegen häufig weit unter fünf Prozent. Dies ist auch für ökologische Textilien der Fall.

Ziel des EcoMTex-Projektes war es, Strategien und Instrumente zur Marktdurchsetzung von Öko-Textilien in Massenmärkten zu entwickeln.

Das Projekt hatte eine Laufzeit vom November 1999 bis zum Ende des Jahres 2002 und wurde vom BMBF gefördert. Unter der Federführung der Universität Oldenburg (Projektleitung/-koordination durch die Autor[-inn-]en dieses Beitrages) untersuchten die Universität Oldenburg, die Fachhochschule Hannover (Fachbereich Design), die Universität St. Gallen (Institut für Wirtschaft und Ökologie) sowie das Öko-Institut Freiburg als wissenschaftliche Partner und der Otto Versand sowie die Klaus Steilmann GmbH als Praxispartner neue Wege zum Erfolg von ökologisch optimierten Textilien in Massenmärkten.

Die umfassenden Analysen von Marktbedingungen, Kostenrechnungssystemen und ökologischen Bewertungssystemen im Rahmen des Projektes bilden die empirische Grundlage für den vorliegenden Beitrag.

Ein symbolorientiertes Stoffstrommanagement geht von der Hypothese aus, dass Individuen genau wie Organisationen als kollektive Akteure von Symbolen und interpretativen Schemata beeinflusst werden. Diese Symbole können sehr unterschiedliche Formen annehmen. Sie können sich beispielsweise im Marktumfeld in der Wahrnehmung von aktuellen Modetrends und insbesondere von Ökotextilien in der Bekleidungsindustrie oder in ökologischen Klassifizierungssystemen, welche auf gesellschaftlicher und politischer Ebene für die Bewertung umweltschädigender Substanzen entwickelt werden, ausdrücken. Nicht nur im Unternehmensumfeld, sondern auch unternehmensintern sind Symbolsysteme von großer Bedeutung. Sie können sich beispielsweise in Kostenrechnungssystemen oder der Qualitätsphilosophie großer (Textil-) Handelsunternehmen äußern.

Tabelle 2 zeigte verschiedene Ebenen von Symbolsystemen; die folgende Betrachtung konzentriert sich exemplarisch auf drei konkrete Symbolsysteme und deren Rückwirkung auf Stoffströme (s.o.): Mode, ökologische Bewertungssysteme und Kostenrechnungssysteme.

4.1 Mode und Stoffströme

Der Markt der Textilindustrie ist stark von Moden und Trends gekennzeichnet. „Mode" kann als das dominanteste Symbolsystem der Textilbranche aufgefasst werden. Neben den generellen, schnell wechselnden Modetrends existieren am Markt sowie in der Gesellschaft ganz bestimmte Wahrnehmungsmuster von „ökologischer Bekleidung", die überraschenderweise seit weit über 15 Jahren sehr konstant geblieben sind. Der Konsument verbindet mit „öko" oftmals Naturfasern, wie Leinen, Hanf, Baumwolle, die in blassen Farben gefärbt sind und darüber hinaus schlabberig sind und die Form nicht halten – der klassische „Ökolook" des „Müslifreaks".

Im EcoMTex-Projekt wurde auf Basis interner Kundenstudien der Projektpartner Otto und Steilmann festgestellt, dass selbst umweltbewusste Kunden nicht unbedingt Ökoprodukte kaufen. Dieses wird im Wesentlichen aus den mangelnden modischen und funktionellen Produkteigenschaften begründet. Ökoprodukte werden bei vielen Kunden als kratzig, labberig, blassfarbig und langweilig angesehen, das Bild von Wollsocken und Strickpulli als Bild der „Öko-Fuzzis" und „Müsli-Fresser" lebt weiter (vgl. Fischer 2002).

Darüber hinaus wird damit eine bestimmte politische Einstellung verbunden: *„Wer so was anzieht, geht auch demonstrieren"*. Darüber hinaus werden auch umweltbewusste Kunden nicht unbedingt von einem moralisierenden Öko-Marketing angesprochen, welches zumindest bei den traditionellen Ökoanbietern noch weit verbreitet ist. Mode soll Spaß machen und zum Erlebnis werden (vgl. Fischer 2002).

Ökologisch optimierte Produkte müssen nun nicht „öko" aussehen, um ökologisch zu sein, sondern können hochmodisch und technisch innovativ sein. Im EcoMTex-Projekt wurde solche zugleich hochmodische als auch funktionale und ökologisch-optimierte Kleidung entworfen bzw. entwickelt. Vermeintlich stünde damit einer Ökologisierung der Textilbranche nichts mehr im Wege. Ein entscheidendes Hemmnis sind aber die bestehenden Wahrnehmungsmuster von Öko-Textilien – wie sich im EcoMTex-Projekt zeigte. Der Vorschlag, ein bauchfreies Top in grellen Farben in Ökoqualität herzustellen, löst sowohl bei den Kunden als auch in den Marketingabteilungen Verwirrung oder Ablehnung aus: *„Das ist doch dann nicht mehr ‚öko'"* oder *„Und das soll ‚öko' sein?"*. Dieses Problem gleicht einem symbolischen Teufelskreis. Einerseits wirkt das bestehende Öko-Look-Image so abschreckend auf viele Kunden, dass sie sich bewusst davon abgrenzen wollen, andererseits sind die damit verbundenen gesellschaftlichen Wahrnehmungsmuster jedoch so festgefahren, dass sich neue modisch-funktionale Ökoprodukte kaum am Markt durchzusetzen vermögen, weil sie nicht „öko" genug sind (vgl. Fischer 2002).

Von diesem Teufelskreis sind insbesondere die „klassischen" Anbieter ökologischer Kleidung betroffen. Sie aktivieren in der Regel durch den Unternehmensauftritt selbst die oben angesprochenen ökologischen Wahrnehmungsmuster und damit verbundenen Doppelbindungen, denen nicht zu entkommen ist (vgl. Fischer 2002).

Ein Weg, der im EcoMTex-Projekt gegangen wurde, ist der komplette Ausbruch aus diesen Wahrnehmungszirkeln. Er steht faktisch nur Unternehmen offen, die nicht schon per se als Gesamtunternehmen als ökologischer Nischenanbieter wahrgenommen werden. Für sie ist es möglich, zugleich modische als auch ökologisch optimierte Kleidung in Märkten einzuführen und bei der Kommunikationspolitik für diese Kleidung peinlich darauf zu achten, ebenfalls keine klassischen ökologischen Denkschemata auszulösen. Im Falle der im EcoMTex-Projekt beteiligten Unternehmen (Otto und Steilmann) geschah dies durch eine Kommunikation, die auf „Lifestyle" und „Innovation" setzte und die ökologisch optimierten Produkte nicht mehr einzeln auswies, sondern vollkommen in das Gesamtsortiment der Unternehmen integrierte. Das Beispiel verdeutlich, wie gerade die Ökologisierung von

Stoffströmen in Massenmärkten ein Verständnis für zum Teil fest verankerte gesellschaftliche Symbolwelten benötigt.

4.2 Ökologische Bewertungssysteme und Stoffströme

Zentrale Symbolsysteme in der Schnittstelle zwischen Unternehmen, der Wertschöpfungskette sowie von Politik und Gesellschaft sind ökologische Bewertungssysteme. Solche Bewertungs- und Klassifizierungsraster sind nicht naturwissenschaftlich determiniert, auch wenn sie sich stark auf naturwissenschaftliche Erkenntnisse stützen. Sie sind vielmehr das Ergebnis von Interpretations- und Aushandlungsprozessen zwischen einer großen Zahl an Akteuren.

Ein eindrucksvolles Beispiel aus der Textilbranche sind sogenannte Klassifikationsschemata für Textilhilfsmittel (ähnliche Klassifikationsschemata existieren aber auch für Stoffe in anderen Bereichen): Mit einem solchen Klassifikationsschema wird eine große Zahl eingesetzter chemischer Produkte (in der Textilveredlung sind dies viele Tausend unterschiedlicher Produkte, die in der Branche zur Anwendung kommen) in eine überschaubare Zahl von Gefährdungsklassen eingeteilt: Produkte der Klasse I gelten demnach zum Beispiel als ökologisch völlig unbedenklich, solche der Klasse II als im Hinblick auf den einzelnen Fall zu prüfen, solche der Klasse III als ökologisch sehr bedenklich.

Ein solches Klassifikationsschema reduziert die Komplexität für den Produktanwender erheblich. Textilveredler sind oft kleine oder mittelständische Unternehmen, die überhaupt nicht über die notwendigen Ressourcen verfügen, um alle von ihnen eingesetzten Produkte differenziert bewerten zu können. Anhand des Klassifikationsschemas können sie auf einfache Weise den Einsatz der von ihnen verwendeten Textilhilfsmittel steuern. So könnte zum Beispiel ein ökologisch besonders sensibles Unternehmen entscheiden, nur noch Produkte der Klasse I einzusetzen, oder ein Unternehmen, das ökologische Risiken vermeiden will, sich entscheiden, auf Produkte der Klasse III in Zukunft vollkommen zu verzichten. Die Klassifikationsschemata sind mithin ein Symbolsystem, das erhebliche Auswirkungen darauf hat, wie die Stoffströme in diesem Bereich ökologisiert werden.

Welches konkrete Textilhilfsmittel nun in welcher Klasse landet, entscheidet sich an den zahlreichen Stellschrauben eines solchen Klassifikationsmodells: Das Modell muss festlegen, welche ökologisch relevanten Kriterien überhaupt erfasst werden (Toxizität?, biologische Abbaubarkeit?, Zugehörigkeit zu bestimmten Schadstoffgruppen?), wie für jedes der berücksichtigten Kriterien die Grenzwerte festgelegt werden (ab welcher Abbaubarkeit kann keine Einstufung mehr in Klasse I erfolgen?). Keine dieser Stellschrauben ist quasi objektiv gesetzt. Sie ergibt sich aus Verhandlungsprozessen zwischen Akteuren oder baut selber wieder auf darunter gelagerten Symbolsystemen auf (zum Beispiel der Frage, welche Testmethoden zur Messung biologischer Abbaubarkeit sich über Jahrzehnte in der wissenschaftlichen Community etabliert haben).

So liegen in der politischen Diskussion und in Wertschöpfungsketten zahlreiche ökologische Bewertungs- und Klassifizierungsschemata zur Beurteilung der ökologischen Wirkungen von verschiedenen (Vor-)produkten wie Textilhilfsmitteln vor. In der Textilindustrie hat unter anderem der Branchenverband der Textilhilfsmittelhersteller (TEGEWA) ein solches Schema vorgelegt, das nach intensiven Diskussionen mit politischen Akteuren (zum Beispiel Umweltministerium, Umweltbundesamt) leicht modifiziert zur Grundlage einer freiwilligen Branchenselbstverpflichtung und damit faktisch zu einem Leitschema für die deutsche Textilveredlungsbranche wurde.

Interpretatives Stoffstrommanagement bedeutet in diesem Fall daher die Einflussnahme auf solche Symbolsysteme. Diese können jedoch nicht im „freien Raum“ beliebig verändert werden. In der Regel ist die Weiterentwicklung pfadabhängig und knüpft an bisherige Symbolsysteme an. Im EcoMTex-Projekt wurde dem Rechnung getragen, indem das Projekt in enger Abstimmung mit den Branchenakteuren das TEGEWA-Klassifikationsschema auf weitere Produktgruppen (Textilfarbstoffe) angewendet und es im Hinblick auf den Einsatz in den beteiligten Unternehmen leicht modifiziert hat. Mit einem solchen Schema haben dann marktmächtige Unternehmen wie Otto die Möglichkeit, die Ökologisierung von Stoffströmen auch in ihren globalen Zulieferketten zu beeinflussen.

4.3 Kostenrechnungssysteme und Stoffströme

Ein weiteres bedeutendes Symbolsystem für die Steuerung von Stoffströmen sind Kostenrechnungssysteme in Unternehmen. Anders als im öffentlichen Umgang häufig suggeriert, sind „Kosten“ kein objektiv zu ermittelndes Datum. Als bewerteter Güterverzehr unterliegt die Berechnung von Kosten vielmehr umfassenden Bewertungs- und Zurechnungsspielräumen. Die Nutzung dieser Interpretationsspielräume hängt von den mit den Kosteninformationen beabsichtigten Zwecken ab. Und innerhalb von Unternehmen und Wertschöpfungsketten treffen Akteure aufeinander (die Shareholder, das Management, Leiter einzelner Abteilungen, Kunden und Lieferanten), die sehr unterschiedliche Zwecke verfolgen und daher häufig aktiv darauf einzuwirken suchen, wie das Symbolsystem „Kostenrechnung“ genau auszugestalten ist. Mythen, wie diejenigen, dass Kosten objektiv, exakt und im Wesentlichen produktions-bestimmt seien, entlarven sich sehr schnell vor einer solchen Perspektive.

Auch für die Ökologisierung von Stoffströmen spielt die Ausgestaltung des Symbolsystems Kostenrechnung eine zentrale Rolle. Im EcoMTex-Projekt zeigte sich die restringierende Wirkung der in der Textilbranche weit verankerten pauschalen Zuschlagskalkulation als ein großes Hindernis für die Durchsetzung ökologischer Innovationen. Wenn die Kosten für den Bearbeitungsschritt einer nachgelagerten Wertschöpfungsstufe (zum Beispiel das Spinnen von Baumwolle) durch einen prozentualen Aufschlag auf den Einkaufspreis des Vorproduktes (hier beispielsweise der Roh-Baumwolle) berechnet werden, dann multipliziert sich ein anfänglich nur geringfügig höherer Rohstoffpreis (zum Beispiel für kontrolliert-biologisch angebaute statt konventioneller Baumwolle) über die verschiedenen Wertschöpfungsstufen zu einem gewaltigen Differenzbetrag beim Endprodukt. Aus 50 Cent Mehrpreis für die Baumwolle am Anfang können dann schnell 20 Euro beim fertigen Sweatshirt werden, obwohl außer der teureren Baumwolle auf den weiteren Verarbeitungsschritten kein Mehraufwand angefallen ist (vgl. hierzu Goldbach 2001).

Die Veränderung des Symbolsystems (zum Beispiel Einsatz einer Prozesskostenrechnung statt einer solchen auf die Einkaufspreise ausgerichteten Zuschlagsrechnung oder das Abfangen der Mehrkosten am Anfang der Kette durch den eigenständigen Aufkauf der Bio-Baumwolle und seiner kostenneutralen Weitergaben an die folgenden Verarbeiter) eröffnet dann ganz andere Möglichkeiten zum Vertrieb ökologisch optimierter Textilien im Markt. Ökologische Massenmarktprodukte und damit auch in relevanten Mengen ökologisch beeinflusste Stoffströme werden auch hier erst durch Einflussnahme auf Symbolsysteme möglich.

5. Ausblick

Der vorliegende Beitrag hat am Beispiel des Stoffstrommanagements einen Rahmen für Governance-Strukturen nachhaltigen Wirtschaftens durch Symbolsysteme skizziert. Am Beispiel der textilen Kette wurde illustriert, wie vielfältig die Rückwirkungen von Symbolsystemen auf die Steuerung von Stoffströmen (Substanzen) sind. Die Beispiele haben hinreichend verdeutlich, dass Symbolsysteme einen wichtigen Baustein zum Verständnis von Governance-Systemen zur Förderung nachhaltigen Wirtschaftens darstellen. Die Erforschung ihres Wesens und ihrer Wirkmechanismen steht jedoch erst am Anfang.

Der vorliegende Beitrag konnte daher nur erste kleine Schritte zu einem sehr viel umfassenderen Forschungsprogramm leisten. Für die weitere Forschung bestehen insbesondere folgende Herausforderungen:

- *Vertiefte theoretische Fundierung.* Giddens´ Strukturationstheorie liefert mit der Betonung der strukturellen Bedeutung von interpretativen Schemata und Normen nur einen Meta-Rahmen für die Erklärung der Wirkung von Symbolsystemen. Durch Rückgriff auf weitere sozialwissenschaftliche Theorien, die Grundlage für eine kulturaltistische Fundierung betriebswirtschaftlicher Phänomene sein können[2], gilt es, den theoretischen Rahmen für ein interpretatives Stoffstrommanagement zu erweitern.
- *Differenzierte empirische Forschungsdesigns.* Neben der Erarbeitung verbesserter theoretischer Rahmen muss die weitere Forschung im Feld in empirischen Studien die Rückwirkungen von Symbolsystemen auf Stoffströme aufzeigen. Hierzu bedarf es geeigneter qualitativ-empirischer Forschungsdesigns, die dem hermeneutischen Charakter einer entsprechenden Forschung gerecht werden. Eventuell ist auch an intelligente Formen der Aktionsforschung zu denken, wie sie zum Teil in aktuellen Forschungsprojekten zur Untersuchung ökologischer Massenmärkte betrieben wird[3]. Auch das EcoMTex-Projekt folgte mit der Einbindung von Praxispartnern, die marktfähige Kollektionen entwickelten und neue Kommunikationsstrategien während des Projektes umsetzten, einem Aktionsforschungsdesign.
- *Differenzierte Ableitung von Handlungskonsequenzen für die Akteure nachhaltigen Wirtschaftens.* Die Steuerung nachhaltigen Wirtschaftens durch Symbolsysteme folgt keinen einfachen Ziel-Mittel-Logiken, ähnelt eher einem systemischen Management, hat häufig den Charakter von Kontext-Management. Es bedarf daher der Erarbeitung von Handlungshinweisen, die die Steuerungsgrenzen von Symbolsystemen explizit thematisieren.

Literatur

Bourdieu, Pierre: Zur Soziologie der symbolischen Formen. Frankfurt 1974

Claxton, Guy: Hare Brain Tortoise Mind: Why Intelligence Increases When You Think Less. London 1998

Crozier, Michel/Friedberg, Erhard: Actors and Systems: the Politics of Collective Action. Chicago 1980

---

2 Zum Diskurs zur kulturalistischen Wende in den Sozialwissenschaften siehe Hartmann/Janisch 2002 Vgl. auch die differenzierte Analyse der Bedeutung von Symbolsystemen bei Bourdieu 1974.

3 Vgl. das Eco-Top-Ten-Projekt des Öko-Institutes in Freiburg, in dem mit breit gestreuten Werbekampagnen auf die Wahrnehmungsmuster von ökologischen Massenmarktprodukten Einfluss genommen wird.

De Man, Reinier: Lernprozess für Staat und Wirtschaft – Zwischenbilanz zum Erfolg des Stoffstrommanagements in Deutschland. In: Ökologisches Wirtschaften 5 (1996), S. 10-12
Dyllick, Thomas: Management der Umweltbeziehungen: Öffentliche Auseinandersetzungen als Herausforderung (Neue Betriebswirtschaftliche Forschung, Band 54). Wiesbaden 1989
Duden, Band 5: Das Fremdwörterbuch. Mannheim u.a., 5. Auflage 1990
Enquete-Kommission „Schutz des Menschen und der Umwelt des Deutschen Bundestages" (Hrsg.): Die Industriegesellschaft gestalten – Perspektiven für einen nachhaltigen Umgang mit Stoff- und Materialströmen. Bonn 1994
EU-Kommission: Grünbuch Integrierte Produktpolitik. Brüssel 2001
Fischer, Dirk: Das Wollsocken-Image überwinden – Kleidung als Kommunikationsmedium und das Marketing von Öko-Textilien. In: GAIA 11 (2002) 2, S. 123-128
Giddens, Anthony: The Constitution of Society – Outline of the Theory of Structuration. (zuerst 1984) Cambridge 1997
Goldbach, Maria: Coordination in Green Value Networks – The Example of Eco-Textile Networks. Vortrag anlässlich der Business Strategy and the Environment Conference 2002, Manchester. Ms. (unveröff.)
Goldbach, Maria: Managing the Costs of Greening: A Supply Chain Perspective, Conference Proceedings Business Strategy and the Environment Conference, September $10^{th}/11^{th}$ 2001, Leeds, S. 109-118
Henseling, Karl-Otto/Schneidewind, Uwe/Seuring, Stefan: Umweltgebrauch sichtbar machen – Zum Stand des Stoffstrommanagements in Deutschland. Politische Ökologie (1999) 62, S. 28-31
Hoffman, Andrew: From Heresy to Dogma. San Francisco 1997
Hartmann, Dirk/Janich, Peter (Hrsg.): Die kulturalistische Wende. Frankfurt 2002
Kluge, Friedrich: Etymologisches Wörterbuch der deutschen Sprache. Berlin u.a., 22. Auflage 1989
Lester, Richard K./Priore, Michael J./Malek, Kamal M.: Interpretive Management: What General Managers Can Learn from Design. In: Harvard Business Review (1998) March/April, S. 87-96
Maier, Simone/Finger, Matthias: Constraints to Organizational Change Processes Regarding the Introduction of Organic Products: Case Findings from the Swiss Food Industry: In: Business Strategy and the Environment 10 (2001), S. 89-99
Matten, Dirk/Wagner, Gerd Rainer: Zur institutionenökonomischen Fundierung der Betriebswirtschaftlichen Umweltökonomie. In: Zeitschrift für Umweltpolitik und Umweltrecht (1999) 4, S. 471-506
Messner, Dirk: Die Netzwerkgesellschaft. Köln 1995
Meyer, Arnt: Produktbezogene ökologische Wettbewerbsstrategien. Handlungsoptionen und Herausforderungen für den schweizerischen Bekleidungsdetailhandel. Wiesbaden 2002
Minsch, Jürg u.a.: Institutionelle Reformen für eine Politik der Nachhaltigkeit. Berlin 1998
Ortmann, Günter: Formen der Produktion. Opladen 1995
Ortmann, Günter/Sydow, Jörg/Windeler, Arnold:Organisation als reflexive Strukturation. In: Ortmann, Günter/Sydow, Jörg/Türk, Klaus (Hrsg.): Theorien der Organisation – Die Rückkehr der Gesellschaft. Opladen 1997, S. 315-354
Schmidt, Siegfried J.: Der Radikale Konstruktivismus: Ein neues Paradigma im interdisziplinären Diskurs. In: Schmidt, Siegfried J. (Hrsg.): Der Diskurs des Radikalen Konstruktivismus. Frankfurt/Main, 8. Auflage 2000
Schneidewind, Uwe: Die Unternehmung als strukturpolitischer Akteur. Marburg 1998
Schneidewind, Uwe/Feindt, Peter Henning/Meister, Hans Peter/Minsch, Jürg/Schulz, Thorsten/Tscheulin, Jochen: Institutionelle Reformen für eine Politik der Nachhaltigkeit: Vom Was zum Wie in der Nachhaltigkeitsdebatte. In: GAIA 6 (1997) 3, S. 182-196
Seuring, Stefan: Greening Products by Supply Chain Target Costing – The Example of Polyester Linings. Proceedings of the 12th Annual Conference of the Production and Operations Management Society, POM 2001, March 30th – April 02nd, 2001. Orlando, Florida (USA)

Nachhaltigkeitsmanagement im Spannungsfeld von inner- und außerbetrieblicher Interessenpolitik

Stefan Schaltegger

Vermutlich jeder von uns kann sich an mindestens eine konfliktreiche Auseinandersetzung zwischen einer Unternehmung und einer Umweltorganisation erinnern. Die interessenpolitische Betroffenheit der Unternehmensführung ist uns gerade im ökologischen Kontext immer wieder vor Augen geführt worden. Demonstrationen, Blockaden, Medienkampagnen oder Unterschriftenaktionen von Umweltverbänden, Bürgerinitiativen und Parteien entfalten seit den siebziger Jahren große Breitenwirkung. Spektakuläre Beispiele boten die Brent-Spar-Affäre (www.greenpeace.org), Forderungen nach dem Verbot PVC-haltiger Baustoffe, die Castor-Blockade (www.oneworldweb.de) oder diverse Kampagnen gegen die Massentierhaltung (www.tierschutz-web.de).

Die große Bedeutung interessenpolitischer Prozesse in und im Umfeld von Unternehmen ist gerade im Kontext des Nachhaltigkeitsmanagements unbestritten. Trotzdem gelingt es Nachhaltigkeitsmanagern in der Praxis meist zu wenig, die idealisierte Welt eines „wohlwollenden Diktators" zu verlassen und die interessenpolitischen Konsequenzen ihrer Maßnahmenvorschläge ex ante zu beachten. Interessenpolitische Naivität ist ein wesentlicher Grund für beträchtliche Vollzugsschwierigkeiten. Dennoch wird Interessenpolitik auch in der allgemeinen Managementliteratur nur stiefmütterlich behandelt. In Lehrbüchern zum Nachhaltigkeitsmanagement ignoriert man sie sogar weitgehend. Aufgegriffen wird das Thema nur vereinzelt in theoretischen Beiträgen (z.B. Birke/Schwarz 1997; Bone-Winkel 1997; Krüsel 1996; Schaltegger 1999; Schaltegger u.a. 2003; Stieger 1997). Die genannten Publikationen beleuchten interessenpolitische Prozesse allerdings hauptsächlich im innerbetrieblichen Handlungskontext. Beiträge zur ökologiebezogenen Interessenpolitik, die das Verhältnis zwischen der Unternehmung und außerbetrieblichen Stakeholdern in den Mittelpunkt stellen, sind noch seltener anzutreffen (Dyllick 1989; Schaltegger/Petersen 2001; Schneidewind 1998).

Nach einer Begründung für die Bedeutung interessenpolitischen Verhaltens für das Nachhaltigkeitsmanagement (Abschnitt 1) legt dieser Beitrag in Abschnitt 2 eine Methode zur Analyse interessenpolitischer Prozesse dar und diskutiert der Analyselogik entsprechend mögliche Anlässe für interessenpolitisches Verhalten im Nachhaltigkeitskontext, Organisations- und Durchsetzungsfähigkeit sowie in Abschnitt 5 die Managementoptionen.

1. Bedeutung interessenpolitischen Verhaltens

Eine Reihe von Gründen sprechen dafür, dass interessenpolitische Prozesse bedeutend sind und auch für das Nachhaltigkeitsmanagement nicht unterschätzt werden sollten (vgl. Crozier 1992; Morgan 1986; Neuberger 1995; Schaltegger/Petersen 2001). So übertragen sich gesellschaftliche und staatlich-politische Konflikte wie zum Beispiel zwischen Arbeitsplätzen und Umweltschutz oft in Maßstabsverkleinerung auf die Unternehmen. Bevor Differenzen auf der betrieblichen Ebene sachlich diskutiert werden, ordnen die Akteure sich selbst und andere Stakeholder oft bestimmten ideologischen Lagern zu und schaffen so ein konfliktäres Klima.

Besonders im Nachhaltigkeitskontext von Bedeutung ist, dass Organisationen in unterschiedliche Funktionsbereiche und Geschäftsfelder gegliedert sind, so dass nicht alle Akteure und Einheiten innerhalb der Unternehmung den gleichen Zielen verpflichtet sind. Entsprechend entstehen, quasi durch die Aufgabe konstitutiv bedingt, Interessenunterschiede innerhalb des Unternehmens. Als funktionsübergreifende Aufgabe liegt das Nachhaltigkeitsmanagement mit seinen Anliegen häufig quer zu den Interessen der anderen Managementfunktionen. Auch kommt es mit der Umsetzung einer nachhaltigen Unternehmensentwicklung zu einer Verlagerung des nachgefragten Know-hows, während das Nachhaltigkeitsmanagement vor der Aufgabe steht, ökonomische Kooperations- und Integrationsleistungen zu leisten.

Die zunehmenden Anlässe und die Bedeutung der Interessenpolitik in und im Umfeld von Unternehmen zeigen, dass es wirklichkeitsfremd und wenig hilfreich ist, Mikropolitik im Kontext des Nachhaltigkeitsmanagements lediglich als Störfaktor abzutun.

> „Politik ist sowohl unvermeidlich als auch unverzichtbar“ (Neuberger 1995: 8).

Auch im Nachhaltigkeitsmanagement kann Interessenpolitik nicht vermieden werden, da selbst der Verzicht auf eine gezielte interessenpolitische Einflussnahme einer (mikropolitischen) Bestätigung des bestehenden Zustands gleichkommt.

Das weit verbreitete Ausblenden von machtgeleiteten Prozessen und die übliche Konfliktverdrängung erschweren das Nachhaltigkeitsmanagement. Um die Kosten von Vollzugsproblemen zu reduzieren, und um der Frustration über die Abwehrhaltung und Manipulationsversuche anderer Akteure vorzubeugen, ist das Erkennen, die systematische Analyse und ein gezieltes Management interessenpolitischer Prozesse erforderlich.

2. Analyse interessenpolitischer Prozesse

Auch wenn sich Umweltverbände und andere ökologisch oder ethisch motivierte Interessenvertreter durch eine Gemeinwohlorientierung kennzeichnen, kann davon ausgegangen werden, dass sie ein Maximum an ökologischen oder sozialen Schutzmaßnahmen anstreben und ihre Ziele auch auf Kosten anderer Stakeholderforderungen durchzusetzen versuchen. Bei interessenpolitischen Prozessen im unternehmerischen Umfeld kann dementsprechend davon ausgegangen werden, dass das entsprechende Verhalten von Stakeholdern von den Bemühungen geprägt ist, seine Anliegen außerhalb der Marktprozesse durchzusetzen.

Das Management ist demnach herausgefordert, interessenpolitisch agierende Akteure und die von ihnen ausgehenden Prozesse sowie ihre Relevanz rechtzeitig zu erkennen und die erforderlichen Managementmaßnahmen in die Wege zu leiten (Abbildung 1). Nach der Identifikation der Stakeholder sind in einem ersten Schritt Gründe, Anlässe und Attraktivivität mikropolitischer Beeinflussung des Managements abzuklären. Danach erfolgt die Analyse der Organisationsfähigkeit und des tatsächlichen Organisationsgrads der Stakeholder. Drittens ist die relative Durchsetzungsfähigkeit der Anspruchsgruppen zu untersuchen. Die Ergebnisse der interessenpolitischen Analyse des Stakeholderverhaltens dienen letztlich dem gezielten und systematischen Management der Stakeholderbeziehungen.

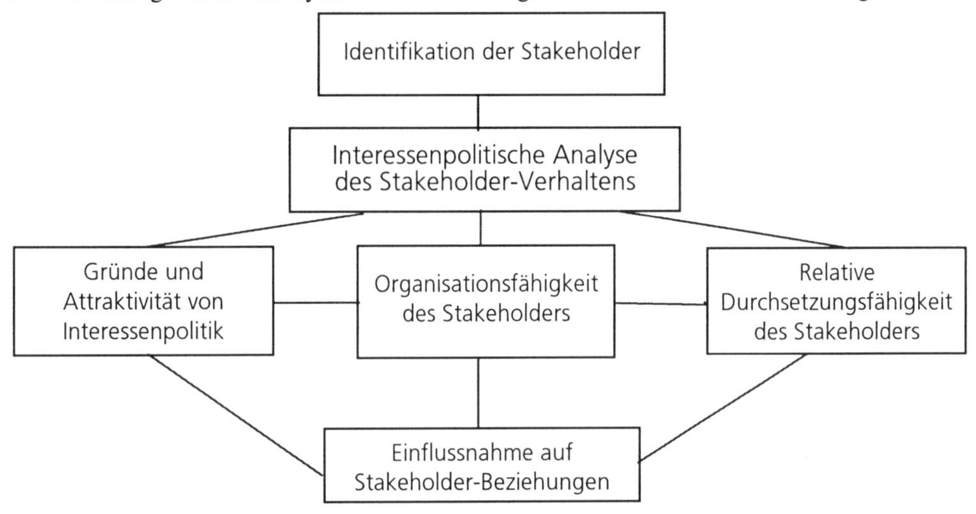

Abbildung 1: Interessenpolitische Analyse des Stakeholderverhaltens

2.1 Gründe für interessenpolitisches Verhalten

Im Unterschied zu politischen Programmen (Policy) und Prozessen (Politics) im Staat wird Interessenpolitik in und im Umfeld von Unternehmen oft mit dem Begriff der „Mikropolitik" umschrieben (vgl. auch Bone-Winkel 1997: 94; Neuberger 1995: 16; Schaltegger/Petersen 2001), wobei hier die Begriffe Interessenpolitik und Mikropolitik synonym verwendet werden.

Zu den Gründen, weshalb Stakeholder interessenpolitisch aktiv zu werden versuchen, gehören:

- *Ersatz fehlender Märkte (Behebung von Staatsversagen) und Behebung von Marktversagen:* Viele natürliche Ressourcen besitzen ausgeprägte Eigenschaften öffentlicher Güter (z.B. Flüsse oder die Atmosphäre). Selbst Güter, deren Nutzungspotenziale zum Teil marktfähig sind (z.B. Wälder als Holzlieferant, Wildreservat), besitzen weitere Funktionen (z.B. CO_2-Bindung, Regulation des Wasserhaushalts), die einen Ausschluss kaum zulassen. Ihr Marktwert liegt damit prinzipiell unterhalb ihrer tatsächlichen Wertschätzung. Die Nutzung natürlicher Ressourcen geht schließlich mit negativen externen Effekten einher, von denen weitere Naturgüter betroffen sind. Wird die nachhaltige Steuerung ihrer Inanspruchnahme durch Marktprozesse erschwert, gewinnen interessenpolitische Regelungen an Bedeutung. Sind diese unzureichend, liegt ein Staatsversagen vor. Dementsprechend bestehen für viele, besonders öffentliche Güter (wie z.B. Verteilungsgerechtigkeit, gute Umweltqualität) keine oder nur unzureichend funktionierende Märkte. Deshalb muss mit politischen Korrekturmaßnahmen sichergestellt werden, dass Unternehmen die externen Kosten internalisieren. Da Marktversagen in der Realität jedoch nicht durch volkswohlmaximierende Sozialplaner und altruistisch wohlwollende Unternehmensleitungen behoben werden (können) und hinsichtlich der Korrektur von Marktversagen oft Staatsversagen besteht, werden Stakeholder mikropolitisch aktiv. Die mikropolitischen Maßnahmen können direkt zu einem Angebot der gewünschten Güter führen oder der Schaffung funktionsfähigerer Gütermärkte dienen. Es sind folglich oft sozial und ökologisch motivierte Stakeholder, die sich auf interessenpolitische Maßnahmen konzentrieren.

- *Veränderung der Rahmenbedingungen eines Marktes:* Auch wenn funktionierende Märkte bestehen, können Stakeholder Anreize haben, mikropolitisch aktiv zu werden. Durch eine Beeinflussung der Rahmenbedingungen (z.B. der Regulierungen) eines Marktes können Stakeholder versuchen, den Absatz der von ihnen angebotenen Güter und die eigene Konkurrenzfähigkeit auf den Märkten zu erhöhen. Es geht darum, eine bessere Ausgangslage in einem auf Gewinnerzielung ausgerichteten Prozess zu haben. In diesem Fall streben die Stakeholder eine Verzerrung der Rahmenbedingungen des Marktes zu ihren Gunsten an. Ein Beispiel dafür wäre die exklusive Beschäftigung von Angehörigen einer Berufsgruppe mit nationalem Fähigkeitsausweis. Damit werden Markteintrittsbarrieren für ausländische Arbeitskräfte geschaffen und höhere Löhne auf dem inländischen Markt ermöglicht.
  Wird das Leistungsangebot von umweltfreundlichen Unternehmen (z.B. Öko-Pionieren) durch staatliche Regulierungen behindert, dann ist aus deren Sicht eine Deregulierung notwendig. Eine Benachteiligung (oder Bevorzugung) ökologischer Produktionsweisen und Produkte kann beispielsweise über die staatliche Subventionsvergabe (z.B. in der Landwirtschaft) oder über die Bereitstellung öffentlicher Forschungsetats zugunsten bestimmter Technologien (z.B. Kernenergie oder Windkraftanlagen) herbeigeführt werden. Verfolgen Unternehmensverbände eine parlamentarische Lobbyarbeit, die den ökologisch ineffizientesten Unternehmungen den Anschluss sichern soll, steigt für Öko-Leader der Anreiz zur Gründung ökologisch proaktiver (Gegen-) Verbände (wie z.B. BAUM – www.baumev.de, ÖBU – www.oebu.ch, Future e.V.- www.future-ev.de).
- *Ersatz von Marktprozessen:* Je nach kulturellen und politischen Rahmenbedingungen, unter denen die Unternehmungsleitung operiert, fallen unterschiedlich hohe Kosten von Marktprozessen und mikropolitischen Prozessen an. Die Weitung des eigenen Handlungsspielraums – bzw. die Einschränkung des Handlungsspielraums anderer – ist dann attraktiv, wenn die eigenen Ziele besser und kostengünstiger mit interessenpolitischen Aktivitäten erreicht werden können als mit freiwilligen Vereinbarungen im Rahmen von marktlichen Prozessen. Im Extremfall versuchen Stakeholder, den Markt vollständig zu eliminieren und Marktprozesse durch politische Planung zu ersetzen. Beispiele dafür finden sich im Gesundheitswesen, wo in bestimmten Ländern das Austauschverhältnis von Leistung und Gegenleistung weitgehend politisch determiniert ist. Eine dritte Möglichkeit Märkte zu eliminieren, besteht darin, den Handel mit bestimmten Gütern (z.B. Drogen, Elfenbein) durch direkte hoheitliche Eingriffe oder durch vertragliche Vereinbarungen zu verbieten, wie dies im Rahmen der sogenannten CITES-Abkommen (Convention on International Trade in Endangered Species of Wild Fauna and Flora, vgl. www.cites.org) in der Vergangenheit erfolgt ist und großteils auch noch heute der Fall ist. In der Folge entstehen allerdings meistens Schwarzmärkte, die gerade im Falle des Artenschutzes verheerendere Ausmaße annehmen können als die Einbeziehung kommerzieller Jäger in eine nachhaltig betriebene Abschussregelung.

Produkte und Produktion kann ebenfalls ein Grund für interessenpolitisches Agieren sein. Informationsasymmetrien haben in der ökonomischen Theorie als zentrales Principal-Agent-Problem (vgl. Eisenhardt 1989) besonders im Hinblick auf das Verhältnis zwischen Management (Agent) und Kapitalgeber (Principal) an Beachtung gewonnen: Da das Management über das betriebliche Geschehen in der Regel besser informiert ist als die Eigentümer, bestehen Anreize, diese Informationsasymmetrien bei Vorliegen von Interessendifferenzen auszunutzen. So können zum Beispiel akkumulierende Altlasten solange verheimlicht werden, bis die verantwortlichen Manager die Unternehmung wechseln oder ihren Ruhestand antreten.
Um entsprechende Risiken der Kapitalgeber zu begrenzen, haben Aufsichtsräte (bzw. Verwaltungsräte) in Kapitalgesellschaften die Funktion, kritische Informationen zugunsten der Aktionäre einzuholen und Rechenschaft zu verlangen. Als Grundlage dient die regelmäßige Einsicht in Monitoring-Systeme, zu denen unter anderem die Buchführung, die Plan- und die Kostenrechnung gehören. Zur Sicherstellung einer akzeptablen Informationsbasis erfordert das betriebliche Nachhaltigkeitsmanagement dementsprechend die Einführung eines ökologischen Rechnungswesens.

- Sind *Asymmetrien im Machtverhältnis* der Verhandlungspartner grundsätzlicher Natur, bestehen Anreize, diese durch interessenpolitische Prozesse auszugleichen. Als schutzbedürftig sind die Interessen der privaten Endverbraucher und der Arbeitnehmer gegenüber der Unternehmung in Deutschland gesetzlich verankert, während das Privatrecht unter Kaufleuten grundsätzlich von gleichberechtigten Verhandlungspartnern ausgeht. Verbraucherverbände, Gewerkschaften und Betriebsräte können darauf aufbauend ökologiebezogene Ansprüche einbringen.
  Beruhen Machtasymmetrien auf den oben angesprochenen Informationsvorbehalten der Unternehmung, betreffen diese beispielsweise die Ausweitung des Verbraucherschutzes durch Verpackungshinweise auf (z.B. gentechnisch veränderten) Lebensmitteln (www.verbraucherschutz-magazin.de). Gewerkschaften können durch Forschungsergebnisse veranlasst werden, eine Verschärfung der gesundheitlichen Schutzbestimmungen einzufordern.

Auch wenn Gründe für mikropolitisches Verhalten bestehen, werden Stakeholder erst aktiv, wenn ein entsprechendes Agieren als attraktiv, das heißt als erfolgversprechend angesehen wird.

2.2 Attraktivität von Mikropolitik

Aus Sicht einer Anspruchsgruppe hängt die *Attraktivität der interessenpolitischen Beeinflussung der Unternehmensführung* einerseits von der *Höhe der erwarteten Erträge* und andererseits von den *Kosten* ab bzw. der Externalisierbarkeit der Kosten auf andere Stakeholder.

Die mikropolitische Beeinflussung des Managements ist für einen Stakeholder dann lohnenswert, wenn eine Umverteilung der Wertschöpfung zu seinen Gunsten erfolgt und er dafür keine zu hohen Kosten aufwenden muss. Folglich wird Mikropolitik gegenüber der Unternehmungsleitung besonders dann lohnenswert, wenn der Wettbewerb zwischen den Anspruchsgruppen eingeschränkt ist. Dies kann grundsätzlich durch persönliche, ethnische oder soziale Bande sowie durch Seitenzahlungen erreicht werden.

Je weniger eine Anspruchsgruppe vom Management abhängt, desto extremere Forderungen kann sie stellen. Von unternehmensunabhängigen Mitgliederbeiträgen und Spenden finanzierte Organisationen sind demnach in ihrer Meinungsbildung von der Unternehmungsleitung unabhängiger als Lieferanten, Angestellte und dergleichen. Ausgeprägte interessenpolitische Prozesse zwischen Stakeholdern sind demgegenüber unwahrscheinlich, wenn es nur wenige Anspruchsgruppen gibt, die über Marktprozesse am ökonomischen Erfolg der Unternehmung teilhaben (z.B. über Löhne, Gewinnbeteiligungen). Sie werden in einem solchen Fall zögern, extreme interessenpolitische Forderungen an das Management zu stellen, da die Kosten im Marktprozess weitgehend „internalisiert" sind. Ein Beispiel hierfür wäre, wenn die Anwohner gleichzeitig auch Mitarbeiter der Firma sind. Um ihren Arbeitsplatz nicht zu gefährden, werden die Anwohner kaum exorbitante Forderungen an die Unternehmung stellen. Je weniger Stakeholder eine Unternehmungsleitung hat, desto stärker wird auch der Zusammenhang zwischen dem persönlichen Nutzen der Anspruchsgruppe und dem ökonomischen Erfolg der Unternehmung wahrgenommen.

Eine besondere Form von Kosten, die sich aus Ansprüchen eines Stakeholders gegenüber einer Unternehmung ergeben können, sind die *moralischen Kosten* für den Forderungssteller (vgl. z.B. Frey 1990). Stakeholder werden ihre Ansprüche oft reduzieren, wenn sie zum Beispiel eine kleine lokale Firma offensichtlich in den Ruin treiben und arbeitslosen Mitarbeitern auf der Strasse begegnen würden. Die moralischen Kosten hängen demnach mit der Fühl- und Sichtbarkeit des Zusammenhangs zwischen Forderung und Wirkung zusammen. Bei großen, anonymen Unternehmungen besteht hingegen die Illusion, niemandem persönlich weh zu tun. Hinzu kommt, dass die direkten Zusammenhänge und Konfliktpotenziale zwischen unterschiedlichen Ansprüchen der Gruppen meist weniger offensichtlich sind, wenn die Unternehmensleitung viele fordernde Stakeholder hat.

Zweitens hat die *Höhe der potenziellen Gewinne* der Mikropolitik einen Einfluss auf die Attraktivität von Beeinflussungsversuchen. Gegenüber großen und finanzkräftigen Unternehmungen können höhere Forderungen gestellt werden, da die Rivalität zwischen den Stakeholdern bei der Aufteilung der Wertschöpfung der Unternehmung weniger offensichtlich ist. Bei kleinen Firmen sind die ökonomischen Wirkungen für die anderen Stakeholder schneller ersichtlich, weshalb diese sich vehementer zur Wehr setzen.

Die Attraktivität unternehmensbezogener Interessenpolitik kann zum Beispiel im 1996 ausgetragenen Konflikt um die Ölplattform „Brent Spar" zwischen Greenpeace und Shell illustriert werden. Greenpeace ist von unternehmensunabhängigen Mitgliedsbeiträgen finanziert, und da die wenigsten Mitglieder von Greenpeace bei Shell arbeiten, fallen die meisten ökonomischen Kosten eines Boykotts bei Greenpeace-externen Gruppen an. Solange die Mitglieder es billigen, kann Greenpeace gegenüber Shell weitestgehend kompromisslos auftreten, da Greenpeace nicht von Shell abhängig ist. Da es sich bei Shell um einen finanzkräftigen, „anonymen" multinationalen Ölkonzern handelt und ein Konkurs aufgrund eines Boykotts unwahrscheinlich ist, fallen auch keine moralischen Kosten an.

Sind interessenpolitische Maßnahmen im Vergleich zu unternehmerischen Tätigkeiten auf dem Markt attraktiv, so bestehen Anreize zu entsprechendem Verhalten der Stakeholder. Dies ist freilich nicht ausreichend, damit ein Stakeholder auf die Unternehmensleitung tatsächlich erfolgreich politisch Einfluss nehmen kann. Anspruchsgruppen müssen sich vielmehr im politischen Wettbewerb mit anderen Stakeholdern erst organisieren und ihre Ziele wirksam durchsetzen.

2.3 Organisation von Stakeholdern

Damit Stakeholder ihre Ziele gegenüber einer Unternehmungsleitung durchsetzen können, müssen sie sich *gruppenintern organisieren* und in vielen Fällen auch *Allianzen* mit anderen Anspruchsgruppen bilden. Die Organisationsfähigkeit der Stakeholder hängt dabei im

Wesentlichen von Kosten und Nutzen der Organisation ab. Dabei müssen opportunes Verhalten der Mitglieder „in den Griff" bekommen und intrinsische Motivation gefördert werden.

Die Organisationskosten sind weitgehend eine Funktion der *Anzahl der Mitglieder* und der *Homogenität der Interessen*. Ist die Interessengruppe klein oder hat die Koalition von Stakeholdern nur wenige Partner, so fallen geringe Organisationskosten an. Kleine Interessengruppen können den Zusammenhalt durch eine soziale Kontrolle des Verhaltens gewährleisten. Damit werden die Austrittskosten aus einer Anspruchsgruppe erhöht. Grosse Gruppen mit stark heterogenen Interessen wie zum Beispiel die Steuerzahler oder Konsumenten lassen sich hingegen schlecht organisieren.

Der Nutzen, sich für eine mikropolitische Einflussnahme zu organisieren, wird einerseits von der Art der Ansprüche und andererseits von der Fühlbarkeit des Nutzens für die Mitglieder einer Interessengruppe bestimmt. Gut organisieren lassen sich Interessengruppen, wenn die Mitglieder stark *homogene Anliegen* haben, der *Nutzen für den Einzelnen gut spürbar* ist und „privat" anfällt. Typischerweise können andere vom Konsum der Nutzen stiftenden Leistung ausgeschlossen werden, so dass der interessenpolitisch erzielbare Nutzen nur wenigen und ausschließlich den organisierten Nutznießern zufällt. Damit steigt der relative Nutzen für ein Individuum, sich zu organisieren. Auch wird der *Nutzen gut ersichtlich*. Ein Beispiel für einen gut organisierbaren Stakeholder wäre die Unternehmensleitung, deren Interessen wie hohes Salär, Fringe Benefits, Dienstwagen usw. sich oft besser organisieren und durchsetzen lassen als diejenigen von Angestellten oder Umweltverbänden.

Grundsätzlich schlecht organisieren lassen sich Gruppen, die ein öffentliches Interesse, wie zum Beispiel internationalen Umweltschutz, verfolgen. Im Falle von öffentlichen Umweltgütern haben die Individuen meist Anreize zu einem Trittbrettfahrerverhalten. Auch ist die direkte Fühlbarkeit des Nutzens für ein Mitglied einer Anspruchsgruppe sehr klein. Damit wird die Organisationsfähigkeit der entsprechenden Interessen geschmälert.

Öffentliche Interessen müssen deshalb entweder durch *Zwang* organisiert werden, wie dies beispielsweise im Rahmen des Gesundheitsschutzes am Arbeitsplatz durch den Staat erfolgt, oder die Anspruchsgruppe bietet neben dem „öffentlichen Gut", das sie durch interessenpolitische Aktivitäten „erstellt", ihren Mitgliedern auch *private Güter* und ein *intrinsisch motivierendes Umfeld* an, von deren Nutzung andere ausgeschlossen werden. Kleine Interessengruppen haben wiederum den Vorteil, dass sie durch sozialen Druck den Zusammenhalt sichern können.

Die obigen Überlegungen müssen noch um den Aspekt der bei den zu organisierenden Individuen anfallenden Kosten ergänzt werden. Fallen für sie absolut betrachtet geringe Kosten zur Erzielung zum Beispiel eines moralischen Nutzens an, so können selbst große Gruppen mit an und für sich heterogenen Interessen zu bestimmten Handlungen motiviert werden. Zum Beispiel beim schon erwähnten Konflikt zwischen Greenpeace und Shell um die Ölplattform „Brent Spar" konnte Greenpeace viele, an sich heterogene Interessen verfolgende Autofahrer zu gleichgerichteten Boykotthandlungen bewegen. Für die Autofahrer fielen mit dem Wechsel der Tankstelle nur sehr geringe Kosten (z.B. etwas weiterer Weg zur nächsten Zapfsäule) an. Da viele Automobilisten ein schlechtes Gewissen im Zusammenhang mit der Förderung und dem Verbrauch von Erdöl haben, konnten sie mit den für sie billigen Boykottmaßnahmen einen hohen moralischen Nutzen erzielen.

Eine Anspruchsgruppe kann demnach gegenüber dem Management einer Unternehmung gut organisiert auftreten, wenn ihre Mitglieder ein gleichgerichtetes Interesse aufweisen und aus der Erfüllung des Anspruches direkt und fühlbar einen Nutzen ziehen.

2.4 Relative Durchsetzungsfähigkeit von Interessen

Ansprüche von Stakeholdern sind oft rivalisierend, das heißt mindestens insofern konfliktär, als dass sie von der Unternehmung Ressourcen abverlangen. Ein Stakeholder kann seine Ansprüche gegenüber dem Management und anderen Interessengruppen folglich nur dann durchsetzen, wenn er über eine vergleichsweise größere Macht verfügt und diese auch wirksam einsetzt oder einzusetzen glaubhaft macht (vgl. Pfeffer 1992). *Macht* kann dabei als die Fähigkeit verstanden werden, andere entgegen ihrer ursprünglichen Absicht zu einer bestimmten Handlung zu bewegen (vgl. z.B. Morgan 1986). Dies erfordert neben Organisations- auch Konfliktfähigkeit. Die Macht einer Anspruchsgruppe ist demnach ihre Fähigkeit, der Unternehmungsleitung Ressourcen zu entziehen, die für den Leistungserstellungsprozess von zentraler Bedeutung sind.

Im Kontext einer nachhaltigen Entwicklung bezieht sich das Interesse der Unternehmung in der Regel primär auf die Nutzung natürlicher Ressourcen, die sie im Falle öffentlicher Güter nur eingeschränkt zu Marktpreisen beziehen können. Auch ökologische oder soziale NGOs oder Forschungsinstitute verfügen selbst nicht über das nachgefragte Gut. Ihre Leistung besteht hauptsächlich in der Akzeptanzsicherung unternehmerischer Handlungen. Die Akzeptanz äußert sich soziokulturell in der Legitimierung des unternehmerischen Handelns und der (oft impliziten) Gewährung von Nutzungsrechten durch das öffentliche Meinungsbild und die Medien sowie in der Legalität. Die kritische Ressource eines Stakeholders besteht aus Unternehmungssicht oft in seiner wissenschaftlichen, politischen und moralischen Kompetenz, die er bei entsprechendem Bekanntheitsgrad in die öffentliche Meinungsbildung einfließen lassen kann.

Die Knappheit der Ressource und die Abhängigkeit der Unternehmungsleitung von einem Ressourcenlieferanten kann durch mikropolitische Maßnahmen, besonders die Bildung von Koalitionen und die Beeinflussung des Wettbewerbs auf den entsprechenden Märkten erhöht werden. Vermag ein Stakeholder die Anzahl von Substituten und von konkurrierenden Anbietern zu reduzieren, so erhöht sich das Einflusspotenzial gegenüber dem Management.

Auch die Durchsetzungsfähigkeit von Interessengruppen lässt sich am erwähnten Beispiel von Greenpeace versus Shell darlegen. Weil es Greenpeace gelang, Medien und Politiker für ihr Anliegen zu mobilisieren, konnten Autofahrer so beeinflusst werden, dass bestimmte Tankstellen boykottiert wurden. Medien, Politiker und vor allem Tankstellenpächter sind kritische Stakeholder, die über für Shell nicht substituierbare Ressourcen verfügen und selbst nicht substituierbar sind. Da sich Shell dem Einfluss dieser Stakeholder nicht entziehen konnte, musste die Unternehmung auf die Forderungen von Greenpeace eingehen, obwohl Greenpeace selbst über keine nicht substituierbaren Ressourcen direkt verfügt.

3. Folgerungen für das Management von Ansprüchen

Nachhaltige Unternehmen streben mehr an, als finanziell zu überleben. Die Sicherung ihres Handlungsspielraums ist eine notwendige, für eine erfolgreiche Umsetzung einer nachhaltigen Unternehmensentwicklung unabdingbare Basisaufgabe des Managements. Zu diesem Zweck muss das Nachhaltigkeitsmanagement sich einerseits gegenüber bestimmten Forderungen behaupten können. Andererseits kann das Nachhaltigkeitsmanagement auch selbst mikropolitisch aktiv werden.

Aufgrund der zur Verfügung stehenden Ressourcen ist es in der Regel nicht möglich, alle Stakeholder-Beziehungen für alle denkbaren Stakeholder genau zu untersuchen. Es ist deshalb angebracht, zwischen dem ersten Schritt, der Identifikation der Stakeholder, spätestens aber vor dem Management der Stakeholderbeziehungen, eine Fokussierung der interessenpolitischen Handlungen auf die relevanten bzw. kritischen Stakeholder zu erreichen.

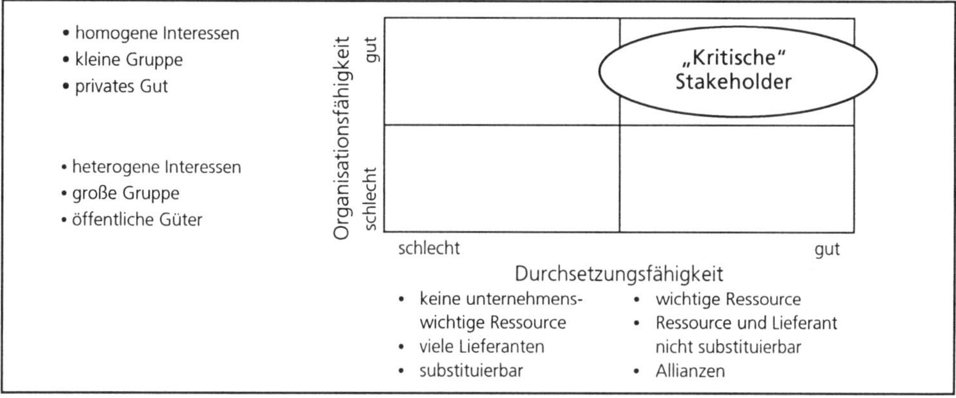

Abbildung 2: Analyse der Organisations- und Durchsetzungsfähigkeit der Stakeholder

Stakeholder, die gut organisierbar, durchsetzungsfähig und nicht substituierbar sind, können als *„kritische" Stakeholder* bezeichnet werden (Abbildung 2). Dabei bildet die *Organisationsfähigkeit* eine zentrale Grundlage für die *Durchsetzungsfähigkeit*. Gut organisierte Interessengruppen können zum Beispiel mit der Bildung von Allianzen ihre Durchsetzungsfähigkeit verbessern, auch wenn sie selbst über keine für die unternehmerische Leistungserstellung wesentliche Ressource verfügen. Schwieriger ist es demgegenüber, den Organisationsgrad einer heterogenen und großen Gruppe zu verbessern. Dies gelingt in der Regel nur durch das Angebot privater Güter für die Mitglieder der Anspruchsgruppe oder durch Mitgliedschaftszwang.

Bei einer interessenpolitischen Analyse des Stakeholderverhaltens ist zu beachten, dass exogene, das heißt außerhalb des bisherigen Stakeholderkreises bewirkte Entwicklungen (z.B. neue Wachstumsmärkte und Konkurrenten in Asien, Abbau von Handelshemmnissen innerhalb der EU usw.) die bisherigen Koalitionen und Machtverhältnisse rasch aufweichen und neue interessenspolitische Prozesse auslösen können. Hier müssen die strategische Frühaufklärung und die Szenariotechnik ansetzen, indem unternehmensrelevante Entwicklungen rechtzeitig aufgedeckt werden (vgl. Liebl 1996; Sepp 1996).

Sind die kritischen Stakeholder identifiziert, so stellt sich die Frage nach den Handlungsoptionen mikropolitischer Managementstrategien. Im Idealfall dienen mikropolitische Strategien einer proaktiven, auch vorsorgenden (Mit-)Gestaltung von Stakeholderbeziehungen. Ein besonders gelungenes, nachhaltig wirksames Vorgehen äußert sich oft darin, dass mögliche oder latente Konflikte in beidseitig vorteilhafte Kooperationen münden. Eine solche Entwicklung geschieht in der Regel nicht von alleine, sondern nur durch ein bewusstes Management von Stakeholderbeziehungen. Dabei kommt dem Abwägen von Vor- und Nachteilen unterschiedlicher Handlungsoptionen eine wesentliche Rolle zu.

Folgende strategische Optionen für den Umgang mit interessenpolitischen Prozessen stehen grundsätzlich offen (vgl. Mintzberg 1983; Pfeffer 1992; Hill 1993; Schaltegger 1999):

- *Bedeutungsgemäße Berücksichtigung unterschiedlicher Ansprüche:* Durch ein sequentielles Eingehen auf die Forderungen von kritischen Stakeholdern kann eine gegenseitige Annäherung der Interessen angestrebt werden. Dies ist aber keineswegs mit einer „großherzigen" Verteilung von Mitteln und Eingeständnissen an irgendwelche Anspruchsgruppen zu verwechseln.
- *Eigene Abhängigkeiten reduzieren:* Durch die Berücksichtigung von mehreren Ressourcenlieferanten und Substituten kann die Abhängigkeit von einzelnen Stakeholdern und damit deren Einflusspotenzial verringert werden. Eine Diversifikation der Ressourcenlieferanten kann allerdings im Widerspruch zum Ziel der Kostensenkung (z.B. durch Mengenrabatte bei einem Lieferanten) stehen.
- *Einbindung von Stakeholdern:* Einzelnen Stakeholdern kann die Einbindung in die Entscheidungsfindung angeboten werden, beispielsweise durch Kooperationen mit Umweltorganisationen, in denen diese Sortiments- oder Produktentscheidungen mittreffen und -tragen. Ein bekanntes Beispiel hierfür stellt das vom WWF und Unilever getragene Marine Stewardship Council (MSC, vgl. www.msc.org) zur Umsetzung einer nachhaltigen Fischereiwirtschaft oder die in den USA vielfach eingerichteten Community Advisory Panels dar. Die Einbindung kann schließlich dazu führen, dass mikropolitische Prozesse durch gemeinsame Marketingstrategien in sachorientiertere Prozesse überführt werden.
- *Gegenseitiges Vertrauen aufbauen:* Vermag eine Unternehmung Beziehungen mit wichtigen Stakeholdern aufzubauen, die auf Vertrauen beruhen, reduziert dies nicht nur die Transaktionskosten in wirtschaftlichen Prozessen. Es bieten sich vielfältige Möglichkeiten für eine gemeinsame, synergetische Interessenverfolgung. Vertrauensbildung, die allein auf mikropolitischem Kalkül aufbaut, bleibt allerdings brüchig. Misstrauisches Beobachten ist die logische und notwendige Folge. Gerade Umweltorganisationen haben ein existenzielles Interesse daran, sich nicht „kaufen" zu lassen. Beim Aufbau von Vertrauen ist das Prinzip der Reziprozität von großer Bedeutung. Dabei wird durch eine nicht reversible Vorleistung einem Stakeholder möglichst unmissverständlich signalisiert, dass man an einer Kooperation sehr stark interessiert ist und in die Beziehung zu investieren bereit ist.
- *Manipulationsresistenz signalisieren:* Manipulationsresistenz ist nicht mit Sturheit gleichzusetzen, da letztere beträchtliche Zusatzkosten zur Folge haben kann. Durch Manipulationsresistenz soll vielmehr erreicht werden, dass für die entsprechenden Stakeholder die Kosten interessenpolitischer Einflussnahme steigen oder die entsprechenden Erträge möglichst klein und indirekt anfallen. Im ökologischen Kontext setzt diese Strategie in der Regel voraus, dass die Unternehmensleitung (z.B. durch entsprechende Gutachten) in der Öffentlichkeit einer Argumentation folgt, die den Umweltschutz oder andere gewichtige öffentliche Anliegen mit einbezieht, jedoch aufgrund anderer Annahmen zu anderen Schlüssen über den gesellschaftlichen Nutzen kommt als die Gegenspieler. Bekannte Beispiele dazu finden sich bei Getränkeverpackungen und Babywindeln.
- *Dritte zur Vermittlung hinzuziehen:* Um zu einer tragfähigen Konfliktlösung zwischen Stakeholdern zu kommen, können neutrale Dritte als Mediatoren hinzugezogen werden.
- *Vertragliche Beschränkung von Maximalforderungen:* Durch vertragliche Vereinbarungen können die Maximalforderungen einzelner Stakeholder beschränkt werden (z.B. im Rahmen eines Tarifvertrags). Diese Form des Stakeholdermanagements kommt beispielsweise bei den Verhandlungen über den zeitlich geregelten Atomausstieg zwischen den Lobbyvertretern der Elektrizitätsunternehmen und der deutschen Bundesregierung zum Tragen.
- *Selbst Einfluss ausüben:* Zur Sicherstellung der unternehmerischen Handlungsautonomie kann das Management wie die anderen Stakeholder versuchen, mikropolitischen Einfluss

auszuüben und ebenfalls Allianzen, zum Beispiel zur Änderung von Verordnungen zu bilden. Die Ausübung von Einfluss kann mit allen Mitteln der Macht, etwa durch gezielte Medieninformation, durch die Lobbyvertretung in Verbänden und Parteien erfolgen.

Welche Strategie geeignet ist, ist nicht generell zu beantworten, sondern muss aus dem spezifischen zeitlichen und örtlichen Zusammenhang, nach eigenen Zielsetzungen und dem persönlichen Stil des Managements beurteilt werden. Dabei ist einerseits eine Beurteilung der Handlungsoptionen nach ihrer mikropolitischen Wirksamkeit und andererseits nach ihrer ethischen Vertretbarkeit möglich.

Die Wahrung und Sicherung der Handlungsautonomie im Nachhaltigkeitsmanagement befindet sich im Spannungsfeld zwischen Manipulation und Verhinderung, selbst manipuliert zu werden. Erfolgreiches Nachhaltigkeitsmanagement kann allerdings nicht auf das Management interessenpolitischer Prozesse verzichten. Denn nur wenn das Nachhaltigkeitsmanagement und das Management nachhaltiger Unternehmen in der Lage sind, interessenpolitische Prozesse erfolgreich mitzugestalten, Beeinflussungsversuche rechtzeitig zu kanalisieren und ihre eigene Handlungsautonomie zu wahren, können sie sich auf ihre Kernaufgaben, die nachhaltige Unternehmensentwicklung und Wertschöpfung, konzentrieren.

Literatur

Birke, Martin/Schwarz Michael: Ökologisierung als Mikropolitik. In: Birke, Martin/Burschel, Carlo/Schwarz, Michael (Hrsg.): Handbuch Umweltschutz und Organisation. München/Wien 1997, S. 189-225

Bone-Winkel, Martina: Politische Prozesse in der Strategischen Unternehmensplanung. Wiesbaden 1997

Crozier, Michael: Entsteht eine neue Managementlogik? In: Journal für Sozialforschung 32 (1992), S. 131-140

Crozier, Michael/Friedberg, Erhard: Macht und Organisation: Die Zwänge kollektiven Handelns. Königstein/Ts. 1979

Donaldson, Tom/Preston, Lee: The Stakeholder Theory of the Corporation: Concepts, Evidence, and Implications. In: Academy of Management Review 20 (1995) 1, S. 65-91

Dyllick, Thomas: Management der Umweltbeziehungen: Öffentliche Auseinandersetzungen als Herausforderung. Wiesbaden 1989

Eisenhardt, Kathy: Agency Theory: An Assessment and Review. In: Academy of Management Review 14 (1989) 1, S. 57-74

Freeman, Edward: Strategic Management. A Stakeholder Approach. Marshfield, Mass. (USA) 1984

Frey, Bruno: Ökonomie ist Sozialwissenschaft. Die Anwendung der Ökonomie auf neue Gebiete. München 1990

Göbel, Edeltraut: Der Stakeholderansatz im Dienste der strategischen Früherkennung. In: Zeitschrift für Planung (1995) 6, S. 55-67

Hill, Wilhelm: Unternehmenspolitik. In: Wittmann, Waldemar u.a. (Hrsg.): Handwörterbuch der Betriebswirtschaft. Teilband 5. Stuttgart, 5. Auflage 1993, S. 4366-4379

Janisch, Monika: Das strategische Anspruchsgruppenmanagement. Bamberg 1992

Krüsel, Peter: Ökologische Entscheidungsfindung in Unternehmen aus machtpolitischer Perspektive. In: UmweltWirtschaftsForum 5 (1997) 2, S. 72-77

Liebl, Franz: Strategische Frühaufklärung: Trends, Issues, Stakeholders. München 1996

Mintzberg, Henry: Power In and Around Organizations. Englewood Cliffs 1983

Morgan, Gareth: Images of Organization. Newbury Park 1986

Neuberger, Oskar: Mikropolitik: Der alltägliche Aufbau und Einsatz von Macht in Organisationen. Stuttgart 1995

Pfeffer, Jeffrey: Managing With Power. Politics and Influence in Organizations. Boston 1992

Sandner, Kurt: Prozesse der Macht. Zur Entstehung, Stabilisierung und Veränderung der Macht von Akteuren in Unternehmen. Berlin 1990

Savage, Grant/Nix, T./Whitehead, C./Blair, John: Strategies for Assessing and Managing Organizational Stakeholders. In: Academy of Management: The Executive 5 (1991) 2, S. 61-75

Schaltegger, Stefan: Bildung und Durchsetzung von Interessen zwischen Stakeholder der Unternehmung. In: Die Unternehmung 1999, S. 3-20

Schaltegger, Stefan/Burrit, Roger/Petersen, Holger: An Introduction to Corporate Environmental Management. Striving for Sustainability. Sheffild 2003

Schaltegger, Stefan/Petersen, Holger: Ecopreneurship. Konzept und Typologie (CSM/ RIO Managementforum). Lüneburg/Luzern 2001

Schneidewind, Uwe: Die Unternehmung als strukturpolitischer Akteur. Marburg 1998

Sepp, Horst: Strategische Frühaufklärung. Wiesbaden 1996

Stieger, Andreas: Umweltmanagement und betriebliche Realität: Implikationen für eine ökologische Unternehmensentwicklung. Wiesbaden 1997

Institutionelle Investoren: Impulsgeber für Sustainable Corporate Governance?

Paul Hild

Unternehmerisches Handeln wird sehr stark durch die Kapitalmärkte, das heißt durch das von Investoren und Finanzdienstleistern gesteuerte Investitionsinteresse, Kapitalangebot und die damit verbundenen Finanzierungskosten, beeinflusst. Während in der Vergangenheit von den Finanzmarktakteuren ökologische Aspekte weitgehend ignoriert wurden, hat sich dies in jüngster Zeit stark verändert. In den Finanzmärkten hat sich eine wachsende Anzahl von institutionellen Investoren[1] mit dem Angebot innovativer Finanzmarktprodukte einem ökologischen und nachhaltigkeitsorientierten Anlageziel verpflichtet. In dem Maße, in dem diese institutionellen Investoren ökologische und nachhaltigkeitsorientierte Aspekte in ihre Unternehmensinvestments einbeziehen, ist zu erwarten, dass sie die Durchsetzungs- und Umsetzungschancen einer Unternehmensführung, -steuerung und -kontrolle im Sinne der Nachhaltigkeit beeinflussen.

Der Beitrag hat zum Ziel, theoretisch und konzeptionell den potenziellen Einfluss von institutionellen Investoren, die sich einem nachhaltigkeitsorientierten Anlageziel verpflichtet haben, auf eine nachhaltigkeitsgerichtete Unternehmensführung und –kontrolle (Corporate Governance) zu analysieren. Darüber hinaus wird der Frage nachgegangen, ob und inwieweit institutionelle Investoren in der Lage sind, eine nachhaltigkeitsgerichtete Innovationstätigkeit von Unternehmen zu fördern und zu unterstützen. Vor diesem Hintergrund sollen konzeptionelle Anforderungen an ein nachhaltigkeitsförderliches Corporate-Governance-System herausgearbeitet werden.

Für die Weiterentwicklung von Corporate-Governance-Systemen im Sinne der Nachhaltigkeit sind institutionelle Investoren mit einer ökologischen, sozialen und ökonomischen Anlageorientierung ein vielversprechendes Untersuchungsobjekt. Diese haben in den letzten Jahren weltweit steigende Vermögenswerte unter ihrem Management vereint. Historisch betrachtet hat sich international die inhaltliche Ausrichtung dieser institutionellen Investoren von zunächst ethisch ausgerichteten Ansätzen (Ausschluss von sogenannten „sin stocks“ in ethisch/sozialen Fonds, insbesondere in angelsächsischen Ländern) über die eindimensionale Ausrichtung auf Umwelttechnologie-Investitionen (Umwelttechnologie-Fonds) in Richtung auf nachhaltige Investments (Sustainability-Fonds, Öko-Effizienz-Fonds) verlagert (Schumacher 2000). Aufgrund wirtschaftlicher und politischer Veränderungen wird diese Tendenz zunehmen. Zum einen entstehen mit der Einführung einer kapitalbasierten Altersversorgung neue kapitalsammelnde Institutionen mit nachhaltigen Vorsorgeprodukten. Den gesetzlichen Auflagen für Pensionsfonds in England vergleichbar, un-

---

1 Kapitalsammelstellen wie z.B. Fondsgesellschaften, Pensionskassen, Versorgungswerke, Banken, Versicherungen.

terliegen beispielsweise Anbieter der „Riester-Rente" der Berichtspflicht, ob und wie sie „ethische, soziale und ökologische Belange" bei den Anlageentscheidungen berücksichtigen. Zweitens dürfte die Globalisierung der Märkte und die damit einhergehende Zunahme internationaler institutioneller Investoren eine wesentliche Triebkraft für das Wachstum nachhaltiger Geldanlagen sein, wenn man dazu die bereits recht großen Volumina und stark zunehmende Bedeutung ökologisch und sozial verantwortlicher Investments in anderen Ländern vergleicht[2].

Es ist zu vermuten, dass mit den großen institutionellen Geldbeträgen und nachhaltigkeitsorientierten Investments spezifische Abhängigkeitsverhältnisse zwischen institutionellen Investoren und Unternehmen entstehen. Die Bereitstellung von Finanzierungskapital unter dem Gesichtspunkt einer nachhaltigkeitsorientierten Verwendung kann positive Finanzierungseffekte (z.B. Bonitäts-Ratings), wertsteigernde Reputations- und Imageeffekte für die Unternehmen nach sich ziehen und damit indirekt Einfluss auf Unternehmensentscheidungen nehmen. Vielfach getroffene Annahmen und Hoffnungen, dass sich mit der bloßen Existenz nachhaltigkeitsorientierter Investments quasi wie ein Deus ex machina eine Unternehmensführung und –kontrolle im Sinne der Nachhaltigkeit einstellen werde, sind dagegen zu voreilig. Die Tatsache, dass Institutionen „grüner Geldanlagen" bislang von ihren Rechten als Aktionär und Anleger wenig aktiv Gebrauch machen (Umweltbundesamt 2001), stimmt eher skeptisch.

Der Beitrag wird sich der Frage nach dem potenziellen Einfluss von institutionellen Investoren auf eine nachhaltigkeitsgerichtete Corporate Governance in folgenden Schritten nähern: Konzeptionell wird aus der Perspektive von Corporate-Governance-Ansätzen geklärt, ob und unter welchen Bedingungen nachhaltigkeitsorientierte institutionelle Investoren von Unternehmen als strategisch bedeutende und erfolgskritische Anspruchsgruppe (an)erkannt werden und welche Einflussstrategien sie einschlagen können, um nachhaltigkeitsgerichteten Innovationen in der Unternehmensführung und -steuerung Geltung zu verschaffen. Daran schließen Überlegungen an, welche organisationalen Gegebenheiten, Abhängigkeitsverhältnisse und Beziehungsgeflechte sowie formale und rechtliche Rahmenbedingungen das strategische Handeln und das Einflussverhalten im Sinne der „Nachhaltigkeit" von institutionellen Investoren beschränken und ermöglichen.

1. Corporate Governance: Shareholder- und Stakeholder-Perspektive

Allgemein umschreibt Corporate Governance das Geflecht der internen und externen Unternehmenskontrolle, -steuerung und -führung. Beiträge und Ansätze zur Corporate Governance nehmen hinsichtlich des Analyseobjekts und der Analysebreite recht unterschiedliche Positionen ein.

In der sehr engen Perspektive des *Shareholder-Value-Ansatzes* fokussiert die Problematik auf das Verhältnis von Kapitalgebern (Aktionären), das heißt den Eigentümern eines Unternehmens und den angestellten Managern, die dieses Kapital wertsteigernd verwenden sollen. Aus der Denkrichtung der für diesen Ansatz fundamentalen „Principal-Agent Theorie" besteht das Kernproblem einer effizienten Corporate Governance darin, Regeln und

2 Nach einer Studie von WestLB Panmure fließt in den USA jeder zehnte Dollar in ökologische und ethische Investments. Das derzeitige Markvolumen beträgt 2,3 Billionen Euro (zitiert nach Verbraucherzentrale 2002: 4).

Anreize zu schaffen, um generell das Verhalten von beauftragten, tendenziell eigennützig handelnden Agenten (Managern) an den Zielen der delegierenden Prinzipale (Anteilseigner) auszurichten[3]. Aus dieser engen Erklärungsperspektive resultiert erwartungsgemäß, dass nur die Gewinnsteigerungsinteressen der Anteilseigner handlungs- und gestaltungsleitend für die Unternehmensführung sind. Allerdings wird von den Shareholder-Vertretern mit der Konzentration auf das Gewinnsteigerungsziel unterstellt, dass damit auch die Ziele und Ansprüche aller Interessenten eines Unternehmens – sofern diese den Unternehmenswert und -gewinn tangieren – positiv beeinflusst werden, da der Gewinn der kritischste Erfolgfaktor aller Unternehmen ist. Die Shareholder-Interessen und die Interessen aller anderen Anspruchsgruppen lassen sich damit vermeintlich friktionslos angleichen.

Die *Stakeholder-Value-Perspektive* (Freeman 1984) betont dagegen die ökonomische Relevanz aller Interessensgruppen und nicht nur einseitig die Eigenkapitalverpflichtung des Unternehmens. Damit ist nicht nur die Vorstellung verbunden, dass es das Ziel eines Unternehmens sei, Wert oder Wohlstand für seine Anspruchsgruppen (Stakeholder) zu schaffen, sondern auch, dass Stakeholder Einfluss auf die Unternehmensziele und damit auf den Unternehmenswert haben. Kurz: Stakeholder sind somit Shareholder Value-relevant (Speckbacher 1997). Von daher sei es notwendig, insbesondere die strategischen, kritischen Interessenten, die über erfolgsbestimmende Ressourcen und Interventionsmöglichkeiten verfügen oder kontrollieren, mit Mitwirkungsmöglichkeiten sowie eigentümer-ähnlichen Anreizen zu versehen. So wird die Einbeziehung von Mitarbeitern, strategischen Partnern, bedeutenden Kunden, Lieferanten, Kreditgebern, Beratern, sowie gegebenenfalls auch politischen Vertretern und interessengenerierenden NGO's mit ihrem Beitrag zur Erreichung von Wettbewerbsvorteilen begründet. Als Zielgruppe werden insbesondere Stakeholder mit langfristigem Interesse an dem Unternehmen betrachtet (Nippa 2002: 16ff.).

Der Stakeholder-Ansatz bietet zwar für die Gestaltung von Corporate-Governance-Systemen ein wesentlich breiteres Analysespektrum als der Shareholder-Ansatz. Dennoch dominieren in der ökonomischen Literatur und im angloamerikanischen Corporate-Governance-System shareholder-orientierte Ansätze. Dies hat mehrere Gründe. Nippa (2002: 17) führt unter anderem an, dass Stakeholder-Vertreter über eine allgemeine Plausibilität hinaus nicht hinreichend explizieren können, warum die besondere Berücksichtigung spezifischer, erfolgskritischer Stakeholder konkret einer Orientierung auf die Eigentümerinteressen überlegen, das heißt von ökonomischem Vorteil sein sollte. Desweiteren sei unklar, wie sich aus der Menge aller potenziellen Stakeholder die strategisch wichtigen identifizieren lassen und wie die Bewertung aller Interessen in die Unternehmensführung Eingang finden könnte. Denn aus der Pluralität von potenziellen Ansprüchen sind für die Unternehmensführung nicht alle von gleichrangiger strategischer Bedeutung und auch vom Unternehmen nicht alle gleichzeitig zu befriedigen, da den prinzipiell unbegrenzten Ansprüchen die Knappheit tauschbarer Ressourcen gegenübersteht. Unternehmen sind daher gezwungen, Ansprüche bestimmter Gruppen zurückzustellen. Schließlich, selbst wenn alle diese Probleme theoretisch zu lösen wären, bliebe die Frage zu beantworten, von wem und auf welche Weise ein Ausgleich zwischen den unterschiedlichen Interessen zu gestalten ist. Letztlich müsste ein solches komplexes System der Corporate Governance auch effizient zu handhaben sein.

---

3 Zu Konzepten, Perspektiven und theoretischen Modellen der Corporate Governance vergleiche die Diskussion bei Nippa (2002); Witt (2000; 2002) – zur Principal-Agent-Theorie vgl. etwa Furubotn/Pejovich (1972).

2. Nachhaltigkeitsorientierte institutionelle Investoren als erfolgskritische Stakeholder

Wie bereits erwähnt, kann nicht jede Anspruchsgruppe Einfluss auf Unternehmensentscheidungen haben. Zur Identifikation kritischer und strategischer Stakeholder werden in der Literatur als zentrale Faktoren Legitimität, Ressourcen und Macht genannt, die Stakeholder in die Lage versetzen, Unternehmen mit Ressourcen- und Befähigungsverweigerung zu drohen (z.B. Mitchell 1997). Ob allerdings der marktliche und außermarktliche (politische) Einfluss für ein Unternehmen zu einer wirklichen Bedrohung wird, hängt von der Organisationsfähigkeit und dem Durchsetzungsvermögen der Stakeholder ab (siehe Schaltegger in diesem Band und Schaltegger 1998: 8ff.)[4]:

- Die *Organisationsfähigkeit* einer Gruppe hängt von der Homogenität der Interessen ihrer Mitglieder und ihrer Größe ab. Prinzipiell korreliert die Organisationsfähigkeit mit der Homogenität positiv, mit der Größe negativ.
- Die *Durchsetzungsfähigkeit* ist mit Macht verbunden. Durchsetzen können sich diejenigen Stakeholder, deren Ressourcen nicht oder nur zu hohen Kosten substituierbar sind. Dabei können sie die Ressourcen entweder selber besitzen oder die Zurverfügungstellung kontrollieren. Macht wird darüber hinaus durch Koalitionen zwischen Stakeholdern generiert, entweder durch politische Koalitionen (mit Verbänden, NGO's, Parteien, usw.) oder marktliche Koalitionen (Lieferanten, Kunden, usw.) (Schaltegger 1998: 12ff.; Rauschenberger 2002: 80).

Auf institutionelle Investoren mit nachhaltigkeitsorientierten Anlagezielen treffen die Merkmale der Organisations- und Durchsetzungsfähigkeit wie die Fähigkeit zur Bildung von strategischen Allianzen potenziell zu. Als Finanzintermediäre, die eine Mittlerstellung zwischen dem privaten Anleger und dem Unternehmen einnehmen (Petzold 2002: 153), sind sie zur Allokation von Anlagekapital (kritische Unternehmensressourcen) wie auch zur Spezialisierung und Homogenisierung von Anlageinteressen in der Lage, die nicht nur rein ökonomischer, sondern auch ökologischer und sozialer Herkunft sein können. Dies macht institutionelle Investoren zu strategischen Stakeholdern und zu einer „privilegierten" Anteilseignergruppe, während dies nach den Ausführungen von Berle und Means (1968; zitiert nach Petzold 2002) atomisierten Anteilseignern eines Unternehmens mit einer stark gestreuten Eigenkapitalbasis kaum möglich ist.

Organisations- und Durchsetzungsfähigkeit sind zwar notwendige aber keine hinreichenden Bedingungen, auf Unternehmen Einfluss zu nehmen. Für Unternehmen werden nur diejenigen Stakeholder handlungsrelevant, die einen Anreiz und den Willen haben, auch tatsächlich aktiv zu werden (Schaltegger 1998: 12).

Nun wird gerade – entgegen alle vordergründigen Erwartungen – in einer empirischen Untersuchung des Umweltbundesamtes (2001) mahnend konstatiert, dass institutionelle Investoren „grüner Geldanlagen" bislang kaum von Einspruchsrechten und *aktivem* Anlegerengagement Gebrauch machen. Das heißt sie nehmen ihre direkten Einflussmöglichkeiten auf die Unternehmensführung und -kontrolle nicht aktiv wahr. Nach den möglichen Bedingungen und Gründen dafür wurde nicht weiter geforscht.

4 Die in Stakeholder-Ansätzen vielfach vernachlässigten Aspekte, unter welchen Bedingungen Stakeholder nicht nur marktliche, sondern auch ihre interessenspolitischen Ansprüche formulieren, wie sie sich als Anspruchsgruppen organisieren lassen und unter welchen Bedingungen sie sich durchsetzen können, erklärt Schaltegger (1998) aus der Sicht der „Rent-seeking-Theorie" und „Interessensgruppentheorie".

3. Passives versus aktives Einflussverhalten – Exit versus Voice

Albert O. Hirschman (1970) expliziert in seinem grundlegenden Werk prinzipielle Handlungsalternativen der politisch und ökonomisch motivierten Einflussnahme und Reaktion von Akteuren auf Verhaltenszumutungen von Organisationen: „Exit" (Abwanderung) und „Voice" (Widerspruch). Die Wahl der Alternative kommt unter je spezifischen situativen Handlungsbedingungen zum Zuge. Institutionelle Investoren haben prinzipiell auch die Optionen, „abzuwandern" oder aktiv Einfluss zu nehmen, um kontrollierend auf Unternehmen zu wirken. Mit der Exit-Option erfolgt die Unternehmenskontrolle quasi indirekt über die Kapitalmärkte: Ressourcenentzug durch Verkauf der Anteile, damit Wertverlust des Unternehmens und potenzielle Disziplinierung des Managements. Sie stellt eher ein reaktives, passives Einflussverhalten dar. Mit der Voice-Option erfolgt die Kontrolle durch den Gebrauch von Einspruchs- und Widerspruchsrechten (z.B. Stimmrechtsausübung) und aktives Anlegerengagement: kritischer Dialog mit den Unternehmen, Einforderung von Publizitätspflichten, von Informationstransparenz, Durchsetzung von Bewertungsverfahren, Bildung von Koalitionen zwischen Stakeholdern, usw.

Den situativen Handlungsbedingungen für passives Einflussverhalten (Exit) und aktives Einflussverhalten (Voice) institutioneller Investoren auf eine nachhaltigkeitsorientierte Corporate Governance soll im Folgenden näher nachgegangen werden. Dabei werden weniger gesicherte Befunde präsentiert als vielmehr erste Hypothesen skizziert. Als Handlungsbedingungen kommen (1) Strategien des Portfoliomanagements und Kapitalmarktbedingungen, (2) organisationale Bedingungen und Abhängigkeitsverhältnisse, (3) Informationsasymmetrien, (4) formal-rechtliche Rahmenbedingungen infrage, die das Handeln der Fondsmanager von institutionellen Investoren restringieren und ermöglichen.

3.1 Strategien des Portfoliomanagements und Kapitalmarktbedingungen

Jenseits der nachhaltigkeitsorientierten Anlageinteressen sind auch institutionelle Investoren gewinnorientierte Unternehmen, die ihren Kapitalgebern (z.B. Fondssparern) einen entsprechenden Wert schaffen sollen. Risikoadjustierte An- und Verkäufe von Aktien in einer Periode sind maßgebliche Parameter für die Optimierung des Anlageportfolio und der Performance des Fonds. Die Performance – an maßgeblichen Benchmarks (z.B. nationale/internationale Indices) in kurz- oder langfristigen Anständen gemessen – wird zum Maßstab der Qualität des Fondsmanagements und der Attraktivität des Fonds. In Abhängigkeit von Kapitalmarktbedingungen und Anlagephilosophien haben nun institutionelle Investoren prinzipiell unterschiedliche Strategien des Portfoliomanagements, um die Performanceerwartungen zu erfüllen. In der Systematik von Porter (1992) und Bushee (1998) lassen sich Investoren in folgende Typen klassifizieren: *Transiente Investoren, quasi-indexnachbildende Investoren, fokussierte Investoren.*

Transiente Investoren zeichnen sich durch hohen Portfolioumschlag und hohe Sensitivität bezüglich kurzfristiger Gewinnprognosen der Unternehmen aus. Die Strategie ist mit kurzfristigen Verwertungsinteressen verbunden. Die Performance und die Benchmark, an der die Wertsteigerung eines Investmentfonds in kurzfristigen unterjährigen Zeitabständen (z.B. quartalsmäßig) gemessen wird, werden zu handlungsleitenden Parametern der Portfoliomanager. Eine Einflussnahme auf die Unternehmen erfolgt unter diesem Handlungsdruck passiv, oder besser gesagt, indirekt über den Markt durch den Verkauf der

Vermögenswerte der Unternehmen, die die kurzfristigen Ertragserwartungen nicht erfüllen, also über Exit.

Passives Einflussverhalten ist tendenziell auch die Handlungsoption von *quasi- indexnachbildenden Investoren*. Mit der Nachbildung des Anlageportfolio 1:1 zu einem Referenzindex zeichnen sich diese Investoren zwar durch eine hohe Diversifikation und niedrigen Umschlag ihrer Investments aber auch durch passives Fondsmanagement und indirekte Unternehmenskontrolle über den Markt (Exit) aus. Im Bereich der Nachhaltigkeit unterbreiten mit der Auflage des Dow Jones Sustainability Group Index (DJSGI) einige Fondsgesellschaften das Angebot eines Indexfonds auf der Basis des DJSGI (European Business School u.a. 2001: 86). Die Auswahl der Unternehmen für den Index wird durch eine Rating-Agentur, der SAM Sustainability Group[5], betrieben. Durch die passive Abbildung der Indexwerte entfällt für diese Fonds die Notwendigkeit eines eigenen aktiven Research zur Umwelt-, Sozial- oder ökonomischen Performance der Unternehmen. Indexzu- und -abgänge von Unternehmen erfordern lediglich eine reaktive Anpassung des Fondsportfolio über Zu- oder Verkäufe der entsprechenden Unternehmenstitel.

Die Portfoliostrategie von *fokussierten Investoren* zeichnet sich durch spezialisierte, konzentrierte Unternehmensinvestments, niedrigen Umschlag und geringe Sensitivität gegenüber kurzfristigen Ertragsschwankungen der Unternehmen aus. Durch ihre fokussierten Investments unter anderem in Spezialwerte, wie beispielsweise in Umwelttechnologie-Unternehmen, sind sie – wie die Mehrzahl ihrer Anleger auch[6] – tendenziell Langfristanleger, deren Anlageziel über kurzfristige ökonomische Renditeerwartungen hinausgeht. Spezialtitel sind häufig mit „enger Marktliquidität“ verbunden. Auf Qualitätsveränderungen von Unternehmen können fokussierte Investoren daher nicht mit dem kurzfristigen Abstoßen größerer Aktienpakete reagieren, ohne dass sie einen beschleunigenden Kursverfall und damit eine Selbstbeschädigung herbeiführten. Unter diesen Bedingungen wird die aktive Einflussnahme und der Gebrauch von Einspruchsrechten – die „Voice-Option“ – zum Schlüssel der Qualitätssicherung für eine langfristige Anlage: das heißt die stetige Überprüfung der Einhaltung von Corporate-Governance-Standards, der Unternehmensziele und der Bewertungskriterien für nachhaltigkeitsorientiertes Investment.

Aufgrund der gegenseitigen Abhängigkeiten (langfristiges Anlagemotiv) kann weiterhin angenommen werden, dass die Spezialfonds daran interessiert sein sollten, den langfristigen Wert des Unternehmens zu steigern und nachhaltigkeitsgerichtete Investitionen und Verfahren zu begünstigen[7]. Zum einen müssten institutionelle Investoren durch ihre Spezialisierung und einschlägigen Wissenstand sowie der damit verbundenen Bewertungsfähigkeit besser als andere Kapitalmarktakteure in der Lage sein, zukunftsgerichtete Unternehmensentscheidungen zu erkennen und zu bewerten und gegebenenfalls konstruktiven Widerspruch geltend zu machen. Zum anderen können sie, indem Spezialfonds durch ihre längerfristige Bindung der investierten Mittel, den ausgewählten Unternehmen „geduldiges Kapital“ (Petzold 2002: 165) zur Verfügung stellen, nachhaltigkeitsgerichtete Innovationen in Unternehmen fördern. Spezialfonds, wie zum Beispiel Ökofonds, sind daher für junge Unternehmen eine wichtige finanzielle Ressource für Forschung und Entwicklung ihrer

5 Die Schweizer Rating-Agentur SAM Sustainability Group AG identifiziert aus den 2000 weltweit größten Unternehmen des Dow Jones Global Indexes die Sustainable-Leaders pro Branche, die zehn Prozent führenden Unternehmen bezüglich Sustainability Chancen und Risiken.

6 Vgl. etwa die vom IÖW in einer Marktstudie ermittelte Typologie der Kaufmotive von Anlegern „grüner Geldanlagen: „Grüne Dagoberts“, „Idealisten“ und „GrünPlus“ (Franck 1999: 7).

7 Eine solche These, hier hinsichtlich des positiven Einflusses institutioneller Investoren auf die Innovationstätigkeit von Unternehmen, vertreten Kochhar/David (1996: 75).

Produktinnovationen, zum Beispiel Umwelttechnologien, bis zur Marktreife und -etablierung. Durch dieses „geduldige Kapital" wird auch anderen Kapitalgebern Bonität und Vertrauen in die Zukunftsfähigkeit des Unternehmens signalisiert, – umso mehr als eine entsprechende Beurteilungskompetenz dem Investor (Spezialfonds) zugestanden wird.

Kapitalmarktbedingungen, Anlage- und Stakeholderinteressen legen die Voice-Option für institutionelle Spezialfonds nahe. Wenn dennoch Einflussnahme auf eine nachhaltigkeitsgerichtete Corporate Governance durch aktives Anlegerengagement ausbleibt, können organisationale Rahmenbedingungen von institutionellen Investoren eine Rolle spielen, die das Handeln der Fondsmanager determinieren.

3.2 Organisationale Rahmenbedingungen und Abhängigkeitsverhältnisse

„Voice" und aktives Einspruchsverhalten kann man tendenziell nur von unabhängigen Investoren (z.B. Fondsgesellschaften) erwarten. Auffallend ist, dass Anlagefonds – zumindest in Deutschland – sich überwiegend wie private Anleger verhalten. Sie überlassen die Wahrnehmung ihrer Stimmrechte der Depotbank (Depotstimmrecht). Ein wesentlicher Grund dafür ist in den organisationalen Rahmenbedingungen der Fondsgesellschaften zu vermuten, denn die Mehrzahl der Fonds in Deutschland sind „Töchter" von Banken, das heißt abhängige Kapitalanlagegesellschaften (Bender 2002: 129ff.). Damit unterliegen die Fonds indirekt einer Interessensverquickung mit ihren Muttergesellschaften, die wiederum mit den investierten Unternehmen weitergehende Geschäftsverbindungen unterhalten. Es besteht die Annahme, dass Investoren, die über die investive Beteiligung an Unternehmen hinaus weitere Geschäftsverbindungen unterhalten, „erpressbare" Investoren (Kochhar/David 1996)[8] sind, die nicht unbefangen Einfluss und Druck gegen das Unternehmen ausüben können, ohne potenziell negative Folgen für die anderen Geschäfte in Kauf nehmen zu müssen[9]. Unter Umständen müssten bei der Neuformulierung von Corporate-Governance-Grundsätzen institutionelle Investoren (insbesondere Fondsgesellschaften) verpflichtet werden, ihre Stimmrechte im Interesse ihrer Anleger selbst zu vertreten und nicht über ihre Depotbank ausüben zu lassen, die im Zweifel mit dem Unternehmen in Geschäftsverbindung steht (Bender 2002: 129).

3.3 Informationsasymmetrien

Corporate-Governance-Ansätze lehren, dass Bestandteil jeder Beziehung zwischen Stakeholder und Unternehmensmanagement Informationsasymmetrien sind. Stakeholder können nicht über die detaillierten Informationen über das Unternehmen verfügen, wie sie dem Management vorliegen. Für eine aktive Einflussnahme auf die Unternehmensführung ist

---

8 Bei ihrer Untersuchung, inwieweit die Innovationsfähigkeit von Unternehmen durch institutionelle Investoren beeinflusst wird, stellen Kochhar/David (1996: 82) einen positiven Zusammenhang zu „nicht erpressbaren" Investoren fest.

9 Dies sollte eigentlich durch eine informationsundurchlässige Trennung (sogenannte Chinesische Mauern) zwischen Kredit-, Investment-, Vermögensverwaltungs- und Analystenabteilungen von Universalbanken verhindert sein. Dass diese „Chinesischen Mauern" selbst im amerikanischen Trennbankensystem porös sind, haben in jüngster Zeit einige Investment- und Analystenskandale in USA gezeigt, die zu erfolgreichen Schadensersatzklagen von Anlegern führten.

daher der Abbau von Informationsasymmetrien eine notwendige Bedingung. Das kann durch gesetzlich vorgegebene Bilanzierungs- und Bewertungswahlrechte, Informationspflichten gegenüber Aufsichtsgremien und andere publizitätssteigernde Maßnahmen geschehen (Witt 2002: 51).

Während zur Kontrolle und Beurteilung der ökonomischen Performance von Unternehmen national und international anerkannte, standardisierte Bewertungsvorschriften und -kriterien – zum Beispiel nach IAS (International Accounting Standards) und US-GAAP (Generally Accepted Accounting Principles) – vorliegen, gibt es noch kein vergleichbares Pendant der darüber hinausgehenden Bewertung der Umwelt- und Sozialperformance. Während in den letzten Jahren bei der Bewertung im ökologischen-ökonomischen Bereich – etwa die Erfassung der Öko-Effizienz – Fortschritte verzeichnet werden konnten, lässt die Bewertung der sozialen Nachhaltigkeit – etwa ein vergleichbarer Ansatz der Sozial-Effizienz – noch viele Fragen offen (Bendell 2000: 158; Rauschenberger 2002: 177). So beschränkt sich gegenwärtig in vielen Fonds die Beurteilung der sozialen Nachhaltigkeit auf die Überprüfung von Negativkriterien (wie Missachtung der Menschenrechte, Glücksspiel, Rüstung, Pornographie, Alkohol, Kinderarbeit usw.), da diese Kriterien ohne Aufwand meist eindeutig zu beobachten sind (Ulrich u.a. 1998: 52). Nun kann die Nachhaltigkeitsorientierung nicht nur darin liegen, sozial fragwürdige Unternehmen auszuschließen, sondern vielmehr sozial verantwortliche Unternehmen zu erkennen. Dazu wären Positivkriterien notwendig.

Institutionelle Investoren und der Finanzsektor sind gefordert, an der methodischen Entwicklung von Kernkriterien und allgemein akzeptierten Standards zu arbeiten, die die soziale und ökologische Leistung der Unternehmen reflektieren. Zu diesem Zweck hat CERES (Coalition for Environmentally Responsible Economics) das Netzwerk „Global Reporting Initiative (GRI)“[10] gegründet, das die diversen Standardisierungsinitiativen harmonisieren und auf eine international akzeptierte Basis stellen soll, mit dem Ziel der Vergleichbarkeit, Vollständigkeit und Glaubwürdigkeit der Nachhaltigkeitsberichterstattung (Schumacher 2000: 149; European Business School u.a. 2001). Sofern der GRI der Durchbruch zu einem allgemein akzeptierten Standard gelingt, kann der Analyseaufwand für nachhaltigkeitsorientierte Investoren verringert werden. Je mehr sich wiederum entsprechende Ratings durchsetzen, desto stärker wird ihre Signalwirkung auf den Kapitalmärkten mit positiven/negativen Folgewirkungen für die Unternehmen (z.B. hinsichtlich der Kapitalbeschaffung) sein. Dies könnte den Druck auf Unternehmen zu Selbstverpflichtungen (Corporate Governance Commitment) und zur Dokumentation der Unternehmensziele und -werte in Sachen Nachhaltigkeit erhöhen.

3.4 Formale Beschränkungen

Die systematische Einflussnahme und das Ausüben von Aktionärsrechten im Sinne einer nachhaltigen Entwicklung erfordert auch formale Veränderungen im System der Corporate Governance.

Zum einen ist ein entscheidendes formales Kriterium die Durchsetzung und Wahrung gleichgewichtiger Stimmrechte nach dem Prinzip „one share one vote“. Europaweit entsprechen bei weitem nicht alle Aktiengesellschaften diesem Prinzip. Ungleichgewichtige

10 Das Netzwerk besteht aus Unternehmen, Investoren, wissenschaftlichen Instituten, Rating-Agenturen Verbänden und internationalen NGO's.

Stimmrechtsregelungen, die unterschiedliche Anlegergruppen privilegieren, existieren in vielfältiger Form[11]. Ein zentrales Bestreben im Rahmen von Corporate Governance muss daher die Beseitigung von Stimmrechtsverzerrungen sein. Nur nach dem Prinzip der Gleichgewichtigkeit der Stimmrechte haben die unterschiedlichen Anlegerinteressen eine Chance, zum Ausdruck zu kommen. Einige Research Agenturen arbeiten an entsprechenden Stimmrechtsrichtlinien, die ein einheitliches „nachhaltiges" Abstimmungsverhalten von institutionellen Anlegern über die Ländergrenzen hinweg ermöglichen sollen (Peters 2002).

Zum anderen spielt in der Diskussion um eine effektive Corporate Governance die Struktur und Arbeitsweise des Management-Board (Aufsichtsrats) eine wichtige Rolle. Dabei geht es um die Effizienz und Transparenz von Entscheidungen sowie um eine ausgewogene Verteilung von Einfluss, auch zugunsten von Stakeholdern. Die „ideale" Struktur der Aufsichtsräte sollte nach dem Wunsch von Rating-Agenturen und Fondsgesellschaften folgende Besetzung haben: rund ein Drittel Executives, ein Drittel an Stakeholder-Interessen gebundene Mitglieder und ein Drittel unabhängige Mitglieder (sog. Independent Directors) (Bergmann 2002: 140, 144). Obwohl die Effizienz von Aufsichtsräten durch die fachliche Eignung und Professionalität von unabhängigen Mitgliedern und stakeholdergebundenen Mitgliedern verbessert werden könnten, machen in Europa nur wenige Unternehmen von einer ausgewogeneren Zusammensetzung und Einflussverteilung Gebrauch[12].

4. Schlussfolgerungen für eine nachhaltigkeitsgerichtete Corporate Governance

Institutionelle Investoren mit einem „nachhaltigen" Anlageinteresse können Treiber einer nachhaltigkeitsgerichteten Corporate Governance sein, wenn sie aufgrund ihrer Intermediärstellung eine langfristige Anlageorientierung verfolgen, ein spezifisches Bewertungswissen erwerben und dieses aktiv bei der Unternehmensführung und -überwachung durch Ein- und Widerspruch einsetzen. Die bisher diskutierten Thesen legen allerdings nahe, zwischen den Investoren zu differenzieren. Begünstigende organisationale Rahmenbedingungen und Voraussetzungen für eine positive Einflussnahme und produktive Kommunikation liegen vor, wenn Investoren

- nicht kurzfristig agieren und die „Unternehmenskontrolle" indirekt über den „Markt" ausüben (wie transiente Investoren),
- kein passives Portfoliomanagement betreiben (quasi-indexnachbildende Investoren),
- sondern ein längerfristiges Interesse an der kontinuierlichen Entwicklung „ihrer" Unternehmen haben (fokussierte Investoren),
- ohne durch anderweitige Geschäftsverquickungen und Abhängigkeiten erpressbar zu sein.

---

11 Wie zum Beispiel Vorzugsaktien, stimmrechtlose Aktien, Mehrfachstimmrechte, Stimmrechtsbeschränkungen, „Golden" oder „Priority Shares". Beispielsweise haben nur 17 Unternehmen des EURO-STOXX 50-Index keine Stimmrechtsverzerrungen (Bergmann 2002: 142).

12 Nach einer Untersuchung der EURO-STOXX 50-Unternehmen erbrachte im Durchschnitt einen Anteil von 34 Prozent unabhängiger Board-Mitglieder, der jedoch länderspezifisch sehr unterschiedlich verteilt ist (Bergmann 2002: 144).

Des Weiteren sind formale Veränderungen von Corporate Governance-Strukturen notwendig, um eine wirksame Einflussnahme auf die Unternehmensführung im Sinne der Nachhaltigkeit zu ermöglichen: wie gleichgewichtige Stimmrechte, eine stärkere Besetzung der Aufsichtsräte mit stakeholder-gebundenen und unabhängigen Mitgliedern und wie die Verpflichtung von institutionellen Investoren, die Stimmrechte im Interesse ihrer Anleger selbst wahrzunehmen.

Mit Blick auf ein aktives Aktionärsengagement zugunsten einer nachhaltigkeitsgerichteten Corporate Governance bestehen bereits mehr Optionen, als viele institutionelle Investoren derzeit wahrnehmen. Dazu bieten sich unterschiedliche Formen und Verfahren der wirkungsvollen Einflussnahme an:

- *Konstruktiv-kritischer Dialog:* Solche Dialoge haben in den letzten Jahren stark zugenommen und sind für Unternehmen zunehmend ein „Muss" für gute Investor-Beziehungen. Im Mittelpunkt des Dialogs können die Frage nach einer nachhaltigen Unternehmensstrategie, kritische Nachfragen zum sozialen und ökologischen Handeln der Unternehmen stehen. Mit den Dialogen werden „Lerneffekte" bei den Unternehmen, hinsichtlich der Anlageentscheidungen und des strategischen Interesses der nachhaltigkeitsorientierten Investoren initiiert (Bergmann 2002: 146).
- *„Aktives Aktionärsengagement":* Mit der aktiven Ausübung der Rolle als Aktionär stehen Fondsgesellschaften eine Reihe von Rechten zu, ihren Einfluss geltend zu machen: das Recht der Teilnahme an Hauptversammlungen, der Initiierung von Anträgen für die Tagesordnung, das Rederecht und nicht zuletzt das Stimmrecht über die gestellten Anträge. Diesem aktiven Engagement kommt besondere Bedeutung zu, weil der Dialog öffentlich geführt wird, die Unternehmen formell gezwungen sind, Stellung zu beziehen und ihre Unternehmenspolitik transparenter zu machen, und die Chance besteht, die freien Aktionäre und Kleinanleger in den Dialog und die Strategie einzubeziehen (Bergmann 2002: 146).
- *Bildung von Stimmrechtskoalitionen:* Um ihrem Einfluss mehr Gewicht zu verleihen, bietet sich für nachhaltigkeitsorientierte Investoren der Zusammenschluss mit anderen Investoren und gleichen Anlageinteressen an. Beispielgebend sind hierfür die SRI (Socially Responsible Fonds) in USA oder kampagnebezogen die Vereinigung „Friends of the Earth UK" (Peters 2002) oder die Schweizer Anlagestiftung „Ethos", in der sich über 60 Schweizer Pensionskassen zusammengeschlossen haben mit dem Ziel, nachhaltige Investments zu fördern. Diese Stiftung bietet unter anderem eine Hauptversammlungs-Dienstleistung an, die den Mitgliedern die bewusste Ausübung der Stimmrechte – entweder selber oder über die Stiftung – ermöglicht (Knörzer 2000: 134f.).

Institutionelle Investoren können unter den hier diskutierten Optionen Impulsgeber für „nachhaltige" Investments und Unternehmensführung sein. Sie sind aber nur ein – wenn auch nicht unbedeutender – Teil der Finanzmärkte. Der Innovationspotenzial der Finanzmärkte für nachhaltiges Wirtschaften ist aber insoweit nicht ausgereizt, wie die Berücksichtigung von Nachhaltigkeitsaspekten nicht in allen Teilmärkten – Investitions-, Kredit-, Versicherungsmarkt – des Finanzmarktsystems zur Selbstverständlichkeit wird. Allmählich erkennen Banken, Versicherungen und Investoren, dass die Integration von Nachhaltigkeitsfaktoren bei der Kreditvergabe, im Investment-Banking und beim Versicherungsschutz die eigene Risikoexposition begrenzt. Erst wenn diese Integration von Nachhaltigkeitsaspekten zum mainstream bei allen Finanzdispositionen wird, bestehen gute Durchsetzungschancen für eine nachhaltige Unternehmensführung und -kontrolle.

Literatur

Bergmann, Eckhard: Beurteilung unternehmensstrategischer Entscheidungen und Managementgüte durch institutionelle Investoren. In: Nippa, Michael/Petzold, Kerstin/Kürsten, Wolfgang (Hrsg.): Corporate Governance. Herausforderungen und Lösungsansätze. Heidelberg 2002, S. 133-148

Bendell, Jem: Jenseits der Selbstregulation von Umweltmanagement: Einige Gedanken zur wachsenden Bedeutung von Business-NGO-Partnerschaften. In: Fichter, Klaus/Schneidewind, Uwe (Hrsg.): Umweltschutz im globalen Wettbewerb. Berlin u.a. 2000, S. 153-162

Bender, Willi: Die Interessen der privaten Anleger in der Diskussion um Corporate Governance Richtlinien. In: Nippa, Michael/Petzold, Kerstin/Kürsten, Wolfgang (Hrsg.): Corporate Governance. Herausforderungen und Lösungsansätze. Heidelberg 2002, S. 119-132

Bushee, Brian J.: The Influence of Institutional Investors on Myopic R&D Investment Behavior. In: Acccounting Review 73 (1998) 3, S. 305-333

European Business School u.a. : Umwelt- und Nachhaltigkeitstransparenz für Finanzmärkte (bmb+f Zwischenbericht). Oestrich-Winkel 2001

Fichter, Klaus/Schneidewind, Uwe (Hrsg.): Umweltschutz im globalen Wettbewerb. Berlin u.a. 2000

Franck, Kirein: „Grüne Dagoberts“ und edle Spender. In: Ökologisches Wirtschaften (1999) 4, S. 7

Freeman, Edward R.: Strategic Management: A Stakeholder Approach. Boston 1984

Furubotn, Eirik G./Pejovich, Svetozar: Property Rights and Economic Theory: A Survey of Recent Literature. In: Journal of Economic Literature (1972) 10, S. 1137-1162

Hirschman, Albert O.: Exit, Voice and Loyality: Responses to Decline in Firms, Organizations, and States. Cambridge 1970

Knörzer, Andreas: Institutionelle Anleger – Die neue Triebkraft für eine nachhaltige Entwicklung. In: Fichter, Klaus/Schneidewind, Uwe (Hrsg.): Umweltschutz im globalen Wettbewerb. Berlin u.a. 2000, S. 131-137

Kochhar, Rahul/David, Parthiban: Institutional Investors and Firm Innovation: A Test of Competing Hypotheses. In: Strategic Management Journal (1996) 17, S.-73-84

Mitchell, Ronald K.: Toward a Theory of Stakeholder Identification and Salience: Defining the Principle of Who and What Really Counts, in: The Academy of Management Review 22 (1997) 4, S. 853-883

Nippa, Michael/Petzold, Kerstin/Kürsten, Wolfgang (Hrsg.): Corporate Governance. Herausforderungen und Lösungsansätze. Heidelberg 2002

Peters, Volker: Kritische Verantwortung. In: die tageszeitung, 29. Juli 2002

Petzold, Kerstin: Institutionelle Investoren – Element eines innovationsförderlichen Corporate Governance Systems? In: Nippa, Michael/Petzold, Kerstin/Kürsten, Wolfgang (Hrsg.): Corporate Governance. Herausforderungen und Lösungsansätze. Heidelberg 2002, S. 149-174

Porter, Michael. E.: Capital Disadvantage: America's Failing Capital Investment System. In: Harvard Business Review 72 (1992) 5, S. 65-82

Rauschenberger, Reto: Nachhaltiger Shareholder Value. Bern u.a. 2002

Schumacher, Ingeborg: Das Marktpotenzial von Umweltfonds und ihre Rückwirkung auf die Gütermärkte. In: Fichter, Klaus/Schneidewind, Uwe (Hrsg.): Umweltschutz im globalen Wettbewerb. Berlin u.a. 2000, S. 139-159

Schaltegger, Stefan: Bildung und Durchsetzung von Interessen zwischen Stakeholdern der Unternehmung (WWZ-Sonderdruck, Wirtschaftswissenschaftliches Zentrum der Universität Basel, Nr. 23). Basel 1998

Speckbacher, Gerhard: Shareholder Value und Stakeholder Ansatz. In: Die Betriebswirtschaft 57 (1997) 5, S. 630-639

Ulrich, Peter/Jäger, Urs/Waxenberger, Bernhard: Prinzipiengeleitetes Investment I (Institut für Wirtschaftsethik der Universität St. Gallen). St. Gallen 1998

Umweltbundesamt (Hrsg.): Neue Impulse durch ökologische Geldanlagen (UBA-Texte 36/01). Berlin 2001

Verbraucherzentrale Bundesverband u.a. (Hrsg.): Effizienter vorsorgen: Auswahlkriterien für eine ökologische Riester-Rente. Berlin 2002

Witt, Peter: Corporate Governance im Wandel. In: Zeitschrift Führung und Organisation 69 (2000) 3, S. 159-163

Witt, Peter: Grundprobleme der Corporate Governance und international unterschiedliche Lösungsansätze. In: Nippa, Michael/Petzold, Kerstin/Kürsten, Wolfgang (Hrsg.): Corporate Governance. Herausforderungen und Lösungsansätze. Heidelberg 2002, S. 41-72

Unternehmensnetzwerke für nachhaltiges Wirtschaften

Uta Kirschten

Unternehmensnetzwerke erfahren seit den neunziger Jahren zunehmende Aufmerksamkeit in der Wissenschaft. Jedoch erst seit kurzem werden in diesem Zusammenhang auch ökologisch relevante Fragen thematisiert und die Diskussion um Unternehmensnetzwerke, die einen Beitrag zu einer nachhaltigen, zukunftsverträglichen Entwicklung leisten können, hat gerade erst begonnen[1]. Dass Unternehmensnetzwerke wichtige Funktionen im Rahmen des Such-, Lern- und Gestaltungsprozesses für ein nachhaltiges Wirtschaften spielen können, ist Gegenstand dieses Artikels. Ihre Stärken und Schwächen werden analysiert sowie verschiedene Typen von Unternehmensnetzwerken mit vielversprechenden Potenzialen für eine praktische Umsetzung nachhaltigen Wirtschaftens vorgestellt.

1. Unternehmen als wichtige Akteure eines nachhaltigen Wirtschaftens

Neben Politik und Gesellschaft spielen Unternehmen bei der Realisierung nachhaltigen Wirtschaftens eine zentrale Rolle. Aufgrund ihrer umfassenden Gestaltungsmöglichkeiten haben sie in allen drei Dimensionen der Nachhaltigkeit eine große Verantwortung. Zu denken ist hierbei nicht nur an die ökonomischen Auswirkungen der eigentlichen Unternehmenstätigkeiten, ihre Einflusspotenziale auf Beschaffungs- und Absatzmärkte sowie zunehmende Machtkonzentration und Globalisierung, sondern auch an den Grad der Naturinanspruchnahme durch Ressourcennutzung und Freisetzung von Stoffen und Energie sowie an die Beeinflussung von Lebensstilen, Konsummustern und regionalen Entwicklungsperspektiven. Unternehmen sind aber auch

> „Orte sozialer, ökonomischer und ökologischer Innovation und damit potentielle Problemlöser" (Kanning/Müller 2001: 22)

bei der Suche nach und Gestaltung von Pfaden einer nachhaltigen Wirtschaftsentwicklung.

Diese weitreichenden Gestaltungspotenziale der Unternehmen werden bisher in der Praxis noch viel zu wenig genutzt. Woran liegt das? Mögliche Gründe bestehen in der Pra-

---

1 Ich beziehe mich ausdrücklich auf die Thematisierung von Unternehmensnetzwerken. Die Auseinandersetzung zum Themenfeld Kooperation und Umweltmanagement, Gesellschaftsorientierung bzw. Ökologie wird schon länger geführt (vgl. z.B. Aulinger 1996; Götzelmann 1992; Krcal 1995, 1998; Schneidewind 1995).

xisferne bisher diskutierter Handlungsstrategien und Zielformulierungen des Konzeptes Nachhaltigkeit, die bei den Unternehmen eher Skepsis bis Ablehnung erzeugen, als sie für nachhaltiges Wirtschaften zu motivieren und praktische Hilfestellungen zu geben (vgl. Schwarz/Birke/Lauen 2002).

Doch auch diejenigen Unternehmen, die dem Leitbild aufgeschlossen gegenüber stehen, können sich bei der Umsetzung nachhaltigen Wirtschaftens schnell überfordert fühlen. Die Begrenztheit unternehmensinterner Möglichkeiten (Ressourcen, Kompetenzen), was insbesondere für kleine und mittelständische Unternehmen[2] gilt, die Konzentration vieler Unternehmen auf eigene Kernkompetenzen, wodurch die verfügbaren Ressourcen zusätzlich eingeschränkt werden, sowie die Verschärfung der Wettbewerbsanforderungen im Hinblick auf Kosten, Qualität, Innovation und Schnelligkeit schränken die unternehmerischen Handlungspotenziale ein.

Unternehmensnetzwerke als eine Form unternehmensübergreifender Kooperation könnten ein geeigneter Ansatzpunkt sein, die große Herausforderung nachhaltigen Wirtschaftens eher zu bewältigen; aus globaler Perspektive könnten sie ein wichtiger „Pflasterstein" auf dem Weg einer nachhaltigen Entwicklung sein.

2. Unternehmensnetzwerke als Untersuchungsgegenstand

Viele Beiträge zum Thema Unternehmensnetzwerke vermitteln den Eindruck, es handele sich hierbei um ein neues Phänomen. Dabei sind sie seit geraumer Zeit in verschiedenen Branchen etabliert, wie zum Beispiel im Großanlagenbau, der Bauindustrie, der Medienindustrie oder der Softwareproduktion (vgl. Windeler 2001). Unternehmensnetzwerke stellen eine hybride Form der unternehmerischen Zusammenarbeit zwischen Markt und Hierarchie dar. Ihre Besonderheit liegt darin, dass sie die marktlichen Elemente der Spezialisierung und des Effizienzdrucks mit den eher hierarchischen Merkmalen des Vertrauens und der Informationsintegration kombinieren. Dies führt zu einer eher kooperativen als kompetitiven unternehmensübergreifenden Zusammenarbeit mit dem gemeinsamen Ziel einer kollektiven Effizienzsteigerung, die auch die individuelle Wettbewerbsposition der Mitglieder verbessern kann (vgl. Miles/Snow 1986; Siebert 1999). Von einem Unternehmensnetzwerk kann gesprochen werden, wenn zwischen mehreren rechtlich und wirtschaftlich selbständigen Unternehmen eine koordinierte und relativ stabile Beziehung ökonomischer Aktivitäten besteht, die durch eine eher kooperative (als kompetitive) und komplex reziproke Zusammenarbeit gekennzeichnet ist und auf die Realisierung von Wettbewerbsvorteilen abzielt (vgl. Sydow 1992; Hippe 1996).

Die wissenschaftliche Auseinandersetzung mit Unternehmensnetzwerken hat in den letzten zehn Jahren sowohl in der betriebswirtschaftlichen als auch in der organisationssoziologischen Forschung stark zugenommen (vgl. z.B. Powell 1990; Staber u.a. 1996; Galbraith 1998; Gerum u.a. 1998; Picot u.a. 1998; Sydow u.a. 1998; Osterloh/Weibel 1999; Hessinger u.a. 2000). Die theoretische Vielfalt zur Untersuchung der Netzwerkorganisation erstreckt sich insbesondere auf institutionenökonomische Ansätze, auf die Spieltheorie und verschiedene moderne Interorganisationstheorien (z.B. Resource Dependence-Ansatz, interaktionsorientierter Netzwerkansatz) sowie auf neuere systemtheoretische, evolutorische, strukturationstheoretische und komplexitätstheoretische Ansätze (vgl. Nohria/Eccles 1992;

2 Da kleine und mittelständische Unternehmen vielerorts die wirtschaftliche Struktur prägen, sind sie wesentliche Adressaten einer nachhaltigen Wirtschaftsentwicklung.

Sydow 1992, 1999; Rössl 1994; Ebers 1997; Koza/Lewin 1998; Sydow/Windeler 1999; Windeler 2001). Inhaltlich ist das Untersuchungsspektrum breit; einige Schwerpunkte bilden regionale Unternehmensnetzwerke (vgl. z.B. Dybe 2000; Grotz/Schätzl 2001), strategische Netzwerke (vgl. Sydow 1992), Produktions- bzw. Zuliefernetzwerke (vgl. z.B. Bellmann/Hippe 1996) und Wertschöpfungsnetzwerke (vgl. Goldbach 2001); aber auch Innovationsnetzwerke (vgl. z.B. Powell u.a. 1996; Koschatzky 1998; Kowol 1998; Semlinger 1998; Haritz 2000; Grotz/Schätzl 2001) sind seit einigen Jahren Gegenstand der Forschung.

3. Eignung von Unternehmensnetzwerken für nachhaltiges Wirtschaften

Unternehmensnetzwerke bieten die Chance, die Herausforderungen nachhaltigen Wirtschaftens gemeinsam anzugehen und dadurch eher bewältigen zu können. Neben interessanten Vorteilen – für die einzelnen Unternehmen wie auch für das gesamte Netzwerk – sind sie jedoch auch mit Risiken behaftet. Beides wird im Folgenden diskutiert.

3.1 Vorteile von Unternehmensnetzwerken

Die Zusammenarbeit im Netzwerk ermöglicht die *Bündelung spezifischer Kernkompetenzen und Ressourcen*, die die verschiedenen Unternehmen in die Netzwerkarbeit einbringen (vgl. z.B. Bellmann/Hippe 1996; Duschek 1998). Dies befähigt das Netzwerk insgesamt zu einer komplexen Problembearbeitung, die umso effizienter wird, je höher die Komplementarität der ins Netzwerk eingebrachten Kompetenzen und Ressourcen ist. Dieser umfangreiche Kompetenz- und Ressourcenpool ist für das Beschreiten neuer Wege einer nachhaltigen Wirtschaftsentwicklung ganz wichtig. Zu denken ist beispielsweise an die gemeinsame Entwicklung von nachhaltigen Basisinnovationen, die vielfältiger Fachkompetenzen (technologisch, ökologisch, ökonomisch, gesellschaftlich) und Ressourcen (z.B. Forschungs- und Entwicklungsausstattung, Risikokapital) bedarf.

Die Möglichkeit der Einbindung und Nutzung unterschiedlicher Kompetenzbereiche und Ressourcen im Netzwerk führt auch zu einem *erhöhten Komplexitätsverarbeitungsniveau des Netzwerks* im Vergleich zu marktlichen oder hierarchischen Koordinationsformen (vgl. Duschek 1998, Windeler 2001). Gerade für die Bewältigung von Problemstellungen eines nachhaltigen Wirtschaftens ist dies besonders wichtig, da sie aufgrund der Vielfalt zu berücksichtigender ökologischer, ökonomischer und sozialer Aspekte sowie der Einbeziehung von Akteuren aus verschiedenen Wertschöpfungsstufen eine viel höhere Komplexität aufweisen als die Zusammenarbeit in anderen Bereichen (zum Beispiel bei Zuliefernetzwerken oder inkrementalen Innovationen).

Die gemeinsame Netzwerkarbeit erfordert einen intensiven und wechselseitigen Wissens- und Erfahrungsaustausch zwischen den beteiligten Mitgliedern. Diese *reziproke Kopplung fördert wechselseitige (reflexive) Lernprozesse* sowohl bei den Netzwerkmitgliedern als auch im Netzwerk insgesamt (vgl. z.B. Prange 1999) und ist als spezifischer qualitativer, quantitativer und zeitlicher Netzwerkvorteil bei der Suche nach Entwicklungsmöglichkeiten nachhaltigen Wirtschaftens anzusehen. Die Komplexität und Interdependenzen der zu berücksichtigenden ökonomischen, ökologischen und sozialen Teilbereiche erfordern in hohem Maße reflexive Lernprozesse.

Eine besondere Chance der Zusammenarbeit im Netzwerk besteht in der *Herausbildung netzwerkspezifischer Kernkompetenzen*, die sich durch die Verknüpfung der jeweils eingebrachten Kompetenzen sowie durch die wechselseitigen Lern- und Synergieprozesse entwickeln können (vgl. Duschek 1998). Diese netzwerkspezifischen Kernkompetenzen stellen einzigartige Wettbewerbsvorteile und Erfolgspotenziale des Netzwerkes für die Generierung nachhaltiger Problemlösungen dar.

Durch die Kooperation im Netzwerk können *bestehende Risiken und Unsicherheiten verteilt* und dadurch für die einzelnen Mitglieder reduziert werden. Das Beschreiten neuer nachhaltiger Entwicklungspfade kann sehr hohe Risiken in marktlicher, ökologischer und sozialer Hinsicht beinhalten, die in Unternehmensnetzwerken auf die Schultern aller Mitglieder verteilt werden können. Dies hat zwei Effekte: Erstens können sich dadurch die Risiken für die einzelnen Mitglieder verringern und damit überhaupt erst tragbar werden. Zweitens ist es dem Netzwerk als Ganzes durch die Risikoteilung möglich, insgesamt höhere ökonomische oder technologische Risiken einzugehen. Dies führt vielleicht erst zur Bereitschaft einzelner Unternehmen, an neuen Problemlösungen für nachhaltiges Wirtschaften mitzuarbeiten. Zusätzlich reduziert die vertrauensbasierte Zusammenarbeit, auf der die gemeinsame Netzwerkarbeit beruht, Unsicherheiten.

Auch *Kosteneinsparungen* können durch die Kooperation im Netzwerk realisiert werden. Anfallende Kosten (zum Beispiel für ein Entwicklungsprojekt), die ansonsten vom einzelnen Unternehmen zu tragen wären, können im Netzwerk geteilt werden. Kosteneinsparungen können beispielsweise resultieren aus der Aufgabenverteilung auf verschiedene Mitglieder, aus einer gemeinsamen bzw. Mit-Nutzung der in die Netzwerkarbeit eingebrachten Ressourcen (Technologien, Geräte- und Gebäudeausstattung) und Kompetenzen (unterschiedlich qualifizierte Mitarbeiter, Vertriebsverfahrung oder -kanäle) oder aus einer gemeinsamen Bereitstellung von Sicherheiten für zum Beispiel Risikokapital.

3.2 Potenzielle Risiken einer Zusammenarbeit in Unternehmensnetzwerken

Natürlich sind Unternehmensnetzwerke nicht nur vorteilhaft, sie können auch erhebliche Risiken bergen, die die einzelnen Unternehmen vor einer Entscheidung zur Netzwerkteilnahme berücksichtigen müssen.

Die Zusammenarbeit im Netzwerk bedingt eine Aufgabenverteilung zwischen den Mitgliedern sowie die Koordination[3] der verschiedenen Netzwerkbeiträge. Dies kann für einzelne Unternehmen zu einem *teilweisen Autonomieverlust oder größeren Abhängigkeiten* führen, wenn sie zum Beispiel Zuliefer- oder Dienstleistungsfunktionen übernehmen (vgl. beispielsweise Weber 1994). Auch in nachhaltigen Unternehmensnetzwerken sind derartige Abhängigkeiten und mögliche Autonomieverluste möglich, insbesondere bei vertikalen Netzwerken, die Akteure verschiedener Wertschöpfungsstufen integrieren, um beispielsweise die Wertschöpfungskette nicht nur ökonomisch effizient zu gestalten, sondern auch die ökologischen Belastungen zu minimieren und soziale Benachteiligungen (zum Beispiel hinsichtlich Arbeitsbedingungen, Entlohnung, Abhängigkeiten) auszuschließen.

Den Vorteilen reflexiver Lernprozesse im Unternehmensnetzwerk steht unter Umständen die *Gefahr des Outlearnings* (Duschek/Sydow 1999: 21) gegenüber, was bedeutet,

---

3 Die Koordination kann von einen zentralen Akteur übernommen werden, dann spricht man von strategischen Netzwerken (vgl. z.B. Sydow 1992), oder durch mehrere auch wechselnde Netzwerkmitglieder erfolgen, dann handelt es sich um polyzentrische Netzwerke (vgl. Sydow 1999).

dass einzelne Netzwerkpartner aufgrund der Zusammenarbeit und der Lerneffekte anderer Mitglieder wichtige Kompetenzen oder Wissensvorsprünge an diese verlieren können. Das Risiko eines Wissensabflusses oder Kompetenzverlustes besteht umso mehr, wenn es sich um die Entwicklung völlig neuer Problemlösungen handelt, wie beispielsweise bei der Entwicklung nachhaltiger Produktnutzungskonzepte. Die Gefahr, dass es im Rahmen der Netzwerkkooperation nicht nur Gewinner, sondern auch Verlierer gibt, ist nicht auszuschließen, aber durch gemeinsam vereinbarte Grundsätze der Zusammenarbeit sowie geeignete Kontroll- und Sanktionsmechanismen zu begrenzen.

Ein weiteres Problem kann in *zusätzlichen Koordinationskosten* der unternehmensübergreifenden Kooperation bestehen, die aus dem wechselseitigen Abstimmungsbedarf der Netzwerkmitglieder sowie oben genannter Kontrollmechanismen resultieren und mit zunehmender Teilnehmerzahl steigen (vgl. Sydow 1999). Unternehmensnetzwerke für nachhaltiges Wirtschaften werden vermutlich eher mehr Mitglieder mit unterschiedlichen Kompetenzen und aus verschiedenen Wertschöpfungsstufen in sich vereinen, so dass hier auf eine effiziente Netzwerkkoordination (vgl. Wildemann 1997) geachtet werden sollte.

Aus der Zusammenarbeit im nachhaltigen Unternehmensnetzwerk resultiert auch eine *höhere Transparenz zwischen den Netzwerkmitgliedern* (vgl. z.B. Bachmann/Lane 1999). Diese ist wichtig für die gemeinsame Problembearbeitung, kann jedoch zur Gefahr werden, wenn wichtige unternehmensspezifische Informationen offengelegt und unter Umständen zum Nachteil des jeweiligen Unternehmens ausgenutzt werden können. Dies kann die Bereitschaft zur Mitarbeit auch in nachhaltigen Unternehmensnetzwerken verringern.

Netzwerke können Tendenzen der Abschottung entwickeln, die als *Lock-in-Effekte* (vgl. DeBresson/Amesse 1991; Semlinger 1998: 24) bezeichnet werden. Mögliche Gründe hierfür können in hohen Transaktionskosten für den Netzwerkaufbau (zum Beispiel durch Aufbau gemeinsamer Standards oder Partnersuche) liegen, deren Amortisation an die Netzwerkzugehörigkeit gebunden ist, oder in der Verfestigung der Netzwerkstrukturen durch spezialisierte Aufgabenbereiche oder schon längerfristiger Zusammenarbeit bestehen. Diese Motive können auch in Unternehmensnetzwerken für nachhaltiges Wirtschaften zu Lock-in-Effekten führen. So sind die Transaktionskosten für den Aufbau nachhaltiger Unternehmensnetzwerke aufgrund der besonderen Anforderungen an die Konstellation dieser Netzwerke vermutlich recht hoch. Auch die spezifischen Aufgabenstellungen im Hinblick auf nachhaltiges Wirtschaften scheinen Tendenzen der Abschottung wahrscheinlich zu machen. Andererseits benötigen gerade die hier diskutierten Unternehmensnetzwerke immer wieder neue Impulse, um bisher vielleicht unentdeckte nachhaltige Entwicklungspfade und Lösungsmöglichkeiten erschließen zu können. In jedem Falle sind diese Lock-in-Effekte Barrieren des Wandels und bewirken einen Verlust an Flexibilität und spezifischer Netzwerkvorteile.

3.3 Potenzielle Unternehmensnetzwerke für ein nachhaltiges Wirtschaften

Je nach Zielsetzung, Zusammensetzung, regionaler Ausdehnung und Ausgestaltung der Zusammenarbeit gibt es ein breites Spektrum unterschiedlicher Unternehmensnetzwerke (vgl. Sydow 1999: 284ff.; Windeler 2001). Hier interessiert, welche Arten von Unternehmensnetzwerken grundsätzlich geeignet sein können, einen Beitrag zum nachhaltigen Wirtschaften zu leisten. Aufgrund der Vielfalt und Komplexität möglicher Entwicklungsperspektiven nachhaltigen Wirtschaftens sowie der Notwendigkeit, teils völlig neue Problemlösungs- und Entwicklungspfade zu beschreiten, kann es nicht nur einen am besten geeigneten Typ von Unternehmensnetzwerk hierfür geben. Vielmehr können verschiedene

Arten von Unternehmensnetzwerken potenziell gut geeignet sein, Problemlösungsbeiträge zum nachhaltigen Wirtschaften zu leisten bzw. geeignete Anknüpfungspotenziale zu bieten, um sich zu nachhaltigen Unternehmensnetzwerken zu entwickeln. Einige vielversprechende Typen werden im Folgenden überblicksartig vorgestellt (vgl. Abbildung 1):

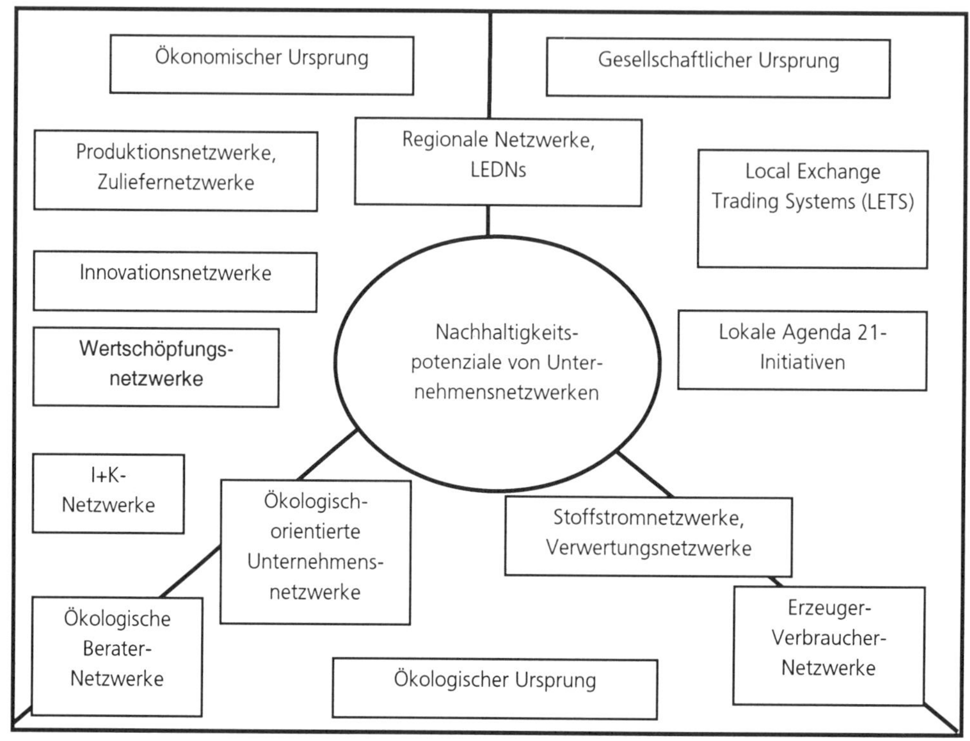

Abbildung 1: Einordnung ausgewählter Unternehmensnetzwerke mit Potenzialen für nachhaltiges Wirtschaften nach ihrem Ursprung

Innovationsnetzwerke sind überbetriebliche Kooperationen,

> „die auf komplexe Problemlösungen im Bereich der Forschung und Entwicklung ausgerichtet sind und dabei eine befristet-projektorientierte, heterarchische, gering formalisierte sowie weitgehend interdependente Form einer zwischenbetrieblichen Zusammenarbeit darstellen" (Haritz 2000: 97).

Innovationen, nicht nur verstanden als Produkt- und Prozessinnovationen, sondern auch als institutionelle und soziale Neuerungen, können wichtige Beiträge zum nachhaltigen Wirtschaften leisten, wenn bei ihrer Generierung neben technisch-ökonomischen auch ökologische und soziale Aspekte berücksichtigt werden. Innovationsnetzwerke bieten die Möglichkeit, unternehmensübergreifend derartig nachhaltige Innovationen für ein zukunftsfähiges Wirtschaften gemeinsam zu erarbeiten und umzusetzen (vgl. Karl 2001; Kirschten 2002).

Explizit nachhaltige Innovationsnetzwerke gibt es bisher kaum. Allerdings existieren Innovationsnetzwerke, die faktisch sehr interessante Ansätze zum nachhaltiges Wirtschaften verfolgen (ohne es explizit als nachhaltig zu bezeichnen) und an Innovationen arbeiten, die neben der ökonomischen und technischen Effizienz auch Beiträge zur Verbesserung der natürlichen Lebensgrundlagen und des gesellschaftlichen Zusammenhalts leisten. Beispielsweise sind im Rahmen der InnoRegio-Förderinitiative des BMBF (vgl. BMBF 2000) in den neuen Bundesländern seit Ende 1999 diverse Innovationsnetzwerke entstanden, von denen einige auch an nachhaltigkeitsorientierten Innovationen arbeiten. Dazu gehören zum Beispiel im Land Brandenburg die Initiativen „Die Pflanze als Wirtschaftsfaktor – Wertschöpfung aus Biowert- und -wirkstoffen“ und das „Regionale Innovationsbündnis Oberhavel“, in Sachsen-Anhalt die Initiativen „MAHREG Automotive“ und NinA-Naturstoff-Innovationsnetzwerk Altmark“ sowie „RIST-Regionale Innovationsnetzwerke Stoffkreisläufe“ in Sachsen.

Produktionsnetzwerke und *Zuliefernetzwerke* konzentrieren ihre zwischenbetriebliche heterarchische Zusammenarbeit auf den Bereich der Fertigung, um gemeinsam Wettbewerbsvorteile zu erlangen. Sie sind projektbezogen und weisen – wie auch andere Netzwerke – sowohl kooperative als auch konkurrierende Verhaltensweisen auf. Die von den Netzwerkpartnern eingebrachten individuellen Kernkompetenzen werden durch Komplementaritätskompetenzen verbunden und gemeinsam genutzt (vgl. Bellmann/Hippe, 1996: 60). Aufbauend auf bereits bestehenden Produktions- und Zuliefernetzwerken, wie beispielsweise in der Automobilindustrie, könnten diese Netzwerke wichtige Beiträge zum nachhaltigen Wirtschaften leisten. Zu denken ist unter anderem an die gemeinsame Erarbeitung und Umsetzung nachhaltigkeitsgerechter produktionstechnologischer Entwicklungen, oder an eine Optimierung der wertschöpfungsstufenübergreifenden Produktion unter Berücksichtigung ökologischer (zum Beispiel Umweltbelastungen durch Produktion und Transporte) und sozialer (beispielsweise Arbeitsbedingungen) Auswirkungen.

Nachhaltiges Wirtschaften ist ohne Information und Kommunikation nicht denkbar. *Informations- und Kommunikationsnetzwerke* existieren in vielfältigen Ausprägungen (vgl. z.B. Klein 1996). Verbreitet sind informationstechnische Systeme wie zum Beispiel interorganisationale Informationssysteme (IOS) (vgl. z.B. Ebers 1997) und Electronic Data Interchange (EDI) (vgl. z.B. Neuburger 1997; Monse/Reimers 1997), die Entwicklungen nachhaltigen Wirtschaftens durch informations- und kommunikationstechnische Vernetzung unterstützen können. Darüber hinaus werden hier auch solche Netzwerke berücksichtigt, deren Ziel in einem inhaltlichen Informationsaustausch zum Thema nachhaltiges Wirtschaften besteht. Zu denken ist beispielsweise an (regionale) Informations- und Kommunikationsplattformen im Rahmen von Unternehmensinitiativen oder lokaler Agenda 21-Prozesse, wie beispielsweise das Netzwerk „Tele 21“ in der Region Neumarkt in der Oberpfalz (vgl. www.1.ku-eichstaett.de/GGF/Sozio3/tele21) oder von Industrie- und Handelskammern organisierte Wertstoffbörsen.

Wertschöpfungsnetzwerke stellen eine vertikale Koordination von Unternehmen entlang der gesamten Wertschöpfungskette vom Rohstofflieferanten über Verarbeiter und Produzenten bis zum Endkunden dar und unterscheiden sich dadurch von Produktions- und Zuliefernetzwerken, die in der Regel nur einige Stufen der Wertschöpfungskette miteinbeziehen. Die Zusammenarbeit erstreckt sich auf die intra- und interorganisationalen Beziehungen der Akteure sowie auf die Material- und Informationsflüsse in der Kette. Zugrunde liegende Zielsetzungen können sich nur auf die ökonomische Effizienz beziehen oder auch ökologische und soziale Aspekte beinhalten. Erfolgreiche ökologisch orientierte Wertschöpfungsnetzwerke oder auch –ketten finden sich beispielsweise in der Textilindustrie (Kooperation der Schweizer COOP im Rahmen ihres Textilsegments Nature Line mit Konfektionären, Garnhändlern und Baumwollanbau, vgl. Caldas 1995) oder im Ernährungsbereich (vgl. Geelhaar/Muntwyler 1998). Aufbauend auf diesen Erfolgen scheint eine Integration auch sozialer Ziele in diese Wertschöpfungsnetzwerke als aussichtsreich, wie erste Untersuchungen zum Thema nachhaltige Wertschöpfungsketten belegen (vgl. z.B. Goldbach 2001). Eine derartige Entwicklung hin zu nachhaltigen Wertschöpfungsnetzwerken könnte eine Schlüsselfunktion für nachhaltiges Wirtschaften sein.

Regionale Netzwerke bzw. Local Economic Development Networks (LEDNs) sind auf die Integration und Vernetzung wichtiger Akteure (Institutionen, private Sektoren, Administration, Interessenvertreter) im Rahmen einer regionalen Entwicklung gerichtet (vgl.

Wood 1993). Ziel der Initiatoren dieser Netzwerke ist die grundsätzliche Stärkung der regionalen Wirtschaft, ohne speziell auf eine nachhaltige Entwicklung abzustellen. Allerdings nimmt die Zahl regionaler Netzwerke zu – insbesondere im Zusammenhang mit Lokalen Agenda 21-Initiativen –, die sich auch mit Möglichkeiten einer nachhaltigen Regional- und Wirtschaftsentwicklung beschäftigen.

Seit Mitte der neunziger Jahre stoßen *ökologisch orientierte Unternehmensnetzwerke* auf steigendes Forschungsinteresse (vgl. z.B. Geelhaar/Muntwyler 1998; Hofer/Stalder 2000; Spehl/Tischer 1999; Roome 2001; Störmer 2001). Untersucht werden unter anderem Verbesserungen im Bereich des betrieblichen Umweltschutzes und Umweltmanagements, ökologische Innovationen (vgl. Geelhaar/Muntwyler 1998) oder umweltinformationsorientierte Unternehmensnetzwerke, bei denen der Informations- und Erfahrungsaustausch im Vordergrund steht (Störmer 2001). Diese Untersuchungen vernachlässigen bisher noch überwiegend soziale Aspekte. Dennoch bilden sie gute Ausgangspunkte für eine Entwicklung hin zu nachhaltigen Unternehmensnetzwerken.

Einen spezifischen Teilbereich ökologisch orientierter Unternehmensnetzwerke stellen *Stoffstromnetzwerke, Industrielle Verwertungsnetzwerke und Recyclingnetzwerke* dar, die darauf ausgerichtet sind, Stoff- und Energieströme verschiedener Unternehmen zu verknüpfen (vgl. Strebel/Schwarz 1998; Wietschel u.a. 2000; Krcal 2000). Zentrales Motiv für die Beteiligung an einem Stoffstrom- oder Verwertungsnetzwerk sind ökonomische Gründe, beispielsweise die Materialkostenminimierung bei Rückstandsverwertern oder eine gesicherte und dauerhafte Entsorgung bei Rückstandsproduzenten (vgl. Strebel 1995: 116). Aber auch ökologische Motive spielen insbesondere im Zusammenhang mit der Idee einer Kreislaufwirtschaft eine Rolle. So können durch Stoffstrom- oder Verwertungsnetzwerke Material-, Energie- und Rückstandsströme inner- und zwischenbetrieblich mehrfach genutzt und Kreisläufe eingeengt oder gar geschlossen werden. Mittlerweile gibt es mehrere derartige Netzwerke (vgl. z.B. Schwarz 1994; Wietschel u.a. 2000; Strebel/Schwarz 1998). Das bekannteste ist wohl der Kalundborg Symbiosis Park, eine Industriesymbiose in Dänemark, die erstmals 1992 auf der Umweltkonferenz in Rio de Janeiro vorgestellt wurde (vgl. Christensen 1998). Weitere Verwertungsnetze sind zum Beispiel dokumentiert in der Obersteiermark (vgl. Posch u.a. 1998), im Heidelberger Industriegebiet Pfaffengrund (vgl. Sterr 1998), im Oldenburger Münsterland (vgl. Hasler u.a. 1998) und in der Küstenregion Emden/Dollart (vgl. Schuller 1985). Darüber hinaus befinden sich einige Projekte in der Planung- bzw. Anfangsphase, beispielsweise das RECIS-Projekt (Recyclinginformationssystem) (vgl. Schwarz 2002), in dem regionale Verwertungsagenturen in Form eines Franchise-Systems aufgebaut werden sollen, das AGUM-Projekt (vgl. Wetzchewald 2000), dessen Ziel ein Stoffstrommanagement für den Wirtschaftsraum Rhein-Neckar ist, sowie das im Südraum Leipzig geplante Verwertungsnetzwerk des Campus Espenhain (vgl. www.campus-espenhain.de; Schwarz 2002). Insbesondere Stoffstrom- und Verwertungsnetzwerke haben aufgrund ihrer integrativen Stoffstrombetrachtung wichtige Bezüge zum nachhaltigen Wirtschaften. Mit ihrer Weiterentwicklung in Richtung Nachhaltigkeit beschäftigen sich schon einzelne Forschungsprojekte, zum Beispiel das Projekt „Nachhaltige Metallwirtschaft" in der Wirtschaftsregion Hamburg (vgl. Gleich u.a. 2001).

Weiterhin gibt es Netzwerke, deren Schwerpunkt im sozialen Wirkungsbereich liegt. Sie werden als *Local Exchange Trading Systems (LETS)* bezeichnet und basieren auf Selbstbestimmung und Selbsthilfe sowie auf dem Austausch der Fähigkeiten verschiedener Menschen in einer Region (vgl. Dodge 1990; Douthwaite 1996).

> „Besonders jene Menschen, die aus einer aktiven Teilnahme am Wirtschaftsgeschehen ausgeschlossen sind, oder nur bedingt teilnehmen können, finden in diesen Netzwerken einen neuen Rückhalt, den das staatliche Sozialsystem nicht mehr bieten kann oder will" (Wallner 1998: 104).

Die Verfolgung sozialer Ziele kann auch zu einer Verbesserung der ökonomischen und/oder ökologischen Situation der Netzwerkmitglieder führen, wie zum Beispiel Selbsthilfeinitiativen in wenig entwickelten Ländern zeigen. Aufgrund der Interdependenzen zwischen sozialer, ökonomischer und ökologischer Situation scheint eine Integration ökologischer und ökonomischer Ziele in diese sozialen Netzwerke realistisch und gleichzeitig vielversprechend auf dem Weg einer nachhaltigen Wirtschaftsentwicklung. Beispielsweise gibt es den Vorschlag sogenannten „ÖKOFIT-Parks" (vgl. ÖKOFIT 1995, 1996)[4], die ein regionales Aktivitäts- und Innovationszentrum mit dem überbetrieblichen Recycling- und Vernetzungsgedanken verbinden (vgl. Wallner 1998).

Aktivitäten im Bereich der *lokalen Agenda 21-Initiativen* dienen der Entwicklung einer nachhaltigen kommunalen Entwicklung. Sie versuchen, Akteure aus Wirtschaft, Bevölkerung und Kommune in regionale Entwicklungsprozesse und konkrete Projekte einzubeziehen. Insofern sind sie zunächst einmal nicht als Unternehmensnetzwerke aufzufassen. Allerdings können sich im Zuge regionaler Agenda 21-Initiativen auch Unternehmensnetzwerke mit dem Ziel einer nachhaltigen regionalen Wirtschaftsentwicklung entwickeln, wie z.B. das Netzwerk COUP 21 in Nürnberg (vgl. www.coup21.de).

Erzeuger-Verbraucher-Netzwerke finden sich häufig im Ernährungsbereich, sind aber auch in anderen Branchen denkbar. Aufgrund ihrer Konstellation, landwirtschaftliche Betriebe und Verbraucher bzw. Verbrauchergemeinschaften, sind sie keine typischen Unternehmensnetzwerke im engeren Sinne. Ihre Bedeutung für nachhaltiges Wirtschaften sollte jedoch nicht unterschätzt werden, insbesondere im Zusammenhang mit der Förderung des ökologisch kontrollierten Landbaus und regionaler nachhaltiger Entwicklungsperspektiven (vgl. z.B. GSF 2001).

4. Perspektiven für nachhaltige Unternehmensnetzwerke

Dort, wo aufgrund gesellschaftlicher Arbeitsteilung einzelne Unternehmen an ihre Grenzen der Parzellierung von Gestaltungsbereichen stoßen, bieten Unternehmensnetzwerke die Chance, die Herausforderungen neuer Entwicklungspfade und Problemlösungen für nachhaltiges Wirtschaften gemeinsam anzunehmen und dadurch eher zu bewältigen. Natürlich sind Unternehmensnetzwerke kein „Allheilmittel". Sie sind auch nicht nur vorteilhaft, sondern ebenso risikoreich. Dennoch bergen diese nachhaltigkeitsorientierten Unternehmensnetzwerke große Problembewältigungspotenziale und sind damit ein wichtiger Ansatzpunkt für neue Wege und Lösungen einer nachhaltigen Wirtschaftsentwicklung.

Literatur

Aulinger, Andreas: (Ko)Operation Ökologie. Kooperationen im Rahmen ökologischer Unternehmenspolitik. Marburg 1996

Bachmann, Reinhard/Lane, Christel: Vertrauen und Macht in zwischenbetrieblichen Kooperationen – Zur Rolle von Wirtschaftsrecht und Wirtschaftsverbänden. In: Sydow, Jörg (Hrsg.): Management von Netzwerkorganisationen. Wiesbaden 1999, S. 75-106

Bellmann, Klaus/Hippe, Alan: Kernthesen zur Konfiguration von Produktionsnetzwerken. In: Bellmann, Klaus/Hippe, Alan (Hrsg.): Management von Unternehmensnetzwerken. Interorganisationale Konzepte und praktische Umsetzung. Wiesbaden 1996, S. 55-85

4 Eine umfassende Darstellung des Konzeptes findet sich bei Wallner/Narodoslawsky 1996 und Wallner 1996.

BMBF Bundesministerium für Bildung und Forschung: InnoRegio. Die Dokumentation. Bonn 2000
Caldas, Tadeu: Challenging the cotton-pesticide alliance. In: Pesticide News, 18. Juni 1995, S. 12-13
Christensen, Jørge: Die industrielle Symbiose in Kalundborg. Ein frühes Beispiel eines Recycling-Netzwerks. In: Strebel, Heinz/Schwarz, Erich (Hrsg.): Kreislauforientierte Unternehmenskooperationen. Wien 1998, S. 323-337
DeBresson, Chris/Amesse, Fernand: Networks of innovators: A review and introduction to the issue. In: Research Policy 20 (1991), S. 363-379
Dodge, Jim: Living by Life: Some Bioregional Theory and Practice. In: Andruss, Van/Plant, Christopher/Plant, Judith/Wright, El (Hrsg.): Home! A Bioregional Reader. Philadelphia 1990, S. 5-12
Douthwaite, Richard: Short Circuit – Strengthening Local Economies for Security in an Unstable World. Foxhole 1996
Duschek, Stephan: Kooperative Kernkompetenzen – Zum Management einzigartiger Netzwerkressourcen. In: zfo – Zeitschrift Führung + Organisation 76 (1998) 4, S. 230-235
Duschek, Stephan/Sydow, Jörg: Netzwerkkooperation als Quelle neuer Produkte und Prozesse. In: Thexis (1999) 3, S. 21-25
Dybe, Georg: Regionale Unternehmensnetzwerke und Nachhaltigkeit – zwei Modewörter im Duett? In: Dybe, Georg/Rogall, Holger: Die ökonomische Säule der Nachhaltigkeit. Berlin 2000, S. 101-120
Ebers, Mark (Hrsg): The formation of inter-organizational networks. Oxford 1997
Galbraith, Jay R.: Designing the networked organization. In: Mohrmann, S.A./Galbraith, Jay R./Lawler, Edward E. III u.a. (Hrsg.): Tomorrow´s organization. Crafting winning capabilities in a dynamic world. San Francisco 1998, S. 76-102
Geelhaar, Michel/Muntwyler, Marc: Ökologische Innovationen in regionalen Akteurnetzen. Fallbeispiele aus der schweizerischen Güterverkehrs- und Nahrungsmittelbranche. Bern 1998
Gerum, Elmar/Achenbach, Wieland/Opelt, Frank: Zur Regulierung der Binnenbeziehungen von Unternehmensnetzwerken. In: zfo – Zeitschrift Führung + Organisation 76 (1998) 5, S. 266-270
Gleich, Arnim, v./Gottschick, Manuel/Jepsen, Dirk/Kracht, Silke/Sander, Knut: Nachhaltige Metallwirtschaft Hamburg. Zwischenergebnisse des Projekts. Hamburg, Februar 2001
Goldbach, Maria: Akteursbeziehungen in nachhaltigen Wertschöpfungsketten (EcoMTex-Diskussionspapier, Nr. 3). Oldenburg, Juni 2001
Götzelmann, Frank: Umweltschutzinduzierte Kooperationen der Unternehmung. Frankfurt/Main 1992
Grotz, Reinhold E./Schätzl, Ludwig (Hrsg): Regionale Innovationsnetzwerke im internationalen Vergleich. Münster 2001
GSF Forschungszentrum für Umwelt und Gesundheit. Projektträger des BMBF für Umwelt- und Klimaforschung: Was für eine Wirtschaft! Nachhaltig, regional, beispielhaft. München 2001
Haritz, André: Innovationsnetzwerke. Ein systemorientierter Ansatz. Wiesbaden 2000
Hasler, Arnulf/Hildebrandt, Thomas/Nüske, Clemens: Das Projekt Ressourcenschonung im Oldenburger Münsterland. In: Strebel, Heinz/Schwarz, Erich (Hrsg.): Kreislauforientierte Unternehmenskooperationen. Wien 1998, S. 305-322
Hessinger, Philipp/Eichhorn, Friedhelm/Feldhoff, Jürgen/Schmidt, Gert: Fokus und Balance. Aufbau und Wachstum industrieller Netzwerke. Wiesbaden 2000
Hippe, Alan: Betrachtungsebenen und Erkenntnisziele in strategischen Unternehmensnetzwerken. In: Bellmann, Klaus/Hippe, Alan (Hrsg.): Management von Unternehmensnetzwerken. Wiesbaden 1996, S. 21-53
Hofer, Kurt/Stalder, Ueli: Regionale Produktorganisationen als Transformatoren des Bedürfnisfeldes Ernährung in Richtung Nachhaltigkeit? Potenziale – Effekte – Strategien. (Schlussbericht TP 5) (Geographica Bernensia, P 37). Bern 2000
Kanning, Helga/Müller, Martin: Bedeutung des Nachhaltigkeitsbildes (sustainable development) für das betriebliche Management. In: Baumast, Annett/Pape, Jens (Hrsg.): Betriebliches Umweltmanagement. Theoretische Grundlagen, Praxisbeispiele. Stuttgart 2001, S. 13-27
Karl, Helmut: Institutionelle Ausgestaltung von Kooperationen zur Förderung von Umweltinnovationen. In: Hemmelskamp, Jens (Hrsg.): Forschungsinitiative zu Nachhaltigkeit und Innovation. München 2001, S. 58-62
Kirschten, Uta: Innovationsnetzwerke für eine nachhaltige Entwicklung. Merkmale, Chancen und Risiken. In: UmweltWirtschaftsForum 10 (2002) 2, S. 60-65
Klein, Stefan: Interorganisationssysteme und Unternehmensnetzwerke. Wiesbaden 1996
Koschatzky, Knut: Innovationspotenziale und Innovationsnetzwerke in grenzüberschreitender Perspektive: Die Regionen Baden und Elsaß. In: Raumforschung und Raumordnung 56 (1998) 4, S. 277-287

Kowol, Uli: Innovationsnetzwerke. Technikentwicklung zwischen Nutzungsvisionen und Verwendungspraxis. Wiesbaden 1998
Koza, Mitchell P./Lewin, Arie Y.: The co-evolution of strategic alliances. In: Organization Science 9 (1998) 2, S. 255-264
Krcal, Hans-Christian: Wirkungsbeziehungen produktbezogener Umweltschutzmaßnahmen als Beweggrund zwischenbetrieblicher Zusammenarbeit. In: UmweltWirtschaftsForum 3 (1995) 4, S. 22-32
Krcal, Hans-Christian: Industrielle Umweltschutzkooperationen. Ein Weg zur Verbesserung der Umweltverträglichkeit von Produkten. Berlin u.a. 1998
Krcal, Hans-Christian: Regionale Netzwerke für das Stoffstrommanagement – Eine Kooperationsform für den Entsorgungsprozess. In: Liesegang, Dietfried G./Sterr, Thomas/Ott, Thomas (Hrsg.): Aufbau und Gestaltung regionaler Stoffstrommanagementnetzwerke (Betriebswirtschaftlich-ökologische Arbeiten, Band 4). Heidelberg 2000
Miles, Raymond E./Snow, Charles C.: Organizations: New Concepts for New Forms. In: California Management Review 28 (1986), S. 62-73
Monse, Kurt/Reimers, Kai: Interorganisationale Informationssysteme des elektronischen Geschäftsverkehrs (EDI) – Akteurskonstellationen und institutionelle Strukturen. In: Sydow, Jörg; Windeler, Arnold (Hrsg.): Management interorganisationaler Beziehungen. Opladen 1997, S. 71-92.
Neuburger, Rahild: Auswirkungen von EDI auf die zwischenbetriebliche Arbeitsteilung – Eine transaktionskostentheoretische Analyse. In: Sydow, Jörg/Windeler, Arnold (Hrsg.): Management interorganisationaler Beziehungen. Opladen 1997, S. 49-70
Nohria, Nitin/Eccles, Robert G. (Hrsg): Networks and organizations. Boston, Mass. (USA) 1992
ÖKOFIT: Ökologischer Bezirk Feldbach durch integrierte Technik. BM:WV, BMUJF, Amt der Steiermärkischen Landesregierung, durchgeführt am Institut für Verfahrenstechnik, TU-Graz, Bericht aus der Energie- und Umweltforschung des BM:WV, 10/1995
ÖKOFIT: ÖKOFIT-III Gewerbepark – Konzept für die Planung eines ÖKOFIT-Gewerbeparks in der Region Feldbach. Bericht der Ökologischen Betriebsberatung, Amt der Steiermärkischen Landesregierung, FA Ic, Abfallwirtschaft und Wirtschaftskammer Steiermark (Verfasser: STENUM GmbH). Graz 1996
Osterloh, Margit/Weibel, Antoinette: Ressourcensteuerung in Netzwerken: Eine Tragödie der Allmende? In: Sydow, Jörg/Windeler, Arnold (Hrsg.): Steuerung von Netzwerken. Opladen 1999, S. 88-106
Picot, Arnold/Reichwald, Ralf/Wigand, Rolf T.: Die grenzenlose Unternehmung. Wiesbaden, 3. Auflage 1998
Posch, Alfred/Schwarz, Erich/Steiner, Gerald/Strebel, Heinz/Vorbach, Stefan: Das Verwertungsnetz Obersteiermark und sein Potenzial. In: Strebel, Heinz/Schwarz, Erich (Hrsg.): Kreislauforientierte Unternehmenskooperationen. Wien 1998, S. 211-221
Powell, Walter W.: Neither market nor hierarchy: Network forms of organization. In: Staw, Barry M./ Cummings, Larry L. (Hrsg.): Research in organisational behaviour. Band 12. Greenwich, Conn. (USA) 1990, S. 295-336
Powell, Walter W./Koput, Kenneth W./Smith-Doerr, Laurel: Interorganizational Collaboration and the Locus of Innovation: Networks of Learning in Biotechnology. In: Administrative Science Quarterly 41 (1996), S. 116-145
Prange, Christiane: Interorganisationales Lernen: Lernen in, von und zwischen Organisationen. In: Sydow, Jörg (Hrsg.): Management von Netzwerkorganisationen. Wiesbaden 1999, S. 151-177
Roome, Nigel: Conceptualizing and studying the contribution of networks in environmental management and sustainable development. In: Business Strategy and the Environment 10 (2001), S. 69-76
Rössl, Dietmar: Gestaltung komplexer Austauschbeziehungen – Analyse zwischenbetrieblicher Kooperation. Wiesbaden 1994
Schneidewind, Uwe: Ökologisch orientierte Kooperationen aus betriebswirtschaftlicher Sicht. In: UmweltWirtschaftsForum 3 (1995) 4, S. 16-21
Schuller, Dieter: Alternative Industrieszenarien. In: Wettmann, Reinhart u.a. (Hrsg.): Zusammenfassende Umweltuntersuchung Dollart-Hafen Emden. Gefördert im Rahmen des Umweltforschungsplanes des Bundesministeriums des Innern (Forschungsbericht 10901005). o.O. 1985, S. 55-63
Schwarz, Erich: Unternehmensnetzwerke im Recycling-Bereich. Wiesbaden 1994
Schwarz, Erich: Stand und Perspektiven von Verwertungsnetzen. In: Zabel, Hans-Ulrich (Hrsg.): Betriebliches Umweltmanagement – nachhaltig und interdisziplinär. Berlin 2002, S. 249-259
Schwarz, Michael/Birke, Martin/Lauen, Guido: Organisation, Strategie, Partizipation. Institutionelle Voraussetzungen für ein nachhaltiges Innovationsmanagement. In: UmweltWirtschaftsForum 10 (2002) 3, S. 24-28

Semlinger, Klaus: Innovationsnetzwerke: Kooperation von Kleinbetrieben, Jungunternehmen und kollektiven Akteuren. Rationalisierungs-Kuratorium der Deutschen Wirtschaft (RKW) e.V. Eschborn 1998
Siebert, Holger: Ökonomische Analyse von Unternehmensnetzwerken. In: Sydow, Jörg (Hrsg.): Management von Netzwerkorganisationen. Wiesbaden 1999, S. 7-27
Spehl, Harald/Tischer, Martin: Unternehmenskooperation und nachhaltige Entwicklung in der Region. Bericht an die Deutsche Forschungsgemeinschaft über das Forschungsvorhaben: Die Bedeutung regionaler Kooperationen für eine ökologisch- und sozialverträgliche Regionalentwicklung (Sp. 351/2-1) (DFG-Schwerpunktprogramm: Technologischer Wandel und Regionalentwicklung in Europa). Trier 1999
Staber, Udo H./Schaefer, Norbert V./Sharma, Basu (Hrsg.): Business networks. Prospects for regional development. Berlin/New York 1996
Sterr, Thomas: Aufbau eines zwischenbetrieblichen Stoffverwertungsnetzwerks im Heidelberger Industriegebiet Pfaffengrund (Betriebswirtschaftlich-ökologische Arbeiten, Band 1). Heidelberg 1998
Störmer, Eckhard: Ökologieorientierte Unternehmensnetzwerke. Regionale umweltinformationsorientierte Unternehmensnetzwerke als Ansatz für eine ökologisch nachhaltige Wirtschaftsentwicklung. München 2001
Strebel, Heinz: Verwertungsnetze in und zwischen Unternehmen: Ein Problem betrieblichen Lernens. In: Zeitschrift für Betriebswirtschaftslehre – Ergänzungsheft, 64 (1995) 4, S. 113-126
Strebel, Heinz/Schwarz, Erich (Hrsg.): Kreislauforientierte Unternehmenskooperationen: Stoffstrommanagement durch innovative Verwertungsnetze. Wien 1998
Sydow, Jörg: Strategische Netzwerke. Evolution und Organisation. Wiesbaden 1992
Sydow, Jörg: Management von Netzwerkorganisationen – Zum Stand der Forschung. In: Sydow, Jörg: Management von Netzwerkorganisationen. Wiesbaden 1999, S. 279-314
Sydow, Jörg/Well, Bennet, van/Windeler, Arnold: Networked networks: Financial services networks in the context of their industry. In: International Studies of Management and Organization 27 (1998), S. 47-75
Sydow, Jörg/Windeler, Arnold (Hrsg.): Management interorganisationaler Beziehungen. Vertrauen, Kontrolle und Informationstechnik. Opladen 1994
Sydow, Jörg/Windeler, Arnold: Über Netzwerke, virtuelle Integration und Interorganisationsbeziehungen. In: Sydow, Jörg/Windeler, Arnold (Hrsg.): Management interorganisationaler Beziehungen. Vertrauen, Kontrolle und Informationstechnik. Opladen 1994, S. 1-21
Sydow, Jörg/Windeler, Arnold: Steuerung von Netzwerken – Konzepte und Praktiken. Opladen 1999
Wallner, Hans Peter: Regional Embeddedness of Industrial Parks – Strategies for Sustainable Production Systems at the Regional Level. 3rd European Roundtable on Cleaner Production, Kalundborg (Denmark) November 1996
Wallner, Hans Peter: Industrielle Ökologie – mit Netzwerken zur nachhaltigen Entwicklung. In: Strebel, Heinz/Schwarz, Erich (Hrsg.): Kreislauforientierte Unternehmenskooperationen. Wien 1998, S. 81-121
Wallner, Hans Peter/Narodoslawsky, Michael: Evolution of Regional Socio-Economic Systems Towards Islands of Sustainability (IOS). In: Journal of Environmental Systems 24 (1996) 3, S. 221-240
Weber, Burkhard: Unternehmensnetzwerke aus systemtheoretischer Sicht – Zum Verhältnis von Autonomie und Abhängigkeit in Interorganisationsbeziehungen. In: Sydow, Jörg/Windeler, Arnold (Hrsg.): Management interorganisationaler Beziehungen. Opladen 1994, S. 275-297
Wetzchewald, Hans-Joachim: AGUM – Arbeitsgemeinschaft Umweltmanagement e.V.: ein Verein im regionalen Stoffstrommanagementnetzwerk. In: Liesegang, Dietfried G./Sterr, Thomas/Ott, Thomas (Hrsg.): Aufbau und Gestaltung regionaler Stoffstrommangementnetzwerke. Heidelberg 2000, S. 93-99
Wietschel, Martin/Fichtner, Wolf/Rentz, Otto: Zur Theorie und Praxis von regionalen Verwertungsnetzwerken. In: Wirtschaftswissenschaftliches Studium (2000) 10, S. 568-574
Wildemann, Horst: Koordination von Unternehmensnetzwerken. In: Zeitschrift für Betriebswirtschaft 67 (1997) 4, S. 417-439
Windeler, Arnold: Unternehmungsnetzwerke. Konstitution und Strukturation. Wiesbaden 2001
Wood, Andrew: Organizing for local economic development: local economic development networks and prospecting for industry. In: Environment and Planning A 25 (1993), S. 1649-1661

Funktions- und Wirkungsweisen umweltinformationsorientierter Unternehmensnetzwerke. Ein Beitrag zu Corporate Sustainablity[1]?

Eckhard Störmer

Die Etablierung von Kooperationen und Netzwerken gilt als ein zentrales Instrumentarium nachhaltiger Regionalentwicklungspolitik. Gerade im Rahmen von Agenda 21-Prozessen versuchen gesellschaftliche Akteure, die Wirtschaft über Informationsverbreitung, Dialoge und partnerschaftliche Zusammenarbeit mit ins Boot zu nehmen und für den Kurs Richtung Nachhaltigkeit zu begeistern.

In diesem Beitrag werden regionale Netzwerke von Unternehmen im Themenfeld umweltbezogene Nachhaltigkeit analysiert, deren Schwerpunkte auf Erfahrungs- und Informationsaustausch liegen. Neben den Ergebnissen und Wirkungen dieser Kooperationsformen im Hinblick auf eine Annäherung an nachhaltige Wirtschaftsweisen werden ihre Entstehungs- und Funktionsweisen untersucht.

Nachhaltiges Wirtschaften wird als Handeln in einem ex ante unbekannten und prinzipiell offenen Entwicklungskorridor verstanden (Busch-Lüty 1996; Lehner/Schmidt-Bleek 1999). Dieser wird durch Leitplanken (Klemmer u.a. 1998) abgegrenzt, außerhalb derer Handeln und Wirtschaften die ökologische, soziale und/oder ökonomische Tragfähigkeit des Raums übersteigen. Die Lage der Leitplanken wird jeweils durch das Handeln der Akteure festgelegt (Natrass/Altamore 1999). Durch das heutige Handeln werden die Freiheitsgrade der Zukunft determiniert (Ortmann 1997). Die Schlüsselakteure im Wirtschaftssystem müssen ihre jetzigen und zukünftigen Handlungsspielräume erkennen (Haas/Siebert 1995).

Die Wahrnehmung zukünftiger Herausforderungen durch Handlungsschranken kann zu einer Veränderung bestehender Wirtschaftsweisen über Innovationen führen. Dabei finden Lernprozesse der Akteure und Organisationen statt (Birke/Schwarz 1997; Finger u.a. 1996; Kreikebaum 1996). Mit dem Lernen wird das eigene Handeln hinterfragt, nach Schwachstellen gefahndet und nach Verbesserungs- und Weiterentwicklungspotenzialen gesucht. Das Unternehmen reagiert nicht nur auf veränderte Anforderungen, sondern ist selbst ein strukturpolitischer Akteur (Schneidewind 1998). Das heißt, es kann eine aktive Rolle auf den Arenen Markt, Politik und Öffentlichkeit sowie der Metaarena natürliche Umwelt zur Beeinflussung ihrer Rahmenbedingungen einnehmen. Zur Realisierung langfristig besserer Wirtschaftsmöglichkeiten müssen Unternehmen einerseits die internen und externen Produktionsprozesse optimieren und andererseits Einfluss auf das Handlungsumfeld nehmen.

Auf Grund des Wandels der Rahmenbedingungen sowie den aktiven Möglichkeiten ihrer Veränderung kommt dem Wissen über das Unternehmensumfeld besondere Bedeutung

---

1 Der vorliegende Aufsatz basiert auf den Ergebnissen meiner Dissertation, die am Institut für Wirtschaftsgeographie der Ludwig-Maximilians-Universität München angefertigt wurde (Störmer 2001).

zu (Dyllick/Belz 1996). Um dem Wandel antizipativ zu begegnen, müssen die Unternehmensakteure in der Lage sein, schwache Signale über potenzielle Veränderungen frühzeitig aufzunehmen, zu bewerten und handlungsrelevant aufzubereiten (Grabher 1994). Unternehmerische Ziele von Umweltpionieren sind weniger ethische Erwägungen aus gesellschaftlicher Verantwortung, sondern die Sicherung der strategischen Wettbewerbsfähigkeit und damit längerfristig der Handlungsspielräume (Dresel/Blättel-Mink 1997).

Zwischenbetriebliche Informationsnetzwerke, wie die hier untersuchten regionalen umweltinformationsorientierten Unternehmensnetzwerke (RUN), bieten die Möglichkeit, über dezentrale Antennen vielfältige schwache Signale aufzunehmen und somit ein weitaus umfassenderes Bild des Unternehmensumfelds als allein aus dem unternehmensspezifischen Blickwinkel zu erhalten. Informationsnetzwerke sind nicht mit üblichen zwischenbetrieblichen Kooperationen, Allianzen oder Netzwerken mit marktlichen Beziehungen zu vergleichen. RUN haben den unentgeltlichen Informations- und Erfahrungsaustausch zum Inhalt. Als wichtigen inhaltlichen Bezug haben RUN die Themenfelder Umweltschutz, Umweltmanagement, Umweltrecht, ökologisches Wirtschaften und nachhaltige Entwicklung. Weitere Themenfelder sind dabei nicht ausgeschlossen. Ziel der Mitarbeit in diesen Netzwerken ist vor allem der Erfahrungsaustausch und das Lernen der Akteure und damit auch das Lernen der Organisationen. Akteure in den Unternehmensnetzwerken sind in erster Linie Unternehmensvertreter, wobei weitere Akteure aus dem Feld der Anspruchsgruppen ebenfalls eine wichtige Rolle spielen können, zum Beispiel politische Akteure auf regionaler wie auch auf übergeordneter Ebene oder gesellschaftliche Akteure wie Umweltverbände.

Abbildung 1 zeigt die Einflussfaktoren auf die Funktionsweisen des Akteursnetzes auf (Nähe, Kooperationsform, Akteurspartner, Ressourcen, Teilnahmeintensität) und weist darauf hin, dass für die Realisierung von Innovationen ein Lern- und Umsetzungsprozess im Unternehmen durchlaufen werden muss.

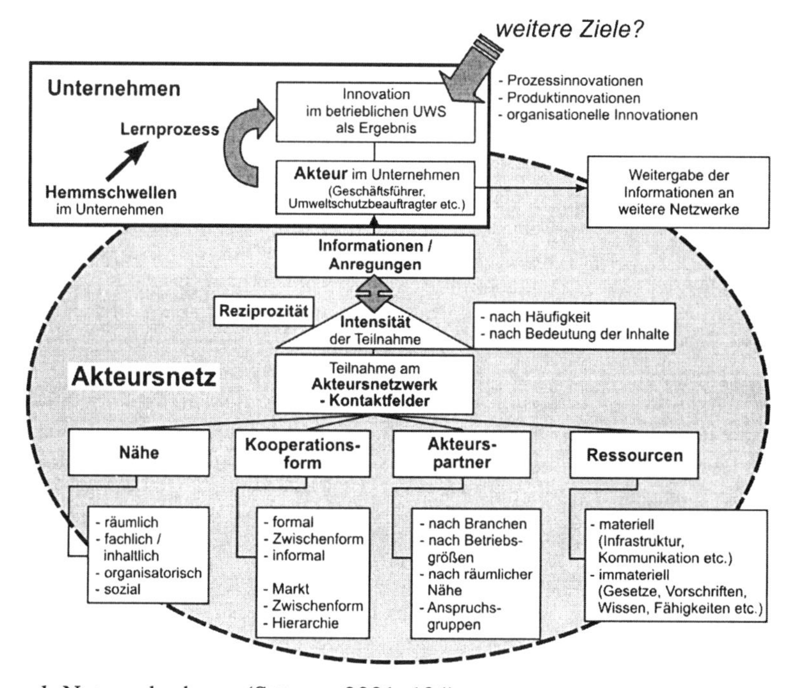

Abbildung 1: Netzwerkschema (Störmer 2001: 194)

In der empirischen Analyse wurden zwölf RUN im Raum München bzw. Oberbayern auf die Fragestellungen hin untersucht: Können RUN zu einer Ökologieorientierung der Wirtschaft beitragen? Welche Typen von Netzwerken sind dabei besonders erfolgreich? Welche Einflussfaktoren sind für den Erfolg auszumachen?

1. Regionale umweltinformationsorientierte Unternehmensnetzwerke (RUN) in der Praxis

Auf Grund ähnlicher Motive, Organisationsformen und Wirkungen lassen sich aus den zwölf untersuchten RUN drei Typen identifizieren:

- In *Erfa(-hrungsaustausch-)gruppen* treffen sich die Akteure hauptsächlich zum Erfahrungsaustausch und damit zur Weitergabe von Informationen über Prozesse, Produkte, Organisationsweisen und die Anpassung an externe Rahmenbedingungen, wie Gesetzesvollzug oder Kundenwünsche (AK Umwelt der Bayerischen Krankenhausgesellschaft, AK Münchener Finanzinstitute und Lokale Agenda 21, AK Technik und Umwelt der Münchener Brauereien, Münchener Innenstadt-Wirte-AK, Hotel-Erfa-Kreis Beschaffung).
- *Unternehmer- und Berufsverbände* sind Lobbyvereinigungen, die die Arbeit ihrer Teilnehmer nach innen unterstützen und nach außen ihre Interessen vertreten (B.A.U.M. e.V. Regionalbüro Rosenheim, future e.V. Regionalgruppe Bayern-Süd, Wirtschaftsjunioren München – AK Umwelt, Verband der Betriebsbeauftragten für Umweltschutz – Regionalgruppe Bayern und Österreich).
- Bei *Projektnetzwerken* werden Teilnehmer von den Koordinatoren akquiriert, um gemeinsam in einem begrenzten Zeitraum ein gesetztes Ziel auf einem vorgegebenen Weg zu erreichen (Ökopartnerschaft Schreinereien, ÖKOPROFIT München 1998/99, ÖKOPROFIT Wolfratshausen 1998/99).

Im Folgenden werden Entstehung, Funktion und Wirkung der RUN dargestellt.

1.1 Entstehungskontext der RUN

Nur vor dem Hintergrund ihrer Entstehungsgeschichte können RUN verstanden und die Motivation der Akteure erkannt werden. Bei der Netzwerkbildung sind Impulse, die direkt oder indirekt diesem Kontext entspringen, entscheidend für die Initiierung von Zusammenschlüssen. Bei den einzelnen RUN lässt sich dieser verschiedenen strukturpolitischen Handlungsarenen zuordnen. Dabei ist zu unterscheiden, ob Anforderungen von außen oder Handlungsmotive von innen als Gründungsimpulse ausschlaggebend sind. Die interne Motivation kann wiederum als Antwort auf wahrgenommene Änderungen im Umfeld des Unternehmens gewertet werden. Sie findet als Impulsgeber für die RUN-Bildung vor allem in der Phase statt, in der bestimmte Themenbereiche das Unternehmenshandeln latent bedrohen. In der Arena Markt und Umwelt liegt das Hauptinteresse darin, alternative Handlungsmöglichkeiten kennen zu lernen, um das eigene Handeln reflektieren und verbessern zu können (Erfahrungsaustausch). In der Arena Politik geht es einerseits um Lobbyarbeit für die Interessensgruppen zur Beeinflussung der Politikfindung, andererseits um praxisgerechte Umsetzung umweltpolitischer Ansprüche an die Unternehmen im Gesetzesvollzug.

Externe Impulse können im latenten Stadium aufgegriffen werden: Beispielsweise macht der AK der Innenstadt-Wirte trotz guter Umsatzlage eine strukturelle Krise des Standortes Innenstadt aus, der AK Umwelt der Wirtschaftsjunioren München greift das Ende der achtziger Jahre in der Öffentlichkeit wichtiger werdende Thema umweltorientiertes Wirtschaften auf. Impulse im aktuellen Stadium waren beispielsweise das Vollzugshandeln der Landeshauptstadt München bei den Brauereien (kollektiver Widerstand der Branche gegen eine spezifische kommunale Abwassergebühr).

1.2 Struktur und Organisation von RUN

Nach der Initiierung des RUN gilt es, diesen freiwilligen Zusammenschluss mit Leben zu erfüllen. Akteure bilden die Netzwerk-Strukturen und gestalten sie. Sie prägen die Organisationsform durch ihre Zielsetzungen, Aktivitäten und Beziehungen untereinander. Zielsetzungen der einzelnen Akteure und des RUN als Ganzes sind Triebfedern des Handelns und entscheidend für die kurz- bis mittelfristige Entwicklung des Netzwerks. Die Zielrichtungen der Netzwerke sind vielfältig. Dabei ist zwischen innen- und außengerichteten Zielsetzungen zu unterscheiden.

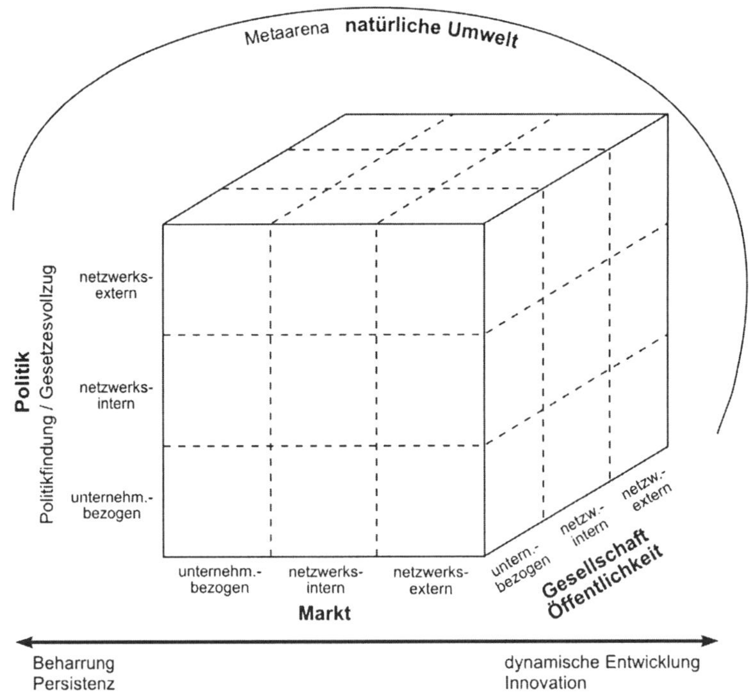

Abbildung 2: Zielwürfel der Netzwerkshandlungen (Störmer 2001: 184)

Die auf die Netzwerks-„Innenarchitektur" gerichteten Sichtweisen zielen im Wesentlichen auf einen optimierten Ressourcenaustausch. Dabei kann es sich um Güter entlang der Wertschöpfungskette oder auch um Informationen handeln, zum einen gerichtet in gemeinsamer Forschung und Entwicklung oder ähnlichem, zum anderen ungerichtet in allgemeinem Informationsaustausch. Hierbei können Innovationen diffundieren oder schwache Signale weitergegeben werden. Zielsetzung kann auch die Erstellung langfristiger Zukunftsszenarien sein, die durch die Sammlung vielfältiger schwacher Signale stabiler möglich ist. Prinzipiell ist zu unterscheiden zwischen ungerichteten Netzwerken mit vage formulierten, gelebten Zielsetzungen und gerichteten Netzen, die konkret gemeinsame Projekte vorbereiten und realisieren.

Das Netzwerk an sich kann auch gemeinschaftliche, nach außen gerichtete Ziele verfolgen. Damit wird die kumulierte Macht aller Akteure genutzt, um in den Handlungsarenen Markt, Politik und Gesellschaft Einfluss nehmen zu können. Netzwerke sind als Multiplikator-Plattformen für strukturpolitisch aktive Unternehmen zu sehen. Dies gilt sowohl innerhalb des Netzwerks zur Beeinflussung des Handelns der anderen Netzwerkteilnehmer, als auch nach außen zur Beeinflussung der netzwerkexternen Akteure in verschiedenen Arenen. In Verhandlungs-Prozessen mit staatlichen und gesellschaftlichen Akteuren können gezielte Unterstützungspolitiken ausgehandelt werden, die zu einer langfristig orientierten Strukturgestaltung beitragen.

Bei Erfagruppen und Projektnetzwerken liegen die unternehmensbezogenen Hauptmotive für die Teilnahme am RUN im Kennenlernen von best practices, die Kosteneinsparungen durch Umweltschutz ermöglichen (Arena Markt), zum anderen in der Kenntnis von effizienten Umsetzungsmöglichkeiten des Umweltrechts (Arena Politikvollzug). Die Unternehmer- und Berufsverbände haben vielfach netzwerkexterne Motivationen, etwa die Einflussnahme in der Arena Politikfindung und –vollzug durch Kontakte zu Politikern und Vollzugsbehörden, in der Arena Markt und Öffentlichkeit durch Präsentation der Leistungen von Mitgliedsunternehmen. In der Arena Umwelt liegen die Motive in der Verbesserung der Umweltperformance des Unternehmens sowie in der Bewusstseinsbildung, dass Umweltschutz ökonomisch sinnvoll durchzuführen ist. Die Suche nach Innovationen findet nur in wenigen RUN dezidiert statt, in der Regel ist sie nur ein eher kleiner Bestandteil im Rahmen des allgemeinen Erfahrungsaustauschs. Verpflichtende Maßnahmenumsetzung beinhalten hauptsächlich Projektnetzwerke, die übrigen RUN haben somit nur indirekten Einfluss auf die Unternehmensentwicklung.

Die formellen Strukturen bilden die RUN-internen Rahmenbedingungen des Handelns. Hohe Bedeutung besitzt die Organisationsform des Netzwerks, da sie direkt Akteurskonstellation, Dynamik der Konstellation (Offenheit), Netzwerkgröße (Teilnehmerzahl) und den Faktor Mitgliedsbeiträge beeinflusst. Die formale Struktur des RUN ist vielgestaltig: informelle Kreise ohne Satzung, Arbeitskreise in Verbänden, eigene Verbände oder vertraglich fixierte Projektstrukturen. Bei der Einbindung in Verbände besteht die Möglichkeit, auf die Ressourcen des Verbands zurückzugreifen, um damit fachliche und organisatorische Unterstützung zu erhalten. In den Projektstrukturen gibt es ein finanziertes Koordinatorenteam, das die RUN-Arbeit begleitet. In den anderen Fällen wird die RUN-Koordination ehrenamtlich bzw. unbezahlt durchgeführt.

Die Initiierungsakteure von RUN sind einerseits besonders aktive Unternehmensvertreter, die in einer Kooperation win-win-Situationen realisieren möchten und weitere Akteure von dieser Idee überzeugen können. Andererseits gibt es insbesondere bei Projektnetzwerken externe Initiierungsakteure, die eine RUN-Gründung forcieren. Dies können Unternehmensberatungen sein, die neue Geschäftsfelder erschließen wollen oder staatliche bzw. gesellschaftliche Akteure, die gesamtgesellschaftliche Wohlfahrtseffekte erzielen möchten (zum Beispiel Mitarbeiter der Kommunalverwaltung, Aktive in Umweltlobbygruppen oder der Lokalen Agenda 21).

Akteure in Netzwerken sind in der Regel Vertreter von wirtschaftlich prosperierenden Unternehmen. Die Unternehmen befinden sich bezüglich ihrer ökologischen Lernstufen (Hipp/Reger 1998) hauptsächlich in der Phase der Erzielung von Kosteneinsparungen durch Realisierung integrierter Maßnahmen sowie der Implementierung eines Managementsystems. Damit sind sie auf einem etwas höheren Niveau als Durchschnittsunternehmen anzusiedeln. Die Unternehmensvertreter sind meist Umweltbeauftragte oder die Geschäftsführer selbst, je nach Betriebsgröße und RUN-Spezifika.

Der Formalisierungsgrad der Organisationsform beeinflusst wichtige Faktoren des Netzwerks, insbesondere die Akteursauswahl und damit die Akteurskonstellation. RUN haben je nach Konstellation eine Mitgliederzahl zwischen fünf und 150. Die Akteurszusammensetzung im RUN ist vom jeweiligen Typus abhängig. Verbands-Arbeitskreise bedienen ihre branchenspezifische Klientel, zum Teil mit zusätzlichen räumlichen Einschränkungen (*Münchener Innenstadt*-Wirte im Bayerischen Hotel- und Gaststättenverband, *Münchener* Brauereien im bayerischen Brauerbund). Eigenständige Verbände, selbst organisierte Netzwerke und Projektnetzwerke definieren ihre Zielgruppe selbst und können somit den Grad der Akteursvielfalt selbst wählen. Die Netzwerke sind in der Regel offen für weitere Mitglieder aus der definierten Zielgruppe, mit Ausnahme der Projektnetzwerke während der Laufzeit eines Projekts. Die Größe des RUN, gemessen an der Zahl seiner Teilnehmer, hat wiederum Auswirkungen auf den Organisationsgrad und die Arbeitsabläufe.

Das Informationsaustauschverhalten ist vom *Vertrauen* der Akteure abhängig, das aus ihren Beziehungen zueinander entsteht. Aus mikropolitischer Sichtweise kann als wesentlicher Faktor für die Beziehungen von Akteuren als Agenten von Unternehmen deren Konkurrenzsituation gesehen werden. Die Akteure sehen sich selbst auch innerhalb stark konkurrierender Branchen, wie den Brauereien oder den Hotelleriebetrieben, nicht als Konkurrenten, da die RUN-Arbeit in einem vorwettbewerblichen Bereich stattfindet. Damit fallen wesentliche Hemmnisse der Kooperation weg. Die Informationen im RUN sind hauptsächlich allgemeinerer Art und weniger auf einzelfallspezifische Problemlagen zugeschnitten. Damit kann der Akteur seinen Horizont längerfristig erweitern. Durch derartige ungerichtete Informationen werden gemeinsame Werte gefestigt und die Bewusstseinsbildung forciert (Fürst/Schubert 1998). Im Beziehungsgeflecht entsteht kaum Macht zwischen den teilnehmenden Akteuren. Es gibt – mit Ausnahme des Koordinators – keine Hierarchien in RUN. Dritte können auf das Wissen der RUN zugreifen, selbst wenn RUN nicht öffentlich auftreten.

Für die Zielerreichung müssen Aktivitäten geplant und umgesetzt werden, was Zeit- und Finanzressourcen bindet. Der Ressourceneinsatz in RUN besteht hauptsächlich aus der eingesetzten Arbeitszeit. Er ist abhängig von der Aktivität des Netzwerks. Insbesondere Projektnetzwerke fallen durch die zeitaufwändige Bearbeitung von vielfältigen, verpflichtend durchzuführenden Aufgaben auf. Die übrigen RUN beinhalten in der Regel nur wenig konkret umzusetzende Aktivitäten, was sich auf den Zeitaufwand auswirkt. Damit ist hauptsächlich Zeit für die Treffen und die verbundene Vor- und Nachbereitungszeit zu kalkulieren, selten mehr als ein Tag pro Monat bei monatlichen Zusammenkünften.

Nähefaktoren können zur Grundlage für wachsendes Vertrauen werden, das wichtig für einen offenen Informationsaustausch in RUN ist. Räumliche Nähe spielt für die Akteure im Hinblick auf die geringe Zeitaufwendung für die Raumüberwindung eine Rolle, eine regionale Einbindung resultiert daraus nicht. Wichtiger ist die soziale Nähe, die ein gegenseitiges Verstehen und Verständnis fördert. Organisationale Nähe erzeugen RUN durch ihre Funktion als Austausch-Plattform.

RUN sind keine statischen Gebilde, sondern sich entwickelnde zwischenbetriebliche Organisationsformen. Es lassen sich zwei RUN-Ablaufmodelle unterscheiden (s. Abbildung 3): Die aus internen Impulsen gegründeten RUN (Erfagruppen sowie Unternehmer- und Berufsverbände), die sich im Wesentlichen selbst organisieren, und die aus externem Antrieb gegründeten RUN (Projektnetzwerke), die von finanzierten professionellen Koordinatoren initiiert und geführt werden. Dabei kann die Entwicklung ungeplant laufen, indem durch die Zusammenarbeit erst neue win-win-Situationen entdeckt werden, die dann als weitere Arbeitsfelder in Frage kommen, oder geplant sein, wie vor allem bei Projektnetzwerken. Vielfach ist die RUN-Entwicklung auch durch externe Impulse als Reaktion auf gesetzliche, marktliche und gesellschaftliche Änderungen gesteuert.

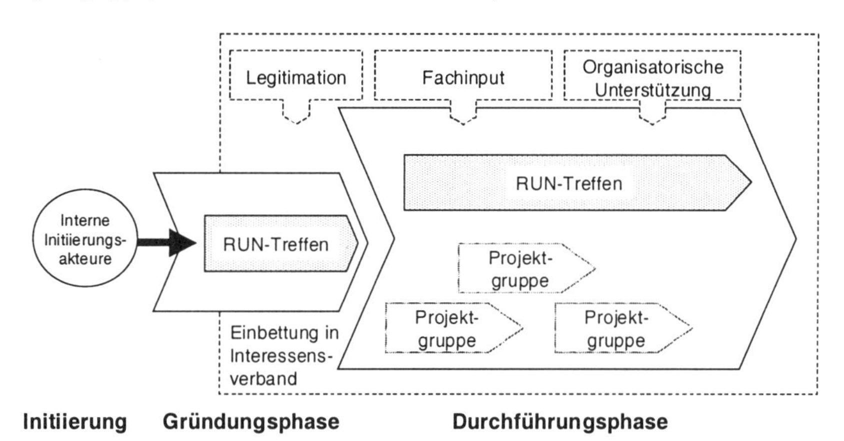

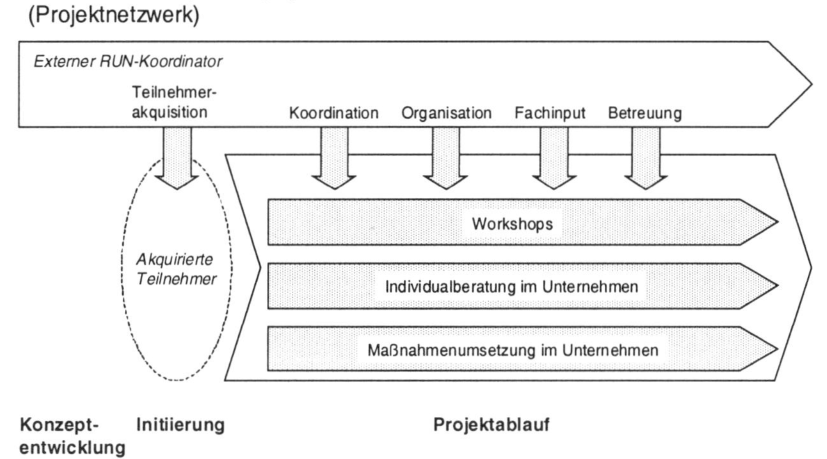

Abbildung 3: Ablaufmodelle von RUN (Störmer 2001: 305)

1.3 Wirkungen der RUN

Um die RUN-Arbeit beurteilen zu können, ist die Analyse der Wirkungen, die aus den netzwerkbezogenen Handlungen hervorgehen, nötig. Durch die eher vagen Zielvorstellungen der RUN-Akteure, in deren Zentrum unternehmensbezogener Informationsgewinn und netzwerkexterne Strukturpolitik steht, sind darauf bezogene Wirkungen schwer greifbar und messbar. Der Beitrag von RUN zu einer ökologisch nachhaltigen Wirtschaftsentwicklung kann auf Grund der geringen Anzahl an direkt zurechenbaren betrieblichen Maßnahmen nicht direkt ermittelt werden. Wertet man den Beitrag anhand ökologieorientierter Innovationen als fixes Ergebnis, so lassen sich nur einzelne in RUN entwickelte oder verbreitete Problemlösungsansätze aufzählen. Der Schwerpunkt der Wirkungen liegt in der Bewusstseinsbildung und dem Austausch von zukunftsorientierten weichen Signalen. Damit leisten RUN hauptsächlich einen Beitrag zu einzelnen Schritten im Innovationsprozess. Durch Ausdehnung der praxisorientierten Informationsbasis erweitert sich der Handlungsspielraum für die Akteure in späteren Entscheidungssituationen. Ein radikaler Wandel wird durch RUN nicht erreicht, sondern hauptsächlich kleinschrittige Verbesserungen im Entwicklungspfad. Bestehende Verbesserungspotenziale werden durch RUN leichter aufgedeckt, durch die Vermittlung von best practices werden neue Lösungsansätze verbreitet und das eigene Handeln im diskursiven Prozess reflektiert.

Weitere netzwerkexterne Wirkungen liegen in der Arena Politikfindung und -vollzug, wo betriebsbezogene problemarme Umsetzungsmöglichkeiten umweltrechtlicher Vorgaben im Vordergrund stehen. Die Wirkung in der Arena Öffentlichkeit ist auf Imagegewinn ausgerichtet, kann aber generell auch zu einer Bewusstseinsbildung bei potenziellen Kunden und Mitbewerbern beitragen. Die Wirkungen entsprechen den Erwartungen oder Zielsetzungen der Akteure, weshalb im Wesentlichen Zufriedenheit mit den RUN herrscht.

2. Erfolgsfaktoren – die RUN-Treiber

Aus den verschiedenen RUN-Formen lassen sich einzelne wichtige Elemente als Bausteine herausfiltern und zu einem Baukasten zusammenstellen, mit dem für die Gestaltung von RUN einzelne zielgenau wirkende Grundelemente entsprechend den jeweiligen Anforderungen flexibel kombiniert eingesetzt und weiterentwickelt werden können. Prozesse und Aktivitäten mit großer Hebelwirkung werden als „RUN-Treiber" bezeichnet. Damit sollen Steigerungspotenziale auf allen Ebenen mobilisiert werden. Die Steigerung zielt auch auf nicht-finanzielle Erfolgsgrößen, wie zum Beispiel Erhöhung der Lernfähigkeit und Innovationskraft oder der Teilnehmerzufriedenheit. Insbesondere wird auf unternehmensbezogene umsetzungsorientierte Wirkungsweisen Wert gelegt. Als wichtige Einflussfaktoren für Netzwerke mit einem Beitrag zur ökologieorientierten betrieblichen Innovationsfähigkeit lassen sich folgende „RUN-Treiber" identifizieren.

- *Gründungsimpuls und Weiterentwicklung des RUN:* Der Grund, warum sich Akteure in der Anfangsphase zusammenschließen, ist prägend für die Aktivitäten im RUN. Er muss mittelfristig erreichbare Vorteile für die Teilnehmer versprechen (win-win-Situationen) und entwicklungsfähig sein, damit sich die RUN-Arbeit an geänderte Rahmenbedingungen und interne Anforderungen anpassen kann.
- *Handlungsrahmen:* Die Entstehung eines RUN aus einem strukturierten Handlungsrahmen heraus (beispielsweise aus einem bestehenden Interessensverband) ermöglicht einem Initiator, auf gleich gesinnte Akteure zuzugehen. Bestehende Interessensverbände können durch ihre Strukturen und Ressourcen RUN fachlich und/oder organisatorisch fördern. Die Bekanntheit und Legitimität des übergeordneten Verbands wirkt sich auch auf die Arbeitskreise bzw. Regionalgruppen aus.

- *Koordinator:* Der Koordinator ist der Schlüsselakteur im RUN. Sowohl die organisatorischen Aufgaben, als auch die inhaltlichen Impulse der Weiterentwicklung lasten im Wesentlichen auf seinen Schultern. Er kann Verbindlichkeit im RUN schaffen und auf eine Umsetzungsorientierung hinwirken. Stehen ihm besondere Ressourcen zur Verfügung (zum Beispiel als Mitarbeiter einer Verbandsgeschäftsstelle oder als beauftragter Berater in Projektnetzwerken), ist von einer intensiveren Betreuung der Teilnehmer auszugehen, was die Zielerreichung erhöhen kann.
- *Soziale Nähe der Akteure:* Soziale Nähe basiert auf einer gemeinsamen Orientierung der Akteure (beispielsweise gleiche Branche, Arbeitsgebiet, gemeinsames Ziel, normative Grundorientierung). Dies ermöglicht ein besseres Verständnis zwischen den Beteiligten und ein leichteres Aufbauen von Vertrauensbeziehungen, was in der Regel einen intensivierten inhaltlichen Austausch nach sich zieht. Der Vertrauensaufbau benötigt persönliche Kontakte zwischen den Teilnehmern.
- *Teilnehmerzahlen in RUN:* Art und Intensität der Zusammenarbeit werden von der Gruppengröße mitbestimmt. In kleinen und mittleren Gruppen können sich die Akteure detailliert austauschen. Sie besitzen höhere Flexibilität durch einfache Abstimmungsprozesse. In größeren Gruppen mit weniger intensivem Austausch besteht dagegen eher die Möglichkeit, Akteure mit ähnlichen Zielrichtungen zu finden, die spezialisierte Projektgruppen bilden.
- *Projektgruppen:* Durch die Einrichtung von zeitlich begrenzten Projektgruppen, an denen nur interessierte Akteure teilnehmen, kann flexibel auf die Wünsche nach Detailinformationen eingegangen werden, die nicht für alle Teilnehmer von Bedeutung sind. Es stehen meist stärker umsetzungsbezogene Themen im Vordergrund. Hier werden arbeitsteilig pionierhafte Lösungsansätze gesucht und zum Teil realisiert.
- *Selbstverpflichtung der Akteure:* Einigen sich die Teilnehmer auf bestimmte realisierbare Ziele, ist die RUN-Arbeit in der Regel stärker maßnahmen- und umsetzungsorientiert. Damit wird die Verbesserung der Umweltleistung im Unternehmen konkret messbar, was als Erfolgserlebnis die Motivation der Beteiligten erhöht und ein Ansporn zur Weiterarbeit im RUN ist.

Als Ergebnis ist somit festzuhalten, dass RUN als Netzwerkplattformen einen Beitrag leisten zur allgemeinen Bewusstseinsbildung der Teilnehmer und damit zu betrieblichen Lernprozessen. Die Realisierung konkreter umweltorientierter Maßnahmen wird durch (Selbst-) Verpflichtungen der Akteure gefördert. Der Informationsgehalt über praktische Probleme der Realisierung steigt bei vertrauensvollen Beziehungen zwischen den Akteuren, die auf sozialer Nähe der Einzelnen zueinander beruhen können. RUN müssen sich ständig weiterentwickeln, um zeitgemäß und aktuell zu bleiben. Einen zentralen Beitrag leistet dazu der Koordinator, der ein wichtiger Impulsgeber innerhalb des RUN ist und dessen Entwicklung steuert. Durch die Einbindung in einen Interessensverband als Handlungsrahmen kann das RUN Ressourcen dieser Verbände nutzen und organisatorische Unterstützung erhalten sowie Legitimation für netzwerkexternes Handeln erreichen, gerade beim Auftritt des RUN als regionale Lobbyvereinigung.

3. RUN-Förderungspolitik

Unternehmen sind ein wesentlicher Teilbereich des endogenen Potenzials einer Region. Damit müssen sie in den Prozess eines regionalen Strukturwandels auf dem zukunftsorientierten Entwicklungspfad der nachhaltigen Entwicklung eingebunden werden. RUN besitzen ihre Kernkompetenz in der Bewusstseinsbildung für Notwendigkeiten und Möglichkeiten umweltorientierter Innovationen sowie als Plattform zur Informations- und Wissensvermittlung in Fragen betrieblichen Umweltschutzes. Ersteres erhöht das „Wollen" von Änderungen, Zweiteres über das Kennenlernen von best practices das „Können" einer Innovationsimplementierung (Pfriem 1995). Diskussionen innerhalb der Arbeitskreise und innerhalb der einzelnen Unternehmen über Realisationsmöglichkeiten stellen einen Schritt zur reflexiven Modernisierung des Wirtschaftens und damit zu einem Lernprozess dar. Damit kann ihre Förderung ein Instrument einer „ökologisch orientierten Wirtschaftspolitik" (Hollbach-Grömig 1999) sein.

Förderungswürdig sind RUN jedoch nur, wenn sie tatsächlich positive Wirkungen für die Region erbringen, das heißt die ökologisch-ökonomische Innovationsfähigkeit der Unternehmen verbessern. In ihrer Wirkungsausrichtung ist einerseits auf die Steigerung der Handlungskompetenz der Akteure durch Lernprozesse und andererseits auf die Umsetzungsorientierung betrieblicher Maßnahmen zu achten. Erfolgreiches Funktionieren der Netzwerke kann durch RUN-Treiber forciert werden.

In der Arena Politik ergeben sich für die RUN-Förderung folgende Möglichkeiten: Im Diskurs mit Betroffenen auf RUN-Plattformen besteht die Option, Umweltpolitik reflexiv zu gestalten. Dies beinhaltet das Einbringen wichtiger Politikfelder durch Unternehmensvertreter sowie die Suche nach zielgerichteten Steuerungsinstrumentarien in der Politikfindungsphase. Daneben haben RUN eine Multiplikatorfunktion für Politiker und Vollzugsbehörden: Allein eine Maßnahmenankündigung kann einen handlungsrelevanten Signaleffekt erzielen (Jänicke 1997). Damit können Politiker durch Einbringen von gewünschten „Zukünften" weitere Schritte im Bewusstseinswandel von Unternehmen anstoßen. Im Politikvollzug geht es um angepasste Umsetzungsverfahren der Unternehmen seitens der Behörden sowie die Befähigung der Unternehmen zur Einhaltung und Umsetzung von Vorschriften. In einem weiter gehenden Schritt kann die Substitution von umweltrechtlichen Vorschriften durch alternative Pflichten der Betriebe reflektiert werden.

Der RUN-Prozess kann durch folgende Maßnahmen seitens einer lokalen und regionalen ökologieorientierten Wirtschaftspolitik gefördert werden: Politische Akteure können die Gründung von zielgerichteten Arbeitskreisen anregen. Die Übernahme von Schirmherrschaften hilft gerade in der Initiierungsphase durch die Vermittlung von Legitimität und Vertrauensvorschuss. Die Bereitstellung von Tagungsräumen und externen Moderatoren kann als Hilfestellung dienen, ebenso eine Entlastung des Koordinators von Büroorganisations-Aufgaben. Inhaltlich können bereits bestehende Fachinformationsmaterialien, wie etwa Branchenleitfäden zum betrieblichen Umweltschutz, den RUN als zielorientierte Handlungsgrundlage empfohlen werden. Für Fachfragen werden kompetente Experten aus Vollzugsbehörden oder anderen Institutionen zur Verfügung gestellt. Für weitere konkrete Beratungsleistungen, etwa Individualberatung für Unternehmen, können finanzielle Unterstützungen sinnvoll sein. Diese sollte an die Umsetzung konkreter Maßnahmen geknüpft werden. Um den Netzwerken weitere Impulse zufließen zu lassen, kann eine Vernetzung verschiedener RUNs durch politische Akteure initiiert werden.

Diese Ansatzpunkte beinhalten eine partnerschaftliche Haltung der politischen Akteure gegenüber den RUN-Organisationen und ihren Teilnehmern, was eine enge Interaktionsfähigkeit von privaten und öffentlichen Akteuren erfordert. Die ökologieorientierte Wirtschaftspolitik kann selbst RUN ins Leben rufen, wie bei den Projektnetzwerken ÖKOPROFIT, sie kann aber auch neu entstehende und existente RUN in ihrer Tätigkeit unterstützten. Dafür bietet es sich für die ökologieorientierte Wirtschaftspolitik an, Kooperationen mit Lobbygruppen zu bilden, die in vielen Fällen auch den Handlungsrahmen von RUN darstellen, und diese als Multiplikatoren der RUN-Förderung und -Initiierung einzusetzen. Allerdings ist zu berücksichtigen, dass RUN-Kooperationen nicht erzwungen werden können. Vertrauen und zwischenmenschliche Sympathien oder eine gemeinsame Geschichte der Akteure sind nicht erzeugbar (Fromhold-Eisebith 1999). So sind auch einige der befragten RUN-Teilnehmer der Meinung, dass derartige Kooperationen aus internen Impulsen der Unternehmen kommen müssen und nicht von der Regionalpolitik förderbar sind.

Literatur

Birke, Martin/Schwarz, Michael: Ökologisierung als Mikropolitik. In: Birke, Martin/Burschel, Carlo/ Schwarz, Michael (Hrsg.): Handbuch Umweltschutz und Organisation. Ökologisierung – Organisationswandel – Mikropolitik (Lehr- und Handbücher zur ökologischen Unternehmensführung und Umweltökonomie). München/Wien 1997, S. 189-225

Busch-Lüty, Christiane: Nachhaltige Entwicklung als Ziel und selbstorganisierender Verständigungsprozess. In: Biesecker, Adelheid/Grenzdörffer, Klaus (Hrsg.): Kooperation, Netzwerk, Selbstorganisation. Elemente demokratischen Wirtschaftens (Ökonomie und soziales Handeln, Band 2). Pfaffenweiler 1996, S. 141-160

Dresel, Thomas/Blättel-Mink, Birgit: Ökologie in Unternehmen. In: Blättel-Mink, Birgit/Renn, Ortwin (Hrsg.): Zwischen Akteur und System. Die Organisierung von Innovation. Opladen 1997, S. 235-255

Dyllick, Thomas/Belz, Frank: Ökologische Effizienz als Maßstab organisationaler Lernprozesse. In: Roux, Michel/Bürgin, Silvia (Hrsg.): Förderung umweltbezogener Lernprozesse in Schulen, Unternehmen und Branchen. Basel u.a. 1996, S. 71-86

Finger, Matthias/Bürgin, Silvia/Haldimann, Ueli: Ansätze zur Förderung organisationaler Lernprozesse im Umweltbereich. In: Roux, Michel/Bürgin, Silvia (Hrsg.): Förderung umweltbezogener Lernprozesse in Schulen, Unternehmen und Branchen. Basel u.a. 1996, S. 43-70

Fromhold-Eisebith, Martina: Das „kreative Milieu" – nur theoretisches Konzept oder Instrument der Regionalentwicklung? In: Raumforschung und Raumordnung 57 (1999) 2/3, S. 168-175

Fürst, Dietrich/Schubert, Herbert: Regionale Akteursnetzwerke. Zur Rolle von Netzwerken in regionalen Umstrukturierungsprozessen. In: Raumforschung und Raumordnung 56 (1998) 5/6, S. 352-361

Grabher, Gernot: Lob der Verschwendung. Redundanz in der Regionalentwicklung: Ein sozioökonomisches Plädoyer (hrsg. vom Wissenschaftszentrum Berlin). Berlin 1994

Haas, Hans-Dieter/Siebert, Sven: Umweltorientiertes Wirtschaften. Aktuelle Ansatzpunkte aus einzel- und gesamtwirtschaftlicher Sicht. In: Zeitschrift für Wirtschaftsgeographie 39 (1995) 3/4, S. 137-146

Hipp, Christiane/Reger, Guido: Die Dynamik ökologischer Entwicklungsprozesse in Unternehmen. In: Zeitschrift für Betriebswirtschaft 68 (1998) 1, S. 25-46

Hollbach-Grömig, Beate: Ökologisch orientierte Wirtschaftspolitik – ein neues kommunales Handlungsfeld (Difu-Beiträge zur Stadtforschung, Band 29). Berlin 1999

Jänicke, Martin: Umweltinnovationen aus der Sicht der Policy-Analyse: vom instrumentellen zum strategischen Ansatz der Umweltpolitik (FFU-rep 97-3). Berlin 1997

Klemmer, Paul/Becker-Soest, Dorothee/Wink, Rüdiger: Leitstrahlen, Leitbilder und Leitplanken – Ein Orientierungsfaden für die drei großen „L" der Nachhaltigkeitspolitik. In: Renner, Andreas/Hinterberger, Friedrich (Hrsg.): Zukunftsfähigkeit und Neoliberalismus. Zur Vereinbarkeit von Umweltschutz und Wettbewerbswirtschaft. Baden-Baden 1998, S. 47-71

Kreikebaum, Hartmut: Die Organisation ökologischer Lernprozesse im Unternehmen. In: UmweltWirtschaftsForum 4 (1996) 3, S. 4-8

Lehner, Franz/Schmidt-Bleek, Friedrich: Die Wachstumsmaschine. Der ökonomische Charme der Ökologie. München 1999

Nattrass, Brian/Altomare, Mary: The Natural Step for Business. Wealth, Ecology and the Evolutionary Corporation. Gabriola Island, BC (Kanada) 1999

Ortmann, Günther: Das Kleist-Theorem. Über Ökologie, Organisation und Rekursivität. In: Birke, Martin/ Burschel, Carlo/Schwarz, Michael (Hrsg.): Handbuch Umweltschutz und Organisation. Ökologisierung – Organisationswandel – Mikropolitik (Lehr- und Handbücher zur ökologischen Unternehmensführung und Umweltökonomie). München/Wien 1997, S. 23-91

Pfriem, Reinhard: Unternehmenspolitik in sozialökologischen Perspektiven (Theorie der Unternehmung, Band 1). Marburg 1995

Schneidewind, Uwe: Die Unternehmung als strukturpolitischer Akteur. Kooperatives Schnittmengenmanagement im ökologischen Kontext. (Theorie der Unternehmung, Band 6). Marburg 1998

Störmer, Eckhard: Ökologieorientierte Unternehmensnetzwerke. Regionale umweltinformationsorientierte Unternehmensnetzwerke als Ansatz für eine ökologisch nachhaltige Wirtschaftsentwicklung. (Wirtschaft & Raum, Band 8). München 2001

Nachhaltiges Wirtschaften zwischen Umweltmanagement und integrierter Produktpolitik. Was leisten Branchendialoge zur Umsetzung von Nachhaltigkeitskonzepten?

Herbert Klemisch

Die Rahmen- und Erfolgsbedingungen für einen beteiligungsorientierten sozial-ökologischen Branchendialog stehen im Mittelpunkt dieses Beitrags. Anhand von Erfahrungen mit der Weiterentwicklung von Labelling-Kriterien im Rahmen von Runden Tischen werden die Möglichkeiten und Grenzen von Branchendialogen zu deren Umsetzung und Verbreitung diskutiert. Dies geschieht am Beispiel von zwei Konsumgüterbranchen (Textil/Bekleidung und Möbel), für die Runde Tische durch das Klaus Novy Institut durchgeführt wurden (Klemisch 1998; Klemisch/Voß 1997).

1. Umweltmanagementsysteme und ihr fehlender Produktbezug

Umweltmanagementsysteme (UMS) dienen der kontinuierlichen Verbesserung von betrieblichen Umweltleistungen. Das Geschäftsfeld der Produktpolitik wird davon jedoch wenig tangiert. Alle Befunde wissenschaftlicher Begleitforschung zur Implementierung von Umweltmanagementsystemen signalisieren einen fehlenden Produktbezug. Das heißt, UMS werden nicht für ökologische Produktinnovationen oder -optimierungen genutzt (BMU/UBA 2000: 72; Dyllick/Hamschmidt 2000: 56; Klemisch/Rohn 2002: 20).

Nicht nur die Einführung betrieblicher Umweltmanagementsysteme läuft in aller Regel weitgehend entkoppelt von den innerbetrieblichen Bemühungen zur Produktoptimierung ab. Noch viel stärker zeigt sich, dass eine Optimierung der Produkte, Dienstleistungen und Prozesse über den gesamten Lebensweg kaum stattfindet. Die Ursache hierfür ist unter anderem darin zu sehen, dass sich EMAS und ISO 14001 auf die Optimierung des betrieblichen Umweltschutzes konzentrieren. Es werden zwar Anforderungen in Richtung eines unternehmensübergreifenden Produktmanagements gestellt, diese sind jedoch so schwach formuliert, dass sie keine Gestaltungskraft für das Umweltmanagement entfalten. Ökologische Produktoptimierungen durch ein solches System sind eher zufällig. Dies bedeutet im Resultat, dass UMS mit ihren Informationen zwar für innerbetriebliche Optimierungen genutzt werden (Verbesserung der innerbetrieblichen Stoffströme und Erschließung von Einsparpotenzialen), aber keine Anwendung im Rahmen einer Produktoptimierung finden, für die sie kreativ genutzt werden könnten.

Die Ergebnisse empirischer Begleitforschung besagen weiterhin, dass es gerade an einer kreativen, gestalterischen Nutzung von UMS mangelt. Umweltmanagementsysteme stellen sich eher als Systeme zur Verwaltung des betrieblichen Umweltschutzes dar, werden wenig gelebt, zu wenig als strategisches Instrument eingesetzt und vor allem nicht für Innovationsprozesse genutzt (Freimann 1999; Fichter 2000; Klemisch/Rohn 2002).

Ein weiteres Manko von Umweltmanagementsystemen liegt darin begründet, dass sie auf den Einzelbetrieb fixiert sind und daher folgerichtig am Werkstor aufhören. Von daher führen UMS, strukturell bedingt, nicht zu einer Optimierung von Stoffströmen entlang der Herstellungskette. Elemente einer ökologischen Produktgestaltung können diese Fixierung zumindest partiell aufheben und würden damit eher eine Produktlinienoptimierung und einen Branchendialog befördern.

2. Erweiterung der Akteursperspektive durch nachhaltiges Wirtschaften und integrierte Produktpolitik

Rückten durch die Orientierung auf Umweltmanagementsysteme in Folge der Verabschiedung der EG-Öko-Audit Verordnung die Akteure von innerbetrieblichen Prozessen stärker in das Blickfeld der Analyse, so wird durch die Agenda 21 der Blick auf die gesellschaftlichen Akteure und ihre Beiträge zum nachhaltigen Wirtschaften gerichtet. Damit sind nicht nur der Staat und die Unternehmen Träger des Ökologisierungsprozesses, sondern auch Gewerkschaften, Umwelt- und Verbraucherverbände und andere sogenannte Nicht-Regierungs-Organisationen (NGO). Bürger und Konsumenten sollen sich direkt an diesen Prozessen beteiligen. In der Nachhaltigkeitsstrategie der Bundesregierung wird die Partizipation sogar explizit als Erfolgskriterium benannt:

> „Nachhaltige Entwicklung kann nicht einfach vom Staat verordnet werden. Nur wenn alle Akteure in Wirtschaft und Gesellschaft, wenn Bürgerinnen und Bürger das Thema zu ihrer eigenen Sache machen, werden wir Erfolg haben“ (Bundesregierung 2002: 20).

Die Debatte um nachhaltiges Wirtschaften hat zusätzlich zu dieser Erweiterung um den Partizipationsaspekt eine zweite Erweiterung mit sich gebracht: Neben ökologischen werden ökonomische und soziale Anforderungen zur Richtschnur einer nachhaltigen Entwicklung. Dagegen ist die ökologieorientierte Produktpolitik eher ein randständiges Thema geblieben und rückt erst aktuell durch das Grünbuch der Europäischen Union unter dem neuen Begriff der Integrierten Produktpolitik (IPP) wieder ins Blickfeld einer umweltpolitischen Strategie. Die Notwendigkeit einer Integrierten Produktpolitik erfährt im Grünbuch der Europäischen Kommission (2001: 6) übrigens eine ökologische Begründung, wenn es heißt:

> „Mit dem Konzept der integrierten Produktpolitik wird das Ziel verfolgt, die Umweltauswirkungen von Produkten während ihres gesamten Lebenszyklus vom Abbau der Rohstoffe über die Herstellung, den Vertrieb, die Verwendung bis hin zur Abfallentsorgung zu verringern.“

Auch bei der IPP wird wie bei der Agenda 21 die Beteiligung gesellschaftlicher Akteure hervorgehoben. Umweltmanagementsysteme und die integrierte Produktpolitik stellen also wichtige Elemente nachhaltigen Wirtschaftens dar. Allerdings bedarf das Thema der Partizipation und Kooperation, insbesondere vor dem Hintergrund der Einflussmöglichkeiten gesellschaftlicher Akteure wie Gewerkschaften, Verbraucherverbände, Umweltverbände, Unternehmen und Politik dringend einer systematischen Analyse als auch einer Beschreibung erfolgversprechender Dialoginstrumente. Mit der Arbeitsform des Runden Tischs wird hier ein Instrument zur Herstellung und Umsetzung von ökologischen Branchendialogen idealtypisch dargestellt. Das Erkenntnisinteresse ist dabei durchaus praxisgeleitet. Erfahrungen der Arbeit der Enquête-Kommission „Schutz des Menschen und der Umwelt“ des Deutschen Bundestags und mit branchenbezogenen Runden Tischen zeigen möglicherweise eine Perspektive auf.

3. Rahmenbedingungen in den Konsumgüterbranchen Textil-/Bekleidung und Möbel

Beide Branchen befinden sich in einem tiefgreifenden Strukturwandel, der von Umsatzeinbrüchen, Firmensterben und dem Verlust von Arbeitsplätzen in den meist mittelständischen Firmen geprägt ist. Die Beschäftigtenzahl der Möbelindustrie hat sich zum Beispiel seit 1995 von 185.000 auf knapp 159.000 in 2001 reduziert. Die Zahl der Betriebe sank im gleichen Zeitraum von 1647 auf 1402 (HDH/VDM 2002: 18f.).

Das ökologische Marktsegment konnte trotz Wachstumsraten in den neunziger Jahren den Sprung von der Nische in den Massenmarkt nicht vollziehen. Als Gründe für eine ausbleibende Ökologisierung des Massenmarktes lassen sich herausarbeiten (Schneidewind 1997: 246):

- Marktunvollkommenheiten wie Informations- und Vertrauensprobleme bei Produkten mit ökologischen Eigenschaften;
- ein gesetzlicher Ordnungsrahmen, der die externen ökologischen Effekte nicht ins Preissystem integriert;
- eine unzureichende Kopplung von ökologischer Wahrnehmung und ökologischem Handeln in der Öffentlichkeit (öffentliche Strukturen), die zwar zu einer grundsätzlichen ökologischen Sensibilisierung, aber nicht zu einer entsprechenden Veränderung des Einkaufs- und politischen Wahlverhaltens führt.

Die ökologischen Problemlagen in den Branchen sind bekannt, untersucht und beziehen sich, wenn auch mit unterschiedlicher Intensität, auf die gesamte Herstellungskette. Die Enquête-Kommission „Schutz des Menschen und der Umwelt“ des Deutschen Bundestags hat beispielhaft die Umweltbelastungen entlang der textilen Kette zu einem zentralen Gegenstand ihrer Arbeit gemacht (Enquête-Kommission 1994). Das Prozedere zum Aufbau und Ablauf eines betrieblichen und betriebsübergreifenden Stoffstrommanagements wurde idealtypisch am Beispiel der Möbelbranche entwickelt (de Man u.a. 1997). Orientierende Ökobilanzen existieren für beide Produktionsketten, von einer umfassenden Stoffstrombetrachtung, Produktlinienanalyse oder gar einem Stoffstrommanagement sind die Branchen allerdings noch weit entfernt (Friege u.a. 1998; Öko-Institut 1987). Sinnvoll im Sinne der Nachhaltigkeitsdebatte wäre eine beispielhafte Produktlinienanalyse, die neben den ökologischen auch die ökonomischen und die sozialen Aspekte der Produktlinie Holz/Möbel erfassen und bewerten würde (siehe Tabelle 1). Unternehmensübergreifende ökologische Zielsetzungen im Sinne einer Selbstverpflichtung oder entsprechende staatliche Vorgaben im Rahmen der Umweltplanung liegen für beide Branchen nicht vor oder haben wie die Rücknahmeverpflichtung im Kreislaufwirtschaftsgesetz nur punktuelle Ansatzpunkte.

Tabelle 1: Struktur der Möbelkette

Forstwirtschaft		Bestandsbegründung und -pflege Durchforstung und Endnutzung
⇩ Transport ⇩		
Holzindustrie		Schnittholzherstellung Span- und Faserplattenerzeugung
Chemische Industrie		Klebstoffherstellung Lackherstellung Kunststoffherstellung
Textilindustrie		Herstellung von Bezugstoffen
⇩ Transport ⇩		
Möbelkonstruktion **Möbelherstellung**		Design, Werkstoffauswahl, Qualität Mechanische Bearbeitung (sägen, hobeln, schleifen) Montage, Oberflächenbehandlung
⇩ Transport ⇩		
Möbelhandel	Möbelhäuser	Verkaufen
	Fachhandel	Beraten
	Versandhandel	Versenden, Informieren
⇩ Transport ⇩		
Möbelnutzer		Gebrauch / Pflege Leasing Second Hand-Nutzung
⇩ Transport ⇩		
Entsorgung / Verwertung		Sperrmüll Recycling Verbrennung

Bei der Lösung der Umweltprobleme sind die meisten Unternehmen in ihrem Vorgehen eher reaktiv und auf den innerbetrieblichen Prozess konzentriert. Davon abweichende Sichtweisen, die das ökologische Problem als Schnittstellenproblem im gesamten Lebenszyklus der Produkte sehen, finden sich eher unter den Ökopionieren. Da diese Ökopioniere über ihre Umweltaktivitäten offen informieren und teilweise in Kooperationen mit anderen Akteuren eingetreten sind, bestehen Erfahrungen im Zusammenhang mit Kooperationsprozessen. Sie können bei ökologischen Branchendialogen zur Umsetzung von gemeinsamen Zielen genutzt werden. Eine betriebliche Umweltberichterstattung, zum Beispiel im Rahmen von Umweltmanagementsystemen aufgebaut, erweist sich ebenfalls als gute Informations- und Kommunikationsvoraussetzung (Loew/Fichter 1999). Hülsta, Brühl & Sippold, Wasa, In Casa, Wilkhahn, Sedus Stoll oder die Unternehmen der Skanska Gruppe wie Poggenpohl, um nur einige zu nennen, sind im Möbelsektor Vorreiter, die den Umweltschutz zum Unternehmensziel gemacht haben.

Durch eine regelmäßige Umweltberichterstattung wird der Umweltschutz nach innen und außen zu einem Planungs-, Entscheidungs- und Kommunikationsgegenstand gemacht. Dabei wurden zunächst meist in Modellprojekten, deren Ergebnisse aber der ganzen Branche zugänglich gemacht wurden, neue Umweltinformationssysteme wie das Öko-Controlling erprobt oder ein Umweltmanagement eingeführt (Lehmann 1993). Im Dezember 2000 gehörten von den ca. 2500 nach EG-Öko-Audit VO validierten Unternehmen 190 zur Holz- und Möbelbranche (Klemisch/Rohn 2002). Durch die eingeführten Instrumente wie Umweltmanagement und Ökobilanzen sind etliche Umweltentlastungseffekte erschlossen und Ressourcenverbräuche reduziert worden. So konnten die mittelständischen Büromöbelhersteller CEKA und Sedus Stoll jährlich Einsparungen von 600.000 bis 700.000 DM nachweisen (Gege 1997).

Der Staat setzt in diesen Branchen und Produktlinien eher auf weiche Instrumente, wie die Umweltkennzeichnung und Verbraucherinformation, oder auf entsprechende Anreizstrukturen, wie Modellprojekte zur Umsetzung von ökologischen oder nachhaltigen Innovationen in der Branche. Hier trifft sich das Interesse des Staates mit dem der Verbraucher- und Umweltverbände, aber auch mit dem der ökologischen Branchenverbände und partiell dem der Gewerkschaften. Für die Gewerkschaften bleibt die Schaffung oder der Erhalt von Arbeitsplätzen sowie eine Verbesserung der Arbeitsbedingungen der Beschäftigten unter Arbeits- und Umweltschutzaspekten die zentrale Zielvorstellung, die sie in den Ökologisierungsprozess einbringen.

Es besteht in beiden Branchen wenig Information und Kommunikation zwischen den Beteiligten. Insbesondere die Branchenverbände betreiben keine offensive Informationspolitik zum Ökologiethema. Allerdings bestehen vor allem in der Textil-/Bekleidungsbranche Netzwerke, die sich um eine intensivere Kommunikation auf horizontaler und vertikaler Ebene bemühen (zum Beispiel Dialog Textil). Auch eine Fülle von Tagungen zum Thema ist Indikator für einen Kommunikationsbedarf vor allem in der Textil- und Bekleidungsbranche. Die ökologischen Pionierunternehmen sind in der Regel diejenigen, die an diesem Prozess partizipieren, ihr Know-how einbringen und gleichzeitig erweitern können. Im Textilbereich ist mit Projekten wie „Texweb“ (Westermann 2000) oder „Von der Öko-Nische zum Massenmarkt“[1] eine darüber hinausgehende Kommunikation zwischen einigen Unternehmen entstanden, die allerdings mehr als marktorientierte und weniger als gesellschaftsorientierte Kooperation ausgerichtet ist. Im Möbelbereich zeigt sich diese Kommunikationsstruktur als weniger entwickelt. Am stärksten ist eine solche Struktur noch im Umfeld des FSC-Gründungsprozesses[2] in Deutschland entstanden.

Eine Partizipation im Sinne einer breiten Beteiligung gesellschaftlicher Akteure findet zwar teilweise in den Ökonetzwerken, aber nicht auf der Ebene der Branche insgesamt statt. Selten lässt sich auch eine Öffnung der Partner der industriellen Beziehungen für das Thema feststellen. Als symptomatisches Beispiel seien hier die Initiativen der Sozialpartner ZIMIT (Zukunftsinitiative Möbelindustrie) und Zitex (Zukunftsinitiative Textil) NRW genannt. In diesen Sozialpartnerinitiativen, die für die Branchenunternehmen eine Unterstützungsfunktion im Strukturwandel übernehmen sollen, spielt beispielsweise das Ökologie-

---

1 An dem Projekt „Von der Öko-Nische zum Massenmarkt“, das vom BMBF gefördert wird, sind der Otto-Versand und die Steilmann Gruppe beteiligt (Informationen unter: www.uni-oldenburg.de/ecomtex).

2 Beim FSC (Forest Stewardship Council) handelt es sich um eine weltweite Initiative zur Zertifizierung von Holz aus nachhaltiger Forstwirtschaft. An deren Umsetzung in Deutschland sind alle maßgeblichen Umweltverbände, die Gewerkschaften sowie private und öffentliche Waldeigentümer beteiligt (Informationen unter: www.fsc-deutschland.de).

thema, das nachhaltige Wirtschaften und eine Orientierung an der ökologischen Verbesserung der Produktlinien keine Rolle.

In der Verknüpfung von Anliegen des Umwelt- und Verbraucherschutzes könnte allerdings ein Ansatz zur wirtschaftlichen Stabilisierung der Branche liegen. Dies sollte zum Gegenstand eines verstärkten und offen geführten Branchendialogs werden. Das Aufzeigen von beispielhaften Wegen zu mehr Umweltschutz in der Branche und des Wechselverhältnisses von Umweltschutz, Wirtschaft, Arbeitsschutz und sozialen Bedingungen im Sinne eines nachhaltigen Wirtschaftens ist Ziel eines solchen Dialogs.

Tabelle 2: Zusammenfassender Vergleich der beiden Beispielbranchen

Merkmal	Textil/Bekleidung	Holz/Möbel
Marktsituation	Schwierig, von Strukturwandel geprägt, Ökologische Nische	Schwierig, von Strukturwandel geprägt, Ökologische Nische
Bestehende Umweltprobleme	Verschiedene entlang des Lebenswegs	Verschiedene entlang des Lebenswegs
Ökologische Lebenswegbetrachtungen	Selten	Selten
Branchenübergreifende ökologische Zielsetzungen	Nicht existent	Nicht existent
Akteurssichten hinsichtlich Umweltprobleme und Lebensweg	Vorwiegend reaktiv Lebenswegorientierung nur bei Ökopionieren, Umwelt- und Verbraucherverbänden, teilweise bei Umweltbehörden und Gewerkschaften	Vorwiegend reaktiv Lebenswegorientierung nur bei Ökopionieren, Umwelt- und Verbraucherverbänden, teilweise bei Umweltbehörden und Gewerkschaften
Information/Kommunikation	Wenig Kommunikation zwischen allen Beteiligten	Wenig Kommunikation zwischen allen Beteiligten
Kooperation	Netzwerke von Ökopionieren, Umweltbehörden, gesellschaftlichen Gruppen	Eingeschränkt, keine kontinuierlich arbeitenden Ökonetzwerke
Partizipation	Nur in Ökonetzwerken, nicht auf der Ebene der Industriellen Beziehungen	Nicht vorhanden

4. Die Herstellung von sozial-ökologischen Branchendialogen

Sowohl den Unternehmen als auch den Gewerkschaften wird in der Agenda 21 eine wichtige Rolle zugewiesen (BMU 1997). Trotzdem spielen die Hauptakteure der industriellen Beziehungen in den Agenda-Prozessen, ob auf kommunaler oder regionaler Ebene bislang eine nachrangige Rolle. Auch im Kernbereich der Regelungsverfahren der industriellen Beziehungen (zum Beispiel in Branchentarifverträgen) findet die Thematik Nachhaltige Entwicklung im Sinne einer ökologischen Erweiterung kaum Eingang (Schmidt 1997). Dies, obwohl spätestens seit der Veröffentlichung der Studie „Arbeit und Ökologie" (Hans-Böckler-Stiftung 2000 und Linne in diesem Band) bekannt ist, dass es vielfältige Ansatzpunkte für eine Gestaltung nachhaltiger Entwicklung unter sozial-ökologischer und arbeitspolitischer Perspektive im Rahmen der industriellen Beziehungen gibt (siehe auch: Brandl in diesem Band). Potenzielle Themen und Arbeitsfelder für Branchendialoge oder –kooperationen mit Bezug zur nachhaltigen Entwicklung reichen von der Aus- und Weiterbildung, über den Wissensaustausch beispielsweise als Wissenschafts- und Technologietransfer bis zu Fragen der Unternehmensorganisation (Umwelt- oder Nachhaltigkeitsmanagement). Aber insbesondere Fragen der Produktinnovation, der ökologischen Verbesserung von Produkten im Sinne von Produktgestaltung und -information und damit die Beteiligung an IPP-Prozessen sind Arbeitsfelder für einen sozial-ökologischen Branchendialog, weil sie über den einzelbetrieblichen Radius hinausweisen und nach kooperativen Lösungen verlangen. Letzteres war Anlass für den im Folgenden beschriebenen Zusammenhang der Runden Tische.

4.1 Anlässe und Konzeption

Eine konstatierte Vielfalt von Ökolabels kombiniert mit einer mangelhaften Produktinformation führt zur Verunsicherung der Verbraucher und schwächt die Durchsetzung von nachhaltigem Konsumverhalten. In einer Verständigung über die Situation des Labellings in der Branche und eine gemeinsame Kommunikation über die Leistungsfähigkeit der Label wird ein Beitrag sowohl zur besseren Information des Konsumenten, zur Optimierung des Informationsflusses innerhalb der Herstellungskette als auch zur wirtschaftlichen Sicherung von Unternehmen durch die Förderung eines ökologischen Marktsegmentes geleistet.

Hansen u.a. (1997) unterscheiden folgende Anlässe und Formen von Unternehmensdialogen:

- Unsicherheiten in Unternehmen zum Beispiel bezogen auf gesellschaftliche Reaktionen oder neue Instrumente (zum Beispiel Ökobilanz),
- bestehende Risiken, die zu ökologischen oder sozialen Beeinträchtigungen führen können,
- aufgetretene Skandale oder Unzufriedenheiten von Anspruchsgruppen.

Für die hier betrachteten Branchendialoge trifft dies weniger zu. Nicht negative Anlässe wie Unsicherheiten, Risiken oder aufgetretene Skandale sind Auslöser, sondern die Verständigung auf ein gemeinsames Vorgehen zur besseren Gestaltung der Verbraucherinformation in Form von Produktkennzeichnung ist das gemeinsame Motiv der Beteiligten.

Das Neue an dieser Form des Dialogs ist, dass er weniger in einem klassischen Konfliktfeld des nachsorgenden Umweltschutzes (z.B. Planung von Müllverbrennungsanlagen), sondern in einem *Themenfeld des vorsorgenden Umweltschutzes* positioniert ist. Damit sind relativ günstige sogenannte „win-win-Situationen" für alle Akteure gegeben.

Das zweite neue Elemente besteht darin, dass es sich hier um einen branchenbezogenen Unternehmensdialog handelt, der die gesamte Produktkette von Textilien oder Möbeln über Rohstoffe, Anbau, Vorverarbeitungsstufen, Transport, Produzenten bis zu den Händlern, den Konsumenten, möglicherweise sogar den Entsorgern oder Zweitnutzern umfasst. Der *Branchendialog* wird hergestellt *als partizipatives und offen angelegtes Verfahren*. Dabei stehen nicht nur die ökologischen Branchensegmente und die Ökopioniere im Vordergrund, sondern die gesamte Branche wird einbezogen. Kennzeichnet man Branchendialoge als Formen der Unternehmenskooperation, so hat diese beim Runden Tisch sowohl horizontale als auch vertikale Ausprägungsformen (Schneidewind 1998: 332 und 344). Horizontal ist die Kooperation, da es sich bei den Akteuren um Unternehmen derselben Branche handelt. Vertikal ist die Zusammenarbeit in dem Sinne, dass es sich um die bewusste konsensorientierte Koordination von Unternehmen entlang der Wertschöpfungskette handelt.

Darüber hinaus handelt es sich natürlich um einen *Verständigungsprozess mit gesellschaftlichen Gruppen,* das heißt Verbraucher-, Umweltorganisationen und Gewerkschaften sind ebenso wie Dritte-Welt-Initiativen ebenfalls in diesen Prozess eingebunden, was für Branchendialoge keine Selbstverständlichkeit ist.

Ein weiterer inhaltlicher Aspekt, der über den spezifischen Branchenkontext hinausgeht, liegt darin, zu reflektieren, inwieweit es beim Runden Tisch gelingt, exemplarisch die Nachhaltigkeitsdebatte aufzugreifen und zu konkretisieren. Dies bedeutet beispielsweise im Textil- und Bekleidungsbereich konkret über Nachhaltigkeit im Sinne von ökonomischer, ökologischer und sozialer Zukunftsfähigkeit zu verhandeln. Das Spannungsfeld von Globalisierung und Regionalisierung konkretisiert sich in der Textilbranche unter anderem am Verhältnis von Öko- und Soziallabeling, das heißt aber auch im Spannungsfeld von ökologischen und sozialen Anforderungen, wenn es zum Beispiel um die Verlagerung von Arbeitsplätzen in die Dritte Welt bei gleichzeitiger Verlagerung der ökologischen Probleme geht.

4.2 Idealtypisches Vorgehen

Ist ein gemeinsames Interesse der Akteure definiert (beispielsweise die Verunsicherung der Konsumenten zu reduzieren), so bildet eine Beschreibung des geplanten Vorgehens kombiniert mit einer Einladung und ersten Kontaktgesprächen mit zentralen Akteuren den Auftakt.

Eine wachsende Bedeutung erlangen die Instrumente zur Kommunikation ökologischer Faktoren und ihre Anwendung (Umwelt- und Nachhaltigkeitsberichte, Ökobilanzen, Label), aber auch die Instrumente zur Kommunikation sozialer Faktoren und ihre Anwendung (Sozialbilanzen, Sozial-ökologische Unternehmenstest, SA 8000, Codes of conduct). Die Nutzung dieser Instrumente wird bei den relevanten Akteuren erhoben, dargestellt und in ihrer Reichweite verglichen, um daran anschließend die Erfolgsbedingungen der Instrumente für ihre Weiterverbreitung innerhalb der Branche und beim Konsumenten herauszuarbeiten. Dabei geht es auch um die Überwindung des akteursspezifischen Umweltmanagements entlang eines ökologischen Produktlebenszyklus, das bisher betriebsstättenbezogen und prozessorientiert ausgerichtet war.

Die Präsentation der Ergebnisse der Befragung kombiniert mit weiteren Hintergrundinformationen zur Branche und den analysierten Problemfeldern dient als thematisch strukturierender Einstieg des Runden Tischs.

Daran schließt sich eine Diskussions- und Arbeitsphase an, an deren Ende im Rahmen eines moderierten Verfahrens eine Abklärung von Konsens- und Konfliktpunkten zwischen den Akteuren vorgenommen wird.

Am Schluss eines konstituierenden Runden Tischs steht eine Einigung auf mögliche gemeinsame Arbeitsschritte (Arbeitsprogramm) und die Verabschiedung eines gemeinsamen Ergebnisdokuments als Protokoll.

4.3 Akteure und Interessen

Akteure und Akteursnetzwerke spielen eine immer größer werdende Rolle. Unternehmensverbände übernehmen eine Vernetzungs- und Informationsfunktion für ihre Mitgliedsunternehmen, die Gewerkschaften für ihre Mitglieder oder das Klientel der Betriebsräte. Darüber hinaus haben sich aber immer mehr themenbezogene Akteursnetzwerke gebildet. Der

Dialog Textil Bekleidung (DTB) organisiert zum Beispiel vorwiegend für Unternehmensakteure Diskurse zu Fragen von Ökologie, Sozialstandards bis hin zu Fragen der Produktqualität. Die Clean clothes Campaign fasst so unterschiedliche Trägergruppen wie die Katholische Arbeitnehmer Bewegung, die evangelische Frauenarbeit, die IG Metall oder die Informationsstelle El Salvador zusammen und koordiniert das Vorgehen (Fair Trade 1999: 68).

Hinter diesen Akteuren verbergen sich sehr unterschiedliche Interessenlagen, Macht- und Einflussstrukturen, die es für einen sozial-ökologischen Dialog zu analysieren gilt, um daraus Vorschläge für beteiligungsorientierte Prozesse ableiten zu können. Bei den beiden Runden Tischen waren jeweils eine Einzelgewerkschaft mit starker Branchenausrichtung und ein Forschungsinstitut mit Branchenzugängen vorrangig zum ökologischen Marktsegment die Hauptinitiatoren. Eine Anschubförderung übernahm jeweils die Hans-Böckler-Stiftung.

Tabelle 3: Akteure und ihre spezifischen Beiträge zu Branchendialogen

Akteure	Potenzieller Beitrag	Konkrete Forderung
Branchenverband	Darstellung des Standards in der Branche und Information über die Ergebnisse	nicht eingebracht
Gewerkschaft	Kampagnenerfahrung und Kompetenz zur sozialen Dimension des Themas, soziale Glaubwürdigkeit	Berücksichtigung sozialer Aspekte bei Label und Produktpass
Öko-Pionierunternehmen	Marktkenntnis, Kompetenz bei Produktgestaltung	einheitliches, transparentes Labelling bzw. Produktinformation
Öko-Branchenverband	Informations- und Fachkompetenz	möglichst anspruchsvolles Labelling und Volldeklaration der Produkte
Umweltverbände	Kampagnenerfahrung, ökologische Kompetenz, ökologische Glaubwürdigkeit	transparente und möglichst anspruchsvolle Ökologiekriterien
Verbraucherverbände	Informations- und Beratungskompetenz	transparente Labelkriterien zu Ökologie, Gesundheit und Soziales
Konsumenten	Anwendungskompetenz, Verbesserungsvorschläge zur Nutzungsoptimierung	
Zertifizierungs- und Normungseinrichtungen	technische und formale Kapazitäten zur Umsetzung der Zertifizierungsprozesse	Werbung für jeweils eigenes Zertifikat
Umweltbehörden	Know-how zur aktuellen Umweltzeichenvergabe und der Ökobilanzierung, Budgets für Modellprojekte	Anknüpfungspunkt an bewährte Label wie „Blauen Engel" herstellen (Möbel)
Politik/Parteien	Kampagnenerfahrung Verbesserung der politischen Rahmenbedingungen	einheitliches Labelling und branchenübergreifende Produktinformation (Artikelpass)
Wissenschaft/ Forschung	Machbarkeitsstudie, Einbringen neuer Forschungsergebnisse, Mediation / Moderation	Input: hohe Übereinstimmung bei Umweltessentials und Mindestinformation
Medien	Information	

Informationsoffen und interessiert am Prozess zeigten sich die ökologisch ausgerichteten Betriebe mit ihren Managementvertretern und Betriebsräten, aber auch die ökologischen Branchenverbände. Die Verbraucherverbände unterstützten den Prozess genauso aktiv wie das Umweltbundesamt und die Enquête–Kommission, für die eine solche Form von stoffstromorientiertem Branchendialog eine Fortsetzung des eigenen Arbeitsprogramms war und ist. Informationsoffen aber eher passiv blieben im Prozess die Umweltverbände. Aufmerksame Beobachter waren die Zertifizierer und ihre Organisationen und die Berufsgenossenschaften. Als zentrale Blockierer erwiesen sich dagegen die etablierten Branchenverbände. Labelling wird von dieser Seite immer noch als Wettbewerbsverzerrung zuungunsten des „normalen" Branchenbetriebs dargestellt. Darüber hinaus ist es natürlich nur partiell gelungen, die Unternehmen der Möbelkette, insbesondere die Zulieferer, zu erreichen. Um arbeitsfähig zu sein, ist aber eine Beschränkung auf etwa 30 Personen ohnehin sinnvoll.

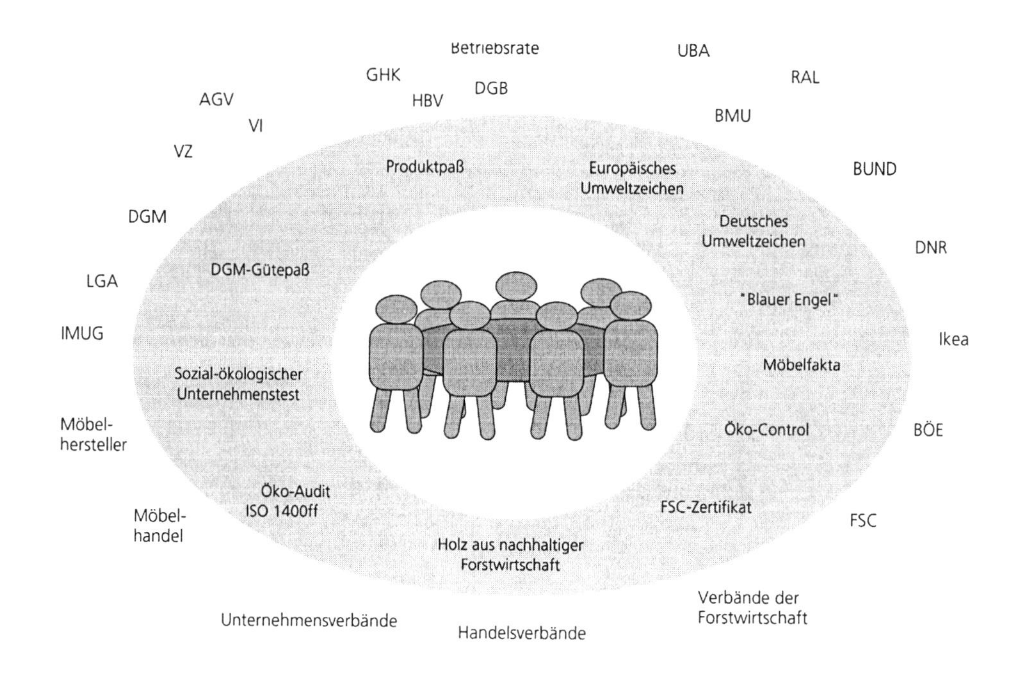

AGV – Arbeitsgemeinschaft der Verbraucherverbände
BÖE – Bundesverband Ökologischer Einrichtungshäuser
DGM – Deutsche Gütegemeinschaft Möbel
RAL – Deutsches Institut für Gütesicherung und Kennzeichnung
DNR – Deutscher Naturschutzring
GHK – Gewerkschaft Holz und Kunststoff
GTB – Gewerkschaft Textil Bekleidung
HBV – Gewerkschaft, Handel, Banken und Versicherungen
imug – Institut für Markt-Umwelt-Gesellschaft e.V.
LGA – Landesgewerbeanstalt
VI – Verbraucherinitiative
VZ – Verbraucherzentrale

Abbildung 2: Diskussionsgegenstände und Akteure des Runden Tisches

4.4 Erfolgsbedingungen von Branchendialogen

Die Veränderung der Konsumgewohnheiten ist eine neue Themenstellung in der Umweltpolitik, seit ihr im Rahmen der Agenda 21 ein eigenständiges Kapitel gewidmet wurde und dies darüber hinaus in den Kontext einer breiten Beteiligung gesellschaftlicher Gruppen eingestellt worden ist (Fair Trade 1999). Die Umsetzung nachhaltiger Konsummuster erfordert wie die Instrumente und Maßnahmen einer integrierten Produktpolitik (IPP) eine Kooperationskultur. IPP etabliert sich derzeit als aktuelles umweltpolitisches Handlungsfeld (Europäische Kommission 2001). Auch hier stehen drei Grundprinzipien fest:

- Integration im Sinne einer ganzheitlichen Betrachtung des gesamten Lebenswegs,
- Kooperation zwischen Unternehmen und Konsumenten und
- Kommunikation zwischen den Akteursgruppen.

Ausgehend von den ersten Erfahrungen mit den konstituierenden Runden Tischen zu Öko- und Soziallabeling in den Branchen Textil/Bekleidung und Möbel, müsste ihre kontinuierliche Fortsetzung und eine Ausweitung zumindest auf andere Branchen der Konsumgüterindustrie vor dem Hintergrund von Agenda 21 und IPP eine dringende umweltpolitische Notwendigkeit sein. Wichtig erscheint dabei vor allem die Öffnung von Branchendialogen für eine direkte Konsumentenbeteiligung (Empacher/Schramm 1998), die in dem beschriebenen Prozess lediglich über die Lobby der Verbraucherverbände vertreten waren. Eine Rückkopplung der Ergebnisse auf die betriebliche Ebene mit dem Ziel der Nachhaltigkeitsorientierung und einer Produktmitbestimmung sollten fester Bestandteil solcher Prozesse werden (Hans-Böckler-Stiftung 2000). Damit könnte gleichzeitig die mangelhafte Beteiligung der Beschäftigten an Produktgestaltungsprozessen und die mangelhafte Verknüpfung von Umweltmanagement mit der Produktgestaltung verbessert werden[3].

Wesentliches Merkmal des Runden Tisches ist, dass alle Beteiligten Vorteile aus der angestrebten Konstellation ziehen können, das heißt eine „win-win-Situation" herstellbar ist. Diese gemeinsamen Vorteile können sein:

- Die Verständigung auf wenige nachvollziehbare Indikatoren und Labels,
- eine einheitliche, im Dialog erarbeitete Außenkommunikation der Labels,
- Transparenz, Aufklärung und Information bei Verbrauchern und Beschäftigten,
- Glaubwürdigkeit der ökologischen/sozialen Standards bei Unternehmen und Verbänden,
- eine hohe Anschlussfähigkeit an bracheninterne Stoffstrommanagementprozesse,
- in der Verknüpfung mit Ökobilanzen eine hohe Richtungssicherheit bei ökologischen Konsumentscheidungen.

Auch der Sachverständigenrat für Umweltfragen plädiert in seinem Gutachten 2002 für eine Akteursbeteiligung im Rahmen einer nachhaltigen Produktentwicklung:

> „Konkrete politische Handlungsstrategien können sinnvoll nur für Produkt- oder Konsumbereiche unter Berücksichtigung der jeweiligen Zielgruppen, ihrer Interessenlagen und ihres Informationsstandes, der gegebenen wirtschaftlichen Rahmenbedingungen, Substitutionsmöglichkeiten etc. entwickelt werden" (Rat von Sachverständigen für Umweltfragen 2002: 27f.).

---

3 In einem aktuell von der Hans-Böckler-Stiftung geförderten Projekt des Klaus Novy Instituts mit dem Titel „Umweltmanagementsysteme und Integrierte Produktpolitik als Gestaltungsfelder für KMU und Träger der Mitbestimmung" befasst sich der Autor u.a. mit dieser Fragestellung.

Bisher wurden solche Dialoge allerdings eher in Form von Modellprojekten durchgeführt (Brandl/Lawatsch 1999). Insofern scheinen zumindest Ressourcen für einen Anschub und einen gewissen Ressourcenausgleich unter ungleichen Akteuren nötig zu sein.

Insgesamt kann in solchen Prozessen erheblicher Nutzen für die Beteiligten entstehen. Dies sind ohne Anspruch auf Vollständigkeit unter anderem Know-how Transfer, Erlangung von Systemkompetenz, gemeinsames Lernen und Transfer von Erfahrungswissen, Ausnutzung von Synergieeffekten, Imagegewinn, Sicherung von Wettbewerbsfähigkeit, Zeitvorteile, Setzen von Qualitätsniveaus und Zugang zu neuen Kunden. Andererseits sollen an dieser Stelle Risiken, die in jedem Aushandlungsprozess entstehen, nicht verschwiegen werden. Damit sind beispielsweise die hohe Komplexität des Sachverhalts, Kompromisskosten, Know-how Abfluss, die Entstehung neuer Konkurrenten oder eine Verselbstständigung der Kooperation gemeint. Latente Konfliktsituationen wie Verteilungskonflikte können sich ebenso aus divergierenden Unternehmenskulturen, Vertrauens-, Motivationskonflikten oder Änderungswiderständen ergeben.

Deshalb brauchen Dialogprozesse Rahmenbedingungen, um sich entwickeln zu können:

- eine klare gemeinsame Zielsetzung und das Wissen um den damit verbundenen Nutzen und die angestrebte Optimierung;
- frühzeitige Information auf allen Ebenen, die für die angestrebte Optimierung erforderlich sind (nur so lässt sich Akzeptanz und Einbindung erreichen);
- einen Anschub im Sinne von Förderung und Ressourcen;
- Kontinuität, um ein komplexes Thema zu bearbeiten;
- Vertrauen, um eine offene Arbeits- und Kommunikationsstruktur herzustellen (grundlegend hierfür ist eine betriebliche/verbandliche Kooperationskultur);
- ein effektives Akteursmanagement und eine unabhängige Koordination;
- Promotoren, die den Prozess auch „in rauer See“ vorantreiben.

Ein Effekt solcher Dialoge wäre, das immer noch vorrangig passive Unternehmensbewusstsein (56,9 Prozent) in Richtung Umweltmanagement- (25,2 Prozent) und Nachhaltigkeitsorientierung (17,9 Prozent) zu verschieben. Denn nachhaltigkeitsorientierte Unternehmen sind den Ergebnissen einer Befragung des ifo-Institut zufolge erfolgreicher als die Konkurrenz (Schulz u.a. 2002: 6f).

Literatur

Brandl, Sebastian/Lawatsch, Ulli: Vernetzung von betrieblichen Interessenvertretungen entlang der Stoffströme. Berlin 1999

Bundesministerium für Umwelt (BMU) (Hrsg.): Umweltpolitik Agenda 21 Konferenz der Vereinten Nationen für Umwelt und Entwicklung im Juni 1992 Rio de Janeiro. Bonn 1997

Bundesministerium für Umwelt (BMU)/Umweltbundesamt (UBA) (Hrsg.): Umweltmanagementsysteme – Fortschritt oder heiße Luft? Frankfurt 2000

Bundesregierung: Perspektiven für Deutschland. Unsere Strategie für eine nachhaltige Entwicklung (Kurzfassung unter: www.nachhaltigkeitsrat.de). Berlin 2002

de Man, Reinier u.a.: Aufgaben des betrieblichen und betriebsübergreifenden Stoffstrommanagements. Berlin 1997

Dyllick, Thomas/Hamschmidt, Jost: Wirksamkeit und Leistung von Umweltmanagementsystemen. Zürich 2000

Enquête-Kommission: Die Industriegesellschaft gestalten. Bonn 1994

Empacher, Claudia/Schramm, Engelbert: Ökologische Innovation und Konsumentenbeteiligung. Frankfurt 1998

Europäische Kommission: Grünbuch zur integrierten Produktpolitik. Brüssel 2001
Fair Trade (Hrsg.): Im Zeichen der Nachhaltigkeit. Wuppertal 1999
Fichter, Klaus: Beteiligung im betrieblichen Umweltmanagement. Berlin 2000
Freimann, Jürgen: Akteursperspektiven im betrieblichen Umweltmanagement. In: Zeitschrift für angewandte Umweltforschung (1999) 4, S. 492-506
Friege, Henning/Engelhardt, Claudia/Henseling, Karl-Otto (Hrsg.): Das Management von Stoffströmen. Berlin 1998
Gege, Maximilian (Hrsg.): Kosten senken durch Umweltmanagement. München 1997
Hans-Böckler-Stiftung (Hrsg.): Arbeit und Ökologie (Abschlussbericht). Düsseldorf 2000
Hansen, Ursula/Niedergesäß, Ulrike/Rettberg, Bernd: Erscheinungsformen von Unternehmensdialogen. In: Public Relations Forum (1997) 2, S. 32-36
HDH/VDM (Hrsg.): Wichtige Branchendaten der deutschen Holz-, Möbel- und Kunststoffindustrie 2000/2001. Bad Honnef 2002
Klemisch, Herbert/Rohn, Holger: Umweltmanagementsysteme in kleinen und mittleren Unternehmen. Köln 2002
Klemisch, Herbert (Hrsg.): Runder Tisch „Öko-Label und Produktpass in der Möbelbranche". Köln 1998
Klemisch, Herbert/Voß, Cornelia (Hrsg.): Runder Tisch „Öko und Soziallabel in der Textil- und Bekleidungsbranche". Bonn 1997
Lehmann, Sabine: Umweltcontrolling in der Möbelindustrie. Berlin 1993
Loew, Thomas/Fichter, Klaus; Umweltberichterstattung in Deutschland und Europa. Berlin 1999
Öko-Institut: Produktlinienanalyse. Köln 1987
Rat von Sachverständigen für Umweltfragen: Umweltgutachten 2002 – Für eine neue Vorreiterrolle (Kurzfassung unter: www.umweltrat.de). Berlin 2002
Schmidt, Eberhard: Mitbestimmung und die Regulierung des Umweltschutzes auf betrieblicher und überbetrieblicher Ebene. Gütersloh 1997
Schneidewind, Uwe: Die Unternehmung als strukturpolitischer Akteur. Marburg 1998
Schneidewind, Uwe: Ökologische Reorganisation von Branchen. In: Birke, Martin/Burschel, Carlo/Schwarz, Michael (Hrsg.): Handbuch Umweltschutz und Organisation. München 1997
Schulz, Werner u.a.: Nachhaltiges Wirtschaften in Deutschland. München 2002
Westermann, Udo u.a.: Kooperationsentwicklungen in der textilen Kette. Münster 2000

Umweltkommunikation in Verbänden. Von der Aufklärungsarbeit zur institutionellen Steuerung nachhaltiger Entwicklung

Wolfgang Meyer, Klaus-Peter Jacoby und Reinhard Stockmann

In pluralistischen Demokratien kommt der Organisation und Vermittlung von Interessen eine hohe Bedeutung zu. Eine zentrale Rolle spielen dabei Verbände, deren Einfluss in der Politik immer wieder zum Gegenstand wissenschaftlicher Untersuchungen und öffentlicher Diskussionen gemacht wurde (vgl. u.a. Eschenburg 1955; Alemann/Heinze 1979; Beyme 1996; Reutter 2001). Verbände bieten nicht nur Dienstleistungen für ihre Mitglieder an und formieren deren spezifische Interessen, betreiben Lobbyarbeit und sind Teil der Politikvermittlung, sondern nehmen direkt und indirekt auf Gesetzgebungsprozesse und politische Entscheidungen Einfluss. Viele ihrer Mitglieder sind gleichzeitig in politischen Parteien aktiv oder werden im Rahmen von Expertenanhörungen um ihre fachliche Expertise angefragt.

Verbände haben in den letzten dreißig Jahren auch einen entscheidenden Beitrag zur öffentlichen Wahrnehmung von Umweltfragen, deren Verbreitung innerhalb der Bevölkerung sowie zur Versachlichung der Diskussionen geleistet. Nicht zuletzt ist es der Formierung der Umweltbewegung in entsprechenden Interessenverbänden und deren Öffentlichkeitsarbeit zu verdanken, dass sich die Umweltpolitik als eigenständiger Bereich innerhalb des politischen Systems etablieren konnte und institutionell durch Umweltministerien und -gesetzgebung verankert wurde (vgl. Kern u.a. 1999; Rucht/Roose 2001).

Neben den klassischen Umweltverbänden nimmt die Beschäftigung mit dem Umweltthema heute auch in einer Vielzahl anderer Interessenorganisationen (wie zum Beispiel Wirtschaftsverbänden) eine zentrale Rolle ein. Ziel dieses Aufsatzes ist es, eine Bilanz der internen Kommunikation über Umweltfragen innerhalb von Verbänden zu ziehen und gleichzeitig einen Ausblick zu wagen, inwieweit die gegenwärtige Praxis sowie die bestehende organisatorische Infrastruktur verbandsinterner Kommunikation den mit dem Leitbild der nachhaltigen Entwicklung verbundenen Herausforderungen gewachsen ist.

In Abschnitt 1 wird dabei zunächst auf die entstandenen Formen der Umweltkommunikation und ihre Eigenschaften sowie die bestehenden Anknüpfungspunkte zum Leitbild nachhaltiger Entwicklung eingegangen. Angesichts der jüngsten Beschlüsse beim Weltgipfel in Johannesburg lassen sich mit Blick auf die Zukunft weitere Herausforderungen für die verbandsinterne (Umwelt-)Kommunikation ableiten, die mit den wachsenden Beteiligungsrechten und –pflichten der Verbände und ihrer Mitglieder an der institutionellen Steuerung nachhaltiger Entwicklung verknüpft sind. Auf einige dieser Implikationen geht Abschnitt 2 ein. Inwieweit die gegenwärtigen Kommunikationsstrukturen innerhalb von Verbänden diesen Anforderungen gewachsen sind, wird anhand von empirischen Befunden zur Umweltkommunikation in Abschnitt 3 diskutiert. Abschließend soll die Frage beantwortet werden, welche Strukturreformen bezüglich der Kommunikationspraxis innerhalb kollektiver Interessenvertretungen der Anspruch nachhaltigen Wirtschaftens erfordert.

1. Umweltkommunikation und das Leitbild der nachhaltigen Entwicklung

In der Fachliteratur findet sich eine Vielzahl von Definitionen des Begriffs Kommunikation, die zumeist auf den *Prozesscharakter* von Kommunikation verweisen. So bezieht sich Kommunikation zum Beispiel nach Larsen (1964: 349) auf den Prozess

> „through which a set of meanings embodied in a message is converged in such a way that the meanings received are equivalent to those which the initiator of the message included".

Analytisch können drei Stadien eines solchen Kommunikationsprozesses unterschieden werden: die Codierung, die Übertragung und die Decodierung einer Botschaft (vgl. Pool/ Schramm 1973; Knapp 1997). Handelt es sich um einen „organisierten Informationstransfer", bei dem ein Organisator an eine unbestimmt große Zahl von Empfängern durch Experten erstellte Informationen weitergibt, sind diese Stadien als weitgehend eigenständige, aber interdependente Prozesse der Informationserstellung, -verteilung und -nutzung mit jeweils unterschiedlichen Beteiligten und begrenzten Möglichkeiten der Einflussnahme durch den Organisator zu verstehen (vgl. Meyer 2000, 2002d).

Generell ergeben sich für den Organisator eines solchen Informationstransfers vier Ansatzpunkte zur Steuerung und damit auch zur Implementierung von Neuerungen, die eine Verbesserung des Übertragungserfolgs bewirken können. Über die *Auswahl der Themen* und die Rekrutierung geeigneter Experten können neue Inhalte eingeführt werden. Die *Festlegung der Medien*, die zur Übermittlung von Botschaften eingesetzt werden, eröffnet zum Beispiel Chancen zur Nutzung neuer Technologien für eine verbesserte Darstellung. Mit der *Entscheidung für Übertragungsnetzwerke* kann Einfluss auf die Erreichung der Zielgruppen genommen und durch die Einbeziehung neuer Übertragungswege diese eventuell verbessert werden. Schließlich *definiert der Organisator des Informationstransfers die Zielgruppe* anhand seiner eigenen Intentionen und kann Maßnahmen zur besseren Anpassung dieser Definition einleiten.

Der Begriff Umweltkommunikation grenzt sich von den allgemeinen Merkmalen des Kommunikationsprozesses nicht grundsätzlich ab, sondern rückt lediglich bestimmte Inhalte der Kommunikation in den Vordergrund. Nach der Systematisierung einfacher Kommunikationstheorien erfordert Umweltkommunikation somit (mindestens)

> „einen Empfänger, einen Sender und eine umweltbezogene Botschaft" (Brilling/Leal Filho 1999: 266; vgl. auch Karger 1997).

In diesem sehr weiten Sinne fällt dann allerdings bereits der alltägliche Austausch über das Wetter unter diesen Begriff. Daher sollte die *Kontinuität dieses Austauschs* und seine *Institutionalisierung innerhalb des generellen Kommunikationssystems zwischen den beteiligten Akteuren* als zentrales definitorisches Element hinzugefügt werden.

Sowohl in die öffentliche als auch in die Fachdiskussion wurde das Thema Umweltschutz erst Ende der sechziger Jahre systematisch eingeführt und gewann zunehmend an politischer Brisanz (vgl. Meyer/Martinuzzi 2000: 454f.). Stand in den ersten Jahren primär die *Aufklärungsarbeit* bezüglich der Bedeutung von Umweltfragen für das gesellschaftliche Handeln im Vordergrund der Umweltkommunikation, so ist spätestens in den achtziger Jahren ein Wandel in Richtung *Kompetenzvermittlung* zur Herausbildung eines „Umweltbewusstseins" in den verschiedensten Gesellschaftsbereichen festzustellen. Seit Anfang der neunziger Jahre wird allerdings verstärkt auf die Grenzen solcher Umweltbildungsmaßnahmen und die bestehende „Kluft" zwischen Umweltbewusstsein und Umwelthandeln hingewiesen (vgl. de Haan/Kuckartz 1996: 85ff.; Diekmann/Preisendörfer 2001: 114ff.).

Als Antwort darauf etablierte sich die *Umweltberatung* als neue Form der Umweltkommunikation nicht nur in der Consulting-Wirtschaft, sondern auch als kommunale Aufgabe und als Serviceleistung von Kammern und Verbänden (vgl. Adelmann 1997; Hagmann 1988; Hüwels 2000). Primär unterscheiden sich die drei Formen der Umweltkommunikation (Aufklärungsarbeit, Umweltbildung und Umweltberatung) durch unterschiedliche Gewichtung der Kommunikationsinhalte gegenüber den Informationsinteressen der Empfänger (vgl. Stockmann/Meyer u.a. 2001: 36).

Speziell der Umweltberatung als am stärksten kundenorientierter Form der Umweltkommunikation wird dabei zugetraut, eine dreifache Brückenfunktion zu übernehmen (vgl. Meyer 2002c). Sie soll a) die hoch komplexen naturwissenschaftliche Zusammenhänge des Ökosystems in einfache und *praktisch handhabbare Lösungen* übertragen, b) den Umweltschutz als ein zentrales Element in die Handlungssysteme der Beratenen integrieren helfen und dabei *Möglichkeiten zur Interessensvermittlung* aufzeigen und c) *nachhaltige Wirkungen* durch die dauerhafte Beseitigung von Störungen, die Implementierung geeigneter Frühwarnsysteme oder den Aufbau von Problemlösungskompetenzen bei den Beratenen erzielen.

Mit diesen Erwartungen an die Leistungsmöglichkeiten der Umweltkommunikation ergeben sich zugleich Anknüpfungen an das Leitbild der nachhaltigen Entwicklung. Trotz durchaus gravierender Unterschiede im Verständnis des Begriffs nachhaltige Entwicklung (vgl. als Überblick Minsch 1993), lässt sich bei näherer Betrachtung der Ausführungen der Weltkommission für Umwelt und Entwicklung (vgl. Hauff 1987: 6ff.) und der politischen Erklärungen der beiden Weltgipfel von Rio und Johannesburg (vgl. United Nations 1999, 2002) als primäre Zielsetzung die gleichzeitige Sozialintegration auf drei unterschiedlichen Dimensionen festhalten (vgl. Meyer 2002b, 2002f):

- Die Integration lokaler, regionaler, nationaler und globaler Handlungsebenen durch Verknüpfung von Maßnahmenwirkungen (Raumdimension).
- Die Integration ökologischer, ökonomischer und sozialer Zielsetzungen durch die gleichberechtigte Berücksichtigung dieser Interessen bei allen Entscheidungen (Zieldimension).
- Die Integration der Bedürfnisse gegenwärtiger und zukünftiger Generationen über unbestimmt lange Zeiträume hinweg (Zeitdimension).

Bezogen auf die oben genannten Brückenfunktionen kundenorientierter Umweltkommunikation stellen diese Anforderungen eine Erweiterung der ohnehin bereits sehr anspruchsvollen Aufgaben dar. So sollen zusätzlich a) lokale Handlungsempfehlungen stärker als bisher koordiniert und zu zielgerichtetem globalen Handeln gebündelt, b) neben den Umweltaspekten ökonomische und soziale Interessen besser eingebunden und c) die langfristigen Folgen der Entscheidungen möglichst zutreffend abgeschätzt und berücksichtigt werden.

Die Aufgabe der Übermittlung dieser handlungsorientierten Empfehlungen kann nicht allein durch staatliche Einrichtungen oder den freien Markt von Consulting-Unternehmen übernommen werden. Während dem Staat einerseits in vielen Bereichen die dringend notwendige Zielgruppennähe zur Entwicklung angemessener Informationsangebote fehlt (vgl. Meyer u.a. 2002), sind private Beratungsfirmen aufgrund der Marktkonkurrenz nur begrenzt in der Lage, ihr Handeln zu koordinieren und nach den Anforderungen globaler politischer Ansprüche auszurichten. Jenseits der Zielgruppenferne öffentlicher Verwaltungen oder der unkoordinierten Konkurrenz von Individualinteressen sind es insbesondere die Verbände, die vermittelnd eingreifen können. Neben ihrer Außenfunktion (Vertretung von Mitgliederinteressen im öffentlich-politischen Raum) erfüllen diese auch eine Binnenfunktion (Dienstleistungen, Selbsthilfe, aber auch aktive Beiträge zur Willensbildung, vgl. Alemann 1989: 191). Diese Doppelfunktion eröffnet Spielräume für eine koordinierte Thematisierung der gesellschaftlichen Verantwortung des Verbandes und seiner Zielgruppen unter Berücksichtigung der genuinen Eigeninteressen.

2. „Sustainability Governance" und die Rolle von Verbänden

Die Bedeutung von Interessenorganisationen und –verbänden für die Kommunikation des Leitbildes der nachhaltigen Entwicklung wächst in dem Maße, in dem von Unternehmen zunehmend die Übernahme sozialer Verantwortung („corporate social responsibility") und eine Umorientierung vom „shareholder" zu einem „stakeholder"-Ansatz gefordert wird (vgl. zum Beispiel OECD 2001 und Hild in diesem Band). Unter dem Begriff „corporate accountability" sind solche Ansprüche nun in das auf dem Weltgipfel in Johannesburg beschlossene Aktionsprogramm aufgenommen worden (vgl. United Nations 2002: 3). Mit welchen Steuerungsinstrumenten Unternehmen „einen *dauerhaften Interessensausgleich zwischen den Anspruchsgruppen*" (Witt 2000: 159) herstellen können, ist das Untersuchungsziel einer eigenen Forschungsrichtung innerhalb der Wirtschaftswissenschaften, die unter dem Oberbegriff „corporate governance" zusammengefasst wird (vgl. Nippa 2002).

Angesichts der hohen Anforderungen an die Unternehmen, die mit diesen Konzepten verbunden sind, kann es kaum verwundern, dass sich bisher vornehmlich große und multinational agierende Konzerne in dieser Hinsicht engagiert haben. Wenn „corporate social responsibility" nicht auf Großbetriebe beschränkt bleiben soll, wird es eine zentrale Aufgabe von Wirtschaftsverbänden sein, praktikable Konzepte für die mittelständische Wirtschaft zu entwickeln und über die verbandseigenen Kommunikationsstrukturen zu verbreiten. Sie werden dazu die Unterstützung durch staatliche Förderung, durch wissenschaftliche Forschungsanstrengungen und durch die Fachkompetenz von Umwelt- und Sozialverbänden benötigen.

Der Aufbau solcher *interorganisationaler Netzwerke* gewinnt allerdings nicht nur aus Gründen des kommunikativen Austausches an Bedeutung. Als ein wichtiges Ergebnis des Weltgipfels in Johannesburg im September 2002 werden die Beschlüsse zur Einrichtung sogenannter „Typ-II-Partnerschaften" zwischen Regierungen, Nichtregierungsorganisationen und der Privatwirtschaft gewertet (vgl. zum Beispiel UNEP 2002). Dadurch werden die in den letzten Jahren diskutierten Entwicklungen neuer Koordinationsstrukturen („governance") offiziell in die globalen Zielsetzungen des Leitbildes nachhaltiger Entwicklung mit aufgenommen.

Bereits vor einiger Zeit hatte die Kommission für Weltordnungspolitik den Begriff „governance" wie folgt definiert (Commission on Global Governance 1995: 4; Hervorhebungen durch die Autoren):

> „Governance ist die Gesamtheit der zahlreichen Wege, auf denen Individuen sowie öffentliche und private Institutionen ihre *gemeinsamen Angelegenheiten* regeln. Es handelt sich um einen *kontinuierlichen Prozess*, durch den kontroverse oder *unterschiedliche Interessen ausgeglichen und kooperatives Handeln initiiert* werden kann."

Schneider/Kenis (1996: 10f.) folgend kann der Begriff „governance" allgemein mit „institutionelle Steuerung" übersetzt werden.

Die institutionelle Steuerung über *Netzwerkstrukturen* impliziert für die beteiligten kollektiven Akteure eine Reihe von Anforderungen, die unter anderem Auswirkungen auf die

Regelung der internen Kommunikationsprozesse haben[1]. Zu den Kennzeichen einer Netzwerkordnung gehört zum Beispiel die *strategische Abhängigkeit* der formal unabhängigen Akteure, die sich aus der Interdependenz freiwillig getroffener *Kooperationsentscheidungen der Beteiligten* ergibt (vgl. Streeck/Schmitter 1996: 137f.). Das *gegenseitige Vertrauen* in die *dauerhafte Beteiligung* an kompromissorientierten *Verhandlungen zur Erzielung eines gemeinsamen Ergebnisses* stellt den zentralen Mechanismus der Handlungskoordination dar (vgl. Knill 2000: 119ff.). Gegen den *(potenziellen) Machtmissbrauch* einzelner Teilnehmer muss dieses Vertrauen durch geeignete Regeln gesichert (vgl. Bachmann 2000: 108ff.) und dementsprechend das Verhandlungssystem durch entsprechende *institutionelle Rahmenbedingungen* stabilisiert werden (vgl. Mayntz/Scharpf 1995: 19ff.).

Die Einbindung von Interessenverbänden in solche Netzwerkstrukturen ist für diese allerdings nicht unproblematisch, insbesondere wenn die Verbandsmitgliedschaft freiwillig ist und die Unzufriedenheit der Mitglieder mit Verhandlungsergebnissen unmittelbar zu Austritten führen kann. Generell lässt seit Jahren aus diesem und einer Reihe anderer Gründe die *Bindungsfähigkeit von Organisationen gegenüber ihrer sozialen Basis* nach (vgl. Streeck 1987: 471ff.). Deshalb gehört es zu einer zunehmend wichtiger werdenden Aufgabe interner Kommunikation zwischen Verbandsführung und Mitgliedern, den *Verlauf von Verhandlungen mit Dritten möglichst transparent* zu gestalten und *um die Akzeptanz der erreichten Ergebnisse aktiv zu werben.* Auch die Gestaltung und Veränderung von Netzwerkregeln ist den Mitgliedern offen zu legen und die Zustimmung der Verhandlungsführer zu rechtfertigen.

Allerdings erfordert die Beteiligung an Netzwerkregulierungen von den kollektiven Akteuren nicht nur eine durch *Verhandlungstransparenz* und *Ergebnisrechtfertigung* gekennzeichnete „Top-Down-Kommunikation“, sondern auch umgekehrt eine kontinuierliche Beobachtung der Meinungsbildung innerhalb der Mitgliedschaft. Von der internen Kommunikation wird nicht nur eine zügige Vermittlung des Verhandlungsstands an die Mitglieder, sondern auch eine repräsentative Rückmeldung zum Meinungsbild über die verschiedenen Handlungsoptionen und Verhandlungsvorschläge gefordert (vgl. Schneider 2000: 339ff.). Die „Bottom-Up-Kommunikation“ muss dementsprechend durch *gleiche Partizipationschancen* und *Repräsentativität der Meinungsbildung* gekennzeichnet sein.

Insgesamt lassen sich die Anforderungen des Leitbildes „nachhaltiger Entwicklung“ an die verbandsinternen Kommunikationsstrukturen wie folgt zusammenfassen:

- Erstens soll durch eine starke Empfängerorientierung eine *Brückenfunktion zwischen den globalen Zielsetzungen und der lokalen Handlungsebene* erfüllt werden. Die Verbandsmitglieder sollen eindeutige, ihren individuellen Rahmenbedingungen entsprechende Handlungsanweisungen erhalten, die mit der Vorgehensweise anderer Akteure koordiniert sind, dabei unterschiedliche Interessen ausgewogen berücksichtigen und zusätzlich realistische Einschätzungen langfristiger Folgen vornehmen. Dies impliziert, dass die *Handlungsmöglichkeiten und Bedürfnisse der Verbandsmitglieder kontinuierlich beobachtet* und *bei der Weiterentwicklung der Handlungsempfehlungen systematisch berücksichtigt* werden.
- Zweitens erfordert die aktive Beteiligung an Netzwerken zur politischen Steuerung von nachhaltiger Entwicklung eine möglichst *transparente Vermittlung des Verhandlungsprozesses mit Dritten und dessen Ergebnisse* an die Mitglieder. Es geht dabei darum,

---

1 Vgl. zur Steuerung politischer Netzwerke zum Beispiel Mayntz 1996; allgemein zur Netzwerksteuerung: Weyer 2000; speziell zu Unternehmensnetzwerken für nachhaltiges Wirtschaften Kirschten in diesem Band und zu umweltinformationsorientierten Unternehmensnetzwerken Störmer in diesem Band.

unter Offenlegung der Verhandlungsspielräume um *Vertrauen für die Verhandlungsführung* sowie um *Akzeptanz der Ergebnisse* zu werben. „Sustainability governance" fordert somit von den Verbänden ein professionelles *internes Marketing*, welches in der Lage ist, komplexe Verhandlungsabläufe und problematische Kompromisse zu vermitteln.

- Und schließlich muss drittens eine den demokratischen Regeln entsprechende *interne Meinungsbildung* zu häufig inhaltlich komplizierten und nicht immer ausschließlich den Verbandszielen entsprechenden Fragestellungen erfolgen und den Verhandlungsführern rechtzeitig übermittelt werden. Durch die Kommunikationsstruktur müssen die *Dominanz minoritärer Partikularinteressen ausgeschlossen* und *gleiche Partizipationschancen für alle Mitglieder gesichert* werden. Zusätzlich wird eine Integration gemeinsamer Interessen auch über territoriale Grenzen hinaus erwartet.

3. Umweltkommunikation in Verbänden – eine Zwischenbilanz

Angesichts der steigenden Anforderungen an die Leistungsfähigkeit verbandsinterner Kommunikationsstrukturen durch das Leitbild der nachhaltigen Entwicklung (insbesondere bezüglich der aktiven Beteiligung an der institutionellen Steuerung in heterogen besetzten „policy-networks") erscheint es sinnvoll, die damit verbundenen Schwierigkeiten am Beispiel der Implementierung von Umweltkommunikationsstrukturen aufzuzeigen. Wie eingangs beschrieben haben sich parallel zur Karriere des Umweltthemas die Anforderungen an die Umweltkommunikation in Verbänden permanent erhöht: stand zunächst die reine Aufklärungsarbeit zu ökologischen Fragestellen und ihren Folgen für die Verbandsarbeit im Vordergrund, so wurde immer stärker die zielgruppenorientierte Entwicklung praktikabler Handlungsempfehlungen gefordert, für die den Verbänden (soweit es sich nicht um Umweltverbände handelt) die notwendige Fachkompetenz fehlte. Deshalb haben sich das Bundesumweltministerium und das Umweltbundesamt Ende der achtziger Jahre entschlossen, Bundesverbände bei dieser Aufgabe mit Fördermitteln zu unterstützen (vgl. Seifert 2001). Ergebnisse einer von den Autoren durchgeführten Evaluation dieses Programms werden im Folgenden ausgeführt (vgl. ausführlich Meyer u.a. 2002; Meyer/Jacoby 2001). Ergänzend sind Befunde aus Evaluationen zu Förderprogrammen der Deutschen Bundesstiftung Umwelt herangezogen worden, an denen unter anderem Gewerkschaften und Kammern beteiligt waren (vgl. Stockmann u.a. 2001; Meyer 2001, 2002f; Urbahn/Gaus 2001).

Als zentrales Ergebnis der Evaluationsstudie zu über 30 Umweltkommunikationsprojekten, die von etwa ebenso vielen bundesweit operierenden Organisationen (zumeist Verbänden) durchgeführt wurden, lässt sich feststellen, dass die Beschäftigung mit Umweltfragen oder Umweltberatungsdienstleistungen in fast allen evaluierten Verbänden institutionell auch über das Förderende hinaus verankert werden konnte. Unterschiede zeigen sich freilich im Hinblick auf Form und Umfang der Institutionalisierung. Nur ein Viertel der Verbände verfügt über eigene Umweltabteilungen oder hauptamtliche Umweltreferenten auf Bundesverbandsebene. In aller Regel werden Aufgaben der Umweltkommunikation und Umweltberatung Mitarbeitern übertragen, die bereits in anderen, mit dem Umweltthema komplementären Bereichen tätig sind.

Auch im Hinblick auf die Einbindung regionaler Teilverbände variiert der Institutionalisierungsgrad. Dabei verfügt mehr als die Hälfte der Verbände über innerverbandliche Netzwerkstrukturen in Form von Ausschüssen, Arbeitskreisen etc., die sich entweder ausschließlich dem Umweltthema widmen oder dieses zumindest als Bestandteil anderer Themenbereiche behandeln. Die Einbindung in externe Netzwerkstrukturen ist dagegen deutlich geringer ausgeprägt.

Im Hinblick auf die verbandsinterne Steuerung von Kommunikationsprozessen lässt sich Folgendes festhalten (vgl. auch Meyer/Jacoby 2001: 166f.; Meyer 2002d):

- *Prozess der Informationsproduktion*: Praktisch ohne Ausnahme bestätigten alle Projektbeteiligten (externe Experten, Mitarbeiter der Verbände sowie des Bundesumweltministeriums oder Umweltbundesamtes, Mitglieder der Zielgruppen) die *hohe Qualität der erstellten Medien*. Obwohl die behandelten *Umweltthemen vielfach vollständig neu* für die Projektträger waren, gelang ihnen fast ausnahmslos die Erstellung hochwertiger Produkte, insbesondere dank vorhandener Erfahrung im Umgang mit thematischen Innovationen, der fachlichen Beratung durch das Umweltbundesamt sowie dem Einsatz geeigneter Maßnahmen zur Qualitätssicherung.
- *Prozess der Informationsübertragung*: Verglichen mit der Produktion von Informationen wurde der Verbreitung deutlich weniger Aufmerksamkeit gewidmet. Die Fördermittelgeber setzten voraus, dass den Verbänden überlegene Instrumente zur Erreichung der ausgewählten Zielgruppen zur Verfügung stünden, ohne aber diese Annahme im Einzelfall zu überprüfen. In der Tat lassen sich hier *erhebliche Unterschiede in den vorhandenen Kapazitäten sowie in der Qualität der eingesetzten Verbreitungsnetzwerke* bei den verschiedenen Trägern erkennen. Systematische Überprüfungen zur Effektivität der eingesetzten Verbreitungsmaßnahmen und kontinuierliche Verbesserungen der benutzten Informationsnetzwerke fanden nicht statt.
- *Prozess der Informationsverarbeitung*: Als wesentlichster Mangel ist das Fehlen fast jeglicher Information über die Nutzung der verbreiteten Informationen durch die Zielgruppen anzusehen. Bei der Verbreitung von Informationen (nicht nur, aber auch zum Thema Umwelt) verlassen sich die Verbandsmitarbeiter auf ein diffuses Stimmungsbild, welches sich zumeist aus der Nachfrage nach schriftlichen Materialien, vereinzelten Rückmeldungen oder wenigen „best practice“ Beispielen bei der Umsetzung zusammensetzt. Nur wenige – interessanterweise zumeist kleinere und kapitalschwache – Verbände haben hier wenigstens ansatzweise *Maßnahmen zur Wirkungskontrolle und Bedarfsanalyse* implementiert.

Die mangelnden Kenntnisse zur Informationsverarbeitung bei den Zielgruppen gehen vor allem auf typische Strukturen der Arbeitsteilung in den zumeist strikt dezentral organisierten Verbänden zurück. Die Regional- oder Landesverbände sind nicht nur bei den „basisdemokratisch“ ausgerichteten Umweltverbänden in ihren Entscheidungen und Aktivitäten weitgehend unabhängig von den Bundesorganisationen. Die im evaluierten Förderprogramm vorwiegend von Bundes- und Zentralverbänden erstellten Informationsangebote wurden meist über das Netzwerk der Teilverbände kanalisiert, ohne dass ein verpflichtendes Berichtswesen Aufschluss über die tatsächliche Verbreitung geben könnte. Entsprechende Wünsche der Bundesebene werden häufig als Kompetenzüberschreitung und Überwachungsversuch interpretiert und abgewiesen.

Allerdings verstehen sich die Bundesverbände selbst vielfach vor allem als „Lobby“-Institution, die Ergebnisse einer verbandsinternen Meinungsbildung als Forderung an die entsprechenden politischen Gremien weiterzugeben hat, und erachten daher die Erstellung einheitlicher Informationsmaterialien sowie deren Verteilung meist nur als eine Zusatzaufgabe. Obwohl die dezentralisierte Struktur aufgrund der Nähe zu den Mitgliedern vorteilhaft ist, erweist sie sich wegen fehlender Professionalität der Kommunikationswege zwischen den Verbandsorganen auch als Hindernis.

Trotz aller Heterogenität der evaluierten Verbände kommt die beschriebene Problematik in der deutschen Verbandslandschaft insgesamt zum Tragen. Darüber hinaus aber hat die Untersuchung auch empirische Verbandstypen ermittelt, in denen konkrete Problemlagen unterschiedlich ausgeprägt sind.

Typ 1: Umweltorientierte Verbände mit vergleichsweise hohen Ressourcen

Zu dieser Gruppe gehören größere Umweltverbände sowie Wirtschaftsverbände mit einem ausgeprägten Eigeninteresse an Umweltfragen (zum Beispiel als Vermarkter von Umwelttechnologien). Umweltpolitische Ziele sind hier in die Verbandssatzungen integriert, und in der Regel steht eigenes professionelles Personal für Fragen der Umweltkommunikation und –beratung zur Verfügung. Verbandsinterne Strukturen wie auch externe Vernetzungen sind überdurchschnittlich gut entwickelt. Defizitär aber ist, wie in anderen Verbänden auch, die Steuerung des *Prozesses der Informationsverarbeitung* durch die Zielgruppen (zum Beispiel mit Hilfe von Bedarfsanalysen oder Wirkungskontrollen).

Typ 2: Umweltorientierte Verbände mit vergleichsweise niedrigen Ressourcen

Hier sind in erster Linie kleinere Umwelt- und Naturschutzverbände zusammengefasst, die nur über knappe personelle und/oder finanzielle Ressourcen zum Ausbau einer umfangreichen, eigenfinanzierten Organisationsstruktur verfügen. Trotz oder gerade wegen der prekären Ressourcenlage sind in dieser Gruppe die einzigen Verbände zu finden, die im Hinblick auf *Prozesse der Informationsverarbeitung* Anstrengungen zur Wirkungskontrolle und damit zu Sicherung eines effektiven Mitteleinsatzes unternommen haben. Dagegen sind allerdings Maßnahmen der *Informationsproduktion* und *Informationsverbreitung* noch nicht ausreichend abgesichert und können in der Regel nur drittmittelfinanziert und aufgrund eines hohen persönlichen Engagements einzelner Mitglieder und Mitarbeiter aufrecht erhalten werden. Vor einer Übernahme zusätzlicher Aufgaben und Verantwortlichkeiten stehen bei Verbänden dieses Typs die Konsolidierung bereits geschaffener Strukturen und Kompetenzen sowie die Sicherung benötigter Ressourcen im Vordergrund.

Typ 3: Verbände mit vergleichsweise hohen Ressourcen und Umweltinstitutionen

Diese Gruppe besteht primär aus leistungsstarken Wirtschaftsverbänden ohne explizite umweltpolitische Zielsetzungen, die allerdings über etablierte organisatorische Einheiten zur Bearbeitung von Umweltfragen verfügen. Häufig sind diese Verbände mit einem nur geringen Mitgliederinteresse an Umweltfragen konfrontiert und plazieren ökologische Themen, die als komplementär zu den Mitgliederinteressen angesehen werden, in einem „Top-Down“-Prozess. Die Erarbeitung von Umweltinformationen erfolgt in ausgesprochen professioneller Form, und auch der institutionelle Rahmen für eine effektive *Informationsverbreitung* ist gegeben. Eine wichtige Schwäche besteht darin, dass der *Informationsverarbeitung* trotz Kenntnis des prekären Mitgliederinteresses kaum Aufmerksamkeit geschenkt und ein entsprechendes Monitoring als Aufgabe des Bundesverbandes häufig sogar abgelehnt wird. Die Entwicklung von Instrumenten zur Wirkungsmessung sowie die bessere Einbindung dieser Verbände in interorganisationale Kommunikationsnetzwerke sind hier anzustreben.

Typ 4: Verbände mit vergleichsweise hohen Ressourcen ohne Umweltinstitutionen

Auch in dieser Gruppe sind besonders häufig leistungsstarke Wirtschaftsverbände zu finden, denen allerdings im Unterschied zur vorherigen Gruppe die Institutionalisierung von Umweltfragen in der Verbandsstruktur fehlt. Die Beschäftigung mit Umweltthemen ergab sich erst aufgrund von Anregungen einzelner Teilverbände oder durch Anstöße von außen, weshalb diese Verbände in der Phase der *Informationsproduktion* besonders häufig mit fachlichen Schwierigkeiten konfrontiert waren. Im Hinblick auf die Entwicklung interner Strukturen zur *Informationsverbreitung* konnte diese Gruppe im Rahmen der Förderprojekte erstaunliche Erfolge erzielen. Wenngleich Instrumente zur Erfassung der Informationsnutzung auch hier völlig fehlen, ist die erfolgreiche Etablierung des Umweltthemas in den Kommunikationsstrukturen des Verbandes ein notwendiger erster Schritt für die effektive Erreichung der Zielgruppen.

Typ 5: Verbände mit vergleichsweise niedrigen Ressourcen ohne Umweltinstitutionen

Insbesondere in kleinen Verbänden, die weder explizit umweltpolitische Zielsetzungen verfolgen, noch über umfangreiche personelle und finanzielle Ressourcen verfügen, entwickelte die Förderung einzelner Umweltberatungsmaßnahmen nur geringe Wirkungen. Der Anspruch einer dauerhaften Einbeziehung als „verbandsfremd" eingestufter Themen stellte offensichtlich eine Überforderung dar. Obwohl auch diese Verbände qualitativ hochwertige Produkte erarbeiteten, wurden weder Infrastrukturen zur *Informationsverbreitung* entwikkelt noch im Hinblick auf die Einzelmaßnahme aktive Diffusionsanstrengungen unternommen. Bevor sich Instrumente und Strukturen der Umweltkommunikation dauerhaft etablieren können, sind sicherlich grundlegendere Maßnahmen erforderlich, die sich auf eine Steigerung der Leistungsfähigkeit der Verbandsstrukturen insgesamt beziehen.

Grundsätzlich verfügen die meisten untersuchten Verbände über Möglichkeiten, durch wirksame Umweltberatung einen Beitrag zu nachhaltiger Entwicklung zu leisten. Bisher allerdings kommen die eigentlich als besondere Stärke der Verbände vermuteten internen Aspekte Bedarfsorientierung und Zielgruppennähe nur wenig zum Tragen. Die wenigen vorhandenen Instrumente des Qualitäts- und Projektmanagements beschränken sich auf die Kontrolle der internen Projektabwicklung und können die Wirkungen bei den Zielgruppen nicht erfassen. Damit fehlen die für eine kontinuierliche Weiterentwicklung bestehender Kommunikationsinhalte und –strukturen notwendigen systematischen Rückmeldungen.

Die Breitenwirkung von Beratungsleistungen wird hierdurch notwendig eingeschränkt: Es ist anzunehmen, dass bislang vorrangig umweltinteressierte Teilgruppen erreicht werden, deren Interesse sich durch positive Beratungserfahrungen weiter verstärkt. Weitergehende Diffusionseffekte, die eine Zunahme eigeninitiativer Auseinandersetzung der Zielgruppen mit dem Umweltthema erfordern würden, können nicht nachgewiesen werden. Provokant ließe sich feststellen, dass die Umweltberatung in ihrer gegenwärtigen Form hauptsächlich zur Vertiefung bestehender „Umweltnischen" beiträgt (vgl. Meyer 2002c).

Wenngleich der Fokus der Evaluationsergebnisse auf die nach innen gerichtete Brükkenfunktion der Verbände (Vermittlung von Handlungswissen an die Mitglieder) ausgerichtet ist, so liegt auf der Hand, dass die bestehenden Defizite sich auch auf die übrigen beiden, in Kapitel 2 thematisierten Herausforderungen (internes Marketing, demokratische Willensbildung) negativ auswirken müssen.

Am ehesten sind die Verbände noch dazu in der Lage, ein koordiniertes internes Marketing zu betreiben (vgl. hierzu auch Streeck 1987: 477f.), das unter anderem um Akzeptanz für die in externen Netzwerkstrukturen erzielten Verhandlungsergebnisse wirbt. Die Verbände verfügen über vielfältige Kommunikationsmedien, in denen regelmäßig über die Aktivitäten und Initiativen des Verbandes unterrichtet wird. Aufgrund des Fehlens professioneller Rückmeldesysteme zur Bewertung der Effektivität und Effizienz der eingesetzten Informationsmedien ist der Verbandsspitze aber zumindest nicht bekannt, ob und in welcher Form die verbreiteten Informationen von den Mitgliedern aufgenommen wurden und ob vereinzelte Meinungsäußerungen zu diesen Informationen auch tatsächlich repräsentativ sind. Dadurch besteht die Gefahr, dass interne Akzeptanzprobleme zu spät erkannt werden.

Schließlich ist fraglich, ob eine gremial vollzogene Willensbildung die bestehenden Informationsdefizite sowie die dadurch hervorgerufenen Selbstselektionsprozesse und Ungleichgewichtungen kompensieren kann. Insbesondere im Hinblick auf gesellschafts- und umweltpolitische Themen, die für viele Verbände nicht zu den unmittelbaren Verbandsinteressen zählen und mit diesen gar in Konflikt treten können, besteht die Gefahr einer Abkopplung der gremialen Willensbildung von den Mitgliedermeinungen. Im Hinblick auf die Einbindung in interorganisationale Netzwerkstrukturen, in denen Staat, Wirtschaft und Zivilgesellschaft die Vision einer „sustainability governance“ verfolgen, würde ein solcher Prozess auf Dauer zu Legitimitätsverlust und damit auch zu einem Verlust an Handlungsfähigkeit führen.

4. Schlussfolgerungen

Die im vorigen Kapitel dargestellten Ergebnisse aus der Evaluation von Projekten der Umweltkommunikation in Verbänden zeigen, dass sich die Themen Umwelt und Nachhaltigkeit ebenso in der deutschen Verbandslandschaft etabliert haben wie einschlägige (zumindest verbandsinterne) Kommunikationsstrukturen, die eine auch langfristige Institutionalisierung gewährleisten. Dennoch verfügen die Verbände (noch) nicht über eine Steuerungsfähigkeit, wie sie im Sinne einer „sustainability governance“ zur Vermittlung zwischen öffentlichen und intraorganisationalen Interessen einerseits sowie den verschiedenen Mitgliederinteressen und ihren Fraktionen innerhalb des Verbandes andererseits erforderlich wären.

Um sich den Zielsetzungen des nachhaltigen Wirtschaftens und dem damit verbundenen Konzept der „sustainability governance“ zu nähern, wird eine umfassende Professionalisierung der bestehenden (Umwelt-) Kommunikationsstrukturen erforderlich sein. Zwar konnten je nach Verbandstyp unterschiedliche Problemlagen aufgezeigt werden, jedoch existieren in nahezu allen Verbänden spezifische strategische Defizite aufgrund fehlender Kommunikationskanäle oder –instrumente. Insbesondere die mangelnde Erfassung der Wirkungen von (Umwelt-)Information innerhalb der Zielgruppen verhindert eine Rückkopplung einschlägiger Erkenntnisse und damit eine kontinuierliche Anpassung an die Bedürfnisse der eigenen Zielgruppen. Nur wenn an dieser Stelle mehr Zielgruppennähe hergestellt werden kann, können die Verbände auf Dauer ihre gesellschaftspolitische Funktion als Mittler zwischen öffentlichen Interessen und Zielgruppeninteressen erfüllen.

Literatur

Adelmann, Gerd: 1986-1996 – 10 Jahre Umweltberatung. Von der Mission zum Marketing. In: Wohlers, Lars (Hrsg.): Umweltberatung – Umweltkommunikation. Bilanz – Dialog – Perspektiven (Kongressdokumentation). Bremen/Lüneburg 1997, S. 31-47

Alemann, Ulrich von: Organisierte Interessen in der Bundesrepublik. Opladen, 2. Auflage 1989

Alemann, Ulrich von (Hrsg.): Verbände und Staat. Vom Pluralismus zum Korporatismus. Opladen 1979

Bachmann, Reinhard: Die Koordination und Steuerung interorganisationaler Netzwerkbeziehungen über Vertrauen und Macht. In: Sydow, Jürgen/Windeler, Arnold (Hrsg.): Steuerung von Netzwerken. Konzepte und Praktiken. Opladen/Wiesbaden 2000, S. 107-125

Beyme, Klaus von: Das politische System der Bundesrepublik Deutschland. München/Zürich 1996

Brilling, Oskar/Leal Filho, Walter: Umweltkommunikation. In: Brilling, Oskar/Kleber, Eduard W. (Hrsg.): Hand-Wörterbuch Umweltbildung. Baltsmannsweiler 1999, S. 266

Commission on Global Governance: Nachbarn in Einer Welt. Der Bericht der Kommission für Weltordnungspolitik. Bonn 1995

de Haan, Gerhard/Kuckartz, Udo: Umweltbewußtsein. Denken und Handeln in Umweltkrisen. Opladen 1996

Diekmann, Andreas/Preisendörfer, Peter: Umweltsoziologie. Eine Einführung. Reinbek 2001

Eschenburg, Theodor: Herrschaft der Verbände. Stuttgart 1955

Gege, Maximilian: Vom Sinn und Zweck der Umweltberatung. In: Zimmermann, Monika (Hrsg.): Umweltberatung in Theorie und Praxis. Basel/Boston 1988, S. 7-22

Härtel, Michael/Stockmann, Reinhard/Gaus, Hansjörg (Hrsg.): Berufliche Umweltbildung und Umweltberatung – Grundlagen, Konzepte und Wirkungsmessung. Bielefeld 2000

Hagmann, R.: Umweltberatung – eine neue Kammeraufgabe. In: Der Arbeitgeber 40 (1988) 12, S. 470-472

Hauff, Volker (Hrsg.): Unsere gemeinsame Zukunft. Der Brundtland-Bericht der Weltkommission für Umwelt und Entwicklung. Greven 1987

Hüwels, Hermann: Das Beratungs- und Informationsangebot der Industrie- und Handelskammern zur Förderung des betrieblichen Umweltschutzes. In: Härtel, Michael/Stockmann, Reinhard/Gaus, Hansjörg (Hrsg.): Berufliche Umweltbildung und Umweltberatung. Grundlagen, Konzepte und Wirkungsmessung. Bielefeld 2000, S. 135-143

Karger, Cornelia R.: Umweltkommunikationsprozesse und Interaktion. In: Michelsen, Gerd: Umweltberatung. Grundlagen und Praxis. Bonn 1997, S. 85-95

Kern, Kristine/Jörgens, Helge/Jänicke, Martin: Die Diffusion umweltpolitischer Innovationen. Ein Beitrag zur Globalisierung von Umweltpolitik (FFU-Report, 99-11). Berlin 1999

Knapp, Mark L. (Hrsg.): Handbook of interpersonal communication. Thousand Oaks, 2. Auflage 1997

Knill, Christoph: Policy-Netzwerke. Analytisches Konzept und Erscheinungsform moderner Politiksteuerung. In: Weyer, Johannes (Hrsg.): Soziale Netzwerke. Konzepte und Methoden der sozialwissenschaftlichen Netzwerkforschung. München/Wien 2000, S. 111-133

Larsen, Otto N.: Social Effects of Mass Communication. In: Faris, Robert E.L. (Hrsg.): Handbook of Modern Sociology. Chicago 1964

Mayntz, Renate/Scharpf, Fritz W.: Steuerung und Selbstorganisation in staatsnahen Sektoren. In: Mayntz, Renate/Scharpf, Fritz W. (Hrsg.): Gesellschaftliche Selbstregelung und politische Steuerung. Frankfurt/New York 1995, S. 9-38

Mayntz, Renate: Policy-Netzwerke und die Logik von Verhandlungssystemen. In: Kenis, Patrik/Schneider, Volker (Hrsg.): Organisation und Netzwerk. Institutionelle Steuerung in Wirtschaft und Politik. Frankfurt/New York 1996, S. 471-496

Meyer, Wolfgang: Regulating Environmental Action of Non-Governmental Actors. The impact of communication support programs in Germany. In: Biermann, Frank/Brohm, Rainer/Dingwerth, Klaus (Hrsg.): Proceedings of the 2001 Berlin Conference on the Human Dimensions of Global Environmental Change "Global Environmental Change and the Nation State", Potsdam 2002a, S. 360-370.

Meyer, Wolfgang: Sociological Theory and Evaluation Research. An Application and its Usability for Evaluating Sustainable Development. (CEvalArbeitspapier Nr. 6 (als download unter: www.ceval.de) Saarbrücken 2002b

Meyer, Wolfgang: Evaluationsstudien zu den Diffusionswirkungen von Umweltberatung. Gegenwärtige Praxis und Perspektiven zur Verbreitung nachhaltiger Konsummuster. In: Scherhorn, Gerhard/Weber, Christoph (Hrsg.): Nachhaltiger Konsum. Auf dem Weg zur gesellschaftlichen Verankerung. München 2002c, S. 473-484

Meyer, Wolfgang: Building Bridges to Ecology: the impact of environmental communication programs in German business. Paper presented at the Greening of Industry Network 2002 Conference Corporate Social Responsibility – Governance for Sustainability in Gothenborg, Juni 2002 (erscheint im Tagungsband; als download unter: www.informtrycket.se/gin2002sql/pdf/ 010073Meyer.pdf), 2002d

Meyer, Wolfgang: Governance und verbandsinterne Kommunikation. Vortrag zur Tagung „Governance and Sustainability" des Instituts für ökologisches Wirtschaften am 30. September/1. Oktober 2002 in Berlin (erscheint im Tagungsband; als download unter www.ioew.de/governance/english/ veranstaltungen/Int_Tagung/Meyer.pdf), 2002e

Meyer, Wolfgang: Was sind Erfolgsfaktoren für die betriebliche Umweltberatung? In: Brickwedde, Fritz/Peters, Ulrike (Hrsg.): Umweltkommunikation – vom Wissen zum Handeln. 7- Internationale Sommerakademie St. Marienthal. Berlin 2002f, S. 155-170

Meyer, Wolfgang: Evaluationsergebnisse zur Nachhaltigkeit von Umweltberatungsprojekten. In: Kutt, Konrad/Mertineit, Klaus-Dieter (Hrsg.): Von der beruflichen Umweltbildung zur Berufsbildung für eine nachhaltige Entwicklung. Dokumentation eines Expertengesprächs am 25. und 26. Oktober 2000 in Bonn (Umweltschutz in der beruflichen Bildung, Band 74). Bonn 2001, S. 39-46

Meyer, Wolfgang: Umweltberatung als organisierter Informationstransfer. In: Härtel, Michael/Stockmann, Reinhard/Gaus, Hansjörg (Hrsg.): Berufliche Umweltbildung und Umweltberatung. Grundlagen, Konzepte und Wirkungsmessung. Bielefeld 2000, S. 90-108

Meyer, Wolfgang/Jacoby, Klaus-Peter: Nachhaltigkeit der Umweltberatung in Verbänden. Vorläufige Ergebnisse einer Evaluationsstudie im Auftrag des Bundesumweltministeriums und des Umweltbundesamtes. In: Stockmann, Reinhard/ Urbahn, Julia (Hrsg.): Umweltberatung und Nachhaltigkeit. Dokumentation einer Tagung der Deutschen Bundesstiftung Umwelt, Osnabrück, 28./29. Mai 2000 (Initiativen zum Umweltschutz, Band 30). Berlin 2001, S. 148-174

Meyer, Wolfgang/Jacoby, Klaus-Peter/Stockmann, Reinhard: Evaluation der Umweltberatungsprojekte des Bundesumweltministeriums und des Umweltbundesamtes. Nachhaltige Wirkungen der Förderung von Bundesverbänden. CUBA-Texte 02-36. Berlin 2002

Meyer, Wolfgang/Martinuzzi, André: Evaluationen im Umweltbereich. Ein Beitrag zum nachhaltigen Wirtschaften? In: Vierteljahreshefte zur Wirtschaftsforschung 69 (2000), S. 453-467

Minsch, Jürg: Nachhaltige Entwicklung. Idee – Kernpostulate. Ein ökologisch-ökonomisches Referenzsystem für eine Politik des ökologischen Strukturwandels in der Schweiz (IWÖ-Diskussionsbeitrag, Band 14). St. Gallen 1993

Nippa, Michael: Alternative Konzepte für eine effiziente Corporate Governance – Von Trugbildern, Machtansprüchen und vernachlässigten Ideen. In: Nippa, Michael/Petzold, Kerstin/Kürsten, Wolfgang (Hrsg.): Corporate Governance. Herausforderungen und Lösungsansätze. Heidelberg 2002, S. 3-40

OECD (Hrsg.): Corporate Social Responsibility. Partners for Progress. Paris 2001

Pool, Ithiel de Sola/Schramm, Wilbur (Hrsg.): Handbook of Communication, Chicago 1973

Reutter, Werner: Deutschland. Verbände zwischen Pluralismus, Korporatismus und Lobbyismus. In: Reutter, Werner/Rütters, Peter (Hrsg.): Verbände und Verbandssysteme in Westeuropa. Opladen 2001, S. 75-101

Rucht, Dieter/Roose, Jochen: Zur Institutionalisierung von Bewegungen: Umweltverbände und Umweltprotest in der Bundesrepublik. In: Zimmer, Annette/Weßels, Bernhard (Hrsg.): Verbände und Demokratie in Deutschland, Opladen 2001, S. 261-292

Schneider, Volker/Kenis, Patrick: Verteilte Kontrolle: Institutionelle Steuerung in modernen Gesellschaften. In: Kenis, Patrick/Schneider, Volker (Hrsg.): Organisation und Netzwerk. Institutionelle Steuerung in Wirtschaft und Politik. Frankfurt/New York 1996, S. 9-44

Schneider, Volker: Möglichkeiten und Grenzen der Demokratisierung von Netzwerken in der Politik. In: Sydow, Jörg/Windeler, Arnold (Hrsg.): Steuerung von Netzwerken. Konzepte und Praktiken. Opladen 2000, S. 327-346

Seifert, Angela: Strategien, Konzepte und Ziele der Förderpolitik des Umweltbundesamtes im Bereich Umweltberatung. In: Stockmann, Reinhard/Urbahn, Julia (Hrsg.): Umweltberatung und Nachhaltigkeit. Dokumentation einer Tagung der Deutschen Bundesstiftung Umwelt, Osnabrück, 28./29. Mai 2000. Berlin 2001, S. 89-106

Stockmann, Reinhard: Evaluation der Nachhaltigkeit von Umweltberatungsprogrammen. Theoretische und methodische Grundlagen. In: Härtel, Michael/Stockmann, Reinhard/Gaus, Hansjörg (Hrsg.): Berufliche Umweltbildung und Umweltberatung. Grundlagen, Konzepte und Wirkungsmessung. Bielefeld 2000, S. 192-207.

Stockmann, Reinhard: Evaluation der Nachhaltigkeit von Umweltberatung. In: Stockmann, Reinhard/Urbahn, Julia (Hrsg.): Umweltberatung und Nachhaltigkeit. Dokumentation einer Tagung der Deutschen Bundesstiftung Umwelt, Osnabrück, 28./29. Mai 2000. Berlin 2001, S. 7-20

Stockmann, Reinhard/Meyer, Wolfgang/Gaus, Hansjörg/Kohlmann Uwe/Urbahn, Julia: Nachhaltige Umweltberatung. Evaluation eines Förderprogramms der Deutschen Bundesstiftung Umwelt (Sozialwissenschaftliche Evaluationsforschung, Band 2). Opladen 2001

Streeck, Wolfgang: Vielfalt und Interdependenz. Überlegungen zur Rolle von intermediären Organisationen in sich ändernden Umwelten. In: Kölner Zeitschrift für Soziologie und Sozialpsychologie 39 (1987) 3, S. 471-495

Streeck, Wolfgang/Schmitter, Philippe C.: Gemeinschaft, Markt, Staat – und Verbände? In: Kenis, Patrick/Schneider, Volker (Hrsg.): Organisation und Netzwerk. Institutionelle Steuerung in Wirtschaft und Politik. Frankfurt/New York 1996, S. 123-164

United Nations (Hrsg.): Report of the United Nations Conference on Environment and Development Rio de Janeiro 3.-14. Juni 1992, Internet-Manuskript unter www.un.org/documents/ga/conf151/aconf15126-1.htm, Stand 6. November 2001) 1999

United Nations: The Johannesburg Declaration on Sustainable Development, (UNEP: A/Conf.199/L.6), 2002. Internet-Manuskript (www.johannesburgsummit.org /html/documents/summit_docs/1209_highlights_summit.pdf, Stand 15. Oktober 2002), 2002

United Nations Environment Programme: Workmanlike Plan Agreed To Fight Against Poverty And Fight For Sustainable Development Says Klaus Toepfer. Press Releases, September 2002 (Internet-Manuskript unter www.unep.org/Documents/Default.asp?ArticleID=3120 &DocumentID=264)

Urbahn, Julia/Gaus, Hansjörg: Die Nachhaltigkeit von Umweltberatungsprogrammen. In: Reinhard Stockmann/Urbahn, Julia (Hrsg.), Umweltberatung und Nachhaltigkeit. Dokumentation einer Tagung der Deutschen Bundesstiftung Umwelt, Osnabrück, 28./29. Mai 2000. Berlin 2001, S. 129-147.

Weyer, Johannes (Hrsg.): Soziale Netzwerke. Konzepte und Methoden der sozialwissenschaftlichen Netzwerkforschung. München/Wien 2000

Witt, Peter: Corporate Governance im Wandel. Auswirkungen des Systemwettbewerbs auf deutsche Aktiengesellschaften. In: Zeitschrift Führung und Organisation 69 (2000) 3, S. 159-163

Transformation des Systems der industriellen Beziehungen und nachhaltiges Wirtschaften

Sebastian Brandl

Ausgehend vom so genannten Drei-Säulen-Modell impliziert nachhaltiges Wirtschaften nicht nur die Erfüllung ökologischer Anforderungen unter der Bedingung des Erhalts ökonomischer Leistungsfähigkeit, sondern gleichzeitig auch die Lösung sozialer Herausforderungen (Deutscher Bundestag 1998: 17ff.). Dabei erfordert die notwendige drastische Reduktion des Energie- und Stoffdurchsatzes nicht nur neue Wohlstandsmodelle, sondern stellt zugleich die alten industriegesellschaftlichen Verteilungs- und Problemlösungsmechanismen in Frage. Demzufolge steht hier zur Diskussion an, inwiefern der Wandel des Systems der industriellen Beziehungen (SIB) – als wesentliches Steuerungsarrangement für Erwerbsarbeit und somit für individuellen Wohlstand und soziale Sicherheit ebenso wie für soziale Integration und gesellschaftlichen Zusammenhalt – einer nachhaltigen Entwicklung entgegenkommt. Zwei Fragen sind in diesem Zusammenhang von zentraler Bedeutung: Erstens, welche neuen Steuerungsformen sind erforderlich? Zweitens, welche praktizierten Ansätze und Akteurskonstellationen sind relevant?

1. Zum „Wie" nachhaltiger Entwicklung

Dem Drei-Säulen-Ansatz nachhaltiger Entwicklung liegt die Erkenntnis zu Grunde, dass die bisherigen gesellschaftlichen Problemlösungsmechanismen zu einer nicht-nachhaltigen Entwicklung beigetragen haben. Insbesondere das Auseinanderfallen in Ressortpolitiken und damit die Unverbundenheit sektoral optimierter Lösungen unter Ausblendung ihrer Wechselbeziehungen sowie die Vernachlässigung intertemporaler Aspekte haben zur Forderung nach Integration der Teilbereiche geführt. Zugespitzt findet die Problemdiagnose ihren Ausdruck in der Kritik am fordistischen Wachstums- und Verteilungsmodell (Scherhorn 1997). Danach wurde die alte soziale Frage durch die Verteilung von Wachstumszuwächsen auf Kosten Dritter und der Natur gelöst. Massenproduktion und Massenkonsum sowie ihre ökologischen Folgen haben darin ihre Wurzel. Auch wenn sie dieser Problemdiagnose weniger explizit folgen, stimmen die meisten der in den letzten Jahren erschienenen Nachhaltigkeitsstudien doch in der Reformnotwendigkeit der verbändezentrierten bundesdeutschen Aushandlungspolitik überein. Die Vorschläge laufen meistens darauf hinaus, das korporatistische Arrangement von Staat, Gewerkschaften und Arbeitgeber-/Wirtschaftsverbänden zugunsten einer breiteren Beteiligung zivilgesellschaftlicher Gruppen zu erweitern (Weidner/Brandl 2001).

Dieser Gedanke fußt auf einem gewandelten Verständnis staatlicher Steuerungsmöglichkeiten. Reichen die Medien Recht und Geld immer weniger aus, eine komplexe Gesellschaft zu steuern, wird der Staat immer seltener als übergeordnet und zu hierarchischer Steuerung fähig gesehen. Vielmehr ist er auf das Engagement und die Expertise der gesellschaftlichen Akteure angewiesen. Gesprochen wird deshalb vom Verhandlungsstaat, der die Interessen der verschiedenen (zivil-)gesellschaftlichen Gruppen, Verbände oder Großorganisationen bzw. -unternehmen mit seinen Zielvorstellungen in bi- und multilateralen Verhandlungen abstimmt. Nachhaltigkeit wird nicht zuletzt deshalb als ein Leitbild diskutiert, das sich an alle gesellschaftlichen Akteure richtet. Dieser Gedanke fand bereits in der Agenda 21 seinen Ausdruck.

Weil wissenschaftlich nicht exakt beschrieben werden kann, wann eine Entwicklung nachhaltig ist, der Staat allein überfordert wäre und sektorale Lösungen erst zu den heutigen Problemen beigetragen haben, ist die Interpretation von Nachhaltigkeit als *regulative Idee* im Sinne Kants populär geworden (Homann 1996). Bei diesem prozessualen Nachhaltigkeitsverständnis geht es vor allem um „die Einrichtung eines kontinuierlichen, gesellschaftlichen Such-, Lern- und Entdeckungsprozesses" (Deutscher Bundestag 1998: 39). Ziele und Umsetzungsstrategien einer nationalen Nachhaltigkeitsstrategie sind danach gemeinsam mit den betroffenen Akteuren festzulegen und auf Konsens und Kompromiss hin orientierte Verfahren des Diskurses, Dialogs etc. sind auszubauen.

Folgt man den skizzierten Überlegungen, sind für die Erreichung einer nachhaltigen Entwicklung die breite Einbindung aller betroffenen Akteursgruppen, der so genannten Stakeholder, in gesellschaftliche Entscheidungsprozesse und die Aktivierung ihrer Selbststeuerungsfähigkeit notwendig. Damit sollen die Vernetzung und Abstimmung der verschiedenen Politikfelder und Ebenen erreicht werden, die Verweigerungspotenziale gesellschaftlicher Gruppen umgangen und ihr Engagement im Sinne von Nachhaltigkeit aktiviert werden. Als „nachhaltige" Governances können also Entwicklungen gesellschaftlicher Selbstregulierung beschrieben werden, die solche Eigenschaften aufweisen.

2. Die Begrenztheit der industriellen Beziehungen und die Anforderungen der Nachhaltigkeit

Die „Nachhaltigkeitsproblematik" des SIB liegt in mehrfachen Exklusionen. Diese umfassen zum einen die ökologischen Folgen arbeitspolitischer Entscheidungen, zum anderen die Ausgrenzung der Randgruppen des Arbeitsmarktes. Zum Dritten sind die industriellen Beziehungen nationalstaatlich verfasst. Zu unterscheiden ist zwischen inklusiver und exklusiver Solidarität (Kurz-Scherf/Zeuner 2001: 156). Gewerkschaftlicher Politik geht es danach um Solidarität zwischen den Inkludierten, den Mitgliedern bzw. im Extrem den männlichen Facharbeitern, und um Ausschluss der anderen. Dieses Inklusions-/Exklusionsprinzip galt lange Zeit als legitim und produktiv. Diese Produktivität lag in der Entsprechung des partikularen Interesses der Gewerkschaften und ihrer Mitglieder an einem sozial abgesicherten Arbeitsplatz, steigenden Einkommen und kürzer werdenden Arbeitszeiten mit dem Stand der Produktivkraftentwicklung und den allgemeinen Vorstellungen von einem „guten" Leben. Diese nicht unumstrittene und aus sozialen Kämpfen resultierende Interessenkonvergenz hatte in der Hochkonjunktur des Fordismus Bestand aufgrund einer ökonomischen und sozialen Win-win-Situation für Beschäftigte, Unternehmen und die Gesellschaft insgesamt. Ihren Ausdruck fand diese Konvergenz in dem die Tarif-, Arbeits- und Sozialpolitik prägenden Leitbild (männlicher) Normalarbeit und Normalbiografie verbunden mit dem Typus der kleinbürgerlichen Normalfamilie.

Die postfordistische Restrukturierung von Produktion und Arbeit, die Finanzierungsprobleme sozialstaatlicher Lösungen (Arbeitskraftstilllegung z.B. durch Frühverrentung) und die anhaltende Massenarbeitslosigkeit, der gesellschaftliche Wandel (Individualisierung, Wertewandel) sowie die Ökologieprobleme führen dazu, dass die Produktivität des SIB abnimmt. Der partikulare Konsens deckt sich immer weniger mit den immer heterogeneren Vorstellungen eines „guten" Lebens und von „guter" Arbeit und ebenso wenig mit sozial und ökologisch zukunftsfähigen Arbeits-, Lebens- und Konsumstilen. Kontrastiert mit der intra- und intergenerationellen Gerechtigkeitsnorm der Nachhaltigkeit verschärft sich diese Dysfunktionalität noch. Damit die industriellen Beziehungen zu sozialer Nachhaltigkeit beitragen können, bedarf es daher ihrer dreifachen „Entgrenzung":

1. Notwendig sind die Aufwertung bisher nicht oder nur unzureichend berücksichtigter sozialer Interessen und eine Revision des verengten Blickwinkels auf Erwerbsarbeit, Erwerbseinkommen und soziale Sicherung hin zu Versorgung und Tätigkeit (siehe dazu den Beitrag von Hildebrandt in diesem Band).
2. Im Weiteren sind die sozial-ökologischen Wechselwirkungen über deren einseitige Funktionalisierung (Arbeitsplätze durch Umweltschutz) hinaus in den Aushandlungsprozessen stärker zu gewichten.
3. Weil diese beiden Erweiterungen auch innerhalb des nationalstaatlichen Rahmens der industriellen Beziehungen (IB) stattfinden könnten, ist die Berücksichtigung der globalen bzw. der Nord-Süd-Dimension gesondert zu nennen.

3. Transformation des Systems der industriellen Beziehungen

Der Schwerpunkt des dualen SIB verlagert sich seit geraumer Zeit von der Arena der Tarifautonomie auf die der Betriebsverfassung (Verbetrieblichung bzw. Dezentralisierung). Durch die Hereinnahme von bisher extern gesetzten arbeitspolitischen Regelungsgegenständen in die internen Entscheidungsprozesse soll Flexibilität ermöglicht und Kostenreduktion erreicht werden. Ermöglicht und begleitet wird die Verbetrieblichung von einem Verlust an Integrations- und Verpflichtungsfähigkeit der Verbände. Die Zahl der von Arbeitgeberverbänden und Gewerkschaften vertretenen Betriebe bzw. der Mitglieder nimmt ab. Den Gewerkschaften fällt die Organisation von jüngeren und in neuen Dienstleistungsbereichen Beschäftigten weiterhin schwer. Auf Austritte und Verbandsabstinenz reagieren die Arbeitgeberverbände insbesondere in Ostdeutschland – wo es den Arbeitgeberverbänden nicht gelungen ist, das westliche Modell zu etablieren – durch die Gründung von Verbänden ohne Tarifbindung (Schroeder 2000). In der Hoffnung auf eine Rückgewinnung ihrer schwindenden Gestaltungskraft und auf eine Revitalisierung des korporatistischen Arrangements regten die Gewerkschaften das Bündnis für Arbeit an: Die Arbeitgeberverbände beteiligten sich daran in der Hoffnung auf ein Aufbrechen gewerkschaftlicher Widerstände gegen flexible Arbeitsmärkte (Esser/Schroeder 1999). Das dem Ansatz korporatistischer, tripartistischer Arrangements folgende Bündnis ist bis heute jedoch wenig folgenreich und zudem umstritten geblieben. Die Gewerkschaften drohen immer wieder mit Austritt, sollte etwa die Tarifpolitik Verhandlungsgegenstand werden, zugleich verweisen sie auf die Nichteinhaltung von Absprachen durch die Arbeitgeber.

Gehen nationalstaatliche Steuerungskapazitäten verloren, besteht die Hoffnung auf deren Wiedererfindung auf europäischer Ebene. Neben den schon länger existierenden europäischen Gewerkschaftsverbänden oder Berufssekretariaten standen hier in den letzten Jahren der „Soziale Dialog“ sowie die „Eurobetriebsräte“ als neue Arenen im Mittelpunkt der öffentlichen Aufmerksamkeit. Während den Eurobetriebsräten kaum mehr als Informationsrechte eingeräumt wurden, blieb der Soziale Dialog prekär. Weigerten sich die Arbeitgeber erfolgreich, bestimmte Themen zu verhandeln, wären ohne die Initiative der Kommission die Probleme ungelöst geblieben (Keller 2001: 336ff.). Im Kontext der industriellen Beziehungen handelt es sich hierbei um Spitzengespräche. Kann man bei den drei Themen, bei denen es zu Ergebnissen kam (Elternurlaub, Teilzeit, befristete Arbeitsverhältnisse), zwar von verhandelter Gesetzgebung sprechen, sind diese Aushandlungsprozesse von einem europäischen Korporatismus weit entfernt (Schroeder 2001). Für Tarifverhandlungen auf europäischer Ebene mangelt es nach wie vor an verhandlungsfähigen Arbeitgeberverbänden. Aber auch die Verhandlungs- und Verpflichtungsfähigkeit der gewerkschaftlichen Dachorganisationen darf angezweifelt werden. Auf der darüber liegenden Ebene der Global Governance gewinnen betriebsbezogene und zumeist freiwillige Regelungen (z.B. Codes of Conduct) gegenüber den auf nationale Ökonomien bezogenen ILO-Konventionen an Bedeutung. Auch ist die Gründung erster Weltbetriebsräte (VW) zu beobachten.

Im Zentrum der Transformation des deutschen SIB steht also der relative Bedeutungsverlust der Arena Tarifautonomie, während die betriebliche Arena auf der einen und die internationale Arena auf der anderen Seite unterschiedlich an Bedeutung gewinnen. Der Wandel wird wesentlich als Steuerungsverlust der Verbände interpretiert (Priddat 1999). Nutzte der Staat bisher in Abkehr vom Hierarchiemodell repräsentative und verpflichtungsfähige Verbände, um seine Steuerungskapazität zu erweitern, verliert er heute mit ihrer schwindenden Gestaltungskraft die spezifischen Fähigkeiten einer korporativ-verbandlichen Regulierung (Governance) von Märkten und Marktwirtschaften (Müller-Jentsch 1996: 48). Dieser Verlust hat mehrere Folgen:

1. Die Vereinheitlichungswirkung durch Tarifverträge nimmt ab. Nach Branchen unterschiedlich kommt es zur Aufweichung der Normen des Flächentarifvertrages (FTV). Die Zahl der Öffnungsklauseln hat zugenommen. Die Gewerkschaften sind immer öfter bereit, Abweichungen wie beispielsweise die vorübergehende betriebliche Absenkung der Standards des FTV zu vereinbaren. Arbeitsnormen, die zuvor durch die FTV der Konkurrenz enthoben waren, werden damit zum Wettbewerbsfaktor zwischen Unternehmen. Hinzu kommt, wie das Beispiel der Tarifverhandlungen zwischen der Pilotenvereinigung Cockpit und der Lufthansa zeigt, dass es privilegierten Berufsgruppen gelingt, sich aus der gewerkschaftlichen Solidarität zu lösen und eigenständig deutlich höhere Forderungen durchzusetzen.
2. Parallel häufen sich aufgrund der Schwäche der Verbände die Fälle, in denen auf betrieblicher Ebene gegen Tarifverträge verstoßen wird. Die Internationalisierung der Wirtschaft ermöglicht es den Unternehmen, mit der Verlagerung von Standorten zu drohen (wie z.B. Opel). Damit sinkt die Verbindlichkeit und Durchsetzbarkeit tariflicher Regelungen.
3. Schwächt sich die Durchsetzung sozialer Gleichheit und Solidarität aufgrund zurückgehender Verpflichtungs- und Vereinheitlichungsfähigkeit ab, nehmen auch die Umverteilungsmöglichkeiten durch FTV tendenziell ab. Überbetriebliche soziale Gesichtspunkte treten damit in den Hintergrund, während die Wettbewerbsfähigkeit einzelner Unternehmen zum Bezugspunkt der industriellen Beziehungen avanciert.
4. Viertens können supranationale IB diese Defizite nicht ausgleichen, weil sie absehbar nicht an die Stelle der nationalen Systeme treten werden. Dort, wo Regelungen bestehen, haftet ihnen meist ein Mangel an Verbindlichkeit an. Da sie vor allem unterneh-

mensbezogen sind, scheiden sie als Regulativ des Wettbewerbs aus. Aufgrund der vorgenannten Entwicklungen sieht Streeck (1998: 186) die Gefahr, dass sich die ursprünglich obligatorischen IB in voluntaristische verwandeln.
5. Eine fünfte Konsequenz bahnt sich an. Aufgrund des Verlusts an Steuerungsfähigkeit und des Mitgliederrückgangs droht die Gefahr, dass Arbeitgeberverbände und Gewerkschaften das politische Repräsentationsmonopol für ihre Klientel verlieren (Hassel/Leif 2002).

Hinter der Transformation des SIB verbirgt sich also eine tief greifende Veränderung dieses gesellschaftlichen Aushandlungs- und Integrationsmechanismus. Vor dem Hintergrund der erforderlichen dreifachen „Entgrenzung" des SIB fällt der Verlust zentraler und überbetrieblicher verbandlicher Steuerungskapazitäten ambivalent aus. Während betriebsübergreifende Politikansätze sowie Umverteilungsmöglichkeiten schwinden und Wettbewerbsaspekte einzelner Unternehmen dominanter werden, eröffnet dieser Wandel gleichzeitig Gelegenheiten für dritte Akteure, Einfluss auf die Regelungsgegenstände der IB zu erlangen:

- Die Verbetrieblichung führt dazu, dass betriebliche und individuelle Aushandlungen zunehmen und die Zahl der involvierten und entscheidungsrelevanten Akteure ansteigt (Betriebsleitungen – Betriebsräte, Vorgesetzte – Beschäftigte). Dies führt in Verbindung mit dem graduellen Verlust an Integrationsfähigkeit der Verbände, dem Bedeutungsrückgang des Normalarbeitsverhältnisses und der Subjektivierung der Arbeitssituation zu einer größeren Nähe zum einzelnen Arbeitsplatz sowie zum lebensweltlichen und lokalen Umfeld. Insofern können die damit verbundenen Logiken und Interessen (z.B. Umweltbewusstsein) in den betrieblichen Aushandlungsprozessen an Gewicht gewinnen.
- Mit steigenden betrieblichen Entscheidungsmöglichkeiten nimmt der Legitimationsdruck gegenüber der Belegschaft und dem Umfeld zu. Für betriebsinterne und -externe Stakeholder können sich dadurch mehr Möglichkeiten zur Einflussnahme auf die Regelungsgegenstände der IB ergeben. Diese Möglichkeiten nehmen auch im Rahmen von Politikaushandlungsprozessen und nationalen Zukunftsdiskursen zu. Letzteres betrifft zum einen die öffentlichen Aushandlungen im Rahmen lokaler Agenda-Prozesse; dies betrifft aber auch die gesellschaftlichen Diskurse zur Zukunft der Arbeit und Nachhaltigkeit.
- Auf der europäischen und internationalen Politik- und Betriebsebene ist das Gewicht der etablierten Verbände nochmals geringer, und weil verschiedene Nationen aufeinandertreffen, wesentlich heterogener. Auch steht die Institutionenbildung zwischen Arbeitgeber- und Arbeitnehmervertretungen auf diesen Ebenen immer noch am Anfang.

Während diese Entwicklungen zivilgesellschaftlichen Akteuren entgegenkommen und sich daraus Möglichkeiten für Bündnisse und Koalitionen ergeben, um Nachhaltigkeit zu befördern, setzen sie zugleich die etablierten Verbände unter Druck. Insbesondere die Gewerkschaften sind gezwungen, über neue Beteiligungs- und Einbindungsformen ihrer Mitglieder nachzudenken sowie neue Mitgliedergruppen anzusprechen. Ferner müssen sie ihre internationalen Kooperationen erhöhen sowie ihr Verhältnis zu den betrieblichen Akteuren überdenken. Während Letzteres auch auf die Arbeitgeberverbände zutrifft, stehen diese in punkto Nachhaltigkeit weniger unter öffentlichem Veränderungszwang, eher schon die einzelnen Unternehmen. Den Gewerkschaften wird oftmals empfohlen, den zunehmenden Gestaltungsaufgaben bei sinkender Gestaltungskraft durch Bündnisse mit anderen gesellschaftlichen Akteuren zu begegnen (z.B. von Kurz-Scherf/Zeuner 2001). Die Kooperationen von Umweltverbänden und Gewerkschaften zeigen jedoch die dabei relevanten Probleme auf. Es mangelt beiden Seiten an bereichsübergreifender Kompetenz und Kapazität, den Gewerkschaften stellt sich zudem das Definitionsmachtproblem. Allerdings sind trotz aller Probleme erste Anhaltspunkte für Verstetigungen und inhaltliche Annäherungen erkennbar (Krüger 2000).

4. „Nachhaltige" Governances und industrielle Beziehungen

Nach der Skizze, welche Erweiterungen und Veränderungen des verhandelten Steuerungssegments erforderlich sind, nun eine Antwort darauf, welche praktizierten Ansätze und Akteurskonstellationen für Nachhaltigkeit mit Bezug zum SIB von Bedeutung sind.

Hinsichtlich der Integration sozial-ökologischer Wechselwirkungen sind die bisherigen ökologischen Erweiterungen der IB zu betrachten. Deren Ausgangspunkt lag anfangs meist in Umweltskandalen. Standen dabei in der Regel Unternehmen und Gewerkschaften bzw. Betriebsräte auf der einen Seite und externe Anspruchsgruppen auf der anderen, haben sich im Laufe der Zeit Lernprozesse und Annäherungen ergeben (Gärtner 1999; Krüger 2000). Mithin haben die Akteure der IB im Laufe der Zeit begonnen, Tarifregelungen und Betriebsvereinbarungen zu Umweltschutzfragen abzuschließen (Leittretter 1999; Lauen in diesem Band), zum Teil in Zusammenhang mit der Einführung von Umweltmanagementsystemen. An Letzteren zeigt sich unter anderem die zunehmende Bedeutung der europäischen Ebene (EMAS, Arbeitsumweltrichtlinie). Freilich ist bisher nicht von einer systematischen Einbindung der Arbeitnehmerbeteiligung in die europäische Umweltpolitik zu sprechen (Hildebrandt/Schmidt 2001). Zur ökologischen Erweiterung der IB können noch diverse Modellprojekte und Initiativen gezählt werden, bei denen außer den Tarif- und Betriebsparteien weitere ökologische Akteure beteiligt werden (Schäfer 2000; Brandl/Lawatsch 1999). Das Problem hierbei ist, dass es sich in der Regel um Einzelfälle ohne flächendeckenden Charakter und ohne stabile Verankerung bei den etablierten Akteuren der IB handelt. Stehen bei diesen Initiativen auch schon Produkte oder Stoffströme im Mittelpunkt, beschränken sich die Regelungen meist auf Informations- und Beteiligungsrechte der Interessenvertretung, auf die Nutzung des betrieblichen Vorschlagswesens für Umweltschutz oder auf arbeitsplatznahe Fragen. Zur breiteren Einbeziehung sozial-ökologischer Wechselwirkungen, wie zum Beispiel der Auswirkungen flexibler Arbeitszeiten auf ökologisches Verhalten, kommt es dabei kaum. Trotz einer generellen Akzeptanz ökologischer Wirtschaftspolitik stehen Betriebs- und Brancheninteressen sowie die Arbeitsplätze weiterhin im Vordergrund. Oftmals wird damit argumentiert, dass Umweltschutz Arbeitsplätze schafft, wie an der Initiative des Deutschen Gewerkschaftsbundes (DGB) (1999) zu Umweltschutz im Bündnis für Arbeit abzulesen ist.

Gemessen am Gesamtspektrum der IB ist deren ökologische Erweiterung randständig geblieben. Weiterhin verweigern sich die Arbeitgeber oftmals, Beteiligungsrechte für die Beschäftigten oder deren Interessenvertretung zu fixieren. Zuletzt widersprachen sie der Aufnahme des Umweltschutzes in den Aufgabenkatalog des Betriebsrates. Bei den Gewerkschaften und Betriebsräten mangelt es am arbeitspolitischen Stellenwert des Umweltschutzes. Dies äußert sich unter anderem an den geringen Kapazitäten der Gewerkschaften für Umweltschutz, wenngleich der Organisationsbereich Chemie der IG BCE eine bedeutende, aber weitgehend Brancheninteressen reflektierende Ausnahme darstellt. Den Auswirkungen der mit der Reform des Betriebsverfassungsgesetzes verbundenen expliziten Erweiterung der Zuständigkeit des Betriebsrats auf den betrieblichen Umweltschutz wäre noch nachzugehen (siehe dazu Lauen in diesem Band).

Über die eben skizzierten Erweiterungen hinaus ist in den letzten Jahren eine Zunahme von Aktivitäten auf internationaler Ebene festzustellen. Hier stehen als Teil einer sich herausbildenden Global Governance soziale und ökologische Regularien für den globalen Wettbewerb im Mittelpunkt. In diesem Prozess haben die so genannten Non-Governmental Organizations (NGOs) seit der Rio-Konferenz 1992 eine deutliche Aufwertung erfahren, so auch in den Arenen, in denen Arbeitnehmerrechte verhandelt werden. Den höchsten Institutionalisierungsgrad einer Verhandlungsarena auf dieser Ebene hat die International Labour Organization (ILO) mit ihren tripartistischen Länderdelegationen erreicht. Können ihre Konventionen zu Mindestarbeitsbedingungen und zur Organisationsfreiheit der Beschäftigten als universelle Menschenrechte gelten, verfügt die ILO jedoch nur über diplomatische Mittel, deren Implementation und Einhaltung zu forcieren. Auch ist es bisher nicht gelungen, allgemein gültige und sanktionsfähige Sozial- und Umweltstandards in das Regime der WTO zu integrieren (siehe Scherrer/Greven 2001).

Vor diesem Hintergrund haben die NGOs direkt transnationale Konzerne zu Adressaten ihrer Forderungen auserkoren (Bendell 2000). Die NGOs folgen damit der oben aufgezeigten Bedeutungsverschiebung weg von den klassischen Steuerungsebenen und Akteuren. Infolge ihres Engagements kam es in den letzten Jahren zur Verbreitung neuer Steuerungsinstrumente, was beispielsweise an der steigenden Zahl von Codes of Conduct oder sozial-ökologischer Labels abzulesen ist. Die nationalen Gewerkschaften sind nach anfänglich zum Teil ablehnender Haltung in die Kampagnen der NGOs eingestiegen (z.B. Clean-Clothes-Campaign). Die UN selbst haben mit ihrer Global-Compact-Initiative auf den gestiegenen Regelungsbedarf reagiert. Mittlerweile sind auch an Qualitätsmanagementsysteme angelehnte Standards wie der SA 8000 entwickelt worden.

Auf dieser Ebene geht es also darum, die bestehende Diskrepanz zwischen fortgeschrittener ökonomischer und krass zurückbleibender sozialer und ökologischer Regulierung zu verkleinern. Jedoch haben Instrumente wie die genannten Codes of Conduct oder Labels nicht die Arbeitsbedingungen selbst zum Inhalt, sondern nur die Verpflichtung zur Übereinstimmung mit nationalem Recht und/oder den ILO-Konventionen. Es geht also im Wesentlichen um die Durchsetzung von Mindestanforderungen zum Schutz der Arbeitskraft und weniger um die weiter gehende Verbesserung der Arbeitsbedingungen, höchstens um eine Ermöglichung durch die Gewährung der Koalitionsfreiheit.

Warum waren die NGOs relativ erfolgreich bei der Etablierung neuer Governances? In erster Linie liegt es an ihrer Konzentration auf universelle Anliegen Es geht ihnen um die Einhaltung der Menschenrechte und um den Schutz der Natur. Reicht dies bereits aus, um diplomatisch aktiv zu werden, ist ihr Engagement gegenüber Firmen jedoch weitgehend von öffentlicher Problemthematisierung, von der strategischen Nutzung von Skandalen abhängig. Als weitere Bedingung können Dialogbereitschaft und Lernprozesse auf beiden Seiten gelten; auch die Expertise der NGOs spielt mittlerweile eine große Rolle. In diesen spezifischen Erfolgsbedingungen liegen gleichzeitig auch die Grenzen dieser Form von Interessenvertretung. Um Firmen mit ethischen Argumenten zu Regelungen zu bewegen, eignen sich nur Produkte oder Hersteller, welche bei den Verbrauchern ein relativ hohes Niveau an Reputation verfügen. Typische Beispiele sind daher Nike-Turnschuhe oder durch Kinderarbeit hergestellte Teppiche. Insofern sind also nur Hersteller von Endprodukten und meist noch eingegrenzter von Brand-Names für sozial-ökologisches Labeling oder Codes of Conduct geeignet. Zugleich funktionieren diese Instrumente wiederum nur, wenn die öffentliche Aufmerksamkeit nicht nachlässt und wenn sie in die Betriebspraxis umgesetzt werden. Ohne Interessenvertretung vor Ort scheitert dies jedoch. Dort kommt es mitunter zum Konflikt zwischen Basisgruppen oder lokalen Gewerkschaften und advokatorischen NGOs (aus dem Norden). Die Rolle der NGOs ist also eine mehrfache: Sie müssen

Problembewusstsein schaffen, Verhandlungen initiieren, bei deren Erfolg auf die Einhaltung vor Ort, das heißt in den Ländern des Südens, achten und die Öffentlichkeit in den Abnehmerländer weiterhin sensibilisieren. Erfüllen sie damit die Rolle zivilgesellschaftlicher *watchdogs*, stoßen sie dabei vielfach an ihre Kapazitätsgrenzen.

Die dritte Erweiterungsdimension betrifft die sozialen Interessen bisheriger Randgruppen des Arbeitsmarktes. Abgesehen von allen bestehenden Forschungsmängeln, die auch die anderen Entgrenzungen mehr oder weniger betreffen, fällt hier die Differenz zwischen Potenzialen und Realität besonders groß aus. Zwar steigen mit der Verschiebung der Verhandlungen auf die Betriebs- und Arbeitsplatzebene die Möglichkeiten für die Einbringung lebensweltlicher Interessen an, damit verbunden nicht aber zwingend die Chancen ihrer Realisierung. Zum einen stehen nachhaltigkeitsrelevante Themen in Konkurrenz zu anderen individuellen Interessen, zum anderen lässt der auf ökonomische Effizienz hin ausgerichtete Betriebsalltag das Einbringen nachhaltigkeitsrelevanter Präferenzen oftmals nicht zu. Was allenthalben fehlt, ist eine entsprechende betriebsexterne und -interne Gewichtung solcher Themen (Moldaschl 2000). Zudem ist eine Handlungsermöglichung und -orientierung für die Beschäftigten einerseits sowie Kompetenzbildung und Entlastung andererseits notwendig. Diese Probleme treffen auf die überlastete betriebliche Interessenvertretung ebenso zu. Da solche Entlastungen nicht existieren, kommt es infolge der Flexibilisierung und Entgrenzung von Erwerbsarbeit zu einer Zunahme individueller Anforderungen, zu steigenden Differenzen zwischen Berufsgruppen sowie zu erhöhten Gesundheitsrisiken. Im Sinne individueller Lebensqualität sind die gewachsenen individuellen Gestaltungsoptionen in der Regel nur von einer sehr begrenzten Anzahl hoch qualifizierter Beschäftigter nutzbar (Brandl/Hildebrandt 2002: 51ff.). Darüber hinaus besteht die Unterrepräsentation der Interessen so genannter Randgruppen und neuer Beschäftigtengruppen des Arbeitsmarktes ebenso fort, wie eine Blickerweiterung auf andere gesellschaftlich nützliche und wichtige Arbeitsformen kaum eine Rolle spielt.

5. Fazit

Vergleicht man die aufgezeigten Möglichkeiten der Interessenintegration mit den realen Entwicklungsdynamiken, zeigt sich eine deutliche Diskrepanz. Das Hauptmanko liegt in der nur sehr fragmentarischen Inklusionswirkung. Die neuen nachhaltigkeitsrelevanten Governances berühren nur die Ränder der IB und sie bleiben disparat. An Stelle der Tarifvertragsarena wird zunehmend der Betrieb, der Arbeitsplatz oder das (multinationale) Unternehmen zur bedeutenden Regulierungsebene. Die Fragmentierung und der Verlust an gesamtgesellschaftlicher, zumindest aber an Branchenorientierung und Umverteilungspotenzialen der IB werden damit nicht kompensiert. Im Gegenteil – vorbehaltlich weiterer Forschung – ist davon auszugehen, dass mit den neuen Governances diese Tendenzen sogar noch verstärkt werden. Allein von den zivilgesellschaftlichen Akteuren den notwendigen Ausgleich zu verlangen, würde sie jedoch hoffnungslos überfordern. Nicht nur dass es ihnen an sozialen Themen mangelt, es fehlt ihnen an hinreichenden Kapazitäten für flächendeckende Initiativen.

Es bedarf also auch der Erneuerung des SIB von innen heraus. Die Initiative hierfür kann kaum von den Arbeitgebern und ihren Verbänden erwartet werden, auch wenn sich viele Unternehmen zum Drei-Säulen-Konzept nachhaltiger Entwicklung wie beispielsweise mit der Econsense-Initiative des BDI bekennen. Bleiben die Gewerkschaften und der Staat. Letzterer müsste, normativ gesehen, die entsprechenden Ziele formulieren, Regelungen und

Mindestbedingungen verallgemeinern, Organisationshilfen für die Verbände und die zivilgesellschaftlichen Akteure leisten sowie deren Beteiligung institutionalisieren. Die Frage ist aber, ob der Staat das will und kann. Bisher hat er das SIB nicht als wichtiges Steuerungssegment für Nachhaltigkeit genutzt. Um dies zu tun, müsste der Staat mindestens über eine Moderationsrolle wie augenscheinlich beim Bündnis für Arbeit hinaus auch eigene Ziele glaubhaft setzen (das Beispiel des Atomkonsenses zeigt die Möglichkeit auf, hier hatte der Staat ein Ziel). Inwiefern die im Rahmen der nationalen Nachhaltigkeitsstrategie festgelegten Ziele in das weitergeführte Bündnis für Arbeit einfließen werden, ist noch offen. Was derweil geschieht, ist die im Sinne sozialer Nachhaltigkeit problematische Abnahme der Reichweite *intraorganisatorischer* Integration konfligierender Interessen durch die intermediären Verbände, verbunden mit dem Rückgang der Verbindlichkeit und der Umverteilungspotenziale der industriellen Beziehungen. Diese Defizite können durch den *interorganisatorischen* Steuerungsmodus, also den Bedeutungsgewinn der zivilgesellschaftlichen Akteure, bisher und absehbar nicht ausgeglichen werden. Sollte es ohne staatliche Initiative den etablierten Verbänden, insbesondere den Gewerkschaften, also nicht gelingen, ihre Gestaltungskraft zu erhalten oder gar zu vergrößern, wobei sie auf Koalitionen mit den NGOs angewiesen sein werden, ist nach dem Stand der Dinge eher ein weiterer Verlust an gesellschaftlicher Steuerungskapazität zu erwarten, der nur sehr begrenzt durch den Aufbau „nachhaltiger" Governances im Sinne des Integrationsansatzes ausgeglichen wird.

Literatur

Bendell, Jem: Terms for Endearment. Sheffield 2000

Brandl, Sebastian/Hildebrandt, Eckart: Zukunft der Arbeit und Soziale Nachhaltigkeit. Leverkusen 2002

Brandl, Sebastian/Lawatsch, Ulli: Vernetzung von betrieblichen Interessenvertretungen entlang der Stoffströme (WZB-Discussion-Paper P 99-505). Berlin 1999

Deutscher Bundestag: Enquete-Kommission „Schutz des Menschen und der Umwelt". Abschlußbericht – Konzept Nachhaltigkeit. Vom Leitbild zur Umsetzung (Drucksache 13/11200). Bonn 1998

DGB: Arbeit und Umwelt. Ein Beitrag zur ökologischen Modernisierung und zur Schaffung zukunftsfähiger Arbeitsplätze. Düsseldorf 1999

Esser, Josef/Schroeder, Wolfgang: Neues Leben für den Rheinischen Kapitalismus. In: Blätter für deutsche und internationale Politik 44 (1999) 1, S. 51-61

Gärtner, Edgar: Was ist nachhaltig? Broschüre des VCI. Frankfurt/Main 1999

Hassel, Anke/Leif, Thomas: Reformfähige Gewerkschaften. Zum Zukunftsprozess der IG Metall. In: Gewerkschaftliche Monatshefte 53 (2002) 6, S. 298-304

Hildebrandt, Eckart/Schmidt, Eberhard: Industrielle Beziehungen und Umweltschutz auf europäischer und internationaler Ebene (WZB-Discussion-Paper P 01-507). Berlin 2001

Homann, Karl: Sustainability: Politikvorgabe oder regulative Idee? In: Gerken, Lüder (Hrsg.): Ordnungspolitische Grundfragen einer Politik der Nachhaltigkeit. Baden-Baden 1996, S. 33-47

Keller, Berndt: Die europäische Wiedergeburt des Korporatismus? In: Abel, Jörg/Sperling Hans Joachim (Hrsg.): Umbrüche und Kontinuitäten. München/Mering 2001, S. 331-347

Krüger, Sabine: Arbeit und Umwelt verbinden (WZB-Discussion-Paper P 00-512). Berlin 2000

Kurz-Scherf, Ingrid/Zeuner, Bodo: Politische Perspektiven der Gewerkschaften zwischen Opposition und Kooperation. In: Gewerkschaftliche Monatshefte 52 (2001) 3, S. 147-160

Leittretter, Siegfried: Betriebs- und Dienstvereinbarungen – Betrieblicher Umweltschutz – Analyse und Handlungsempfehlungen. Düsseldorf 1999

Moldaschl, Manfred: Neue Arbeitsformen und ökologisches Handeln (WZB-Discussion-Paper P 00-520). Berlin 2000

Müller-Jentsch, Walther: Theorien Industrieller Beziehungen. In: Industrielle Beziehungen 3 (1996) 1, S. 36-64

Priddat, Birger P.: Das Ende des Korporatismus? – Steuerungsverluste des Korporatismus. In: Wirtschaftsdienst 79 (1999) 10, S. 587-589

Schäfer, Hermann: Ökologische Betriebsinitiativen und Beteiligung von Arbeitnehmern an Umweltmanagementsystemen (WZB-Discussion-Paper P 00-508). Berlin 2000

Scherhorn, Gerhard: Das Ende des fordistischen Gesellschaftsvertrags. In: Politische Ökologie (1997) 50, S. 41-44

Scherrer, Christoph/Greven, Thomas: Global Rules for Trade. Münster 2001

Schroeder, Wolfgang: Das Modell Deutschland auf dem Prüfstand. Wiesbaden 2000

Schroeder, Wolfgang: Gewerkschaften – Tarifpolitik und neue europäische Institutionenordnung. Vortrag im WZB am 11.9.2001. Ms. (unveröff.)

Streeck, Wolfgang: Industrielle Beziehungen in einer internationalisierten Wirtschaft. In: Beck, Ulrich (Hrsg.): Politik der Globalisierung. Frankfurt/Main 1998, S. 169-202

Weidner, Helmut/Brandl, Sebastian: Synopse zu Arbeit und Nachhaltigkeit in Zukunftsstudien (WZB-Discussion-Paper P 01-511). Berlin 2001

Kapitel 3
Nachhaltig wirtschaftende Unternehmen. Konzeptionelle Grundlagen, strategische Optionen und Instrumente des Nachhaltigkeitsmanagements in Unternehmen

Konzeptionelle Grundlagen unternehmerischer Nachhaltigkeit

Thomas Dyllick

Begriff und Inhalt des Nachhaltigkeitskonzepts sind bisher trotz, vielleicht auch wegen ihrer breiten Verwendung vieldeutig und in ihren Konsequenzen vage und unverbindlich geblieben. Dies gilt es zu bedenken, wenn dieses Konzept auf den Bereich der Wirtschaft im Sinne nachhaltiger Unternehmensleistungen oder eines Nachhaltigkeitsmanagements angewendet wird. Soll die Verwendung des Nachhaltigkeitsbegriffs mehr als nur eine modische Floskel sein, so bedarf es nicht nur rhetorischer Umdeutungen der bestehenden Praxis. Es braucht eine vertiefte Auseinandersetzung mit der Bedeutung dieses Konzeptes und seines Inhalts.[1]

Das Nachhaltigkeitskonzept wirft wichtige Fragen auf. Geht man davon aus, dass Nachhaltigkeit auf der Ebene des Unternehmens weder dasselbe ist wie Nachhaltigkeit auf der Ebene der Gesellschaft noch einfach daraus abgeleitet werden kann, ist man mit der grundlegenden Frage konfrontiert, was Nachhaltigkeit auf Unternehmensebene denn dann heißt? Mit anderen Worten: Wie muss man sich eine angemessene *Konzeption unternehmerischer Nachhaltigkeit* vorstellen? Um eine solche Konzeption zu entwickeln, sollen folgende Leitfragen behandelt werden, die zentrale Aspekte dieser Konzeption näher ausleuchten:

- Um welche Nachhaltigkeitsprobleme geht es? Stehen die Nachhaltigkeitswirkungen der Unternehmenstätigkeiten im Vordergrund oder die Nachhaltigkeitsprobleme der Gesellschaft? *(Problemebene)*
- Besteht das Ziel unternehmerischen Nachhaltigkeitsmanagements in der Reduktion verursachter Belastungen oder im Schaffen ökonomischer, ökologischer und sozialer Werte? *(Zielbereiche)*
- Was sind die handlungsleitenden Gründe unternehmerischen Nachhaltigkeitsmanagements? *(Handlungsgründe)*
- Auf welchen Ebenen bewegen sich nachhaltigkeitsbezogene Maßnahmen? *(Handlungsebenen)*
- Was sind die Ansatzpunkte nachhaltigkeitsbezogener Maßnahmen im Unternehmen? *(Handlungsfelder)*

1 Die vorliegenden Ausführungen basieren auf Gminder u.a. 2002: 95ff.

1. Problemebene: Probleme des Unternehmens oder der Gesellschaft?

Zunächst ist festzustellen, dass Nachhaltigkeit bisher vor allem eine gesellschaftspolitische Aufgabe und Vision darstellt, deren konkrete Inhalte und Ziele oftmals noch sehr vage sind. Entsprechend groß sind auch die Interpretationsspielräume und vielfältig die Aussagen, die man hierzu antrifft. Ganz allgemein geht es um eine Verbesserung der Lebensqualität und um Zukunftssicherung in einem sehr umfassenden Sinne, unter Vermeidung nachteiliger Wirkungen im ökologischen und sozialen Bereich. Erst in jüngster Zeit wird diese Vision in Form von Handlungsfeldern und Strategien konkretisiert. Auf europäischer Ebene hat zum Beispiel der Europäische Rat auf seiner Sitzung in Göteborg im Juni 2001 ergänzend zu bereits bestehenden Beschlüssen in den beiden Bereichen Armut und soziale Ausgrenzung sowie Alterung der Bevölkerung (Kommission der Europäischen Gemeinschaften 1999) vier *Hauptgebiete einer europäischen Nachhaltigkeitspolitik* festgelegt (Schweizerischer Bundesrat 2002: 6):

- *Bekämpfung der Klimaveränderung und vermehrter Einsatz sauberer Energieträger*, namentlich mit dem Ziel, den Anteil der aus erneuerbaren Energiequellen produzierten Elektrizität am Gesamtverbrauch der EU auf 22 Prozent anzuheben;
- *Gewährleistung einer ökologisch vertretbaren Mobilität* und entsprechender Verkehrsmittel mittels Infrastrukturinvestitionen, die vorrangig den öffentlichen Verkehr und die Eisenbahnen berücksichtigen, sowie durch den vollen Einbezug der sozialen und ökologischen Kosten des Verkehrs;
- *Risikominderung im Gesundheitsbereich* beispielsweise durch die Verabschiedung einer Politik über chemische Stoffe bis zum Jahr 2004 und durch die Schaffung eines europäischen Überwachungs- und Frühwarnsystems für Gesundheitsfragen;
- Gesteigerte Sensibilisierung für einen verantwortungsvollen Umgang mit *natürlichen Ressourcen*, Förderung von umweltverträglichen Produktionsmethoden in der Landwirtschaft, Wiederherstellung von Lebensräumen und natürlichen Systemen sowie Anhalten des Rückgangs der Biodiversität bis zum Jahr 2010.

Auf der anderen Seite ist das Nachhaltigkeitskonzept in jüngster Zeit insbesondere bei Großunternehmen auf ein gesteigertes Interesse gestoßen. Unternehmen wie Shell, BP, ABB, Henkel, Novartis, Novo Nordisk oder Unilever bekennen sich zur Nachhaltigkeit als einer für sie gültigen Unternehmensvision. Ausgehend von den nachhaltigkeitsrelevanten Wirkungen ihrer Unternehmenstätigkeiten leiten sie Ziele ab, entwickeln Strategien und Maßnahmen, welche mit Hilfe spezieller Nachhaltigkeitsmanagementsysteme in die Realität umgesetzt werden und deren Erfolge – teilweise – anhand von Nachhaltigkeitsindikatoren gemessen und beurteilt werden. Im Rahmen spezieller Nachhaltigkeitsberichte wird schließlich über die Ziele, Maßnahmen und Ergebnisse informiert und Rechenschaft abgelegt.

Hieraus wird deutlich, dass Nachhaltigkeitsziele und -maßnahmen der Unternehmen somit an zwei ganz verschiedenen Referenzpunkten ausgerichtet werden können: an den Nachhaltigkeitswirkungen der Unternehmenstätigkeiten einerseits und am Beitrag des Unternehmens zu den Nachhaltigkeitszielen der Gesellschaft andererseits. Geht es um die Nachhaltigkeitswirkungen der Unternehmenstätigkeiten, so steht die Unternehmensebene im Vordergrund der Betrachtung. Geht es hingegen um die Nachhaltigkeitsprobleme der Gesellschaft, so stehen die Probleme und Herausforderungen auf der Ebene der Gesellschaft im Vordergrund. Beide Referenzpunkte sind für die Ausrichtung unternehmerischer Nachhaltigkeit von Bedeutung. Sie sind jedoch sehr unterschiedlicher Natur.

Tabelle 1: Unterschiedliche Referenzpunkte unternehmerischer Nachhaltigkeit

	Nachhaltigkeitswirkungen der Unternehmenstätigkeiten	Nachhaltigkeitsprobleme der Gesellschaft
Ziel	Optimierung unternehmerischer Öko- und Sozioeffizienz bzw. Öko- und Sozioeffektivität	Beitrag zur Lösung von Nachhaltigkeitsproblemen der Gesellschaft
Ansatzpunkte für Maßnahmen	Tätigkeiten des Unternehmens und deren Nachhaltigkeitswirkungen (z.B. Nachhaltigkeitsaspekte der Prozesse und Produkte)	Nachhaltigkeitsprobleme der Gesellschaft (z.B. Klimaschutz, Energieeffizienz, Mobilität, Landwirtschaft, Tourismus)
Maßnahmen	Primär auf Unternehmensebene (operative und strategische Maßnahmen)	Primär auf übergeordneten Ebenen (transformative Maßnahmen)

Stehen die *Nachhaltigkeitswirkungen der Unternehmenstätigkeiten* im Vordergrund der Betrachtung, so verlangt dies, die relevanten Umwelt- und Sozialaspekte des Unternehmens zu analysieren und geeignete Maßnahmen zu treffen, um die hiermit verbundenen Belastungen zu reduzieren. Es geht mit anderen Worten darum, den ökologischen und sozialen „Fußabdruck" des Unternehmens (Wackernagel/Rees 1996; Sturm/Wackernagel/Müller 1999) zu reduzieren, indem die Ökoeffizienz (Schaltegger/Sturm 1990; Schmidheiny u.a. 1992; de Simone/Popoff 1997) und die Sozioeffizienz verbessert werden. Darüber hinaus geht es aber auch um Verbesserungen bezüglich einer weitergehenden Öko- und Sozioeffektivität, bei denen nicht nur relative Verbesserungen pro Unternehmenstätigkeit erzielt werden, sondern Belastungsniveaus absolut abgesenkt werden können. Die Ansatzpunkte für Maßnahmen liegen hierbei im Unternehmen und gehen von der Nachhaltigkeitsrelevanz der eigenen Tätigkeiten aus. Die ergriffenen Maßnahmen bewegen sich deshalb primär auf der Unternehmensebene und umfassen operative sowie strategische Maßnahmen, wenn man an Prozessoptimierungen oder an die Entwicklung innovativer Produkte denkt.

Für die *Gesellschaft* stehen bezüglich Nachhaltigkeit zumeist andere Probleme im Vordergrund als für die Unternehmen. So sind Energieverbrauch und Klimabelastungen wohl ein gesellschaftliches Problem, aber aufgrund der geringen Kostenbelastung nur in den wenigsten Fällen auch ein relevantes Problem für Unternehmen. Und die bedeutenden Fragen des innerstädtischen oder des alpenquerenden Verkehrs sind wohl Nachhaltigkeitsprobleme der Gesellschaft, für die sich die politischen Instanzen, in der Regel aber nicht die Anbieter – und genauso wenig die Nutzer – entsprechender Mobilitätsdienstleistungen verantwortlich fühlen. Dennoch können diese Probleme auch von Unternehmen als Ansatzpunkt für Nachhaltigkeitsmaßnahmen genommen werden. Sie gehen dann von den Nachhaltigkeitsproblemen der Gesellschaft aus und suchen nach geeigneten Mitteln und Maßnahmen, um Beiträge zu ihrer Lösung zu entwickeln. Maßnahmen zielen dabei auf übergeordnete Systemebenen, wie die Branche insgesamt, eine Region oder die politischen Rahmenbedingungen. Relevante Lösungsbeiträge zielen deshalb auch eher auf transformative Maßnahmen wie die Mitwirkung an der Etablierung gemeinsamer Qualitäts- oder Leistungsstandards, an Branchenvereinbarungen oder an politischen Lösungen (siehe aus wirtschaftsethischer Perspektive Ulrich 1991 und 1997: 393ff.; aus Perspektive der Umweltmanagementlehre Schneidewind 1998 und Belz 2001: 91ff.).

Nachhaltigkeit auf Unternehmensebene bewegt sich in diesem Spannungsfeld zwischen Unternehmenstätigkeiten und Gesellschaftsproblemen. Beide Ansatzpunkte sind relevant und im Rahmen einer nachhaltigen Ausrichtung der Unternehmensleistungen zu berücksichtigen. Wie stehen diese beiden Bereiche nun aber zueinander? Welcher Bereich ist der wichtigere? Für Unternehmen stehen normalerweise die Nachhaltigkeitswirkungen der eigenen Tätigkeiten im Vordergrund. Hierfür spricht, dass von Unternehmen erwartet wird, dass sie zunächst einmal „das eigene Haus in Ordnung bringen“, bevor sie sich „aus dem Fenster lehnen“ und sich den Nachhaltigkeitsproblemen der Gesellschaft zuwenden. Gleichzeitig kann aber auch nicht übersehen werden, dass dies aus der Perspektive externer Anspruchsgruppen als unternehmerische „Pflicht“ angesehen wird. Es handelt sich im Sinne der Motivationstheorie von Herzberg somit um einen „Hygienefaktor“[2], der negative Kritik vermindern kann, jedoch keine Anerkennung auslöst. Von außen betrachtet stehen die Nachhaltigkeitsprobleme der Gesellschaft insgesamt im Vordergrund. Gesellschaftliche Anspruchsgruppen bemessen deshalb die Leistungen von Unternehmen vor allem daran, welchen Beitrag sie zur Bewältigung der dominanten Nachhaltigkeitsprobleme der Gesellschaft leisten. Erst erkennbare Beiträge zu deren Bewältigung führen zu einer positiven Auszeichnung der Unternehmen und können als „Motivatoren“ gemäß der Herzbergschen Theorie angesehen werden.

2. Zielbereiche: Belastungen reduzieren oder Werte schaffen?

Je nachdem, wie der Einfluss unternehmerischer Tätigkeiten auf Wirtschaft, Natur und Gesellschaft gesehen wird, rücken andere Maßnahmen in den Vordergrund der Betrachtung. Stehen belastende Einflüsse auf die sozialen Beziehungen im gesellschaftlichen Umfeld oder die Ausbeutung knapper Ressourcenbestände im Vordergrund der Betrachtung, so drängen sich defensive Maßnahmen auf. Dementsprechend geht es darum, solche Belastungen zu vermeiden oder zu vermindern. Die betroffenen Tätigkeiten sind anzupassen, zu optimieren oder zu ersetzen. Stehen wertvermehrende Tätigkeiten im Vordergrund der Betrachtung, so treten vielmehr offensive Maßnahmen in den Vordergrund. Dann besteht das Ziel darin, die entsprechenden Tätigkeiten zu verstärken und weiter zu entwickeln. Zu denken ist hierbei zum Beispiel an die Entwicklung und Vermarktung alternativer Energien oder neuartiger Mobilitätskonzepte, wie dies Mobility CarSharing in der Schweiz mit beachtlichem Erfolg tut.

Die Unterscheidung von nachhaltigkeitsbezogen Risiken und Chancen liegt beispielsweise dem Dow Jones Sustainability Index zugrunde, in dessen Rahmen beide Aspekte klar voneinander getrennt werden[3]. Demgemäss werden risikoseitig die branchenspezifischen Nachhaltigkeitsrisiken (z.B. der Mineralölbranche insgesamt) beurteilt, dann aber auch die strategischen Risiken (z.B. Exxons Bau einer Pipeline durch sensibles Gebiet in Afrika) sowie das Management von Nachhaltigkeitsrisiken auf Unternehmensebene (z.B. Exxons offene Bekämpfung einer wirksamen Klimapolitik). Chancenseitig werden analog einerseits die branchenspezifischen Nachhaltigkeitschancen (z.B. der Anbieter von Biolebensmitteln) beurteilt, andererseits die strategischen Chancen (z.B. einer Supermarktkette für Biolebensmittel wie Whole Foods) sowie das Management von Nachhaltigkeitschancen auf Unternehmensebene (z.B. gesicherte Beschaffungsquellen sowie wirksame Management-

---

2 Die Zwei-Faktorentheorie von Herzberg unterscheidet bezüglich der Motivation von Mitarbeitern zwischen zwei sehr unterschiedlich wirkenden Faktoren: „Hygienefaktoren“ einerseits, die Unzufriedenheit verhindern, aber keine Zufriedenheit herstellen (z.B. Lohngerechtigkeit), und „Motivatoren“ andererseits, die Zufriedenheit herstellen können (z.B. Übertragung von Verantwortung).

3 Vgl. Flatz 2000: 116ff. und Ringger 2001. Letzterer definiert in diesem Zusammenhang corporate sustainability als „business approach to create long-term shareholder value by embracing opportunities and managing risks deriving from economic, environmental and social developments “ (S.32).

und Incentivesysteme). Hieraus werden zwei voneinander unabhängige Beurteilungsindikatoren gewonnen, da nachhaltigkeitsbezogene Risiken und Chancen durch unterschiedliche Entwicklungen bestimmt sind, aber auch durch andere Strategien und Maßnahmen bewältigt bzw. ausgenützt werden. Wenn es auch Branchen gibt, bei denen Nachhaltigkeitsrisiken von ihrer Bedeutung her insgesamt dominieren (z.B. Mineralölindustrie), weshalb Maßnahmen eines unternehmerischen Risikomanagements entsprechend wichtig sind, so ist doch zumeist von einem unterschiedlichen Mix gleichzeitig vorliegender Risiken und Chancen auszugehen, die neben eines defensiven Risikomanagements auch eines offensiven Chancenmanagements bedürfen (im Falle der Mineralölindustrie z.B. die Entwicklung sauberer Dieselkraftstoffe oder die Erschließung regenerativer Energiequellen wie der Sonnenenergie). Die Frage nach der Art der nachhaltigkeitsbezogenen Maßnahmen ist deshalb auch keine „Entweder-oder-Frage", sondern in aller Regel eine „Sowohl-als-auch-Frage".

3. Handlungsgründe: Werte und Strategien

Geht man der Frage nach, warum Unternehmen sich des Nachhaltigkeitsthemas annehmen, so stößt man typischerweise auf eine Mischung politisch-ethischer und strategischer Gründe, auf Werte und Strategien, indem einerseits Aspekte der unternehmerischen Verantwortung und des aufgeklärten Selbstverständnisses, andererseits aber auch Aspekte der Wirtschaftlichkeit und Wettbewerbsfähigkeit sowie des Images und der Reputation betont werden. Mit anderen Worten geht es im Falle der Werte um eine Ausrichtung an unternehmerischen Grundwerten, im Falle der Strategien um eine Ausrichtung am (finanziell bemessenen) Unternehmenswert.

Eine bewusste Ausrichtung an unternehmerischen Grundwerten findet sich zum Beispiel in der folgenden Feststellung des Nachhaltigkeitsberichts von Shell:

> „Our core values of honesty, integrity and respect for people are at the heart of our Business Principles, the basis on which we do business. In these principles we undertake to contribute to sustainable development" (Shell 2000: 6).

Oder sie geht aus einem entsprechenden Bekenntnis im Nachhaltigkeitsbericht des Axel Springer Verlags hervor, für welchen nachhaltiges Verhalten eine Frage der Unternehmenskultur darstellt:

> „Was wir nach außen tragen, praktizieren wir im eigenen Hause" (Axel Springer Verlag 2001: 8f.).

Unternehmerisches Nachhaltigkeitsmanagement ist aber nicht nur Ausdruck einer bewussten Ausrichtung an unternehmerischen Grundwerten („an expression of values"), sondern wohl immer auch Ausdruck einer Ausrichtung am Schaffen wirtschaftlicher Werte („a creator of business value"). Diesbezüglich lassen sich drei wettbewerbsstrategische Gründe für ein nachhaltiges Unternehmenshandeln unterscheiden: Es geht erstens um die langfristige Absicherung des Unternehmenserfolgs angesichts großer Unsicherheiten, somit um Planungssicherheit. Es geht zweitens um die Vermeidung von Konflikten mit Anspruchsgruppen, damit um die Sicherung von Akzeptanz und Legitimität. Und es geht drittens um das Erkennen und Ausnützen von Differenzierungs- und Marktpotenzialen, also darum, bestehende Kunden zu binden bzw. neue zu gewinnen, aber auch allgemein um Innovation und Zukunftssicherung.

Die politisch-ethische und die unternehmensstrategische Ebene, somit Werte und Strategien, erweisen sich im Hinblick auf die Begründung praktischen Handelns als eng miteinander verknüpft. Strategische Gründe alleine dürften in diesem Bereich nicht genügen, da sie von außen hinterfragt und angezweifelt werden und im Innern nicht die erforderliche Wertebasis für nachhaltiges Unternehmenshandeln zu schaffen vermögen. Damit dürfte aber auch die erforderliche Mobilisierung des Unternehmens begrenzt bleiben und die Richtschnur für eine langfristige Ausrichtung des Handelns fehlen. Politisch-ethische Gründe alleine laufen Gefahr die Erfolgsbedingungen gering zu schätzen, wonach Unternehmensstrategien wirtschaftlich begründbar sein müssen, sollen sie für das Unternehmen dauerhaft tragfähig sein. In der Realität wird man wohl immer ein Konglomerat normativer und strategischer Handlungsgründe vorfinden. Einfache Begründungen nach einem „Entweder-Oder-Schema" fallen deshalb auch schwer und wirken reduktionistisch.

4. Handlungsebenen: Von Prozessen zum Bedürfnis

Nachhaltigkeitsbezogene Handlungen bewegen sich auf ganz unterschiedlichen Handlungsebenen. Es lassen sich fünf Ebenen nachhaltigen Unternehmenshandelns unterscheiden, die von einem bestimmten Handlungsbereich im Unternehmen bis zur gesellschaftlichen Ebene reichen.

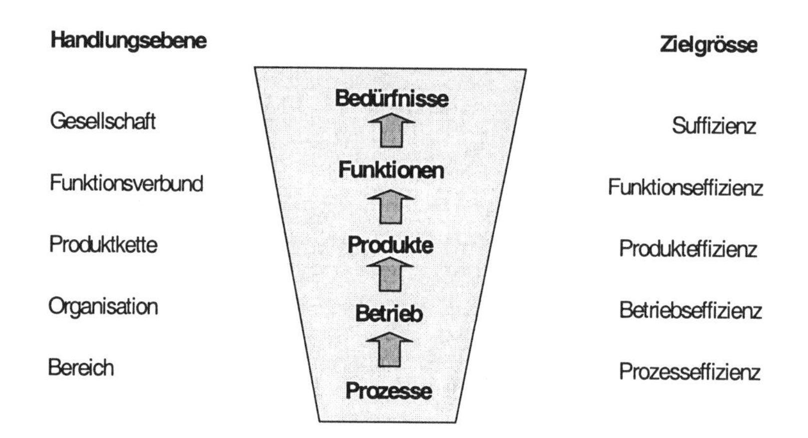

Abbildung 1: Handlungsebenen und Zielgrößen nachhaltigen Unternehmenshandelns (basierend auf Schneidewind 1994)

Jede dieser Handlungsebenen stellt einen anderen Kontext dar mit unterschiedlichen Zielgrößen. Auf der ersten Ebene stehen einzelne Prozesse im Vordergrund. Ziel auf dieser Ebene ist es, die Effizienz der Prozesse zu verbessern. Nehmen wir die Herstellung von Druckerzeugnissen, so geht es auf dieser Ebene zum Beispiel um das Schließen des Wasserkreislaufs in der Papierherstellung. Die relevante Handlungsebene ist der Produktionsbereich im Unternehmen. Auf der zweiten Ebene geht es um die nachhaltige Verbesserung des ganzen Betriebs, wofür heute spezifische Managementsysteme eingesetzt werden. Die relevante Handlungsebene ist hier die Organisation, die mittels des Managementsystems gestaltet wird. Bleiben wir bei dem Beispiel der Herstellung von Druckerzeugnissen, so geht es hier um die Effizienz des ganzen Betriebs bzw. der ganzen Organisation. Auf der dritten Ebene geht es um die nachhaltige Optimierung der Produkte, beispielsweise einer Zeitschrift. Als relevante Handlungsebene tritt hier die ganze Produktkette in den Vordergrund, die im Fall der Papierkette von der Waldbewirtschaftung bis zur Rückgewinnung von Recyclingfasern reicht. Zielgröße ist die Produkteffizienz über den ganzen Lebenszyklus, somit die Lebenszykluseffizienz. Auf der vierten Ebene stehen die Funktionen des Produktes für den Anwender im Vordergrund. Zielgröße ist die Funktionseffizienz der Produkte. Ausgehend von der Funktion des Druckprodukts, Informationen zu Lesern zu bringen, ergeben sich hier neuartige Ansatzpunkte, um diese Funktion durch andere Leistungen zu erfüllen. Zu denken wäre hier beispielsweise an ein „print-on-demand" durch den Leser oder den Verkäufer. Die relevante Handlungsebene ist der Funktionsverbund, wobei es für ein „magazine-on-demand" hier zum Beispiel des Zusammenwirkens von Informationslieferant, Softwarehersteller und Vermittler bedarf. Auf der fünften und höchsten Handlungsebene stehen die Bedürfnisse im Vordergrund. Nicht mehr Effizienzpotenziale stehen im Vordergrund, sondern die Suffizienz, also die Genügsamkeit der Menschen im Umgang mit materiellen Dingen. Ob zum Beispiel jeder Haushalt den Papierdurchfluss benötigt, der in den hochentwickelten Industrien zu registrieren ist, ist eine Frage grundlegender Bedürfnisse und Werte der Gesellschaft insgesamt.

Höhere Ebenen eröffnen neue und zumeist weiterreichende Optimierungspotenziale für ein nachhaltiges Unternehmenshandeln. Sie stellen aber auch umfassendere Handlungsebenen dar. Je höher die Ebene, desto anspruchsvoller gestaltet sich das Handeln, weil größere und in der Regel auch zunehmend heterogene Kreise involviert sind. So sind die beiden unteren Ebenen noch durch das Unternehmen selber zu kontrollieren, während bereits die Kooperation über die Produktkette eine Vielfalt von Unternehmen betrifft, die aber immerhin noch durch Lieferbeziehungen miteinander verknüpft sind. Auf der Ebene des Funktionsverbundes bestehen nicht einmal mehr Lieferbeziehungen, was eine Koordination schwieriger macht. Und Prozesse der Bedürfnisreflexion können durch Unternehmen nur als Teilnehmer an grundsätzlich offenen gesellschaftlichen Diskursen mitgestaltet, nicht aber einseitig bestimmt werden.

5. Handlungsfelder im Unternehmen: Produktion, Produkte und Management

Während sich in einer übergreifenden Systemperspektive verschiedene Handlungsebenen unterscheiden lassen, lässt der Blick in das Unternehmen hinein verschiedene Handlungsfelder erkennen. Die früher entwickelte Einteilung ökologisch relevanter Handlungsfelder in Produktion, Produkte und Management lässt sich auf den Bereich des Nachhaltigkeitsmanagements übertragen (Dyllick 1992: 404f.).

Im *Handlungsfeld Produktion* (oder Betrieb) stehen die Herstellungs- und Betriebsprozesse im Vordergrund der Betrachtung. Sie sind vor allem bestimmt durch die eingesetzte Technik und deren Auswirkungen bzw. durch die zum Einsatz gelangenden Anlagen. Ihre Auswirkungen betreffen den jeweiligen Standort, sie strahlen aber auch auf dessen unmittelbares Umfeld aus. Hier spielen Ressourcenverbräuche, Emissionen, Abfälle und Risiken eine Rolle. Maßnahmen sind auf die Optimierung der Technologie, der Prozesse und der Managementroutinen ausgerichtet. Es geht in ökologischer Hinsicht sowohl um Risikoverminderung als auch um Effizienzverbesserung. In sozialer Hinsicht stehen die Arbeitsverhältnisse und deren Ausgestaltung aber auch die Auswirkungen auf das soziale Umfeld im Vordergrund.

Im *Handlungsfeld Produkte* sind die Leistungen des Unternehmens in Form von Produkten und Dienstleistungen Ausgangspunkt der Betrachtung, deren Auswirkungen über den ganzen Lebensweg hinweg betrachtet werden. Hieraus entsteht ein Bild, das entweder auf der Basis der relevanten Stoffflüsse analysiert wird (z.B. mit Produktökobilanzen oder einer Belastungsmatrix) oder auf der Basis von Akteursketten (z.B. anhand einer Anspruchsgruppenanalyse oder mit einer Anspruchsmatrix), wobei hier die Lieferanten und Kunden, aber auch die Märkte und die Konkurrenz im Vordergrund stehen (vgl. Dyllick u.a. 1994; Dyllick u.a. 1997). Sind im Hinblick auf das Handlungsfeld Produktion vor allem die technischen Funktionsbereiche betroffen (Produktion, Technik, Logistik), so sind dies bezüglich des Handlungsfeldes Produkte eher die Funktionsbereiche Produktentwicklung, Marketing und Vertrieb.

Im *Handlungsfeld Management* sind die Organisations- und Führungsmaßnahmen Ausgangspunkt der Betrachtung, mit deren Hilfe Ziele im Nachhaltigkeitsbereich festgelegt werden, Programme und Maßnahmen definiert und mittels geeigneter Managementsysteme umgesetzt und überwacht werden. International normierte Managementsysteme spielen hierfür eine zentrale Rolle wie das EFQM-Modell im Bereich des Total Quality Management, ISO 14001 und EMAS im Bereich der Umweltmanagementsysteme, SA 8000 und AA 1000 im Bereich der Sozialmanagementsysteme, das britische SIGMA-Projekt oder die Leitlinien der Global Reporting Initiative für den Bereich des Nachhaltigkeitsmanagements. Diese Managementsysteme beruhen auf gleichartigen Strukturmerkmalen und basieren zentral auf dem Mechanismus eines systematischen Plan-Do-Check-Act-Kreislaufs, somit auf der Wirkung systematischer, selbstorganisierter, aber überwachter Kontroll- und Verbesserungszyklen.

Führt man die Handlungsfelder mit den zuerst behandelten Problemebenen zusammen, so wird aus der Gegenüberstellung deutlich, wie sich die spezifischen Nachhaltigkeitsthemen voneinander unterscheiden:

Tabelle 2: Handlungsfeldspezifische Nachhaltigkeitsthemen auf unterschiedlichen Problemebenen

	Unternehmenstätigkeiten	Gesellschaftsprobleme
Produktion	Nachhaltige Produktion Nachhaltige Prozesse	Nachhaltige Technik Stoffflussmanagement
Produkte	Nachhaltige Produkte Nachhaltigkeitsmarketing	Nachhaltiger Konsum Neue Nutzungskonzepte
Management	Nachhaltigkeitsmanagementsysteme Anspruchsgruppenmanagement	Marktwirtschaftliche Lösungen Eigenverantwortung Zivilgesellschaftliche Regulierungen

Stehen die Nachhaltigkeitswirkungen der Unternehmenstätigkeiten im Vordergrund der Betrachtung, so geht es im *Handlungsfeld Produktion* um eine nachhaltige Ausgestaltung einzelner Prozesse oder der Produktion insgesamt. Stehen demgegenüber die Nachhaltigkeitsprobleme der Gesellschaft im Vordergrund, so drehen sich die relevanten Fragen eher um übergreifende Fragen einer nachhaltigen Technik oder einer nachhaltigen Optimierung ganzer Produktketten. Stehen die Unternehmenstätigkeiten im Vordergrund, so geht es im *Handlungsfeld Produkte* um die Entwicklung nachhaltiger Produkte oder ein gezieltes Nachhaltigkeitsmarketing. Im Hinblick auf Probleme der Gesellschaft insgesamt geht es eher um Fragen eines nachhaltigen Konsums oder neuer Nutzungskonzepte wie Miete, Leasing oder Dienstleistungskonzepte. Und im *Handlungsfeld Management* geht es bezüglich der Unternehmenstätigkeiten zum Beispiel um geeignete Nachhaltigkeitsmanagementsysteme oder ein gezieltes Anspruchsgruppenmanagement, während es bezüglich der Gesellschaftsprobleme um geeignete politische Rahmenbedingungen geht, die zum Beispiel mittels marktwirtschaftlicher Lösungen, einer verstärkten Einbindung der Eigenverantwortung oder Formen zivilgesellschaftlicher Regulierung Veränderungen ermöglichen.

Literatur

Axel Springer Verlag: Nachhaltigkeitsbericht 2000. Hamburg 2001

Belz, Frank: Integratives Öko-Marketing: Erfolgreiche Vermarktung ökologischer Produkte und Leistungen. Wiesbaden 2001

DeSimone, Livio/Popoff, Frank: Eco-Efficiency: The Business Link to Sustainable Development. Cambridge 1997

Dyllick, Thomas: Ökologisch bewusste Unternehmungsführung: Bausteine einer Konzeption. In: Die Unternehmung 46 (1992) 6, S. 391-413

Dyllick, Thomas u.a.: Ökologischer Wandel in Schweizer Branchen. Bern u.a. 1994

Dyllick, Thomas/Belz, Frank/Schneidewind, Uwe: Ökologie und Wettbewerbsfähigkeit. München/Zürich 1997

Dyllick, Thomas/Hockerts, Kai: Beyond the Business Case for Corporate Sustainability. In: Business Strategy and the Environment 11 (2002), S. 130-141

Dyllick, Thomas/Schaltegger, Stefan: Nachhaltigkeitsmanagement mit einer Sustainability Balanced Scorecard. In: UmweltWirtschaftsForum 9 (2001) 4, S. 68-73

Flatz, Alois: Der Dow Jones Sustainability Index: Eine neue Kraft auf den globalen Finanzmärkten. In: Fichter, Klaus/Schneidewind, Uwe (Hrsg.): Umweltschutz im globalen Wettbewerb. Berlin 2000, S. 111-120

Gminder, Carl-Ulrich/Bieker, Thomas/Dyllick, Thomas/Hockerts, Kai: Nachhaltigkeitsstrategien umsetzen mit einer Sustainability Balanced Scorecard. In: Schaltegger, Stefan/Dyllick, Thomas (Hrsg.): Nachhaltig Managen mit der Sustainability Balanced Scorecard. Wiesbaden 2002, S. 95-147

Kommission der Europäischen Gemeinschaften: Strategie von Lissabon für den Bereich der Sozialpolitik. Brüssel 1999

Ringger, Reto: Unternehmerische Nachhaltigkeit beurteilen. In: Bieker, Thomas/Gminder, Carl-Ulrich/Hamschmidt, Jost (Hrsg.): Unternehmerische Nachhaltigkeit – auf dem Weg zu einem Sustainability Controlling (IWÖ-Diskussionsbeitrag, Nr. 95). St. Gallen 2001, S. 29-40

Schaltegger, Stefan/Dyllick, Thomas (Hrsg.): Nachhaltig Managen mit der Balanced Scorecard. Konzept und Fallstudien. Wiesbaden 2002

Schaltegger, Stefan/Sturm, Andreas: Ökologische Rationalität. In: Die Unternehmung 44 (1990) 4, S. 273-290

Schmidheiny, Stephan u.a.: Kurswechsel. Globale unternehmerische Perspektiven für Entwicklung und Umwelt. München 1992

Schneidewind, Uwe: Die Unternehmung als strukturpolitischer Akteur. Marburg 1998

Schneidewind, Uwe: Mit COSY (Company Oriented Sustainability) Unternehmen zur Nachhaltigkeit führen (Institut für Wirtschaft und Ökologie, Diskussionsbeitrag Nr.15). St.Gallen 1994

Schweizerischer Bundesrat: Strategie Nachhaltige Entwicklung 2002. Bericht des Bundesrates. Bern, 27. März 2002

Shell: People, Planet & Profits. The Shell Report 2000. London 2000

Sturm, Andreas/Wackernagel, Mathis/Müller, Kaspar: Die Gewinner und Verlierer im globalen Wettbewerb. Chur 1999

Ulrich, Peter: Integrative Wirtschaftsethik. Bern u.a. 1997

Ulrich, Peter: Ökologische Unternehmungspolitik im Spannungsfeld von Ethik und Erfolg. Fünf Fragen und fünfzehn Argumente. In: Beiträge und Berichte des Instituts für Wirtschaftsethik an der Universität St. Gallen, Band 47. St. Gallen 1991

Wackernagel, Mathis/Rees, William: Our Ecological Footprint. Gabriola Island, BC (Kanada) 1996

Erfolgsbegriff eines nachhaltigen Managements

Georg Müller-Christ und Michael Hülsmann

Wie ist nachhaltiges Wirtschaften machbar? So lautet der Untertitel dieses Buches. Die Frage nach der Machbarkeit ist zugleich eine Frage nach dem Erfolgsbegriff nachhaltigen Wirtschaftens. Sie zielt sicherlich in letzter Konsequenz auf die Erfahrung, dass man nur das managen kann, was man messen kann. Ein Großteil der Forschungsbemühungen ist darauf ausgerichtet, genau diese Instrumente eines nachhaltigen Managements zu generieren, die Nachhaltigkeit durch Kennzahlen oder Indikatoren steuerbar machen. Hierbei wird jedoch implizit davon ausgegangen, dass ein nachhaltiges Management derselben Rationalität folgen muss wie die bisherige Betriebswirtschaftslehre.

Innerhalb der herrschenden Betriebswirtschafts- und Volkswirtschaftslehre wird Rationalität bislang einzig als Zweck-Mittel-Rationalität in der folgenden Form definiert: Ökonomisch rational ist der effizienteste Mitteleinsatz, der möglich ist (Kappler 1993: 3649). Erfolgreich ist ein Unternehmen dann, wenn es seine Zwecke möglichst weitgehend erreicht. In diesem Beitrag wird herausgearbeitet, dass Unternehmen unter den heutigen Bedingungen nicht nur ihre Zwecke möglichst effizient erreichen müssen, sondern zugleich auch ihren Bestand sichern müssen. Wesentlich ist hierbei die Erkenntnis, dass Bestandssicherung nicht der Rationalität der Effizienz folgt, sondern der – ebenfalls ökonomischen – Rationalität der Nachhaltigkeit. Erfolgreich sind Unternehmen dann, wenn sie sowohl ihre Zwecke effizient erreichen als auch ihren Bestand nachhaltig sichern. Nachhaltiges Management führt somit zu einem dualen Erfolgsbegriff, der eine erhebliche Herausforderung für die betriebswirtschaftliche Entscheidungstheorie darstellt.

1. Unzulänglichkeit der Öko-Effizienz-Rationalität zur Lösung des Ressourcenproblems

Welche Aufgaben muss ein Umweltmanagement erfüllen? Konkret geht es um den Schutz der natürlichen Umwelt. Unternehmen bedrohen die Überlebensfähigkeit der Natur durch die Menge der entnommenen Rohstoffe und durch die Höhe der Emissionen in Boden, Wasser und Luft aufgrund des Produktionsprozesses und der Nutzung sowie des Verbrauchs an Produkten. Aufgabe des Umweltmanagements ist es daher, die Emissionen zu senken, die stofflichen Risiken zu minimieren und die Rohstoffe zu schonen. Erhebliche Fortschritte hat das Umweltmanagement bislang zur Reduzierung der Risiken und zur Absenkung der Emissionen im Produktionsprozess beigetragen. Ehrlicherweise muss man indes hinzufügen, dass der Motor für diesen Erfolg im Wesentlichen die Umweltgesetzgebung gewesen ist (Schwaderlapp 1999: 234). Bezüglich der Schonung der natürlichen Ressourcen ist der Fortschritt differenzierter zu beurteilen. Tatsächlich gibt es kaum Anzeichen dafür, dass die Wirtschaft den absoluten Verbrauch an natürlichen Ressourcen (Energie und Materie) deutlich reduziert.

Das überwiegende Gros der Literatur zum Thema Betriebswirtschaftslehre und Umweltschutz beschäftigt sich mit der Frage, wie man durch Umweltschutz Kosten reduzieren und Erträge halten oder steigern kann. Mit anderen Worten: Die Stückkosten der Produktion werden durch die Reduzierung der eingesetzten Roh-, Hilfs- und Betriebsstoffe oder durch die Vermeidung von Abfall gesenkt (Müller-Christ 2001b: 535). Tatsächlich ist dieser Ansatz atheoretisch. Marktorientiertes und kostensenkendes Umweltmanagement ist eine Verlängerung der effizienzorientierten Zweck-Mittel-Rationalität auf Fragen der Abfallwirtschaft, der Emissionsabsenkung, der Risikominimierung und der Reduzierung der Einsatzmengen von Roh-, Hilfs- und Betriebsstoffen. Wenn neue Märkte erschlossen oder die Stückkosten der Produktion gesenkt wurden, war das Umweltmanagement nach dieser Lesart erfolgreich. Gleichzeitig wird diese Rationalität auch nur eingesetzt, wenn deutliche Anreize bestehen, den Input zu senken oder den Output zu steigern. Strategisch hat man lange gehofft, dass der Druck der Märkte oder der Anspruchsgruppen Unternehmen dazu zwingen wird, sich aktiv für den Umweltschutz einzusetzen. Diese Hoffnung wurde bislang kaum erfüllt (Steger 1997: 4). Man braucht keine großen empirischen Studien durchzuführen, um festzustellen, dass der absolute Ressourcenverbrauch der (deutschen) Wirtschaft nicht deutlich zurückgeht.

Bezogen auf den Verbrauch an natürlichen Ressourcen lässt sich nur feststellen, dass die relative Einsparung an Ressourcen pro Produkteinheit absolut durch das Wachstum der Produktion in den meisten Fällen überkompensiert wird. Einen nennenswerten Beitrag zur Reduzierung des absoluten Ressourcenverbrauchs konnte die Umweltmanagementlehre daher bislang noch nicht leisten. Bekannte Konzepte wie „Faktor 4“ von von Weizsäker/Lovins/Lovins (1995) oder „Faktor 10“ von Schmidt-Bleek (1998) verfolgen zwar ein deutliches Reduzierungsziel im Verbrauch natürlicher Ressourcen, sie setzen hierbei jedoch auf Öko-Effizienz als Erfolgsbegriff.

Die Öko-Effizienzperspektive dominiert die Umweltmanagementforschung, weil die Rationalität in der Austauschbeziehung zur Natur bislang ohne Alternative gedacht wird. Die Natur wird als ein Pool von Ressourcen betrachtet, der zu Wertschöpfungszwecken eingesetzt wird. Öko-Effizienz bedeutet letztlich aber nur, den Verbrauch des Pools zeitlich zu strecken. Bleibt Öko-Effizienz die einzige Rationalität im Umgang mit diesem Ressourcenpool, wird er dennoch in einem heute bereits überschaubaren Zeitraum abgebaut sein. Ohne natürliche Ressourcen wird es indes auch keine Wirtschaft mehr geben. Es scheint unmittelbar einsichtig, dass zur Erhaltung des Ressourcenpools – als Voraussetzung, um dauerhaft wirtschaften zu können –, eine weitere Rationalität benötigt wird. Eine solche Rationalität stellt Nachhaltigkeit dar, die jedoch nicht als Teilmenge der Effizienzrationalität definiert werden darf.

2. Nachhaltigkeit als haushaltsökonomische Rationalität

Es gibt gegenwärtig drei Lesarten der Nachhaltigkeitsdiskussion in den Wirtschaftswissenschaften: eine innovationsbezogene, eine normative und eine rationale. Die *innovationsbezogene* Sichtweise steht in der Praxis im Vordergrund und ist eine Intensivierung der Öko-Effizienz-Debatte: In dieser Lesart wird unter dem Terminus „nachhaltige Entwicklung“

ein neuer Versuch unternommen, Ökonomie und Ökologie als Win-Win-Konzept zu verknüpfen (Blättel-Mink 2001: 122ff.). Die *normative* Lesart wird besonders von der Politik betont und findet sich in vielen offiziellen Dokumenten rund um das Thema Nachhaltigkeit (ein Vergleich findet sich bei Jörrissen u.a. 2001). Sie rekurriert auf die Tatsache, dass die Industrieländer, die ein Viertel der Weltbevölkerung stellen, drei Viertel der globalen Ressourcen verbrauchen, um ihre Bedürfnisse zu befriedigen. Dementsprechend sind Gerechtigkeit und Bedürfnisbefriedigung auch normative Leitbegriffe dieser Perspektive. Die *rationale* Lesart geht hingegen davon aus, dass ein nachhaltiges Wirtschaften auf einer haushaltsökonomischen Rationalität basiert. Um dauerhaft wirtschaften zu können, ist es rational, die betriebliche Ressourcenbasis zu erhalten, indem in die Reproduktion der Ressourcen investiert wird (Müller-Christ 2001a). Mit *Nachhaltigkeit als ökonomische Rationalität* verschiebt sich auch der Blickwinkel auf das Zusammenspiel von Unternehmen und nachhaltiger Entwicklung. Es geht fortan nicht mehr darum, dass Unternehmen einen normativen Beitrag zur nachhaltigen gesellschaftlichen Entwicklung leisten, sondern dass Unternehmen selbst nachhaltig werden, um ihre Überlebensfähigkeit zu stabilisieren. Über diese Bemühungen leisten sie dann indirekt einen Beitrag zu einer nachhaltigen gesellschaftlichen Entwicklung.

2.1 Ressourcennachschub als Gestaltungsfeld der Nachhaltigkeit

Die rationale Sichtweise der Nachhaltigkeit lässt sich aus der Forstwirtschaft ableiten. Grundsätzlich ist es die Aufgabe der Forstwirtschaft, ein abgestimmtes Verhältnis von Bewahrung und Nutzung des Waldes zu gewährleisten: Bewahrt werden muss die Produktionsfähigkeit des Waldes, investiert werden muss dafür vor allen Dingen Zeit. Was man folglich aus der Waldwirtschaft lernen kann, ist das *Prinzip der erhaltenden Nutzung* (Sustainability) von Ressourcen: Es darf nur so viel Holz aus dem Wald entnommen werden, wie im selben Zeitraum nachwächst (Henning 1991: 56).

Nun produzieren Unternehmen nicht mithilfe natürlicher Wachstumsprozesse, sondern durch die Anwendung von Techniken. Sie müssen nicht wie im Falle der Forstökonomie Zeit investieren, sondern Kapital. Nachhaltigkeit im Umgang mit Kapital bedeutet, dass im Zuge der Finanzierungs- und Investitionsprozesse das eingesetzte Kapital vollständig erhalten bleibt. Nur so bleibt auch die Investitions- und damit Produktionsfähigkeit dauerhaft bestehen (Immler 1992: 11ff.). Das Wesen der Nachhaltigkeitsrationalität ist folglich in der Betriebswirtschaftslehre bereits als ein Kapitalerhaltungsdenken tief verwurzelt. Um diese Rationalität jedoch zu verallgemeinern, um sie auf alle lebenserhaltenden Ressourcen eines Unternehmens anwenden zu können, muss sie vom Kapitalbegriff gelöst werden.

Der dem volkswirtschaftlichen Kapitalbegriff als Produktionsfaktor entsprechende gleichwertige Gegenbegriff auf betriebswirtschaftlicher Ebene ist der der Ressourcen (Input-Output-Modell des Unternehmens). Der Begriff der Ressourcen (z.B. Human-, Natur- und Finanzressourcen) erscheint für die Diskussion um eine Integration des Nachhaltigkeitsprinzips in die Managementlehre aussagekräftiger: Kapital wird stets auf seine Verwendung hin gedacht (Einkommen erzielen zu können), Ressourcen aber auf ihre Entstehung hin; im Begriff Ressourcen steckt nämlich das Wort *source*: die Quelle (Müller-Christ 2003: 18).

Wenn man logisch das Nachhaltigkeitsprinzip im Umgang mit Finanzkapital auf alle Ressourcen überträgt, dann ist es ein rationaler Umgang mit Ressourcen, wenn durch das Unternehmensgeschehen alle verbrauchten Ressourcen wiederhergestellt werden. Damit gilt für den Betrieb als ressourcenverzehrende Institution, was bisher nur für den Umgang mit Finanzkapital gegolten hat: Eine dauerhafte Produktionsfähigkeit und damit ein dauerhaftes Einkommen lässt sich nur erzielen, wenn das Verhältnis von Nachschub zu Verbrauch aller vom Unternehmen benötigten Ressourcen ausgeglichen ist. Diese einzelwirtschaftliche Kennzahl wird als Nachhaltigkeit definiert (Müller-Christ/Remer 1999: 70). Tatsächlich ist dieses rationale Verständnis von Nachhaltigkeit überhaupt nicht neu. Es findet sich bereits im alteuropäischen Verständnis von der klugen Führung eines „Oikos", also eines wirtschaftenden Gutes oder Haushaltes (Aristoteles 1958:14).

Haushalten beinhaltet die Herstellung, die Erhaltung und die Wiederherstellung der für einen bestimmten Lebensstandard benötigten Ressourcen. Von daher kann unter einem Haushalt der gedankliche Ort der Abstimmung von Ressourcenverbrauch und Ressourcennachschub verstanden werden (Müller-Christ/Remer 1999: 83). Diese Abstimmung ist dann erfolgreich, wenn sie nachhaltig ist: Ressourcenverbrauch und Ressourcennachschub sind ausgeglichen. Nachhaltigkeit ist somit eine uralte Erfolgsgröße der haushaltsökonomischen Rationalität. Sie stand in der alteuropäischen Zeit im Vordergrund, weil die damalige Ressourcensituation vom klaren Bewusstsein absolut knapper natürlicher Ressourcen geprägt war. Diese Situation kommt nun heutzutage wieder.

2.2 Die Realität: Materielle und immaterielle Ressourcen werden absolut knapp

Warum ist haushaltsökonomisches Denken in der Wirtschaft überhaupt verloren gegangen? Mit der Entdeckung fossiler Brennstoffe fand vermutlich ein Wechsel im Knappheitsbegriff statt: Natürliche Rohstoffe waren plötzlich im Übermaß vorhanden. In der arbeitsteiligen Wirtschaft von heute werden nun Knappheiten an Ressourcen nur noch relativ durch ihren Preis angezeigt. Absolut sind Ressourcen auf den Märkten ganz selten knapp. Dies gilt sowohl für Human- und als auch für Naturressourcen. Die im Preis angezeigte relative Knappheit sagt hingegen nichts über die faktische absolute Knappheit der Ressource aus: Wie hoch ist der noch vorhandene physische Bestand der Ressource? Der ständig steigende stoffliche Ressourcenverbrauch führt jedoch der Gesellschaft die begrenzten Vorräte an Ressourcen vor Augen. Haushalten muss man nämlich nur, wenn der Ressourcenzufluss zum Engpass wird. Dies erschließt sich auch im Alltagsverständnis eines Privathaushalts. Gibt es ein Übermaß an Ressourcenzufluss (Geld), gibt es keinen Grund hauszuhalten, also den Ressourcenabfluss eng mit dem Ressourcenzufluss abzustimmen. Erst wenn die für einen bestimmten Lebensstandard benötigten Ressourcen absolut knapp werden, stellt sich die Notwendigkeit, über die Erhaltung der Ressourcenbasis nachzudenken.

Genau diese Notwendigkeit ergibt sich zur Zeit gleichfalls für Unternehmen. Immer deutlicher zeigen sich Signale absoluter Knappheit an materiellen und immateriellen Ressourcen. Die Wirtschaft spricht zum Beispiel zunehmend davon, dass sie sich aktiv für die Erhaltung der *immateriellen* Ressource „license to operate" einsetzen muss (so z.B. das Chemieunternehmen Aventis: www.corp.aventis.com/future/de/fut0202/aventis_update/aventis_update_1.htm). Das Grundproblem an immateriellen Ressourcen ist die Tatsache, dass es keine Faktormärkte dafür gibt (Rasche 1994: 63). Sie sind plötzlich absolut knapp, können aber nicht beliebig gekauft werden. Ähnlich geht es dem Personalmanagement auf der Suche nach geeigneten *Humanressourcen*. Benötigte Qualifikationen und adäquate Einstellungen lassen sich nicht mehr beliebig beschaffen; sie sind absolut knapp. Ebenso werden Naturressourcen absolut knapp, was aber durch ihren Preis noch nicht ausreichend angezeigt wird (z.B. Erdöl, Metalle). Mithin sind es die Realitäten, die Unternehmen dazu zwingen werden, die Logik des Haushaltens wieder in ihr Entscheidungsverhalten aufzunehmen und Fragen des Ressourcennachschubs aktiv zu behandeln. Ein solcher Ansatz lässt sich als *nachhaltiges Ressourcenmanagement* bezeichnen (Müller-Christ 2001a). Um ihn anwenden zu können, müssen Unternehmen konsequenter als bislang als Ressourcensysteme gedacht werden. Hierfür wird ein einheitliches Sprachsystem benötigt.

3. Ein einheitliches Sprachsystem: Unternehmen als Ressourcensysteme

Nachhaltigkeit ist neben Effizienz eine weitere Rationalität im Umgang mit Ressourcen. Während Effizienz eine möglichst sparsame Verwendung von Ressourcen anstrebt, soll durch die Anwendung von Nachhaltigkeit die Ressourcenbasis dauerhaft erhalten werden. Rationalität wird hier verstanden als ein intersubjektiv begründbarer Zusammenhang zwischen Gestaltungsalternativen und Gestaltungszielen (Türk 1995: 540). Mit anderen Worten: Wenn zwischen Entscheidungsalternativen hinsichtlich ihrer Nachhaltigkeit gewählt werden muss, dann entscheiden sich alle rational Handelnden für dieselbe Alternative; die Begründung für die Auswahl ist nämlich für alle (intersubjektiv) objektiv nachvollziehbar.

Um aber überhaupt Entscheidungen unter Nachhaltigkeitsgesichtspunkten treffen zu können, muss das Unternehmen als ein System verstanden werden, welches mit seinen Umwelten in einem permanenten Ressourcenaustausch steht. Aus den Umwelten des Unternehmens werden dann Ressourcenquellen, aus den Umweltbeziehungen werden Ressourcenaustauschbeziehungen. Rational ist es folglich für ein Unternehmen, seine Ressourcenaustauschbeziehungen so zu gestalten, dass seine Ressourcenquellen funktionsfähig bleiben. Dieses Sprachsystem wird im Folgenden erläutert.

3.1 Der Ressourcenbegriff

Unter Ressourcen wird noch allgemeiner als unter Produktionsmitteln die Gesamtheit aller Faktoren verstanden, die dem Unternehmen zur Verfügung stehen (Wernerfelt 1984: 172). Hierbei werden beispielsweise finanzielle, natürliche, organisatorische, technologische und humane Ressourcen unterschieden. Rohstoffe werden üblicherweise als natürliche Ressourcen bezeichnet, Menschen mittlerweile als humane Ressourcen; Rohstoffe und Menschen werden indes erst zu Produktionsmitteln, wenn sie auf eine bestimmte Verwendung hin festgelegt werden. Hierin liegt der entscheidende Unterschied zwischen dem Ressourcen- und Produktionsmittelbegriff: Ressourcen sind latente Mittel. Im Vergleich zu manifesten Mitteln sind sie weniger spezifisch und eben nicht auf eine bestimmte Verwendung hin formuliert (Remer 1997: 411).

Eine weitere entscheidende Abgrenzung ist die zum Potenzialbegriff. Auch dieser Begriff wird – genau wie der Ressourcenbegriff – häufig verwendet, weil das Management unter dynamischen und komplexen Bedingungen nicht mehr auf *hierarchische* Ursache-Wirkungs-Beziehungen und Zweck-Mittel-Relationen zurückgreifen kann. Die *Mittelebene* erfährt nämlich eine neue Bedeutung, weil sich für Humanressourcen, Finanzkapital, Innovationsprozesse, Wissensmanagement, gesellschaftliche Beziehungen, Bearbeitung des Marktes usw. kaum noch stabile Anforderungen definieren lassen (Remer 2002: 30ff.). Je flexibler aber die Mittel sein müssen, desto eher wird von Ressourcen und Potenzialen gesprochen. Wenngleich gerade in der ressourcenorientierten Marketinglehre der Ressourcen- und Potenzialbegriff häufig synonym verwendet werden, so lässt sich doch ein entscheidender Unterschied in Bezug auf ihren Mittelcharakter festhalten: Auch Potenziale können immer nur auf eine bestimmte Wirkung hin gedacht werden. Ganz deutlich wird dies im Terminus *Erfolgspotenzial.* Ressourcen dagegen – in Bezug auf ihren Mittelcharakter – werden eher von der Seite der Ursachen oder ihrer Quellen her gedacht (Source = Quelle). Wenn man nach Ressourcen fragt, schwingt demnach implizit die Frage mit: Wo kommen sie her? Wenn man hingegen nach Potenzialen fragt, schwingt implizit die Frage mit: Was sollen sie bewirken? *Ressourcen sind folglich latente, wirkungsoffene Mittel*, die von externen Ressourcenquellen dem Unternehmen zur Verfügung gestellt werden.

3.2 Umwelten als Ressourcenquellen

Gängigerweise wird in der strategischen Managementlehre davon ausgegangen, dass betriebliche Umwelten Stakeholder oder Anspruchsgruppen sind. Mit dieser Problemsicht werden aus Umweltbeziehungen Anspruchsbeziehungen, die zugleich ihre Lösungsstrategien logischerweise mitliefern: Ignoranz, Anpassung, Reduzierung der Abhängigkeit, Verhandlung (Freeman 1984: 75ff.). Ansprüche kann man demnach befriedigen oder abwehren. Werden die Ansprüche nicht bewältigt, besteht die Gefahr des Ressourcenentzuges durch die Anspruchsgruppe und das Überleben des Unternehmens ist in Gefahr (Schaltegger 1999: 13f.; siehe auch Schaltegger in diesem Band).

Das Anspruchsgruppenmodell korrespondiert mit der bisherigen Ressourcenrationalität in der Managementlehre: dem *Ressourcenabhängigkeitstheorem* oder Resource-Dependence-Approach. Die Nachhaltigkeitsrationalität führt indes zu einem Theorem der *wechselseitigen Ressourcenbeziehungen* (Müller-Christ 2002: 35), welche nur funktionieren können, wenn die Eigengesetzlichkeiten der Ressourcenquellen berücksichtigt werden. Wie sich hierdurch das Umweltbild des Unternehmens ändert, wird im Folgenden erläutert.

3.2.1 Ressourcenrationalität in der gegenwärtigen Managementlehre

Als wesentliches Motiv für Austauschbeziehungen zwischen Unternehmen und ihren Umwelten wird Ressourcenknappheit angesehen. Diese Knappheit zwingt zu einem ökonomischen Umgang mit den Ressourcen. Bezogen auf den Austausch von Ressourcen reicht aber die buchstäblich ökonomische Perspektive nicht aus, um die Ausgestaltung der Beziehungen zu erklären. Die Frage nach verfügbaren Ressourcen impliziert sofort die Machtfrage, da über den Zugang zu Ressourcen auch die individuell-politische und gesamtpolitische Zielerreichung gesteuert werden kann. In der Managementlehre wird als Bezugsrahmen zur Gestaltung der Austauschbeziehungen allein das Ressourcenabhängigkeitstheorem verwendet.

Das *Ressourcenabhängigkeitstheorem* fokussiert den Austausch zwischen Unternehmen und Umwelt auf ein zentrales Problem: die Abhängigkeit des Ressourcenempfängers vom Ressourcengeber. Der Resource-Dependence-Approach lässt sich durchaus als Fortschritt gegenüber den kontingenztheoretischen Ansätzen bezeichnen, weil nicht mehr allein Anpassung, sondern Interaktion, nicht Umwelt, sondern ressourcenliefernde Systeme in der Umwelt (Institutionen), nicht diffuse Unsicherheit und Komplexität der Umwelt, sondern direkte Ressourcenabhängigkeit thematisiert werden (Schreyögg 1997: 480). Das Theorem geht von den folgenden Aussagen aus (Pfeffer/Salancik 1978: 258):

- Unternehmen sehen sich knappen Ressourcen ausgesetzt.
- Unternehmen können diese Ressourcen im Wege des Austausches von anderen Institutionen erhalten.
- Die Tatsache, dass Unternehmen für die Ressourcenakquisition von anderen Organisationen abhängig sind, reduziert ihre Autonomie.
- Andererseits versuchen Unternehmen stets ihre Autonomie zu bewahren, indem sie Interorganisationsbeziehungen entwickeln, die den Verlust von Autonomie kompensieren.
- Wenn dies nicht gelingt, entwickeln Unternehmen verschiedene Strategien, um das Verhalten der Institutionen und Unternehmen, von denen sie abhängig sind, zu kontrollieren, etwa indem sie ihrerseits Abhängigkeiten schaffen.

Die Wahl von Maßnahmen zur Abwehr von Abhängigkeit ist schließlich das theoretische Ziel des Ressourcenabhängigkeitstheorems, wobei Macht und Gegenmacht das vorherrschende praktische Denkmuster sind (Schreyögg 1997: 482).

Genau in dieses Denkmuster lässt sich auch der Resource-Based-View der strategischen Marketinglehre einsortieren (Barney 1991; Freiling 2001). Sein Vorteil ist, dass er in der Managementlehre das Denken in Ressourcenkategorien fördert. Gleichwohl führt er keine neue Rationalität im Umgang mit Ressourcen ein, sondern verwendet implizit das Ressourcenabhängigkeitstheorem. Die Provokation des Resource-Based-View liegt nämlich in der Aufkündigung der Vorstellung, die relevanten Ausprägungen eines Unternehmens seien durch die Marktstruktur fremdbestimmt, das heißt, sie seien abhängig vom Geschehen auf den Märkten. Mit der Verlagerung der Ursachen von Wettbewerbsstrategien auf die internen Ressourcen werden in erster Linie Handlungsspielräume gewonnen und somit Abhängigkeiten abgebaut. Hier wird im Resource-Based-View die Rationalität des Ressourcenabhängigkeitstheorems handfest verarbeitet, indem ein Unternehmen als ein individuelles, unverwechselbares Bündel von Ressourcen (Ressourcenpool) modelliert wird, welches die Grundlage des strategischen Erfolges darstellt (Müller-Christ 2001a: 192). Um ein Unternehmen als ein Ressourcensystem verstehen zu können, müssen indes alle Rationalitäten im Umgang mit Ressourcen verwendet werden.

3.2.2 Theorem wechselseitiger Ressourcenbeziehungen

Der ursprüngliche Ressourcenaustausch zwischen Unternehmen und ihren Umwelten lässt sich erst dann wieder thematisieren, wenn nicht die Gestaltung der Abhängigkeiten im Vordergrund steht, sondern die Frage nach der Sicherung der Ressourcenquelle selbst. Das inverse Element zur Vorstellung einer Umwelt als Ressourcenpool, zu dem der Zugang gesichert werden muss, wäre die Anschauung einer Umwelt als Ressourcenquelle, die wiederum selbst von Ressourcen abhängig ist. Beide Perspektiven beruhen auf der Theorie der umweltoffenen Systeme. Der entscheidende Unterschied liegt darin, dass in der ersten Vorstellung das Überleben des Systems von der Umwelt abhängt (Umwelt als Ressourcenpool), in der zweiten Vorstellung das Überleben des Systems vom Überleben der Umwelt (Umwelt als Ressourcenquelle). Erst mit dieser erweiterten Vorstellung, die an anderer Stelle bereits theoretisch fundiert wurde (Müller-Christ 2001a: 267ff.), lässt sich auch über einen nachhaltigen Umgang mit Ressourcen nachdenken, weil sich ein Anknüpfungspunkt für die Thematisierung des Nachschubs von Ressourcen ergibt. Nur wenn alle verbrauchten Ressourcen wieder reproduziert werden, können eine Ressourcenquelle und ihr Ressourcenempfänger dauerhaft leben.

Der Nachhaltigkeitsansatz fordert somit geradezu ein anderes Umweltverständnis. Unternehmen können den Nachschub ihrer Ressourcen nur dann gewährleisten, wenn sie die

Eigengesetzlichkeiten (Überlebens- und Reproduktionsbedingungen) ihrer Ressourcenquellen beachten und zulassen. Denn Umwelten des Unternehmens sind als Ressourcenquellen wiederum selbst Systeme, die von weiteren Ressourcen abhängig sind. Nachhaltigkeit kann infolgedessen nur dann entstehen, wenn alle Systeme durch den Aufbau von wechselseitigen Ressourcenbeziehungen dafür sorgen, dass die „gemeinsamen Lebensmittel“ nicht knapp werden. Dieses Theorem der wechselseitigen Ressourcenbeziehungen schließt in letzter Konsequenz sogar die Notwendigkeit der gegenseitigen Erhaltung der Systeme ein (Remer 1993: 460). Hierzu müssen sie jedoch die Eigengesetzlichkeiten ihrer Ressourcenaustauschpartner kennen.

3.2.3 Eigengesetzlichkeiten von Ressourcenquellen

In der Logik des Anspruchsgruppenmanagements ist es nicht notwendig, dass sich Unternehmen mit den Eigengesetzlichkeiten ihrer Anspruchsgruppen beschäftigen. Die entscheidungsvorbereitende Analyse befasst sich allein mit der Frage, ob die erhobenen Ansprüche durchgesetzt werden können und in welchem Ausmaß sie dann befriedigt werden müssen. Ob die Anspruchsgruppe überleben kann, wenn ihre Ansprüche nicht befriedigt werden, wird in der Reinheit des Ansatzes nicht berücksichtigt.

Anders ist dies, wenn Umweltbeziehungen als Ressourcenaustauschbeziehungen definiert sind. Diese sind dann nachhaltig gestaltet, wenn alle Austauschpartner berücksichtigen, dass ihre jeweilige Ressourcenquelle nicht nur willig, sondern auch fähig sein muss, Ressourcen zu produzieren. In der Betriebswirtschaftslehre wird hingegen bislang davon ausgegangen, dass Unternehmen dann alle Ressourcen von ihren Umwelten zur Verfügung gestellt bekommen, wenn sie effizient ihre Zwecke erreichen. Erwirtschaften Unternehmen ausreichend Gewinn, sind die Umsysteme willig, den Unternehmen alle notwendigen Ressourcen zur Verfügung zu stellen (Hülsmann 2003). Zwar lässt sich allgemein feststellen, dass diese Bereitwilligkeit zum Ressourcentransfer weiterhin gegeben ist, die Fähigkeit einiger Ressourcenquellen geht aber zurück. Das Bildungssystem, das politische System wie im Übrigen auch das Natursystem wollen zwar weiterhin der Wirtschaft ihre Outputs als Ressourcen zur Verfügung stellen, sie sind dazu aber immer weniger befähigt. Unternehmen müssen deshalb viel mehr als bislang die Eigengesetzlichkeiten ihrer Ressourcenquellen kennen und ihre Leistungsfähigkeit beobachten; sie handeln dann rational, wenn sie die Auswirkungen ihres Handelns auf ihre Ressourcenquellen anhand der Rückwirkungen auf sich selbst kontrollieren (Müller-Christ 2001a: 285). Dieser Reflexionsprozess setzt indes nicht nur voraus, dass Systeme die Eigengesetzlichkeiten ihrer Umwelten kennen, da diese aus den Einwirkungen Rückwirkungen produzieren. Er erfordert auch eine intensive Beobachtung der Auswirkungen, die das eigene System produziert; mithin eine ehrliche und umfassende Selbstreflexion des Unternehmens, um alle direkten und indirekten Auswirkungen zu erfassen und zu bewerten.

4. Nachhaltigkeit und Effizienz: Komplementäre oder konfliktäre ökonomische Rationalitäten?

Mit der Herleitung von Effizienz und Nachhaltigkeit als eigenständige ökonomische Rationalität ergeben sich erhebliche Konsequenzen für den unternehmerischen Erfolgsbegriff. Zwei unterschiedliche Rationalitäten können nun in einem gegebenen Entscheidungskontext niemals zu denselben Gestaltungsempfehlungen führen. Konkret bedeutet dies: Werden

Umweltbeziehungen mithilfe der Effizienzrationalität gestaltet, ergeben sich andere Lösungen, als wenn sie mithilfe der Nachhaltigkeitsrationalität gestaltet werden. Beide Lösungen müssen nicht zwangsläufig, können aber in den meisten Fällen widersprüchlich zueinander sein. Dies ist aus ökonomischer Sicht dann der Fall, wenn die Ressourcen, die in die Gestaltung einer nachhaltigen Umweltbeziehung investiert werden, die Effizienz des Unternehmens reduzieren und umgekehrt (ausführlich Hülsmann 2003).

Drei Möglichkeiten liegen auf der Hand, wie Nachhaltigkeit und Effizienz aufeinander bezogen werden können:

1. Die Sicherung der Nachhaltigkeit erfolgt durch maximale Effizienz.
2. Langfristig verfolgte Effizienz ist mit Nachhaltigkeit gleichzusetzen.
3. Nachhaltigkeit und Effizienz sind eigenständige Rationalitäten zur Systemerhaltung.

Während die Umweltmanagementlehre bislang die erste und zweite Möglichkeit propagiert, soll im Weiteren nachgewiesen werden, dass die dritte Option der Realität entspricht. Hierzu wird auf den funktionalen Ansatz von Luhmann zurückgegriffen (Luhmann 1984).

4.1 Maximale Zweckerreichung als klassischer Erfolgsbegriff

Effizienz als erwerbsökonomische Rationalität korrespondiert mit dem klassischen Erfolgsbegriff der Zweckerreichung. Unternehmen überleben in dieser Perspektive dann, wenn sie ihre Zwecke maximal erreichen (Pankau 2002: 55ff.). Dies lässt sich auf die Formel reduzieren: Überleben durch Gewinn. Dieser Erfolgsbegriff kann indes nur unter relativ überschaubaren Umweltbedingungen realisiert werden.

Dass soziale Systeme sich Zwecke setzen, wurde von Luhmann als ein Weg zur Reduzierung der Umweltkomplexität beschrieben. Wenn Unternehmen sich für einen Zweck entscheiden, bleiben die anderen möglichen Zwecke, die die umgebende Welt als Vorrat beinhaltet, bestehen und sind für andere Situationen aufbewahrt. Sie werden also nur vorläufig neutralisiert (Luhmann 1984: 176ff.). Mit der Wahl eines Zweckes erhält das System Autonomie und Handlungsfähigkeit, weil es sich fortan nur noch mit den zweckbezogenen Fragestellungen beschäftigen, nur bestimmte Umwelten wahrnehmen und noch ausgewählte Perspektiven zulassen muss. Zwecksetzung ist aber nur eine Strategie der Komplexitätsreduzierung, und sie ist mit Wagnissen besetzt: Die Umweltkomplexität wird zwar durch verschiedene Verfahren auf eine bearbeitbare Form ins System gebracht, sie besteht aber außerhalb fort. Das Ausgeblendete (Neutralisierte) ist nur für das spezifische System unerkennbar geworden, seine prinzipiell weiter bestehenden Wirkungen können jederzeit wieder überraschend für das System Relevanz gewinnen (Steinmann/Schreyögg 1993: 125f.; Luhmann 1984: 47f.).

Die Relevanz, die sich den Unternehmen von heute plötzlich wieder zeigt, ist die Tatsache, dass sie ihre Zwecke zwar effizient verfolgen, ihre Umwelten aber zunehmend direkt signalisieren, dass sie nicht mehr die Ressourcen liefern können, die zur Bestandserhaltung benötigt werden. Diese mögliche Wirkung konnte von den Unternehmen lange neutralisiert werden, weil die Umwelten so beschaffen waren, dass jede beliebige Zweck-Mittel-Relation von den Unternehmen verwirklicht werden konnte. Nun aber werden die Mittel (Ressourcen) nicht nur immer schwieriger zu beschaffen, sie werden teilweise sogar absolut knapp (Remer 2002: 308ff.). Damit genügt es für Unternehmen nicht mehr, dass sie ihre Zwecke effizient erreichen, sie müssen zugleich durch weitergehende Maßnahmen ihre relevanten Umwelten als Ressourcenquellen erhalten. In der Sprache Luhmanns reicht die effiziente Zweckverfolgung der Unternehmen nicht mehr aus, um die Umweltkomplexität lebenserhaltend zu reduzieren. Neben der Effizienzrationalität muss eine weitere Rationalität verfolgt werden, die nicht vereinfacht als Unterrationalität verstanden werden darf. Diese vielmehr eigenständige Rationalität ist die der Nachhaltigkeit.

4.2 Nachhaltigkeit und Bestandserhaltung als moderne Erfolgskomponente

Die Rationalität der Nachhaltigkeit wird gelebt in den betrieblichen Ressourcenbeziehungen, die so angelegt sein müssen, dass die Ressourcenquellen in ihren Funktionsfähigkeiten erhalten bleiben. Die Verfolgung dieser Rationalität ist für heutige Unternehmen unumgänglich, um ihren Bestand zu erhalten. Die Rationalität der Nachhaltigkeit korrespondiert folglich mit der Aufgabe der Bestandssicherung.

Soziale Systeme haben den immanenten Drang zu überleben, also ihren Bestand zu erhalten. Das Bestandsproblem ist indes wesentlich komplexer zu beschreiben und zu realisieren als die Zweckverfolgung. Beide Aufgaben befinden sich auf unterschiedlichen Ebenen der Realitätsbeschreibung: Der Zweckbegriff bleibt auf der Ebene der Einzelhandlung, die Bestandsformel ist dagegen allgemein auf Systemprobleme zugeschnitten (Luhmann 1984: 156). Das Entscheidende an der Entdeckung der Bestandssicherung ist ihre Selbstständigkeit gegenüber der Zweckverfolgung. Gerade in der Realität wird immer klarer, dass erfolgreiche Zweckerreichung weder die Voraussetzung noch die Garantie zur Systemerhaltung ist (de Geus 1998: 28ff.). Die bereits zitierte Formel „license to operate" verdeutlicht, dass Unternehmen nicht nur materiell überleben müssen, sondern auch immateriell. Mit anderen Worten: Für den Systembestand nimmt nun auch die Bedeutung der immateriellen Ressourcen zu. Gerade diese entziehen sich jedoch der Effizienzrationalität. Gesellschaftliche Legitimität, Vertrauen der Konsumenten oder Leistungseinstellungen des Personals lassen sich weder effizient beschaffen, noch in Investitionsprozessen als In- oder Outputfaktor verrechnen. Dennoch sind es wichtige Ressourcen für das Überleben eines Unternehmens.

Zweckerreichung und Bestandssicherung sind völlig unverträglich miteinander, wenn sie den Anspruch erheben, den alleinigen grundbegrifflichen Bezugsrahmen für Unternehmenserfolg zu definieren im Sinne einer letzten und nicht mehr ableitbaren Begründung. Genau dies würden beide Formeln durch die Radikalität der ihnen eingegebenen Fragestellung versuchen:

> „Dabei müssen sie das Gegenprinzip verschlingen, ohne es verdauen zu können" (Luhmann 1984: 151).

Mit anderen Worten: Weder lässt sich Nachhaltigkeit durch maximale Effizienz erreichen, noch lässt sich langfristiges Effizienzstreben mit Nachhaltigkeit gleichsetzen.

5. Dualer Erfolgsbegriff eines nachhaltigen Managements

Jeder Vorschlag zur Ergänzung des Zweckdenkens rührt am Selbstverständnis der Betriebswirtschafts- und Managementlehre. Gleichwohl zeigt die Realität, dass Zweckerreichung allein nicht mehr ausreicht, um dauerhaft zu überleben (de Geus 1998: 23ff.). Die Betriebswirtschafts- und Managementlehre mit ihrem Zweck-Mittel-Denken muss zunehmend anerkennen, dass nicht allein die effiziente Kombination der Mittel genügt, um erfolgreich zu sein; vielmehr müssen sie zugleich nachhaltig ihren Mittel- oder Ressourcenzufluss sichern. Erfolgreich sind Unternehmen unter den heutigen Bedingungen dann, wenn sie gleichlaufend ihre Zwecke erreichen als auch ihren Bestand sichern. Aus dem *eindimensionalen Erfolgsbegriff* wird somit ein *dualer Erfolgsbegriff*: Unternehmen werden in ihrer Nachhaltigkeitsberichterstattung zukünftig nicht nur berichten, wie viel Gewinn sie erreicht haben, sondern auch was sie für die Erhaltung ihrer Ressourcenbasis getan haben. Ansätze hierfür gibt es bereits in den Bewertungskriterien des Sustainability Dow-Jones-Index.

Die Entscheidungssituation in Unternehmen wird durch diese Erkenntnis erheblich komplexer. Gleichzeitig wird nun deutlich, was lange in der Managementlehre seltsam unklar geblieben ist: Was sind die Gegenstände langfristigen Denkens und in welcher Relation steht es zum kurzfristigen Handeln? Wird ein Unternehmen konsequent als ein Ressourcensystem modelliert, dann zielt kurzfristiges Handeln auf den effiziente Einsatz von Ressourcen, langfristiges Handeln auf die nachhaltige Reproduktion des Ressourcenpools. Unternehmen können nur dann überleben, wenn sie Fragen der Zweckerreichung mithilfe der Effizienzrationalität entscheiden, Fragen der Bestandssicherung mithilfe der Nachhaltigkeitsrationalität. Die komplexe Entscheidungssituation wird durch diese Unterscheidung dann doch wieder ein deutliches Stück reduziert.

Der duale Erfolgsbegriff der Managementlehre weist im Übrigen darauf hin, dass nachhaltiges Management nicht die Ablösung des effizienzorientierten Managements ist, im Sinne eines überholt versus neu, klassisch versus modern. Da Unternehmen beide ökonomischen Rationalitäten gleichzeitig verfolgen müssen, wird ein gemeinsamer Oberbegriff für dieses Management noch gesucht. Gleichwohl ist es durchaus gerechtfertigt, von einem nachhaltigen Management als modernem Management solange zu sprechen, wie das Bewusstsein für die Ergänzung des eindimensionalen effizienzorientierten Erfolgsbegriffs des Managements durch die nachhaltige Bestandssicherung geschaffen werden muss.

Literatur

Aristoteles: Politik. Hamburg 1958

Barney, Jay B.: Firm Resources and Sustained Competitive Advantage. In Journal of Management (1991) 1, S. 99-120

Blättel-Mink, Birgit: Wirtschaft und Umweltschutz. Grenzen der Integration von Ökonomie und Ökologie. Frankfurt/New York 2001

de Geus, Arie: Jenseits der Ökonomie. Die Verantwortung der Unternehmen. Stuttgart 1998

Freeman, R. Edward: Strategic management. A stakeholder approach. Boston u.a. 1984

Freiling, Jörg: Resource-Based-View und ökonomische Theorie. Wiesbaden 2001

Henning, Rolf: Nachhaltigkeitswirtschaft – Der Schlüssel für Naturerhaltung und menschliches Überleben. Quickborn 1991

Hülsmann, Michael: Management im Orientierungsdilemma. Notwendigkeit eines Managements rationalitätsbezogener Widersprüche von Effizienz und Nachhaltigkeit. (Im Druck) 2003

Immler, Hans: Dauerhafte Entwicklung. Nachhaltiges Wirtschaften als neue Strategie der Ökonomie. In: Roth, Kathrin/Sander, Reinhard (Hrsg.): Ökologische Reform der Wirtschaft – Programmatik und Konzepte. Köln 1992, S. 11-23

Jörrissen, Juliane/Kneer, Georg/Rink, Dieter: Wissenschaftliche Konzeptionen zur Nachhaltigkeit. In: Grunwald, Armin/Coenen, Reinhard/Nitsch, Joachim/Sydow, Achim/Wiedemann, Peter (Hrsg.): Forschungswerkstatt Nachhaltigkeit. Wege zur Diagnose und Therapie von Nachhaltigkeitsdefiziten. Berlin 2001, S. 33-58

Kappler, Ekkehard: Rationalität und Ökonomik. In: Wittmann, Waldemar u.a. (Hrsg.): Handbuch der Betriebswirtschaftslehre. Stuttgart 1993, Sp. 3648-3664

Luhmann, Niklas: Zweckbegriff und Systemrationalität. Tübingen, 2. Auflage 1984

Müller-Christ, Georg/Remer, Andreas: Umweltwirtschaft oder Wirtschaftsökologie? Vorüberlegungen zu einer Theorie des Ressourcenmanagements. In: Seidel, Eberhard (Hrsg.): Umweltmanagement im 21. Jahrhundert. Aspekte, Aufgaben, Perspektiven. Berlin u.a. 1999, S. 69-88

Müller-Christ, Georg: Nachhaltiges Ressourcenmanagement. Eine wirtschaftsökologische Fundierung. Marburg 2001a

Müller-Christ, Georg: Umweltmanagement. Umweltschutz und nachhaltige Entwicklung. Vahlens Handbücher der Wirtschafts- und Sozialwissenschaften. München 2001b

Müller-Christ, Georg: Ressourcenrationalität in der Managementlehre: Nachhaltigkeit als notwendige Erweiterung der Perspektive (Schriftenreihe Nachhaltiges Prozessmanagement, Band 1). Bremen 2002

Müller-Christ, Georg: Nachhaltigkeit und Effizienz. Theoretische Überlegungen zu einem dualen Erfolgsbegriff eines Managements von Umweltbeziehungen. In: Zabel, Hans-Ulrich (Hrsg.): Theoretische Implikationen der Umweltwirtschaft. (Im Druck) 2003

Pankau, Elmar: Sozial-Ökonomische Allianzen zwischen Profit- und Nonprofit-Organisationen. Wiesbaden 2002

Pfeffer, Jeffrey/Salancik, Gerald R.: The External Control of Organizations – A Resource Dependence Perspective. New York u.a. 1978

Rasche, Christoph: Wettbewerbsvorteile durch Kernkompetenzen. Ein ressourcenorientierter Ansatz. Wiesbaden 1994

Remer, Andreas: Vom Zweckmanagement zum ökologischen Management. Paradigmawandel in der Betriebswirtschaftslehre. In: Universitas (1993) 5, S. 454-464

Remer, Andreas: Organisationslehre. Bayreuth, 4. Auflage 1997

Remer, Andreas: Management. System und Konzepte. Bayreuth 2002

Schaltegger, Stefan: Bildung und Durchsetzung von Interessen zwischen Stakeholdern der Unternehmung. Eine politisch-ökonomische Perspektive. In: Die Unternehmung 53 (1999) 1, S. 3-20

Schmidt-Bleek, Friedrich: Das MIPS-Konzept. Weniger Ressourcenverbrauch – mehr Lebensqualität durch Faktor 10. München 1998

Schreyögg, Georg: Theorien organisatorischer Ressourcen. In: Ortmann, Günther/Sydow, Jörg/Türk, Klaus (Hrsg.): Theorien der Organisation. Die Rückkehr der Gesellschaft. Opladen 1997, S. 481-486

Schwaderlapp, Rolf: Umweltmanagementsysteme in der Praxis. Qualitative empirische Untersuchung über die organisatorischen Implikationen des Öko-Audits. München u.a. 1999

Steger, Ulrich: Eine Dekade Umweltmanagement – ein Rückblick. In: Steger, Ulrich (Hrsg.): Handbuch des integrierten Umweltmanagements. München/Wien 1997, S. 2-29

Steinmann, Hans/Schreyögg, Georg: Management. Grundlagen der Unternehmensführung. Wiesbaden, 4. Auflage 1993

Türk, Klaus: Organisatorische Rationalität. In: Fuchs-Heinitz, Werner u.a. (Hrsg.): Lexikon zur Soziologie. Opladen, 3. Auflage 1995, S. 540

Weizsäcker, Ernst Ulrich von/Lovins, Amory Bloch/Lovins, L. Hunter: Faktor vier: doppelter Wohlstand – halbierter Naturverbrauch. Der neue Bericht an den Club of Rome. München 1995

Wernerfelt, Birger: The Resource-based-View of the Firm. In: Strategic Management Journal (1984), S. 171-180

Wie wird Nachhaltigkeit für Unternehmen attraktiv? Business Case für nachhaltige Unternehmensentwicklung

Heike Leitschuh-Fecht und Ulrich Steger

Unternehmen sind dazu da, kaufkräftige Nachfrage zu befriedigen und damit Geld zu verdienen. Sie produzieren dabei jedoch auch ungewünschte, nicht nachhaltige externe Effekte. Es kann gelingen, diese Wirkungen in die unternehmerische Kalkulationen zu internalisieren und Nachhaltigkeit zum Business Case zu machen. Dafür braucht es ein wissenschaftlich fundiertes Diagnostik-Tool, das es den Unternehmen ermöglicht, die Chancen und Risiken einer Nachhaltigkeitsstrategie genau abzuschätzen. Das Institute for Management Development in der Schweiz hat sich an diese Aufgabe gemacht.

Offensichtlich nimmt die Wirtschaft die Herausforderung der Nachhaltigkeit ernst: Über 700 Unternehmen waren im Sommer 2002 beim Weltgipfel für Nachhaltige Entwicklung im südafrikanischen Johannesburg vertreten, darunter Führungskräfte von rund 50 multinationalen Konzernen. Vielen Umwelt- und Entwicklungsorganisationen war die massive Präsenz der globalen Wirtschaft schon etwas unangenehm und sie sprachen von vordergründigen PR-Strategien. Wie dem im Einzelnen auch sei: Es gibt etliche proaktive Unternehmen, wie beispielsweise Unilever, Shell oder ABB, die ernsthaft darum bemüht sind, zumindest in Teilbereichen eine konsistente Nachhaltigkeitsstrategie zu entwickeln. Es fällt jedoch auf, dass man immer wieder auf die gleichen wenigen Namen stößt.

1. Nachhaltigkeit ist noch kein Geschäft

Verbindlich unverbindlich

In Johannesburg wurde nicht sehr viel Verbindliches beschlossen. Vielmehr stehen derzeit freiwillige Vereinbarungen zwischen Staat und Wirtschaft hoch im Kurs. Über 200 der sogenannten „Typ II"-Vereinbarungen über Nachhaltigkeitsprojekte staatlicher und nichtstaatlicher Akteure standen deshalb beim Weltgipfel zur Diskussion. An vielen beteiligen sich Unternehmen bzw. Organisationen der Wirtschaft. Für solche losen Vereinbarungen gibt es jedoch nur ein begrenztes Anwendungsfeld. Außerdem fordern Nichtregierungsorganisationen (NRO) dafür verstärkt klare Qualitätsstandards, wie auch für Direktinvestitionen der Unternehmen insbesondere in Entwicklungsländern. Die Bemühungen um eine Selbstverpflichtung der Deutschen Industrie, bei ihren Auslandsaktivitäten anspruchsvolle soziale und ökologische Kriterien einzuhalten, waren kurz vor dem Gipfel gescheitert. Dem Bundesverband der Deutschen Industrie (BDI) gingen die Forderungen der NRO zu weit. Und dennoch: Über kurz oder lang wird die Wirtschaft nicht umhin können, der Öffentlichkeit deutlich mitzuteilen, wie sie ihrer Verantwortung für eine nachhaltige Entwicklung auch im Ausland nachzukommen gedenkt. Die Bedeutung von Selbstverpflichtungen wird in Zukunft angesichts geringer staatlicher Aktivitäten zunehmen.

Ein Großteil der Kontroverse darüber, ob Unternehmen genug für die Nachhaltigkeit tun, ist jedoch auf zwei Faktoren zurückzuführen:

- Erstens ist Nachhaltigkeit auch in der Wirtschaft zu einem beliebigen Begriff geworden, mit dem höchst unterschiedliche Sachverhalte belegt werden. Es fehlt eine Abgrenzung, die diesen Begriff trennscharf macht. Die Frage, was unter einer Demokratie zu verstehen ist, kann relativ eindeutig beantwortet werden, nicht so die nach der Nachhaltigkeit. Man muss daher darüber sprechen, welches die Kriterien in einzelnen Handlungsfeldern sind. Realistischerweise sollte dabei auch akzeptiert werden, dass Nachhaltigkeit eher ein Prozess als ein Zustand ist.
- Zweitens gehen die Erwartungen weit auseinander, welche Rolle, Aufgaben und Verpflichtungen Unternehmen in diesem Prozess einer nachhaltigen Entwicklung spielen können.

Was kann man von Unternehmen realistisch erwarten ?

Mit dem Phänomen der „Globalisierung" verloren nationalstaatlich organisierte Regierungen an Bedeutung. Eine Vielzahl von Problemen – von der Arbeitslosigkeit bis hin zur Überfischung der Meere – sind auf nationaler Ebene nicht, oder nicht mehr lösbar. Zunehmend wurden Unternehmen – und insbesondere die global agierenden Großunternehmen – als mächtige Akteure angesehen und die Erwartungen stiegen, dass sie auch „jenseits" des Marktes als Problemlöser auftreten könnten. (Schon jetzt gehen 20 Prozent der Wertschöpfung auf das Konto globaler Unternehmen und es wird damit gerechnet, dass es in 30 Jahren 80 Prozent sind! Unternehmen investieren jährlich rund 250 Milliarden US-Dollar in Entwicklungsländern, während staatliche Entwicklungshilfe nur 50 Milliarden Dollar ausmacht.)

So wurde eine Korrektur der bisherigen Entwicklungstrends eingeleitet: Seit der Renaissance lief die Evolution der gesellschaftlichen Entwicklungen darauf hinaus, die mittelalterliche Einheit von religiöser, wirtschaftlicher und staatlicher Macht zu trennen. Gerade die neoliberalen Konzepte wollten die Trennung von Staat und Unternehmen weiter voran treiben und nun sollten die Unternehmen plötzlich quasi-staatliche Aufgaben für das Gemeinwohl übernehmen? Niemand erhob diesen Anspruch Mitte der neunziger Jahre stärker als das US-amerikanische Unternehmen Monsanto, Marktführer für gentechnisch manipuliertes Saatgut. Angetrieben von einem charismatischen Vorstandsvorsitzenden postulierte Monsanto, mit dieser neuen Technologie Hunger und Armut in den Entwicklungsländern zu beseitigen. Dies gab dem Widerstand gegen das Unternehmen zusätzlich Auftrieb, weil es sich damit komplett unglaubwürdig gemacht hatte. Bald wurde der Widerspruch zwischen Anspruch und Wirklichkeit übergroß. Während die „neue" Monsanto nun sehr zurückhaltend die Vorteile von genmanipulierten Saaten kommuniziert, konnten andere Unternehmen auch nicht immer den Versuchungen widerstehen, sich als Heilsbringer zu positionieren: So wurde zum Beispiel British Petroleum (BP) durch öffentlichen Druck gezwungen, darauf zu verzichten, seinen Namen in der Werbung mit „Beyond Petroleum" zu übersetzen – obwohl BP sicher inzwischen zu den proaktiven Energie-Unternehmen zählt.

Welchen konstitutiven Organisationszweck haben also Unternehmen eigentlich? Der Zweck ihrer Existenz ist es, auf (wettbewerblich strukturierten) Märkten zahlungsfähige Kundennachfrage zu befriedigen. Der dabei erzielte Profit misst die Effizienz des monetär bewerteten Einsatzes von Ressourcen als Differenz zwischen Kosten und Erlösen. Damit ist klar, dass Unternehmen keine Kollektivbedürfnisse (z.B. innere und äußere Sicherheit) befriedigen können. Denn alle kommen in den Nutzen dieses Gutes und sind daher nicht bereit, dafür zu zahlen. Dies schließt nicht aus, dass sich der Staat Unternehmen bedient, um solche Leistungen zu erbringen, aber zunächst muss diese Nachfrage über die politische Prioritätensetzung und weitgehend finanziert durch Steuern und Abgaben definiert werden.

Dennoch: Wirtschaften ist kein Selbstzweck. Zu Recht wird gerade im Zuge der Debatte um Globalisierung und neoliberaler Wirtschaftspolitik verstärkt darüber diskutiert, inwieweit Unternehmen als Teil der Gesellschaft nicht auch Verantwortung für gesellschaftliche Belange zu übernehmen und in ihre Unternehmensstrategie zu integrieren haben. Und viele stellen sich dieser Verantwortung. Aber wie weit reicht diese Verantwortung legitimerweise? Je nach Situation oder Land können Unternehmen durchaus in „Harmonie" mit ihrem gesellschaftlichen Umfeld sein. Was in einem Land akzeptiert wird, kann in einem anderen Anlass für heftige Auseinandersetzungen sein. Unternehmen treffen also immer wieder Entscheidungen unter großen Ungewissheiten. Es geht also darum, einen Weg des Umgangs damit zu finden. Doch auch die Verantwortung der Unternehmen hat ihre Grenzen. Sie können nicht, oder nicht völlig ausgleichen, was andere Akteure (Staat, Konsumenten) versäumen. Deshalb bedarf es der Interaktion mit den Akteuren.

Die externen Effekte...

Unternehmen erzeugen bei ihren Aktivitäten auch zahlreiche „externe Effekte" – vom Schadstoffausstoß bis hin zu Gesundheitsschäden bei Mitarbeitern. Da diese Effekte auf dem Markt nicht mit Preisen bewertet werden, kalkulieren sie die Unternehmen auch nicht. Es kann positive externe Effekte geben (z.B. Agglomerationseffekte in Branchen, das heißt positive Auswirkungen für Zulieferer etc.) oder negative (z.B. Luftverschmutzung). Zum Teil akzeptiert die Gesellschaft die negativen Effekte als Preis für den Wohlstand, zum Teil zwingt sie die Unternehmen mit Gesetzen, diese Effekte zu internalisieren, wofür die gesamte Umweltschutzgesetzgebung ein Beispiel ist. Problematisch kann diese Internalisierung jedoch bei Innovationen sein: Müsste zum Beispiel eine aufkommende Wasserstoffwirtschaft aus regenerativen Energiequellen die Energiewirtschaft auf fossiler Basis für die externen Effekte (Arbeitsplatzverluste, Kapitalvernichtung) entschädigen, die sie in diesem Prozess der „schöpferischen Zerstörung" induziert, sie käme vermutlich nie in die Gänge. Der Umfang der Internalisierung externer Effekte ist also immer eine politische Entscheidung.

Die externen Effekte sind jedoch nicht fix, denn sie spiegeln Technologie- und Nachfragebedingungen wider, die (frühere) Rahmensetzungen bewirkten. Ändern sich diese (potenziell), so haben Unternehmen durchaus Möglichkeiten, einen Teil der negativen externen Effekte selbst zu internalisieren bzw. zu eliminieren, oder den Anteil der positiven externen Effekte zu erhöhen. Entscheidend dabei ist immer, ob dies langfristig im Gewinninteresse des Unternehmens ist. Wenn nicht, muss der Staat über Regulierungen diese Internalisierung erzwingen.

Die Optionen der Unternehmen liegen auf drei Feldern:

- Technologie: Der Ausstoß von Schadstoffen zum Beispiel kann durch technische Innovationen vermindert werden. Das ist aber nur dann kostenlos, wenn die wirtschaftliche Lebensdauer der bestehenden Investitionen erreicht ist.
- Organisation: Indem zum Beispiel über ein besseres Management des Wertschöpfungsprozesses Kosten vermieden werden, ein nachhaltiger Input verwendet wird (z.B. fossile durch regenerative Energien ersetzt werden) und positive Synergien genutzt werden (erhöhte Arbeitsproduktivität).

- Beeinflussung der Nachfrage: Indem beispielsweise der Ressourcenverbrauch durch komplementäre Dienstleitungen vermindert wird.

Entscheidend ist jedoch: Alle diese Optionen müssen (langfristig) im Gewinninteresse der Unternehmen sein. Damit wird die Beziehung der Unternehmen zur Nachhaltigkeit definiert – aber auch begrenzt.

...und wie sie ein Potenzial für Nachhaltigkeit werden

Die bisherigen Erfahrungen zeigen zweierlei: Es existiert ein Potenzial, das Unternehmen dazu bringt, ihre positiven externen Effekte zu erhöhen und die negativen zu vermindern, es liegt aber in der Regel nicht offen auf der Hand, sondern muss in einem Suchprozess identifiziert und in einem – nicht nur technischen! – Innovationsprozess realisiert werden.

Wer also Klarheit darüber haben will, welches Potenzial Unternehmen haben, um nachhaltiger zu werden bzw. einen positiven Beitrag zur nachhaltigen Entwicklung zu leisten, der muss diese Möglichkeiten sehr genau definieren (Business Case), an welchen Stellen Unternehmen negative externe Effekte abbauen und positive erzeugen können, und ihnen helfen, dieses Potenzial auszuschöpfen. Dies reicht vom veränderten Verbraucherverhalten bis hin zu Regulierungen, die nachhaltige Innovationen fördern. Den Beitrag der Wissenschaft sehen wir darin, den Unternehmen ein *Diagnostik-Tool* anzubieten, mit dessen Hilfe, sie ihr Potenzial identifizieren können, sowie Handlungswissen bereitzustellen und Strategien zu entwickeln und umzusetzen. Zur Strategieentwicklung wurde schon viel geschrieben, doch unseres Erachtens fehlt es an geeigneten Diagnostik-Tools. Die bisherigen Ansätze tragen den sehr unterschiedlichen Bedingungen in den verschiedenen Branchen nicht ausreichend Rechnung und sind auch nicht genügend empirisch fundiert, um für Unternehmen tatsächlich nutzbar zu sein. Dem soll ein Forschungsprojekt des Forum's for Corporate Sustainability Management (CSM) am Institute for Management Development (IMD) in Lausanne/Schweiz dienen.

2. Forschungsprojekt für den Business Case

„Building a Robust Business Case for Sustainability", lautet der Titel des Forschungsprojekts, bei dem ein Management Tool entwickelt werden soll, das es den Unternehmen ermöglicht, exakt ihre Potenziale für eine Nachhaltigkeitsstrategie zu ermitteln. Kooperationspartner ist die Umweltorganisation WWF, und das World Business Council for Sustainable Development (WBCSD) stellt empirisches Material zur Verfügung. Der WWF finanziert das Projekt teilweise und wird das Diagnostik-Tool in sein Business-Netzwerk einspeisen. Das Projekt richtet sich an Großunternehmen und basiert auf *vier Hypothesen*:

1. Jedes global operierende Unternehmen hat das Potenzial, unter den gegenwärtigen ökonomischen Bedingungen einen Robust Business Case zu entwickeln.
2. In erster Linie muss der Business Case branchenspezifisch sein und in zweiter Linie hängt er von nationalen Bedingungen ab (Gesetzgebung, soziale, politische und kulturelle Situation).
3. Die Bereitschaft eines Unternehmens, einen Robust Business Case for Sustainability zu implementieren, wird durch folgende Faktoren erschwert:
   - Philosophie/Einstellung der Manager,
   - Wissenslücken,
   - gesetzliche Barrieren,

- Verhalten von Kunden und Zulieferern,
- Mangel an geeigneten Werkzeugen,
- internes Organisationsverhalten.

4. Die Implementierung eines Robust Business Case for Sustainability wird befördert durch:
   - Druck von Markt und Öffentlichkeit,
   - Chancen für neue Geschäftsfelder,
   - Prozessinnovationen,
   - progressive Koalitionen mit Stakeholdern (Anspruchsgruppen)[1],
   - klares Engagement der Unternehmensführung,
   - Autonomie und Spielraum der Verantwortlichen,
   - offene Unternehmenskultur.

Ziele des Forschungsprojektes sind,

- die Diskrepanz in den Einstellungen und Verhaltensweisen zwischen den Verantwortlichen für Nachhaltigkeit und den anderen „policy makern" in den Unternehmen zu untersuchen;
- mögliche länder- und branchenspezifische Unterschiede in Bezug auf Werthaltungen, Restriktionen etc. zu ergründen;
- zu untersuchen, welchem Druck die Unternehmen durch externe Anforderungen, wie zum Beispiel der shareholder, unterliegen;
- herauszufinden, ob die Unternehmen Frühwarnsysteme oder andere Diagnostikverfahren anwenden, um soziale und ökologische Erwartungen zu identifizieren und
- vor allem ein *strategisches Instrumentenset* zu entwickeln, das es Unternehmen erlaubt, ihren eigenen individuellen Sustainable Business Case auszubilden.

Methode und Kooperationspartner:

Das Forschungsprojekt beinhaltet rund 400 Interviews in rund 80 Unternehmen aus den Branchen Energie, Mobilität, Chemie, Lebensmittel, Technologien, Telekommunikation, Finanzdienstleistungen sowie Pharmazie. Für jeden Industriezweig gibt es eine „reference company", in der acht bis zehn Interviews geführt, interne Papiere ausgewertet und alle Funktionen des Unternehmens erfasst werden. Dann folgen Interviews in etwa zehn weiteren Unternehmen der Branche. Außerdem wird eine breit angelegte Untersuchung über die Einschätzungen von Managern durchgeführt.

Auf Grundlage der Auswertung der Interviews soll dann für jede Branche ein maßgeschneidertes Instrument entwickelt werden, das die Verantwortlichen für Nachhaltigkeit in

1 Stakeholder – (gesellschaftliche) Interessengruppen – ist eines jener neuen Wortbildungen, wie sie im Rahmen gesellschaftlicher Auseinandersetzungen bzw. Prozesse entstehen. Die Konzepte des „shareholder value" (Interessen, die die Aktienbesitzer an ein Unternehmen richten) und des „stakeholder value" entstanden ziemlich gleichzeitig Anfang der achtziger Jahre (siehe auch Hild in diesem Band). Trotzdem war lange Zeit immer nur von den shareholdern die Rede, bis sich auch diejenigen verstärkt zu Wort meldeten, die zwar nicht vom Auf und Ab einer Unternehmensaktie direkt tangiert sind, aber dennoch auf die eine oder andere Weise von der Geschäftspolitik und vom Wohl und Wehe einer Firma. Die stakeholder sind also Personen oder Personengruppen inner- und außerhalb eines Unternehmens, wie zum Beispiel zuallererst die Mitarbeiterinnen und Mitarbeiter, die Kundinnen und Kunden, also die ökonomisch motivierten Gruppen, aber auch Nachbarn, Umwelt- oder Entwicklungsverbände, Gewerkschaften, Kirchen und nicht zuletzt politische Institutionen, wie z.B. Aufsichtsbehörden. Weil die Übersetzung „gesellschaftliche Interessengruppen" recht unbefriedigend scheint, hat sich auch im Deutschen der Begriff „stakeholder" durchgesetzt.

den Unternehmen nutzen können, um die Unternehmensstrategie zu befördern. Dabei ist es wichtig, dass alle Funktionen des Unternehmens ihren Input liefern. Der Business Case sollte dann auch mit den Stakeholdern diskutiert werden (siehe Kasten).

Dialog mit den Stakeholdern

Um eine erfolgreiche Nachhaltigkeitsstrategie umzusetzen, sind Unternehmen gut beraten, in den Dialog mit ihren Stakeholdern zu treten. Warum?

Die Perspektiven erweitern: Unternehmen denken oft, sie seien die einzigen, die wirklich was von Wirtschaft verstehen. Doch was sie von der Wirklichkeit wahrnehmen, ist häufig nur sehr begrenzt. Die verwirrende Zahl von Einflussfaktoren, die sie heute zu berücksichtigen haben, entzieht sich weitgehend ihrem bisherigen Erfahrungsbereich. Daher sollten sie sich für die Sichtweisen der Welt vor den Fabriktoren bzw. Bürotürmen öffnen. Es macht wenig Sinn, sich selbst im eigenen Kreis eine Nachhaltigkeitsstrategie auszudenken, damit ganz stolz an die Öffentlichkeit zu treten, und sich dann möglicherweise zu wundern, dass sich die Begeisterung in Grenzen hält, oder es sogar Kritik hagelt, weil man die öffentliche Meinung völlig falsch eingeschätzt hat. So ein Vorgehen demotiviert Vorstände und Beschäftigte gleichermaßen.

So war es beispielsweise für einen internationalen Verband der Metallindustrie völlig unverständlich, warum sich die Menschen ständig über die ökologischen und sozialen Bedingungen im Bergbau beklagten, hatten ihre Firmen doch damit eigentlich gar nichts zu tun. Doch das ist einem Umweltverband oder einer Menschenrechtsorganisation egal: Sie sehen, dass das Metall für die Autokarosserie unter nicht nachhaltigen Bedingungen gewonnen wurde und klagen damit auch die Weiterverarbeiter an, die es nutzen. Das ist die Außensicht, die es zu begreifen gilt. Ähnlich erging es Verlagen, für deren Papier Holz aus Kahlschlag verwendet wurde.

Kooperationspartner finden: Nachhaltigkeit unterliegt nur zum Teil wissenschaftlichen Erkenntnissen und deshalb sind Konsequenzen nur sehr bedingt daraus ableitbar. Zum Beispiel hängt die Frage, welche Art von Mobilität wir für die Zukunft brauchen, stark von gesellschaftlich geprägten Wertesystemen, von der Entwicklung der Lebensstile, von kulturellen Gegebenheiten ab. Ob wir unseren Tieren für die Kreatur qualvolle Lebens- und Schlachtbedingungen zumuten oder die Wende zur artgerechten Viehwirtschaft schaffen, ist allein eine normative Entscheidung. Und wenn es um Werte, Kultur und Normen geht, dann versagen die traditionellen Berechnungsmethoden der Ökonomie zur Abschätzung der Märkte. Auf dem Parkett der Nachhaltigkeit ist nichts wirklich sicher. Es gibt keine absolute Garantie dafür, dass das, was wir heute tun, tatsächlich auch auf Dauer richtig ist. Damit müssen alle leben lernen. Dies ist vielleicht die schwierigste Herausforderung, vor der wir im Diskurs über nachhaltige Entwicklung stehen. Und trotzdem muss hier und heute entschieden werden – auch ohne Sicherheit, ob die Entscheidungen tatsächlich den gewünschten Erfolg bringen. Ein Unternehmen, das die Nachhaltigkeit mit seinen Produkten und Dienstleistungen befördern will, braucht dazu auch die Unterstützung der Gesellschaft. Zu oft haben wir es erlebt, dass die Verbraucher zum Beispiel ein nachhaltiges Produkt links liegen ließen, aus Unkenntnis, wegen höherer Preise oder warum auch immer. Politik, aber auch NROs und Medien müssen mithelfen, das Konsumentenverhalten zu beeinflussen. Auch dafür ist der Dialog wichtig.

Deeskalation: Nach wie vor gibt es Fälle, bei denen Unternehmen massiv und völlig überraschend unter Druck geraten. Dann müssen die Gründe analysiert, Problemlösungen vorgeschlagen und Stakeholder in den Dialog über die besten Lösungen einbezogen werden. Genauso kann es auch darum gehen, künftige Konflikte zu vermeiden. Solche Prozesse sollten von neutralen Dritten moderiert werden.

Externe Ansprüche erfüllen: Und zu guter Letzt kann es sein, dass ein wichtiger Stakeholder vom Unternehmen verlangt, den Dialog zu eröffnen, wie im Falle des geplanten Flughafenausbaus in Frankfurt, als die damalige hessische Landesregierung die Fraport AG zum Mediationsverfahren, eine spezielle Spielart des Dialogs, drängte. Dieser nicht ganz freiwillige Prozess ist jedoch sicher der mit den geringsten Erfolgsaussichten.

(Leitschuh-Fecht/Steger: 2002: 77ff.)

3. Potenziale für Nachhaltigkeit in Unternehmen

Warum kümmern sich Unternehmen überhaupt um Nachhaltigkeit? Die Motive sind in den einzelnen Branchen und Ländern sehr unterschiedlich. Während zum Beispiel in der Energiewirtschaft das Thema „Klimawandel“ dominiert, steht für die Nahrungsmittelindustrie die „Lebensmittelsicherheit“ im Vordergrund. Trotzdem lassen sich einige Cluster identifizieren:

Risiko antizipieren und begrenzen:

Im Zuge des Nachhaltigkeitsdiskurses wurde im Verhältnis von Wirtschaft zu NROs die harte Konfrontation der achtziger Jahre zunehmend durch Gespräche zur gemeinsamen Suche nach Lösungen abgelöst, bis hin zu Kooperationen bei Einzelprojekten. Die Bewegung der Globalisierungskritiker hat jedoch den Druck auf Unternehmen wieder verstärkt, die sich, wie zum Beispiel der Ölkonzern Exxon, aus der Klimapolitik ausklinkten. Mit Hilfe von Internet und E-mail verbreiten sich Nachrichten in Windeseile um den Erdball und lassen sich Aktionen länderübergreifend effektiv koordinieren. Die Unternehmen wissen, dass sie auf dem Präsentierteller der Weltöffentlichkeit sitzen. Viele trifft die Reaktion der Öffentlichkeit völlig unvorbereitet, weil sie dafür kein Frühwarnsystem haben. So erklärt sich auch, dass es gerade die großen und größten Konzerne sind, die sich – aufgrund ihres globalen Bekanntheitsgrades – am intensivsten mit dem Leitbild Nachhaltigkeit auseinandersetzen.

Die Unternehmen wissen, dass viel von ihnen verlangt wird und dass nichts mehr verheimlicht werden kann. Doch sie wissen nie genau, woher der nächste Schlag kommt. Eine konsistente Nachhaltigkeitsstrategie, möglichst im intensiven Dialog mit den Stakeholdern erarbeitet, ist daher auch eine Art Frühwarnsystem, das den Unternehmen ein Instrument an die Hand gibt, um Veränderungen im gesellschaftlichen Machtgefüge und Wertesystem rechtzeitig zu erkennen und darauf zu reagieren. Erhebliche ökonomische Risiken bergen derzeit natürlich vor allem die globalen Klimaveränderungen (und bei weitem nicht nur für die Versicherungswirtschaft), aber auch Fehleinschätzungen bei der Einführung neuer Technologien. Zum Beispiel gibt es weltweit 35 Boykotts gegen den Ölkonzern Exxon wegen dessen Haltung zum Klimawandel und die Akquisition des Unternehmens Honeywell (USA) durch General Electric (USA) scheiterte daran, dass dessen CEO Jack Welsh die Haltung der EU-Wettbewerbsbehörde und der öffentlichen Meinung in Europa nicht verstand: Die EU lehnte die Fusion der beiden in Europa aktiven Firmen ab. Früherkennnung und Dialog mit den Stakeholdern sind daher von zentraler Bedeutung.

Achillesferse Markenimage:

Marken für Konsumprodukte haben oft den klassischen Bereich eines Qualitätsversprechens verlassen und präsentieren sich als Indikatoren für life-style oder Persönlichkeit (Coca Cola: „Care free fun“, Nike: „Just do it!“). Viele Unternehmen setzen inzwischen stark auf die Anziehungskraft ihrer Marken, in die sie sehr viel Geld investieren. Die Marken müssen jedoch positiv besetzt sein, damit sich die Kundinnen und Kunden damit identifizieren können. So werden sie anfälliger für Kritik. Wie die Kampagnen von Aktivisten gegen Nike (Kinderarbeit), McDonalds (Arbeitsbedingungen) oder Shell (Versenkung einer Ölplattform und Engagement in Nigeria) zeigten, können Verbraucherinnen und Verbraucher im Verbund mit NROs und Medien selbst einen großen global player ganz schön ins Schleudern bringen. Wird das Marken-Image durch das Verhalten des Unternehmens – egal in welchem Zipfel dieser Welt – beschädigt, so purzeln nicht nur die Umsätze, sondern auch die Aktienkurse. Coca Cola verlor durch eine Serie von Negativschlagzeigen (Lebensmittelskandal in Belgien, Rassendiskriminierung in den USA, Konflikte mir Greenpeace in Australien wegen der Verletzung der „Green Olympics") im Jahr 2000 in 13 Ländern fast 20 Prozent des Markenwertes. Je stärker also die Marke, umso mehr ist das Unternehmen risikoexponiert[2].

Neue Produkte und Systemlösungen:

Die Orientierung auf Nachhaltigkeit bringt neue Produkte und Dienstleistungen hervor. Zuallererst natürlich im Energiesektor (Nutzung der Sonnen-, Windenergie, Biomasse; energiesparende Geräte, etc.), im Bereich der Mobilität (sparsame Fahrzeuge, neue Antriebsmotoren, Car-Sharing bis hin zu einer neuen Generation von Fahrrädern etc.), in der Baubranche und vieles andere mehr. Unternehmen, die sich hier einen Wettbewerbsvorteil versprechen, nutzen die neuen Möglichkeiten. So zum Beispiel versuchen DaimlerChrysler, Ford und Shell bei der Brennstoffzelle die Nase vorn zu haben, die VW AG experimentiert mit neuen Mobilitätsangeboten (Car-Sharing für Mieter oder Anrufbus, Leitschuh-Fecht 2002a: 155ff.), und verschiedene Energieversorgungsunternehmen wollen sich im Wettbewerb als Energiedienstleister positionieren. Im Chemiekonzern DuPont beginnt eine ganz neue Art des Denkens: vom Produkt zur Funktion („functionality per gram"), das heißt Dematerialisierung. Es wird genau analysiert, welche Funktion für den Produktnutzen erforderlich ist, und dann werden Werkstoffe und Reagenzien entwickelt, die den Ressourcenverbrauch und die Umweltbelastung minimieren.

Kosten senken:

„Umweltschutz ist wirtschaftlich!", so lautet eine alte Formel aus den frühen neunziger Jahren, als die Umweltschützer nach Argumenten suchten, um den Unternehmen Investitionen in den betrieblichen Umweltschutz schmackhaft zu machen. Die Formel hat nichts an Gültigkeit verloren. Auch heute noch gibt es auf dem Gebiet des klassischen Umweltmanagements große, noch nicht ausgeschöpfte Potenziale im Bereich der Energieeinsparung und der Reduktion des Ressourcenverbrauchs oder der Abfallmengen. Das französische Unternehmen Lafarge, der weltgrößte Hersteller von Baustoffen, hat sich in einem Kooperationsprojekt mit dem WWF verpflichtet, bis 2010 gegenüber 1990 20 Prozent seiner CO_2-Emissionen zu senken, was die Kosten erheblich senken wird, da bei Lafarge Energie 60 Prozent der operativen Kosten ausmacht. Außerdem wird das Unternehmen in die Ausbildung in Entwicklungsländern investieren und damit seine Produktivität erhöhen.

2 Die Rolle von Marken und globalen Unternehmen hat Naomi Klein (2002) in ihrem Buch „No Logo", das so etwas wie ein Manifest der Globalisierungskritiker wurde, sehr präzise beschrieben.

Beschäftigte gewinnen:

Trotz der hohen Arbeitslosigkeit ist es für die meisten Unternehmen nicht so einfach, qualifizierte und engagierte Mitarbeiterinnen und Mitarbeiter zu gewinnen. Insbesondere gut ausgebildete jüngere Arbeitskräfte nehmen heute nicht mehr den ersten Job an, der sich ihnen bietet. Sie fragen nicht nur nach Gehalt, Arbeitsbedingungen und Karrierechancen, sondern vermehrt auch danach, welchen Ruf das Unternehmen genießt, bei dem sie arbeiten wollen, und ob sie sich mit dessen sozialen und ökologischen Verhaltensweisen im In- und Ausland identifizieren und bei ihren Familien und Freunden damit sehen lassen können. Der Energiekonzern Shell zum Beispiel registriert seit der Wende in seiner Geschäftspolitik hin zur Nachhaltigkeit wesentlich mehr Bewerbungen, und in Untersuchungen über Umweltmanagementsysteme wird die Motivation von Mitarbeitern als zweit- oder dritthäufigster Faktor genannt.

Neue Geschäftsmodelle:

Manche Unternehmen kreieren auch ganz neue Geschäftsfelder. Der Lebensmittelkonzern Unilever zum Beispiel hat in Indonesien eine neue Form des Straßen-Imbiss initiiert, bei dem heimische Produkte verkauft und jugendliche Arbeitslose (über eine Stiftung) qualifiziert werden. Im Franchisesystem werden sie zu Kleinunternehmern. Die Finanzierung erfolgt in einer strategischen Partnerschaft mit einer Bank. Dieses Projekt ist integrativer Teil der Unternehmensstrategie, kein philanthropisches und exotisches Anhängsel!

Ansatzpunkte für eine Nachhaltigkeitsstrategie gibt es also genug. Trotzdem sind es erst vergleichsweise wenige Unternehmen, die diesen Weg gehen. Woran liegt das?

4. Was macht es schwer ?

Einige Faktoren machen es schwer, einen Business Case für Nachhaltigkeit auszubilden:

- Globale Großunternehmen sind sehr stark in einzelne Unternehmenseinheiten fragmentiert, spezialisiert und gelegentlich auch recht bürokratisch organisiert. Sollen externe Effekte internalisiert werden, so erfordert dies eine neue Sicht auf die Dinge, die nun eher langfristig und ganzheitlich betrachtet werden müssen. Das Unternehmensumfeld muss quasi im 360°-Radius gescannt werden. Damit eine solche Entwicklung eingeläutet wird, braucht es engagierte Vorstände und Manager.
- Noch ist der Druck auf die Unternehmen sehr gering. Von den Verbraucherinnen und Verbrauchern gehen nur schwache Impulse für nachhaltigere Produkte und Dienstleistungen aus. Und die Regierungen unterstützen mit ihrer Subventionspolitik noch zu stark die nicht-nachhaltige Wirtschaft. So werden fossile Energiequellen je nach Land bis zu zehnmal so hoch subventioniert wie regenerative. Die USA schützen zum Beispiel ihre großen „integrierten Stahlwerke“ mit Zöllen, obwohl wettbewerbsfähige „mini-mills“ nachweislich viel energieeffizienter sind.
- Mitunter brauchen neue nachhaltige Technologien sehr viel Zeit und Aufwand bis zur Einführung. Zum Beispiel wird die Markteinführung der emissionsfreien Brennstoffzelle auf 2010 verschoben, weil es erhebliche Probleme mit der Infrastruktur (fehlende Tankstellen) und der Massenfertigung gibt.

Es gibt also eine ganze Reihe von handfesten ökonomischen Gründen, die dafür sprechen, dass Unternehmen ein Potenzial für eine Nachhaltigkeitsstrategie haben, mit der sie externe Effekte managen. Aus den bisherigen Interviews mit Managern der verschiedenen Branchen wurde zum Beispiel deutlich, dass sich einige Unternehmen sehr wohl darüber bewusst sind, dass ihre „licence to operate“ von einer glaubwürdigen Nachhaltigkeitsstrategie abhängen kann. Unternehmen, die stark auf ihre Marken setzen, wie zum Beispiel die Lebensmittel- oder Textilindustrie, wissen um die verheerenden Folgen, die es für sie haben kann, wenn ihre Marken in Misskredit fallen. Andere wiederum beobachten sehr genau die Nischenmärkte für nachhaltige Produkte oder Dienstleistungen, weil daraus schnell ein Massenmarkt werden könnte.

Das Potenzial ist groß, es muss jedoch sauber identifiziert werden. Dafür bedarf es dreierlei:

- eines wissenschaftlich fundierten, unternehmensspezifischen Diagnostik-Tools,
- mehr Anreize (auch Regulierungen, wie z.B. Integrated Polution and Prevention Control [IPPC])
- sowie (Markt-) Druck für die Umsetzung (hier werden dringend die Verbraucher gebraucht).

Literatur

Klein, Naomi: No logo! Der Kampf der Global Players um Marktmacht. Ein Spiel mit vielen Verlierern und wenigen Gewinnern., München 2001

Leitschuh-Fecht, Heike/Steger, Ulrich: Mächtig aber allein – Unternehmen im ökologischen Diskurs mit den Gesellschaft. In: Altner, Günter/Leitschuh-Fecht, Heike/Simonis, Udo E./v. Weizsäcker, Ernst U. (Hrsg.): Jahrbuch Ökologie 2003. München 2002 (und auf www.leitschuh-fecht.de)

Leitschuh-Fecht, Heike: Lust auf Stadt – Ideen und Konzepte für urbane Mobilität. Bern 2002a

Leitschuh-Fecht, Heike: Mit dem Stakeholder-Dialog zur Nachhaltigkeit. In: UmweltWirtschaftsForum 10 (2002b) 1, S. 34-37

Schrader, Ulf/Hansen, Ursula (Hrsg.): Nachhaltiger Konsum. Forschung und Praxis im Dialog. Frankfurt/Main 2001

Steger, Ulrich: Marine Stewardship Council. Lausanne 2000

Steger, Ulrich: IMD Case Studies: „Under the Spotlight: it is always Coca Cola”. Lausanne 2001

Steger, Ulrich: Monsanto's GMOs: The Battle for Heart and Shopping Aisles. Lausanne 2001

Steger, Ulrich: Globalisierung, Nachhaltigkeit und Unternehmensstrategien – Bestandsaufnahme und Perspektiven. In: UmweltWirtschaftsForum 10 (2002) 1, S. 4-13

Steger, Ulrich: Corporate Diplomacy. London u.a. 2002

www.imd.ch, case studies

Nachhaltigkeitsorientierte Wettbewerbsstrategien

Thomas Dyllick

Nachhaltigkeitsmanagement auf Unternehmensebene wird manchmal als eine reine Frage der sozialen Verantwortung gesehen, worauf die Aktualität von Begriffen wie „corporate social responsibility"[1] oder „corporate citizenship" (Zadek 2001) hinweist. Eine strikte Trennung zwischen einer ethisch motivierten Wertorientierung unternehmerischen Handelns und einer Wettbewerbsorientierung lässt sich im Nachhaltigkeitskontext jedoch kaum aufrecht erhalten. Zu eng sind hier die Zusammenhänge und zu fließend die Grenzen zwischen diesen zwei Handlungsgründen. Einerseits gewinnen Nachhaltigkeitsprobleme auf öffentlichen, rechtlichen oder marktlichen Wegen Wettbewerbsrelevanz für Unternehmen und setzen diese unter Handlungsdruck. Andererseits liefern Nachhaltigkeitsprobleme auch Ansatzpunkte für die Ausrichtung von Unternehmensstrategien. Auf allgemeiner Ebene lassen sich drei wettbewerbsstrategische Gründe für ein nachhaltiges Unternehmenshandeln unterscheiden: Planungssicherheit, Sicherung von Akzeptanz und Legitimität sowie Ausnützen von Differenzierungs- und Marktpotenzialen[2].

Es genügt jedoch nicht einen Zusammenhang zwischen Nachhaltigkeit und unternehmerischen Wettbewerbsstrategien festzustellen und zu propagieren, vielmehr soll dieser Zusammenhang hier näher analysiert und geklärt werden. Es wird insbesondere gefragt, welche Nachhaltigkeitsstrategien Unternehmen offen stehen und worin deren Wettbewerbswirkungen bestehen? Ziel ist es, eine Typologie nachhaltigkeitsorientierter Wettbewerbsstrategien zu entwerfen, wofür von verschiedenen Arten des Nutzens nachhaltiger Unternehmensleistungen für das Unternehmen ausgegangen wird. Je nach Nutzenart lässt sich ein entsprechender Strategietyp ableiten[3]. Folgende Nutzenarten und Strategietypen werden hier unterschieden[4]:

---

1 So definiert die Kommission der Europäischen Gemeinschaften (2002: 5) Corporate Social Responsibility als ein Konzept, „das den Unternehmen als Grundlage dient, auf freiwilliger Basis soziale Belange und Umweltbelange in ihre Tätigkeit und in die Wechselbeziehungen mit den Stakeholdern zu integrieren."

2 Vgl. hierzu den Beitrag „Konzeptionelle Grundlagen unternehmerischer Nachhaltigkeit" von Dyllick in diesem Band, wo der Zusammenhang zwischen Werten und Strategien entwickelt und beispielhaft illustriert wird.

3 Reinhardt (1999a und 1999b) unterscheidet hier im Vergleich zwischen folgenden vier Motiven für das unternehmerische Umweltmanagement: increasing the value of the firm, reducing business risk, desire to adhere to personal or organizational codes of ethics, promote organizational learning. Und er unterscheidet dann zwischen fünf verschiedenen Strategien: differentiating products, managing your competitors, saving costs, managing environmental risk und redefinig markets.

4 Die vorliegenden Ausführungen basieren auf Gminder u.a. 2002: 108ff. Die Strategietypologie baut auf den ökologischen Wettbewerbsstrategien – Marktabsicherung, Kostenstrategien, Differenzierung

- Der Nutzen „Risikoverminderung und Risikobeherrschung" impliziert einen *Strategietyp „sicher"*.
- Der Nutzen „Verbesserung von Image und Reputation" impliziert einen *Strategietyp „glaubwürdig"*.
- Der Nutzen „Verbesserung von Produktivität und Effizienz" impliziert einen *Strategietyp „effizient"*.
- Der Nutzen „Differenzierung im Markt" impliziert einen *Strategietyp „innovativ"*.
- Der Nutzen „Marktentwicklung" impliziert einen *Strategietyp „transformativ"*.

1. Strategietyp „sicher": Verminderung bzw. Beherrschung von Risiken

Die großen ungelösten Nachhaltigkeitsprobleme in den Bereichen Klimaschutz, Mobilität, Armut, Gentechnologie oder Biodiversität verlangen nach Lösungen. Solche werden auf politischem Weg, durch den Druck von NGOs oder durch Marktkräfte bewirkt. Und hieraus ergeben sich oftmals Risiken für einzelne Unternehmen und ganze Branchen. Dabei kann zwischen Handlungs- und Finanzrisiken unterschieden werden:

- *Handlungsrisiken* zeigen sich dort, wo sich vorgesehene Handlungen durch Unternehmen nicht ausführen lassen, weil sie auf Widerstände stoßen. Solche Widerstände können von Behörden kommen, von NGOs, von Anwohnern oder von Kunden. So konnte zum Beispiel Shell die Ölplattform Brent Spar nicht in der Nordsee versenken, obwohl hierfür die erforderlichen behördlichen Bewilligungen vorlagen. Saatgutfirmen werden von Aktivisten an Freisetzungsversuchen mit gentechnisch veränderten Pflanzen gehindert. Und in der Schweiz geben der Bauernverband und die marktmächtigen Großverteiler Migros und Coop bekannt, dass sie gentechnikfreie Lebensmittel so lange wie möglich anbieten werden, sicher so lange wie sie von den Konsumenten nachgefragt werden, sehr zum Verdruss der großen Lebensmittelhersteller.
- *Finanzrisiken* betreffen die Bewertung der Unternehmen auf den Finanzmärkten, aber auch die Einschätzung der Unternehmensrisiken. Hier ist zum Beispiel an die Hersteller und Betreiber großtechnischer Energieanlagen zu denken, die aufgrund der hohen Kapitalbindung in hohem Masse exponiert sind, oder an die Hersteller von gentechnisch verändertem Saatgut, die aufgrund der unwägbaren Risiken dieser neuen Technologie an der Börse mit einem Abschlag gehandelt werden. Betroffen sind aber auch nachhaltigkeitsbezogene Haftungs- und Kreditrisiken generell.

Nachhaltigkeitsmanagement kann hier als Strategie einer aktiven Verminderung und Beherrschung von Unternehmensrisiken angesehen werden. Ziel ist die Absicherung bestehender Marktpositionen oder Erfolgspotenziale des Unternehmens gegenüber Beschränkungen oder Benachteiligungen, die in Form von Handlungs- oder Finanzrisiken drohen. Die konkreten Risikopotenziale sind dabei von Branche zu Branche, aber auch von Unternehmen zu Unternehmen unterschiedlich ausgeprägt. Entsprechende Maßnahmen sind auf die Risikominderung bzw. die Problembeseitigung ausgerichtet, wenn beispielsweise IKEA auf den Einsatz formaldehydhaltiger Lacke oder PVC in ihren Möbeln verzichtet, sie umfassen aber auch vertrauensbildende und demonstrative Maßnahmen, wenn IKEA Mitglied

---

und Marktentwicklung – in Dyllick u.a. 1997 auf und entwickelt diese für den Nachhaltigkeitskontext weiter.

des Forest Stewardship Council wird und ankündigt, schrittweise auf Produkte aus nachhaltiger Forstwirtschaft umzustellen.

2. Strategietyp „glaubwürdig“: Verbesserung von Image und Reputation

Das Nachhaltigkeitsthema weist wegen seiner gesellschaftspolitischen und öffentlichen Bedeutung vielfältige Ansatzpunkte für Glaubwürdigkeitsstrategien auf. Vertrauen und Glaubwürdigkeit in den Augen der unternehmerischen Anspruchsgruppen stellen für jedes Unternehmen ein bedeutendes Kapital dar. Sie ermöglichen die reibungslose Durchführung der regulären Geschäftstätigkeiten, wenn man zum Beispiel an die Zusammenarbeit mit Aufsichtsbehörden denkt oder an die Rekrutierung von qualifizierten Nachwuchskräften. Ihre besondere Bedeutung zeigt sich aber vor allem in kritischen Situationen, zum Beispiel wenn es um die Durchführung umstrittener Projekte geht wie den Bau eines Forschungslabors für den Einsatz gentechnisch veränderter Materialien oder den Bau bzw. die Finanzierung eines großen Staudammprojekts in der Türkei. Auch in einer Zeit allgemeiner Verunsicherung, zum Beispiel nach einem größeren Betriebsunfall oder im Falle eines generellen Misstrauens gegenüber der Unabhängigkeit von Finanzanalysten und Wirtschaftsprüfern, kommt der Glaubwürdigkeit eine hohe Bedeutung zu. Gewisse Branchen wie zum Beispiel Chemie, Pharma, Tabak, Mineralöl, Fluggesellschaften, Telekommunikation, exponierte Standorte wie beispielsweise Basel, Zürich-Kloten, die Dritte Welt oder Technologien wie die Chlorchemie, Kernenergie oder Mobilfunk weisen im Vergleich zu anderen ein erhöhtes immanentes Risikopotenzial auf.

Ziel von Image- oder Glaubwürdigkeitsstrategien ist der Schutz vor möglichen Image- oder Reputationsrisiken. Entsprechende Maßnahmen sind defensiv ausgerichtet. Andere Branchen wie zum Beispiel Finanzdienstleister, Lebensmittel, Textilien, Kosmetik, andere Standorte oder Technologien wie alternative Energien oder der biologische Landbau weisen demgegenüber gute Voraussetzungen für eher offensiv ausgerichtete Strategien auf. Hier ist das Ziel eher in einem offensiven Aufbau von Image- und Reputationspotenzialen zu sehen. Während Offensivstrategien näher bei Marketingstrategien liegen, weisen Defensivstrategien Überschneidungen mit Risikobewältigungsstrategien auf. Die Maßnahmen müssen einen offensichtlichen Bezug zu den Nachhaltigkeitsproblemen des Unternehmens oder der Branche aufweisen bzw. einen Bezug zu den öffentlich thematisierten Nachhaltigkeitsproblemen herstellen. Sie umfassen normalerweise sowohl Handlungsstrategien wie auch Kommunikationsstrategien.

3. Strategietyp „effizient“: Verbesserung von Produktivität und Effizienz

Insbesondere im Ökologiebereich haben sich Strategien einer gezielten Verbesserung der Ökoeffizienz fest etabliert, weil sie vielfältige Verbesserungen der Produktivität im Bereich der Energie- und Ressourceneffizienz ermöglichen. Aber auch im Sozialbereich finden sich Ansatzpunkte für eine Stärkung der Motivation und Leistungsfähigkeit von Mitarbeitern und Partnern durch eine explizite Einbeziehung sozialer Anliegen in die Entscheidungsverfahren (z.B. Flexibilisierung der Arbeitsbeziehungen, Berücksichtigung der Anliegen von

Anwohnern und Betroffenen bei der Ansiedlung oder auch Finanzierung neuer Anlagen). Das Ziel dieses Strategietyps ist somit in einer Verbesserung der Ökoeffizienz bzw. Sozioeffizienz der unternehmerischen Tätigkeiten zu sehen. Entsprechende Maßnahmen können auf drei unterschiedlichen Ebenen ansetzen: auf der Ebene der Betriebsprozesse, wenn beispielsweise der Axel Springer Verlag (ASV) im Druckprozess Papier mit einem geringeren Papiergewicht einsetzt, den Verbrauch von Druckfarben verringert oder Reinigungsmittel aufbereitet und wieder verwendet, auf der Ebene der Produkte bzw. des ganzen Produktlebenszyklus, wenn ASV mit Lieferanten zusammenarbeitet, um die Ergiebigkeit von Druckfarben zu verbessern oder um aromatenfreie Reinigungsmittel zu entwickeln, oder Optimierungen der Organisationseffizienz betreffen, wie zum Beispiel durch die Einführung einer Sustainability Balanced Scorecard als einem weiter entwickelten Managementinstrument (Schaltegger/Dyllick 2002).

4. Strategietyp „innovativ": Differenzierung im Markt

Eine bewusste Ausrichtung der Produkte und Leistungen an Kriterien der Nachhaltigkeit eröffnet Differenzierungsmöglichkeiten im ökologischen und sozialen Bereich. Ökologische oder soziale Produktdifferenzierungen finden sich heute in vielen Bereichen und Märkten wie zum Beispiel Biolebensmittel, Niedrigenergiehäuser, Fair Trade Produkte, Fische aus nachhaltig bewirtschafteten Fanggebieten, Energie-Contracting, Facility Management oder Car Sharing. Sie stellen eine interessante Möglichkeit zur Differenzierung des eigenen Leistungsangebots dar, indem Kunden ein Mehrwert im Nachhaltigkeitsbereich verschafft wird. Ansatzpunkte für Maßnahmen finden sich in den Merkmalen der Produkte bzw. Dienstleistungen (z.B. Bio-Milch, langlebige Gebrauchsgüter, Mobilitätsdienstleistungen, Ski-Miete) in deren Herstellungsphase (z.B. Kosmetika ohne Tierversuche, Holz aus nachhaltig bewirtschafteten Wäldern, fair gehandelte Produkte, Strom aus erneuerbaren Quellen), in der Konsumphase (z.B. lärmarme Flugzeuge oder Rasenmäher, Niedrigenergiehäuser, Energiesparlampen) oder in der Nach-Konsumphase (z.B. leicht und kostengünstig rezyklierbare oder entsorgbare Verbrauchsprodukte). Entscheidend ist hierbei jedoch nicht schon das Angebot entsprechender Leistungen im Nachhaltigkeitsbereich, sondern erst dessen erfolgreiche Durchsetzung im Markt. Während Mehrwerte in der Konsum- und Nachkonsumphase den Kunden direkte Vorteile bringen und deshalb am Markt leichter durchsetzbar sind, erweist sich dies oftmals als bedeutend schwieriger im Falle von – aus Kundensicht lediglich indirekten – Verbesserungen in der Herstellungsphase.

5. Strategietyp „transformativ": Nachhaltige Marktentwicklung

Sehr viel grundlegenderer Natur sind Marktentwicklungen, welche aufgrund des Drucks von Nachhaltigkeitsproblemen zu breitflächigen Transformationen ganzer Bedürfnisfelder oder Märkte führen. Zu denken ist hierbei an neue Formen und Technologien in den Bereichen Energiegewinnung, Bauen und Wohnen, Transport und Verkehr, Lebensmittel und Ernährung, Pharmazeutika sowie Ressourcenproduktiviät und -management. Das Ziel von Marktentwicklungsstrategien des Typs „transformativ" ist eine Mitgestaltung des Strukturwandels von Wirtschaft und Gesellschaft in Richtung Nachhaltigkeit. Entsprechende Maßnahmen reichen von der Mitwirkung an der Entwicklung spezieller Labels und Prüfsysteme, beispielsweise für Strom aus erneuerbaren Energien, für Holz aus nachhaltiger Bewirtschaftung oder für Fisch aus nachhaltigem Fang, über die Mitgestaltung von Nachhaltigkeitsmanagementsystemen oder Standards für die Nachhaltigkeitsberichterstattung, wie zum Beispiel der Global Reporting Initiative, bis zum Lobbying für nachhaltigkeitsfördernde politische Rahmenbedingungen, zum Beispiel für eine aufkommensneutrale Energie- oder CO_2-Steuer.

Literatur

Dyllick, Thomas/Belz, Frank/Schneidewind, Uwe: Ökologie und Wettbewerbsfähigkeit. München/Zürich 1997

Gminder, Carl-Ulrich/Bieker, Thomas/Dyllick, Thomas/Hockerts, Kai: Nachhaltigkeitsstrategien umsetzen mit einer Sustainability Balanced Scorecard. In: Schaltegger, Stefan/Dyllick, Thomas (Hrsg.): Nachhaltig Managen mit der Sustainability Balanced Scorecard. Wiesbaden 2002, S. 95-147

Kommission der Europäischen Gemeinschaften: Mitteilung der Kommission betreffend die soziale Verantwortung der Unternehmen: ein Unternehmensbeitrag zur nachhaltigen Entwicklung. KOM (2002) 347, endgültig, Brüssel, 2. Juli 2002

Reinhardt, Forest L.: Bringing the Environment Down to Earth. In: Harvard Business Review (1999a) March-April, S. 149-157

Reinhardt, Forest L.: Down to Earth. Applying Business Principles to Environmental Management. Boston 1999b

Schaltegger, Stefan/Dyllick, Thomas (Hrsg.): Nachhaltig managen mit der Sustainability Balanced Scorecard. Konzept und Fallstudien. Wiesbaden 2002

Zadek, Simon: The Civil Corporation. The New Economy of Corporate Citizenship. London/Sterling 2001

Nachhaltigkeitsinnovationen von Unternehmen. Erkenntnisse einer explorativen Untersuchung

Klaus Fichter und Marlen Gabriele Arnold

1. Innovation und Nachhaltigkeit

Innovation ist kein Selbstzweck und Nachhaltigkeit kein Selbstläufer. Der Abbau von Armut, die Reduzierung klimaschädlicher Treibhausgase oder die Sicherstellung kreislauffähiger Produkte und Materialien sind ohne eine Vielzahl von Produkt-, Prozess-, System- und organisationalen Innovationen nicht möglich. Dabei ist das Verhältnis von Innovation und Nachhaltigkeit alles andere als konfliktfrei. Nachhaltige Entwicklung braucht Innovationen, aber nicht irgendwelche. Mit Blick auf die Sicherung der natürlichen Lebensgrundlagen können solche Innovationen als zukunftsfähig oder nachhaltig bezeichnet werden, die Wertschöpfung durch Systeme, Produkte, Dienstleistungen oder Verfahren erzielen, die zu übertragbaren Produktions- und Konsumstilen beitragen und über ihren gesamten Lebenszyklus zu einer Reduzierung von Ressourcenverbrauch und Umweltbelastung führen, zumindest bis zu einem vorsorglichen Maß, das im Einklang mit den vermuteten Tragekapazitäten des globalen Ökosystems steht.

Für die Initiierung und Realisierung von Nachhaltigkeitsinnovationen spielen Unternehmen und deren Kooperation mit Marktpartnern und gesellschaftlichen Akteuren eine zentrale Rolle. Unternehmen und Unternehmensnetzwerke begeben sich dabei in strategische Suchprozesse. Diese sind von einer doppelten Unsicherheit geprägt. Zunächst sind Innovationen generell mit einem hohen Risiko behaftet. Ob sich für eine Idee Geldgeber finden lassen, die Unternehmensführung grünes Licht für die Serienfertigung eines Prototypen gibt oder ein neues Produkt von den Kunden tatsächlich akzeptiert wird, ist in hohem Maße unsicher. Das Wesen von Innovation besteht nicht etwa in der Ideengenerierung, sondern in der Ideenrealisierung und damit in der Durchsetzung neuer Lösungen. Damit lässt sich heute nur die Innovation von gestern beobachten (deVries 1998: 83).

Bei Nachhaltigkeitsinnovationen kommt außerdem hinzu, dass diese sowohl als intendiertes Ergebnis expliziter Nachhaltigkeitszielsetzungen entstehen können (Langlebigkeit, geringe Verbrauchswerte etc.), wie auch als nicht-intendiertes „Nebenprodukt“ unternehmerischen Bemühens. In jenen Fällen, in denen die Innovationsaktivitäten von Nachhaltigkeitszielen geleitet werden, ist nicht garantiert, dass die Innovation schlussendlich auch tatsächlich einen positiven Nachhaltigkeitsbeitrag leistet. So können zum Beispiel technische Effizienzsprünge durch Mengeneffekte oder ähnliche Reboundeffekte zunichte gemacht werden.

Während sich die volks- und politikwissenschaftliche Forschung bereits seit einigen Jahren mit dem Themenfeld Umwelt und Innovation beschäftigt und es hierzu beim Bundesforschungsministerium mit dem Programm „Rahmenbedingungen für Innovationen zum nachhaltigen Wirtschaften“ (RIW) einen eigenen Förderschwerpunkt gibt, steckt die betriebswirtschaftliche Behandlung des Themas und die Feinzeichnung mikroökonomischer Prozesse und Dynamiken noch in der Kinderschuhen. Vor diesem Hintergrund stellt der folgende Beitrag ausgewählte Zwischenergebnisse einer explorativen Studie zur Berücksichtigung von Nachhaltigkeitsanforderungen im strategischen Management von Unternehmen vor, die im Rahmen des vom Bundesforschungsministerium geförderten Projektes „SUstainable Markets eMERge" (SUMMER)[1] durchgeführt wird. Die Ergebnisse basieren auf einer Analyse von 68 Praxisbeispielen aus unterschiedlichen Branchen, Ländern und Unternehmensgrößen[2].

2. Auslöser und treibende Kräfte von Nachhaltigkeitsinnovationen

Bei der Initiierung und Realisierung von Nachhaltigkeitsinnovationen spielen situativ sehr unterschiedliche Kräfte eine Rolle (vgl. Abbildung 1). Bei den untersuchten Praxisbeispielen kommt der Erkennung von Marktchancen und Marktbedarfen (z.B. im Bereich jährlich nachwachsender und kompostierbarer Werkstoffe und Verpackungen) sowie nachhaltigkeitsorientierter unternehmerischer Vision und Führung als Auslöser und treibender Kraft die relativ größte Bedeutung zu. Wichtige Einflussfaktoren sind in vielen Fällen aber auch staatliche Förder- und Forschungsmaßnahmen, die zur Sensibilisierung von Unternehmen in Nachhaltigkeitsfragen beitragen und eine „Geburtshelfer"-Funktion für innovative Technologien, Geschäftskonzepte oder Produktnutzungsstrategien übernehmen können. Weiterhin tragen Markt- und Absatzprobleme zur Initiierung von Nachhaltigkeitsinnovationen bei, indem sie in Unternehmen „Schocks" auslösen, die gleichsam Ausgangspunkt für die Suche und Entwicklung neuer Lösungen sind. Diese „Schocks" müssen sich dann aber unter anderem mit Ideen und Leitkonzepten wie „Zero Emission", Abfall als „Nahrung", ökointelligente Servicekonzepte verbinden, um entsprechende Nachhaltigkeitsinnovationen zu generieren.

Wie bei Innovationen generell bilden auch bei Nachhaltigkeitsinnovationen technische Erfindungen, wie zum Beispiel wirtschaftliche und umweltschonende Verfahren zur Gewinnung von Zellstoff aus jährlich nachwachsenden Rohstoffen (Stroh, Hanf, Bambus etc.), in vielen Fällen den Nukleus für die Entwicklung von Produkten und Verfahren bis zur Marktreife. Im Zusammenspiel mit anderen Einflussfaktoren kommt bei einer Reihe der untersuchten Praxisbeispiele auch dem öffentlichen Druck durch zivilgesellschaftliche Akteure und der mangelnden öffentlichen Legitimation eines Unternehmens eine wesentliche Bedeutung bei der Initiierung und Realisierung von Nachhaltigkeitsinnovationen zu. Dies lässt sich insbesondere in der chemischen Industrie beobachten.

In der Praxis lassen sich auch Innovationsbeispiele finden, die maßgeblich durch gesetzliche Vorschriften ausgelöst wurden und als Anpassungsinnovationen charakterisiert

---

1 Nähere Information zu SUMMER befinden sich unter www.summer-net.de.

2 Ziel der SUMMER-Studie „Analyse des aktuellen Standes der Berücksichtigung von Nachhaltigkeitsanforderungen im strategischen Management" ist es, einen Praxisüberblick über die bisherige Berücksichtigung von Nachhaltigkeitsanforderungen im strategischen Management von Unternehmen zu geben und diese zu systematisieren und zu typologisieren („Landkarte"). Im Vordergrund steht dabei die Identifikation von auslösenden, fördernden und hemmenden Faktoren sowie relevanter Prozessmerkmale. Da bislang wenig über die Art und Weise der Berücksichtigung von Nachhaltigkeitsanforderungen im strategischen Management bekannt ist, hat die Studie explorativen Charakter. Ziel konnte es also nicht sein, ein im statistischen Sinne repräsentatives Bild mit entsprechender Häufigkeitsverteilung bestimmter Formen oder Typen zu zeichnen. Diesbezügliche Aussagen sind aufgrund des Forschungsstandes und des gewählten Forschungsdesigns nicht möglich.

werden können. Dazu zählt zum Beispiel der Aufbau von Rücknahmesystemen für Altprodukte. Darüber hinaus lässt sich in vielen Beispielen auch der Kostendruck entlang der Wertschöpfungskette als wichtige treibende Kraft identifizieren. Außerdem befinden sich bei den untersuchten Praxisbeispielen auch solche Innovationen, die maßgeblich durch die Kooperation von Behörden, Privatunternehmen und Nichtregierungsorganisationen in Form von Public Private Partnerships vorangetrieben wurden.

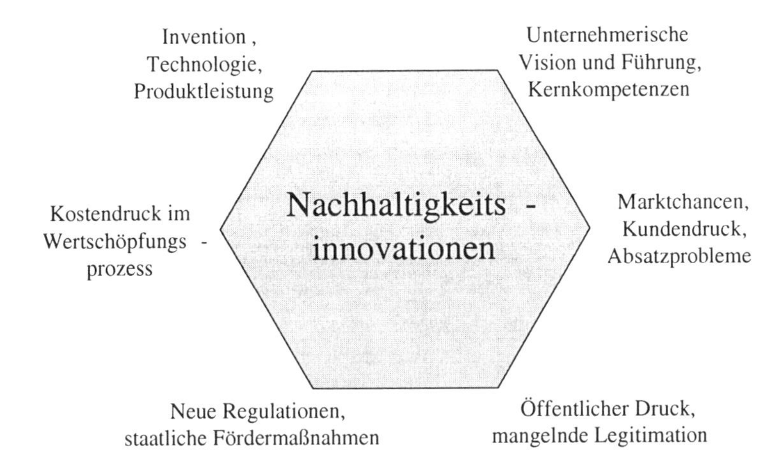

Abbildung 1: Auslöser und Treiber von Nachhaltigkeitsinnovationen

Im Gegensatz zu klassischen „Market-Pull"- und „Technology-Push"-Unterteilungen zeigt die Unternehmenspraxis, dass sich die Entstehung von Nachhaltigkeitsinnovationen nicht durch einzelne dominante Einflussfaktoren beschreiben und erklären lässt, sondern diese erst durch das dynamische Wechselspiel verschiedener Kräfte entstehen. Dies lässt sich am Beispiel der Möbelbezugsstoffe Climatex® zeigen, die von der Firma *Rohner Textil AG* in enger Zusammenarbeit mit verschiedenen Kooperationspartnern entwickelt wurden (Braungart u.a. 2002). Das Schweizer Unternehmen mit rund 30 Mitarbeitern bietet seit dem Jahr 2000 den Möbelstoff Climatex® LifeguardFR™ an, der aus Ramie und Wolle gefertigt wird, eine lange Lebensdauer aufweist und nach Gebrauch problemlos kompostiert werden kann, ohne dass toxikologisch oder ökotoxikologisch relevante Abbauprodukte der eingesetzten Farbstoffe und Textilhilfsmittel entstehen. Er ist eine Weiterentwicklung des Vorgängers Climatex® Lifecycle™, der jetzt zusätzlich flammhemmend ausgerüstet ist und sich für den Einsatz in allen Verkehrsträgern eignet.

Hintergrund für die bahnbrechende Erfindung war die Krise der Schweizer Textilindustrie in den achtziger Jahren, steigende Umweltauflagen, Konflikte mit Nachbarn aufgrund produktionsbedingter Lärm- und Schwingungsprobleme und der damit verbundene Aufbau eines betrieblichen Umweltmanagements. Diese bilden gleichsam die „Bühne" für die Initiierung und Realisierung der Produktinnovation. 1993 wollte der US-Architekt William McDonough im Rahmen eines Auftrages des US-Unternehmens *DesignTex*, einem Kunden von Rohner Textil, die Vision einer „clean revolution" im Bereich Möbelbezugsstoffe verwirklichen und initiierte das Entwicklungsprojekt bei Rohner. Mit der Firma DesignTex, einer Tochter von *Steelcase*, dem weltgrößten Büromöbelhersteller, war von Anfang an ein Kunde am Einsatz dieses Stoffes in seinen Produkten interessiert und konnte daher jederzeit seine Anforderungen in die Produktentwicklung einbringen. Außerdem konnte mit Michael Braungart und dem EPEA Umweltinstitut ein Partner für das Projekt gewonnen werden, der die nötige wissenschaftliche Kompetenz und die Methodik der Lifecycle Development (LCD)-Analyse einbrachte. In das Entwicklungsnetzwerk waren außerdem wichtige Partner entlang der Stoffstromkette eingebunden, wie z.B. die *Ciba Spezialitätenchemie* als Hersteller von Textilfärbemittel sowie Rohstoffproduzenten und Entsorgungsunternehmen. Das Wechsel- und Zusammenspiel von Kundennachfrage, visionärem Leitkonzept (Abfall als „Nahrung" etc.), technologischer, wissenschaftlicher und methodischer Kompetenz sowie die geschickte Vernetzung und Interaktion relevanter Wertschöpfungs- und Stoffstromakteure bilden die Basis für die Realisierung dieser wirtschaftlich erfolgreichen Nachhaltigkeitsinnovation. Das Beispiel unterstreicht die Bedeutung interaktiver Analyse- und Erklärungsansätze in der Innovationsforschung (Fichter 2002).

3. Innovationen und ihr Bezug zu Nachhaltigkeitsprinzipien

Auf welche Weise können Produkt-, Prozess-, System- oder organisationale Innovationen zu einer nachhaltigen Entwicklung beitragen? Ausgehend von dem Nachhaltigkeitskriterium der zeitlichen und räumlichen Übertragbarkeit von Wirtschafts-, Konsum- und Lebensstilen ergibt sich der Befund, dass nördliche Industrieländer einen zu hohen Ressourcen- und Energieverbrauch aufweisen und eine hinreichend ökologische Einbettung anthropogener Aktivitäten und Strukturen vermissen lassen. Aus dieser Problemstellung lassen sich verschiedene Nachhaltigkeitsprinzipien herleiten (Paech/Pfriem 2002: 13):

- Erhöhung der *Effizienz* bedeutet eine Dematerialisierung der Systemeinheit durch erhöhte Ressourcenproduktivität. Sie umfasst sämtliche an einem Ziel orientierte Maßnahmen, welche den absoluten Gebrauch und Eintrag von Materie & Energie pro Output- oder Serviceeinheit verringern.
- *Konsistenz* bedeutet, den „Wirtschaftsstil" der Biosphäre zu imitieren. Die regulative Idee der geschlossenen Kreisläufe zielt darauf, dass sämtliche Materialien, die bei Produktion und Konsum entstehen, entweder wieder verwendet oder biologisch abgebaut werden können, so dass Emissionen und Abfälle praktisch nicht mehr anfallen.
- *Vermeidung*: Wenn Produkte oder Verfahren weder durch Effizienz- noch Konsistenzmaßnahmen hinreichend übertragbar gestaltet werden können, verbleibt als Handlungsoptionen ihre generelle Vermeidung (z.B. langlebige Umweltgifte).
- *Risikoreduktion*: Die meisten Nachhaltigkeitsprobleme sind nichts anderes als Nebenfolgen vorheriger Entscheidungen unter Unsicherheit. Risikoreduktion im Sinne eines Verzichts wirkmächtiger und eingriffstiefer Technologien bildet daher ein übergreifendes Nachhaltigkeitsprinzip.
- *Suffizienz* umfasst alle Maßnahmen und Aktivitäten, die eine Veränderung von Lebensstilen, Verhaltens- und Konsummustern in Richtung Nachhaltigkeit unterstützen bzw. bedingen.
- *Verteilung* betrifft die gerechtere Verteilung von Umweltnutzungsmöglichkeiten, die Reduzierung extremer Einkommens- und Vermögensunterschiede und die Chancen zur Gestaltung eines menschenwürdigen Lebens. Das Bindeglied zwischen Verteilung und ökologischer Integrität besteht darin, dass Wirtschaftswachstum – zumindest in den nördlichen Industrienationen – längst nicht mehr der Beseitigung von Knappheiten dient, sondern zu einem Ersatz für Verteilung geworden ist.

Welchen Nachhaltigkeitsprinzipien lassen sich die in der Unternehmenspraxis beobachtbaren Nachhaltigkeitsinnovationen zuordnen? Die untersuchten Praxisbeispiele geben hier erste Aufschlüsse. Das in den vorliegenden Unternehmensbeispielen am häufigsten angewendete Nachhaltigkeitsprinzip ist die Erhöhung der Effizienz (vgl. Abbildung 2), gefolgt von Konsistenz, Suffizienz und Vermeidung. Verschwindend gering ist die Zahl der Unternehmen innerhalb dieser Beispielsammlung, die sich im Verteilungsbereich und im Bereich der Risikoreduktion engagieren.

Die untersuchten Nachhaltigkeitsinnovationen zeigen weiterhin, dass in der Regel mehrere Prinzipien zur Anwendung kommen. Innovationen und unternehmerisches Handeln sowie auch dessen Ergebnisse lassen sich in der Praxis nicht einem Nachhaltigkeitsprinzip trennscharf zuordnen. Welchen Zusammenhang gibt es nun zwischen den Nachhaltigkeitsprinzipien und dem Innovationsverhalten bzw. der Innovativität von Unternehmen? In der vorliegenden Untersuchung ist die Erhöhung der *Effizienz* überwiegend in Verbindung mit inkrementalen Innovationen anzutreffen. Stark gekoppelt mit der Effizienz ist bei den vorliegenden Unternehmensbeispielen das *Vermeidungsprinzip*. Um absolute Stoff- und Energieeinsparungen pro Outputeinheit zu erreichen, werden Materialien, Prozesse und/oder Produkte vor allem mit Schadstoff-, Abfall- und Deponiebezug teilweise bis ganz substituiert bzw. ersatzlos unterlassen. Beispielhaft kann an dieser Stelle der wasserlose Offsetdruck der Druckerei Feldegg AG (www.feldegg.ch) angeführt werden. Der wasserlose Offsetdruck erlaubt den vollständigen Verzicht auf Wasser und Alkohol. Andere Unternehmen entwickeln und bieten neue Verfahren und Produkte an, unabhängig vom Effizienzgedanken und unter Hervorhebung öko- und humantoxikologischer Aspekte. Oftmals werden die Verwendung nicht-regenerierbarer Ressourcen und chemischer bzw. toxischer Stoffe vermieden und durch nachhaltigerer Substitute bei gleicher oder ähnlicher Funktionserfüllung ersetzt.

Bei den vorliegenden auf *Konsistenz* ausgerichteten Unternehmensbeispielen ist augenfällig, dass alte Funktionen mit neuen ökologiegerechten Produkten bedient oder alte Produkte auf konsistente Weise neu produziert und gehandelt werden. Im Mittelpunkt stehen reproduzierbare und regenerative Ressourcen, technisch und biologisch kreislauffähige Materialien, Upcycling- und Null-Emissions-Prozesse. Neuerungen im Konsistenzbereich sind vor allem als Prozess, Produkt und im Bereich Rücknahme/Recycling vertreten. Zudem sind in der vorliegenden Beispielsammlung im Bereich der Konsistenz Unternehmertum und Unternehmensneugründungen markant. Beispiele hierfür sind die BioRegional Development Group (www.bioregional.com), Bedminster AB (www.bedminster.se) sowie die ehemalige Natural Pulping AG (www.natural-pulping.com). Auffällig ist auch, dass hier besonders kleine und mittlere Unternehmen vertreten sind. Die Umsetzung des Konsistenzprinzips bedeutet häufig das Verlassen existierender (Technologie-)Pfade und setzt damit einerseits neue institutionelle Arrangements bzw. neue Unternehmen voraus bzw. bedingt diese andererseits.

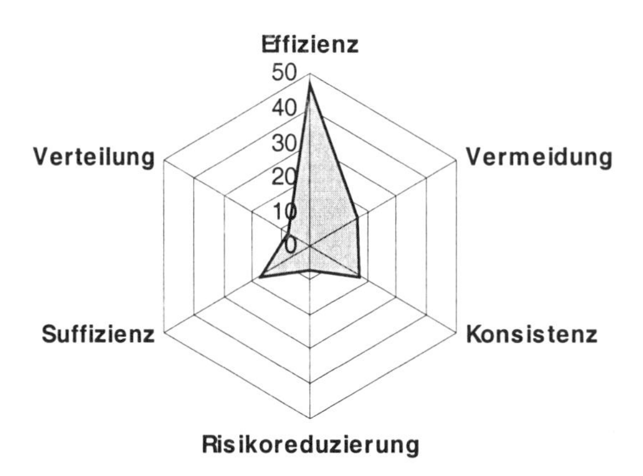

Abbildung 2: Verteilung der Nachhaltigkeitsprinzipien in der Beispielsammlung

Das Abschätzen von Risikoeffekten, das Beachten von Folgewirkungen und Rückkopplungen zur *ex-ante Reduzierung von Risiken* anthropogenen Handelns (z.B. unvertretbarer technischer Risiken mit möglicherweise katastrophalen Auswirkungen für Mensch und Umwelt) wird von Unternehmen sehr verschieden angegangen. Unternehmensstrategisches Wirken zeigt sich:

1. im Setzen von Anreizen für umweltgerechtes Verhalten von vornherein, wie dies zum Beispiel die Münchener Rückversicherungsgesellschaft (www.munichre.com) mit ihrer Umweltrisikoforschung und einer entsprechenden Schadens- und Prämienkalkulation für vorausschauendes Umweltverhalten von Unternehmen tut;
2. im Umsetzen von konsistenten Verfahren zur Vermeidung von Reboundeffekten und langfristigen Folgeschäden. Ein neuer Produktionsprozess in der Automobilzuliefer-Industrie veranschaulicht dies: Anstelle von Kunststofffasern werden Kokosfasern, Flachs und Latex für die Herstellung von Inneneinrichtungsteilen in Automobilen verwendet. Grundlage dafür war der Aufbau der Fabrik POEMAtec (www.poema-deutschland.de; www.ufpa.br/poema/eng/index_eng.html), die ihre Rohstoffe von Farmern aus der Region bezieht. Die Rohstoffe stammen von Kokospalmen und anderen Pflanzen, die im Rahmen eines Wiederaufforstungs-Programms angebaut werden;
3. in Technikfolgenabschätzung und Eingrenzung ihrer Nutzungsqualität und -quantität wie zum Beispiel das Novartis Diskussionsforum zur Gentechnik (www.novartis.de) oder das Ausarbeiten eines Risikofrüherkennungssystems (www.fz-juelich.de/mut/projekte/pro_risfrueh.html, www.fz-juelich.de/mut/projekte/pdf/risiko-frueherkennung.pdf, www.fz-juelich.de/mut/vdi/vdi__bericht/inhalt.html);
4. in der Reduzierung gesundheitlicher und ökologischer Risiken wie zum Beispiel der ex-ante Verzicht der Rohner Textil AG (www.climatex.com) auf mutagene und krebserregende Substanzen, Halogene sowie Metalle zur Heimtextilherstellung.

Dabei findet eine tiefgründige Untersuchung auf Wirkmächtigkeit, Eingriffstiefe und Irreversibilität ökonomischer Aktivitäten bisher nur bedingt und in ersten Ansätzen statt. Das Handeln nach dem Risikoprinzip impliziert Analyse- und Bewertungsmaßnahmen, -projekte und Forschungsprogramme, die von einzelnen Unternehmen oftmals nicht zu leisten sind, sondern der Unterstützung durch staatlich geförderte (Grundlagen-) Forschung, Forschungskooperationen und Stakeholderkooperationen bedarf.

Das Nachhaltigkeitsprinzip der *Suffizienz* lässt sich in Maßnahmen zur Produktnutzungsdauerverlängerung und -intensivierung finden. Zudem gibt es eine breite Vielfalt von Beispielen, die sich um umweltentlastende Struktur- und Verhaltensveränderungen in den Konsum- und Lebensstilen bemühen. Häufig wird der regionale Bezug, Virtualisierung, Dezentralisierung, Modularität, Weiterverwendung von Produkten, Funktionenorientierung fokussiert. Dieser Fokus lässt sich bei der Firma Eco-Express GmbH (www.waschsalon.de) finden, welche Waschsalons und Gemeinschaftswaschanlagen mit ökoeffizienten Geräten in mehreren Städten betreibt. Außerdem sind Netzwerk-, Service- und Systeminnovationen im Suffizienzbereich prägnant und lassen auf einen Zusammenhang schließen.

Entscheiden sich Unternehmen über das Nachhaltigkeitsprinzip *Verteilung* (von Umweltnutzungsmöglichkeiten sowie Ausgleich extremer Einkommens- und Vermögensunterschiede) aktiv zu werden, steht besonders die Armutsbekämpfung und der Fair Trade im Mittelpunkt. The Body Shop (www.thebodyshop.com) ist ein Unternehmen, das sich außerordentlich im Bereich des Fair Trade und für die Unterstützung von Unternehmertum und selbstragenden wirtschaftlichen Strukturen in Entwicklungsländern engagiert. Es garantiert eine Abnahme zu fairen Preisen, die sowohl die Herstellungskosten decken als auch angemessene Löhne sichern. Ferner soll den Projektpartnern damit die Möglichkeit gegeben werden, in die Gemeinde und deren Zukunft zu investieren[3]. Insbesondere wird über eine Beteiligung der Bevölkerung an der Wertschöpfung in den jeweiligen Entwicklungsländern versucht, ein Leben in Würde mit entsprechenden Standards zur Förderung der Lebensqualität einerseits und zur Selbständigkeit andererseits zu unterstützen. Der Verteilungsbereich kennzeichnet sich verstärkt durch Netzwerk- und Prozessinnovationen.

4. Strategietypen von Nachhaltigkeitsinnovationen

Die in den untersuchten Praxisbeispielen identifizierten Innovationen unterscheiden sich nicht nur in Hinblick auf die Auslöser und treibenden Kräfte und die zur Anwendung kommenden Nachhaltigkeitsprinzipien, sondern auch hinsichtlich des Bezuges und der Ausrichtung der verfolgten Strategie. Beim Strategiebezug lassen sich die untersuchten Praxisbeispiele in drei Gruppen unterteilen.

- Strategiebezug *Prozess*: Diese Beispiele beziehen sich bei ihren Innovationen vorrangig auf Produktions-, Geschäfts- und Managementprozesse.
- Strategiebezug *Markt*: Diese Strategietypen verfolgen bei ihren Innovationen in erster Linie eine marktbezogene Zielsetzung wie die Absicherung existierender Märkte, die Marktdifferenzierung oder die Schaffung neuer Märkte als Basis der Erlöserzielung.
- Strategiebezug *Gesellschaft*: Innovationen, die diesem Strategietypus zuzuordnen sind, beziehen sich entweder auf staatliche Vorgaben und Gesetze oder verfolgen primär gesellschaftspolitische Zwecke wie den Abbau von Armut oder die Entwicklung wirtschaftlicher Alternativ- und Gegenmodelle.

---

3 Im Rahmen des „Hilfe durch Handel"-Programms (community trade), das seit Ende der achtziger Jahre existiert, engagiert sich The Body Shop für langfristige, ökologisch vertretbare Handelsbeziehungen. Den durch diese Projekte unterstützten Gemeinden soll ermöglicht werden, die regionale Wirtschaft nachhaltig zu entwickeln, indem sie aus den vorhandenen Ressourcen Produkte für das Unternehmen herstellen.

Neben dem Strategiebezug können die untersuchten Innovationen auch in Hinblick auf ihre Strategieausrichtung differenziert werden. Grundsätzlich kann zwischen Pfad-optimierenden und Pfad-generierenden Strategieausrichtungen unterschieden werden:

- *Pfad-optimierend*: Die Strategie zielt darauf ab, existierende Produktionslinien, Produktportfolios oder Märkte durch Verbesserungs- oder Ergänzungsinnovationen zu optimieren und zu „verteidigen" oder aufgrund von gesetzlichen Vorgaben, wie zum Beispiel Rücknahmeverpflichtungen für Altprodukte, Anpassungsinnovationen vorzunehmen. Eingeschlagene Produkt- oder Technologiepfade sollen weiter optimiert werden.
- *Pfad-generierend*: Die Strategie richtet sich hier auf die offensive und proaktive Veränderung der Angebotspalette oder Kernleistungen eines Unternehmens sowie auf die Erschließung neuer Märkte. Damit werden neue Leistungs- oder Technologiepfade eingeschlagen und beschritten. In der Regel sind diese eng verbunden mit neuen institutionellen und organisationalen Arrangements (Neugründung von Unternehmen, Aufbau neuer Akteursnetzwerke etc.).

In Anlehnung an Typologien zu ökologischen Wettbewerbsstrategien (Dyllick u.a. 1997: 76) lassen sich auf Basis der untersuchten Praxisbeispiele folgende *Strategietypen von Nachhaltigkeitsinnovationen* unterscheiden:

Tabelle 1: Strategietypen von Nachhaltigkeitsinnovationen

	Strategiebezug		
Strategieausrichtung	Prozess	Markt	Gesellschaft
Pfad-optimierend	Öko-effiziente Prozessoptimierung	Innovative Marktabsicherung und -differenzierung	Gesetzliche Anpassungsinnovationen
Pfad-generierend	Innovatives Innovationsmanagement	Marktkreation und Marktentwicklung für nachhaltige (Basis-) Innovationen	Visionäre Alternativmodelle

Im Folgenden werden die Merkmale der verschiedenen Typen von Nachhaltigkeitsinnovationen erläutert und jeweils ein Praxisbeispiel zu Illustrierung benannt.

Strategietyp „Öko-effiziente Prozessoptimierung"

Bei diesem Strategietyp wird primär eine Kostenstrategie und die Leitidee „Kostensenkung bzw. Erhöhung der Wirtschaftlichkeit durch effizientere Ressourcennutzung" verfolgt. Im Mittelpunkt stehen dabei produktionsbezogene Prozesse (Beschaffung, Fertigung, Entsorgung). Dementsprechend beziehen sich die Innovationen zumeist auf die verbesserte Steuerung und Nutzung produktionsbezogener Material- und Energieströme. Es handelt sich hierbei um Verbesserungsinnovationen, also um die Optimierung einzelner oder mehrerer Qualitätsparameter wie z.B. den Energie-, Wasser- oder Materialeinsatz.

Ein Beispiel für diesen Innovationstyp ist das Chemicals Management Program bei General Motors in den USA. Basis dieses bereits 1992 gestarteten Programms ist eine Vereinbarung zwischen GM und der Firma BetzDearborn, einem GM-Lieferanten für Autolacke und Lösungsmittel sowie gleichzeitig Dienstleister für Chemikalienservice und Abwasserbehandlung. Grundlage des Programms ist die Vereinbarung zwischen GM und BetzDearborn, wonach die Bezahlung von BetzDearborn nicht wie ursprünglich nach der Menge der gelieferten Autolacke, Chemikalien etc. erfolgt, sondern pro lackiertem Automobil („unit pricing"). Dazu hat BetzDearborn das gesamte Chemikalienmanagement am Produktionsstandort Janesville, Wisconsin, übernommen. Dieses umfasst das gesamte Stoffstrommanagement von der Bestellung und Lagerkontrolle über das Monitoring und den Einsatz der Chemikalien bis hin zur Erarbeitung von Verbesserungsmaßnahmen und der Berichterstattung und Kommunikation mit GM. Durch dieses Programm werden jährlich eine Million US-Dollar eingespart. Der Lagerbestand an Chemikalien konnte um 78 Prozent und der Verbrauch an Lacken um 50 Prozent reduziert werden. Außerdem wird dadurch die Chemikalienverfolgung vereinfacht und die gesetzliche Pflichtberichterstattung nach dem Toxics Release Inventory (TRI) verbessert.

Strategietyp „Innovatives Innovationsmanagement"

Dieser Strategietyp umfasst organisationale, instrumentelle und prozessuale Neuerungen im Innovationsmanagement, welche die Berücksichtigung von Nachhaltigkeitsanforderungen verbessern. Zumeist geht es dabei um neue Kooperationsformen mit externern Partnern und Stakeholdern in frühen Innovationsphasen, aber auch um Instrumente oder Methoden zur Bewertung von Ideen, Materialien oder Produkten. Da mit diesen innovativen Formen des Innovationsmanagements die Entwicklung neuer Technologien, Produkte und Dienstleistungen unterstützt werden soll, kann dieser Typ als offensiv eingestuft werden.

Ein Beispiel für diesen Innovationstyp ist das Life Cycle Management, das bei der Firma 3M im Rahmen der Produktentwicklung eingesetzt wird. 3M führt jedes Jahr rund 500 neue Produkte am Markt ein und sieht damit die Chance, einen Beitrag zu mehr Umweltschutz und Sicherheit zu leisten. Mit dem Life Cycle Management werden alle neuen Produktideen auf ihre potentiellen Auswirkungen auf Umwelt, Energie- und Ressourcenverbrauch, Gesundheit und Sicherheit in allen Produktlebensphasen überprüft. Das Life Cycle Management ist mittlerweile fester Bestandteil des formalen Produktentwicklungsprozesses bei 3M und wird durch abteilungs- und funktionsübergreifende Teams durchgeführt.

Strategietyp „Innovative Marktabsicherung und -differenzierung"

Innovation und Marktabsicherung erscheinen zunächst als Widerspruch. Die Innovationen beziehen sich hier auch nicht auf Produktinnovationen, sondern auf neue Formen der Stakeholderkommunikation, innovative Managementinstrumente und das bestehende Produktportfolio oder existierende Märkte absichernde Serviceangebote wie zum Beispiel Rücknahmekonzepte für Altchemikalien oder Beschaffungsstrategien, wie die Sicherung von Rohstoffquellen. Dieser Typus erzielt eine Optimierung des eingeschlagenen Produkt- oder Technologiepfades. Auch die innovative Marktdifferenzierung stellt eine Pfad-Optimierung unter Nachhaltigkeitsgesichtpunkten dar, da hier das existierende Produkt- oder Serviceportfolio im Kern nicht verändert, sondern durch Redesign-Maßnahmen oder flankierende Dienstleistungsinnovationen variiert und ergänzt wird. Das zentrale Motiv bei diesem Strategietyp ist die Differenzierung am Markt. Im Mittelpunkt steht die stärkere Profilierung am Markt und eine Differenzierung gegenüber Wettbewerbern. Marktabsicherung und

Marktdifferenzierung können zwar grundsätzlich unterschieden werden, weisen aber gleichzeitig eine Reihe von Ähnlichkeiten auf, so dass diese beiden Formen hier zu einem Typus zusammengefasst werden.

Die Kampagne „Fahrtziel Natur" der Deutschen Bahn und diverser Umwelt-, Verkehrs- und Tourismusverbände kann als innovative Kooperations- und Kommunikationsmaßnahme gewertet werden, welche die Nutzung der Bahn als umweltfreundlichem Verkehrsträger fördert. Mit dem im April 2001 gestarteten Informationsprogramm soll für die Erschließung von Naturschutzgebieten für touristische Zwecke mit der Bahn geworben werden. Im Rahmen von „Fahrtziel Natur" werden insgesamt zehn deutsche Naturschutzgebiete beworben, diese reichen vom Biosphärenreservat Südost-Rügen bis zum Nationalpark Bayerischer Wald. Die vom Bahn-Umweltzentrum koordinierte Informationskampagne sieht keine neuen Zugverbindungen vor, sondern bündelt bestehende Verkehrs- und Naturschutzangebote zu einem „Produkt aus einer Hand". Mit Blick auf die Deutsche Bahn darf die Kampagne als flankierende Marketing- und Imagemaßnahme zu den bestehenden Verkehrsdienstleistungen gewertet werden. Im Kern bezieht sich die Maßnahme für die Bahn also auf die Marktabsicherung bzw. auf die Differenzierung gegenüber dem Autoverkehr.

Strategietyp „Marktkreation und -entwicklung für nachhaltige (Basis-) Innovationen"

Beim Typ Marktkreation handelt es sich um produkt- und servicebezogene nachhaltige (Basis-)Innovationen[4], für die ein (neuer) Markt erst noch aufgebaut werden muss. Produkt- und Marktinnovation stehen hier in einem engen Wechselverhältnis. Fragen der Produktzulassung, der Finanzierung, der Schaffung geeigneter wirtschaftlicher und rechtlicher Marktrahmenbedingungen, die Identifizierung von Kunden, die Marktsegmentierung und die Entwicklung geeigneter Vermarktungsformen spielen eine zentrale Rolle.

Eng verbunden mit der Marktkreation ist der Typ Marktentwicklung. Dieser Typ lässt sich bei bereits existierenden, aber noch jungen Produkten und Dienstleistungen beobachten. Im Vordergrund steht hierbei nicht (mehr) die Produktentwicklung, sondern die offensive Marktdurchdringung und die Erschließung zusätzlicher Absatzmärkte (regional, national oder international) durch innovative Vermarktungs- und Kooperationsstrategien. Zu diesem Typ zählen auch Strategien, um ökologische Nischenmärkte zu Massenmärkten zu entwickeln (Villiger u.a. 2000: 18ff.). Marktkreation und Marktentwicklung beziehen sich zwar auf unterschiedliche Zeitpunkte im Produkt- und Marktlebenszyklus, schließen jedoch unmittelbar aneinander an, so dass diese beiden Innovationen zu einem Typus zusammengefasst werden.

Eine hohe Bedeutung für die Schaffung und Entwicklung nachhaltiger Zukunftsmärkte haben nicht nur erneuerbare Energien, sondern auch nachwachsende Roh- und Werkstoffe. Als Beispiel für eine Basisinnovation auf diesem Gebiet können die Kunststoffe „Mater-Bi" der italienischen Firma Novamont gelten. „Mater-Bi" ist der Markenname einer Familie biologisch abbaubarer Werkstoffe. Es handelt sich hierbei um eine neue Generation von Werkstoffen auf der Basis von Stärke, ergänzt durch biologisch abbaubare Polymere natürlichen und synthetischen Ursprungs, die nach Gebrauch auf natürlichem Wege abge-

4 Pleschak und Sabisch definieren Basisinnovationen als die „Anwendung von Schrittmacher- und Schlüsseltechnologien (z.B. Mikroelektronik, Lasertechnik, Biotechnologie) oder neuer Organisationsprinzipien; sie führen zu neuen Wirkprinzipien und damit zu völlig neuen Produktgenerationen, Produkten oder Verfahren" (Pleschak/Sabisch 1996: 4).

baut werden können. Der Werkstoff wird unter anderem für Verpackungen eingesetzt. Die Ökobilanzierung für verschiedene Anwendungen zeigt, dass der neue Werkstoff zur Energieeinsparung, zur Reduzierung von Treibhausgasen und zur Humusbildung durch Kompostierung beitragen kann. Für die Entwicklung und Vermarktung von Mater-Bi wurde nicht nur eine neue Firma gegründet (Novamont), sondern musste auch ein neuer Markt aufgebaut und entwickelt werden. Die Firma verfügt mittlerweile über 800 Patente und Patentanwendungen für stärke-basierte Werkstoffe.

Ergänzend zur Darstellung in Tabelle 1 können die oben beschrieben marktbezogenen Strategietypen wie folgt klassifiziert werden:

Tabelle 2: Typologie marktbezogener Nachhaltigkeitsinnovationen

	Fokus Vermarktungs-, Kooperations- und Managementinnovationen	Fokus Produkt- und Dienstleistungsinnovationen
Etablierte Märkte	Marktabsicherung	Differenzierung
Neue Märkte	Marktentwicklung	Marktkreation

Strategietyp „Gesetzliche Anpassungsinnovation"

Bei diesem Typus handelt es sich um Anpassungsinnovationen, die aufgrund gesetzlicher Vorschriften zum Umweltschutz vorgenommen werden. Er ist defensiver bzw. reaktiver Natur, weil er nicht durch die Eigeninitiative von Unternehmen entsteht, sondern eine Reaktion auf sich abzeichnende oder bereits geltende gesetzliche Vorschriften ist. Im Mittelpunkt steht dabei die kostengünstige Umsetzung gesetzlicher Vorschriften oder die Nutzung neuer Marktchancen aufgrund sich verändernder Marktrahmenbedingungen.

Ein Beispiel für Anpassungsinnovationen im Bereich der Abfall- und Kreislaufwirtschaft ist die Gründung der Matsushita Eco Technology Center Co. Ltd. (MET), einer Tochterfirma des japanischen Elektro- und Elektronikkonzerns Matsushita (Panasonic usw.). Die Gründung von MET erfolgte als Reaktion auf das japanische Gesetz zum Recycling elektrischer Hausgeräte, das am 1. April 2001 in Kraft trat. Geschäftszweck von MET ist die Organisation der Rücknahme von Altgeräten, der Aufbau von Recyclingzentren, die Zerlegung der Geräte und die Sicherstellung entsprechender Recyclingmaßnahmen. Die 50 Mitarbeiter zählende Firma hat dazu unter anderem ein neues Netzwerk von Rücknahme- und Recyclingfirmen mit aufgebaut und eine neue maschinelle Zerlegetechnologie für Altgeräte entwickelt.

Strategietyp „Visionäre Alternativmodelle"

Dieser Typus umfasst den Aufbau und die Entwicklung alternativer Produktions- und Handelsstrukturen, insbesondere in Verbindung mit Entwicklungs- und Schwellenländern. In der Regel handelt es sich um „Public Private Partnerships", also eine enge projektbezogene Zusammenarbeit von Nicht-Regierungsorganisationen (NRO), Privatunternehmen sowie nationalen und internationalen staatlichen Einrichtungen. Die Initiative geht hier in der Regel von Nicht-Regierungsorganisationen aus und wird zumeist durch staatliche oder internationale Einrichtungen unterstützt. Die Projekte zielen auf die Verbesserung der wirtschaftlichen Situation einzelner Betriebe und Regionen und den Abbau von Armut durch umweltschonende Lösungen. Auslöser und Motiv sind im Kern gesellschaftspolitischer Natur. Im Mittelpunkt stehen hier Technologietransfer, in der Regel also Imitationen bereits existierender Lösungen, und die Etablierung neuer Kooperations- und Akteursnetzwerke (organisationale und Systeminnovation).

Diesem Innovationstypus können auch solche Beispiele zugeordnet werden, bei denen die Initiative von visionären Unternehmerinnen und Unternehmern ausgeht. Im Vordergrund stehen bei diesen nicht betriebswirtschaftliche Überlegungen und gewinnorientierte Motive, sondern der Wunsch, Alternativ- oder Gegenmodelle für als nicht nachhaltig eingeschätzte Formen des Wirtschaftens zu entwickeln. Ökologische und gesellschaftliche Missstände werden offensiv angegangen und durch innovative Technologien, höhere ökologische Produktstandards oder Formen des fairen Handelns versucht zu verbessern. Bei diesem Typus spielen gesellschaftspolitisch engagierte Einzelpersonen (Initiatoren) eine zentrale Rolle.

Ein Beispiel für visionäre Alternativmodelle ist das Forschungs- und Entwicklungsprojekt zur Abfallverwertung und Kreislaufwirtschaft bei den Namibia Brauereien in Tsumeb, Namibia. Das Projekt verfolgt die Leitvision einer Null-Emissions-Produktion und wurde in Zusammenarbeit mit der Zero Emission Research Initiatives, einer internationalen Nicht-Regierungsorganisation mit Sitz in Genf, der UN Universität Tokio und der Universität von Namibia im Jahr 1996 gestartet. Die Brauerei produziert Biere und andere Getränke mit einem jährlichen Volumen von 15.000 hl. Das Nullemissionskonzept sieht eine Vielzahl von Maßnahmen zur Nutzung von Brauereiabfällen vor. Neben einer Abwasser- und Biogasanlage, werden die Abfälle und Zwischenprodukte als Vieh- und Fischfutter und als Substrat für die Züchtung von Champignons und Shitake-Pilzen genutzt. Abfälle werden also zur Erzeugung anderer Naturprodukte verwendet. Durch die eingeführten Abfall- und Abwasserverwertungsmaßnahmen konnte der Wasserverbrauch deutlich verringert, die Rohstoffnutzung, insbesondere bei Getreide, erheblich verbessert werden. Außerdem konnten mit den Maßnahmen neue Geschäftsfelder (Speisepilze, Brot) für das Unternehmen erschlossen werden.

„Nachhaltigkeit als nicht-intendiertes Nebenprodukt"

Während bei den beschriebenen Strategietypen Umweltschutz- und Nachhaltigkeitsaspekte eine explizite Rolle im Innovations- und Strategieprozess spielen, handelt es sich hier um Beispiele, bei denen die Erhöhung von Öko-Effizienz, Umweltentlastungen oder soziale Verbesserungen nicht-intendierte Nebenprodukte klassischer betriebswirtschaftlicher Optimierung sind. Im Rahmen der untersuchten Beispiele handelt es sich dabei in erster Linie um Firmen der IT-, Telekommunikations- und Internetbranche.

5. Fazit

In der Unternehmenspraxis lassen sich eine Vielzahl von Nachhaltigkeitsinnovationen finden, die nicht nur zu Umweltentlastung und zur Verbesserung sozialer Bedingungen beitragen, sondern auch wirtschaftlich erfolgreich sind. In vielen Fällen sind sie nicht trotz, sondern wegen ihrer Nachhaltigkeit betriebswirtschaftlich erfolgreich. Gleichwohl zeigen die untersuchten Beispiele auch, dass Nachhaltigkeitsinnovationen keine Selbstläufer sind, sondern erst im Zusammenspiel verschiedener Kräfte entstehen. Rahmenbedingungen in Form von staatlichen Forschungs- und Förderprogrammen, neuen Regulationen oder auch der Druck zivilgesellschaftlicher Akteure spielen dabei zwar in vielen Fällen eine bedeutende Rolle, bei den untersuchten Praxisbeispielen kommen aber den Marktkräften (Bedarfe, Kundendruck etc.) und unternehmerischer Nachhaltigkeitsvision und Führung eine größere Bedeutung zu.

Nachhaltigkeitsinnovationen können sowohl als intendiertes Ergebnis von Umwelt- und Nachhaltigkeitszielsetzungen entstehen, entfalten sich aber auch oftmals unabhängig von expliziten Nachhaltigkeitszielsetzungen und individuellen unternehmerischen Motiven. Letztere sind insbesondere dann anzutreffen, wenn sich das Unternehmen oder der Unternehmer in einem Geschäftsfeld bewegt, dass ein hohes Nachhaltigkeitspotenzial aufweist (erneuerbare Energien, kreislauffähige Materialien etc.). Hieraus lassen sich zwei zentrale Schlussfolgerungen für die Förderung von Nachhaltigkeitsinnovationen ziehen. Erstens: die Schaffung nachhaltigkeitsorientierter normativer, organisationaler und mentaler Kontexte für Innovationsprozesse (unternehmenspolitische Vorgaben, Begegnung mit alternativen Weltsichten etc.) kann zwar die Nachhaltigkeit neuer Lösungen nicht garantieren, sehr wohl aber die Wahrscheinlichkeit erhöhen. Zweitens: es kommt innovationspolitisch darauf an, Unternehmer und Unternehmertum in jenen Such- und Geschäftsfeldern durch Forschungs- und Anreizprogramme systematisch zu fördern, denen ein hohes Nachhaltigkeitspotenzial zugesprochen werden kann.

Literatur

Braungart, Michael/Kälin, Albin/Rivière, Alain: Life Cycle Development und Entwicklungskooperation mit Rohner Textil AG. In: UmweltWirtschaftsForum 10 (2002) 3, S. 46-51

De Vries, Michael: Die Paradoxie der Innovation. In: Heideloff, Frank/Radel, Tobias (Hrsg.): Organisation von Innovation. München/Mering 1998, S. 75–87

Dyllick, Thomas/Belz, Frank/Schneidewind, Uwe: Ökologie und Wettbewerbsfähigkeit. München/Wien 1997

Fichter, Klaus: Interaktive Innovationsmodelle. Nachhaltigkeitsinnovationen zwischen Unternehmertum und kontextuellen Bedingungen. In: UmweltWirtschaftsForum 10 (2002) 3, S. 18-23

Paech, Niko/Pfriem, Reinhard: Mit Nachhaltigkeitskonzepten zu neuen Ufern der Innovation. In: UmweltWirtschaftsForum 10 (2002) 3, S. 12-17

Pleschak, Franz/Sabisch, Helmut: Innovationsmanagement. Stuttgart 1996

Villiger, Alex/Wüstenhagen, Rolf/Meyer, Arnt: Jenseits der Öko-Nische. Basel u.a. 2000

Nachhaltiges Designmanagement

Carlo Burschel

Wenn es im Kontext der nachhaltigen Unternehmung um die Produkte selbst geht, wurde bis dato ein zentraler Aspekt in der Regel nur vordergründig beachtet: das Produktdesign bzw. der Entstehungsprozess desselben, der Designprozess[1]. Dies ist aus zweierlei Gründen überraschend, denn erstens ist die Produktion und der Absatz nachhaltiger(er) Produkte eine Managementaufgabe[2] und zweitens verfügt nachhaltiges Design in Deutschland über eine weltweit einzigartige Tradition, die mit den Stichworten Werkbund (1907), Bauhaus, Ulmer Schule und „Gute Form"-Debatte (in den fünfziger/sechziger Jahren des vorherigen Jahrhunderts) skizziert werden kann.

Der Beitrag geht von den beiden Grundthesen aus, dass das Nachhaltigkeitspotenzial des Designprozesses im Unternehmen noch weitgehend unterschätzt wird, und dass die deutschen Traditionen des Industriedesigns mit ihrer Betonung der sozialen und kulturellen Verantwortung der Produktgestaltung der Aktualisierung bei Produzenten *und* Konsumenten bedürfen.

Die Motivation für solche Aktualisierungsbestrebungen liegt nicht in einer wie auch immer zu verstehenden kulturellen Ambition (Stichworte: Stilisierung, Abgrenzung etc.). Ziel ist es, den durch Rückgriff auf die genannten Designtraditionen aktualisierten gemeinsamen Zeichenvorrat von Produzenten *und* Konsumenten (quasi als „trojanisches Pferd") für eine Verständigung über nachhaltiges Design bzw. nachhaltige(-re) Produkte und Produktionsweisen zu nutzen. Die nach wie vor negativ belastete Konnotation der Präfix „ökologisch" ist danach auch durch „nachhaltig" zu ersetzen. Dies hat neben der relativen Neutralität der Begrifflichkeit vor allem auch den Vorteil der besonderen Anschlussfähigkeit an die Traditionen des Industriedesigns in Deutschland, die – unter gänzlich verschiedenen volkswirtschaftlichen Rahmenbedingungen – bereits eine Umwelt- und Sozialverträglichkeit der Massenproduktion mit einschlossen.

Das Produktdesign ist aber auch aus einem weitaus evidenteren Grund im Kontext des Nachhaltigkeitsdiskurses von Bedeutung: ist das Produktdesign erst einmal definiert, wird es unter Umständen millionenfach (re-) produziert.

Ein Blick in die einschlägige Literatur bringt das Problem hervor, dass betriebswirtschaftliche Arbeiten zum Industriedesign, etwa im Kontext des Produktmarketings, vergleichsweise selten zu finden sind (vgl. aber für einen Überblick: Koppelmann 2000 und

---

1 Dass Produktdesign eine wichtige Nachhaltigkeitsvariable ist, wird vom Umweltbundesamt geteilt, vgl. Umweltbundesamt 2000.

2 Vgl. exemplarisch Koppelmann 2000 – eine der wenigen betriebswirtschaftlichen Arbeiten, die das Produktdesign weitreichend berücksichtigen.

Triebel 1997; Mayer 1996; Rummel 1994). Die Mehrzahl der Monographien sind aus der Perspektive der Designer geschrieben und mancherorts selbst ein Objekt der Gestaltung. (Immerhin hatte schon Erich Gutenberg [1984] in seinen Band über „Den Absatz“ 1954 mehrere Abschnitte zur Produktgestaltung aufgenommen).

Der Beitrag zeigt, dass Design eine wichtige Säule der nachhaltigen Unternehmung ist und vielerorts noch unterbewertet wird. Dies liegt nicht zuletzt auch im Alltagsverständnis über „Design als Produktstyling“ bei vielen betrieblichen Entscheidern. Des weiteren verlangt die produktive Organisation des Betriebsablaufes bereits ein Höchstmaß an Ressourceneinsatz und -effizienz, so dass die oftmals langfristigen und komplexen Fragen des Produktdesigns in den Hintergrund geraten können. In vielen Fällen werden Designer auch „nur“ als externe Berater hinzugezogen oder sind in der Unternehmensorganisation auf der Fach- und nicht auf der Entscheiderebene verankert bzw. lediglich mit geringem Einfluss auf dieselbe ausgestattet. Auch sind Tradition und Bewertung von Design als Unternehmensaufgabe in den verschiedenen Branchen sehr unterschiedlich ausgebildet (vgl. Mayer 1996: 5f.).

Des Weiteren scheint gerade in den letzten Jahrzehnten der „gemeinsame Zeichenvorrat“ von Designern einerseits und Betriebswirten, Ingenieuren anderseits eher kleiner als größer zu werden. Den freiberuflichen Designern, ein sich oftmals – zu recht oder unrecht – als Avantgarde verstehender Personenkreis, stehen zudem die angestellten Produktgestalter (z.B. Modelleure) in den unternehmensinternen Abteilungen gegenüber.

Trotz dieser unübersichtlichen Situation wird die Empfehlung formuliert, die jeweilige Identität der Sichtweisen zum Produkt, „Design vs. Betriebswirtschaft“, nicht einer vordergründig reibungsloseren Kommunikation zu opfern, sondern Risiko und Kosten kreativer Umwege als wettbewerbswirksamen Erfolgsfaktor bzw. Investition zu begreifen. Neben der Steuerung der Unternehmensrentabilität ist damit auch die soziale Verantwortung der Unternehmer für ihre Produkte angesprochen, wie sie nicht zuletzt Bestandteil des Leitbildes nachhaltige Entwicklung ist.

1. Designprozess in der Praxis

Ist die Entscheidung getroffen, sich um ein möglichst nachhaltiges Design der Produkte zu bemühen, ist es einerseits wichtig, eine gemeinsame Sprache zu finden, anderseits aber vor allem einen wechselseitigen Lernprozess anzustoßen, mit dessen Hilfe man auch aus der Unterschiedlichkeit grundlegender Standpunkte gemeinsame Ergebnisse erzielen kann. Genau wie das Produktdesign selbst ist auch der Weg dorthin, der Designprozess, ein Kommunikationsprozess, der allerdings den konventionellen betriebswirtschaftlichen Restriktionen einer Entscheidungsfindung unterliegt. Es ist daher von grundlegender Bedeutung, die Diskussion kreativer Ideen in einem frühen Stadium möglichst weitreichend von den letztlichen Entscheidungsprozessen abzuschirmen, um ungewollte Rückkopplungen zu vermeiden und einen möglichst freien Ideenfindungsprozess zu ermöglichen. Durch gesteuerte iterative Vorgehensweise nähert man sich schließlich der Entscheidung über die Gestaltung eines Produktes an, indem in den Bereich der Produktgestaltung zunehmend betriebswirtschaftliche/technologische Restriktionen, aber auch Handlungsspielräume eingespeist werden. Es ist evident, dass dieser Prozess nur mit entsprechend qualifiziertem und sensibilisiertem Personal durchgeführt werden kann.

Um dies sicherstellen zu können, ist es hilfreich, die unterschiedlichen Wahrnehmungsmuster und Arbeitskontexte von Designern einerseits und Betriebswirten, Ingenieuren und Juristen andererseits gegenüberzustellen. Deshalb werden im Folgenden in einer Skizze die verschiedenen Herangehensweisen an dem gemeinsamen Nenner Produkt zusammengefasst, auf dem dann die betrieblichen Instrumente des nachhaltigen Designs – die von einfachen Checklisten bis zur aufwendigen Integration von Umweltbilanzdaten reichen können – aufbauen (vgl. Burschel 2001a).

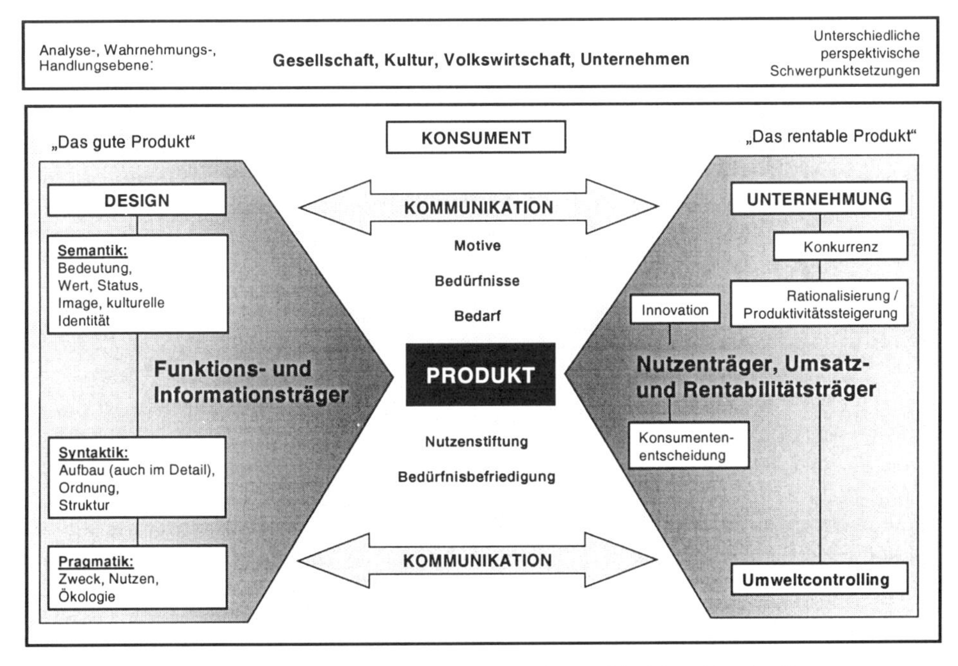

Abbildung 1: Betriebliches Kommunikationsfeld „Nachhaltiges Design"

Während bei Designern das ganzheitliche Produkt als Informations- und Funktionsträger das Arbeitsziel bildet, steht bei den Überlegungen der übrigen Betriebspraktiker das Produkt als Mittel zur Erreichung der (letztendlich monetären) Unternehmensziele bzw. Bewältigung einer arbeitsteiligen Arbeitsaufgabe im Vordergrund. Die Hintergrundkontexte sind – nicht zuletzt durch die absolvierten Qualifizierungsprozesse – sehr verschieden: während Designer primär ästhetisch/funktionale und gesellschaftlich/kulturelle Zusammenhänge von Produkten thematisieren („das gute Produkt"), steht zum Beispiel bei Betriebswirten ein eventueller Markterfolg auf der Basis vergangener Umsatzerfolge (-misserfolge) im Vordergrund („das rentable Produkt"). Diese gezielt holzschnittartige Argumentation soll nicht darüber hinwegtäuschen, dass gerade auch in kleinen und mittleren Unternehmen eine nicht unerhebliche Identifikation etwa mit Traditionsprodukten besteht und dass Designer sehr wohl in der Regel die Betriebsabläufe nachvollziehen.

Die in der Abbildung apostrophierten Arbeitsziele des Industriedesigns gehen auf eine Konzeptualisierung von Dieter Rams (1995) zurück und betonen die Sichtweise „Produkt als Ziel". Im System Wirtschaft wird „das Produkt als Mittel (zur Zielerreichung)" aufgefasst, dem unter den Rahmenbedingungen der Konkurrenz, eines entsprechenden Rationalisierungsdrucks und der Wahrnehmung der Konsumentenentscheidung ein Mittelcharakter zukommt. Mit anderen Worten, die

> „Welt der Designer ist die Welt der Dinge, während die Welt der übrigen Betriebspraktiker eine Welt des möglichst wirtschaftlichen Produzierens und Verkaufens ist" (Rams 1995: 27).

Bei Letzterer stehen die Unternehmensziele (etwa Rentabilität) bzw. die Erfüllung der arbeitsteilig definierten Arbeitsaufgabe im Vordergrund, während bei Designern die Gestaltung als ganzheitliche Aufgabe im Zentrum des Interesses steht. Dies kann dazu führen, dass man aneinander vorbeiredet, dass „ideale Vorschläge“ mit sogenannten Sachzwangargumenten bereits im Ansatz erstickt werden. Hierdurch verschenkt man wichtige Chancen des nachhaltigen Designs, das als Innovationsprozess verstanden, einen wichtigen Beitrag zur Unternehmensrentabilität leisten kann. Designmanagement ist damit an erster Stelle die Organisation eines Kommunikationsprozesses, der es ermöglicht, auch auf den ersten Blick abwegige Ideen zu entwickeln („zu teuer“, „wird nicht gekauft“), gegebenenfalls wieder zu verwerfen oder aber zur Entscheidungsreife weiterentwickeln zu können. Schon der Bauhauskünstler Wilhelm Wagenfeld (1900–1990), einer der Gründerväter des deutschen Industriedesigns, hat immer wieder betont, dass falschverstandenes Expertentum in der Produktgestaltung eher hinderlich als förderlich ist (vgl. Wagenfeld 1948).

2. Nachhaltiges Design/DIN-Leitfaden

Für eine Verwirklichung der Prinzipien des nachhaltigen Designs in der Praxis ist die Abschätzung der möglichen Umweltauswirkung eines Produktes notwendig. Hierfür ist die aufwendige und kostenintensive Aufstellung einer Produktökobilanz möglich (vgl. hierzu BMU/UBA 2001). Ist die Erstellung einer solchen Produktökobilanz aus Kosten- und Zeitgründen nicht möglich, können Checklisten weiterhelfen. So hat das Deutsche Institut für Normung (DIN) einen Leitfaden für die Berücksichtigung von Umweltschutzaspekten bei der Entwicklung neuer Produkte erarbeitet (vgl. Triebel 1997):

- Die Minimierung des Ressourcen- und Energieverbrauchs ist bereits bei der Produktentwicklung und deren Normung zu beachten. Der Einsatz von umwelt- bzw. gesundheitsgefährdenden Stoffen sollte ganz vermieden, bzw. wenn nicht vermeidbar, begrenzt werden.
- Auch mögliche Umweltbelastungen durch vorhersehbaren, nicht bestimmungsgemäßen Gebrauch sind zu berücksichtigen.
- Beim Einsatz und Verbrauch von Ressourcen und Energie sind mögliche Kombinationswirkungen zu berücksichtigen. Ziel ist hierbei, das Gesamtrisiko der Umweltbelastungen zu minimieren.
- In allen Lebensphasen der Produktentwicklung sind logistische Aspekte und ihre Umweltwirkungen zu beachten.
- Die Grundsätze der VDI-Richtlinie 2243 „Konstruieren recyclinggerechter technischer Produkte" sind zu beachten. Diese Richtlinie unterstützt bei der Auswahl geeigneter Werkstoffe, einer demontagegerechten Konstruktionsplanung und der Planung der Herstellung aufbereiteter Produkte.
- Gebrauchsanleitungen sollen Hinweise für die umweltgerechte Anwendung und Entsorgung der Produkte enthalten.
- Kennzeichnung der Produkte in Hinblick auf ihre Umwelteigenschaften.

Der Erfolg von nachhaltigem Design hängt auch von der Positionierung desselben in der Hierarchie der Unternehmensziele ab. In diesem Beitrag stehen aber nicht die strategischen Implikationen im Vordergrund, sondern die Anforderungen auf der Implementierungsebene, das heißt die Gestaltung von Handlungs- und Interaktionsspielräumen im Kontext der Produktentwicklung im Unternehmen.

3. Die Wahrnehmung der Konsumenten

Die Steuerung des unternehmensinternen Designprozesses ist aber nur eine Seite der Medaille, die ein erfolgreiches nachhaltiges Design sicherstellen kann. Mindestens genauso bedeutsam ist die Wahrnehmung potenzieller Konsumentenentscheidungen.

Neben den wirklich vorhandenen Eigenschaften/Funktionen eines Produktes kommt es wesentlich auf das Qualitätsurteil des Konsumenten im Rahmen seiner Kaufentscheidung an (externe Kommunikationsfunktion des Produktdesigns). Mit anderen Worten, wie der mögliche Konsument das Produkt aufgrund seiner eigenen Erfahrungen und Einstellungen beurteilt. Die individuellen Auswahlprozesse der Kaufentscheidung des Konsumenten sind mindestens genauso wichtig wie das Produkt selbst. Aus unternehmerischer Sicht ist gutes Design in der Lage, die vermutete Einstellung der Konsumenten zu einem Produkt anzusprechen.

Qualität meint in diesem Zusammenhang die Beziehung zwischen wahrgenommenen Produkteigenschaften und den aus den Bedürfnissen des Konsumenten resultierenden Anforderungen an ein Produkt. Dabei bezieht sich das Qualitätsurteil des Konsumenten auf eine Anzahl von Teilqualitäten eines Produktes, deren Kombination ein Qualitätsbündel bildet. An dieser Stelle ist die „Theorie des Qualitätsbündels" hilfreich, um das Gesagte zu verdeutlichen. Nach Leitherer (1991) lassen sich die folgenden *Qualitätskategorien* eines Produktes unterscheiden:

- *Gebrauchstechnische Qualität* meint Funktionstüchtigkeit, Anwendungstauglichkeit, Leistungsfähigkeit, Bedienbarkeit, Haltbarkeit eines Produktes;
- *Gebrauchsökonomische Qualität* ist eng mit der gebrauchstechnischen Qualität verbunden und kann als deren monetäre Bewertung umschrieben werden. Preis-Leistungs-Verhältnis, Betriebskosten je Leistungseinheit;
- *Ökologische Qualität* beschreibt die Umweltverträglichkeit des Produktes. Zu unterscheiden ist zwischen der objektiven Umweltverträglichkeit eines Produktes und der subjektiv wahrgenommenen bzw. zugeschriebenen Umweltverträglichkeit;
- *Ästhetisch-kulturelle Qualität* beschreibt die subjektive, gesellschaftlich und kulturkreisspezifisch geprägte Empfindung eines Produktes als mehr oder weniger „schön" (stilorientierte Geschmacksnormen, Mode);
- *Soziale Qualität* bezieht sich auf den subjektiv wahrgenommenen und beurteilten Grad der Eignung eines Produktes, einen Beitrag zur gesellschaftlichen Anerkennung seines Besitzers zu leisten (Produkte als Status-, Prestigesymbole).

Im Rahmen des nachhaltigen Designs stehen die gebrauchstechnische und -ökonomische sowie die ökologische Qualität als stofflich-energetisch beeinflussbare Zielgrößen im Zentrum der Bemühungen. Eine wichtige Rolle spielen auch die diversen „Labels", die zur Kennzeichnung nachhaltiger Produkte eingesetzt werden können. Die damit verbundenen Fragestellungen werden in diesem Beitrag ausgeblendet (vgl. weiterführend Schulz u.a. 2001).

Am Ende des Beitrages wird auf die bis dato sehr vernachlässigte und meist langfristig nachfragewirksame ästhetisch-kulturelle Qualität von Produkten eingegangen. Wie sehr die unterschiedlichen Voraussetzungen der Wahrnehmung der oben genannten Teilqualitäten auseinandergehen können, wird bereits durch die unterschiedlichen „Wertetendenzen" im Konsumentenverhalten deutlich. Hinsichtlich des Konsumentenverhaltens lassen sich idealtypisch folgende Wertetendenzen ausmachen, die für die Absatzchancen nachhaltiger Produkte von großer Bedeutung sind (vgl. Hansen 1988):

- *Hedonismus:* Gegenwartsorientierter, genussfreudiger Konsumstil;
- *Individualität:* Selektiver, auf Abgrenzung ausgerichteter Konsumstil, Konsum mit identitätsstiftender Funktion;

- *Kennerschaft:* An die Stelle des bloßen Besitzens tritt Kennerschaft, Symbolisierung für „kleine Unterschiede";
- *Neue Bescheidenheit:* Konsumstil, der das Einfache, Schlichte und Natürliche als subtile Form der Statussymbolik zum Inhalt hat;
- *Authentizität*: Originalität und Ursprünglichkeit dominieren diesen Konsumstil;
- *Preisbewusstsein;*
- *Qualitätsbewusstsein;*
- *Gesundheitsbewusstsein.*

Hierbei ist wichtig festzuhalten, dass diese Konsumstile nicht statisch festgeschrieben sind, sondern dynamischen Veränderungen unterworfen sind. Dies ist unter anderem auch in engem Zusammenhang mit der Rolle des Handels bei der Vermarktung nachhaltiger Produkte zu sehen. Hier reicht eine Typologie von „Umweltignoranten, Umweltdiplomaten bis zu den Umweltinnovatoren und Umweltfreaks". Sowohl die Skizze der Typologie der Konsumstile, wie die der ökologischen Handlungstypen im Handel haben gezeigt, dass nachhaltiges Design für umweltorientierte Unternehmen ein zukünftig immer wichtiger werdendes Element einer nachhaltigen Unternehmensführung werden kann. Nachdem die wichtigsten Akteure des nachhaltigen Designs aus Unternehmenssicht dargestellt wurden, bleibt die Frage, nach welchen Prinzipien nunmehr die Produkte selbst in Richtung eines nachhaltig(er)en Designs entwickelt werden können.

4. Prinzipien nachhaltigen Designs

Die Integration und Organisation lebenszyklusorientierter Aspekte in die Design-Aufgabenstellung stellt – neben der Wahrnehmung des Konsumentenverhaltens – die zentrale Problemstellung des nachhaltigen Designs im Unternehmen dar. Die durch Konsumgüter verursachten Umwelteingriffe hängen grundlegend von Entscheidungen im Rahmen der Produktentwicklung ab. Diese legen nicht nur die Umweltaspekte fest, die im unmittelbaren Einflussbereich des Unternehmens liegen (etwa Produktionsverfahren), sondern auch deren vor- und nachgelagerte Stufen (z.B. Rohstoffgewinnung, Recycling, Entsorgung). Das heißt vor allem auch, dass im Sinne eines präventiven Umweltschutzes im Betrieb bereits bei der Gestaltung der Produkte mögliche Umweltbelastungen in allen Phasen des Produktlebenszyklus zu analysieren und Alternativen abzuwägen sind, die die wenigste Umweltbelastung zur Folge haben.

Im Folgenden werden die wichtigsten *nachhaltigen Designprinzipien*, die sich aus der Sichtweise eines umweltschonenden Produktlebenszyklus ergeben, aufgeführt (vgl. Burschel 2001b):

- *Materialeffizientes Design:* Optimierung des Materialeinsatzes durch Werkstoffsubstitution, Leichtbau, zuschnittgerechte Formgebung, Miniaturisierung (versus Demontagefreundlichkeit), Multifunktionalität und Simplifizierung (Beschränkung auf wesentliche Funktionen);
- *Materialgerechtes Design:* Vorzug regenerierbarer vor nicht-regenerierbaren Materialien, Erschließen neuer Einsatzfelder für regenerierbare Materialien, Verzicht auf bestandsgefährdete Tier- und Pflanzenprodukte, Einsatz lokaler Materialien, Einsatz von Sekundärrohstoffen und Kongruenz von Material- und Produktwertigkeit;
- *Energieeffizientes Design:* Reduzierung des Energieverbrauchs in allen Phasen des Produktlebenszyklus, Substitution endlicher durch regenerative Energieträger, Erschließung neuer Einsatzfelder für alternative Energien;

- *Schadstoffarmes Design:* Schadstoffarme Materialauswahl (etwa Vermeidung von Schwermetallen) und Vermeidung schadstoffhaltiger Hilfsstoffe;
- *Abfallvermeidendes bzw. –verminderndes Design;*
- *Langlebiges Design:* Vermeidung von Wegwerf- und Einmalprodukten, Verwendung hochwertiger, reparaturfähiger Materialien, stabile Konstruktionsprinzipien, Modulardesign, zeitbeständiges Design („Patinaeffekt") und hoher Bedienungs- und Nutzungskomfort;
- *Recyclinggerechtes Design:* Demontagefreundliches Design, Werkstoff-, Bauteil- und Gerätekennzeichnung, recyclinggerechte Materialauswahl (stoffliche Verwertung), Verringerung der Materialvielfalt, Vermeidung von Verbundwerkstoffen und Integration von Anforderungen der Wiederverwendung und -verwertung;
- *Entsorgungsgerechtes Design:* Vermeidung von Materialien, deren Entsorgung mit umweltbelastenden Emissionen verbunden ist, Einsatz biologisch abbaubarer Materialien und Kennzeichnung sowie Separierbarkeit von Schadstoffen;
- *Logistikgerechtes Design:* Reduzierung von Produktvolumen und -gewicht, Reduzierung von Verpackungsvolumen und -gewicht sowie logistikgerechte Formgebung.

Diese Prinzipien des ökologischen Designs sind als Entwicklungsparameter aufzufassen, die im Rahmen des Designprozesses als Entwicklungsziele bzw. -felder zu verstehen sind.

5. Zur Tradition des nachhaltigen Designs

An Stelle eines Ausblicks werden die besonderen Traditionen des nachhaltigen Designs in Deutschland skizziert. Diese Traditionen, die heute in weiten Kreisen der Volkswirtschaft in Vergessenheit geraten sind, sind es aber, die eine Verbreitung nachhaltigen Designs voranbringen können. So kennt die Designgeschichte genügend auch betriebswirtschaftlich erfolgreiche Beispiele. Vor „altem Wein in neuen Schläuchen" braucht man sich an dieser Stelle gerade nicht zu fürchten.

Die deutsche Tradition des Industriedesigns reicht vom Werkbund (1907) über das Bauhaus (1919) bis hin zur Ulmer Schule (1955). In keiner dieser Institutionen wurde zwar von nachhaltigem Design im heutigen Sinne gesprochen, aber die Grundprinzipien nachhaltigen Designs fanden sich dort in den Maximen einer sozialverantwortlichen Gestaltung wieder (vgl. Guidot 1994).

Dass diese Traditionen auch jenseits oberflächlicher Modewellen (Stichwort: „Retrodesign"), in der deutschen Wirtschaft noch von einer gewissen Bedeutung sind, wird unter anderem auch in der Arbeit des „Rates für Formgebung" deutlich, der die Bundesregierung in allen Fragen des Designs berät. 1997 hat die Deutsche Bundesstiftung Umwelt (DBU) die zukünftige Bedeutung des nachhaltigen Designs auf den Schultern *des* modernen Klassikers des deutschen Industriedesigns, Wilhelm Wagenfeld, in einer vielbeachteten Ausstellung aufgegriffen. Die DBU hat damit die Gültigkeit einiger Bauhausideen und vor allem der Gestaltungsmaxime Wilhelm Wagenfelds für ein zukunftsfähiges Design aktualisiert und breiten Kreisen aus Wirtschaft und Gesellschaft in Erinnerung gerufen.

Abbildung 2: Saucière, Cromargan, WMG AG, fünfziger Jahre, Entwurf: Wilhelm Wagenfeld

Abbildung 3: Milch-Zucker-Set, Cromargan, WMF AG, fünfziger Jahre, Entwurf: Wilhelm Wagenfeld (Spanlose Fertigung)

Ein Zitat von Wilhelm Wagenfeld (1954) macht deutlich, dass die Realisierung nachhaltigen Designs neben betrieblichen Bemühungen von Kaufleuten, Technikern und Designern insbesondere auch eine Frage der Wohlfahrt einer Volkswirtschaft darstellt:

> „Übersehen wir nicht die gesellschaftliche Wirkung der Industrieware, ihren Einfluss auf Denken, Empfinden und Tun der Käufer, Verkäufer und Hersteller. Im Schlechten wie im Guten weckt jedes Erzeugnis vielerlei Vorstellungen und Ansprüche. Umgang mit den Dingen ist wie der mit Menschen. Er kann anregen, fördern, aber auch lähmen und abstumpfen, er kann Halt geben und Haltung aber auch zerstören. Aus Lust und Liebe am Werk danach zu handeln ist jene industrielle Verantwortung, die wirtschaftliche Erwägungen umfassender und weitreichender abzeichnet und die als Wille zur Qualität dem Unternehmen Inhalt und Stärke gibt" (Wilhelm Wagenfeld 1954).

Ein weiteres bis in die heutige Zeit ragendes Beispiel für nachhaltiges Design ist die Produktion der Porzellanfabrik Arzberg, Arzberg (heute SKV Arzberg, Schirnding) aus den 1950er und 1960er Jahren.

Abbildung 4: Kaffeeservice form 2000, 1954, Entwurf: Heinrich Löffelhardt, Porzellanfabrik Arzberg; heute: SKV Arzberg, Schirnding (wird im Bundeskanzleramt verwendet)

Abbildung 5: Essservice, form 2000, 1954, Entwurf: Heinrich Löffelhardt, Porzellanfabrik Arzberg, Goldmedaille auf der X. Triennale Mailand, wird heute noch von SKV-Arzberg produziert

Dort zeichnete der Industriedesigner Heinrich Löffelhardt (1901 – 1979), ein Weggefährte Wilhelm Wagenfelds, von den fünfziger bis siebziger Jahren für die Produktgestaltung der Geschirre verantwortlich. Die Service erhielten höchste internationale Designpreise und waren in Arzberg über Jahrzehnte in der Produktion. Eine besondere soziale Errungenschaft der Porzellanfabrik Arzberg stellt die Einführung der „Sammelgeschirre" (alle Geschirrteile konnten einzeln erworben werden bzw. über Jahre nachgekauft werden) dar. Des weiteren war es gelungen, „die gute Form" unabhängig von der sozialen Schichtzugehörigkeiten in großen Stückzahlen zu verkaufen[3]. Diese „Demokratisierung der guten Form" war zuerst ein unternehmerisches Wagnis, denn auf den ersten Blick erscheint es nicht im Interesse eines auf Absatz seiner Produkte bedachten Unternehmens zu sein, den Erwerb von Einzel-

3 An dieser Stelle ist das weltbekannte Service „1382" von Dr. Hermann Gretsch zu erwähnen. Es wird heute noch von SKV Arzberg produziert (seit 1931 in Produktion).

teilen von Porzellanservicen zu ermöglichen (Lager- und Logistikkosten). Dementsprechend musste auch der Handel überzeugt werden, entsprechende Lagerbestände anzulegen. Im Rückblick setzte sich dieses Modell aber vor allem wegen der großen Kunden- und Markenbindung durch, so dass auch andere Porzellanfabriken sich diesem Vertriebsmodell anschlossen. An dieser Stelle wird die Verantwortlichkeit von Produzenten und Konsumenten bezüglich nachhaltiger Produkte deutlich. Der Industriedesigner legt gemeinsam mit dem Unternehmen bzw. Unternehmer nicht nur die äußere Form und „innere" Beschaffenheit des Produktes fest (Produktlebenszyklus), sondern er definiert auch die Art und Weise des Gebrauchs (Langlebigkeit, „Patinafähigkeit", Beziehung zwischen Produkt und Konsument, das heißt Wegwerfartikel vs. „Wertgegenstand", etc.) und dies nicht ausschließlich über den Preis, wie das Beispiel der Porzellanfabrik in den fünfziger und sechziger Jahren eindrucksvoll gezeigt hat. Mit anderen Worten, wenn auch beim Konsumenten entsprechende Vorstellungen über ein „gutes" Produkt (Form, Funktion, etc.) existieren, wird über die kulturelle Vermittlung von Wertschätzungsstandards das billigere Wegwerfprodukt zurückgedrängt. Wenn hierbei keine soziale Selektion nach dem verfügbaren Haushaltseinkommen stattfindet (u.a. über die Distributionspolitik, Stichwort: „Sammelgeschirr"), der Investition der Vorzug vor dem Impulskauf gegeben wird (*sozialer Aspekt* der Nachhaltigkeit), dann werden auch die Stoffströme (*ökologischer, ökonomischer Aspekt* der Nachhaltigkeit) am Anfang und am Ende des Produktlebenszyklus in ihrem Niveau beträchtlich gesenkt[4].

Für eine Verbreitung nachhaltig gestalteter Produkte liegt eine besondere Verantwortung bei den Unternehmen – wie schon dem vorangegangenen Zitat von Wilhelm Wagenfeld zu entnehmen ist. Sie entscheiden, welche (und wie) Produkte produziert werden und welche nicht, mit welchen Industriedesignern sie zusammenarbeiten und welchen nicht. Konsumententrends entstehen nicht im „luftleeren Raum" und hier bieten sich vielerlei Möglichkeiten, übrigens ganz ohne „ökologisches Sprachspiel", für verschiedene gesellschaftliche Institutionen, Einfluss auf nachhaltigere Produkte und nachhaltigeren Konsum zu nehmen. Eine davon ist die Aktualisierung der deutschen Designtradition bei Produzenten *und* Konsumenten.

Literatur

Bundesministerium für Umwelt (BMU)/Umweltbundesamt (UBA) (Hrsg.): Handbuch Umweltcontrolling. München, 2. Auflage 2001

Burschel, Carlo/Manske, Beate (Hrsg.): Zeitgemäß und zeitbeständig. Industrieformen von Wilhelm Wagenfeld. Bremen, 2. Auflage 1999

Burschel, Carlo: Ökologisches Produktdesign. In: BMU/UBA (Hrsg.): Handbuch Umweltcontrolling. München, 2. Auflage 2001a, S. 269–280

Burschel, Carlo: Ökologisches Produktdesign. In: Schulz, Werner F./Burschel, Carlo/Weigert, Martin u.a. (Hrsg.): Lexikon Nachhaltiges Wirtschaften. München/Wien 2001b, S.299–307

Burschel, Carlo (Hrsg.): Heinrich Löffelhardt. Industrieformen der 1950er und 1960er Jahre für die Porzellan- und Glasindustrie. Die gute Form als Vorbild für nachhaltiges Design. Bremen 2003 (in Erscheinen)

Guidot, Raymond: Design. Die Entwicklung der modernen Gestaltung. Stuttgart 1994

4 Bei technischen Produkten/Geräten ist an dieser Stelle die Reparaturfähigkeit eine zentrale Variable der Gestaltung. Dass der technische Fortschritt hierbei ein nicht zu unterschätzender Einflussparameter ist, zeigen die gegenläufigen Beispiele von Kaffeekanne und Armbanduhr. Durch die Verbreitung der Kaffeemaschine ist erste nahezu überflüssig geworden, während bei der Armbanduhr der technische Fortschritt zu einer überraschenden Renaissance feinmechanischer Uhren geführt hat.

Gutenberg, Erich: Grundlagen der Betriebswirtschaftlehre. Band 2: Der Absatz.. Berlin/Heidelberg, 17. Auflage 1984 (1. Auflage 1954)

Hansen, Ursula: Ökologisches Marketing im Handel. In: Brandt, A. u.a. (Hrsg.): Ökologisches Marketing. Frankfurt/New York 1988, S. 331-362

Koppelmann, Udo: Produktmarketing. Entscheidungsgrundlagen für Produktmanager. Berlin u.a., 6. Auflage 2000

Leitherer, Eugen: Industriedesign. Entwicklung. Produktion. Ökonomie. Stuttgart 1991

Mana, Jordi: Design. Formgebung industrieller Produkte. Reinbek 1978

Mayer, Silke: Wettbewerbsfaktor Design. Zum Einsatz von Design im Markt für Investitonsgüter. Hamburg 1996

Rams, Dieter: Die Zukunft des Designs. In: Rams, Dieter (Hrsg.): Weniger, aber besser. Hamburg 1995

Rummel, Carlo: Designmanagement. Wiesbaden 1995

Schulz, Werner F./Burschel, Carlo/Weigert, Martin u.a. (Hrsg.): Lexikon Nachhaltiges Wirtschaften. München/Wien 2001 (Lehr- und Handbücher zur Ökologischen Unternehmensführung und Umweltökonomie [hrsg. von Burschel, Carlo], Band 14)

Schulz, Werner F./Burschel, Carlo/Kreeb, Martin: Umweltzeichen. In: Der Umweltschutz-Berater. Köln 2001

Triebel, Daniela: Ökologisches Industriedesign. Rahmenfaktoren. Möglichkeiten. Grenzen (Diss.). Wiesbaden 1997

Umweltbundesamt (Hrsg.): Was ist EcoDesign?. Ein Handbuch für ökologische und ökonomische Gestaltung. Frankfurt/Main 2000

Wagenfeld, Wilhelm: Wesen und Gestalt der Dinge um uns. Potsdam 1948

Wagenfeld, Wilhelm, zitiert in: Zentralstelle zur Förderung Deutscher Wertarbeit e.V./Arbeitskreis für industrielle Formgebung im BDI (Hrsg.): Gestaltete Industrieform in Deutschland. Eine Auswahl formschöner Erzeugnisse auf der Deutschen Industriemesse, Hannover 1954. Düsseldorf 1954

Strategische Organisationsanalyse und organisationales Lernen. Schlüsselkompetenzen für nachhaltiges Wirtschaften

Helmut Brentel

Die Erfahrungen der vergangenen Jahre mit der Implementation von nachhaltigkeitsorientierten Strategien in Organisationen und Unternehmen haben, insbesondere im Zusammenhang der Umsetzung der EU-Öko-Audit-Verordnung, deutlich gemacht, wie sehr die Zielerreichung nachhaltigen Wirtschaftens gerade bei den Instrumentarien freiwilliger Selbstverpflichtung und Anreiz setzender Förderpolitiken von der Weckung, der Einbeziehung und Nutzung der endogenen Kräfte und Innovationspotenziale der Unternehmen abhängig ist. Der Fokus auf organisationsinterne Vorgänge, auf die Akteursperspektive und die Implementationsprozesse macht detaillierte Analysen der Handlungsbarrieren und Handlungschancen der betrieblichen Abläufe und der interventionistischen Potenziale interner und externer Beratung erforderlich. Die Bezugnahmen auf Ansätze einer *mikropolitischen Analyse* der innerbetrieblichen Handlungskonstellationen und der Nutzung von Konzepten *organisationalen Lernens* haben sich dabei als sehr hilfreich erwiesen. Freilich: hinsichtlich Kenntnisstand und innovativer Operationalisierung lassen sich durchaus unterschiedliche Bearbeitungsniveaus erkennen. Während eine Reihe von Autoren und Projekten anspruchsvolle konzeptionelle Grundlagen und praxisorientierende Umsetzung konsequent zu verbinden versteht, findet sich zuweilen auch ein proklamierender Gestus, der die Schlüsselkonzepte eher als legitimatives theoretisches Labeling verwendet, denn als eine in ihren Prämissen und Möglichkeiten durchdachte analytische Grundlage für die Entwicklung von Instrumenten und Interventionen.

In den folgenden Ausführungen sollen deshalb die Bedeutung und die Konsequenzen zentraler theoretischer und methodischer Grundlagen mikropolitischer Analyse und organisationalen Lernens für ein nachhaltigkeitsorientiertes Wirtschaften aufgezeigt und dabei insbesondere auf die Entwicklung und Herausbildung von *Schlüsselkompetenzen und Fähigkeiten* eingegangen werden. Zureichende endogene Innovationspotenziale für nachhaltiges Wirtschaften sind nicht einmal in den Paradebeispielen ökologischer Unternehmenspolitik einfach als gegeben voraussetzbar, sondern an die Entwicklung organisationaler Schlüsselkompetenzen der betrieblichen Akteure, an die Entwicklung ihrer Fähigkeit zu umwegigen Such- und zu höherstufigen Lernprozessen gebunden. Sie müssen nicht nur entdeckt, hervorgelockt und gestärkt, sondern meist überhaupt erst ausgebildet und generiert werden. Als Akteurskompetenzen sind sie nicht einfach schon durch das, was häufig als Verweis und Hoffnung auf einen „gesunden Menschenverstand“ und „gelungene Sozialisationsprozesse“ vorgestellt wird, gegeben. Sie erfordern das Verlernen dessen, was häufig als bewährter common sense erscheint und das Erlernen neuer, bislang wenig vorhandener Fähigkeiten. Das macht die Schwierigkeit, die Herausforderung – aber eben auch erst die Chance zur Entwicklung nachhaltiger Wirtschafts- und Lebensprozesse aus. Wären wir so ohne weiteres dazu imstande, wäre nicht zu erklären, warum alternatives, reformorientiertes und zukunftsfähiges Handeln gerade hierzulande so schwierig und so begrenzt nur zu realisieren ist. An der fehlenden Reflexions- und Veränderungsfähigkeit unserer grundlegenden Handlungsprämissen haben nicht oder zumindest nicht nur die bekannten Übersubjekte der Kapitalismen und der Globalisierung schuld. Es kommt darauf an, Vorgehensweisen zu erforschen und zu kommunizieren, durch welche die Akteure mit ihren individuellen und kollektiven Fähigkeiten selbst in die Verantwortung genommen werden können.

Nachhaltiges Wirtschaften, das Ziel der Nachhaltigkeit von Produkten, Produktionsprozessen und sozialen Sicherungssystemen, der Vorrang des Vorsorgeprinzips für die lebenden und nachfolgenden Generationen, erfordert eine umfassende Reflexionsfähigkeit und –willigkeit auf die Folgewirkungen unseres Handelns im Großen wie im Kleinen. Sie erfordert einen grundlegenden Einstellungswandel hin zu reflexivem Lernen, auf anspruchsvolle Leitwerte des Handelns wie Verantwortungsübernahme, offene Kommunikation und wirkliche Tatsachenorientierung in der Sache. Zur Grundorientierung eines anderen, dialogischen Wirtschafts- und Unternehmensmodells kann sie nur werden, wenn es gelingt, die Fähigkeit der beteiligten Akteure zur Identifikation und Analyse von Machtphänomenen, von defensiven Routinen und ungeprüften Unterstellungen grundlegend zu stärken. Nachhaltigkeit als Handlungsorientierung lässt sich weder einfach verordnen noch voluntaristisch erzwingen. Sie bricht sich an partikularen Interessen, die sich aus den strukturellen Rahmenbedingungen ergeben, in welche die einzelnen Akteure eingebunden und von denen sie abhängig sind. Sie muss scheitern, wenn es nicht in einem gleichsam evolutionären Prozess gelingt, die wirtschaftlichen und betrieblichen Akteure mit den bislang eher unwahrscheinlichen Kompetenzen und Instrumenten zu einer permanenten Selbstanalyse und Selbstveränderung auszustatten. Dies ist dann Sache nicht primär des treffenden moralphilosophischen Entwurfes, auch nicht solcher der Wirtschafts- und Unternehmensethiken, sondern eines wirklichen Kompetenzgewinns alternativen kollektiven Handelns, eines Erlernens und Umsetzens organisationaler Analyse- und Konfliktfähigkeiten als Grundbedingung nachhaltigen Wirtschaftens.

1. Mikropolitik und strategische Organisationsanalyse: organisationale Fähigkeiten für Nachhaltigkeit

Konzepte mikropolitischer Analyse des Akteurshandelns in Organisationen und Betrieben werden seit Mitte der neunziger Jahre zunehmend auch in Forschungs- und Umsetzungsprojekten zur Entwicklung und Implementation von Umweltmanagementsystemen und ökologischen Produktinnovationen eingesetzt. Der Begriff „micropolitics“, der Kämpfe um Macht, Einfluss und Abhängigkeiten „im Kleinen“, der politischen Spielchen (politics) in den Arenen von Institutionen und Organisationen, geht auf Beiträge von Tom Burns zu Beginn der sechziger Jahre zurück. In Deutschland haben insbesondere Arbeiten von Horst Bosetzky, Willi Küpper und Günther Ortmann zur Entwicklung und Verbreitung mikropolitischer Analysen beigetragen. Ursprünglich als theoretisches Instrumentarium zur Rekonstruktion der Strategien und Verhaltensweisen der Akteure des unmittelbaren Arbeitsprozesses auf shop-floor-level zur Beurteilung der wechselseitigen Blockaden, Hemmnisse und Chancen des Akteurshandelns beispielsweise bei der Einführung technologischer Innovationen im Betrieb (etwa neuer Computersysteme) entstanden, stellt der Terminus der Mikropolitik heute einen weit gefächerten Sammelbegriff für analytische und interventionistische Konzepte dar, die auf die Bedeutung von Macht und Strategie fokussieren, um Prozesse sozialen Wandels und sozialer Integration, von Veränderungs- und Verbesserungsprozessen in Unternehmen und Organisationen besser beurteilen und beeinflussen zu können. In einer Serie von betriebsökologischen Studien und Pilotprojekten haben Martin Birke und Michael Schwarz vom ISO-Institut in Köln gezeigt, wie durch die Analyse mikropolitischer Akteurskonstellationen neue Einsichten in die Prozesse, die Blockaden und Handlungschancen des betrieblichen Umweltschutzes möglich werden, Einsichten, die im Rahmen anderer Forschergruppen und Forschungsinstitute aufgegriffen und gemeinsam fortentwikkelt wurden: vergleiche beispielsweise die Arbeiten am Institut für Arbeit und Technik (IAT), Gelsenkirchen (Brödner, Latniak u.a.), am Klaus Novy Institut, Köln (Klemisch u.a.), am Wuppertal Institut für Klima, Umwelt, Energie (Brentel, Liedtke, Rohn u.a.), an der Sozialforschungsstelle Dortmund (sfs) (Becke u.a.) oder die Beiträge einer ökologischen Betriebswirtschaftslehre und Unternehmenspolitik (Freimann, Pfriem u.a.).

Mikropolitische Analyse macht die Interessen und Strategien der betrieblichen Akteure, die Differenz von formellem und informellem Organigramm sichtbar. Indem die Konstellationen und strategischen Spiele der Akteure analysiert und die Barrieren und Blockaden kollektiven Handelns zu Bewusstsein gebracht werden, eröffnet sich die Chance, alternative Handlungsmöglichkeiten und Handlungsfreiräume auszuloten. In Differenz zu den allgemeinen Organisationszielen und den Problemlagen des jeweiligen Unternehmens steht für mikropolitische Akteure die alltägliche Politik der Wahrung und Realisierung ihrer eigenen Interessen im Vordergrund. Mikropolitische Analyse sucht die Beweggründe des Akteurshandelns zu verstehen: ihre Strategien und Interessen, die sich aus den Zwängen des Feldes ergeben, in das sie eingebunden sind und dessen Strukturierung ihr Handeln korridorisiert. Unter interventionistischer Perspektive ist es das Ziel mikropolitischer Vorgehensweise, die Ergebnisse der Analyse den betroffenen Akteuren zurückzuspiegeln, mit der Absicht, dass das mikropolitische Monitoring die Chance zur Entdeckung neuer Handlungsspielräume, zu neuen Aushandlungsprozessen von Macht und Abhängigkeitsbeziehungen und damit insgesamt zu Innovationen in den Beziehungs- und Konfliktfähigkeiten auch und gerade angesichts der Belastungen und Unwägbarkeiten der Implementation von Nachhaltigkeitsstrategien führt.

Der meines Erachtens in seinen analytischen und interventionistischen Elementen am meisten reflektierte und entwickelte Ansatz einer mikropolitischen Vorgehensweise stellt der organisationale Ansatz zur Analyse kollektiven Handelns der beiden französischen Organisationsforscher Michel Crozier und Erhard Friedberg dar. Dabei verwahrt sich Erhard Friedberg in einer neuen Veröffentlichung explizit gegen die Einordnung des Ansatzes als „mikropolitisch“ im Sinne einer von ihm unterstellten, in Deutschland gängigen Verwendungsweise dieses Terminus. Friedberg spricht statt dessen von „strategischer Organisationsanalyse“. Die zentralen Kategorien des mikropolitischen Ansatzes von Macht und Strategie sollen nicht im Sinne etwa einer machiavellistischen Machtphantasie, Andere beliebig gegen ihren Willen beherrschen und manipulieren zu können, missdeutet werden. Die „strategischen“ mikropolitischen Akteure verfügten nicht über die sehr unwahrscheinliche Fähigkeit eines konsequent strategischen Verhaltens bzw. über die in der mikroökonomischen Theoriebildung häufig aus Modellbildungsgründen unterstellte Fähigkeit zur vollkommenen Voraussicht und Berechenbarkeit. Sie sind im Sinne von Herbert Simon und Jon Elster nur zu einer bounded rationality bzw. zu einer satisficing rationality fähig. Sie treffen Entscheidungen im Kontext eines sehr begrenzten Sets der sie überblickenden und der für sie befriedigend erscheinenden Lösungsansätze. Macht wird nicht einfach als Beherrschung Anderer, sondern als Möglichkeit und Zwang zugleich, als eine – wenn auch ungleichgewichtige – Tauschbeziehung, als verhandelter Verhaltensaustausch, als politischer Tausch von Verhaltensmöglichkeiten, von Einsätzen und Ressourcen verstanden. Der Begriff der Strategie meint nicht ein gezielt strategisches Verhalten, über das die Akteure voll bewusst verfügen würden. Strategien sind im Sinne von Crozier und Friedberg auch und nicht zuletzt unbewusste strategische Verhaltensweisen, die sich aus den Zwängen des konkreten Handlungssystems ergeben, in dessen Gewinn- und Machtspiele sich die Akteure eingebunden finden und das sie begreifen lernen müssen, um andere Spiel- und Gewinnstrategien für sich entwickeln und für andere anbieten zu können. Der Begriff der Strategie zielt insofern primär auf die (Re-)Konstruktion der Handlungsmuster der Akteure durch die das Handlungsfeld analysierenden Forscher.

Interventions- und Beratungsprozesse, die sich am Konzept der strategischen Organisationsanalyse orientieren, durchlaufen einen Veränderungsprozess in vier Phasen: In der *Analysephase (I)* werden (durch qualitative Interviews) zunächst die subjektiven Wahrnehmungen und Überzeugungen der Akteure erfasst, aus denen die Forscherinnen und Forscher dann die Strategien der Akteure als beschreibende und deutende Hypothesen über die je lokalen, besonderen und kontingenten Handlungsweisen entwickeln. Die Evaluierung der Analyseergebnisse erfolgt – analog der in den dreißiger Jahren von Kurt Lewin entwickelten survey feedback Methode – in *Phase II* mittels einer *Ergebnisvermittlung* an die Akteure (etwa in durch Kartentechnik moderierten workshops) durch die betroffenen Akteure selbst. Durch die Reaktion der Betroffenen auf die Analyseergebnisse ergeben sich dann weitere Chancen, das konkrete Handlungssystem zu verstehen. Phase II zielt insbesondere auf die Schaffung eines Kommunikationsprozesses mit und zwischen den betroffenen Akteuren, auf die Entwicklung der bislang zumeist behinderten und blockierten internen und externen Unternehmenskommunikation. Dies bildet denn auch die entscheidende Grundlage für die Moderation von Veränderungsstrategien in *Phase III*. Die *Erstellung einer Diagnose* zur Veränderung und Verbesserung der betrieblichen Problemfelder und die Steuerung dieser Veränderungsprozesse geschieht zwar durch die fortlaufende Moderation der Intervenienten und Berater, kann aber im Kern nur durch die betroffenen Akteure selbst erfolgen. Die intervenierenden Forscherinnen und Forscher müssen Verbündete innerhalb der Organisation finden, die als „Veränderungsunternehmer" über genügend Ressourcen und Einfluss verfügen, um eine Mobilisierung des Akteursystems in Richtung auf die erforderlichen Innovations- und Reformmaßnahmen voranzutreiben. Schließlich sollen in einer *Phase IV* die betroffenen Akteure das *Wissen und die Denkweise* der Forscher und Berater selbst im Ansatz erlernen und zur Durchführung von eigenen kleinen Organisationsanalysen, zur Entdeckung von Abhängigkeiten und Strategien befähigt werden. Ihre Verhaltensänderung soll langfristig stabilisiert und nachhaltig gestaltet werden, indem sie eine andere Denkweise über organisationale Probleme erlernen und organisationale Veränderungen und Verbesserungen in einer Langfristperspektive von Selbstanalyse und Selbstveränderung begreifen.

Die strategische Organisationsanalyse nach Crozier und Friedberg erweist sich darin als ein Verfahren, das umfangreiche Kompetenzen und Fähigkeiten sowohl auf Seiten der betroffenen Akteure wie auf Seiten der analysierenden und intervenierenden Forscher voraussetzen und entwickeln muss. Neuere Studien haben wiederholt gezeigt, wie sehr die Entdeckung und Erschließung von Nachhaltigkeitspotenzialen in Unternehmen von der Entdeckung und Erschließung bislang vernachlässigter organisationaler Fähigkeiten der betrieblichen Akteure abhängen: Fähigkeiten zur Organisationsentwicklung und zum organisationalen Wandel, Fähigkeiten zur Identifikation der mikropolitischen Akteurskonstellationen und der systematischen Handlungsbarrieren, welche die Implementation von Nachhaltigkeitsstrategien behindern, weil eine Umorientierung der Erfolgsfaktoren unternehmerischen Handelns auf Nachhaltigkeit und Zukunftsfähigkeit von Wirtschaft und Gesellschaft alte Besitzstände und eingeschliffene Verhaltensweisen im betrieblichen Ablauf in Frage stellen, weil die anscheinende Vorteilhaftigkeit kurzfristiger Ökonomisierungs- und Gewinneffekte der Unübersichtlichkeit und Unwägbarkeit stabilerer Wachstumspfade vorgezogen werden. Die Entwicklung der Nachhaltigkeitspotenziale eines Unternehmens hängt insofern entscheidend davon ab, die Investition in langfristige organisationale Lern- und Qualifizierungsstrategien als die ökonomisch, ökologisch und sozial erfolgversprechendere und letztlich effizientere Vorgehensweise zu begreifen: organisationale Restrukturierungsprozesse, die freilich nicht als oberflächliches Consulting angelegt sein dürfen, sondern das Reflexionsniveau einer mikropolitisch sensibilisierten Analyse und Veränderung erfordern.

Im Austausch und in der Zusammenarbeit mit den externen Beratern und Forschern erwerben die betrieblichen Akteure die Kompetenz, die Denkweise der strategischen Organisationsanalyse zu verstehen und zu nutzen, und sie müssen sich dabei zugleich neue individuelle und kollektive Fähigkeiten des Konfliktmanagements und des Interessenausgleichs aneignen. Indem die Akteure die Denkweisen und Instrumente mikropolitischer Analyse zusammen mit den intervenierenden Beratern erarbeiten und für ihre Zwecke fortentwickeln, entdecken sie alternative Handlungsmöglichkeiten. Sie lernen, dass mikropolitische Interessen nicht nur verstehbar und kommunizierbar, sondern dass Handlungs- und Kommunikationsblockaden, dass gegenseitig sich abschottende Verhaltensweisen durch organisationale Innovationen und Rearrangements veränderbar und überwindbar sind. In diesem Sinne darf mikropolitische Analyse nicht nur das Instrument distanziert analysierender Forscher und Berater sein, die ihre Forschungsergebnisse bestenfalls im Kollegenkreis evaluieren und gute Ratschläge in abgehobenen wissenschaftlichen Publikationen veröffentlichen. Sie erfordert die Herausbildung der Fähigkeiten von mikropolitisch reflektierten Akteuren vor Ort, die zur Selbstanalyse und Veränderung ihrer Handlungsstrategien und damit zu organisationalen Innovationen und Lernprozessen als notwendige Bedingung der erfolgreichen Implementation von Nachhaltigkeitskonzepten in der Lage sind. Das muss keineswegs auf demselben Kenntnisstand und Erfahrungswissen wie das der professionellen Intervenienten und Berater geschehen. Der Einsatz und die Entwicklung von intelligenten, weil interaktiven Monitoringverfahren wie SAFE (Sustainability Assessment For Enterprises) oder SFA (Soft Factor Assessment), die eine Selbstanalyse der ökonomischen, ökologischen und sozialen Nachhaltigkeitspotenziale eines Unternehmens möglich machen, tragen ganz wesentlich zu einer eigenständigen Identifikation und Wertschätzung der Bedeutung der weichen Unternehmensfaktoren, des Informations- und Kommunikationsverhaltens, der Beziehungs- und Konfliktfähigkeiten der betrieblichen Akteure bei (vgl. Rohn u.a. 2001; Pfriem 1999).

Das Konzept nachhaltigen Wirtschaftens überzeugt nicht alleine schon durch die Überlegenheit des besseren Sacharguments bezüglich Ressourceneffizienz, Naturerhalt und intergenerationaler Gerechtigkeit. Es macht Kompetenzgewinne in der allgemeinen Reflexionsfähigkeit unseres Handelns, der handlungsleitenden Grundüberzeugungen, der Handlungsfolgen und der Kommunikation dieser Handlungsprobleme notwendig. Die Realisierung ökonomischer, ökologischer und sozialer Nachhaltigkeit als sozialer und gesellschaftlicher Prozess hängt direkt ab vom Niveau organisationaler Nachhaltigkeit als der Fähigkeit zur strategischen Organisationsanalyse und zu höherstufigem reflexiven Lernen. Ökonomische, physikalische und ingenieurswissenschaftliche Nachhaltigkeit realisiert sich nur durch das Nadelöhr der Reflexions- und Veränderungsfähigkeit der Probleme des kollektiven Handelns, das heißt der alltäglichen Vorstellungswelten der Zwänge, Machtstrukturen und Kooperationsschwierigkeiten in den Institutionen und Unternehmungen, in denen wir unser Leben und unsere gesellschaftlichen Naturverhältnisse produzieren und reproduzieren.

2. Organisationales Lernen: Leitwerte für Nachhaltigkeit

Die Stärke des mikropolitischen Ansatzes besteht darin, Strukturen und Konstellationen deutlich zu machen, welche die Handlungsstrategien der Akteure korridorisieren. Organisationaler Wandel, die Veränderung des Akteurshandelns und die Überwindung von Handlungsblockaden resultieren aus der Entdeckung alternativer Handlungs- und Verhaltensweisen, die sich gewinnbringender austauschen und für neue Spielstrategien einsetzen lassen. Die Akteure werden primär als strategische Akteure begriffen, die ihre Machtressourcen und die Ungewissheitszonen ihres Handelns in der Verfolgung ihrer Interessen zu nutzen und zu erweitern suchen. Der damit verbundene Erwerb neuer Beziehungs- und Konfliktfähigkeiten, die genaueren Mechanismen und Probleme der Veränderung von Einstellungen und des Erlernens neuer, anspruchsvollerer Akteurskompetenzen sind allerdings nicht wirklich Gegenstand mikropolitischer Betrachtung. Sie stellen blinde Flecken im Spiegel des mikropolitischen Monitoring dar. Darum muss die mikropolitische Analyse ergänzt und erweitert werden durch die Ansätze zum organisationalen Lernen.

Peter Senge, Hallie Preskill und Rosalie Torres in den USA, Ariane Berthoin Antal und Harald Geißler in Deutschland, Gilbert Probst und Gerhard Fatzer in der Schweiz, Ikujiro Nonaka und Hirotaka Takeuchi in Japan, um nur einige der bekanntesten Forscherinnen und Forscher zu nennen, haben dazu in den vergangenen Jahren wichtige und weiterführende Studien und Beiträge vorgelegt. Ich möchte hier Grundeinsichten organisationalen Lernens und seiner Bedeutung für nachhaltiges Wirtschaften an den Gründergestalten des organisationalen Lernens, am Konzept des „organizational learning" von Chris Argyris und Donald A. Schön erläutern, das im Kern seiner Einsichten bislang immer noch erstaunlich wenig bekannt und ausgeschöpft ist.

Häufig zitiert wird die (auf Bateson zurückgehende) Unterscheidung in single loop learning (einfaches Fehlerlernen) und double loop learning (Doppelschleifenlernen, das auch die das Handeln orientierenden Leitwerte zu reflektieren und zu verändern im Stande ist). Der Ansatz von Argyris und Schön hat allerdings weit mehr zu bieten. Ihre „theory of action" versteht sich als eine allgemeine Theorie menschlichen Handelns, durch die ein aktionsfähiges Wissen (actionable knowledge) für organisationale Lern- und Veränderungsprozesse hervorgebracht wird. Wo andere Handlungstheorien von einer Homogenitätsannahme grundlegender menschlicher Handlungsmuster ausgehen, machen Argyris und Schön zwei charakteristische und konzeptionell überaus folgenreiche Unterscheidungen. Sie differenzieren zum einen zwischen der „espoused theory", dem nach außen vertretenen Handlungskonzept, von dem die Individuen glauben, dass sie danach handeln würden, und der „theory-in-use", den eigentlich zugrundeliegenden Handlungskonzepten, deren sich die Individuen aber nicht bewusst sind. Zugleich sind sie der Auffassung, dass die Menschen zumeist einem einfachen Handlungsmodell (model I) folgen, dessen Leitwerte und Handlungsstrategien es verhindern, dass Handlungsprämissen reflektiert und kommuniziert werden. Model I ist voller defensiver und protektiver Handlungsmuster. Es ist im Zweifels- und Konfliktfall an der Kenntnis der wirklichen Fakten und Folgewirkungen nicht interessiert, sondern damit beschäftigt, sich und andere vor Verletzungen und Bloßstellungen zu schützen, Fehlentwicklungen zu vertuschen und schließlich das Vertuschen zu vertuschen. Argyris und Schön sind der Auffassung, dass die Menschen aus Gründen allgemein verbreiteter Sozialisationsmuster weitgehend entsprechend einer model I-Handlungswelt agieren und nur in rudimentärer Form über die Kompetenzen eines alternativen Handlungsmodells (model II) verfügen, dessen Leitwerte auf wirkliche Kooperation und höherstufiges reflexives Lernen orientiert sind. Sie sind, entsprechend ihrem partizipationsorientierten, humanistischen Menschenbild, aber auch optimistisch, dass sich Menschen, sofern bestimmte Bedingungen gegeben sind, die Kompetenzen und Tugenden einer model II-Verhaltenswelt aneignen und fortentwickeln, dass sie letztlich von der Überlegenheit der Leitwerte persönlicher Verantwortungsübernahme, valider Information, offener und dialogischer Verständigungs- und Kommunikationsprozesse und der vorteilhaften Konsequenzen solcher Handlungsweisen überzeugt sind.

Entscheidend für das Verständnis organisationalen Lernens bei Argyris und Schön ist der Übergang von model I zu model II-Verhaltensweisen. Denn ohne eine Steigerung der individuellen Lernkompetenzen im Sinne der Fähigkeit, Diskrepanzen zwischen vertretenem und tatsächlichem Handlungskonzept aufzugreifen und model II-Verhaltensweisen zu entwickeln, ist organisationales Lernen nicht möglich. Im Zentrum der theory of action steht ein Interventionskonzept und Veränderungsprogramm, mit Hilfe dessen die Tugenden eines nachhaltigkeitsorientierten Organisationslernens entdeckt und befördert werden: insbesondere eine kritische Nachfrageorientierung, durch die valide Informationen bereit gestellt, die ansonsten unbewussten oder verschwiegenen Prämissen des Handelns aufgedeckt und Unterstellungen gegenüber den Handlungsweisen und Handlungsmotiven Anderer bewusst gemacht und kommuniziert werden, so dass eine Offenheit und Reziprozität von Informations- und Kommunikationsprozessen und die Übernahme von Verantwortung für individuelles und kollektives Handeln und seine Folgewirkungen möglich werden. Auf diesem Weg eines höherstufigen individuellen und organisationalen Lernens müssen defensive Routinen, das Hintertreiben valider Information, das systematische Vertuschen von Fehlentwicklungen und Missständen erkannt und überwunden werden. Die Fortschritte im Prozessverlauf sind freilich immer wieder durch die in den Individuen und ihrer sozialen Umwelt tief verankerten model I-Verhaltensweisen rückfallbedroht.

In einer Intervention nach Argyris und Schön werden den Teilnehmern ihre defensiven Denkmuster und ihr lernhemmendes Abwehrverhalten (mit Hilfe sogenannter Aktionsdiagramme) zurückgespiegelt, mit dem Ziel, verfestigte model I-Verhaltensweisen aufzutauen und schließlich model II-Verhaltensweisen sukzessive einzuüben. Anhand von Fallstudien über organisationale Konflikte, in die sie mit anderen Akteuren involviert waren, müssen die Teilnehmerinnen und Teilnehmer lernen, die Diskrepanz zwischen ihrer espoused theory und ihrer theory-in-use aufzudecken, die unausgesprochenen Gedanken und Gefühle zu kommunizieren und damit die Leitwerte und Abwehrreaktionen aller Akteure sichtbar zu machen. Der Veränderungsprozess geht schließlich in ein längerfristiges Veränderungslernen über, in dem das Erlernen von model II-Verhaltensweisen auf die gesamte Organisation übertragen wird.

Entscheidend ist es auch hier, deutlich zu machen, dass anspruchsvolles organisationales Lernen nichts mit gängigen Consultingpraktiken von distanzierter Beratung, wohlmeinenden Ratschlägen und oberflächlich verbleibenden Kommunikations- und Motivationsworkshops zu tun hat. Die erforderlichen kognitiven und emotionalen Fähigkeiten zur organisationalen Untersuchung und zu einem anspruchsvollen organisationalen Lernen müssen über einen längerfristigen und auch in diesem Sinne nachhaltigen Veränderungsprozess erworben werden. Sie sind auf die Existenz ermöglichender Bedingungen angewiesen, insbesondere auf die Herstellung eines geeigneten Lernumfeldes, auf eine geschützte Lernatmosphäre, in der unüberprüfbare Behauptungen getestet und zurückgehaltene Informationen mitgeteilt werden können, in der es den Teilnehmern möglich ist, sich ein wechselseitiges valides feedback zurückzuspielen. Die Intervenienten müssen über die Fähigkeit verfügen, eine solche dialogische Lernumgebung herzustellen, und sie müssen beispielgebend in der Lage sein, sich gemäß model II-Handlungsweisen verhalten zu können. Die Möglichkeit von Kompetenzgewinnen der Akteure hängt so entscheidend von der Kompetenz und der Authentizität der Intervenienten und Berater ab. Nur so erwerben die Akteure die Fähigkeit und das Vertrauen in die Überlegenheit von model II-Verhaltensweisen, eine Zuschreibungspraxis defensiver Routinen und gewohnheitsgemäßem Abwehrverhalten und eine Atmosphäre von Misstrauen und Unterstellungen hinter sich zu lassen.

Nachhaltiges Wirtschaften erfordert die Kompetenzgewinne eines nachhaltigkeitsorientierten Organisationswandels und die Orientierung auf eine nachhaltige und reflexive Lernkultur. Charakteristisch für ein normativ und ethisch anspruchsvolles organisationales Lernen ist es, im Gegensatz zu einem organisationalen Lernen, das äußerlich, über bloße Anreizsysteme oder durch die Besserstellung in mikropolitischen Aushandlungs- und Tauschprozessen vermittelt ist, dass sich die Akteure intrinsisch motiviert für organisationale Untersuchungs-, Veränderungs- und Verbesserungsprozesse zu engagieren lernen und sich bewusst werden, welche individuellen und kollektiven Fähigkeiten sie für ein höherstufiges und auch langfristig nachhaltiges Reflexionslernen, für die Infragestellung und Veränderung der ihrem Handeln zugrundeliegenden Leitwerte erwerben können. Zu den Fähigkeiten der mikropolitischen Selbstanalyse muss hinzukommen die Fähigkeit der Selbstveränderung der Person, die Fähigkeit zur langfristigen und nachhaltigen Reflexion und Veränderung der Leitwerte der Person und der daraus folgenden Fähigkeit, organisationale Untersuchungen und Veränderungen auf den Weg zu bringen. Die Verantwortung und Verpflichtung zu nachhaltigkeitsorientiertem Handeln ist nicht ein abstrakt verbleibender moralischer Imperativ, über dessen Einlösung die Einen aus unerklärlichen Gründen verfügen mögen und Andere nicht. In einer sozialwissenschaftlich reflektierten Theorie der Probleme und Chancen alternativen kollektiven Handelns, welche die Einsichten mikropolitischer Analyse und organisationalen Lernens zu nutzen und zu integrieren versteht, können und müssen wir uns praxis- und umsetzungsorientiert darüber verständigen, welche konkreten Fähigkeiten die betrieblichen Akteure, die Forscherinnen und die Berater erwerben sollen.

Der Vorschlag, die avancierten Konzepte strategischer Organisationsanalyse und organisationalen Lernens von Crozier und Friedberg, Argyris und Schön zu nutzen und zu integrieren, soll als ein Beispiel verstanden werden für eine interdisziplinäre Nachhaltigkeitsforschung, die Schlüsselkompetenzen für nachhaltiges Wirtschaften zu identifizieren und zu entwickeln in der Lage sein muss (siehe hierzu auch Schwarz in diesem Band).

Zu Forschungsberichten über Erfahrungen mit der Verwendung eines solchen integrierenden Ansatzes in Umsetzungsprojekten, insbesondere in dem vom Wuppertal Institut für Klima, Umwelt, Energie und vom Klaus Novy Institut von 1998 bis 2001 durchgeführten ADAPT-Projekt „Lokal handeln – systemweit denken. Beschäftigungs-, Qualifizierungs- und Beteiligungspotenziale von Umweltmanagementsysteme in kleinen und mittleren Unternehmen“, vergleiche Brentel 2000; Klemisch/Rohn 2002 und Brentel u.a. 2003.

Literatur

Argyris, Chris: Defensive Routinen. In: Fatzer, Gerhard (Hrsg.): Organisationsentwicklung für die Zukunft. Ein Handbuch. Köln 1993, S. 179-226

Argyris, Chris: Wissen in Aktion. Eine Fallstudie zur lernenden Organisation. Stuttgart 1997

Argyris, Chris/Schön, Donald A.: Theory in Practice. Increasing Professional Effectiveness. San Francisco u.a. 1976

Argyris, Chris/Schön, Donald A.: Organizational Learning: A Theory of Action Perspective. Reading, Mass. (USA) 1978

Argyris, Chris/Schön, Donald A.: Organizational Learning II. Theory, Method, and Practice, Reading, Mass. (USA) u.a. 1996 (deutsch.: Die lernende Organisation. Grundlagen, Methode, Praxis. Stuttgart 1999)

Berthoin Antal, Ariane: Die Akteure des Organisationslernens: Auswirkungen einer Sichterweiterung. In: Brentel, Helmut/Klemisch, Herbert/Rohn, Holger (Hrsg.): Lernendes Unternehmen. Konzepte und Instrumente für eine zukunftsfähige Unternehmens- und Organisationsentwicklung. Wiesbaden 2003

Birke, Martin: Nachhaltiges Wirtschaften und organisationsanalytische Bringschulden. In: Brentel, Helmut/Klemisch, Herbert/Rohn, Holger (Hrsg.): Lernendes Unternehmen. Konzepte und Instrumente für eine zukunftsfähige Unternehmens- und Organisationsentwicklung. Wiesbaden 2003

Birke, Martin/Schwarz, Michael: Umweltschutz im Betriebsalltag. Opladen 1994

Birke, Martin/Burschel, Carlo/Schwarz, Michael (Hrsg.): Handbuch Umweltschutz und Organisation. München/Wien 1997

Brentel, Helmut: Soziale Rationalität. Entwicklungen, Gehalte und Perspektiven von Rationalitätskonzepten in den Sozialwissenschaften. Opladen/Wiesbaden 1999

Brentel, Helmut: Umweltschutz in lernenden Organisationen, Zukunftsfähige Unternehmen. Band 6 (Wuppertal Papers, Nr. 109). Wuppertal 2000

Brentel, Helmut: Forschungsdesign für lernende Unternehmen. In: Brentel, Helmut/Klemisch, Herbert/Rohn, Holger (Hrsg.): Lernendes Unternehmen. Konzepte und Instrumente für eine zukunftsfähige Unternehmens- und Organisationsentwicklung. Wiesbaden 2003

Brentel, Helmut/Klemisch, Herbert/Rohn, Holger (Hrsg.): Lernendes Unternehmen. Konzepte und Instrumente für eine zukunftsfähige Unternehmens- und Organisationsentwicklung. Wiesbaden 2003

Crozier, Michel/Friedberg, Erhard: Macht und Organisation. Die Zwänge kollektiven Handelns. Zur Politologie organisierter Systeme. Königstein/Ts. 1979

Friedberg, Erhard: Ordnung und Macht. Dynamiken organisierten Handelns. Frankfurt/Main/New York 1995

Friedberg, Erhard: Mikropolitik und Organisationelles Lernen. In: Brentel, Helmut/Klemisch, Herbert/Rohn, Holger (Hrsg.): Lernendes Unternehmen. Konzepte und Instrumente für eine zukunftsfähige Unternehmens- und Organisationsentwicklung. Wiesbaden 2003

Geißler, Harald: Organisationale Lernbarrieren. In: Brentel, Helmut/Klemisch, Herbert/Rohn, Holger (Hrsg.): Lernendes Unternehmen. Konzepte und Instrumente für eine zukunftsfähige Unternehmens- und Organisationsentwicklung. Wiesbaden 2003

Hartmann, Dorothea M.: Organisationales Lernen und kollektives Handeln. Theoretische Grundlagen – interventionistische Potentiale. Wiesbaden 2003 (im Erscheinen)

Klemisch, Herbert/Rohn, Holger: Umweltmanagementsystem in kleinen und mittleren Unternehmen (KMU) – Befunde bisheriger Umsetzung. Köln 2002

Küpper, Willi/Ortmann, Günther (Hrsg.): Mikropolitik. Rationalität, Macht und Spiele in Organisationen. Opladen 1988

Küpper, Willi/Felsch, Anke: Organisation, Macht und Ökonomie. Mikropolitik und die Konstitution organisationaler Handlungssysteme. Wiesbaden 2000

Ortmann, Günther/Windeler, Arnold/Becker, Albrecht/Schulz, Hans-Joachim: Computer und Macht in Organisationen. Mikropolitische Analysen. Opladen 1990

Ortmann, Günther: Formen der Produktion. Organisation und Rekursivität. Opladen 1995

Pfriem, Reinhard: Vom Umweltmanagement zur auch ökologischen Entwicklungsfähigkeit von Unternehmen. In: Bellmann, Klaus (Hrsg.): Betriebliches Umweltmanagement in Deutschland. Wiesbaden 1999

Preskill, Hallie/Torres, Rosalie: The Role of Evaluative Enquiry in Creating Learning Organizations. In: Easterby-Smith, Mark/Burgoyne, John/Araujo, Luis (Hrsg.): Organizational Learning and the Learning Organization. Developments in theory and practice. London u.a. 1999

Rohn, Holger/Baedecker, Carolin/Liedtke, Christa: SAFE – Sustainability Assessment For Enterprises – die Methodik. Ein Instrument zur Unterstützung einer zukunftsfähigen Unternehmens- und Organisationsentwicklung, Zukunftsfähige Unternehmen (7) (Wuppertal Papers Nr. 112). Wuppertal 2001

Schwarz, Michael: Umweltmanagement-Beratung – Oder: Wie können Unternehmen nachhaltig lernen? In: Sozialwissenschaften und Berufspraxis 22 (1999) 3, S. 239-259

Nachhaltiges Wirtschaften in kleinen und mittelständischen Unternehmen. Ansätze organisationaler Such- und Lernprozesse

Frank Ebinger und Michael Schwarz

1. Nachhaltigkeit vom Kopf auf die Füße gestellt

Im Diskurs um das Leitbild der nachhaltigen Entwicklung und seine Umsetzung in Form eines nachhaltigen Wirtschaftens herrscht noch immer die Überzeugung vor, dass die Realisierung der damit verbundenen Ziele und die Einführung der dazu erforderlichen Instrumente und Prozesse vornehmlich über das klassische Managementschema des „top down" gelingen können: „Von oben" werden gesellschaftliche Ziele und Handlungsanweisungen entwickelt, die dann von verschiedenen gesellschaftlichen Akteuren, wie beispielsweise Unternehmen, in ihren jeweiligen Handlungsrahmen integriert und umgesetzt werden müssten. Als empirische Zwischenbilanz kann man heute festhalten: Diese Art der Durchsetzung gesellschaftlicher Ziele ist zehn Jahre nach Rio weitgehend steckengeblieben. Auch die Bemühung neuer Governance-Ansätze und institutioneller Innovationen (vgl. Minsch u.a. 1996; Voss u.a. 2001), zum Beispiel durch Einbeziehung verschiedener gesellschaftlicher Akteure in Nachhaltigkeitsprozesse, konnte daran bislang nichts ändern. Detaillierte Konkretisierungen und Operationalisierungen des Leitbilds sowie steuerungsoptimistische Entwürfe für das passende institutionelle Design führen primär zu noch differenzierteren Ziel- und Anforderungskatalogen, die sich dann wiederum als kaum anschlussfähig an die diversen Handlungs- und Praxisfelder erweisen (siehe auch Schwarz in diesem Band).

Missverstanden als normativer Standard, detaillierter Aktionsplan, Managementkonzept oder konkrete Zielvorgabe für unternehmerisches Handeln reiht sich das Leitbild der ökonomisch, ökologisch und sozial nachhaltigen Entwicklung in die Wellen der schnell wechselnden und praxisfernen Moden und Mythen vom „richtig" bzw. „erfolgreich" geführten Unternehmen ein. Damit verengt die Nachhaltigkeitsidee aber zwangsläufig genau den Gestaltungs- und Interpretationsspielraum auf Seiten der gesellschaftlich und wirtschaftlich relevanten Akteure, der unabdingbare Voraussetzung für eine pragmatische, bedarfs- und potenzialorientierte Realisierung nachhaltigen Wirtschaftens ist. Mit Blick auf die nicht zuletzt gerade deshalb tendenziell zunehmend nachhaltigkeits-aversive Unternehmenswirklichkeit spricht viel dafür, die Perspektive umzudrehen, nämlich bei den Unternehmen selbst und ihren Innovationsbedarfen und –potenzialen anzusetzen.

Aus der Perspektive der Unternehmen geht es im Hinblick auf ihre Zukunftsfähigkeit nicht primär um die Umsetzung und strategische Operationalisierung einer extern formulierten abstrakten Idee. Es geht vielmehr umgekehrt darum, aus der Kenntnis der eigenen Stärken und Schwächen praktikable und wettbewerbsfähige Handlungs- und Entwicklungsoptionen zu entwickeln und zu verwirklichen, die es ermöglichen, externe Anforderungen an eine nachhaltige zukunftsfähige Entwicklung flexibel und weitgehend zu integrieren. Den im Einzelnen ganz unterschiedlich gearteten Handlungsproblemen und –potenzialen entsprechend, wird sich nachhaltiges Wirtschaften somit nicht einem Masterplan folgend, sondern in einer Vielfalt von sehr unternehmensspezifischen und an Machbarkeit orientierten Ansätzen und Innovationsprozessen konkretisieren. So gesehen ist das Leitbild der Nachhaltigkeit nicht nur eine Vorgabe für praktiziertes Innovationsmanagement, sondern zugleich auch sein Ergebnis.

Neben der bislang im Zentrum der Aufmerksamkeit stehenden Frage nach dem „Was" des nachhaltigen Wirtschaftens ist im Hinblick auf die damit verbundenen unternehmensspezifischen Ziele, Instrumente und Prozesse mithin die entscheidende Frage in diesem Zusammenhang: Wie muss ein Unternehmen organisiert sein, um nachhaltiges Wirtschaften zu ermöglichen?

Die Realisierungschancen eines nachhaltigen und zukunftsfähigen Wirtschaftens lassen sich über eine Konkretisierung und Operationalisierung von Gestaltungsanforderungen und -kriterien, die aus der Umwelt der Unternehmen an diese herangetragen werden bzw. mit denen sie sich in ihrem Handeln konfrontiert sehen, sicherlich positiv beeinflussen. Dabei darf jedoch nicht übersehen werden, dass Unternehmen stets Austragungsort von mikropolitischen Auseinandersetzungen um verschiedene Leitbilder und Entwicklungsrichtungen sind. Erst bei der konkreten Konfrontation mit organisationsinternen Widersprüchen und Konflikten wird sich erweisen, inwieweit sich das Leitbild des nachhaltigen Wirtschaftens in die Unternehmensorganisation einbauen und praxisverändernd entfalten lässt. Der Übergang auf einen nachhaltigen Entwicklungsweg vollzieht sich so gesehen nicht als top-down-Implementation des Leitbildes, sondern als ein „dynamischer, innengeleiteter Prozess", der die vorhandenen Entwicklungspotenziale nutzt *und* externe Ansprüche in den Bezugsrahmen integriert (Gellrich u.a. 1997: 543f.).

Gerade im Hinblick auf die sowohl unter analytischen als auch unter praktischen Gesichtspunkten äußerst komplexe Herausforderung, eine wechselseitige Anschlussfähigkeit von Leitbild und Praxis nachhaltigen Wirtschaftens zu ermitteln und zu ermöglichen, ist die einseitige Orientierung auf eine Konkretisierung und Operationalisierung des Leitbildes und insoweit auf eine lineare Umsetzungskonzeption nicht hinreichend. Unabhängig davon, ob es sich um eher defensive, an der Erhaltung der Lebensgrundlagen orientierte, oder aber um eher offensive, an positiven Zukunftsentwürfen orientierte Operationalisierungsversuche handelt, haben alle Strategievorschläge zur Umsetzung des Nachhaltigkeitsleitbilds in die Praxis das Problem, dass sie prinzipiell auf hochgradig unsicheren Annahmen beruhen: unsicher sowohl hinsichtlich der relevanten Fakten und Wirkungszusammenhänge, als auch hinsichtlich des Umsetzungsprozesses selbst.

Sind Umsetzbarkeit und Vereinbarkeit von Nachhaltigkeitszielen, -anforderungen und –szenarios nicht systematisch integrierter Bestandteil der Analyse, läuft jeder Versuch einer handlungsfeldbezogenen Konkretisierung des Drei-Säulen Konzepts notwendigerweise Gefahr, auf der Ebene von relativ beliebigen und unverbindlichen Wunschlisten oder Anforderungskatalogen zu verbleiben (Renner/Hannowsky 1999: 596). In der Perspektive auf Praktikabilität ist deshalb vorrangig eine Orientierung auf Fragen der Steuerung und Bewertung einer entwicklungsoffenen und eher langfristig anzulegenden Reformdynamik sowie damit zusammenhängend eine allmähliche Spezifizierung von erfolgskritischen Zielen, Instrumenten und Prozessen nachhaltigen Wirtschaftens aus den Innovationspotenzialen, -bedarfen und -prozessen konkreter Praxisfelder heraus gefragt.

Diese Anforderung wird hier vor allem aus der Sicht von kleinen und mittleren Unternehmen (KMU) thematisiert, die eine wesentliche Säule der europäischen Volkswirtschaften darstellen. In Kapitel 2 wird zunächst der Versuch unternommen, KMU unter dem Gesichtspunkt ihrer besonderen nachhaltigkeitsrelevanten Strukturmerkmale zu beschreiben. In Kapitel 3 schließt sich eine Betrachtung nachhaltigen Wirtschaftens in KMU an, die auf einer strategischen „outside in – inside out" – Perspektive beruht, die sich als Konsequenz aus dem oben skizzierten dynamisch-rekursiven Leitbildmodell ergibt. Kapitel 4 fasst einige empirisch fundierte Erkenntnisse für eine weiterführende Diskussion der Praktikabilität nachhaltigen Wirtschaftens in KMU zusammen.

2. KMU – Besondere Strukturen und Potenziale für nachhaltiges Wirtschaften?

Die besondere Rolle von kleinen und mittleren Unternehmen für die weitere Entwicklung eines nachhaltigen Wirtschaften wird immer wieder hervorgehoben. Allein auf Grund der Summe der zum Mittelstand in Europa zählenden Unternehmen wird hier ein Vielfaches an Entwicklungspotenzial vermutet. In Deutschland agieren immerhin rund 1,1 Millionen mittelständische Unternehmen mit einem Umsatz von mehr als 125.000 Euro[1]. Ihre gesellschafts- und arbeitsmarktpolitische Bedeutung lässt sich dadurch unterstreichen, dass rund 70 Prozent aller Arbeitnehmer und rund 80 Prozent aller Auszubildenden in KMU arbeiten. Weitere wichtige Merkmale von KMU – auch in der Diskussion um nachhaltiges Wirtschaften – werden in ihrem engen regionalen Bezug, ihrer Flexibilität und hohen Qualität sowie ihrer engen Kundenbindung gesehen. Dass sich die Entscheider in KMU ihrer gesellschaftlichen Verantwortung durchaus bewusst sind, macht die folgende Tabelle noch einmal deutlich:

Tabelle 1: Gesellschaftliche Verantwortung von KMU (Quelle: Dresdner Bank u.a. 2001: 55. Basis: 0,788 Millionen Entscheider [Alleininhaber, geschäftsführende Gesellschafter], die der Ansicht sind, dass Unternehmer eine größere gesellschaftliche Verantwortung tragen als andere Gruppen; Mehrfachnennungen möglich).

Durch Schaffung sicherer Arbeitsplätze	76,7 % / 605 Tsd.
Durch soziales Engagement	51,3 % / 404 Tsd.
Durch politisches Engagement	23,1 % / 182 Tsd.
Durch kulturelles Engagement	20,2 % / 159 Tsd.
Durch religiöses Engagement	6,5 % / 51 Tsd.
Gar nicht	5,3 % / 42 Tsd.

Wie bereits ein Blick auf die Verteilung nach Wirtschaftsbereichen zeigt, handelt es sich bei KMU keineswegs um Unternehmen, in denen allesamt die gleichen Voraussetzungen herrschen:

Tabelle 2: KMU in Wirtschaftsbereichen (Quelle: Dresdner Bank u.a. 2001: 12. Basis: 1,109/1,117 Millionen Unternehmen).

Dienstleistungen	43,3 %
Handwerk	25,7 %
Handel	21,0 %
Industrie	10,1 %

1 Verschiebt man die Umsatzgrenze weiter nach unten, so bestehen in Deutschland insgesamt rund 3,2 Millionen kleine und mittlere Unternehmen.

Entsprechend schwierig ist es, KMU im Ganzen als Analyseobjekt oder als Adressat von Handlungsempfehlungen zu erfassen. Dies zeigt auch ein Blick in die Literatur. So werden beispielsweise auf empirischen Erkenntnissen beruhende Merkmalskataloge (Wendt 1999: 13f.; Verband Deutscher Maschinen- und Anlagenbau u.a. 1992: 26) herangezogen, die meist als „Krücke“ zur Beschreibung *typischer* Organisations- und Entscheidungsstrukturen dienen. KMU weisen aber neben ähnlichen Strukturmerkmalen vielschichtige individuelle Ausprägungen auf, die entsprechend abgestimmte Ansätze erfordern. Häufig werden sie als suboptimal funktionierende Organisationen eingeschätzt, denen lediglich ein „ordentliches Management“ fehle[2]. Der Umgang mit KMU in der (umweltbezogenen) Management- und Betriebswirtschaftslehre ist vielfach von einem „Arroganzverhältnis“ geprägt. Wenn KMU betrachtet werden, dann wie ein kranker Patient, der sich meist ressourcenlimitiert durch einen kapazitätsbindenden, ad hoc gesteuerten Unternehmensalltag „wurstelt“. Zur Genesung werden Standards in Form von Managementsystemen, Leitfäden und Pauschalberatungen angeboten, die sich dann aber häufig weder als situationsadäquat noch als problemreduzierend entpuppen. Wenn auch die Diagnose bei Betrachtung empirischer Ergebnisse zunächst als richtig erscheint, werfen aber die erarbeiteten Therapien einen Schatten auf eine Management- und Betriebswirtschaftslehre, deren Maßstäbe und pauschalen Erklärungsmuster bezogen auf KMU häufig nicht greifen. Dass diese Problematik inzwischen erkannt wurde, zeigt die Gründung des „Deutschen Instituts für kleine und mittlere Unternehmen e.V.“, von dem hoffentlich auch Impulse auf die Management- und Betriebswirtschaftslehre ausgehen werden.

3. Outside in – Inside out – Ein Perspektivenwechsel

Dass gerade KMU erfolgversprechende unternehmensindividuelle Potenziale für die Umsetzung nachhaltigen Wirtschaftens aufweisen, haben unter anderem die Erfahrungen eines zwischen 1998 und 2001 von der Deutschen Bundesstiftung Umwelt (DBU) geförderten Forschungsprojektes sehr deutlich gezeigt (Ebinger/Schwarz 2002; Birke u.a. 2001). Was aber sind die entscheidenden Realisierungsimpulse von außen und von innen? Für unsere Diskussion über Ansatzpunkte nachhaltigen Wirtschaftens in KMU knüpfen wir an Prinzipien des strategischen Managements an und schärfen den Blick durch eine outside in – inside out-Perspektive.

3.1 Die Outside in-Perspektive

Das sozialökonomische Umfeld von kleinen und mittleren Unternehmen ist in Bewegung geraten. Es wirken umfassende Änderungen von verschiedenen Seiten auf KMU ein (vgl. Zimmer 2001: 43ff.; Dresdner Bank u.a. 2001: 26ff.):

- Durch steigenden Wettbewerbsdruck verlieren KMU auch in engeren Regionen ihre Wettbewerbssicherheit. Mit der Globalisierung kommt ausländische Konkurrenz auf den Markt, Großunternehmen drängen durch Ausgründungen mit kleinen Tochterun-

---

2 So zumindest lassen sich beispielsweise viele Ausarbeitungen zum betrieblichen Umweltmanagement lesen, die standardisierte Managementsysteme „überstülpen“ oder nach festem Muster in KMU implementieren wollen.

ternehmen inzwischen auch auf Nischenmärkte. Das Internet vervielfacht die Zahl der Mitbewerber auf bisher eingestammten Märkten.

- Mit dem Schritt von der Industrie- zur Wissensgesellschaft beginnt Wissen als eigentliche Ressource immer stärker in den Mittelpunkt von marktfähigen Lösungen und Wettbewerbskonzepten zu rücken. Hiermit gelangt auch die Frage des „human resource"-Managements in den Fokus von kleinen und mittleren Unternehmen, die es immer schwerer haben, geeignete Mitarbeiter zu finden[3].
- Auch für den Mittelstand wird neben Preis und Qualität vor allem Zeit zum entscheidenden Wettbewerbsfaktor.
- Neue Führungskonzepte erreichen den Mittelstand. Sie sehen unter anderem erweiterte Handlungsspielräume, Arbeit in Projekten, eigenständige Verantwortungsbereiche, für alle erreichbare Informationspools vor.
- Talente und gute Mitarbeiter verlassen schneller als früher das Unternehmen, die Zyklen der Beschäftigungsverhältnisse verkürzen sich. Mitarbeiter bleiben in den Firmen, in denen sie ihre Fähigkeiten erweitern und ihr Qualifikationsportfolio bereichern können.

Nimmt man diese Herausforderungen globalisierter Märkte ernst, so muss man ernüchtert feststellen, dass die diskutierten Ansätze zum nachhaltigen Wirtschaften weder Lösungskonzepte oder Handlungsanleitungen noch entsprechenden Antrieb speziell für den Mittelstand anbieten. International existieren zwar eine Reihe paralleler Veranstaltungen, die sich nahezu alle unter das Schlagwort Corporate Social Responsibility (CSR) fassen lassen. Diese Aktivitäten erfolgen allerdings zum Teil nur mäßig abgestimmt und auf verschiedenen Ebenen internationaler Institutionen. Entsprechend existiert auch keine einheitliche Definition, was CSR eigentlich sein soll. Dies hebt beispielsweise auch das World Business Council for Sustainable Development (WBCSD) in einer noch jungen Broschüre bereits in der Einführung hervor (WBCSD 2002: 2)[4].

Zu nennen ist beispielsweise der von UNO-Generalsekretär Kofi Annan ins Leben gerufene „Global Compact", in dem die Wirtschaftsführer in aller Welt aufgerufen werden, sich an sozialen und ökologischen Grundsätzen auszurichten und den Pakt als Forum des Dialogs und des gegenseitigen Lernens zu begreifen. Daneben existiert die Global Reporting Initiative (GRI), die Kriterien für eine (standardisierte) Nachhaltigkeitsberichterstattung von Unternehmen erarbeitet. Die Bedeutung einer gesellschaftlich verantwortlichen Privatwirtschaft wurde in der vierten Verhandlungsrunde der Welthandelsorganisation (WTO) in Doha diskutiert (siehe www.wto.org/english/thewto_e/minist_e/min01_e/mindecl_e.htm). Mit der Neuauflage ihrer Guidelines für multinationale Unternehmen hat auch die Organisation für wirtschaftliche Zusammenarbeit und Entwicklung (OECD) einen internationalen Rahmen für wirtschaftliches Handeln festgelegt. Schlussendlich verstärkt auch die Europäische Union die Forderungen nach sozialer Verantwortung der Wirtschaft. Mit dem sogenannten Weißbuch der Europäischen Union vom 2. Juli 2002, das den Titel „*Europäische Rahmenbedingungen für die soziale Verantwortung der Unternehmen*" trägt, legt die EU ihre Position zur sozialen Verantwortung der Unternehmen fest und räumt der Thematik so einen gewissen Stellenwert innerhalb der EU-Politik ein. Auf dem World

3 Die Umfrage der Dresdner Bank u.a. (2001: 86f.) zeigt, dass KMU mitunter über ein halbes Jahr für die Rekrutierung von Führungskräften benötigen. Ein vergleichbares Bild ergibt sich bei der Suche nach Angestellten und Arbeitern.

4 Der WBCSD definiert in der genannten Broschüre schließlich CSR wie folgt: „Corporate social responsibility is the commitment of business to contribute to sustainable economic development, working with employees, their families, the local community and society at large to improve their quality of life."

Summit on Sustainable Development 2002 in Johannesburg wurde schließlich das Prinzip ökologischer und sozialer Verantwortlichkeit von KMU und großen Unternehmen (corporate accountability) erstmalig auf der Agenda der Vereinten Nationen verankert[5].

Allen diesen internationalen Ansätzen ist es gemein, dass sie weitgehend auf international tätige Unternehmen ausgerichtet sind und die spezifischen Belange von kleinen und mittleren Unternehmen bisher kaum berücksichtigen. Entsprechend wenige KMU sehen diese Aktivitäten für sich als relevant an. Dies macht beispielsweise ein kleiner Zahlenvergleich deutlich. Unter den weltweit am Global Compact ca. 600 beteiligten Unternehmen finden sich weniger als zehn KMU (The Global Compact 2002).

Aber auch bei der Analyse nationaler Ansätze sieht die Situation ähnlich aus. Zusammenschlüsse, wie beispielsweise die Unternehmensinitiative „econsense", waren von vorneherein auf große Unternehmen ausgerichtet. Eine Diskussion über die Belange und die Möglichkeiten von KMU wurde kaum geführt. Hilfsinstrumente, wie beispielsweise „Ökoradar" (www.oekoradar.de) oder das „Unternehmensnetzwerk Betriebliche Instrumente für nachhaltiges Wirtschaften (Ina)" (www.ina-netzwerk.de) erweisen sich zu weit weg von der Praxis kleiner und mittlerer Unternehmen. Die im Ökoradar zur Verfügung gestellten Instrumente und Handlungsanweisungen für nachhaltiges Wirtschaften werden den spezifischen Bedingungen in KMU – zumindest in der bisher erkennbaren Struktur – nur bedingt gerecht. Die sehr projektbezogene Darstellung von Informationen im Unternehmensnetzwerk INA macht aktive Transferprozesse nötig, um die Ergebnisse für KMU fruchtbar zu machen. Beide Ansätze erfordern letztlich eine hohe Eigenmotivation, einen kaum kalkulierbaren Zeitaufwand und entsprechendes Transferwissen. Dies sind jedoch Anforderungen, die vermutlich in KMU häufig nicht auf fruchtbaren Boden fallen werden. Zu undeutlich sind die Vorteile erkennbar, die den Aufwendungen für die Einführung von „Nachhaltigkeitsinstrumenten" gegenüberstehen.

Veränderungsdruck auf KMU erwächst eher von anderer Seite. Die Diskussion um die Umsetzung der neuen Baseler Eigenkapitalvereinbarung (Basel II) wirkt vor allem auf kleine und mittlere Unternehmen bereits jetzt hochsensibilisierend, obwohl sie erst 2006 in Kraft treten wird (Dresdner Bank u.a. 2001: 18; www.basel-ii.info). Basel II sieht bei der Bestimmung der Eigenkapitalquote eine Reihe von einfachen und fortgeschritteneren Ansätzen zur Messung des Kreditrisikos und des operationellen Risikos vor. Künftig müssen die Kreditinstitute die Bonität ihrer Kunden ebenso wie die Verwertbarkeit der Sicherheiten bei ihren Kreditkonditionen stärker berücksichtigen. Das trifft besonders kleine und mittlere Unternehmen, die ihren Finanzierungsbedarf traditionell (laut einer Statistik der Deutschen Bundesbank zu 75 Prozent) und noch vergleichsweise günstig über Fremdmittel dekken (www.dta.de/dtaportal/dBasel.jsp#Stand%20der%20Diskussion).

Basel II sieht für die Risikogewichtung der Kredite ein internes oder externes Rating der Banken vor, von dem die notwendige Unterlegung mit Eigenkapital abhängt. Das Rating stellt dementsprechend eine Aussage über die zukünftige Fähigkeit eines Unternehmens zur vollständigen und termingerechten Tilgung und Verzinsung seiner Schulden dar. In das Rating fließen sowohl quantitative als auch qualitative Faktoren wie die Qualität des Managements als „weiche Werttreiber" (Pricewaterhouse Coopers 2002) mit ein. Im Unterschied zur traditionellen Kreditwürdigkeitsprüfung werden diese qualitativen Faktoren in

---

5 Im Abschlussdokument von Johannesburg heißt es dazu: *„24. We agree that in pursuit of their legitimate activities the private sector, both large and small companies, have a duty to contribute to the evolution of equitable and sustainable communities and societies. (...) 26. We agree that there is a need for private sector corporations to enforce corporate accountability. This should take place within a transparent and stable regulatory environment"* (www.johannesburgsummit.org).

Basel II stärker gewichtet, außerdem weist die Bewertung beim Rating einen stärkeren Zukunftsbezug auf (www.dta.de/dtaportal/dBasel.jsp#Stand%20der%20Diskussion).

Dies führt zu Anforderungen an KMU, die beispielsweise Pricewaterhouse Coopers (2002) als „Nachhaltigen Unternehmenswert" bezeichnen. Weiche Werttreiber, wie die Berücksichtigung sozialer und ökologischer Aspekte in der Strategie und im Unternehmenshandeln werden selbst für kleine und mittlere Unternehmen immer wichtiger. Aber auch der weitere Bezug auf „Interessensgruppen" wie Kunden, Mitarbeiter, Partner und diverse Akteure aus dem gesellschaftlichen Umfeld spielt bei KMU eine immer wichtigere Rolle für den nachhaltigen Unternehmenswert.

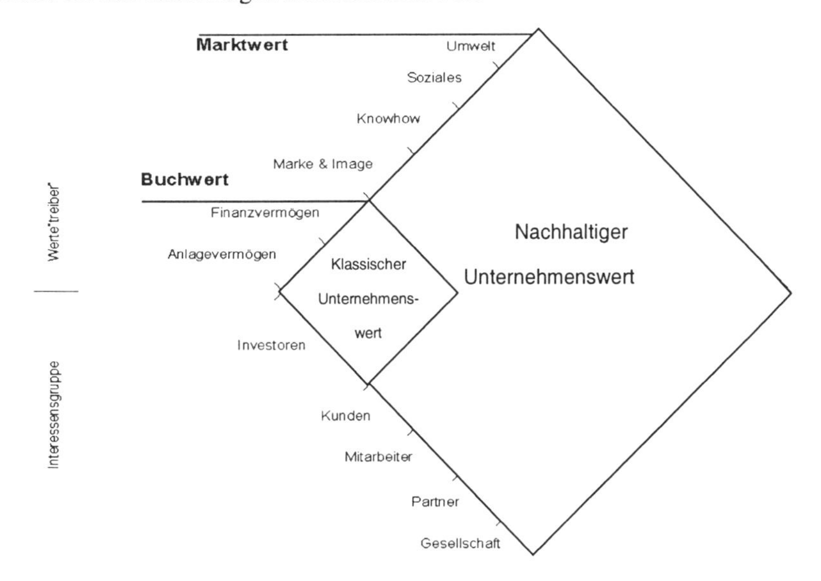

Abbildung 1: Nachhaltiger Unternehmenswert

In der Perspektive auf Basel II wird derzeit zumeist von findigen Beratern und Zertifizierungsgesellschaften die Notwendigkeit einer wie auch immer gearteten Transparenz über Strategie und Geschäftsmodell hochgehalten. Über das Trojanische Pferd Basel II werden Nachhaltigkeitsberichte und andere Beratungsleistungen verkauft, die dann hoffentlich nicht nur auf einer symbolischen Ebene eines „nice to have" stecken bleiben, sondern realen Veränderungsdruck erzeugen, der in Richtung auf ein seriöses und ausgewiesenes Management der komplexen Herausforderung der Unternehmensnachhaltigkeit weist (vgl. Birke in diesem Band).

3.2 Die Inside out-Perspektive

Während von außen lediglich diffuse Anforderungen des Leitbildes Nachhaltigkeit in Richtung kleiner und mittelständischer Unternehmen auszumachen sind, lohnt es sich, eine Innenperspektive einzunehmen, um potenziell wirksame Ansatzpunkte zu erkennen.

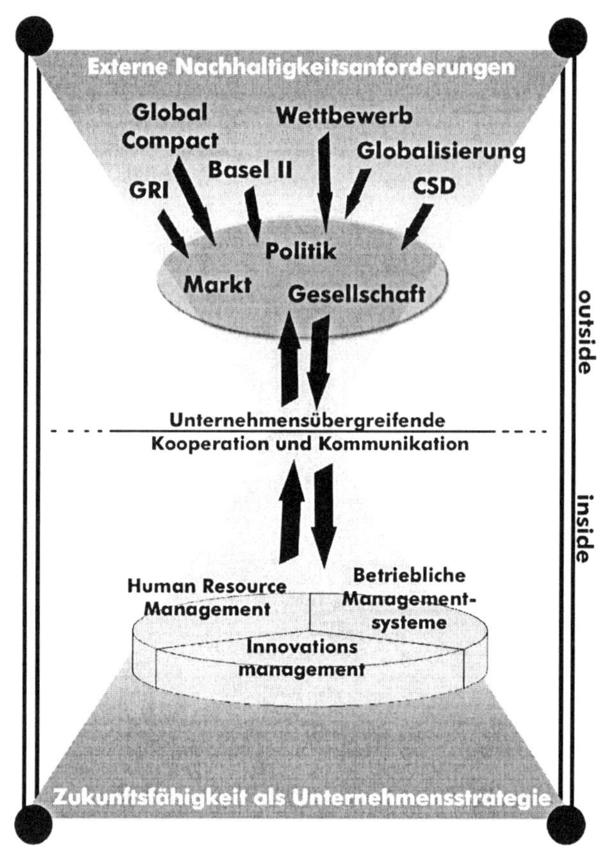

Abbildung 2: Outside in – Inside out

Wenn es in der Perspektive auf Realisierungsmöglichkeiten von nachhaltigem Wirtschaften primär um

> „die Förderung, Organisation und Kontinuität von permanenten Suchprozessen nach immer besseren Problemlösungen" (Enquete-Kommission 1998)

geht, dann handelt es sich mit anderen Worten also um so etwas wie einen umfassenden Innovationsprozess mit Richtungssinn, das heißt um den Versuch, dem Veränderungsprozess eine neue – wünschenswerte oder problemangemessenere – Richtung zu geben. So gesehen ist nachhaltiges Wirtschaften zunächst einmal ein innovatives Leitbild für zukunftsfähige Innovationsprozesse. Ansätze müssen konkret und individuell entwickelt werden[6]. Dabei geht es nicht um Standard-Managementkonzepte für nachhaltiges Wirtschaften oder einen wie auch immer gearteten „Business Case for Sustainability" (Leitschuh-Fecht/Steger in diesem Band), sondern um ein unternehmensspezifisch angepasstes Innovationsmanagement. Nachhaltiges Wirtschaften wird in dem Maße für Klein- und Mittelbetriebe praktikabel, wie es nicht nur als eine externe Anforderung für unternehmerisches Handeln ver-

6 Dies war der Ausgangspunkt eines von der Deutschen Bundesstiftung Umwelt (DBU) geförderten, vom ISO Institut Köln und Öko-Institut Freiburg gemeinsam durchgeführten Projektes mit dem Titel „Nachhaltiges Wirtschaften in kleinen und mittelständischen Unternehmen – Von der Leitbildentwicklung zur praktischen Umsetzung".

standen und modellhaft umgesetzt, sondern vielmehr als Ausdruck und Resultat von Innovationsfähigkeit und organisationalem Lernen begriffen wird.

Dabei sollte vor allem auf bestehende Instrumente und Erfahrungen in KMU zurückgegriffen werden, aber auch neue Ansätze, wie die Sustainable Balanced Score Card (Dyllick/Schaltegger 2002), EFQM (Lörcher/Merten 2002; Westermann u.a. in diesem Band) könnten nützlich sein. Grundsätzlich geht es aber um die individuelle Verbindung zwischen nachhaltigkeitsorientierten Strategien, Prozessen und Instrumenten. Als Handlungsfelder für ein nachhaltiges Wirtschaften in KMU wurden die folgenden vier Bereiche ausgemacht:

- Innovationsmanagement
- Auf- und Ausbau regionaler Netzwerke
- betriebliche Managementsysteme
- Mitarbeitereinbindung und -qualifizierung

Gerade in kleinen und mittelständischen Unternehmen ist *Innovationspotenzial* für nachhaltiges Wirtschaften vorhanden. Allerdings verfügen KMU in der Regel über nur eingeschränkte Ressourcen zur Realisierung von Innovationen. Entscheidend ist daher ein Innovationsmanagement, das an den vorhandenen Stärken und Schwächen des Unternehmens ansetzt, und primär daran orientiert ist, die unternehmensspezifische Innovations*fähigkeit* zu erhöhen. Dabei ist die zentrale Frage nicht: wie kann der status quo sich schnell ändernden Außenanforderungen und Handlungsbedingungen entsprechend jeweils kurzfristig optimiert werden, sondern vielmehr: Ist in längerfristiger Perspektive das, was wir und wie wir es derzeit machen, überhaupt zukunftsfähig? Erfolgversprechend erscheint eher die Definition einer Entwicklungsrichtung und eine darauf orientierte flexible Nutzung und Erweiterung der endogenen Potenziale als die Definition eines eindeutigen Zieles. Jedes Unternehmen muss sein Marktumfeld genau durchleuchten und intern seine eigene Strategie entwickeln. Unternehmerisches *Innovationsmanagement* im Sinne nachhaltigen Wirtschaftens setzt dementsprechend nicht nur bei Kosteneinsparungen und Ökoeffizienz an, sondern vor allem bei der Entwicklung und Realisierung von neuen Leistungen und Produkten sowie der darauf gerichteten internen Bündelung und Optimierung der vorhandenen Ressourcen und Potenziale.

Die Verbesserung der unternehmensspezifischen Innovationsfähigkeit in Richtung auf nachhaltiges Wirtschaften setzt nicht nur eine Verbesserung der internen Kooperation und Koordination der Arbeitsabläufe und Verantwortlichkeiten voraus, sondern auch eine Ausweitung der unternehmensübergreifenden Kommunikation und Kooperation. Nur so ist es möglich, bei der Frage nach unternehmensspezifischen Entwicklungsperspektiven über den Tellerrand hinauszuschauen und den Optionsspielraum zu erweitern. Prozesse des Erfahrungsaustausches, der „kollektiven Weiterbildung", der Gewinnung und Nutzung von externem Sachverstand, von Beratung und Unterstützung sind ebenso zu initiieren und zu organisieren wie innovationsorientierte Kooperationen mit Herstellern, Lieferanten, Wettbewerbern und Kunden entlang der Wertschöpfungskette. Gerade kleine und mittelständische Unternehmen können in dieser Hinsicht viel stärker als vielfach angenommen und sehr flexibel initiativ werden und dabei zum Teil auch auf öffentliche Fördermittel zurückgreifen. Darüber hinaus liegen sowohl für die Unternehmen als auch für das regionale Umfeld erhebliche Chancen in dem *Auf- und Ausbau regionaler Netzwerke* für zukunftsfähiges nachhaltiges Wirtschaften. Nachhaltige Zukunftssicherung und Profilierung der Standorte einerseits sowie das Interesse der Unternehmen an innovationsfördernden Rahmenbedingungen und der Minimierung von Reibungsverlusten andererseits können auf diese Weise tendenziell besser in Einklang gebracht werden.

Nachhaltiges Wirtschaften ist keineswegs identisch mit der Einführung oder auch Fortschreibung von Umweltmanagementsystemen. Abgesehen davon, dass sich nachhaltiges

Wirtschaften nicht auf ökologische Aspekte der Produktion und Produkte beschränken lässt, können *betriebliche Managementsysteme* je nach Unternehmen und Umsetzung zweischneidig wirken. Auf der einen Seite besteht die Gefahr, dass die damit verbundenen umfangreichen Dokumentationspflichten, Verantwortlichkeits- und Zuständigkeitsregelegungen zu weiterer Bürokratisierung, Lern- und Innovationsblockierung führen. Auf der anderen Seite können sie dazu beitragen, die Thematisierung und operative Umsetzung von Innovations- und Entwicklungsperspektiven in der Organisation als Daueraufgabe zu implementieren. Die Integration der Spezialmanagementsysteme zu einem unternehmensspezifischen Managementsystem kann die Möglichkeit für eine ökonomisch, ökologisch und sozial ausgewogene Unternehmensstrategie eröffnen. Voraussetzung dafür ist, dass die Integration der Managementsysteme nicht bloß additiv erfolgt und der bestehenden Organisation übergestülpt wird, sondern im Gegenteil: dass sie mit einer umfassenden *Reorganisation* einhergeht, für die Kundenorientierung, Flexibilität und langfristige Planungssicherheit maßgeblich sind. Das erfordert den schrittweisen Übergang von der funktional differenzierten in eine prozessorientierte Organisation, bei der es anstatt um Besitzstand und Hierarchie zentral um die Steuerung und Optimierung der relevanten und zukunftsfähigen Prozessabläufe sowie eine darauf abgestimmte Qualifizierung und Einbindung insbesondere der innovationsbereiten und -fähigen Mitarbeiter geht. Wie die Erfahrungen in den beteiligten Unternehmen zeigen, empfiehlt sich, die Entwicklung einer unternehmensstrategischen Perspektive als partizipativen Prozess anzulegen und zum Kristallisationspunkt für den Auf- und Ausbau unternehmensübergreifender Kooperationsbeziehungen wie auch eines unternehmensspezifischen Managementsystems zu machen. Im Rahmen von Spezialmanagementsystemen bereits aufgebaute und bewährte Strukturen sollten dabei soweit wie möglich genutzt werden.

Qualifizierte und eigenverantwortliche Mitarbeiter sind eine wichtige Voraussetzung auf dem Weg zu einer nachhaltigen Unternehmensentwicklung. Nachhaltigkeit schließt eine soziale Verpflichtung des Managements hinsichtlich einer hohen *Mitarbeitereinbindung und -qualifizierung* auf allen Unternehmensebenen ein. Anders lassen sich die endogenen Innovationspotenziale gar nicht erschließen und weiterentwickeln. Hierzu bedarf es nicht nur einer entsprechender Unternehmenskultur, sondern auch Innovationsfähigkeit und Flexibilität fördernder organisatorischer Grundlagen und Anreize. Eine funktional differenzierte Unternehmensorganisation und stark auf die Persönlichkeit des Inhabers oder Geschäftsführers zugeschnittene Entscheidungsstruktur stehen einer ganzheitlichen Betrachtung und Koordination der Arbeitsabläufe sowie einer darauf bezogenen Qualifizierung und Verantwortungsteilung eher entgegen. Der Übergang zu einer prozessorientierten Organisation und einer darauf abgestimmten Qualifizierung und Verantwortungsdelegation kann hingegen dazu beitragen, das Mitarbeiterpotenzial anstatt zur Aufrechterhaltung des Status quo primär für die Entwicklung und Umsetzung einer zukunftsfähigen Unternehmensstrategie einzusetzen und weiterzuentwickeln. Neben bedarfsgerechten Schulungsprogrammen sind unternehmensspezifisch auch die geeigneten kommunikativen Plattformen wie auch materielle und immaterielle Beteiligungsmöglichkeiten bereitzustellen und die Verfügbarkeit, Pflege und Weiterentwicklung des organisationsinternen Wissens systematisch zu organisieren (Wissensmanagement). Dabei geht es nicht nur um die Organisation des internen Informationsflusses und Know hows, sondern auch um eine systematische Erfassung und Verarbeitung des Wissens über gesellschaftliche Entwicklungen, relevante Markttrends und -chancen.

4. Ein vorläufiges Fazit

Die meisten kleinen und mittelständischen Unternehmen müssen sich überhaupt erst einmal „strategiefähig“ machen, um veränderte Anforderungen aus ihrer Umwelt rechtzeitig wahrnehmen und flexibel in ihre Planungen, Entscheidungen und Abläufe integrieren zu können. Dies schließt notwendigerweise das Praktizieren neuer Formen der Beteiligung und Vernetzung von unterschiedlichen Akteuren und Akteursgruppen mit ein. Erhöhung der Strategiefähigkeit in diesem Sinne kann den Unternehmen nur gelingen, wenn sie

- ihre unternehmensübergreifende Kommunikation und Kooperation erweitern und intensivieren (z.B. durch die Organisation von Stakeholder-Dialogen [Leitschuh-Fecht 2002]), die Beteiligung an unternehmensübergreifenden Netzwerken (vgl. dazu auch Kirschten sowie Störmer in diesem Band) und Kooperationen entlang der Wertschöpfungskette (vgl. Klemisch in diesem Band) sowie die verstärkte Einbeziehung externen Sachverstands (siehe die Beiträge in Kapitel 5 dieses Bandes);
- ihre bisherige Praxis der internen Kommunikation und Kooperation, Führung und Selbstorganisation auf den Prüfstand stellen und in diesem Zusammenhang auch ihre Reorganisationsbereitschaft erhöhen, und im Hinblick darauf vor allem
- die Motivation, Innovationsbereitschaft und Eigenverantwortung der Mitarbeiter auf der Grundlage von darauf abgestimmten organisatorischen Strukturen und Maßnahmen gezielt fördern.

Der erste notwendige Schritt in Richtung auf eine unternehmensspezifisch angepasste Nachhaltigkeitsstrategie ist die Durchführung einer systematischen, individuellen Stärken-/Schwächenanalyse, die sich nicht nur auf technische und produktpolitische Fragen, sondern im Kern auf die internen Innovationspotenziale und -blockaden konzentriert[7]. Erst auf der Grundlage einer umfassenden und „schonungslosen“ internen Diskussion der Ergebnisse dieser Bestandsaufnahme unter Einbeziehung und aktiver Beteiligung der Mitarbeiter auf allen Ebenen lassen sich die unternehmensstrategischen Ziele in kurz-, mittel- und langfristiger Perspektive sinnvoll und verbindlich formulieren. Auch die gerade in kleinen und mittelständischen Unternehmen zumeist noch ausstehende Erfassung und Bewertung der relevanten Geschäftsprozesse als Grundlage für eine zielgerichtete Optimierungsstrategie ist realistisch und erfolgversprechend nur unter breiter Mitarbeiterbeteiligung möglich. Der darauf gestützte sukzessive Übergang von der funktional differenzierten zur prozessorientierten Organisation des Unternehmens erfordert eine darauf abgestimmte Neuschneidung des Verhältnisses von Leitungsaufgaben und Prozessverantwortlichkeiten.

Eine prozessorientierte Organisation bietet nicht nur eine geeignete organisatorische Plattform für eine Integration von Spezialmanagementsystemen (für Qualität, Umweltschutz und Arbeitssicherheit) in ein unternehmensspezifisch zugeschnittenes Management„system“, sondern auch für eine „nachhaltige“ und wettbewerbsorientierte Integration von schnell wechselnden Anforderungen aus der Unternehmensumwelt in die Abläufe, Aktivitäten und strategische Ausrichtung des Unternehmens. Um zu verhindern, dass eine derartige Reorganisation nicht letztlich an internen Widerständen und Blockaden scheitert, ist sie von Anbeginn an systematisch zu verknüpfen mit geeigneten partizipations- und qualifikationsfördernden Maßnahmen, auf Erhöhung der Eigenverantwortung der Beschäftigten abgestimmten Formen des Informations- und Wissensmanagements sowie materiellen und/oder immateriellen Anreizsystemen (siehe Steinle/Reiter 2002).

---

7 siehe hierzu und zum Folgenden die in www.zebis.info dokumentierten Unternehmensbeispiele.

ISO Institut und Öko-Institut haben eine homepage mit dem Namen ZEBIS (www.zebis.info) entwickelt und installiert, die KMU als eine Plattform dienen soll, um sich Ideen und Anregungen zur praktischen Umsetzung nachhaltigen Wirtschaftens zu holen. Gleichzeitig soll ZEBIS auch die Möglichkeit geben, in einen intensiven Erfahrungsaustausch mit anderen Unternehmen oder auch Beratern einzutreten.

Literatur

Birke, Martin/Kämper, Eckard/Schwarz, Michael/Ebinger, Frank: Nachhaltiges Wirtschaften in KMU als organisationaler Such- und Lernprozess. In: UmweltWirtschaftsForum 9 (2001) 1, S. 9-13

Dresdner Bank; Impulse (Hrsg.): mind 02 – Mittelstand in Deutschland. Köln 2001

Dyllick, Thomas/Schaltegger, Stefan (Hrsg.): Nachhaltig managen mit der Balanced Scorecard: Konzept und Fallstudien. Wiesbaden 2002

Ebinger, Frank/Schwarz, Michael: Nachhaltigkeit vom Kopf auf die Füße gestellt. In : Öko-Mitteilungen 25 (2002) 1-2, S. 8-11

Enquete-Kommission „Schutz des Menschen und der Umwelt (Hrsg.): Verantwortung für die Zukunft. Wege zum nachhaltigen Umgang mit Stoff- und Materialströmen. Bonn 1998

Gellrich, Carsten/Luig, Alexandra/Pfriem, Reinhard.: Ökologische Unternehmenspolitik: Von der Implementation zur Fähigkeitsentwicklung. In: Birke, Martin/Burschel, Carlo/Schwarz, Michael (Hrsg.): Handbuch Umweltschutz und Organisation. Ökologisierung – Organisationswandel – Mikropolitik. München 1997, S. 523-562

Leitschuh-Fecht, Heike: Mit dem Stakeholder-Dialog zur Nachhaltigkeit. In: UmweltWirtschaftsForum 10 (2002) 1, S. 34-37

Lörcher, Michael/Merten, Thomas: Nachhaltigkeit für Möbelmacher: Das EFQM-Modell im Praxistest. In: Unternehmen und Umwelt 15 (2002) 3-4, S. 10-11

Minsch, Jürg/Eberle, Armin/Meier, Bernhard/Schneidewind, Uwe: Mut zum ökologischen Umbau : Innovationsstrategien für Unternehmen, Politik und Akteursnetze. Basel u.a. 1996

Pricewaterhouse Coopers: „Die ValueReporting Revolution“ – Neue Wege in der kapitalmarktorientierten Unternehmensberichterstattung. Weinheim 2002

Renner, Andreas/Hannowsky, Dirk: Ökologische Ordnungsökonomik. In: Zeitschrift für Umweltrecht und -politik (1999) 4, S. 591-610

Steinle, Claus/Reiter, Florian: Mitarbeitereinstellungen als Gestaltungsgrundlage eines ökologischen Anreizsystems. In: UmweltWirtschaftsForum 10 (2002) 1, S. 66-70

The Global Compact: Global Compact Participants by Country, 21. November 2002, 65.214.34.30/un/gc/unweb.nsf/sitemap

Verband Deutscher Maschinen- und Anlagenbau und Deutsche Gesellschaft für Qualität: Aufbau von Qualitätssicherungssystemen in kleinen und mittleren Unternehmen. Frankfurt/Main 1992

Voss, Jan-Peter/Barth, Regine/Ebinger, Frank: Institutionelle Innovationen im Bereich Energie- und Stoffströme (Abschlussbericht zur Sondierungsstudie im Auftrag des BMBF). Freiburg 2001

WBCSD: Corporate Social Responsibility – The WBCSD’s journey. Genf 2002

Wendt, Andreas: Aspekte eines innovationsorientierten Umweltmanagements in mittelständischen Unternehmen. Karlsruhe 1999

Zimmer, Dieter: Wenn Kreativität zu Innovationen führen soll. In: Manager Magazin 23 (2001) 1, S. 42-56

Umweltmanagement und zukunftsfähige Unternehmensentwicklung

Christian Lehmann

Die Diskussionen um Umweltmanagementsysteme werden zur Zeit wieder verstärkt geführt. Lohnen sich Umweltmanagementsysteme für die Unternehmen oder verursachen sie vor allem zusätzliche Kosten?

Dieser Beitrag geht von der These aus, dass eine Perspektive des Umweltmanagements in der strategischen Verknüpfung mit Aspekten der allgemeinen Unternehmensführung und Unternehmensentwicklung liegt. Es geht um Ansatzpunkte und Strategien für ein nachhaltiges Wirtschaften, wobei hier die Strukturen und Prozesse sowie die Umsetzung in der betrieblichen Praxis eine besondere Beachtung finden.

Im Mittelpunkt stehen die Entwicklung des betrieblichen Umweltmanagements bei Muckenhaupt & Nusselt, einem mittelständischen Kabelwerk in Wuppertal, und die Auseinandersetzung mit Strukturen des nachhaltigen und zukunftsfähigen Wirtschaftens. Der Reiz liegt dabei in einem Theorie-Praxis-Verständnis, das sich in dem Unternehmen nicht zuletzt durch eine Reihe wissenschaftlicher Forschungsprojekte entwickelt hat, die sich sowohl mit organisationstheoretischen Fragen als auch mit Möglichkeiten und Ansatzpunkten einer unternehmensspezifischen Umsetzung nachhaltigen Wirtschaftens befasst haben.

1. Die Entwicklung des Umweltmanagements

Umweltmanagementsysteme als Heilsbringer für den betrieblichen Umweltschutz, flächendeckende Öko-Audits für Unternehmen und Förderung der Selbstverantwortung als Königsweg aus der ökologischen Krise – so positiv sahen die optimistischen Erwartungen Anfang der neunziger Jahre aus.

Sowohl in der wissenschaftlichen Diskussion als auch in der betrieblichen Praxis deutete sich eine rasante Entwicklung an. Umweltmanagement als betriebswirtschaftliche Aufgabe, Verknüpfung von Ökologie und Ökonomie – die Veröffentlichungen zu diesem Thema nahmen eine unüberschaubare Anzahl an. In der betrieblichen Praxis verlief parallel dazu eine allmähliche Abkehr von „end-of-the-pipe-Lösungen“ und eine Hinwendung zu integrierten Lösungen. Zwischenzeitlich jedoch sind Umweltmanagementsysteme sowohl in ihrer Akzeptanz in Unternehmen als auch mit Blick auf ihre innerbetrieblichen Entwicklungspotenziale an Grenzen gestoßen. Die Standortzahlen liegen im EMAS-Bereich mit 2500 eingetragenen Unternehmen weiterhin konstant auf niedrigem Niveau und die wirkliche ökologische Leistungsfähigkeit von Umweltmanagementsystemen ist nach wie vor fragwürdig.

Vor diesem Hintergrund stellt sich die Frage, wie ein Umweltmanagementsystem aussehen muss, um selbst zukunftsfähig zu sein, und ob eine Erweiterung des Umweltmanagements um Aspekte der Nachhaltigkeit als tragfähiges Konzept ausreicht. Unter dem Leitbild der Entwicklung vom technischen Umweltschutz zum integrierten Umweltmanagement geht es sowohl in der Wissenschaft als auch in der betrieblichen Praxis um einen Bedeutungszuwachs von organisationalen und Managementaspekten: Die Organisation rückt in den Mittelpunkt des betrieblichen Umweltschutzes, Umweltschutz wird als Managementaufgabe begriffen und Erfolgspotenziale vor allem in den sogenannten weichen Faktoren, wie Motivation, Kommunikation und Information gesehen.

Wie kann Umweltmanagement zukunftsfähig werden? Wie können Strukturen geschaffen werden, die sich für das Unternehmen lohnen? Hierbei geht es zunächst um erste Ansätze zur Unternehmensentwicklung, die zwangsläufig erforderlich werden, wenn die strategische Ebene von Umweltmanagement gestärkt und mit Aspekten der Wettbewerbsfähigkeit verbunden wird. Der nächste Schritt in diesem Zusammenhang ist die Entwicklung vom integrierten Umweltmanagement zum Innovationsmanagement.

Die Verknüpfung von Umweltmanagement und Unternehmensentwicklung bezieht sich auf Ansatzpunkte und Strategien für ein nachhaltiges Wirtschaften. Es geht dabei um Herausforderungen in der Unternehmensorganisation in einer sich verändernden Umwelt. Unternehmensentwicklung hat den Fokus auf strategisches Management und unternehmerischen Wandel gelegt, mit den Schwerpunkten einer Anpassung der unternehmerischen Ziele, einer nachhaltigen Strategieentwicklung und einer zukunftsfähigen Marktpositionierung. Hierbei geht es sowohl um eine Anknüpfung an eine betriebswirtschaftliche Theorie der Unternehmung als auch um eine Umsetzungsperspektive in den Unternehmen. Das berührt alle Fragen der Strategieentwicklung und der Strategieimplementierung.

In den Unternehmen geht es zur Zeit um integrierte Managementsysteme und die Zusammenlegung von Umweltschutz, Qualitätsmanagement und Arbeitssicherheit. Der Beitrag für eine nachhaltige und zukunftsfähige Unternehmensentwicklung kann genau in diesem Dreieck des integrierten Managementsystems liegen, in dem Prozesse und Strukturen in den Mittelpunkt rücken. Letztendlich geht es um die Frage, ob Umweltmanagement einen Prozess der Unternehmensentwicklung maßgeblich beeinflussen und damit eine betriebliche Reorganisation in Gang setzen kann, in der es um eine zukunfts- und wettbewerbsfähige Unternehmensorganisation geht.

2. Umweltmanagementsysteme als Grundlage für eine zukunftsfähige Unternehmensentwicklung

Mit Umweltmanagementsystemen ist sicherlich und vor allem in Deutschland ein hohes Niveau bei der Organisation des betrieblichen Umweltschutzes erreicht worden. Es soll im Folgenden nicht um die Weiterentwicklung von Umweltmanagementsystemen selbst gehen, sondern um die Frage, welchen Beitrag Umweltmanagementsysteme leisten, um eine zukunftsfähige Unternehmensentwicklung zu erreichen. Dazu muss ein Umweltmanagementbegriff gefunden werden, der den Anforderungen an Unternehmensentwicklung und an betriebliche Reorganisationsprozesse genügen kann und zwar über die bisherige Perspektive der lernenden Organisation hinaus (siehe Brentel in diesem Band). Umweltmanagement darf nicht zu einer bürokratischen Sammlung von Verfahrensanweisungen, Rechtsvorschriften und Dokumenten führen. Der Weg muss zu integrierten Managementkonzepten führen, die neben den Anforderungen an Umweltschutz, Arbeitssicherheit und Qualitätsmanagement auch allgemeine Aspekte der Unternehmensführung beinhalten.

Das Dilemma des Umweltmanagements und die Chance zur Weiterentwicklung in Richtung Nachhaltigkeit lassen sich anhand der aktuellen Situation und des aktuellen Forschungsstands diskutieren. Zum einen geht es weiterhin um die reine Organisation des betrieblichen Umweltschutzes, das heißt um die Implementierung und Entwicklung von Umweltmanagementsystemen mit den dazugehörigen Instrumenten wie Ökobilanzen, Öko-Controlling und Umweltkostenrechnung. Zum anderen geht es um Umweltmanagement als entwicklungsfähige Grundlage für einen unternehmenspolitischen Kurswechsel in Richtung Nachhaltigkeit.

Die Anforderungen an ein Umweltmanagementsystem liegen dabei auf sehr unterschiedlichen Ebenen. Die eher technische Orientierung des betrieblichen Umweltschutzes bildet die Grundlage und ist auch eine notwendige Voraussetzung, zum Beispiel durch ein hohes Kostensenkungspotenzial. Ergänzend kommen eine Reihe von organisatorischen Instrumenten des betrieblichen Umweltschutzes hinzu, wie zum Beispiel Umweltkostenrechnungssysteme oder die Einführung eines Öko-Controllings ebenso wie die Durchführung von internen Audits mit entsprechenden Bewertungsmethoden. Auf beiden Ebenen stößt man durch die eher technische und kurzfristige Perspektive sehr schnell an die Grenzen der Entwicklungsfähigkeit.

Für eine langfristig erfolgreiche Weiterentwicklung des Umweltmanagements muss eine organisatorische Verknüpfung mit Aspekten der allgemeinen Unternehmensführung erreicht werden. Die Effekte und Verbesserungen, die dadurch erreicht werden, lassen sich problemlos auf andere Unternehmensbereiche übertragen. Erreicht werden kann zum Beispiel eine Verbesserung der Projektorganisation, eine Optimierung von Abläufen, eine Erhöhung des allgemeinen Informationsstandes und der Kommunikationsfähigkeit.

3. Umweltmanagement bei Muckenhaupt & Nusselt

Bei Muckenhaupt & Nusselt hat sich eine Form des Umweltmanagements entwickelt, die über die Organisation des betrieblichen Umweltschutzes weit hinaus geht und sich gerade dadurch erfolgreich etabliert hat. Umweltmanagement hat sich entwickelt als eine Form von Innovationsmanagement, bei der es um Strukturen und Prozesse für eine zukunftsfähige Unternehmensorganisation geht. Einige der folgenden Ansätze haben entscheidenden Einfluss auf die Entwicklung des Umweltmanagements gehabt.

Umweltschutz als Chefsache

Ohne die konsequenten Vorgaben der Geschäftsführung wären viele Entwicklungen erheblich schwieriger oder gar nicht umsetzbar gewesen. Die Verankerung des betrieblichen Umweltschutzes in der Unternehmenspolitik als gleichrangiges Ziel neben der Sicherung der Wettbewerbsfähigkeit, der Qualität der Produkte und der Verantwortung gegenüber den Mitarbeitern ist eine wichtige Voraussetzung für die Implementierung von Umweltmanagementsystemen und die Weiterentwicklung zum nachhaltigen Wirtschaften. Die Impulse von außen oder Markttrends haben nicht dazu geführt, ökologische Themen in die Unternehmensführung einzubeziehen. Eher die Form der Unternehmenskultur und die Struktur des Unternehmens haben sich in dieser Hinsicht als fördernde Faktoren erwiesen. Innovation, Technik und eine Auseinandersetzung mit gesellschaftlichen Themen, nicht nur am

Standort, haben im Unternehmen eine lange Tradition. So ist die Entscheidung, ein Umweltmanagementsystem aufzubauen, schon sehr früh gefallen, ebenso wie die Bereitschaft, durch Forschungsprojekte und Kooperationen Entwicklungen anzustoßen.

Umweltschutz spart Kosten

Die Tatsache, dass Umweltschutz Kosten spart, ist immer noch wichtige Grundlage des Umweltmanagements. Durch einige Maßnahmen, die sehr schnell und einfach umgesetzt worden sind, haben sich von Beginn an deutliche Kostensenkungen beispielsweise im Energiebereich und durch die Verbesserung des Recyclings ergeben. Ökonomische Effekte sind erforderlich und man muss auch offen über Kosten des Umweltmanagements diskutieren.

Umweltschutz als Managementaufgabe

Integration in die Prozesse lautet das Schlagwort; es geht um Organisation und Kommunikation. Aspekte des Umweltmanagements müssen als unternehmerische Aufgabe betrachtet werden. Der betriebliche Umweltschutz darf nicht als Zusatzaufgabe begriffen werden, sondern muss organisiert werden. Dabei geht es nicht um bürokratische und formelle Strukturen, sondern um eine deutliche und flexibel zu handhabende Verbesserung des Systems.

Projektarbeit

Die Durchführung von verschiedenen Forschungs- und Entwicklungsprojekten hat das Unternehmen inhaltlich und strukturell in erheblichem Maße noch vorne gebracht. Die Projektarbeit ist ein wesentlicher Baustein in der Unternehmensentwicklung und Aushängeschild des Umweltmanagements bei Muckenhaupt & Nusselt. Dabei geht es um Projektarbeit mit wissenschaftlicher Perspektive und Beratungsansatz mit einer Dauer von mindestens zwei Jahren, die es erlauben, sich systematisch und strukturiert mit allen Aspekten der Unternehmensorganisation auseinanderzusetzen und kontinuierlich Inhalte im Unternehmen zu entwickeln.

Erfolgreiche Kooperationen und Netzwerke

Nicht nur aus der Projektarbeit haben sich eine interessante Form von Kooperation und Netzwerk ergeben. Neben der Zusammenarbeit mit Forschungsinstituten und Universitäten haben sich vor allem auf kommunaler Ebene einige Arbeitskreise und Initiativen entwickelt, die es ermöglichen, unternehmensbezogene und kommunale Themen in Einklang zu bringen. Konkret sind dies die Wuppertaler Umweltinitiative, ein Zusammenschluss von 50 Unternehmen und Institutionen sowie der Stadt, mit dem Ziel, eine nachhaltige Wirtschaftsweise zu etablieren, der IHK-Arbeitskreis Umweltschutz als Gesprächs- und Austauschplattform für Umweltbeauftragte und das Modell „Fit-for-Führung" als Austauschprojekt mit Führungskräften und Abteilungsleitern der Wuppertaler Stadtverwaltung.

Es lohnt sich zumindest zu diskutieren, ob diese Ansätze übertragbar sind. Dabei ist zu berücksichtigen, dass es sich hier um ein mittelständisches Familienunternehmen handelt. Es stellt sich auch die Frage, was das noch mit Umweltmanagement zu tun hat. Genau hier ergibt sich die Verknüpfung zur zukunftsfähigen Unternehmensentwicklung und zu Fragen der Wettbewerbsfähigkeit. Umweltmanagement und ökologische Aspekte sind dort anzusiedeln, wo sie hingehören: in die Prozesse und Produktionsabläufe integriert.

4. Projekte

VDI-OIKOS[1] *– Umweltmanagement als betrieblicher Entwicklungsprozess.* In diesem Forschungsprojekt ging es in der Aufbauphase des Umweltmanagements um die Verknüpfung von Aspekten des Umweltmanagements mit dem Themenkomplex der lernenden Organisation. Für Muckenhaupt & Nusselt ist dieses Projekt der Grundstein für viele Entwicklungen im Unternehmen sowie bei der Förderung von Kooperationen und externen Kontakten. Es geht um erste Erfahrungen mit einem externen Beratungsansatz über einen Zeitraum von 2 ½ Jahren und eine systematische Auseinandersetzung mit dem Thema Umweltmanagement. Inhaltlich werden erste Schritte zu Prozessen und Strukturen gelegt und sogenannte betriebliche Lernprozesse in den Mittelpunkt gestellt. Besondere Beachtung finden dabei Mitarbeiterbeteiligung und Partizipation als wesentliche Voraussetzung beim Aufbau von Managementsystemen. Als Ergebnis ist ein Ordner „Effektives Umweltmanagement" (Brennecke u.a. 1997) entstanden, der einen Leitfaden und ein Arbeitsprogramm zum Aufbau von Umweltmanagementsystemen enthält.

Betrieblicher Umweltschutz als Kommunikationsaufgabe. Ein wesentlicher Erfolgsfaktor liegt in dem Ansatz, Kommunikation in das Zentrum des betrieblichen Umweltschutzes zu stellen. Im Rahmen des Projektes „Entwicklung ökologischer Kommunikationsfähigkeit"[2] sind diese Ideen über einen Zeitraum von 2 ½ Jahren entwickelt und umgesetzt worden. Kommunikationsfähigkeit in diesem Kontext wird unterteilt in Fähigkeiten des Systems und Fähigkeiten der Person (Karczmarzyk/Luig 2002: 289). Systemfähigkeit meint die Organisation der Kommunikation im Unternehmen, personelle Fähigkeiten meinen, die individuelle Kommunikation zu organisieren. Bezogen auf Umweltmanagementsysteme bedeutet dies, zum einen die Kommunikation innerhalb des betrieblichen Umweltschutzes zu organisieren und Strukturen zu schaffen, die gewährleisten, dass das Thema Umweltschutz in den Funktionsbereichen des Unternehmens und auf allen Hierarchieebenen kommuniziert wird, und zum anderen, die beteiligten Akteure individuell so zu schulen und die personellen Fähigkeiten zu entwickeln, dass die relevanten Themen des betrieblichen Umweltschutzes kommuniziert werden können. Die ökologische Orientierung dieses Projektes war eine ausgezeichnete Ausgangssituation,

> „von Anfang an miteinander zu klären, dass es bei der angestrebten Steigerung von Kommunikationsfähigkeit nicht bloß um verbesserte Befindlichkeit gehen sollte, sondern vor allem um selbstkritische Beobachtung, Beschreibung und erforderlichenfalls Veränderung der Unternehmenspolitik" (Pfriem 2002: 125)[3].

Das Projekt hat eine neue Sichtweise in das Unternehmen gebracht, bei der erstmals weiche Faktoren eine hohe Bedeutung haben. Kommunikation im Zentrum von Prozessen und Strukturen, Kommunikation als Mittel zur Erreichung bestimmter Ziele und Systematisierung der internen und externen Kommunikation. Vor allem die Methoden und Instrumente haben eine neue Kommunikationskultur ins Unternehmen gebracht, die Basis für viele positive Entwicklungen und Verbesserungen ist. Die Projektergebnisse sind in einen sogenannten Methodenkoffer zur Entwicklung betrieblicher Kommunikationsfähigkeit (MEBKOM)[4] eingeflossen.

---

1 Projekt „Organisation und Integration KMU-orientierter Systeme für das Umweltmanagement", gefördert durch die Deutsche Bundesstiftung Umwelt, Osnabrück. Vgl. dazu Brennecke u.a. 1997.

2 Gefördert durch die Deutsche Bundesstiftung Umwelt, Osnabrück, in Kooperation mit der ecco Unternehmensberatung GmbH, Oldenburg.

3 „Dass ein Projekt zur ökologischen Kommunikationsfähigkeit im Fall Muckenhaupt quasi nebenbei eine ganze Reihe von Initiativen zur Verbesserung der Gesprächskultur, zur Steigerung der Effektivität von Besprechungen und ähnlichem anstieß, sei hier nur am Rande erwähnt" (Pfriem 2002: S. 125).

4 Die CD-ROM ist bei der ecco Unternehmensberatung GmbH, Oldenburg, erhältlich.

Integration von Managementsystemen. In dem Projekt „Nachhaltiges Wirtschaften in kleinen und mittleren Unternehmen" in Kooperation mit dem ISO-Institut (gefördert durch die Deutsche Bundesstiftung Umwelt – DBU) geht es um die konkrete Umsetzung von Strategien nachhaltigen Wirtschaftens in die unternehmerische Praxis. Der Ansatzpunkt ist hier, sowohl die Leitbildentwicklung als auch die Leitbildimplementierung zu einer zukunftsfähigen Unternehmensorganisation zu untersuchen, um daraus Handlungsempfehlungen für ein betriebliches Umsetzungsprojekt zu entwickeln. Im Unternehmen Muckenhaupt & Nusselt geht es um die Integration der Managementsysteme Arbeitssicherheit, Umweltschutz und Qualität zu einem einheitlichen System.

> „Ziel ist es, unternehmensspezifische Ansätze für nachhaltiges Wirtschaften zu entwickeln, diesbezüglich Handlungsmöglichkeiten und –restriktionen zu identifizieren sowie Instrumente und Prozesse zu überprüfen und anzustoßen, die geeignet sind, betriebswirtschaftliche Kosten-Nutzen-Kalküle und gesellschaftliche sowie ökologische Ansprüche zu integrieren" (Birke u.a. 2001: 9).

Der Gedanke der Nachhaltigkeit soll dabei nicht an der Unternehmensrealität vorbei von außen als Zielvorgabe an das Unternehmen herangetragen werden, sondern nachhaltiges Wirtschafen soll als Ausdruck und Resultat von Innovationen und organisationalem Lernen verstanden werden.

Konkret bedeutet das, ein Managementsystem aufzubauen, das unter dem Leitbild des nachhaltigen Wirtschaftens wettbewerbsfähig und zukunftsorientiert ist (vgl. dazu Lehmann 2000: 8). Managementsysteme müssen so gestaltet sein, dass Unternehmen in der Lage sind, auf unterschiedliche Anforderungen in einem dynamischen Wettbewerbsumfeld zu reagieren. Die Anforderungen an Arbeitsschutzgesetze, Qualitätsnormen und Umweltmanagementregelungen sind dabei der kleinste gemeinsame Nenner. Ein integriertes Managementsystem muss prinzipiell für jede Anforderung des Unternehmens offen sein. Das sind Themen wie Finanzcontrolling und Marketingaktivitäten oder Entwicklungen im Bereich e-commerce bis hin zum Wissensmanagement des Unternehmens. Wichtige Erfolgsfaktoren sind eine Verminderung der Schnittstellenprobleme, eine Identifizierung der wertschöpfenden Kernprozesse des Unternehmens, der Aufbau einer effizienten Projektorganisation, die Verbesserung der Kunden- und Kooperationsbeziehungen sowie die Erhöhung der Mitarbeitereinbindung und -eigenverantwortung.

In der Projektarbeit mit dem ISO-Institut sind die Themen Wettbewerbsfähigkeit und Innovationsmanagement zentrale Anliegen der Prozessorientierung geworden. Das Ziel von Managementsystemen ist es, die unternehmerische Aufgabe in den Vordergrund zu stellen. Interessant, sei an dieser Stelle angemerkt, ist die soziologische Beratungsperspektive des ISO-Instituts, die viele neue Impulse in die eher technisch orientierte Unternehmensorganisation gebracht hat (vgl. auch Brentel und Ebinger/Schwarz in diesem Band). Die Ergebnisse des Projekts sind auf der Internetplattform www.zebis.info[5] dokumentiert.

Alle Projekte haben einen großen Teil zur Unternehmensentwicklung bei Muckenhaupt & Nusselt beigetragen. Ausgangspunkt ist immer ein ökologischer Bezugsrahmen bzw. das Umweltmanagement gewesen. Zugleich ging es jedoch auch immer um eine Auseinandersetzung mit den allgemeinen Strukturen und Prozessen der Unternehmensorganisation und -führung. Mit der Entwicklung von der ökologischen zur betrieblichen Kommunikationsfähigkeit und der Entwicklung vom integrierten Umweltmanagement zum Innovationsmanagement seien hier nur zwei Beispiele genannt.

Eine Fortführung der inhaltlichen Auseinandersetzung mit diesen Themen über die Laufzeit der Projektarbeiten hinaus gestaltet sich jedoch in allen Fällen als schwierig. Die Umsetzung von vielen entwickelten Maßnahmen ist in nicht wenig Fällen ins Stocken ge-

---

5 www.zebis.info – „Zukunftsfähige Entwicklung. Beratungs- und Informationssystem".

raten, womit die Frage, inwieweit Organisationen bei solchen Veränderungsprozessen Beratung von außen benötigen, aktueller denn je ist. Die jeweilige Kultur und Struktur des Unternehmens ermöglicht Vieles, kann aber auch Manches behindern.

5. Nachhaltigkeit als Leitbild für eine zukunftsfähige Unternehmensentwicklung

Das Problem des betrieblichen Umweltschutzes besteht in der Tatsache, dass auf Dauer nur Systeme erfolgreich bestehen können, die die reinen Umweltschutzpotenziale (ökonomisch und ökologisch) überwinden und sich in Richtung auf die übergreifende Unternehmensorganisation entwickeln.

> „Erst in der strikten Anwendung der Erfolgsfaktoren liegt die Zukunftsfähigkeit des Umweltmanagements. Das bedeutet: Unternehmensentwicklung statt Organisation des betrieblichen Umweltschutzes als Kernaufgabe des Umweltmanagements“ (Lehmann 2000: 8).

Die Konfrontation mit allgemeinen Debatten und Problemen der Unternehmensführung und -entwicklung verweist auf ein Zentralproblem des Umweltmanagements: Die Stellung in den Unternehmen ist meistens zu schwach, um sich mit strategischen Fragen auseinander zu setzen. Andererseits besteht genau in diesem Bereich eine große Chance, zukunftsfähige Strukturen zu schaffen.

Unternehmensentwicklung in Anlehnung an Picot wird aufgefasst als Wandel von Wettbewerbsbedingungen und Unternehmensstrukturen (Picot/Reichwald/Wigand 2001). Faktoren, die die Unternehmensentwicklung beeinflussen, liegen in der Veränderung der Wettbewerbssituation, der Innovationspotenziale durch neue Informations- und Kommunikationstechnik aber auch in einem zunehmenden Wertewandel der Gesellschaft. Strukturen und Prozesse spielen eine Rolle, Organisation wird als unternehmensübergreifender Zusammenhang begriffen und auch organisatorische und personelle Strukturen werden miteinander verknüpft (Picot 2002).

Nachhaltigkeit als notwendiges Leitbild für eine zukunftsfähige Entwicklung der Gesellschaft mit dem Einklang von ökonomischen, ökologischen und sozialen Aspekten ist mittlerweile von allen Seiten akzeptiert, zumindest theoretisch.

> „Das Leben ist voller Geheimnisse. Eines der größten liegt in dem viersilbigen Wort ‚Nachhaltigkeit‘ verborgen. (...) Nur ganze zehn Prozent der Bürger kennen den Sinn des Wortes – irgendwie. Doch fast neun von zehn Angesprochenen finden das, was sie nicht zu erklären vermögen, trotzdem gut“ (Lotter 2002: 49).

Für Unternehmen muss es darum gehen, konkrete Zielvorgaben zu entwickeln, die einer nachhaltigen Wirtschaftsweise gerecht werden. Im Sinne einer nachhaltigen Unternehmensentwicklung müssen Unternehmen die eigenen Stärken und Schwächen operationalisieren und daraus wettbewerbsfähige Handlungs- und Entwicklungsoptionen generieren. Anforderungen, die von außen an das Unternehmen herangetragen werden, müssen in diese Entwicklung integriert werden. Das Leitbild der Nachhaltigkeit soll dabei nicht nur Vorgabe für eine strategische Unternehmensentwicklung sein, sondern auch Ergebnis dieses Entwicklungsprozesses, als Grundlage für ein gelebtes Innovationsmanagement. Dieses Innovationsmanagement setzt an den bestehenden Stärken und Schwächen an und orientiert sich daran, Innovationsfähigkeit langfristig zu erhöhen. Schwarz, Birke und Lauen unterstützen in ihren Ausführungen zum Projekt „Nachhaltiges Wirtschaften in KMU“ diese Perspektive:

> „In der pragmatischen Evolutionsperspektive der Unternehmen geht es im Hinblick auf ihre Zukunftsfähigkeit primär um ein Innovationsmanagement, das an den vorhandenen Stärken und Schwächen des Unternehmens ansetzt und Nachhaltigkeit als Gestaltungsprinzip für den oft reklamierten und selten praktizierten Organisationswandel erschließt. (...) Es ist letztlich eine Frage der Innovationsfähigkeit, ob und inwieweit es gelingt, den Ausgleich zwischen ökonomischem Erfolg, ökologischen Leistungen und sozialer Verantwortung eigenverantwortlich zu organisieren und zu realisieren" (Schwarz/Birke/Lauen 2002: 25).

Was diese Innovationsfähigkeit konkret für Unternehmen bedeutet und wie sie mit der Perspektive eines zukunftsfähigen Unternehmensorganisation umgesetzt werden kann, beschreibt Birke (2003) in einem praktischen Modell. Es geht um Strukturen im Sinne von Regeln und Ressourcen für ein nachhaltiges Management, die folgende Aspekte enthalten: Innovation von Produkten, Prozessen und Dienstleistungen, Reflexivität des Unternehmensumfelds und der betrieblichen Entscheidungen, Konfliktregulation durch Instrumente und Methoden der Personalentwicklung wie Moderation oder Evaluation, Partizipation und Selbstorganisation der Unternehmens-, Arbeits- und Netzwerkstrukturen sowie Wissensmanagement als Ergebnis von Generierung, Verteilung und Nutzung von Wissen.

6. Ökologie, Organisation und Mikropolitik

Umweltmanagement wird auch aus theoretischer Sicht mehr und mehr zur Managementaufgabe, wenn es darum geht, Strukturen und Prozesse zur Erhöhung der Wettbewerbsfähigkeit im Sinne eines Innovationsmanagements in den Mittelpunkt zu stellen. Es haben sich einige Konzepte entwickelt, die sich alle mit dem Schwerpunkt der Organisation befassen und im Rahmen der ökologischen Modernisierung von Unternehmen eine immer größere Rolle spielen: Managementansätze und Aspekte der Organisationsforschung (siehe Birke u.a. 1997 und Brentel in diesem Band).

Der Weg vom Umweltmanagement zur wettbewerbsfähigen Unternehmensentwicklung geht über Leitbildentwicklung und –implementierung, über organisationale Lernprozesse und über eine Reorganisation von Prozessen und Strukturen. Für Unternehmen geht es um die ökologische Herausforderung und eine Unternehmenspolitik in sozialökologischer Perspektive (Pfriem 1995). Es geht darum, wie sich diese ökologische Herausforderung in das strategische Handeln und die interne Organisation und Innovationsfähigkeit integrieren lässt. Entlang dieser Entwicklung spielen eher betriebswirtschaftliche und handlungsorientierte Konzepte der strategischen Planung und des strategischen Managements eine Rolle sowie die eher soziologisch und verhaltenswissenschaftlich orientierten Konzepte der lernenden Organisation und Organisationsentwicklung.

Theoretisch konzeptionell geht es um den Bereich der Organisationstheorie, der eine hohe Theorie- und Perspektivenvielfalt aufweist, der genügend interdisziplinär und komplex ist und der eine Anschlussfähigkeit an allgemeine soziologische und ökonomische Theoriedebatten hat (Türk 2000: 5).

Organisationstheoretisch betrachtet bedeutet das, dass die Analyse von Strukturen und Prozessen, die durch die Implementierung von Umweltmanagementsystemen verändert werden, in den Mittelpunkt der Betrachtung rücken. Umgekehrt muss auch die Wirkung von bestehenden Strukturen und Machtverhältnissen auf Managementsysteme und die Implementationsprozesse betrachtet werden. Wichtigste Erkenntnis dabei ist, dass betriebliche Entscheidungen vielmehr von mikropolitischen als von vermeintlich ökonomischen Kalkülen bestimmt sind als angenommen.

Ein organisationstheoretischer Ansatz, der immer wieder mit der ökologischen Modernisierung in Zusammenhang gebracht wird, ist der Mikropolitik-Ansatz (Ortmann 1990). Mikropolitik als organisationstheoretisches Konstrukt (Felsch/Küpper 2000) meint hier eine sozialwissenschaftliche Theoriedebatte, die die Handlungspraxis von Organisationen und Organisationsziele in den Mittelpunkt stellt und Gestaltungsmöglichkeiten von Organisationsstrukturen sowie eine Dynamik des organisatorischen Wandels mit einbezieht[6].

Es geht hier immer um einen Erklärungsansatz für das Zusammenspiel von Unternehmen und Umwelt und um Organisationsanalysen, die über Wirtschaftlichkeitserwägungen hinausgehen und die mikropolitisch relevanten strategischen Funktionen erkennen.

Mikropolitik im Bereich des Umweltmanagements ist Anfang der neunziger Jahr von einigen Autoren miteinander in Verbindung gebracht worden (Burschel 1996; Birke/Schwarz 1994; Freimann/Hildebrandt 1995; Krüssel 1996). Dabei ging es in erster Linie um Implementierung von Umweltschutzmaßnahmen, ökologische Modernisierung, integriertes Umweltmanagement und Umweltschutz im Betriebsalltag. Mikropolitik im Umweltmanagement hat hier eine ganz klare praxisorientierte Ausprägung. Organisationsentwicklung und lernende Organisation sind oftmals als Endpunkt der Entwicklung angesehen worden (Lehmann 2001: 240ff.).

7. Konsequenzen für die betriebliche Praxis – ein vorläufiges Fazit

Eine Zukunft des Umweltmanagements liegt in der organisatorischen Verbindung von ökologischen und ökonomischen Strukturen. Umweltmanagement hat dabei die Funktion, Ausgangspunkt für ein umfassendes Reorganisationsprojekt zu sein, mit dem Hauptziel, zukunftsfähige Strukturen zu schaffen. Nachhaltigkeit ist sozusagen Bedingung und Ergebnis der Unternehmensentwicklung. Bei der nachhaltigen Unternehmensentwicklung muss es im Schwerpunkt um die Implementierung von Leitbildern und Strategien gehen.

Umweltmanagement als Innovationsmanagement (vgl. dazu Schwarz/Birke/Lauen 2002) setzt an den vorhandenen Stärken und Schwächen des Unternehmens an und schafft es, eine über die Organisation des betrieblichen Umweltschutzes hinaus gehende Reorganisationsperspektive zu erschließen, die sich an einer nachhaltigen Wirtschaftsweise als Gestaltungsprinzip orientiert. Es geht um eine Erhöhung der Wettbewerbsfähigkeit und damit verbunden um flexible Unternehmensstrukturen als institutionelle Voraussetzung für ein nachhaltiges Innovationsmanagement. Hierbei spielen die strategische Perspektive und die Frage der Strategieentwicklung eine entscheidende Rolle.

In diesem Zusammenhang ist die Prozessorientierung eine Organisationsform, die geeignet ist, Strukturen und Abläufe im Unternehmen in den Mittelpunkt zu stellen und Wettbewerbsfähigkeit entlang der Wertschöpfungskette zu betrachten. Damit ist ein tiefgreifender Wandel in der bisherigen Unternehmensorganisation verbunden, mit der Abkehr von der klassischen Abteilungsverantwortung und der Zuwendung zur Prozessverantwortung mit einem interdisziplinären Aufgabenfeld und Kundenorientierung in jedem Teilprozess. Externe Anforderungen, wie zum Beispiel Umwelt- oder Arbeitsschutz, können an jeden Prozess andocken. Es können aber auch Aspekte wie Marketing oder Finanzen abgedeckt werden. Gerade im Bereich von KMU sollte es genügend Flexibilität und Innovationsfähigkeit geben, dieses umzusetzen.

---

6 Die Basis dieses Theoriekonzeptes liegt in der rationalitätskritischen Organisationssoziologie von March/Simon (1958), in der strategischen Organisationsanalyse von Crozier/Friedberg (1979) und der Theorie der Strukturierung von Giddens (1988).

Mit dem Bezug auf das Themenfeld Organisation und Ökologie sollen mit theoretisch fundierten und analytischen Konzepten Antworten auf die Frage, wie nachhaltiges Wirtschaften in den Unternehmen praktisch machbar ist, gegeben werden. Die Perspektive richtet sich sowohl auf die unternehmensinterne Handlungsebene als auch auf die Interaktionsbeziehungen mit dem institutionellen Umfeld des Unternehmens. Wettbewerbsfähigkeit ist zentrales Thema für ein Leitbild nachhaltigen Wirtschaftens, der Fokus liegt dabei auf Kommunikation, Strukturen und Prozessen, Kooperationen und Netzwerken.

Literatur

Birke, Martin: Nachhaltiges Wirtschaften und organisationsanalytische Bringschulden. In: Brentel, Helmut u.a. (Hrsg.): Lernendes Unternehmen. Wiesbaden 2003, S. 27-42

Birke, Martin/Schwarz, Michael: Umweltschutz im Betriebsalltag: Praxis und Perspektiven ökologischer Arbeitspolitik. Opladen 1994

Birke, Martin/Burschel, Carlo/Schwarz, Michael (Hrsg.): Handbuch Umweltschutz und Organisation. Ökologisierung, Organisationswandel, Mikropolitik (Lehr- und Handbücher zur Ökologischen Unternehmensführung und Umweltökonomie). München/Wien 1997

Birke, Martin/Ebinger, Frank/Kämper, Eckard/Schwarz, Michael: Nachhaltiges Wirtschaften in KMU als organisationaler Such- und Lernprozess. In: UmweltWirtschaftsForum 9 (2001) 1, S. 9–13

Brennecke, Volker M./Krug, Sebastian/Winkler, Claudia M.: Effektives Umweltmanagement: Arbeitsprogramm für den betrieblichen Entwicklungsprozess. Berlin u.a. 1997

Burschel, Carlo: Umweltschutz als sozialer Prozess: Die Organisation des Umweltschutzes und die Implementierung von Umwelttechnik im Betrieb. Opladen 1996

Crozier, Michel/Friedberg, Erhard: Macht und Organisation. Die Zwänge kollektiven Handelns. Königstein/Ts. 1979

Felsch, Anke/Küpper, Willi: Organisation, Macht und Ökonomie – Mikropolitik und die Konstitution organisationaler Handlungssysteme. Wiesbaden 2000

Freimann, Jürgen/Hildebrandt, Eckart (Hrsg.): Praxis der betrieblichen Umweltpolitik. Forschungsergebnisse und Perspektiven. Wiesbaden 1995

Giddens, Anthony: Die Konstitution der Gesellschaft. Grundzüge einer Theorie der Strukturierung. Frankfurt/New York 1988

Karczmarzyk, André/Luig, Alexandra: Zur Bedeutung weicher Faktoren für und in Beratungsleistungen. In: Mohe, Michael/Heinecke, Hans Jürgen/Pfriem, Reinhard (Hrsg.): Consulting – Problemlösung als Geschäftsmodell. Stuttgart 2002, S. 281-292

Krüssel, Peter: Ökologieorientierte Entscheidungsfindung in Unternehmen als politischer Prozess: Interessensgegensätze und ihre Bedeutung für den Ablauf von Enscheidungsprozessen. München/Mering 1996

Lehmann, Christian: Kommunikation mit und im System. In: Unternehmen und Umwelt (2000) 3, S. 8

Lehmann, Christian: Mikropolitik und Umweltschutz. In: Schulz, Werner (Hrsg.): Lexikon Nachhaltiges Wirtschaften. München/Wien 2001

Lotter, Wolf: Trägheit. Ökonomie und Ökologie sind keine Gegensätze. In: brand eins (2002) 9, S. 48ff.

March, James G./Simon, Herbert A.: Organizations. New York 1958

Ortmann, Günther u.a.: Computer und Macht in Organisationen: Mikropolitische Analysen. Opladen 1990

Pfriem, Reinhard: Unternehmenspolitik in sozialökologischen Perspektiven. Marburg 1995

Pfriem, Reinhard: Die Frontscheibe, der Außenspiegel und was dann immer noch fehlt... Zur möglichen Rolle von externer Beratung bei der Konfrontation der Unternehmen mit der Gesellschaft. In: Mohe, Michael/Heinecke, Hans Jürgen/Pfriem, Reinhard (Hrsg.): Consulting – Problemlösung als Geschäftsmodell. Stuttgart 2002, S. 115-127

Picot, Arnold: Die Organisation. Ein dynamischer Prozess, weil Technologien und Märkte sich verändern. In: Frankfurter Allgemeine Zeitung 2002, Nr. 41, S. 29

Picot, Arnold/Reichwald, Ralf/Wigand, Rolf T.: Die grenzenlose Unternehmung. Information, Organisation und Management. Wiesbaden, 4. Auflage 2001

Schwarz, Michael/Birke, Martin/Lauen, Guido: Organisation, Strategie, Partizipation. In: UmweltWirtschaftsForum 10 (2002) 3, S. 24-28

Türk, Klaus: Hauptwerke der Organisationstheorie. Wiesbaden 2000

Die „Werkzeuge" des Nachhaltigkeitsmanagements. Konzepte und Instrumente zur Umsetzung unternehmerischer Nachhaltigkeit

Stefan Schaltegger, Oliver Kleiber und Jan Müller

Dieser Beitrag liefert eine Übersicht über den „Werkzeugkasten des unternehmerischen Nachhaltigkeitsmanagements", also über die wichtigsten Konzepte und Instrumente zur Umsetzung nachhaltigen Wirtschaftens auf Unternehmensebene. Er basiert auf einer Übersichtsstudie, die das Centre for Sustainability Management (CSM) für das Bundesministerium für Umwelt, Naturschutz und Reaktorsicherheit (BMU) und den Bundesverband der deutschen Industrie e.V. (BDI) erstellt hat (BMU/BDI 2002). Nach einer kurzen Darlegung der zentralen unternehmerischen Herausforderungen einer nachhaltigen Entwicklung werden die Methoden nach ihrer Funktion und Häufigkeit der Anwendung klassifiziert sowie hinsichtlich ihrer Eignung zur Begegnung der unternehmerischen Nachhaltigkeitsherausforderungen beurteilt.

1. Zentrale unternehmerische Herausforderungen nachhaltigen Wirtschaftens

1.1 Von der Vision zur Umsetzung unternehmerischer Nachhaltigkeit

Zur Vision einer nachhaltigen Entwicklung bestehen viele unterschiedliche Vorstellungen. Dennoch herrscht sowohl in der Theorie als auch in der Praxis weitgehend Einigkeit (vgl. z.B. BMU/BDI 2002; Dyllick/Hockerts 2002; Schaltegger/Dyllick 2002; Schaltegger/Petersen 2002a), dass

- eine nachhaltige Entwicklung erstrebenswert und notwendig ist,
- eine nachhaltige Entwicklung die wirksame Zielerreichung in jeder der drei Dimensionen Ökologie, Soziales und Ökonomie erfordert und
- erst von einer nachhaltigen Entwicklung gesprochen werden kann, wenn die Integration ökologischer, sozialer und ökonomischer Ziele gelingt.

Eine nachhaltige Entwicklung erfordert auch eine nachhaltige Entwicklung von Unternehmen, die somit herausgefordert sind, ökologische, ökonomische und soziale Ziele integrativ zu verfolgen. Viele Wissenschaftler und Unternehmer teilen heute die Ansicht, dass durch eine effizientere und effektivere Beantwortung von Nachhaltigkeitsfragen kosten-, markt- und gesellschaftsseitig Wettbewerbsvorteile erzielt werden können. Die Vision einer nachhaltigen Unternehmensentwicklung mausert sich immer mehr zu einer konkreten, greifbaren Managementaufgabe.

Im vergangenen Jahrzehnt stand neben dem ökonomischen Erfolg die Reduktion der relativen Umwelteinwirkungen im Vordergrund des unternehmerischen Engagements (vgl. z.B. Michaelis 1999). Umweltmanagement ist in vielen Unternehmen zu einer selbstverständlichen Managementaufgabe geworden. Demgegenüber haben viele soziale Aspekte sowie die Integration aller drei Dimensionen einer nachhaltigen Entwicklung in der Unternehmenspraxis bisher noch keine vorrangige Beachtung erfahren (vgl. Schulz u.a. 2002; Wagner/Schaltegger 2002). Das sich gegenwärtig vielerorts im Aufbau befindende unternehmerische Nachhaltigkeitsmanagement steht demnach vor der neuen Herausforderung, sowohl ökologische und soziale Fragen zu managen als auch die neuen Ansätze des Nachhaltigkeitsmanagements in das konventionelle ökonomische Management zu integrieren. Für Unternehmen lassen sich aus der nachhaltigen Entwicklung vier *Nachhaltigkeitsherausforderungen* ableiten (vgl. Abbildung 1):

- *Ökologische Herausforderung*: Steigerung der Öko-Effektivität
- *Soziale Herausforderung*: Steigerung der Sozial-Effektivität
- *Ökonomische Herausforderung an das Umwelt- und Sozialmanagement*: Verbesserung der Öko-Effizienz und/oder der Sozial-Effizienz
- *Integrationsherausforderung*: Zusammenführung der drei vorgenannten Herausforderungen und zugleich Integration des Umwelt- und Sozialmanagements ins konventionelle ökonomisch ausgerichtete Management

Die ökonomische Effektivität, das heißt das Erreichen eines möglichst guten ökonomischen Ergebnisses, hat zwar auch im Rahmen einer nachhaltigen Entwicklung eine Bedeutung. Sie ist aber Gegenstand der traditionellen Betriebswirtschaftslehre und soll daher hier nicht weiter vertieft werden.

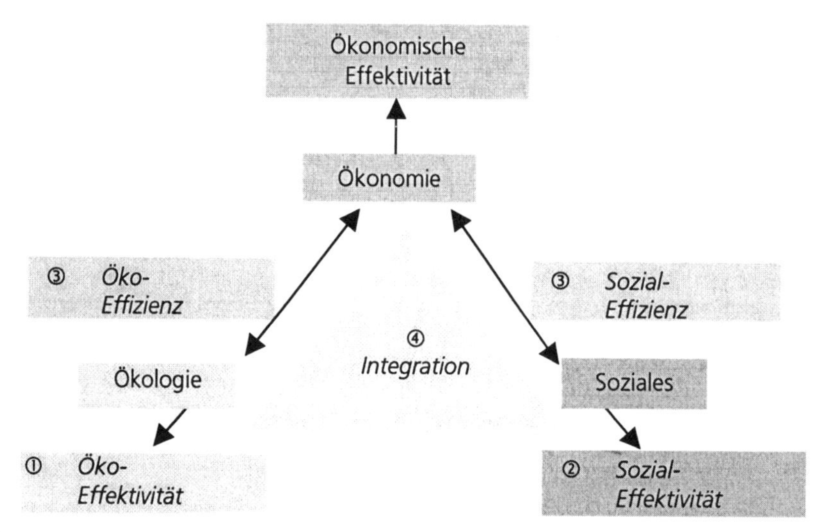

Abbildung 1: Die vier Nachhaltigkeitsherausforderungen an Unternehmen (1: ökologische Herausforderung, 2: soziale Herausforderung, 3: ökonomische Herausforderung an das Umwelt- und Sozialmanagement, 4: Integrationsherausforderung)

Eine nachhaltige Unternehmensentwicklung und erfolgreiche Begegnung der vier genannten Herausforderungen eröffnen Unternehmen Chancen, zum Beispiel durch neue Märkte, gesteigerte Mitarbeitermotivation, erweiterte Marketingmöglichkeiten, Imagegewinn und Kostensenkung in der Produktion, und dienen als Elemente einer umfassenden Risikovorsorge. Im Folgenden werden die einzelnen unternehmerischen Nachhaltigkeitsherausforderungen beschrieben.

1.2 Die ökologische Nachhaltigkeitsherausforderung: Öko-Effektivität

Alle menschlichen Handlungen und somit auch alle wirtschaftlichen Aktivitäten beeinflussen das Ökosystem: keine Wertschöpfung ohne Schadschöpfung (Summe der nach ihrer ökologischen Relevanz gewichteten Umwelteinwirkungen, vgl. Schaltegger/Sturm 1994). Zu den zentralen, daraus resultierenden Umweltproblemen zählen der Treibhauseffekt, die Zerstörung der Ozonschicht, die Übersäuerung und Überdüngung von Böden und Gewässern, der Rückgang der Biodiversität, der photochemische Smog, öko- und humantoxikologische Belastungen usw. (vgl. Heijungs u.a. 1992). Die in vielen Bereichen insgesamt zu hohe Umweltbelastung, zum Beispiel durch CO_2-Emissionen (Klimaproblematik) oder Flächenversiegelung (Verlust an Lebensraum), fordert Unternehmen deshalb heraus, das absolute Ausmaß der Umwelteinwirkungen ihrer Produktionsprozesse, Produkte, Dienstleistungen, Investitionen usw. erheblich zu reduzieren.

Das Erfolgskriterium zur Beurteilung, wie gut eine Unternehmung der ökologischen Herausforderung begegnet, ist die ökologische Effektivität (Öko-Effektivität oder Umweltwirksamkeit, vgl. Stahlmann 1996; Stahlmann/Clausen 2000). Dabei beschreibt Effektivität den Zielerreichungs- oder Wirkungsgrad eines Vorhabens. Die Öko-Effektivität misst den Grad der absoluten Umweltverträglichkeit, das heißt, wie gut das angestrebte Ziel der Minimierung von Umwelteinwirkungen erreicht wurde (vgl. Schaltegger/Sturm 1990: 278). Während die Öko-Effektivität in einigen Fällen gut messbar ist (z.B. das mit einer Emissionsbilanz oder einer Stoffstromanalyse ermittelte Ausmaß der Reduktion der CO_2-Emissionen aus einem definierten Produktionsprozess), ist ihre Messung in anderen Fällen sehr schwierig oder auch umstritten. So kann die Öko-Effektivität einer Umweltschutzmaßnahme von verschiedenen Stakeholdern (Anspruchsgruppen) stark unterschiedlich eingeschätzt werden. Ein Sondermüllofen kann zum Beispiel einerseits als eine sehr (öko-)effektive Umweltschutzmaßnahme erachtet werden, da toxische Substanzen zu inerter Schlacke transformiert werden. Andererseits kann er auch als ökologisch ineffektiv eingeschätzt werden, da durch den Betrieb des Ofens sondermüllproduzierende Produktionsverfahren weiterhin angewendet werden können und das Entstehen von Sondermüll nicht an der Quelle verhindert wird. Die Spezifizierung und Beurteilung von Öko-Effektivität sollte sich daher an den gesellschaftlich akzeptierten naturwissenschaftlichen Erkenntnissen orientieren. Somit können Unternehmen und ihre Leistungen nur dann wirklich öko-effektiv sein, wenn ihre Umweltverträglichkeit dem gesellschaftlichen Verständnis entspricht.

Ein Konzept oder Instrument hilft einem Unternehmen, die betriebliche Öko-Effektivität zu verbessern, wenn durch seinen Einsatz die verursachte Umweltbelastung reduziert wird.

1.3 Die soziale Nachhaltigkeitsherausforderung: Sozial-Effektivität

Unternehmen sind in die Gesellschaft eingebettete soziale Organisationen. Sie werden von vielen Stakeholdern getragen und beeinflusst (vgl. Figge/Schaltegger 2001; Schaltegger 1999). Das Management von Unternehmen steht schon seit jeher vor der sozialen Aufgabe der Führung von Menschen sowie der Planung und Durchführung von Aktivitäten. Damit wird jedoch nicht jedes Unternehmen automatisch als sozialverträglich oder -gerecht erachtet. Die soziale Herausforderung für das Management besteht darin, sowohl die Existenz und den Erfolg des Unternehmens zu gewährleisten als auch die Vielfalt an gesellschaftlichen, kulturellen und individuellen sozialen Ansprüchen zu berücksichtigen. Damit kann die gesellschaftliche Akzeptanz des Unternehmens und die Legitimation der unternehmerischen Aktivitäten gesichert werden. Dabei ist jedoch zu bedenken, dass verschiedene soziale, ökologische und ökonomische Anliegen Konflikte bergen können. Außerdem ist es weder sinnvoll noch möglich, alle gesellschaftlichen Ansprüche zu erfüllen. Deshalb ist das Management auch bezüglich sozialer Anliegen herausgefordert, im Dialog mit den wichtigsten Stakeholdern Prioritäten festzulegen (Community Advisory Panel, Netzwerke, Nutzen-Risiko-Dialog) und die sozialen Wirkungen des Unternehmens zu optimieren. Zu den wichtigsten gesellschaftlichen, kulturellen und sozialen Ansprüchen, die von Rating-Agenturen und Fondsgesellschaften heute abgefragt werden (vgl. Hoffmann/Balz 1997), zählen Gleichberechtigung (bzgl. Frauenförderung, ausländischer Mitarbeiter, Behinderter usw.), Kinderarbeit, Arbeitsplatzsicherheit, Sozialstandards für Lieferanten, kulturelles Engagement usw. Als sozial effektiv kann ein Unternehmen bezeichnet werden, welches das absolute Niveau negativer sozialer Wirkungen deutlich reduziert hat und auf tiefem Niveau halten kann sowie bedeutende positive soziale Wirkungen auslöst. Der Begriff der Sozial-Effektivität, als der Grad der wirksamen Erfüllung sozialer Anliegen, wurde bis heute nur sehr unscharf definiert. Eine gute Operationalisierung ist bis heute nicht erfolgt.

Konzepte und Instrumente, die zur Reduktion sozial unerwünschter und Förderung sozial erwünschter Wirkungen beitragen, verbessern die Sozial-Effektivität eines Unternehmens.

1.4 Die ökonomische Nachhaltigkeitsherausforderung an das Umwelt- und Sozialmanagement: Öko-Effizienz und Sozial-Effizienz

Die traditionelle ökonomische Herausforderung des Managements besteht darin, den Unternehmenswert zu steigern und die Rentabilität der Produkte und Dienstleistungen zu erhöhen. Bei der ökonomischen Nachhaltigkeitsherausforderung geht es demgegenüber darum, das Umweltmanagement und das Sozialmanagement möglichst ökonomisch zu gestalten. Da gewinnorientierte, in einem Wettbewerbsumfeld agierende Unternehmen primär für ökonomische Zwecke gegründet und betrieben werden, steht der Umweltschutz und das Sozialengagement von Unternehmen immer vor der Herausforderung, den Unternehmenswert (shareholder value) zu steigern, einen Beitrag zur Rentabilität zu leisten oder zumindest möglichst kostengünstig zu erfolgen (vgl. Figge 2001; Schaltegger/Figge 1997).

Die traditionelle ökonomische Kernaufgabe besteht darin, Knappheiten zu bewältigen, eine Abwägung von Zielen vorzunehmen und das Verhältnis von erwünschten zu unerwünschten Wirkungen zu verbessern. Dieses Verhältnis kann generell als Effizienz definiert werden. Im Kontext des Ziels einer nachhaltigen Entwicklung muss das herkömmliche ökonomische Verständnis von Effizienz um ökologische und soziale Aspekte ergänzt werden. Neben der ökonomischen Effizienz (z.B. erwirtschaftete Euro pro investierte Euro) sind im Rahmen der nachhaltigen Entwicklung insbesondere zwei Arten von Effizienzen von Bedeutung:

- Öko-Effizienz (ökonomisch-ökologische Effizienz)
- Sozial-Effizienz (ökonomisch-soziale Effizienz)

Öko-Effizienz ist definiert als Verhältnis zwischen einer ökonomischen, monetären und einer physikalischen (ökologischen) Größe oder – einfacher zu merken – als das Verhältnis von Wertschöpfung zu ökologischer Schadschöpfung (vgl. Schaltegger/Sturm 1990: 280 ff.). Die Schadschöpfung entspricht der Summe aller direkt und indirekt verursachten Umweltbelastungen, die von einem Produkt oder einer Aktivität ausgehen. Öko-Effizienz stellt eine sprachliche Verkürzung von „ökonomisch-ökologische Effizienz" dar. Die ökonomische Größe fließt als Wertschöpfung, Deckungsbeitrag usw., die ökologische Größe als Schadschöpfung oder ökologischer Indikator in das Verhältnis ein. Beispiele für Maße der Öko-Effizienz sind (vgl. Schaltegger/Burritt 2000: 51):

$$\frac{\text{Wertschöpfung (Euro)}}{\text{emmittiertes CO}^2}$$

$$\frac{\text{Wertschöpfung (Euro)}}{\text{fester Abfall (t)}}$$

$$\frac{\text{Wertschöpfung (Euro)}}{\text{verbrauchte Energie (kwH)}}$$

Analog zur Öko-Effizienz kann Sozial-Effizienz als das Verhältnis zwischen der Wertschöpfung und dem sozialen Schaden bezeichnet werden, wobei der soziale Schaden der Summe aller negativen sozialen Auswirkungen, die von einem Produkt, Prozess oder einer Aktivität ausgehen, entspricht. Beispiele für die Sozial-Effizienz sind:

$$\frac{\text{Wertschöpfung (Euro)}}{\text{Anzahl der Personalunfälle}}$$

$$\frac{\text{Wertschöpfung (Euro)}}{\text{Krankheitstage}}$$

Konzepte und Instrumente, die das Verhältnis zwischen Wertschöpfung und ökologischer oder sozialer Schadschöpfung verbessern, tragen zu einer Steigerung der Öko- bzw. Sozial-Effizienz eines Unternehmens bei.

1.5 Die Integrationsherausforderung einer nachhaltigen Unternehmensentwicklung

Den drei vorher diskutierten Herausforderungen des nachhaltigen Wirtschaftens kann mit konsequentem Bestreben nach öko- und sozial-effektivem sowie öko- und sozial-effizientem Handeln begegnet werden. Die umfangreichste, eigentliche Herausforderung des unternehmerischen Nachhaltigkeitsmanagements stellt aber die Integration aller drei Dimensionen einer nachhaltigen Entwicklung dar. Sie leitet sich aus zwei Ansprüchen ab:

- Inhaltliche Integration durch eine integrative Erfüllung der drei zuvor dargelegten Ansprüche (Ökologie, Soziales und Ökonomie)
- Methodische Integration durch Einbettung des Umwelt- und des Sozialmanagements ins konventionelle ökonomische Management

Ziel des ersten Anspruchs ist die simultane Berücksichtigung und Steigerung von Öko-Effektivität, Sozial-Effektivität, Öko-Effizienz und Sozial-Effizienz. Das heißt, die vier Aspekte sollen inhaltlich integriert beachtet werden. Der zweite Anspruch zielt auf eine methodische und instrumentelle Integration von „Effektivitäts-" (Umwelt- und Sozialmanagement) und „Effizienzmanagement" (ökonomisches Umwelt- und Sozialmanagement) in das konventionelle, ökonomische Management. Dabei soll also ein umfassendes Nachhaltigkeitsmanagement durch Zusammenführung ökologischer, sozialer, ökonomischer sowie ökologisch-ökonomischer und sozial-ökonomischer Perspektiven entstehen (vgl. BMU/ BDI 2002).

Ausgangslage zur erfolgreichen Begegnung der Integrationsherausforderung sind Konzepte und Instrumente, die sowohl zur Verbesserung der Öko- und Sozial-Effektivität als auch zur Steigerung der Öko- und Sozial-Effizienz beitragen. Zusätzlich sind jedoch Konzepte und Instrumente zur Gesamtintegration, das heißt zur koordinierten Einbindung dieser Ansätze in ein umfassendes Nachhaltigkeitsmanagement auf Basis des traditionellen, ökonomisch ausgerichteten Managements, erforderlich.

2. Konzepte und Instrumente zur erfolgreichen Begegnung der Nachhaltigkeitsherausforderungen

Zur Erleichterung des Überblickes werden im Folgenden die Begriffe Konzept und Instrument unterschieden. Ein *Instrument* ist ein Hilfsmittel oder Werkzeug, das der Erreichung eines bestimmten Ziels oder Zielbündels dient. Es erfüllt im Normalfall eine spezifische Funktion oder Aufgabe (z.B. die Bereitstellung von Informationen; vgl. z.B. Ökobilanz) und ist deshalb nur in einem sehr begrenzten Spektrum von Aufgabenbereichen anwendbar. Im Unterschied dazu bedient sich ein *Konzept* (z.B. Controlling) eines Sets systematisch aufeinander abgestimmter Instrumente (z.B. Ökobilanz, Kostenrechnung, Öko-Effizienz-Analyse usw.) zur Erreichung eines bestimmten Ziels oder Zielbündels, wie zum Beispiel eine kontinuierliche Steigerung der Öko-Effizienz. Das heißt, es integriert und koordiniert den Einsatz unterschiedlicher Instrumente. Ein Konzept kann vom Management für mehrere Managementprozessschritte (z.B. Informationssuche, Entscheidungsfindung, Kommunikation, Umsetzung) eingesetzt werden. Das bedeutet, es kann mit seinen Instrumenten gleichzeitig verschiedene Aufgaben erfüllen und somit verschiedene Unternehmensbereiche abdecken.

Bei der vorliegenden methodischen Betrachtung von Konzepten und Instrumenten zur Begegnung der Nachhaltigkeitsherausforderungen sind Ansätze der staatlichen Umweltpolitik (Lenkungsabgaben usw.), konventionelle Managementinstrumente ohne spezifischen Nachhaltigkeitsbezug, systematische Herangehensweisen zur Erfüllung von Handlungsprogrammen (z.B. strategisches Umweltmanagement), Ansätze der Mitarbeiterführung, Instrumente und Konzepte zur Förderung ökologischer Lernprozesse, technische Instrumente der Arbeitssicherheit und Messung (Messgeräte usw.) sowie Informatiklösungen ausgeklammert. Ebenfalls nicht diskutiert werden Projekte und Programme, die, von politischer Seite, Verbänden oder einzelnen Unternehmen initiiert, der Umsetzung und Verbreitung von Instrumenten des Nachhaltigkeitsmanagements dienen (z.B. Öko-Profit). Philosophische und paradigmatische Ansätze ohne grundsätzlich instrumentellen Charakter (z.B. Industrial Ecology) sind ebenfalls nicht Gegenstand dieser Übersicht. Für Instrumente und Konzepte zur Verbesserung der ökonomischen Effektivität (ökonomische Dimension), die hier nicht angesprochen wird, wird auf die einschlägige betriebswirtschaftliche Literatur verwiesen.

Zur Begegnung der unternehmerischen Nachhaltigkeitsherausforderungen wurden 45 zentrale Konzepte und Instrumente identifiziert, wobei diese Auswahl anhand von drei Kriterien erfolgt ist: die Verbreitung in der Praxis, die Ausrichtung des Instrumentes oder Konzeptes auf die Herausforderung und das eingeschätzte Potenzial zur Erfüllung sich abzeichnender Aufgaben. Für jede Nachhaltigkeitsherausforderung sind in folgender Tabelle alle betrachteten Konzepte und Instrumente in alphabetischer Reihenfolge aufgeführt, wobei zuerst die Konzepte (schattiert) und darunter die Instrumente genannt werden. Eine Diskussion der einzelnen Ansätze kann hier selbstverständlich nicht erfolgen, weshalb auf die ausführliche Originalliteratur (BMU /BDI 2002; www.sustainability-tools.de) verwiesen wird.

Nach der Identifikation der heute existierenden Konzepte und Instrumente entsprechend den oben genannten drei Kriterien wurden diese anhand von zwei Merkmalen bewertet: der *Ausrichtung* und der *Anwendung* (vgl. Tabelle). Bezüglich der Ausrichtung wurde untersucht, ob ein Konzept oder Instrument das Management in der Begegnung einer Nachhaltigkeitsherausforderung explizit unterstützen kann. Sie wurde in zwei Stufen beurteilt: Ein Punkt (•) steht für die weitgehende oder vollständige, ein Kreis (O) für eine teilweise Ausrichtung des Konzepts oder Instruments auf die Begegnung der entsprechenden Herausforderung. Beim Kriterium Anwendung wurde die Verbreitung und die Einsatzhäufigkeit der vorgestellten Ansätze in der Praxis im deutschen Sprachraum eruiert. Bei häufiger Anwendung eines Konzepts oder Instruments wurde dies in der Tabelle mit einem „A" symbolisiert. Insgesamt stellt diese Einstufung die aktuelle Leistungsfähigkeit der Konzepte und Instrumente zur Begegnung der jeweiligen Nachhaltigkeitsherausforderung dar.

Aus der Tabelle wird deutlich, dass die meisten der Instrumente und Konzepte auf die Begegnung der ökologischen Herausforderung ausgerichtet sind und dort auch die breiteste Praxisanwendung erfolgt. Dies ist sicherlich auf das eingangs erwähnte längere Bestehen des Umweltmanagements zurückzuführen. Ebenfalls eine große Zahl von Instrumenten und Konzepten weist das Management der Öko- und Sozial-Effizienz auf, wobei hier der Schwerpunkt deutlich bei der Öko-Effizienz liegt. Die Kombination des „konventionellen" Umweltmanagements mit ökonomischen Größen findet demnach ein vergleichsweise großes Interesse bei der Entwicklung und auch bei der Anwendung von Managementkonzepten und -instrumenten. Das Sozialmanagement kann dagegen nur auf relativ wenige, auf diese Herausforderung explizit ausgerichtete Konzepte und Instrumente zurückgreifen. Zudem sind diese Ansätze derzeit auch kaum verbreitet. Dieses Ergebnis widerspiegelt das meist geringe Interesse der Unternehmen an sozialen Fragen und Problemen in den vergangenen zwei Dekaden, welches nach einem Aufflackern in den siebziger Jahren stark zurückging und nun von neuem an Bedeutung gewinnt (vgl. z.B. Empacher 1999; Schaltegger 1999). Das integrierte Nachhaltigkeitsmanagement, das erst am Anfang seiner Entwicklung steht, wird derzeit von nur einem Instrument und zwei Konzepten weitgehend oder vollständig und von weiteren elf Ansätzen teilweise unterstützt. Da sich die entsprechenden Bemühungen in einem frühen Stadium bewegen, findet in der betrieblichen Praxis zur Zeit noch kein Ansatz breite Anwendung.

Tabelle 1: Konzepte und Instrumente zur Begegnung der unternehmerischen Nachhaltigkeitsherausforderungen.
●○: Ausrichtung des Konzepts/Instruments ist ● weitgehend/○ teilweise gegeben; A: Konzept/Instrument findet breite Anwendung in der Praxis. (Quelle: BMU/BDI 2002: 12)

		Nachhaltigkeitsherausforderungen			
	Konzept/Instrument	*Ökologische Herausforderung* Öko-Effektivität	*Soziale Herausforderung* Sozial-Effektivität	*Ökonomische Herausforderung* Öko-Effizienz/ Sozial-Effizienz	*Integrations-Herausforderung* Integration
Konzept	Betriebl. Umweltinformationssystem	●		○	○
	Controlling	● A		● A	
	Marketing	●	●	●	○
	Rechnungswesen	○		● A	
	Sozialmanagementsystem		●	○	
	Supply Chain Management	○	○	●	○
	Sustainability Balanced Scorecard	○	○	●	●
	Total Quality Env. Management/EFQM	●	○	●	●
	Umweltmanagementsystem	● A		○	
Instrument	ABC-Analyse	● A	●	●	
	Anreizsystem	● A	○	●	
	Audit	● A	● A	○	
	Benchmarking	●	○	●	
	Bericht	○ A	●	○	○
	Budgetierung	○		●	
	Checkliste	● A	○		
	Community Advisory Panel		●		
	Cross-Impact-Analyse	●	○	○	
	Emissionszertifikatehandel	●		●	
	Employee Volunteering	○	●		
	Environmental Shareholder Value			●	
	Früherkennung	○	○	●	○
	Investitionsrechnung	○		●	
	Kennzahl/Indikator	● A	○ A	● A	○
	Kostenrechnung	○		● A	
	Label	○	○	● A	
	Leitbild/-linie	●	● A	○ A	●
	Materialflusskostenrechnung	●		●	
	Materialflussrechnung	●			
	Netzwerke	○	●	○	○
	Nutzen-Risiko-Dialog	○	●		
	Ökobilanz	●			
	Öko-Design/Design f. Environment	● A		● A	
	Öko-Effizienz-Analyse	○		● A	
	Öko-Kompass	●		●	
	Öko-Rating	●	○	●	
	Produktlinienanalyse	●	●	○	○
	Qualitätszirkel	●	○		
	Risikoanalyse	● A	○	●	
	Sozialbilanz		●	○	
	Sponsoring	○	○ A	●	○
	Stakeholder Value		●	●	
	Stoffstromanalyse	● A			
	Szenarioanalyse	○	○	●	○
	Vorschlagswesen	●	●	○	

Im folgenden Kapitel wird ein kurzer Ausblick auf die sich in naher Zukunft abzeichnende nachhaltige Unternehmensentwicklung und die dafür zur Verfügung stehenden Konzepte und Instrumenten gegeben.

3. Ausblick

In den letzten Jahrzehnten wurden seitens der deutschen Wirtschaft große Bemühungen zur Reduktion der Umweltbelastungen unternommen (vgl. z.B. Röpenack 1998; Baum 2000). Zur konkreten Umsetzung einer nachhaltigen Entwicklung in der Wirtschaft und Gesellschaft sowie in Unternehmen werden in den kommenden Jahren jedoch noch erhebliche zusätzliche Anstrengungen notwendig sein. Dies birgt für fortschrittliche Unternehmen aber nicht nur Aufwand und Risiken, sondern auch große ökonomische Chancen. Neben dem „state of the art“ des Nachhaltigkeitsmanagements interessiert deshalb auch der Blick in die Zukunft der nachhaltigen Unternehmensentwicklung (Schaltegger/Petersen 2002b; Schaltegger u.a. 2003). Managementansätze unterliegen immer wieder nicht prognostizierbaren Modetrends oder Trendbrüchen. Insofern ist eine zuverlässige Aussage, welche Instrumente und Konzepte in Zukunft an Bedeutung gewinnen und welche verlieren werden, kaum möglich. Aufgrund der geschilderten sachlichen ökologischen und sozialen Problemlage gibt es derzeit jedoch keinen Grund zu der Annahme, dass in Zukunft die vier hier vorgestellten Herausforderungen der nachhaltigen Entwicklung an Bedeutung verlieren könnten. Auch Ergebnisse aktueller Unternehmensumfragen (vgl. Schulz u.a. 2002; Wagner/Schaltegger 2002) unterstützen diese Vermutung. So ist die Vision einer nachhaltigen Entwicklung heute schon bei über 70 Prozent der großen und bei mehr als einem Drittel aller Unternehmen in Deutschland ein wichtiges Thema, das aktiv angegangen wird. Aufgrund der immer wieder entstehenden Innovationspotenziale aus einer nachhaltigen Unternehmensentwicklung und damit verbundener Wettbewerbsvorteile, der Motivation bzw. Eigeninitiative von Mitarbeitern sowie zu erwartender Imagevorteile ist damit zu rechnen, dass das unternehmerische Nachhaltigkeitsmanagement sich weiter entwickeln und in seiner Bedeutung steigen wird.

Im Folgenden soll auf einige sich abzeichnende Entwicklungen innerhalb der Herausforderungen und die ihnen zugeordneten Ansätze eingegangen werden. Zur Abschätzung, welche „Werkzeuge“ des unternehmerischen Nachhaltigkeitsmanagements für das eigene Unternehmen von besonderem Interesse sein dürften, bietet sich eine Vorgehensweise mit vier Schritten an:

- Studium der Konzepte und Instrumente, deren Anwendung heute weit verbreitet ist und voraussichtlich auch in der Zukunft sein wird;
- Analyse des Potenzials der heute weniger angewendeten Konzepte und Instrumente zur Begegnung der Nachhaltigkeitsherausforderungen;
- Aufdecken von möglichen Handlungsfeldern, für die bisher wenige oder keine Ansätze existieren;
- Entwicklung neuer und Weiterentwicklung bestehender Ansätze zur Begegnung der Aufgaben in neuen Handlungsfeldern.

Zur Unterstützung der ersten beiden Schritte dient die von BMU und BDI veröffentlichte Übersicht (BMU /BDI 2002), für den dritten und vierten Schritt das Studium der aktuellen Forschungsliteratur sowie die Erprobung im Rahmen von Pilotprojekten in der unternehmerischen Praxis.

Auf einer unternehmensübergreifenden Ebene ergeben sich verschiedene mögliche Zukunftsperspektiven. So werden die Ziele, die sich aus der *ökologischen Nachhaltigkeitsherausforderung* ableiten, in globalem Maßstab entscheidend durch den Anstieg der Rohstoff- und Energieverbrauchszahlen in den Entwicklungs- und Schwellenländern beeinflusst. Aufgrund der dortigen Entwicklung der Bevölkerung und des Wirtschaftswachstums bei relativ geringen Umweltschutzstandards ist weiterhin mit einer starken Zunahme des Rohstoff-

und Energieverbrauchs und somit mit einer erhöhten Umweltbelastung zu rechnen. In den Industrieländern sind die Belastungsgrenzen vieler Ökosysteme bereits erreicht. In den kommenden Jahren dürfte hier – mit Blick auf die Kompensation des eben genannten Anstieges – bezüglich der ökologischen Herausforderung eine deutliche Reduzierung des Rohstoff- und Energieverbrauchs im Vordergrund stehen. Instrumenten, die primär dem Management von Stoff- und Materialflüssen dienen (Stoffstromanalysen, Materialflussrechnung), wird daher voraussichtlich eine zunehmende Bedeutung zukommen. Weiterhin werden für eine wirksame Handhabung der Daten auch leistungsfähige Informationsinstrumente benötigt, wie sie zum Beispiel betriebliche Informationssysteme oder die physische Umweltrechnungslegung (Umweltrechnungswesen) darstellen. Eine bisher auf unternehmerischer Ebene kaum angegangene Aufgabe drängt sich zum Thema der Biodiversität und des Artenschutzes auf. Der diesbezügliche Handlungsbedarf wird sich in Zukunft voraussichtlich erhöhen.

Die *soziale Nachhaltigkeitsherausforderung* findet innerhalb des Nachhaltigkeitsmanagements derzeit noch relativ wenig Beachtung (vgl. Schaltegger/Burritt 2000; Schaltegger u.a. 2003). Es gibt zwar einige Ansätze zur expliziten Verbesserung der sozialen Wirkungen von Unternehmen (z.B. Employee Volunteering), aber die Anzahl und Verbreitung bzw. Anwendungshäufigkeit ist vergleichsweise bescheiden (vgl. Tabelle). Weitere Effizienz- und Effektivitätssteigerungen scheinen in diesem Bereich möglich und auch nötig zu sein. Denn durch die Zunahme der Erwartungen und Forderungen nach Transparenz und Rechenschaft, die von verschiedensten Stakeholdern an die Unternehmen gerichteten werden, wird der soziale Aspekt in Zukunft an Bedeutung gewinnen. Insbesondere Dialoginstrumente (Community Advisory Panel, Netzwerke, Nutzen-Risiko-Dialog) scheinen ein großes Potenzial zur Begegnung verschiedenartigster sozialer Forderungen zu besitzen. Es ist aber auch mit der Entwicklung neuer Instrumente zu rechnen, die sich mit dem Fortschritt der Kommunikationstechnologien herausbilden. Wie bei der ökologischen Herausforderung ist für die soziale Herausforderung offensichtlich, dass die Wettbewerbsfähigkeit des Unternehmens berücksichtigt werden muss.

Angesichts zunehmender weltweiter Konkurrenz wird in Zukunft die Bedeutung der *ökonomischen Nachhaltigkeitsherausforderung an das Umwelt- und Sozialmanagement* sowie des Gros der entsprechenden Instrumente und Konzepte steigen. Denn diese Herausforderung und ihre unterstützenden Ansätze verbinden Nachhaltigkeitsaspekte mit grundlegenden ökonomischen Zielen wie Effizienz- oder Unternehmenswertsteigerung. Da sich die Konzepte und Instrumente vielfach auf konventionelle Ansätze des Rechnungswesens stützen, sind sie für die Unternehmen einfach handhabbar. Zudem zeigen sie schon heute eine Entwicklung in Richtung innovativer, prozess- und stoffflussbasierter Rechnungsansätze (z.B. Materialflusskostenrechnung). Auf dieser Grundlage kann beispielsweise die Budgetierung von Umweltkosten einen zukunftsorientierten Ansatz darstellen. Weiterhin ist festzustellen, dass Instrumente, die den Beitrag des Nachhaltigkeitsmanagements zum Unternehmenswert dokumentieren (Environmental Shareholder Value, Stakeholder Value, Öko-Rating), zur Befriedigung zukünftiger Interessen und Erfüllung ebensolcher Aufgaben immer stärkere Beachtung finden.

Eigentliches Ziel der nachhaltigen Entwicklung muss jedoch die *Integration*, das heißt die koordinierte Begegnung aller Herausforderungen und die Zusammenführung des konventionellen Managements mit dem Management von Nachhaltigkeitsaspekten zu einem integrativen Nachhaltigkeitsmanagement sein. Die Zusammenführung der verschiedenen Aspekte setzt ein disziplinenübergreifendes Bewusstsein voraus. Dieser Anspruch scheint bisher nur in sehr begrenztem Maße umgesetzt zu sein. Konzepte und Instrumente, die dem Management die Realisierung der beiden Integrationsziele ermöglichen, sind daher auf dem

Weg der nachhaltigen Entwicklung besonders wichtig. Gegenwärtig existiert jedoch erst eine kleine Zahl, zudem nicht weit verbreiteter Konzepte und Instrumente, die zur Erfüllung dieses Anspruches dienen bzw. dienen können (vgl. Tabelle). Ihr Potenzial ist dessen ungeachtet hoch einzuschätzen. Im Zuge einer zunehmenden Globalisierung dürfte zum Beispiel das Supply Chain Management zur Integration der Nachhaltigkeitsherausforderungen große Bedeutung erlangen. Die Sustainability Balanced Scorecard, ein Total Quality Environmental Management oder ein Nachhaltigkeitscontrolling als ein zentrales Steuerungskonzept für Unternehmen bieten weiter die Möglichkeit, sowohl quantitative als auch qualitative Nachhaltigkeitsaspekte integrativ in die Unternehmenssteuerung einzubeziehen und somit den Kurs in Richtung unternehmerische Nachhaltigkeit weiter zu konkretisieren und umzusetzen.

Literatur

Baum, Heinz-Georg: Umweltmanagement und ökologieorientierte Instrumente. München 2000

Bundesministerium für Umwelt, Naturschutz und Reaktorsicherheit (BMU)/Bundesverband der deutschen Industrie e.V. (BDI): Nachhaltigkeitsmanagement in Unternehmen. Konzepte und Instrumente zur nachhaltigen Unternehmensentwicklung. Berlin 2002

Dyllick, Thomas/Hockerts, Kai: Beyond the business case for corporate sustainability. In: Business strategy and the environment 11 (2002) 2, S. 130-141

Empacher, Claudia: Indikatoren sozialer Nachhaltigkeit. Grundlagen und Konkretisierungen. Frankfurt/Main 1999

Figge, Frank: Wertschaffendes Umweltmanagement. Keine Nachhaltigkeit ohne ökonomischen Erfolg; kein ökonomischer Erfolg ohne Nachhaltigkeit. Lüneburg 2001

Figge, Frank/Schaltegger, Stefan: Was ist „Stakeholder Value?“ Vom Schlagwort zur Messung. Lüneburg 2001

Heijungs, Reinout/Centrum voor Milieukunde/Nederlandse Organisatie voor Toegepast-Natuurwetenschappelijk Onderzoek: Environmental life cycle assessment of products. Leiden 1992

Hoffmann, Johannes/Balz, Bernd Christian: Ethische Kriterien für die Bewertung von Unternehmen. Frankfurt-Hohenheimer Leitfaden. Frankfurt/Main 1997

Michaelis, Peter: Betriebliches Umweltmanagement. Grundlagen des Umweltmanagements; Umweltmanagement in Funktionsbereichen. Fallbeispiele aus der Praxis. Herne 1999

Röpenack, Adolf von: Öko-Audit in kleinen und mittleren Unternehmen: Erfahrungsberichte aus 74 deutschen Unternehmen im Rahmen des Europamanagement-Umwelt-Pilotprogramms der Europäischen Union. Schlussfolgerungen für die Revision der EG-Öko-Audit-Verordnung. Berlin 1998

Schaltegger, Stefan: Bildung und Durchsetzung von Interessen zwischen Stakeholdern der Unternehmung: eine politisch-ökonomische Perspektive. In: Die Unternehmung 53 (1999) 1, S. 3-20

Schaltegger, Stefan/Burritt, Roger: Contemporary environmental accounting. Issues, Concepts and Practice. Sheffield 2000

Schaltegger, Stefan/Burritt, Roger/Petersen, Holger: An Introduction to Corporate Environmental Management. Striving for Sustainability. Sheffield 2003

Schaltegger, Stefan/Dyllick, Thomas: Nachhaltig managen mit der Balanced Scorecard. Konzepte und Fallstudien. Wiesbaden 2002

Schaltegger, Stefan/Figge, Frank: Environmental shareholder value. Basel 1997

Schaltegger, Stefan/Petersen, Holger: Marktorientiertes Umweltmanagement. Strategisches Umweltmanagement und Öko-Marketing. Lüneburg 2002a

Schaltegger, Stefan/Petersen, Holger: Ecopreneurship. Nachhaltiges Wirtschaften aus der Unternehmerperspektive (Studienband des Interdisziplinären Fernstudiums Umweltwissenschaften [infernum]). Lüneburg/Hagen 2002b

Schaltegger, Stefan/Sturm, Andreas: Ökologieorientierte Entscheidungen in Unternehmen. Ökologisches Rechnungswesen statt Ökobilanzierung; Notwendigkeit, Kriterien, Konzepte. Bern 1994

Schaltegger, Stefan/Sturm, Andreas: Ökologische Rationalität: Ansatzpunkte zur Ausgestaltung von ökologieorientierten Managementinstrumenten. In: Die Unternehmung 4 (1990), S. 273-290

Schulz, Werner u.a.: Nachhaltiges Wirtschaften in Deutschland. Unternehmen im Spannungsfeld zwischen Ökonomie, Ökologie und Sozialem. ökoradar.de. Fachgebiet Umweltmanagement an der Universität Hohenheim/Deutsches Kompetenzzentrum für Nachhaltiges Wirtschaften (DKNW). 2002

Stahlmann, Volker: Öko-Effizienz und Öko-Effektivität – Läßt sich der Umweltfortschritt eines Unternehmens messen? In: Umweltwirtschaftsforum 4 (1996) 4, S. 70-76

Stahlmann, Volker/Clausen, Jens: Umweltleistung von Unternehmen: von der Öko-Effizienz zur Öko-Effektivität. Wiesbaden 2000

Wagner, Marcus/Schaltegger, Stefan: Umweltmanagement in Deutschland. Der aktuelle Stand der Praxis. Lüneburg 2002

Nachhaltige Prozessbewertung mittels des Sustainable Excellence Ansatzes

Udo Westermann, Thomas Merten und Angelika Baur

Im future Netzwerk der Umweltbeauftragten ist es seit Jahren ein Bedürfnis, einen Erfolgsmaßstab für die eigene Arbeit zu finden. Dieser sollte sowohl als internes Instrument zur Bewertung des kontinuierlichen Verbesserungsprozesses dienen als auch als Diskussionsgrundlage im Sinne eines Benchmarks für den überbetrieblichen Vergleich. Die thematische Fokussierung lag dabei für den Erfahrungsaustausch der betrieblichen Umweltbeauftragten primär auf den Themen des klassischen Umweltmanagements. Für die Rückkopplung mit innerbetrieblichen Diskussionen steht darüber hinaus auch die Verflechtung mit dem Qualitätsmanagement, dem Arbeitsschutz sowie die Einbindung ins Controlling und in die betrieblichen Entscheidungsstrukturen im Aufgabenkatalog. Bei der Verfolgung einzelthematischer Ansätze hat sich in den letzten Jahren gezeigt, dass diese nur dann effektiv in den Unternehmen verankert werden können, wenn sie nicht isoliert bestehen bleiben, sondern eine Integration in die Führungssysteme gelingt.

Dabei stellt sich die Frage, welche der mannigfaltigen Managementsysteme sich für diese Integration und Veränderung eignen. Eine nähere Betrachtung von auf Total Quality Management (TQM) basierenden Systemen zeigt, dass diese bereits ein hohes Maß an ganzheitlicher Orientierung mitbringen, so auch das in Europa derzeit führende ganzheitliche Unternehmensmodell der European Foundation for Quality Management (EFQM) für Excellence. Das EFQM-Modell räumt bereits den Ansprüchen von Interessengruppen wie den Mitarbeitern, den Kunden und auch der Gesellschaft einen hohen Stellenwert ein – eine wichtige Voraussetzung für nachhaltiges Wirtschaften. Das EFQM-Modell erlaubt zudem, bisweilen schwer fassbare „weiche" Themen zu integrieren und im Rahmen der sogenannten RADAR-Logik des Modells systematisch zu bewerten.

In der future-Erfahrungsaustauschgruppe Westfalen wurde das Bestreben nach einer Messlatte zu einem Projektkonzept vorangetrieben, das unter dem Titel be.st[1] vom März 2002 bis November 2004 mit Förderung der Deutschen Bundesstiftung Umwelt umgesetzt wird.

Beteiligte Unternehmen sind:

- CB Chemie und Biotechnologie GmbH, Gütersloh
- Follmann & Co., Minden
- GEALAN Werk Fickenscher GmbH, Oberkotzau
- HYCHEM AG, Steinau a. d. Straße
- JOWAT AG, Detmold
- Siegenia-AUBI KG, Siegen

---

1 be.st benchmarking for sustainability ist der englischsprachige Kurztitel für Kooperatives Nachhaltigkeitsorientiertes Benchmarking.

Die entwickelte Konzeption greift etablierte Managementinstrumente auf. Neuland ist vor allem der Brückenschlag zwischen den Instrumenten.

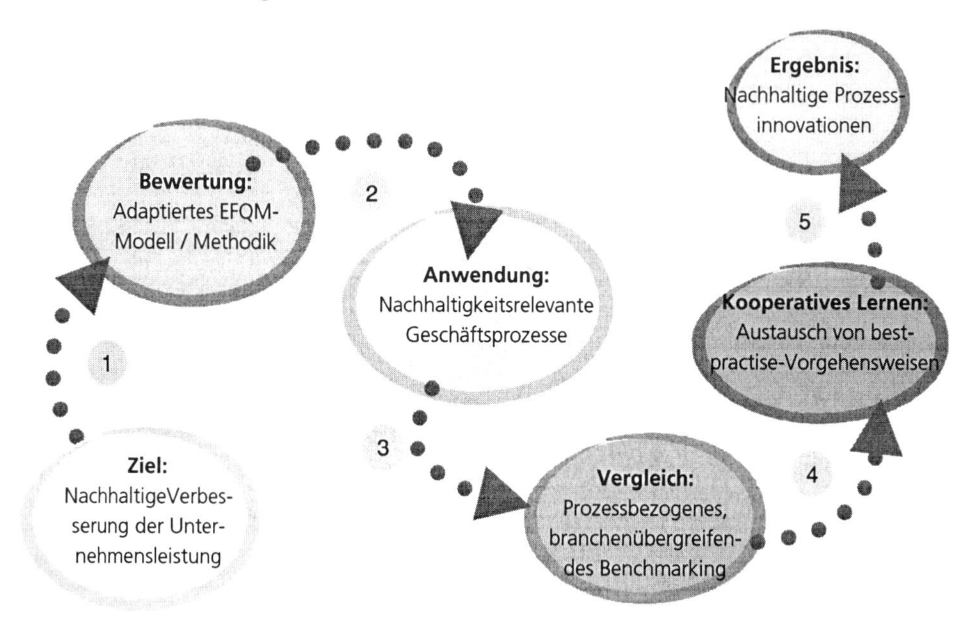

Abbildung 1: Einsatz der Instrumente

Abbildung 1 zeigt, wie diese verschiedenen Instrumente eingesetzt werden.

1. Ergänzung des EFQM-Modells um fehlende Nachhaltigkeitskriterien
2. Durch Anwendung der EFQM-Bewertung auf Prozesse wird der Forderung nach Praxisnähe Rechnung getragen
3. Die Erfassung und Bewertung von Geschäftsprozessen in KMU liefert die Arbeitsgrundlage
4. Der kooperative Ansatz zur Umsetzung der Benchmarking-Ergebnisse und –Erkenntnisse spiegelt die Arbeit in den Erfahrungsaustauschgruppen wider
5. Ziel ist die nachweisbare Verbesserung der „Nachhaltigkeitsleistung" durch Benchmarking-getriebene Prozessinnovationen

1. Ergänzung des EFQM-Modells um fehlende Nachhaltigkeitskriterien (Sustainable Excellence Ansatz)

Das EFQM-Modell wurde 1988 als umfassendes Qualitätsmanagementkonzept entwickelt, das die verschiedenen Elemente und Ergebnisse einer Organisation und deren Umgebung gleichzeitig und gleichberechtigt betrachtet.

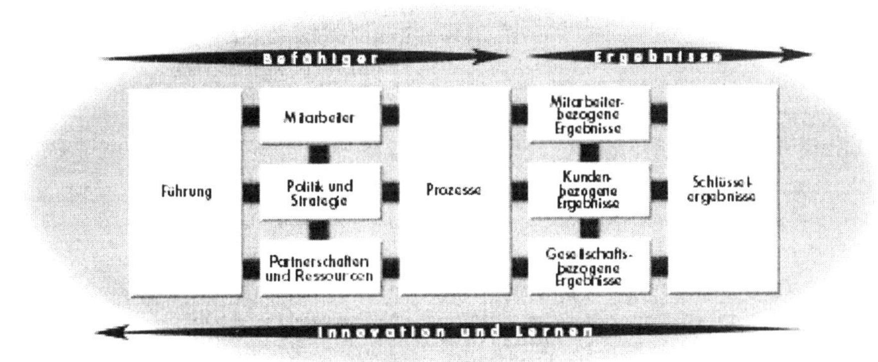

Abbildung 2: EFQM-Modell für Excellence© EFQM

Insgesamt neun Bewertungskriterien, die in 32 Unterkriterien unterteilt sind, helfen, die ökonomischen, sozialen und auch teilweise ökologischen Konsequenzen von Managemententscheidungen zu bewerten. Wesentliche Merkmale sind die Kunden-, Mitarbeiter- und Prozessorientierung, aber auch die Einbeziehung der Interessengruppen. Das Modell teilt sich auf in sogenannte „Befähiger", die für eine Organisation notwendig sind, um bestimmte Ergebnisse zu erreichen, und in „Ergebnisse", an denen die erfolgreiche Umsetzung der Politik und Strategie und der daraus abgeleiteten Ziele, Messgrößen, Maßnahmen etc. gemessen werden kann. Die „Befähiger" müssen in den Bereichen „Vorgehen", „Umsetzung" und „Bewertung und Überprüfung" so gemanagt werden, dass sie ursächlich zur Erreichung der Ziele des Unternehmens beitragen können. Wichtig ist dabei eine umfassende, angemessene und aktuelle „Politik und Strategie", die Grundlage für alle Handlungsfelder und Ziele sein sollte. Damit orientiert sich die Bewertung nicht wie sonst üblich am Erreichten, das heißt der vergangenen Leistungen, sondern liefert ein aktuelles und vorausschauendes Bild des Unternehmens.

1.1 Das EFQM-Modell und die Nachhaltigkeit

Im Rahmen des Netzwerkes COUP 21[2] wurde Ende 2001 begonnen, ein Nachhaltigkeits-EFQM zu entwickeln, welches nun im be.st-Projekt prozessspezifisch angewandt und weiterentwickelt wird. Der Aufbau des EFQM-Modells mit seinen neun Kriterien und den Grundkonzepten sollte bei dieser spezifischen Modell-Weiterentwicklung unangetastet bleiben und fehlende Nachhaltigkeitsaspekte integriert werden. Grundlage für eine inhaltliche Bewertung und Auswahl der Nachhaltigkeitskriterien, mit denen das Modell erweitert werden sollte, war eine Analyse von über 20 Nachhaltigkeitskonzepten, aus denen über 200 Nachhaltigkeitsindikatoren herausgearbeitet, nach Nennungshäufigkeit gewichtet und dem

---

2 COUP 21 steht für Cooperation Umweltamt Stadt Nürnberg – Pionierunternehmen für die Agenda 21. In diesem Netzwerk arbeiten die Stadt Nürnberg und ca. 40 Unternehmen an mehreren Modellprojekten für nachhaltiges Wirtschaften (www.coup21.de).

EFQM-Modell zugeordnet wurden. In einer Reihe von Workshops[3] mit Experten aus den Bereichen EFQM und Nachhaltigkeit wurden dann folgende Aspekte bearbeitet:

- der bereits vorhandene „Deckungsbeitrag“ des EFQM-Modells zum Thema Nachhaltigkeit,
- die mögliche Integration der vorausgewählten Nachhaltigkeitsindikatoren in das Modell sowie
- die Veränderung des Modells in den Grundkonzepten und in den Definitionen.

Die Unterschiede zwischen dem „klassischen“ und dem „nachhaltigen“ EFQM-Modell, so eines der Ergebnisse, sind auf den ersten Blick und für den Außenstehenden relativ unscheinbar. Es zeigte sich, dass das EFQM-Modell als ganzheitliches Managementkonzept bereits viele Themengebiete der heute definierten „Nachhaltigkeitslandschaft“ abdeckt, ohne dies explizit zu benennen[4]. Die noch fehlenden Aspekte wurden identifiziert und, soweit möglich, ergänzt. Dabei konnte der im Modell vorhandene „Domino-Effekt“ genutzt werden: Veränderungen auf der Ebene der Grundkonzepte setzen entsprechende Veränderungen auf der Ebene der Kriterien in Gang.

Abbildung 3: Domino-Effekt im EFQM

Diese wiederum wirken sich auf der Teilkriterienebene und weiter auf der Ebene der Orientierungs- oder Ansatzpunkte aus. Daher war es bedeutsam, grundsätzliche Aspekte des nachhaltigen Wirtschaftens in den Definitionen der Schlüsselbegriffe und den Grundkonzepten vorzunehmen.

Darüber hinaus wurden auf den verschiedenen Ebenen der Teilkriterien und Orientierungspunkte, die für die Bewertung eine große Rolle spielen, Veränderungen vorgenommen.

3 Unter Leitung des Wuppertal Instituts und future e.V.

4 So ist der Begriff „nachhaltig“ oder im englischen Original „sustainable“ bei der EFQM zwar vorhanden, wird aber nur im Sinne von langfristig verwendet.

Nachhaltigkeitsergänzungen bzw. Änderungen an konkreten Beispielen:

a.) in den Grundkonzepten des EFQM-Modells:

Ergebnisorientierung: Exzellenz ist davon abhängig, wie die Ansprüche aller relevanten Interessengruppen dauerhaft in ein ausgewogenes Verhältnis zueinander gebracht werden können (dazu gehören Mitarbeiter, Kunden, Lieferanten und die globale Gesellschaft im allgemeinen, inklusive der nachfolgenden Generationen in ökologischer und sozialer Hinsicht sowie diejenigen, die ein finanzielles Interesse an der Organisation haben).

b.) in den Definitionen/Glossar:

Interessengruppen/Stakeholder: Alle, die ein Interesse an einer Organisation, ihren Aktivitäten und ihren Errungenschaften haben. Dazu können Kunden, Partner, Mitarbeiter, Aktionäre, Eigentümer, Nicht-Regierungs-Organisationen, globale Gesellschaft, inklusive der nachfolgenden Generationen in ökologischer und sozialer Hinsicht, Regierungsstellen und Behörden gehören.

c.) in den Kriterien und Orientierungspunkten:

Teilkriterium 5d (inkl. der Orientierungspunkte): Produkte und Dienstleistungen werden hergestellt, geliefert, betreut und ggf. zurückgenommen:

- Produkte und Dienstleistungen gemäß Design und Entwicklung herstellen oder erwerben;
- Produkte und Dienstleistungen existierenden oder potenziellen Kunden bekannt machen, vermarkten und verkaufen;
- Produkte und Dienstleistungen an Kunden liefern und, wo zweckmäßig, zurücknehmen;
- Produkte und Dienstleistungen angemessen betreuen, reparieren, aufrüsten etc.;
- Produktionsabfälle recyceln;
- Transportleistungen optimieren;
- Ressourcen umweltschonend und effizient einsetzen.

Das im Hinblick auf Nachhaltigkeit überarbeitete Excellence-Modell der EFQM wird Sustainable Excellence Ansatz genannt.

1.2 EFQM-Foundation und die Überarbeitung des EFQM-Modells

Auch das „originale" EFQM-Modell ist keinesfalls ein statisches Modell. In regelmäßigen Abständen wird das Modell innerhalb seiner festen Grundstruktur überarbeitet. Aktuell sind die Änderungsvorschläge des Sustainable Excellence Ansatzes innerhalb einer EFQM-Überarbeitungsgruppe[5] sehr positiv aufgenommen worden. Sie wurden in weiten Teilen durch Beschluss des EFQM- Executive Committee verabschiedet und sind auf dem EFQM-Jahreskongress 2002 in Barcelona bereits der Öffentlichkeit vorgestellt worden. Das bedeutet, dass weite Teile des heutigen Sustainable Excellence Ansatzes sich von 2004 an im „normalen" EFQM-Modell wieder finden werden. Weitere Änderungen in Richtung „Corporate Social Responsibility" und „Risikomanagement" werden das 2004er-Modell noch ganzheitlicher gestalten und damit einen weiteren, wichtigen Schritt in Richtung nachhaltiges Wirtschaften für die Unternehmen ermöglichen, die sich am EFQM-Modell ausrichten.

---

5 Leitung durch Diane Dibley; Vertretung von COUP 21, future und Wuppertal Institut durch EFQM-Lead-Assessor Manfred Jung, Nürnberg.

Praxistests in Unternehmen:

Die geringen Unterschiede in der Struktur des EFQM und des Sustainable Excellence Ansatzes unterstützen die Akzeptanz in den Unternehmen. Ob der Sustainable Excellence Ansatz geeignet ist, nachhaltiges Wirtschaften zu managen, umzusetzen, zu überprüfen und zu bewerten, werden die Praxistests beweisen müssen. Der Sustainable Excellence Ansatz wird derzeit neben den Anwendungen im be.st-Projekt in folgenden Unternehmen angewandt und erprobt:

- *Deutsche Telekom AG, Service Niederlassung Weiden*; mit über 1.300 Mitarbeiter in Nordbayern an verschiedenen Standorten vertreten: Der Sustainable Excellence Ansatz wird in diesem Konzernteil als Unterstützung für die Erstellung einer Bewerbung im Rahmen eines unternehmensinternen EFQM-Wettbewerbs angewandt. Dabei wird das „klassische" EFQM-Modell durch den Sustainable Excellence Ansatz ergänzt, um verstärkt die Nachhaltigkeitsaspekte herausstellen zu können. Nachhaltiges Wirtschaften ist erklärte Konzernstrategie der Deutschen Telekom AG, die unter anderem im aktuellen Nachhaltigkeitsbericht zum Ausdruck kommt. Dieser Strategie will die Service Niederlassung Weiden durch eine konsequente Ausrichtung am Sustainable Excellence Ansatz gerecht werden.
- *Schindlerhof Klaus Kobjoll GmbH, Nürnberg*; ein Hotel- und Gastronomieunternehmen mit ca. 80 Mitarbeitern: Der Schindlerhof als Gewinner des European Quality Award for independent SME (EQA) im Jahre 1998 möchte den Sustainable Excellence Ansatz (EQA) ebenfalls als Unterstützung nutzen. Hier soll eine erneute Bewerbung um den erfolgreich durch die Ansätze des nachhaltigen Wirtschaftens flankiert werden. Die Ergänzungen im Sustainable Excellence Ansatz werden dazu dienen, die vorhandene Nachhaltigkeits-Ausrichtung des Unternehmens in den umfangreichen Bewerbungsunterlagen stärker herausstellen zu können.
- *Die Möbelmacher GmbH, Unterkrumbach*, eine Schreinerei mit ca. 20 Mitarbeitern und die *Neumarkter Lammsbräu, Neumarkt i.d. Oberpfalz*, eine Brauerei mit ca. 85 Mitarbeitern: In diesen beiden überaus regional und nachhaltig wirtschaftenden Unternehmen wird der Sustainable Excellence Ansatz dazu dienen, Bewertungen der Unternehmen nach den Kriterien der EFQM und der Nachhaltigkeit durchzuführen. Die Selbstbewertungen durch die Mitarbeiter unter Anleitung von EFQM-Assessoren werden die Stärken und Verbesserungspotenziale der Unternehmen aufzeigen. Die anschließende Maßnahmenfindung, –planung und –umsetzung wird dazu beitragen, die Unternehmen zukunftsfähiger zu machen.

Die oben beschriebenen Praxisanwendungen laufen seit Mitte 2002 und werden im Frühjahr 2003 abgeschlossen sein.

2. Kooperatives Prozess-Benchmarking unter Anwendung des Sustainable Excellence Ansatzes

Die Ausrichtung des Unternehmens an den Grundsätzen von Excellence ist in kleinen und mittelständischen Unternehmen noch wenig verbreitet. Um den Unternehmen den Einstieg in die Anwendung des EFQM-Modells zur Unternehmensführung zu erleichtern, wird die Methodik auf Prozessebene angewandt. Durch diese Herangehensweise lernt das Unternehmen das Modell kennen und kann dieses mit einem vertretbaren Zeit- und Ressourcenaufwand auf Prozessebene etablieren.

2.1 Erfassung von Geschäftsprozessen

Ausgangspunkt ist eine Sichtweise auf Unternehmen, die Geschäftsprozesse im Blick hat. Diese Prozessorientierung bedeutet, dass die ablaufenden Prozesse bei der Betrachtung einer Organisation im Vordergrund stehen und nicht die Funktionen, Produkte oder Abteilungen. Die Prozessorientierung verknüpft die planenden, durchführenden und unterstützenden Tätigkeiten in einem Regelkreis. Die Management- oder Führungsprozesse geben Ziele vor, die in einem Controlling geprüft und überarbeitet werden. Den Kern des Prozessmanagements bildet die Kundenzentrierung. Dies gilt auch für die innerbetrieblichen Prozesse, die Anforderungen der internen und externen Kunden erfüllen müssen.

Von zentraler Bedeutung ist dabei die Visualisierung der Organisation und des Ablaufs der Prozesse. Bei der Aufnahme von Prozessen werden die Aktivitäten, die einen zusammenhängenden Vorgang vom „Leistungsauftrag" bis zu seiner vollständigen Beendigung beschreiben, sowie Schnittstellen und Verantwortlichkeiten dargestellt. Meist laufen sie über verschiedene Funktionen der Organisation mit zahlreichen Beteiligten in unterschiedlichen Abteilungen. Dabei handelt es sich nicht nur um materielle Flüsse, sondern auch um Informations- und Dienstleistungsflüsse sowie Führungs- und Administrationsabläufe. Das Ergebnis des Prozesses wird immer für einen Kunden erbracht, ganz gleich ob inner- oder außerbetrieblich.

In der Praxis und auch in verschiedenen Managementnormen hat sich folgende Untergliederung von Geschäftsprozessen durchgesetzt:

- *Kernprozesse* als wertschöpfende Prozesse,
- *Unterstützungsprozesse* als wertsichernde Prozesse, die für die Aufrechterhaltung des Geschäftsbetriebs erforderlich sind,
- *Management- oder Führungsprozesse*, zum Beispiel zur Ausrichtung des Unternehmens, der Kommunikation, Organisation und Personalentwicklung.

Geschäftstätigkeiten werden als strukturierter Ablauf zusammenhängender Aktivitäten (= Prozesse) betrachtet.

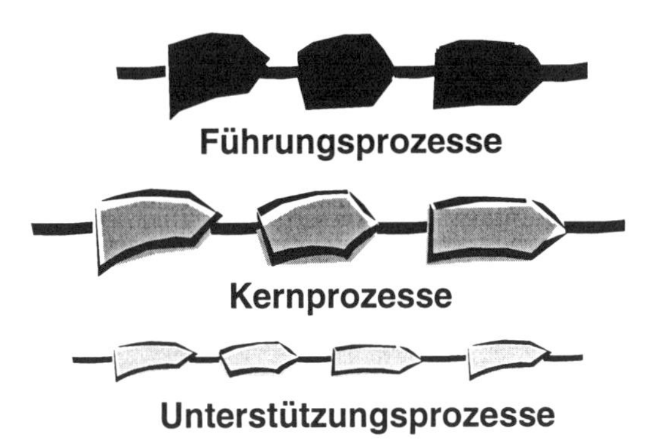

Führungsprozesse:
z.B. Ziele setzen oder
Personal entwickeln

wertschöpfende Prozesse:
z.B. Produkt herstellen
oder Auto lackieren

wertsichernde Prozesse:
z.B. Buchhaltung
oder Werk instandhalten

Abbildung 4: Einteilung von Geschäftsprozessen

2.2 Bewertung von Prozessen

Das um Nachhaltigkeitsaspekte erweiterte EFQM-Modell dient als Grundlage für die Bewertung der Geschäftsprozesse.

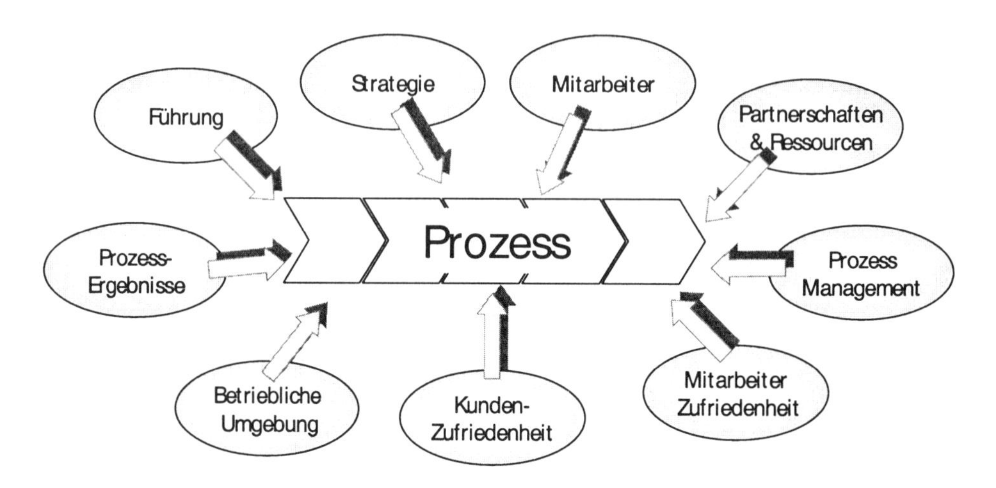

Abbildung 5: Anwendung der neun Kriterien des EFQM-Modells auf Geschäftsprozesse

Ausgehend von den Grundkonzepten und den Kriterien, Unterkriterien und Ansatzpunkten des EFQM-Modells wurde ein Instrument zur Bewertung der Prozesse entwickelt. Dies beinhaltet eine prozessspezifische Auslegung aller neun Kriterien des Modells in einem Fragebogen. Die Prozessbewertung wird in Form einer Selbstbewertung von einem Team durchgeführt. Dabei werden anhand von Nachweisen, Daten und Fakten die Stärken und Verbesserungspotenziale der Prozesse ermittelt sowie eine Bewertung analog zum EFQM-Modell mittels der sogenannten RADAR[6]-Methodik durchgeführt. Dabei wird ähnlich wie in anderen Management- und Controlling-Instrumenten nach den Ergebnissen, den Vorgehensweisen, der Umsetzung, der Bewertung und der Überprüfung gefragt. Das sich daraus ableitende Resultat der Bewertung des Prozesses stellt einen Konsens innerhalb des Bewertungsteams dar.

2.3 Kooperativer Benchmarking Ansatz

Kooperationsfähigkeit mit anderen Unternehmen ist für future e.V. ein wesentlicher Bestandteil eines zukunftsfähigen Unternehmens. Für kleine und mittelständische Unternehmen stellt sich zunehmend die Herausforderung, Kooperationen mit anderen Unternehmen einzugehen, wollen sie im härter werdenden Wettbewerb bestehen. Man unterscheidet zwischen

---

6 RADAR steht im EFQM-Modell für: Results (Ergebnisse), Approach (Vorgehen), Deployment (Umsetzung), Assessment & Review (Bewertung und Überprüfung).

- *horizontaler Kooperation*: hier kooperieren Unternehmen, die nicht in einem Kunden- oder Lieferantenverhältnis zueinander stehen; die Unternehmen – seien es nun Wettbewerber oder auch nicht – verbindet ein gemeinsames Interesse;
- *vertikaler Kooperation: hier kooperieren Unternehmen entlang der Wertschöpfungskette, also Produzenten mit ihren Kunden und/oder Lieferanten.*

Darüber hinaus unterscheiden sich Kooperationen unter anderem nach ihrer jeweiligen Dauer, Form und Organisation sowie nach ihrem spezifischen Zweck und Inhalt. Die Intensität einer Kooperation erfährt Ausdruck in der Feststellung, dass Kompetenzen und Kapazitäten zusammengeführt werden, um in zentralen Geschäftsprozessen bessere Ergebnisse zu erzielen.

Innerhalb des be.st-Projekts finden die Weiterentwicklung der anzuwendenden Instrumente (Methoden- und Kompetenzentwicklung) und vor allem der gesamte Benchmarking-Prozess (best-practice-sharing) in einem kooperativen Rahmen statt. Der Ansatz des Kooperativen Benchmarking geht über den eines „klassischen" Benchmarking-Prozesses hinaus. „Klassisches" Benchmarking wird von einem Unternehmen initiiert, welches sich nach der Analyse der eigenen Prozesse mehrere Benchmarking-Partner aussucht, mit denen es sich vergleichen möchte. Oft findet ein Vergleich ausschließlich aufgrund von Kennzahlen statt, die per Fragebogen ermittelt werden; die Unternehmen lernen sich und ihre Prozesse nur anhand von Kennzahlen kennen.

Folgende zwei Hypothesen bezüglich Kooperation liegen der Konzeption des be.st-Projektes zugrunde:

- Benchmarking für kleine und mittelständische Unternehmen braucht eine kooperative best-practice-sharing-Phase. Hier sollen sich die beteiligten Unternehmen intensiv über ihre Prozesse und deren Bewertungen austauschen können und damit zu einem besseren Verständnis der Prozesse und deren Optimierungspotenzial gelangen.
- Kleine und mittelständische Unternehmen nehmen einfacher und eher an einem Benchmarking-Vorhaben teil, wenn der gesamte Prozess aus einer Gruppe heraus startet. Diese Gruppe kann bereits in Form von anderen Kooperationen, Netzwerken, Erfahrungsaustauschgruppen oder ähnlichem existieren.

Da diese Formen der Kooperation in hohem Maße auf ein aktives und vertrauensvolles Miteinander setzen, wurde für den Austausch ein projektspezifischer Verhaltenskodex entwickelt, der über den für Benchmarking-Projekte typischen „Code of Conduct" hinausgeht.

2.4 Verbesserung der Nachhaltigkeitsleistung durch Benchmarking-getriebene Prozessinnovationen

Durch die Bewertung der ausgewählten Geschäftsprozesse sowie die Ermittlung der Stärken und Verbesserungspotenziale wird der Status Quo festgehalten. Dieser ist Ausgangspunkt für das Benchmarking der Prozesse in Kooperation mit den beteiligten Unternehmen. Durch den unternehmensübergreifenden Austausch zu Prozessgestaltung und best-practice-Vorgehensweisen sowie ausgewählten Benchmarks werden Prozessverbesserungen und -innovationen angeregt. Hier werden nicht nur Ergebnisse betrachtet, sondern ebenfalls die Strategien, Ressourcen und Vorgehensweisen, die zu diesen Ergebnissen geführt haben. Zur Prozessoptimierung werden best-practice-Vorgehensweisen kreativ in die eigenen Prozesse übertragen. Eine geeignete, an den speziellen Unternehmenserfordernissen ausgerichtete Übertragung sichert die erfolgreiche Umsetzung.

Die umfassende und um Nachhaltigkeitsaspekte erweiterte Betrachtung und Bewertung der Prozesse mittels Sustainable Excellence Ansatz stellt sicher, dass Stärken und Verbesserungspotenziale im ökonomischen, ökologischen und sozialen Bereich erfasst und in das Benchmarking eingebracht werden. Somit wird eine ausbalancierte Prozessoptimierung möglich, die Prozessleistung, Mitarbeiter, Kunden, Partnerschaften und Ressourcen sowie die zugrundeliegende Strategie und Führung mit einbezieht.

Nach erfolgter Umsetzung der Maßnahmen zur Prozessoptimierung wird der Prozess erneut anhand der vorgestellten Methodik bewertet, um den Fortschritt der Leistung in ökonomischer, ökologischer und sozialer Hinsicht zu messen und den nachhaltigen Erfolg zu bestimmen.

3. Qualitätskriterien von Nachhaltigkeitsinstrumenten

Auch im Handlungsbereich der nachhaltigen Unternehmensentwicklung stehen die interessiert engagierten Unternehmen einer Vielzahl von Unterstützungsinstrumenten gegenüber. Gerade in der Phase der Statusfeststellung und der Identifizierung und Priorisierung der Handlungsfelder ist es für Unternehmen nicht leicht, aus der Vielzahl der Angebote das betriebsangepasste und bedürfnisbezogene auszuwählen. In einem Verbundprojekt[7] im Rahmen des EQUAL-Programms der EU erarbeitet future derzeit einen Kriterienkatalog zur Qualitätsbewertung der Instrumente. Eine standardisierte Präsentation der verschiedenen Instrumente, die an den Qualitätskriterien im Sinne eines Anforderungskatalogs ausgerichtet ist, soll den Unternehmen eine sichere Auswahl ermöglichen. Als unterstützende Auswahlhilfe wird ein initialer Nachhaltigkeitscheck angeboten, der mit einer Bearbeitungszeit von weniger als 30 Minuten einen ersten Status visualisiert feststellt und hieraus Handlungsansätze aufzeigt. Diese vergleichende Darstellung der Instrumente ist seit Anfang 2003 unter der Adresse www.kompaktnet.de im Internet verfügbar. Die Präsentation wird durch Anwendungs- und Erfahrungsberichte ergänzt werden. Den aktuellen Status der Kriteriendiskussion zeigt Abbildung 6. In der standardisierten Darstellung werden die Instrumente Fragen zu drei Kriteriengruppen beantworten müssen:

- Wie gewinnt das Instrument die Akzeptanz in den Unternehmen, um eine kontinuierliche Themenarbeit zu sichern?
- Was bringt das Instrument für die Verbesserung der unternehmerischen Nachhaltigkeit?
- Erfüllt das Instrument zentrale Erfolgsfaktoren der Umsetzung?

---

7 Zukunftssicherung durch nachhaltige Kompetenzentwicklung in KMU, Entwicklungspartnerschaft im Rahmen der Gemeinschaftsinitiative EQUAL.

Erfolgsfaktoren der Umsetzung

Veränderungsbereitschaft unterstützen, innere Transparenz schaffen

- Veränderungsbereitschaft erfassen:
- Kompatibilität mit Betriebskultur prüfen
- Arbeit in Arbeitsgruppen
- Absicherung der Informationsflüsse

Kompetenzentwicklung im Unternehmen

- Kommunikationsstrukturen entwickeln
- Prozessaufnahmen, -management
- Kooperationsfähigkeit entwickeln
- Erfolgscontrolling

Kompetenzunterstützung der Promotoren/ Mitarbeiter

- Coaching
- Erlernen von Methoden
- Ausbau von Qualifikationen
- Motivation, Kommunikation

Langfristige Tragfähigkeit, Integration in betriebliche Praxis

- Unterstützung durch Geschäftsführung
- Beschäftigungseinbindung
- Qualifizierungen
- Vor-Ort-Begleitung

Akzeptanz in Unternehmen

Betriebliche Relevanz

- Praxisnähe
- Prozessansatz und -lösungen
- Kundenforderungen thematisieren
- Integrierter Ansatz
- Nutzen transparent machen

Aufwand/Flexibilität

- Zeitlich
- Personell

Verständlichkeit

- der Begriffe
- Qualifikationsmodule
- der Kommuniationsmedien
- gute und beste Beispiele

Modularer Ansatz

- Aufnahme des Status Quo
- Identifizierung der Handlungsansätze
- Schnelle erste Erfolgserlebnisse
- Meilensteien
- Maßnahmepläne
- Trainingsangebote

Verbindlichkeiten schaffen, öffentliche Transparenz

- Selbstbewertung
- Externe Kommunikation
- Integration in Netzwerke unterstützen
- Öffentlichkeitsarbeit

Nachhaltigkeit verbessern

Produkte und Kundenorientierung

- Kundenbedürfnisse, Verbrauchertrends
- Innovationspotenziale
- Marktpositionierung
- Soziale und ökologische Kriterien

Herstellung und Transport

- Energie-, und Transporteffizienz
- Stoff- und Materialströme
- Qualität und Sicherheit

Personal

- Arbeitszeitgestaltung
- Beschäftigtenbefragungen, Dialog
- Potenziale und Bedürfnisse

Aus- und Weiterbildung

- Branchenimage
- Personalschulung und -entwicklung
- Kreativität und Selbständigkeit

Organisation und Führung

- Aufbau- und Ablauforganisation
- Führungsverhalten
- Interne Kommunikation

Controlling, Finanzen und Risikovorsorge

- Finanzierung und Rating
- Unternehmenssicherung
- Risiko- und Krisenmanagement

Kooperation

- Vertikale, horizontale Kooperationen

Unternehmensleitbild und -strategie

- Produktstrategie und Marketing
- Label
- Öffentlichkeitsarbeit

Abbildung 6: Qualitätskriterien für Nachhaltigkeitsinstrumente

Literatur

Ahrens, Volker/Hofmann-Kamensky, Matthias: Integration von Managementsystemen. München 2001

Becker, Jörg/Kugeler, Martin/Rosemann, Michael: Prozessmanagement. Ein Leitfaden zur prozessorientierten Organisationsgestaltung. Berlin u.a. 2001

Binner, Hartmut F.: Organisations- und Unternehmensmanagement. Von der Funktionsorientierung zur Prozessorientierung. München 1998

Binner, Hartmut F.: Prozessorientierte TQM-Umsetzung. München 2000

Bundesministerium für Wirtschaft und Technologie (Hrsg.): Kooperationen planen und Durchführen – Ein Leitfaden für kleine und mittlere Unternehmen. Berlin 2001

Enzler, Stefan: Integriertes Prozessorientiertes Management. Berlin 2000

European Foundation of Quality Management: Das Excellence Modell der EFQM. Brüssel 1999

Eversheim, Walter: Prozessorientierte Unternehmensorganisation. Berlin 1996

Hohmann, Peter: Geschäftsprozesse und integrierte Anwendungssysteme. Prozessorientierung als Erfolgskonzept. Troisdorf 1999

Klemisch, Herbert/Rohn, Holger: Umweltmanagementsysteme in kleinen und mittleren Unternehmen (KMU) – Befunde und bisherige Umsetzung. Köln 2002

Kohl, Gernot: Prozessbenchmarking. In: Wagner, Karl W. (Hrsg.): PQM – Prozessorientiertes Qualitätsmanagement – Leitfaden zur Umsetzung der ISO 9001:2000. München/Wien 2001

Lörcher, Michael u.a.: Leitfaden prozessorientierte integrierte Managementsysteme (hrsg. v. Ministerium für Umwelt und Verkehr, Baden-Württemberg. Landesanstalt für Umweltschutz). Karlsruhe 2000

Siebert, Gunnar: Prozess Benchmarking – Methode zum unabhängigen Vergleich von Prozessen. Berlin 1998

Wagner, Karl W. (Hrsg.): PQM – Prozessorientiertes Qualitätsmanagement – Leitfaden zur Umsetzung der ISO 9001:2000. München/Wien 2001

Die SMALL®-Initiative. Sustainable Management for All Local Leaders

Georg Winter[1]

Die menschliche Zivilisation ist nur dann langfristig lebensfähig, wenn alle gesellschaftlichen Schlüsselbereiche am Ziel der Nachhaltigkeit ausgerichtet werden. Zu diesen Schlüsselbereichen gehören unter anderen die Landwirtschaft, die Industrie, die Energieerzeugung, das Kreditwesen, die öffentliche Verwaltung einschließlich Landes- und Stadtplanung und das Bildungswesen. In allen diesen Schlüsselbereichen können die kleinen Akteure in ihrer Gesamtheit mehr als die großen Akteure zur Schaffung einer nachhaltigen Zivilisation beitragen. Deshalb müssen die zukunftsgestaltenden Maßnahmen in erster Linie bei den kleinen Akteuren ansetzen, das heißt bei den kleinen landwirtschaftlichen Betrieben, den kleinen Industriebetrieben, kleinen den dezentralen Energieerzeugern, den Spezialisten für Kleinkredite, den kleinen Verwaltungseinheiten und den kleinen dezentralen Bildungseinrichtungen. Der Vorrang der kleinen Akteure als Zielgruppe muss im Bewusstsein aller gesellschaftlichen Gruppen verankert werden. Diese Aufgabe hat die SMALL® Initiative (*S*ustainable *M*anagement for *A*ll *L*ocal *L*eaders) in Angriff genommen. Der folgende Aufsatz erläutert die Grundgedanken und Hauptstoßrichtungen der SMALL Initiative. Am Beispiel der SMALL Company Initiative wird klar gemacht, mit welchen Mitteln die kleinen Akteure (hier kleine und mittlere Unternehmen) auf den Weg zur Nachhaltigkeit gebracht werden können.

1. Die Elemente der SMALL-Initiative

Die Aufgabe der nächsten Dekade: Think big – reach the small !

1.1 Die drei Grundsteine der SMALL-Initiative

Die Kleinen: Die Hauptbiomasse des Systems

Die kleinen Akteure übertreffen in ihrer Gesamtheit die großen Akteure an Gewicht. Das gilt unter anderem für Unternehmen, landwirtschaftliche Betriebe und Gebietskörperschaften.

---

1 Dr. Georg Winter führte in dem von ihm 25 Jahre geleiteten Unternehmen Ende der siebziger Jahre das erste umweltorientierte Managementsystem ein, verbreitete es durch die Gründung des Bundesdeutschen Arbeitskreises für Umweltbewusstes Management e.V. (B.A.U.M. e.V.) im Jahre 1984 sowie durch die Gründung des Internationalen Netzwerkes für Umweltbewusstes Management e.V. (INEM e.V.) im Jahre 1991 und überträgt mit der SMALL Initiative (Mai 2002) die in der Industrie gewonnenen Erkenntnisse auf weitere Wirtschafts- und Gesellschaftsbereiche.

Die Kleinen: Das Hauptpotenzial für Verbesserungen

Um durchschlagende Erfolge bei der Verbesserung der Nachhaltigkeit der Zivilisation zu erzielen, muss vorrangig bei den kleinen Akteuren angesetzt werden. Das heißt zum Beispiel für die Industrie, dass nachhaltigkeitsorientiertes Management die große Zahl kleiner und mittlerer Unternehmen erreichen muss.

Die Kleinen: Die Hauptzielgruppe zukünftiger Anstrengungen

Notwendig ist ein Zielgruppenwechsel in Richtung auf die kleinen Akteure. Zum Beispiel müssen im produzierenden Gewerbe die Hauptanstrengungen auf die Einführung nachhaltigkeitsorientierten Managements gerade bei kleinen und mittleren Unternehmen abzielen.

1.2 Die drei Säulen der SMALL-Initiative

Die ökologische Säule

Die kleinen Akteure unter den Unternehmen, landwirtschaftlichen Betrieben und Gebietskörperschaften müssen von den local leaders, das heißt den örtlichen Führungskräften, so geführt werden, dass die Bedürfnisse der gegenwärtigen Generationen erfüllt werden können, ohne dass zukünftige Generationen an der Erfüllung ihrer Bedürfnisse gehindert werden. Das bedeutet zum Beispiel für kleine Unternehmen die Einführung der Methoden nachhaltigkeitsorientierter Unternehmensführung. Dazu gehören eine laufend verstärkte Ressourcenschonung und Emissionsminderung.

Die ökonomische Säule

Die kleinen Akteure müssen lernen, die Verstärkung der ökologischen Ausrichtung mit einer Erhöhung des ökonomischen Erfolges zu verbinden. Ein Beispiel aus dem Unternehmensmanagement ist die Ertragserhöhung durch Einsparung von Rohstoff, Energie und Wasser, durch die Verminderung von Umweltrisiken und entsprechenden Reparaturkosten sowie durch die Mobilisierung neuer umweltorientierter Abnehmerkreise.

Die soziale Säule

Die kleinen Akteure müssen gleichzeitig an sozialen Anforderungen ausgerichtet werden. Das heißt zum Beispiel im Unternehmensbereich, dass die Mitarbeiter durch attraktive Anreizsysteme für die Mitwirkung an ökologisch-ökonomischen Verbesserungen motiviert werden und die Arbeitsbedingungen den sozialen Frieden gewährleisten.

Die Anstrengungen müssen sich auch dahin richten, dass gesamtwirtschaftliche Rahmenbedingungen entwickelt werden, die es für die Akteure attraktiver machen, gleichzeitig ökonomische, ökologische und soziale Ziele zu verwirklichen. Insofern hat die Global SMALL-Initiative auch ein makroökonomisches Ziel.

1.3 Die drei Eingangstore der SMALL-Initiative

Die SMALL Initiative hat zunächst drei Zielgruppen:

1. Die Führungskräfte aller lokalen Unternehmen, vorrangig der kleinen und mittleren Unternehmen
2. Die Führungskräfte aller lokalen Gebietskörperschaften, vorrangig der kleinen und mittleren Kommunen
3. Die Führungskräfte aller lokalen landwirtschaftlichen Betriebe, vorrangig der kleinen und mittleren Betriebe

Die Global SMALL-Initiative wird sukzessive auf weitere Zielgruppen ausgerichtet werden: Wichtig sind eine Global SMALL-Kredit-Initiative, eine Global SMALL-Energieerzeugungs-Initiative, eine Global SMALL-Stadtplanungs-Initiative. Der Club of Budapest hebt besonders die Notwendigkeit einer Global SMALL-Ausbildungs-Initiative hervor.

1.4 Die drei Baumeister der SMALL-Initiative

Der öffentliche Sektor

Auf nationaler Ebene sollte die Global SMALL Initiative zum Bestandteil der offiziellen Wirtschafts-, Landwirtschafts-, Umwelt- und Entwicklungspolitik werden und offiziell gefördert werden. Ein solches Projekt sollte auch auf EU-Ebene gestartet werden. Auf supranationaler Ebene kommt das Umweltprogramm der Vereinten Nationen als Auftraggeber für das Projekt in Betracht. Ermutigende Äußerungen von Prof. Dr. Klaus Töpfer, Leiter des Umweltprogramms der Vereinten Nationen, und von Georg Kell, rechte Hand von Kofi Annan, Generalsekretär der Vereinten Nationen, liegen vor.

Der private Sektor

Hier sollten Sponsoren und Großakteure zugunsten der Kleinakteure tätig werden. Zum Beispiel sollten Großunternehmen nach dem Grundsatz „big helps small“ zur Finanzierung und Durchführung des Projektes beitragen.

Nichtregierungsorganisationen (non-governmental organizations, NGOs):

Nichtregierungsorganisationen haben besondere Fertigkeiten entwickelt, zwischen den Auftraggebern für öffentliche Programme und den Zielgruppen „Scharnierfunktion“ auszuüben. Sie haben „Lupenfunktion“, indem sie aus ihrer Detailkenntnis heraus die lokalen Informationen zu zusammenfassenden Aussagen verdichten, und sie haben „Übersetzerfunktion“, indem sie die Grundkonzepte der Projektauftraggeber in die Sprache des Mittelständlers, des Brancheninsiders und des Landesbürgers „übersetzen“. Im Unternehmensbereich erreicht zum Beispiel das Internationale Netzwerk für Umweltbewusstes Management e.V. (INEM e.V.) die kleinen und mittleren Unternehmen in den verschiedenen Ländern, indem jeweils lokale Unternehmenszusammenschlüsse mit entsprechender Zielsetzung gegründet werden.

1.5 Die drei „Wasserwaagen" der Global SMALL-Initiative, die Paritätstrias (triple parity)

Die Global SMALL Initiative richtet sich an der Zielvorstellung der Paritätstrias aus. Die „Wasserwaage" wird in dreifacher Weise angelegt:

Die Gleichstellung kleiner Akteure

Die kleinen Akteure haben in ihrer Gesamtheit bei der Initiative mindestens das gleiche Gewicht wie die großen Akteure.

Die Gleichstellung von Entwicklungsländern

Entwicklungsländer haben für die Global SMALL-Initiative in ihrer Gesamtheit zumindest das gleiche Gewicht wie die Industrieländer.

Die Gleichstellung erneuerbarer Energien

Die Formen der erneuerbaren Energien erhalten im Rahmen der Initiative mindestens das gleiche Gewicht wie nicht regenerative Energieformen.

2. Die SMALL Company-Initiative

Die SMALL Company-Initiative ist eine 10-Jahres-Kampagne mit dem Ziel, eine kritische Masse kleiner und mittlerer Unternehmen mit einfachen Methoden auf ihrem Wege zu einer umweltbewussten und nachhaltigen Unternehmensführung zu unterstützen.

2.1 Das Problem und seine Lösung

Die Komplexität existierender Qualifizierungs-Methoden

Der UN-Umweltgipfel von 1992 in Rio de Janeiro brachte einen hohen Konsens, dass die Nachhaltigkeit ein vorrangiges Ziel für Regierungen, Kommunen und Unternehmen sein müsse. Es bedarf energischer praktischer Schritte, um diese Vision zu verwirklichen. Eine Schlüsselstellung kommt den Unternehmen zu. Es gibt zahlreiche Methoden, das Umweltverhalten des Unternehmens zu verbessern, ohne seine wirtschaftliche oder soziale Leistungsfähigkeit anzutasten. Zu diesen Methoden gehören umweltorientierte Managementsysteme (z.B. ISO 14001, EMAS), Entwicklung und Vermarktung umweltfreundlicher Produkte (produktbezogene Lebenszyklusanalyse, Ecodesign, Umweltkennzeichnungen nach dem Vorbild des blauen Engels), saubere Produktion (Abfallminimierung, Energieeffizienz, umweltorientierte Materialwirtschaft, Ecoeffizienz), umweltorientierte Unternehmensberichterstattung (und die darüber hinaus gehende Nachhaltigkeitsberichterstattung) und technische Innovation (beste verfügbare Technik, Faktor 10 usw.).

Die Notwendigkeit einfacher, preiswerter und mittelstandsgerechter Methoden

In den letzten Jahren wurde deutlich, dass alle diese Methoden für kleine und mittlere Unternehmen nur bedingt geeignet sind. Die einseitige Anwendung durch Großunternehmen verschafft diesen nicht nur in ökologischer, sondern auch in ökonomischer Hinsicht (z.B. Wasser-, Energie- und Rohstoffeinsparung) einen Vorteil zu Lasten kleiner und mittlerer Unternehmen. Die kleinen und mittleren Unternehmen rufen in ihrer Gesamtheit eine größere Umweltbelastung hervor als die Großunternehmen. Deshalb ist es erforderlich, Methoden umweltbewusster Unternehmensführung zu schaffen und zu verbreiten, die gerade auf die kleinen und mittleren Unternehmen zugeschnitten sind.

2.2 Die Projektleitung

Das Internationale Netzwerk für Umweltbewusstes Management e.V. (INEM e.V.) ist die Weltföderation von gemeinnützigen nationalen Unternehmensverbänden für umweltbewusstes Management und Zentren für saubere Produktion. Das INEM-Netzwerk umfasst 35 Mitgliedsverbände und assoziierte Cleaner Production Centres. Durch die Mitgliedsverbände erreicht INEM e.V. über 3000 Unternehmen, durch die assoziierten Cleaner Production Centres deren rund 9900 Firmenkunden. Mit insgesamt 12800 Firmen ist INEM e.V. somit weltweit das größte Netzwerk zur Förderung umweltbewussten Managements. Organisationskomitees zur Gewinnung von Mitgliedsfirmen bereiten in weiteren Ländern die Gründung von neuen INEM-Mitgliedsverbänden vor. Die Zentrale des internationalen Netzwerks ist in Hamburg, Deutschland. Ein zweites Hauptbüro wurde im Jahre 2000 in Budapest, Ungarn, eröffnet.

INEM e.V. wurde im Februar 1991 von den Unternehmensverbänden für umweltbewusstes Management aus Deutschland, Österreich und Schweden gegründet. Von INEM e.V. verfolgte Ziele sind die Minimierung der Umweltauswirkungen industrieller Produktion sowie die Harmonisierung zwischen wirtschaftlicher Entwicklung und Umweltschutz bei den Unternehmen. INEM e.V. organisierte die Internationale Industriekonferenz für nachhaltige Entwicklung und damit den Hauptbeitrag der Industrie zum UN-Umweltgipfel von 1992 in Rio de Janeiro.

INEM e.V. besitzt Akkreditierung, Beraterstatus bzw. Mitgliedschaft in Ausschüssen zahlreicher internationaler Organisationen (UN-Abteilungen, OECD, ISO, EBRD usw.) und organisiert internationale Konferenzen. Die Hauptaktivität von INEM liegt in der Basisarbeit, das heißt in der Hilfe für gemeinnützige Organisationen, die die Unternehmen bei der Einführung nachhaltigen Managements praktisch unterstützen.

In den letzten zehn Jahren hat INEM Folgendes verwirklicht:

- Die Entwicklung und Verbreitung vielfältiger Methoden zur Umsetzung umweltbewussten Managements, wobei der Schwerpunkt auf leicht handhabbaren „Werkzeugen“ und kleineren und mittleren Betrieben lag.
- Die Gründung bzw. Unterstützung von 35 Unternehmensverbänden und anderen Nichtregierungsorganisationen für umweltbewusstes Management weltweit.

Im Jahr 2000 betrug das Budget für das zentrale INEM Projekt US Dollar 972.000. Zu den Nutznießern des Projektes gehörten internationale Regierungsorganisationen, nationale Regierungen und Stiftungen. Das Projekt wurde von der Deutschen Bundesstiftung Umwelt, privaten Sponsoren und Unternehmen unterstützt. Zur Bewältigung des Tagesgeschäftes arbeiten weltweit 285 Mitarbeiterinnen und Mitarbeiter hauptamtlich und 33 auf freiwilliger Basis in den zum Netzwerk gehörenden Organisationen.

2.3 Zielgruppe

Nach Angaben der OECD sind 95 Prozent aller Unternehmen kleine und mittlere Unternehmen (KMU), die weniger als 100 Mitarbeiter beschäftigen. Die meisten dieser Unternehmen haben weniger als 50 Mitarbeiter. 92 Prozent aller europäischer Unternehmen gehören der Gruppe kleiner und mittlerer Unternehmen an.

Obgleich die kleinen und mittleren Unternehmen von der breiten Öffentlichkeit kaum wahrgenommen werden, bilden sie die mit Abstand größte „Biomasse“ unserer Wirtschaft. In ihrer Gesamtheit sind es kleine und mittlere Unternehmen, die am meisten dazu beitragen können, die Schadstoffbelastung unserer Erde zu verringern. Andererseits sind es auch diese Unternehmen, die in ihrer Gesamtheit den größten Beitrag zum wirtschaftlichen Wohlergehen der Staaten und ihrer Bürger leisten.

Trotz der somit überragenden wirtschaftlichen Bedeutung kleiner und mittlerer Unternehmen wurden 95 Prozent der Methoden für die Einführung umweltorientierten Managements für große transnationale Unternehmen entwickelt. Diese Methoden sind ungeeignet für kleine, mittlere und Mikrounternehmen (vgl. auch Ebinger/Schwarz in diesem Band). Kennzeichnend für kleine und mittlere Unternehmen sind mündliche Kommunikation, nicht akademische Ausbildung vieler Führungskräfte, unbürokratisches Handeln, Universalzuständigkeit und Vielfachbelastung von Führungskräften sowie tradierte familiäre Verhaltensmuster.

Dem steht nicht entgegen, dass es gerade mittelständische Unternehmen waren, die die Methoden umweltorientierter Unternehmensführung maßgeblich fortentwickelt haben und dass die erstmalige Entwicklung und Einführung eines umweltorientierten Managementsystems bereits Ende der siebziger Jahre auf ein mittelständisches Unternehmen (Ernst Winter & Sohn) zurückgeht.

2.4 Mittelstandsgerechte Methoden

Aufgrund unserer Erfahrungen in Industrie-, Schwellen- und Entwicklungsländern empfehlen wir fünf Methoden, die sich zur Einführung umweltbewussten Managements bei kleinen und mittleren Unternehmen eignen.

Methode 1: Eco-mapping und „Gute Haushaltsführung“

Eco-mapping ist eine einfache, visuelle Methode. Sie erlaubt, produktionsbedingte Umwelteinflüsse zu messen und zu reduzieren. Mittels einer eintägigen Prüfung ohne komplizierte Dokumentation werden die Hauptquellen der Umweltverschmutzung lokalisiert und die Verbesserungsmöglichkeiten allen sichtbar gemacht. Die für Eco-mapping und „gute Haushaltsführung“ verfügbaren Hilfen sind zwei 20-seitige Leitfäden, Kurztrainingsprogramme (auch für das Training von Beratern geeignet) und Vorführprojekte.

Methode 2: Ökologische Leistungsbewertung

Eine der einfachsten Methoden ist die Orientierung an Umweltindikatoren und die Einführung einer Gruppe von 20–30 Kernindikatoren. Diese Methode lässt sich auf erste, grobe Schritte (1–2 Stunden Brainstorming, Sammeln einiger üblicher Basisdaten, nur interne Nutzung) genauso anwenden wie auf sorgfältig ausgearbeitete Implementierungsprojekte (drei- bis viermonatige Laufzeit, detaillierte Beschreibung jedes einzelnen Indikators, aufwendige technologische Informationshilfen, Publikationen für die Öffentlichkeit). Verfügbare Hilfen zur Einführung dieser Methode sind ein 80-seitiger Leitfaden sowie ein dreitägiges Trainings- und Demonstrationsprojekt.

Methode 3: Ökologisches Informationssystem auf Selbsthilfebasis

Als interaktives System für die Erfassung von Umweltproblemen und die Nutzung von Entwicklungschancen eignet sich besonders eine CD-Rom. Sie erlaubt es dem Nutzer, eine Schwachstellenanalyse des Unternehmens durchzuführen, die von der Produktion über die Materialwirtschaft und die Mitarbeitermotivation bis hin zur Fahrzeugflotte reicht. Die CD-Rom erleichtert auch den Aufbau eines aussagefähigen Umweltinformationssystems und eröffnet Zugang zu einem Erfahrungs- und Ideenpool, der Erfolgsbeispiele anderer Unternehmen umfasst. Schließlich gibt die CD-Rom Hilfestellung bei der Abfassung eines einfachen Umweltberichtes und beim Selbststudium. Sie leitet wirksam zu ISO 14001 oder EMAS hin. Als Hilfsmittel sind verschiedene CD-Rom vorrätig.

Methode 4: Aktivitäten zur Unterstützung umweltorientierter Managementsysteme

Das Programm Sustainability Simply (Nachhaltigkeit mit einfachen Mitteln) umfasst drei Komponenten: eine leicht verständliche Anleitung für ISO 14001 Anfänger, eine Liste zertifizierter Unternehmen und zugelassener Berater sowie ein Coaching-Programm für die Selbstimplementation eines umweltorientierten Managementsystems (POEMS). POEMS bedeutet Polution, Prevention and Environmental Management System Consultation Program for small and medium-sized enterprises. Zu POEMS gehört ein Trainingkurs für zehn bis fünfzehn Unternehmensvertreter des Mittelstandes, die sich während eines Jahres monatlich treffen und dabei die Stufen zur Einführung des Standards ISO 14001 durchlaufen. Im Sinne einer „Hausarbeit“ implementieren die Unternehmen umweltorientiertes Management Schritt für Schritt. Die Berater geben auch vor Ort Hilfe, indem sie jedes teilnehmende Unternehmen zweimal besuchen. Der erfolgreichste Teilnehmer erhält als Prämie eine kostenfreie Zertifizierung. Hilfsmittel für dieses Programm sind ein 20-seitiger Führer, ein POEMS-Handbuch, ein zentrales Modellfallregister und POEMS Trainingsveranstaltungen.

Methode 5: Einfaches Benchmarking – Ökologische Qualifizierungsleiter

Öffentlicher Druck und der Wunsch nach Anerkennung motivieren die Unternehmen häufig stärker als gesetzliche Vorschriften zu umweltbewusstem Verhalten. Mit dem Ziel, „Stolz und Scham“ für die Nachhaltigkeit zu instrumentalisieren, wurde ein sechsstufiges Benchmarking System entwickelt. Den Stufen sind Farben bzw. Materialien zugeordnet. Ökologisch schwerfälligen Unternehmen ist die Bleistufe zugeordnet. Unternehmen, die ökologische Einsparpotenziale ausnutzen, bewegen sich auf der Silberstufe. Die höchste, nämlich die Diamantstufe, ist Unternehmen vorbehalten, deren Aktivitäten in ihrer Gesamtheit eine klare Wertorientierung spiegeln. Der große Vorteil dieses Systems liegt darin, dass es einfach ist, dass es auch von Nichtfachleuten verstanden werden kann und dass die Klassifikation eines Unternehmens innerhalb eines zweitägigen Besuches vor Ort einschließlich eines Interviews und einer Dokumentationsanalyse durchgeführt werden kann. Vorhandene Hilfsmittel für die Einordnung von Unternehmen auf der Qualifizierungsleiter sind eine methodische Anweisung, eine optische Veranschaulichung und das Konzept der gestuften Qualifikation. Die Zielgruppen sind in erster Linie Pionierunternehmen, in zweiter Linie qualifizierungswillige Unternehmen, in dritter Linie Unternehmen, die sich innerhalb einer ökologisch problembeladenen Branche vom Durchschnitt absetzen wollen.

2.5 Katalysatoren

Auf nationaler oder kommunaler Ebene sollten Formen der Kooperation geschaffen werden, die der Einführung umweltorientierter Managementsysteme in den Unternehmen Rükkenwind „von außen“ geben. Hierfür gibt es zahlreiche Beispiele, von denen hier vier vorgestellt werden sollen:

Einbeziehung der örtlichen Kommunen

Der Erfolg des Öko-Profit-Modells hat bewiesen, dass die Bezirksregierungen bzw. Kommunen wirksam dazu beitragen können, das Unternehmensverhalten positiv zu beeinflussen. Die österreichische Stadt Graz hat für jeweils ein Jahr Coaching-Gruppen für 10–15 Unternehmen mit dem Ziel ins Leben gerufen, eine schadstoffarme Produktion zu gewährleisten. Die Teilnehmer durchliefen ein zehn- bis zwölftägiges Training. Auch wurde jeder Teilnehmer am Orte seines Unternehmens mehrtägig beraten. Das mehrtägige Do-it-yourself-Lernprogramm wurde unterstützt durch Einbeziehung der jeweiligen Unternehmensleitung und durch ehrenvolle Anerkennung seitens der Stadt. Die Öko-Profit-Methode breitet sich nach einem Franchise-System vor allem in Österreich und Deutschland in den Städten aus.

Qualifikationskampagnen und öffentliche Wettbewerbe

Die erwähnte, in Ungarn praktizierte Qualifikationsleiter für Unternehmen (Methode 5) könnte leicht zu einem öffentlichen Auszeichnungsverfahren fortentwickelt werden. Eine etwas schärfere Gangart enthält das System PROPER, das seit einigen Jahren in Indonesien praktiziert wird und das zu einer maßgeblichen Verbesserung des Unternehmensverhaltens und der Umweltsituation des Landes beigetragen hat. Dieses System macht nicht nur die Pioniere, sondern auch die fußkranken Nachzügler namhaft.

Die „Solar – na klar!“ Kampagne des Bundesdeutschen Arbeitskreises für Umweltbewusstes Management e.V. (B.A.U.M. e.V.) in Deutschland ist ein erfolgreiches Beispiel dafür, wie eine landesweite Initiative, welche die Medien, die Industrie, das Handwerk, die Kommunen und die privaten Konsumenten einbezieht, bei der Verbreitung nachhaltiger technischer Lösungen einen Quantensprung erzielen kann. „Solar – na klar!“ erhöhte maßgeblich die Verbreitung des Einsatzes von Solarenergie für die Warmwassererzeugung in den deutschen Haushalten.

Abnehmerseitiger Qualifizierungsdruck

Die Einkaufsmacht von Großunternehmen kann für die ökologische Qualifizierung der Zulieferbetriebe instrumentalisiert werden. Die ökologischen Anforderungen von Großunternehmen an deren Lieferanten stellen für diese meist ein stärkeres Umstellungsmotiv dar als die Wünsche von Verwaltungsstellen, Nachbarn oder Nichtregierungsorganisationen.

Kooperation über Internet

Viele Unternehmen werden über das Zusammengehörigkeitsgefühl motiviert. In dieser Richtung kann das Internet instrumentalisiert werden. Zum Beispiel veröffentlicht das Internationale Netzwerk für Umweltbewusstes Management im Internet regelmäßig neue Fallstudien, denen die dem Netzwerk angehörenden Unternehmen praktische Handlungsempfehlungen entnehmen können. Diskussionsforen auf Internet schaffen bei den Unternehmen, die dem INEM-Netzwerk angehören, das Bewusstsein, nicht alleine zu stehen, sondern Teil einer weltweiten Bewegung für umweltorientiertes Management zu sein.

Eine zukunftsweisende Lösung ist ein über Internet zugänglich gemachtes Benchmarking-System. Ein weiteres Benchmarking-System wurde von der B.A.U.M. AG in Deutschland weltweit für das Abfallmanagement von Gemeinden eingeführt. In einem solchen System werden genau definierte Leistungskriterien von den Teilnehmern gesammelt und verglichen. Die Materialwirtschaft von Gemeinden ist ein Bereich, in dem sich durch landesweite oder internationale Preis- und Qualitätsvergleiche Argumente für die Verhandlung mit Lieferanten gewinnen lassen. An solchen Lösungen arbeitet ICLEI mit seinem BIG-Projekt.

2.6 Die Notwendigkeit von mehr Unternehmensverbänden für umweltbewusstes Management

Spezialisierte nationale Unternehmensverbände sind das wirksamste Mittel zur Verbreitung und Umsetzung von umweltbewusstem Management. Dafür gibt es folgende Gründe:

Aktualität des übertragenen Wissens

Das Know-how gelangt nicht erst auf dem Umweg über die Universitätsausbildung in die Unternehmen, sondern ohne zeitliche Verzögerung durch Fachseminare und den unmittelbaren Erfahrungsaustausch zwischen Unternehmenspraktikern.

Vorbildwirkung von Unternehmen des Netzwerks

Aus den fortschrittlichsten nationalen Verbänden für umweltbewusstes Management gibt es für die verschiedenen Branchen viele Beispiele für Unternehmen, die nicht trotz des Umweltschutzes Erfolg haben, sondern gerade durch den Umweltschutz ihren Erfolg vergrößern. Umweltschutz als Ertragsbringer und -steigerer – möglichst von Unternehmenspraktikern selbst vorgetragen – wirkt zündend auf andere Unternehmenspraktiker.

Medieneignung von Erfolgsstories aus dem Netzwerk

Erfahrungsgemäß finden die in den Seminaren von Praktikern vorgetragenen Praxisbeispiele das Interesse auch der Medien. Sie verbreiten die ansteckenden Erfolgsstories und erreichen damit auch die große Zahl kleiner und mittlerer Unternehmen, die dadurch zur Nachahmung angeregt werden.

Komplementäre Zusammenarbeit mit den Industrie- und Handelskammern

Die traditionellen Industrie- und Handelskammern berücksichtigen den betrieblichen Umweltschutz als einen von mehreren Faktoren. Sie müssen den Umweltschutz mit zum Teil weniger umweltbezogenen Faktoren ausbalancieren sowie auf die vielen ökologisch „fußkranken“ Mitgliedsfirmen Rücksicht nehmen. Die Pionierfunktion des Unternehmensverbandes für umweltbewusstes Management sowie die Austarierungsfunktion der Kammern sind in fruchtbarer Weise zueinander komplementär.

Vermeidung von Doppelforschung

Der Transfer des bei einem nationalen Unternehmensverband für umweltbewusstes Management gewonnenen Know-hows auf alle anderen nationalen Unternehmensverbände beugt der Vergeudung von Forschungs- und Entwicklungsamitteln vor. Es ist nicht erforderlich, dass in allen Ländern der Erde erst alle Unternehmen die gleichen Erfahrungen machen, bevor sie klug werden! Über INEM e.V. wird ein zügiger praxisnaher Informationstransfer in einer einheitlichen Sprache (Englisch) gewährleistet.

Motivation durch Gefühl übernationaler Zusammengehörigkeit

Ebenso wichtig wie der Informationstransfer zwischen den nationalen Unternehmensverbänden für umweltbewusstes Management ist die Förderung des Zusammengehörigkeitsgefühls, des Bewusstseins, mit verantwortlichen Menschen in anderen Ländern über die Grenzen hinweg bei dem Rettungswerk für die Umwelt zusammenzuwirken.

Die SMALL Company-initiative will in erster Linie die kleinen und mittleren Unternehmen und damit „die Hauptbiomasse“ der Wirtschaft erreichen. Diese Bewegung setzt dem an Großunternehmen orientierten Globalisierungstrend sachlich gebotene Balancekräfte entgegen.

2.7 Visionen und Ziele

5 bewährte Methoden (tools)

Die Praxis hat erwiesen, dass gegenwärtig die Konzentration auf fünf bewährte Methoden, die kombiniert werden können, besonders effektiv ist. Alle fünf Methoden tragen zur Nachhaltigkeit bei, sind leicht verständlich und in der Fachwelt anerkannt. INEM e.V. und seine Mitgliedsverbände werden weiterhin an der Entwicklung neuer Methoden arbeiten, in der praktischen Arbeit jedoch die beschriebenen fünf Methoden in den Vordergrund rükken.

50 nationale Mitgliedsverbände

Umweltorientiertes und nachhaltiges Management wird weiterhin von nationalen Kompetenzzentren vorangetrieben werden. Diese Kompetenzzentren sind nationale Unternehmensverbände für umweltbewusstes Management oder Zentren für saubere Produktion. Im Jahre 2012 soll sich die Zahl der Mitgliedsorganisationen von INEM e.V. von gegenwärtig 35 auf 50 erhöht haben. Dabei soll eine angemessene Verteilung auf Industrieländer, Entwicklungsländer und Schwellenländer gegeben sein.

500 bahnbrechende Unternehmen

500 Pionierunternehmen werden modernste integrierte Systeme für umweltorientiertes und nachhaltiges Management eingeführt haben. Sie werden in verschiedenen Ländern und Branchen tätig sein. Sie gelten als die Pioniere und Bahnbrecher, an denen die anderen Unternehmen ihre Entwicklung orientieren.

5.000 stark engagierte Unternehmen

5.000 Unternehmen werden als Mitglieder der nationalen Mitgliedsverbände von INEM e.V. die fünf Methoden umweltbewusster und nachhaltiger Unternehmensführung einsetzen. Die Zahl der dem Netzwerk angehörenden Unternehmen wird sich demnach in zehn Jahren um 2000 erhöht haben.

50.000 Unternehmen auf dem Wege

50.000 Unternehmen werden zu diesem Zeitpunkt aufgrund der Aktivitäten von INEM zu dem Empfängerkreis regelmäßiger Internet-Informationen zu nachhaltiger Unternehmensführung gehören und sich durch konkrete Maßnahmen auf dem Weg zu nachhaltiger Unternehmensführung befinden.

2.8 SMALL – Acht Schritte zum Erfolg. Empfehlungen für Bürgermeister und öffentliche Verwaltungen

1. Sichern Sie Ihren größten Erfolg durch Konzentration auf die kleinen ökonomischen Akteure, die verborgenen Riesen.
2. Lassen Sie auf jeden Schritt in Richtung Globalisierung zwei Schritte zur Stärkung der örtlichen Akteure folgen.
3. Unterstützen Sie in Ihrer täglichen Arbeit die kleinen Unternehmen, die kleinen Kommunen, die kleinen landwirtschaftlichen Betriebe und die anderen kleinen Akteure.
4. Beeinflussen Sie die regionalen, nationalen und europäischen Institutionen dahingehend, dass diese zu einer Politik umschwenken, die vorrangig die kleinen Akteure fördert.
5. Gehen Sie auf die kleinen wirtschaftlichen Akteure zu, indem Sie mit Industrie- und Handelskammern, Handwerkskammern sowie spezialisierten Nichtregierungsorganisationen wie INEM e.V., ICLEI, EURONATUR und anderen zusammenarbeiten.
6. Unterstützen Sie die kleinen Unternehmen bei der Einführung umweltorientierten und nachhaltigen Managements, um in Ihrer Gemeinde den Umweltschutz, die Wirtschaft, die Wettbewerbsfähigkeit und die Lebensqualität zu fördern.

7. Unterstützen Sie die Schaffung von Unternehmensverbänden für umweltbewusstes Management.
8. Nutzen Sie das weltweit eingeführte Internationale Netzwerk für Umweltbewusstes Management e.V. (INEM e.V.) als eine Brücke zum aktuellen Know how im Bereich umweltorientierter und nachhaltiger Unternehmensführung, wenn Sie in Ihrer Kommune oder Ihrem Land an der Schaffung eines Unternehmensverbands für umweltbewusstes Management arbeiten.

2.9 The global SMALL company initative

Declaration: The global SMALL company initiative

The promotion of small and medium-sized enterprises (SMEs) is one of the most vital responsibilities of the business community, governments, society and international institutions. Therefore, we support the *S*ustainable *M*anagement for *A*ll *L*ocal *L*eaders (SMALL) of companies initiative.

Encourage small and medium-sized enterprises

Taken as a whole, SMEs contribute substantially to the well-being of the economy and society. They are the most important producers and service providers and are the basis for continuity and stability in social life. They provide the most job training and employment. They are flexible and innovative, anchored in their communities and local cultures. Collectively, their environmental impact is immense. *SMEs shall be encouraged and assisted to make their contributions to sustainability.*

Support entrepreneurs of SMEs

The entrepreneurs of the hundreds of millions of SMEs and micro-enterprises worldwide manage all areas of their company's operations. Typically, they are rooted in their sector and location and have a strong bond with their employees. Their personal livelihood is linked to the success of their business, and they often make short-term sacrifices for the long-term success of the company. The entrepreneurs are busy with running their companies. Therefore, their voices are not heard in international institutions and fora and in the media. *The entrepreneurs of SMEs deserve much greater official recognition and stronger support. The cause of SMEs shall be championed by representatives of SMEs in international institutions, development agencies, and other structures.*

Help SMEs strive for sustainable management

The sustainability performance of a company depends on its management. Environmental management improves the economic, environmental and social performance in all functional areas (e.g., strategy, marketing, product development, production, purchasing, personnel, finance) and levels of the company. *Owners and managers of SMEs shall be assisted in their implementation of environmental and sustainable management.*

Spread environmental management tools to SMEs

Environmental management tools adapted to the needs of SMEs comprise such tools as ecomapping and environmental good housekeeping, environmental performance evaluation, do-it-yourself environmental information systems, coaching projects for self-implementation of environmental measures, and incremental environmental management qualification schemes. *SME-friendly environmental management tools shall be widely disseminated and increasingly employed.*

Show economic benefit of environmental management

The application of environmental management tools can increase profits and ensure the long-term survival of a company through cost-cutting, improved reputation, increased sales, reduced risks and motivated employees. *Actions, such as pilot projects and dissemination of case studies, must be undertaken to convince SMEs that they can benefit economically from implementation of environmental management.*

Foster catalyst schemes for environmental management

The success and rate of implementation of environmental and sustainable management can be further enhanced by catalyst schemes, e.g., use of the purchasing power of local authorities and large companies (green purchasing), large companies helping their suppliers (greening of the supply chain), co-operation between local authorities and companies (private-public partnerships), motivation by public recognition of environmental achievements (award programmes and environmental merit schemes) and the use of the creativity of staff and employees (employee suggestions scheme). *Catalyst schemes shall be consequently promoted.*

Create more business associations for environmental management

The creation and strengthening of national business associations for environmental management is a proven and very efficient method for disseminating environmental management to SMEs. *The goal of the International Network for Environmental Management (INEM) to increase the number of such associations from currently 30 to 50 by the year 2012 merits support.*

Complement the Global Compact with the Local Compact

Parallel to the Global Compact of the United Nations, a Local Compact should be created. This Local Compact should facilitate an annual evaluation of the advances of the global SMALL company initiative. National business associations for environmental management and national chambers of commerce are invited to report yearly, in a standardised form, on progress in the introduction of environmental management tools in SMEs.

Build co-operation among facilitators

The significant actors of civil society are called upon to support the global SMALL company initiative. Among these actors are multinational companies, chambers of commerce and industry, sectoral industry associations, local authorities, governments and intergovernmental organisations.

Expand the global SMALL initiative to additional areas of society

The many millions of small and medium-sized actors in other areas of society shall also have the opportunity to shape the economic frameworks of their national and the world's economies, and make their contributions to sustainability. Therefore, *the global Sustainable Management for All Local Leaders (SMALL) initiative shall also be a goal for SMALL farms, SMALL local authorities, SMALL decentralised energy suppliers and other actors. It shall be assessed into which areas, with what resources, and with which co-operation partners the SMALL initiative shall be expanded.*

International Network for Environmental Management (INEM e.V.)

For the co-operation partners: The Club of Budapest International 21.05.2002

Nachhaltigkeitskonzepte für Wohnungsunternehmen. Nachhaltiges Sanieren im Bestand als strategische Unternehmensperspektive

Immanuel Stieß und Irmgard Schultz

Hintergrund unseres Plädoyers für die Anwendung von Nachhaltigkeitskonzepten in Wohnungsunternehmen sind die Erfahrungen aus einem transdisziplinären Forschungsprojekt „Nachhaltiges Sanieren im Bestand", das vom Bundesministerium für Bildung und Forschung (BMBF) im Rahmen des Schwerpunktes „Nachhaltiges Wirtschaften" gefördert wurde. Ziel des Vorhabens war die Entwicklung eines integrierten Konzepts für eine nachhaltige Sanierung[1] von Wohnsiedlungen der fünfziger und sechziger Jahre, dessen Praxistauglichkeit derzeit bei der Sanierung ausgewählter Wohnsiedlungen im Rhein-Main-Gebiet erprobt wird. An dem im Frühjahr 2001 abgeschlossenen Projekt[2] arbeitete unter Leitung des Instituts für sozial-ökologische Forschung (ISOE) ein interdisziplinärer Forschungsverbund eng mit der Nassauischen Heimstätte, einem großen Wohnungsunternehmen in Hessen mit über 45.000 Wohnungen, zusammen[3].

Das Besondere an dem entwickelten Nachhaltigkeitskonzept, das für Wohnungsunternehmen auch wirtschaftlich interessant sein muss, ist eine doppelte Integrationsleistung: Erstens eine konzeptionelle Integration der baulich-ökologischen, sozialen und wirtschaftlichen Aspekte einer Bestandssanierung zu einem integrierten Gesamtkonzept und zweitens die systemische Verknüpfung von Konzept und Umsetzung durch das neue Instrument einer integrierten Gesamtplanung und dessen organisatorische Verankerung in abteilungsübergreifenden Projektteams. Die Umsetzung des Sanierungskonzepts wurde exemplarisch für zwei ausgewählte Siedlungsgebiete im Rhein-Main-Gebiet entwickelt: die Hans Böckler-Siedlung in Offenbach und eine Siedlung in Bad Soden-Neuenhain. Während der verschiedenen Projektphasen fand eine enge Kooperation zwischen den WissenschaftlerInnen des Forschungsverbunds und den MitarbeiterInnen des Wohnungsunternehmens statt, die durch die neu eingerichteten abteilungsübergreifenden Projektteams organisatorisch abgesichert wurde. Durch diese unternehmensinterne Integration der von den verschiedenen Fachabteilungen vertretenen Teilperspektiven können, wie in unserem Beispiel, mit Unterstützung der Geschäftsführung im Wohnungsunternehmen ein Nachhaltigkeitsprozess angestoßen und – darauf gestützt – innovative Abläufe und Strukturen bei der Planung und

1 Sanieren bezieht sich hier auf alle Bautätigkeiten im Altbaubestand und umfasst Renovierung, Instandhaltung, Beseitigung von Bauschäden ebenso wie die Verbesserung der Ausstattung und den Umbau.

2 Der Abschlussbericht des Forschungsprojekts (Schultz u.a. 2001) kann über das ISOE bezogen werden. Der Leitfaden Nachhaltiges Sanieren im Bestand (Ankele u.a. 2001) ist im Internet unter der Adresse www.isoe.de verfügbar.

3 Neben dem ISOE, Frankfurt/Main, waren an dem Forschungsverbund das Öko-Institut, Darmstadt und Freiburg, das Institut für ökologische Wirtschaftsforschung (IÖW), Berlin, sowie die Nassauische Heimstätte – Gesellschaft für innovative Projekte im Wohnungsbau (nhgip) beteiligt.

Umsetzung der Modernisierung geschaffen werden. Warum nachhaltiges Sanieren für die Wohnungswirtschaft im Moment eine in jeder Hinsicht sinnvolle Unternehmensstrategie darstellt, zeigen die vielfältigen strukturellen Probleme, mit denen sie konfrontiert ist und von denen wir im Folgenden nur einige der gewichtigsten darstellen.

1. Anforderungen an die Wohnungswirtschaft heute

Die Wohnungswirtschaft steht vor einer immensen Herausforderung. Bedingt durch die Altersstruktur ihrer Wohnungsbestände kommt auf die Wohnungsunternehmen vor allem in den alten Bundesländern eine große Instandhaltungswelle zu. Allein im Jahr 2000 haben die im Bundesverband deutscher Wohnungsunternehmen (GdW) zusammengeschlossenen Unternehmen 9,5 Milliarden Euro in die Instandhaltung und Modernisierung ihrer Wohnungsbestände investiert. Damit betragen die Investitionen in den Bestand etwa das Dreifache der Ausgaben für den Neubau. Nicht zuletzt als Folge der im Februar 2002 in Kraft getretenen Energieeinsparverordnung (EnEV) rechnet der GdW auch für die kommenden Jahre weiterhin mit einem hohen Investitionsbedarf für Sanierungs- und Modernisierungsmaßnahmen in Milliardenhöhe. Diese Zahlen machen deutlich, dass die Wohnungsunternehmen potenzielle Schlüsselakteure für eine nachhaltige Entwicklung des Wohnungsbestands sind.

Allerdings trifft dieser Investitionsdruck die Wohnungsunternehmen zu einem Zeitpunkt, wo sich ihr wirtschaftliches Umfeld zunehmend verschlechtert. War der Wohnungsmarkt zu Beginn der neunziger Jahre noch von Nachfrageüberhängen und Wohnungsknappheit gekennzeichnet, so haben Wohnungsunternehmen heute auch in vielen Regionen der alten Bundesländer mit erhöhter Fluktuation und drohenden Leerständen zu kämpfen. In strukturschwachen Gebieten mit einer Abwanderung von Arbeitskräften gibt es bereits heute dauerhaften Wohnungsleerstand, der in Einzelfällen Werte über 15 Prozent erreicht. Konzepte für ein nachhaltiges Sanieren haben daher nur eine Chance, wenn sie den besonderen Anforderungen dieser Situation gerecht werden. Ohne eine Stabilisierung der Mieterstruktur und eine langfristige Sicherung der Vermietbarkeit ist der ökonomische Erfolg einer Sanierung nicht gewährleistet.

Außerdem muss berücksichtigt werden, dass der soziale Wandel und die sich abzeichnenden soziodemografischen Veränderungen bereits heute zu einer spürbaren Veränderung der Wohnungsnachfrage geführt haben. Für die kommenden Jahre müssen sich die Wohnungsunternehmen vor allem auf folgende Trends einstellen:

- Nach den Berechnungen des Bundesamts für Bauwesen und Raumordnung (BBR) wird die Bevölkerung Deutschlands von 2000 bis 2015 nur noch geringfügig wachsen. Da sich die durchschnittliche Haushaltsgröße verringert, nimmt im gleichen Zeitraum die Anzahl der Haushalte in den alten Bundesländern allerdings um zwei Millionen zu (Waltersbacher 2001).
- Zugleich verschiebt sich der Altersaufbau der Bevölkerung. Die Anzahl der Haushalte mit älteren Menschen steigt. Nach der Prognose des BBR wird sich bis 2015 die Anzahl der Haushalte, in denen mindestens eine Person über 60 Jahre alt ist, um fast 20 Prozent erhöhen.
- Als Folge des sozialen Wandels hat sich eine Vielfalt von Lebensformen und Lebensstilen herausgebildet. Die „Normfamilie“ mit Vater, Mutter und zwei Kindern stellt nicht länger das unbestrittene Modell des Zusammenlebens dar. Singles, unverheiratete Paare mit und ohne Kinder oder Alleinerziehende sind verbreitete Lebensformen.

- Gleichzeitig bestimmen Einkommen und berufliche Stellung nicht mehr alleine die Lebensgestaltung der Menschen. Sie sind durch ein breites Spektrum von Lebensstilen mit unterschiedlichen Orientierungen, Einstellungen und Vorlieben geprägt, die sich auf Wohnwünsche und die Wahl des Wohnstandorts auswirken.
- Durch Zuwanderung nimmt vor allem in den großen Städten der alten Bundsländer der Anteil von Menschen ohne deutschen Pass weiter zu. Dabei bilden sich auch in den Beständen des (ehemaligen) sozialen Wohnungsbaus verstärkt multikulturelle Nachbarschaften heraus.

Diese Trends werden von einem wirtschaftlichen Strukturwandel überlagert, der zu immer deutlicheren Unterschieden der regionalen Entwicklung führt. Auch in den alten Bundesländern kommt es zu einem Nebeneinander von schrumpfenden, stagnierenden und wachsenden Regionen. In einigen Quartieren erweisen sich Arbeitslosigkeit, Armut und Ausgrenzung nicht nur als vorübergehende, sondern als dauerhafte Phänomene, die sich räumlich zu verfestigen drohen. Diese Entwicklung hat für die betroffenen Wohnungsunternehmen auch wirtschaftliche Konsequenzen und nötigt sie dazu, Konzepte für eine Verbesserung der Wohnsituation der BewohnerInnen zu entwickeln.

Aber auch dort, wo es nicht zu einer Häufung sozialer Problemlagen kommt, führen die dargestellten Trends zu einem Wandel von Wohnwünschen und -bedürfnissen, dem das bestehende Wohnungsangebot vielfach nicht gerecht wird. In einer Stellungnahme geht der GdW daher davon aus, dass in den alten Bundesländern die Entwicklung und Qualifizierung der Bestände die unternehmerische Aufgabe der Zukunft darstellt:

> „Die demographische Entwicklung wird spätestens ab 2015 mit dem verstärkt einsetzenden Rückgang der Bevölkerung und der dann auch abnehmenden Zahl der Haushalte erhebliche Auswirkungen haben. Aber schon heute wächst für die Wohnungsunternehmen die Notwendigkeit, ihre Bestände den veränderten Nachfragestrukturen anzupassen“ (GdW 2002: 2).

Anlass zur Sorge bereitet den Wohnungsunternehmen auch die Entwicklung der Betriebskosten. 2001 machten diese bereits fast ein Drittel der Bruttowarmmiete aus. Ursache ist vor allem der Anstieg der kalten Betriebskosten in den letzten 10 Jahren um ca. 70 Prozent (GdW 2002: 5). Zwar haben die Wohnungsunternehmen auf diesen Teil der Miete nur wenig Einfluss. Aus Sicht der MieterInnen kommt es jedoch vor allem auf die insgesamt für das Wohnen zu bezahlenden Kosten an. Daher ist die Warmmiete die entscheidende Größe. Strategien zu einer langfristigen Sicherung der Vermietbarkeit müssen daher an einer Kontrolle der Warmmietentwicklung ansetzen und versuchen, den weiteren Anstieg der Nebenkosten zu begrenzen. Das Ausschöpfen von Einsparpotenzialen beim Verbrauch von Energie und anderen Ressourcen stellt hier einen wichtigen Schritt dar.

Großer Modernisierungsbedarf besteht vor allem für die etwa fünf Millionen Wohnungen, die in den fünfziger und frühen sechziger Jahren in den alten Bundesländern errichtet wurden. Diese Siedlungen bündeln die oben aufgezeigten Entwicklungen und Trends wie in einem Brennglas. Sie verfügen häufig nur über einen einfachen Ausstattungsstandard und haben einen hohen Instandhaltungsbedarf. Vielfach entsprechen die Wohnungen hinsichtlich ihres Zuschnitts und ihrer Größe nicht den heutigen Wohnwünschen und -bedürfnissen. Ebenso wenig werden sie zeitgemäßen ökologischen Anforderungen und Standards gerecht. Als Folge der geringen Fluktuation ist der Anteil der über 60-Jährigen in den Siedlungen der fünfziger und sechziger Jahre bereits heute überdurchschnittlich hoch. So lebte in einem der im Projekt untersuchten Gebiete in jedem dritten Haushalt mindestens eine Person dieser Altersgruppe. Viele dieser Siedlungen befinden sich zudem in einer Umbruchsituation. Die ErstbezieherInnen sterben oder müssen altersbedingt ihre Wohnung verlassen. Eine neue Mietergeneration mit anderen Gewohnheiten, Erfahrungen und Lebensformen zieht ein. Vielfach entstehen multiethnisch und multikulturell geprägte Nachbarschaften. Nicht immer verläuft dieser Wandel reibungslos. Konflikte zwischen Alteingesessenen und Neuzugezogenen sind die Folge.

2. Ein integratives Nachhaltigkeitskonzept als Antwort auf die aktuellen Anforderungen

Angesichts der vielfältigen Anforderungen an eine nachhaltige Entwicklung des Gebäudebestands besteht der Leitgedanke des Konzepts einer nachhaltigen Sanierung in der gleichrangigen Berücksichtigung von ökologischen, ökonomischen und sozialen Aspekten. Dieser Anspruch ist in der Nachhaltigkeitsdebatte keinesfalls neu und ist beispielsweise von der Enquetekommission des Deutschen Bundestages eingefordert worden (Deutscher Bundestag 1998). Bislang gibt es jedoch nur wenige Beispiele dafür, wie diese Anforderung im Rahmen eines nachhaltigen Wirtschaftens erfolgreich in die Praxis umgesetzt werden kann.

Vielfach werden einzelne Problemdimensionen herausgelöst und isoliert bearbeitet. Dies geschieht beispielsweise bei Ansätzen, die sich ausschließlich auf technische Lösungen konzentrieren und die Frage untersuchen, unter welchen Bedingungen Maßnahmen zur Energieeinsparung wirtschaftlich machbar sind. Nachhaltigkeit wird vor allem als ein ökologisches Problem verstanden, das technisch gelöst werden kann. Eine Integration findet lediglich zwischen ökologischer und ökonomischer Dimension statt. Alle Praxisprobleme der Wohnungsunternehmen, die mit den Wohnansprüchen der MieterInnen und ihrem Verhalten zu tun haben, bleiben bei diesen Nachhaltigkeitskonzepten außen vor.

Auf der anderen Seite reduzieren Handlungsansätze zur Quartiersentwicklung vielfach die anstehenden Probleme auf soziale und (städte)bauliche Aspekte. Im Mittelpunkt stehen beispielsweise eine Anpassung von Wohnung und Wohnumfeld an die Wohnbedürfnisse älterer und in ihrer Mobilität eingeschränkter Menschen, die Einrichtung entsprechender Dienstleistungsangebote oder die Belebung von Nachbarschaften durch eine Aktivierung und Beteiligung der MieterInnen. Dabei tritt die baulich-technische Seite in den Hintergrund, ökologische Aspekte bleiben weitgehend ausgeklammert und wirtschaftliche Überlegungen werden nicht mit den ökologischen und den sozialen Anforderungen verknüpft.

Im Unterschied dazu stellt das nachhaltige Sanieren einen Ansatz dar, der Lösungen für die verschiedenen Teilprobleme zu einem integrierten Konzept verknüpft. Das Konzept zeichnet sich vor allem durch zweierlei aus. Die ökologischen Ziele, beispielsweise bei der Frage, welches Lüftungssystem im Energieeinsparungskonzept nach der Modernisierung wirklich längerfristig nutzbar sein wird, werden aus sozialer Perspektive, das heißt ausgehend von den Wohnbedürfnissen der MieterInnen, konkretisiert. Zudem findet eine durchgängige Berücksichtigung des Kriteriums der Wirtschaftlichkeit statt. In allen drei Dimensionen (ökologisch, sozial, ökonomisch) wird eine Langfristperspektive eingenommen. Daraus leiten sich *drei zentrale Nachhaltigkeitsaufgaben* ab:

- Für die ökologische Dimension bedeutet dies vor allem eine Minimierung des Energie- und Ressourcenverbrauchs bezogen auf den gesamten Lebenszyklus des Gebäudes.
- Ökonomisch folgt daraus eine Orientierung am Kriterium der langfristigen wirtschaftlichen Tragfähigkeit und der Sicherung der Vermietbarkeit.
- Für die soziale Dimension ergeben sich aus der Orientierung an einer Sicherung der Vermietbarkeit als zentrale Aufgaben die Anpassung an gewandelte Wohnbedürfnisse und eine langfristige soziale Stabilisierung der Siedlung.

Mit diesen konkretisierten Aufgaben einer nachhaltigen Sanierung wird die Bedeutung der Nutzung des Bestandes in allen drei Dimensionen hervorgehoben. Der besondere Stellenwert der Nutzungsphase bei einer nachhaltigen Sanierung hat zur Konsequenz, dass bereits bei der Planung der Modernisierung die Anforderungen der Betriebs- bzw. Nutzungsphase und des Rückbaus mit zu berücksichtigen sind. Dies erfordert eine integrierte Planung und neue Formen der abteilungsübergreifenden Kooperation. Vor allem müssen die Abteilung(en) des Unternehmens, die für die Kunden- bzw. Mieterbetreuung zuständig sind, schon in die Planung einbezogen werden. Dadurch wird der Wohnungsverwaltung bei der Modernisierungsvorbereitung ein größeres Gewicht eingeräumt. Außerdem ist es unverzichtbar, die MieterInnen und zukünftige NutzerInnen („Akteure der Nutzungsphase“) schon bei der Modernisierungsplanung einzubeziehen.

3. Nachhaltiges Sanieren als strategische Unternehmensperspektive

Das Konzept eines nachhaltigen Sanierens verknüpft Lösungen für die verschiedenen Teilprobleme einer Modernisierung zu einem integrierten Ansatz. Durch die integrierte Herangehensweise können Synergien und Zielallianzen, die sich aus Unternehmensperspektive „rechnen“, bei der Modernisierung besser genutzt werden. So wird durch die Verknüpfung der ökologischen Modernisierung mit den ohnehin fälligen Instandhaltungsarbeiten der Mehraufwand zum Beispiel für eine Fassadendämmung deutlich reduziert. Die Verringerung des Ressourcenverbrauchs führt zu Einspareffekten bei den Nebenkosten. Diese machen sich sowohl für die MieterInnen wie für die Eigentümerin langfristig bezahlt. Denn durch die eingesparten Nebenkosten ergeben sich Spielräume für die Umlage von Modernisierungskosten, ohne dass die Warmmiete im gleichen Ausmaß erhöht werden muss. Zugleich verringern diese Investitionen den Anteil der Nebenkosten an der Warmmiete und tragen so auch langfristig zu einer Stabilisierung und besseren Kalkulierbarkeit der Warmmietentwicklung bei.

Das Konzept der nachhaltigen Sanierung verbindet eine ökologische Gebäudemodernisierung mit einer nachfragegerechten Anpassung des Wohnungsangebots und einer dauerhaften sozialen Stabilisierung der Bewohnerschaft. Dies ist eine Voraussetzung für jede langfristige wirtschaftliche Tragfähigkeit, deren Vernachlässigung sich in teuren Leerständen rächt. Im Einzelnen beinhaltet das integrierte Konzept die folgenden *Kernpunkte*:

- Durch eine verbesserte Wärmedämmung und den Einbau effizienter Heizsysteme kann der Heizwärmebedarf um mehr als die Hälfte reduziert werden. Wie Modellprojekte gezeigt haben, ist es technisch sogar möglich, bei der Modernisierung von Mehrfamilienhäusern im Bestand einen Niedrigenergiestandard zu realisieren.
- Ein weiterer Schwerpunkt einer ökologischen Gebäudemodernisierung ist der Einbau wassersparender Armaturen und Spülkästen sowie von Wasseruhren. Diese Maßnahmen verringern nicht nur den Ressourcenverbrauch, sondern entsprechen auch dem Wunsch vieler MieterInnen nach einer verbrauchsbezogenen Abrechnung der Nebenkosten.
- Die Modernisierung sollte auch zum Anlass genommen werden, die Wohnungen auf schadstoffhaltige Bauteile wie asbesthaltige Bodenbeläge oder Kleber zu überprüfen und diese, falls erforderlich, fachgerecht zu entfernen.
- Durch eine Aufwertung der Wohnqualität und eine bedarfsgerechte Gestaltung des Wohnungsangebots kann der Wohnungsbestand an gewandelte Wohnwünsche und -bedürfnisse angepasst werden. Je nach den konkreten Gegebenheiten vor Ort kommt

dabei eine Vielzahl von Optionen in Betracht. Ein Kernpunkt ist jedoch eine seniorengerechte Wohnraumanpassung. Darüber hinaus können durch Grundrissänderungen, das Zusammenlegen von Wohnungen oder Anbauten familienfreundliche Wohnungen für große Haushalte mit einem geringen Einkommen geschaffen werden.

- Auch das Wohnumfeld sollte in die Umgestaltung einbezogen werden. Kernpunkte sind eine naturnahe und an den Bedürfnissen unterschiedlicher Nutzergruppen orientierte Gestaltung der Außenflächen sowie die Bereitstellung zeitgemäßer Abfallentsorgungseinrichtungen. Besonderer Merkpunkt ist, dass bei der Gestaltung von Spiel- und Bewegungsflächen die unterschiedlichen Bedürfnisse von Mädchen und Jungen berücksichtigt werden.
- Die Modernisierung sollte zum Anlass genommen werden, die Kommunikation seitens des Wohnungsunternehmens mit den MieterInnen zu intensivieren. Dabei sollte die Mieterinformation durch weitere sanierungsbezogene Beratungs- und Dienstleistungsangebote ergänzt werden.
- Schließlich sollten die MieterInnen auch über das gesetzlich vorgeschriebene Maß hinaus in die Vorbereitung und Durchführung der Modernisierung einbezogen werden. Durch eine zielgruppenbezogene Mieteraktivierung und -beteiligung können die Einfluss- und Gestaltungsmöglichkeiten der BewohnerInnen bei der Modernisierung vergrößert und eine Wiederbelebung von Nachbarschaften unterstützt werden. Erfahrungsgemäß ist die Umgestaltung der Außenanlagen für eine Mieteraktivierung und -beteiligung besonders gut geeignet.

Diese Kernpunkte bilden die Schlüsselelemente eines nachhaltigen Sanierens. Sie wurden auf einem Workshop mit Praktikern aus Wohnungswirtschaft und Wohnungspolitik als Mindestanforderungen an ein nachhaltiges Sanieren ausgezeichnet. Diese Kernpunkte können fallbezogen um Maßnahmenbündel in weiteren Handlungsfeldern[4] ergänzt werden.

4. Die Modernisierung der Hans-Böckler-Siedlung – ein Praxisbeispiel

Wie eine nachhaltige Sanierung in der Praxis aussehen kann, zeigt das Beispiel der Hans-Böckler-Siedlung in Offenbach-Bürgel. Die Siedlung wurde Ende der fünfziger Jahre erbaut und verfügt über 368 Wohnungen. Das Programm für die Modernisierung dieser Siedlung ist speziell auf die Anforderungen der Gebäude dieser Baualtersklasse zugeschnitten und wird seit dem Frühjahr 2001 umgesetzt.

Das Spektrum der baulichen Maßnahmen umfasst eine grundlegende Sanierung und Modernisierung der technischen Infrastruktur (Gaszentralheizung, Dämmung der Außenwände, Dachböden und Kellerdecken, wassersparende Sanitärarmaturen, Erneuerung der Elektroinstallation) sowie ein umweltschonendes Abfallkonzept. Ein Teil der Erdgeschosswohnungen wird von der Balkonseite her barrierefrei erschlossen und mit zusätzlichen Maßnahmen seniorenfreundlich gestaltet. Angesichts der großen Nachfrage nach Wohnungen für kinderreiche Haushalte werden einige Wohnungen durch Anbauten vergrößert. Dadurch entstehen Wohnungen mit Schalträumen, die wahlweise den angrenzenden Wohnungen zugeordnet werden können.

---

4 Eine vollständige Übersicht über die Essentials eines nachhaltigen Sanierens gibt der Leitfaden „Nachhaltiges Sanieren im Bestand“ (Ankele u.a. 2001).

In wenig genutzten Räumen im Sockelgeschoss eines Gebäudes werden Gemeinschaftsräume für verschiedene Zielgruppen geschaffen. In den Außenanlagen werden neue Spiel- und Aufenthaltsmöglichkeiten für Kinder und Jugendliche, aber auch Treffpunkte für ältere Menschen geschaffen. In diese Neugestaltung wird eine Regenwasserversickerung integriert. Die Gestaltung von Spielflächen, Treffpunkten und Kommunikationsbereichen sowie der Stellflächen für die Abfallcontainer wurde gemeinsam mit den BewohnerInnen der Siedlung geplant und umgesetzt. Das zielgruppenorientierte Aktivierungs- und Beteiligungskonzept umfasst unter anderem eine frühzeitige und umfassende Mieterinformation, Wahlmöglichkeiten zwischen Ausstattungsvarianten und eine Beteiligung bei der Umgestaltung der Außenanlagen in Form von moderierten Planerrunden, die von einem externen Landschaftsplaner durchgeführt werden. Ergänzende Dienstleistungsangebote, wie Umzugsmanagement und eine Wohnungstauschbörse erleichtern den Umzug innerhalb der Siedlung.

5. Innovative Strukturen und Abläufe für die Umsetzung

Nachhaltiges Sanieren zielt darauf, dass bei einer Modernisierung sowohl ökologische Fragestellungen als auch Mieterwünsche und Bedarfe einer sozialen Stabilisierung aktiv und systematisch berücksichtigt werden. Dadurch vergrößert sich auch der Kreis der Akteure, die an diesem Vorhaben beteiligt oder von ihm betroffen sind. Eine Modernisierung erfordert daher eine integrierte Planung und stellt besondere Anforderungen vor allem an die Kommunikation und Kooperation der an der Sanierung beteiligten internen und externen Akteure. Jedoch sind die Strukturen und Abläufe in vielen Wohnungsunternehmen noch immer zentral auf die Anforderungen des Neubaus zugeschnitten. Instandhaltung und Modernisierung werden überwiegend als Aufgaben der technischen Fachabteilungen angesehen. Für die optimale Umsetzung einer integrierten Modernisierung reicht dies allerdings nicht aus. Anhand des realisierten Beispiels möchten wir daher zeigen, wie bei der Umsetzung des Konzepts eines nachhaltigen Sanieren innovative Verfahren und Instrumente entwickelt wurden, die sich zugleich positiv auf eine Neuorientierung von Strukturen und Abläufen im Wohnungsunternehmen auswirken können.

Eine erste Innovation war die *Einrichtung abteilungsübergreifender Projektteams* für die Vorbereitung und Modernisierung der beiden Siedlungen. Dabei konnte auf bestehende Erfahrungen mit teamorientierten Arbeitsformen im Wohnungsunternehmen zurückgegriffen werden. Bereits zuvor arbeiteten MitarbeiterInnen der für Planung, Vergabe und Bauleitung zuständigen Fachabteilungen bei größeren Neubauvorhaben zusammen. Die organisatorische Innovation besteht darin, dass der Kreis der in den Projektteams vertretenen Fachabteilungen um die Akteure der Nutzungsphase erweitert wird. Die Leitung erfolgt durch die für die Wohnungsverwaltung zuständigen Geschäftsstellen. Neben Fachleuten aus den technischen Abteilungen wirken in den Projektteams auch die Kundenbetreuerinnen und der für Sozialmanagement zuständige Mitarbeiter mit. Punktuell können MitarbeiterInnen aus weiteren Fachabteilungen (z.B. Umweltbeauftragter, Finanzbereich, Miete) hinzugezogen werden.

Das Prinzip der Planung in einem Team unterscheidet sich von dem in der Wohnungswirtschaft verbreiteten Ansatz einer sequentiellen Planung, bei dem die einzelnen Schritte der Planung und Ausführung nacheinander abgearbeitet werden, wobei sich die verschiedenen Fachabteilungen (Planung, Vergabe, Bauleitung) ablösen. Im Gegensatz dazu können durch die abteilungsübergreifenden Projektteams die unterschiedlichen Sichtweisen und Kompetenzen der einzelnen Fachabteilungen bereits im Vorfeld der Modernisierung gebündelt werden. Ohne aufwändige Abstimmungsprozesse in den einzelnen Fachabteilungen können ökologische und soziale Anforderungen frühzeitig in die Planung einbezogen werden. Durch die Beteiligung der Wohnungsverwaltung können Wünsche und -bedürfnisse der Kunden mit einem größeren Gewicht in die Planung eingebracht werden. Auch die Ergebnisse der Mieterbeteiligung können ohne großen Kommunikationsaufwand aufgenommen, gemeinsam bewertet und gegebenenfalls bei der Planung berücksichtigt werden. Falls dies erforderlich ist, können einzelne Planungsschritte wiederholt durchlaufen werden, was die Anpassung an veränderte Rahmenbedingungen und Vorgaben erleichtert.

Eine weitere Innovation betrifft die *Mieterbetreuung*. Während der Sanierung wird die Kundenbetreuerin durch eine Sanierungsassistenz und Sanierungshelfer unterstützt. Die Sanierungsassistenz ist Ansprechpartnerin für die MieterInnen vor Ort und stellt ein Bindeglied bei der Umzugsplanung dar. Sie verfügt über ein Büro in der Siedlung und übernimmt wichtige Aufgaben bei der Mieterinformation und -beratung, der Organisation von Wohnungsbegehungen, dem Beschwerdemanagement, ist auch für den Abschluss der individuellen Modernisierungsvereinbarung zuständig und übernimmt eine wichtige Rolle bei der Kommunikation mit der Bauleitung. Die Sanierungshelfer stehen rund um den Umzug mit Rat und Tat zum Beispiel beim Abnehmen und Anbringen von Gardinen, Regalen oder Bildern zur Verfügung. Die Finanzierung der Stellen für die Sanierungsassistenz und die Sanierungshelfer erfolgt im Zusammenhang mit Beschäftigungs- und Qualifizierungsmaßnahmen.

Eine über das Wohnungsunternehmen hinausreichende Innovation bezieht sich auf die *Kooperation mit den ausführenden Handwerksbetrieben*. Sanierungshandwerker unterscheiden sich von Neubauhandwerkern. Sie benötigen soziale Kompetenzen und eine stärkere Kundenorientierung im Umgang mit Mieterinnen und Mietern. Sie müssen sich mit belästigungsarmen Sanierungstechniken (Geräte und Verfahren) sowie mit Schutzmaßnahmen auskennen und benötigen Kenntnisse in der gewerkeübergreifenden Kooperation mit dem Ziel einer belästigungsarmen Ausführung der Sanierungsarbeiten[5].

6. Strategische Vorteile durch integrierte und robuste Lösungen

Nachhaltiges Sanieren hat sich als ein robustes und anwendungstaugliches Konzept bewährt, das den sehr verschiedenartigen Anforderungen und Erwartungen an eine Modernisierung gerecht werden kann. Dies zeigen die positiven Erfahrungen bei seiner Umsetzung in den ausgewählten Modellsiedlungen. Zu diesem Erfolg haben vor allem die abteilungsübergreifende Kooperation im Unternehmen wie auch die verstärkte Einbeziehung der MieterInnen beigetragen. Damit werden Ergebnisse aus der Technikforschung bestätigt, die zeigen, dass durch die Ausweitung des Kreises der Beteiligten und die Mitwirkung der künftigen NutzerInnen bei entsprechender Prozessgestaltung die Qualität der Ergebnisse deutlich verbessert werden kann (vgl. Hughes 2000). Hier gilt also gerade nicht, dass viele Köche den Brei verderben. Erst durch die gemeinsame Planung der Unternehmensabteilungen, die über die Modernisierung hinaus langfristig mit der Siedlung betraut sind, und durch die Einbeziehung der NutzerInnen wird eine langfristige Wirkung der Modernisierungsmaßnahmen sichergestellt.

---

5 Im Rahmen des Projekts „Nachhaltiges Sanieren im Bestand" wurde vom IÖW ein Curriculumentwurf zur Stärkung der sozialen Kompetenzen von Bauhandwerkern erarbeitet. Auf Basis dieses Curriculums wird seit Frühjahr 2002 von der gemeinnützigen Offenbacher Beschäftigungs- und Qualifizierungsgesellschaft (GOAB) in Kooperation mit der Nassauischen Heimstätte und mit Unterstützung der Stadt Offenbach und des Landes Hessen ein Qualifizierungs- und Zertifizierungsprogramm für bauausführende Handwerksbetriebe durchgeführt.

Zwar ist die Modernisierung der beiden Siedlungen noch nicht abgeschlossen, jedoch sind bereits heute Erfolge sichtbar, die auf den integrierten Nachhaltigkeitsansatz zurückgeführt werden können. Durch die ökologische Gebäudemodernisierung konnte der Heizwärmebedarf um mehr als die Hälfte verringert werden. Die intensive Mieterkommunikation hat zu einer hohen Akzeptanz der Modernisierung geführt. Es gibt deutlich weniger Rechtsstreitigkeiten als bei vergleichbaren Vorhaben, so dass sich die Kosten für juristische Auseinandersetzungen um mehr als die Hälfte verringert haben. Trotz des erhöhten Aufwands für die Mieteraktivierung und die Moderation der Planerrunden liegen die Gesamtkosten für die Umgestaltung der Außenanlagen unter den üblichen Sätzen. Möglich wird dies durch die handwerkliche Mitwirkung der MieterInnen bei der Umgestaltung der Außenanlagen, wodurch sich das Volumen der Vergabearbeiten verringert hat. Die Anbauwohnungen stoßen auf eine rege Nachfrage. Dem steht ein großes Interesse am Umzug in eine kleinere Wohnung gegenüber. Vor allem ältere BewohnerInnen nehmen die Modernisierung zum Anlass, um von den oberen Stockwerken in eine kleinere und leichter zugängliche Wohnung im ersten Stock oder im Erdgeschoss umzuziehen.

Eine weitere wichtige Erkenntnis soll an dieser Stelle betont werden. Zurecht wird darauf hingewiesen, dass nicht in allen Fällen zwischen den verschiedenen Zieldimensionen, beispielsweise zwischen der ökologischen und der wirtschaftlichen Dimension, Synergien und Zielallianzen möglich sind, sondern dass es auch zu Konflikten zwischen den unterschiedlichen Anforderungen kommen kann. Die Erfahrungen bei der Modernisierung der Modellsiedlungen haben jedoch gezeigt, dass solche Zielkonflikte in der Regel durch Abwägungsprozesse, die unter Beteiligung der unterschiedlichen Fach- und Interessensperspektiven durchgeführt werden, entschärft werden können. So wurde auf den Einbau von Aufzügen in den fünfgeschossigen Zeilenbauten wegen der damit verbundenen hohen Investitions- und Betriebskosten verzichtet. Ebenso wurde die barrierefreie Umgestaltung von Wohnungen nach DIN 18025 nicht in das Modernisierungsprogramm aufgenommen. Wegen der erforderlichen Grundrissveränderungen hätte dieser Standard nur mit einem sehr hohen baulichen und finanziellen Aufwand realisiert werden können. In beiden Fällen wurden jedoch „weichere“ Ersatzlösungen gefunden. So wurde ein Teil der Erdgeschosswohnungen „behinderten- und seniorenfreundlicher“ umgebaut. Die Wohnungen wurden von der Balkonseite barrierefrei erschlossen und mit Haltegriffen und weiteren Merkmalen ausgestattet, die bei leichten körperlichen Beeinträchtigungen genutzt werden können. Anstelle eines Aufzugs wurde ein Wohnungstausch- und Umzugshilfe-Konzept vor allem für Ältere erarbeitet. An diesen Beispielen wird deutlich, wie sich der Ansatz eines nachhaltigen Sanierens von ausschließlich ökologisch orientierten Konzepten unterscheidet. Im Vordergrund steht keine einzelne Zieldimension, sondern die gesuchten Lösungen sollen den Anforderungen der ökologischen, sozialen und ökonomischen Zieldimension möglichst gut gerecht werden. Dabei geben die Kernpunkte den Rahmen vor, innerhalb dessen durch eine sorgfältige Abwägung der jeweiligen Vor- und Nachteile angemessene Lösungen gefunden werden können.

7. Ausblick

Angesichts der anstehenden Instandhaltung und Sanierung der Wohnungsbestände der fünfziger und sechziger Jahre stehen die Wohnungsunternehmen vor einer großen wirtschaftlichen Herausforderung. Zugleich sind sie potenzielle Schlüsselakteure, die durch eine an sozialen und ökologischen Kriterien orientierte Modernisierung des Wohnungsbestands einen substanziellen Beitrag zu einer nachhaltigen Entwicklung leisten können. Integrierte Ansätze wie das

Konzept eines nachhaltigen Sanierens zeigen, dass eine ökologische und nachfragegerechte Anpassung des Wohnungsbestands auch in einem schwierigen Umfeld wirtschaftlich möglich ist. Darüber hinaus kann so auch eine nachhaltige Unternehmensentwicklung unterstützt werden. Durch die kooperative und projektbezogene Arbeit in abteilungsübergreifenden Teams können die drei Dimensionen der Nachhaltigkeit eher berücksichtigt werden und angemessenere Lösungen für die auftretenden Zielkonflikte gefunden werden.

In vielen Wohnungsunternehmen hat eine Neuausrichtung bereits begonnen. Kundenorientierung, Dezentralisierung von Entscheidungskompetenzen und Ressourcen sowie die Bündelung von Kompetenzen in Teams mit breiten Entscheidungsbefugnissen sind die Stichworte. Eine solche Neuorganisation steigert die Motivation der MitarbeiterInnen und verbessert die Voraussetzungen für eine Kommunikation mit den MieterInnen und externen Akteuren, zu denen neben Lieferanten und Handwerksbetrieben zunehmend auch Akteure im Stadtteil, wie Kindergärten, Schulen, soziale Dienste, Kirchengemeinden und Bewohnerinitiativen zählen. Einen wachsenden Stellenwert nimmt die Transparenz und Dialogfähigkeit mit öffentlichen Anspruchsgruppen ein. Dabei hängt die Dialogfähigkeit eines Wohnungsunternehmens nicht allein von der Gestaltung von Unternehmensorganisation und Abläufen ab. Auch die Einbindung und Qualifikation der MitarbeiterInnen bildet eine wichtige Voraussetzung für Innovationen und Lernprozesse im Unternehmen und für die Kommunikation mit externen Akteuren (IZT/FWI 2002).

Der integrative Ansatz eines nachhaltiges Sanieren kann eine solche Neuausrichtung von Wohnungsunternehmen in Richtung Nachhaltigkeit unterstützen. Eine Voraussetzung dafür sind allerdings kalkulierbare wohnungspolitische und wohnungswirtschaftliche Rahmenbedingungen. Mit einer weiteren Verschlechterung der Ertragslage von Wohnungsunternehmen, einer Fixierung der Unternehmenspolitik auf kurzfristige Renditeerwartungen oder der Veräußerung von Wohnungsbeständen der öffentlichen Hand um jeden Preis verlieren auch Strategien einer nachhaltigen Bestandsentwicklung an Boden. Dabei sollte jedoch eines nicht übersehen werden. Wird die aktuell anstehende Instandhaltungs- und Sanierungswelle nicht zu einer an ökologischen und sozialen Kriterien orientierten Modernisierung genutzt, so ist eine große Chance für eine nachhaltige Entwicklung des Wohnungsbestands auf lange Sicht vertan.

Literatur

Ankele, Kathrin u.a.: Nachhaltiges Sanieren im Bestand. Leitfaden für die Wohnungswirtschaft. Frankfurt/Main u.a. 2001

Deutscher Bundestag: Konzept Nachhaltigkeit. Vom Leitbild zur Umsetzung. Abschlußbericht der Enquete-Kommission „Schutz des Menschen und der Umwelt“ des 13. Deutschen Bundestages. Bonn 1998

GdW Bundesverband deutscher Wohnungsunternehmen: GdW Stellungnahme. Öffentliche Anhörung des Ausschusses für Verkehr, Bau- und Wohnungswesen am 24. April 2002 „Wohnungsbau und Bedarf – Wohnungspolitik vor neuen Herausforderungen. GdW Papiere, April 2002. In: www.gdw.de/themen/stellungnahmen/anhoerung_24-04-02.pdf

Hughes, Thomas P.: Rescuing Prometheus. Four Monumental Projects that Changed the Modern World. New York 2000

IZT/FWI: Nachhaltigkeit des „Bauens und Wohnens“. Perspektiven und Handlungsfelder für die Wohnungswirtschaft (Schriftenreihe der Schwäbisch Hall Stiftung, Band 6). Schwäbisch Hall 2002

Schultz, Irmgard/Buchert, Matthias/Ankele, Kathrin/Fürst, Hans: Nachhaltiges Sanieren im Bestand. Ergebnisse eines transdisziplinären Forschungsprojektes (Studientexte des Instituts für sozial-ökologische Forschung, Nr. 10). Frankfurt/Main 2001

Waltersbacher, Matthias: Der Mensch, ein Flächenfresser. In: Politische Ökologie 19 (2001) 71, S. 19-21

Kapitel 4
Arbeit und Nachhaltigkeit. Arbeitsgestaltung und Arbeitspolitik für nachhaltiges Wirtschaften

Arbeit und Nachhaltigkeit. Wie geht das zusammen?

Eckart Hildebrandt

Die Einbeziehung des Themenfeldes Arbeit in die Diskurse um nachhaltige Entwicklung ist keine Selbstverständlichkeit. Auch im Rahmen der Überlegungen zur Entfaltung der sozialen Dimension der Nachhaltigkeit finden sich dafür nur spärliche Hinweise. Zumeist konzentrieren sich diesbezügliche Strategien auf die Verknüpfung von Umweltpolitik und Beschäftigung. Beispielhaft dafür ist das so genannte Bündnis für Arbeit und Umwelt (vgl. DGB 1999). Damit ist zwar eine zentrale soziale Problemstellung thematisiert, aber der Bedeutungsgehalt der Erwerbsarbeitsgesellschaft für eine nachhaltige Entwicklung nur an einem Punkt erfasst (vgl. dazu auch Linne in diesem Band). Es gibt eine Vielzahl von anderen Wechselbeziehungen, die in eine Nachhaltigkeitsstrategie einzubeziehen wären, wie beispielsweise:

- Prekäre Arbeitsverhältnisse, die aufgrund geringfügiger Entlohnung bei den Beschäftigten zu ökologisch schädlichen Lebensstilen führen und zur Suche nach zusätzlichen Verdienstmöglichkeiten, selbst wenn diese ökologische Standards unterschreiten oder sogar gezielt verletzen.
- Die Angewiesenheit von Arbeitnehmern auf Arbeitsplätze in Produktions- und Produktbereichen, die offensichtlich den Grundnormen der Nachhaltigkeit widersprechen bzw. von diesen Beschäftigten aus ethischen Gründen abgelehnt werden. Zu berücksichtigen wären auch die diesbezüglich unzureichenden Reklamations-, Mitbestimmungs- und Fortbildungsmöglichkeiten, um Produktion und Produkt nachhaltiger zu gestalten (Beispiel Rüstungskonversion).
- Die Einschränkung bzw. Behinderung privater Tätigkeiten wie Versorgungsarbeit und bürgerschaftliches Engagement, die eine nachhaltige Entwicklung unterstützen würden, die aber aufgrund extensiver oder sehr flexibler und schlecht planbarer Arbeitszeiten nicht wahrgenommen werden können.
- Die Verschlechterung der Verfügbarkeit bzw. des (kostenlosen) Zugangs zu natürlichen Ressourcen, die im Rahmen der Versorgungsarbeit und der Regeneration in Anspruch genommen werden (wie zum Beispiel Nutzgärten).
- Schließlich das insgesamt konsumzentrierte Produktionsmodell, das die Beschäftigten auf die Maximierung der Einkommenserzielung und die Bedürfnisbefriedigung über ressourcenintensiven Konsum orientiert.

Der Zugang zu diesen Wechselbeziehungen wird im Folgenden über eine kurze Bestandsaufnahme der Analysen zu den Wechselwirkungen zwischen Arbeit und Ökologie, zu den Merkmalen der Erwerbsarbeitsgesellschaft wie auch zur Erosion ihrer Normen eröffnet. Unter Einbeziehung globaler Tendenzen von Arbeit und Armut wird daraus das Konzept eines erweiterten Arbeitsbegriffs entwickelt. Dieses Konzept verdeutlicht die Wechselwirkungen von Arbeit und Nachhaltigkeit und von Ungleichverteilungen; gleichzeitig zeigt es Ansatzpunkte für eine Arbeitsgestaltung in Richtung einer nachhaltigen Entwicklung auf.[1]

1. Die Konstruktion des Zusammenhangs von Arbeit und Ökologie

Die Thematisierung des Zusammenhangs von Arbeit und Ökologie trifft auf bis heute getrennte Diskurse.

Der *ökologische Diskurs* ist damit beschäftigt, wirksame Umweltpolitik auch gegen traditionelle Ressortinteressen durchzusetzen und ein neues gesellschaftliches Paradigma zu begründen. Dabei wird er objektiv durch die Diskussionen um den Bedeutungsverlust der Erwerbsarbeit und die Krise des deutschen Modells der industriellen Beziehungen bestärkt, gilt doch deren bisherige Dominanz als wichtige Ursache der Übernutzung natürlicher Ressourcen.

Im *arbeitspolitischen Diskurs* wird dieser Zusammenhang noch weniger behandelt; er konzentriert sich wesentlich auf die Analyse einer Vielzahl heterogener Entwicklungstendenzen der Erwerbsarbeit in alten und neuen Sektoren. Die ökologischen Voraussetzungen und Folgen der (Erwerbs-)Arbeit sind bis heute ein Randthema der Arbeitssoziologie. Die Ursachen gehen bis in die Entstehungsphase der Soziologie zurück, die als Gegenentwurf zu einem naturalistischen Menschenbild konstituiert wurde (Grundmann 1997; Brand 1998).

Die Umweltdebatten der siebziger und achtziger Jahre wiederum wurden auf naturwissenschaftlicher Grundlage geführt. Erst in Ulrich Becks „Risikogesellschaft" (1986) wurden die neuen ökologischen Gefährdungen der modernen Industriegesellschaft politisch wirksam thematisiert und zum Fokus des Übergangs zu einer so genannten Zweiten Moderne gemacht. Aber auch in diesem Zusammenhang blieben die arbeitspolitischen Themen weitgehend unverbunden. Gleiches gilt für den soziologischen Diskurs um gesellschaftliche Naturverhältnisse (Jahn/Wehling 1998).

Einen direkten, politischen Brückenschlag zwischen Arbeit und Ökologie hat es vor allem maßnahmenorientiert im *Bereich der Beschäftigungspolitik* mit der These von der „double dividend" gegeben, den positiven Beschäftigungswirkungen des Umweltschutzes. Im Laufe der letzten 30 Jahre standen verschiedene Einschätzungen der Wechselwirkungen zwischen verstärktem bzw. unterlassenem Umweltschutz und Beschäftigung im Vordergrund: Arbeitsplatzvernichtung, Arbeitsplatzschaffung, Nettoeffekte, Entkoppelung (vgl. Hildebrandt/Oates 1997). Inzwischen haben sich die Positionen dahingehend angenähert, dass eine breite, umweltbezogene Innovationspolitik begrenzte, positive Beschäftigungseffekte haben wird, die aber im Zuge der Verlagerung vom additiven zu einem integrierten Umweltschutz weniger sichtbar sind (vgl. WSI-Mitteilungen 1999). Aufgedeckt wurden inzwischen auch die oft zu positiven Grundannahmen und Ausblendungen, mittels derer viele Studien erhebliche Beschäftigungseffekte einzelner Umweltinnovationen ermittelt hatten. Mittlerweile wird den Versuchen einer beschäftigungspolitischen Funktionalisierung zunehmend widersprochen; die Sicherung und Verbesserung der Umweltqualität und die Be-

---

1 Die Darstellung beruht auf Untersuchungen im Rahmen des Verbundprojektes „Arbeit & Ökologie" der Hans-Böckler-Stiftung (zitiert als Deutsches Institut für Wirtschaftsforschung u.a. 2000) und Kapitel 3 in Brandl/Hildebrandt 2002.

kämpfung der Arbeitslosigkeit werden als zwei eigenständige Ziele gesehen, die unterschiedlicher Instrumente bedürfen. In einer langfristigen, umfassenden und integrierten Sichtweise sind Nachhaltigkeitsstrategien durchaus mit höheren Beschäftigungsniveaus zusammenzusehen (vgl. Blazejczak/Edler 1999). Ein anderer, kritischer Aspekt des Beschäftigungsansatzes besteht darin, dass ausschließlich auf die quantitativen Beschäftigungseffekte des Umweltschutzes abgestellt wird und die qualitativen Voraussetzungen und Folgen im Bereich von Arbeit ausgeblendet bleiben (vgl. Ritt 1999; Hennen 2001).

Während hier das Umweltthema mit bestehenden Formen der Beschäftigungspolitik verbunden wird (zum Beispiel Zukunftsinvestitionsprogramme), bezieht sich eine andere, direkte Verknüpfung auf den Zusammenhang zwischen Umweltschutz und Arbeitsschutz. Der Kontext sind hier die ökologischen Kreisläufe in der Biosphäre, in die Oppolzer (1993: 20)

> „den Kreislauf natürlicher Regeneration des menschlichen Organismus im Zusammenhang von Verausgabung und Wiederherstellung von lebendiger Arbeitskraft"

integriert sieht. Er wendet damit das Kreislaufmodell der Ökologie auf die Verausgabung von Arbeitskraft an. Bedingung für die Stabilität der Kreisläufe ist die Vermeidung von Über- oder Fehlbelastungen, von frühzeitigem Verschleiß oder dauerhaften Schäden. Die wichtigsten Einflüsse sind neben den Faktoren aus der Arbeitsumgebung im engeren Sinne (Schadstoffe, Lärm) die körperlichen Belastungen (wie schwere und einseitige Arbeit) und die psychischen Belastungen (wie Monotonie und Stress) sowie Belastungen durch die Dauer und Lage der Arbeitszeit (wie Mehrarbeit, Nacht- und Wochenendarbeit). Darüber hinaus beeinflusst natürlich der Charakter des Arbeitsverhältnisses die Lebenswelt und die Lebensführung der Beschäftigten, zum Beispiel bezüglich des Ernährungs- und Freizeitverhaltens (ebd.: 21). Viele der daraus abgeleiteten Schutzmaßnahmen sind aus dem betrieblichen Arbeits- und Gesundheitsschutz bekannt.

Beide Verknüpfungen haben sich im Rahmen der ökologischen Modernisierung am ehesten in Politikmaßnahmen umgesetzt. Sie reichen aber beide nicht an den Kern des Wechselverhältnisses von Arbeit und Ökologie heran.

Insofern kommen wir zu dem Ergebnis, dass erstmals in den Überlegungen zu Nachhaltigkeitsstrategien die historisch ausdifferenzierten Diskurse um Arbeit und Umwelt wirklich zusammen gedacht werden. Bierter/von Winterfeld haben diesen wichtigen Schritt formuliert:

> „Erst in den Leitbildern zu einer nachhaltig zukunftsfähigen Wirtschaft und Gesellschaft wird allmählich begonnen, konkretere Vorstellungen über vertrauensbildende Prozesse zwischen den beiden Großthemen Arbeit und Ökologie zu entwickeln" (Bierter/von Winterfeld 1998: 15).[2]

Die ihrem Buch zugrunde liegende Tagung hatte erstmals soziologische Ansätze mit sehr unterschiedlichen Ausgangspunkten und Perspektiven der Verknüpfung zusammengebracht und gibt ein gutes Abbild der Versuche, arbeitspolitische Diskussionsstränge auf die Thematik der nachhaltigen Entwicklung zu beziehen. Als verbindendes Konzept von Arbeit und Ökologie führten die Herausgeber die *„Januskopfigkeit der Arbeit"* ein (vgl. Bierter u.a. 1996: 74ff.). Danach verstehen sie Arbeit als „Transformation von Unordnung in Ordnung" und zugleich als notwendige Zerstörung anderer Ordnungen. Arbeit sei nie nur produktiv und schöpferisch, sondern sie produziere immer auch Destruktives und zerstöre bereits Produziertes. Arbeit konnte ihren gesellschaftlichen Siegeszug nur deshalb antreten, weil ihre destruktive Seite zugunsten der Wertschöpfung ausgeblendet und externalisiert wurde: in die Natur, in die soziale Gemeinschaft, in die Dritte Welt und in die Zukunft.

---

2 Als interessanter Vorläufer sind Fischer/Rubik 1985 zu nennen.

> „Bei der Erwerbsarbeit handelt es sich erstens um ein oft naturzerstörerisches Arbeiten und zweitens um die Reduktion vieler Arbeitswirklichkeiten auf eine der engen ökonomischen Rationalität unterworfenen Lohnarbeit“ (Bierter/von Winterfeld 1998: 303).

Beides hänge eng miteinander zusammen, die Ausgrenzung und die Ausbeutung der sozialen Lebenswelt und der natürlichen Mitwelt.

Die Beiträge der Wuppertaler Tagung bezogen sich sehr unterschiedlich auf diese Sichtweise von Arbeit, sowohl bei der Analyse des Wandels wie bei den daraus abgeleiteten Zukunftsstrategien. In der Bestimmung der wünschenswerten Richtung des Wandels bestand allerdings weitgehende Übereinstimmung: Es geht um die Sichtbarmachung der Ausblendung und die Überwindung der Dualität der gesellschaftlichen Arbeit, um die Wiederherstellung des „Ganzen der Arbeit“, um die Aufwertung informeller Tätigkeiten, die sich auf die Versorgung und die Sorge für andere und für die Gemeinschaft richten und die größere Potenziale der Selbstverwirklichung enthalten. Die erforderliche Qualität des notwendigen Systemwandels wurde allerdings sehr unterschiedlich angesetzt.

2. Entwicklungstrends von Erwerbsarbeit

Die sozialwissenschaftlichen Diskussionsbeiträge zu Veränderungen von Erwerbsarbeit stehen noch weitgehend vereinzelt nebeneinander und sind in ihren Annahmen und Analysen ausgesprochen heterogen (vgl. als Überblick z.B. Senghaas-Knobloch 2000). Konsens besteht darüber, dass gravierende Umbrüche in der gesellschaftlichen Organisation von Arbeit stattfinden, zu deren wesentlichen Ursachen grundsätzliche Entwicklungstendenzen wie Individualisierung, Technisierung, Ökonomisierung und Globalisierung gehören. Diese veränderten Rahmenbedingungen wirken in unterschiedlichster und hoch komplexer Weise zusammen und beeinflussen die Ausprägungen gesellschaftlicher Arbeit; insbesondere in der Weise, dass sich die Formen der Erwerbsarbeit hochgradig ausdifferenzieren und dass sich die Erwerbsarbeit in vielfältiger Weise entgrenzt, beispielsweise im Verhältnis zwischen Erwerbsarbeit und anderen gesellschaftlichen Tätigkeiten sowie der Freizeit.

Um diese Wandlungsprozesse zu qualifizieren, wird in der sozialwissenschaftlichen Diskussion um die Zukunft der Arbeit das *Konstrukt der „Normalarbeit“* in den Mittelpunkt gestellt, das die soziale Architektur der Industriegesellschaften bestimmt und in der Bundesrepublik Deutschland in den sechziger bis neunziger Jahren seine stärkste Ausprägung gefunden hat (vgl. Mückenberger 1985; Osterland 1990). Dieser Normalarbeit wird einmal die Qualität eines gesellschaftlichen Leitbildes zugesprochen, an dem sich nicht nur die Konstruktion von Arbeitsverhältnissen, sondern auch die von Familien- und Gemeinschaftsformen einschließlich der Institutionen des Sozialstaates orientiert hat. Damit galt und gilt sie auch weiterhin als Leitbild „guter Arbeit“, das von der Mehrheit der Arbeitsbevölkerung angestrebt wird und das nach der dominierenden gesellschaftspolitischen Programmatik auch für alle erreichbar ist (Vollbeschäftigung zu Bedingungen der Normalarbeit). Einverständnis herrscht aber auch darüber, dass diese Normalarbeit nur für einen Teil der Arbeitsbevölkerung, vor allem für männliche Facharbeiter und Angestellte, wirklich Normalität geworden ist. Insofern handelt es sich um eine „herrschende Fiktion“, deren Bedeutung eigentlich erst mit den ersten Anzeichen ihrer Erosion hervorgetreten ist.

Ein weiter, historisch zurückgreifender und international vergleichender Blick auf die gesellschaftliche Organisation von Arbeit zeigt sehr deutlich, dass diese „Normalität der Lohnarbeit“ eine sehr spezifische Ausprägung hat, deren Zukunftsfähigkeit zunehmend umstritten ist. Die Frage unter der *Perspektive von Nachhaltigkeit* lautet, ob angesichts der historischen Erfahrungen die weitere Verallgemeinerung von Normalarbeit eine mögliche und geeignete Antwort auf die gegenwärtigen und zukünftigen Bedürfnisse der Menschen ist. Diese Bedürfnisse richten sich grundsätzlich auf eine sinnvolle und produktive Tätigkeit, auf eine ausreichende Versorgung und auf gesellschaftliche Teilhabe. Das Spezifische der „Arbeitsgesellschaft" oder genauer der „Erwerbsarbeitsgesellschaft" liegt darin, dass die Befriedigung aller dieser Bedürfnisse entscheidend an die Teilnahme an Erwerbsarbeit gebunden ist. Gesellschaftlich anerkannte Tätigkeit hat grundsätzlich die Form der Erwerbsarbeit angenommen, sie wird am Markt nachgefragt und bezahlt. Sie ermöglicht ein Geldeinkommen, aus dem der Arbeitnehmer Produkte und Dienstleistungen für die Versorgung kaufen kann, wobei immer weitere Bereiche vermarktlicht werden (derzeit insbesondere personenbezogene Dienstleistungen). Andere Tätigkeiten und andere Versorgungsformen jenseits der Erwerbsarbeit sind nicht in dieser Weise anerkannt, sie werden überwiegend als unproduktiv und rückschrittlich charakterisiert. Schließlich erfolgt auch die Teilnahme an der Gesellschaft direkt und indirekt über Erwerbsarbeit (Betriebszugehörigkeit), auch viele Formen des freiwilligen Engagements und der Freizeit sind an diesen Status und insbesondere an die damit verbundenen Geldmittel und Fähigkeiten gebunden. Normalarbeit ist durch die Stabilität der Beschäftigung und des Einkommens geprägt sowie durch ein hohes und weitgehend standardisiertes soziales Schutzniveau infolge der Verregelung der Arbeits- und Beschäftigungsbedingungen und der sozialen Sicherungssysteme. Prozesse der Flexibilisierung und Pluralisierung durch Deregulierung signalisieren daher eine Wende im arbeitspolitischen Paradigma.

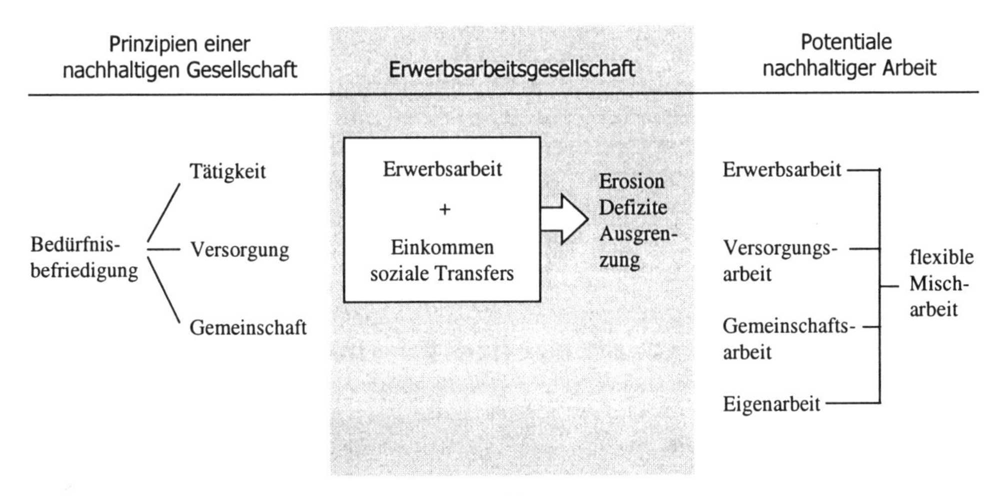

Abbildung 1: Enger und weiter Arbeitsbegriff

Historische und empirisch-analytische Untersuchungen zur Erwerbsarbeit, die hier nicht ausgeführt werden können, führen uns zu drei zentralen Thesen:

- dass erstens die spezifische Form der Normalarbeit unter den Bedingungen von Individualisierung, Technisierung und Globalisierung Erosionsprozessen unterliegt, das heißt einer grundlegenden Transformation unterworfen ist;
- dass zweitens Pluralisierung, Flexibilisierung und Entgrenzung von Erwerbsarbeit prinzipiell Potentiale einer nachhaltigen Entwicklung von Arbeit enthalten, die durch entsprechende Gestaltungsmaßnahmen realisiert werden können;

- dass drittens erst ein erweiterter Arbeitsbegriff den konzeptionellen Zugang zu einer nachhaltigen Entwicklung eröffnet, in dem die anderen Formen gesellschaftlicher Arbeit in die soziale Architektur der postmodernen Gesellschaft aufgenommen sind (Mischarbeit).

In Bezug auf das *Ausmaß der Erosion der Normalarbeit und deren Zukunftstrends* gibt es durchaus unterschiedliche Definitionen, Einschätzungen und Prognosen. Dies drückt sich auch in den Formulierungen aus, mit denen die stattfindende Transformation belegt wird. Es wird vom „Potential atypischer Beschäftigung" gesprochen (IAB), von „Differenzierung der Arbeitsverhältnisse" (Bosch u.a. 2001), vom „Ausfransen" (Wagner 2000), von „sinkender Intensität der Vergesellschaftung" (Bonß 1999: 153) oder der „Fluidisierung" des Normalarbeitsverhältnisses (Kocka/Offe 2000). Umstritten sind die Qualität und die Stabilität der Erosionsprozesse. Gegen die These der Erosion als einem unumkehrbaren Prozess zu einer qualitativ anderen „Normalität" wird erstens eingewandt, dass der absolute Bestand an Normalarbeitsverhältnissen bisher erhalten geblieben sei und nur „ein zusätzliches Neues" hinzukäme, vor allem in Form der Teilzeitarbeit von Frauen. Zweitens wird eingewandt, dass viele dieser flexiblen Arbeitsverhältnisse „transitorisch" seien und – insbesondere aufgrund der aus demografischen Gründen anstehenden Verringerung der Arbeitslosigkeit – in unbefristete Vollzeitarbeitsverhältnisse übergehen würden. Drittens wird die Trennung zwischen Vollzeit und Teilzeit im Zuge der Destandardisierung von Arbeitszeiten als nicht mehr angemessen bezeichnet. Die Teilzeit wird danach Teil der Normalarbeit (vgl. z.B. Bosch 2001: 219ff.). Als Konsequenz aus diesen Einwänden wird von der fortbestehenden Zentralität des Normalarbeitsverhältnis gesprochen, das nun aber einige flexible Formen einschließt und deshalb als ein „neues Normalarbeitsverhältnis" (ebd.) bezeichnet wird. Analytisch führt diese Begriffsanpassung allerdings dazu, dass historisch neuartige und gewichtige Veränderungen der Arbeitsgesellschaft durch die „Fluidisierung des Begriffs der Normalarbeit" aufgefangen werden. Wir ziehen es deshalb vor, auf der Grundlage eines eher eng gefassten und historisch spezifizierten Verständnisses von Normalarbeit von einer zunehmenden Flexibilisierung von Arbeit zu sprechen, die zur Erosion von Normalarbeitsverhältnissen, Normalarbeitszeiten und Normalarbeitsbiografien führt.

3. Globale Entwicklung von Arbeit, informeller Sektor und Lebensqualität

Wenn der Blick auf Entwicklungstendenzen von Arbeit auf andere Kontinente und Kulturen ausgeweitet wird, verstärken sich die Probleme eines Vergleichs und auch die Probleme des Maßstabs. Die vielen weltweiten Konferenzen und Kommissionen zu nachhaltiger Entwicklung haben den Eindruck vermittelt, dass die Ausbreitung westlicher Grundwerte wie Markt, Demokratie, Menschenrechte und Zivilgesellschaft in den letzten Jahrzehnten als Tendenz zu einer globalen Homogenisierung interpretiert worden ist. In dieser modernisierungstheoretischen Perspektive ist die Verwestlichung ein Grundzug des globalen Wandels. Der Fortschritt führt danach zu einem einzigen Zivilisationstyp, der durch die Lebensweise in Nordamerika und Westeuropa repräsentiert wird.

Dieser hegemonialen Sichtweise sind zunehmend Konzepte einer globalen Gemeinschaft entgegengestellt worden. „Aber: das im Entstehen begriffene globale Dorf ist keineswegs ein einheitliches Gebilde, geschweige denn aus einem Guss geschaffen, es ist vielmehr durch *Vielfalt der Kulturen* sowie – in letzter Zeit – durch eine zunehmende Geltendmachung der eigenen Identität geprägt" (Stiftung Entwicklung und Frieden 2001: 60). Die Autoren des „Manifests für den Dialog der Kulturen" sprechen von der Bedeutung der ursprünglichen Bindungen, dass heißt von Rasse, Geschlecht, Sprache, Land, Klasse, Alter und Glauben, die die persönliche Identität begründen und dem Alltagsleben Sinn verleihen. Diese sind durch die Globalisierung nicht erodiert, ihr Wiedererstarken wird vielmehr als unbeabsichtigte Folge der Globalisierung interpretiert. Grundlagen des Dialogs der Kulturen sind die Verschiedenheit aufgrund der Mitgliedschaft in einer lokalen Gemeinschaft und die Gemeinsamkeit als Mitglied der globalen Gemeinschaft. Die Brücken der Gemeinschaft werden durch *gemeinsame Werte* gebildet, die auf dem Grundwert der Menschlichkeit aufbauen. Die Autoren haben sich auf vier zentrale Wertpaare geeinigt: Freiheit und Gerechtigkeit, Rationalität und Anteilnahme, Rechtmäßigkeit und Zivilisiertheit, Rechte und Verantwortlichkeit. Wie im Nachhaltigkeitsdiskurs nimmt Gerechtigkeit in einer humanen Welt die zentrale Stellung ein, unter anderem in Bezug auf Einkommen, Vermögen, Privilegien, Zugang zu Gütern, Informationen und Bildung (ebd.: 86).

Wie haben sich nun im letzten Jahrzehnt *Arbeit und Beschäftigung* im Verhältnis zu diesen Werten entwickelt? Es herrscht dahingehend Übereinstimmung, dass die Ungleichheiten zwischen Industrie- und Entwicklungsländern und auch innerhalb der einzelnen Länder zugenommen haben. Das globale Wachstum der Beschäftigung betrug im Zeitraum 1990 bis 1999 im Jahresdurchschnitt 1,4 Prozent, die Gesamterwerbsbeteiligung fiel allerdings von 62,9 Prozent auf 61,6 Prozent, die Arbeitslosigkeit stieg von 4,4 Prozent auf 5,7 Prozent.

Die Gesamtzahl der weltweit ausgewiesenen Arbeitslosen wird im Jahr 2000 auf 160 Millionen geschätzt; die Unterbeschäftigung liegt allerdings bei 850 Millionen bei einem globalen Arbeitskräftepotential von ca. drei Milliarden Menschen. Auch in Ländern mit günstiger Beschäftigungsentwicklung verringerte sich in diesem Zeitraum das Lohnniveau. Das Wachstum des Arbeitskräftepotentials ist weltweit rückläufig und liegt gegenwärtig bei ca. 1,7 Prozent pro Jahr. Dennoch sind nach Schätzungen der International Labour Organisation (ILO) allein bis 2010 eine halbe Milliarde zusätzlicher Arbeitsplätze zu schaffen – und hier setzen die Diskussionen an, in welchen Bereichen diese durch welche Maßnahmen entstehen können. Hinzu kommt das Altern der Erwerbsbevölkerung als ein globales Phänomen. Der Anteil der über 65-Jährigen hat sich von 5,9 Prozent im Jahr 1980 auf 6,9 Prozent im Jahr 2000 erhöht mit einer geschätzten Entwicklung auf 7,6 Prozent für 2010.

Im Zusammenwirken dieser Entwicklungen ist das Entwicklungs- und Wohlstandsgefälle zwischen armen und reichen Ländern stark gewachsen. Das Verhältnis des reichsten zum ärmsten Fünftel der Menschheit betrug 1960 noch 30:1, 1997 dagegen 74:1 (Sengenberger 2001: 77). Noch ungleicher verteilt ist die soziale Sicherung: 90 Prozent der Weltbevölkerung verfügen über keine oder nur eine völlig unzureichende Sicherung bei Krankheit, Schwangerschaft, Arbeitslosigkeit, Arbeitsunfällen, im Alter und als Hinterbliebene. Über 80 Länder haben heute real niedrigere Pro-Kopf-Einkommen als vor zehn Jahren. Diese Ungleichverteilung gilt in noch stärkerem Maße für den Verbrauch der natürlichen Ressourcen und für den Zugang zu den neuen Informations- und Kommunikationstechnologien.

International zuständig für die Durchsetzung „menschenwürdiger Arbeit" ist die *Internationale Arbeitsorganisation* (ILO), die 1919 in dem Verständnis gegründet wurde, dass

> „der Weltfrieden auf Dauer nur auf sozialer Gerechtigkeit aufgebaut werden kann."

Sie ist paritätisch besetzt (Staat – Gewerkschaften – Unternehmerverbände) und an den Normen der Erwerbsarbeitsgesellschaft orientiert.

In Bezug auf die zu regelnden Bereiche muss die ILO weit über die Normalarbeit hinausgehen, allein deshalb, weil diese Arbeitsform in vielen Weltregionen nur einen kleinen Teil der Arbeit und der Versorgung der Bevölkerung ausmacht. In ihrem Bericht über

„Menschenwürdige Arbeit" stellt die ILO einleitend fest, dass „es um alle arbeitenden Menschen" geht (ILO 1999: 4).

> „Fast jeder Mensch arbeitet, aber nicht jeder ist beschäftigt ... Der ILO muss es deshalb auch um Erwerbstätige außerhalb des formellen Arbeitsmarkts gehen, um die Arbeitnehmer in ungeregelten Verhältnissen, Selbstständige und Heimarbeiter."

Hiermit wird ein breiter und integrativer Ansatz festgelegt, der sich von der Vertretung nur partieller Interessen und der Marginalisierung bestimmter sozialer Gruppen distanziert, der allerdings auch Interessendifferenzen und Konflikte beinhaltet (Sen 2000: 120).

Die ILO konzentriert sich auf den *informellen Sektor,* den sie relativ eng definiert hat. Er besteht

> „aus Betrieben, die in der Produktion von Waren und Dienstleistungen mit dem primären Ziel tätig sind, Beschäftigung und Einkommen für die betreffenden Personen zu erzielen. Die Produktionsbetriebe in diesem Sektor arbeiten auf niedriger Organisationsstufe ohne oder fast ohne Trennung zwischen den Produktionsfaktoren Arbeit und Kapital und in kleinem Rahmen und weisen die charakteristischen Merkmale von Privathaushalten auf, deren Inhaber die notwendigen Mittel auf eigenes Risiko aufbringen müssen. Darüber hinaus sind die Produktionsausgaben oft nicht von den Haushaltsausgaben zu trennen" (Enquete-Kommission „Globalisierung der Weltwirtschaft" 2002: 240).

Private Versorgungsarbeiten, Selbsthilfeaktivitäten und Eigenarbeit sind nicht einbezogen. Der Anteil dieses informellen Sektors ist hoch und wächst. Er repräsentiert nach Schätzungen 43 Prozent der nichtagrarischen Arbeitsplätze in Nordafrika, 74 Prozent südlich der Sahara, 57 Prozent in Lateinamerika, 63 Prozent in Asien und 88 Prozent in Indien.

Wir finden also in der globalen Wirtschaft parallele Entwicklungstrends der Flexibilisierung und Deregulierung, des Wachstums von Schattenwirtschaft und Schwarzarbeit einschließlich einer „Informalisierung des formellen Sektors" (Enquete-Kommission „Globalisierung der Weltwirtschaft" 2002: 242; Mahnkopf/Altvater 2001).

Angesichts dieser Entwicklungstrends stellt sich die interessante Frage, welche Konsequenzen die ILO aus dem Bedeutungszuwachs des informellen Bereichs und der Verflüssigung der Grenzen zieht. Es sind zwei Alternativen denkbar: entweder weiterhin alle Energien auf die Überführung von Tätigkeiten des informellen Sektors in den Beschäftigungssektor hineinzulegen mit dem Ziel, Vollbeschäftigung zu Mindestarbeitsbedingungen zu erreichen; oder die Nutzung der Möglichkeiten des informellen Sektors und seiner Wechselbeziehungen mit dem formellen Sektor und dem häuslichen Sektor für eine bessere Versorgung. Die ILO bezieht sich ablehnend auf die These, dass der Gesellschaft die Arbeit ausgehe und damit das Vollbeschäftigungsziel aufgegeben werden müsse (Sengenberger 2001: 80). Dieses Verständnis wirft zumindest drei Probleme auf:

- die optimistische Einschätzung der Wachstumspotentiale im Bereich des ersten Arbeitsmarktes;
- die ausschließlich negative Bewertung des „informellen Sektors", der zum Überleben und teilweise auch zur Lebensqualität beiträgt, und
- die Ausklammerung der häuslichen Arbeit, die im Wesentlichen von Frauen geleistet wird (vgl. den subsistenzwirtschaftlichen Ansatz).

Bei der Abwägung der beiden Alternativen spielt eine zentrale Rolle, dass mit der kolonialen Wirtschaft den Ländern der Dritten Welt ein grundsätzlich anderes Arbeitsverständnis aufgezwungen worden ist. War Arbeit vordem kulturell in Familie, Klan und Gemeinschaft eingebunden eine moralische Pflicht, so wurde sie nun zum Zwang zu Tätigkeiten, die zu festgelegten Zeiten für andere und (wenn überhaupt) gegen Entgelt geleistet wurden. Auch nach der Unabhängigkeit blieb die Wirtschaft kolonial organisiert. Und das heißt, dass die traditionellen Arbeiten der häuslichen Landwirtschaft und des Handwerks entwertet wurden, eine massive Abwanderung in die Städte stattfand, wo aber diese Arbeiten zur Versorgung nicht mehr zur Verfügung standen (vgl. exemplarisch Rutayuga 1998).

Dementsprechend hat die Independent Commission on Population and Quality of Life den anderen Weg beschritten, nämlich Arbeit perspektivisch nicht nur auf Beschäftigung zu beschränken:

> „Die Kommission schlägt vor, dass Arbeit vielmehr als eine Vielfalt von Möglichkeiten verstanden werden sollte, deren Schattierungen wirtschaftlich bewertet werden: von Jobs, die dem reinen Überleben dienen, bis hin zu inhaltsreicher oder sinnvoller Beschäftigung oder wichtigen Rollen (z.B. die unbezahlte Arbeit der Hausfrauen und ehrenamtlich Tätigen), die individuelle oder gesellschaftliche Bedürfnisse abdecken und letztendlich die Menschen stärken" (Independent Commission 1998: 203).

Damit will die Kommission dem drastischen Wandel gerecht werden, dem das Konzept von Arbeit seit der industriellen Revolution unterworfen ist; das Konzept müsse durch die Bestandteile des Lebens ergänzt werden, die industrielle Aktivitäten nicht abdecken, beispielsweise durch die Internalisierung externer Kosten oder durch die Bewahrung des sozialen Zusammenhalts und des Wohlergehens der Gemeinschaft. Zur Sicherung des Lebensunterhalts in den Städten behält der informelle Sektor eine große Bedeutung. Die Beseitigung seiner Nachteile könne aber nicht in „Kontrolle und hartem Durchgreifen" liegen, sondern nur darin, den informellen Sektor zusammen mit den kleinen Unternehmen und Handwerksbetrieben „aufzuwerten". Dazu gehöre zum Beispiel das Angebot von Managementtraining, der Zugang zu Krediten für Kleingewerbe sowie Unterstützung beim Arbeits- und Gesundheitsschutz. Ein weiterer Maßnahmenbereich sei die Umverteilung von Arbeitsmöglichkeiten durch Arbeitszeitverkürzungen und Förderung von Teilzeitarbeit. Die vorgeschlagene Vielfalt von Arbeiten wird mit dem Konzept der Übergangsarbeitsmärkte in Zusammenhang gebracht, das von Vielfalt, Flexibilität und Mobilität gekennzeichnet ist (ebd.: 212f.).

Die Kommission qualifiziert ihr Verständnis von Lebensqualität durch *Nachhaltigkeit und Sicherheit*. Der erweiterte Sicherheitsbegriff geht über den polizeilichen und militärischen Aspekt hinaus und beschreibt die sozialen Bedingungen, die Sicherheit ermöglichen: Sicherheit vor Unfällen, Katastrophen, Krankheiten und Gewalt, Verlust der Lebensgrundlagen und negativen Umweltveränderungen. Die Ausformulierung des Konzepts bezieht sich wieder stärker auf die Arbeitsbedingungen hoch entwickelter Industrienationen.

Mit dem Bezug auf einen erweiterten Arbeitsbegriff (Informalisierung) und seine Bedeutung für Lebensqualität im globalen Kontext haben wir eine gute Verknüpfung zu den Entgrenzungen der Erwerbsarbeitsgesellschaft gefunden und damit eine verbindende Grundlage für konzeptionelle Entwicklungen.

4. Erweiterter Arbeitsbegriff und Nachhaltigkeit

Die *Konzipierung eines erweiterten Arbeitsbegriffs* stellt einen riskanten sozialwissenschaftlichen Schritt dar, dessen Implikationen erst langsam hervortreten werden. Es geht uns dabei auch nicht um die Konstruktion eines in sich stimmigen theoretischen Modells, sondern um den Versuch, ablesbare Entwicklungstrends mit normativen Zielen der Nachhaltigkeit konzeptionell zu vermitteln.

Ein wichtiges Problem bei einer Erweiterung des Arbeitsbegriffs ist die Frage nach den Grenzen der Ausweitung, nach seiner Begrenzung. In Anlehnung an Kambartel verstehen wir „gesellschaftliche Arbeit" als

> „eine Tätigkeit für andere, welche am allgemeinen, durch die Form der Gesellschaft bestimmten Leistungsaustausch zwischen ihren Mitgliedern teilnimmt" (Kambartel 1994: 126).

Der Leistungsaustausch muss nach unserem Nachhaltigkeitsverständnis nicht nur ökonomische, sondern auch sozio-kulturelle und ökologische Dimensionen mit einbeziehen. Diese gesellschaftliche Arbeit sehen wir (in Anlehnung an Biesecker 2000; Redler 1999; Teichert 2000) in *vier Segmente* gegliedert, die allerdings nicht scharf gegeneinander abgegrenzt werden können und insgesamt Tendenzen der Entgrenzung unterliegen:

- *Erwerbsarbeit* bezieht sich auf die Herstellung von Waren und Dienstleistungen für den Markt zur Einkommenserzielung in abhängiger oder selbstständiger Form. Gestaltungsprinzip sind ökonomische Effizienz und Einkommenserzielung.
- *Versorgungsarbeit* bezieht sich auf die Selbstversorgung von Personen und Lebensgemeinschaften (Kinder, Alte, Kranke, Lebenspartner) mit häuslichen Arbeiten (Ernährung, Pflege, Betreuung sowie Organisation des Hauhalts). Gestaltungsprinzip ist Fürsorge.
- *Gemeinschaftsarbeit* umfasst alle Formen selbst gewählter Arbeit, in der für andere wichtige und nützliche Produkte und Leistungen (so genannte Gemeinschaftsgüter) ohne Entgeltung erstellt werden (traditionelles Ehrenamt, soziale Dienste, Nachbarschaftshilfe, bürgerschaftliches Engagement). Gestaltungsprinzip sind Selbsthilfe und Solidarität.
- *Eigenarbeit* schließlich bezeichnet über die alltägliche Versorgung hinausgehende, selbstbestimmte und nutzenorientierte Arbeiten für den eigenen Bedarf (statt Kauf, Einkommensersatz) und Zeitaufwendungen für die arbeitsbezogene Aus- und Weiterbildung. Gestaltungsprinzip ist Subsistenz.

Entsprechend dem Eingrenzungskriterium gelten solche Tätigkeiten nicht als Arbeit, die nicht für andere und nicht durch andere geleistet werden können, also wesentlich Tätigkeiten in Freizeit und Erholung. Entgrenzungstendenzen sind allerdings auch hier festzustellen, da beispielsweise mit der Stärkung des selbstunternehmerischen Elements arbeitsbezogene Aspekte der Erholung, Kreativität, Fortbildung mit in die erwerbsarbeitsfreie Zeit hineingenommen werden.

Aus der Kombinationen der verschiedenen gesellschaftlichen Arbeiten (Erwerbsarbeit, Versorgungsarbeit, Eigenarbeit und Gemeinschaftsarbeit) sind wir zu einem *analytischen Konzept der Mischarbeit* gelangt:

Mischarbeit bezeichnet die Gleichzeitigkeit unterschiedlicher gesellschaftlicher Arbeiten der oder des Einzelnen, die Vielfalt der alltäglichen individuellen Kombinationen dieser Arbeiten und die Veränderung der Kombinationen in biografischer Perspektive.

Mischarbeit ist im ersten Schritt auf das Individuum bezogen, und zwar in alltäglicher wie in biografischer Perspektive. In einem zweiten Schritt ist Mischarbeit auch als gesellschaftliche Verteilungsrelation zu sehen. Mischarbeit ist gekennzeichnet durch die Kombination der verschiedenen Tätigkeiten mit unterschiedlichen Gestaltungsprinzipien und Anforderungen, aus denen sich Mischqualifikationen und auch Mischbelastungen ergeben. Schließlich entspricht der Mischung der Arbeiten eine Kombination verschiedener Einkommen (Mischeinkommen) und das heißt eine soziale Absicherung, die nicht allein auf Erwerbsarbeit beruht, sondern aus mehreren Quellen resultiert und deren Basis eine gesellschaftliche Grundsicherung sein könnte. Mit der Hervorhebung des Segments der Erwerbsarbeit betonen wir die fortwährende Dominanz der Erwerbsarbeit und ihrer Transformationsprozesse für die individuelle Lebensführung. Zusammenfassend wird Mischarbeit durch fünf *Merkmale* charakterisiert:

- Ein Ergänzungsverhältnis zwischen den verschiedenen gesellschaftlichen Arbeiten in alltäglicher und biografischer Perspektive (kooperative Vielfalt);

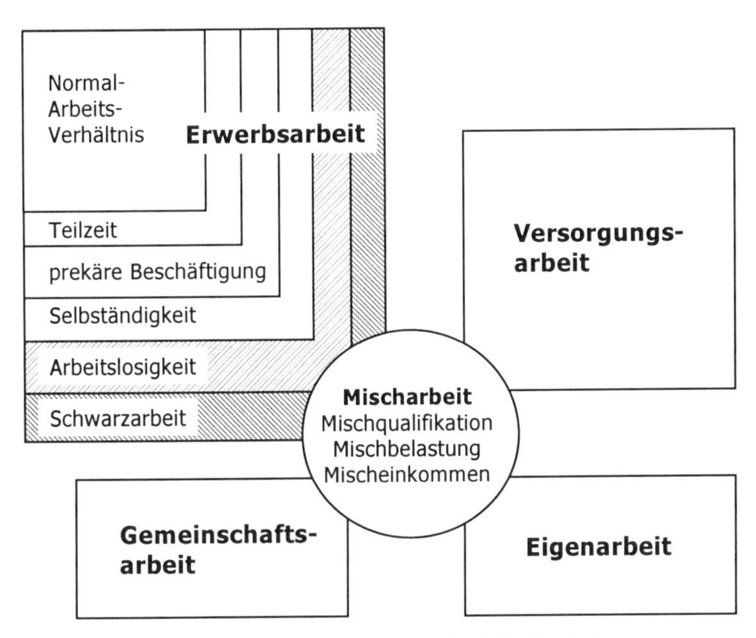

Abbildung 2: Erweiterter Arbeitsbegriff: Konzept der Mischarbeit

- die Offenheit für die Ausdifferenzierung von Arbeitsverhältnissen mit unterschiedlichem Formalisierungsgrad und die Vielfalt von individuellen Kombinationen und biografischen Pfaden;
- die Aufrechterhaltung der Unterschiedlichkeit der vier Segmente gesellschaftlicher Arbeit, die auf ihren unterschiedlichen Gestaltungsprinzipien (Geldeinkommen, Fürsorge, Solidarität, Selbsthilfe) beruht und sich in unterschiedlicher Anerkennung, rechtlicher Rahmung, Institutionalisierung und finanzieller Ausstattung, in unterschiedlichen Arbeits- und Kooperationsformen ausprägt;
- die Möglichkeit der Sichtbarmachung der Ungleichverteilung der gesellschaftlichen Arbeiten auf verschiedene gesellschaftliche Gruppen und entsprechender Potenziale der Umverteilung, wobei die unterschiedliche Teilhabe an gesellschaftlicher Arbeit eine zentrale Grundlage für Lebensqualität und soziale Integration ist;
- die Sichtbarkeit der Zusammenhänge zwischen den vier Segmenten und das heißt von Konflikten oder Synergien zwischen den Segmenten in den Dimensionen Zeitverwendung, Qualifikationen, Einkommen und soziale Sicherheit; ebenso die Sichtbarmachung der Anforderungen an Kombinationen und biografische Übergänge zwischen den Segmenten.

Indem der erweiterte Arbeitsbegriff den Blick für die Zusammenhänge der verschiedenen Arbeiten, ihre Verteilung und Gewichtung öffnet, eignet er sich auch zur Operationalisierung der sozialen Normen der Nachhaltigkeit. Die *Potenziale für Nachhaltigkeit,* die auf der Grundlage dieses Konzepts sichtbar werden, liegen in folgenden Gestaltungsoptionen:

- Erhöhung der sozialen Gerechtigkeit, insbesondere durch Umverteilung der Erwerbsarbeit zwischen den sozialen Gruppen, aber auch der anderen Arbeiten;

- Erhöhung der sozialen Sicherheit des Einzelnen durch eine größere Unabhängigkeit vom Arbeitsmarkt aufgrund seiner Integration in soziale Gemeinschaften; Sicherheit auch durch den Schutz der Gesundheit der Arbeitnehmer insbesondere durch Erwerbsarbeitszeitverkürzung und Belastungswechsel;
- besserer Schutz der sozialen Gemeinschaften, insbesondere durch die Aufwertung von Gemeinschaftsarbeiten;
- Gestaltung der Erwerbsarbeit durch die Hereinnahme zusätzlicher Gestaltungsprinzipien wie Fürsorge, gesellschaftliche Solidarität und Eigenverantwortung und ökologische Verträglichkeit sowie
- Stärkung von Reflexivität und Verantwortung des bzw. der Einzelnen durch die Herstellung sozialer und ökologischer Kreisläufe über die bewusste Gestaltung der Mischarbeit, die dann auch mit einer höheren Lebensqualität verbunden wäre.

Der nächste Schritt würde darin bestehen, auf die eingangs erwähnten Problemlagen bezogene Strategien zu entwickeln (vgl. dazu beispielhaft das vorgeschlagene Strategiebündel des Projektverbunds Arbeit & Ökologie in: Deutsches Institut für Wirtschaftsforschung u.a. 2000). Dabei wird deutlich, dass es einen wesentlichen Unterschied macht, ob nur bisherige Bereichspolitiken unter dem Label der Nachhaltigkeit fortgeführt werden oder ob aus der Perspektive eines erweiterten Arbeitsbegriffs Schwerpunkte gesetzt und Maßnahmen entwickelt werden. Eine Voraussetzung dafür wäre, dass die wichtigen gesellschaftlichen Akteure diesen Perspektivenwechsel mitvollziehen; auf diesem Weg stehen wir aber erst am Anfang.

Literatur

Beck, Ulrich: Risikogesellschaft. Auf dem Weg in eine andere Moderne. Frankfurt/Main 1986

Bierter, Willy/Stahel, Walther R./Schmidt-Bleek, Friedrich: Öko-intelligente Produkte, Dienstleistungen und Arbeit. Wuppertal/Genf 1996

Bierter, Willy/von Winterfeld, Ute (Hrsg.): Zukunft der Arbeit – welcher Arbeit? Berlin u.a. 1998

Biesecker, Adelheid: Kooperative Vielfalt und das „Ganze der Arbeit" (WZB Discussion Paper P 00-504). Berlin 2000

Blazejczak, Jürgen/Edler, Dietmar: Beschäftigung und Umweltschutz – Von umweltschutzinduzierter Beschäftigung zu Nachhaltigkeit und Arbeit. In: WSI-Mitteilungen 52 (1999) 9, S. 585-592

Bonß, Wolfgang: Jenseits der Vollbeschäftigungsgesellschaft. Zur Evolution der Arbeit in globalisierten Gesellschaften. In: Schmidt, Gert (Hrsg.): Kein Ende der Arbeitsgesellschaft. Arbeit, Gesellschaft und Subjekt im Globalisierungsprozeß. Berlin 1999, S. 145-175

Bosch, Gerhard: Konturen eines neuen Normalarbeitsverhältnisses. In: WSI-Mitteilungen 54 (2001) 4, S. 219-229

Bosch, Gerhard u.a.: Die Zukunft der Erwerbsarbeit. Düsseldorf 2001

Brand, Karl-Werner (Hrsg.): Soziologie und Natur. Theoretische Perspektiven. Opladen 1998

Brandl, Sebastian/Hildebrandt, Eckart: Zukunft der Arbeit und soziale Nachhaltigkeit. Opladen 2002

Deutsches Institut für Wirtschaftsforschung/Wuppertal Institut für Klima, Umwelt, Energie/Wissenschaftszentrum Berlin für Sozialforschung: Arbeit und Ökologie. Projektabschlussbericht (hrsg. von der Hans-Böckler-Stiftung). Düsseldorf 2000

Deutscher Gewerkschaftsbund (DGB): Positionspapier Arbeit und Umwelt (Informationen zur Wirtschafts- und Strukturpolitik, Heft 3). Düsseldorf 1999

Enquete-Kommission „Globalisierung der Weltwirtschaft – Herausforderungen und Antworten": Schlussbericht (Drucksache 14/9200). Bonn 2002

Fischer, Bernhard/Rubik, Frieder: Arbeit in einer ökologisch orientierten Wirtschaft. In: Öko-Institut/Projektgruppe Ökologische Wirtschaft: Arbeiten im Einklang mit der Natur. Bausteine für ein ökologisches Wirtschaften. Freiburg i. Br. 1985, S. 19-46

Grundmann, Reiner: Die soziologische Tradition und die natürliche Umwelt. In: Hradil, Stefan (Hrsg.): Differenz und Integration. Die Zukunft moderner Gesellschaften. Verhandlungen des 28. Kongresses der DGS in Dresden 1996. Frankfurt/Main/New York 1997, S. 533-550

Hennen, Leonhard: Folgen von Umwelt- und Ressourcenschutz für Ausbildung, Qualifikation und Beschäftigung (TAB-Arbeitsbericht, Nr. 71). Berlin 2001

Hildebrandt, Eckart/Oates, Andrea: Work, Employment and Environment. Quality and Quantity of Work in the Environmental Labour Market and Its Regulation (WZB Discussion Paper FS II 97-208). Berlin 1997

ILO (International Labor Organisation): Menschwürdige Arbeit. Genf 1999

Independent Commission on Population and Quality of Life: Visionen für eine bessere Lebensqualität. Basel u.a. 1998

Jahn, Thomas/Wehling, Peter: Gesellschaftliche Naturverhältnisse – Konturen eines theoretischen Konzepts. In: Brand, Karl-Werner (Hrsg.): Soziologie und Natur. Theoretische Perspektiven. Opladen 1998, S. 75-93

Kambartel, Friedrich: Arbeit und Praxis. In: Honneth, Axel (Hrsg.): Pathologien des Sozialen. Die Aufgaben der Sozialphilosophie. Frankfurt/Main 1994, S. 123-139

Kocka, Jürgen/Offe, Claus (Hrsg.): Geschichte und Zukunft der Arbeit. Frankfurt/Main 2000

Mahnkopf, Birgit/Altvater, Elmar: Der Weltmarkt und die Welt der Arbeit – Gewerkschaften in Zeiten der Globalisierung. In: Gewerkschaftliche Monatshefte 52 (2001) 3, S. 136-146

Mückenberger, Ulrich: Die Krise des Normalarbeitsverhältnisses – Hat das Arbeitsrecht noch Zukunft? In: Zeitschrift für Sozialreform (1985) 31, S. 415-434 und 457-475

Oppolzer, Alfred: Ökologie der Arbeit. Hamburg 1993

Osterland, Martin: „Normalbiographie“ und „Normalarbeitsverhältnis“. In: Berger, Peter A./Hradil, Stefan (Hrsg.): Lebenslagen, Lebensläufe, Lebensstile. Göttingen 1990, S. 351-363

Redler, Elisabeth: Eigenarbeits- und Reparaturzentren – ökologische Qualität der Eigenarbeit (WZB Discussion Paper P 99-509). Berlin 1999

Ritt, Thomas: Die Beschäftigungsfelder im Umweltschutz und deren Veränderung (WZB Discussion Paper P 99-511). Berlin 1999

Rutayuga, John B.: Traditionslinien – Die Zukunft der Arbeit in Afrika. In: Eichendorf, Walter (Hrsg.): Work It Out – Beiträge zur Zukunft der Arbeit. Wiesbaden 1998, S. 40-46

Sen, Amartya: Work and Rights. In: International Labour Review 139 (2000) 2, S. 119-128

Sengenberger, Werner: Globale Trends bei Arbeit, Beschäftigung und Einkommen – Herausforderung für die soziale Entwicklung. In: Fricke, Werner (Hrsg.): Jahrbuch Arbeit und Technik 2001/2002. Bonn 2001, S. 68-94

Senghaas-Knobloch, Eva: Von der Arbeits- zur Tätigkeitsgesellschaft? Dimensionen einer aktuellen Debatte. In: Heinz, Walter R./Kotthoff, Hermann/Peter, Gerd (Hrsg.): Soziale Räume, *global players,* lokale Ökonomien – Auf dem Weg in die innovative Tätigkeitsgesellschaft? (Dortmunder Beiträge zur Sozial- und Gesellschaftspolitik, Band 29). Münster u.a. 2000, S. 136-162

Stiftung Entwicklung und Frieden (Hrsg.): Brücken in die Zukunft. Ein Manifest für den Dialog der Kulturen. Eine Initiative von Kofi Annan. Bonn 2001

Teichert, Volker: Die Informelle Ökonomie als notwendiger Bestandteil der formellen Erwerbswirtschaft (WZB Discussion Paper P 00-254). Berlin 2000

Wagner, Alexandra: Plädoyer für eine Modifizierung des Normalarbeitsverhältnisses. In: Gewerkschaftliche Monatshefte 51 (2000) 8-9, S. 476-485

WSI-Mittelungen 52 (1999) 9

Nachhaltigkeit im Arbeitsleben. Hindernislauf gegen Unvernunft und Ideologie

Karl Georg Zinn

1. Vernunftgründe versus Mentalitäten in der Nachhaltigkeitsdebatte

Unter den Schlägen der Beschäftigungskrise geriet das Umweltbewusstsein der breiten Öffentlichkeit ins Abseits. Vor allem die jüngeren Deutschen zeigen sich schlecht informiert und unbesorgt über Klima und Treibhauseffekt (Hagenlücken 2002). Ob die Nachhaltigkeitsdebatte eine ähnliche Mobilisierungswirkung haben wird, wie sie in den siebziger und achtziger Jahren die ökologischen Themen ausgelöst hatten, muss mit Skepsis betrachtet werden. Nachhaltigkeit ist zwar zu einem Modewort geworden, aber nur eine Minderheit hat leidlich klare Vorstellungen, um was es dabei geht.

Die Sache selbst ist gar nicht neu, sondern mindestens ein halbes Jahrhundert alt. Schon mehr als zwei Jahrzehnte vor der aufrüttelnden Studie des Club of Rome über die „Grenzen des Wachstums“ von 1972 hatte Karl William Kapp 1950 auf die Vielzahl von negativen externen Effekten des kapitalistischen Marktsystems verwiesen und die inhumanen Langzeitfolgen der besinnungslosen Wachstumsmanie gegeißelt (Kapp 1958). Die bereits damals von der Vernunft gebotenen Veränderungen der Lebensweise, insbesondere auch des Konsumverhaltens der reichen Gesellschaften sind ausgeblieben. Der Grund scheint offenkundig. Es geht beim Verhalten und Handeln nämlich nur in seltenen Fällen vernünftig zu. Emotionale, triebhafte, mental verankerte Strebungen sind in aller Regel dominierend, und die Vernunft hat allenfalls eine Chance, wenn sie sich mit jenen verbündet oder – was wohl eher zutrifft – den Menschen unabweisbar nahe legt, dass sie ihre (stets emotional fundierten) Bedürfnisse auf den bisher eingeschlagenen Wegen nicht nur nicht (mehr) befriedigen können, sondern sich in absehbarer Zukunft in eine Art anhaltenden Notstand hinein manövrieren. Die Wirksamkeit des vernünftigen Arguments verdankt sich dann aber letztlich wieder des emotionalen Effekts, nämlich der Angst, dass es nun „wirklich“, das heißt noch während der Lebzeiten der heutigen Generation, zu (weiteren) Katastrophen kommen wird.

Die Kritik an den Nachhaltigkeitspostulaten greift deshalb auch nur nachrangig auf vernünftige Argumente zurück, attackiert vorrangig aber die vermeintliche Panikmache und Angstrhetorik der „Nachhaltigkeitspartei“. Wir kennen das schon von früheren Angriffen gegen Ökologen und Wachstumsskeptiker, die schon seit längerem vor Naturkatastrophen im Ausmaß der ostdeutschen Hochwasserflut des Jahres 2002 gewarnt hatten. Nachhaltigkeit ist eine gesellschaftliche Aufgabe, die nicht ohne strikte staatliche Interventionen in den Marktprozess und die ihn bestimmenden kurzfristigen Gewinninteressen bewältigt werden kann (anders: Gärtner in diesem Band). Damit ist klar, welchen mächtigen Gegnern Nachhaltigkeitspolitik gegenüber steht. Wandel zugunsten von Nachhaltigkeit bedarf nicht nur politischer, sondern mentaler Veränderungen. Vernünftige Argumente sind dabei als Vehikel unabdingbar, um das Notwendige ins Bewusstsein zu bringen und die Warnlichter möglichst hell aufblitzen zu lassen.

Der Zusammenhang von Mentalitäten, Weltauffassungen und Wirtschaftsweise ist der Sozialwissenschaft seit langem bekannt. Mentalitätsunterschiede liefern einen wesentlichen Teil der Erklärung dafür, warum verschiedene kulturelle Milieus auch unterschiedliche ökonomische Entwicklungen bedingen, wie dies etwa beim Vergleich von Nord- und Lateinamerika deutlich wird – im Norden begreift sich der Mensch als *Herr*, im Süden als *Teil* der Natur (Barloewen 2002). Die Herrenpose gegenüber der Natur wird es schwer haben, dem Nachhaltigkeitsgebot mehr als verbal zu genügen, und vermutlich steht die Menschheit vor der Alternative, sich einer Kulturrevolution zu unterziehen oder in die Barbarei zu fallen.

2. Zwei Arten des Lebenssinns und des Arbeitsverständnisses

Im Hinblick auf das Nachhaltigkeitsproblem im Zusammenhang mit dem Arbeitsleben sei eine grobe Gegenüberstellung von zwei Lebens- und damit auch Arbeitsorientierungen vorgenommen:

Erstens kann die gegenwärtig noch vorherrschende Orientierung als „materialistisch" charakterisiert werden. Konsum- und Einkommensstreben haben sich hierbei mehr und mehr von einem Mittel zum Zweck verändert. Wenn im materiellen Habenmodus so etwas wie Lebenssinn gesucht und vermeintlich auch gefunden wird, so schlägt das auch auf die Bereitschaft zurück, möglichst viel Einkommen zu erzielen, was wiederum für die Mehrzahl der Menschen – eben die arbeitende Bevölkerung – bedeutet, die Opportunitätskosten der Arbeit in entgangenem Einkommen und nicht in einem Verlust an Lebensqualität zu sehen. Die materialistische Einstellung findet seitens der neoliberalistischen Eigennutzideologie eine moralische Rechtfertigung, und mit der politisch herbeigeführten Auslieferung des Individuums an die Willkür der Marktprozesse gewinnt der Überlebensegoismus den Anschein unabdingbarer Notwendigkeit.

Der *zweite Orientierungstypus* empfindet Einkommen und Konsum nur als Grundlage für das „eigentliche" Leben. Lebensqualität baut zwar auf dem materiellen Lebensstandard auf, aber jener ist Instrument, nicht Zweck eines erfüllten Daseins (Mayring 1999). Am Ausgang seines Lebens nach der Lebensleistung befragt, mag der erste Typus auf seine Arbeit, seinen „erarbeiteten" bescheidenen oder auch üppigen materiellen Wohlstand, seine Macht und sein ökonomisch vermitteltes Ansehen verweisen und alles Übrige „irgendwie" in Bezug zu jener materiellen, sozusagen handfesten Anhäufung des ökonomisch Bezifferbaren verstehen. Dem zweiten Typus wird eine so einfach zu berechnende „Lebensleistung" kaum gelingen, weil ihm viel zu viele Aktivitäten, Ereignisse, äußere und innere Erlebnisse einfallen, die *sein* Leben als *seine* Leistung ausmachen, die nicht kommensurabel ist mit der von Anderen, schon gar nicht mit der monetären Größe einer materiellen Hinterlassenschaft. Es versteht sich, dass die beiden Typen keine Real-, sondern Idealtypen darstellen, die nur der rhetorischen Konturierung dienen, um den Zusammenhang zwischen Mentalität und Ökonomie zu verdeutlichen.

3. Das Interesse an der Nachhaltigkeit

Nachhaltigkeit im Arbeitsleben ist unter zwei Aspekten zu sehen: auf den einzelnen Menschen und die gesellschaftliche Gesamtheit in Gegenwart und Zukunft bezogen. Für das Individuum kann Nachhaltigkeit des Arbeitslebens als eine Arbeitssituation im weiten Sinn charakterisiert werden, die der dauerhaften, dass heißt auf die gesamte Lebensspanne bezogenen „guten" Lebensqualität dient, sie also weder durch Arbeitsüberlastungen noch durch längerfristig schier unerfüllbare, daher unerträgliche Anpassungsforderungen herabdrückt oder gar zerstört. Nachhaltigkeit deckt sich hier zum Teil mit dem, was als „sozial gerecht" gilt. Selbstverständlich gehört zur Nachhaltigkeit des Arbeitslebens, dass eine „angemessene" Beschäftigung gewählt werden kann, also erzwungene Arbeitslosigkeit unterbunden wird. Damit ist bereits logisch eingeschlossen, dass Vollbeschäftigung bzw. Vollbeschäftigungspolitik eine unabdingbare Voraussetzung darstellt, um Nachhaltigkeit im Arbeitsleben zu gewährleisten. Welche Arbeit dem Einzelnen „angemessen" ist, lässt sich nur insofern allgemein bestimmen, als bestimmte vom moralischen, kulturellen und technisch-wirtschaftlichen Entwicklungsniveau der Gesellschaft abhängige Mindeststandards erfüllt sein sollten.

Nachhaltigkeit des Arbeitslebens als gesamtwirtschaftliche Aufgabe betrifft sowohl die quantitative Seite, also ein hohes Beschäftigungsniveau, als auch die Qualität der Arbeit, und zwar in dreifacher Hinsicht. Die Arbeitssituation soll *erstens* den Menschen zufrieden stellen, die Arbeit soll *zweitens* qualifiziert im Sinn möglichst hoher Wertschöpfung ausfallen, und *drittens* sollen die Arbeitsprodukte dem umfassenden Nachhaltigkeitsgebot genügen, also etwa umweltfreundlich sein, den Energieverbrauch senken, dem Verschleiß- und Wegwerfkonsum entgegen wirken etc. Das gegenwärtige Wirtschaftssystem ist – wenn überhaupt – nur unter sehr restriktiven Auflagen in der Lage, jenen Anforderungen zu genügen.

Der Wertschöpfungsaspekt der Beschäftigungspolitik, der bei den jüngst plakatierten Niedriglohnkonzepten neoliberalistischer Provenienz völlig ausgeblendet wird, gewinnt für die Gesellschaft um so größeres Gewicht, als nur bei hoher Wertschöpfung die Gemeinschaftsaufgaben und die sozialen Sicherungssysteme auf Dauer angemessen finanziert werden können. Die demografische Entwicklung in den wohlhabenden Volkswirtschaften, das heißt, der steigende Anteil der älteren Bevölkerung an der gesamten Population, müsste eigentlich Anlass sein, sich intensiv um wertschöpfungsstarke Beschäftigung zu bemühen und eine gezielte Umlenkung (Umschulung) derart vorzunehmen, dass Arbeitsplätze niedriger Produktivität und niedriger Entlohnung durch solche mit hoher Wertschöpfung ersetzt werden. Gegenwärtig wird jedoch das Gegenteil wenn nicht gerade angestrebt, so doch begünstigt. Damit steht die praktizierte Beschäftigungspolitik den Nachhaltigkeitserfordernissen krass entgegen. Das ist sicher mit ein Grund für die hohe Politikverdrossenheit und für den tiefen Unwillen über das Hinschwinden sozialer Gerechtigkeit (Vester 2002; Vester u.a. 2001).

Wie bekannt ist und auch aus den vorhergehenden Bemerkungen hervorgeht, stellt Nachhaltigkeit ein Gebot, eine normativ begründete Forderung dar, die auf solidarethischen Maximen gründet. Es geht also im Kern um ein ethisches Problem, und die jeweilige Zustimmung bzw. Ablehnung steht in enger Verbindung zu Interessen. Nachhaltigkeit im Arbeitsleben – wie auch in anderen Bereichen – mag als allgemein verbindlich deklariert werden, aber im Grunde handelt es sich um eine Argumentation im Interesse der Arbeit oder treffender: des arbeitenden Menschen. Die politische Durchsetzung von Forderungen, die der Nachhaltigkeit im Arbeitsleben gelten, unterscheidet sich insofern nicht von den traditionellen Ansprüchen, die die arbeitenden Menschen stellen und gegebenenfalls in Arbeitskämpfen zu verwirklichen versuchen. Die Chancen, die Arbeits- und Lebenslage zu verbessern, hängt nicht nur, aber ganz wesentlich von der Arbeitsmarktsituation ab. Vollbeschäftigung begünstigt, Massenarbeitslosigkeit verschlechtert die Machtposition der abhängig Beschäftigten. Es besteht somit auch ein unmittelbarer Zusammenhang zwischen Beschäftigungsniveau und den Aussichten, der Nachhaltigkeit im Arbeitsleben Geltung zu verschaffen. Dies gilt um so mehr, als Nachhaltigkeitsethik nur dann eine Realisierungschance haben wird, wenn die größeren Sorgen um den Arbeitsplatz, um das existenzielle Auskommen heute und morgen durch eine erfolgreiche Beschäftigungspolitik den Menschen genommen werden.

4. Nachfrage, technischer Wandel und Beschäftigung

Der quantitative Umfang und die qualitativen Anforderungen der Nachfrage nach Arbeitskraft hängen im Großen und Ganzen von der Nachfrage nach Sachgütern und Dienstleistungen ab. Deshalb wird die Nachfrage nach Arbeit als „abgeleitete" Nachfrage charakterisiert. Veränderungen der Güter- und Dienstleistungsnachfrage ziehen in der Regel somit auch entsprechende quantitative und qualitative Effekte bei der Nachfrage nach Arbeitskraft nach sich. Neben dieser Nachfrageabhängigkeit werden Quantität und Qualität der Arbeitsanforderungen auch vom technischen Wandel beeinflusst. Insbesondere reduziert die produktiviäswirksame Rationalisierung ceteris paribus den Arbeitskräftebedarf. Wenn und soweit mit der Einführung neuer Technik auch entsprechende Veränderungen der erforderlichen Arbeitsqualifikationen verbunden sind, kommt es – analog zur technologischen Veralterung von Sachkapitalgütern – auch zu einer Entwertung von Humankapital, wie dies im Zuge der Beschäftigungskrise in erheblichem Umfang geschah (Vester 2002: 456).

Die skizzierten Sachverhalte sind nicht neu, sondern wurden bereits mit der ersten industriellen Revolution virulent. Doch in jüngerer Vergangenheit scheinen sich die relevanten Prozesse von Entwertung bisher genutzter Qualifikationen (und des inkorporierten Wissens) einerseits und neuen Anforderungen an Qualifikation bzw. an das aktive Wissen andererseits zu beschleunigen. Zur Bewältigung dieser beschleunigten Entwertungs- und Neuqualifizierungsvorgänge werden von den Arbeitskräften mehr Flexibilität, Mobilität und die Bereitschaft zum sogenannten „lebenslangen Lernen" gefordert. Bei der Formulierung solcher Ansprüche an die Anpassungsfähigkeit der Menschen werden jedoch die Kosten-Nutzen-Rechnungen oft recht einseitig aus gewinnwirtschaftlicher Sicht und nicht vom Standpunkt der Betroffenen vorgenommen (Zinn 2002a). Deshalb bleibt meist auch außer Betracht, ob nicht völlig unrealistische Überforderungen vorliegen, ob die allgemein akzeptierten humanen Normen und die anthropologischen Gegebenheiten den als „unvermeidlich" suggerierten Ansinnen an den „flexiblen Menschen" (Sennett 1998) nicht widersprechen; sei es prinzipiell oder doch in vielen, vermutlich in der Mehrzahl von Fällen.

5. Downloads bis ans Sterbebett?

Es gibt nicht nur gesundheitsschädliche Arbeitsüberlastungen, sondern auch gesundheitsschädliche Anpassungsüberlastungen. Was während einer begrenzten Lern- und Ausbildungsphase leistbar und zumutbar sein mag, kann als „lebenslang" geforderte Beanspruchung zu physischem Zusammenbruch und psychischer Zerstörung führen. Überforderung ist die eine Seite der Medaille, aber auch Unterforderung widerspricht der Nachhaltigkeit im Arbeitsleben. Erstens muss der Blick auf das Ausbildungssystem gerichtet werden, und zweitens sind die Weiterbildungs- und Umschulungsarrangements zu betrachten. Es gehört zu den herausragenden kulturellen Fortschritten, allen Gesellschaftsmitgliedern eine dem historischen Entwicklungsstand gemäße Allgemeinbildung zu vermitteln und sie für das

Berufsleben zu qualifizieren. Grundsätzlich ist dies eine Aufgabe der Gemeinschaft, und ohne staatliche Regelungen sind nach aller historischen Erfahrung hierbei gemeinschaftsverträgliche Ergebnisse nicht zu erreichen. Gleiches trifft für die im Rahmen des sogenannten „lebenslangen Lernens“ geforderten Fort- und Umqualifizierungen zu. Letztere sind jedoch nicht unabhängig von den Bildungs- und Berufsausbildungsprozessen im jungen Lebensalter zu sehen, denn während dieser Phase höchster Lernfähigkeit müssen die kognitiven und mentalen Grundlagen für die spätere Fortführung des Lernens geschaffen werden. Die materiellen und sozialen Defizite im deutschen Bildungssystem sind nicht erst seit den Ergebnissen der PISA-Studie bekannt. Die Bemühungen, durch direkte oder indirekte Privatisierung der Lern- und Ausbildungsprozesse von jenen fundamentalen Versäumnissen der deutschen (Bildungs)Politik abzulenken und mit aufgeplusterten Modeartikeln im Sinn des „AZPW“ (AusbildungsZeit-WertPapier), wie sie im August 2002 von der Hartz-Kommission propagiert wurde, sind ein schlechtes Substitut für die schlechte Ausbildungspolitik von Regierungen. Der Anteil der öffentlichen Bildungsausgaben am Bruttosozialprodukt betrug im Zeitraum 1995-97 in Deutschland 4,8 Prozent. In den skandinavischen Ländern, die gute Ergebnisse der PISA-Studie vorweisen, lagen die Prozentsätze zwischen 7,5 (Finnland) und 8,3 (Schweden), und selbst in den USA mit ihrem problematisch expansivem privaten Bildungsbereich erreichte der öffentliche Ausgabenanteil 5,4 Prozent (Angaben nach: Menschliche Entwicklung 2002: 206).

Die Nachhaltigkeit des Arbeitslebens beginnt in der Schule, in den gewerblichen Ausbildungswerkstätten, an den Hochschulen und Universitäten. Warum beträgt die Zahl der Ingenieure und Naturwissenschaftler (bezogen auf eine Million Einwohner im Jahrzehnt 1990-2000) in Deutschland nur 2873, aber in Schweden 4507, in Norwegen 4095, in den USA 4103 und in Japan sogar 4960 (Menschliche Entwicklung 2002: 214)? Das reiche Deutschland leistet sich offenbar Leistungsdefizite mit gravierenden Negativeffekten – nicht erst in Zukunft, sondern schon in der Vergangenheit. Wenn es zutrifft – wie von Unternehmerverbänden vorgebracht wird -, dass viele freie Arbeitsplätze wegen unzureichender Qualifikation der BewerberInnen nicht besetzt werden können, so hat das nichts mit fehlender Begabung, Intelligenz oder Bildungsunwilligkeit der deutschen Bevölkerung zu tun, aber viel mit der fiskal- und bildungspolitischen „Sparsamkeit“, die seit Jahren Zukunftskompetenz mit Steuerentlastungen und Haushaltsdisziplin verwechselt.

6. Nachhaltigkeitspolitik vor den ideologischen Hürden der Kapitalinteressen

Die bisher längste Wachstumskrise der kapitalistischen Länder begann in den siebziger Jahren. Zuerst wurde sie als vorübergehender Konjunktureinbruch interpretiert, dann auf einen vermeintlichen Mangel an struktureller Anpassungsfähigkeit zurückgeführt und schließlich gelang es der Weltdeutung des Neoliberalismus, der zwischenzeitlich die Schalthebel der wissenschaftlichen und politischen Meinungsbildung erobert hatte, die Wachstums- und Beschäftigungsschwäche auf eine reine Arbeitskostenfrage zuzuspitzen. Das aus den Jugendjahren der bürgerlichen Ökonomie bekannte „Saysche Theorem“ – in der Marktwirtschaft schaffe sich jedes Angebot seine Nachfrage – steht als ideologischer Stützpfeiler hinter den mehr oder weniger aufgeputzten Fassaden der Expertisen aus den korporatistischen Gremien von „Bündnis für Arbeit“ bis „Hartz-Kommission“. Konjunkturzyklen und Wachstumsflauten, Überproduktion und Massenarbeitslosigkeit, verfallende Infrastruktur und abnehmende Risikovorsorge – alle diese Probleme werden nicht der Wahrheit gemäß als solche der Überliberalisierung des globalen kapitalistischen (Stiglitz 2002) Systems erkannt und erläutert, sondern irgendwelchen „Schocks" und „Störungen" angelastet, die die marktwirtschaftliche Gleichgewichtsautomatik immer wieder aus der Bahn würfen.

Als Bösewichte gelten in aller Regel der Staat und die Gewerkschaften. Jener, weil er immer noch zu wenig privatisiert und dereguliert hat, diese weil sie sich „vernünftiger" Lohnpolitik verschlössen. Ideologisch verdrängt und vergessen sind die Früchte von 200 Jahren Arbeit an der Theorie der kapitalistischen Krisen und Konjunkturen und die ebenso alten historischen Erfahrungen mit der kapitalistischen Wirklichkeit. Das jüngste Beispiel seiner wirtschaftstheoretischen Verwirrung und wahnhaften Realitätsverleugnung lieferte der Narzissmus des transnationalen Kapitals mit der Erfindung einer „new economy", die alle sozialen und wirtschaftlichen Probleme ein für allemal lösen, damit auch jegliche Sorge um Nachhaltigkeiten überflüssig machen würde. Ökonomische Ideologie ist keine rein ökonomische Frage. Die deutsche Geschichte wäre im 20. Jahrhundert wahrscheinlich ganz anders verlaufen, hätte am Ende der Weimarer Republik die Vernunft statt die ökonomische Gleichgewichtsmetaphysik das wirtschaftspolitische Handeln bestimmt (Zinn 2002b).

7. Die neoliberalistische Politik der Globalisierung verhindert Nachhaltigkeit

Die markanten Züge der gegenwärtigen wirtschaftlichen Weltsituation wurden von Autoren wie Marx, Keynes, Fourastié und deren Schülern langfristig prognostiziert (Reuter 2000). Ihre Prognosen gründen auf theoretischen Einsichten in die Langfristentwicklung des Kapitalismus, aber die vorherrschenden Wirtschaftsdeutungen nahmen und nehmen von diesen langfristigen Theorien kaum Kenntnis, und soweit die langfristige Sicht überhaupt von Ökonomen thematisiert wird, geschieht dies vorwiegend in einer zweckoptimistischen Version im Sinne des „mit der globalisierten Marktwirtschaft zum Wohlstand der Nationen". Doch die bisherige Art der Globalisierung bediente nur eine kleine reiche Klientel an der äußersten Spitze der globalen Verteilungshierarchie, und in deren Interesse operierten auch die internationalen Wirtschaftsinstitutionen, insbesondere der Internationale Währungsfonds, dem jüngst von Joseph Stiglitz, Preisträger des Nobel-Gedenkpreises für Wirtschaftswissenschaft 2001, bescheinigt wurde, dass

> „die IWF-Strategien (...) zu einer weniger effizienten Allokation von Ressourcen, insbesondere Kapital (führen), das in Entwicklungsländern die knappste Ressource ist" (Stiglitz 2002: 153).

Die politischen Institutionen des Globalisierungsprozesses tragen somit zur Ressourcenverschwendung bei, hintertreiben also gerade die Nachhaltigkeit des Wirtschaftens.

Marx' Prognose der Wiederkehr kapitalistischer Krisen, der weltweiten Expansion des Kapitalismus, des Konzentrationsprozesses und der Divergenz zwischen ideologischem Reichtumsversprechen und wachsender Ungleichheit der Wohlstandsverteilung auf der Erde kann auch als Prognose des Widerspruchs zwischen Nachhaltigkeitspostulat und Verschlechterung der gemessenen Indikatoren der Nachhaltigkeit interpretiert werden. Länderspezifische Ausnahmen sind zwar vorhanden, aber die globalen Trends wurden dadurch nicht verändert. Die rhetorischen Anstrengungen, dem Nachhaltigkeitsgedanken Aufmerksamkeit und Geltung zu verschaffen, stehen in augenfälligem Gegensatz zur politischen Praxis. Viel davon reden – auf Konferenzen und in der Öffentlichkeit -, aber dann erst einmal „Denkpause". Ohnehin gewinnt das symbolische Handeln, die inszenierte Vortäuschung von Aktivität an massenwirksamem Gewicht gegenüber den faktischen Erfolgen und eingelösten Versprechen der Politik, und Politikverdrossenheit, die in Wahlenthaltung mündet, ist auch eine Art symbolischer Reaktion ohne handfeste Folgen.

Das politische Marketing ist immer wichtiger geworden, weil es die ausbleibenden Erfolge vergessen machen soll. Entgegen der großen Ankündigung zu Beginn der vergangenen Legislaturperiode blieb die Massenarbeitslosigkeit über vier Jahre hinweg bestehen, dann wurde in der Endphase des Bundestagwahlkampfs ein pompöses Schauspiel, das Hartz-Stück, inszeniert, und wer nicht Applaus spendete, gar Kritik übte, wurde des „Zerredens" geziehen (Höll 2002), als ob die Überwindung der Massenarbeitslosigkeit von der gläubigen Zustimmung zu Zaubersprüchen abhinge. Wenn Rhetorik und symbolisches Handeln die öffentliche Meinungsbildung bestimmen, haben es die Fakten schwer; und noch schwerer haben es die Theorien, die die Fakten sachgerecht erklären und die reale Entwicklung zutreffend prognostizieren. Der (Wieder)Anstieg der Massenarbeitslosigkeit in Deutschland während der ersten rot-grünen Koalition war spätestens seit dem Rücktritt des Finanzministers Lafontaine absehbar. Und auch die gegenwärtige Abwärtsbewegung der US-Wirtschaft genügt der alten konjunkturtheoretischen Regel, dass einem (kräftigen) Aufschwung ein entsprechender Abschwung folgt, und ließ sich klar vorhersehen (Dieter 2001: 221ff.).

8. Strukturwandel und Stagnation wie prognostiziert – und dennoch die große Überraschung

Der Strukturwandel von der Industrie- zur Dienstleistungsgesellschaft konnte auf der Grundlage von zwei langfristigen Trends prognostiziert werden. Erstens dem Fortgang des Produktivitätswachstums und der damit bewirkten Stückkosten- bzw. Preissenkung aller vom Rationalisierungsprozess erfassten Produktionen. Zweitens der relativen Sättigung bei den besser gestellten Einkommensschichten. Mit zunehmender Sättigung auf den Industriegütermärkten richtet sich das Nachfragewachstum verstärkt auf die Dienstleistungsmärkte. Trotz beachtlicher Produktinnovationen im industriellen Bereich ist der langfristig prognostizierte Trend des Anteilverlusts des sekundären Sektors an der gesamtwirtschaftlichen Beschäftigung und Wertschöpfung nicht unterbrochen worden, wie dies bereits von der Tertiarisierungstheorie Jean Fourastiés (Fourastié 1969) 1949 erklärt und vorhergesagt worden war.

Die zutreffend antizipierte Tertiarisierung verläuft allerdings nicht in der von den Langfristprognosen erwarteten und erhofften Richtung. Erwartet und erhofft worden war eine „gute" Dienstleistungsgesellschaft – Fourastiés „tertiäre Zivilisation". Eingetreten ist eine gespaltene Dienstleistungsgesellschaft mit einem erheblichen Anteil unattraktiver, schlecht bezahlter, prekärer Arbeitsplätze, also die tertiäre Krise. Die faktische Tertiarisierung genügt dem Nachhaltigkeitspostulat nur sehr unzulänglich. Was ging schief? Zwei Annahmen, die der optimistischen Tertiarisierungsversion zugrunde lagen, sind nicht eingetreten, nämlich stagnierende Produktivität im Dienstleistungsbereich, der als nicht zugänglich für Rationalisierung galt, und eine hohe Einkommenselastizität der Dienstleistungsnachfrage. Beide Annahmen wurden von der Wirklichkeit widerlegt. Erstens griff der Rationalisierungsprozess auch auf immer mehr Dienstleistungen über, so dass sich dort das Gleiche wie in der Industrie – und im 19. Jahrhundert schon im Agrarsektor – abspielte: Produktivitätssteigerung mit anfänglichem Produktions- und vorübergehendem Beschäftigungswachstum, dann aber allmähliche Sättigung und Abbau von Arbeitsplätzen (Zinn 1997 und 1998). Zweitens stieg die Nachfrage nach Dienstleistungen nicht in einem für

Vollbeschäftigung hinreichendem Maße an, weil teils verteilungsbedingt, teils sättigungsbedingt steigende Einkommen nicht voll für den Dienstleistungskonsum ausgegeben wurden, sondern in die Ersparnisbildung wanderten. Jedenfalls stellt diese (Fehl)Entwicklung den Regelfall in den OECD-Ländern dar, und nur die Ausnahme USA bedarf für die jüngere Vergangenheit einer besonderen Erklärung (Dieter 2001: 219 ff.; Zinn 2002c:101ff.).

Die amerikanische Erfindung der „working poor", also der inzwischen sprichwörtlich gewordenen „arbeitenden Armen", sind nur die Spitze eines Eisbergs, der nach plausiblen Rechercheergebnissen von Barbara Ehrenreich ungefähr 60 Prozent der US-Amerikaner umfasst (Ehrenreich 2001: 216). Das schon in den achtziger Jahren in bundesdeutschen Medien gefeierte „Amerikanische Beschäftigungswunder" hatte bis vor kurzem noch sehr einflussreiche Bewunderer in Politik, Medien und Wissenschaft. Es sind eben die ideologischen Tiefenwirkungen des Neoliberalismus und seiner Krisendeutungen, die sowohl die Realitätswahrnehmung verzerren, als auch der an humanen Ansprüchen orientierten Beurteilung entgegen stehen. Der Kampf um Nachhaltigkeit im Arbeitsleben wird vor allem dort ansetzen müssen, an den ideologischen Schranken und ihren massenmedialen Apparaturen der Meinungsbildung.

Nicht jede Art von Vollbeschäftigung ist mit Nachhaltigkeit kompatibel, aber Arbeitslosigkeit ist in jedem Fall unvereinbar mit dem Nachhaltigkeitskonzept. Es ist kurz dargelegt worden, dass der langfristige Strukturwandel zutreffend prognostiziert wurde, und dies trifft auch für die Prognose der heutigen Massenarbeitslosigkeit der Industrieländer zu. Diese Status-quo-Prognose der Massenarbeitslosigkeit bot aber durchaus die Grundlage für beschäftigungspolitische Empfehlungen – unter anderem wurden konsumstimulierende Verteilungspolitik und schrittweise Verkürzung der Arbeitszeit angeraten. Die pessimistischen Langzeitprognose mündete also keineswegs in fatalistischer Schicksalsergebenheit, sondern zeigte, wie alternative Beschäftigungspolitik zu projektieren wäre. Der bedeutendste, jedenfalls berühmteste Nationalökonom des 20. Jahrhunderts, der Engländer John Maynard Keynes (1883–1946), hatte bereits 1943, während des Zweitens Weltkrieges, die treffendste Langfristprognose zur Massenarbeitslosigkeit der reifen Volkswirtschaften formuliert, über die wir überhaupt verfügen (Keynes 1980; Zinn 1998). Leider gehört Keynes´ über ein halbes Jahrhundert alte Prognose selbst heute noch zu den in der Fachwelt nur selten beachteten und in der Öffentlichkeit faktisch unbekannten Bereichen des Keynesschen Gesamtwerks. Dafür sind ideologische Gründe ausschlaggebend, denn die Keynessche Stagnationsprognose und die daran anschließenden wirtschafts- bzw. beschäftigungspolitischen Konsequenzen sind mehr als unbequem für die Systemmetaphysik des Kapitalismus als bestmögliche aller Welten. Letztlich läuft die Keynessche Kapitalismusanalyse auf einen Systemwechsel hinaus: Auf hohem Entwicklungsniveau ist Vollbeschäftigung nicht mehr durch Wachstum zu erreichen, und Wachstum verschafft auch geringere Wohlstandssteigerungen als wenn der technische Fortschritt für eine Verlängerung der Freizeit genutzt wird. Dieser Gedanke, mehr Freizeit und mehr Freiheit mit Hilfe des technischen Fortschritts zu erreichen, ist althergebrachtes philosophisches Gedankengut. Hegel und selbst sein fortschrittsskeptischer Widerpart, Schopenhauer, versprachen sich von der technischen Entwicklung die Befreiung der Menschen von der Plackerei des materiellen Lebensunterhalts und die allgemeine geistige Entfaltung – Wesensmerkmal des Homo sapiens sapiens. Heute muss dieser wachstumskritische Ansatz ökologisch erweitert werden.

Nachhaltigkeit des Wirtschaftens bedeutet, den Wachstumsfetisch zu verwerfen und immer härter zu prüfen, ob und welches Wachstum noch vertretbar ist. Ein Ergebnis dieser Prüfung, das die Verantwortung und die Solidarität der heute Lebenden mit den künftigen Generationen voraussetzt, lautet, dass die reichen Volkswirtschaften vorrangig die Verpflichtung haben, Wachstum als sozialökonomischen Problemlöser aufzugeben. Denn

Wachstum der reichen Ökonomien geht – nicht zuletzt wegen der begrenzten Naturressourcen – zu Lasten der armen (Eberlei 2001; Fues 2001). Doch auch wegen der Beispielfunktion und des Nachahmungseffektes halber müssen die reichen Länder auf dem Weg zur planetarischen Bescheidung vorangehen, wenn die Menschheit nicht an den von ihr selbst verschuldeten Katastrophen ein unnatürlich frühes Ende nehmen soll.

Literatur

Barloewen, Constantin von: Hundert Jahre Einsamkeit. Macht der Mythen: Warum Lateinamerika die Segnungen des nordamerikanischen Fortschritts nicht geheuer sind. In: Die Zeit, Nr. 32, 1. August 2002, S. 30

Bellebaum, Alfred/Schaaff, Herbert/Zinn, Karl Georg: (Hrsg.): Ökonomie und Glück. Beiträge zu einer Wirtschaftslehre des guten Lebens. Opladen/Wiesbaden 1999

Binswanger, Hans C. u.a.: Arbeit ohne Umweltzerstörung. Strategien einer neuen Wirtschaftspolitik (Eine Publikation des „Bundes für Umwelt und Naturschutz Deutschland e.V.“). Frankfurt/Main 1983

Blazejcak, Jürgen/Edler, Dietmar: Tendenzen der umweltschutzinduzierten Beschäftigung in Deutschland. In: DIW-Wochenbericht 64 (1997) 9 vom 27. Februar 1997, S. 157-162

Blien, Michael/von Hauff, Michael/Horbach, Jens: Beschäftigungseffekte von Umwelttechnik und umweltorientierten Dienstleistungen in Deutschland. In: Mitteilungen aus der Arbeitsmarkt- und Berufsforschung 33 (2000) 1, S.126-135

Bode, Thilo: Die Regierung hat kein zukunftsweisendes Umweltkonzept. Die Risiken neuer Techniken müssen öffentlich diskutiert werden. Greenpeace-Chef Thilo Bode im FAZ-Gespräch. In: Frankfurter Allgemeine Zeitung, Nr. 202 vom 31. August 2000, S. 19

Brundtland-Report: The World Commission on Environment and Development (Hrsg.): Our Common Future. Oxford 1987

Deacke, Sigurd Martin (Hrsg.): Ökonomie contra Ökologie? Wirtschaftsethische Beiträge zu Umweltfragen. Stuttgart/Weimar 1995

Deutsche Gesellschaft für die Vereinten Nationen (Hrsg.): Bericht über die menschliche Entwicklung 2000. Bonn 2000

Deutsche Gesellschaft für die Vereinten Nationen (Hrsg.): Bericht über die menschliche Entwicklung 2002. Bonn 2002

Deutsches Institut für Wirtschaftsforschung/Wuppertal Institut für Klima, Umwelt, Energie/Wissenschaftszentrum Berlin für Sozialforschung: Arbeit und Ökologie. Projektabschlußbericht (hrsg. v. der Hans-Böckler-Stiftung). Düsseldorf 2000

Dieter, Heribert: Trends und Interdependenzen in der Weltwirtschaft. In: Hauchler, Ingomar/Messner, Dirk/Nuscheler, Franz: Globale Trends 2002. Fakten, Analysen, Prognosen (hrsg. v.d. Stiftung Entwicklung und Frieden). Frankfurt/Main 2001, S. 219-243

Dyckhoff, Harald: Umweltmanagement. Zehn Lektionen in umweltorientierter Unternehmensführung. Berlin 2000

Eberlei, Walter: Armut und Reichtum. In: Hauchler, Ingomar/Messner, Dirk/Nuscheler, Franz Globale Trends 2002. Fakten, Analysen, Prognosen (hrsg. v.d. Stiftung Entwicklung und Frieden). Frankfurt/Main 2001, S. 73-91

Ehrenreich, Barbara: Arbeit poor. Unterwegs in der Dienstleistungsgesellschaft. München 2001

Fourastié, Jean: Die große Hoffnung des zwanzigsten Jahrhunderts. Köln, 2. Auflage 1969 (1. Auflage 1949)

Fues, Thomas: Trends und Interdependenzen in der Weltgesellschaft In: Hauchler, Ingomar/Messner, Dirk/Nuscheler, Franz Globale Trends 2002. Fakten, Analysen, Prognosen (hrsg. v.d. Stiftung Entwicklung und Frieden). Frankfurt/Main 2001, S. 49-71

Fues, Thomas: Humankapital und Naturvermögen. Der neue Weltbank-Index für Wohlstand und Nachhaltigkeit. In: Entwicklung und Zusammenarbeit 37 (1996) 11, S. 301-303

Gocht, Werner: Umwelt und Entwicklung: Armut als Ursache für Umweltschäden. In: Deacke, Sigurd Martin (Hrsg.): Ökonomie contra Ökologie? Wirtschaftsethische Beiträge zu Umweltfragen. Stuttgart/Weimar 1995, S.86–93

Hagelüken, Alexander: Klima? Prima! Junge Deutsche wissen nicht viel über den Treibhauseffekt. In: Süddeutsche Zeitung, Nr. 200 vom 30. August 2002, S. 1

Harborth, Hans-Jürgen: Nachhaltiges Wirtschaften: Ressourceneffizienz und menschliche Genügsamkeit als neue Leitbilder? In: Bellebaum, Alfred/Schaaff, Herbert/Zinn, Karl Georg (Hrsg.): Ökonomie und Glück. Beiträge zu einer Wirtschaftslehre des guten Lebens. Opladen/Wiesbaden 1999, S.170-192

Hauchler, Ingomar/Messner, Dirk/Nuscheler, Franz: Globale Trends 2002. Fakten, Analysen, Prognosen (hrsg. v.d. Stiftung Entwicklung und Frieden). Frankfurt/Main 2001

Hans-Böckler-Stiftung (Hrsg.): Wege in eine nachhaltige Zukunft. Ergebnisse aus dem Verbundprojekt Arbeit und Ökologie. Düsseldorf 2000

Hillebrand, Bernhard/Löbbe, Klaus: Nachhaltige Entwicklung in Deutschland – Ausgewählte Problemfelder und Lösungsansätze (Untersuchungen des Rheinisch-Westfälischen Instituts für Wirtschaftsforschung, Heft 26). Essen 2000

Hobsbawm, Eric: Wieviel Geschichte braucht die Zukunft? Frankfurt/Main/Wien 1998

Höll, Susanne: Der neue Maulkorb-Erlass. Hartz-Kommission und Hochwasser: Der Versuch. Wichtige Wahlkampf-Themen zu unterdrücken. In: Süddeutsche Zeitung, Nr. 191 vom 20. August 2002, S. 4

Human Development Program (Hrsg.): Human Development Report 1999. New York/Oxford 1999

Kapp, Karl William: Volkswirtschaftliche Kosten der Privatwirtschaft. Zürich/Tübingen 1958 (1. Auflage 1950)

Keynes, John Maynard: The Long-Term Problem of Full Employment. In: Keynes, John Maynard: Collected Writings, Band 27. London/Basingstoke 1980, S. 320-325 (deutsch in: Zinn, Karl Georg: Jenseits der Marktmythen. Wirtschaftskrisen: Ursachen und Auswege. Hamburg, S. 153-156 und in: Reuter, Norbert: Wachstumseuphorie und Verteilungsrealität. Wirtschaftspolitische Leitbilder zwischen Gestern und Morgen. Mit Texten zum Thema in neuer Übersetzung von John Maynard Keynes und Wassily Leontief. Marburg 1998, S. 129-138)

Mayring, Philipp: Lehren der neueren Psychologie für die Ökonomie: Welchen Stellenwert hat die Ökonomie für das menschliche Lebensglück wirklich?, In: Bellebaum, Alfred/Schaaff, Herbert/Zinn, Karl Georg (Hrsg.): Ökonomie und Glück. Beiträge zu einer Wirtschaftslehre des guten Lebens. Opladen/Wiesbaden 1999, S.157-169

Meadows, Donella H./Meadows, Dennis L./Randers, Jørgen/Behrens III, William W.: The Limits to Growth. New York 1972

Priewe, Jan: Von Rom nach Wuppertal? Auf der Suche nach den ökologischen Grenzen des Wachstums. Ökologische Leitplanken für eine nachhaltige Entwicklung. In: Helmedag, Fritz/Reuter, Norbert (Hrsg.): Der Wohlstand der Personen. Marburg 2000, S. 421-441

Reuter, Norbert: Wachstumseuphorie und Verteilungsrealität. Wirtschaftspolitische Leitbilder zwischen Gestern und Morgen. Mit Texten zum Thema in neuer Übersetzung von John Maynard Keynes und Wassily Leontief. Marburg 1998

Reuter, Norbert: Ökonomik der „Langen Frist". Zur Evolution der Wachstumsgrundlagen in Industriegesellschaften. Marburg 2000

Sachs, Wolfgang: Effizienz als Destruktivkraft. Ökologische Folgen der Globalisierung. In: Blätter für deutsche und internationale Politik 45 (2000a), August, S. 976-985

Sachs, Wolfgang: Wie zukunftsfähig ist Globalisierung (Wuppertal Papers, Nr. 99, 2000b). (auch in: www.wupperinst.org/publikationen/wp99.pdf)

Schaaff, Herbert: Zum Zusammenhang von ökonomischer Entwicklung, Wohlstandsentwicklung und menschlichem Wohlbefinden. Historische Lehren für eine „ökologische Glücksökonomie" In: Bellebaum, Alfred/Schaaff, Herbert/Zinn, Karl Georg (Hrsg.): Ökonomie und Glück. Beiträge zu einer Wirtschaftslehre des guten Lebens. Opladen/Wiesbaden 1999, S. 23-58

Schettkat, Ronald: Die Interdependenz von Produkt- und Arbeitsmärkten. Die Wirtschafts- und Beschäftigungsentwicklung der Industrieländer aus der Produktmarktperspektive. In: Mitteilungen aus der Arbeitsmarkt- und Berufsforschung 30 (2000) 4, S. 721-731

Sennett, Richard: Der flexible Mensch. Die Kultur des neuen Kapitalismus. Berlin 1998

Stiglitz, Joseph: Die Schatten der Globalisierung. Berlin 2002

Überleben sichern: Das Überleben sichern. Gemeinsame Interessen der Industrie- und Entwicklungsländer. Bericht der Nord-Süd-Kommission. Mit einer Einleitung des Vorsitzenden Willy Brandt. Köln 1980

Vester, Michael: Schieflagen sozialer Gerechtigkeit. In: Gewerkschaftliche Monatshefte 53 (2002) 8, S. 450-463

Vester, Michael/Oertzen, Peter von/Hermann, Thomas/Müller, Dagmar: Soziale Milieus im gesellschaftlichen Strukturwandel. Zwischen Integration und Ausgrenzung. Frankfurt/Main 2001

Vinod, Thomas u.a.: The Quality of Growth. Oxford/New York 2000

Zinn, Karl Georg: Die Selbstzerstörung der Wachstumsgesellschaft. Politisches Handeln im ökonomischen System. Reinbek bei Hamburg 1980

Zinn, Karl Georg: Wie umweltverträglich sind unsere Bedürfnisse? Zu den anthropologischen Grundlagen von Wirtschaftswachstum und Umweltzerstörung. In: Deacke, Sigurd Martin (Hrsg.): Ökonomie contra Ökologie? Wirtschaftsethische Beiträge zu Umweltfragen. Stuttgart/Weimar 1995, S. 31-62

Zinn, Karl Georg: Jenseits der Marktmythen. Wirtschaftskrisen: Ursachen und Auswege. Hamburg 1997

Zinn, Karl Georg: Die Langfristperspektive der Keynesschen Wirtschaftstheorie. In: Das Wirtschaftsstudium 27 (1998) 8-9, S. 926-935

Zinn, Karl Georg: Arbeit, Nachhaltigkeit und Beschäftigung. In: Arbeit 10 (2001a) 1, S. 36-49

Zinn, Karl Georg: Der verkaufte Mensch. Über Sein und Sollen des Wirtschaftens im Kapitalismus. In: Hickel, Rudolf/Strickstrock, Frank (Hrsg.): Brauchen wir eine andere Wirtschaft. Reinbek 2001b, S. 90-113

Zinn, Karl Georg: Staatliche Gestaltung statt Neoliberalismus. In: Faulstich, Peter (Hrsg.): Lernzeiten. Für ein Recht auf Weiterbildung. Hamburg 2002a, S. 18-30

Zinn, Karl Georg: Wie Reichtum Armut schafft. Köln, 2. Auflage 2002b

Zinn, Karl Georg: Zukunftswissen. Die nächsten zehn Jahre im Blick der Politischen Ökonomie. Hamburg 2002c

Innovationspotenziale von Nachhaltigkeitsstrategien für die Arbeitspolitik

Gudrun Linne

„Wie ist nachhaltiges Wirtschaften machbar?", lautet die Leitfrage des vorliegenden Bandes. Die Ahnung, wie schwierig das Projekt einer nachhaltigen gesellschaftlichen Entwicklung in Szene zu setzen ist, steht hinter dieser Themenstellung. Gleichwohl stellt sie nicht das „Ob" einer nachhaltigen Entwicklung in Frage, sondern lenkt den Blick auf das „Wie". Die eingeforderten Antworten fallen der Sache gemäß unterschiedlich aus, denn die Annäherung an das Leitbild „nachhaltige Entwicklung" hat vielfältige gesellschaftliche Implikationen und Voraussetzungen. Anders ausgedrückt: Wenn es um die Umstellung heutiger Wirtschaftsweisen auf nachhaltige geht, ist Generalinventur auf allen Ebenen von Wirtschaft, Politik und Gesellschaft angesagt.

Die folgenden Überlegungen[1] nehmen nur *ein* Handlungsfeld in den Blick. Sie fragen danach, welchen Beitrag die *Arbeitspolitik* für den Umsteuerungsprozess in Richtung nachhaltiges Wirtschaften leisten kann. *Dass* die Arbeitspolitik ein nachhaltigkeitsgerechtes, wenn auch derzeit ungenutztes, Gestaltungspotenzial hat, ist die dieser Betrachtungsperspektive zu Grunde liegende These. Zugleich wird dafür plädiert, dass sich die Arbeitspolitik und insbesondere ihre Akteure künftig stärker als bisher am Nachhaltigkeitsdiskurs und an der Suche nach entsprechenden politischen Gestaltungselementen beteiligten sollten – nicht zuletzt, und dies ist die zweite These, weil das Leitbild Nachhaltigkeit als *arbeitspolitisches Paradigma* die Fähigkeit hat, die Arbeitspolitik aus ihrer aktuellen betriebspolitischen Verengung herauszulösen und ihren traditionellen gesellschaftlichen Gestaltungsanspruch neu zu legitimieren.

1. Arbeit als strategischer Anknüpfungspunkt für nachhaltiges Wirtschaften

Warum sollte sich der Nachhaltigkeitsdiskurs mit den Entwicklungsperspektiven von Arbeit und ihren gesellschaftlichen Organisations- und Regulationsmodellen beschäftigen? Und warum sollten diese vice versa die Vorgaben und Ziele von Nachhaltigkeitspolitiken als unhinterfragbare Konstante und damit letztlich als Paradigma ihrer konzeptionellen Ausrichtungen anerkennen?

---

1 Die Forschungsbefunde, die diesen Beitrag angeregt haben, stammen aus dem Projekt „Arbeit und Ökologie" (Deutsches Institut für Wirtschaftsforschung u.a. 2000; vgl. dazu auch unten Abschnitt 3).

Die Gründe dafür sind aus der soziologischen Debatte bekannt. Und was zählt: Sie sind empirisch nach wie vor triftig. Jede Entscheidung über den Modus von Produktion und Arbeitsorganisation hat erhebliche gesellschaftliche Rückwirkungen. Dies betrifft nicht nur Art und Ausmaß der Naturbeherrschung (beispielsweise durch unmittelbaren produktions- und konsumbedingten Verbrauch natürlicher Ressourcen), sondern auch die Formen der Vergesellschaftung: In den westlichen Industriegesellschaften ist es die Arbeit – genauer gesagt die Erwerbsarbeit –, die

> „die Menschen objektiv wie subjektiv, direkt wie indirekt in die Gesellschaft einbindet" (Kronauer u.a. 1993: 23)[2]

und damit die Voraussetzungen für ökonomische und soziale Teilhabe an der Gesellschaft schafft. Nicht nur weil die Beschäftigung europaweit – anders als die hohe Arbeitslosigkeit vermuten lässt – wächst[3] (vgl. Europäische Kommission 2001: 19), sondern auch hinsichtlich ihrer sozialen Prägkraft ist die häufig schon totgesagte oder zumindest als im Sterbeprozess befindlich charakterisierte Arbeitsgesellschaft (vgl. u.a. Matthes 1983; Gorz 1989; Rifkin 1996) ziemlich lebendig. Nach wie vor weisen der soziale und institutionelle Ordnungsrahmen unserer Gesellschaft enge Affinitäten zu den Organisationsformen und -prinzipien der Erwerbsarbeit aus. Und auch die gesellschaftliche Situation des Einzelnen wird letztlich durch Erwerbsarbeit – oder in Umkehrung durch den Ausschluss von ihr – bestimmt und folgt damit noch heute der Logik eines durch die Industrialisierung geprägten Gesellschaftsmodells. Die ökonomischen und sozialen Komponenten dieses Zusammenhanges sind gut erkennbar: Einkommen, Beschäftigungssicherheit, Beschäftigungsfähigkeit, Ausmaß von Fremd- oder Selbstbestimmtheit oder auch Gesundheit sind beispielsweise unmittelbar oder mittelbar abhängig vom Status im Erwerbssystem. Dies gilt sichtbar für diejenigen, die erwerbstätig sind. Es gilt aber auch für diejenigen, die als Arbeitslose aus der Erwerbsarbeit ausgeschlossen sind. Darüber hinaus haben die Gestaltungsprinzipien der Arbeitsorganisation – auch unabhängig vom Problem des Material-, Flächen- und Umweltverbrauches –, die konkreten Arbeitsbedingungen wie auch der Erwerbsstatus vielfältige ökologische Folgewirkungen: Faktoren wie Einkommen, Aus- und Weiterbildung, Arbeitszeit etc. befördern oder begrenzen in erheblichem Maße die individuellen Gestaltungsoptionen umweltverträglichen Verhaltens in Arbeit und Freizeit. Die

> „Veränderungen der Arbeitswelt (...) sind (...) höchst relevant für eine gesellschaftlich nachhaltige Entwicklung: Geht es einerseits um Selbstentfaltung, Teilhabe an der Gesellschaft und Erhalt der Gesundheit, kurz um individuelle Lebensqualität, so stellen die konkreten Arbeitsbedingungen und die damit verbundenen vorherrschenden Leitbilder eine wesentliche Komponente zur Entfaltung sozial-ökologischer Lebensstile dar" (Brandl/Hildebrandt 2002a: 11; vgl. dazu auch dies. 2002b: 520f. wie auch Hildebrandt und Zinn in diesem Band).

Und schließlich – auch das lehrt die Geschichte der Arbeit im Rückblick – ist die Frage, wie Gesellschaften Arbeit verteilen und organisieren, ein notwendiger Schüssel, um den Zugang zum Verständnis von gesellschaftlichen Veränderungen zu finden. Die Gestaltung der Arbeit war stets eine Triebkraft gesellschaftlichen Wandels, wobei nicht unterschlagen werden darf, dass ein „Dominanzverhältnis von Erwerbsarbeit über Natur" (Hildebrandt 1997: 242) Teil dieses Modernisierungsprozesses war. Gerade vor diesem Hintergrund ist auffällig, wie unterspezifiziert die Rolle der Arbeit insgesamt, und insbesondere die der Erwerbsarbeit, im Nachhaltigkeitsdiskurs ist.

---

2 Siehe auch Schmidt 1999 und Kocka/Offe 2000.

3 Dies gilt auch für Deutschland, wenngleich es zu den Schlusslichtern hinsichtlich des Beschäftigungswachstums in Europa zählt.

2. Ist das Wasser zu tief? Die Trennung von Arbeits- und Nachhaltigkeitspolitik

Obgleich schon im Bericht der Brundtland-Kommission (UN 1987) und in den Empfehlungen der Enquetekommission des 13. Deutschen Bundestages (Deutscher Bundestag 1998) die gleichrangige Berücksichtigung ökonomischer, sozialer und ökologischer Zukunftsziele postuliert wird, bleibt im gesellschaftlichen Nachhaltigkeitsdiskurs bzw. in wissenschaftlichen Nachhaltigkeitsstudien, die diesen Diskurs immer wieder neu angeregt haben, bis weit in die neunziger Jahre hinein eine an ökologischen Prioritäten ausgerichtete Perspektive dominant. Und während es für die Dimensionen „ökologische“ und „ökonomische“ Nachhaltigkeit schon frühzeitig – wenn auch gelegentlich strittige – Definitionskriterien gab, blieb die Kategorie „soziale Nachhaltigkeit“ unterhalb des allgemeinen Credos „soziale Gerechtigkeit“ weiterhin vage. Es wurde noch nicht einmal die Frage gestellt, welche konkreten sozialen und arbeitspolitischen Themen zur sozialen Dimension der Nachhaltigkeit zählen. Erwerbsarbeit wird – wenn überhaupt – nur als eine Komponente ressourcenverzehrenden Wirtschaftens thematisiert oder bestenfalls in einzelnen Segmenten, wie beispielsweise im Bereich der Tätigkeiten im Umweltschutz, als ökologieverträglich wahrgenommen. Folgerichtig kam auch nicht in den Blick, welche Schnittstellen es über punktuelle Bezüge hinaus zwischen den Leitbildern nachhaltiger Entwicklung und den Vorstellungen über die Zukunft der Arbeit gibt. Zugespitzt ausgedrückt: Die Vision von einer nachhaltigen Gesellschaft wurde über Jahre hinweg unter Ausschluss des Themas „Zukunft der Arbeit“ entwickelt. Über die Veränderungsprozesse in der Arbeitswelt, die beim Umsteuern Richtung Nachhaltigkeit zu erwarten sind, gab es mehr Spekulationen oder apodiktische Setzungen als analytisch fundierte Prognosen. Teilweise wurde der gesellschaftliche Bedeutungsverlust der Erwerbsarbeit als unumgänglich prognostiziert: In Ablösung des traditionellen Wohlstandsbegriffs, der weitgehend auf gesellschaftlicher Partizipation durch Einkommen, kommerziellen Konsum und beruflichen Status fußt, sollte auch die Erwerbsarbeit als Träger von materiellem und immateriellem Wohlstand unwichtiger werden; teilweise wurden Umfang und Formen der Erwerbsarbeit lediglich zur abhängigen Variable naturwissenschaftlich-ökologischer Reduktionsstrategien (so u.a. BUND/Miserior 1996). In dieser Perspektive hatte sich das „traditionelle Dominanzverhältnis von Erwerbsarbeit über Natur“ (Hildebrandt 1997: 242) umgekehrt. Im Gegensatz dazu griff eine dritte Diskursvariante das Thema „Zukunft der Arbeit“ zwar in dem Verständnis auf, dass es relevante Berührungspunkte zu allen drei Nachhaltigkeitsdimensionen gibt. Dieser Ansatz ging aber zugleich von einer Harmonie von ökonomie- und ökologierelevanten, arbeitspolitisch und sozial relevanten Gestaltungszielen aus, ohne eine systematische Analyse der Wechselwirkungen zu leisten (so Zukunftskommission der Friedrich-Ebert-Stiftung 1998). Kurzum: Die Interferenzen zwischen Arbeit und Nachhaltigkeit werden im Nachhaltigkeitsdiskurs über Jahre hinweg nicht systematisch diskutiert oder bleiben gänzlich ausgespart[4].

Allerdings bleiben auch umgekehrt die Bezüge der zeitgleich geführten Diskussionen über die Zukunft der Arbeit auf den Nachhaltigkeitsdiskurs schwach. Obgleich der Arbeitsdiskurs zu der Einschätzung und Einsicht kommt, dass das bisherige industriegesellschaftliche Entwicklungsmodell sowohl hinsichtlich seiner Binnenlogik als auch unter ökologischen Ge-

4 Hildebrandt sieht die Gründe für das Auseinanderfallen von Arbeits- und Nachhaltigkeitsdiskurs weniger darin, dass die „politikrelevante Verbindung“ (Hildebrandt 2002a: 14) bestritten wird. Vielmehr vermutet er, dass „die Umweltbewegung die Definitionsmacht des Ökologischen im öffentlich-politischen Nachhaltigkeitsdiskurs bedroht sieht (...und skeptisch sei) gegenüber einer Überfrachtung des Konzepts durch weitere, soziale Ansprüche“ (ebd.).

sichtspunkten an seine Grenzen gestoßen ist und langfristig weder wirtschaftliche Leistungsfähigkeit, noch soziale Integration, noch den Erhalt natürlicher Lebensgrundlagen gewährleisten kann, werden die Vorgaben einer nachhaltigen Entwicklung entweder gar nicht oder bestenfalls als begriffliche Anleihen in die Zukunftsbilder von Arbeit integriert. Stattdessen bilden sich polare Positionen über die Reichweite des Wandels der Erwerbsarbeit und ihren künftigen Stellenwert heraus. Der Forderung nach einem grundlegenden Umbau der Arbeitsgesellschaft (vgl. u.a. Dahrendorf 1983; Gorz 1989; Rifkin 1996; Giarini/Liedtke 1998) steht die Suche nach neuen Gestaltungsprinzipien der Erwerbsarbeit gegenüber (vgl. u.a. Brödner/Knuth 2002; Oehlke 2000; Schumann 2001). Der Arbeitsdiskurs verliert sich in diesem Positionenstreit, anstatt den Umstand produktiv aufzugreifen, dass die im Arbeitsdiskurs ins Rollen gekommene Suche nach neuen Organisationsformen der Erwerbsarbeit, die im Übrigen auch das Verhältnis von Erwerbsarbeit zu anderen gesellschaftlichen Arbeiten und vorherrschende Prinzipien gesellschaftlicher Arbeitsteilung hinterfragt, vielfältige Ansatzpunkte für die Verknüpfung von Arbeits- und Nachhaltigkeitsdiskurs bietet.

3. Der Brückenschlag: Interferenzen zwischen Arbeit und Nachhaltigkeit

Gestützt auf die bereits skizzierte Überlegung, dass

> „die Bedürfnisbefriedigung der Menschen zentral über Arbeit verläuft, Arbeit der zentrale Reproduktionsmechanismus unserer Gesellschaft ist" (Brandl/Hildebrandt 2002b: 520),

und in Anlehnung an das umfassende Nachhaltigkeitskonzept der Brundtland-Kommission, das

> „auf den Beitrag aller Formen der Arbeit zur Zukunftsfähigkeit unserer Gesellschaft verweist" (ebd.: 521),

hat ein von der Hans-Böckler-Stiftung initiiertes und gefördertes Forschungsprojekt des Deutschen Instituts für Wirtschaftsforschung, des Wuppertal Instituts für Klima, Umwelt, Energie und des Wissenschaftszentrums Berlin für Sozialforschung (Deutsches Institut für Wirtschaftsforschung u.a. 2000) die Suche nach möglichen Interferenzen zwischen Arbeit und Nachhaltigkeit zum Gegenstand wissenschaftlicher Analyse gemacht.

Das Forschungskonzept nutzt zunächst Querschnitts- und Szenarienanalysen, um die Wechselwirkungen von Nachhaltigkeitsstrategien und Entwicklungsdynamiken der Arbeit aufzuspüren. In den Querschnittsanalysen werden Referenzpunkte von Nachhaltigkeit in der Wirtschafts- und Arbeitssphäre bestimmt, die aus ökonomischer, sozialer und ökologischer Sicht besonders wichtig sind. Zugleich wird hier eine Analyse der Realdynamiken in arbeitspolitischen Feldern geleistet, die die jeweiligen Rahmenbedingungen für eine nachhaltige Entwicklung markieren wie auch umgekehrt die aktuellen sozialen, ökonomischen und ökologischen Problemlagen in Bezug zu vorgegebenen Nachhaltigkeitszielen. Unter diesem Focus werden auf der Makroebene Themen wie Wirtschaftswachstum, Beschäftigungsentwicklung, fiskalische Anreize der Wirtschafts- und Arbeitsmarktpolitik, demografische Entwicklung und die Beschaffenheit der sozialen Sicherungssysteme aufgespannt. Auf der Mesoebene werden unter anderem der Wandel der Arbeitsbeziehungen und insbesondere neue Kooperations- und Regulierungsformen hinsichtlich ihrer nachhaltigkeitsrelevanten Wirkungen analysiert; und auf der Mikroebene geht es zum Beispiel um die Flexibilisierung und interne Ausdifferenzierung der Erwerbsarbeit und um die Risiken und

Chancen dieser Prozesse für den Einzelnen und die Gesellschaft, um neue Arbeitszeit- und gesellschaftliche Zeitmuster, um die Rolle informeller Arbeiten für die individuelle, familiäre und gesellschaftliche Reproduktion und um mögliche Mischformen von Erwerbs- und informeller Arbeit und deren nachhaltigkeitsgerechte Potenziale.

Bei der Modellierung der Nachhaltigkeitsszenarien werden unterschiedliche Schwerpunktsetzungen vorgenommen bzw. Vorgaben gemacht. Das „ökonomisch-soziale" Szenario richtet sich unter Berücksichtigung ökologischer Leitplanken an ökonomisch-sozialen Prioritätensetzungen aus; das „ökologisch-soziale" Szenario versucht, Nachhaltigkeit unter Berücksichtigung ihrer drei Dimensionen darzustellen, wobei die Vermeidung irreversibler Schäden das Leitkriterium ist. Die aus diesen Modellierungen gewonnenen Ergebnisse und Zukunftsbilder werden sodann auf der Folie eines Kontrastszenarios gespiegelt, das im Wesentlichen den Vorgaben gegenwärtiger Politikmuster folgt. Die Szenarienanalysen ermöglichen, die dem triadischen Nachhaltigkeitsverständnis immanenten Friktionen und Zielkonflikte offenzulegen. Auf dieser Basis identifiziert das Projekt in handlungsorientierter Perspektive Politikfelder und Strategieelemente, in denen größtmögliche Synergien zwischen ökonomischen, ökologischen und sozialen Nachhaltigkeitszielen auszumachen sind (vgl. ebd. und Hans-Böckler-Stiftung 2000; siehe auch www.a-und-oe.de).

Diese Studie gibt dem gesellschaftspolitischen und wissenschaftlichen Nachhaltigkeitsdiskurs in mehrfacher Hinsicht einen neuen Impuls: Erstens versucht sie, die bislang unterbelichtete Dimension sozialer Nachhaltigkeit im Kontext der Gesellschaftsverfassung einer arbeitszentrierten Gesellschaft zu erschließen und damit anschaulich zu machen, wie vielschichtig die Interferenzen zwischen Arbeit und Nachhaltigkeit sind. Zweitens macht sie deutlich, dass die derzeitigen Entwicklungstrends von Erwerbsarbeit, die sich unter den groben Stichworten „Globalisierung", „Restrukturierung" und „Pluralisierung der Arbeit" verbergen – womit in allen drei Dimensionen Tendenzen zur räumlichen, zeitlichen und rechtlichen Auflösung von „Normalarbeit" und „Normalarbeitsverhältnissen" angesprochen sind – nicht nur bestimmend sind für die künftige gesellschaftliche Entwicklung, sondern auch steuerbar: in Richtung nachhaltigen Wirtschaftens – oder in die Gegenrichtung. Und drittens markiert sie aufgrund ihrer durchgehenden Orientierung am Drei-Säulen-Konzept einen wichtigen Schritt in Richtung eines interdisziplinären Nachhaltigkeitskonzeptes.

Es ist an dieser Stelle weder möglich noch nötig, die Studienergebnisse im Einzelnen zu referieren. Deswegen seien nur vier für diesen Zusammenhang wichtige „Botschaften" dieser Untersuchung skizziert:

1. Die Hauptbotschaft dieses Projektes lautet: *Die Gestaltung der Arbeitswelt ist ein Schlüsselbereich* auf dem Weg zu einer nachhaltigen, zukunftsfähigen Gesellschaft. Folglich kann Nachhaltigkeitspolitik sehr effektiv auf der Ebene der Arbeitspolitik ansetzen. Auch ist eine an den Anforderungen der Nachhaltigkeit ausgerichtete Arbeitspolitik ökonomisch, ökologisch und sozial erfolgreicher als die gegenwärtig praktizierte Arbeitspolitik, die Leitlinien wie Kostenentlastung für Unternehmen, Lohnzurückhaltung und schlankem Staat unterworfen ist. Dieser Befund zwingt dazu, bei der Suche nach geeigneten Ansatzpunkten für eine nachhaltige Entwicklung den Blick für die Sphäre der Arbeit zu schärfen, die im Nachhaltigkeitsdiskurs bislang nur eine untergeordnete Rolle gespielt hat.
2. Das Gerüst und der notwendige Ansatzpunkt für eine *in der Arbeitssphäre ansetzende Nachhaltigkeitsstrategie sind fünf eng miteinander verbundene Handlungsfelder*, die einem arbeitspolitischem Gestaltungszugriff zugänglich sind:

   - die Gestaltung des Strukturwandels im Hinblick auf ökologische Ziele,
   - die Gestaltung des Strukturwandels im Hinblick auf soziale Ziele,

- die Generierung und Verbreitung innovativer Problemlösungen,
- die Gestaltung der Erwerbsarbeitszeiten,
- die Veränderung von Konsumweisen.

Diese fünf Handlungsfelder bilden die Bausteine einer erfolgreichen Nachhaltigkeitsstrategie. Sie zeigen, in welchen arbeitspolitischen Bereichen ein Umsteuern erforderlich ist.

3. *Ein abgestimmtes Agieren in allen fünf genannten arbeitspolitischen Handlungsfeldern* wird von dem Projekt als unverzichtbar herausgestellt. Das heißt im Umkehrschluss: Ein selektiver Zugriff auf nur einzelne Handlungsebenen wird den Anforderungen der Nachhaltigkeit aus Sicht des Projektes nicht gerecht. Dennoch gibt es Spielräume für politische Gewichtungen und Aushandlungsprozesse aufgrund unterschiedlicher Kombinationsmöglichkeiten einzelner Maßnahmen in den skizzierten Handlungsfeldern. Konsensuale Aushandlungsprozesse bleiben damit auch in einem „vorgegebenen" Handlungskonzept die Erfolgsbedingung seiner Umsetzung.
4. *Nachhaltigkeitspolitik umfasst Kernbereiche der Handlungskompetenzen arbeitspolitischer Akteure.* Damit haben neben Unternehmen und ihren Interessenverbänden die gewerkschaftlichen und betrieblichen Interessenvertretungen die Chance, sich an einer nachhaltigen Entwicklung zu beteiligen. Und nicht nur das: Mit gezielten arbeitspolitischen Interventionen können sie Umsteuerungsprozesse auch selbst auslösen und damit Impulse setzen für einen gesellschaftlichen Entwicklungsprozess in Richtung Nachhaltigkeit. Auch dieser Befund zwingt zum Umdenken. Er macht deutlich, dass wirtschaftliche Interessenverbände, die sich in der Vergangenheit zwar programmatisch auf eine nachhaltige Entwicklung bezogen, jedoch ihre Kompetenzen in der Nachhaltigkeitspolitik noch nicht unter Beweis gestellt haben, durchaus wichtige Akteure in einem nachhaltigen gesellschaftlichen Modernisierungsprozess sein können – wenn sie denn wollen.

Diese vier zentralen Projektbefunde sind geeignet, zwei weitere Dilemmata der bisherigen Ausrichtung des Nachhaltigkeitsdiskurses zu lösen: Zum einen wird die Arbeitssphäre hier nicht einfach als eine nachgeordnete Kategorie auf dem Weg zur Nachhaltigkeit begriffen. Stattdessen wird ihr gesellschaftsveränderndes Potenzial neu austariert. Zum anderen wird das normative Leitbild Nachhaltigkeit in ein gesellschaftliches Handlungsfeld übersetzt. Eine derartige „Transferleistung" war überfällig. Denn von der Bereitschaft und Fähigkeit gesellschaftlicher Akteure, ihre politischen Ziele, Interessen und Politikstile mit den Vorgaben der Nachhaltigkeitsdebatte zu verknüpfen, hängt es ab, ob die Umsetzung des Leitbildes in die gesellschaftliche Praxis eine Chance hat.

4. Kann ein Lahmer einem Blinden helfen?

> „Von ungefähr muss einen Blinden
> Ein Lahmer auf der Strasse finden,
> Und jener hofft schon freudenvoll,
> Dass ihn der andre leiten soll.
>
> Dir, spricht der Lahme, beizustehn?
> Ich armer Mann kann selbst nicht gehn"
> (Gellert 1746)

Die Nöte, die Christian Fürchtegott Gellert in seinem Gedicht „Der Blinde und der Lahme" beschreibt, dürften auch die Akteure der Arbeitspolitik bei dem Gedanken drücken, *Eigenverantwortung* für die Umstellung auf nachhaltiges Wirtschaften zu übernehmen. Denn schließlich trifft sie dieses Anliegen in einer Phase, in der sich – zumindest für die Interessenvertretungen der Beschäftigten – die Rahmenbedingungen ihres Handelns deutlich verschlechtert haben und möglicherweise auch weiterhin verschlechtern werden. Zugleich müssen sie feststellen, dass auch die Inhalte bewährter Politikkonzepte nicht mehr greifen.

Die gegenwärtige Wirtschaftskrise und vor allem der sich schon längerfristig vollziehende Strukturwandel der Erwerbsarbeit haben die Durchsetzungskraft der Interessenvertretungen geschwächt. Der gewerkschaftliche Organisationsgrad sinkt kontinuierlich. Außerdem repräsentiert die gewerkschaftliche Mitgliederstruktur immer weniger die Gesamtbeschäftigten (vgl. Bosch 2001: 538) und weist die Gewerkschaften nicht gerade als Hoffnungsträger eines gesellschaftlichen Modernisierungsprozesses aus. Schlimmer noch: Sie haben keine Antworten auf den Wandel der Arbeit parat, der sich unter anderem in einer beschleunigten Ausdifferenzierung der Beschäftigungsformen, der Arbeitsbedingungen und einer „Entgrenzung" von Arbeit und Leben ausdrückt. Zum Teil ist noch nicht einmal erkennbar, welche Dimensionen dieser Wandel hat. Es zeichnet sich lediglich ab, dass er nicht in einem traditionellen Rationalisierungsverständnis aufgeht, sondern eine komplexe „Neuordnung" der Arbeit und einen veränderten Zugriff auf die menschliche Arbeitskraft umfasst (vgl. dazu und im Folgenden Schumann 2001).

Auch die Folgewirkungen sind unklar oder bestenfalls in Ansätzen sichtbar. Die Grenzziehungen zwischen Arbeits- und Lebenssphäre werden durch die Flexibilisierung von Arbeitszeit und Arbeitsort berührt und verändern sich. Gleiches gilt für das mit den Organisationsprinzipien der Arbeit verwobene Regelwerk, das weichenstellend ist für Integrations- oder Exklusionsprozesse (vgl. Kronauer 1996). Bleibt die Frage: Wen treffen die negativen Seiten dieses Wandels wie Überforderung durch erhöhte und neue Leistungsanforderungen, die zunehmende zeitliche und räumliche Instabilität des Arbeitseinsatzes, Prozesse der Retaylorisierung und Rigidisierung der Arbeitsabläufe oder der dauerhafte Ausschluss aus dem Arbeitsmarkt infolge veränderter Qualifikationsanforderungen? Und wer kann von den positiven Seiten dieses Wandels profitieren: Zugewinn an Handlungskompetenzen und Zeitautonomie in der Arbeitsausübung bzw. -gestaltung und verbesserte Bedingungen für die Vereinbarkeit von Arbeit und Leben? Gewinner stehen Verlierern gegenüber. Da kann ein vorrangig auf „Schutzbedürfnisse" orientiertes Interessenvertretungskonzept nicht mehr alle Beschäftigten erreichen. Und ebenso wenig greift eine Arbeitspolitik, die die Überwindung der sich in Erwerbsarbeit manifestierenden Fremdbestimmtheit zu ihrem gesellschaftspolitischen Anliegen erklärt hat. In diesem Punkt wird der gesellschaftspolitische Impetus der Arbeitspolitik vom Wandel der Erwerbsarbeit, zumindest in einzelnen Ausprägungen, überholt.

Doch scheint die Arbeitspolitik die ehemals weitreichenden Ambitionen ihres Gestaltungsanspruches ohnehin – und sei es unter dem Druck der Verhältnisse – aufgegeben zu haben. Wenn der Arbeitspolitik – und mit ihr den Gewerkschaften – eine Krise attestiert wird (so u.a. Trautwein-Kalms 2000; Döhl u.a. 2000), so ist damit vor allem gemeint, dass sie sich sukzessive auf die soziale Kontrolle betrieblicher Prozesse beschränkt hat, die gesellschaftlichen Folgedimensionen des Wandels der Arbeit nicht mehr zu begreifen, zumindest nicht mehr zu gestalten vermag und langfristige Strategien für mehr Lebensqualität, soziale Gerechtigkeit, Chancengleichheit und Demokratie im Kontext eines Zukunftsentwurfes von Arbeit und Gesellschaft aus den Augen verloren hat.

> „Aus einer an der Vision einer besseren Gesellschaft orientierten Politik wurde eine der Schadensbegrenzung" (Schumann 2002: 331).

Soll die Arbeitspolitik nicht in der relativen Bedeutungslosigkeit betrieblicher Gestaltungspolitik auf- (und unter)gehen, so müssen ihre Akteure die normativen Grundlagen ihrer Politikkonzepte ebenso grundlegend hinterfragen wie ihre thematischen Prioritätensetzungen. Jedoch: Der Bewertungsmaßstab, was gute Arbeit ist und wie gute Arbeitsbedingungen aussehen, ist der Arbeitspolitik im Zuge der komplexen Veränderungen in der Arbeitswelt abhanden gekommen. Nicht nur hierfür kann das Leitbild nachhaltiger Entwicklung eine Orientierung geben, es eröffnet der Arbeitspolitik vielmehr auch eine neue gesellschaftsbezogene Innovationsperspektive – vorrausgesetzt die Arbeitspolitik will sich auch künftig (wieder) als ein Bestandteil einer zukunftsorientierten Modernisierung von Wirtschaft und Gesellschaft verstehen.

Damit bleibt die Frage: Wie muss sich die Arbeitspolitik formieren, wenn sie in diesem Sinne Zukunft mitgestalten will? Erste konkrete Hinweise für ein solches arbeitspolitisches Programm geben die Ergebnisse des Projektes „Arbeit und Ökologie“ (Deutsches Institut für Wirtschaftsforschung u.a. 2000; vgl. dazu auch oben unter 3. sowie Putzhammer und Wieduckel in diesem Band). Diese Anregungen fordern der Arbeitspolitik zum Teil eine Themenerweiterung, zum Teil einen Perspektivwechsel, vor allem aber neue und neu koordinierte Politikmuster ab. So wäre beispielsweise der Wandel von Beschäftigungsformen (befristete Arbeitsverhältnisse, Leiharbeit oder andere Formen kurzfristiger oder häufig wechselnder Beschäftigung) nicht einzig aus der Perspektive der Erosion des Normalarbeitsverhältnisses oder seiner Beschäftigungswirksamkeit zu bewerten, sondern auch aus der Perspektive gesellschaftlicher Kohärenz und unter der Fragestellung, inwieweit er sozial-ökologische Lebensstile befördert oder verhindert. Gleiches gilt für arbeitszeitpolitische Themen wie die Verkürzung und Flexibilisierung von Arbeitszeiten. Auch Fragen von Mitbestimmung und Beschäftigtenpartizipation erhalten mit Blick auf Nachhaltigkeitsziele einen erweiterten Sinn (vgl. dazu auch Lauen und Pfeiffer/Walther in diesem Band). Und nicht zuletzt würde deutlich werden, dass die Vereinbarkeit von Erwerbsarbeit mit Familienarbeit, Ehrenamt, Eigenarbeit und Chancengleichheit keine randständigen Themen sind, sondern zu den substanziellen Aufgaben einer nachhaltigkeitsorientierten Arbeitspolitik (vgl. dazu auch Notz in diesem Band) gehören.

Dass damit Teile der für eine gesellschaftliche Entwicklung in Richtung Nachhaltigkeit notwendigen Umsteuerungsprozesse auf der Ebene der Arbeitspolitik angegangen werden können und letztlich operationalisierbar werden, ist der für Nachhaltigkeitspolitiken relevante „benefit“, der in der engeren Verzahnung von Arbeits- und Nachhaltigkeitspolitik liegt. Die Arbeitspolitik wiederum profitiert, weil sie nunmehr den Legitimationsanspruch ihrer Politik aus *gesamtgesellschaftlichen* Normen und Werten beziehen kann. In Gellerts Worten in bereits zitiertem Gedicht heißt dies:

> „Der Lahme hängt mit seiner Krücken
> Sich auf des Blinden breiten Rücken.
> Vereint wirkt also dieses Paar,
> Was einzeln keinem möglich war.
>
> Du hast das nicht, was andre haben,
> Und andern mangeln deine Gaben;
> Aus dieser Unvollkommenheit
> Entspringet die Geselligkeit.“
> (Gellert 1746)

Dass die Vorstellung, die Arbeitspolitik an den Leitsätzen der Nachhaltigkeit auszurichten, nicht völlig illusorisch ist, zeigen erste Diskussionsansätze (vgl. BMBF 2000). Ein solcher „take off“ setzt allerdings voraus, dass die Akteure der Arbeitspolitik für *institutionelle In-*

novationen gerüstet (vgl. Schwarz und Brandl in diesem Band) und für neuartige Vernetzungen zwischen funktional ausdifferenzierten Politik- und Handlungsbereichen, für neue Kooperationen und entsprechende Kompromissfindungen offen sind. Gewerkschaften, Unternehmen und ihre Verbände sind jedoch – nicht anders als andere Organisationen – einem Spannungsverhältnis zwischen Innovation und Tradition unterworfen. Organisationskulturen, Handlungsroutinen, tradierte Zuständigkeiten und Aktionsradien haben ein gewisses Beharrungsvermögen (vgl. dazu auch Zinn in diesem Band). Sie sind leichter aufzubrechen, wenn deutlich wird, dass sie nicht nur die Bedingungen *gesamtgesellschaftliche*r Zukunftsfähigkeit in Frage stellen, sondern auch suboptimal sind für die Überlebenschancen der *eigenen* Organisation. Deswegen ist es nicht nur legitim, sondern auch sinnvoll, aufzuzeigen und auszuprobieren, wie die nachhaltigen Politiken immanenten Innovationspotenziale das eigene Interessenhandeln gesellschaftlicher Akteure befördern können.

Literatur

Bosch, Gerhard: Leitbilder für die Dienstleistungsgewerkschaften. In: WSI-Mitteilungen 54 (2001) 9, S. 538-545

Brödner, Peter/Knuth, Matthias (Hrsg.): Nachhaltige Arbeitsgestaltung. Trendreport zur Entwicklung und Nutzung von Humanressourcen. München/Mering 2002

Bundesministerium für Bildung und Forschung (BMBF): 1. Tagung Innovative Arbeitsgestaltung. Zukunft der Arbeit, April 2002 in Berlin (Tagungsband). o.O. 2002

BUND/Miserior (Hrsg.): Zukunftsfähiges Deutschland. Ein Beitrag zu einer globalen nachhaltigen Entwicklung. Basel 1996

Brandl, Sebastian/Hildebrandt, Eckart: Zukunft der Arbeit und soziale Nachhaltigkeit. Zur Transformation der Arbeitsgesellschaft vor dem Hintergrund der Nachhaltigkeitsdebatte. Opladen 2002a

Brandl, Sebastian/Hildebrandt, Eckart: Expertise „Arbeit und Ökologie". In: Balzer, Ingrid/Wächter, Monika (Hrsg.): Sozial-ökologische Forschung. Ergebnisse der Sondierungsprojekte aus dem BMBF-Förderschwerpunkt. München 2002b, S. 517-538

Dahrendorf, Ralf: Wenn der Arbeitsgesellschaft die Arbeit ausgeht. In: Matthes, Joachim: Krise der Arbeitsgesellschaft. Verhandlungen des 21. Deutschen Soziologentages in Bamberg 1982 (hrsg. im Auftrag der Deutschen Gesellschaft für Soziologie von Joachim Matthes). Frankfurt/Main/New York 1983, S. 25-37

Deutsches Institut für Wirtschaftsforschung/Wuppertal Institut für Klima, Umwelt, Energie/Wissenschaftszentrum Berlin für Sozialforschung: Arbeit und Ökologie. Projektabschlussbericht (hrsg. von der Hans-Böckler-Stiftung). Düsseldorf 2000

Deutscher Bundestag (Hrsg.): Enquete-Kommission „Schutz des Menschen und der Umwelt". Ziele und Rahmenbedingungen einer nachhaltig zukunftsverträglichen Entwicklung: Konzept Nachhaltigkeit – Vom Leitbild zur Umsetzung (Bundesdrucksache 13/11200). Bonn 1998

Döhl, Volker/Kratzer, Nick/Sauer, Dieter: Krise der NormalArbeit(s)Politik. Entgrenzung von Arbeit – neue Anforderungen an Arbeitspolitik. In: WSI-Mitteilungen 53 (2000) 1, S. 5-17

Europäische Kommission: Beschäftigung in Europa 2001 – Jüngste Tendenzen und Ausblick in die Zukunft. Luxemburg 2001

Gellert, Christian Fürchtegott: Der Blinde und der Lahme, unter www.gedichte.vu/der_blinde_und_der_lahme.html (1746)

Giarini, Orio/Liedtke, Patrick: Wie wir arbeiten werden. Der neue Bericht an den Club of Rome. Hamburg 1998

Gorz, André: Kritik der ökonomischen Vernunft. Sinnfragen am Ende der Arbeitsgesellschaft. Berlin 1989

Hans-Böckler-Stiftung (Hrsg.): Wege in eine nachhaltige Zukunft. Ergebnisse aus dem Verbundprojekt Arbeit und Ökologie. Düsseldorf 2000

Hildebrandt, Eckart: Nachhaltige Lebensführung unter den Bedingungen sozialer Krise. In: Brand, Karl-Werner (Hrsg.): Nachhaltige Entwicklung. Eine Herausforderung an die Soziologie. Opladen, 1997, S. 235-249

Matthes, Joachim: Krise der Arbeitsgesellschaft. Verhandlungen des 21. Deutschen Soziologentages in Bamberg 1982 (hrsg. im Auftrag der Deutschen Gesellschaft für Soziologie von Joachim Matthes). Frankfurt/Main/New York 1983

Kocka, Jürgen/Offe, Claus: Einleitung: In: Kocka, Jürgen/Offe, Claus (Hrsg.): Geschichte und Zukunft der Arbeit. Frankfurt/Main 2000, S. 9-15

Kronauer, Martin: „Soziale Ausgrenzung" und „Underclass": Über neue Formen der gesellschaftlichen Spaltung. In: SOFI-Mitteilungen (1996) 24, S. 53-70

Kronauer, Martin/Vogel, Berthold/Gerlach, Frank: Im Schatten der Arbeitsgesellschaft. Frankfurt/Main 1993

Oehlke, Paul: Eine arbeitspolitische Positionsbestimmung in europäischer Perspektive. Zur wachsenden Bedeutung europäischer Förderaktivitäten. In: WSI-Mitteilungen 53 (2000) 3, S. 157-167

Rifkin, Jeremy: Das Ende der Arbeit und ihre Zukunft. Frankfurt/Main/New York 1996

Schmidt, Gert: Kein Ende der Arbeitsgesellschaft. Überlegungen zum Wandel des Paradigmas der Arbeit in „frühindustrialisierten Gesellschaften" am Ende des 20. Jahrhunderts. In: Schmidt, Gert (Hrsg.): Kein Ende der Arbeitsgesellschaft: Arbeit, Gesellschaft und Subjekt im Globalisierungsprozess. Berlin 1999, S. 9-28

Schumann, Michael: Kritische Industriesoziologie – Neue Aufgaben. In: SOFI-Mitteilungen (2001) 29, S. 93-97

Schumann, Michael: Das Ende der kritischen Industriesoziologie? In: Leviathan 30 (2002) 3, S. 325-344

United Nations (UN): Resolutions of the 42nd General Assembly. No. 42/187. Report of the World Commission on Environment and Development. New York 1987

Zukunftskommission der Friedrich Ebert-Stiftung: Wirtschaftliche Leistungsfähigkeit, sozialer Zusammenhalt, ökologische Nachhaltigkeit: Drei Ziele – ein Weg. Bonn 1998

Zukunft der Arbeit und Lebensqualität

Heinz Putzhammer

1. Lebensqualität als Maßstab für eine nachhaltige Arbeitswelt

Was für „nachhaltige Finanzpolitik" recht ist, kann für „nachhaltige Wirtschafts- und Arbeitspolitik" nur billig sein: ohne Attribut keine Konsolidierung, weder im Haushalt noch auf dem Arbeitsmarkt. Über Zeitfenster und faktische Konsequenzen für die Menschen ist damit noch nichts gesagt. Die immanente Logik der gegenwärtigen Arbeitswelt mit ihren Fehlsteuerungen von der Leistungsüberforderung bis zum langfristigen Ausschluss vom Arbeitsmarkt zwingt im Kontext nachhaltiger Entwicklung der Humanressourcen zu einem externen Maßstab.

Zur Lebensqualität sind neben befriedigenden Arbeitsbedingungen, Wohnraum, Einkommen und Gesundheit, Ernährungs- und Mobilitätsangeboten auch Bildungschancen, individuelle Wahlmöglichkeiten (Informations-, Kultur- und Freizeitangebot), die Qualität der Arbeit (u.a. Arbeitsschutz) und die Gestaltung von umwelt- und gesundheitsverträglichen Produktionsprozessen und Produkten zu zählen. Die Zukunft der Arbeit wird also in der Humanisierung ihrer Bedingungen wie ihrer Inhalte gesucht.

2. Rahmenbedingungen für die Zukunft der Arbeit

Nichtsdestotrotz: auch wenn qualitative Aspekte der Arbeitswelt im Kontext nachhaltiger Entwicklung im Mittelpunkt stehen, ist in der derzeitigen Situation auf dem Arbeitsmarkt der rasche Abbau vor allem der Langzeitarbeitslosigkeit eine zentrale Anforderung an die zukünftige Arbeitsmarktentwicklung und für den sozialen Zusammenhalt unserer Gesellschaft. Insbesondere Wirtschafts-, Finanz- und Geldpolitik müssen darauf ausgerichtet werden, über langfristige staatliche Investitionen, eine beschäftigungsorientierte Arbeitszeitpolitik und eine ausgewogene Verteilungspolitik qualitatives Wirtschaftswachstum zu erreichen.

Die Losung ist jedoch nicht Wachstum um jeden Preis. Genauso abstrus wäre die Vorstellung, Deutschland zu einem umweltfreundlichen Dienstleistungspark mit stabilem Niedriglohnsektor zu machen. So unstrittig die Tertiarisierung ist, sie kann ohne Anbindung an eine industrielle Basis mit qualifizierter Beschäftigung nicht bestehen. An eine nachhaltige Wirtschaftspolitik ist folglich die Anforderung zu stellen, Innovationen in der Old wie New Economy zu identifizieren und wo möglich die Konkurrenz beschäftigungswirksam zu beleben.

3. Qualität der Arbeit

Diese auf Beschäftigungszuwachs und qualitatives Wachstum zielenden Strategien sind das Gegenstück schlichter Deregulierung des Arbeitsmarktes. Die eigentliche Modernisierung der Arbeit steckt in einem Bündel von Maßnahmen, das die Qualität der Arbeit und implizit die Lebensqualität verbessert:

- Vereinbarkeit von Familie und Beruf;
- Nutzung flexibler und investiver Arbeitszeiten;
- Erhalt und Förderung der Beschäftigungsfähigkeit durch Qualifizierung und Weiterbildung;
- altersgerechte Arbeitsgestaltung zur Erhöhung der Beschäftigungschancen Älterer;
- verbesserte Arbeitsmarktchancen für Frauen;
- soziale Absicherung und Integration benachteiligter Personengruppen;
- Demokratisierung der Wirtschaft über bewährte Beteiligungs- und Mitbestimmungsstrukturen.

Aus Sicht des Deutschen Gewerkschaftsbundes (DGB) sind dies die Kernelemente für zukünftige Erwerbsarbeit im Sinne einer nachhaltigen Entwicklung. Hervorzuheben ist darüber hinaus das Prinzip des Gender Mainstreaming, das der Ungleichbehandlung der Geschlechter Einhalt gebieten soll.

Die flexible Gestaltung der Arbeitszeiten ist ein zentrales Strategieelement für eine nachhaltige Entwicklung. Eine Umverteilung der Arbeit in diesem Sinne ist auch eine Grundvoraussetzung für eine gleichberechtigtere Teilhabe von Männern und Frauen an den Lebensbereichen Erwerbsarbeit und Familie. Darüber hinaus erhöht sie die Lebensqualität, insofern sie jenseits der Erwerbsarbeit Raum für gesellschaftlich sinnvolle Arbeit, ehrenamtliche Tätigkeiten oder Eigenarbeit schafft und zu deren Aufwertung beitragen kann. Grundvoraussetzung für eine Nutzung flexibler Arbeitszeiten zur Umsetzung einer Nachhaltigkeitsstrategie ist die Gewährung von Mitspracherechten der Beschäftigten, um Planungshorizonte für die Vereinbarkeit von Familie und Beruf, für Qualifizierungsphasen im Sinne lebensbegleitenden Lernens oder gesellschaftliche Teilhabe zu ermöglichen. Implizit würden für die Beschäftigten auch stärkere Chancen auf Mitgestaltung betrieblicher Abläufe und organisationale Lernprozesse eröffnet.

Hinzu kommen neue Formen der Selbständigkeit, die die Arbeitswelt zunehmend prägen und wahlweise unter dem Titel Informationsgesellschaft oder Wissensgesellschaft diskutiert werden: Die neuen Technologien bieten Chancen für innovative Arbeitsfelder und demokratische Partizipation bisher unbekannten Ausmaßes. Ob allerdings mehr neue Arbeitsplätze geschaffen werden als alte verloren gehen, ist noch offen. Gleichzeitig drohen mit der Flexibilisierung der Arbeitsverhältnisse bzw. der Arbeits- und Unternehmensorganisation verstärkte Unsicherheit und digitale Ausgrenzung, Kontrolle und Re-Taylorisierung. Steht uns eine neue Polarisierung der Gesellschaft bevor?

Humankapital, dass die Informationslawine in Wissen verwandeln kann, wird zum knappen Gut. Für die gefragten Wissensarbeiter ist der virtuelle Arbeitsplatz das digitale Netz. Grenzen zwischen Arbeits- und Freizeit, Wohn- und Arbeitsort, abhängiger und selbständiger Beschäftigung verschwimmen. Die Arbeitswelt dieser „Jobnomaden" wird mit Eigenverantwortung, Kreativität und Gestaltungsspielraum umschrieben. Aber wie viele haben die Wahl, ihr Wissen dort zur Verfügung zu stellen, wo die beste Humankapitalrendite und Lebensqualität zu erzielen ist? Wie lange dauert diese Lebensphase? Zunehmend wird auch für diese Menschen die fehlende Absicherung ihrer Arbeitsverhältnisse relevant. Das Armutsrisiko für „innovative" Arbeitsformen wie Scheinselbständigkeit, Arbeiten auf

Honorarbasis, Werkverträge oder Arbeit auf Abruf ist in den letzten Jahren erheblich gestiegen.

4. Innovationen und Arbeitsgestaltung

Ein technizistischer Innovationsbegriff verstellt aus Sicht der Gewerkschaften den Blick auf den umfassenden Nutzen, den Innovationen für eine nachhaltige wirtschaftliche und gesellschaftliche Entwicklung haben können. Lebensqualität als Voraussetzung und Ziel von Innovationen verschwindet so hinter einer nicht per se nachhaltigen Wettbewerbsfähigkeit. Der Zusammenhang zwischen technologischem Fortschritt und sozialen Innovationen aber ist unmittelbar: soziale, institutionelle und organisatorische Erneuerungen sind die Voraussetzung für eine dauerhafte Innovationsfähigkeit von Unternehmen. Innovationen – zumal im Dienst einer nachhaltigen Entwicklung – sind nicht auf Techniken zur Steigerung der Ressourceneffizienz zu reduzieren. Im übrigen sind Innovationen nicht per se nachhaltig. Sie müssen bei einem umfassenden Nachhaltigkeitsverständnis unabdingbar auch ethischen Kriterien genügen.

Zu einer nachhaltigen Entwicklung gehört auch ein neues Denken der Beschäftigten in Produktnutzen und -lebenszyklen, und zwar entlang der gesamten Wertschöpfungskette, von der Art der Herstellung, der Verpackung und des Transports bis zum Gebrauch der Güter. Es geht um die Entkopplung von Produktlebenszyklen und Zeiten der Produktnutzung. Ein solches an Langlebigkeit und Qualität orientiertes Nutzungskonzept muss durch entsprechende Dienstleistungsstrategien unterstützt werden. Hier liegen erhebliche Beschäftigungspotenziale und neue Anforderungen an die Qualifikationen.

Kreislaufwirtschaft und Stoffstrommanagement müssen organisiert werden. Die Steigerung des potenziellen Nutzungsgrads der Güter erfordert zusätzlichen Wartungs- und Pflegeaufwand. Die Erschließung der höherwertigen Nutzungsschleifen ist nur dann wirtschaftlich effizient, wenn die organisatorischen und arbeitzeitgestalterischen Herausforderungen optimal, das heißt mit Beteiligung der Betriebsräte, gelöst sind.

Innovative Arbeitsgestaltung im Sinne nachhaltigen Wirtschaftens ist mit „bad jobs" und schlechter Bezahlung unvereinbar. Zu einem schonenden Umgang mit der Ressource Mensch gehören Qualifizierungsansprüche, Mitbestimmungsrechte, Zeit- und Ortssouveränität. Auch in neuen Formen der Selbständigkeit haben die Menschen Schutz- und Beratungsbedarf.

Innovative Arbeitsbeziehungen setzen im Rahmen des Human Ressource Management auf die Bedeutung von Transparenz und Kommunikation für die Innovationsbereitschaft der Belegschaft. Für die Gewerkschaften sind Kompetenzentwicklungsstrategien, die den Arbeitnehmerinnen und Arbeitnehmern eine langfristige Teilhabe an der Arbeitsgesellschaft ermöglichen, von herausragender Bedeutung. Anders ausgedrückt: Zu einer innovativen Arbeitswelt gehört auch deren lernhaltige Gestaltung, damit Lernen im Prozess der Arbeit und andere Maßnahmen lebenslangen Lernens miteinander verknüpft werden können. Ebenso müssen arbeitsweltnahe Lernmöglichkeiten den langzeitigen Ausschluss von Arbeitslosen aus der Erwerbsarbeit verhindern.

Ohne passende Arbeitsgestaltungskonzepte gibt es keine wirtschaftlich effizienten Lösungen. Voraussetzung für das Erreichen der ökologischen und ökonomischen Ziele ist die Bewältigung organisatorischer und sozialer Herausforderungen. Dies kann nur mit den Beschäftigten gelingen.

Hocheffiziente Strukturen erfordern nicht nur komplexe Logistik- und IT-Konzepte (produktions- und produktbegleitende Informationssysteme/Retrologistik), sondern unabdingbar auch Qualifizierung und Kompetenzen für die Beschäftigten. Die Befunde der vom Bundesministerium für Bildung und Forschung (BMBF) geförderten Forschungsprojekte, unter anderem aus dem „Bilanzierungsprojekt" des Rahmenprogramms „Innovative Arbeitsgestaltung", weisen in diese Richtung. Insgesamt müssen sich Forschung und Entwicklung langfristig am Leitbild der nachhaltigen Entwicklung orientieren.

Die Beteiligung der Akteure der beruflichen Bildung an der Konzipierung, an geplanten Studien und Konferenzen, an der Auswahl von good-practice-Beispielen und Modellversuchen kann zu einer notwendigen Konkretisierung der Idee nachhaltiger Entwicklung in Bezug auf Qualifikationen, Mitbestimmung und neue Beschäftigungsfelder beitragen. Der DGB teilt die Einschätzung, dass die Umsetzung der Agenda 21 eine klare Prioritätensetzung im Bereich von Erziehung, Bildung und Qualifikation erfordert. Es sind weniger fehlende technische Entwicklungen und unentdeckte Innovationsfelder, die derzeit eine nachhaltige Entwicklung in diesen Bereichen verhindern, als mentale Barrieren und die mangelnde Kenntnis über Möglichkeiten und Chancen nachhaltiger Entwicklungen, von zukunftsfähigen Lebens- und Arbeitsformen. Notwendig ist daher die Förderung von Gestaltungskompetenz für eine nachhaltige Entwicklung.

5. Normalarbeitsverhältnis und Zeitsouveränität

Das Normalarbeitsverhältnis im Sinne dauerhafter, gesicherter Beschäftigung ist beständigen Veränderungen ausgesetzt und hat gegenwärtig nicht mehr die Bindungskraft vergangener Phasen. Seine völlige Aushöhlung durch Deregulierungskonzepte, durch die Ausweitung des Niedriglohnsektors, eine Absenkung von Arbeitslosen- und Sozialhilfe, die „Reform" der Branchentarifverträge oder den Abbau des Kündigungsschutzes, konnten die Gewerkschaften bisher verhindern.

Nachhaltiges Wirtschaften erfordert die langfristige Ausrichtung der Wirtschaftsakteure auf qualitatives Wachstum und das Zusammenführen von betriebs- und volkswirtschaftlicher Rationalität zugunsten einer höheren Lebensqualität für alle. Das Tempo der heutigen Wirtschaftstätigkeit und der technologische Wandel verlangen Innovation und Wissen – das heißt das Know-how der Beschäftigten wird immer wichtiger.

Eine zukunftsfähige Arbeitsgesellschaft ist zweifellos auf veränderliche Strukturen angewiesen. Die rotgrünen Gesetze zur Teilzeitarbeit und zur Mitbestimmung folgen den Anforderungen nach Flexibilität und neuen Formen der Absicherung und Beteiligung. Umgekehrt ist nachhaltiges Wirtschaften mit dem Abbau von Arbeitnehmerrechten nicht vereinbar. Es wäre fatal, sie nach neoliberalem Gusto am amerikanischen „Hire and Fire" und betrieblichen Kostenerwägungen auszurichten.

Aus Sicht des DGB muss Flexibilität neu gedacht werden, und zwar im Sinne von Arbeitszeitsouveränität und Umverteilung zum gesellschaftlichen Nutzen. Für die Arbeit der Zukunft müssen die Möglichkeiten der flexiblen Arbeitszeitgestaltung wie Job-Rotation, Sabbaticals und Arbeitszeitkonten genutzt werden, denn sie bieten den nötigen Spielraum, um Arbeit neu zu verteilen und damit Arbeitsplätze langfristig zu sichern. Auch der Ausbau der Teilzeitarbeit, der Abbau von Überstunden und die Verkürzung der Regelarbeitszeit sind beschäftigungssichernde Instrumente zur Umverteilung der Arbeit.

Welche Konsequenzen hat dies für die Zukunft der Arbeit?

1. Die Beschäftigungsverhältnisse sind in den Neunziger Jahren stabiler geworden. Zum Normalarbeitsverhältnis ist als „Neues" die vermehrte Teilzeitarbeit (+ 44 Prozent)

aufgrund steigender Frauenerwerbstätigkeit hinzugekommen. Wenn Frauen gut in den Arbeitsmarkt integriert sind wie in Skandinavien, kommt es zu einer tendenziellen Annäherung beider Beschäftigungsformen hinsichtlich der Absicherung und der Wochenarbeitszeit (30h – 37h).
2. Die nicht nachhaltige Variante flexibilisierter Arbeit herrscht dagegen in Großbritannien vor. Sofern möglich werden partnerschaftlich weibliche Niedriglöhne gegen männliche Überstunden eingetauscht – auf Kosten der Arbeits- und Lebensqualität.
3. Während in Deutschland der Mainstream die sogenannte „Verkrustung des Arbeitsmarktes" beklagt, diskutiert man in Großbritannien und in den USA inzwischen wieder über Mindeststandards und einen besseren sozialen Schutz der Beschäftigten. Diesen Umweg können wir uns sparen.
4. Wie muss sich das Normalarbeitsverhältnis im Sinne nachhaltiger Entwicklung in einer flexibilisierten Arbeitswelt verändern? Zwei Ziele kommen hinzu: Beruf und Familie müssen besser vereinbar sein und vor allem besser Ausgebildeten muss der Wechsel zwischen Arbeitszeiten und Unterbrechungen für gesellschaftliche Betätigung erleichtert werden. Die Erwerbsarbeit kann durch Arbeitszeitverkürzungen zwischen beiden Geschlechtern geteilt werden. Gleichzeitig entsteht mit dem Outsourcing von Haushaltsarbeit ein Markt für persönliche und soziale Dienstleistungen.
5. Für eine zukunftsfähige Arbeitsgesellschaft brauchen wir veränderte Strukturen:

   - Infrastruktur für öffentliche Kindererziehung statt Erziehungsgeld oder Kindergeld;
   - dezentrale Arbeitsorganisation, Teamarbeit und flexibel gestaltbare Arbeitsfelder, damit betriebwirtschaftliche Effizienz und Zeitsouveränität verknüpft werden können;
   - gesetzliche Regelungen und Mindestsicherungen, damit die Beschäftigungsfähigkeit auch in Übergangsphasen durch lebensbegleitendes Lernen erhalten bleibt;
   - die Wahlarbeitszeit (25-38h) ersetzt die starre Einteilung in Voll- und Teilzeitarbeit.

So kommt eine neue Balance von Arbeitsqualität und Lebensqualität in Sichtweite. Statt einer Polarisierung zwischen Arbeitslosigkeit und Überforderung entstehen neue Optionen, das Arbeitsleben den jeweiligen Lebensphasen entsprechend souverän und lebenswert zu gestalten.

6. Lebensqualität als kommunale Aufgabe

Jenseits der Arbeitsbeziehungen in den Unternehmen ist die Kommune als kleinstteiliger hoheitlicher Kristallisationskern nachhaltiger Entwicklung potenzieller Ort zivilgesellschaftlicher Aktivitäten. Perspektivisch wird sie sich an der Konkretisierung des Nachhaltigkeitsleitbildes im Rahmen der lokalen Agenda nur aktiv beteiligen können, wenn sie sich auch weiterhin über eigenen Besitz relevante Lenkungsoptionen und -felder bewahren kann.

Gegenwärtig muss der Rückgang staatlicher Initiative problematisiert werden. In der Konkurrenz um Gewerbeansiedlungen wird der öffentliche Raum zusehens vernachlässigt und bislang selbstverständliche Infrastrukturen brechen weg – die „kommunalen Kräfte" sind in den vergangenen Jahren durch niedrigere Einnahmen und zusätzliche Belastungen auf der Ausgabenseite weitgehend versiegt. In der Praxis erschöpft sich das kommunale

Verwalten oft auf Nachsorge und Reparatur. Eine fortschreitende Privatisierung, zum Beispiel der Trinkwasserversorgung, oder auch die Veräußerung kommunaler Flächen auf Grund des Diktats defizitärer kommunaler Haushalte ist die zwangsläufige Folge.

„Lebensqualität schaffen“ ist bisher nicht Teil des kommunalen Aufgabenkatalogs, und die lokale Dienstleistungsgesellschaft als Versprechen einer bedürfnisorientierten Wirtschaftsentwicklung, die den „Staat als Vollversorger“ beerben sollte, stellt sich nicht (von selbst) ein. Die Realität ist geprägt von Arbeitslosigkeit *und* ungetaner Arbeit im sozialen, ökologischen und kulturellen Bereich. Die Defizite in der Kinder- und Jugendarbeit, der Pflege und dem Gemeinwesen wachsen.

Die Vorstellung von der kommunalen Ebene als Motor einer nachhaltigen Entwicklung ist an einer Verbesserung der Arbeits- und Lebensverhältnisse aller Menschen orientiert. Gute Kinderbetreuung, Gesundheit, Wohnen, Bildung, Kultur, Information und Kommunikation, Mobilität in der Region, Ver- und Entsorgung dürfen nicht vom Geldbeutel des Einzelnen abhängig sein; diese lebenswichtigen Leistungen müssen erschwinglich sein. Staat und Unternehmen müssen soziale Verantwortung tragen.

Von einer Verankerung nachhaltiger Entwicklung als Ziel der Kommunalverfassung versprechen sich die Gewerkschaften starke Selbstbestimmungsrechte und den Anspruch auf einen wirklich bedarfsgerechten Teil vom Steueraufkommen der Städte und Gemeinden für Gemeinwohlaufgaben. Ohne eine entsprechende Umsteuerung und Umverteilung der vorhandenen finanziellen Mittel ist die Strategie einer nachhaltige Entwicklung nur ein Papiertiger. Die Aufwertung und Ausweitung sozialer und kultureller Tätigkeiten ist – im Sinne sozialen Zusammenhalts – dringend erforderlich, ihr potenzieller Beitrag für mehr Lebensqualität ist groß. Hier kann sich eine wirklich nachhaltige Finanz- und Haushaltspolitik beweisen.

Nachhaltiges Wirtschaften und die Bedeutung für ein zukunftsfähiges Geschlechterverhältnis

Gisela Notz

Die politische Elite in der Bundesrepublik scheint sich einig zu sein, dass das primäre Ziel für das 21. Jahrhundert die nachhaltige Gestaltung von Politik und Wirtschaft sein muss. Uneinigkeit herrscht weitgehend über die Umsetzung dieses Zieles in Handlungsstrategien. Auffällig am Diskurs um nachhaltiges Wirtschaften ist nach wie vor die Geschlechterblindheit. Obwohl spätestens seit der Rio-Konferenz von 1992 die Einmischung von Frauenorganisationen, besonders auf internationaler Ebene, im Nachhaltigkeitsdiskurs nicht mehr zu überhören ist, werden die unterschiedlichen Rollen, die Frauen im Zusammenhang mit nachhaltigem Wirtschaften spielen, nicht hinreichend thematisiert. Gleiches gilt für die geschlechterspezifische Strukturierung unseres Wirtschaftssystems sowie für die Auswirkungen eines alleine auf die kapitalistisch organisierte Marktwirtschaft reduzierten Begriffes von Wirtschaft und Arbeit im Zusammenhang mit Nachhaltigkeit.

1. Nachhaltigkeit ist nicht geschlechtsneutral

Anlässlich des zehnten Jahrestages der Weltumweltkonferenz von 1992 in Rio de Janeiro hat der Begriff „Nachhaltigkeit“ Hochkonjunktur. Während dieser Konferenz wurde – unterzeichnet von 170 Staaten – die Agenda 21 verabschiedet. Nachhaltige Entwicklung wurde nun durch die internationale Staatengemeinschaft als politische, wirtschaftliche und gesellschaftliche Leitidee angenommen und in sämtliche Programme und Konventionen des Erdgipfels aufgenommen. In der Bundesrepublik Deutschland ist Nachhaltigkeit unter der rotgrünen Bundesregierung seit 1998 zu einem bedeutsamen Referenzpunkt politischer und gesellschaftlicher Rhetorik für eine umfassende Modernisierung von Staat, Wirtschaft und Gesellschaft geworden.

Obwohl die aktuelle Diskussion der Nachhaltigkeit nicht nur die Verknüpfung wirtschaftlicher, ökologischer und sozialer Aspekte umfasst, sondern auch die politischen und gesellschaftlichen Dimensionen des (Zusammen)lebens, bezieht sich der auf nachhaltiges Wirtschaften bezogene Diskurs vor allem auf die über die neoliberale Marktwirtschaft organisierte Wirtschaft. Es geht meist um betriebsspezifische Lösungen, die möglichst nicht mit einzelwirtschaftlichen Unternehmenszielen und Interessen der Arbeitnehmer an Einkommen und sozialer Sicherheit kollidieren dürfen (vgl. Hildebrandt 1998: 120). Die Haus- und Sorgeökonomie und ökonomische Prozesse in der informellen Ökonomie oder im „Non-Profit-Bereich“ bleiben überwiegend unerwähnt. Auf welchem Wege das Ziel der gleichberechtigten Verknüpfung der drei Säulen Wirtschaft, Umwelt, Soziales erreicht werden soll, bleibt ohnehin weitgehend unklar.

Betrachtet man die Diskussion um nachhaltiges Wirtschaften aus feministischer Perspektive, so fällt die Geschlechterblindheit auf. Zwar werden Frauen in der Agenda 21 als „entscheidende Akteurinnen" benannt, denn sie sind längst als „Überlebensmanagerinnen" erkannt worden. Dennoch wird höchstens beiläufig thematisiert, dass auch die derzeitige Situation der Frauen in Wirtschaft und Gesellschaft nachhaltig verändert werden muss, wenn der Zustand der Welt nachhaltig verändert werden soll. Der Themenkomplex „Frauen und Umwelt" bzw. „Gender und nachhaltige Entwicklung" hat in den vergangenen Jahren – auch nach Rio – in der politischen Diskussion einen nur geringen Stellenwert erhalten und das obwohl längst Konsens darüber besteht, dass Frauen nicht nur die Leidtragenden (was sie freilich auch sind) von Umwelt- und Ressourcenzerstörung sondern auch diejenigen sind, die im Alltag, im Haushalt und im Gemeinwesen aktiv gegen Umweltzerstörung vorgehen (vgl. Rodenberg 2000: 42).

Feministinnen verweisen darauf, dass nachhaltiges Wirtschaften kein geschlechterneutrales politisches Handlungsfeld ist. Nachhaltiges Wirtschaften kann nicht nur bedeuten, dass die natürlichen Ressourcen für Menschen in Nord und Süd, für Menschen verschiedener Altersgruppen, ethnischer Herkunft, religiöser oder sozialer Zugehörigkeit und unterschiedlichen Geschlechts erhalten bzw. wieder hergestellt werden, sondern

> „Geschlechtergerechtigkeit und Nachhaltigkeit müssen gepaart werden" (vgl. Wichterich 2001: 24).

Geschlechtsspezifische Erfahrungen müssen sowohl in die Analysen, als auch in die Handlungsstrategien und die Perspektiven, die durch nachhaltige Wirtschaft erhofft werden, einbezogen werden. Ebenso wird es notwendig, dass der Blick auf die gesamte Ökonomie und auf die Arbeit als Ganzes gerichtet wird, denn nur so können die unterschiedlichen Arbeits- und Lebenssituationen, Erfahrungshintergründe und Wissenspotentiale von Frauen und Männern produktiv genutzt werden.

2. Notwendig wird ein erweiterter Begriff von Wirtschaft

Nachhaltiges Wirtschaften aus der Genderperspektive betrachtet, erfordert einen erweiterten Begriff von Wirtschaften, der Erwerbs-, Gemeinwesen-, Versorgungs-, Subsistenz- und Haushaltsökonomie einschließt und gleichgewichtig betrachtet. Es geht also um einen Begriff von Wirtschaft, der alle ökonomischen Bereiche beinhaltet, den Zusammenhang zwischen Reproduktion und Produktion herstellt sowie die Trennung zwischen ökonomischen und (scheinbar) außerökonomischen Bereichen überwindet und bewusst nachhaltig gestaltet. Ein solcher Begriff von Ökonomie bezieht auch alle Organisationen, die Arbeit strukturieren, mit ein. Das sind Betriebe und Verwaltungen ebenso wie Wohlfahrtsverbände und Vereine, die bürgerschaftliches Engagement und ehrenamtliche Arbeit organisieren, wie auch Familien und andere Zusammenlebensformen, in denen Haus- und Sorgearbeiten stattfinden. Die bestehenden Geschlechterverhältnisse sind so strukturiert, dass die in der Familie und anderen Lebensformen sowie sozialen Organisationen geleistete unbezahlte Arbeit Marktaktivitäten überhaupt erst möglich macht. Andererseits sind die bezahlt geleisteten Marktaktivitäten Voraussetzung für die angebliche Unbezahlbarkeit der Haus-, Sorge- und Fürsorgearbeiten. Wesentliche wirtschaftliche Zusammenhänge können daher nur verstanden werden, wenn der Blick auf die gesamte Ökonomie gerichtet wird und wenn die unterschiedlichen Arbeits- und Lebenssituationen von Frauen und Männern in den verschiedenen Bereichen in Betracht gezogen werden.

3. Ein erweiterter Begriff von Wirtschaft bedingt einen erweiterten Arbeitsbegriff

Unter Arbeit wird meist (immer noch) industrielle Arbeit verstanden, die der Herstellung und Umgestaltung von Waren dient. Was nicht entlohnt wird, erscheint (immer noch) nicht als Arbeit und gehört in den „Restbereich“, der für die Reproduktion der menschlichen Arbeitskraft zuständig ist. Arbeit ist aber auch die nicht marktvermittelte Tätigkeit, die an anderen Orten stattfindet. Mit einem erweiterten Begriff von Wirtschaft wird auch der Arbeitsbegriff erweitert: Arbeit ist danach sowohl Erwerbsarbeit – die wiederum zu unterteilen ist in ungeschützte Erwerbsarbeit, Teilzeitarbeit, tariflich abgesicherte Erwerbsarbeit und selbständige Arbeit -, als auch Haus- und Sorgearbeit, Erziehungsarbeit, Pflegearbeit für Alte, Kranke und Behinderte. Auch die Tätigkeiten in Selbsthilfegruppen, in politischen und kulturellen Ehrenämtern, in der „ehrenamtlichen“ sozialen Arbeit, in der Subsistenzarbeit oder im sogenannten bürgerschaftlichen Engagement sind Arbeit (vgl. Notz 1989: 39f.; ähnlich auch Biesecker 2002: 133; siehe auch Hildebrandt in diesem Band). Soll (zunächst) die Trennung zwischen Produktionsarbeit und Reproduktionsarbeit beibehalten werden, so wäre unter 'Produktionsarbeit' die instrumentell gebundene, zielgerichtete, gesellschaftlich nützliche Tätigkeit in Produktion und Dienstleistung zu verstehen. Tätigkeiten jenseits der Lohnarbeit (oder jenseits anderer das Einkommen sicherstellender Erwerbsarbeit), die zur Erhaltung der menschlichen Arbeitskraft und des menschlichen Lebens notwendig sind, wären dann „Reproduktionsarbeiten“.

Ein solcher „erweiterter“ Begriff von Arbeit umfasst alle Formen von Erwerbs- und Reproduktionsarbeit. Er schließt auch jene Aktivitäten ein, die Hannah Arendt in „arbeiten“, „herstellen“ und „handeln“ unterteilt, also die Tätigkeiten zur Sicherung der Gattung und des Am-Leben-Bleibens, die Produktion einer künstlichen Welt von Dingen, „die unserem flüchtigen Dasein Bestand und Dauer entgegenhält“, und das Handeln, das „der Gründung und Erhaltung politischer Gemeinwesen dient“ (Arendt 1981: 15). Jede Aktivität greift gestaltend und kulturbildend in unsere Verhältnisse ein, zwar nicht jede mit gleichem Gewicht, aber keine ohne Bedeutung.

Durch einen einseitig auf Lohnarbeit gerichteten Arbeitsbegriff werden nicht nur die überwiegend durch Frauen erbrachten Leistungen in der Hausarbeit, bei der Erziehung der Kinder, der Pflege von alten und hilfsbedürftigen Menschen und in der ehrenamtlichen Arbeit, in der Nachbarschaftshilfe und der Subsistenzarbeit ignoriert, weil sie nicht als Arbeit erscheinen. Vielmehr wird die gesamte unbezahlte Arbeit – immerhin zwei Drittel der gesellschaftlich notwendigen Arbeit von der wiederum zwei Drittel durch Frauen geleistet wird – in den Bereich des Privaten verwiesen. Damit wird diese Form der Arbeit aus den Bemühungen um nachhaltiges Wirtschaften weitestgehend ausgegrenzt und privatisiert. Dies geschieht, obwohl in einer globalisierten Welt die Kombination von Erwerbsarbeit, Hausarbeit und informeller, freiwilliger, sogenannter ehrenamtlicher Arbeit immer häufiger wird. Oft wird undifferenziert behauptet, die unbezahlte Arbeit sei per se sinnvoller und nachhaltiger, alleine auf Grund ihrer Unbezahltheit und ihrer Ansiedlung im „Privatbereich“.

4. Kritik an den herrschenden Arbeitsbedingungen wird notwendig

Die Beschäftigung mit den Ursachen und Formen wirtschaftlicher, ökologischer und sozialer Aspekte, die sich negativ auf Mit- und Umwelt auswirken, erfordert ebenso wie die Entwicklung von Zukunftsperspektiven für Nachhaltigkeit innerhalb der genannten Dimensionen Kritik an den herrschenden Arbeitsbedingungen, die sich sowohl auf die bezahlt geleisteten Arbeiten in Produktion und Verwaltung bezieht, als auch auf die Organisation, Struktur und Ressourcenvernutzung der in Familien und anderen Lebensformen, in der Subsistenzarbeit und in „ehrenamtlichen“ Arbeiten geleisteten unbezahlten Arbeiten. Die verschiedenen Arbeitsorte bestimmen darüber, ob die dort arbeitenden Menschen ihre Existenz selbständig sichern können, ob sie auf die soziale, gesundheitliche und ökologische Ausgestaltung Einfluss nehmen können und ob sie ihre gesellschaftlichen Lebensbedingungen bewusst und ihren Bedürfnissen entsprechend gestalten können.

Es sind vor allem Frauen, die ihre Zeit aufteilen (müssen) zwischen produktiver Arbeit und reproduktiver Haus- und Sorgearbeit, der Versorgung älterer und kranker Menschen und vielfältigen „ehrenamtlichen“ Arbeiten. Gleichzeitig sind es überwiegend Frauen, denen ein existenzsicherndes angstfreies Leben verwehrt bleibt. Zudem finden weder die Erfahrungen noch die Stimmen von Frauen als Bürgerin, Konsumentin oder Arbeiterin in wirtschaftspolitischen Diskussionen oder Entscheidungen ausreichend Gehöhr. Die Nutzung der meisten weiblichen Arbeitskräfte geht nicht mit einer angemessenen Honorierung einher: weder in barer Münze noch in den Wirtschaftsstatistiken noch in der kulturellen Wertschätzung von Frauen und ihrer Arbeit. Wie alle Subsistenzarbeit bleibt die unbezahlte Sorgearbeit für die Umwelt und für die umweltgeschädigte Gesundheit der Menschen auf der

> „Unterseite des gesellschaftlichen Produktions- und Wertschätzungsprozesses und gilt nicht als produktive Arbeit“ (Wichterich 1993: 32).

Neben dem Platzanweiser „Geschlecht“ spielen freilich auch weiterhin Klassenzugehörigkeit und ethnische Herkunft bei der Zuweisung von Arbeitstätigkeiten und bei der Möglichkeit, auf die Arbeitsbedingungen Einfluss zu nehmen, eine Rolle.

Es reicht allerdings nicht, den von Feministinnen entwickelten „erweiterten“ Arbeitsbegriff aufzunehmen und die unbezahlte Arbeit ideell aufzuwerten. Das kann zu einer Verklärung familialer Lebenswelten und außerhalb des „Marktes“ angesiedelter Arbeitsbereiche führen, also zu einer Glorifizierung sogenannter Reproduktionsarbeiten als Arbeit für Andere, durch deren Ausübung per se Gutes getan und nachhaltig gearbeitet wird. Auf diese Art werden nicht selten sozialstaatliche Abbaustrategien zu rechtfertigen versucht und Strukturveränderungen als überflüssig bewertet. Für erwerbslose Frauen wie Männer ist der Hinweis auf das „andere Wirtschaften“ oder die „andere Arbeit“, in der sie in Haushalt, Nachbarschaft und „Freizeit“ Erfüllung finden können, eine Verhöhnung.

Es ist die geschlechtshierarchische Arbeitsteilung, die dazu führt, dass die unbezahlten und scheinbar unbezahlbaren Arbeiten, die auch heute noch überwiegend durch Frauen ausgeführt werden, abgespalten und als Nicht-Arbeit definiert werden. Für die Nachhaltigkeitsdebatte taugt eine solche Minderbeachtung wenig, denn es ist gerade die Fixierung auf die Marktökonomie in einer profitorientierten Gesellschaft, die die Schäden verursacht hat, die dann im Reproduktionsbereich durch „Arbeit aus Liebe“ bzw. durch nicht unter den Begriff Arbeit subsumierte Fürsorge „nachhaltig“ repariert werden sollen. Die Probleme, die durch die Erwerbsarbeit produziert werden, werden so zu individuellen Problemen gestempelt. Damit bleiben sie unsichtbar, scheinbar unbezahlbar und an ihrer geschlechtlichen Zuordnung wird nicht gerüttelt. Auch geraten die Fragen nicht in den Blick, warum bestehende Technologien, Arbeitsweisen und hierarchische Ordnungen zu weiteren Schäden an der Mit- und Umwelt führen und welche Gruppen von Menschen das unter welchen Bedingungen trifft.

Ein Blick auf die Arbeit als Ganzes zeigt, dass sowohl im Produktionsbereich, als auch im Reproduktionsbereich gesellschaftlich notwendige, nützliche und „nachhaltig" wirksame Tätigkeiten verrichtet werden können (Notz 1989: 40f.). In beiden Bereichen finden wir aber auch Arbeitsformen, die diesen Kriterien nicht standhalten. Der Reproduktionsbereich bezeichnet nach dieser Definition kein „Reich der Freiheit", das dem „Reich der Notwendigkeit" von Erwerbsarbeit entgegengesetzt ist. Die Arbeiten, die für die Reproduktion geleistet werden, sind vielfältig strukturiert und stets komplementär zum Produktionsprozess. Durch die Abkoppelung von der unmittelbaren Einflussnahme des kapitalistischen Verwertungsprozesses werden dort Zeitstrukturen, Arbeitsformen und psychisch-emotionale Beziehungsweisen möglich, ohne die die Lebens- und Arbeitsfähigkeit der Individuen nicht erhalten und erzeugt werden könnten (vgl. Negt/Kluge 1972). Produktions- wie Reproduktionsarbeiten können sowohl mit Mühsal verbunden sein, als auch Befriedigung, Lust und Selbstbestätigung verschaffen.

5. Beispiel: „Nachhaltiges Hauswirtschaften"

Technische „Errungenschaften" haben die tägliche Hausarbeit entscheidend verändert und von körperlicher Arbeit entlastet. Doch gerade die Technisierung der Hausarbeit belastet die Umwelt im besonderen Maße (vgl. Dörr 1993: 68). Die Arbeit im Haushalt war vor der Technisierung zwar arbeitsintensiver, aber wesentlich ressourcenschonender, was den Verbrauch von Materialien und Energie angeht. Nachhaltiges Haushalten, im Sinne von sparsamem und schonendem Umgang mit Ressourcen, erfordert sehr viel mehr Kraft und Zeit als der zwar umweltbelastende, aber dafür rationelle moderne Haushalt mit zahlreichen Elektrogeräten und unzähligen Wasch- und Putzmitteln. Auch die Einkaufswege zum biologisch-dynamischen Stand auf dem Wochenmarkt sind häufig weiter als die zum nächsten Supermarkt. Mit der Zubereitung von Vollwert-Ernährung ist der- oder (meist) diejenige, die Hausarbeit leistet, länger beschäftigt, als mit dem Aufwärmen eines Tiefkühl- oder Dosengerichts. Die getrennte Müllbeseitigung erfordert Zeit und zusätzliche Wege und wer aus Gründen der Nachhaltigkeit auf das Auto verzichtet, muss – besonders in ländlichen Gebieten mit unzureichender Anbindung an öffentliche Verkehrssysteme – viel zusätzlichen Zeitaufwand erbringen. Hausarbeit steht heute im Spannungsfeld zwischen ökologischem und rationellem Handeln und dieser Konflikt wird auf dem Rücken der Frauen ausgetragen, da die Lasten einer nachhaltigen Haushaltsführung in der Regel zur Mehrarbeit für Frauen führen (vgl. Schultz/Weiland 1991). Zur ohnehin schon vorhandenen Mehrfachbelastung vieler Frauen durch die Arbeit im Beruf und im Haushalt kommt die zusätzliche Belastung der Mehrarbeit, die das nachhaltige Wirtschaften verlangt, hinzu.

Durch die Tendenz, Frauen in besonderem Maße für den Umweltschutz verantwortlich zu machen und die zunehmenden Umweltbelastungen zu privatisieren, indem Kompensationsarbeiten an die privaten Haushalte delegiert werden, werden Industrie und Handel als Hauptverursacher der Umweltbelastungen entlastet. Als Beispiel kann die Einführung des Dualen Systems für die Müllentsorgung herangezogen werden. Indem den privaten Haushalten eingeredet wird, dass das Müllproblem durch Getrenntmüllsammlung und Recycling zu lösen sei, wird gar nicht mehr untersucht, wie Müll in Produktion und Handel vermieden werden kann. Volkswirtschaftlich gesehen ist diese „Lösung" auch wesentlich kostengünstiger, weil die meist durch Frauen geleistete private Mehrarbeit nicht bezahlt werden muss und auch politisch einfacher durchzusetzen ist. Die Trennung zwischen „privat" und „öffentlich" bleibt bestehen. Frauenarbeit wird als Hausarbeit bei der Entwicklung neuer Abfallwirtschaftssysteme systematisch eingeplant, bei der Forschung um nachhaltiges Wirtschaften bleibt sie systematisch ausgeblendet.

6. Beispiel: „Nachhaltiges Bürgerengagement"

Auch die unbezahlte „ehrenamtliche Arbeit" oder das bürgerschaftliche Engagement werden, wenn sie überhaupt Beachtung finden, oft als Allheilmittel, als Gestaltungsmoment für die Entwicklung einer nachhaltigen Wirtschaft angesehen. In das Engagement von BürgerInnen für den Erhalt und die Gestaltung der Mit- und Umwelt oder „unseres langfristigen guten Lebens" werden große Hoffnungen gesetzt (vgl. Dürr 2000: 12; Biesecker 2002: 131). Vielfältige Ansätze wie „soziale Ökonomie" (Birkhölzer 1997), Arbeit im „Dritten Sektor" (Rifkin 1995) oder „Gemeinwirtschaft" (Ullrich 1993) werden als Alternativen zum sozial und ökologisch zerstörerischen Wachstums- und Konkurrenzparadigma der neoliberalen Marktwirtschaft, die immer weitere soziale und ökologische Schäden hervorbringt, angepriesen. Indem darauf verweisen wird, dass der bevorstehende ökonomische und ökologische Kollaps nur vermieden werden könne, wenn der Bann der erwerbswirtschaftlichen Dominanz gebrochen wird, werden Konzepte zur Demokratisierung, Humanisierung und nachhaltigen Gestaltung der Erwerbsarbeit nicht weiter verfolgt oder aufgegeben. Durch „lebenserhaltende Tätigkeit jenseits der Lohnarbeit" (Ullrich 1993) sollen wichtige Arbeiten nicht über Geld entlohnt, sondern über Zeit verrechnet, verschüttete oder noch unentdeckte Handlungschancen eröffnet werden und in nachbarschaftlichen Zusammenhängen Selbstversorgung zur Bedürfnisbefriedigung der Beteiligten angestrebt werden (vgl. Notz 1999: 43).

Bürgerschaftliches Engagement ist – ebenso wie alle anderen Arbeitsbereiche – nicht per se nachhaltig. Das soll am Beispiel deutlich gemacht werden: Es bilden sich in der viel zitierten „Zivilgesellschaft" Bürgerinitiativen gegen den Ausbau von Autobahnen und Schnellbahnen, weil hier die Gefahr der Umweltzerstörung gesehen wird. Doch es gibt auch Bürgerinitiativen, die den Bau von Asylantenwohnungen und Behindertenheimen in dem Stadtteil, in dem die dort Engagierten wohnen, verhindern wollen und die damit diskriminierend und ausgrenzend wirken. Mit sozialer Nachhaltigkeit hat das zweifelsohne ebenso wenig zu tun wie die neuen Unterschichtungen, Spaltungen und Diskriminierungen, die von „Zukunftsmodellen" ausgehen, die die Arbeit in immer neue Sektoren einteilen und so die sozialen Ungleichheiten fort- bzw. festschreiben (vgl. Notz 1999).

Dass es auch im bürgerschaftlichen Engagement – wie zahlreiche Studien belegen – vor allem Frauen sind, die mit der Sorge und Pflege für Menschen und mit der Erhaltung der lebenswerten Mit- und Umwelt befasst sind und die die Verantwortung für diese Arbeiten übernehmen, wird wenig diskutiert (vgl. z. B. Notz 1989; BMfFSFuJ 2000). Indem vor allem Frauen die unbezahlten Putz- und Aufräumarbeiten übernehmen, wird verschleiert, dass alte und neue Formen der sozialen und geschlechterspezifischen Ungleichheiten sowohl durch die weitere Ausbeutung der Umwelt, als auch durch kriegerische Auseinandersetzungen und durch die Verbreitung immer „flexiblerer" Arbeitsstrukturen und damit verbundener Deregulierung entstehen. Die Probleme, die der wachsende Arbeitsanfall, die

Zerstörung der Ressourcen, das Fortschreiten der Armut und die Ausbreitung bisher nicht gekannter Krankheiten mit sich bringen, werden nicht durch eine Neuverteilung geschlechtsspezifischer Zuständigkeiten gelöst, sondern durch eine immer größere Arbeitsüberlastung der Frauen.

Tatsächlich sind es weltweit Frauen, die den größten Teil der Überlebensarbeiten organisieren, und immer mehr Frauen übernehmen immer mehr unbezahlte Wiederaufbauarbeiten und die damit verbundene Verantwortung, oft gegen ihren Willen. Da nützt die Glorifizierung des großen Wissenspotenzials vieler Frauen im schonenden Umgang mit natürlichen Ressourcen nichts (Dankelmann/Davidson 1990). Dieses Wissenspotential könnte erst dann produktiv eingesetzt werden, wenn es nicht als unter- oder unbezahltes „Humankapital" zur Optimierung von Nachhaltigkeitsprogrammen missbraucht würde. Zudem wird es zur Verwirklichung nachhaltigen Wirtschaftens in allen Bereichen menschlicher Arbeit notwendig, die Kategorie „Arbeit" mit der Kategorie „Verantwortung" zu verbinden. Schließlich geht es um eine Neuverteilung geschlechtsspezifischer Zuständigkeiten *und* um eine Auflösung der Geschlechterasymmetrie bei der Verteilung von Verantwortung. Um den globalen Lebenszusammenhang auch für die kommenden Generationen zu erhalten, muss eine andere als die momentan von den Menschen verlangte gespaltene Solidarität erlernt werden, nämlich eine globalisierte Solidarität, so wie der Welt-Sozialgipfel in Porto Allegro, Brasilien, überschrieben wurde (vgl. Richter 2002: 34).

7. Visionen einer nachhaltigen Arbeitsgesellschaft

Einerseits werden sich zunehmend mehr Menschen darüber einig, dass so nicht weitergewirtschaftet werden kann, weil nicht nur die natürlichen Ressourcen verbraucht oder vergiftet sind, sondern oft auch die Beziehungen zwischen Männern und Frauen. Andererseits läuft praktisch immer wieder alles nach den alten Mustern ab und wo Marktmechanismen, wirtschaftliche Konkurrenz und die Prinzipien des Gewinnstrebens überwiegen, bleibt Nachhaltigkeit leicht auf der Strecke. Wenn es um Visionen einer zukünftigen Arbeitsgesellschaft geht, muss der Gesamtzusammenhang von Arbeit und Leben, Existenzsicherung und Eigentätigkeit von Individuen und Gesellschaft neu gestaltet werden.

Menschen aus großen und kleinen Fabriken, aus Verwaltungen, „neue Selbständige", die oft weder Produktionsmittel besitzen, noch andere für sich arbeiten lassen, Menschen aus Schatten- und Alternativwirtschaft und lokaler Ökonomie wie auch aus Hauswirtschaft, bürgerschaftlichem Engagement und ehrenamtlicher Arbeit müssen in die Konzeptentwicklungen und Handlungsstrategien für nachhaltiges Wirtschaften einbezogen werden. Das gilt auch für gewerkschaftliche Strategien, Handlungskonzepte und Aktionen. Ohne Allianzen zwischen verschiedenen gesellschaftlichen Kräften, wie Politik, Gewerkschaften, Unternehmen, sozialen Bewegungen und Frauenzusammenschlüssen und ohne die Kooperation zwischen verschiedenen AkteurInnen werden Erfolge im Blick auf nachhaltiges Wirtschaften schwer zu erreichen sein. Auch fehlen noch verbindliche Vereinbarungen, allgemeine Leitbilder und Handlungsanleitungen, die freilich schlecht „von oben" verordnet werden können. Notwendig wird die Schaffung von Experimentier-, Denk- und Handlungsräumen in allen Organisationsstrukturen menschlicher Arbeit, damit Menschen aus allen Bereichen Zeit und Raum bekommen, darüber nachzudenken, wie sie sich die Zukunft von Arbeit und Leben vorstellen und wie Nachhaltigkeit, Lebenssinn und Sozialprofit in allen Tätigkeitsbereichen produziert werden können. Die infrastrukturelle Ausstattung und eine Vernetzung zwischen den Strukturen sind dafür ebenso unabdingbare Voraussetzungen wie

Qualifizierung und Weiterbildung der AkteurInnen. Die geschlechtshierarchische Arbeitsteilung und die meisten Strukturbedingungen, die immer noch von einem „Hauptemährer" und einer „Zuverdienerin" ausgehen, widersprechen ohnehin dem Prinzip der sozialen und ökonomischen Nachhaltigkeit, weil Frauen und Männer sich nicht ebenbürtig begegnen können.

Die Forderungen von Feministinnen richten sich auf eine nachhaltige Neubewertung *und* Neuverteilung *aller* gesellschaftlich notwendigen und nützlichen Arbeiten auf Männer *und* Frauen *und* der damit verbundenen Verantwortung. Wäre das verwirklicht, wären die Trennungen zwischen Reproduktion und Produktion überflüssig. Stattdessen wäre eine Trennung zwischen Destruktion und Produktion vorzunehmen (vgl. Notz 1995: 169f.). Denn destruktive „Arbeiten", die der Zerstörung von Mit- und Umwelt und kriegerischen Auseinandersetzungen dienen, haben in einer nachhaltigen Wirtschaft keinen Platz. Dennoch sind gerade diese „Arbeiten" heute mit großer gesellschaftlicher Akzeptanz und hoher materieller Alimentation versehen. Freilich kann weder die Ausgrenzung aus der Typologie von „Arbeit", noch die Ablehnung im Rahmen wünschenswerter Zukünfte zum Verschwinden von Destruktion und erzeugten Destrukten führen. Wenn der Anspruch, die Lebensqualität für alle Menschen und die Lebensgrundlagen künftiger Generationen zu sichern, wie er in der Agenda 21 formuliert ist, ernst genommen wird, wird Umdenken dringend notwendig.

Strukturelle Veränderungen in allen Bereichen menschlicher Arbeit werden unabdingbar. Für Feministinnen reicht es nicht, undifferenziert die Forderung „her mit der Hälfte" zu stellen, denn das hieße, die Hälfte vom verschimmelten Kuchen zu fordern oder gar die Hälfte der Fensterplätze auf der im vergifteten Mainstream untergehenden Titanic. Es wird auch nicht reichen, dass einfach nur mehr Frauen politische Positionen und Führungspositionen in Wirtschaft und Verwaltung einnehmen. Es braucht Frauen und Männer, die mit den herrschenden Verhältnissen nicht einverstanden sind. Menschen, die Macht nicht mit Unterdrückung verbinden, sondern für die Macht heißt,

> „etwas hervorzubringen: eine andere Lebensweise, eine andere Welt, einen inspirierenden Sinn" (Rossana Rossanda, zit. nach Meyer 2000: 5).

Wir – und damit meine ich alle, die mit den bestehenden Verhältnissen nicht einverstanden sind – werden einen anderen Kuchen backen müssen. Vermutlich werden wir die gesamte Bäckerei umkrempeln müssen, und wir werden neu darüber nachzudenken haben, mit wem, für wen und unter welchen Arbeitsbedingungen und mit welchen Ressourcen und Energien wir backen wollen. Auch ein Vollwert-Öko-Kuchen kann unter psychisch und physisch krank machenden, menschenunwürdigen Arbeitsbedingungen gebacken werden und die nach den Kriterien humanisierter Arbeitsbedingungen gestaltete kleine Fabrik wird zum Destruktionsapparat, wenn dort Kriegsmaterial produziert wird. Mit Nachhaltigkeit hat das alles nichts zu tun. Nachhaltig heißt auch, nachhaltig Schäden zu vermeiden. Nachhaltigkeit meint auch Demokratisierung und Humanisierung in allen Arbeits- und Lebensbereichen, also Zuwachs an Lebensqualität. Ohne Druck organisierter und nicht organisierter außerstaatlicher AkteurInnen, die schon zu Beginn der Industrialisierung Antworten auf die soziale Frage forderten, wird auch die Frage der Nachhaltigkeit nicht zu lösen sein.

Bella Abzug, die Initiatorin von WEDO (Women's Environment and Development Organisation) formulierte das so:

> „Frauen möchten nicht in einem vergifteten Strom schwimmen. Wir möchten den Strom reinigen und in ein frisches, fließendes Wasser verwandeln, ein Wasser, das in eine neue Richtung fließt, eine Welt in Frieden und die die Menschenrechte für alle respektiert" (zit. nach Linck 2000)

– das heißt für *alle* Frauen *und* Männer. Und das heißt nicht, dass es Frauen sein sollen, die die Reinigungsarbeiten übernehmen. Gegen-Macht im Mahlwerk der neoliberalen Globalisierung wird ebenso notwendig wie Mit-Macht (vgl. Wichterich 1998: 252). Es gilt, konkrete Utopien für das viel zitierte „gute Leben“ zu entwickeln und für deren Durchsetzung zu kämpfen. Schließlich geht es um die Möglichkeit der Teilhabe von Frauen und Männern am ganzen Leben. Konkrete Utopien für ein anderes Wirtschaften können keine immer wieder vertagte Angelegenheit sein. Wenn das Leben auf diesem Planeten auch für unsere Kinder gewährleistet sein soll, wird es höchste Zeit sofort damit anzufangen.

Positive Beispiele für nachhaltige Wirtschaftsstrukturen finden wir im Bereich der alternativen Ökonomie, auch in Genossenschaften und kommunitären Arbeits- und Lebensgemeinschaften. In solchen Projekten schließen sich Menschen zusammen, die selbstbestimmt und ohne patriarchale Hierarchien ressourcenschonend arbeiten und konsumieren wollen. Sie versuchen, die Trennung von Arbeit und Leben zu überwinden und mit sich und ihren Mitmenschen sowie mit der Umwelt pfleglich und vorsorgend umzugehen, weil sie wissen, dass sie gemeinsam Mehr und Besseres erreichen können als alleine. Sie sind ein Fenster zu einer wirtschaftlich, ökologisch und sozial nachhaltigen Gesellschaft (vgl. Notz 2001: 135ff.). Indem sie auf die Kraft des Experiments setzen, werden sie vielleicht immer weitere Gebiete erschließen und ihre Konzepte und Ideen in immer weitere Kreise tragen.

Literatur

Arendt, Hanna: Vita Activa oder Vom tätigen Leben. München 1981

Biesecker, Adelheid: Bürgerschaftliches Engagement – (k)ein Allheilmittel für Nachhaltigkeit? In: Brand Karl-Werner (Hrsg.): Politik der Nachhaltigkeit. Berlin 2002, S. 131-144

Birkhölzer, Karl: „Soziale Ökonomie“ und „Dritter Sektor“ als Ausweg. In: Heckmann Friedrich/Spoo, Ekkart (Hrsg.): Wirtschaft von unten. Heilbronn 1997, S. 102-106

Bundesministerium für Familie, Senioren, Frauen und Jugend (BMfFSFuJ) (Hrsg.): Freiwilliges Engagement in Deutschland: Ergebnisse einer Repräsentativerhebung zu Ehrenamt, Freiwilligenarbeit und bürgerschaftlichem Engagement (Schriftenreihe Band 194, 1-3). Stuttgart u.a. 2000

Dankelmann, Irene/Davidson, Joan: Frauen und Umwelt in südlichen Kontinenten. Wuppertal 1990

Dörr, Gerlinde: Die Ökologisierung des Oikos. In: Irmgard Schultz (Hrsg.): GlobalHaushalt. Frankfurt/Main 1993, S. 65-80

Dürr, Hans-Peter: Für eine zivile Gesellschaft. Beiträge zu unserer Zukunftsfähigkeit. München 2000

Hildebrand, Eckart: Arbeiten und Leben im Wissen um ihre ökologischen (Neben)Folgen. In: Bierter, Willy/ von Winterfeld, Uta: Zukunft der Arbeit – welcher Arbeit? Berlin u.a. 1998, S. 117-159

Link, Annekathrin: Panelbeitrag beim Dritten Forum Globale Fragen, veranstaltet vom Auswärtigen Amt vom 8.-9. Mai 2000 in Berlin. Ms. (unveröff.) 2000

Meyer, Birgit: Frauen zwischen Macht und Moral. In: Das Parlament vom 21. Januar 2000, S. 5

Negt, Oskar/Kluge, Alexander: Öffentlichkeit und Erfahrung. Frankfurt/Main 1972

Notz, Gisela: Frauen im sozialen Ehrenamt. Ausgewählte Handlungsfelder: Rahmenbedingungen und Optionen. Freiburg 1989

Notz, Gisela: Einige Aspekte zum traditionellen Arbeitsbegriff und der Notwendigkeit seiner Veränderung. In: Dathe, Dietmar (Hrsg.): Wege aus der Krise der Arbeitsgesellschaft. Berlin 1995, S. 164-172

Notz, Gisela: Die neuen Freiwilligen. Das Ehrenamt, eine Antwort auf die Krise. Neu-Ulm, 2. Auflage 1999

Notz, Gisela: Kann „gemeinwesenorientierte Arbeit“ einen Beitrag für eine ebenbürtige Neuverteilung von Arbeit leisten? In: Andruschow, Katrin (Hrsg.): Ganze Arbeit (Forschung aus der Hans-Böckler-Stiftung, Band 29). Berlin 2001, S. 135-158

Richter, Horst-Eberhard: Die Wir-Menschen melden sich zurück. Bei ihnen zählen Nähe und Geborgenheit, aber auch soziales Engagement. In: Chrismon (2002) 10, S. 34-35

Rifkin, Jeremy: Das Ende der Arbeit und ihre Zukunft. Frankfurt/New York 1995

Rodenberg, Birte: Von starken Frauen und schwacher Nachhaltigkeit. In: Heinrich-Böll-Stiftung – Feministisches Institut (Hrsg.): Die großen UN-Konferenzen der 90er Jahre – Eine frauenpolitische Bilanz. Berlin 2000, S. 41-56

Schultz, Irmgard/ Weiland, Monika: Frauen und Müll. Frauen als Handelnde in der kommunalen Abfallwirtschaft (Gutachten im Auftrag des Magistrates der Stadt Frankfurt/Main / Frauenreferat). Frankfurt/Main, 2. Auflage 1990

Ullrich, Otto: Lebenserhaltende Tätigkeit jenseits der Lohnarbeit. In: Fricke, Werner (Hrsg.): Jahrbuch Arbeit und Technik 1993. Bonn 1993, S. 84-98

Wichterich, Christa: Verknüpfungsprobleme. In: Politische Ökologie 19 (2001) 6, S. 21-24

Wichterich, Christa: Die globalen Haushälterinnen. In: Irmgard Schultz (Hrsg.): GlobalHaushalt. Frankfurt/Main 1993, S. 26-35

Wichterich, Christa: Die globalisierte Frau. Berichte aus der Zukunft der Ungleichheit. Reinbek 1998

Nachhaltige Arbeitsgestaltung und industrielle Kreislaufwirtschaft auf hoher Wertschöpfungsstufe

Carsten Dreher, Elna Schirrmeister und Jürgen Wengel

Dieser Beitrag verknüpft zwei Themenstränge, die in der Regel immer noch viel zu stark voneinander getrennt diskutiert werden: die Beschäftigung mit Fragen der Arbeitsgestaltung und Arbeitsorganisation und die Analyse und Entwicklung von betrieblichen Produktions- und Produktkonzepten für eine zukunftsfähige Kreislaufwirtschaft. Ziel ist es aufzuzeigen, inwieweit unverkennbare Mängel in der heutigen Nutzung der Ressource Arbeit in zukünftigen Geschäftsmodellen für Unternehmen, die auf Lebensdauerverlängerung und Nutzungsintensivierung von Produkten setzen und damit einen großen Beitrag zu einem nachhaltigen Wirtschaften leisten, abgebaut werden können und welche Konflikte dabei überwunden werden müssen.

Die Argumentationslinie lässt sich in vier Thesen zusammenfassen:

1. Wir sind von einer nachhaltigen Nutzung der Ressource Arbeit genau so weit entfernt wie von der nachhaltigen Nutzung der Ressource Umwelt. Nach aktuellen empirischen Befunden gibt es auch keine ausgeprägte Dynamik in der Verbreitung von Lösungsansätzen für beide Problembereiche.
2. Sowohl die Nutzung der Ressource Arbeit als auch die Nutzung der Natur sind durch Übernutzung einerseits und durch mangelnde Ausschöpfung von Potenzialen andererseits gekennzeichnet.
3. Nachhaltige Arbeitsgestaltung und nachhaltiges Wirtschaften sind nicht konfliktfrei, der richtige Weg der Integration muss gesucht und gestaltet werden.
4. Eine erfolgversprechende Perspektive der Verknüpfung liegt in der Realisierung einer Kreislaufwirtschaft auf möglichst hoher Wertschöpfungsstufe.

Die konkrete Umsetzung des Nachhaltigkeitsgedankens manifestiert sich in Anforderungen zur Reduzierung des Energieverbrauchs und des Materialeinsatzes sowie zur Rückführung von Produkten und Material. Zieldefinitionen erfolgten vor allem für die Klimapolitik und die Entwicklungshilfe. Für die Umsetzung in Unternehmenskonzepten stehen die Schließung von Material- und Produktkreisläufen sowie energieeffiziente und ressourcenschonende Prozesse im Vordergrund. Dabei hat sich der Begriff der Kreislaufwirtschaft als Synonym für die breite Realisierung von Konzepten zur Erreichung der oben genannten Ziele etabliert (vgl. im Folgenden auch Fleig 2000).

Die Forschung setzt sich seit etwa 25 Jahren mit Konzepten der Nutzungsintensivierung und Lebensdauerverlängerung auseinander (z.B. Conn 1978; Deutsch 1994; Eichmeyer 1996; Hayes 1978; Hockerts u.a. 1995; Lund 1977; Stahel 1996; Steinhilper/Hudelmaier 1993. Ein Überblick findet sich in Fleig 2000 oder Walz u.a. 2001). Akteure der Wirtschaft verfolgen solche Produktkonzepte in Einzelfällen schon länger, ohne dass dies jedoch bisher in eine breite Anwendung geführt hätte. Alle diese Ansätze zielen in ihrem Kern darauf ab, eine ganzheitliche und ökologische Produktpolitik zu befördern (Hiessl u.a. 1995).

Mit den Begriffen *Nutzungsintensivierung* und *Lebensdauerverlängerung* sollen im Folgenden ökologisch und ökonomisch wertvolle Formen der Kreislaufwirtschaft hervorgehoben werden. Sie zielen darauf ab (Abbildung 1), den Wert, der einem Produkt während seiner Herstellung mitgegeben wurde, möglichst intensiv zu nutzen und lange zu erhalten (Prinzip der „engen" Kreisläufe), diesen Wert also nicht durch stoffliches Recycling (weitgehend) zu vernichten, um dann (aufwendig) wieder neue Werte zu schaffen.

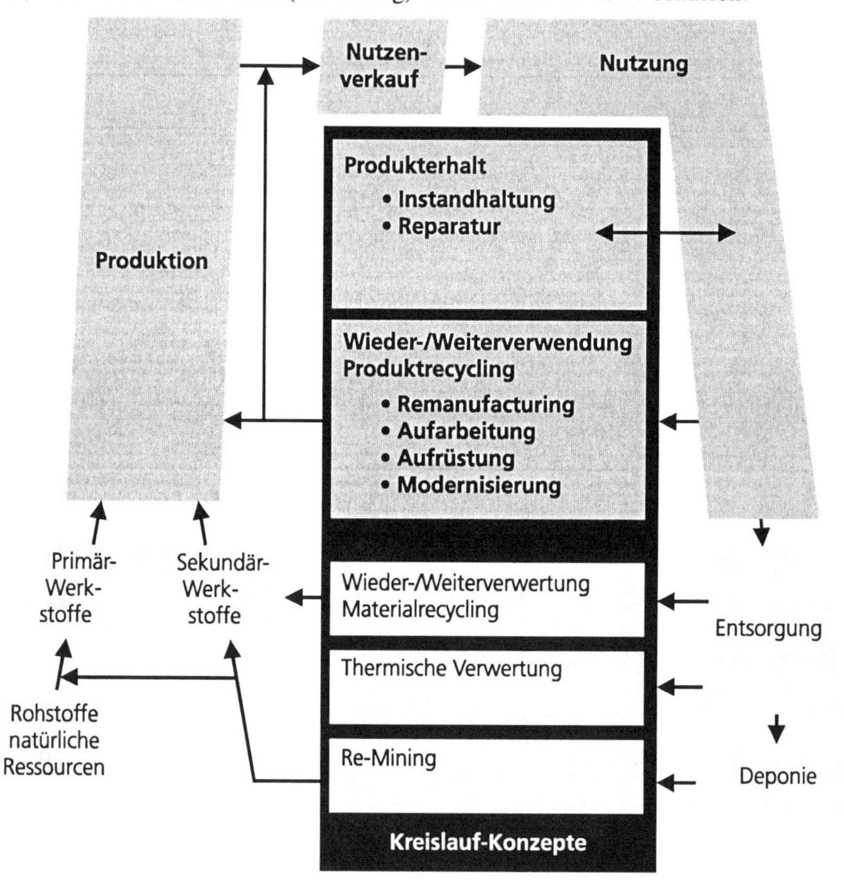

Abbildung 1: Konzepte der Nutzungsintensivierung und Lebensdauerverlängerung in der Kreislaufwirtschaft (Hiessl u.a. 1995: 92; Fleig 2000)

Der Großteil der bisherigen Untersuchungen zu Kreislaufwirtschaftsansätzen bzw. zur ökologischen Modernisierung der Volkswirtschaft betont die quantitativen Aspekte der Beschäftigungsentwicklung, zum Beispiel bei der Debatte um die Ökosteuer. Hinsichtlich der Schaffung neuer Arbeitsplätze wird sich von der Umgestaltung der Volkswirtschaft hin zu ökologischeren Produktionsweisen und Leistungserstellungsprozessen Erhebliches versprochen (ZEW 1998).

Die qualitativen Auswirkungen auf die Erwerbsarbeit werden dabei nur in Teilaspekten diskutiert (Walz u.a. 2001). In den Programmen „Humanisierung des Arbeitslebens" und

„Arbeit und Technik“ des Bundesforschungsministeriums wurden allerdings einzelne Gestaltungsprojekte zum Arbeitsschutz in der Entsorgungswirtschaft durchgeführt. Andere Projektbeispiele finden sich im Schwerpunkt Kreislaufwirtschaft des BMBF-Programms Produktion 2000 (z.B. ProKreis, ProMed etc.). Diese zielten zwar vorrangig auf die Entwicklung von Technik- und (Geschäfts-)Modellösungen, beschäftigten sich aber zumindest teilweise auch mit der Gestaltung sozialer Aspekte (z.B. Rainfurth/Wengel 2000). Auch auf europäischer Ebene wird die Frage der Arbeitsgestaltung und Human-Ressourcen bei nachhaltigen Produktions- und Nutzungskonzepten für die Forschungspolitik als offene Frage angesehen (Expert Group 2001).

Aufbauend auf Erfahrungen aus Vorreiterunternehmen und den dort erprobten Konzepten und Geschäftsmodellen (Fleig 2000; Walz u.a. 2001) sollen Konflikte aber auch Lösungsansätze dargestellt werden, wie nachhaltige Arbeitsgestaltung und nachhaltiges Wirtschaften in Form von Kreislaufwirtschaftskonzepten miteinander verbunden werden können. Dazu wird zunächst eine Bestandsaufnahme innovativer Arbeitsgestaltung sowie der Umsetzung industrieller Kreislaufwirtschaftskonzepte vorgenommen, um dann im dritten Abschnitt eine Kreislaufwirtschaft auf hoher Wertschöpfungsstufe als Integrations- und Lösungsansatz vorzustellen.

1. Unzureichende Praxis nachhaltiger Arbeitsgestaltung in Deutschland

Wo stehen wir heute bei der Organisation der Arbeit in Deutschland? Wie nachhaltig erfolgt Arbeitsgestaltung bisher? Die Gegenwart der Arbeit soll im Folgenden in groben Zügen und zugespitzt dargestellt werden. Als Basis dienen die Ergebnisse des Projektes *Bilanzierung Innovativer Arbeitsgestaltung*[1] (Wengel u.a. 2002; Kiel/Kirner 2002; Brödner/Knuth 2002). Es untersuchte erfolgreiche Lösungen innovativer Arbeitsgestaltung, analysierte die Diffusion solcher Lösungen in Deutschland und verglich die Befunde mit Ergebnissen internationaler Studien. Die Untersuchung stellt eine aktuelle und umfassende Bestandsaufnahme der Praxis der Arbeitsgestaltung in Deutschland dar.

In den Neunzigerjahren erlebten die Betriebe eine beispiellose Reorganisationswelle. Diese war aber vorrangig auf die betriebliche Ebene fokussiert, indem nach Kundengruppen segmentiert wurde, Entscheidungen räumlich dezentralisiert und „überflüssige“ Hierarchien abgebaut wurden. Die Arbeitssysteme dagegen wurden nicht im gleichen, genauer gesagt in nur geringen Umfang ganzheitlich – und damit ohne die Potenziale der Mitarbeiter für die Unternehmen nutzbar zu machen – gestaltet (Latniak u.a. 2000). Kennzeichen dafür sind beispielsweise die oft im Pilotstadium stecken gebliebenen Gruppenarbeitsansätze (deren teilautonome Variante zum Beispiel in der Industrie nur zu 18 Prozent genutzt wird), das sichtbare Abflachen der Diffusionskurven nach den Jahren der Euphorie im Anschluss an den Lean-Production-Bestseller und die Tatsache, dass zwischenzeitlich der Öf-

---

1 Die Autoren dieses Artikels waren daran gemeinsam mit mehr als 40 WissenschaftlerInnen aus zehn Institutionen beteiligt. Das Projekt (FKZ 01HV0009) wurde vom Bundesministerium für Bildung und Forschung finanziert und durch den Projektträger „Arbeitsgestaltung und Dienstleistungen“ des Deutschen Zentrums für Luft- und Raumfahrt e.V. (DLR) in Bonn betreut. Es gehörte zu einem Kreis von 13 Vorhaben im sogenannten Bilanzierungsschwerpunkt, mit dem Grundlagen für die Weiterentwicklung des Programms „Innovative Arbeitsgestaltung“ gewonnen werden sollten.

fentliche Dienst der Vorreiter in der Nutzung innovativer Teamstrukturen ist (Wengel u.a. 2002).

Arbeitnehmer beurteilen die organisatorische Modernität ihrer Arbeitsbedingungen, nimmt man die Ganzheitlichkeit der Arbeitsvollzüge, die übertragene Verantwortung oder vorhandene Entscheidungsspielräume als Maßstab, deutlich negativer als man es aus den Angaben der Betriebe über den Einsatz innovativer Organisationskonzepte ableiten würde. Als Beispiel kann die Aufgabenintegration mit vor- und nachgelagerten Aufgaben in der Werkstatt dienen: Gut zwei Drittel der Betriebe, aber nur jeder fünfte Beschäftigte sehen ganzheitliche Aufgabenvollzüge bei sich verwirklicht (Wengel u.a. 2002). Die Wahrheit liegt vermutlich wie immer in der Mitte. Dennoch ist diese Diskrepanz in doppelter Hinsicht problematisch: Die Betriebe sehen keinen Anlass mehr zu tun, sind doch zumindest einzelne Konzepte der aktuellen Managementdiskussion umgesetzt. Die Beschäftigten dagegen dürften aus der von ihnen wahrgenommenen Arbeitssituation kaum Motivation erfahren, zumal die Ansprüche an die Lebens- und Arbeitsqualität weiter steigen.

Befunde von Fallstudien zeigen (Kiel/Kirner 2002), dass die professionelle Gestaltung von Arbeit rückläufig ist und kaum Know-how zur Arbeits- und Prozessgestaltung in den Betrieben vorgehalten wird. Arbeit wird zunehmend von Gruppensprechern bzw. von akademischen Berufsanfängern als Segmentleitern organisiert oder die Arbeitsorganisation wird den Arbeitnehmern als Mikro-Unternehmer – dort, wo es sie gibt – selbst überlassen.

Untersuchungen der Wahrnehmung von Anforderungen durch Arbeitnehmerinnen und Arbeitnehmer zeigen, dass sowohl die Stressbelastungen von 14 Prozent 1960 auf über 25 Prozent 1995 gestiegen sind, Zeitknappheit von fast 35 Prozent der Arbeitnehmer als Mangel empfunden wird und physische Belastungen von mehr als einem Fünftel angeführt werden. Im Gegenzug stiegen von den sechziger Jahren bis 1997 die Anteile der Unterforderten: 35 Prozent wollen mehr Verantwortung übernehmen, 26 Prozent fühlten sich nicht genug gefordert und 17 Prozent werden nicht entsprechend ihrer Qualifikation eingesetzt. Es existiert also wachsende Unterforderung und wachsende Überforderung gleichzeitig (Volkholz/Köchling 2002).

Bestimmte, oft höher qualifizierte Arbeitnehmergruppen („boundary spanners" wie Segmentleiter, Servicepersonal) stehen an den Schnittstellen der verkleinerten Organisationseinheiten und federn die wachsenden Markt- und Kundenanforderungen ab (Eggers/Kirner 2002). Sie sichern durch ihre individuelle Flexibilität die Stabilität der Organisation. Hier sind allerdings objektive Belastungssituationen zu finden, die physische und psychische Regeneration ernsthaft gefährden. So haben die tatsächlichen Arbeitszeiten dieser Gruppe stetig zugenommen und liegen etwa 20 Prozent über der vereinbarten Wochenarbeitszeit. Ein weiteres Indiz ist, dass sich die psychischen Ursachen für verminderte Erwerbsfähigkeit nach Daten der Vereinigung Deutscher Rentenversicherungsträger von 1984 bis 1999 für Männer verdoppelt, für Frauen gar vervierfacht haben.

Diese Entwicklungen gehen einher mit einer Erhöhung und Stabilisierung der Frauenerwerbsquote. Im Zeitverlauf hat die Erwerbsbeteiligung der Frauen in Deutschland, vor allem in beständigeren Teilzeitarbeitsverhältnissen und mit geringeren Fluktuationsraten als bei Männern, erheblich zugenommen. Frauenerwerbsarbeit stellt keinen Flexibilitätspuffer am Arbeitsmarkt (mehr) dar, da erwerbstätige Frauen darauf bedacht sind, eine einmal erreichte Balance zwischen Arbeit und Kinderbetreuung nicht zu gefährden. Dies führt – wenn sich die Rahmenbedingungen nicht ändern – bei den Frauen und ihren Partnern zu wachsender persönlicher und gesellschaftlicher beruflicher Immobilität.

Als Kernbefunde zeigen sich gleichzeitig sowohl Unterforderungen und Überforderungen der Arbeitnehmerinnen und Arbeitnehmer, die auf eine mangelnde Arbeitsgestaltung in den Betrieben und – wie bei der Frauenerwerbstätigkeit – auf gesellschaftliche Rahmenbedingungen zurückzuführen sind. Arbeit, Qualifikationen und Kompetenz werden in vielen Betrieben immer noch als kurzfristig verfügbare Ressource gesehen, obwohl die tatsächliche Verweildauer der Mitarbeiter in Betrieben zunimmt. Die Erhöhung des Anteils älterer Arbeitnehmer und auch eine Steigerung der Frauenerwerbstätigkeit ohne Veränderung der Rahmenbedingungen in der Kinderbetreuung führen zu noch geringerer Mobilität am Arbeitsmarkt. Wenn die Beschäftigten damit an unbefriedigenden oder unterfordernden Beschäftigungsverhältnissen festhalten, könnten für die Innovationsfähigkeit gesamtwirtschaftlich wünschenswerte Austauschraten von Mitarbeitern zwischen Betrieben gefährdet werden.

Die suboptimale Nutzung des Potenzials des Faktors Arbeit kann vielleicht zurzeit noch verkraftet werden, aber es ist damit zu rechnen, dass sich die dargestellten Trends durch die demografische Entwicklung verschärfen. Es stehen künftig nicht nur weniger Erwerbspersonen zur Verfügung, sondern auch die Zusammensetzung der Belegschaften nach Geschlecht, Alter, Nationalität und Fähigkeiten verändert sich. Oftmals liegt ein Mismatch von Qualifikation und Anforderung vor, so werden beispielsweise die Mitarbeiter in Tätigkeiten mit kreativitätsförderlichen Anforderungen nur zu zwei Dritteln ihrer Qualifikation entsprechend eingesetzt. Dies variiert je nach Anforderungstyp hinsichtlich Alter (Volkholz u.a. 2002).

Die absehbaren Reorganisationen der Wertschöpfungsketten durch Netzwerke sind nicht notwendigerweise mit einer Verbesserung der Arbeit verknüpft (Eggers/Kirner 2002). Schon heute ist ein hohes Aktivitätsniveau in der überbetrieblichen Zusammenarbeit zu beobachten. Entscheidend ist die Art und Weise der Zusammenarbeit. Zukunftsstudien erwarten eine Intensivierung der Kooperationstätigkeiten. Parallel werden ganzheitliche Arbeitsvollzüge in den kleiner werdenden Einheiten erhofft. Fallstudien zeigen aber, dass die Erwartung einer stärkeren Spezialisierung kleinerer Unternehmenseinheiten bei gleichzeitig wachsender Ganzheitlichkeit der Arbeitsvollzüge innerhalb der beobachteten Unternehmen nicht zutrifft. Einen solchen Automatismus scheint es nicht zu geben. Dies verstärkt den Druck auf die „boundary spanners“ in den Unternehmen. Weiter steigende Kundenorientierung und Flexibilitätserwartungen erhöhen individuelle Überforderungsrisiken. Tertiarisierung in der Industrie beispielsweise erfordert längere Präsenzzeiten und Bereitschaftsdienste, umfassendere Qualifikationen etc. Außerdem müssen die Betriebe ihre Wissensbasis bewusster und umfassender organisieren (Brödner/Lay 2002).

Die im Projekt analysierten Trends verstärken zukünftig das Spannungsfeld und machen es damit problematischer: auf der einen Seite Arbeitnehmer, die trotz Unzufriedenheit aus Sicherheitsgründen an ihrem Arbeitsplatz festhalten und auf der anderen Seite Betriebe, die das Potenzial der Mitarbeiter nicht ausschöpfen. Zusätzlich hemmende Rahmenbedingungen des Beschäftigungssystems führen einerseits zu brachliegenden Ressourcen und verknöchernden Belegschaftsstrukturen. Andererseits machen sich Unternehmen, ihre Subeinheiten und die Wirtschaft insgesamt in zunehmenden Maße vom „Funktionieren“ Einzelner abhängig, die systematisch – auch vor dem Hintergrund länger werdender Lebensarbeitszeiten – überfordert werden.

Nachhaltige Nutzung der Ressource Arbeit durch innovative Arbeitsgestaltung erfordert ein sehr viel stärkeres Umsteuern auf Potenzialnutzung und -sicherung menschlicher Arbeit nach den Leitlinien:

- Flexibilisierung der Organisationen und der Arbeitskontexte statt der Menschen (beispielsweise flexible Stammbelegschaften, atmende Systeme durch Arbeitszeitmodelle statt schwankender Beschäftigtenzahlen, Ausschöpfung der Potenziale ganzheitlicher Arbeitssystemgestaltung, Kriterien zur „Organisationsergonomie“)

- nachhaltige Gestaltung dauerhaft durchhaltbarer Arbeit als Aufgabe der Unternehmen (gesteuerte Wissensregeneration, Lebenslauforientierung der betrieblichen und eigenen Personalentwicklung, Belastungswechsel durch Mehrfachqualifizierung, Berufswechselgestaltung und primär präventiver Gesundheitsschutz bereits im Gestaltungsprozess flexibler Strukturen).

Im Folgenden soll nun gezeigt werden, in wie weit Kreislaufwirtschaftskonzepte mit hoher Wertschöpfungsstufe für die nachhaltige Nutzung der Ressource Arbeit Spielräume bieten, gar entsprechenden Druck ausüben oder eher Konflikte mit sich bringen.

2. Praxis der Kreislaufwirtschaft auf hoher Wertschöpfungsstufe in Deutschland

Die folgende Beschreibung der Praxis nachhaltigen Wirtschaftens in Deutschland konzentriert sich auf betriebliche Ansätze zur Umsetzung des Kreislaufwirtschaftsgedankens und insbesondere auf Aspekte der Nutzugsintensivierung und Lebensdauerverlängerung. Auf eine Analyse, wie die Umweltressourcen aktuell genutzt werden, in analoger Weise wie beim Faktor Arbeit im vorangegangenen Abschnitt, wird also verzichtet. Entsprechende Umweltindikatoren werden ja bereits regelmäßig, zum Beispiel im Bundesumweltbericht, aufbereitet. Dagegen sind quantitative empirische Daten, inwieweit Betriebe Produkt- und Produktionskonzepte realisieren, die auf eine Kreislaufwirtschaf zielen, nur eingeschränkt verfügbar (Wengel 2000) oder beschränken sich auf Fallsammlungen. Indikatoren zu Verbreitungsmustern in der Metall- und Elektroindustrie[2] bietet die seit 1995 bundesweit durchgeführte Erhebung *Innovationen in der Produktion* des Fraunhofer ISI (Eggers u.a. 2000; Lay u.a. 2002).

Im Rahmen der Erhebung wurden Geschäfts- bzw. Produktionsleiter nach ihrer Einschätzung der Bedeutung geschlossener Produktkreisläufe für die Zukunft der deutschen Industrie befragt. Zehn Prozent der Befragten halten geschlossene Produktkreisläufe zukünftig für unverzichtbar und 46 Prozent beurteilen das Konzept „eher positiv". Ein Viertel der Befragten kann keine Einschätzung machen, 17 Prozent sehen die Kreislaufwirtschaft zwiespältig und nur ein Prozent halten sie für eine Fehlinvestition (Dreher/Schirrmeister 2002). In der Erhebung 2001 fallen diese Einschätzungen sogar noch geringfügig positiver aus.

Der geringe Anteil an Führungskräften mit einer eindeutig ablehnenden Haltung ist angesichts des geringen Anteils an Betrieben mit Rücknahmeangebot und der sehr kritischen allgemeinen Diskussion, zum Beispiel des grünen Punktes, in der Öffentlichkeit überraschend. Die Antworten der Führungskräfte zeigen, dass eine positive, aber insgesamt noch unschlüssige Beurteilung der Kreislaufwirtschaft dominiert. Diese Ergebnisse werden durch ergänzend durchgeführte Interviews bestätigt (Schirrmeister u.a. 2000): Die Unternehmen beginnen mit Nischenstrategien einen sehr langsamen Einstieg in die Kreislaufwirtschaft. Sowohl die qualitativen als auch die quantitativen Ergebnisse zeigen, dass eine

2 Weitergehende Auswertungen zur Thematik betrieblicher Umweltschutz bieten Dreher/Schirrmeister (2000 und 2002) und Dreher u.a. (1999). In der aktuellen Erhebung im Jahr 2001 wurde zusätzlich auch die Chemie- und die Kunststoffverarbeitende Industrie mit einem teilweise spezifischen Fragebogen erfasst.

grundlegende Neuausrichtung der Unternehmensstrategie bisher nur in Ausnahmefällen zu beobachten ist.

Ein wichtiges Element und letztlich die Basis auf dem Weg zur Kreislaufwirtschaft sind eine ganzheitliche Sichtweise der eigenen Prozesse und Abläufe sowie die Bewertung der Umweltwirkungen und Kosten der eigenen Produkte über den gesamten Lebenszyklus. Durch diese Instrumente kann nachhaltiges Wirtschaften überhaupt erst zum Bestandteil von Managemententscheidungen werden. Vierzehn Prozent der 2001 befragten Betriebe haben sich bisher einem Umweltaudit nach DIN ISO 14000 unterzogen. Das anspruchsvollere Auditierungssystem Eco-Management and Audit Scheme (EMAS) nach der entsprechenden EU-Richtlinie haben sogar nur fünf Prozent der Betriebe umgesetzt. Die mit den in den letzten Erhebungsrunden dokumentieren Planungen zur Einführung von Umweltmanagementsystemen regelmäßig aufkeimende Hoffnung auf eine wachsende Dynamik hat sich damit wiederum nicht erfüllt. Nach den Planzahlen der Betriebe von 1999 wäre eine Steigerung des Anteils auf zusammen fast 45 Prozent zu erwarten gewesen. Abbildung 2 veranschaulicht das grafisch. Eine mit der Zertifizierung von Qualitätssicherungssystemen nach DIN ISO 9000 vergleichbare Verbreitung ist nicht absehbar, und dies verdeutlicht den momentanen Stellenwert von nachhaltiger Produktion im Vergleich zu anderen Unternehmenszielen.

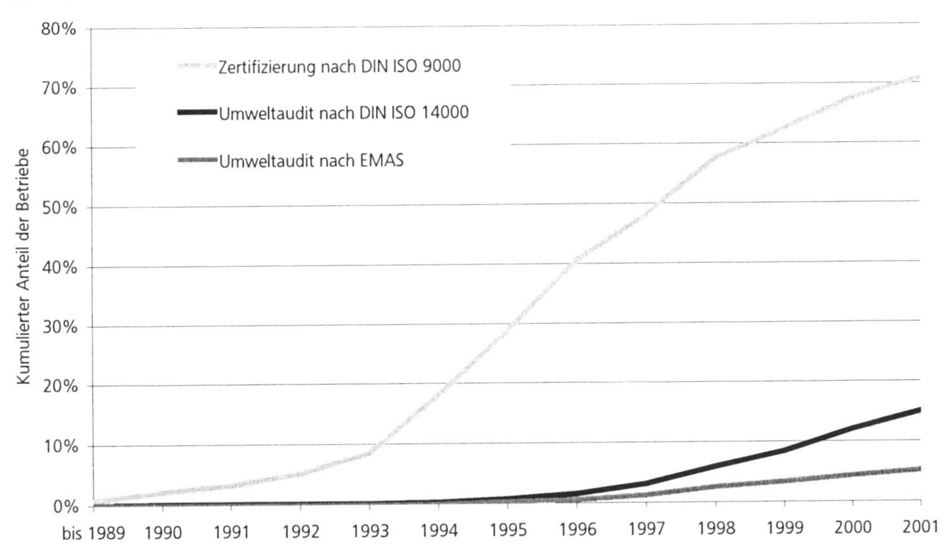

Abbildung 2: Diffusion von Umweltmanagement- und Qualitätssicherungssystemen im Verarbeitenden Gewerbe Deutschlands (n = 1537) (Quelle: Erhebung *Innovationen in der Produktion 2001* des Fraunhofer ISI)

Kreislaufwirtschaftskonzepte auf einer hohen Wertschöpfungsstufe können idealtypisch in folgenden drei Geschäftsmodellen für Nutzungsintensivierung und Lebensdauerverlängerung zusammengefasst werden, wobei in der Praxis immer auch Mischformen vorkommen können:

- *Konzept Nutzenverkauf:* Ein Akteur (Flottenmanager) kauft eine Flotte von Produkten und verkauft nicht mehr das Produkt, sondern den Nutzen; oder er vermietet das Produkt an den eigentlichen Nutzer. Er will das Produkt damit besser auslasten durch gemeinsame oder geteilte Nutzung von mehreren Kunden (Nutzungsintensivierung), ohne die Lebensdauer des Produkts zu verringern; im Gegenteil: Er ist an einer möglichst langen Lebensdauer interessiert, um Kosten zu sparen, oder um es weiter zu verkaufen oder aufarbeiten zu können.

- *Konzept Langlebigkeit:* Ein Akteur (meist Hersteller) stellt ein Produkt mit einer besonders langen Lebensdauer her. Dies beinhaltet sowohl technische wie auch modische Aspekte. Das Produkt muss also robust, reparaturfreundlich, aber auch zeitlos im Design sein. Es sollte dem Kunden möglichst lange viel Nutzen spenden oder als Gebrauchtprodukt mehrfach verkaufbar sein.
- *Konzept Remanufacturing:* Ein Akteur (meist Aufarbeiter) nimmt gebrauchte Produkte aus dem Markt zurück und zerlegt diese in einzelne Baugruppen und Teile – aber nicht weiter. Die Baugruppen und Teile werden gereinigt, repariert etc. und wieder zu einem neuen Produkt montiert. Defekte Teile werden durch neue ersetzt, bei Bedarf werden auch technische Neuerungen integriert. Diese aufgearbeiteten Produkte werden an den alten oder an neue Kunden verkauft.

Konzepte zur Nutzungsintensivierung und Lebensdauerverlängerung von Produkten stehen in einem engen Wechselverhältnis mit der Wertschöpfungskette von Neuprodukten. Zum einen stellen sie den Herstellern neue Anforderungen. Zum anderen können die bestehenden Produktionsstrukturen die Möglichkeiten zur Umsetzung solcher Konzepte einschränken.

Die Erhebungen *Innovationen in der Produktion* erfassen seit 1997 das Angebot produktbegleitender Dienstleistungen durch Investitionsgüterproduzenten. Dabei können die Modernisierung/Nachrüstung, die Rücknahme und die Vermietung von Produkten als erste Schritte zu Geschäftsmodellen für die Kreislaufwirtschaft angesehen werden. Abbildung 3 zeigt für den Maschinenbau, wie sich der Anteil der Betriebe, die ihren Kunden ein solches Angebot machen, entwickelt hat. Das ausgewiesene, insgesamt bemerkenswert hohe Niveau wird allerdings deutlich relativiert, wenn man auf den mit solchen Konzepten erzielten Umsatz schaut, der in den meisten Fällen nicht nennenswert ist und auch nicht regelmäßig anfällt.

Für das Konzept des Nutzenverkaufs lassen sich empirisch für den Maschinenbau in den letzten Jahren bisher keine Steigerungsraten feststellen. Die Zahl der Unternehmen, die Leasing oder Vermietung ihrer Produkte praktizieren, war zwischen 1999 und 2001 sogar leicht rückläufig. Die Unternehmen bieten allerdings verstärkt Modernisierung, Up-Grading und Nachrüstung von Produkten an. Dies verlängert einerseits die Lebensdauer der Produkte und kann andererseits auch ein Einstieg in das Remanufacturing sein. Aktuell dürften allerdings eher spezifische Marktanforderungen und Konjunkturaspekte für die deutlichen Sprünge verantwortlich sein. Umfassende Remanufacturing-Konzepte, die eine allgemeine Rücknahme und Aufarbeitung oder Entsorgung der Produkte beinhalten, werden von wesentlich weniger Unternehmen angeboten und in diesem Bereich ist auch eher eine Stagnation zu beobachten.

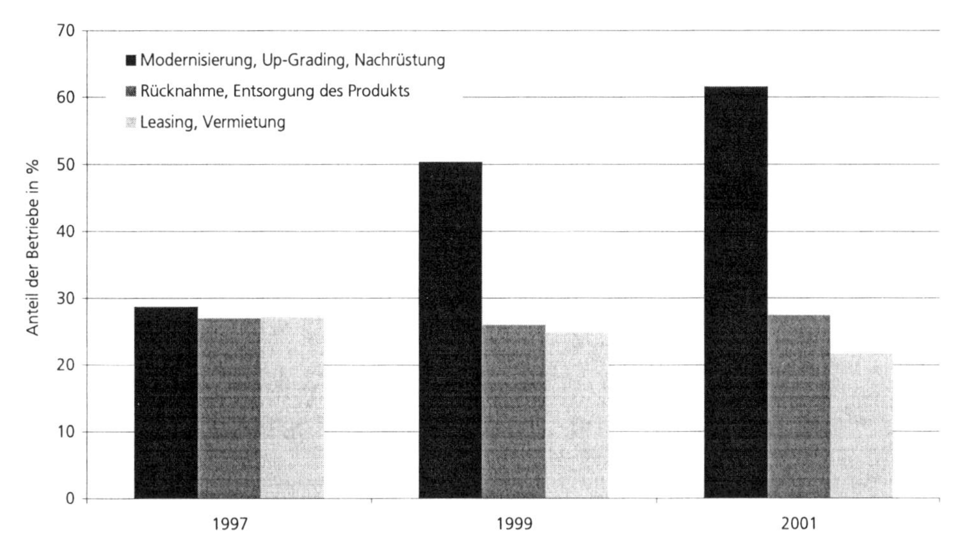

Abbildung 3: Dienstleistungsangebote zur Kreislaufwirtschaft im deutschen Maschinenbau (Quelle: Erhebungen *Innovationen in der Produktion 1997, 1999, 2001* des Fraunhofer ISI)

Erste Schritte zu Kreislaufwirtschaftskonzepten, die hier betrachtet werden sollen, werden bisher nur vereinzelt getan. Die überwiegend positive Beurteilung der Kreislaufwirtschaft durch Geschäftsführer und Produktionsleiter und wachsendes Kundeninteresse könnten aber zu einer weiteren Diffusion führen.

3. Kreislaufwirtschaft auf hoher Wertschöpfungsstufe als Lösungsperspektive

Im Folgenden wird diskutiert, wie Nutzungsintensivierung und Lebensdauerverlängerung von Produkten mit der Arbeitsgestaltung zusammenhängen und wie diese sich gegenseitig beeinflussen. Die herangezogenen Fallstudien umfassen Betriebe des Kunststoff-Recyclings, automatisierte Wertstoffsortieranlagen sowie alternative Konzepte der Nutzungsintensivierung wie Print-on-demand, Car Sharing und Entwicklungen in klassischen Werkstätten zu einer verstärkten Serviceorientierung (Dreher/Schirrmeister 2002; Walz u.a. 2001). Weitere Fallstudien entstammen dem Projekt ProKreis (Fleig 2000). Telefoninterviews im Rahmen der vordringlichen Aktion „Produkte und Prozesse mit dem Ziel Nachhaltigkeit – Teilprojekt Neue Nutzungsformen“ (Schirrmeister u.a. 2000) ergänzen das Material.

In der Gesamtschau der Anforderungen, die sich aus der Umsetzung Kreislaufwirtschaft adäquater Geschäftsmodelle, wie sie oben in Abschnitt 2 skizziert wurden, ergeben, sind folgende Bereiche der Arbeitsgestaltung besonders wichtig:

- Die Geschäftsmodelle sind meist umfassende Produkt-Dienstleistungs-Kombinationen, die die Produktrückführung und Nutzerbetreuung zusätzlich umfassen. Wie bei produktbegleitenden Dienstleistungen (Lay/Rainfurth 2002) sind das Erfahrungswissen über Produkt und Nutzung und die Wissensvermittlung zentrale Herausforderungen in der Arbeitsgestaltung. Kreislaufwirtschaftsansätze weiten die Anforderungen an das Wissensmanagement also noch aus.

- Auch bei der Arbeitszeitgestaltung sind typische Herausforderungen produktbegleitender Dienstleistungen zu bewältigen. Gerade für die Mitarbeiter in der Nutzerbetreuung und Nutzungssicherstellung (Wartung/Reparatur) steigen die Flexibilisierungsanforderungen, wenn man die Nutzung vom Produktverkauf lösen möchte.
- Kooperation, Wissensmanagement und Steuerung produktbegleitender Dienstleistungen sind auf professionellen Einsatz von Informationstechnik in der Fläche angewiesen. Produktbegleitende Informationssysteme, Entscheidungsunterstützung bei Komponentendiagnose etc. erfordern die Anpassung der Systeme an die Arbeitssituation wie auch die Qualifizierung der Mitarbeiter.

Es zeigt sich, dass Geschäftsmodelle für die Kreislaufwirtschaft die eingangs beschriebenen Herausforderungen für die Arbeitsgestaltung nicht automatisch lösen werden. Geschäftsmodelle wie Nutzungsintensivierung, Lebensdauerverlängerung etc. sind weitere Treiber der Tertiarisierung. Hinzu kommen umfassendere Qualifikationsanforderungen, die über das Herstellwissen hinausgehen. Service-Fähigkeiten, Beurteilungskompetenz (z.B. über wirtschaftliche Folgen des Komponentenaustausches etc.) werden zusätzlich verlangt. Existierende Trends zur Vernetzung und zur Erhöhung der Dienstleistungsanteile und des Dienstleistungscharakters der Arbeit werden nicht gebrochen, sondern beschleunigt. Vielfach werden gerade kleine und mittlere Unternehmen, Dienstleister und Handwerksbetriebe ihre Geschäftsmodelle nur in Zusammenarbeit mit anderen Firmen realisieren können.

Arbeiten in der Kreislaufwirtschaft bringt allerdings eine zusätzliche Qualität in den Katalog der Herausforderungen ein: Produktlebensdauerverlängerung und Nutzenintensivierung erfordern dezentrale Entscheidungen. Die Wiederverwendung von Komponenten wird vor Ort und in der Werkstatt vorgenommen, den Kunden wird direkt und sofort weiter geholfen und über die jeweilige Kostenwirksamkeit der Hilfe ist der Mitarbeiter orientiert. Würden in Zukunft Kreislaufwirtschaftsansätze breit eingesetzt, wären neue Arbeitnehmergruppen mit Entscheidungssituationen konfrontiert. Fallbeispiele aus Fleig 2000 und Walz u.a. 2001 zeigen bereits Probleme auf, dass sich Mitarbeiter in der Werkstatt nicht trauen, Wiederverwendungsentscheidungen oder Freigaben von Komponenten vorzunehmen, weil sie sich nicht qualifiziert genug fühlen. Angesichts der Vielzahl an Produkt- und Komponentenrückläufern in einer entwickelten Kreislaufwirtschaft ist es unmöglich, die Entscheidung individuell nach „oben“ zu delegieren. Der letzte Aspekt gibt der Arbeitsgestaltung in der Kreislaufwirtschaft eine zusätzliche Bedeutung, da die Realisierung effizienter, professioneller Geschäftsmodelle mittels des Einsatzes modernster Techniken ohne die Einbeziehung der Betroffenen und ohne innovative Arbeitsgestaltung nicht zu erreichen ist.

Kreislaufwirtschaftskonzepte wirken damit einerseits verstärkend auf die heutigen und insbesondere die zukünftigen Herausforderungen an die Arbeitsgestaltung, andererseits können sie auch als Lösungsansatz gesehen werden, da sie die enge Einbeziehung der Betroffenen erfordern und damit die Chance bieten, eine umfassende, innovative Arbeitsgestaltung in den Betrieben zu fördern. Zunehmend ganzheitliche Arbeitsvollzüge, Verantwortung und Entscheidungsspielräume wirken sich gleichzeitig positiv auf die Bewältigung der allgemeinen Herausforderungen zum Beispiel durch die Tertiarisierung der Arbeit in Betrieben aus. Die besondere Bedeutung von Erfahrungswissen verbessert Beschäftigungchancen für ältere Mitarbeiter.

4. Zusammenfassung und Ausblick

Die Praxis der Arbeitsgestaltung in Deutschland ist bisher nicht nachhaltig. Absehbare Zukunftstrends wie der demografische Wandel werden die Probleme eher verschärfen als lösen. Bei der Umstellung von Produktionsbetrieben auf Geschäftsmodelle und Strategien hin zu einem Unternehmen, das nachhaltige Leistungen und Produkte zur Verfügung stellt, bleibt es bisher bei Einzelfällen, trotz breiter Anerkennung der Bedeutung des Kreislaufwirtschaftsgedankens in den Führungsetagen. Neben der nationalen Gesetzgebung und dem erhöhten Erwartungsdruck von Kunden verschieben sich auch die internationalen Rahmenbedingungen zukünftig weiter. Die im Grünbuch zur Integrierten Produktpolitik der Europäischen Union entwickelten Vorstellungen wie auch die qualitativ geänderten Erwartungen von Kapitalgebern (beispielsweise speziellen Kapitalmarktfonds mit Nachhaltigkeitsanspruch) erhöhen den Druck auf die Unternehmen weiter, nicht nur schädigungsfrei zu produzieren, sondern insgesamt den Ressourcenverbrauch zu senken und sozialen Anforderungen zu genügen.

Die Debatte zur nachhaltigen Entwicklung und entsprechende Wirtschaftsformen ist durch die Aufstellung von Zielkatalogen entlang der so genannten „drei Säulen" Ökonomie, Ökologie und Soziales gekennzeichnet. Im Zuge dieses Beitrages wurde versucht, ausgehend von praktizierten Geschäftsmodellen bei Vorreitern, Schlussfolgerungen für die Arbeitsgestaltung zu generieren. Auch wenn diese Geschäftsmodelle hinsichtlich einer Reihe von ökologischen oder sozialen Kriterien nicht hundertprozentig zufriedenstellend sind, so kennzeichnen sie doch die Stoßrichtung eines langfristigen Entwicklungsprozesses hin zu ökologisch und sozial verträglicheren und profitablen Geschäftsmodellen.

Arbeit in der industriellen Kreislaufwirtschaft, insbesondere bei der Schließung der höherwertigen Nutzungsschleifen durch Produktlebensdauerverlängerung und Nutzungsintensivierung, wird sich verändern. Die neuen Geschäftsmodelle erfordern den Einsatz modernster Techniken. Die notwendigen Produkt-Dienstleistungs-Kombinationen müssen in Kooperationen mit Partnern den Kunden angeboten werden. Als eigenständige Dimension der Kreislaufwirtschaft bei der Debatte um innovative Arbeitsgestaltung zeigt sich, dass bei der Umsetzung sehr viel mehr dezentrale Entscheidungen von Arbeitnehmerinnen und Arbeitnehmern getroffen werden müssen. Diese Entscheidungen befinden in der Summe über den Erfolg oder Misserfolg des Geschäftsmodells für die Unternehmen. Beispiele sind Entscheidungen über die Wiederverwendung von Produkten oder Komponenten, die unter Zeitknappheit direkt vor Ort oder in der Werkstatt durch qualifizierte Diagnose getroffen werden müssen. Fehlentscheidungen an dieser Stelle haben Konsequenzen für den Produktneuverkauf mit gebrauchten Komponenten oder die spätere Nutzung. Hier wird eine Verbindung zwischen Arbeitshandeln und Produkt (wieder)hergestellt, die eine weitgehende Identifikation und das Gefühl von Verantwortlichkeit für Produkt und erfolgreiche Nutzung erforderlich machen. Ähnliches gilt für den direkten Kundenkontakt in den Dienstleistungsbereichen.

Dieser Aspekt zwingt die Unternehmen, sich für eine erfolgreiche Prozessgestaltung sehr viel stärker mit den Betroffenen auseinander zu setzen und sie in die Gestaltung der Prozesse mit einzubeziehen. Nur so kann sicher gestellt werden, dass die Bereitschaft zur Verantwortungsübernahme erwächst und die Entscheidungen sachgerecht und verantwortungsbewusst getroffen werden. Damit übernehmen die innovative Arbeitsgestaltung und die Einbeziehung der betroffenen Arbeitnehmerinnen und Arbeitnehmer in der Debatte um die Gestaltung nachhaltiger Unternehmenskonzepte eine neue Rolle. Wird innovative Arbeitsgestaltung bisher in der Nachhaltigkeitsdebatte im Kontext der sogenannten sozialen Dimension als Anforderung und als zu erreichender Standard normativ postuliert, so wird sie nun bei der Realisierung entsprechender Geschäftsmodelle zum Erfolgsfaktor, der für die Realisierung erfolgreicher Unternehmenskonzepte in der Kreislaufwirtschaft notwendig ist und die Ausschöpfung der Potenziale durch ganzheitliche Arbeitsgestaltung verbessert. Damit könnten Geschäftsmodelle für eine Kreislaufwirtschaft auf hoher Wertschöpfungsstufe einen Impuls für eine nachhaltige Arbeitsgestaltung setzen.

Literatur

Brödner, Peter/Knuth, Matthias (Hrsg.): Nachhaltige Arbeitsgestaltung: Trendreports zur Entwicklung und Nutzung von Humanressourcen (Bilanzierung innovativer Arbeitsgestaltung, Band 3). München/ Mering 2002

Brödner, Peter/Lay, Gunter: Internationalisierung, Wissensteilung, Kundenorientierung – für zukunftsfähige Arbeitsgestaltung relevante Hintergrundtrends. In: Brödner, Peter/Knuth, Matthias (Hrsg.): Nachhaltige Arbeitsgestaltung Trendreports zur Entwicklung und Nutzung von Humanressourcen (Bilanzierung innovativer Arbeitsgestaltung, Band 3). München/Mering 2002, S. 27-60

Conn, William David: Policies for Extending Product Lifetimes as a Means of Reducing Waste. Los Angeles 1978

Deutsch, Christian: Abschied vom Wegwerfprinzip – Die Wende zur Langlebigkeit in der industriellen Produktion. Stuttgart 1994

Dreher, Carsten/Fleig, Jürgen/Arnold, Frank: Intensifying Use and Prolonging of Product Lifetime in German Companies – Impacts on Manufacturing Strategies and Workforce. Paper for 8th International Greening of Industries Network Conference, November 14th – 17th 1999, Chapel Hill, North Carolina (USA). Ms. (unveröff.) 1999

Dreher, Carsten/Schirrmeister, Elna: Arbeiten in der industriellen Kreislaufwirtschaft – Herausforderungen für die Arbeitsgestaltung. In: Brödner, Peter/Knuth, Matthias (Hrsg.): Nachhaltige Arbeitsgestaltung. Trendreports zur Entwicklung und Nutzung von Humanressourcen (Bilanzierung innovativer Arbeitsgestaltung, Band 3). München/Mering 2002, S. 189-239

Dreher, Carsten/Schirrmeister, Elna: Der lange Weg zur Kreislaufwirtschaft (Mitteilungen aus der Produktionsinnovationserhebung, Nr. 18). Karlsruhe September 2000

Eggers, Thorsten/Kirner, Eva: Arbeit in einer vernetzten und virtualisierten Wirtschaft. In: Brödner, Peter/Knuth, Matthias (Hrsg.): Nachhaltige Arbeitsgestaltung Trendreports zur Entwicklung und Nutzung von Humanressourcen (Bilanzierung innovativer Arbeitsgestaltung, Band 3). München/Mering 2002, S.123-188

Eggers, Thorsten/Wallmeier, Werner/Lay, Gunter: Dokumentation der Umfrage „Innovationen in der Produktion 1999“ des Fraunhofer-Instituts für Systemtechnik und Innovationsforschung. Karlsruhe 2000

Eichmeyer, Helmut: Neuwertwirtschaft – Eine Perspektive für Wirtschaft und Ökologie. Taunusstein 1996

Expert Group: Sustainable Production – Challenges and Objectives for EU Research Policy (EUR 19880). Brüssel 2001

Fleig, Jürgen (Hrsg.): Zukunftsfähige Kreislaufwirtschaft. Stuttgart 2000

Hayes, Denis: Repairs, Reuse, Recycling – First Steps Toward a Sustainable Society (World Watch Paper, Nr. 23, hrsg. v. World Watch Institute) Washington 1978

Hiessl, Harald/Meyer-Krahmer, Frieder/Schön, Michael: Auf dem Weg zu einer ökologischen Stoffwirtschaft. In: GAIA (1995) 4, S. 89-99

Hockerts, Kai/Petmecky, Arnd/Hauch, Sven/Schweitzer, Ralf (Hrsg.): Kreislaufwirtschaft statt Abfallwirtschaft. Optimierte Nutzung und Einsparung von Ressourcen durch Öko-Leasing und Servicekonzepte (Schriften der Bayreuther Initiative für Wirtschaftsökologie e.V.) Ulm 1995

Kiel, Udo/Kirner, Eva (Hrsg.): Formen innovativer Arbeitsgestaltung in Unternehmen und öffentlichen Einrichtungen (Bilanzierung innovativer Arbeitsgestaltung, Band 2). München/Mering 2002

Latniak, Erich/Kinkel, Steffen/Lay, Gunter: Dezentralisierung in der deutschen Investitionsgüterindustrie: Verbreitung und Effekte ausgewählter organisatorischer Elemente. In: Arbeit: Zeitschrift für Arbeitsforschung, Arbeitsgestaltung und Arbeitspolitik 11 (2002) 2, S.143-160

Lay, Gunter/Maloca, Spomenka/Wallmeier, Werner: Dokumentation der Umfrage „Innovationen in der Produktion 2001“ des Fraunhofer-Instituts für Systemtechnik und Innovationsforschung. Karlsruhe 2002

Lay, Gunter/Rainfurth, Claudia: Zunehmende Integration von Produktions- und Dienstleistungsarbeit. In: Brödner, Peter/Knuth, Matthias (Hrsg.): Nachhaltige Arbeitsgestaltung Trendreports zur Entwicklung und Nutzung von Humanressourcen (Bilanzierung innovativer Arbeitsgestaltung, Band 3). München/Mering 2002, S. 61-122

Lund, Robert T.: Making Products Live Longer. In: Technology Review 79 (1977) 3, S. 49-55

Rainfurth, Claudia/Wengel, Jürgen: Soziale Bewertung – Nutzen für den Menschen. In: Fleig, Jürgen (Hrsg.): Zukunftsfähige Kreislaufwirtschaft. Stuttgart 2000, S. 321-330

Schirrmeister, Elna/Dreher; Carsten/Fleig, Jürgen: VA Produkte und Prozesse mit dem Ziel Nachhaltigkeit, Teilprojekt Neue Nutzungsformen. Endbericht des Fraunhofer ISI an den Projektträger Produktion und Fertigungstechnologien (PFT). Karlsruhe 2000

Stahel, Walter R.: Allgemeine Kreislauf- und Rückstandswirtschaft: Intelligente Produktionsweisen und Nutzungskonzepte. Karlsruhe, 2. Auflage 1996

Steinhilper, Rolf/Hudelmaier, Ulrike: Erfolgreiches Produktrecycling zur erneuten Verwendung oder Verwertung. Ein Leitfaden für Unternehmen. Eschborn 1993

Volkholz, Volker/Kiel, Udo/Wingen, Sascha: Strukturwandel des Arbeitskräfteangebots. In: Brödner, Peter/Knuth, Matthias (Hrsg.): Nachhaltige Arbeitsgestaltung Trendreports zur Entwicklung und Nutzung von Humanressourcen (Bilanzierung innovativer Arbeitsgestaltung, Band 3). München/Mering 2002, S. 241-301

Volkholz, Volker/Köchling, Annegret: Arbeiten und Lernen. In: Brödner, Peter/Knuth, Matthias (Hrsg.): Nachhaltige Arbeitsgestaltung Trendreports zur Entwicklung und Nutzung von Humanressourcen (Bilanzierung innovativer Arbeitsgestaltung, Band 3). München/Mering 2002, S. 431-488

Walz, Rainer u.a.: Arbeitswelt in einer nachhaltigen Wirtschaft – Analyse der Wirkungen von Umweltschutzstrategien auf Wirtschaft und Arbeitsstrukturen. Endbericht zum Forschungsvorhaben 29714206 des Umweltbundesamtes (Umweltbundesamt – Texte 44/01). Berlin 2001

Wengel, Jürgen: Nutzungsintensivierung und Lebensdauerverlängerung: Statistisch nicht nachweisbar? In: Fleig, Jürgen (Hrsg.): Zukunftsfähige Kreislaufwirtschaft. Stuttgart 2000, S. 27-28

Wengel, Jürgen/Lay, Gunter/Pekruhl, Ulrich/Maloca, Spomenka: Verbreitung innovativer Arbeitsgestaltung: Stand und Dynamik des Einsatzes im internationalen Vergleich (Bilanzierung innovativer Arbeitsgestaltung, Band 1). München/Mering 2002

Zentrum für europäische Wirtschaftsforschung (ZEW): Beschäftigungswirkungen des Übergangs von additiver zu integrierter Umwelttechnik – Endbericht an das Bundesministerium für Bildung, Wissenschaft, Forschung und Technologie (BMBF). Mannheim 1998

Nachhaltige Unternehmensentwicklung durch Beteiligung. Den Lernprozess der nachhaltigen Entwicklung durch Partizipation in Unternehmen gestalten

Jörg Pfeiffer und Michael Walther

Nachhaltige Entwicklung ist nicht nur Ziel nationaler und internationaler politischer Bemühungen. Auch Unternehmen thematisieren Fragen der nachhaltigen Entwicklung. Es stellt sich jedoch die Frage, welcher Stellenwert jeweils den Dimensionen Ökologie, Ökonomie und Soziales in Unternehmen eingeräumt wird. Denn – und hier herrscht weitgehend Einigkeit – ohne eine Berücksichtigung ökonomischer, ökologischer *und* sozialer Kriterien ist ein Prozess der nachhaltigen Entwicklung nicht zu denken (Brand 2001: 24).

Wer Sozialstandards und Sozialverträglichkeit im Unternehmen im Hinblick auf eine nachhaltige Entwicklung ebenso thematisieren will wie ökologische und ökonomische Aspekte, kommt nicht umhin, sich mit dem Verständnis von Arbeit auseinander zu setzen. Unternehmen, die sich des Themas annehmen wollen, müssten sich daher mit Fragen der Organisation, Verteilung und Gestaltung von Arbeit in- und auch außerhalb des Unternehmens beschäftigen.

Wir möchten in diesem Beitrag der Frage nachgehen, welche Vorraussetzungen in Unternehmen geschaffen werden sollten, um das Thema nachhaltige Entwicklung angemessen zu bearbeiten.

1. Das Konzept Nachhaltigkeit und die Reformulierung der Frage nach dem Sinn von Erwerbsarbeit

1.1 Prämissen einer nachhaltigen Entwicklung

Bevor es möglich ist, Überlegungen zur Interdependenz von Arbeit, Beteiligung und nachhaltiger Entwicklung nachzugehen, möchten wir auf die Prämissen einer nachhaltigen Entwicklung eingehen. Wir gehen davon aus, dass die Diskussion darüber, was nachhaltige Entwicklung bedeutet und wie sie für die gesellschaftliche, politische aber auch betriebliche Praxis operationalisiert werden kann, bei weitem nicht abgeschlossen ist (vgl. Fischer/Hahn 2001). Die Diskussion um eine nachhaltige Entwicklung beinhaltet immer eine Diskussion darüber, was darunter zu verstehen ist, welche Prämissen zu Grunde liegen und ob das Konzept, so wie es jeweils aktuell diskutiert wird, dem gerecht wird, was erreicht werden soll. Nachhaltige Entwicklung ist darum kein statischer Begriff, sondern ein prozessualer, der einem steten Wandel unterzogen ist. Wie unterschiedlich nachhaltige Entwicklung gesehen werden kann zeigt Abbildung 1.

Modell 1: Interessenausgleich

Nachhaltige

... der Beziehung Mensch-Mensch
und Mensch-Natur

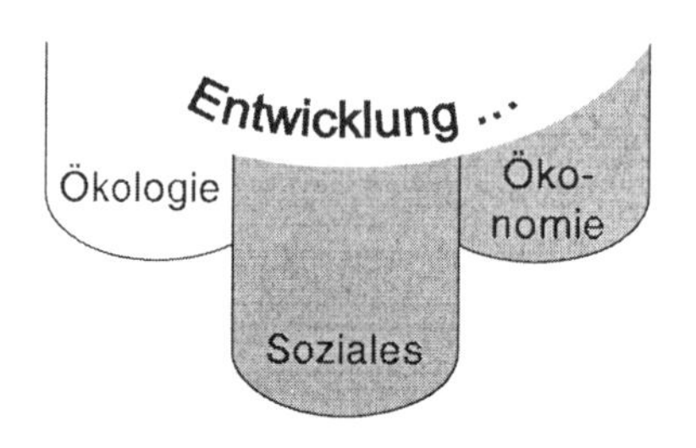

Drei gleichberechtigte Säulen

Bringt sozial, ökologisch und
ökonomisch relevante Entscheidungen
im Sinne eines Interessenausgleichs
in ein Gleichgewicht

Modell 2: Übertragbarkeit

Nachhaltige

... der Beziehung Mensch-Mensch
und Mensch-Natur

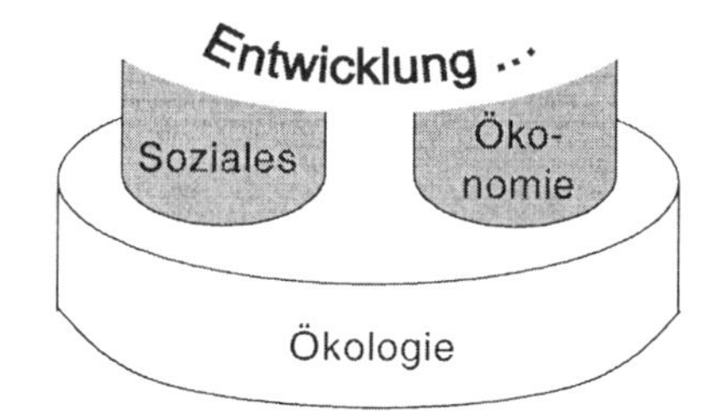

Ökologie als Basis
allen Lebens

Bringt sozial und ökonomisch
relevante Entscheidungen in ein
Gleichgewicht, sodass die ökologische
Basis langfristig erhalten bleibt

Modell 3: Sicherung der Wettbewerbsfähigkeit

Nachhaltige

... der Beziehung Mensch-Mensch
und Mensch-Natur

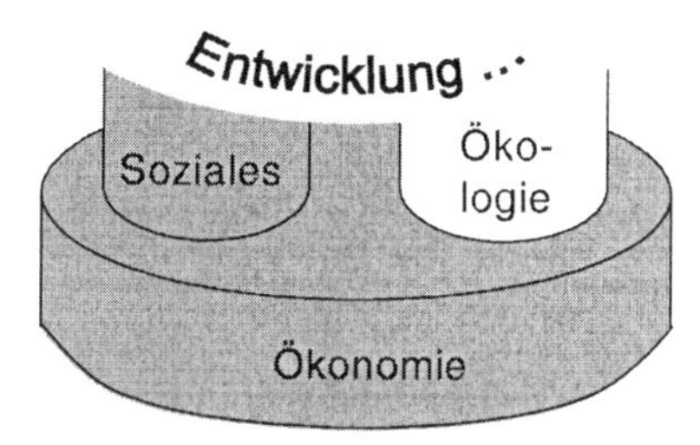

Ökonomie als Basis des
menschlichen Lebens

Bringt sozial und ökologisch
relevante Entscheidungen in ein
Gleichgewicht, sodass die ökonomische
Basis langfristig erhalten bleibt

Modell 4: Soziale Gerechtigkeit

Nachhaltige

... der Beziehung Mensch-Mensch
und Mensch-Natur

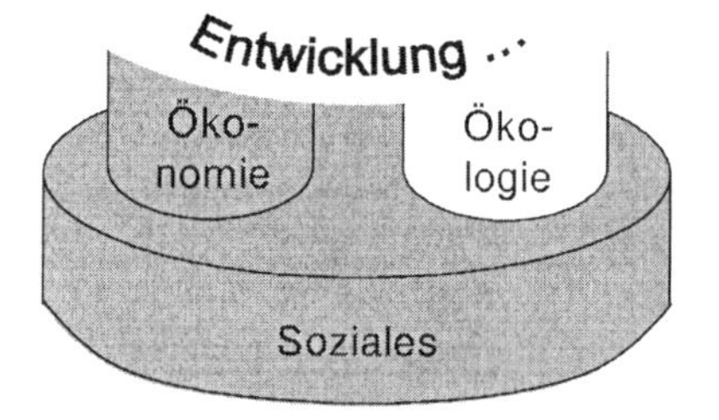

Soziale Beziehungen als Basis
des menschlichen Lebens

Bringt ökonomische und ökologisch
relevante Entscheidungen in ein
Gleichgewicht, sodass ein sozial gerechtes
Zusammenleben langfristig möglich ist

Abbildung 1: Vier Modelle der nachhaltigen Entwicklung

Die vier Modelle zeigen, dass die drei Dimensionen Ökologie, Ökonomie und Soziales unterschiedlich gewichtet werden können. So ist zum Beispiel zu beobachten, dass Modell 1: „Interessenausgleich“ häufig im Kontext politischer Diskussionen zu Grunde gelegt wird. Gemeint ist durch vorhandene Zielhierarchien dabei aber – explizit oder implizit –schon eines der Modelle 2-4. Nicht zuletzt wegen der zwangsläufig auftretenden Zielkonflikte wird dem Drei-Säulen-Modell des Interessenausgleichs immer wieder Leerformel-Charakter attestiert. Modell 2: „Übertragbarkeit“ wird zum Beispiel von Umweltverbänden und in Umweltwissenschaften bevorzugt. Modell 3: „Sicherung der Wettbewerbsfähigkeit“ wird von Wirtschaftsverbänden präferiert und Modell 4: „Soziale Gerechtigkeit“ von Sozialverbänden und Gewerkschaften. „Nachhaltigkeit ist somit ein in mehrfacher Hinsicht unscharfes, kontrovers interpretiertes Leitbild, hinter dem unterschiedliche Welt- und Naturbilder, unterschiedliche Gesellschaftskonzepte, Interessen und Wertpräferenzen stehen“ (Brand 2001: 25).

Für die Kommunikation zwischen Wissenschaft und Praxis ist es wichtig, sich die Interpretationsdifferenzen in Bezug auf nachhaltige Entwicklung bewusst zu machen und die Interpretation nicht als Grundlage, sondern als ein zu bearbeitendes Thema zu begreifen. Dies lässt sich gut an der Aufnahme des Begriffs in Unternehmen illustrieren. Davon ausgehend, dass nachhaltige Entwicklung in den meisten Fällen auf die Beschäftigung mit Umweltschutz aufsattelt[1], hängt die Interpretation stark mit dem Umweltschutzverständnis zusammen. Für die Mehrheit der Unternehmen gilt, dass überwiegend die Schnittmengen zwischen Ökonomie und Ökologie abgearbeitet werden. Für diese Unternehmen stellt sich das Drei-Säulen-Modell (Modell 1) als längst fälliges Eingeständnis dar, Umweltschutz nicht in Zielkonflikt mit „harten“ ökonomischen Aspekten kommen zu lassen. Noch wenig wahrgenommen wird die soziale Dimension. Diese Sichtweise lässt sich dem Modell 3 zuordnen. Ein Teil der Wissenschaft sieht das Drei-Säulen-Modell dagegen als ein um soziale Aspekte erweitertes Konzept gegenüber „nur“ Umweltschutz. Ebenso werden die mit nachhaltiger Entwicklung verbundenen inter- und intragenerationalen Gerechtigkeitsnormen in verschiedenen gesellschaftlichen Teilsystemen höchst unterschiedlich aufgenommen (vgl. Brand 2001: 24f.).

Wir teilen die Bedenken Paechs und Pfriems (2002: 13), dass durch das „Übertragbarkeitsmodell“ möglicherweise „eine ‚unbequeme Wahrheit‘ transportiert“ wird, weshalb es eher auf eine geringe Akzeptanz stoßen dürfte. Denn das Übertragbarkeitsmodell macht es bei konsequenter Umsetzung erforderlich, gegebenenfalls ökonomische Ziele hinter ökologische zurückzustellen. Wir präferieren trotz der Bedenken das Übertragbarkeitsmodell, weil es auf einer langfristigeren Perspektive beruht. Langfristig kann kein Subsystem (hier: die Unternehmen, bzw. das ökonomische System) für sein übergeordnetes System schädliche Handlungen vornehmen (schlicht: nicht nachhaltig sein), ohne es und sich selbst zu gefährden. Dass langfristig Zielkomplementarität zu konstatieren ist, ja das Erreichen ökologischer Ziele sogar den Bestand von Unternehmen sichern kann, wird in der unternehmerischen Praxis eher selten gesehen. Aber da es nur dann zu bewussten strategischen Erneuerungen in Unternehmen kommt, wenn diese erkennen, dass der aktuell beschrittene Weg mittel- bis langfristig von Misserfolg geprägt sein wird, scheint es uns sinnvoller, den Unternehmen ein Modell anzubieten, das ihnen die Beschränktheit ihrer aktuellen Entscheidungsprämissen verdeutlicht.

1 Womit nicht die Diskussion um soziale Aspekte der Unternehmenspolitik insbesondere in den siebziger Jahren ignoriert werden soll (vgl. Steinmann 1973). Allerdings sind die damaligen Ansätze zwischenzeitlich fast vollständig aus dem Blickfeld sowohl der Praxis als auch der Wissenschaft verschwunden und werden erst langsam wiederentdeckt.

1.2 (Erwerbs-)Arbeit und nachhaltige Entwicklung

Über die Zukunft der Arbeit wird viel diskutiert und debattiert. Hierzulande werden sogar „Bündnisse" geschlossen, die die Arbeit (d.h. die menschliche Form der Naturaneignung) mehren sollen. Dabei richtet sich der wirtschaftspolitische und -wissenschaftliche Blick in der Regel nicht auf Arbeit und das ihr zu Grunde liegende Verständnis (was ist Arbeit und wozu arbeiten wir?), sondern vor allem auf Erwerbsarbeit und wie diese in Zukunft verteilt, finanziert und bewertet werden kann. Die Frage nach den ökologischen und sozialen Auswirkungen von Erwerbsarbeit spielt dabei nur eine marginale Rolle, obwohl immer auch die Produktion von Werten und deren Konsum und somit Naturverbrauch Bestandteile einer Kette von Tauschbeziehungen sind. Ebenso wenig hat die Erwerbsarbeit in der Diskussion um die Bedeutung und Operationalisierung einer nachhaltigen Entwicklung einen großen Stellenwert (vgl. dazu auch Hildebrandt und Linne in diesem Band). Dass jedoch der Erwerbsarbeit bei Fragen der Zerstörung unserer ökologischen Lebensgrundlagen und des friedlichen Zusammenlebens eine ebenso bedeutsame Rolle zukommt wie der Frage nach einer gesicherten Existenz wird kaum bezweifelt werden.

Gorz (1989) arbeitet heraus, welche Folgen die beschriebe Rationalisierung der Arbeit haben kann. Er weist damit auf Entwicklungstendenzen hin, die dem Ziel einer nachhaltigen Entwicklung deutlich entgegenstehen:

a) Der steigende Naturverbrauch in den Industriestaaten, hervorgerufen durch steigenden Konsum, bleibt nicht ohne Folgen für die Biosphäre. Die durch effizientere Produktionsweisen und Produkte erreichten Einspareffekte werden durch Konsumsteigerung kompensiert und ein suffizienteres Verbraucherverhalten („Gut leben statt viel haben", BUND 1997: 206-224) wird verhindert und nicht gefördert.
b) Mit dem Bedarf an Ressourcen zur Produktion von Konsum- und Luxusgütern geht das Bedürfnis einher, die erreichten Besitzstände zu wahren und gegenüber anderen Gesellschaften zu verteidigen (Stichworte: „Festung Europa", „Standort Deutschland"). Dies widerspricht dem Ziel einer gerechten Verteilung von Ressourcen.
c) Der Wandel hin zu einer Dienstbotengesellschaft, in der es sich Besserverdienende erlauben können oder sogar müssen, andere für sie Tätigkeiten übernehmen zu lassen, die ursprünglich in den Bereich des Privaten gehörten, führt zu einer ungerechten Verteilung innerhalb der Dienstbotengesellschaften.

Wir sehen Erwerbsarbeit als *eine* und nicht *die* mögliche Form gesellschaftlich notwendiger Arbeit. Ehrenamtliche Arbeit, Eigenarbeit im Familien- und Freundeskreis, Kulturarbeit etc. sind ebenso wichtige aber bisher seltener thematisierte Formen der Arbeit. Wollen Unternehmen und andere Akteurinnen und Akteure aus Wissenschaft oder Praxis den Prozess hin zu einer nachhaltigen Entwicklung im Sinne des Übertragbarkeitsmodells unterstützen, dürfen sie nicht nur Fragen einer energie- und materialeffizienteren Produktion und ökologisch verträglicherer Produkte thematisieren. Sie sollten auch Fragen der Verteilung und des Stellenwerts von Erwerbsarbeit nachgehen (vgl. auch Notz in diesem Band). Sie sollten sowohl Alternativen entwickeln helfen, die einer weiteren Steigerung des Konsums und Tendenzen der Besitzstandswahrung und Dienstbotengesellschaft entgegenwirken, als auch zu einer Entmaterialisierung des Alltags beitragen (z.B. „Teilen statt Haben"). Nachhaltige Entwicklung hat damit viel direktere Auswirkungen auf die konkrete Situation der Beschäftigten als dies noch beim isoliert betrachteten Thema Umweltschutz der Fall war. Eine ernsthafte Diskussion über nachhaltige Entwicklung, in der es primär darum geht, Handlungsmöglichkeiten zu entdecken, kann daher nicht ohne die direkt Betroffenen stattfinden. Kurz: Wer umdenken soll, muss mitdenken dürfen!

2. Nachhaltige Entwicklung und Partizipation in Unternehmen

2.1 Nachhaltigkeit lernen und nachhaltiges Lernen

Das Konzept der nachhaltigen Entwicklung hat für die meisten Unternehmen einen hohen Neuigkeitsgrad. Es kann nicht als fertiges Instrument implementiert werden, sondern verlangt von den Menschen, sich einzulassen auf die kontinuierliche Suche nach Lösungen für zunächst abstrakte Probleme und Ziele. Es besteht daher die Notwendigkeit, in Unternehmen weitreichende Lernprozesse in Gang zu setzen und zu halten.

Im Folgenden sollen darum die grundlegenden Elemente des Konzepts „Organisationales Lernen" kurz vorgestellt[2] und auf das Lernobjekt „Nachhaltige Entwicklung" bezogen werden.

Lernen zielt auf die Veränderung vorhandenen Wissens. Von einem erfolgreichen Lernprozess kann nur gesprochen werden, wenn die Wissensbasis verändert und/oder erweitert wurde und zu einer Verbesserung der aktuellen Handlungs- und Problemlösungsfähigkeit führt. Mit Argyris/Schön[3] lassen sich drei Lernniveaus unterschieden:

a) Das reine *Anpassungslernen* (single-loop-learning), bei dem eine Orientierung an gesetzten Werten, Normen und Zielen erfolgt. Soll/Ist-Abweichungen der Handlungsergebnisse werden registriert und die Handlungen entsprechend angepasst.
b) Auf der zweiten Stufe, dem *Veränderungslernen* (double-loop-learning), werden diese Werte, Normen und Ziele reflektiert, permanent auf ihre Tauglichkeit in der aktuellen Situation überprüft und wenn nötig verändert. Veränderungslernen sollte stattfinden, wenn reine Handlungsanpassungen nicht mehr zielführend sind.
c) Die dritte Lernform wird mit *deutero-learning* bezeichnet. Hier geht es darum, die oftmals unbewussten Grundannahmen des eigenen persönlichen Lernens zu reflektieren, zu hinterfragen und bereit zu sein, diese zu verändern. Deutero-learning thematisiert auf einer Metaebene die anderen Lernniveaus.

Ebenso wichtig wie die Fähigkeit auf hohem Niveau zu lernen, ist die Fähigkeit auch wieder verlernen zu können. Gerade im Hinblick auf double-loop- und deutero-learning geht es auch darum, überholtes Wissen über Bord zu werfen.

Im Hinblick auf eine nachhaltige Entwicklung reicht Anpassungslernen nicht aus. Eine Umsetzung des Übertragbarkeitsmodells muss die grundlegenden Werte und Normen genauso wie die Ziele des Unternehmens deutlich ändern und macht daher *Veränderungslernen* erforderlich.

Nicht die Organisation lernt, sondern es lernen und handeln grundsätzlich Individuen. Deren Lernen ist allerdings eng mit dem Rahmen verknüpft, den die Organisation für sie bildet. Zum einen ist die Organisation in ihren formalen und informalen Strukturen auch Ergebnis der individuellen Handlungen (und damit der individuellen Lernprozesse und Erfahrungen bzw. des individuellen Wissens), zum anderen wirkt sie ordnend auf die Individuen zurück, definiert, welche Handlungen in welcher Situation erwartet werden (können). Sie gibt Werte, Normen und Ziele vor, steuert die Richtung von Lernprozessen, etc. Ziel des Unternehmens sollte es somit sein, Mitarbeiterinnen und Mitarbeitern Lernen zu ermöglichen und die Lernergebnisse für die Organisation nutzbar zu machen.

---

2 Dabei beziehen wir uns sprachlich und inhaltlich hauptsächlich auf den „Klassiker" von Argyris/Schön 1978 sowie auf Probst/Büchel 1994.

3 Argyris/Schön u.a. 1978. Vgl. die Übersicht in Probst/Büchel 1994. Diesen Ebenen des Lernens lassen sich alle Typisierungen aus den zahlreichen Veröffentlichungen zum Thema zuordnen.

Dagegen verfügen Organisationen über eigenes Wissen. In Handbüchern oder Computern, aber auch in den Strukturen, Prozessen, Verhaltensregeln, etc. wird Wissen gespeichert, das von Individuen unabhängig ist. Ein Teil des individuellen Wissens ist wiederum für die Organisation nicht zugänglich[4]. Wissen zum Thema nachhaltige Entwicklung ist in den meisten Unternehmen noch nicht in größerem Umfang zu erwarten. Darum sind Bemühungen nötig, bisher ungenutztes Wissen und Erfahrungen der Beschäftigten zu aktivieren und auch unternehmensextern zu suchen.

Mitarbeiterinnen und Mitarbeiter lernen nicht nur alleine, sondern es fallen auch komplexere Probleme an, die nur gemeinsam gelöst werden können. Dies kann in der einfachsten Form bedeuten, dass (Fach)Wissen unterschiedlicher Personen zusammengeführt wird. Für viele Probleme ist dies allerdings nicht ausreichend, sondern eine Betrachtung aus verschiedenen Blickwinkeln und eine gemeinsame Integration der Perspektiven im Diskurs nötig. Für ein solches kollektives Lernen müssen die beteiligten Individuen über die Fähigkeit zum Veränderungslernen verfügen. Fragestellungen oder Probleme mit hohem Neuigkeits- und Komplexitätsgrad bedürfen dieser Lernform. Das gilt damit auch für die Beschäftigung mit dem Konzept der nachhaltigen Entwicklung.

Sollen Lernprozesse erfolgreich verlaufen, gilt es Lernblockaden zu überwinden. So ist zum Beispiel individuelles mikropolitisches Verhalten der Akteure geeignet, kollektive Lernprozesse zu blockieren. Solange auf gesellschaftlicher Ebene Arbeit mit Erwerbsarbeit gleichgesetzt wird, wird eine ernst zu nehmende Diskussion über eine nachhaltige Entwicklung, die eine Neuorientierung im Erwerbsarbeitsbereich beinhaltet, starke Unsicherheit erzeugen, Ängste wecken und Widerstände hervorrufen. Aber auch unabhängig von mikropolitischem Verhalten wird Organisationen generell ein hohes Maß an Konservatismus zugesprochen. Organisationen bzw. die in ihnen handelnden Menschen streben nach Stabilität und tendieren dazu, an alten als erfolgreich bewerteten Handlungsweisen und -prinzipien festzuhalten. Die Unsicherheit durch Neuerungen, hauptverantwortlich für das Festhalten am Altbewährten, wird noch verstärkt durch den Informationsüberschuss, der oft mit Such- und Lernprozessen einhergeht. Informationen werden erst zu organisationalem Wissen, wenn sie für die Organisation sinnvoll und anschlussfähig sind. Gerade zum Thema nachhaltige Entwicklung gibt es viele kontroverse Informationen aus den verschiedenen Interessensgruppen (vgl. auch Brentel und Ebinger/Schwarz in diesem Band).

2.2 Die Rolle der Mitarbeiterinnen und Mitarbeiter: Gemeinsames Lernen durch Beteiligung

Beteiligung wird quer durch alle Studien als fördernder Faktor für Lernprozesse angesehen. Die Beschäftigten sollen möglichst alle aktiviert werden, ihr Wissen und ihre Erfahrungen in die Organisation einzubringen, die Kommunikation in allen und über alle Bereiche hinweg soll gefördert werden, Freiräume sollen geschaffen, Widersprüche gefordert und diskutiert statt unterdrückt werden etc. Von der Geschäftsführung wird gefordert, (formale) Strukturen zu schaffen, die dies ermöglichen, und ansonsten eher moderierend als steuernd einzugreifen. In der Praxis wird von den Beschäftigten jedoch oft nur Anpassung verlangt. Veränderungslernen ist Sache der Führung. Aber gerade wenn Mitarbeiterinnen und Mitarbeiter ein Konzept verinnerlichen bzw. mindestens danach handeln sollen, das wie die

4 Mit Fragen der Entwicklung, Pflege, Speicherung und Nutzung von organisationalem Wissen beschäftigt sich vor allem das Wissensmanagement als anwendungsorientiertere Komplementärdisziplin zum Organisationalen Lernen. Vgl. z.B. Probst u.a. 1999, Amelingmeyer 2000.

nachhaltige Entwicklung in der umgebenden Gesellschaft kaum bekannt ist (BMU 2002: 68) und nicht vorgelebt wird, werden die angesprochenen Blockaden ohne weitgehende Einbindung aller Beschäftigten nicht aufzuheben sein.

Erfolgreiche Beteiligung (immer auch zum Wohl des Unternehmens), ist gleichermaßen abhängig von persönlicher Befähigung und Motivation der Individuen und von organisatorischer Ermöglichung von Beteiligung. In Abbildung 2 ist dieser Zusammenhang in bezug auf organisationales Lernen dargestellt. Eine entscheidende Rolle spielt hier die Geschäftsführung, die nicht nur weitreichende Entscheidungskompetenzen über die formale Struktur, sondern auch über beispielsweise Weiterbildung, Anreizstrukturen und Führungsstil die individuelle Lernfähigkeit und -motivation beeinflusst.

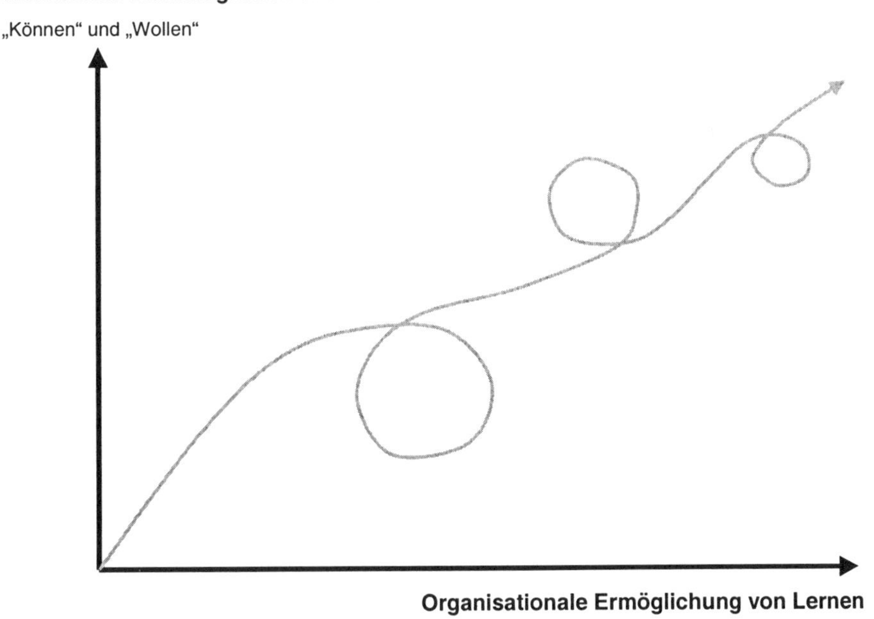

Abbildung 2: Zum Zusammenhang von „Können“, „Wollen“ und „Dürfen“ auf dem Weg zur lernenden Organisation

Den „Königsweg“ in Richtung einer auf hohem Niveau lernenden Organisation gibt es sicher nicht, nötig ist aber grundsätzlich die schrittweise aufeinander abgestimmte Entwicklung beider Dimensionen. Die Förderung von individuellen Fähigkeiten, Motivation und Interesse sowie die Entwicklung einer Organisation, die aktive Beteiligung ermöglicht, müssen auf dem Weg in eine lernende Organisation ineinander greifen. Einerseits ist die organisatorisch weitreichende Ermöglichung von Lernprozessen mit Mitarbeiterinnen und Mitarbeitern, deren Fähigkeiten sich auf Anpassungslernen beschränken, wenig erfolgsversprechend. Sind diese unzureichend geschult und vorbereitet, führen neue Möglichkeiten eher zu Unsicherheit und Überforderung. Gerade anspruchsvolle Konzepte bedingen ein gewisses vorhandenes Lernniveau und Erfahrungen, um erfolgreich zu sein. Andererseits erscheint es für Individuen kaum möglich, ein höheres Lernniveau zu erreichen, ohne dies organisatorisch einbringen zu können. So führt eine einseitige Fokussierung auf die individuelle Dimension, ohne für Anwendungsmöglichkeiten zu sorgen, oftmals zu Frustrationen, Verlernen und sogar zu Lernwiderstand. Maßnahmen einer Dimension sind umso erfolgreicher, je besser sie auf den Stand der zweiten Dimension abgestimmt sind.

Die Schleifen in der Graphik stehen für die Rückschritte, die in jedem Unternehmen auftreten dürften. Entscheidend für das Vorankommen ist es, wie schnell Entwicklungen als Rückschritt erkannt und aufgelöst werden können. Je weiter sich ein Unternehmen in seiner Lernfähigkeit entwickelt hat, desto enger sollten die Schleifen werden, eben weil höhere Lernfähigkeit bedeutet, sich schneller wieder orientieren zu können.

3. Zur nachhaltigen Unternehmensentwicklung durch Beteiligung von Mitarbeiterinnen und Mitarbeitern

3.1 Umweltschutzbemühungen in Unternehmen heute

Um die Möglichkeiten der Beteiligung von Mitarbeiterinnen und Mitarbeitern für eine nachhaltige Unternehmensentwicklung auszuloten, ist der Blick auf die aktuelle Situation des betrieblichen Umweltschutzes hilfreich (vgl. hierzu auch Lauen in diesem Band).

Begonnen wurde mit Bemühungen, den Schadstoffeintrag in die Biosphäre durch nachsorgende Umweltschutz-Maßnahmen zu begrenzen. Gebote und Anreize für Maßnahmen dieser Art wurden und werden vom Staat gesetzt. Hinzu trat im weiteren Verlauf das Ziel, durch die Veränderung von Produktions- und Verarbeitungsprozessen den Einsatz von Ressourcen und die Entstehung von Schadstoffen zu reduzieren. Diese Art von Umweltschutz erlaubt es, kurzfristige und kalkulierbare ökonomische Vorteile zu realisieren. Bei beiden Formen des Umweltschutzes stehen technische Problemlösungen im Mittelpunkt. Den Umgang der Menschen miteinander und die damit verbundenen Folgen für die Biosphäre berühren sie jedoch nicht. Mit der Diskussion um eine nachhaltige Entwicklung kommt nun auch die Frage nach sozialer Verantwortung und Gerechtigkeit als Vorraussetzung des Erhalts der Lebensgrundlagen in den Blick. Auch hier geht es durchaus um das Realisieren technischer Maßnahmen und ökonomischer Vorteile (siehe oben unter 1.1), nur in nunmehr langfristiger Perspektive. Abbildung 3 verdeutlicht den Entwicklungsprozess im „Umweltschutz".

Gemäß dem oben dargestellten Verlauf der Entwicklung der Umweltschutzbemühungen kann davon ausgegangen werden, dass umweltaktive Unternehmen, die ihre technischen und organisatorischen Potenziale weitgehend ausgeschöpft haben, nahe an der Schwelle zur Phase der nachhaltigen Unternehmensentwicklung stehen. Oftmals sind in diesen Unternehmen bereits Suchbewegungen zu beobachten, die darauf gerichtet sind, die Wirksamkeit der Umweltschutzbemühungen weiter zu verbessern. Dabei richtet sich die Aufmerksamkeit unter anderem auf die Beteiligung der Beschäftigten im Umweltschutz (Pfeiffer/Walther 2002). Gelänge es, in diesen Unternehmen die Bedingungen der Beteiligung so zu verbessern, dass neben Anpassungslernen auch Veränderungs- oder gar Deutero-Learning möglich und angeregt wird, könnten auch Fragen der nachhaltigen Unternehmensentwicklung thematisiert werden, die zu Veränderungen der entscheidungs- und handlungsleitenden Ziele, Normen und Werte, der Unternehmensstrategie und zur Entwicklung neuer Maßnahmen beitragen, die auch Fragen der Bedeutung, Folgen und Verteilung von Arbeit beinhalten.

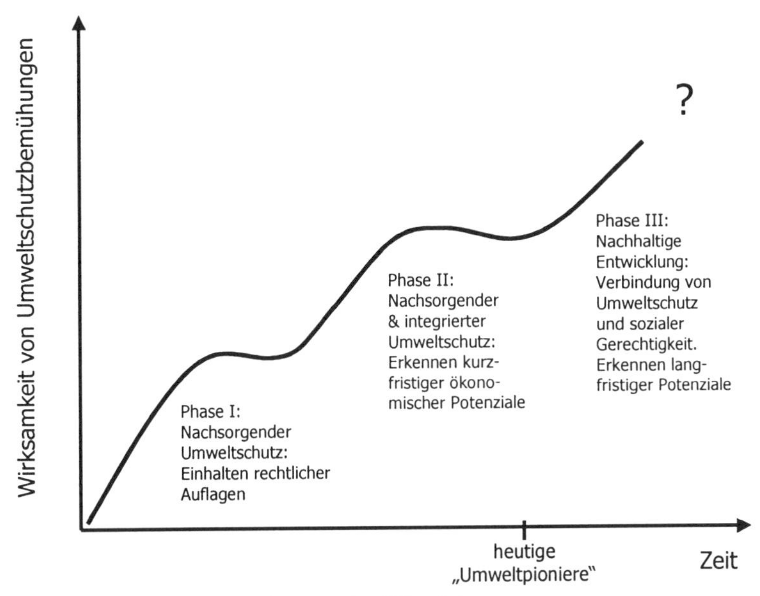

Abbildung 3: Umweltschutzbemühungen im Wandel

3.2 Beteiligung lernen

Unternehmen, die an der Schwelle zu einer nachhaltigen Unternehmensentwicklung stehen, erleben eine Stagnation ihrer Möglichkeiten und damit auch ihrer Erfolge im Umweltschutz (Pfeiffer 2001: 158f.). Es stellt sich für sie die Frage, wie sie diese Stagnationsphase überwinden können. In Gesprächen mit Umweltbeauftragten aber auch mit leitendem Personal wird deutlich, dass der Wille, im Umweltschutz weiter voran zu kommen, nicht nur von dem Gedanken getragen ist, weitere ökonomische Vorteile durch Einsparungen etc. zu realisieren. Die Stagnation wird vielmehr als Rückschritt und nicht als wohlverdienter Stillstand auf hohem Niveau empfunden[5]. Wie bereits erwähnt, wird in der Verbesserung der Beteiligung von Mitarbeiterinnen und Mitarbeitern ein Weg gesehen, die Umweltschutzbemühungen weiter voran zu bringen, ohne dies jedoch mit dem Ziel einer nachhaltigen Unternehmensentwicklung zu verbinden. Den verantwortlichen Personen stellt sich darum vor allem die Frage, wie die Beteiligung im Umweltschutz verbessert werden kann. Diese Frage ist berechtigt und notwendig, bedarf aber einer Differenzierung, weil die Formulierung des Ziels, die Beteiligung zu fördern, nicht zwingend bedeutet, dass *Veränderungslernen* stattgefunden hat[6]: Eine bloße Verbesserung der Beteiligung ohne eine Veränderung von handlungs- und entscheidungsleitenden Zielen, Normen und Werten führt kurz- bis mittelfristig wieder zu einer Stagnation, dann auf einem höheren Beteiligungsniveau. Die

5 Dieses Bild gewannen die Autoren unter anderem in zahlreichen Gesprächen mit betrieblichen Akteurinnen und Akteuren im Rahmen des Forschungs- und Entwicklungsprojekts „Wirksames Umweltmanagement durch verbesserte Partizipation" (vgl. Pfeiffer/Walther 2002).

6 So klar die Definition von single- und double-loop-learning in der Theorie ist, so schwierig stellt sich oftmals die Zuordnung von Praxisbeobachtungen zu einer der beiden Lernformen dar. Eine Vielzahl an Beispielen finden sich in Argyris/Schön (1999).

Fragen, welchen nachzugehen wäre, wenn es zu *Veränderungslernen* kommen soll, lauten daher:

a) Was heißt Beteiligung?
b) Was sind die Ziele der Beteiligung?
c) Woran sollen Mitarbeiterinnen und Mitarbeiter beteiligt werden?
d) Welche Formen der Beteiligung sind geeignet?
e) Welche Voraussetzung sind zu erfüllen, damit Mitarbeiterinnen und Mitarbeiter die Beteiligungsmöglichkeiten auch nutzen?

Beteiligung im Umweltschutz sollte kein Selbstzweck sein. Sie sollte darauf gerichtet sein, Veränderungspotenziale zu erkennen, Veränderungen im Unternehmen anzuregen, sie umsetzbar zu machen und ihre Wirksamkeit zu prüfen und zu bewerten. Genau hierin besteht jedoch in der Unternehmenspraxis oftmals bereits keine Einigkeit. Die betrieblichen Akteurinnen und Akteure unterscheiden sich teilweise erheblich in ihrem Verständnis von Beteiligung. Für die einen besteht Beteiligung einfach in der Umsetzung der eingeführten Umweltschutz-Maßnahmen. Für die anderen heißt Beteiligung weitgehende Mitbestimmung am Arbeitsplatz in umweltrelevanten Fragen.

> Der erste Schritt hin zu einer nachhaltigen Unternehmensentwicklung besteht darum darin, sich im Unternehmen auf ein gemeinsames Beteiligungsverständnis zu einigen und die damit verbundenen Rechte und Pflichten aller Akteurinnen und Akteure zu benennen.

Beteiligung ist maßgeblich davon abhängig, ob Mitarbeiterinnen und Mitarbeiter sich beteiligen wollen (siehe oben unter 2.2). Mangelnder Wille zur Beteiligung liegt – bei hinreichenden Beteiligungsmöglichkeiten – nicht im Wissen der Beschäftigten begründet, sondern vielmehr in Zielkonflikten. Die Frage, die sich jeder Mitarbeiterin und jedem Mitarbeiter stellt, ist, ob mit ihrer Beteiligung im Umweltschutz die eigenen Lebens- und Arbeitsbedingungen verbessert werden. Bereits der Zweifel an einer positiven Antwort hemmt den Willen zur Beteiligung.

> Der zweite Schritt hin zu einer nachhaltigen Unternehmensentwicklung zielt darum darauf ab, die Ziele, die mit der Beteiligung von Mitarbeiterinnen und Mitarbeitern erreicht werden sollen, zu thematisieren, Zielkongruenzen und -komplementaritäten herauszuarbeiten und Zielkonflikte der Beteiligung zu erkennen und möglichst auszuräumen.

Im Rahmen gemeinsamer Workshops mit Geschäftsleitungen, Umweltmanagementbeauftragten, Umweltbeauftragten, Betriebsräten und weiteren Beschäftigten[7] wurde deutlich, dass heterogene Vorstellungen vorhanden sind, auf welchen Entscheidungsebenen Mitarbeiterinnen und Mitarbeiter im Umweltschutz beteiligt werden sollen (z.B. operativ, strategisch, normativ) und welche Inhalte Gegenstand der Beteiligung sein sollen (z.B. Umweltschutz-Maßnahmen, Produktentwicklung, Verfahrensanweisungen, Personalentwicklung, Organisationsentwicklung, Umweltleitlinien). Dass oftmals fehlende verlässliche Wissen über Einflussmöglichkeiten trägt dazu bei, dass Mitarbeiterinnen und Mitarbeiter passiv bleiben.

> Der dritte Schritt besteht somit darin, im Hinblick auf die gemeinsam formulierten Beteiligungsziele im Umweltschutz herauszuarbeiten, auf welche Entscheidungen Mitarbeiterinnen und Mitarbeiter Einfluss nehmen können sollen.

---

7 Die Workshops wurden Rahmen des Forschungs- und Entwicklungsprojekts „Wirksames Umweltmanagement durch verbesserte Partizipation" durchgeführt (vgl. Pfeiffer/Walther 2002).

Wer die Beteiligung am Umweltschutz möchte, sollte sein Augenmerk auch darauf richten, die Formen der Beteiligung weiter zu entwickeln. In der Regel ist es nicht damit getan, das betriebliche Vorschlagswesen zu optimieren und die (materiellen) Anreize zur Beteiligung zu erhöhen. Denn die hier eingebrachten Vorschläge sind auf die Verbesserung des operativen Tagesgeschäfts gerichtet und somit in ihrer Reichweite beschränkt. Derartige Formen der Beteiligung sind nicht dazu geeignet, die für eine nachhaltige Unternehmensentwicklung notwendigen Diskussionen über Ziele, Werte, Normen oder Strategien anzuregen.

> Der vierte Schritt besteht darum darin, Beteiligungsformen zu entwickeln und Rahmenbedingungen zu schaffen, die unter Berücksichtigung mikropolitischer Zielkonstellationen und inhaltlicher Anforderungen, konstruktive Problemfindungs- und -lösungsprozesse anregen und unterstützen.

In vielen Unternehmen ist der Bereich Umweltschutz expertokratisch geprägt. Dies dürfte vor allem der Tatsache geschuldet sein, dass die umwelttechnischen und umweltrechtlichen Anforderungen ein umfangreiches Fachwissen voraussetzen. Nicht jede Mitarbeiterin oder jeder Mitarbeiter kann über dieses Wissen verfügen. Maßnahmen zur Qualifizierung von Mitarbeiterinnen und Mitarbeitern (Vorträge, Unterweisungen etc.) sind daher meistens darauf gerichtet, diese über Abläufe und gewünschte Verhaltensweisen zu informieren. Ob diese die Informationen verstehen können und die damit verbundenen Anforderungen akzeptieren wollen, wird nicht thematisiert (Pfeiffer 2001: 176f.).

> Der fünfte Schritt zu einer nachhaltigen Unternehmensentwicklung ist darum darauf gerichtet, bei Mitarbeiterinnen und Mitarbeiter, Führungskräften, Beauftragten und auch der Geschäftsführung die Beteiligungsfähigkeit zu entwickeln. Hier müssen vor allem Wege gefunden werden, die sozial-kommunikativen Fähigkeiten und das fachliche Know-How aller betrieblichen Akteurinnen und Akteure auf die Anforderungen abzustimmen, die sich aus den jeweiligen Beteiligungsformen und –ebenen ergeben.

Um nicht in sich widersprüchlich zu wirken, macht es jeder einzelne dieser fünf Schritte erforderlich, allen betrieblichen Akteurinnen und Akteuren die Möglichkeit zu eröffnen, sich in die Gespräche einzubringen und gleichzeitig zu signalisieren, dass dies ausdrücklich erwünscht ist, denn

> „das Leitbild der Nachhaltigkeit (lässt sich) in verbindlicher (...) Weise nur im Rahmen eines dialogischen Verfahrens auf breiter partizipativer Basis konkretisieren und umsetzen“ (Brandt 2002: 27).

Um *Veränderungslernen* zu erreichen und nicht nach absehbarer Zeit wieder in Stagnation zu verfallen, müssen die Fragen vor dem Hintergrund von Erfahrungen der Beteiligungspraxis immer wieder neu gestellt werden. Wenn ein adäquates Verständnis von Beteiligung vorherrscht, die Ziele und Inhalte der Beteiligung hinterfragt und reformuliert und die Beteiligungsformen weiterentwickelt und genutzt werden, ist ein Lernen auf hohem Niveau möglich.

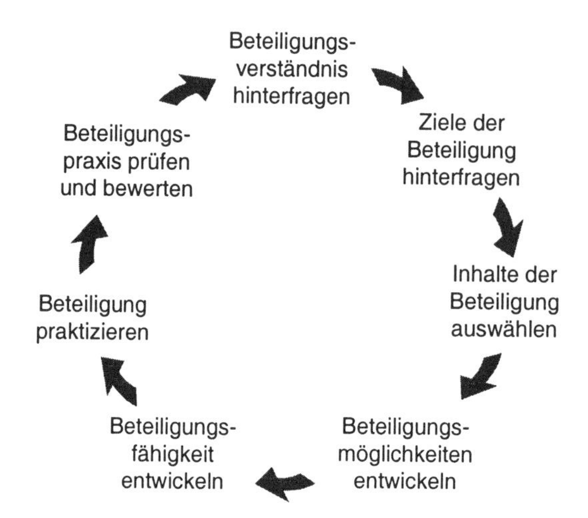

Abbildung 4: Die Entwicklung der Beteiligung als Element einer nachhaltigen Unternehmensentwicklung

4. Schlussfolgerungen für die Wissenschaft als Akteurin im Nachhaltigkeitsdiskurs

Der skizzierte Prozess der Beteiligungsentwicklung dürfte von den wenigsten Unternehmen ohne externe Unterstützung alleine bewältigt werden können. Wenn Wissenschaft von einem weitreichenden Nachhaltigkeitsbegriff ausgeht, wie wir dies tun, darf sie sich nicht auf Belehrungen aus dem Elfenbeinturm zurückziehen, sondern muss aktiv Diskussionen in der Praxis anregen und führen sowie als Beratungsinstanz zur Verfügung stehen (vgl. hierzu auch Jahn, Spangenberg und Schwarz in diesem Band). Beratung sollte Unternehmen dabei als hochkomplexe, selbstorganisierende, weitestgehend selbstbezügliche Sinnsysteme anerkennen, die für externe deterministische Steuerung verschlossen sind. Analysen von Unternehmen sollten nicht als Grundlage für die Umsetzung fertiger Lösungen, sondern vielmehr als Grundlage für Konfrontation und Irritation dienen[8].

Neben Anstoß und Moderation sehen wir im Bereich „Nachhaltige Entwicklung" dabei noch weitere Aufgaben für Beratung:

- Bereits vor dem eigentlichen Beratungsprozess sollten vorhandene Definitionsdifferenzen gesucht und geklärt werden. Das betrifft nicht nur das Konzept nachhaltige Entwicklung als Ganzes (s.o.), sondern auch so zentrale Begriffe wie Arbeit und Beteiligung.
- Nachhaltigkeitsberatung muss Expertenwissen transportieren. Nur über die Aktivierung von internen Wissensbeständen können Unternehmen mit diesem Thema kaum adäquat umgehen. Externe Informationen und das Vertraut machen mit bereits vorhandenen Konzepten und Methoden sind nötig.

8 Zur systemischen Organisationsberatung vgl. z.B. Wimmer 1992, König/Volmer 2000.

- Für eine große Zahl von Unternehmen wird begleitend auch Lernberatung geliefert werden müssen. Die Lernfähigkeit von Unternehmen erhöht sich zwar auch im Umgang mit Themen wie nachhaltige Entwicklung, ein gewisses Niveau muss aber vorausgesetzt und gegebenenfalls zunächst erreicht werden.
- Wirksame betriebliche Nachhaltigkeitspolitik muss strategisch verankert sein. Insbesondere kleine und mittlere Unternehmen haben auf strategischer Ebene oftmals noch Nachholbedarf. Diese Lücke zu schließen, stellt eine zusätzliche Aufgabe für Beratung dar.

Literatur

Amelingmeyer, Jenny: Wissensmanagement: Analyse und Gestaltung der Wissensbasis von Unternehmen. Wiesbaden 2000
Argyris, Chris/Schön, Donald: Organizational Learning – A Theory of Action Perspective. Reading 1978
Argyris, Chris/Schön, Donald: Die Lernende Organisation: Grundlagen, Methode, Praxis. Stuttgart 1999
Bundesministerium für Umwelt, Naturschutz und Reaktorsicherheit (Hrsg.): Umweltbewusstsein in Deutschland 2000: Ergebnisse einer repräsentativen Bevölkerungsumfrage. Berlin 2000
Brand, Karl Werner: Wollen wir was wir wollen? – Plädoyer für einen dialogisch-partizipativen Diskurs über nachhaltige Entwicklung. In: Fischer, Andreas/Hahn, Gabriela (Hrsg.): Vom schwierigen Vergnügen einer Kommunikation über die Idee der Nachhaltigkeit. Frankfurt/Main 2001, S. 12-34
BUND/MISEREOR (Hrsg.): Zukunftsfähiges Deutschland. Ein Beitrag zu einer global nachhaltigen Entwicklung. Basel u.a., 4. Auflage 1997
Fischer, Andreas/Hahn, Gabriela (Hrsg.): Vom schwierigen Vergnügen einer Kommunikation über die Idee der Nachhaltigkeit. Frankfurt/Main 2001
Gorz, André: Kritik der ökonomischen Vernunft: Sinnfragen am Ende der Arbeitsgesellschaft. Berlin 1989
König, Eckard/Volmer, Gerda: Systemische Organisationsberatung: Grundlagen und Methoden. Weinheim, 7. Auflage 2000
Paech, Niko/Pfriem, Reinhard: Mit Nachhaltigkeitskonzepten zu neuen Ufern der Innovation. In: UmweltWirtschaftsForum 10 (2002) 3, S. 12-17
Pfeiffer, Jörg: Strukturelle Integration von Umweltmanagementsystemen in gewerblichen Betrieben. München/Mering 2001
Pfeiffer, Jörg/Walther, Michael: Die Bedeutung von kultureller Passung und Partizipation für den betrieblichen Umweltschutz. In: UmweltWirtschaftsForum 10 (2002) 2, S. 50-54
Probst, Gilbert/Büchel, Bettina: Organisationales Lernen. Wiesbaden 1994
Probst, Gilbert/Raub, Steffen/Romhardt, Kai: Wissen managen: wie Unternehmen ihre wertvollste Ressource optimal nutzen. Wiesbaden, 3. Auflage 1999
Steinmann, Horst: Zur Lehre von der „Gesellschaftlichen Verantwortung der Unternehmensführung“. In: Wirtschaftswissenschaftliches Studium (1973) 10, S. 467-473
Wimmer, Rudolf: Was kann Beratung leisten? Zum Interventionsrepertoire und Interventionsverständnis der systemischen Organisationsberatung. In: Wimmer, Rudolf (Hrsg.): Organisationsberatung: Neue Wege und Konzepte. Wiesbaden 1992, S. 59-111

Nachhaltiges Wirtschaften und Partizipation. Die Rolle der Betriebsräte[1]

Guido Lauen

1. Betriebsräte als Akteure nachhaltigen Wirtschaftens

Gerade in den letzten Jahren ist eine Vielzahl von Studien erschienen, die sich mit dem Zusammenhang von (Mitarbeiter-)Partizipation im Betrieb und nachhaltigem Wirtschaften auseinandersetzen. Das Spektrum reicht dabei von empirischen Studien, die das Verhältnis von Partizipation, ökologischer Modernisierung und nachhaltigem Wirtschaften aus verschiedenen Perspektiven und auf unterschiedlichen Komplexitätsniveaus auch theoretisch reflektieren (z.B. Birke/Schwarz 1994; Dückert u.a. 1999; Muscheid 1995; Pfeiffer 2001 sowie Röhr 2000), über interessenpolitisch orientierte Diskussionen von Beteiligungspotenzialen und -restriktionen durch die (oder im Auftrag) der Gewerkschaften (z.B. Deiß/Heidling 2001; Frerichs/Martens 1999; Frerichs/Pohl 2000 sowie Wassermann 2002) hin zu praxisorientierten Leitfäden und sonstigen Handlungsanweisungen und -empfehlungen (z.B. IG Chemie-Papier-Keramik 1991; IG Metall-Vorstand 1992; Klemisch 2001; Leittretter 1999; Abel-Lorenz/Klinger/Lauen/Schwarz 2003).

Allen diesen eigentlich disparaten Diskursen ist gemeinsam, dass in ihnen den Betriebsräten eine zentrale Rolle zugeschrieben wird: einerseits sind sie als Institution betrieblicher Interessenvertretung Untersuchungsobjekte, andererseits sind sie Hauptadressaten direkter oder indirekter Handlungsempfehlungen und aufgezeigter Beteiligungsmöglichkeiten wie -notwendigkeiten. Jedenfalls werden die Betriebsräte – trotz teilweise diagnostizierter Zurückhaltung auf diesem Themenfeld und Restriktionen unterschiedlicher Art – als wichtige Akteure für einen verbesserten betrieblichen Umweltschutz in der produzierenden Industrie Deutschlands dargestellt[2]. Dabei wird zumeist implizit unterstellt, selten jedoch thematisiert, dass ein verbesserter betrieblicher Umweltschutz als integraler Bestandteil einer ökologischen Modernisierung und erster Schritt auf dem Weg zu einer nachhaltigen Wirtschaftsweise – noch vor allen anderen Elementen – auf der Mitbestimmungsebene wahrgenommen und entsprechend angegangen wird[3].

---

1 Für Hinweise und Kritik bedanke ich mich bei den Herausgebern Michael Schwarz und Gudrun Linne, meinem Kollegen Martin Birke sowie Anita Breuer.

2 Eine Ausnahme bildet die Studie von Muscheid 1995, der auch Betriebs- bzw. Personalräte des Dienstleistungssektors in seine Untersuchung aufgenommen hat.

3 Dass Betriebsräte neben dieser ökologischen Komponente auch bezüglich der anderen „Nachhaltigkeitssäulen“ Soziales und Ökonomie – auch gestärkt durch die Reform des BetrVG – wertvolle Beiträge leisten können, ist unbestritten und wird hier nicht weiter thematisiert.

Fragt man nach den Gründen dieser Fokussierung auf die Betriebsräte, wird man unmittelbar auf die Defizite der einschlägigen Umweltmanagementsysteme einerseits und Mängel in der Mitarbeiterpartizipation auf dem Gebiet des betrieblichen Umweltschutzes andererseits verwiesen: Weder die etablierten Umweltmanagementsysteme alleine, noch die bislang betriebsüblichen Partizipationskulturen in den Unternehmen scheinen geeignet zu sein, die als notwendig erkannten Reformschritte auf dem Weg zu einem nachhaltigen Wirtschaften zu ermöglichen. Es hat den Anschein, als wären Verbesserungen im betrieblichen Umweltschutz unabhängig von den zugrundeliegenden Motiven nicht ohne eine verbesserte Einbindung der Belegschaften zu erreichen – und die Betriebsräte werden als geeignete Institution angesehen, den in dieser Hinsicht ernüchternden Status Quo zu verbessern. Dabei spielen drei miteinander verwobene Aspekte des Verhältnisses von Partizipation und Nachhaltigkeit eine nicht zu unterschätzende, wenn auch nicht immer explizit thematisierte Rolle: Zum einen ist Partizipation an sich und unabhängig von konkreten Zwekken ein wesentliches normatives Element im Nachhaltigkeitsdiskurs und insofern eine oftmals nicht ausreichend hinterfragte Basisstrategie institutioneller Reformen schlechthin. Zum zweiten herrscht mittlerweile – auch zwischen den Sozialpartnern – Konsens darüber, dass Umweltschutz als „Schlüsselelement" und erster Ansatzpunkt von Nachhaltigkeit alle Individuen, Gruppen und Organisationen gleichermaßen betrifft und dass alleine aus diesem Grund die Mitwirkung möglichst aller ökologischer „Stakeholder" unabdingbar ist. Zum dritten spielt in interessenvertretungspolitischer Hinsicht die Partizipation im Rahmen des betrieblichen Umweltschutzes und damit einer nachhaltigeren Wirtschaftsweise insofern eine Rolle, als es im Interesse einer Stabilisierung der Funktion des Betriebsrats gilt, entweder selbst initiativ zu werden oder auf Aktivitäten der Unternehmensleitungen und gesetzliche Vorgaben so zu reagieren, dass damit anstehende institutionelle und organisationale Reformen mitgestaltet werden können – anstatt von ihnen, mit allen Konsequenzen, überrollt zu werden.

Die „*strategische* Hoffnung" eines verbesserten betrieblichen Umweltschutzes durch eine intensivierte und extensive Mitarbeiter- und Betriebsratspartizipation wird durch zwei wesentliche *rechtliche* Neuerungen flankiert: einerseits durch die Novellierung des Betriebsverfassungsgesetzes (BetrVG) im Sommer 2001[4] und andererseits durch die Reform der europäischen Öko-Audit-Verordnung EMAS im April 2001. Während in der Novelle des BetrVG der betriebliche Umweltschutz explizit in den Aufgabenkatalog der Betriebsräte aufgenommen wird und bislang nur seitens der Rechtsprechung anerkannte Mitwirkungsrechte kodifiziert werden, spricht EMAS II die Betriebsräte als Akteure nur indirekt, in ihrer Funktion als Interessenvertretungen der Arbeitnehmer, an. Dass neben den beiden genannten rechtlichen „Hauptsäulen" der Partizipation im betrieblichen Umweltschutz zahlreiche spezielle Umweltgesetze teilweise weitreichende Partizipationsrechte enthalten, wird dabei nicht selten außer Acht gelassen[5]. Der Blick auf die Rechtslage und den derzeitigen Stand mehr oder minder weit verbreiteter Managementinstrumente verkennt dabei allerdings, dass sich nachhaltiges Wirtschaften weder im „Selbstlauf" entwickeln wird, noch durch sogenannte „Klugheitsargumente", noch durch Anforderungen des Marktes, noch durch den wiederholten Griff in rechtlich und managementstrategisch gutsortierte Instrumentenkästen zu verwirklichen sein wird. Zudem versperrt die Fokussierung auf den Betriebsrat – sei es durch Verbände, Unternehmensleitungen oder Wissenschaftler – den Blick auf die Tatsache, dass auch die motiviertesten, qualifiziertesten und optimal ausgestatteten Betriebsräte nicht im Alleingang sub-

---

4 Vgl. hierzu und den Chancen einer „nachhaltigen Betriebsverfassung" Burschel 2001.

5 Für eine systematische Zusammenstellung aller umweltschutzrelevanten Partizipationsrechte des Betriebsrats vgl. Abel-Lorenz/Klinger/Lauen/Schwarz 2003.

stanzielle Verbesserungen im betrieblichen Umweltschutz oder gar ein nachhaltiges Wirtschaften auf den Weg bringen können. Es stellt sich also die Frage, ob und gegebenenfalls wie die Betriebsräte aus interessenpolitisch-strategischer und rechtlicher Perspektive einen Beitrag auf dem Weg zu einem – wie auch immer im Einzelfall auszugestaltenden und zu definierenden – nachhaltigem Wirtschaften leisten können und welche Restriktionen dabei zu berücksichtigen sind. Dabei stehen die etablierten Steuerungs- und Governance-Strukturen der Unternehmen ebenso zur Debatte wie das Selbstverständnis und das bisher praktizierte Partizipationsniveau der betrieblichen Interessenvertretungen.

2. Partizipationsrealität in kleinen und mittleren Unternehmen

Betrachtet man die Empirie auf dem Gebiet der Partizipation im betrieblichen Umweltschutz etwas genauer – und abstrahiert dabei soweit möglich von den ideologieträchtigen Fragen der industriellen Beziehungen – so lässt sich ein eher ernüchterndes Bild von der umweltschutzrelevanten Partizipationswirklichkeit in deutschen Unternehmen zeichnen: Sowohl bei der Einführung als auch bei der Anwendung von produktionsintegrierten Umweltschutztechniken und Umweltmanagementsystemen sind die Betriebsräte unabhängig von der Unternehmensgröße nur in geringen Maße beteiligt[6]. Betriebsbeauftragte (sofern installiert), technische Experten und Geschäftsführungen bzw. Konzernleitungen bleiben bei der Entscheidung, Planung und Durchführung von technischen wie organisatorischen Maßnahmen des betrieblichen Umweltschutzes weitgehend unter sich. Die Betriebsräte sind – aus eigener oder der Initiative der Unternehmensleitungen – lediglich in Fällen involviert, in denen das BetrVG eine Mitwirkung oder Mitbestimmung zwingend vorsieht – sei es beispielsweise bei umweltschutzrelevanten Änderungen auf dem Gebiet des Arbeits- und Gesundheitsschutzes, bei personellen Einzelmaßnahmen oder bei Fragen der ökologieorientierten Weiterbildung der Belegschaft. Daran hat auch die Reform des BetrVG kaum etwas ändern können: Zwar wird den Betriebsräten eine Vielzahl an Mitwirkungsrechten zugestanden, substanzielle Mitbestimmungsrechte, die sich direkt auf den betrieblichen Umweltschutz beziehen, haben die Betriebsräte aber kaum. Dafür ergeben sich aus anderen Regelungsbereichen des kollektiven Arbeitsrechts und des speziellen Umweltrechts, die scheinbar nicht direkt mit dem betrieblichen Umweltschutz zu tun haben oder die Betriebsräte nicht unmittelbar ansprechen, eine Vielzahl von Partizipationsrechten, deren Potenzial aber wird ebenfalls kaum ausgeschöpft (vgl. Abel-Lorenz/Klinger/Lauen/Schwarz 2003). Auch im Rahmen von EMAS II haben die Betriebsräte lediglich das Recht, auf Antrag berücksichtigt zu werden. Die Rechte des Betriebsrates gehen hier im Wesentlichen nicht über die anderer Arbeitnehmer hinaus.

Aber auch jenseits rechtlicher Beteiligungsmöglichkeiten kann man den Eindruck gewinnen, dass der betriebliche Umweltschutz nur von einer Minderheit der Betriebsräte als Aufgabe ernst genommen wird und Gestaltungschancen kaum erkannt werden. Als Hauptgründe für ein mangelndes Engagement werden das Fehlen eines bis zur Reform des BetrVG nicht ausdrücklich definierten umweltschutzpolitischen Mandats, fehlende fachliche Kompetenzen bezüglich der Möglichkeiten des technischen Umweltschutzes, einschlägiger Umweltgesetze oder organisatorischer Regelungen sowie mangelnde Informationen seitens der Unternehmensleitung oder der Betriebsbeauftragten bis hin zu massiven Blok-

6 Dafür sprechen neben den o.g. empirischen Studien auch die Ergebnisse der Untersuchung von Birke/Jäger/Schwarz/Wellhausen 1998.

kaden des Managements ins Feld geführt. Erschwerend hinzu kommen das Desinteresse oder Widerstände innerhalb des Betriebsrates oder Teilen der Belegschaft, die allgemeine Arbeitsüberlastung (auch zwischen Tätigkeiten im Betriebsrat und den „eigentlichen" Aufgaben nicht-freigestellter Betriebsräte einerseits und der zunehmenden Inkompatibilität gesetzlicher Vorgaben und betrieblicher Wirklichkeit andererseits) und schließlich die häufig als defizitär wahrgenommene Unterstützung der Gewerkschaften. Aber auch bereits auf dem Gebiet des betrieblichen Umweltschutzes engagierte Betriebsräte stoßen teilweise sogar auf Gegenwehr oder zumindest Protest innerhalb des eigenen Gremiums, in Teilen der Belegschaft und bei Geschäfts- und Konzernleitungen[7]. Auch die fortschreitende Integration von Managementsystemen der Qualitätssicherung, des Arbeitsschutzes und gegebenenfalls des Umweltschutzes und entsprechende Reorganisationen haben keine wesentlichen Beteiligungsimpulse auslösen können – und dies, obwohl gerade die oftmals damit verbundenen Fragen der Verbesserung von Arbeitsbedingungen zum „Kerngeschäft" der Betriebsräte gehören. Die Ausgangslage für einen durchgreifenden, flächenwirksamen Beitrag der Institution Betriebsrat auf dem Weg zu einem nachhaltigen Wirtschaften scheint – sieht man von hochkompetenten und -engagierten „Ausnahmebetriebsräten" ab[8] – eher schlecht zu sein.

Fokussiert man den Blick auf die Betriebsräte, lassen sich insgesamt die empirischen Beteiligungsdefizite in vier Klassen unterteilen: Es handelt sich insbesondere um *Wissensdefizite*, *Zuständigkeitsdefizite*, *Motivationsdefizite* und *Unterstützungsdefizite*. Erweitert man den Blick, lassen sich Beteiligungsdefizite auch auf Seiten der Unternehmensleitungen diagnostizieren: Denn auch auf der Ebene der Geschäfts- und Konzernleitungen blockieren etablierte Management- und Governance-Strategien und Routinen ebenso wie der auch unternehmenskulturell bedingte, tradierte Umgang mit der betrieblichen Interessenvertretung eine prozessorientierte Weiterentwicklung der (durchaus ambivalenten) institutionellen Reformen, die mit einer nachhaltigen Wirtschaftsweise und einer darin eingebetteten Partizipation zusammenhängen. Der konstitutive Zusammenhang zwischen nachhaltigem Wirtschaften sowie den daraus resultierenden Anforderungen an eine evolutionäre, prozessorientierte und rekursive Unternehmensstrategie und -entwicklung bleibt häufig unterbelichtet (vgl. Birke 2002). Dazu gehört auch eine Neubewertung tradierter Partizipationsroutinen und -praxen, in der den nachhaltigkeitsinduzierten, teilweise substanziellen Beteiligungsnotwendigkeiten adäquat Rechnung getragen wird. Ohne eine Austarierung der ökonomischen, sozialen und ökologischen Leistungsfähigkeit und einer Synchronisation im normativen, strategischen und operativen Management werden dabei kaum Fortschritte zu erzielen sein.

3. Betriebsratspartizipation zwischen Innovation und Restriktion

Will man die Betriebsratspartizipation auf dem Gebiet des betrieblichen Umweltschutzes als „Innovationsressource" auf dem Weg zu einem nachhaltigen Wirtschaften ausbauen, muss man strategisch an diesen Defiziten ansetzen, ohne die Stärken des etablierten Systems der betrieblichen Interessenvertretung zu übersehen. Auf Betriebsratsseite ist dies

7 Vgl. hierzu die Ergebnisse der o.g. empirischen Studien sowie Abel-Lorenz/Klinger/Lauen/Schwarz 2003, die sich wiederum auf eigene Fallstudien beziehen.

8 Nur in wenigen – gemessen an der Gesamtzahl aller Betriebsräte – Ausnahmefällen liegt die Betriebsratsbeteiligung auf dem Gebiet des betrieblichen Umweltschutzes über dem auf Aggregatebene betriebsüblichen Niveau.

beim Zuständigkeitsdefizit bereits geschehen: Der betriebliche Umweltschutz gehört zumindest rechtlich seit der Novelle des BetrVG zu den Pflichtaufgaben der Betriebsräte. Auch EMAS II sieht neben der verpflichtenden Beteiligung der Arbeitnehmerschaft auf Antrag die Partizipation des Betriebsrats vor.

Wissensdefizite tauchen in zweierlei Hinsicht auf: zum einen als Mangel an Informationen über die Umweltsituation des Betriebes selbst und zum anderen als Mangel an Kenntnissen über rechtliche, technische und organisatorischen Möglichkeiten des betrieblichen Umweltschutzes. Aber auch diese Mängel sind nicht ausweglos: Für den ersten Fall sehen sowohl das reformierte BetrVG, EMAS II als auch zahlreiche spezielle Umweltgesetze eine Reihe von Informationsrechten vor, die dem Betriebsrat erlauben, sich auch jenseits eines elaborierten (betriebsratsinternen und betrieblichen) Wissensmanagements ein detailliertes Bild von den Aktivitäten und Defiziten des betrieblichen Umweltschutzes in seinem Unternehmen zu machen (vgl. Abel-Lorenz/Klinger/Lauen/Schwarz 2003).

Hinsichtlich des Mangels an Kompetenzen, also umsetzbaren Kenntnissen und Fähigkeiten, hat sich neben der oben genannten Leitfadenliteratur ein inzwischen breit gefächertes Angebot an meist gewerkschaftlichen Weiterbildungsveranstaltungen für Betriebsräte etabliert[9].

Unterstützungsdefizite rühren ebenfalls aus zwei Quellen: So wird einerseits bemängelt, dass weder die Belegschaften, noch Kolleginnen im Betriebsrat selber ein weitergehendes umweltschutzrelevantes Engagement mittragen und andererseits wird konstatiert, dass sich die Unterstützung der Einzelgewerkschaften oder des Deutschen Gewerkschaftsbundes (DGB) auf das Angebot von Weiterbildungsveranstaltungen beschränkt – eine konkrete Unterstützung in Betrieb oder eine kompetente vor Ort-Beratung im Einzelfall aber ausbleibt. Daran hat auch die Identifizierung überwindbarer Zielkonflikte sowie die Entwicklung tragfähiger Bausteine einer integrierten sozial-ökologischen Reformstrategie, die zur normativen und umsetzungsorientierten Präzisierung nachhaltiger Entwicklung unter besonderer Berücksichtigung der Rolle der Gewerkschaften dienen sollte[10], nichts ändern können. Denn auch hier bleibt die Frage nach einer Umsetzung auf Unternehmensebene zwangsläufig unbeantwortet.

Motivationsdefizite der Betriebsräte verweisen in der Summe auf alle anderen genannten Defizitklassen: Fühlen sich die Betriebsräte nicht zuständig, mangelt es ihnen an Unterstützung, konkreten Informationen und Kenntnissen, wird ein Engagement im betrieblichen Umweltschutz wohl die Ausnahme von der Regel bleiben. Hinzukommen Arbeitsüberlastung und betriebs- wie betriebsratsinterne Widerstände. Eine Vernetzung umweltengagierter Betriebsräte könnte möglicherweise solche Unterstützungs- und Motivationsdefizite ausgleichen helfen – steht aber noch am Anfang.

Dass aber alle genannten Maßnahmen und Möglichkeiten alleine kaum ausreichen dürften, um die zweifelsohne vorhandenen Partizipationspotenziale auszuschöpfen, dürfte unter anderem an der strukturierenden und konservierenden Kraft der jeweiligen Unternehmenskultur[11] ebenso liegen, wie an den bislang häufig informell und unverbindlich geregelten, gerade in diesem Themenfeld niedrigen Partizipationsniveaus. Hinzu kommt ein tradiertes, strukturell bedingt in der Regel reaktives Handlungsmuster der betrieblichen Inter-

---

9 Zu nennen sind hier neben einzelgewerkschaftlichen Angeboten vor allem die Veranstaltungen des Projektteams „Arbeitnehmerorientierte Qualifizierung im Umweltbereich (AQU)“ des DGB-Bildungswerks.

10 Wie sie im Rahmen des Verbundprojektes „Arbeit und Ökologie“ erarbeitet worden ist, vgl. Deutsches Institut für Wirtschaftsforschung u.a. 2000.

11 Zum komplexen Verhältnis von Unternehmenskultur und Partizipation im betrieblichen Umweltschutz vgl. den Text von Pfeiffer und Walther in diesem Band sowie Pfeiffer/Walther 2002.

essenvertretungen, das meist an einer eher defensiven als offensiven Ausschöpfung des vorgegebenen formalen Handlungsrahmens orientiert ist. Es ist also nicht zu erwarten, dass allein von formal erweiterten Handlungsmöglichkeiten und Aufgabenbereichen oder elaborierten Managementsystemen und -strategien quasi im „Selbstlauf" nennenswerte Impulse in Richtung auf ein nachhaltiges Wirtschaften ausgehen werden. Eine solche Erwartung würde zudem verkennen, dass sich Betriebsratshandeln immer auf einem schwierigen, mikropolitisch hoch komplexen und brisanten Terrain abspielt (vgl. z.B. Birke/Schwarz 1997; Dückert u.a. 1999 sowie Röhr 2000), dessen genaue Beobachtung und strategische Berücksichtigung unerlässlich ist, wenn nicht die Aktivitäten einzelner Interessenvertreter im mikropolitischen „Bermuda-Dreieck" zwischen Unternehmensleitung, Betriebsrat und Belegschaft versanden sollen. Will man die Betriebsratspartizipation auf dem Gebiet des betrieblichen Umweltschutzes als Innovationsressource für ein nachhaltiges Wirtschaften ausbauen, reichen weder kleinere gesetzliche Änderungen, noch eine verbesserte Informationspolitik, noch intensivierte Unterstützungsleistungen der Gewerkschaften, noch ein Mehr an Aufklärungspädagogik aus. Der nachhaltige Innovationsimpuls solcher Neuregelungen wird darin zu finden sein, dass – eine entsprechende Anwendungspraxis vorausgesetzt – bislang informelle und punktuell praktizierte Nachhaltigkeitsarrangements in den Betrieben in unternehmensstrategisch relevanter Weise konsolidiert und perspektivisch im Sinne eines partizipationsoffenen organisationalen Lernprozesses und „Co-Managements" verstetigt werden können. Die Unternehmensleitungen sind dabei aufgefordert, ihre Ziele gegebenenfalls neu zu definieren und zu spezifizieren, darauf abgestimmte und adäquate Managementinstrumente auszuwählen, zu entwickeln und zu operationalisieren. Im Einzelnen müssen Führungs- und Geschäftsprozesse analog konfiguriert und entsprechende Innovationen evaluiert werden (vgl. Schwarz/Birke/Lauen 2002).

Damit stehen wesentliche Elemente der etablierten Goverance-Strukturen eines Großteils der kleinen und mittleren Unternehmen in Deutschland zur Disposition – und müssen auf dem Weg zu einer nachhaltigen Wirtschaftsweise in partnerschaftlicher Kooperation zwischen Betriebsrat und Unternehmensleitung reformuliert werden.

4. Partizipation und nachhaltiges Wirtschaften

Will man eine verbesserte Betriebsratspartizipation als Ressource auf dem Weg zu einem nachhaltigen Wirtschaften fruchtbar machen, müssen sich alle Beteiligten von naiven Leitbildvorgaben und elaborierten, aber letztlich unverbindlichen Absichtserklärungen zugunsten realistischer Umsetzungsszenarien und -perspektiven verabschieden – freilich ohne dabei die prinzipiell asymmetrische Machtverteilung in den Unternehmen und die damit verbundenen Aufgabenstellungen und operativen Restriktionen aus dem Blick zu verlieren.

Das Leitbild eines nachhaltigen Wirtschaftens wird sich auch nicht durch eine intensivierte oder extensive Beteiligung von gut ausgebildeten, strategisch geschulten, vernetzten und hochmotivierten Betriebsräten im „Selbstlauf" umsetzen lassen[12]. Denn in der Praxis, im „Alltagsgeschäft" auf der Ebene der Unternehmen, spielen Leitbilder – gleich welcher Art – nur eine untergeordnete Rolle. Was hier kurz- und mittelfristig im Einzelnen umsetz-

12 Darauf dass sich das Leitbild eines Nachhaltigen Wirtschaftens nicht mechanisch-linear umsetzen lässt, haben wiederholt Schwarz u.a. hingewiesen, die für ein dynamisch-rekursives Leitbildverständnis plädieren. Vgl. Birke/Ebinger/Kämper/Schwarz 2001 sowie die Beiträge von Ebinger/Schwarz und Schwarz in diesem Band.

bar ist, ist vor allem eine Frage der Verfügbarkeit, Nutzung und Verbesserung vorhandener Ressourcen, die ihrerseits auch nicht voraussetzungslos sind. So sind qualifizierte, motivierte und eigenverantwortliche Mitarbeiter und Betriebsräte eine zentrale Voraussetzung für eine nachhaltige Unternehmensentwicklung – aber keine Garantie für deren erfolgreichen Umsetzung. Um entsprechende endogene Innovationspotentiale erschließen und weiterentwickeln zu können, bedarf es seitens der Unternehmensleitungen einer ausgeprägten Mitarbeiterorientierung ebenso wie einer darauf ausgerichteten partnerschaftlichen Unternehmenskultur, Innovationsfähigkeit sowie Flexibilität fördernder organisatorischer Grundlagen und (materieller wie immaterieller) Anreize (vgl. Schwarz/Birke/Lauen 2002).

Ebenso wichtig ist andererseits aber auch die Bereitschaft der Belegschaften und ihrer Interessenvertretungen, sich auf einen solchen schwierigen, gegebenenfalls von Rückschlägen gekennzeichneten und erfolgsunsicheren, kontingenten und unter Umständen riskanten „Reformkurs" aktiv-mitgestaltend einzulassen – ohne andere Aufgaben zu vernachlässigen. Jenseits der Ausnutzung rechtlicher Mitbestimmungs- und Mitwirkungsrechte können Betriebsräte in solchen „Nachhaltigkeitsarrangements" einen Beitrag leisten, indem sie in Abstimmung mit den an Gestaltungsfragen interessierten Teilen der Belegschaften mittelfristige, unternehmensspezifische und praktikable Strategien entwickeln, in denen spezifische Ausgangslagen, angestrebte Ziele und eigene Ressourcen und Handlungsmöglichkeiten angemessen berücksichtigt sind. Dafür ist eine genaue Kenntnis einzelner Partizipationsrechte zwar unerlässlich, aber nicht ausreichend. Insofern ist ein differenziertes und klientenzentriertes, unter Umständen modulares Weiterbildungsangebot für Betriebsräte, in dem neben rechtlichen Partizipationsmöglichkeiten und dem Aufbau von Umweltmanagementsystemen auch die Thematisierung der eigenen Institution und ihrer strategischen Möglichkeiten auf dem Weg zu einem nachhaltigen Wirtschaften ermöglicht wird, mehr als hilfreich und geradezu unerlässlich[13]. Dazu gehört allerdings auch die Bereitschaft der Betriebsräte, ihr Selbstverständnis und ihre bisherige Praxis sowie ihre Strategien so zu reflektieren, dass eine routinierte, aufgabenadäquate und verantwortungsvolle Amtsführung nicht durch unproduktive, letztlich quälende und hinderliche Selbstfindungsprozesse behindert wird, aber gleichwohl selbstinduzierte Veränderungen ermöglicht werden. Dabei kann eine weitergehende, dichtere und branchenübergreifende Vernetzung ökologisch engagierter Betriebsräte durchaus unterstützend wirken, wenn sie das Kennenlernen anderer Strategien, Erfolge, Rückschläge und Selbstverständnisse ebenso erlaubt, wie die kritische Reflexion der Übertragbarkeit auf die eigenen Handlungsituationen und -bedingungen.

Die Gewerkschaften können einen weiteren und intensiveren Beitrag zur Unterstützung der betrieblichen Interessenvertretungen leisten, indem sie stärker als bisher mit konkreten, einzelfallbezogenen Beratungs- und Unterstützungsangeboten die Ebene der „Nachhaltigkeitsrhetorik" verlassen und die „strategische Lücke" zwischen fundierter Problemanalyse (vgl. hierzu oben und Deutsches Institut für Wirtschaftsforschung u.a. 2000) und operativem Handeln „an der Basis" füllen. Dabei werden die Betriebsräte letzten Endes unter Berücksichtigung aller eigenen Ressourcen, Bedingtheiten und in Kenntnis ihrer betriebs- und betriebsratspezifischen Situation selbst zu entscheiden haben, welche Initiativen sie anstoßen wollen, welchen sie passiv begegnen wollen und welche sie aktiv mitgestalten wollen. Denn dass sie Gestaltungskompetenzen haben und sie diese unter Wahrung ihrer Schutz- und Moderationsfunktion auch einbringen können und nicht selten wollen, ist empirisch evident. Mehr noch, wenn der Reorganisationsdruck innerhalb eines Unternehmens zunimmt, gelingt es Betriebsräten gerade im Rahmen eines aktiv-mitgestaltenden „Co-Managements" wirksam die Interessen der Belegschaften zu vertreten. So betrachtet, könn-

13 Pfeiffer (2001) formuliert in diesem Sinne Empfehlungen für die Weiterbildung von Betriebsräten.

te ein Co-Management auf dem Gebiet des betrieblichen Umweltschutzes ein Schlüssel zu einer nachhaltigen Unternehmensentwicklung sein (vgl. Piorr/Wehling 2002). Ob Co-Management als permanente oder gegebenenfalls auch nur punktuell einzusetzende Handlungsstrategie auf dem Gebiet des betrieblichen Umweltschutzes – jenseits aller auch ideologisch aufgeladenen Pros und Kontras (vgl. beispielsweise Abel-Lorenz/Klinger/Lauen/Schwarz 2003; Birke/Schwarz 1994; Hartz 2000 sowie Wassermann 2002) – für die jeweiligen Betriebsräte in Frage kommt, muss von den genannten Ausgangsüberlegungen abhängig gemacht werden. Dabei sollte der Begriff des Co-Managements nicht als symmetrische und paritätische Verantwortungsteilung für die Unternehmenszukunft unter Aufgabe der gesetzlich definierten und bislang praktizierten Interessen- und Schutzpolitik missverstanden werden. Gefragt ist die aktive, problemorientierte und reflexive Mitgestaltung der Unternehmenspolitik auf dem Gebiet des betrieblichen Umweltschutzes, der selbstbewusste Umgang mit Innovationen und die engagierte Moderation der Interessen der Belegschaft, des eigenen Gremiums und der Unternehmensleitung[14] – nicht mehr und nicht weniger.

Klar sein muss bei alledem aber, dass alles Engagement der Betriebsräte nicht einseitig bleiben darf: Auch die Geschäfts- und Konzernleitungen müssen überprüfen, wie strategie- und damit zukunftsfähig ihr Engagement zur Nachhaltigkeit ist und welche Rolle sie den Belegschaften und ihren Interessenvertretungen jenseits rechtlicher und managementsystem-induzierter Verpflichtungen zugestehen und tatsächlich einräumen wollen.

Ob sich aus den angedeuteten institutionellen und organisationalen Reformen in möglichst partnerschaftlichem Zusammenspiel von Betriebsrat und Unternehmensleitungen zunächst auf dem Gebiet des betrieblichen Umweltschutzes Fortschritte im Hinblick auf ein nachhaltiges Wirtschaften erzielen lassen, wird sich erst mittelfristig zeigen. Die Partizipation der Betriebsräte auf diesem langen und mühsamen Weg scheint unabdingbar.

Literatur

Abel-Lorenz, Eckart/Klinger, Daniela/Lauen, Guido/Schwarz, Michael: Beteiligung im betrieblichen Umweltschutz. Ein Leitfaden für Betriebsräte. Berlin u.a. 2003 (Im Erscheinen)

Birke, Martin: Drop your Tools ? Nachhaltiges Wirtschaften und organisationaler Eigensinn. In: Ökologisches Wirtschaften (2002) 5, S. 14-15

Birke, Martin/Schwarz, Michael: Umweltschutz im Betriebsalltag. Praxis und Perspektiven ökologischer Arbeitspolitik. (Studien zur Sozialwissenschaft, Band 150). Opladen 1994

Birke, Martin/Schwarz, Michael: Ökologisierung als Mikropolitik. In: Birke, Martin/Burschel, Carlo/Schwarz, Michael (Hrsg.): Handbuch Umweltschutz und Organisation. Ökologisierung, Organisationswandel, Mikropolitik. (Lehr- und Handbücher zur ökologischen Unternehmensführung und Umweltökonomie). München/Wien 1997, S. 189-225

Birke, Martin/Jäger, Thomas/Schwarz, Michael/Wellhausen, Anja: Umweltschutz, Umweltmanagement und Umweltberatung. Ergebnisse einer Befragung in kleinen und mittleren Unternehmen. (Berichte des ISO, Band 55). Köln 1998

Birke, Martin/Ebinger, Frank/Kämper, Eckard/Schwarz, Michael: Nachhaltiges Wirtschaften in kleinen und mittelständischen Unternehmen als organisationaler Such- und Lernprozess. In: UmweltWirtschaftsForum 9 (2001) 1, S. 9-13

Burschel, Carlo: Die Regelungen zum betrieblichen Umweltschutz im novellierten Betriebsverfassungsgesetz. In: UmweltWirtschaftsForum 9 (2001) 3, S. 90-94

---

14 Dass neben den Betriebsparteien auch noch andere Gruppen Interessen bezüglich einer nachhaltigen Wirtschaftsweise und damit des betrieblichen Umweltschutzes haben, soll hier nicht weiter problematisiert werden.

Deiß, Manfred/Heidling, Eckhard: Interessenvertretung und Expertenwissen. Anforderungen und Konsequenzen für Betriebsräte und Gewerkschaften. (Edition der Hans-Böckler-Stiftung, Band 54). Düsseldorf 2001

Deutsches Institut für Wirtschaftsforschung/Wuppertal Institut für Klima, Umwelt, Energie/Wissenschaftszentrum Berlin für Sozialforschung: Arbeit und Ökologie. Projektabschlußbericht (hrsg. v. der Hans-Böckler-Stiftung). Düsseldorf 2000

Dückert, Thea/Groth, Torsten/König, Susanne: Betrieblicher Umweltschutz und Partizipation. Mitarbeiter als Akteure im ökologischen Strukturwandel der chemischen und kunststoffverarbeitenden Industrie. Köln 1999

Frerichs, Joke/Martens, Helmut: Betriebsräte und Beteiligung. (Berichte des ISO, Band 59). Köln 1999

Frerichs, Joke/Pohl, Wolfgang: Akteure des Wandels. (Berichte des ISO, Band 61). Köln 2000

Hartz, Peter: Zwischen Mitbestimmung und Co-Management – eine Ortsbestimmung der Beteiligungsidee. In: Klitzke, Udo/Betz, Heinrich/Möreke, Mathias (Hrsg.): Vom Klassenkampf zum Co-Management? Perspektiven gewerkschaftlicher Betriebspolitik. Hamburg 2000, S. 159-178

IG Chemie-Papier-Keramik (Hrsg.): Handlungsanleitung betrieblicher Umweltschutz. Hannover 1991

IG Metall-Vorstand (Hrsg.): Ökologie im Betrieb. Anregungen für Verwaltungsstellen und VK-Leitungen. (Arbeits- und Aktionshilfe, Band 7). o.O. 1992

Klemisch, Herbert: Umweltschutz in der Textil- und Bekleidungsbranche. Ein Handbuch für Betriebsräte und Beschäftigte. Köln, 2. Auflage 2001

Leittretter, Siegfried: Betriebs- und Dienstvereinbarungen Betrieblicher Umweltschutz. Analyse und Handlungsempfehlungen. (Edition der Hans-Böckler-Stiftung, Band 7). Düsseldorf 1999

Muscheid, Jörg: Umweltschutz und betriebliche Interessenvertretung. Die Rolle der Betriebsräte im ökologischen Modernisierungsprozess. Hamburg 1995

Piorr, Rüdiger/Wehling, Pamela: Betriebsratshandeln als unternehmerischer Erfolgsfaktor ? Einflussnahme von Arbeitnehmervertretungen bei der Durchführung von Reorganisationsmaßnahmen. In: Industrielle Beziehungen 9 (2002) 3, S. 274-299

Pfeiffer, Jörg: Strukturelle Integration von Umweltmanagementsystemen in gewerblichen Betrieben. Entwicklungsmöglichkeiten und Umweltmanagementsystemen, Interventionsmöglichkeiten von Interessenvertretungen und Empfehlungen für die Weiterbildung von Betriebsräten. (Zugl. Kassel, Univ.-Diss., 2001). München/Mering 2001

Pfeiffer, Jörg/Walther, Michael: Die Bedeutung kultureller Passung und Partizipation für den betrieblichen Umweltschutz. In: UmweltWirtschaftsForum 10 (2002) 2, S. 50-54

Röhr, Wolfgang: Perspektiven einer ökologischen Betriebspolitik. Blockaden und Chancen unweltorientierter industrieller Modernisierung. (Forschung aus der Hans-Böckler-Stiftung, Band 27). Berlin 2000

Schwarz, Michael/Birke, Martin/Lauen, Guido: Organisation, Strategie, Partizipation – Institutionelle Voraussetzungen für ein nachhaltiges Innovationsmanagement. In: UmweltWirtschaftsForum 10 (2002) 3, S. 24-28

Wassermann, Wolfram: Betriebsräte. Akteure für Demokratie in der Arbeitswelt. Münster 2002

Mitbestimmung und Nachhaltigkeit. Ein ungeklärtes Verhältnis in der Entwicklung

Werner Widuckel

1. Bezugspunkte der Nachhaltigkeit zur Mitbestimmung

Der von der „Rio-Konferenz" im Jahr 1992 ausgehende paradigmatische Impuls der „nachhaltigen Entwicklung" ist bis zum heutigen Zeitpunkt nicht systematisch in die gewerkschaftliche Pogrammatik integriert worden. Eine Positionsbestimmung der Schutz- und Gestaltungsfunktion von Gewerkschaften, die sich auf die Maßgaben von Nachhaltigkeit bezieht, steht aus. Dies erweist sich als Versäumnis, da hierdurch ein eigenständiger gewerkschaftlicher Beitrag zu einer immer zentraleren global geführten Debatte fehlt, während internationale Institutionen, Unternehmen und Nicht-Regierungsorganisationen die Nachhaltigkeit immer stärker zu einem Fokus von Zukunftsentwicklung machen. Es besteht deshalb Nachholbedarf, wollen die Gewerkschaften in dieser Debatte nicht ausgegrenzt bleiben oder abgehängt werden. Aus dieser Diagnose darf aber keinesfalls gefolgert werden, dass es keinerlei Bezugspunkte gewerkschaftlicher Arbeit zur Nachhaltigkeit gäbe. Der vorliegende Beitrag macht es sich zur Aufgabe, diese Bezugspunkte am Beispiel des Volkswagen-Konzerns aufzuzeigen und Hinweise auf deren Weiterentwicklung zu geben.

Die begriffliche Basis für diese Bezugspunkte stellt die Definition von Nachhaltigkeit dar, die in der Erklärung von Rio enthalten ist. Demnach muss das

> „Recht auf Entwicklung so verwirklicht werden, dass die Entwicklungs- und Umweltbedürfnisse heutiger und zukünftiger Generationen gleichermaßen befriedigt werden".

Hiernach soll der Umweltschutz integrierter Teil eines Entwicklungsprozesses sein und nicht isoliert betrachtet werden. Dies beinhaltet die Forderung, den zukünftigen Generationen bessere Entwicklungsgrundlagen zu hinterlassen als sie die gegenwärtigen vorgefunden haben. An diese Begriffsdefinition wird deshalb noch einmal erinnert, weil der inflationäre Gebrauch des Nachhaltigkeitsbegriffs klare Orientierungen und zielgerichtetes Handeln nicht gerade erleichtert. Dies gilt auch für die Mitbestimmung. In diesem Sinne ist Nachhaltigkeit gerade das Gegenteil von „dauerhaft". Nachhaltige Entwicklung stellt die Forderung nach massiven Veränderungen des globalen Entwicklungsleitbildes und des Pfades der Zukunftsentwicklung.

Auf dieser begrifflichen Basis ergeben sich drei zentrale Bezugspunkte zur Mitbestimmung und zur gewerkschaftlichen Programmatik. Der erste Bezugspunkt besteht im Umgang mit den natürlichen Ressourcen sowie dem Schutz des Klimas. Es liegt auf der Hand, dass eine Ausbeutung und Beanspruchung von natürlichen Ressourcen ohne Berücksichtigung von Nachhaltigkeit zu einer Verschlechterung der Arbeits- und Lebensbedingungen führt und am schärfsten die sozial Benachteiligten trifft. Die Missachtung von Nachhaltigkeit verstärkt vor allem die globale Ungleichverteilung von Reichtum und Armut und zieht einen fatalen Teufelskreis nach sich. Das Wohlstandsmodell der reichen Regionen beansprucht auf der einen Seite einen überproportionalen Anteil an den globalen natürlichen Ressourcen, während auf der anderen Seite in den Armutsregionen häufig nur durch die Zerstörung natürlicher Lebensgrundlagen das individuelle Überleben möglich ist. Der Verstoß gegen das Prinzip der Nachhaltigkeit geht damit ebenfalls zu Lasten von abhängig Beschäftigten und sozial Benachteiligten in den Reichtumsregionen. Denn dieser entfesselte Wettbewerb ohne Rücksicht auf Nachhaltigkeit lässt es geradezu illusorisch erscheinen, eine Angleichung sozialer Standards und Rechte durchzusetzen; stattdessen befürchten die Länder der Armutsregionen durch eine derartige Angleichung eine Vorteilsposition in der Kostenkonkurrenz einzubüßen. Die politische Ausgestaltung des Projekts „Globalisierung" kennt keine wirksame und durchgängige Nachhaltigkeitsbewertung, sondern sie setzt einseitig den Primat des Marktes, verschärft somit die globalen und sozialen Interessenkonflikte und ist gleichzeitig die Ursache für ungelöste globale Herausforderungen des Überlebens. Dies wird insbesondere an der Entwicklung des Klimas erkennbar.

Zur ökologischen Dimension der Nachhaltigkeit kommt somit eine soziale. Beide können nicht von einander getrennt werden. Nachhaltigkeit ist der Schlüssel für eine gerechte Weltwirtschaftsordnung und eine Umsteuerung des Globalisierungsprojekts, die eine Angleichung sozialer Standards und Rechte überhaupt erst denkbar macht. Der soziale Bezugspunkt von Nachhaltigkeit muss allerdings noch weiter gedacht werden. Beschäftigung, Arbeitsvermögen, Kompetenzen, Erfahrung und Wissen sind soziale Entwicklungsgrundlagen, die für die Zukunftsfähigkeit nicht zerstört werden dürfen. Dies fordert, Armut zu bekämpfen, Arbeitslosigkeit zu beseitigen, Beschäftigung zu sichern und Rahmenbedingungen dafür zu schaffen, dass Veränderungsprozesse auch von den Menschen bewältigt werden können und sie hieran beteiligt werden. Im Sinne von Nachhaltigkeit ist „das Abschmelzen von Belegschaften" oder „die Streichung von Arbeitsplätzen" keine Antwort auf die Frage, was mit dem ausgegrenzten Potenzial der hiervon betroffenen Menschen in der Zukunft geschehen soll. Nachhaltigkeit begreift diese Desintegration als Bedrohung von Entwicklungsgrundlagen und nicht als erstrebenswertes Resultat ökonomischer Effizienz.

Hieraus darf aber nicht gefolgert werden, dass die Maßgabe der Nachhaltigkeit eine Konservierung vorhandener Beschäftigungsstrukturen anstrebt. Allerdings kann auch die Tatsache von weltweit über 800 Millionen Arbeitslosen und wachsenden ökologischen Problemen sicher nicht als Ausweis einer nachhaltigen Ökonomie gewertet werden. Damit ist die zentrale Herausforderung des dritten Bezugspunkts gekennzeichnet. Der ökonomische Bezugspunkt von Nachhaltigkeit stellt für die Gewerkschaften und die Mitbestimmung die Verknüpfung der Ausgestaltung von Arbeits- und Lebensbedingungen her. Für die Seite der Arbeitsbedingungen fordert diese Verknüpfung Beschäftigungssicherheit und eine nachhaltige Entwicklung von Beschäftigungsfähigkeit auf der Basis von tarifvertraglich vereinbarten Einkommen und gesicherten Arbeitnehmerrechten. Für die Seite der Lebensbedingungen fordert dies den Schutz der natürlichen Lebensgrundlagen, den Zugang zu Bildung und Gesundheitsversorgung, soziale Sicherungssysteme sowie adäquate Wohnverhältnisse. Aber auch dieser Zusammenhang muss im Sinne eines Entwicklungsleitbildes der Nachhaltigkeit weiter gedacht werden. Gewerkschaften und Mitbestimmung sind gefordert, ihren interessenpolitischen Bezugsrahmen im Sinne von Nachhaltigkeit zu erweitern (vgl. Gabaglio und Putzhammer in diesem Band). Denn es wäre ansonsten ohne weiteres möglich, materielle Erfolge und sogar Beschäftigungssicherheit zu erreichen, ohne auf die Prinzipien der Nachhaltigkeit Rücksicht zu nehmen. Derartige Erfolge wären aber zwangsläufig immer zeitlich begrenzt und partikular.

Deshalb ist die Gestaltungsaufgabe der Nachhaltigkeit nur auf der Basis einer bewussten politischen Entscheidung und Positionsbestimmung der Gewerkschaften in ihre Programmatik und ihr Handeln integrierbar. Die dargestellten Bezugspunkte führen keineswegs dazu, dass eine nachhaltigkeitsgerechte Gewerkschaftspolitik im Selbstlauf erreicht wird. Vielmehr stellt die Nachhaltigkeit die gewerkschaftliche Interessenvertretung und die Mitbestimmung auf eine harte Probe ihres bisherigen Selbstverständnisses. Dies gilt insbesondere für die Mitbestimmung im Betrieb und im Unternehmen. Denn die Tatsache, dass Betriebe und Unternehmen sich in einer kapitalistischen Konkurrenzökonomie behaupten müssen, führt dazu, dass die reale Beziehung zur Nachhaltigkeit auch für Betriebsräte nicht widerspruchsfrei gestaltet werden kann.

2. Nachhaltigkeit und Mitbestimmung in der Praxis

Der Gesamtbetriebsrat der Volkswagen AG hat seine Strategien der Interessenvertretung nicht explizit auf die Zielsetzung der Nachhaltigkeit orientiert, sondern berücksichtigt die dargestellten Bezugspunkte implizit in seinen einzelnen Gestaltungsfelder. Dieses Vorgehen erklärt sich aus der Tatsache, dass der Nachhaltigkeitsdiskurs mit der Konferenz von Rio als externer Impuls aufgenommen und in bereits vorhandene Positionen, Prozesse und Zielformulierungen integriert werden musste. Hierbei wurde erst schrittweise erkennbar, wo die Berührungsflächen lagen und welche Bedeutung das Paradigma der Nachhaltigkeit hat. Dieser Lern- und Gestaltungsprozess wird nun an Hand von drei Beispielen konkretisiert.

2.1 Die Vier-Tage-Woche und das Konzept der Zukunftsentwicklung

Mit der Einführung der „Vier-Tage-Woche" auf der Basis von 28,8 Stunden haben die Volkswagen AG und die IG Metall im Jahr 1993 für 30.000 Beschäftigte drohende Massenentlassungen abgewendet. Damit haben sich beide Seiten für einen Weg entschieden, der nicht nur sozial verträglicher ist, sondern der das Gestaltungspotenzial von Menschen erhält, statt es negativ zu beeinträchtigen oder gar zu zerstören. Mit der Einführung dieses neuen Arbeitszeitsystems ist auch gleichzeitig ein neuer Flexibilitätsrahmen geschaffen worden, der es dem Unternehmen erlaubt, zeitnah und effizient auf Auftragsschwankungen zu reagieren und damit Kosten zu sparen und die Wettbewerbsfähigkeit zu steigern. In dieser Verknüpfung von sozialer Verantwortung und ökonomischer Effizienzsteigerung kann dieses Modell beinahe als „Idealfall" für Nachhaltigkeit angesehen werden. Dies gilt umso mehr, als dieses Modell bei schwierigen Absatzsituationen die Beschäftigungssicherheit erhöht und in Aufschwungphasen die Einstellung von zusätzlichen Beschäftigten erleichtert. Deshalb ist auch nach dem Einsetzen einer starken Steigerung der Nachfrage die Beibehaltung dieses neuen Arbeitszeit- und Beschäftigungssystems vereinbart worden. In der Praxis der Mitbestimmung bietet dieser Tarifvertrag den wesentlichen Vorteil, von der potenziellen Gefährdung der Beschäftigung entlastet worden zu sein. Dies schafft die Basis für eine Erschließung neuer und weiter führender Gestaltungsspielräume.

Diese Erweiterung findet unter anderem im Konzept der Zukunftsentwicklung ihren Niederschlag. In diesem Konzept hat der VW-Gesamtbetriebsrat seine Vorstellungen zur Zukunftsentwicklung von Volkswagen dargelegt und differenziert strukturiert. Wesentlicher Kern dieses Zukunftsentwicklungskonzepts ist vor allem die Loslösung vom Paradigma der bloßen Beschäftigungssicherung.

Zielte dieses alte Paradigma noch ausschließlich darauf ab, die Zahl der Arbeitsplätze zu stabilisieren und die hierfür erforderlichen Standort- sowie Investitionsentscheidungen herbeizuführen, so wird nun darüber hinausgehend der Versuch unternommen, Zukunftsfelder der Beschäftigung zu identifizieren und die Voraussetzungen für deren Realisierung herauszuarbeiten. Neben traditionellen Themenstellungen wie das Absatzvolumen, die Produktivitätsentwicklung, die Modellpalette und die Technologieentwicklung thematisiert der Zukunftsentwicklungsprozess auch ökologische Herausforderungen für Volkswagen. Dies gilt vor allem für neue Antriebskonzepte sowie die weitere ökologische Verbesserung konventioneller Verbrennungsmotoren. Hierzu wird im Zukunftsentwicklungskonzept keine abwartende Haltung eingenommen, sondern davon ausgegangen, dass die Erfordernisse des Klimaschutzes weitergehende Anstrengungen auch vom Volkswagen-Konzern fordern, selbst wenn bereits erhebliche Fortschritte erzielt wurden. Für den Gesamtbetriebsrat von Volkswagen ist damit unzweifelhaft, dass das Unternehmen und die Automobilindustrie weltweit eine über das heutige Maß hinausgehende ökologische Verantwortung wahrnehmen müssen, zumal politische Entscheidungen zu einer weiteren Verbesserung des Klimaschutzes unvermeidlich sein werden. Diese Herausforderung wird als Rahmenbedingung und Voraussetzung für die Beschäftigungsentwicklung der Zukunft in die eigene Strategie integriert. Sie kann allerdings auf Grund vielfältiger Unwägbarkeiten gegenwärtig nicht als Anforderung an konkrete Investitions- und Beschäftigungsumfänge formuliert werden, sie bestimmt jedoch die Schwerpunktsetzung in Forschung und Entwicklung.

Ökologische Zukunftsentwicklung wird sich allerdings nicht auf Verbesserungen der Produkte beschränken können, sondern wird auch die Nachhaltigkeit von Mobilität in ein Strategiebündel aufnehmen müssen. Diese Aufgabenstellung bildet bisher eine Leerstelle des Zukunftsentwicklungskonzepts, deren Ausfüllung aussteht. Diese Leerstelle reflektiert die Tatsache, dass in der verkehrspolitischen Debatte nach einer intensiven Phase zum Ende der achtziger und zum Beginn der neunziger Jahre die Thematik der Mobilitätsentwicklung hinter die „Standortdebatte" und deren Fokussierung auf die ökonomische Wettbewerbsfähigkeit zurückgetreten ist. Im Ergebnis hat dies dazu geführt, dass nachhaltige Mobilität als Zielsetzung weder ausreichend konkretisiert ist, noch konsistent in die Setzung von Rahmenbedingungen eingearbeitet werden konnte. Gegen diese generelle Entwicklung konnte in der Mitbestimmung bei Volkswagen kein gegenläufiger Akzent gesetzt werden, zumal die Unternehmensstrategie wie auch die betriebliche Beschäftigungspolitik auf die Wiedergewinnung von Wachstum ausgerichtet war.

Dies ist angesichts der akuten ökonomischen Krise zu Beginn der neunziger Jahre nicht zu kritisieren, sondern belegt, dass die Integration von Nachhaltigkeit in die Strategiebildung von Interessenvertretung in konkreten Situationen Widersprüchen ausgesetzt ist, die die betriebliche Interessenvertretung nicht in jedem Fall befriedigend auflösen kann. In akuten Krisensituationen orientiert sich ihr Handeln zum Teil ausschließlich an den harten Wirkungsfaktoren wie Beschäftigung, Wachstum sowie Erträgen und nimmt hierbei in Kauf, langfristig angelegte Zielsetzungen der Nachhaltigkeit zu vernachlässigen. Dies ist bei der Mobilität der Fall, während bei der Sicherung der Beschäftigung durch ein neues System die Nachhaltigkeit in die Strategie der Mitbestimmung und des Unternehmens integriert werden konnte. Dennoch muss davon ausgegangen werden, dass die Zunahme ökologischer und verkehrspolitischer Problemlagen zu einer Debatte um die Gestaltung von Mobilität führen wird. Hierauf werden auch wir uns vorbereiten müssen.

2.2 Nachhaltige Beschäftigungsfähigkeit

Der paradigmatische Wechsel von der Beschäftigungssicherung auf die Zukunftsentwicklung stellt auch die Frage nach den zukünftig erforderlichen Grundlagen sozialer Nachhaltigkeit. Das Zukunftsentwicklungskonzept beschreibt hierbei nicht nur Handlungsfelder, sondern hebt auch hervor, dass eine zukunftsfähige Beschäftigungspolitik mit einem zielgerichteten Wandel der Arbeitsorganisation einher gehen muss. Für die hoch qualifizierten Beschäftigungsgruppen wird deshalb in den Mittelpunkt einer zukunftsorientierten Personalentwicklung die Ausrichtung von Tätigkeiten auf so genannte „Job-Families" gestellt. Eine Job-Familie soll vergleichbare Kompetenz- und Wissensbereiche zusammenfassen und von einer Spezialisierung abrücken, die weder in einer vernetzten Unternehmensorganisation, noch im Zusammenhang mit einer dynamischeren Wissensentwicklung aufrecht zu erhalten ist. Einen besonderen Stellenwert hat hierbei die in der Entstehung begriffene „AutoUniversität" von Volkswagen. Hierunter wird eine Organisation verstanden, die Führungs- und Fachkräften den Raum und die Zeit bieten, Zugang zu den besten Wissensquellen der Welt zu erhalten und bereichsübergreifend Zukunftsthemen der Unternehmensentwicklung zu behandeln. Dabei wird ganz bewusst darauf abgezielt, konkrete Themen mit der Metaebene zu verbinden, um so den Zugang zu reflexivem Lernen zu erhalten. Der VW-Gesamtbetriebsrat kann sich als einer der Impulsgeber der AutoUniversität betrachten, da er die Problematik des Verfalls der Halbwertzeit von Wissen und die Notwendigkeit von reflexiven Lernphasen als besondere Anforderung an die Personalentwicklung von hoch Qualifizierten in den Vordergrund gestellt hat.

Grund dieses Vorstoßes war die Wahrnehmung einer permanenten Überbeanspruchung dieser Beschäftigungsgruppe und eines hieraus resultierenden Verlustes von Motivation, Beschäftigungsfähigkeit und sozialer Bindungsfähigkeit. Der kurzfristigen Ökonomisierung dieser Personalressourcen soll deshalb ein nachhaltiges Konzept der Personalentwicklung entgegengesetzt werden, dass auf umfassender Weiterentwicklung sowie der Vereinbarkeit von beruflichen und außerberuflichen Bindungen aufbaut.

Ein hierzu synchroner Ansatz für die Produktionsarbeit stellt das Modell „5000 mal 5000" dar, das in einem besonderen Tarifvertrag vereinbart wurde und eine vom Gesamtbetriebsrat geforderte Neubewertung von Industriearbeit beinhaltet. Anlass hierfür war die Tatsache eines dauerhaften überzyklischen Verlustes von Produktionsbeschäftigung an den Standorten der Volkswagen AG, der durch die technisch-organisatorische Rationalisierung des Produktionsprozesses, die gewachsene Technologieintensität der Produkte, eine veränderte Arbeitsteilung mit den Zulieferern sowie einen wachsenden Arbeitskostenwettbewerb insbesondere mit Standorten aus Zentraleuropa verursacht war. Vor diesem Hintergrund forderte der Gesamtbetriebsrat die Vereinbarung eines Projektes, dass industrieller Produktionsarbeit wieder Wachstumsperspektiven bietet. Auf der Basis besonderer tarifvertraglicher Bedingungen konnten Standortentscheidungen für zwei neue Fahrzeugmodelle in Wolfsburg und Hannover erreicht werden. Hierdurch werden insgesamt rund 5000 zusätzliche Arbeitsplätze entstehen, die durch die Neueinstellung von Arbeitslosen besetzt werden.

Die Synchronität zum dargestellten Konzept der AutoUniversität ergibt sich aus dem besonderen Ansatz der Qualifizierung in diesem Modell. Arbeiten und Lernen werden miteinander integriert, indem die Definition von Problemen im Fertigungsprozess und deren Lösung in den Verantwortungsbereich der Produktionsteams fallen. Der Problemlösungsprozess wird in einer Lernorganisation in den Produktionsbereichen („Lernfabrik") entwickelt und hierbei mit Schritten zur Weiterqualifizierung verknüpft. Damit wird die Kompetenz zur Definition und Lösung von Problemen weitgehend in das Team integriert, sofern nicht ganz besondere Spezialqualifikationen erforderlich sind. In diesem Fall erhält das Team das Recht, diese Spezialqualifikation von den jeweils hierfür zuständigen Fachbereichen anzufordern. Industrielle Produktionsarbeit führt somit sehr viel stärker zur Selbstorganisation von Teams und entfernt sich von tayloristischer Fremdbestimmung. Sie setzt damit an der qualifikatorischen Basis und deren Entwicklungsfähigkeit an und wendet sich gegen eine Position, die dieses Segment von Arbeit in Deutschland grundsätzlich aus Gründen der Kostenkonkurrenz aufgibt.

Das Pilotprojekt 5000 mal 5000 und die AutoUniversität stellen die Personalentwicklung in den Mittelpunkt der Entwicklungsbasis des Unternehmens und sind Modelle, die sich von einer kurzfristig ausgerichteten Ökonomisierung der Personalkosten abgrenzen. Die Entfaltung und Entwicklung von menschlicher Kreativität und Motivation werden auch als die betriebswirtschaftlich sinnvolleren Entwicklungspfade gesehen. Dies erreicht zu haben, ist sicher ein Fortschritt für die Mitbestimmung und eine Basis für soziale wie ökonomische Nachhaltigkeit.

Allerdings werden zwei zentrale Zukunftsherausforderungen noch aufgenommen werden müssen, die heute eher beiläufig zum Gegenstand der Mitbestimmung und der Unternehmenspolitik geworden sind. Der demografische Wandel und die Abnahme des Erwerbspersonenpotenzials werden dazu zwingen, neue Konzepte der Lebensarbeitszeitgestaltung und der Vereinbarkeit von Beruf und Familie zu realisieren, weil sowohl der Anteil älterer Beschäftigter als auch die Erwerbsbeteiligung von Frauen ansteigen werden. Obwohl diese Themenstellungen intensiv angesprochen und problematisiert worden sind, ist die Reaktion hierauf eher zögerlich. Das Bewusstsein für die Doppeldeutigkeit der „nachhaltigen Beschäftigungsfähigkeit" ist noch nicht ausreichend geschärft. Nachhaltige Beschäftigungsfähigkeit wird sich zunehmend auch als Fähigkeit von Unternehmen festmachen lassen, gesellschaftlichen Wandel zu bewältigen. Dies aufzuzeigen und Veränderungen herbeizuführen, bleibt deshalb eine Aufgabe der Mitbestimmung. Denn die Integration von Arbeitsmarktentwicklung und betrieblicher Beschäftigungspolitik ist eine Grundanforderung sozialer Nachhaltigkeit.

2.3 Globale soziale und ökologische Verantwortung

Mit der Gründung eines europäischen sowie eines Weltkonzernbetriebsrats und der Vereinbarung einer „Erklärung zu den industriellen Beziehungen und sozialen Rechten der Arbeitnehmer im Volkswagen-Konzern" sind Marksteine gesetzt worden, die der globalen Dimension von Nachhaltigkeit entsprechen. Die weltweite Anerkennung und Realisierung grundlegender Arbeitnehmerrechte (z.B. Koalitionsfreiheit, Wahl von Arbeitnehmervertretungen, Diskriminierungsverbot) sowie die Schaffung einer globalen Dialog- und Konsultationsbasis mit dem Vorstand des VW-Konzerns stellt eine besonderes Maß sozialer Verantwortung heraus, dass sich auch in der Übertragung nachhaltiger Lösungsansätze niederschlägt. So ist in Brasilien bei Volkswagen ein spezifisches „Vier-Tage-Modell" zur Vermeidung von Massenentlassungen vereinbart worden.

Darüber hinaus werden jetzt analog zu einem ähnlichen regionalpolitischen Ansatz in Deutschland (Projekt „AutoVision") in Südafrika ein Projekt zur Stärkung der regionalen Wirtschaftsstruktur aufgelegt und in Brasilien die Gründung einer Auffanggesellschaft vorbereitet, um Personal, dass auf Grund der Wirtschaftskrise bei Volkswagen nicht mehr beschäftigt werden kann, in andere Arbeitsfelder zu vermitteln oder den Schritt in die Selbständigkeit zu fördern. Massenentlassungen ohne Beschäftigungsalternative gelten weltweit als Verstoß gegen die durch die Mitbestimmung geprägte Unternehmenspolitik.

Diese harten Maßstäbe gelten bei der Verwirklichung ökologischer Standards nicht mit gleicher Konsequenz. Volkswagen kann von Südafrika bis Mexiko an sehr vielen Standorten zu Recht auf ökologische Vorbildprojekte im Umgang mit natürlichen Ressourcen verweisen (z.B. Reduzierung des Wasserverbrauchs, Senkung von Abgasemissionen aus Lackierereien sowie des Energieverbrauchs, Bildungsprojekte für den Umweltschutz). Inso-

dürfte das Unternehmen im Vergleich zu vielen anderen eine gute Position einnehmen. Als deutlich schwieriger erweist sich allerdings die Umsetzung eines globalen Umweltmanagements. Für die deutschen Standorte konnten sehr differenzierte Systeme der permanenten Prüfung von Arbeitsstoffen und Produktionsmaterialien erarbeitet werden, die auch Transparenz gegenüber den Betriebsräten im Rahmen der Mitbestimmung schaffen. Das Umweltmanagementsystem erfasst den gesamten Lebenszyklus von Fahrzeugen und berücksichtigt die Wirkungen von Stoffen, Materialien und Prozessen auch in der Nutzungsphase und nicht nur im Produktionsprozess. Vergleichende Analysen und die Prüfung von Alternativen, die sich gleichermaßen auf die arbeitsplatz- wie nutzungsbezogenen Auswirkungen beziehen, sind Bestandteil dieses Systems. Damit ist eine integrierte Analyse der Produktgestaltung und deren Auswirkungen am Arbeitsplatz sowie für die Umwelt sichergestellt.

Ein globales Umweltmanagementsystem existiert demgegenüber nicht in einer integrierten Form und Vollständigkeit. Selbst wenn die im deutschen System ermittelten Resultate weltweite Fernwirkungen entfalten, so bleibt die Tatsache einer unterschiedlichen Umweltgesetzgebung auch im VW-Konzern wirksam und führt nicht zu global gleichen Standards. Hier wird die Maßgabe der Nachhaltigkeit an der Tatsache gebrochen, dass die Umweltgesetzgebung auch Wettbewerbsbedingungen beeinflusst. Vorreiterprojekte setzen sich deshalb unter ökonomisch schwierigen Bedingungen nur langsam durch, obwohl sie ökologisch rational sind. Dies bildet auch einen Widerstand für die Mitbestimmung.

Dennoch ist es im Rahmen des Weltkonzernbetriebsrats gelungen, globale Leitprojekte für die Arbeitssicherheit und den produktionsbezogenen Umwelt- und Gesundheitsschutz zu vereinbaren. Diese Projekte werden in regelmäßigen gemeinsamen Konferenzen überprüft und bewertet und führen zu einer Angleichung von Standards auf hohem Niveau. Einen besonderen Stellenwert haben hierbei der schonende Umgang mit Wasser oder technische bzw. organisatorische Lösungen zur Vermeidung von Arbeitsunfällen und gesundheitlichen Schädigungen.

3. Fazit

Selbst wenn Nachhaltigkeit bis heute nicht systematisch in die gewerkschaftliche Programmatik integriert werden konnte, so spielen Nachhaltigkeitsmaßstäbe in der Praxis von Interessenvertretung und Mitbestimmung eine nicht unwesentliche Rolle. Dies gilt umso mehr, als viele transnationale Konzerne wie Volkswagen mit ihrem Beitritt zum „Global Compact" der Vereinten Nationen eine freiwillige Selbstverpflichtung zur Verfolgung von Nachhaltigkeitszielsetzungen eingegangen sind. Die Durchsetzung von Nachhaltigkeit als Handlungsleitlinie von Unternehmenspolitik erfolgt allerdings widersprüchlich. Denn die Marktmechanismen kennen keine direkte Bewertung von Nachhaltigkeit, sondern sind auf die Setzung von Rahmenbedingungen angewiesen, die zum Teil nur sehr ungenügend ausgestaltet sind. Dies gilt insbesondere für das Regime der Welthandelsorganisation, die als einzige befugt ist, weitgehende Sanktionen zu verhängen. Diese Sanktionen können sich aber häufig gegen Maßnahmen zur Sicherung von Nachhaltigkeit richten, wenn diese dazu dienen, bestimmte Märkte und Ressourcen zu schützen. Darüber hinaus ist die Erfüllung von Nachhaltigkeitskriterien häufig nicht eindeutig zu beantworten, sondern verlangt komplexe und langfristig angelegte Bewertungsverfahren in Form von Umweltmanagementsystemen.

Insofern stehen drei gewerkschaftliche Aufgabestellungen im Umgang mit der Nachhaltigkeit auf der Tagesordnung: Programmatisch muss das Leitbild der nachhaltigen Entwicklung integriert und in die Handlungsfelder gewerkschaftlicher Interessenvertretung übersetzt werden. Dies wird eine sehr unbequeme Auseinandersetzung mit dem Wohlstandsmodell der Reichtumsregionen und seiner Tauglichkeit für die globale Entwicklung erfordern. Damit einher geht die zwangsläufige Konsequenz, das eigene interessenpolitische Handeln noch stärker in einen globalen Zusammenhang zu stellen. Nachhaltigkeit ist als isoliertes betriebliches oder nationales Projekt undenkbar. Zum zweiten muss die Aufgabenstellung der Nachhaltigkeit als Handlungsfeld der Mitbestimmung operationalisiert werden. Es gilt, Handlungsfelder zu definieren und Ziele der Nachhaltigkeit zu konkretisieren. Damit werden drittens die politischen Rahmenbedingungen von Nachhaltigkeit ebenfalls zu einer Aufgabenstellung interessenpolitischen Handelns der Gewerkschaften, die dies bisher weitgehend anderen Akteuren überlassen haben. Eine gewerkschaftliche Positionsbestimmung zur Nachhaltigkeit fordert deshalb ein stärkeres gewerkschaftliches Engagement im Globalisierungsdiskurs. Dies sind unsere Schlussfolgerungen aus den bisher gemachten Erfahrungen.

Berufliche Bildung für eine nachhaltige Entwicklung – Aspekte und Anstöße zur Diskussion

Veronika Pahl und Volker Ihde

1. Nachhaltigkeit und berufliche Bildung – Begriff, Leitidee und die Probleme

Seit Mitte der neunziger Jahre ist das Prinzip der Nachhaltigkeit als Staatsziel im Grundgesetz verankert[1] und fand somit als verbindliche Orientierung Eingang in die deutsche Politik und ihre Handlungsfelder. Umweltfragen sind bereits seit den achtziger Jahren fester Bestandteil der Berufsbildung. In den neunziger Jahren wurde der Begriff der Bildung für nachhaltige Entwicklung in der Berufsbildung aufgegriffen. Vorarbeiten durch Konferenzen und Gutachten mit Empfehlungen auch zur Enquete-Kommission des Bundestags hat das damalige Bildungsministerium (BMBW) bereits frühzeitig unterstützt. Seit Mitte der neunziger Jahre ist Bildung für eine nachhaltige Entwicklung als politische Leitlinie bekräftigt[2]. Erste Konkretisierungen ergeben sich aus dem „Ersten Bericht zur Umweltbildung" des BMBF (vgl. BMBF 1997). In den Folgejahren verdichteten sich die Aktivitäten des BMBF weiter. 2001 hat eine Studie im Auftrag des BMBF erste Ansatzpunkte einer Berufsbildung für nachhaltige Entwicklung umrissen (vgl. Mertineit u.a. 2001). Daran anschließend konnten dann auch mit Unterstützung verschiedener Akteurskonferenzen, die das Bundesinstitut für Berufsbildung für das Ministerium durchgeführt hat, die Bemühungen fortgesetzt werden, zu klären, was eine Berufsbildung für nachhaltige Entwicklung kennzeichnet und welchen Beitrag sie zu nachhaltiger Entwicklung leisten kann.

Der Brundtland-Bericht von 1987 formuliert eine Leitidee, wonach nachhaltige Entwicklung eine Entwicklung kennzeichnet, die die Bedürfnisse der heutigen Generation befriedigt, ohne die Möglichkeit künftiger Generationen zu gefährden, ihre Bedürfnisse zu befriedigen und ihren Lebensstil zu wählen. Die Formulierungen dieser Definition sind auf Konsens ausgelegt, dem jeder zustimmen kann. Dennoch hat jüngst der Johannesburg-Gipfel gezeigt, wie schwer es ist, trotz allgemeiner Akzeptanz einer Leitidee „Nachhaltigkeit" zu verbindlichen Entscheidungen und später zu konkreten und überprüfbaren Handlungen zu kommen.

Die deutsche Berufsbildungspolitik hat sich der Nachhaltigkeit als Leitidee verpflichtet. Sie betreibt intensiv und mit erheblichen Finanzmitteln den Dialog aller interessierten Beteiligten. Gleichwohl muss bei genauer Betrachtung eingestanden werden, dass es zur Zeit noch mehr Fragen als Antworten gibt. So ist auch dieser Beitrag als Teil einer Diskussion gedacht, die darauf zielt, Fragen aufzuwerfen und Thesen aufzustellen zu den Punkten, an denen es Klärungsbedarf gibt. Eine derartige Debatte voranzutreiben ist Teil des Bemü-

---

1 *Anmerkung der Herausgeber:* Die Autoren stützen diese Interpretation auf Art. 20a Grundgesetz: „Der Staat schützt auch in Verantwortung für die künftigen Generationen die natürlichen Lebensgrundlagen und die Tiere im Rahmen der verfassungsmäßigen Ordnung durch die Gesetzgebung und nach Maßgabe von Gesetz und Recht durch die vollziehende Gewalt und die Rechtsprechung".

2 Antwort der Bundesregierung auf die Große Anfrage zur Umweltbildung der SPD-Fraktion 1997.

hens, in möglichst breitem Diskurs eine operationalisierbare und damit auch in Aktionen messbare Definition von Berufsbildung für eine nachhaltige Entwicklung zu finden und Handlungsfelder mit besonderer Priorität zu identifizieren. Dabei kann die Definitionsfindung nicht Selbstzweck sein. Vielmehr geht es darum, die Transparenz von Beiträgen zu nachhaltiger Entwicklung zu unterstützen. Eine konturlose Diskussion, in der jeder nach Interessenlage den Begriff nutzt, wird den Herausforderungen nachhaltiger Entwicklung eher schaden.

Um diesen Anspruch zu erfüllen, bedarf es möglichst klarer Zieldefinitionen mit möglichst präzisen und handhabbaren Kriterien. Handhabbar heißt hier auch, dass sie den verschiedenen Zielgruppen eine Handlungsorientierung geben sollten.

Fragen:

- Was ist das „Mehr" der nachhaltigen Entwicklung im Unterschied zum Umweltschutz, Arbeitsschutz und Unfallverhütung im Allgemeinen und welche Folgerungen resultieren daraus für die berufliche Bildung im Besonderen?
- Welche Rolle und welche Aufgaben wachsen beruflicher Bildung zu, wenn sie zu einer nachhaltigen Entwicklung beitragen soll?

Ausgehend von dem verbreiteten Verständnis, dass Nachhaltigkeit grundsätzlich in der Kombination der Dimensionen Ökologie, Ökonomie und Soziales besteht, muss die Operationalisierung und Implementierung des Leitgedankens für eine nachhaltige Entwicklung sich wie ein roter Faden durch alle Ebenen von Bildung, Qualifizierung und Kompetenzentwicklung – von Schule bis zur Erwachsenenbildung als Teil lebensbegleitenden Lernens – ziehen. Dies gilt, obwohl noch keine Einigkeit darüber besteht, wie und mit welchen Anteilen die Kombination der drei Nachhaltigkeitsdimensionen gestaltet werden soll.

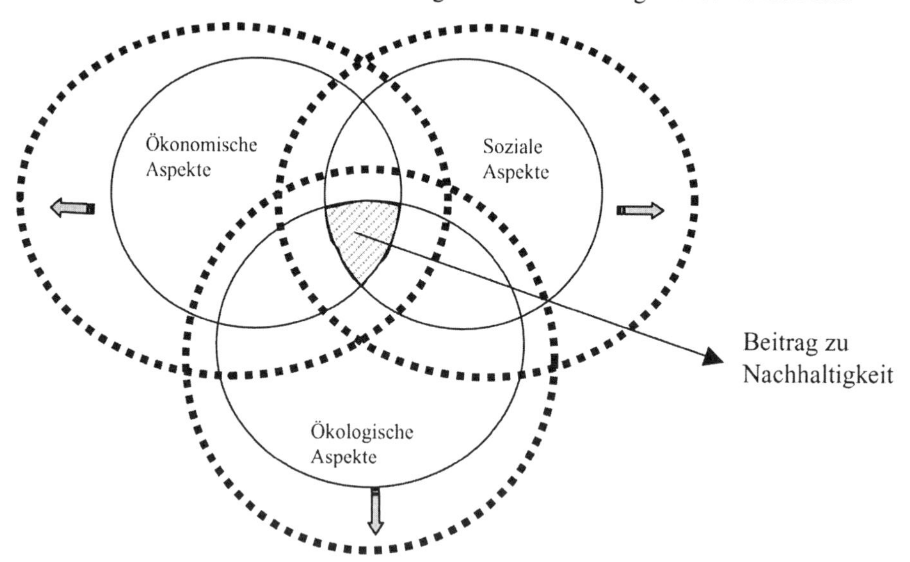

Abbildung 1: Berufsbildung für eine nachhaltige Entwicklung

Die Komplexität des Leitbildes der Nachhaltigkeit hat zwangsläufig zur Folge, dass isolierte Maßnahmen auch nur von begrenzter Wirksamkeit für die Initiierung und Aufrechterhaltung nachhaltiger Entwicklung sind. Erforderlich ist eine Gesamtstrategie.

Die berufliche Bildung spielt dabei eine zentrale Rolle, da sie in besonderer Weise handlungsorientiert ausgerichtet ist. Im Bereich der dualen beruflichen Bildung bieten sich grundsätzlich vielfältige Möglichkeiten, nachhaltigkeitsrelevante Einstellungen und Verhaltensweisen durch alltägliches berufliches Handeln zu verinnerlichen. Damit stellt sich die Frage, unter welchen Bedingungen Verhaltensänderungen initiiert und aufrecht erhalten werden können und welche konkreten berufsübergreifenden oder berufsspezifischen Verhaltensweisen dem Leitbild der Nachhaltigkeit Rechnung tragen.

Es ist offensichtlich, dass in neu geordneten und modernisierten Ausbildungsordnungen bereits zahlreiche Ansätze zu nachhaltigem Verhalten vorhanden sind. Ziel ist es, diese Ansätze unter dem besonderen Blickwinkel der Anforderungen nachhaltiger Entwicklung zu identifizieren, systematisch weiterzuentwickeln und miteinander zu verknüpfen.

Der Leitgedanke der Nachhaltigkeit muss – wenn er zu spürbaren Ergebnissen führen soll – in allen Lebensbereichen Beachtung finden. Bei dem Versuch, ihn in die Breite zu tragen, darf daher auch keine berufliche Tätigkeit ausgenommen werden. Nur wenn an jedem Arbeitsplatz das Bewusstsein vorhanden ist, dass die jeweilige Tätigkeit immer auch in größere Zusammenhänge eingebunden ist, können größere, von Nachhaltigkeit geprägte Prozesse ihre volle Wirksamkeit erreichen. Gleichwohl gibt es zwischen einzelnen Berufstätigkeiten naturgemäß erhebliche Unterschiede; nicht jede Tätigkeit ist in dem selben Ausmaß nachhaltigkeitsrelevant. Um es negativ auszudrücken: einige Berufstätigkeiten bergen – wie es sich auch beim Umweltschutz gezeigt hat – ein größeres Gefährdungspotenzial in sich als andere. Dem müssen berufliche Ausbildung und die berufliche – und hier in besonderem Maße die betriebliche – Weiterbildung Rechnung tragen. Nur wenn es gelingt, neues berufliches Know-how immer auch mit dafür relevanten Nachhaltigkeitsaspekten zu verknüpfen, können sich neue adäquate Verhaltensstandards entwickeln. Die Frage, welche Qualifikationen besonders nachhaltigkeitsrelevant sind, ist daher von Ausbildungsberuf zu Ausbildungsberuf unterschiedlich zu betrachten. Eine Berufsbildung für nachhaltige Entwicklung erfordert sicher im Bereich der produzierenden Berufe eine andere inhaltliche Konkretisierung als in Dienstleistungsberufen.

Es gibt aber auch Übereinstimmungen im Bereich berufsübergreifender Qualifikationen und Schlüsselqualifikationen. So werden für alle staatlich anerkannten Ausbildungsberufe in Ausbildungsrahmenplänen Lernziele verbindlich festgeschrieben, die Auszubildende auf ihre künftigen Rollen in den verschiedenen gesellschaftlichen Situationen vorbereiten und ihnen die wirtschaftlichen Rahmenbedingungen des Ausbildungsbetriebes verdeutlichen. Auszubildende sollen sich so früh wie möglich ihrer Verantwortung sowie ihrer Mitwirkungsmöglichkeiten bewusst werden und diese auch praktisch wahrnehmen. Derartige Themen sind ebenso wie die Themen Sicherheit und Gesundheitsschutz bei der Arbeit sowie Umweltschutz während der gesamten Ausbildungszeit zu vermitteln. Darüber hinaus sind jedoch auch Kommunikationskompetenz, IT-Qualifikationen, Kompetenzen im Bereich Qualitäts- und Wissensmanagement und die Befähigung zum lebenslangen Lernen, die in unterschiedlichem Umfang in Ausbildungsordnungen verankert sind, Beispiele für nachhaltigkeitsrelevante Qualifikationen.

Die Implementation des Leitbildes für eine nachhaltige Entwicklung erstreckt sich nicht allein auf die Bildungsziele und -inhalte, sondern auch auf die methodisch-didaktische Umsetzung. Nur wenn theoretische Vorgaben, deren praktische Anwendung und die pädagogische Herangehensweise in Einklang miteinander stehen, entwickeln sich Bildungsprozesse, die selbst den Prinzipien der Nachhaltigkeit entsprechen. Hier sind besonders solche Methoden und Lernarrangements von Bedeutung, die die Selbständigkeit der Lernenden fördern und zu einer Auseinandersetzung mit Zukunftsthemen anregen. Der Ansatz einer ganzheitlichen, handlungsorientierten Berufsausbildung ist bereits ein wesentlicher Grundstein für die weitere Adaption nachhaltigkeitsrelevanter Qualifikationen.

Eine besondere Herausforderung besteht darin, den für viele noch sehr abstrakten Begriff der Nachhaltigkeit durch Studien und Projekte in entsprechende Bildungskonzepte umzusetzen und darauf aufbauend in nachhaltigkeitsrelevante Bewusstseins- und Verhaltensanforderungen zu transferieren. Der Leitgedanke der Nachhaltigkeit muss für den Einzelnen erfahrbar gemacht werden, das heißt er muss zielgruppen- und arbeitsplatzbezogen operationalisiert werden; so wie dies im Bereich der Umweltbildung bereits in vielfältiger Form mit einigem Erfolg geschehen ist. Grundlagen einer Berufsbildung für nachhaltige Entwicklung sind vorhanden, es fehlt jedoch noch an der Schärfung der Konturen und der systematischen Verschränkung der Einzelelemente.

Diese Verschränkung von Einzelelementen innerhalb eines systemischen Ansatzes erfordert die genauere Betrachtung eben dieser Elemente als Handlungsfelder und damit als Ansatzpunkt berufsbildungspolitischen Handelns. Wenn sich der Erfolg beruflicher Bildung als Beitrag zu nachhaltiger Entwicklung daran bemisst, wie sich der Einzelne in nachhaltigkeitsrelevanten Rollen zum Beispiel als Arbeitnehmer, Vorgesetzter, Konsument schließlich verhält, dann ist vorrangig zu klären, welche Faktoren ein nachhaltigkeitsgerechtes Verhalten determinieren bzw. es befördern.

Im Zusammenhang mit der Frage nach den Grenzen einer Bildung für nachhaltige Entwicklung steht die Überlegung, in wie weit von der beruflichen Bildung Initialwirkungen für neue Entwicklungen in Wirtschaft und Gesellschaft ausgehen, oder ob die berufliche Bildung eher ein Spiegel der technischen, wirtschaftlichen und sozialpolitischen Entwicklungen ist.

2. Handlungsfelder innerhalb eines systemischen Ansatzes und Beiträge der beruflichen Bildung

Um aus diesen eher allgemeinen Vorstellungen zu handhabbaren Ansatzpunkten zu gelangen und Konzepte zu berufsbildnerischem Handeln zu entwickeln, werden die zentralen Handlungsfelder näher betrachtet, in denen sich der Einzelne bewegt bzw. die wiederum Rückwirkungen auf ihn und sein Verhalten haben, die also insgesamt den Rahmen umreißen, in dem sich nachhaltige Entwicklung vollziehen kann und der diese Entwicklung überhaupt erst zulässt. Einige dieser Rahmenbedingungen werden im Folgenden skizziert, wobei das Geflecht der verschiedensten Faktoren, die sich teilweise gegenseitig bedingen oder zumindest beeinflussen, hier nur in Ansatzpunkten betrachtet werden kann.

2.1 Soziale Rahmenbedingungen

Das Leben des Einzelnen ist determiniert durch personale und soziale Parameter, wobei die personalen wiederum auf die soziale Ebene einwirken (Aktion und Reaktion). Das Verhalten des Individuums wird entsprechend von den personalen genetischen Einflüssen und den erworbenen – gelernten – Aspekten, die sich zu einem Ganzen verbinden, bestimmt. Körperliche und intellektuelle aber auch emotionale Eigenschaften einerseits und Werte und Verhaltensnormen aus der Familie und dem Umfeld andererseits entwickeln sich zur Individualität. Sie wiederum wird geformt durch von der Gesellschaft vorgegebene und von ihr geprägte Elemente, wie Bildungsnormen und -strukturen. Diese Kombination bestimmt Lebensziele und daraus bewusst oder unbewusst abgeleitete Verhaltensmuster. Das Ergebnis zeigt sich in konkretem Verhalten.

Fragen:

- Welche gesellschaftsorientierten Ziele und individuellen Verhaltensweisen sind gesellschaftlich zu sanktionieren, um nachhaltiges Verhalten zu befördern?
- Welche strukturellen, organisatorischen, inhaltlichen und didaktischen Implikationen sind notwendig, damit diese Zielsetzungen und die damit angestrebten Verhaltensweisen entwickelt werden können?
- Welche Bedingungen behindern eher das Erreichen dieser Zielsetzungen?

2.2 Volkswirtschaftliche Rahmenbedingungen

Als ein gesamtgesellschaftlicher Teilaspekt dürften die volkswirtschaftlichen Faktoren zu den Konstellationen zählen, die Möglichkeiten nachhaltiger Entwicklung in einem Land prägen. Das gilt selbstverständlich auch für die Bundesrepublik Deutschland. Damit sind für die Wirtschaft relevante Rechtsvorschriften wie das Vertragsrecht, Wettbewerbsrecht, Unternehmens- bzw. Gesellschaftsrecht, individuelle und kollektive arbeitsrechtliche sowie steuerrechtliche und vor allem auch umweltrechtliche Vorschriften für die Potentiale nachhaltiger Entwicklung nicht minder bedeutsam als weitere Standortfaktoren wie die Qualifikationspotenziale der Arbeitskräfte. Auch hier gibt es die bereits erwähnten Wechselbeziehungen, die eine zielgerichtete Instrumentenwahl und deren Wirkungsanalyse so schwierig machen. Sicherlich ist hier die zentrale Frage zu stellen, wie der gesetzliche Rahmen gestaltet sein muss, um nachhaltige Entwicklung zu fördern. Unter Berufsbildungsgesichtspunkten kommt es aber eher darauf an, die notwendige Qualifikation der Arbeitskräfte festzustellen und Angebote auf den verschiedenen Ebenen zu schaffen, die für eine Leitidee nachhaltiger Entwicklung wichtig sind. Berufsbildungspolitik hat hier vor allem die Aufgabe, Überzeugungsarbeit durch Aufklärung, aber auch durch konkrete Hilfestellung für Betriebe und Arbeitnehmer und Arbeitnehmerinnen zu leisten.

In diesen Zusammenhang gehören sicher auch die vielen Gesprächsrunden mit den Sozialpartnern wie beispielsweise bei der (Neu-)Ordnung von staatlich anerkannten Ausbildungsberufen und anderen Themenkreisen zur Berufsbildung, die dazu beitragen können, dass nachhaltigkeitsfördernde Regelungen in den Betriebsalltag einfließen. Selbst an Regelungen in Tarifverträgen durch die Tarifparteien könnte gedacht werden.

Fragen:

- Welche Rolle spielen auf die Beschäftigungssituation wirkende Rechtsnormen hinsichtlich der Entfaltung an Nachhaltigkeit orientierten Verhaltens?
- Welche Marktfaktoren begünstigen bzw. behindern nachhaltigkeitsorientiertes Verhalten in Betrieben und welche qualifikatorischen Konsequenzen ergeben sich daraus?

2.3 Betriebliche Rahmenbedingungen

Die Leistungserstellung des Betriebes bedingt einen bestimmten, von der betrieblichen Zielsetzung und den betrieblichen Möglichkeiten determinierten Einsatz der Produktionsfaktoren und ihrer Kombination. Selbstverständlich bestimmen vorrangig die Produktart und damit bestimmte technische Notwendigkeiten die Produktionsverfahren und damit letztlich auch den Rahmen, in dem Nachhaltigkeitsaspekte berücksichtigt werden (können). Ebenso selbstverständlich ist die Erkenntnis, dass es in Abhängigkeit vom Produkt und Verfahren Unterschiede im Hinblick auf die Umweltwirkung gibt. Ein Stahlwerk kann in seiner Umweltwirkung kaum mit einem Maklerbüro verglichen werden. Deswegen aber die Schlussfolgerung zu ziehen, dass entsprechende Maßnahmen zur Förderung von nachhaltiger Entwicklung vor allem im Bereich des produzierenden Gewerbes ansetzen müssen, würde zu kurz fassen. Dieser Ansatz geht vom reinen Umweltschutzdenken aus. Nachhaltigkeit als Entwicklungsziel knüpft zwar an Umweltschutz an, bezieht aber weitergehende Aspekte mit ein. *Jede betriebliche Faktorkombination* – diejenige in einem Dienstleistungsunternehmen ebenso wie die in einem Produktionsbetrieb – *führt zu Wirkungen in den hier betrachteten Bereichen* (Gesellschaft, Volkswirtschaft, Betrieb und Individuum) *und ist damit nachhaltigkeitsrelevant.* Die Wirkungen liegen dabei in den einzelnen Faktoren selbst und in ihrer Kombination. Der Mensch in seiner Rolle als Arbeitnehmer oder als „Produktionsfaktor Arbeit" – je nach Sichtweise – trifft im Arbeitsprozess eine Vielzahl von Entscheidungen, die mehr oder weniger relevant für nachhaltige Entwicklung sind. Im Alltag sind das meist die vielen kleinen Dinge, auf die jeder Arbeitnehmer Einfluss nehmen kann, weil sie aus seinem Verhalten entspringen und seiner eigenen Verantwortlichkeit unterliegen. Fragen der Kombination der verschiedenen Betriebsmittel miteinander sind eher auf den kleinen Kreis des Managements beschränkt. Dennoch bieten sich hier unzählige Ansätze auch in der Einflusssphäre des Mitarbeiters zum Beispiel in der Produktion. Der Arbeiter dort wird in der Regel nicht entscheiden können, mit welchen Maschinen und in welchen Prozessen gefertigt wird. Er hat aber oftmals Einfluss darauf, wie die Maschinen behandelt werden. Er wirkt beispielsweise mit seinem Verhalten auf Nutzungsdauer und Verbräuche von Betriebsstoffen und Energie und handelt somit nachhaltigkeitsrelevant.

Fragen:

- Welche besonderen fachlichen Qualifikationen müssen berufsbezogen erworben werden, um Nachhaltigkeit als Leitidee zu einem festen Bestandteil im Berufsalltag zu machen?
- Über welche berufsübergreifenden Kompetenzen muss ein Arbeitnehmer / eine Arbeitnehmerin verfügen, um seinen/ihren Berufsalltag am Ziel der Nachhaltigkeit auszurichten und in entsprechendes Verhalten umzusetzen?
- Welche betrieblichen Strukturen und Konzepte der Personalführung und –entwicklung ermöglichen an Nachhaltigkeit orientiertes Verhalten und welche forcieren es?
- Welcher Kompetenzen bedarf das Führungspersonal auf den verschiedenen betrieblichen Ebenen, um eine auf nachhaltige Entwicklung ausgerichtete Unternehmensstrategie umsetzen zu können?
- Welche Instrumente könnten Unternehmen insbesondere im Bereich kleiner und mittlerer Unternehmen (KMU) den Einstieg in ein nachhaltiges Unternehmenskonzept erleichtern?

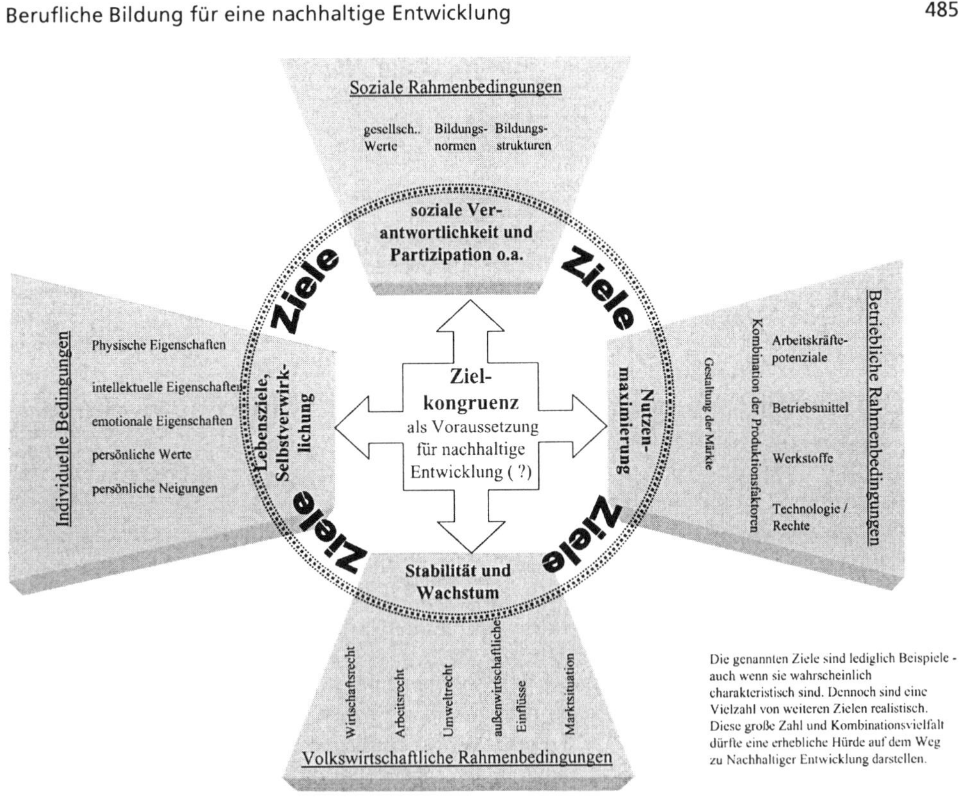

Abbildung 2: Berufsbildung für eine Entwicklung

2.4 Bildungsnormen, Bildungsstrukturen und Bildungsmethoden

Inzwischen sind Umweltschutzinhalte selbstverständlicher Bestandteil dualer Ausbildungsgänge. Das Bundesministerium für Bildung und Forschung (BMBF) hat seit Jahrzehnten die Bedeutung dieses Aspektes immer wieder betont und in bildungspolitisches Handeln umgesetzt. Viele Materialien zu Aufklärung und Schulung sind entstanden, zahlreiche Modellversuche in Betrieben, überbetrieblichen Ausbildungsstätten und berufsbildenden Schulen haben Inhalte, Methoden und Materialien zum Umweltschutz erprobt. Die Ergebnisse sind in Deutschland verbreitet, auch wenn deren Ursprung in den Modellversuchen oft nicht mehr nachvollziehbar ist. Heute gilt es als selbstverständlich, dass in neuen und in überarbeiteten Ausbildungsordnungen Umweltschutzaspekte ihren festen Platz haben. Hierauf aufbauend gilt es, den umfassenderen Nachhaltigkeitsansatz in Aus- und Weiterbildung zu realisieren.

Hierzu müssen wir fragen, inwieweit unser Bildungssystem mit seinen festen Strukturen auch im schulorganisatorischen Bereich und seinen Inhalten, die teilweise sicherlich im Hinblick auf zeitgemäße Relevanz und methodische Angemessenheit weiter zu entwickeln sind, (Berufs-) Bildung für eine nachhaltige Entwicklung fördert. Berufliche Ausbildung ist für viele Jugendliche – trotz aller Aktivitäten und Programme des BMBF – noch immer zu oft der letzte Teil einer „Bildungslaufbahn". Damit sind die Potenziale der Berufsbildung für die individuelle Bildungsförderung begrenzt. Die Konsequenz darf aber nicht sein, das Engagement zurückzufahren. Vielmehr sollte es auch künftig darum gehen, die neuen Ausbildungsordnungen und lernfeldorientierten Rahmenlehrpläne mit ihrem ganzheitlichen Ansatz weiterzuentwickeln.

Fragen:

- Welche besonderen Bedingungen und didaktischen Konzepte und Methoden sind förderlich zur Implementierung einer Berufsbildung für nachhaltige Entwicklung?
- Gibt es überhaupt spezielle Konzeptionen, die dieses Ziel stützen können?
- Brauchen wir eine Pädagogik für nachhaltige Entwicklung?

3. Der Einzelne in der Diskussion um nachhaltige Entwicklung

Die anfängliche Diskussion über die Frage der Nachhaltigkeit und den Beitrag von Bildung hat dem Einzelnen eine Rolle zugewiesen, allerdings meist, ohne ihn direkt einzubeziehen. Das widerspricht dem Grunde nach der Bildung für eine nachhaltige Entwicklung. Sie zeichnet sich durch partizipative Prozesse mit offener Interaktion aus und macht den Menschen als Individuum, aber auch als den aktiven Teil der Gesellschaft zum *Subjekt* der Nachhaltigkeitspolitik. Nachhaltiges Verhalten mit seinen drei Dimensionen geht eben gerade davon aus, dass der Mensch handelt. Dieses Handeln (siehe Abbildung 3) dürfte nach aller Erfahrung insoweit gelingen, als es möglich gemacht wird, den Menschen als Ganzes und damit auch in seinen verschiedenen Rollen in den Prozess einzubeziehen. Der einzelne Mensch wird durch Aufklärung, Überzeugungsarbeit und Einüben, die sicherlich in großem Umfang bereits im Kindergarten beginnen, aber schwerpunktmäßig in der Schule geleistet werden müssen, auf diese Anforderungen vorbereitet. Hier gilt es zu untersuchen, wie der Prozess gestaltet werden sollte, der zu nachhaltigen Verhaltensänderungen führt. Die Erfahrungen der jüngsten Vergangenheit zum Beispiel bei der schulischen Bearbeitung von Aggressionsverhalten und Kommunikationsproblemen auch im Zusammenhang mit der Behandlung von Themen wie Ausländerfeindlichkeit, bei denen es ebenfalls auf Verhaltensänderung ankommt, sollten genutzt werden.

Ein besonderer Aspekt scheint in diesem Kontext zu berücksichtigen zu sein. Mit der Leitidee von Nachhaltigkeit soll eine Verhaltensprägung bei jungen Menschen erzielt werden, die in den persönlichen Bereich und die berufliche Sphäre gleichermaßen wirkt. Bezogen auf die berufliche Seite wird der junge Arbeitnehmer sicherlich erleben müssen, dass das, was er aus eigener Überzeugung unter Nachhaltigkeitsgesichtspunkten für erforderlich und richtig erachtet, in der betrieblichen Wirklichkeit so nicht umsetzbar ist. Kurzfristige betriebswirtschaftliche Gesichtspunkte führen möglicherweise zu einer Entscheidung, die unter Nachhaltigkeitsaspekten anders ausfallen würde. Auch im Umgang mit anderen Menschen in vielleicht anderen Gruppen und anderen Rollen sind Konflikte vorprogrammiert. Spannungen durch Divergenzen zwischen der Überzeugung von der Leitidee und der Umsetzbarkeit dieser Leitidee lassen Frustration und sogar Resignation befürchten.

Fragen:

- Mit welchen Inhalten aber auch Methoden können junge Menschen vorbereitet werden auf konfliktäre Lebenssituationen?
- Welche Kompetenzen benötigen Sie hierzu?
- Wie kann ein frisch erworbenes Verhalten so stabilisiert werden, das es mit Konfliktsituationen konstruktiv umgehen kann?

- Welche Hilfen sind notwendig und was kann und soll Politik in diesem Zusammenhang anbieten?

4. Überlegungen für einen Weg zur beruflichen Bildung für eine nachhaltige Entwicklung

Nachhaltigkeitsorientierung muss eine das Gesamtverhalten von Menschen in den verschiedensten Situationen bestimmende Grunddisposition werden, wofür es zahlreiche Argumente gibt. Deshalb müssen die Maßnahmen einer auf Nachhaltigkeit angelegten Berufsbildungspolitik in allen, diese Disposition prägenden Teilbereichen ansetzen. Abbildung 3 beschreibt den Rahmen mit den vier grundlegenden Gestaltungsbereichen. Die genannten Ziele und Strukturen sind dabei lediglich ein Ausschnitt der vielfältigen Aspekte und Erscheinungsformen, aber bereits in der dargestellten Skizze verbergen sich zahlreiche Handlungsansätze auf dem Weg zu nachhaltiger Entwicklung.

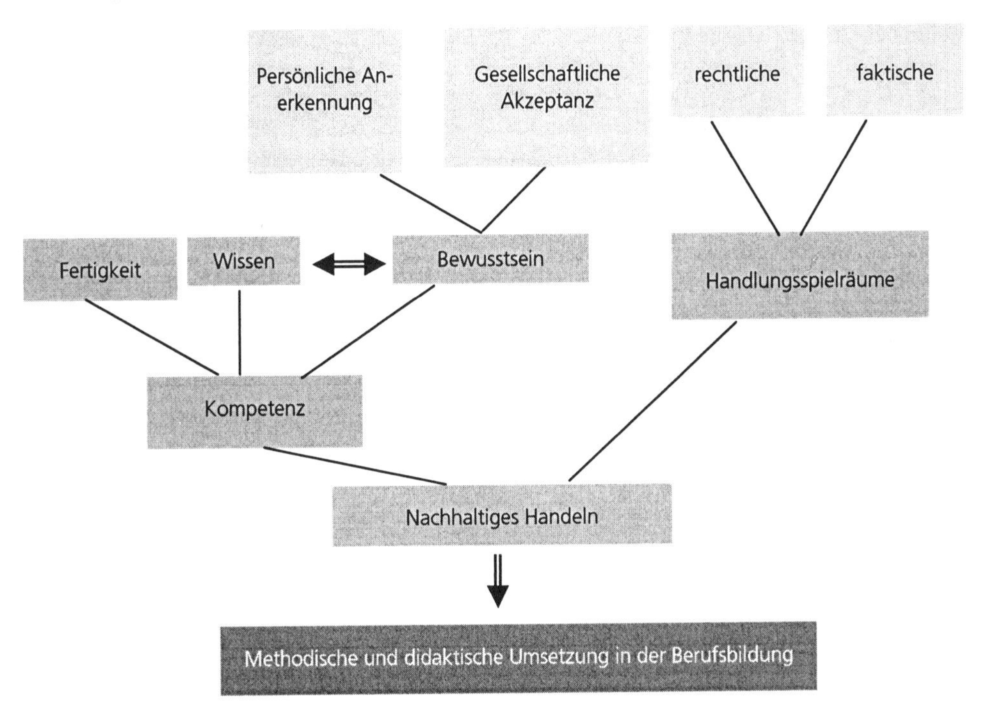

Abbildung 3: Berufsbildung für eine nachhaltige Entwicklung

Zunächst gehören dazu die originären Bildungsbereiche. Dabei geht es ebenso um die organisatorischen Fragen, wie Schule gestaltet sein sollte, damit sie das angestrebte Verhalten von Schülerinnen und Schülern fördert, wie auch um Fragen der Schulverfassung und der

Mitwirkungsmöglichkeiten der Lernenden. Die Richtung der Weiterentwicklung berufsbildender Schulen sollte auch in diesem Licht betrachtet werden.

Fragen:

- Erfordert Nachhaltigkeit einen neuen Unterricht und wie muss dieser Unterricht gestaltet sein?
- Ist die an Lernfeldern orientierte Struktur des berufsschulischen Unterrichts hinreichend oder bedarf es weiterer Anpassungen?
- Welche Konsequenzen ergeben sich im berufsbildenden Bereich für die Ordnung der Berufe und die Prüfungen?

Das zweifellos sehr anspruchsvolle Leitziel einer „Berufsbildung für nachhaltige Entwicklung" stellt hohe Anforderungen an die Lehrkräfte sowie Ausbilder und Ausbilderinnen. Inwieweit sind diese Personen auf eine so verstandene Ausbildung vorbereitet, wo gibt es möglicherweise Defizite? Für die Beteiligten in der Berufsbildung heißt das, ein in sich schlüssiges und überzeugendes aufeinander abgestimmtes Berufsbildungssystem in allen seinen Komponenten zu entwickeln: von der Ausbildungsordnung, über den Lehrplan bis hin zu den Prüfungen. Der rote Faden, von dem eingangs gesprochen wurde, ist ein verbindendes Element, das nicht im schulischen Bereich enden darf. Nachhaltigkeit der Entwicklung als Leitkonzept auch in dem betrieblichen Teil zu etablieren, gehört ebenfalls dazu.

Nachhaltigkeit im betrieblichen Alltag wird sich stets an der Frage der Wirtschaftlichkeit und Rentabilität messen lassen müssen. Hier könnten Maßnahmen auch aus dem Politikbereich ansetzen, indem gerade für die kleineren und mittleren Unternehmen Instrumente entwickelt und erprobt werden, die der Unternehmensleitung helfen, die betriebswirtschaftlichen Wirkungen einer Unternehmensstrategie zu mehr Nachhaltigkeit kalkulierbar zu machen, Maßnahmen bis hin zu Förderkonzepten in der Personalentwicklung aufzustellen und Schulungsangebote für Ausbilder, aber auch für das Management zu entwickeln. Dass Nachhaltigkeit auch im übertragenen Sinne als „Nachhaltigkeit des Unternehmens" stets eine langfristige Zeitdimension einschließt und damit letztlich nicht unter kurzfristiger Nutzenbetrachtung beurteilt werden kann, wird zu oft übersehen. In diesem Zusammenhang wird es gerade bei diesen Unternehmen auch um Hilfen für die perspektivische Entwicklung des Unternehmens und seiner Märkte sowie um Fragen der Systementwicklung als Basis einer auf Nachhaltigkeit ausgerichteten Unternehmensstrategie gehen. Insofern sollte Berufsbildung für eine nachhaltige Entwicklung auch Ansatzpunkte aufgreifen, die in der Vergangenheit eher in anderen Zuständigkeiten gesehen wurden. Die systemische Betrachtungsweise muss auch hier zum Umdenken führen. Zur Unterstützung ganzheitlicher unternehmerischer Ansätze als Integration von Management, Personalpolitik, Produktpolitik, Marktpolitik, Produktionspolitik zum Beispiel in Prozessketten, Finanzpolitik und eines Wissensmanagements bedarf es der erforderlichen Kompetenzen auf allen betrieblichen Ebenen und der zielgerichteten Zusammenarbeit auch der Verbände und Sozialpartner. Andere Aspekte, wie möglicherweise neue Formen von Auditing und Zertifikaten könnten diese Entwicklung unterstreichen. Schließlich muss anvisiert werden, diesen ganzheitlichen Gedanken in den berufsbildungspolitischen Alltag und seine Maßnahmen zu übernehmen.

Berufsbildungspolitik für eine nachhaltige Entwicklung sollte mit sehr konkreten Bespielen ansetzen und aufzeigen, wo es konkrete Veränderungsmöglichkeiten gibt, welche Nutzenfunktion und Verwertbarkeit sie für den Betrieb besitzen, aber auch welchen Beitrag sie im Hinblick auf die Leitidee leisten können. Solche Beispiele zu verbreiten und auch neue Maßnahmen und Instrumente zu erproben, wären die nächsten Schritte. Vorrangig sollte auch aufgezeigt werden, welche vielfältigen Handlungsoptionen es gibt, die keiner großen Projekte und Programme bedürfen, sondern individueller Kreativität und etwas Mut. Sie sollten Vorrang vor staatlichem Handeln genießen. Nachhaltige Entwicklung ist ein gesellschaftliches Ziel. Es setzt gesellschaftliche Verantwortlichkeit und darauf aufbauendes Handeln jedes Einzelnen voraus. Wenn auch die berufliche Bildung oftmals das letzte Glied der Lernkette darstellt und ihr aufgrund ihres begrenzten Stundenvolumens nur wenig Zeit zur Verfügung steht, besitzt das Lernen in der Berufsbildung eine vergleichsweise hohe Lerneffizienz und damit große Wirkungen für die berufsbezogene Verhaltenssteuerung. Das ist eine große Chance für den Erwerb von Kompetenzen für eine nachhaltige Entwicklung! Letztlich dürfte Nachhaltigkeit dann erreicht werden, wenn eine Zielkongruenz zwischen den verschiedenen Interessen der Beteiligten (siehe Abbildung 2) herbeigeführt werden kann. Wenn das zumindest zwischen einzelnen Zielen gelingt, kann ein Prozess in Gang gesetzt werden, der aus sich selbst heraus so viel Dynamik entwickelt, dass er sich selbst trägt. Der Staat kann dabei Impulse geben, Richtungen anzeigen und konkrete Anstöße stützen. Hierzu gibt es vielfältige Vorhaben und Erfahrungen auch aus der Umweltbildung, auf denen aufgebaut werden kann und die nun weiterentwickelt werden müssen. Nachhaltige Entwicklung selbst aber kann nicht verordnet werden; sie lebt von den Menschen, die diese Leitidee für sich übernehmen. Auch die künftigen Aktivitäten des BMBF werden diesem Gedanken Rechnung tragen und seine Umsetzung unterstützen.

Literatur

Bundesministerium für Bildung, Wissenschaft, Forschung und Technologie (BMBF) (Hrsg.): Erster Bericht zur Umweltbildung (Deutscher Bundestag, Drucksache 13/8878 vom 30. Oktober 1997). Bonn 1997

Mertineit, Klaus-Dieter/Nickolaus, Reinhold/Schnurpel, Ursula: Berufsbildung für eine nachhaltige Entwicklung. Machbarkeitsstudie im Auftrag des BMBF. Bonn 2001

Kapitel 5
Beratung für nachhaltiges Wirtschaften. Praxisanforderungen, konzeptionelle Probleme und Perspektiven

Beratung für nachhaltiges Wirtschaften. Von der Öko-Nische am Consultingmarkt zum Instrument einer effizienten Nachhaltigkeitspolitik

André Martinuzzi

Nachhaltige Entwicklung setzt nachhaltiges Wirtschaften voraus. Das wurde auch in den vor kurzem beschlossenen nationalen und internationalen Nachhaltigkeitsstrategien deutlich betont. Um möglichst viele Betriebe in deren Umsetzung einzubinden, könnte der Beratungssektor eine entscheidende Rolle spielen. Während in den letzten 10 Jahren eine Öko-Nische am Consultingmarkt durch die Umsetzung von Ge- und Verboten entstanden ist, nehmen heute hochinnovative Beratungsunternehmen eine autonome Rolle bei der Entwicklung chancenorientierter Beratungsprodukte ein. Aber die Brücken zwischen Politik, Wissenschaft und Beratungspraxis sind selten. Die vielen „bottom-up" entwickelten Beratungsprodukte stehen häufig in Konkurrenz zueinander und sind nur lose mit der Umsetzung nationaler und internationaler Nachhaltigkeitsstrategien gekoppelt. Harmonisierung, Qualitätssicherung und Positionierung von Beratungsprodukten sind daher aktuelle Herausforderungen. Um eine Weiterentwicklung des Öko-Consultings zu einem Instrument einer effizienten Nachhaltigkeitspolitik zu ermöglichen, sollte die öffentliche Hand daher als Vermittler zwischen Wissenschaft, Beratungspraxis und Unternehmen sowie als Garant der Qualität von Beratungsprodukten aktiv werden. Auf lokaler Ebene haben innovative Beratungsprogramme wie Ökoprofit und der ÖkoBusinessPlan Wien den Nutzen eines derartigen kooperativen Ansatzes bereits bewiesen. Analoge nationale und internationale Governance-Strukturen könnten einen Zugang zu Betrieben eröffnen, der der bisherigen Politik verwehrt geblieben ist.

1. Nachhaltiges Wirtschaften – oder: Ein politischer Anspruch ohne ausreichendes theoretisches Fundament

In der Europäischen Nachhaltigkeitsstrategie wird die Industrie aufgefordert, sich an der Entwicklung neuer umweltfreundlicher Technologien zu beteiligen und die integrierte Produktpolitik der EU umzusetzen (Kommission der Europäischen Gemeinschaften 2001). In der Deutschen Nachhaltigkeitsstrategie stellt „Innovative Unternehmen – Erfolgreiche Wirtschaft" eines von sieben sogenannten Schwerpunktthemen dar (Deutsche Bundesregierung 2002). Und in der Österreichischen Nachhaltigkeitsstrategie ist sogar eines von vier zentralen Handlungsfeldern dem Thema „Österreich als dynamischer Wirtschaftsstandort" gewidmet. Im Detail wird darin auf die Themen Innovation, korrekte Preissignale, Selbstverantwortung der Unternehmen, Öko-Effizienz und nachhaltiger Konsum eingegangen (Österreichische Bundesregierung 2002). Die Unternehmen bewegen sich daher im Spannungsfeld zwischen ökonomischen Sachzwängen und dem gesellschaftlichen Anspruch, dass die Wirtschaft auch die Verantwortung für ökologische und soziale Folgen ihrer Entscheidungen und Handlungen wahrnehmen soll. Unternehmerisches Handeln kann nicht nur als reine Anpassungsleistung – sei es an Faktorkosten, an Konsumentenwünsche, an Shareholder oder Stakeholder – verstanden werden. Unternehmen stellen vielmehr strukturpolitische Akteure dar, die politische Rahmenbedingungen mitbestimmen können (Schneidewind 1998), und die bei ihren Entscheidungen über ihr Produkt- und Dienstleistungsangebot, bei der Standortwahl und der Gestaltung der Arbeitsplätze, bei ihren Forschungs- und Entwicklungsanstrengungen, beim Umgang mit technischen Risiken sowie bei der Auswahl ihrer Lieferanten täglich darüber (mit)entscheiden, ob das Leitbild einer nachhaltigen Entwicklung auch in die Praxis umgesetzt wird.

Die Sensibilisierung der Wirtschaft für diese neue Herausforderung ist bereits vorhanden. Immer mehr Unternehmen geben an, sich am Leitbild nachhaltiger Entwicklung zu orientieren (Schulz u.a. 2002). Sie haben erkannt, dass sie durch proaktive Strategien einen Innovationsvorsprung erzielen, durch umweltorientierte Produktgestaltung Marktnischen nützen und durch verantwortungsbewusstes Handeln eine höhere Glaubwürdigkeit und Kundenbindung erreichen können. Damit schaffen und nützen sie Handlungsspielräume, indem sie Probleme erkennen, thematisieren und vorbildhaft lösen (Dyllick u.a. 1997). Etliche global agierende Unternehmen wie Shell, Novo Nordisk oder Monsanto und auch große Beratungsunternehmen wie KPMG, PricewaterhouseCoopers und Ernst & Young versuchen durch Sustainability-Reporting nachhaltige Entwicklung in die Unternehmenskommunikation zu integrieren (Copenhagen Charter 1999; Global Reporting Initiative 2000).

Dem zunehmenden Interesse der Praxis steht eine Vielzahl wissenschaftlicher Konzepte und Instrumente gegenüber. So wurden in den letzten 15 Jahren allein im deutschsprachigen Raum mehrere tausend Bücher zu Fragen des betrieblichen Umweltschutzes publiziert. Die von den (Wirtschafts-)Wissenschaften angebotenen Ansätze zum nachhaltigen Wirtschaften sind jedoch uneinheitlich und verstärken punktuelle Sichtweisen. Bis heute zeichnet sich keine verbindende Basistheorie ab, die eine Erweiterung der ökonomischen bzw. sozialwissenschaftlichen Ansätze der Betriebswirtschaftslehre zu einer Lehre des nachhaltigen Wirtschaftens ermöglichen könnte (weiterführend siehe Stitzel 1994 und Müller-Christ/Hülsmann in diesem Band). Nachhaltige Entwicklung wird daher entweder als Optimierungsproblem verstanden (z.B. Ökoeffizienz, Faktor 4 Konzepte, Cleaner Production), als Organisationsproblem thematisiert (z.B. Aufbau von Umweltmanagementsystemen nach EMAS oder ISO14001, Integrierte Managementsysteme) oder aus der Marketingperspektive betrachtet (z.B. umweltorientierte Produktgestaltung, Umweltzeichen für Produkte, EcoDesign). Diese Konzepte übersetzen zwar einzelne Aspekte des Leitbilds nachhaltiger Entwicklung in den betrieblichen Kontext, weisen jedoch auch deutliche *Schwachstellen* auf:

- Die *Integration der drei Dimensionen* (ökologische, ökonomische, soziale) nachhaltiger Entwicklung wird auf einzelbetrieblicher Ebene meist auf ökologisch-ökonomische Optimierungsfragen reduziert und durch den Einsatz effizienterer Technologien gelöst. Die bereits vorhandenen Bewertungsverfahren für Umweltauswirkungen (z.B. Ökopunkte-Methode nach BUWAL, MIPS, Ökologischer Fußabdruck) konnten sich bisher noch nicht breit etablieren. Die Integration sozialer Aspekte in die betriebliche Leistungsrechnung steht erst am Beginn (CSR Europe 2000; Schulz u.a. 2002). Der Mikro-Makro-Link zwischen umweltpolitischen und einzelbetrieblichen Instrumenten ist im Öko-Controlling zwar angedacht, in der betrieblichen Praxis aber noch nicht umgesetzt (weiterführend Rathje 2001)[1].

1 Vom Handel mit Emissionszertifikaten im Zuge der Umsetzung des Kyoto-Protokolls wird erstmals eine Kopplung zwischen nationalen Reduktionszielen und einzelbetrieblicher Umwelt-Performance erwartet.

- *Ökoeffizienzkonzepte* haben bisher zwar in Einzelfällen zu einer Entkopplung von Ressourcenverbrauch und Wirtschaftswachstum geführt, die erzielten Einsparungen wurden jedoch durch das gesamte Wachstum der Wirtschaftsprozesse wieder kompensiert (Sebesta u.a. 2000). Integrierte Systemlösungen (Dienstleistungen statt Produkte, stärkere Orientierung an den Bedürfnissen statt an den Produkten, Anwendung von Wertanalysekonzepten) sind selten und scheitern oft an den stabilisierenden Kräften innerhalb von Betrieben und Branchen.
- Das Grundprinzip *Partizipation* wird auf innerbetrieblicher Ebene zumeist auf Mitarbeiterschulungen, Informationsvermittlung oder die Einbindung der Betriebsräte reduziert (siehe auch Lauen in diesem Band). Die Berücksichtigung externer Anspruchsgruppen (vgl. auch Schaltegger und Leitschuh-Fecht/Steger in diesem Band) wird zwar im Stakeholder-Ansatz thematisiert, praktikable Konzepte zum Umgang mit widersprüchlichen Anforderungen gesellschaftlicher Anspruchsgruppen sind im Bereich Mediation aber erst im Entstehen (Gotwald u.a. 2002; Österreichische Gesellschaft für Umwelt und Technik 2002). Die von Journalisten oder NGOs eingeforderte Verantwortung für indirekte Wirkungen (Klein 2001) kann für einzelne Unternehmen unerwartete und krisenhafte Folgen haben, da zumeist die Informationsbasis über weitreichende Wirkungsketten bei den Entscheidungsträgern fehlt.
- Die *Prozesshaftigkeit* nachhaltiger Entwicklung wird auf betrieblicher Ebene durch Konzepte der Organisationsentwicklung und der „Lernenden Organisation“ (siehe Brentel in diesem Band) abgebildet. Diese prozessorientierten Ansätze sind jedoch prinzipiell inhaltsoffen und stehen daher in keinem direkten Bezug zum inhaltlich definierten Leitbild nachhaltiger Entwicklung. Auch auf betrieblicher Ebene fehlt ein Modell, das den Zusammenhang zwischen der Qualität von Prozessen und der Erreichung von Zielen nachhaltiger Entwicklung erklären könnte[2].
- Die auf sozialer und internationaler Ebene hochrelevanten *Verteilungsaspekte* nachhaltiger Entwicklung werden auf betrieblicher Ebene bisher gar nicht thematisiert. Intergenerative Gerechtigkeit scheitert im ökonomischen Kontext derzeit an der Kurzfristigkeit von Preisbildung und Gewinnberechnung, internationale Gerechtigkeit am Konkurrenzdruck auf globalisierten Märkten, Gerechtigkeit zwischen den Geschlechtern (Gender) an etablierten Rollenbildern.

Trotz dieser Lücken hat sich in der Beratungspraxis die neue Marktnische „Öko-Consulting“ eröffnet. Seit mehr als zehn Jahren agiert eine Vielzahl von Beratern an der Schnittstelle zwischen einer umweltsensibilisierten Gesellschaft und den davon betroffenen Betrieben, entwickelt eigenständig Instrumente und Konzepte zum nachhaltigen Wirtschaften und unterstützt damit die Erreichung der Ziele der nationalen und internationalen Nachhaltigkeitsstrategien. Diese Leistungen wurden bisher aber weder von der Politik genutzt noch von der Wissenschaft beachtet (seltene Ausnahmen sind: Schwaderlapp 1989; Tischer 1994; Stockmann/Meyer 2000; Birke/Schwarz/Göbel 2002; Birke in diesem Band).

2 Dieses Problem zeigt sich beispielsweise auch bei der Evaluation von Lokale Agenda 21-Projekten.

2. Der Öko-Consulting-Sektor – oder: Vom (Über-)Leben in der Lücke zwischen Theorie und Praxis

Vor dem Hintergrund des gesellschaftlichen Anspruchs auf eine nachhaltige Entwicklung, einer zunehmenden Komplexität der Umweltnormen, einer hohen Sensibilisierung der Entscheidungsträger in den Betrieben und einer instrumentell verhafteten Betriebswirtschaftslehre hat sich in den letzten zehn Jahren in ganz Europa ein stark segmentierter Öko-Consulting-Sektor entwickelt (Analysen für Österreich: Martinuzzi u.a. 1994 und Martinuzzi u.a. 1997; für Großbritannien: ENDS 1996, ENDS 1998, ENDS 2000 und Zachhalmel 2000; für Dänemark: Strass 1999). Im Gegensatz zum US-amerikanischen Raum (Kastner 1993) sind Wissenschaft und Beratung in Europa stärker voneinander getrennte Systeme mit nur rudimentär ausgeprägten Schnittstellen. Für viele Betriebe ist der Beratungssektor der im Vergleich zur Wissenschaft deutlich bevorzugte Ansprechpartner. Daher erfüllen Berater eine Vielzahl von *Funktionen*:

1. *Informations- und Sensibilisierungsfunktion*: Berater verbreiten eine Vielzahl von Informationen über gesellschafts- und marktbezogene Entwicklungen – sei es im Rahmen der Kunden-Akquisition oder im Zuge der Beratung selbst. Damit werden die Chancen proaktiver Umweltstrategien aufgezeigt und Entscheidungsträger für das Thema nachhaltiges Wirtschaften sensibilisiert.
2. *Optimierungsfunktion:* Aufgrund ihres breiten Fachwissens können Berater Einsparpotenziale aufzeigen und dazu beitragen, dass Verbesserungsmaßnahmen rascher und effizienter umgesetzt werden.
3. *Diffusionsfunktion:* Berater haben gerade gegenüber Klein- und Mittelbetrieben einen deutlich besseren Marktüberblick und können sich auf den Einsatz neuer Technologien spezialisieren. So fördern sie deren rasche Verbreitung und deren effizienten Einsatz.
4. *Vernetzungsfunktion:* Aufgrund der Tatsache, dass Berater in mehreren Unternehmen aktiv sind, können sie komplementäre Bedürfnisse erkennen und zur Vernetzung von Betrieben entlang der Wertschöpfungskette oder auch in regionalen Netzwerken (z.B. in Verwertungsnetzen) beitragen (siehe die Beiträge von Klemisch, Störmer und Kirschten in diesem Band).
5. *Moderationsfunktion:* Berater agieren an den Schnittstellen von Betrieben. Sie können beim Einsatz freiwilliger Vereinbarungen, bei der Verbesserung der Stakeholder-Beziehungen eines Betriebs oder in konfliktären Situationen eine Moderationsfunktion übernehmen.
6. *Feedbackfunktion:* Berater können auch Feedback-Informationen für Politik und Verwaltung über die Praxistauglichkeit neuer Instrumente und etwaige Schwierigkeiten bei der Umsetzung von Leitbildern, Strategien und Zielen in der betrieblichen Praxis bieten. Damit sind sie zentrale Know-How-Träger für die Umwelt- und Nachhaltigkeitspolitik.

Der Beratungssektor stellt daher eine bisher zu wenig beachtete, in der Praxis aber besonders relevante Schnittstelle zur Verwirklichung des Leitbilds nachhaltiger Entwicklung auf betrieblicher Ebene dar. Die Einbindung des Beratungssektors in die Umsetzung nationaler Nachhaltigkeitsstrategien könnte einen neuen und besonders effizienten Zugang zu einer Vielzahl von Unternehmen eröffnen. Dabei ist zu beachten, dass Beratungsunternehmen gerade im deutschsprachigen Raum in der Entwicklung, Positionierung und Vermarktung von Lösungen (d.h. Beratungsprodukten) eine autonome und treibende Rolle einnehmen, die bisher nur lose mit der Entwicklung wissenschaftlicher Erkenntnisse und Methoden verbunden ist. Die autonomen Leistungen des Beratungssektors müssten daher stärker harmonisiert, in die Umsetzung von Nachhaltigkeitsstrategien eingebunden und mit der Wissenschaft verbunden werden.

Dabei sind auch die nachfolgenden Besonderheiten der Marktsituation im Öko-Consulting zu beachten:

1. *Know-how als zentraler Produktionsfaktor:* Der zentrale Produktionsfaktor im Beratungssektor ist die Vermittlung von Know how, das sich kaum durch Patentrechte schützen lässt. Bei der Entwicklung neuer Beratungsprodukte ist daher nicht nur deren Nutzen, sondern auch der mögliche Schutz vor Nachahmern zu beachten. Dies steht wiederum einer raschen Verbreitung erfolgreicher Ansätze nachhaltigen Wirtschaftens entgegen.
2. *Hochdynamischer und intransparenter Markt:* Der Markteintritt ist nicht durch Zugangsbeschränkungen (hohe Investitionen, Zulassungen, etc.) limitiert. Dies führt zu einer hohen Fluktuationsquote der Berater und der kleineren Beratungsunternehmen. Abgesehen von Österreich und Großbritannien gibt es in ganz Europa keine flächendeckenden Verzeichnisse von Öko-Consulting-Anbietern. Ratsuchende Unternehmen sind daher häufig auf Vermittlung, Mundpropaganda und Zufälle bei der Kontaktaufnahme angewiesen.
3. *Monopolistische Konkurrenz:* Als Anpassung an diese Rahmenbedingungen wählen Beratungsunternehmen zumeist eine Strategie, die dem Verhalten bei monopolistischer Konkurrenz entspricht: sie betonen die Individualität ihrer Leistungen und versuchen eher „Moden zu prägen“ anstatt fundierte Beratungsprodukte zu entwickeln (Nicolai 2000). Kann ein Beratungsprodukt erfolgreich positioniert und mit dem eigenen Unternehmen verknüpft werden, so sind kurzfristig überdurchschnittliche Renditen zu erwarten.
4. *Verkürzung wissenschaftlicher Erkenntnisse:* Die Anwendung wissenschaftlicher Erkenntnisse erfolgt im Rahmen von Beratungsprojekten daher weniger sachorientiert, sondern orientiert sich mehr am Kundennutzen und an den Möglichkeiten der eigenen Profilierung des jeweiligen Beraters. Dabei kann es zu verkürzten Interpretationen wissenschaftlicher Erkenntnisse kommen. Der Know-how-Transfer zwischen Wissenschaft und Beratungspraxis erfolgt zum einen durch Zeitschriften und Tagungen, zum anderen durch die Aufnahme von Absolventen als Junior Consultant. In beiden Fällen ist damit zu rechnen, dass der ökonomische Druck eine vertiefte Auseinandersetzung mit den Fragen nachhaltiger Entwicklung nicht zulässt.
5. *Keine transparente Qualitätssicherung:* Die Qualitätssicherung erfolgt in einem sowohl seitens der Berater als auch seitens der Klienten von Selbstlegitimierung geprägten Umfeld der Intransparenz. Damit besteht die Gefahr, dass nicht nur einzelne Berater oder der gesamte Beratungssektor, sondern das gesamte Konzept nachhaltiger Entwicklung durch mangelhafte Beratungsprodukte in Misskredit gerät.

Die Folge dieser Rahmenbedingungen ist eine Vielzahl von „bottom-up“ entwickelten Beratungsansätzen, die in Konkurrenz zueinander stehen und bisher nur lose mit der Umsetzung nationaler und internationaler Ziele gekoppelt sind. Es lohnt sich daher, auf die Produktentwicklung im Öko-Consulting näher einzugehen.

3. Die Verbreitung von Beratungsprodukten – oder: Wie das Vertrauen in den Erfolg entsteht

Die wissenschaftliche Analyse der Entwicklung von Beratungsprodukten bewegt sich im Spannungsfeld zwischen positivistisch-rationalen Optimierungs- und Entscheidungsmodellen (stellvertretend siehe Hoffmann 1991; Hillemanns 1995; Schade 1996; Niedereichholz 1994 und 1997) und dem konstruktivistisch-kritischen Hinterfragen der Systembedingungen von Unternehmensberatung (stellvertretend siehe Luhmann 1989; Kieser 1998; Nicolai 2000). Während also auf der einen Seite die Entwicklung von Beratungsprodukten als rationales Handeln konzeptionalisiert wird und normative Aussagen für die Entscheidung zwischen Handlungsalternativen gemacht werden, wird auf der anderen Seite die Interaktion zwischen Beratern, Klienten und Wissenschaft als Berührungsfläche verschiedener Systeme mit grundsätzlich unterschiedlichen Systemlogiken verstanden. Daher werden statt normativer Aussagen die impliziten Funktionen des Beratereinsatzes, die (begrenzten) Fähigkeiten zur Selbstbeobachtung sowie die Überwindung dieser Grenzen durch „gezielte Irritation" thematisiert.

In der Beratungspraxis bewegt sich die Entwicklung von Beratungsprodukten zumeist im Spannungsfeld zwischen Individualisierung und Standardisierung: Auf der einen Seite sollen für die Klienten Konkurrenzvorteile durch hochgradig individualisierte Beratung erzielt werden. Auf der anderen Seite erwarten die Klienten einen standardisiert-vorhersehbaren Nutzen der Beratung. Nur in manchen Fällen ist es bisher gelungen, Beratungsprodukte so weit zu standardisieren, dass ein kommunizierbarer, erwartbarer und individueller Nutzen daraus entsteht (z.B. BCG-Portfolio-Analysis und wertorientierte Kennzahlen der Boston Consulting Group, Gemeinkosten-Wertanalyse und 7F-Modell von McKinsey). Viel häufiger hingegen werden die angebotenen Beratungsprodukte in der Akquisition idealisiert dargestellt und dadurch überhöhte Nutzenerwartungen geprägt[3]. Daher werden der persönliche Eindruck des Beraters, die Referenzen und die (vermutete) Glaubwürdigkeit des Angebots für viele Klienten zu zentralen Kriterien der Beraterauswahl.

Um die Entwicklung von Beratungsprodukten für nachhaltiges Wirtschaften zu verstehen, sind jedoch drei weitere Besonderheiten des umweltorientierten Beratungsmarktes zu berücksichtigen:

1. Der dreifache Einfluss der öffentlichen Hand auf die Beratungsnachfrage
2. Die geringe Bedeutung von Key-Players unter den Beratungsunternehmen
3. Das Nützen von Image-Kaskaden öffentlicher Akteure

---

3 Ein typisches Beispiel dafür sind die vieldimensionalen Erwartungen, die von vielen Betrieben an den Aufbau von Umweltmanagementsystemen geknüpft wurden und die von Kosteneinsparungen und gesteigerter Mitarbeitermotivation über verbesserte Beziehungen zu Kunden, Anrainern und Behörden bis zum Ruf nach Deregulierung reichten. Dass diese Erwartungen mehrheitlich enttäuscht wurden, mag auch darin begründet sein, dass viele Jahre hindurch für das „Beratungsprodukt Umweltmanagement" kein konsistentes Marketingkonzept auf internationaler oder nationaler Ebene erstellt und umgesetzt worden ist.

3.1 Dreifacher Einfluss der öffentlichen Hand auf die Beratungsnachfrage

Die Entwicklung von spezialisierten Beratungsprodukten für nachhaltiges Wirtschaften kann als Weiterführung umweltorientierter Beratungsleistungen angesehen werden, zumal es vielfach die selben Akteure sind, die aktiv sind. Wie langjährige Marktanalysen und Ländervergleiche gezeigt haben, waren Entwicklung und Positionierung umweltorientierter Beratungsprodukte durch einen *dreifachen staatlichen Einfluss* gekennzeichnet:

1. *Beratungsbedarf als Folge des Einsatzes umweltpolitischer Instrumente:* Gerade in der ersten Hälfte der neunziger Jahre kam es in Deutschland und Österreich zu einer rasanten Entwicklung des Umweltrechts, das für eine große Anzahl von Unternehmen neue Verpflichtungen enthielt. Daraus konnte eine Vielzahl von Beratungsprodukten direkt abgeleitet und damit der Beratungsbedarf einer großen Anzahl von Klienten rasch gedeckt werden. Von den Klienten wurde Umweltschutz vielfach als Pflichtaufgabe der Unternehmen gesehen, der sie mit defensiven Strategien begegneten, so dass keine langfristigen Berater-Klienten-Beziehung etabliert werden konnten. Beratung wurde vielfach als kurzfristige Problemlösung eingesetzt. Aufgrund der engen Kopplung zwischen Beratungsprodukt und gesetzlicher Verpflichtung des Klienten standen Standardisierung und geringe Beratungskosten im Vordergrund der Produktentwicklung. Die Lebensdauer der Beratungsprodukte betrug jedoch nur wenige Jahre, da der Know-how-Transfer in die Unternehmen rasch vonstatten ging[4]. Der seit Mitte der neunziger Jahre zu verzeichnende Wechsel im umweltpolitischen Instrumenten-Set – weg vom Einsatz von Ge- und Verboten hin zu marktorientierten Instrumenten – hat zu weniger eindeutigen Impulsen für den Beratungsmarkt, einem für viele Berater spürbaren Rückgang der Beratungsnachfrage und einer höheren Ausdifferenzierung des Beratungsangebots geführt[5]. Gleichzeitig mussten Beratungsprodukte mit einem klarer kommunizierbaren Nutzen konzipiert werden, da der staatliche Nachfrageimpuls immer mehr wegfiel.
2. *Direkte Beratungsnachfrage der öffentlichen Hand:* Eine Vielzahl von Beratungsunternehmen ist nicht nur für die Privatwirtschaft, sondern auch für die öffentliche Hand tätig. Unter ihren Klienten finden sich Bundesministerien, Länder, Gemeinden, Interessenvertretungen, Branchenverbände und Auftraggeber auf EU-Ebene. In Österreich betrug der Anteil der öffentlichen Hand am Gesamtumsatz des Öko-Consulting-Sektors zeitweise bis zu 40 Prozent (Martinuzzi u.a. 1997). Der Rückgang der Bedeutung von Umweltproblemen in der öffentlichen Wahrnehmung und die Kürzungen öffentlicher Ausgaben haben auch hier zu einer reduzierten Beratungsnachfrage geführt. Weiterhin von strategischer Bedeutung ist für viele Beratungsunternehmen jedoch die Entwicklung von Beratungsprodukten im Rahmen öffentlicher Forschungsaufträge und Pilot-

4 Ein Beispiel dafür bietet die im Österreichischen Abfallwirtschaftsgesetz vorgeschriebene Verpflichtung für Unternehmen mit mehr als 100 Mitarbeitern, ein betriebliches Abfallwirtschaftskonzept zu erstellen. Dieses Beratungsprodukt befand sich Mitte der neunziger Jahre unter den am häufigsten durchgeführten Öko-Consulting-Projekten, um schon nach drei Jahren wiederum in relativer Bedeutungslosigkeit für den gesamten Öko-Consulting-Sektor zu versinken.

5 Die Impulse des Öko-Audits nach EMAS und ISO14001 für den Beratungssektor sind vergleichsweise gering. Bei rund 3.000 zertifizierten Standorten in Deutschland und geschätzten durchschnittlichen Kosten für externe Beratung von 100.000 Euro pro Standort konnte ein Marktsegment von rund 37,5 Millionen Euro pro Jahr eröffnet werden. Dies entspricht einer Nachfrage, die von weniger als 200 Vollzeit beschäftigten Einzelberatern gedeckt werden könnte.

Projekte, da durch derartige Projekte nicht nur die Entwicklungskosten gedeckt und das Image des Beratungsunternehmens gepflegt werden, sondern das Beratungsprodukt mit besonderer öffentlicher Glaubwürdigkeit versehen wird.

3. *Beratungsförderung:* Eine Besonderheit des Österreichischen und des Deutschen Öko-Consulting-Marktes stellt die öffentliche Förderung umweltorientierter Beratungsleistungen dar. So wurde bereits Anfang der neunziger Jahre in Deutschland das sogenannte Maklermodell entwickelt, das kostenlose Orientierungsberatungen durch Mitarbeiter der Wirtschaftskammern mit teilgeförderten Tiefenberatungen durch freie Beratungsunternehmen verband (Beer 1992). In größerem Umfang wurde dieses Beratungsmodell bis ins Jahre 1996 in den neuen Deutschen Bundesländern eingesetzt. Die Förderquote lag bei bis zu 85 Prozent der Beratungskosten (Stockmann/Meyer 2000: 77). In Österreich wurde mit dem Beratungsprogramm „Ökoprofit" ein Mischinstrument konzipiert, das individuelle Beratung mit einem Trainingsprogramm (8-10 standardisierte Workshops), einer öffentlichkeitswirksamen Auszeichnung und einer dauerhaften Bindung durch einen „Ökoprofit-Club" verband. Auch hier betrug die Förderquote 30-50 Prozent (für die Stadt Dornbirn: Huchler/Martinuzzi 1998; für die Stadt München: Martinuzzi/Störmer/Huchler 2001; für die Stadt Wien: Martinuzzi/Egger-Steiner/Kopp 2001 und Martinuzzi/Kopp/Schwaiger/Schwaiger 2002). Durch die Konzeption und Verbreitung dieser Beratungsprogramme wurden nicht nur standardisierte Beratungsprodukte unter Beteiligung der öffentlichen Hand geschaffen, sondern auch ein finanzieller Anreiz zur Nachfrage nach Beratungsleistungen gesetzt.

3.2 Geringe Bedeutung von Key-Players unter den Beratungsunternehmen

Das Öko-Consulting-Angebot ist von einer Vielzahl sehr kleiner und hochspezialisierter Beratungsbüros geprägt. Die im Management-Consulting tätigen internationalen Beratungsfirmen bieten zwar vereinzelt auch umweltorientierte Beratungsleistungen an, eine marktbestimmende Rolle haben diese jedoch bis heute nicht erreicht. Für die Entwicklung und Positionierung von Beratungsprodukten fehlt daher eine Gruppe von Key-Playern unter den Beratungsunternehmen, die durch ihre Größe oder Marktmacht Standards setzen oder klar profilierte Produkte etablierten könnte. Die erfolgreiche Verbreitung von Beratungsprodukten kann daher nicht auf strategische Entscheidungen oder erfolgreiche Marketingstrategien marktdominanter Beratungsunternehmen zurückgeführt werden. Viel mehr könnte das im Kontext der Organisationstheorie entwickelte (Cohen u.a. 1972) und zur Erklärung des Agenda-Settings bei politischen Entscheidungen adaptierte (Kingdon 1995) Garbage-Can-Modell die Mechanismen der Entwicklung und Verbreitung von Beratungsprodukten erklären. Das Fallbeispiel der erfolgreichen Verbreitung des Beratungsprodukts „Ökoprofit" in Deutschland zeigt idealtypisch das mehr oder weniger zufällige Zusammentreffen der vier im *Garbage-Can-Modell* beschriebenen Elemente auf:

1. *Situation (= choice opportunities looking for problems):* Die breite Umsetzung der Lokalen Agenda 21 (LA 21) führte in Deutschland ab Mitte der neunziger Jahre zur Konstituierung von LA 21-Initiativen, -Arbeitskreisen und –Gruppen, die sich auch aktiv mit dem Thema nachhaltiges Wirtschaften beschäftigen wollten. Damit war sowohl eine ausreichende Sensibilisierung für das Thema als auch ein entscheidungsbefugter Akteur geschaffen.

2. *Problem (= goal uncertainty and poorly understood problems in a variable environment):* Viele LA 21-Gruppen standen bald vor dem Problem, die lokale Wirtschaft in den LA 21-Prozess einbinden zu wollen, dafür aber kein klares Angebot für die Unternehmen in ihrer Gemeinde machen zu können. Für den Aufbau von Umweltmanagementsystemen (EMAS, ISO14001) konnten Klein- und Mittelbetriebe nur schwer akquiriert werden.
3. *Lösung (= solutions looking for issues to which they might be an answer):* Das bereits 1992 in Graz entwickelte Ökoprofit-Konzept bot nicht nur ein klar profiliertes Beratungsangebot, sondern auch den Verweis auf ein erfolgreiches Referenzprojekt. Durch die Kombination von individueller Beratung mit gemeinsamen Workshops und der Einbindung lokaler Akteure konnte dem vernetzenden Anspruch der LA 21 besser entsprochen und ein auch für Klein- und Mittelbetriebe attraktives Angebot geschaffen werden.
4. *Promotoren (= participants and decision makers looking for work):* Unter den beiden Beratungsunternehmen, die am Standort München das erste Deutsche Ökoprofit-Projekt durchführten, befand sich B.A.U.M. Consult, ein Beratungsunternehmen, das über mehrere Niederlassungen in Deutschland verfügte, bereits in den Jahren zuvor in eine Vielzahl deutscher LA 21-Programme involviert war und hervorragende Kontakte zu besonders sensibilisierten Gemeinden hatte. Aus dem Eigeninteresse, Ökoprofit als neues Beratungsprodukt in das bestehende Leistungsangebot aufzunehmen, wurden Öffentlichkeitsarbeit und Akquisition neuer Gemeinden besonders intensiv betrieben (siehe auch Winter in diesem Band).

Das Zusammentreffen dieser vier Faktoren hat ein „Window of Opportunity" geöffnet, so dass nur drei Jahre nach Markteinführung bereits fast 50 deutsche Gemeinden ein Ökoprofit-Programm initiiert haben und mehr als 300 Betriebe ausgezeichnet worden sind (Huchler/Martinuzzi/Störmer 2000 sowie Martinuzzi/Egger-Steiner/Kopp 2001: 13ff.). Diese Entwicklung kann jedoch nicht als rational konzipierte Strategie zur Entwicklung eines neuen Beratungsprodukts angesehen werden. Sie ist vielmehr als Folge eines zufälligen Zusammentreffens von Situation, Problemstellung, Lösungen und Promotoren in einer Konstellation zu sehen, die von einer Vielzahl von Akteuren beeinflusst worden ist.

3.3 Nutzen von Image-Kaskaden öffentlicher Akteure

Aufgrund der Intransparenz des Beratungsangebots, der abnehmenden gesetzlichen Dynamik und dem Fehlen von Key-Playern kommt der öffentlichen Hand eine besondere Bedeutung als Garant von Seriosität und kalkulierbarem Nutzen zu, wenn der Beratungssektor für die Umsetzung nationaler Nachhaltigkeitsstrategien genutzt werden soll. Auch dies kann am Fallbeispiel der erfolgreichen und raschen Verbreitung des Ökoprofit-Programms in Deutschland gezeigt werden. So wurde bereits bei der ersten Initiierung dieses Programms in München der Vorbildeffekt mehrerer österreichischer Städte (z.B. Graz, Dornbirn, Klagenfurt) genutzt. Obwohl die in München tätigen Berater keine Erfahrungen mit dem von Grazer Beratern entwickelten Programm hatten, konnten sie glaubwürdig auf mehr als 100 Referenzbeispiele verweisen. Dabei spielte auch das Engagement von mehreren städtischen Betrieben und die Einbindung von zwei städtischen Referaten in das Programm eine vertrauensbildende Rolle. Die vor Ort akquirierenden Berater (die alleine nicht in der Lage gewesen wären, ein Beratungsprodukt erfolgreich zu positionieren) nutzten die öffentliche Hand als Imageträger und banden diese erfolgreich in das Programm ein.

In der Verbreitung des Ökoprofit-Programms findet sich ein weiteres Beispiel für Image-Kaskaden: So konnten die in München erfolgreichen Berater das Umweltministerium Nordrhein-Westfalen dazu motivieren, eine Förderung von 50.000 DM für jene Kommunen zu vergeben, die ein Ökoprofit-Programm durchführen wollten. Dieses Angebot wurde in den ersten beiden Jahren seines Bestehens bereits von 22 Gemeinden angenommen (MUNLV-NRW 2002). Gegenüber den einzelnen Betrieben konnten die Berater so nun nicht nur auf die erfolgreichen Projekte in Österreich und München verweisen, sondern auch auf den Vertrauensvorschuss, der ihnen sowohl vom Land als auch von jeder einzelnen Kommune entgegen gebracht wurde.

Ein weiteres Beispiel für die erfolgreiche Entwicklung von Beratungsprodukten im Zusammenspiel von öffentlicher Hand und privaten Beratungsunternehmen bietet der ÖkoBusinessPlan Wien, das europaweit größte und erfolgreichste städtische Umweltberatungsprogramm. In diesem Fall wurde das Angebot von 20 Beratungsunternehmen und sieben Akteuren des (halb)öffentlichen Bereichs zu einem konsistenten und erfolgversprechenden Beratungsprogramm zusammengefasst. Die angebotenen Beratungsleistungen wurden rund um standardisierte oder zumindest bereits erfolgreich eingeführte Beratungsprodukte herum konfiguriert (z.B. EMAS, ISO14001, Ökoprofit, Österreichisches Umweltzeichen Tourismus) und um eine Direktförderung jener Maßnahmen ergänzt, die sich nur langfristig amortisieren. Durch eine klare Orientierung am Nutzen für die teilnehmenden Unternehmen und eine intensive Öffentlichkeitsarbeit konnte der ÖkoBusinessPlan Wien als Beratungsprodukt etabliert werden. In den ersten drei Jahren seines Bestehens (1999-2001) haben mehr als 270 Betriebe daran teilgenommen (Martinuzzi/Kopp/Schwaiger/Schwaiger 2002). Auch in diesem Fall konnten die Berater nicht nur auf ihr persönliches Auftreten, ihre individuellen Referenzen und ein erfolgversprechendes Beratungskonzept verweisen, sondern hatten mehrere (halb)öffentliche Akteure als Imageträger verfügbar.

4. Governance im Öko-Consulting – oder: Wie aus der Öko-Nische das Instrument einer effizienten Nachhaltigkeitspolitik werden könnte

Die bisherigen Ausführungen können wie folgt zusammengefasst werden:

1. *Herausforderung Grundlagenforschung:* Sowohl in der betriebswirtschaftlichen Theorie, als auch in der betrieblichen Praxis fehlen integrierte Konzepte zum nachhaltigen Wirtschaften. Die eingesetzten Instrumente und Ansätze sind punktuell. Sie übersetzen zwar einzelne Aspekte des Leitbilds nachhaltiger Entwicklung in den betrieblichen Kontext, weisen jedoch deutliche Schwachstellen auf. Die aktuelle Herausforderung besteht in der Erweiterung der ökonomischen bzw. sozialwissenschaftlichen Ansätze der Betriebswirtschaftslehre zu einer fundierten und konsistenten Lehre des nachhaltigen Wirtschaftens.
2. *Herausforderung Qualitätssicherung:* Bei der Entwicklung praxisorientierter Instrumente des nachhaltigen Wirtschaftens erfüllt der Beratungssektor eine autonome und treibende Rolle. Diese Aktivitäten finden jedoch unkoordiniert und in einer von Intransparenz und monopolistischer Konkurrenz geprägten Marktsituation statt. Die Qualitätssicherung der Beratungsprodukte ist daher nicht ausreichend sichergestellt. Die aktuelle Herausforderung besteht im Schaffen von Transparenz und in der Sicherung der Qualität von Beratungsprodukten, um zu verhindern, dass durch mangelhafte Beratungsprodukte das gesamte Konzept nachhaltiger Entwicklung in Misskredit gerät.
3. *Herausforderung Produktentwicklung:* Von der öffentlichen Hand gehen kaum mehr direkte Impulse für den Beratungssektor aus. Öko-Consulting entwickelt sich in der

Folge von der Beratung bei reaktiven Umweltstrategien zum proaktiven Aufzeigen und Nützen von Chancen offensiver Umweltstrategien. Für die Entwicklung und Positionierung von derartigen neuen Beratungsprodukten fehlt jedoch eine Gruppe von Key-Playern unter den Beratungsunternehmen, die durch ihre Größe oder Marktmacht Standards setzen oder klar profilierte Produkte etablierten könnte. Wie Fallbeispiele gezeigt haben, können durch eine Beteiligung öffentlicher Akteure bei der Entwicklung und Verbreitung von Beratungsprodukten (z.B. im Rahmen von Beratungsprogrammen) eine höhere Glaubwürdigkeit vermittelt und Image-Kaskaden genützt werden.
4. *Herausforderung Governance:* Um die Wirtschaft in die Umsetzung der nationalen und internationalen Nachhaltigkeitsstrategien aktiv einzubinden, könnte der Beratungssektor einen neuen und besonders effizienten Zugang ermöglichen. Dazu sind die Brücken zwischen dem Beratungssektor und den auf politischer Ebene verabschiedeten Nachhaltigkeitsstrategien zu stärken und die Verbindungen zwischen den Systemen Wissenschaft und Beratung zu intensivieren.

Um diesen Herausforderungen zu begegnen, könnte ein halböffentlicher Raum geschaffen werden, der „Consulting for a Sustainable Europe" als Drehscheibe der Umsetzung nachhaltiger Entwicklung versteht. Dies sollte der Koordination bestehender Aktivitäten dienen, Impulse bei der Produktentwicklung setzen und eine qualitätssichernde Funktion erfüllen. Durch eine gleichgewichtige Einbindung von Akteuren aus Politikgestaltung und -umsetzung, Beratungspraxis und Wissenschaft könnten die Brücken zwischen diesen drei Akteursgruppen gefestigt werden. Dazu müssten als erster Schritt die vielen Bottom-Up-Initiativen und Beratungsprodukte für nachhaltiges Wirtschaften europaweit erhoben, verglichen und veröffentlicht werden. Dabei könnten die nationalen und internationalen Dachverbände von Management-Consulting und Consulting-Engineering eine tragende Rolle übernehmen. Durch eine Beteiligung von Klienten könnten Impulse für die Produktentwicklung aus Sicht der Nachfrager gesammelt und verarbeitet werden. Ein anschließendes wissenschaftlich fundiertes Review- und Bewertungsverfahren könnte die direkten Kontakte zwischen Beratern und Wissenschaftern stärken und zu Kriterien für das Benchmarking von Konzepten und Instrumenten des „Sustainability Consulting" führen. Dies ermöglichte, jene Beratungskonzepte zu identifizieren, die den größten Beitrag zu einer nachhaltigen Wirtschaftsweise bieten. Mit einer dementsprechenden öffentlichen Glaubwürdigkeit ausgestattet, ist mit einer raschen Verbreitung dieser Beratungsprodukte ohne weiteren staatlichen Eingriff zu rechnen. Der gesamte Prozess sollte durch eine Reihe von Veranstaltungen eingerahmt werden, die direkte Kontakte der beteiligten Akteursgruppen ermöglichen und Impulse für die Grundlagenforschung liefern. (Details zu einem dafür erstellten Projektkonzept finden sich in Martinuzzi/Schubert/Zachhalmel 2002).

Grundlage all dieser Aktivitäten wäre ein neues Verständnis des Beratungssektors, das diesen nicht nur als Element einer Top-Down-Umsetzung politischer Strategien versteht, sondern dessen Innovationskapazitäten im Sinne eines Bottom-Up-Prozesses in die Umsetzung nationaler und internationaler Nachhaltigkeitsstrategien einbindet. So könnten Governance-Strukturen geschaffen werden, die einen Zugang zu Betrieben eröffnen, der der bisherigen Politik verwehrt geblieben ist.

Literatur

Beer, Reiner: Umweltschutz und Mittelstand. Berlin 1992
Birke, Martin/Göbel, Markus/Schwarz, Michael: Nachhaltige Beratung – Beratung der Nachhaltigkeit. In: zfo – Zeitschrift Führung + Organisation 71 (2002) 5, S. 277-283
Cohen, Michael/March, James/Olsen, Johan: A Garbage Can Model of Organizational Change. In: Administrative Science Quarterly 1972, 17, S. 1-25
Copenhagen Charter: A management guide to stakeholder reporting. Ernst & Young, Pricewaterhouse-Coopers. 1999
CSR Europe: Communicating Corporate Social Responsibility. CSR Europe. Brüssel 2000
Deutsche Bundesregierung (Hrsg.): Perspektiven für Deutschland – Unsere Strategie für eine nachhaltige Entwicklung. Berlin 2002
Dyllick, Thomas/Belz, Frank/Schneidewind, Uwe: Ökologie und Wettbewerbsfähigkeit. München 1997
ENDS – Environmental Data Services (Hrsg.): Environmental Consultancy in the UK – Market Analysis 1995/96. London 1996
ENDS – Environmental Data Services (Hrsg.): Environmental Consultancy in the UK – Market Analysis 1997/98. London 1998
ENDS – Environmental Data Services (Hrsg.): Environmental Consultancy in the UK – Market Analysis 1999/2000. London 2000
Global Reporting Initiative: Sustainability Reporting Guidelines on Economic, Environmental, and Social Performance. o.O. 2000
Gotwald, Andreas/Gotwald, Victor/Reich, Brigitte/Zillessen, Horst/Westholm, Hilmar: Status und Erfahrungen mit Umweltmediation in Europa – Konfliktlösungsverfahren im Umweltbereich (Schriftenreihe des Bundesministeriums für Land- und Forstwirtschaft, Umwelt und Wasserwirtschaft, Band 15). Wien 2000 (auch in: www.environ-mediation.net/pdf/studie_um_in_europa.pdf)
Hillemanns, Reiner: Kritische Erfolgsfaktoren der Unternehmensberatung. St.Gallen 1995
Hoffmann, Werner: Faktoren erfolgreicher Unternehmensberatung. Wiesbaden 1991
Huchler, Elisabeth/Martinuzzi, André: ÖkoBusinessPlan Wien – Erster Evaluationsbericht. Wien, Juni 1999
Huchler, Elisabeth/Martinuzzi, André: Ökoprofit Dornbirn: Erfahrungen, Erfolge, Übertragbarkeit (Schriftenreihe des Bundesministeriums für Umwelt, Jugend und Familie). Wien 1997
Huchler, Elisabeth/Martinuzzi, André: Ökoprofit Dornbirn: Langfrist-Evaluation des Jahrganges 1996. Wien 1998
Huchler, Elisabeth/Martinuzzi, André/Störmer, Eckhard: Begleitende Evaluationen von Umweltberatungsprojekten als Prozess des organisierten Lernens – Methodik und ausgewählte Ergebnisse von drei Begleitforschungen zu ÖKOPROFIT-Projekten in Österreich und Deutschland. In: Stockmann, Reinhard (Hrsg.): Tagungsband Umweltberatung und Nachhaltigkeit. Osnabrück 2000
Kastner, Otmar: Environmental consulting in the USA in reference to the situtation in Europe and Austria / Ökologische Unternehmensberatung in den USA unter Bezugnahme auf die Situation in Europa und Österreich. Wien 1993
Kieser, Alfred: Immer mehr Geld für Unternehmensberatung – und wofür ? In: Organisationsentwicklung 17 (1998) 2, S. 63-69
Kingdon, John: Agendas, Alternatives, and Public Policies. New York, 2. Auflage 1995
Klein, Naomi: No logo! Der Kampf der Global Players um Marktmacht. Ein Spiel mit vielen Verlierern und wenigen Gewinnern. München 2001
Kommission der Europäischen Gemeinschaften: Strategie der Europäischen Union für die nachhaltige Entwicklung (Teil der Schlussfolgerungen des Vorsitzes des Europäischen Rates von Göteborg Juni 2001). Brüssel 2001
Luhmann, Niklas. Kommunikationssperren in der Unternehmensberatung. In: Luhmann, Niklas/Fuchs, Peter: Reden und Schweigen. Frankfurt/Main 1989
Martinuzzi, André: Verzeichnis der Öko-Consulting-Anbieter Österreichs. Wien 1995
Martinuzzi, André/Egger-Steiner, Michaela: ÖkoBusinessPlan Wien – Dritter Evaluationsbericht. Wien, September 2000
Martinuzzi, André/Egger-Steiner, Michaela/Kopp, Ursula: ÖkoBusinessPlan Wien – Vierter Evaluationsbericht. Wien, Mai 2001
Martinuzzi, André/Fischerlehner, Karin/Kaufmann, Peter/Stockmeyer, Alexandra: Materialiensammlung zum Öko-Consulting in Österreich. Wien 1994

Martinuzzi, André/Hammerschmidt, Gerhard/Huchler, Elisabeth: ÖkoBusinessPlan Wien – Zweiter Evaluationsbericht. Wien, Januar 2000

Martinuzzi, André/Kopp, Ursula/Schwaiger, Petra/Schwaiger, Sandra: ÖkoBusinessPlan Wien – Fünfter Evaluationsbericht. Wien, März 2002

Martinuzzi, André/Neumayr, Barbara/Stockmeyer, Alexandra: Öko-Consulting 1996 (Schriftenreihe des Cleaner Production Center Austria). Wien 1997

Martinuzzi, André/Schubert, Uwe/Zachhalmel, Roland: Sustainability Consulting in Europe – Berater auf dem Weg zur Nachhaltigen Entwicklung? – Are Consultants implementing Sustainable Development (Schriftenreihe des Forschungsschwerpunkts Nachhaltigkeit und Umweltmanagement). Wien 2002

Martinuzzi, André/Störmer, Eckhard/Huchler, Elisabeth: Ökoprofit München – Evaluation des ersten Jahrgangs (hrsg. v. der Stadt München, Referat für Arbeit und Wirtschaft/Referat für Umwelt und Gesundheit). München 2001

MUNLV-NRW (Ministerium für Umwelt und Naturschutz, Landwirtschaft und Verbraucherschutz des Landes Nordrhein-Westfalen, o.V.): Umweltministerin Bärbel Höhn: Ökoprofit zahlt sich aus. (Pressemitteilung vom 7. Mai 2002) In: www.mulv.nrw.de/sites/presse/pressemitteilungen/ue020507.htm

Nicolai, Alexander: Die Strategie-Industrie – Systemtheoretische Analyse des Zusammenspiels von Wissenschaft, Praxis und Unternehmensberatung. Wiesbaden 2000

Niedereichholz, Christel: Unternehmensberatung 1 – Beratungsmarketing und Auftragsakquisition. München 1994

Niedereichholz, Christel: Unternehmensberatung 2 – Auftragsdurchführung und Qualitätssicherung. München 1997

Österreichische Bundesregierung (Hrsg.): Österreichs Zukunft Nachhaltig Gestalten – Die Österreichische Strategie zur Nachhaltigen Entwicklung. Wien 2002

Österreichische Gesellschaft für Umwelt und Technik (Hrsg.): Handbuch Umweltmediation – Konflikte lösen mit allen Beteiligten (ÖGUT-News 2.01, 2002). Wien 2002 (auch in www.environ-mediation.net/pdf/handbu_media.pdf)

Qualters, Sheri: Goodwin Procter gets $ 5.8M in A.D. Little bankruptcy. In: Boston Business Journal, week of August 12th, 2002, boston.bizjournals.com/boston/stories/ 2002/08/12/story3.html

Rathje, Britta: Der Micro-Macro-Link in der Umweltberichterstattung: Möglichkeiten und Grenzen der Verknüpfung einzel- und gesamtwirtschaftlicher Umweltberichterstattungssysteme. (Kassel, Univ. Diss.) 2001

Schade, Christian: Marketing für Unternehmensberatung – ein institutionenökonomischer Ansatz. Wiesbaden 1996

Schneidewind, Uwe: Die Unternehmung als strukturpolitischer Akteur. Marburg 1998

Schulz, Werner F./Gutterer, Bernd/Geßner, Christian/Sprenger, Rolf-Ulrich/Rave, Tilman: Nachhaltiges Wirtschaften in Deutschland. Hohenheim 2002

Schwaderlapp, Rolf: Ökologische Unternehmensberatung als Gestaltungshilfe betrieblicher Umweltpolitik. Berlin 1989

Sebesta, Brigitte/Wallner, Heinz Peter/Schauer, Kurt: Evaluation der Cleaner Production Programme in Österreich. Graz 2000

Steger, Ulrich (Hrsg): Umweltmanagementsysteme – Fortschritt oder heiße Luft? Erfahrungen und Perspektiven, Ergebnisse von Forschungsprojekten unter der Leitung von Prof. Dr. Ulrich Steger. Frankfurt am Main 2000

Stitzel, Michael: Arglos in Utopia. In: Betriebswirtschaft 54 (1994) 1, S. 95-116

Stockmann, Reinhard/Meyer, Wolfgang: Nachhaltige Umweltberatung. Opladen 2001

Strass, Oliver: Ein Vergleich des dänischen mit dem österreichischen Öko-Consulting-Markt (Diplomarbeit Wirtschaftsuniversität Wien). 1999

Thayer, Ann: Arthur D. Little Consulting Firm Auctioned Off. In: Chemical and Engineering News 80 (15. April 2002) 15, S. 14

Tischer, Ralf-Georg: Ökologische Berater-Netzwerke – ein Beratungsmodell zur Förderung einer ökologieorientierten Verhaltensausrichtung kleiner und mittlerer Unternehmungen. Baden-Baden 1994

Wirtschaftsblatt (o.V.): Arthur D.Little: Insolvenz betrifft auch Wiener Niederlassung. In: Wirtschaftsblatt, 17. Februar 2002

Zachhalmel, Roland: Öko-Consulting in Großbritannien und Österreich – ein Marktvergleich (Diplomarbeit, Wirtschaftsuniversität Wien). 2000

Sustainability Consulting. Nachhaltige Perspektiven für Klienten und Berater?

Michael Mohe und Reinhard Pfriem

1. Nachhaltigkeit als externe gesellschaftliche Herausforderung

Die Rede von nachhaltiger Unternehmensführung erweckt fälschlicherweise den Eindruck einer endogen generierten Strategie. Sustainable Development geht zurück zunächst auf den Brundtland-Report (Hauff 1987), dann die United Nations Conference for Environment and Development (UNCED) 1992 in Rio de Janeiro und die dort verabschiedete Agenda 21. Hierdurch einer breiteren Öffentlichkeit, aber immer noch Minderheit von Menschen bekannt geworden, ist Sustainable Development zunächst eine von außen an die Unternehmen herangetragene regulative Idee. An diesem Punkte Immanuel Kant folgend, können wir Nachhaltigkeit – ähnlich wie bei Kant die Freiheit – als eine von der Vernunft gebildete regulative Idee definieren. Vernunft, so haben wir seit Kant gelernt, braucht die Chance auf ihre praktische und historisch-konkrete Einlösung, sonst verkommt sie zur metaphysischen Größe.

Die Kraft der Nachhaltigkeit als regulativer Idee beruht insofern auf der Entschlossenheit eines relevanten Teils der Menschheit, die jüngere Entwicklung von Wirtschaft und Gesellschaft umzusteuern. Von Umsteuerung zu sprechen, ist deshalb nicht übertrieben oder gar fundamentalistisch, weil nach gegenwärtigem Wissen das US-amerikanische Wohlfahrtsmodell oder etwa auch das deutsche nicht auf den Rest der Erde übertragen werden kann, ohne die Erde existentiell zu gefährden. In diesem Übertragbarkeitsmodell von Nachhaltigkeit ist erstens präzise die Herausforderung beschrieben, deren erfolgreiche Annahme unter anderem durch die Unternehmen dieser Erde erst einmal überhaupt nicht garantiert ist, und zweitens die Verschränkung der ökologischen und der sozialen Dimension des Wirtschaftens betont: Wohlfahrt betrifft nicht nur hinreichende Möglichkeiten der Ressourcennutzung und ökologische Qualitäten, sondern ebenso Freiheit und Gerechtigkeit (vgl. Sen 2000) sowie die Option auf Entwicklung:

> „Entwicklung bedeutet, einen grundlegenden gesellschaftlichen Wandel anzustoßen, die Lebensbedingungen der Armen zu verbessern, allen Menschen Zugang zu gesundheitlicher Versorgung und Bildung zu verschaffen und ihnen die Chance zu geben, mehr aus ihrem Leben zu machen" (Stiglitz 2002: 288).

Für unser Thema „Sustainability Consulting" sind diese einführenden Überlegungen deshalb belangvoll, weil sie unterstreichen und präzisieren, dass Nachhaltigkeit zunächst einmal wirklich von außen an die Unternehmen herangebracht wird, als externe gesellschaftliche Herausforderung auftritt. Ob die mit Umsteuerung bezeichnete Zielsetzung, die auf dieser Erde dominierenden Wohlfahrtsmodelle so zu modifizieren, dass ihre Übertragbarkeit auf den ganzen Erdball möglich wird, tatsächlich auch erreicht werden kann, kann (leider) noch nicht über einzelne Verbesserungen einzelner Unternehmen in ökologischer oder sozialer Hinsicht belegt werden. Deshalb stehen wir an unserem Oldenburger Lehrstuhl für

Unternehmensführung und betriebliche Umweltpolitik dem üblichen Drei-Säulen-Modell von Nachhaltigkeit, das heißt der additiven Aufteilung in eine ökonomische, eine soziale und eine ökologische Dimension, inzwischen auch recht skeptisch gegenüber. Gerade auch über unser dreijähriges BMBF-Projekt „summer – sustainable markets emerge“ machen wir immer wieder die Erfahrung, dass der Verweis auf die (dann nämlich recht beliebig füllbaren) drei Dimensionen von Nachhaltigkeit die Schärfe der Herausforderung verwässert und eher nur dazu dient, alle Beteiligten in dem Glauben zu stärken, schon längst auf dem richtigen Wege zu sein (zu einer eingehenderen kritischen Auseinandersetzung mit dem Drei-Säulen-Konzept von Nachhaltigkeit siehe Paech/Pfriem 2002).

Bezogen auf die Berater-Klient-Beziehung auf dem Feld der Nachhaltigkeitsberatung finden wir insofern eine Konstellation vor, die analytisch nur über mehrere Schritte brauchbar aufgelöst werden kann:

1. Unsere bisherigen Überlegungen bekräftigen, dass die Berater im Fall der Nachhaltigkeit den Unternehmen Beratung auf einem Gebiet anbieten, wo es im ersten Anlauf nicht um die Bearbeitung und Lösung unternehmensinterner Probleme geht, sondern um die angemessene Verarbeitung einer zunächst externen Herausforderung durch die Unternehmen.
2. Der Erfahrungsstand der Beratungsforschung (siehe Walger 1995; Kolbeck 2001; die theoretischen Beiträge in Mohe/Heinecke/Pfriem 2002) weist nachdrücklich die Grenzen externer Expertenberatung auf und betont die eigenständige Rolle der Unternehmensorganisationen selbst für das Zustandekommen effektiver Lernprozesse.
3. Wenn sich die Consultants in Sachen Nachhaltigkeit als von außen kommender Herausforderung zu sehr zurückhalten (vielleicht guten Glaubens um der Förderung interner Lernprozesse willen), riskieren sie das Hineinschlittern in affirmative Begleitung dessen, was die Unternehmen ohne nennenswerte Veränderung ihrer strategischen Programme sowieso bereit sind zu tun.
4. Die Conclusio ist scheinbar paradox: Die Berater müssen aktiv die Konfrontation der (Unternehmens-)Organisationen, also ihrer Klienten, mit gesellschaftlichen Herausforderungen zu ihrem Tätigkeitsfeld machen (siehe auch beispielhaft unterlegt Pfriem 2002) und trotzdem maximal daran arbeiten, endogene Lern- und Entwicklungsprozesse der Unternehmen in Gang setzen und befördern zu helfen, im Wissen darum, dass die nachhaltige Veränderung strategischer Programme von Unternehmen auch nur durch diese selbst und nicht durch Jaworte gegenüber externen Consultants erfolgen kann.

Die Conclusio ist leichter benannt als befolgt. Schon bei den universitären Beratern, also solchen, die ein nicht völlig niedriges Grundgehalt als Staatsbeamte verdienen und nicht existentiell angewiesen sind darauf, Firmenaufträge zu akquirieren, treten im Feld der Nachhaltigkeitsberatung Anpassungsstrategien zutage, bei denen das Verfechten von Nachhaltigkeit als globaler Herausforderung nicht mehr unbedingt garantiert scheint. Bemerkenswerte Informationen liefert dazu der vom Kölner Institut der deutschen Wirtschaft organisierte Begleitprozess zur Förderinitiative „Betriebliche Instrumente für nachhaltiges Wirtschaften“ des Bundesforschungsministeriums. Die Forschungsstelle Ökonomie/Ökologie des Instituts hat vom Bonner Statusseminar des Förderschwerpunkts am 4. Juli 2002 eine Dokumentation (Forschungsstelle 2002) erstellt, deren Lektüre lohnt, um den Problemen und Risiken von Sustainability Consulting näher auf die Spur zu kommen.

2. Real existierendes Sustainability Consulting in der Professionalitätsfalle

Die Dokumentation fasst unter anderem die Zwischenberichte von 17 Projekten zusammen. Nehmen wir auf die Bemerkung von eben Bezug und unterstellen, dass universitäre Berater (um die es sich bei den 17 Projekten fast ausschließlich handelt) im Vergleich zu privaten Consultants mehr Mut aufbringen müssten, inhaltlich und methodisch eigenständig gegenüber den Unternehmen aufzutreten. Daran gemessen fällt die systematisierende Beschreibung der 17 Projekte außerordentlich ernüchternd aus:

- Die Mehrzahl der Projektnehmer – folgt man den dokumentierten Projektberichten – hält eine Reflektion der Berater-Klienten-Beziehung offenkundig für völlig überflüssig. Das bestärkt den Eindruck, dass im Vergleich zu anderen Beratungsthemen und -feldern Unprofessionalität im Feld des Sustainability Consulting überproportional vertreten ist.
- Bei einigen derjenigen, die sich überhaupt über die Berater-Klienten-Beziehung auslassen, wird als Lernprozess ausgegeben, die aktuellen wissenschaftlichen Konzepte zugunsten von „good practices" der beteiligten Unternehmen zurückzustellen, unter anderem ausgerechnet von einem Projektnehmer, der sich anspruchsvoll „Deutsches Kompetenzzentrum für Nachhaltiges Wirtschaften" nennt (Forschungsstelle 2002: 32).
- Als einen Ausdruck des Bemühens um hinreichende Anpassungsfähigkeit an die Unternehmenswirklichkeit verstehen wir den Versuch, die aktuell dominante Managementmode (zur Kritik von Moden und Mythen des Managements siehe u.a. Kieser 1996) aufzugreifen und mit dem Inhalt Nachhaltigkeit zu versehen. Nach dem Wissensmanagement ist die Balanced Scorecard von Kaplan und Norton (1997) wohl die gegenwärtig dominante Managementmode, und in diesem Sinne kann es nicht verwundern, dass zwei von den 17 Projekten eine Sustainable Balanced Scorecard zum Gegenstand haben.
- Unter den 17 Projekten ist unser Projekt „summer – sustainable markets emerge" nicht das einzige, aber leider eines von wenigen, die wenigstens den Anspruch erheben, die Berater-Klienten-Beziehung zu reflektieren, das heißt die Beratung nicht als einfachen Prozess entweder der Umsetzung des von außen Kommenden oder der Zustimmung zur relativen best practice unter den Partnern zu sehen.

Man muss nicht unser Projektthema der Generierung nachhaltiger Zukunftsmärkte zum eigenen machen, um darauf zu kommen, dass Sustainibility Consulting vor allem auf die Entfaltung eines gesellschaftlichen Kommunikationsprozesses zielt, im Hinblick auf die Berater-Klienten-Beziehung vor allem des Kommunikationsprozesses der Unternehmen mit ihren stakeholders, um es in der Terminologie des für die Managementlehre relevant gewordenen Ansatzes von Freeman (1984) auszudrücken, oder der Kommunikation des Unternehmens mit seinen organisationalen Feldern, um es mit Di Maggio/Powell (1983) und damit dem soziologischen Neo-Institutionalismus zu formulieren. Kommunikation ernstgenommen ist nicht nur mehr als Austausch von Informationen, nämlich die Verständigung über zwangsläufig subjektiv vorgenommene Wirklichkeitskonstruktionen (siehe dazu Pfriem 1995: 305ff.), also unterschiedliche Wahrnehmungen der vermeintlich selben Wirklichkeit, vor allem ist – auf die konkrete Managementpraxis hin formuliert – Kommunikation kein Instrument. Unternehmen, die Kommunikation befördern wollen und sie als tool einzusetzen bemüht sind, werden vielleicht einiges auf den Weg bringen, aber sicher nicht wirkliche Kommunikation.

Die Entfaltung strategischer Lernprozesse bei Unternehmen zielt nicht auf mechanisches Umsetzen, sondern auf die Veränderung strategischer Programme (siehe Müller-Stewens/Lechner 2001). Möglichst schon existentiell an diese Rolle gebundene Berater, erst recht solche mit gesichertem universitären Arbeitsplatz und Gehalt, haben unter diesen Bedingungen nach unserer Ansicht die Aufgabe, echte Lernprozesse über Irritationen auszulösen und nicht business as usual als Lernprozess zu verklären.

Sehen wir uns die Elemente strategischer Lernprozesse von Unternehmen (wegen der Frage nach angemessener Beratung und Gestaltung der Berater-Klienten-Beziehung) näher an. Strategische Entscheidungen von Unternehmen, die getroffen werden, weil sie auch anders getroffen werden könnten, sind Optionen auf mögliche künftige Entwicklungen, sowohl der Umwelten des Unternehmens wie des Unternehmens selber. Beide Entwicklungen sind prinzipiell unvorhersehbar. Insofern liegt der jeweiligen strategischen Entscheidung nicht mehr zugrunde als der allenfalls auf Indizien bezogene Glaube, es werde sich rechnen, das heißt die Entscheidung werde sich früher oder später als wirtschaftlich vernünftig herausstellen, wobei die Kriterien dafür, was denn wirtschaftlich vernünftig sei, selber alles andere als unveränderlich sind. Anhaltende Rentabilitätsdefizite werden bekanntlich immer wieder gern mit Arbeitsplatzargumenten, der strukturellen Bedeutung für eine Region und ähnlichem wegdiskutiert.

Unser Projekt „summer – *su*stainable *m*arkets e*mer*ge" hat zum zentralen Gegenstand, Nachhaltigkeit und Innovationsperspektive zusammenzubringen. Dem liegen zwei wesentliche Befunde zugrunde:

1. Die Innovationsforschung (gerade auch die betriebswirtschaftliche) vermag mit der Innovationsherausforderung Nachhaltigkeit bis dato quasi nichts anzufangen, selbst in ihren qualitativ besseren Teilen (siehe Hauschildt 1997) wird eher Ökologie als Innovationshemmnis thematisiert.
2. Die wissenschaftliche Forschung zu Nachhaltigkeit scheint immer noch große Schwierigkeiten zu haben, über den Umstand hinaus, dass vielleicht bestimmte technologische Pfade aus Gründen der Nachhaltigkeit nicht beschritten werden sollten, Nachhaltigkeit auch zum positiven Bezugspunkt von Innovationen machen zu können. Das lässt sich wohl recht einfach dadurch erklären, dass die Praxis ebenso wie die Theorie der ökologischen Bewegungen der letzten zwanzig Jahre vorherrschend defensiv gegen industrielle Weiterentwicklungen ausgerichtet war und nur in Teilbereichen wie alternativer Energiegewinnung die Innovation begann bzw. beginnt, eine gebührende Rolle zu spielen.

Für uns resultiert daraus der Arbeitsbegriff Nachhaltigkeitsinnovationen (siehe Fichter/Arnold in diesem Band). Mit dem Begriff der Nachhaltigkeitsinnovationen wird im Grunde ein neues Forschungsfeld aufgetan. Der mit dem Begriff der Nachhaltigkeit angestrebte Einklang ökonomischer mit ökologischen und sozialen Entwicklungen ist nun aber unserer Ansicht nach nur in einer dynamischen, innovativen Perspektive zu realisieren. Dieses Bekenntnis zur Innovation unterscheidet sich wesentlich von der industriepolitischen Attitüde, irgendwie alles mitmachen zu sollen, was technisch, ökonomisch usw. ausgedacht oder vorgeschlagen wird. Es geht gerade nicht darum, jeden Weg gehen zu müssen, sondern um die kommunikative und kooperative Findung der Wege, die der Nachhaltigkeitsidee am nächsten zu kommen scheinen. Von daher gilt:

> „Für die Erklärung und Gestaltung nachhaltiger Innovationen erscheinen interaktive Modelle besonders fruchtbar, da sich mit diesen die für Nachhaltigkeitsfragen besonders relevanten Fragen von Pfadabhängigkeiten und Pfadveränderungen sowie die besondere Rolle von Akteursnetzwerken, veränderten Akteursettings und Stakeholderkooperation konstruktiv bearbeiten lassen" (Fichter 2002).

3. Es geht um Beratungskompetenz für die Veränderung strategischer Programme von Unternehmen

Solche Innovationen müssen in enger Verkopplung mit der Entwicklung und Veränderung strategischer Programme von Unternehmen gedacht werden. Nach Mintzberg (1987) enthält der Strategiebegriff bekanntlich ein Bündel von Elementen: Plan im klassischen Sinne, Spielzug, Entscheidungsmuster, Verortung, Wahrnehmungsperspektive. Nach unserem Verständnis ist letztere übergreifend. Strategische Programme von Unternehmen sind insofern gesellschaftliche Kommunikationsangebote, wie die Dinge gesehen und wie Gesellschaft weiter entwickelt werden sollte. Es liegt in der Verantwortung der Unternehmen wie anderer Teile der Gesellschaft, solche Angebote unter dem Aspekt nachhaltiger Entwicklung zu beurteilen. Und (gute) Berater sind eigentlich nichts anderes als Promotoren und Moderatoren dafür, dass Unternehmen die hierfür erforderlichen Fähigkeiten entwickeln.

Natürlich wird daran deutlich, wie sehr eine Beurteilung der Nachhaltigkeit von Innovationen an Vermutungen, vielleicht sogar Hoffnungen geknüpft werden muss. Denn worin die mit der Innovation verbundene Geschäftsidee besteht, stellt sich häufig erst prozedural heraus und liegt im Moment der Innovation noch keineswegs fest. Insofern wären strategische Entscheidungen von Unternehmen eher als Bestandteil strategischer Suchprozesse zu charakterisieren, nicht als deren Beendigung. Die Offenheit und Varietät solcher strategischen Entscheidungen ergibt sich des weiteren daraus, dass Unternehmen implizit, seltener explizit dieser oder jener Schule des Strategischen Managements folgen (siehe dazu Mintzberg 1999) und im Denkrahmen einer solchen Schule ihre Entscheidungen treffen.

Mutige Beratung – nämlich die Unternehmen mit Nachhaltigkeit als externer gesellschaftlicher Herausforderung zu konfrontieren – und das Primat endogener Lern- und Entwicklungsprozesse müssen nach unserer Argumentation (paradoxerweise) in Einklang gebracht werden. Das geht nur über eine konsequente Abwendung vom Drei-Säulen-Modell gerade in Zusammenhängen des Sustainibility Consulting und dadurch, für die aktive Aufnahme der Nachhaltigkeit als externer Herausforderung im Sinne des Übertragbarkeitsmodells auf die strategischen Suchprozesse der Unternehmen zu setzen (siehe Abbildung 1).

Unternehmensstrategien führen Kämpfe um Anerkennung nicht im Sinne allgemeiner gesellschaftlicher Respektierung, sondern im Sinne einer sehr spezifischen: Durchsetzung im marktwirtschaftlichen Wettbewerb. Das heißt aber, wie sich an der positiven Rückkopplung von ökologischer Verbesserung zur nächsten ökonomischen Entscheidung zeigen lässt, nun gerade nicht, dass keine Nachhaltigkeitsziele in die Entscheidung eingehen können, die nicht der unmittelbaren Handlungslogik der Unternehmen entwachsen wären. Im Gegenteil steigert ja die ökonomische Bestätigung von nachhaltigkeitsbezogenen Entscheidungsinhalten die Bereitschaft, bei der nächsten ökonomischen Entscheidung in diese Richtung weiterzugehen. Dass nun etwa die ökologische Vorteilhaftigkeit einer Entscheidung eine ökonomische Bestätigung erfahren hat, muss von den Entscheidungsträgern natürlich erst einmal wahrgenommen werden. Diese Wahrnehmung ist nicht zwingend. Findet sie nicht statt, macht es wenig Sinn, dies ethisch-moralisch zu kritisieren. Mehr Sinn würde es machen, die damit zum Ausdruck kommende mangelnde Reichweite strategischen Denkens zu kritisieren.

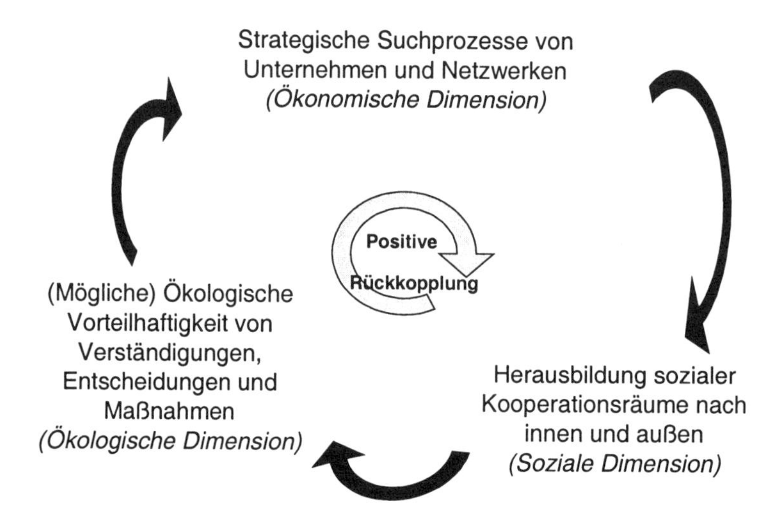

Abbildung 1: Das Drei-Säulenmodell der Nachhaltigkeit vom Kopf auf die Füße stellen (Quelle: Paech/Pfriem 2002: 15)

Und damit kommen wir erneut zur strategischen Aufgabe und auch Verpflichtung von Beratern gerade auf dem Feld des Sustainability Consulting: das Risiko eingehen, sich beim Unternehmen kurzfristig unbeliebt zu machen, indem aktuelle strategische Programme des Unternehmens nicht affirmativ verklärt und hochgejubelt, sondern eher als verbesserungsfähig gegen den Strich gebürstet werden – insbesondere mit der Philosophie und dem quasi penetranten Hinweis darauf, dass die regulative Idee der Nachhaltigkeit eine externe gesellschaftliche Herausforderung für jedes Unternehmen darstellt, die nur in dem Maße Sinn macht, in dem statt des beliebig auslegbaren Drei-Säulen-Modells das Übertragbarkeitsmodell der Nachhaltigkeit in Augenschein genommen wird. Der Clou dabei ist, Unternehmen eben nicht aus der Beraterrolle heraus zu überfordern, sondern als Berater trotzdem (!) die Einsicht zur Geltung zu bringen, dass nichts ist an Beratungsfortschritt, wenn nicht die eigenständige Entwicklung(-sfähigkeit) der Unternehmen zum praktisch Entscheidenden wird. Damit kommen wir zu einem aktuellen, gerade auch bei uns in Oldenburg bearbeiteten Thema der Beratungsforschung: der Klientenprofessionalisierung.

4. Klientenprofessionalisierung

Wesentliches Fazit der bisher vorgetragenen Argumentation ist also der Befund, dass die Beziehung zwischen Beratern und Unternehmen (Klienten) im Feld des Sustainability Consultings besonders naiv und leichtfertig behandelt wird. Angesichts des rudimentären Standes der Konsultationsforschung wollen wir mit den folgenden Ausführungen Überlegungen für eine Neuvermessung des Feldes präsentieren, die grundsätzlich also sämtliche Beratungsprozesse betreffen, solche des Sustainability Consultings freilich in besonderem Maße. Dazu werden wir erstens für eine Rollenkorrektur der Klientenperzeption plädieren und hieraus den Bedarf eines professionelleren Umgangs mit Beratung aufzeigen. Zweitens werden wir einen knappen Überblick über verschiedene Strategien der Klientenprofessionalisierung geben und drittens deren Problemfelder aufzeigen. Vor diesem Hintergrund werden wir viertens Überlegungen anstellen, wie sich ein professioneller Umgang mit Beratung in einer erweiterten Perspektive darstellen kann.

4.1 Rollenkorrekturen: Traditionelle und neue Rollenverständnisse von Klienten

Traditionelle Konzepte der Beratung arbeiten mit einer asymmetrischen Berater-Klienten-Beziehung. Die Asymmetrie ist unidirektional und begründet sich in der überlegenen Problemlösungsexpertise des Beraters.

> „Ein Wissensbesitzer, Experte, Fachmann, verkauft seinen Rat an einen Rat-losen, so dass dieser Belehrte danach klarer sieht und richtig entscheidet" (Neuberger 2002: 140).

Die klassische Metapher hierzu ist diejenige der Arzt-Patient-Beziehung (vgl. stellvertretend für viele Schein 1993: 408ff.),

> „in der ein Berater quasi als Arzt auf einen mehr oder weniger passiven, als krank definierten Klienten einwirkt (...)" (Staehle 1991: 29)[1].

Folgt man diesen Rollenbildern, liegt es nahe, „den argen Mangel an qualifizierten Beratern" (Niedereichholz 1993) zu reklamieren und für ein Investment in eine bessere Qualität auf der Beraterseite zu votieren (siehe weiterführend zur Professionalisierung auf der Beraterseite Alvesson/Johansson 2001; Kühl 2001).

Im Gegensatz zu traditionellen Konzepten entwickeln neue Konzepte der Beratung differenziertere Beziehungsmuster. Diese reichen von Vorstellungen einer symmetrischen Beziehung (vgl. Fleischmann 1984: 175ff.) über Annahmen einer doppelt asymmetrischen Beziehung (vgl. Wolf 2000: 217) bis hin zur Beschreibung einer asymmetrischen Beziehung zugunsten des Klienten (vgl. Kolbeck 2001: 137). Trotz dieser Vielfalt besteht Einigkeit in der Intention: Es wird ein Verständnis zugrunde gelegt, das Beratung nicht mehr länger verkürzt als einseitige Angelegenheit des Beraters, sondern als Ko-Produktion zwischen Berater und Klient charakterisiert. Dies ist mit einer Rollenkorrektur des Klienten verbunden, der nun nicht mehr passiv konsumierend, sondern aktiv und fordernd auftritt (vgl. Grün 1984; Fincham 1999).

Wenn Klienten eine aktive Rolle im Beratungsprozess einnehmen, dann bedeutet dies auch, dass sie einerseits immer weniger die Verantwortung für mangelnde Beratungsergebnisse den Beratern zuschlagen können, sondern anderseits als gestaltender Akteur professioneller mit Beratung umzugehen haben. Dass wusste übrigens schon Niccoló Machiavelli (1469-1527), der in seinem „Ratgeber" für die Fürsten zur Zeit der florentinischen Medici-Herrschaft feststellte:

> „Es ist eine allgemeine, untrügliche Regel, daß ein Fürst, der selbst nicht weise ist, auch nicht gut beraten werden wird."

---

1 Aus Arzt- bzw. Beratersicht besitzt eine passive Rollenauslegung des Klienten zudem einen gewissen Charme, denn „ein bewusstloser Patient stellt das Personal natürlich vor weniger Probleme als ein Patient bei Bewusstsein; ein schwacher, ans Bett gefesselter weniger als einer, der aufstehen kann" (Freidson 1979: 104).

In diesem Sinne tragen auch Klienten Verantwortung für die Beratung an sich und für die Qualität des Beratungsergebnisses im Besonderen. Die Effektivität von Unternehmensberatung bemisst sich nicht zuletzt daran, wie professionell Klienten mit Beratung umgehen (vgl. Mohe/Pfriem 2002).

4.2 Expertenorientierte Professionalisierungsstrategien: Klientenprofessionalisierung durch den Aufbau von Expertise

Angesichts steigender Beratungsvolumina geraten unausgeschöpfte Beratungspotenziale in das Blickfeld. Es entstehen Reaktionsmuster bzw. Professionalisierungsstrategien, die auf den Aufbau von Wissen und Kompetenzen umfassender Expertise im Umgang mit Beratung abzielen (siehe ausführlicher dazu und im folgenden Mohe, im Erscheinen). Mit dem Aufbau von Konsultationsexpertise, Beratungsexpertise und Steuerungsexpertise können drei expertenorientierte Strategien der Klientenprofessionalisierung unterschieden werden (siehe Abbildung 2).

Abbildung 2: Expertenorientierte Strategien der Klientenprofessionalisierung (Quelle: Mohe, im Erscheinen)

Der Aufbau einer *Konsultationsexpertise* beschreibt eine Professionalisierungsstrategie, die auf die Phase der Beraterauswahl fokussiert. Das Risiko des Einkaufs von Beratungsleistungen soll beispielsweise durch Buying Center abgefedert werden (vgl. Kohr 2000). Indem mehrere Personen in den Entscheidungsprozess einbezogen werden, soll eine möglichst rationale Beraterauswahl gewährleistet werden. Ein anderes Beispiel sind Beschaffungsstrategien, die vorschlagen, die Beraterauswahl streng nach den Kriterien Expertise und Preis auszuwählen (vgl. Baker/Faulkner 1991). Schließlich sollen möglichst ausdifferenzierte und detaillierte Beraterauswahlverfahren („beauty contests") es ermöglichen, zwischen „der Schönen und dem Biest" zu selektieren.

Professionalisierungsstrategien, die auf den Aufbau von *Beratungsexpertise* abzielen, finden ihren Ausdruck in der unternehmerinternen „Eigenerstellung" (Niedereichholz 1996: 5) von Beratungsleistungen. Das mit dieser Professionalisierungsstrategie korrespondierende Konzept ist das Inhouse Consulting (siehe für eine Typologisierung und aktuelle Entwicklungen des Inhouse Consulting Mohe 2002). Mit der Vorhaltung interner Beratungskapazitäten soll eigene Beratungsexpertise aufgebaut werden, um beispielsweise zu gewährleisten, dass internes Wissen nicht via externer Beratung unkontrolliert diffundiert. Konsequenz ist die sukzessive Substitution externer Beratung – und tatsächlich verzeichnet das Wesen des Inhouse Consulting entgegen den momentanen Krisenerscheinungen auf dem Beratungsmarkt beachtliche Umsatzzuwächse und steigende Mitarbeiterzahlen.

Die dritte Professionalisierungsstrategie zielt ab auf den Aufbau von *Steuerungsexpertise* im Umgang mit Beratung. Als Basiskonzept für den Aufbau einer Steuerungsexpertise von Beratung dient die Idee eines Beratungsclearings (vgl. Klein 2002). Die Leitidee des Beratungsclearings ist es, eine Steuerung und Koordination aller Beratungsangelegenheiten des Unternehmens zu institutionalisieren. Das aus der Praxis kommende Beratungsclearing findet seinen theoretischen Anschluss in Governance Mechanism der Agenturtheorie (vgl. Weiershäuser 1996; Saam 2001). Hier wird versucht, aus Informationsasymmetrien resultierenden Unsicherheitspotenzialen (sog. „hidden"-Konstellationen) mit einem möglichst gut kalkulierten Einbau von Kontrollen und Steuerungsoptionen (monitoring, screening etc.) entlang des Beratungsprozesses zu begegnen.

4.3 Problemfelder expertenorientierter Professionalisierungsstrategien

Wenngleich es optimistisch stimmt, dass ein professioneller Umgang mit Beratung zunehmend bewusster angegangen wird, darf dies den Blick auf mögliche Problemfelder nicht verhindern. Einige davon sollen nachfolgend aufgezeigt werden.

Versucht man – bei allen Unterschieden im Detail – ein Netz über die drei Professionalisierungsstrategien zu werfen, lässt sich eine gemeinsame Denkfigur freilegen. Professionalisierungsstrategien knüpfen vor allem an die Denkfigur des Trivial- bzw. Rationalmodells an (siehe dazu von Foerster 1992). Die Beratungssituation ist aus dem Gleichgewicht geraten. Klienten handeln rational und ergreifen Maßnahmen zur Wiedererlangung eines homöostatischen Zustandes (so etwa Hillemanns 1995: 52). Die solchen Maßnahmen unterliegende linear-kausale Logik findet ihre Entsprechung in den Regelkreismodellen der Kybernetik erster Ordnung. Die folgende Abbildung 3 verdeutlicht dies.

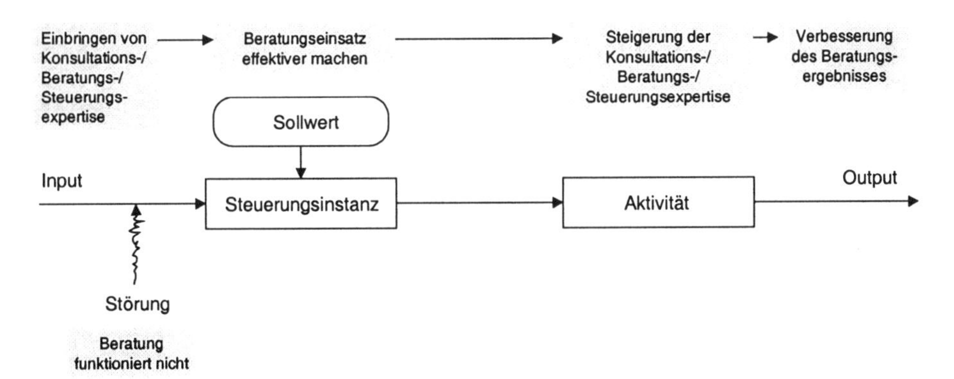

Abbildung 3: Klientenprofessionalisierung als kybernetisches Steuerungsmodell (Quelle: Mohe [im Erscheinen], unter Rekurs auf das Grundmodell kybernetischer Steuerung bei Ulrich 1970: 124)

Natürlich könnte der Hebel nun genau hier ansetzen. Es sind die Verfahren und Konzepte, deren Optimierungspotenzial offensichtlich noch nicht ausgeschöpft wurde. Da man sich in der Literatur und Praxis erst allmählich mit Themen wie Inhouse Consulting und Beratungsclearing beschäftigt, liegt es nahe, an diesen und ähnlichen Konzepten solange zu feilen, bis sie perfekt funktionieren. Allerdings muss dann weiter gefragt werden: Wieso hat sich die Situation trotzdem nicht längst in Richtung einer klientenseitigen „besten" Zufriedenheit aufgelöst? Wieso scheint die Kritik der Klienten dennoch eher zuzunehmen als abzuebben (siehe z.B. Hirn/Student 2001)? Sind es unentdeckte Lücken innerhalb rationaler Konzepte, die dafür verantwortlich sind, dass es nicht funktioniert? Müssen die eingeführten rationalen Verfahren noch rationaler gestaltet werden?

Rational angelegte Professionalisierungsstrategien laufen Gefahr, Beratung auf den instrumentellen Aspekt des reinen Problemlösens zu verkürzen. Wenn man sich jedoch darauf verständigt, dass Beratung nicht unter sterilen Laborbedingungen stattfindet, in denen Berater vermeintlich überlegenes Wissen ins Klientensystem injizieren (vgl. Nicolai 2000; Kolbeck 2001)[2], dann ist ein Blick auf die Sozialdimension von Beratung mehr als lohnend. In der deutschsprachigen Forschung hat insbesondere Kieser (1998) mit der Offenlegung latenter Beratungsfunktionen auf die hohe Bedeutung der sozialen Dimension hingewiesen. Auch verschiedene empirische Studien (Sturdy 1997; Ernst 2002) bestätigen, dass sich die „Erfolgsfaktoren" der Beratung gerade in der Sozialdimension der Beratung manifestieren.

Viele Beispiele zeigen, dass es nichts nützt, das Tempo zu erhöhen, wenn die Richtung nicht stimmt (bei Dörner [2001] finden sich zahlreiche Beispiele für solche „Logiken des Misslingens"). Würde man dies ernstnehmen, wären die Fragen anders zu stellen: Kann es nicht sein, dass es gar nicht daran liegt, dass die Verfahren und Konzepte noch nicht optimal durchrationalisiert wurden? Ist es dann nicht sogar angebracht, anstatt nach weiteren Optimierungspotenzialen im Sinne eines „Mehr-von-demselben" zu fahnden, über eine Erweiterung der Perspektive nachzudenken? In den folgenden Überlegungen sollen einige Orientierungslinien skizziert werden, auf denen eine solche Perspektive aufsetzen kann.

5. Orientierungslinien einer Perspektivenerweiterung

Den obigen Professionalisierungsstrategien liegt ein rationalitätsorientiertes Professionalisierungsverständnis zugrunde. Allerdings kann es sinnvoll sein,

> „zwischen Professionalisierung und Rationalisierung zu unterscheiden. Die Verwendung des Begriffs ‚rational' bringt ja immer auch eine besondere Wertung zum Ausdruck, und man kann sich Formen der Professionalisierung vorstellen, die man nicht unbedingt als Ausdruck einer rationalen Praxis ansehen möchte" (Kirsch/Ringlstetter 1995: 223).

Professionalisierung kann dann dafür stehen, dass in steigendem Umfang (Selbst-) Beobachtung vorgenommen wird (vgl. Kirsch/Ringlstetter 1995: 235). Nicolai überträgt diesen Gedanken auf den Beratungskontext und kennzeichnet einen professionellen Umgang mit Beratung dadurch,

> „daß die Klienten lernen, als Beobachter 2. Ordnung der Beratung gegenüberzustehen" (Nicolai 2000: 307).

Das Konzept der Beobachtung zweiter Ordnung geht insbesondere auf Arbeiten Luhmanns zurück. Luhmann (1990: 51ff.) unterscheidet zwischen einfacher Beobachtung bzw. Beobachtung erster Ordnung (das, *was* ein Beobachter beobachtet) und Beobachtung der Beob-

2 Wenn dem so wäre, müssten Berater kein aufwendiges Impression Management inszenieren (siehe dazu Clark 1995).

achtung bzw. Beobachtung zweiter Ordnung (ein Beobachter beobachtet, *wie* das Beobachtete beobachtet wird). Der besondere Reiz der Idee eines Beobachtens zweiter Ordnung liegt nun nicht darin, eine höherwertige – im Sinne einer hierarchisch höheren, überlegeneren – Position zu erlangen (vgl. Luhmann 1998: 87 und 110); ihr Zugewinn liegt vielmehr darin, durch die Beobachtung der Beobachtung auf blinde Flecken des Beobachtens erster Ordnung aufmerksam machen zu können. Dieser blinde Fleck resultiert aus den „normalen" Beschränkungen des Beobachters erster Ordnung:

> „Ein System kann nur sehen, was es sehen kann. Es kann nicht sehen, was es nicht sehen kann. Es kann auch nicht sehen, daß es nicht sehen kann, was es nicht sehen kann" (Luhmann 1990: 52).

Die Folge ist, dass durch direkte Beobachtungen der mitgeführte blinde Fleck latent bleibt. Mit der Beobachtung zweiter Ordnung besteht nun die Möglichkeit, diese Latenz

> „zu beobachten und zu beschreiben, was andere nicht sehen können" (Luhmann 1998: 89).

Um dies zu ermöglichen orientiert der Beobachter zweiter Ordnung seine Fragen nicht danach, *was* beobachtet wird, sondern *wie* beobachtet wird (Luhmann 1998: 95).

Klienten können durch Beobachtung zweiter Ordnung ihre Reflexionsfähigkeit in bezug auf Beratung steigern – aber was sehen Klienten in der Beobachtung zweiter Ordnung, was sie aus der Beobachtung erster Ordnung nicht sehen? Indem sie ihre Beobachtung daran orientieren, *wie* der Berater beobachtet, können sie beispielsweise erarbeitete Problemlösungen „besser" verstehen und auf diese Weise die Wahrscheinlichkeit erhöhen, dass Konzeptionen weniger als bislang „in Schubladen" verschwinden. Eine weitere Möglichkeit besteht darin, zu beobachten, *wie* die Beratungsbranche beobachtet. Dieser Blick könnte beispielsweise dazu beitragen, das Verständnis von Managementmoden (siehe dazu Abrahamson 1996) zu erhöhen. Im Hinblick auf die Frage

> „How do they [the consultants, die Verf.] know what to market?" (Czarniawska/Joerges 1996: 36)

zeigt Faust (2002) auf, dass Managementmoden eben keine kontextfreie, einseitige Konstruktionsleistung von Beratern sind, sondern dass zahlreiche Akteure – Massenmedien, aber insbesondere die Klienten selber – die Entstehung von Managementmoden wesentlich mit beeinflussen. In diesem Sinne könnten Klienten die Frage um die Entstehung von Managementmoden selbst hinterfragen und sich so ein Stück weit aus der Rolle des „powerless victims" (Sturdy 1997: 393) von Managementmoden emanzipieren. Weiterhin könnten Klienten das Konzept der Beobachtung zweiter Ordnung auf sich selbst anwenden. Indem sie beobachten, *wie* sie beobachten, lassen sich vielleicht Kurskorrekturen für rational angelegte Professionalisierungsstrategien in Richtung eines reflexiven Umgangs mit Beratung erwarten. So wäre es denkbar, die Idee des Beratungsclearing nicht im Sinne direktiver Governance Mechanism der Agenturtheorie zu konzipieren, sondern an Steuerungsverständnisse zu koppeln, die – wie etwa das Konzept der Kontextsteuerung (vgl. Willke 1995) – mehr auf Selbststeuerung als auf inhaltlich-formale (Fremd-)Steuerung setzen. Schließlich könnte es Klienten gelingen, über diese besondere Form der Selbstbeobachtung ihre eigene Rolle neu zu definieren und sich nicht mehr länger hinter traditionell passiven und bequemen Konsumentenrollen zu verschanzen, sondern sich als aktiv und verantwortungsvoll-gestaltende Akteure in Beratungsprozessen einzubringen.

6. Conclusio

Wir haben gezeigt, dass Nachhaltigkeit für Unternehmen zunächst als regulative Idee auftritt, die von außen an sie als gesellschaftliche Herausforderung herangetragen wird. Dies bringt durchaus Vorteile mit sich wie jenen, dass über die Herausforderung „Nachhaltigkeit" viele Unternehmen gelernt haben, lernen und noch lernen werden, aktivere und systematischere Kommunikationsbeziehungen mit ihren Umwelten, ihren stakeholders, pathetisch gesprochen: der Gesellschaft aufzubauen. Nachteile drohen in dem Maße, in dem letztlich nur von den Unternehmen und anderen Organisationen selbst zu generierende Ziele und Methoden von außen aufgepfropft werden (sollen). Gut gemeinte Nachhaltigkeitsberatung, die dieses Risiko ungenügend reflektiert, ist deshalb nur gut gemeint, aber nicht gut im Ergebnis. Gerade weil nachhaltige Unternehmensführung eine vieldimensionale und komplexe Aufgabe ist, die ihr hinreichendes Fundament nur in der eigenständigen Entwicklung und Veränderung strategischer Programme finden kann, muss Sustainibility Consulting, das den Erfolg ernsthaft will, der Klientenprofessionalisierung höchstes Gewicht beimessen. Dazu haben wir einige Überlegungen vorgetragen, die sich auf den State of the Art der einschlägigen Forschung beziehen.

Literatur

Abrahamson, Eric: Management Fashion. In: Academy of Management Review 21 (1996) 11, S. 254-285

Alvesson, Mats/Johansson, Anders W.: Professionalism and Politics in Management Consultancy Work. In: Clark, Timothy/Fincham, Robin (Hrsg.): Critical consulting: new perspectives on the Management Advice Industry. Oxford 2001, S. 228-246

Baker, Wayne E./Faulkner, Robert R.: Strategies for Managing Suppliers of Professional Services. In: California Management Review (1991), Summer, S. 33-45

Clark, Timothy: Managing Consultants: Consultancy as the Management of Impressions. Buckingham 1995

Czarniawska, Barbara/Joerges, Bernward: Travel of Ideas. In: Czarniawska, Barbara/Sevón, Guje (Hrsg.): Translating Organizational Change. Berlin/New York 1996, S. 13-48

DiMaggio, Paul J./Powell, Walter W.: The Iron Cage revisited: Institutional Isomorphism and Collective Rationality in Organizational Fields. American Social Review 48 (1983), S. 147-160

Dörner, Dietrich: Die Logik des Misslingens: Strategisches Denken in komplexen Situationen. Reinbek bei Hamburg, 14. Auflage 2001

Ernst, Berit: Die Evaluation von Beratungsleistungen – Prozesse der Wahrnehmung und Bewertung (Diss., Universität Mannheim). 2002

Faust, Michael: Managementberatung eingebettet. In: Mohe, Michael/Heinecke, Hans-Jürgen/Pfriem, Reinhard (Hrsg.): Consulting: Problemlösung als Geschäftsmodell. Theorie. Praxis. Markt. Stuttgart 2002, S. 96-114

Fichter, Klaus: Nachhaltige Geschäftsinnovationen. (Re-)Orientierung, Interaktion und institutionelle Voraussetzungen. Nachhaltigkeit als Kompetenz- und Wettbewerbsfaktor im Innovationsprozess. Ms. (unveröff.) 2002

Fincham, Robert: The Consultant-Client Relationship: Critical Perspectives on the Management of Organizational Change. In: Journal of Management Studies (1999) May, S. 335-351

Fleischmann, Petra: Prozessorientierte Beratung im strategische Management (Diss., Universität München). 1984

Foerster, Heinz von: Entdecken oder erfinden – Wie lässt sich Verstehen verstehen? In Gumin, Heinz/Meier, Heinrich (Hrsg.): Einführung in den Konstruktivismus. München 1992, S. 19-33

Forschungsstelle Ökonomie/Ökologie des Instituts der deutschen Wirtschaft Köln (Hrsg.): Ina-Netzwerk. Betriebliche Instrumente für nachhaltiges Wirtschaften. Dokumentation zum Ina-Statusseminar am 4. Juli 2002 im Gustav-Stresemann-Institut in Bonn. Köln 2002

Freeman, R. Edward: Strategic Management: A Stakeholder Approach. Boston u.a. 1984

Freidson, Eliot: Der Ärztestand: berufs- und wissenschaftssoziologische Durchleuchtung einer Profession. Stuttgart 1979

Grün, Oskar: Konsultationsforschung – Von der Berater- zur Konsultationsforschung. In: Bleicher, Knut/Gomez, Peter (Hrsg.): Zukunftsperspektiven der Organisation – Festschrift zum 65. Geburtstag von Robert Staerkle. Bern 1990, S. 115-134

Hauff, Volker (Hrsg.): Sustainable development. Gronau 1987

Hauschildt, Jürgen: Innovationsmanagement. München, 2. Auflage 1997

Hillemanns, Reiner Max: Kritische Erfolgsfaktoren der Unternehmensberatung. Bamberg 1995

Hirn, Wolfgang/Student, Dietmar: Gewinner ohne Glanz. In: Manager Magazin (2001) 7, S. 49-61

Kaplan, Robert S./Norton, David P.: Balanced Scorecard: Strategien erfolgreich umsetzen. Stuttgart 1997

Kieser, Alfred: Moden & Mythen des Organisierens. In: Die Betriebswirtschaft 56 (1996) 1, S. 21-39

Kieser, Alfred: Unternehmensberater – Händler in Problemen, Praktiken und Sinn. In: Glaser, Horst/Schröder, Ernst F./Werder, Axel von (Hrsg.): Organisation im Wandel der Märkte. Festschrift für Erich Frese. Wiesbaden 1998, S. 191-226

Kirsch, Werner/Ringlstetter, Max: Die Professionalisierung und Rationalisierung der Führung von Unternehmen. In: Geißler, Harald (Hrsg.): Organisationslernen und Weiterbildung: die strategische Antwort auf die Herausforderung der Zukunft. Neuwied u.a. 1995, S. 220-249

Klein, Louis: Beyond Corporate Consulting – Vier Optionen zur Zukunft interner Beratung am Beispiel der DaimlerChrysler AG. In: Mohe, Michael/Heinecke, Hans-Jürgen/Pfriem, Reinhard (Hrsg.): Consulting. Problemlösung als Geschäftsmodell. Theorie, Praxis, Markt. Stuttgart 2002, S. 357-374

Kohr, Jürgen: Die Auswahl von Unternehmensberatungen: Klientenverhalten – Beratermarketing. München/Mering 2000

Kolbeck, Christoph: Zukunftsperspektiven des Beratungsmarktes: Eine Studie zur klassischen und systemischen Beratungsphilosophie. Wiesbaden 2001

Kühl, Stefan: Professionalität ohne Profession. Das Ende des Traums von der Organisationsentwicklung als eigenständiger Profession und die Konsequenzen für die soziologische Beratungsdiskussion. In: Degele, Nina/Münch, Tanja/Pongratz, Hans J./Saam, Nicole J. (Hrsg.): Soziologische Beratungsforschung: Perspektiven für Theorie und Praxis der Organisationsberatung. Opladen 2001, S. 209-237

Luhmann, Niklas: Die Wissenschaft der Gesellschaft. Frankfurt/Main, 3. Auflage 1998

Luhmann, Niklas: Ökologische Kommunikation: kann die moderne Gesellschaft sich auf ökologische Gefährdungen einstellen? Opladen, 3. Auflage 1990

Mintzberg, Henry: Strategy Safari. Eine Reise durch die Wildnis des Strategischen Managements. Wien/Frankfurt/Main 1999

Mintzberg, Henry: The strategy concept: five p's for strategy. In: California Management Review (1987) 30, S. 11-24

Mohe, Michael/Heinecke, Hans-Jürgen/Pfriem, Reinhard (Hrsg.): Consulting: Problemlösung als Geschäftsmodell. Theorie. Praxis. Markt. Stuttgart 2002

Mohe, Michael/Pfriem, Reinhard: Where are the Professional Clients? Möglichkeiten zur konzeptionellen Weiterentwicklung von Meta-Beratung. In: Mohe, Michael/Heinecke, Hans-Jürgen/Pfriem, Reinhard (Hrsg.): Consulting: Problemlösung als Geschäftsmodell. Theorie. Praxis. Markt. Stuttgart 2002, S. 24-40

Mohe, Michael: Inhouse Consulting – Gestern, heute und morgen? In: Mohe, Michael/Heinecke, Hans-Jürgen/Pfriem, Reinhard (Hrsg.): Consulting: Problemlösung als Geschäftsmodell. Theorie. Praxis. Markt. Stuttgart 2002, S. 320-343

Mohe, Michael: Unternehmen: Beratung. Klientenprofessionalisierung aus Sicht traditioneller und neuer Konzepte der Beratung. (Im Erscheinen)

Müller-Stewens, Günter/Lechner, Christoph: Strategisches Management. Wie strategische Initiativen zum Wandel führen. Stuttgart 2001

Neuberger, Oswald: Rate mal! Phantome, Philosophien und Phasen der Beratung. In: Mohe, Michael/Heinecke, Hans-Jürgen/Pfriem, Reinhard (Hrsg.): Consulting: Problemlösung als Geschäftsmodell. Theorie. Praxis. Markt. Stuttgart 2002, S. 135-161

Nicolai, Alexander T.: Die Strategie-Industrie: Systemtheoretische Analyse des Zusammenspiels von Wissenschaft, Praxis und Unternehmensberatung. Wiesbaden 2000

Niedereichholz, Christel: Der arge Mangel an qualifizierten Beratern. In: Harvard Business Manager (1993) 1, S. 109-113

Niedereichholz, Christel: Unternehmensberatung. Beratungsmarketing und Auftragsakquisition. München/Wien, 2. Auflage 1996

Paech, Niko/Pfriem, Reinhard: Mit Nachhaltigkeitskonzepten zu neuen Ufern der Innovation. In: UmweltWirtschaftsForum 10 (2002) 3, S. 12-17

Pfriem, Reinhard: Die Frontscheibe, der Außenspiegel und was dann immer noch fehlt. ... Zur möglichen Rolle von externer Beratung bei der Konfrontation der Unternehmen mit der Gesellschaft. In: Mohe, Michael/Heinecke, Hans-Jürgen/Pfriem, Reinhard (Hrsg.): Consulting – Problemlösung als Geschäftsmodell. Theorie, Praxis, Markt. Stuttgart 2002, S. 115-127

Pfriem, Reinhard: Unternehmenspolitik in sozialökologischen Perspektiven. Marburg, 2. Auflage 1995

Saam, Nicole J.: Agenturtheorie als Grundlage einer sozialwissenschaftlichen Beratungsforschung. In: Degele, Nina/Münch, Tanja/Pongratz, Hans J./Saam, Nicole J. (Hrsg.): Soziologische Beratungsforschung: Perspektiven für Theorie und Praxis der Organisationsberatung. Opladen 2001, S. 15-37

Schein, Edgar H.: Organisationsberatung für die neunziger Jahre. In: Fatzer, Gerhard (Hrsg.): Organisationsentwicklung für die Zukunft: ein Handbuch. Köln 1993, S. 405-420

Sen, Armatya: Ökonomie für den Menschen. Wege zu Gerechtigkeit und Solidarität in der Marktwirtschaft, München 2000

Staehle, Wolfgang: Organisatorischer Konservatismus in der Unternehmensberatung. In: Gruppendynamik (1991) 1, S. 19-32

Stiglitz, Joseph: Die Schatten der Globalisierung, Berlin 2002

Sturdy, Andrew: The Consultancy Process – An Insecure Business. In: Journal of Management Studies 34 (1997) 3, S. 389-413

Ulrich, Hans: Die Unternehmung als produktives soziales System: Grundlagen der allgemeinen Unternehmenslehre. Bern/Stuttgart, 2. Auflage 1970

Walger, Gerd (Hrsg.): Formen der Unternehmensberatung – Systemische Unternehmensberatung, Organisationsentwicklung, Expertenberatung und gutachterliche Beratungstätigkeit in Theorie und Praxis. Köln 1995

Weiershäuser, Stephanie: Mitarbeiterverhalten im Beratungsprozess. Eine ökonomische Betrachtung. Wiesbaden 1996

Willke, Helmut: Systemtheorie III: Steuerungstheorie. Stuttgart/Jena 1995

Wolf, Guido: Die Krisis der Unternehmensberatung: Ein Beitrag zur Beratungsforschung. Wiesbaden 2000

Unternehmensberatung und nachhaltiges Wirtschaften. Prognosen eines Berater-Delphis

Martin Birke

Von der Krise der eigenen Branche überrascht suchen selbst erfolgsverwöhnte Beratungsunternehmen gegenwärtig nach einem neuen Profil und besinnen sich auf explizit nichtmodische Werte wie Solidität, Substanz, Verlässlichkeit. Als Gegengewicht zu den in Verruf geratenen schnelllebigen Beratungsmoden wird dabei nicht zuletzt auch Nachhaltigkeit als Chiffre genutzt für eine proaktive, robuste Zukunftsfähigkeit, die dauerhaften Schutz vor Zukunftsturbulenzen in Aussicht stellt. Führende Consulting-Gesellschaften präsentieren inzwischen sogar in zunehmend mehr Buchpublikationen Machbarkeitsstudien zum nachhaltigen Wirtschaften. Mit Seitenblick auf potenziell umsatzträchtige Beratungsthemen werden in ökonomisch, sozial und ökologisch integrierten Geschäftsmodellen langfristig konkurrenzentscheidende Chancen zur Diversifizierung und Repositionierung entdeckt. Der bislang als unpraktikabel apostrophierten „Leerformel Nachhaltigkeit" werden – mehr für das Kunden- als für das eigene Beratungsgeschäft – Innovationstreiberqualitäten zugeschrieben für Wertschöpfungsprozesse, Produktportfolio und Strategieorientierung (Hardtke/Prehn 2002; Figge/PricewaterhouseCoopers 2002).

Hoffnungen auf schnell realisierbare neue Beratungsgeschäfte sind jedoch verfrüht. Zwar bieten internationale Consultants und Global Player der Chemieindustrie inzwischen ihre Nachhaltigkeitstools, die meist in pragmatisch-inkrementeller Weiterentwicklung schon erprobter Öko-Management-Tools entwickelt werden, als Beratungsprodukt an (Figge/PricewaterhouseCoopers 2002). In diversen staatlich unterstützen Förderinitiativen und Forschungsnetzwerken wird zur Zeit ein Instrumentenspektrum für integriertes Nachhaltigkeitsmanagement entwickelt, das nicht auf Öko-Effizienz begrenzt ist (INA-Netzwerk 2002). Immerhin ein Drittel der repräsentativ befragten Unternehmensleitungen in Deutschland sind bereit, in Nachhaltigkeit zu investieren (IfO 2002). Selbst kleine und mittelständische Unternehmen zeigen in einer wachsenden Zahl staatlich geförderter Projekte eine bemerkenswerte Bereitschaft, nachhaltiges Wirtschaften pragmatisch als Selbstbefähigung zu mehr Innovation und Zukunftsvorsorge zu verstehen und „vom Kopf auf die Füße zu stellen" (Schwarz/Ebinger 2002). Eindeutige Beratungstrends für Nachhaltigkeit als Beratungsgeschäft sind jedoch nicht absehbar, im Gegenteil sogar blockiert: Weil Berater wie ihre Kunden die mit Unternehmensnachhaltigkeit verbundenen Entwicklungs- und Transaktionskosten ebenso wenig einschätzen können wie ihre Amortisationseffekte, warten die einen auf problemadäquate wie bezahlbare Beratungsangebote und die anderen auf eine zumindest mittelfristig geschäftsträchtige Beratungsnachfrage. Ist nachhaltiges Wirtschaften als Beratungsprodukt angesichts dieses Angebot-Nachfrage-Dilemmas, das unter den Bedingungen von Konjunktureinbrüchen und Strukturwandel auch mit staatlicher Förderung kaum hinlänglich aufzulösen ist, also eine „cura posterior": eine Angelegenheit, die wichtig, aber noch nicht spruchreif und deshalb „Sorge späterer Zeiten" ist?

Welche Chancen Unternehmensnachhaltigkeit mittelfristig als Geschäfts- und Modernisierungsmodell sowohl den Beratern als auch ihren Kunden eröffnen kann, zeigen die Befunde eines Berater-Delphis mit Unternehmens- und Umweltberatern[1] – nicht zuletzt auch in seinen „nachhaltigkeitsskeptischen" Voten. Die in drei Befragungsrunden und zwei Feedbackrunden von einem disziplinär gemischten Beraterspektrum diskursiv-reflexiv ermittelten Zukunftsperspektiven des nachhaltigen Wirtschaftens – hier ihrem entwicklungsoffenen Status angemessen als Thesen präsentiert – sind weder voraussetzungs- noch risikolos. Aussichtsreich sind sie paradoxerweise, gerade weil weder praktisch noch wissenschaftlich hinreichend geklärt ist, wie sich die bislang präsentierten Ansätze nachhaltigen Wirtschaftens zu konzisen und operablen Managementkonzepten weiterentwickeln lassen. „Unschärfe als Beratungschance" und „Ungewissheit als Beratungsgenerator" sind für eine marktfähige Beratungsnachfrage sicher nicht ausreichend, können aber optionserweiternd wirken: Praktikable Konzepte eines Nachhaltigkeitsmanagements entwickeln, fallspezifisch in bestehende Beratungsfelder integrieren und für ein nicht-modisches, nachfrageinduzierendes Trendsetting nutzen – das könnte sich im bevorstehenden Strukturumbruch der Beratungsbranche als erfolgskritische Beraterkompetenz herausstellen. Selbst wenn nachhaltiges Wirtschaften als Beratungsthema mittelfristig marginal bleibt, ohne Einfluss auf den für diese Dekade erwarteten Generationswechsel in der Unternehmensberatung und ein dabei möglich werdendes „Re-Thinking Consultancy" wird es nicht bleiben.

1. Balance lernen: das nachhaltige „business of business"

Dass zehn Jahre nach Rio Unternehmen, Industrie- und Wirtschaftsverbände ein sich wandelndes, mehr strategie-, innovations- und geschäftsorientiertes Nachhaltigkeitsverständnis demonstrieren, ist nicht primär auf ihre gestiegene Sensibilität für entwicklungspolitische und ökologische Probleme zurückzuführen. Entscheidender scheint die allgemein werdende Unternehmererfahrung zu sein, dass ökonomische Nachhaltigkeit zukünftig kaum mehr ohne ökologische und soziale Nachhaltigkeit möglich sein wird. Das „business of business" (Ayres 2002), nachhaltige Profitabilität zu erzielen und sichern, wird in Zeiten globalisierter Konkurrenz nicht nur von ökologischen, sondern auch von sozialen Risiken und Nebenfolgen nicht-nachhaltigen Wirtschaftens eingeholt, was jedoch für jedes Unternehmen in unterschiedlicher Riskanz, Brisanz und Dringlichkeit zum Problem wird. Es wie bisher als passager anzusehen, nur reaktiv oder partikular zu beachten, wird zumindest längerfristig geschäftsgefährdend. Aussichten, diese mehr oder minder akute Managementnot in eine Managementtugend zu verwandeln, verspricht das für das Sustainability-Leitbild konstitutive Modell der „triple bottom line" (Elkington 1999), das im Nachhaltigkeitsdiskurs meist nur normativ-analytisch interpretiert wird. In einem evolutionär-prozessorientierten Verständnis von Unternehmensnachhaltigkeit hat es nur eine normativ-regulative Prämisse, die jedoch eine nicht zu unterschätzende Langzeitwirkung entfalten kann: Anstatt je nach Interessenstandpunkt das Primat der Ökonomie, der Ökologie oder des Sozialen zu favorisieren und gegeneinander auszuspielen, gilt es, ihre wechselseitige Abhängigkeit und Ergänzungsfähigkeit zu entdecken und produktiv zu nutzen.

1 Das Delphi war Teil eines von der Hans-Böckler-Stiftung geförderten Forschungsprojektes (vgl. Birke/Schwarz/Göbel 2003).

These 1: Nachhaltigkeit als Modernisierungsleitbild

Im Unterschied zum erfolgreich gescheiterten Programm des Öko-Managements bietet sustainable development der Unternehmenspraxis ein globalisierungsrobustes Modernisierungsleitbild mit hoher Anschlussfähigkeit, aber auch hohen Anforderungen an das Innovationsmanagement.

Ökologie nicht mehr länger in funktional spezialisierte und separierte Managementsysteme oder als Nischeninnovation einzuhegen, sondern stattdessen als Querschnittsfunktion in alle Unternehmensprozesse zu integrieren, ist trotz langjähriger und umwelttechnisch erfolgreicher Investitionen in die ökologische Unternehmensführung nicht gelungen. Eine realistische Chance, diesem Ziel näher zu kommen, bietet das auch in unserem Berater-Delphi konstatierte breite Innovationspotenzial der dreidimensionalen Unternehmensnachhaltigkeit (Kurz 2002): Der Komplementarität und Balance von Ökonomie, Ökologie und Sozialem werden nicht mehr nur für das normative, sondern auch für das strategische und operative Management Qualitäten als „Innovationstreiber", „Innovationsradar" oder „Innovationscontrolling" zugeschrieben: bei der

- Geschäftsfeldplanung, Produkt- und Marketingpolitik,
- Integration funktional differenzierter Managementsysteme,
- Reorganisation interner wie externer Wertschöpfungsprozesse,
- Entwicklung von funktions- und disziplinübergreifendem Wissensmanagement und Organisationslernen.

Obwohl dieses Innovationspotenzial keineswegs spannungsfrei zu realisieren ist und dabei insbesondere durch kurzfristige Shareholder-Value-Orientierungen blockiert werden kann, wird es schon jetzt strategisch wie operativ genutzt – nicht zuletzt bei der Beschaffung von Eigen- und Fremdkapital, bei Versicherungskonditionen und bei den an Bedeutung zunehmenden Ranking- und Rating-Verfahren. Eine gute Platzierung im Dow Jones Sustainability Index, der 1999 erstmalig am Markt eingeführt wurde, um dem kontinuierlich wachsenden Investoreninteresse an erfolgreich nachhaltig geführten Unternehmen entsprechen zu können, gilt inzwischen als Gradmesser für kompetentes Management (European Business School, Öko-Institut e.V., Zentrum für europäische Wirtschaftsforschung [ZEW] 2001). Einem Management, das sich seriös und ausgewiesen der komplexen Herausforderung der Unternehmensnachhaltigkeit stellt, wird eine höhere Performanz zugetraut: nicht nur bei der risikobewussten Sicherung von Unternehmens- und Produktakzeptanz, sondern auch bei der strategischen Positionierung und Differenzierung in „zukunftsfähigen" Geschäftsfeldern und nicht zuletzt bei der Gewährleistung der dazu nötigen Planungskapazität und Managementkompetenz. Nicht weniger praxisrelevant ist daher die ebenfalls im Delphi vorweggenommene Erkenntnis, dass „managing sustainability" einhergeht mit Innovationsrisiken, Transaktionskosten und Marktimponderabilien, die kaum mit herkömmlichen Managementkonzepten zu bewältigen sein werden, und deshalb nicht auf das bislang dominierende Re-Design bewährter Instrumente des Öko-Managements zu beschränken ist.

These 2: Nachhaltigkeit als Managementmodell

Unternehmensnachhaltigkeit realisiert sich nicht als konzises Managementkonzept, sondern als unternehmensindividuelles Meta-Management in Korrespondenz und reflexiver Auseinandersetzung mit der technischen, ökonomischen und organisatorischen Modernisierung und Restrukturierung von Unternehmen.

In Zeiten der Globalisierung sind Innovation und Reorganisation im Unternehmen nicht mehr Ausnahme, sondern Normalfall. Nachhaltigkeit in den Mittelpunkt der fortlaufend notwendig werdenden Unternehmensreformen zu stellen und mit der technisch-ökonomischen Modernisierungsdynamik zu synchronisieren, erfordert bislang kaum erprobte Innovationen des normativen, strategischen und operativen Managements: Unternehmensindividuell sind

- Unternehmensziele zu überprüfen, neu zu definieren und mit externen wie selbstgenerierten Nachhaltigkeitsindizes zu operationalisieren,
- Managementsysteme und ihr Instrumenten-Setting daran anzupassen und gegebenenfalls neu zu konfigurieren,
- Führungs- und Geschäftsprozesse darauf abgestimmt neu zu konstellieren und zu evaluieren, um
- die strategischen und operativen Managementindizes der „triple bottom line" kontinuierlich zu verbessern und fortzuschreiben.

Dieses rekursiv-zirkuläre Meta-Management ist eine der Kernkompetenzen nachhaltigen Managements. Mit standardisierten Managementtools und funktional separierten Managementsystemen alleine wird die unverzichtbare Anschlussfähigkeit an das Geschäftsmodell ebenso wenig gelingen wie die Moderation der bei seiner Überprüfung und Veränderung unvermeidlichen Abstimmungs- und Aushandlungskonflikte. Erfolgsentscheidend sind mithin

- zum einen die strategische Kapazität und operative Fähigkeit, angepasst an unternehmensindividuelle Gegebenheiten einen Mix aus vorhandenen und neuen nachhaltigkeitsorientierten Managementinstrumenten „maßschneidern", das heißt definieren, konfigurieren und schließlich implementieren zu können;
- zum anderen das Organisationsentwicklungspotenzial und die mikropolitische Klugheit, das zu diesem Re-Design gehörende Change- und Projektmanagement kontextsensibel wie ausdauernd zu etablieren.

Da dieses Managementprofil nicht ausschließlich endogen, mit eigenem Innovationspotenzial zu erfüllen ist, wird ein Nachhaltigkeitsmanagement wie vergleichbar dimensionierte Restrukturierungen auch auf externes Know-How angewiesen sein. Dies gilt insbesondere für die Konfiguration und Anwendung neu modellierter und kaum verbreiteter Nachhaltigkeitsinstrumente wie die Sustainability Balanced Scorecard, das Sustainable Total Quality Management und das Nachhaltigkeitscontrolling (Schaltegger/Dyllick 2002; Schaltegger/Kleiber/Müller in diesem Band). Da diese IT-gestützten Instrumente integrativ und strategisch angelegt sind, können sie eine Schlüsselrolle einnehmen – zwar nicht als managementtechnischer Königsweg des nachhaltigen Wirtschaftens, aber als kongeniales Komplement seines Meta-Managements: Mit welchen Instrumenten auch immer die Integration von ökonomischen, ökologischen und sozialen Unternehmensanforderungen angestrebt wird, sie bleibt angewiesen auf eine nicht nur technisch hergestellte Synchronisation von Innovations- und Wissensmanagement, Organisations- und Personalentwicklung. Die kontinuierliche Revision des vorhandenen Wissens und die unentbehrliche Generierung, Verteilung und Anwendung neuen Wissens – zur Zeit vielfach begrenzt auf technisch verbesserte Informationstechnik und EDV-Architekturen – brauchen ein Human-Ressource-Management, das „Empowerment" der Mitarbeiter nicht nur proklamiert, sondern Entscheidungsbeteiligung, Partizipationsbefähigung und Mitverantwortung mit Hilfe von fachübergreifenden Qualifizierungsprogrammen, materiellen wie immateriellen Anreizsystemen gewährleistet. Weil das dabei unvermeidliche Experimentieren ergebnisoffen ist, seine ebenso unvermeidbar konflikthaltigen Fachabstimmungen und Interessenkonflikte keineswegs nur sachrational entschieden, sondern ausgehandelt werden, sind Verfahren fachübergreifender Moderation und partikularitätsausgleichender Mediation notwendig, um strategische Handlungsspielräume problembezogen zu erschließen und praktisch zu nutzen.

These 3: Nachhaltigkeit als Managementmethode

Da nachhaltiges Wirtschaften mit einem im Vergleich zu anderen Unternehmensinnovationen höheren Potenzial an Synergien, aber auch an Zielkonflikten verbunden ist und deshalb mehr Unsicherheit, Nichtberechenbarkeit, Komplexität und Ambiguität erwartbar sind, wird es in besonderer Weise auf Methoden rekursiver Unternehmensführung und rekursiven Organisationswandels angewiesen sein.

Die Balance von ökonomischer, ökologischer und sozialer Unternehmensnachhaltigkeit ist nicht nur eine managementkonzeptionelle und managementtechnische, sondern auch eine organisationale und soziale Herausforderung. Sie ist untrennbar verquickt mit ergebnisoffenen Evolutionsprozessen der Selektion und Variation, die bekanntermaßen interessenhaltig sind, also mikropolitisch entschieden werden. Trotz des bei Managern wie bei Beratern allgegenwärtigen Steuerungsoptimismus' und Effizienzmythos' wird „managing sustainability" also kaum mit Masterplänen zu optimieren, linear-sequentiell zu planen und ohne Friktionen zu steuern sein – weder von innen noch von außen. Stattdessen sind Mittel und Wege der Rückkopplung, Kontrolle und Revision zu suchen, mit denen die drei Nachhaltigkeitsanforderungen austariert und die bei dieser Balance unvermeidlichen Begleiterscheinungen – unbeabsichtigte Nebenwirkungen, nichtgewollte Umwege oder nichterkannte Handlungsalternativen – berücksichtigt werden können. Nachhaltiges Management ist deshalb in besonderer Weise auf „reflexive Schleifen sozialer Praxis" (Ortmann/Sydow 2001: 436) angewiesen.

Wie praxisrelevant dieser organisationswissenschaftliche Befund ist, wissen insbesondere innovationserfahrene Managementpraktiker: Mit Format und Eingriffstiefe ambitionierter Reformvorhaben wächst das Risiko zu scheitern. Dies trifft auch und in besonderem Maß auf den „Business Case for Sustainability" (Leitschuh-Fecht/Steger in diesem Band) zu: die idealtypische Entwicklungsvariante des Nachhaltigkeitsmanagements, in der alle Nachhaltigkeitsanforderungen konzeptionell-strategisch in einem „business plan" integriert und als „business case" zu standardisierten Geschäftsvorgängen operationalisiert sind (BusinessCase.com 2002). Auch mit wissenschaftlich fundierten, unternehmensspezifischen Diagnostik-Tools und klar definierten, robusten Verfahren (Leitschuh-Fecht/Steger in diesem Band) ist nicht zu verhindern, dass nachhaltige Geschäftsprozesse in Verlauf und Ergebnis geprägt werden von nicht vorhersehbaren Interessenkonstellationen, nicht zu kalkulierenden Entscheidungsblockaden und mehrdeutigen Entscheidungssituationen. Diese werden spätestens im operativen Alltagsgeschäft akut, treten keineswegs nur in Ausnahme- oder Extremsituationen auf, sind primär weder technisch, planerisch noch direktiv zu bewältigen und deshalb angewiesen auf eine jeweils problemspezifisch aktualisierte Kombination von „Expertensicherheit und Prozesssicherheit" (Wimmer 1999). Die dabei entstehenden Lernprozesse sind fachlich wie mikropolitisch unübersichtlich und bleiben auch bei gutem Projektmanagement prekär. Um sie personen- und situationsunabhängig konsolidieren zu können, sind Ressourcen zur Verfügung zu stellen und Organisationsregeln zu entwickeln, die „ein Organisationslernen als selbsttragenden Prozess" (Brentel 2001) ermöglichen. Solche Lernprozesse im Unternehmen zu effektivieren und strukturell zu verstetigen, wird inzwischen auch im hartkalkulierenden Investorgeschäft als Schlüsselkompetenz für „managing sustainability" angesehen: Organisationslernen ist einer der Hauptkriterien im Dow-Jones-Sustainability-Index (SAM Research Inc. 2002).

2. Unternehmensberatung bekommt die Kunden, die sie verdient

Ob „managing & consulting sustainability" in dieser Gemengelage aus potenziellen Trends, Marktchancen und Innovationsrisiken zum Beratungstrend werden kann, ist nicht vorherzusehen. Auch wenn angesichts der übergroßen Mehrheit „nachhaltigkeitsabstinenter" Unternehmen kaum absehbar ist, wie sich Nachhaltigkeit als Managementmodell etablieren wird, konnten in unserem Berater-Delphi Konturen einer „nachhaltigkeitsfähigen" Beratung ermittelt werden: Konzise, operable Managementkonzepte und Beratermodelle sind nicht zu erwarten, stattdessen aber lernintensive Entwicklungsarbeit und ergebnisoffene Innovationsprozesse mit konzeptionellen wie praktischen Neuorientierungen, die allen Beratungsdisziplinen im sich verschärfenden Wettbewerb der Beratungsbranche aussichtsreiches Profilierungspotenzial bieten.

These 4: Nachhaltigkeit als Beratungsprodukt

> Wegen des frühen Entwicklungsstadiums nachhaltigen Wirtschaftens sind zwar keine eindeutigen Beratungstrends, dafür aber genügend Beratungsbedarf an und Ansatzpunkte für nachfrageinduzierende Angebote einer nachhaltigen Beratung zu erkennen: Berater sind an der kaum voraussagbaren Praxisrelevanz des nachhaltigen Wirtschaftens, von der die Chancen und Risiken nachhaltiger Beratungsprodukte abhängen, nicht unbeteiligt.

Da Unternehmensnachhaltigkeit kein Fertigprodukt ist und für seine Entwicklung keine Königswege zur Verfügung stehen, sind auch in Zukunft kompakt elaborierte Modelle einer nachhaltigen Beratung unwahrscheinlich. Es gibt aber einen großen potenziellen Beratungsbedarf, der analog zum breiten, diffusen und erschließungsbedürftigen Innovationspotenzials nachhaltigen Wirtschaftens (siehe These 1) genügend Anknüpfungsmöglichkeiten für nachfrageinduzierende Beratungsangebote sowie Anschlussoptionen an bestehende Beratungsprodukte und Beratungsprozesse bietet. Einer strategisch und operativ angelegten Nachhaltigkeitsberatung werden im Berater-Delphi direkte Anschlussfähigkeit an die Beratungspraxis prognostiziert bei der

- prozessorientierten Integration von Managementsystemen,
- Koordinierung und Optimierung interner und externer Geschäftsprozesse, Wertschöpfungsketten und Logistiknetzwerke,
- Entwicklung, Implementierung und dem Marketing einer integrierten Produktpolitik,
- nachhaltigkeitsorientierten Weiterentwicklung, Anwendung und Verbreitung von Modellen der Öko-Effizienz und des Öko-Ratings,
- Neuformatierung bisher entwickelter ökologischer Finanzierungs-, Contracting- und Privat-Public-Partnership-Modelle.

Dass es bei diesen Optionen nicht allein auf Modellentwicklung, Prototyping und Benchmarking des (in These 2 erläuterten) Nachhaltigkeitsinstrumentariums ankommt, war unter den am Delphi beteiligten Beratern relativ unstrittig. Neuentwickelte Nachhaltigkeitsinstrumente mit den im Kundenunternehmen etablierten Managementsystemen zu integrieren, mit bewährten Beratungstools konzeptionell wie praktisch zu kombinieren und in bestehenden Beratungsprozessen und Beratungskontakten die dafür nötige Problemsensibilität, Akzeptanz und „Einflugschneise" herzustellen – das wird als die eigentliche Herausforderung nachhaltiger Beratung angesehen. In allen Beraterdisziplinen werden nachfrageinduzierende Beratungsangebote und Beratungsmodelle als möglich erachtet. Entsprechenden innovativen Vorleistungen der Berater an ihre Kunden wird eine realistische Initiativfunktion zugesprochen. Prinzipiell stehen einer Nachhaltigkeitsberatung, die auf Anschlussfähigkeit an die gegenwärtig gegebene Management- und Beratungspraxis bedacht ist, drei miteinander kombinierbare Entwicklungsfade offen:

- Nachhaltigkeitsinstrumente fallspezifisch konfigurieren und implementieren als gezieltes Problemlösungsangebot in nachhaltigkeitsrelevanten Geschäftsfeldern und Geschäftsprozessen;
- unternehmensindividuell ausgewählte Nachhaltigkeitsinstrumente in vorhandene Managementsysteme einpassen und synchronisieren zu einem maßgeschneiderten Instrumenten-Mix;
- nachhaltige „business cases" mit neu konzeptionalisierten Geschäftsmodellen und neu operationalisierten Geschäftsprozessen modellieren und prozessbegleitend umsetzen.

Offensichtlich setzen alle drei Varianten mehr voraus als intensive Kundenpflege. Ihre Maximalanforderungen an das Innovations-, Wissens- und Beratungsmanagement sind eine Belastungsprobe für die „Innovationsketten, die jede gute Beratungsgesellschaft über ihre eigene Forschung, Entwicklung und Konzeptionierung ständig neu gestaltet" (Berger 2002). Die dabei für das Beratungsgeschäft wie für das interne Beratungsmanagement zentrale Frage, welcher Entwicklungspfad welche marktfähigen Beratungschancen hat, wird sicherlich nicht zu beantworten sein ohne Selbstreflexion und Selbstevaluation der eingespielten Beratungsprofile und etablierten Beratungsphilosophien, die im sich abzeichnenden Strukturumbruch der Beratungsbranche ohnehin auf dem Prüfstand stehen.

These 5: Nachhaltigkeit als Innovationsreservoir für Beratung

> Die Herausforderung, nachhaltiges Wirtschaften als Beratungsprodukt und Beratungsgeschäft zu erschließen, stellt Maximalanforderungen an das Leistungsprofil und die Innovationsfähigkeit der Beratungsunternehmen, die kleine und mittelständische Beratungsunternehmen tendenziell überfordern, im sich verschärfenden Wettbewerb der Beratungsmodelle jedoch erfolgsentscheidend werden.

Die nicht allein konjunkturell zu erklärenden Auftragsrückgänge in der Beratungsbranche zwingen inzwischen Unternehmensberater in allen Beratungsfeldern, ihr Leistungsprofil zu überprüfen. Zunehmend professionalisieren die Beratungskunden ihren Umgang mit Beratern (siehe Mohe/Pfriem in diesem Band) und stellen – selber unter hohem Konkurrenz-, Kosten- und Innovationsdruck stehend – höhere Ansprüche an die Problemlösungskompetenz und Leistungsfähigkeit von Beratung. In den Zukunftsszenarien der Branche wird deshalb einer „Beratung der Zukunft" ein Anforderungsspektrum vorausgesagt, das mit dem in unserem Berater-Delphi prognostizierten Profil einer „Beratung neuen Typs" (siehe Abbildung 1) deutlich korrespondiert (Berger 2002; Kienbaum 2002). Als erfolgskritische Komponenten dieses Zukunftsprofils sind in der sozialwissenschaftlichen Beratungsforschung die folgenden Problemlösungskapazitäten herausgearbeitet worden (Mohe u.a. 2002: 383):

- Systemangebote mit kombinierter Konzept- und Umsetzungsberatung und einem fallspezifisch generierten Wissensmanagement,
- integrierte Fach- und Prozessberatung mit gut abgestimmten interdisziplinären Beraterteams und Beraternetzwerken,
- Beratungsprozess-Management mit prozessbegleitender Fachmoderation und Interessenmediation,
- eine kooperativ-reflexive Beratungskultur im Arbeitsalltag mit ebenso klaren Leistungsabsprachen wie tragfähigen Vertrauensbeziehungen.

„Beratung neuen Typs“ als nachhaltige Zukunftssicherung

Problemlösungsangebote für

- kontextspezifischen und problemorientierten Wissensbedarf,
- profilierte Qualifikations- und Lernansprüche,
- ambitionierte Erfolgserwartungen und Evaluationsansprüche,
- legitimatorische, interessen- und machtpolitische Beratungsfunktionen.

Problemlösungskompetenz für

- „maßgeschneiderte“ Wissensgenerierung und problembasierte Neuanwendung von Wissensbeständen,
- projektbezogene Kombination von Fach- und Prozessberatung und die dazu gehörende transdisziplinäre Verknüpfung aller erforderlichen Beraterfachkompetenzen,
- lernorientiertes Beratungsprozess-Management mit fallspezifisch operationalisierten Partizipations- und Evaluationskriterien.

Abbildung 1: „Beratung neuen Typs“ als nachhaltige Zukunftssicherung (Quelle: eigene)

Dass die gegenwärtig dominierenden Beratungsformen und Beratungspraxen aufgrund ihrer strukturellen Leistungsdefizite dieses Leistungsspektrum weder als Paket noch in seinen Einzelkomponenten erfüllen können, ist bemerkenswerterweise sogar auf dem letzten Beratertag diskutiert worden. Sowohl der klassischen Expertenberatung, deren Angebot an Wissenstransfer, Gutachten- und Analyse-Expertise auf „Mainstream-Produkte bzw. standardisierte Beratungsbausteine“ konzentriert bleibt, als auch der „maßschneidernden“ Umsetzungsberatung, die auf Implementierung vorgegebener Lösungen, Akzeptanzsicherung und adaptivem Lernen beschränkt ist, wird bescheinigt, nicht immer kompatibel zu sein mit den Interessen oder den teilweise falsch geweckten Erwartungen ihrer Klienten (Wohlgemuth 2002: 13ff.). Unabhängig von Beratungstyp und Beratungssegment wird sich Unternehmensberatung auf neue Anforderungen als disziplinübergreifende, problemlösungsorientierte und lernbasierte Wissensdienstleistung einzustellen haben. Als Orientierung kann dabei das im Berater-Delphi konturierte Profil einer „Beratung neuen Typs“ dienen, das Berater-Wissen und Beratungskompetenzen an den komplexen konzeptionellen, methodischen und operativen Anforderungen nachhaltigen Wirtschaftens ausrichtet.

Auch eine nachhaltige Beratung wird den Konflikt zwischen Beratungserwartung, Beratungsversprechen und Beratungsleistung allerdings nicht beseitigen können und sollte ihn keinesfalls als neue Beratungsmode noch schüren. Sie eröffnet aber, gerade weil sie in erster Linie keine neuen geschlossenen Konzepte, sondern anschlussfähige, iterative Entwicklungs- und Lernverfahren in und für die Unternehmenspraxis anbietet, zusätzliche Optionen, die im bevorstehenden Strukturwandel der Beraterbranche manifest werdenden Innovationszumutungen an Beratung zu bewältigen; dies unter Umständen sogar staatlich gefördert. Die Maximalanforderungen der „Beratung neuen Typs“ an die Innovationsfähigkeit, die Infrastruktur und das Beratungsprozessmanagement werden im Delphi zwar kontrovers diskutiert, ihre Funktion als Innovationsreservoir ist dennoch unumstritten. Insbesondere in methodisch-organisatorischer Hinsicht werden sie angesehen als Möglichkeitsbedingung für

- ein „Wissen-Consulting“, das unterschiedliche Beratungsformen –

  > „das Beurteilungswissen der gutachterlichen Beratungstätigkeit, das Gestaltungswissen der Expertenberatung, das Prozesswissen der Organisationsentwicklung, das Beobachtungswissen der systemischen Unternehmensberatung“ (Walger/Miethe 1995: 28)

  - in Kenntnis ihrer Stärken und Schwächen problemadäquat zu kombinieren erlaubt;
- die Gestaltung von „strategischen Diskursen“, in denen die Qualität des Strategiemanagements nicht primär nach quantitativ bemessener Planerfüllung bewertet wird, sondern es darum geht, die bisher separierten Prozesse der Entwicklung, Implementation, Evaluation und Verbesserung von Unternehmensstrategien als rekursiven organisationalen Lernprozess zu institutionalisieren (Schreyögg 1998);
- die Konvergenz von Fach- und Prozessberatung, die mehr voraussetzt als schlichtes Addieren der Beraterkompetenzen, und aufgrund ihrer Wissensasymmetrie eher als Integration von Fachkompetenz in Prozessberatung und nicht umgekehrt erfolgreich ist (Nicolai 2000);
- den „neuen Modus der Wissensproduktion“, das nicht nur für nachhaltiges Wirtschaften erforderliche neue Wissen, da es weder die Wissenschaften noch Beratungsgesellschaften alleine entwickeln können, in und mit der Unternehmenspraxis zu generieren – und zwar transdisziplinär, problembasiert und kontextadäquat (Nowotny u.a. 2001).

Dass Berater gut beraten sind, sich auf diese als zu komplex und unübersichtlich erscheinenden Innovationsanforderungen einzulassen, ist zumindest organisationswissenschaftlich evident: Komplexität kann nicht nur Problem, sondern auch Lösung sein; ihr entscheidendes Kennzeichen ist,

> „dass man es mit der Notwendigkeit zu tun hat, eine Auswahl des Wichtigen zuungunsten des Unwichtigen zu treffen, gleichzeitig jedoch weiß, dass das, was heute unwichtig ist, morgen schon wichtig sein kann. Was auch immer man auswählt, morgen schon muss man unter Umständen anders auswählen“ (Baecker 1994: 113).

Den dafür nötigen Vorrat und Puffer an Wissen und Innovation entweder im eigenen Beratungsunternehmen oder in funktionierenden Beraternetzwerken zur Verfügung zu haben, kann sich deshalb im beginnenden Strukturwandel der Beratungsbranche noch als erfolgskritischer Vorteil erweisen, nicht zuletzt um das jeweilige Beratungskerngeschäft zu sichern und zukunftsfähig zu verbessern.

3. Welche Beratung braucht Beratung?

Auftragsverluste und Entlassungen in renommierten Consulting-Gesellschaften, überraschenderweise auch bei den Hoffnungsträgern der IT-Beratung, sind nicht nur Anzeichen für konjunkturelle Umsatzeinbrüche, sondern Vorboten eines Strukturumbruchs in der Beratungsbranche, der national wie international zu zahlreichen Beratungsfelder übergreifenden Fusionen, Ausgründungen und Allianzen geführt hat: Aus KPMG wird BearingPoint; PricewaterhousCoopers wird von IBM Global Services aufgekauft; nach heftigen gesellschaftsinternen Verteilungskämpfen bei Arthur Andersen wird die Andersen Consulting ausgegründet und zum neuen Firmennamen Accenture gezwungen. Dass erstmals auf einem Beratertag die Zukunftsperspektiven der Branche selbstreflexiv diskutiert werden (Wohlgemuth 2002), ist ebenfalls ein Indiz für grundlegende Veränderungen im Beratermarkt. Auch wenn dabei allen Beratungssparten trotz niedriger Wachstumsraten positive Aussichten bescheinigt werden (BDU 2002) und die Branche sich wie gewohnt rastlos statt ratlos präsentiert, bleiben Zukunftsfragen unbeantwortet: Erfüllen internationale Consulting-Companies mit Denkfabriken, Business Schools und „Strategie-Industrie" (Nicolai 2000) wirklich das von ihnen selbst propagierte (in These 5 skizzierte) Leistungsspektrum einer „Beratung der Zukunft"? Können kleine und mittlere Beratungsunternehmen ihm nicht ebenso gut oder sogar noch besser entsprechen mit kooperativ regulierten Beraternetzwerken, Wissensplattformen oder Datenbanken, in denen Know-How tatsächlich gemeinsam entwickelt und genutzt und nicht – worauf das Berater-Delphi nachdrücklich hinweist – „nur abgegriffen" wird? Welche Chancen haben anspruchsvolle Beratungsleistungen mit einer geringen Economies of Scale zukünftig auf dem Beratungsmarkt, wenn dieser zunehmend geprägt wird von der Konkurrenz zwischen den beiden „Archetypen der Unternehmensberatung": der dominierenden „Industrie" mit standardisierten Beratungsmassenprodukten einerseits und der „Profession" mit maßgeschneiderten Einzellösungen andererseits, die zukünftig vielleicht sogar in Marktnischen verdrängt werden wird (Wohlgemuth 2002)?

These 6: Der „Sprung in die nächste Beratungswelle"

Nachhaltiges Wirtschaften als Beratungsthema kann in dem für diese Dekade in der Unternehmensberatung erwarteten Generationswechsel an Bedeutung gewinnen, wenn er einhergeht mit einer selbstvergewissernden Reflexion der sich grundlegend verändernden Bedingungen von und Ansprüche an die Wissensproduktion.

Im Rückblick auf die Entwicklung der Unternehmensberatung im 20. Jahrhundert werden die aktuellen Strukturverschiebungen auf dem Beratermarkt als Vorzeichen eines bevorstehenden Generationswechsels interpretiert (Kipping 2002). Analog zu Entwicklung und Beratungsbedarf ihrer Kunden in Industrie und Wirtschaft dominierten über jeweils zwei bis drei Dekaden hinweg bisher drei unterschiedliche Generationen von Beratung: bis in die siebziger Jahre hinein die ingenieurtechnische, tayloristische Produktionsberatung, die abgelöst wurde von der strategie- und organisationsbezogenen Unternehmensberatung; trotz ihrer heute noch als klassisch angesehenen „Beratungsprofession" wird deren Führungsstellung seit Mitte der neunziger Jahre bestritten von der auf Informations- und Kommunikationstechnologie aufbauenden „Beratungsindustrie", die gegenwärtig von den international führenden Softwarehäusern, Wirtschaftsprüfungs- und Technologiekonzernen restrukturiert wird (Kipping 2002: 270; Wohlgemuth 2002: 4). Ob sie sich im kommenden Jahrzehnt als dritte Beratungsgeneration behaupten kann, hängt fundamental ab von dem zukünftigen Problemlösungspotenzial der Informationstechnologien für die Vernetzung von Unternehmen, die intern wie extern, global wie branchenübergreifend an Bedeutung gewinnt und auf Informationstechnologien angewiesen ist.

Entschieden wird diese Beratungskonkurrenz jedoch nicht allein technologisch. Offen ist zum Beispiel, ob es den in dieser Sparte dominierenden Beratungsgesellschaften gelingt, ihre meist standardisierte Informationstechnik-Beratung weiter zu entwickeln für den Bedarf an integrierter Beratung „aus einer Hand", der insbesondere in den zentral bleibenden Feldern Strategieberatung, Organisationsberatung und Human-Resource-Management zunimmt. Vergleichbare paradigmatische Umorientierungen sind den Beratungsunternehmen der vorhergehenden Beratungsgeneration nicht gelungen.

Der „schwierige Sprung in die nächste Beratungswelle" (Kipping 2002: 274) konfrontiert also die global player der IT-Beratung ebenso wie ihre Konkurrenz in der Strategieberatung und die mitkonkurrierenden mittelständischen Beratungsunternehmen mit der Herausforderung, ihr Set an Methoden, Techniken und Wissensbeständen zu überprüfen und grundlegend zu verändern. Bei der zukünftigen Wissensproduktion werden jedoch, wie die Innovations- und Technikforschung zeigt,

> „Lösungen (nicht) entstehen (...) aus der Anwendung von Wissen, das es bereits irgendwo gibt und das daher bloß übertragen werden muss. Vielmehr wird das benötigte Wissen sozusagen nach Maß hergestellt, als Antwort auf die Spezifikationen, die im konkreten Fall immer erst erarbeitet werden müssen" (Nowotny 1999, 71).

Die nächste Generation der Unternehmensberatung wird sich deshalb mit einem neuen Wissensmodus auseinander zu setzen haben, dessen Formen und Praxen problembezogen, transdisziplinär, kontextsensibel und reflexiv sind. Das in Beratung und Wissenschaft vorherrschende lineare, hierarchische und disziplinär segmentierte Wissensverständnis wird dafür nicht ausreichen. Ob das deshalb prophezeite „re-thinking science" (Nowotny u.a. 2001) mit einem „re-thinking consultancy" einhergehen wird, ist bislang nicht abzusehen.

Nachhaltiges Wirtschaften muss bei diesem gesellschaftlichen Lernprozess, in den Wirtschaft, Beratung wie Wissenschaft miteinander verstrickt sind, durchaus kein Randthema bleiben. Für den neuen Wissensmodus ist es mit seinem konzeptionellen und methodischen Anforderungsspektrum ein geradezu exemplarisches Anwendungsfeld, das allen Beratungsdisziplinen Optionen bietet bzw. auferlegt, ihr Kompetenzprofil wie ihr Beratungsproduktportfolio zu überprüfen und neu zu justieren. Virulent wird dieses reflexive Monitoring der Problemlösungskapazitäten von Unternehmensberatung vor allem in der Konkurrenz zwischen der „Beratungsindustrie" und der klassischen „Beratungsprofession". Es bietet jedoch auch kleineren und mittelgroßen Beratungsunternehmen ein Innovationspotenzial, das neue Chancen eröffnet, ihren noch immer großen Marktanteil von 50 Prozent strategisch offensiv zu verteidigen. Aufgrund dieser Vermengung von konkurrierenden strategischen und paradigmatischen Neuorientierungen wird, so der Grundkonsens in unserem Berater-Delphi, auch Unternehmensberatung auf Beratung angewiesen sein. Wie der im Kontext der Nachhaltigkeitsforschung und staatlicher Nachhaltigkeitsförderung sich gerade entwickelnde Diskurs zwischen Industrie und Wirtschaft, Wissenschaft und Beratung zeigt, wird allerdings auch eine „Beratung der Beratung" ihr Angebot-Nachfrage-Dilemma bekommen. Schon bei der wissenschaftlichen Begleitung ihrer Erfahrungen mit dem bisherigen Nachhaltigkeitsinstrumentarium vermissen Berater und Manager eine „Diskussion auf Augenhöhe" (INA-Netzwerk 2002). Spannend wird also sein, wie die weitergehenden substanziell kritischen Themen dieses prekären Dialogs diskutiert werden: zum Beispiel die „Weiterbildung" für Berater und Manager, die Entwicklung „nachhaltiger" Management- und Beratungskapazitäten, die Regeln und Ressourcen für kooperativ funktionierende Datenbanken, Unternehmens- und Beraternetzwerke.

Wie auch immer dieser noch frische Diskurs sich entwickeln wird, als gesellschaftlicher Lernprozesses offenbaren die bisherigen Erfahrungen mit nachhaltigem Wirtschaften eine geheime Botschaft, die durchaus in die gegenwärtige politische Landschaft passt: sich im Umgang mit eigenen wie fremden „blinden Flecken" zu üben.

Literatur

Ayres, Robert U.: What is the business of business? In: Herald Tribune, 4.6.2002, S. 9

Baecker, Dirk: Postheroisches Management – Ein Vademecum. Berlin1994

Berger, Roland: Die größte Konkurrenz sind immer die Kunden! In: Gaitanides, Michael/Ackermann, Ingmar: Interview mit Prof. Dr. Roland Berger. In: zfo – Zeitschrift Führung + Organisation 71 (2002) 5, S. 300-305

Birke, Martin/Schwarz, Michael/Göbel, Markus: Beratungsthema Nachhaltigkeit. Künftige Herausforderungen für Umweltmanagement und Öko-Consulting (Forschung aus der Hans-Böckler-Stiftung, Band 44). Berlin 2003

Brentel, Helmut: Forschungsdesign für lernende Unternehmen – Konzeptentwicklungen, Projekterfahrungen. In: Klaus-Novy-Institut (Hrsg.): Konferenz Forum Lernendes Unternehmen am 8./9. März 2001 in Wuppertal. Köln 2001, S. 8-11

Bundesverband Deutscher Unternehmensberater BDU e.V.: Facts & Figures zum Beratermarkt 2001. Bonn 2002

BusinessCase.com: The Business Case for Business Cases. 2002

Elkington, John: Triple Bottom Line Reporting: Looking for the Balance. In: Australian CPA 69 (1999) 2, S. 18-21

European Business School/Öko-Institut e.V./ Zentrum für europäische Wirtschaftsforschung (ZEW) (Hrsg.): Umwelt- und Nachhaltigkeitstransparenz für Finanzmärkte. Zwischenbericht. Oestrich-Winkel 2001

Figge, Franz/PricewaterhouseCoopers: Wertschaffendes Umweltmanagement – Keine Nachhaltigkeit ohne ökonomischen Erfolg. Kein ökonomischer Erfolg ohne Nahhaltigkeit. Lüneburg/Frankfurt/Main 2002

Hardtke, Arnd/Prehn, Marco (Hrsg.): Perspektiven der Nachhaltigkeit. Wiesbaden 2002

INA-Netzwerk: Dokumentation zum INA-Statusseminar „Förderinitiative „Betriebliche Instrumente für nachhaltiges Wirtschaften" des BMBF am 4.Juli 2002, Köln 2002

IfO – Institut für Wirtschaftsforschung (Hrsg.): Auswertung der Unternehmensbefragung für das Verbundprojekt „Ökoradar". Endbericht. München 2002

Kienbaum, Jochen: Geleitwort. In: Mohe, Michael/Heinecke, Hans Jürgen/ Pfriem, Reinhard (Hrsg.): Consulting – Problemlösung als Geschäftsmodell: Theorie, Praxis, Markt. Stuttgart 2002, S. 9-11

Kipping, Matthias: Jenseits von Krise und Wachstum – Der Wandel im Markt für Unternehmensberatung. In: zfo – Zeitschrift Führung + Organisation 71 (2002) 5, S. 269-276

Kurz, Rudi: Nachhaltige Innovation. In: UmweltWirtschaftsForum 10 (2002) 1, S. 14-18

Mohe, Michael/Heinecke, Hans Jürgen/ Pfriem, Reinhard (Hrsg.): Consulting – Problemlösung als Geschäftsmodell: Theorie, Praxis, Markt. Stuttgart 2002

Nicolai, Alexander: Systemtheoretische Analyse des Zusammenspiels von Wissenschaft, Praxis und Unternehmensberatung. Wiesbaden 2000

Nowotny, Helga: Es ist so. Es könnte auch anders sein. Frankfurt/Main 1999

Nowotny, Helga/Scott, Pete/Gibbons, Michael: Re-Thinking Science – Knowledge and the Public in an Age of Uncertainty. Malden 2001

Ortmann, Günther/Sydow, Jörg: Strategie und Strukturation. Wiesbaden 2001

SAM Research Inc.: Sustainability Indexes – Explanation On Assessment Criteria. In: www.samgroup.com 2002

Schaltegger, Stefan/Dyllick, Thomas (Hrsg.): Nachhaltig managen mit der Balanced Scorecard. Wiesbaden 2002

Schreyögg, Georg: Strategische Diskurse – Strategieentwicklung im organisatorischen Prozess, In: Organisationsentwicklung 17 (1998) 4, S. 32-43

Schwarz, Michael/Ebinger, Frank: Nachhaltigkeit vom Kopf auf die Füße gestellt – Nachhaltiges Wirtschaften in kleinen und mittleren Unternehmen. In: Öko-Mitteilungen 25 (2002) 1-2, S. 8-11

Walger, Gerd/Miethe, Claus: Wissensconsulting. Vom Wissen in der Unternehmensberatung (Universität Witten/Herdecke, Diskussionspapier, Band 18). Witten/Herdecke 1995

Wimmer, Rudolf.: Wider den Veränderungsoptimismus – Zu den Möglichkeiten und Grenzen einer radikalen Transformation von Organisationen, in: Soziale Systeme 5 (1999) 1, S. 159-180

Wohlgemuth, André: Zukunft der Unternehmensberatung: Wettstreit zwischen „Industrie" und „Profession". Plenumsvortrag auf dem Beratertag 2002. (unveröff. Redemanuskript, Fassung 10. Oktober 2002)

Perspektiven soziologischer Beratung für eine nachhaltige Unternehmensentwicklung

Guido Becke

Das normative Konzept der Nachhaltigkeit avancierte spätestens seit der UN-Konferenz über Umwelt und Entwicklung in Rio de Janeiro (1992) zu einem zentralen Leitbild der globalen Wirtschafts- und Umweltdiskussion. Es fordert eine sozial gerechte und ökologisch nachhaltige Wirtschaftsentwicklung ein, die auch die Interessen und Bedürfnisse zukünftiger Generationen berücksichtigt (vgl. Huber 1995; Renn u.a. 1999). Eine zentrale Handlungsebene der Nachhaltigkeit bilden Unternehmen bzw. Betriebe. Die Anforderungen an Unternehmen, ein nachhaltiges Wirtschaften zu praktizieren, erhöhen sich tendenziell: Die in den neunziger Jahren dominante Shareholder-Value-Orientierung größerer Unternehmen gerät inzwischen an ihre Grenzen. Dazu trug nicht nur der Zusammenbruch der Aktienmärkte anno 2001 bei. Überdies kritisieren vor allem Nicht-Regierungs-Organisationen bzw. sozialen Bewegungen die sozialen und ökologischen Folgen dieser verengten ökonomischen Handlungsrationalität (vgl. Klein 2001; Gruppe von Lissabon 2001). So hatte die öffentliche Skandalisierung unternehmensinduzierter ökologischer Schädigungen bzw. der Verletzung von Menschenrechten oder von menschenunwürdigen Arbeitsbedingungen bei Lieferanten bzw. in Niederlassungen von global tätigen Großunternehmen (z.B. im Falle von Nike) erhebliche Absatzeinbußen und Imageschäden zur Folge.

Inzwischen wurden auf unterschiedlichen Handlungsebenen neue Strukturen geschaffen, die Unternehmen dazu veranlassen sollen, soziale und ökologische Belange systematisch in ihre Unternehmenspolitik zu integrieren. Auf der supranationalen Ebene ist hier unter anderem die „Global Compact"-Initiative der Vereinten Nationen zu nennen, die auf eine freiwillige Selbstbindung von Unternehmen im Hinblick auf die Wahrung der Menschenrechte, die Realisierung gerechter Arbeitsbedingungen und den Schutz der Umwelt setzt (Ulrich 2002: 132f.). Aus den Reihen der Wirtschaft wurden selbst Ansätze bzw. Instrumente für eine ökologisch und sozial verantwortliche Unternehmensführung entwickelt. Beispiele hierfür sind unter anderem unternehmensethisch orientierte „Codes of Conduct" von Unternehmen und Branchenverbänden (Bowie 1992) sowie die Initiativen wirtschaftsnaher Organisationen, zum Beispiel die British Standard Institution, zertifizierungsfähige Managementsysteme und Instrumente nachhaltigen Wirtschaftens (Welford 1996) zu entwickeln. Diese Ansätze beruhen auf der Grundidee, die konsequente Übernahme ökologischer und sozialer Verantwortung könne sich für Unternehmen ökonomisch rechnen, da dadurch ihre Glaubwürdigkeit bei Kunden und ihr öffentliches Ansehen gefördert werde (Mutius 2002: 12). Soziales bzw. ökologisches Engagement kann demnach als positives Differenzierungsmerkmal im ökonomischen Wettbewerb wirken.

1. Nachhaltiges Wirtschaften als riskanter Lernprozess von Unternehmen

Unternehmen stehen vier grundsätzliche Strategien bzw. Umgangsweisen mit nachhaltigem Wirtschaften zur Verfügung: Die erste besteht darin, die Herausforderung nachhaltigen Wirtschaftens solange wie möglich zu ignorieren. Die zweite Strategie äußert sich in einer symbolischen Unternehmenspolitik, die sich in Leitlinien und Marketingkonzepten widerspiegelt, ohne substanzielle Veränderungen vorzunehmen (Ulrich 2002: 128ff.). Drittens neigen Unternehmen zum Teil dazu, einen bereits eingeschlagenen Kurs sozialorientierter oder ökologischer Modernisierung fortzuführen und nachhaltiges Wirtschaften darauf zu verkürzen. So wird dann zum Beispiel der „alte Wein" ökologischer Effizienzsteigerung in den „neuen Schläuchen" nachhaltigen Wirtschaftens angeboten. Die vierte Strategie setzt hingegen auf ein möglichst integriertes Konzept nachhaltigen Wirtschaftens im Rahmen eines ergebnisoffenen organisatorischen Lernprozesses (siehe auch Brentel in diesem Band). Organisationslernen wird dabei als jener „Prozess" verstanden,

> „in dem Organisationen Wissens erwerben, in ihrer Wissensbasis verankern und für zukünftige Problemlösungserfordernisse hin neu organisieren" (Schreyögg 1998: 538).

Risiken des Organisationslernens auf dem Weg zum „nachhaltigen Unternehmen" kommen vor allem in vier Problembereichen zum Ausdruck.

Nachhaltigkeit erweist sich für Unternehmen als Problem der internen (und auch der externen) Kommunikation, da sie als regulative Idee zu wenig klare Konturen aufweist und in der Bevölkerung noch immer wenig bekannt ist (Lass/Reusswig 2000: 11). Die betriebliche Kommunikation von Nachhaltigkeit scheitert, wenn sie die alltags- und lebensweltlichen Bezüge von Belegschaftsangehörigen und deren Zugehörigkeit zu verschiedenen sozialen Milieus ausblendet (vgl. ebd.; Geiling 2001). Unternehmen haben bei nachhaltigem Wirtschaften zudem ein Komplexitätsproblem zu bewältigen. Dabei gilt es, die unterschiedlichen Dimensionen der Nachhaltigkeit bei der Entwicklung von Unternehmensstrategien sowie in Entscheidungs- und Innovationsprozessen systematisch zu berücksichtigen, um ausbalancierte, das heißt in ökonomischer, ökologischer und sozialer Hinsicht möglichst ausgewogene und tragfähige Problemlösungen zu erzielen. Wird diese Komplexität vernachlässigt oder unterschätzt, werden nur einseitige Innovationslösungen bzw. Strategien realisiert, die unerwünschte Nebenfolgen nach sich ziehen.

Das Leitbild der Nachhaltigkeit stellt ein Grenzobjekt dar, auf das betriebliche Akteure ihre unterschiedlichen Werte, Interessen und Zielvorstellungen projizieren. Trotz zum Teil divergierender Interessen und Bedeutungsgehalte betrieblicher Nachhaltigkeit kommt es darauf an,

> „handlungspraktisch gangbare Vermittlungen zu realisieren" (Lange 2000: 30).

Dieser Prozess des Ab- und Ausgleichs unterschiedlicher Handlungsrationalitäten schließt drei potenzielle Konfliktzonen ein: Definitionskonflikte beziehen sich auf Strategien, Ziele, Evaluationskriterien und die Auswahl von Handlungsfeldern betrieblicher Nachhaltigkeit. Die Definitionsmacht von Akteuren bemisst sich danach, inwieweit sie in der Lage sind, ihre Perspektive von Nachhaltigkeit im betrieblichen Kontext als verbindlich zu generalisieren (siehe Bourdieu 1992). Eine nachhaltige Unternehmensentwicklung wird zudem durch distributive Konflikte beeinflusst, denn sie greift in die etablierte Verteilung materieller, sozialer und symbolischer Ressourcen (z.B. soziale Anerkennungsmuster) und Besitzstände ein (Lange 2000: 32). Der Verlust bzw. die Einschränkung von Ressourcen bedeutet zugleich eine Verschiebung asymmetrischer Machtbalancen zwischen Akteuren und damit auch eine Veränderung von Akteursfigurationen (vgl. Elias 1993; Becke 2002). Verfahrenskonflikte sind zumeist mit der Frage der (Nicht-)Beteiligung von Akteursgruppen an der Definition und Realisierung nachhaltigen Wirtschaftens verbunden. Sie werden durch eine expertenorientierte bzw. zentralistische Entwicklung und Umsetzung von Strategien nachhaltigen Wirtschaftens gefördert, die sich gegenüber Belegschaftsgruppen weitgehend abschotten. Ungelöste Konflikte können ein Organisationslernen im Sinne der Nachhaltigkeit verhindern: Die Eskalation von Definitions- und Verteilungskonflikten kann in wechselseitige Handlungsblockaden von Akteuren münden und die Stabilität der betrieblichen Sozialordnung erschüttern. Verfahrenskonflikte können zu einem sozialen Legitimitätsverlust nachhaltigen Wirtschaftens beitragen, wenn Akteursgruppen Partizipationschancen versagt bleiben.

Nachhaltiges Wirtschaften kann schließlich an etablierten organisationskulturellen Mustern scheitern: Eingespielte Praktiken und Handlungsroutinen, die als betrieblich bewährt bzw. sozial anerkannt gelten, sind oft nur schwer durch neue Verhaltensmuster zu ersetzen (vgl. Strauss 1993: 197; Diekmann/Preisendörfer 2001: 195). Werden sie durch das Leitbild nachhaltigen Wirtschaftens in Frage gestellt, so neigen Akteure dazu, sie aufrecht zu halten und zu verteidigen. Ähnlich verhält es sich mit der stabilisierenden Wirkung, die von defensiven Routinen bzw. tradierten Alltagstheorien von Organisationsmitgliedern über die soziale Ordnung und die (Nicht-)Veränderbarkeit ihrer Organisation ausgehen (vgl. Argyris 1997; Meier 2002; Brentel 2000).

2. Eckpfeiler der Beratung zu betrieblicher Nachhaltigkeit

Soziologische Beratung kann organisatorische Lernprozesse für nachhaltiges Wirtschaften unterstützen und dazu beitragen, die geschilderten Probleme zu bewältigen. Dabei sind vier Grundvoraussetzungen für eine nachhaltige Organisationsberatung zu beachten: Auf Grund der ökologischen, ökonomischen und sozialen „Säulen" der Nachhaltigkeit setzt Beratung erstens eine interdisziplinäre Kooperation von Beratenden voraus. Angesichts der Komplexität nachhaltigen Wirtschaftens erweist sich eine singuläre fachdisziplinäre Perspektive als ebenso unzureichend wie ein weitgehend isoliertes Nebeneinander fachdisziplinär strukturierter Beratungszugänge. Interdisziplinarität verlangt den Beratenden ein hohes Maß an Kooperationsfähigkeit ab, um ein gemeinsames Problembewusstsein nachhaltigen Wirtschaftens in Unternehmen sowie eine Disziplinen übergreifende Beratungskonzeption zu entwickeln. Gemeinsame Lern- und Verständigungsprozesse zwischen den Beratenden ermöglichen einen selbstreflexiven Umgang mit den eigenen disziplinären Zugängen. Sie eröffnen die Chance, ein Disziplinen übergreifendes „Übersetzungswissen" (Jahn/Wehling 1995: 32) zu generieren, das die wechselseitige Anschlussfähigkeit zwischen den Beratenden bei gleichzeitiger Anerkennung ihrer fachspezifischen Kompetenzen und Standards gewährleistet.

Soziologische Beratung ist zweitens auf empirische Sozialforschung angewiesen: Es existiert ein erheblicher Bedarf an grundlagenorientierter Forschung zu den Beweggründen und Entscheidungsprozessen betrieblicher Akteure für eine nachhaltige Unternehmensentwicklung sowie zur Analyse von Handlungsbedingungen, die organisationale Lernprozesse in Unternehmen mit der Perspektive nachhaltigen Wirtschaftens fördern oder hemmen. Forschungsergebnisse zu solchen Problembereichen erweitern die soziologische Wissensbasis und können der Beratungspraxis zur (weiteren) Entwicklung von Beratungsansätzen und -methoden neue Impulse verleihen. Zudem hat Sozialforschung – vor allem im Rahmen der Problemdiagnose unter Einbeziehung betrieblicher Akteure (vgl. Becker/Langosch 1995: 53ff.) – die Funktion, die Reflektion betrieblicher Akteure über Problembereiche bzw. Barrieren nachhaltigen Wirtschaftens in Gang zu setzen. Zwischen soziologischer Beratung und Sozialforschung besteht allerdings ein Wechselverhältnis: Erkenntnisse und Einsichten, die Beratende innerhalb der Beratung gewonnen haben, können neue Forschungsperspektiven zur nachhaltigen Unternehmensentwicklung bzw. zur Organisations- und Beratungsforschung generieren.

Da es sich bei der nachhaltigen Unternehmensentwicklung um einen komplexen und riskanten organisatorischen Lern- und Veränderungsprozess handelt, empfiehlt sich drittens das Konzept der (interdisziplinären) Prozessberatung. In diesem Konzept übernehmen die Beratenden die Rolle von Helfern, welche gemeinsam mit einer Organisation bzw. ihren Klienten Problemlösungen entwickeln (Schein 2000). Die Prozessberatung bietet dem Klientensystem Unterstützung bei der Problemdiagnose, der Klärung von Zielen, der Umsetzung von Veränderungsmaßnahmen und der Reflektion von etablierten Alltagstheorien und Konstruktionen betrieblicher Realität, um neue betriebliche Entwicklungsperspektiven zu generieren und Handlungsalternativen zu erproben (Nagler 2001: 107ff.). Sie zielt darauf, die Lern- und Problemlösungsfähigkeit der Klienten zu entwickeln. Problemlösungen resultieren demnach aus gemeinsamen Arbeits-, Kommunikations- und Reflektionsprozessen von Klienten und Beratenden. Die Verantwortung für die Realisierung der Problemlösungen trägt allerdings das Klientensystem (vgl. Fatzer 1995; Schein 2000).

Einige Beratungsansätze, wie zum Beispiel die systemische Beratung (vgl. Wimmer 1995; Willke 1994), gehen von der Prämisse aus, dass die Potenziale zur Lösung eines Problems bereits im Klientensystem vorhanden sind. Demnach kommt es in der Beratung darauf an, die relevanten Wissensbestände in einer Organisation zu aktivieren und im Bearbeitungsprozess zusammenzuführen (Timel 1998: 207). Diese Position verkennt, dass die verfügbaren Wissensbestände in einer Organisation begrenzt sind, und sie daher je nach Problemlage auch auf eine „Reflexivitätssteigerung durch Expertenwissen" der Beratenden (Moldaschl 2001: 165) angewiesen ist. Dies gilt auch für Prozesse einer nachhaltigen Unternehmensentwicklung, denn Forschungsergebnisse verdeutlichen, dass kleine und mittlere Unternehmen zum Beispiel kaum über Wissensbestände im Bereich der (nachhaltigen) Strategieentwicklung und -umsetzung (z.B. mit Hilfe einer Sustainable Balanced Scorecard) verfügen (vgl. Ammon u.a. 2002; Arnold u.a. 2002). Das Konzept der Prozessberatung berücksichtigt den Bedarf an externem Expertenwissen in Organisationen. Beratende können je nach Situation Funktionen als Moderator, Mediator, Prozesscontroller, Coach und auch als Experte wahrnehmen (Nagler 2001: 113f.).

Die Prozessberatung kann schließlich durch ihre Beteiligungs- und Dialogorientierung dazu beitragen, Problemlösungen nachhaltigen Wirtschaftens organisationsintern zu entwickeln und zu verankern. Die Beteiligung von Beschäftigten und ihren Interessenvertretungen ermöglicht es, ihre erfahrungsbasierten Wissensbestände in eine nachhaltige Unternehmensentwicklung einzubeziehen und ihre arbeitsbezogenen Interessen zur Geltung zu bringen (Becke u.a. 2000). Beschäftigte können dabei vor allem als „Experten ihrer Arbeitssituation" Veränderungspotenziale aufzeigen und an der Vereinbarung und Umsetzung prioritärer Handlungsfelder nachhaltigen Wirtschaftens mitwirken (Ammon u.a. 2002). Die Beratenden können nachhaltigkeitsorientierte Veränderungsprozesse fördern, indem sie Dialogräume zwischen betrieblichen Entscheidungsträgern und Beschäftigten schaffen. Solche Dialogräume (siehe Giddens 1997) ermöglichen einen Austausch von Problemsichten und Handlungsperspektiven im Sinne eines „Justierungsprozesses" (Nagler 2001: 112), in dessen Verlauf die von betrieblichen Entscheidungsträgern maßgeblich entwickelten Strategien, Ziele und Konzepte nachhaltigen Wirtschaftens möglicherweise auf Grund des lokalen Wissens, das Beschäftigte einbringen, verändert oder sogar neu formuliert werden. Zudem eignen sich solche Dialogräume als Feedbackschleifen zur Umsetzung von vereinbarten Maßnahmeaktivitäten nachhaltigen Wirtschaftens.

Zu beachten ist bei der Beteiligungsorientierung der Prozessberatung die Gefahr einer prozeduralistischen Verengung: Eine Konzentration auf Verfahren der Mitarbeiterbeteiligung kann mögliche nicht-intendierte Nebenfolgen der Partizipation (z.B. Statuskonkurrenzen zwischen verschiedenen Beteiligtengruppen, Leistungsverdichtung infolge von Beteiligung) übersehen (vgl. Moldaschl 2001; Becke 2002). Zudem können etablierte betriebliche Machtverhältnisse unterschätzt werden, die eine Mitarbeiterbeteiligung von vornherein erschweren oder blockieren. Bei der Prozessberatung sind daher stets die betrieblichen Akteursfigurationen und die dominanten Leitbilder im Umgang mit Beschäftigten zu berücksichtigen. Verfahrensvorschläge zur Mitarbeiterbeteiligung sind somit kontextspezifisch zu entwickeln.

3. Das spezifische Profil soziologischer Beratung

Für das neue soziologische Beratungsfeld der nachhaltigen Unternehmensentwicklung können meines Erachtens vor allem folgende vier Perspektiven profilbildend sein: Die erste Perspektive bezieht sich auf die Entwicklung und Anwendung von Instrumenten und Managementsystemen nachhaltigen Wirtschaftens. Die zweite Perspektive stellt die Förderung organisatorischer Selbstreflexions- und Lernprozesse in den Vordergrund. Die dritte Perspektive geht von der Erwerbsarbeit als Zentralkategorie sozialer Nachhaltigkeit aus. Die vierte Perspektive richtet sich auf die Gestaltung der externen Beziehungen von Unternehmen.

Die soziale Nachhaltigkeit von Unternehmen bildet in den meist betriebswirtschaftlich orientierten Instrumenten weitgehend eine Leerstelle, denn sie gilt im Unterschied zur ökologischen und ökonomischen Dimension der Nachhaltigkeit als schwer zu operationalisieren. Vorhandene Rahmenkonzepte sozialer Nachhaltigkeit, wie zum Beispiel zur Wohlfahrtsentwicklung und Lebensqualität, lassen sich nur teilweise für die betriebliche Ebene nutzen. Eine wichtige Aufgabe soziologischer Forschung und Beratung liegt darin, die soziale Dimension betrieblicher Nachhaltigkeit in konzeptioneller Hinsicht zu fundieren (exemplarisch vgl. Ammon u.a. 2002; Welford 1996) sowie qualitative wie quantitative Kriterien und Indikatoren zu entwickeln und betrieblich zu erproben, die sich für eine Neu- oder Weiterentwicklung von Instrumenten nachhaltigen Wirtschaftens sowie für ein betriebliches Nachhaltigkeitscontrolling eignen. Im Hinblick auf ihre Anwendung sind die Instrumente mit Hilfe der Beratenden auf spezifische betriebliche Kontexte (z.B. Unternehmensgröße, Branchenzugehörigkeit, Organisationskultur) variabel anzupassen. Überdies kommt der soziologischen Beratung eine Schlüsselfunktion zu, dialogorientierte Verfahren und Qualifizierungsansätze zu entwickeln, die betrieblichen Akteursgruppen eine selbstgesteuerte und kommunikativ eingebettete Anwendung der Instrumente ermöglichen.

Moderne Steuerungs- und Controllinginstrumente sowie Managementsysteme – auch im Bereich des nachhaltigen Wirtschaftens – orientieren sich überwiegend an einem kybernetischen Steuerungsmodell, bei dem ein aktueller mit dem gewünschten Systemzustand verglichen wird und bei festgestellter Abweichung Anpassungsprozesse vorgenommen werden (Hatch 1997: 328). Soziologische Forschungsperspektiven ergeben sich im Hinblick auf die betriebliche Praxis kybernetischer Steuerungsmodelle. Zu untersuchen wären vor allem die alltäglichen Aneignungs- und Umgangspraktiken mit diesen Instrumenten durch betriebliche Akteure bzw. organisatorische Subkulturen und ihre nicht-intendierten

Folgewirkungen, wie zum Beispiel die Produktion einer betrieblichen Doppelwirklichkeit, eine schleichende Bürokratisierung gerade dezentralisierter Unternehmensstrukturen sowie Verhaltensweisen des „Impression Management“ und der Datenmanipulation (vgl. ebd.; Weltz 1988). Für die soziologische Beratung bedeutet dies, betriebliche Akteure zu einem reflexiven Umgang mit diesen Instrumenten zu befähigen und sie für mögliche nichtintendierte Nebenfolgen bei ihrer betrieblichen Anwendung zu sensibilisieren.

Eine zentrale Aufgabe soziologischer Beratung liegt darin, die organisatorische Selbstreflexion von Unternehmen zu fördern, durch die existente betriebliche Alltagstheorien und Deutungsschemata betrieblicher Realität hinterfragt und gegebenenfalls ersetzt sowie neue organisatorische Lernpotenziale für nachhaltiges Wirtschaften erschlossen werden. Soziologische Beratung kann die organisatorische Selbstreflexionsfähigkeit unterstützen, indem sie Unternehmen behilflich ist, Regulierungsformen einer produktiven Konfliktbearbeitung zu entwickeln und zu institutionalisieren. Die Beratenden ermöglichen betrieblichen Akteuren ein „Lernen am Modell“, wenn sie sich der Moderation und Mediation von Ziel- und Interessenkonflikten betrieblicher Nachhaltigkeit stellen. Dies bedeutet zunächst, im Sinne einer „verstehenden Haltung“ die Ursachen von Ziel- bzw. Interessenkonflikten zu ergründen, dabei die unterschiedlichen Positionen und Interpretationen der beteiligten Akteure auszuloten, und Vorschläge für eine weitere Konfliktbearbeitung zu unterbreiten. Zu unterscheiden ist dabei eine inhaltliche und eine prozedurale Ebene der Konfliktbearbeitung. Die Diskussion und Suche nach inhaltlichen Vermittlungslösungen setzt voraus, Verteilungsgerechtigkeit zwischen den Akteuren zu wahren bzw. herzustellen, also auf möglichst gleichgewichtige Zugeständnisse der Konfliktpartner zu achten. Soziologische Beratung übernimmt zudem die Aufgabe der sozialen Rahmung von Konflikten, das heißt verbindliche Regeln und Verfahren der Konfliktaustragung, Aushandlung und Kompromissfindung mit den Konfliktgegnern zu vereinbaren und sich über Anforderungen an die Fairness von Verfahren zu verständigen (Becke 2003). Diese Rahmung reduziert das Risiko einer Eskalation von Ziel- und Interessenkonflikten. Sie ermöglicht den Kontrahenten zudem, ihre Handlungs- und Wahrnehmungsmuster selbstkritisch zu reflektieren, so dass diese zum Ausgangspunkt für individuelle, gruppenbezogenen und organisatorische Lernprozesse werden (Leithäuser u.a. 1993). Da die Konfliktrahmung auf konsensgestützte Problemlösungen abzielt, leistet sie einen wichtigen Beitrag zum Organisationslernen, denn dies ist an eine konsensuale Erweiterung der organisatorischen Wissensbasis gebunden (Dirks u.a. 2002).

In der aktuellen Diskussion um das Konzept der Nachhaltigkeit wird die Erwerbsarbeit als ein zentrales Handlungsfeld sozialer Nachhaltigkeit anerkannt (DIW u.a. 2000 und Kapitel 4 in diesem Band). Es existieren aber kaum Ansätze, Erwerbsarbeit als zentrale soziale Kategorie betrieblicher Nachhaltigkeit zu konzeptualisieren (als Ausnahme Ammon u.a. 2002). Dabei kann soziologische Beratung nur in begrenztem Maße auf vorhandene arbeitswissenschaftliche Erkenntnisse, Kriterien und Prinzipien menschengerechter Arbeitsgestaltung (siehe Ulich 2001) zurückgreifen, denn diese wurden primär in der Auseinandersetzung mit tayloristisch-fordistisch geprägten Unternehmens- und Arbeitsstrukturen entwickelt. Der Strukturwandel der Erwerbsarbeit in Richtung einer postindustriellen Arbeitswelt (als Überblick vgl. Senghaas-Knobloch 2002; Willke 1999) ist unter anderem mit der Herausbildung postfordistischer Management- und Organisationskonzepte verbunden. Diese lösen prima vista Anforderungen einer menschengerechten Arbeitsgestaltung ein, sind im Hinblick auf ihre Arbeitsfolgen allerdings hochgradig ambivalent (vgl. Senghaas-Knobloch 2001; Sennett 1998; Baethge 1999): Zum Beispiel bieten Gruppen- und Teamarbeitskonzepte sowie projektförmige Arbeitsformen Beschäftigten erweiterte Dispositions- und Tätigkeitsspielräume und Beteiligungschancen sowie neue arbeitszeitliche Gestaltungsoptionen auf der Basis von Vertrauensarbeitszeit. Ihre Kehrseite bilden zum Beispiel

Arbeitsverdichtung, zunehmende psycho-soziale Belastungen, überlange Arbeitszeiten und eine einseitige Verlagerung von Risiken der Aufgabenbearbeitung auf Individuen bzw. Teams. Mit der Vermarktlichung und Ökonomisierung betrieblicher Austausch- und Sozialbeziehungen verbindet sich ein umfassenderer Zugriff auf die Leistungspotenziale von Beschäftigten, die sich möglichst mit all ihren Kompetenzen und Fähigkeiten für den Unternehmenserfolg engagieren sollen. Dabei erodieren tendenziell die Grenzen zwischen der Person und ihrer Arbeitsrolle. Überforderung und Überanstrengung durch Maßlosigkeit sind die Folge (Senghaas-Knobloch 2001: 182ff.). Eine zentrale Aufgabe arbeitswissenschaftlicher Forschung besteht daher darin, diese Widersprüchlichkeit moderner Arbeits- und Organisationskonzepte genauer zu analysieren und daran anschließend Kriterien für eine menschengerechte Arbeits- und Organisationsgestaltung reflexiv weiterzuentwickeln. Soziologische Beratung könnte perspektivisch die Arbeit an diesen Ambivalenzen in den Vordergrund stellen, um betriebliche Akteure bei der Reflektion postfordistischer Arbeitsstrukturen und Managementkonzepte zu unterstützen und Optionen einer menschengerechten Arbeits- und Organisationsgestaltung einzubringen. Sie kann dabei zum Beispiel Verständigungsprozesse über organisationsbezogene Primäraufgaben in Gang setzen und darauf bezogen zu einer Klärung von Arbeitsrollen, Zuständigkeiten und Verantwortlichkeiten beitragen, die einem erweiterten Zugriff auf Subjektivität Grenzen setzt (ebd.:189).

Soziale Nachhaltigkeit von Unternehmen bezieht sich schließlich auf die Gestaltung ihrer externen Austauschbeziehungen, das heißt auf die Wahrnehmung sozialer Verantwortung in den Regionen, in denen ein Unternehmen tätig ist, und innerhalb von wertkettenbezogenen Kooperationsbeziehungen zu Kunden und Lieferanten. Soziologische Beratung, kann interorganisatorische Lernprozesse unterstützen, indem sie problemorientierte Dialogprozesse zwischen Repräsentanten verschiedener Organisationen moderiert und begleitet (vgl. Becke 1998; Ammon u.a. 1996). Zum Beispiel können ökonomisch verengte Beziehungen zwischen Unternehmen einer Wertschöpfungskette um die ökologische und die soziale Dimension erweitert werden, um Produkte „von der Wiege bis zur Bahre" energieeffizienter zu gestalten und Gefahrstoffe im Sinne eines präventiven Arbeits- und Gesundheitsschutzes zu vermeiden bzw. zu substituieren. Ein anderes Beispiel bildet die Moderation von Workshops zwischen Unternehmen und ihren (ausländischen) Lieferanten, in denen es darum geht, Sozialstandards zu Arbeitsbedingungen verbindlich zu vereinbaren und umzusetzen, deren Einhaltung auf Seiten der Lieferanten zum Beispiel durch unabhängige Organisationen (z.B. Nicht-Regierungs-Organisationen) kontrolliert wird.

Literatur

Ammon, Ursula/Becke, Guido/Peter, Gerd: Unternehmenskooperation und Mitarbeiterbeteiligung. Eine Chance für ökologische und soziale Innovationen. Münster 1996

Ammon, Ursula/Becke, Guido/Göllinger, Thomas/Weber, Frank M.: Nachhaltiges Wirtschaften durch dialogorientiertes und systemisches Kennzahlenmanagement (Beiträge aus der Forschung, Band 126) Dortmund 2002

Argyris, Chris: Wissen in Aktion. Eine Fallstudie zur lernenden Organisation. Stuttgart 1997

Arnold, Wolfgang/Freimann, Jürgen/Kurz, Rudi: Grundlagen und Bausteine einer Sustainable Balanced Scorecard. Eschborn 2002

Baethge, Martin: Subjektivität als Ideologie. Von der Entfremdung in der Arbeit zur Entfremdung auf dem (Arbeits-)Markt? In: Schmidt, Gerd (Hrsg.): Kein Ende der Arbeitsgesellschaft: Arbeit, Gesellschaft und Subjekt im Globalisierungsprozess. Berlin 1999, S. 29-44

Becke, Guido/Meschkutat, Bärbel/Gangloff, Tanja/Weddige, Petra: Dialogorientiertes Umweltmanagement und Umweltqualifizierung. Eine Praxishilfe für mittelständische Unternehmen. Barcelona u.a. 2000

Becke, Guido: Networking – Ein Ansatz soziologischer Beratung und Sozialforschung in ökologischen Kooperationsverbünden. In: Howaldt, Jürgen/Kopp, Ralf (Hrsg.): Sozialwissenschaftliche Organisationsberatung. Berlin, 1. Auflage 1998, S. 287-301

Becke, Guido: Wandel betrieblicher Rationalisierungsmuster durch Mitarbeiterbeteiligung. Eine figurationssoziologische Fallstudie aus dem Dienstleistungsbereich. Frankfurt/Main/New York 2002

Becke, Guido: Organisationales und ökologisches Lernen in kleinbetrieblichen Figurationen. In: Brentel, Helmut/Klemisch, Herbert/Rohn, Holger (Hrsg.): Lernendes Unternehmen – Konzepte und Instrumente für eine zukunftsfähige Unternehmens- und Organisationsentwicklung. Opladen 2003, S. 193-215

Becker, Horst/Langosch, Ingo: Produktivität und Menschlichkeit. Organisationsentwicklung und ihre Anwendung in der Praxis. Stuttgart, 4. Auflage 1995

Bourdieu, Pierre: Sozialer Raum und symbolische Macht. In: Bourdieu, Pierre: Rede und Antwort. Frankfurt/Main 1992, S. 135-154

Bowie, Norman E.: Unternehmensethikkodizes: können sie eine Lösung sein? In: Lenk, Hans/Maring, Mathias (Hrsg.): Wirtschaft und Ethik. Stuttgart 1992, S. 337-349

Brentel, Helmut (unter Mitarbeit von Klemisch, Herbert/Liedtke, Christa/Rohn, Holger): Umweltschutz in lernenden Organisationen (Wuppertal Papers, Nr. 109). Wuppertal 2000

Deutsches Institut der Wirtschaft (DIW)/Wuppertal Institut für Klima, Umwelt, Energie/Wissenschaftszentrum Berlin: Arbeit & Ökologie. Projektabschlussbericht (hrsg. v. der Hans-Böckler-Stiftung). Düsseldorf 2000

Diekmann, Andreas/Preisendörfer, Peter: Umweltsoziologie. Eine Einführung. Reinbek bei Hamburg 2001

Dirks, Jan/Liese, Andrea/Senghaas-Knobloch, Eva: Internationale Arbeitsregulierung in Zeiten der Globalisierung. Politikveränderungen der Internationalen Arbeitsorganisation in der Perspektive organisatorischen Lernens (artec-paper, Nr. 91). Bremen 2002

Elias, Norbert: Was ist Soziologie? Weinheim/München, 7. Auflage 1993

Fatzer, Gerhard: Prozessberatung als Organisationsberatungsansatz der neunziger Jahre. In: Wimmer, Rudolf (Hrsg.): Organisationsberatung. Neue Wege und Konzepte. Wiesbaden 1995, S. 115-127

Geiling, Heiko: Neue Mitte oder neue Arbeitnehmer? Soziale Milieus im gesellschaftlichen Strukturwandel. In: Martens, Helmut/Peter, Gerd/Wolf, Frieder O. (Hrsg.): Zwischen Selbstbestimmung und Selbstausbeutung. Gesellschaftlicher Umbruch und neue Arbeit. Frankfurt/Main/New York 2001, S. 152-170

Giddens, Anthony: Jenseits von Links und Rechts. Die Zukunft radikaler Demokratie. Frankfurt/Main 1997

Gruppe von Lissabon: Grenzen des Wettbewerbs. Die Globalisierung der Wirtschaft und die Zukunft der Menschheit. München 2001

Hatch, Mary Jo: Organization Theory. Modern, symbolic and postmodern Perspectives. Oxford 1997

Huber, Jörg: Nachhaltige Entwicklung. Strategien für eine ökologische und soziale Erdpolitik. Berlin 1995

Jahn, Thomas/Wehling, Peter: Sozialökologische Zukunftsforschung. Skizze für eine neue Perspektive der Umweltforschung. In: Politische Ökologie (1995), Sonderheft 7, S. 30-33

Klein, Naomi: No Logo! Der Kampf der Global Players um Marktmacht. München, 4. Auflage 2001

Lange, Hellmuth: Eine Zwischenbilanz der Umweltbewusstseinsforschung; in: Lange, Hellmuth (Hrsg.): Ökologisches Handeln als sozialer Konflikt. Umwelt im Alltag. Opladen 2000, S. 13-34

Lass, Wiebke/Reusswig, Fritz: Worte statt Taten? Nachhaltige Entwicklung als Kommunikationsproblem. In: Politische Ökologie (2000) 63/64, S. 11-14

Leithäuser, Thomas/Löchel, Elfriede/Scherer, Brigitte/Tietel, Erhard: Technikimplementation als Lern- und Aushandlungsprozess von und in Organisationen (Organisationskulturen). In: Verbund Sozialwissenschaftlicher Technikforschung. Mitteilungen (1993) 10, S. 137-154

Meier, Stefan: Ökologische Modernisierung, Umweltmanagement und organisationales Lernen (Beiträge aus der Forschung, Band 125) Dortmund 2002

Moldaschl, Manfred: Implizites Wissen und reflexive Intervention. In: Senghaas-Knobloch, Eva (Hrsg.): Macht, Kooperation und Subjektivität in betrieblichen Veränderungsprozessen. Mit Beispielen aus Aktionsforschung und Prozessberatung in Klein- und Mittelbetrieben. Münster u.a. 2001, S. 135-168

Mutius, Bernhard von: Wertebalancierte Unternehmensführung. In: Harvard Business Manager 24 (2002) 5, S. 9-22

Nagler, Brigitte: Zur Bedeutung gemeinsamer Problemsichten für die gelingende Interaktion zwischen Unternehmen und Prozessberatung. In: Senghaas-Knobloch, Eva (Hrsg.): Macht, Kooperation und Subjektivität in betrieblichen Veränderungsprozessen. Münster u.a. 2001, S. 107-134

Renn, Ortwin/Knaus, Anja/Kastenholz, Hans: Wege in eine nachhaltige Zukunft. In: Breuel, Birgit (Hrsg.): Agenda 21. Vision: Nachhaltige Entwicklung, Frankfurt/Main/New York, 2. Auflage 1999, S. 17-74

Schein, Edgar: Prozessberatung für die Organisation der Zukunft. Der Aufbau einer helfenden Beziehung. Bern u.a. 2000
Schreyögg, Georg: Organisation. Grundlagen moderner Organisationsgestaltung. Mit Fallstudien. Wiesbaden, 2. Auflage 1998
Senghaas-Knobloch, Eva: Neue Organisationskonzepte und das Problem entgrenzter Arbeit. Zum Konzept der Arbeitsrolle als Schutzmantel. In: Senghaas-Knobloch, Eva (Hrsg.): Macht, Kooperation und Subjektivität in betrieblichen Veränderungsprozessen. Münster 2001, S. 171-196
Senghaas-Knobloch, Eva: Eine veränderte Welt der Erwerbsarbeit. Befunde und Aufgaben für menschenwürdige Arbeit. Hannover 2002
Sennett, Richard: Der flexible Mensch. Die Kultur des neuen Kapitalismus. Berlin 2000
Strauss, Anselm L.: Continual Permutations of Action. New York 1993
Timel, Richard: Systemische Organisationsberatung – Eine Mode oder eine zeitgemäße Antwort auf die Zunahme von Komplexität und Unsicherheit? In: Howaldt, Jürgen/Kopp, Ralf (Hrsg.): Sozialwissenschaftliche Organisationsberatung. Auf der Suche nach einem spezifischen Beratungsverständnis. Berlin 1998, S. 201-214
Ulich, Eberhard: Arbeitspsychologie. Stuttgart, 4. Auflage 2001
Ulrich, Peter: Der entzauberte Markt. Eine wirtschaftsethische Orientierung. Freiburg u.a. 2002
Welford, Richard: Beyond Environmentalism and towards the sustainable Organization. In: Welford, Richard (Hrsg.): Corporate Environmental Management. London 1996, S. 239-253
Weltz, Friedrich: Die doppelte Wirklichkeit der Unternehmen und ihre Konsequenzen für die Industriesoziologie. In: Soziale Welt 39 (1988) 1, S. 97-103
Willke, Gerhard: Die Zukunft unserer Arbeit. Frankfurt/Main/New York 1999
Willke, Helmut: Systemtheorie II: Interventionstheorie. Stuttgart/Jena 1994
Wimmer, Rudolf: Was kann Beratung leisten? Zum Interventionsrepertoire und Interventionsverständnis der systemischen Organisationsberatung. In: Wimmer, Rudolf (Hrsg.): Organisationsberatung. Neue Wege und Konzepte. Wiesbaden 1995, S. 59-112

Kapitel 6
Forschung für Nachhaltigkeit. Braucht nachhaltiges Wirtschaften eine Forschung neuen Typs?

Sozial-ökologische Forschung. Ein neuer Forschungstyp in der Nachhaltigkeitsforschung

Thomas Jahn

1. Was ist Nachhaltigkeitsforschung?

Seit der Rio-Konferenz über Umwelt und Entwicklung fungiert das Konzept einer *nachhaltigen Entwicklung* mehr und mehr als ein neues Leitbild globaler und regionaler Entwicklung. Im Nachhaltigkeitskonzept müssen ökonomische, soziale und ökologische Probleme im Zusammenhang gesehen und miteinander unter dem Postulat der Erhaltung von Entwicklungsmöglichkeiten für die Zukunft verknüpft werden. Damit rückt die zukünftige Reproduktions- und Entwicklungs*fähigkeit* sowohl der Gesellschaft als auch ihrer natürlichen Lebensgrundlagen ins Zentrum des gesellschaftlichen Diskurses.

Diese in der Folge auch in verschiedenen Ressorts der Politik geführten Debatten zur nachhaltigen Entwicklung haben einen politisch-normativen Orientierungsrahmen entstehen lassen, der zahlreiche Forschungsaktivitäten ausgelöst hat – sowohl in der Umweltforschung als auch in den ökologischen Sozialwissenschaften.

Inzwischen haben sich daraus neue Forschungsfelder wie „angewandte Nachhaltigkeitsforschung“ und „Sustainability Science“ entwickelt, denn wirtschaftliches oder gesellschaftliches Handeln, politische Eingriffe und technische Systemveränderungen unter dem Leitbild der Nachhaltigkeit können erst im Kontext und in Bezug auf wissenschaftliche Forschung und Reflexion entwickelt und bewertet werden. Nachhaltigkeitsforschung kann dabei zunächst verstanden werden als inter- oder transdisziplinäre Wissenschaft, die im Spannungsfeld von Gesellschaft(-swissenschaft) und Natur(-wissenschaft) agiert. Sie analysiert lebensweltliche Probleme unter der normativen Orientierung einer nachhaltigen Entwicklung und erarbeitet spezifische Problemlösungen für unterschiedliche gesellschaftliche Gruppen. Innerhalb dieser *disziplinübergreifenden* Nachhaltigkeitsforschung kann auch die sozial-ökologische Forschung angesiedelt werden. Sie unterscheidet sich von anderen Ansätzen der Nachhaltigkeitsforschung und der sozial- bzw. naturwissenschaftlich-technischen Umweltforschung durch ihre Problem- und Akteursbezüge, durch ihre Organisationsformen, ihre kognitiven Orientierungen und spezifischen wissenschaftlichen Herausforderungen, denen sie sich stellt (vgl. dazu weiter unten). Den Ausgangspunkt bilden raum-zeitlich begrenzte, komplexe sozial-ökologische Problemlagen, die mit dem Ziel bearbeitet werden, nachhaltige Innovations-, Handlungs- und Entscheidungsoptionen zu erschließen.

Der Bereich *Verkehr und Mobilität* kann zur Illustration für eine solche komplexe sozial-ökologische Problemlage herangezogen werden:

Mobil zu sein, sich fortbewegen zu können, ist ein menschliches Grundbedürfnis. Es kann zu Fuß, per Rad, mit öffentlichen Verkehrsmitteln, Auto, Schiff oder Flugzeug befriedigt werden. Der Zugang zu den weltweit vernetzten Verkehrssystemen wie Straßen, Flug- und Bahnlinien sowie die Verfügbarkeit von Verkehrsmitteln setzen dafür Bedingungen im

Sinne von Möglichkeiten und Grenzen. Die Orientierung an Mobilitätsleitbildern und sozialstrukturell wirksamen Lebensstilen, die Einkommensverhältnisse, individuellen Zielsetzungen und gesellschaftlichen Normen bestimmen darüber, welches Verkehrssystem gewählt, wie es für welche Zwecke genutzt wird. Diskrepanzen zwischen Nutzungsmöglichkeiten und Nutzungswünschen führen zu Verkehrsproblemen. Darauf wird in der Regel mit dem kostenintensiven Bau und Ausbau von Verkehrssystemen oder mit Appellen an ein verändertes Verkehrsverhalten reagiert. Der Bau und der Ausbau von Verkehrssystemen und deren Nutzung führt aber zu weiteren Eingriffen in Naturzusammenhänge, zu Flächenversiegelung, Energieverbrauch, Emission von Schadstoffen und Lärm – kurz: zu massiven lokalen bis globalen Umweltproblemen. Auch darauf wird gesellschaftlich wieder reagiert – mit moralischen Appellen, Umweltauflagen und deren Folgen: wie der Einbau von Katalysatoren oder die Bemühungen um ein Drei-Liter-Auto, die Förderung des öffentlichen Nahverkehrs oder der Bau von Schallschutzeinrichtungen. All dies zusammen prägt die Beziehungsmuster zwischen Gesellschaft und Natur in einem spezifischen Bereich, „Mobilitätsmuster" entstehen, gruppenbezogene „Mobilitätsstile" werden erforscht, um auf einer neuen Wissensbasis zum Beispiel ein nachhaltiges Mobilitätsmanagement zu entwickeln. In der Verknüpfung sozialer Innovationen (z.B. Car-Sharing-Modelle und Mobilitätsberatung) mit technischen (z.B. integrierte Verkehrssysteme) liegen Lösungsstrategien, die solche Beziehungsmuster aufnehmen (vgl. CITY:mobil 1999; Götz u.a. 1997).

Wo gesellschaftliche und ökologische Probleme im Orientierungsrahmen einer *nachhaltigen Entwicklung* zum Forschungsgegenstand gemacht werden, dort verändert sich das Forschungsfeld. So ist eine sozialwissenschaftliche Nachhaltigkeitsforschung im Entstehen, die aus den umweltbezogenen Subdisziplinen der verschiedenen Sozialwissenschaften hervorgeht. Sie entwickelt sich inzwischen zusammen mit der naturwissenschaftlich-technischen Umweltforschung zu einem neuen Forschungsgebiet, das sich immer mehr aus disziplinären Bindungen herauslöst.

2. Die Grenzen der traditionellen Umweltforschung

Die Umweltforschung war Ende der achtziger, Anfang der neunziger Jahre in eine Sackgasse geraten. Zum einen war die Diskrepanz zwischen den investierten Mitteln und den erzielten Erkenntnisgewinnen für gesellschaftliches Handeln unübersehbar geworden. Ein Beispiel dafür ist die Waldschadensforschung, die ständig neue Forschungsprobleme identifizierte und immer mehr Mittel einforderte. Zum anderen war die Umweltforschung dadurch an ihre disziplinären und ressortspezifischen Grenzen geraten, dass anstatt der Untersuchung von Nachsorgetechniken (z.B. Filtertechniken für Kraftwerke, verträglichere Abfallentsorgung) präventive Lösungskonzepte gefordert wurden, die per se die Frage nach den gesellschaftlichen Akteuren stärker akzentuierten.

Im Nachhaltigkeitsdiskurs entstanden durch die Vermischung und Wechselwirkungen von bisher eher getrennten Bereichen (Ökologie, Ökonomie und Soziales) neuartige, hybride und komplexe Forschungsprobleme. Demgegenüber verengt die traditionelle Umweltforschung die komplexen sozial-ökologischen Problemlagen in der Regel auf disziplinäre Probleme und kommt daher in ihrer naturwissenschaftlich geprägten Variante zu szientifisch verkürzten, in ihrer sozialwissenschaftlichen Variante zu sozial verkürzten Lösungsvorschlägen. Sie verfehlt damit den komplexen Zusammenhang von gesellschaftlichen Handlungsmustern, natürlichen, technischen, ökonomischen und kulturellen Wirkungsgefügen in den gesellschaftlichen Naturverhältnissen.

Sozial-ökologische Problemlagen werden heute von zahlreichen wissenschaftlichen Disziplinen mit heterogenen Methoden, Begriffen und Modellierungen aspekthaft untersucht. All diese Forschungsaktivitäten bilden den wissenschaftlichen Kontext einer sozial-ökologischen Forschung, die eine Integration von Sozial- und Naturwissenschaften betreibt. Was in den unterschiedlichen Disziplinen jeweils unter „Gesellschaft" und was unter „Natur" verstanden wird, wie sie voneinander abzugrenzen und wieder aufeinander zu beziehen sind, ist disziplin- und kulturabhängig, variiert von Ansatz zu Ansatz und verändert sich historisch:

- Die *naturwissenschaftliche Umweltforschung* untersucht die menschlich-gesellschaftlichen Einflüsse auf natürliche Zusammenhänge. Diese werden entweder als Umweltmedien gefasst (Boden, Wasser, Luft) oder als ein in sich wiederum nach Sphären gegliedertes Natursystem (Lithosphäre, Hydrosphäre, Atmosphäre, Biosphäre). Aus der Perspektive der naturwissenschaftlichen Umweltforschung erscheinen Umweltprobleme als Störungen der natürlichen Abläufe bzw. Zusammenhänge, als anthropogene Einträge und Eingriffe in die Natur. Die naturwissenschaftliche Umweltforschung hat sich inzwischen sowohl inhaltlich als auch methodisch durch die Orientierung an systemwissenschaftlichen Konzepten stark ausdifferenziert. Sie bezieht anthropogene Ökosysteme immer stärker in ihre Forschungen mit ein und öffnet sich dadurch sozialwissenschaftlichen und ökonomischen Ansätzen, wobei aber häufig eine überzeugende theoretische und methodische Integration nicht gelingt.
- Daneben bildeten sich in den vergangenen Jahren zahlreiche Ansätze einer *sozialwissenschaftlichen Umweltforschung* heraus. Hier werden die gesellschaftlich verursachten Veränderungen natürlicher Zusammenhänge aus der Perspektive verschiedener Sozialwissenschaften analysiert im Sinne von Emissionen aus der Gesellschaft in die Natur. Teilweise bedeutet dies, gesellschaftliche Ursachen dieser Veränderungen zu ermitteln (Ressourcennutzung, Flächenverbrauch, Eingriffstiefe); teilweise wird auch untersucht, wie verschiedene gesellschaftliche Funktionssysteme (z.B. Recht, Wirtschaft oder Politik) umweltrelevante Einflussfaktoren tatsächlich regulieren bzw. regulieren könnten. In mehreren Sozialwissenschaften ist es dadurch zur Ausdifferenzierung umweltbezogener *Subdisziplinen* gekommen: Umweltrecht, Umweltökonomie, Umweltpolitik, Umweltsoziologie, Umweltpsychologie, Umweltpädagogik, Umweltethik, Umweltästhetik. Hier werden Umweltprobleme im Begriffsnetz sowie mit den Methoden und Modellierungen der jeweiligen Fächer behandelt.
- In den *ökologischen Sozialwissenschaften* wird Natur nicht als gesellschaftsexterne Umwelt, sondern als natürliche Lebensgrundlage der menschlichen Gesellschaft angesehen. Konzeptionell bedeutet dies, die menschliche Gesellschaft in komplexe natürliche Zusammenhänge gewissermaßen einzubetten. Dann ist es zumindest prinzipiell möglich, die Denkfiguren, Begriffe, Methoden und Modellierungen der biologischen Ökologie in einer Weise zu modifizieren, dass sie auch auf den gesellschaftlichen Bereich angewendet werden können. In jeder dieser ökologischen Sozialwissenschaften werden unterschiedliche Beziehungsmuster hervorgehoben: zum Beispiel das Bevölkerungswachstum und der Ressourcenverbrauch in der Humanökologie; kulturelle Regulationsformen und Symbolisierungen in der Kulturökologie; Stoff- und Energieströme sowie Ressourcenbewirtschaftung in der Ökologischen Ökonomie; Raumbeziehungen in der klassischen Sozialökologie; neue Partizipationsformen und zivilgesellschaftliche Allianzen in der Politischen Ökologie.

Sowohl in den Umweltwissenschaften als auch in den ökologischen Sozialwissenschaften hat sich in den vergangenen Jahren ein umfangreiches, aber stark verstreutes und heterogenes Wissen herausgebildet, das sich zudem durch höchst unterschiedliche Praxis- und Akteursbezüge auszeichnet. Entsprechende Forschungen werden punktuell durch ganz unterschiedliche Geldgeber gefördert, was die Heterogenität noch weiter steigert. Was bisher gefehlt hat, sind eine intensive Diskussion zwischen den verschiedenen Ansätzen und Richtungen, eine Konzentration des existierenden Forschungspotentials auf Themenfelder, die sowohl gesellschaftlich als auch wissenschaftlich herausfordernd sind, sowie eine systematische Weiterentwicklung des gesamten Forschungsfeldes.

Die *sozial-ökologische Forschung* als ein Typus nachhaltiger Forschung setzt hier sowohl inhaltlich als auch forschungspraktisch an, formuliert neue Forschungsansätze, neue Themen und macht neue Angebote an die Gesellschaft:

- beispielsweise dadurch, dass in der Forschungspraxis versucht wird, von Anfang an sozial-, natur-, kultur- und ingenieurswissenschaftliche Erkenntnisse und Methoden miteinander zu verknüpfen;
- oder dadurch, dass die gesellschaftliche Verursachung aber auch Gestaltbarkeit von Umweltproblemen besonders betont wird;
- und nicht zuletzt dadurch, dass sich die Wissenschaftlerinnen und Wissenschaftler nicht als Besserwissende sondern eher als „Anders-Wissende" verstehen. So wird es ihnen möglich, die gegenwärtigen dramatischen Umwälzungen elementarer Lebensbereiche und Weltvorstellungen nicht nur zu beschreiben und zu kritisieren, sondern sie zusammen mit den davon Betroffenen auch aktiv zu gestalten.

Die zahlreichen bereits existierenden Ansätze einer sozial-ökologischen Forschung spielten allerdings bislang im überwiegend disziplinär verfassten sowie auf sektorale und kurzfristige Politikvorgaben reagierenden Wissenschaftssystem großenteils eine untergeordnete Rolle. Dazu hat die Tatsache beigetragen, dass förderpolitische Ansätze zu lange technikbezogen waren und weniger darauf zielten, das Potential dieses neuen Forschungstyps zu stärken und für die Entwicklung zukunftsfähiger gesellschaftlicher und politischer Handlungsmöglichkeiten zu nutzen. Insbesondere fehlte es an geeigneten Förderinstrumenten, mit denen sowohl die theoretische und methodische Diskussion zwischen den bereits existierenden Ansätzen intensiviert und abgesichert, als auch das Forschungsfeld selbst verbreitert und seine Attraktivität für Wissenschaft und Gesellschaft erhöht werden konnten. Ohne eine solche Förderung lässt sich aber die bislang nur schwach entwickelte Wissensbasis – auch im Sinne von gewusstem Nicht-Wissen – für eine nachhaltige Entwicklung nur schwer ausbauen.

3. Ein neuer Forschungstyp entsteht

In der offiziellen Karte der deutschen Forschungslandschaft finden sich bis Mitte der siebziger Jahre nur zwei große Sektoren: die klassische Hochschulforschung und die staatlich finanzierte außeruniversitäre Forschung. Doch die Karte ist nicht das Territorium. Seit der Gründung des Öko-Instituts in Freiburg vor nunmehr 25 Jahren als ein Ergebnis der sozialen Auseinandersetzungen um den Bau eines Kernkraftwerkes im südbadischen Whyl entstand – weitgehend unbeachtet durch die offiziellen Agenturen des Wissenschaftssystems – nach und nach eine neue Region in der Forschungslandschaft, gewissermaßen ein „Dritter Sektor" kleiner, gemeinnütziger ökologischer Forschungsinstitute. Begonnen haben diese Institute als „Advocacy"-Wissenschaft – als eine Wissenschaft, die eng mit Bürgerinitiativen, den damals noch neuen sozialen Bewegungen und mit einzelnen Protestgruppen kooperierte. Inzwischen haben sich diese Institute stark verändert – das Spektrum der Kooperationspartner ist breiter geworden und reicht bei einigen Instituten inzwischen bis zur Großindustrie; teilweise sind die Institute näher an traditionelle Wissenschaftseinrichtungen und an einzelne akademische Disziplinen herangerückt, teilweise haben sie sich in Beratungseinrichtungen verwandelt.

In diesen Instituten hat sich eine neue Umweltforschung herausgebildet, die dem Nachhaltigkeitsziel verpflichtet ist: Sie öffnete sich einerseits zu Wirtschaft und Gesellschaft, untersuchte Energieversorgung, Stoffströme und Verkehrssysteme. Andererseits richtete sie frühzeitig den analytischen Blick auf spezifische Problemausschnitte einer nachhaltigen Entwicklung, insbesondere auf verschiedene Aspekte eines nachhaltigen Wirtschaftens, nachhaltigen Konsums oder nachhaltiger Mobilität. Entstanden ist der neue Forschungstyp der sozial-ökologischen Forschung und mit ihm ein neuer Modus der Wissensproduktion, der sich mit den Begriffen Problemorientierung, Akteursorientierung und Transdisziplinarität charakterisieren lässt.

Mit einer interdisziplinären und integrativen Perspektive reagierte diese Forschung auf Defizite der vorwiegend disziplinär geprägten Umweltforschung und der sektoralen, stark interessensgebundenen Umweltpolitik. In wissenschaftlicher Hinsicht hat sie sich nach und nach darauf gerichtet, die noch immer weitgehend unverbundenen Erkenntnisse der naturwissenschaftlichen und der sozialwissenschaftlichen Umweltforschung sowohl problembezogen miteinander zu verknüpfen als auch theoretisch zu integrieren. Unter politischen und gesellschaftlichen Aspekten trägt sie der Tatsache Rechnung, dass Umweltpolitik immer stärker mit anderen Politikfeldern wie Wirtschafts-, Sozial-, Verkehrs-, oder Forschungs- und Technologiepolitik verflochten ist.

Damit bewegt sich diese Forschung an der Schnittstelle von Wissenschaft, Politik, Wirtschaft und Öffentlichkeit. Ihre allgemeinen Merkmale werden in der internationalen Diskussion unter dem Stichwort eines neuen Modus der Wissensproduktion („Mode 2“) in zugespitzter Form zusammengefasst: Die gesellschaftliche Wissensproduktion findet immer stärker in unterschiedlichen Anwendungskontexten statt, ist transdisziplinär verfasst, erfolgt in vielfältig vernetzten und heterogenen organisatorischen Formen und in sozialer Verantwortung und bedarf von daher einer spezifischen Reflexivität (Gibbons u.a. 1994). Eine besondere theoretische und methodische Herausforderung entsteht durch ihre Orientierung an konflikthaltigen gesellschaftlichen Problemen: Im Entstehungs- und Anwendungskontext der Forschung stoßen die unterschiedlichen Interessenlagen und das heterogene Erfahrungswissen gesellschaftlicher Akteure aufeinander. Will die Forschung ihren Gegenstand nicht verfehlen, muss sie diese sowohl bei der Konzeption des Forschungsprozesses als auch im alltäglichen Forschungshandeln in den Mittelpunkt stellen und im Sinne einer kritischen Reflexivität zugleich präsent haben bei der notwendigen Umarbeitung der gesellschaftlichen Probleme in wissenschaftliche.

Wie lassen sich nun die tragenden methodischen Orientierungen eines solchen „neuen“ Forschungstyps kurz charakterisieren[1]?

Problemorientierung:

Gegenstand von sozial-ökologischer Forschung ist weder ein wohl definiertes wissenschaftliches Objekt noch eine empirisch geklärte, das heißt im Wesentlichen unbestrittene

---

1 Eine ausführliche Charakterisierung des neuen Forschungstyps unter methodologischen Aspekten findet sich bei Becker 2002.

Tatsache. Es handelt sich vielmehr um diskursiv erzeugte Gegenstände in der Gestalt von gesellschaftlichen Problemen, die wissenschaftlich bearbeitet werden sollen. Erzeugt werden sie in einem strittigen Diskurs mit Bezug auf Störungen in den Beziehungen zwischen Gesellschaft und Natur, den gesellschaftlichen Naturverhältnissen. In der nachhaltigen Forschung wird also eine spezifische Problemdynamik, ein Problemkern und seine Entwicklung, durch das Zusammenwirken gesellschaftlicher und natürlicher Prozesse untersucht. Forschungspraktisch bedeutet dies, dass bereits zu Beginn in einer ersten integrativen Arbeitsphase ein gemeinsamer Forschungsgegenstand definiert wird, indem eine existierende gesellschaftliche Problemlage – etwa die Wasserver- und -entsorgung – in eine umfassende wissenschaftliche Fragestellung übersetzt wird, zum Beispiel die nach dem gegenwärtigen und zukünftigen (funktional und sozial ausdifferenzierten) Umgang der Gesellschaft mit „ihren“ Wässern. Diese übergreifende Fragestellung lässt sich nun in eine Vielzahl von – eher disziplinär zu bearbeitenden – Einzelproblemen aufspalten: Lässt sich der Artenschwund grundwassergeprägter Biotope aufhalten? Welche sozio-kulturelle Bedeutung hat das Wasser? Wie organisiert sich die Wasserwirtschaft gegenwärtig neu? Wie lassen sich die Kosten langfristig senken? Wie schränken aktuelle Problemlösungsstrategien die Handlungsspielräume zukünftiger Generationen ein? Welche technischen Innovationen sind möglich? Lässt sich das Abwasser als Ressource bewirtschaften und vom Frischwasser als Transportmedium entkoppeln? Lassen sich sozial- und ökologisch adaptionsfähige Systeme entwickeln, die exportfähig – im Sinne der Nord/Süd-Problematik – sind?

Aus diesem Katalog ergeben sich wiederum eine Fülle von (interdisziplinären) Querschnittsfragen. Im Kern geht es hier um die technischen, ökonomischen, wissenschaftlichen und administrativen Regulationen der mit dem Forschungsgegenstand verknüpften komplexen Probleme, um deren Form, Qualität und Veränderbarkeit.

Akteursorientierung:

Die aktive Einbeziehung von unterschiedlichen gesellschaftlichen Akteuren und Bevölkerungsgruppen – gerade auch bisher randständiger oder von Entscheidungsprozessen ausgeschlossener Akteure – ist eine Bedingung, ohne die viele gesellschaftliche Entwicklungsprobleme nicht mehr zutreffend beschrieben und gelöst werden können. Das heißt aber, dass Fragen der Sozialstruktur, der sozialen, ethnischen und Geschlechterdifferenzen nun systematisch in die Analysen natürlich-technischer Wirkungszusammenhänge mit aufgenommen werden. Und forschungspraktisch bedeutet dies, dass bei der Problembeschreibung und -lösung die spezifischen Akteurskonstellationen, ihre divergierenden Interessen und Handlungsspielräume ebenso berücksichtigt werden müssen, wie zum Beispiel die Frage nach den Grenzen der gesellschaftlichen Steuerbarkeit und nach dem Entstehen von (zivilen) Selbstorganisationsstrukturen. Eine akteursorientierte Forschung muss zudem an einer zielgruppenspezifischen Differenzierung von Lösungsalternativen arbeiten und dazu bereits zu Beginn eine akteursbezogene Beschreibung der gesellschaftlichen Problemlage vornehmen. Und auch darum geht es: empirisch die Entstehung und Geltung von normativen Ansprüchen und Anforderungen von bzw. an Nachhaltigkeit in konkreten Handlungszusammenhängen zu analysieren.

Transdisziplinarität:

Eine Forschung, die sich aus ihren fachlichen disziplinären Grenzen löst und ihre Probleme mit Blick auf außerwissenschaftliche, gesellschaftliche Entwicklungen – sogenannte lebensweltliche Probleme – definiert, um diese Probleme dann unabhängig von Fachgrenzen zu bearbeiten und die Ergebnisse sowohl praktisch als auch theoretisch zusammenzuführen, kann zunächst als „transdisziplinär" beschrieben werden.

Im Mittelpunkt einer solchen transdisziplinären Forschung steht eine komplexe gesellschaftliche Problemdynamik, für die beides erarbeitet werden soll: praktische gesellschaftliche Lösungen und wissenschaftsinterne Lösungen, was in der Regel zur Formulierung neuer Fragestellungen führt und dadurch den wissenschaftlichen Fortschritt antreibt. Nach diesem Verständnis von Transdisziplinarität tritt neben die Einbeziehung von außerwissenschaftlichen Wissen, Interessen und Bewertungskriterien ein innerwissenschaftliches Interesse, die Erkenntnismöglichkeiten der einzelnen Disziplinen auch hinsichtlich neuer, transdisziplinärer Theoriebildung zu überschreiten. Disziplinübergreifendes Arbeiten heißt nach diesem Verständnis, über den gesamten Forschungsprozess hinweg bisher (sei es in der disziplinären, sei es in der gesellschaftlichen Wahrnehmung) Getrenntes zueinander in Beziehung zu setzen, es als Unterschiedliches, aber voneinander Abhängiges zu untersuchen und so übergreifende soziale und kognitive Strukturen und Ordnungsmuster zu erkennen, die mehr sind als die Summe der einzelnen Teile. Dies bedeutet, ökonomische, ökologische, sozialwissenschaftliche und technische Wissensbestände und Methoden zusammenzubringen.

Eine solche „transdisziplinäre Integration" muss durch eine entsprechende Organisationsform der Forschung unterstützt werden, beispielsweise durch regelmäßige Treffen mit einer strukturierten Arbeitsplanung und einem moderierten Ablauf, durch gegenseitiges „quer-disziplinäres" Kommentieren und Begutachten von Teilergebnissen, durch Patenschaftsverfahren. Die sozial-ökologische Forschungspraxis bedarf dafür aber auch neuer methodischer Ansätze. Ein Beispiel sind diskursive Integrationsverfahren, die den beteiligten Fächern und Praxisakteuren Rechnung tragen können wie etwa die „Handlungsfolgenabschätzung" (Bergmann u.a. 1998), mit der unter einem querdisziplinären Blick gleichzeitig sowohl ökologische, ökonomische und soziale Voraussetzungen und Folgen technischer Innovationen als auch die gesellschaftlichen Konstellationen, die ihrer Umsetzung förderlich bzw. hinderlich sind, analysiert und abgeschätzt werden können. Hierzu gehören aber auch heuristische Methoden wie das handlungstheoretische Konzept von „Optionen und Restriktionen", mit dem untersucht werden kann, was unterschiedliche Akteure daran hindert, nachhaltige Handlungsoptionen zu ergreifen – ein Analyseverfahren, mit dem sowohl technische wie gesellschaftliche Grenzen und Möglichkeiten in den Blick genommen werden können (vgl. Hirsch Hadorn u.a. 2002).

4. Ein neues Forschungsprogramm: Sozial-ökologische Forschung

Aus der in den vorhergehenden Abschnitten kurz skizzierten Konstellation von gesellschaftlichem Problemdruck, Kritik an der etablierten Forschungslandschaft und Suche nach Alternativen zur herrschenden Forschungspolitik ist so etwas wie ein Entwicklungsschub entstanden: In technik- und risikosoziologischen Diskursen, in der Umweltforschung selbst sowie in den gesellschaftlichen Debatten über nachhaltige Entwicklung wurde ein forschungspolitisches Defizit sichtbar. Gleichzeitig wurden im Rahmen von Monitoring-Prozessen (TAB) und durch die Evaluierung der Umweltforschung durch den Wissenschaftsrat aus dem etablierten Wissenschaftsbereich selbst die Kritik am Status Quo und die Forderung nach neuen Konzepten laut. Besonders deutlich artikulierte das *ökoforum* (ein Zusammenschluss von sieben deutschsprachigen Instituten aus dem dritten Forschungssektor) forschungspolitische Defizite und machte konkrete Veränderungsvorschläge (vgl. exemplarisch Ökoforum 1997 und 2001). Es kam hier also gewissermaßen zu – durchaus auch nichtbeabsichtigten – Resonanzen zwischen sehr unterschiedlichen Akteuren und Bereichen.

Nach dem Regierungswechsel Ende 1998 wurden mit der Entscheidung des Bundesministeriums für Bildung und Forschung (BMBF), einen neuen Förderschwerpunkt für sozial-ökologische Forschung einzurichten, diese Defizite angegangen (vgl. Becker u.a. 2000 wie auch Willms-Herget in diesem Band).

Im Forschungsprogramm wurden drei vorrangige Förderziele formuliert und zu einem Gesamtkonzept verknüpft:

- die gezielte Förderung sozial-ökologischer Forschungsprojekte einschließlich einer kooperativen und kontrollierten Identifizierung des zukünftigen Forschungsbedarfs („Projektförderung");
- die gezielte Förderung von kleinen, nicht-staatlichen und außeruniversitären Forschungseinrichtungen und die stärkere Vernetzung dieses – dritten – Sektors des Wissenschaftssystems mit den Hochschulen und den staatlich finanzierten außeruniversitären Forschungseinrichtungen („Strukturförderung");
- die Initiierung und dauerhafte Etablierung eines für transdisziplinäre Forschung qualifizierten wissenschaftlichen Nachwuchses („Nachwuchsförderung") (BMBF 2000: 12f.).

Inzwischen wurden mehrere Ausschreibungen in allen drei Förderbereichen durchgeführt; erste Ergebnisse liegen bereits vor[2].

Förderstrategisch sind für die sozial-ökologische Forschung drei Grundentscheidungen des Schwerpunktes entscheidend:

- Inhaltlich ist das neue Förderkonzept durch die Verknüpfung von *konzeptioneller Klarheit* und *thematischer Offenheit* geprägt. Diese Verknüpfung gelang im Rahmen der Konzeptentwicklung durch die Bestimmung der wissenschaftlichen Problematik einer sozial-ökologischen Forschung, die vor allem durch eine Problem- und Akteursorientierung einerseits und eine integrative Perspektive andererseits gekennzeichnet ist. An diesen konzeptionellen Kern des Programms wurde ein breites Spektrum von inhaltlichen Fragen und Themen angelagert, die Forschende unterschiedlicher Sektoren, Disziplinen und Forschungsfelder ansprechen sollen.
- Bereits in der Phase der Konzeptentwicklung fand im Rahmen eines *partizipativen und transparenten Prozesses* eine enge Kooperation zwischen ausgewählten Expertinnen und Experten unterschiedlicher wissenschaftlicher Sektoren, dem BMBF und potentiellen Antragstellenden statt. Durch die Etablierung eines kooperativen Wissensnetzwerks und die Einrichtung von Diskursarenen konnte nicht nur auf einen breiten Wissensstand zurückgegriffen werden, sondern es konnten auch mögliche Interessendifferenzen und unterschiedliche Zielvorstellungen sichtbar gemacht und offen bearbeitet werden.
- Für den Förderschwerpunkt wurden ein Mix *innovativer Förderbereiche* definiert und *neue geeignete Instrumente* entwickelt. Neben der befristeten Förderung von Forschungsverbünden wurde auch eine Förderung strukturbildender Vorhaben ermöglicht,

2 Ergebnisse der Sondierungsprojekte in Balzer/Wächter (2002); zum aktuellen Stand des Förderschwerpunktes vergleiche auch Willms-Herget in diesem Band; zur Entwicklung des Förderschwerpunktes vgl. Jahn u.a. 2000.

die an mittelfristige Ziele geknüpft sind und mit denen die Forschungskapazitäten unabhängiger und gemeinnütziger Forschungsinstitute gezielt unterstützt werden. Außerdem wurde mit dem neuen Instrument der Sondierungsprojekte ein geeignetes Verfahren zur Themengenerierung entwickelt.

Neben diesen strategischen Essentials ist der neue Förderschwerpunkt durch zwei wissenschaftliche Herausforderungen charakterisiert, die für die sozial-ökologische Forschung ausschlaggebend sind und sie von anderen Ansätzen in der Nachhaltigkeitsforschung unterscheidet:

- Einmal geht es in der sozial-ökologischen Forschung darum, die dynamischen Beziehungen zwischen Natur und Gesellschaft so zu analysieren und zu beschreiben, dass ein neues Wissen darüber entsteht, wie sich in der gesellschaftlichen Praxis nachhaltige Entwicklungspfade bahnen lassen. Dies impliziert in mehrfacher Hinsicht eine komplexe Forschungssituation: einmal dadurch, dass ein Geflecht von Beziehungen zwischen natürlichen Wirkungszusammenhängen, gesellschaftlichen Handlungsmustern und technischen Regulierungen untersucht wird und nicht Dinge oder isolierte Phänomene. Dabei handelt es sich um Gesellschafts-/Natur-Beziehungen, Beziehungen also, die immer sowohl in einer sozialen als auch in einer ökologischen Dimension ausgeprägt sind. Dann dadurch, dass die gesellschaftlichen Regulationsformen dieser Beziehungen oftmals tiefgreifend gestört oder noch nicht adäquat entwickelt sind und sich sozial-ökologische Problemlagen und Konflikte ausbilden, deren Regulation für die Reproduktions- und Entwicklungsfähigkeit der Gesellschaft und ihrer natürlichen Lebensbedingungen entscheidend ist. Daraus ergeben sich starke Anforderungen an die notwendige Konkretisierung der einzelnen Problemlagen und ihre räumliche wie zeitliche Spezifizierung. Denn die konkreten Ergebnisse dieser Forschungen müssen sich wiederum sowohl an den normativen Grundprämissen der Nachhaltigkeit messen lassen als auch adaptionsfähige Ansätze enthalten, damit sie auch praktisch umgesetzt werden können.
- Zum anderen werden Integrationsprobleme in den Mittelpunkt gerückt. Da es um die Gestaltung praktischer Handlungszusammenhänge geht, handelt es sich dabei um soziale Integrationsprozesse, um Wissenskommunikation: Divergierende Interessen sind miteinander abzustimmen und wissenschaftliches Wissen ist mit den alltagspraktischen Erfahrungen unterschiedlicher Akteure in deren jeweiligen soziokulturellen Kontexten zu verknüpfen. Zugleich geht es um die Entwicklung neuer technischer Lösungen. Diese müssen in soziale Zusammenhänge eingebettet und die verschiedenen Lösungskomponenten müssen so gestaltet werden, dass sie in einem nachhaltig funktionsfähigen System zusammenwirken können. In der sozial-ökologischen Forschung gilt es jedoch auch, kognitive Integrationsprozesse zu gewährleisten. Dafür müssen naturwissenschaftliche, technische und sozialwissenschaftliche Daten, Methoden und Theorien systematisch zusammengebracht und wissenschaftliche und alltagspraktische Wissenselemente so transformiert und miteinander verknüpft werden, dass neue, übergreifende, kognitive Strukturen entstehen können. Damit zielt die sozial-ökologische Forschung auf einen zusätzlichen wissenschaftlichen Erkenntnisgewinn aus der interdisziplinären Kooperation, der über den Ertrag für die einzelnen beteiligten Disziplinen hinausgeht.

5. Ein vorläufiges Fazit

Die neuzeitliche universitäre Wissenschaft hat sich in den westlichen Gesellschaften in einem autonomen Sonderraum entwickelt und institutionalisiert. Ihre Autonomie manifestierte sich darin, dass sie aus sich selbst heraus Forschungsfragen entwickelte und diese nach disziplinären Kriterien bearbeitete, nach selbstgesetzten Methoden und innerhalb selbstbegründeter Theorien. So konnte sie ihr Selbstverständnis durch das Ideal einer kontextfreien, universellen und wertneutralen Forschung ausbilden. Dieses Ideal wird mehr und mehr brüchig und das Selbstverständnis der Wissenschaft wandelt sich. Die sozial-ökologische Forschung ist ein Moment dieses Wandlungsprozesses. Als (auch) staatlich geförderte Forschung verändert sie ebenso das Verhältnis von Wissenschaft und Politik. Forschungsförderung bedeutet – systemtheoretisch abstrakt gesprochen – immer so etwas wie eine *operative Kopplung* zwischen dem politisch-administrativen System und dem Wissenschaftssystem. Sie kann nur funktionieren, wenn die Förderprogramme Elemente enthalten, die in beiden Systemen wirken und kommunikativ vermittelbar sind. Dies schließt aber aus, dass sie einfach staatliche Auftragsforschung betreibt.

Sozial-ökologische Forschung, deren Entstehungs- und Anwendungskontext in gesellschaftlichen Problembereichen liegt, wirft besondere methodische und theoretische Probleme auf (vgl. Becker/Jahn 2000). Nicht nur die Transformation gesellschaftlicher Probleme in wissenschaftliche Fragestellungen muss geklärt werden, sondern auch das Verhältnis von Nützlichkeit und Wahrheit der Forschungsresultate. Der Verweis auf die „Pluralisierung von Wissensformen“ und die Aufwertung des praktischen Erfahrungswissens reichen dafür ebenso wenig aus, wie die Präferenz von Nützlichkeitserwägungen und die Betonung gesellschaftlicher Aushandlungsprozesse. Ohne eigene Qualitätskriterien lässt sich der neue Forschungstyp langfristig nicht absichern.

Unbestritten ist, dass die sozial-ökologische Forschung eine besondere Reflexivität ausbilden muss. Dazu gehört auch, die bisher entwickelten Methoden der Folgenabschätzung auf die eigene Forschungspraxis anzuwenden und insbesondere zu untersuchen, wie sich das Verhältnis von Wissenschaft und Politik verändert.

Mit dem neuen Förderschwerpunkt ist es in relativ kurzer Zeit mit relativ geringem materiellen und personellen Aufwand und in einem bis dahin einzigartigen Entwicklungsprozess gelungen,

- erstmals im Rahmen der existierenden BMBF-Förderstruktur systematisch transdisziplinäre Forschung zu fördern;
- die erkennbare Benachteiligung einer bestimmten Gruppe von Forschungseinrichtungen offiziell anzuerkennen und deren Situation in einer mehr und mehr wettbewerblich verfassten Förder- und Auftragslandschaft in spürbarer Weise zu verbessern – wenngleich „in the long run“ so vermutlich noch nicht ausreichend, um die mit der Förderung verknüpften Erwartungen an sozial-ökologische Kompetenzzentren auch tatsächlich erreichen zu können;
- ein neues Verfahren der Entwicklung eines förderpolitischen Instruments bzw. einer Maßnahme erfolgreich einzusetzen;
- die öffentlich geförderte Forschung – über sozial-ökologisch Forschung hinaus – mit neuen inhaltlichen Herausforderungen zu konfrontieren, nämlich sich stärker der Erforschung komplexer, selbst organisierter, stark vernetzter und gekoppelter Systeme und Handlungszusammenhänge zuzuwenden und systematisch Werkzeuge der Integration zwischen den Disziplinen, zwischen Wissenschaft und Gesellschaft, aber auch zwischen verschiedenen Kulturen für den Gebrauch in Wissenschaft und Gesellschaft zu entwickeln.

Literatur

Balzer, Ingrid/Wächter, Monika: Sozial-ökologische Forschung. Ergebnisse der Sondierungsprojekte aus dem BMBF-Förderschwerpunkt. München 2002

Becker, Egon: Transformations of Social and Ecological Issues into Transdisciplinary Research. Paris/Oxford 2002, S. 949-963

Becker, Egon/Jahn, Thomas/Schramm, Engelbert: Sozial-ökologische Forschung. Rahmenkonzept für einen neuen Förderschwerpunkt. Gutachten im Auftrag des BMBF (Studientexte des Instituts für sozial-ökologische Forschung [ISOE], Nr.6). Frankfurt/Main 2000

Becker, Egon/Jahn, Thomas: Sozial-ökologische Transformationen. Theoretische und methodische Probleme transdisziplinärer Nachhaltigkeitsforschung. In: Brand, Karl-Werner (Hrsg.): Nachhaltigkeit und Transdisziplinarität. Berlin 2000, S. 68-84

Bergmann, Matthias/Jahn, Thomas: Learning not only by doing – Erfahrungen eines interdisziplinären Forschungsverbundes am Beispiel von CITY: mobil. In: Friedrichs, Jürgen/Hollaender, Kirsten (Hrsg.): Stadtökologische Forschung. Theorie und Anwendungen (Stadtökologie, Band 6). Berlin 1999, S. 251-275

Bergmann, Matthias/Schramm, Engelbert/Wehling, Peter: Kritische Technikfolgenabschätzung und Handlungsfolgenabschätzung – TA-orientierte Bewertungsverfahren zwischen stadtökologischer Forschung und kommunaler Praxis. In: Friedrichs, Jürgen/Hollaender, Kirsten (Hrsg.): Stadtökologische Forschung. Theorien und Anwendungen (Stadtökologie, Band 6). Berlin1999, S. 443-464

Bundesministerium für Bildung und Forschung: Rahmenkonzept „Sozial-ökologische Forschung". Bonn 2000

CITY:mobil (Hrsg.): Stadtverträgliche Mobilität: Handlungsstrategien für eine nachhaltige Verkehrsentwicklung in Stadtregionen. Berlin 1999

Forschungszentrum Karlsruhe, Technik und Umwelt, Institut für Technikfolgenabschätzung und Systemanalyse (Hrsg.): TA-Datenbank-Nachrichten 8 (1999) 3/4

Gibbons, Michael u.a.: The New Production of Knowledge. The dynamics of science and research in contemporary societies. London 1994

Götz, Konrad/Jahn, Thomas/Schultz, Irmgard: Mobilitätsstile – ein sozial-ökologischer Untersuchungsansatz. Subprojekt 1: Mobilitätsleitbilder und Verkehrsverhalten. Arbeitsbericht (Forschungsbericht „Stadtverträgliche Mobilität", Band 7). Frankfurt/Main 1997

Hirsch Hadorn, Gertrude/Maier, Simone/Wölfing Kast, Sybille: Transdisziplinäre Forschung in Aktion: Optionen und Restriktionen nachhaltiger Ernährung. Zürich 2002

Jahn, Thomas/Sons, Eric/Stieß, Immanuel: Konzeptionelles Fokussieren und partizipatives Vernetzen von Wissen. Bericht zur Genese des Förderschwerpunkts Sozial-ökologische Forschung (Studientexte des Instituts für sozial-ökologische Forschung [ISOE], Nr.8). Frankfurt/Main 2000

Ökoforum: Technische Scheuklappen. Memorandum des Ökoforums zur Umweltforschung. In: Politische Ökologie (1997) 52, S. 90-91

Ökoforum: Critical Analysis of the Sixth Framework Programme for Research and Development from the Perspective of Transdisciplinary Research. Frankfurt/Main/Freiburg 2001

Sozial-ökologische Forschung als Experimentierfeld für Nachhaltigkeitsforschung. Ein integrativer forschungspolitischer Ansatz

Angelika Willms-Herget

Forschungspolitik reflektiert Entwicklungen in der sie umgebenden gesellschaftlichen Wirklichkeit und versucht, auf die Forschungslandschaft Einfluss zu nehmen. Dabei nehmen Forschungssektoren wie die institutionell geförderten großen Forschungseinrichtungen in der Helmholtz-Gesellschaft oder der Leibniz-Gemeinschaft Gestaltungsimpulse der Forschungspolitik eher mittel- und langfristig auf. Für schnellere Effekte der Einflussnahme und Gestaltung ist dagegen die Projektförderung im Rahmen von Programmen das Mittel der Wahl.

Mit diesem Beitrag soll deutlich gemacht werden, wie sich der Bedarf nach einem integrativen forschungspolitischen Ansatz im letzten Jahrzehnt in der Wechselwirkung zwischen forschungs- und umweltpolitischen Entwicklungen zunehmend konkretisiert hat und wie der Förderbereich „Sozial-ökologische Forschung“ auf diese Anforderung als ein Experimentierfeld für Nachhaltigkeitsforschung antwortet.

1. Zur Genese des Förderschwerpunktes

Was für eine Forschung braucht nachhaltiges Wirtschaften? Ist überhaupt ein besonderer Forschungsansatz nötig, um Konzepte für nachhaltiges Handeln erarbeiten zu können? Oder bedarf es eigentlich nur einer besseren Kooperation zwischen Experten verschiedener Fachdisziplinen?

Zunächst stand sicher die Auffassung im Vordergrund, ein Zusammenführen von wissenschaftlichen Sichtweisen und verbesserten Handlungskonzepten sei vor allem durch mehr Kooperation zu erreichen. Schon Anfang der neunziger Jahre wurde die Zusammenarbeit zwischen den Fachdisziplinen in der Umweltforschung von hochrangigen Gremien in Deutschland als unzureichend kritisiert. Stellungnahmen des Wissenschaftsrats (1994), der Enquetekommission Schutz des Menschen und der Umwelt, des Büros für Technikfolgenabschätzung des Deutschen Bundestages und des Wissenschaftlichen Beirats Globale Umweltveränderungen haben immer wieder auf die begrenzte Reichweite disziplinärer Expertise hingewiesen. Lösungen wurden dabei zunächst in einer *besseren Kooperation der Fachdisziplinen*, insbesondere über die Grenze Naturwissenschaften und Gesellschaftswissenschaften hinweg, und im Einbezug sozialwissenschaftlicher Expertise in naturwissenschaftliche Forschungsprojekte gesehen und gefordert.

Die Forschungsförderung hat diese Debatte aufgenommen und in ihren Förderprogrammen umgesetzt – vor allem in den auf die Landschaftsnutzung bezogenen ökologischen Schwerpunkten wie der Elbeforschung, der Agrarlandschaftsforschung, der Forschung zu Bergbaulandschaften. Auch in der Forschung zum Globalen Wandel wurde explizit nach sozio-ökonomischen Beiträgen gefragt. Die Resonanz der Wissenschaft war aber eher gering, die Erfolge der realisierten Projekte waren insgesamt recht begrenzt. Sozialwissenschaft fungierte oft als „Zutat" ohne besondere Wechselwirkung mit den naturwissenschaftlich-technischen Elementen eines Vorhabens, manchmal allein im Dienst der Akzeptanzsicherung. Kooperation fand zwar statt, aber mit unterschiedlichen, oft auch unklaren Zielen. In den Förderprogrammen und Bekanntmachungen des Umweltforschungsprogramms (BMBWFT 1997) war weiterhin die Bereitstellung technischer Innovationen oder naturwissenschaftlichen Grundlagenwissens vorrangig. Damit verband sich die Hoffnung, dass diese Erkenntnisse dann schon zum Anwender und in den Markt vordringen und so die Trendumkehr in Richtung umweltverträglichen Verhaltens bewirken würden.

Konkrete umweltpolitische Erfahrungen wie die Kompensation niedrigerer spezifischer Verbrauchswerte von Fahrzeugen durch höhere Motorisierung machten aber deutlich, dass der Faktor Mensch wissenschaftlich nicht als bloßes Anhängsel behandelt werden kann, sondern dass seine Verhaltensweisen und Erwartungen grundlegend für Probleme und ihre Lösung sind. Es stieg damit auch die Bereitschaft, das Verhältnis der Menschen zur Umwelt, wie es sich in Lebensstil- und Konsummustern, in Ansprüchen und Fähigkeiten zur Partizipation zeigt, ernster zu nehmen und es nicht nur als wissenschaftlich marginale, bestenfalls durch Bildungsmaßnahmen zu beeinflussende Größe zu behandeln.

Parallel zu den landschaftsbezogenen Schwerpunkten mit sozio-ökonomischem Anklang wurde ein tiefergehender neuer Ansatz erprobt, gesellschaftswissenschaftliche und naturwissenschaftliche Expertise grundsätzlich gleichrangig einzubeziehen und die Zusammenarbeit unter einem gemeinsamen Ziel, nämlich der Lösung eines konkreten Umweltproblems, zu organisieren. In Förderreihen wie der „Stadtökologie" und „Modellprojekten für nachhaltiges Wirtschaften" wurde die heilsame Rolle der in die Forschung einbezogenen Praxisakteure erkannt, die den Projekten Bodenhaftung gaben und die Wissenschaftler immer wieder zum zu lösenden Problem zurückführten. Die Reichweite dieser Schwerpunkte war jedoch begrenzt. Thematisch bildeten die Vorhaben eine Nische und wurden von der sie umgebenden Umweltforschung wenig rezipiert. Insbesondere die unverändert marginale Rolle der für den integrativen Forschungsansatz prototypischen außeruniversitären Umweltinstitute ohne staatliche Grundfinanzierung führte im Vorfeld der Bundestagswahl 1998 zur Forderung von SPD und Bündnis90/Die Grünen im Bundestag, ein Programm zur Förderung nichtstaatlicher Forschungsinstitute in der interdisziplinären Umweltforschung aufzulegen (Deutscher Bundestag 1998).

Die zunehmende Anerkennung von Nachhaltigkeit als Grundmotiv des Regierungshandelns und insbesondere der Forschungspolitik seit dem Regierungswechsel im Herbst 1998 machte dann den Weg frei für einen breiter angelegten und mit längerem Atem ausgestatteten Förderschwerpunkt „Sozial-ökologische Forschung", in dessen Mittelpunkt gesellschaftliche Naturverhältnisse und ihre zukunftsfähige Gestaltung stehen (vgl. auch Jahn in diesem Band). Bei seiner Konzeption flossen die Erfahrungen aus den früheren Förderaktivitäten ein, um positiv wirkende Elemente zu erhalten. Gleichzeitig galt es, die zeitlich, inhaltlich und strukturell begrenzte Wirkung der früheren Fördermaßnahmen zu überwinden.

2. Strukturierung des Förderschwerpunktes Sozial-ökologische Forschung

Die Kriterien nachhaltiger Forschung, wie sie beispielsweise vom Büro für Technikfolgenabschätzung des Deutschen Bundestages (veröffentlicht Deutscher Bundestag 1999) erarbeitet wurden, bildeten einen wesentlichen Ausgangspunkt für die Formulierung des Förderkonzeptes: Interdisziplinarität, Problemorientierung, Akteursbezug /Transdisziplinarität.

Relevant sind aber nicht nur Anforderungen an den Gegenstand von Forschung, sondern auch an die Art und Weise, wie Forschung organisiert wird. Dies betrifft unter anderem die Frage, in welchem Verfahren Themen auf die Agenda der Forschung kommen und wie der gesellschaftliche Kontext bei der Durchführung von Projekten berücksichtigt wird. Weiterhin sollte Forschungsförderung auch in dem engeren Sinn nachhaltig sein, dass sie nicht nur ein Strohfeuer entfacht, das dann mit Ende der Förderung erlischt, sondern strukturbildend wirkt – sowohl in den Hochschulen als auch in der außeruniversitären Forschungslandschaft. Schließlich wurde erwartet, dass die Wirkung der Projekte nicht nur auf das geförderte Themenfeld beschränkt bleibt, sondern dass sie Konsequenzen haben für den weiteren forschungspolitischen Rahmen im Bundesministerium für Bildung und Forschung (BMBF), beispielsweise für die technologischen Fachprogramme. Die Projekte sollten ausstrahlen in die Tätigkeitsbereiche der Ressorts und auch die Fachdisziplinen wieder erreichen, aus denen sie sich speisen.

Aus diesen Anforderungen wurden vier Charakteristika des Förderschwerpunktes Sozial-ökologische Forschung abgeleitet:

- Der Förderschwerpunkt soll Konzepte für erkannte Probleme erarbeiten, aber auch auf neue Probleme aufmerksam machen;
- er soll strukturbildend wirken;
- er soll den Nachwuchs an Hochschulen und außeruniversitären Instituten erreichen;
- er soll transdisziplinär arbeiten und gesellschaftliche Akteure auf allen Ebenen einbeziehen.

2.1 Lernender Förderschwerpunkt

Das waren hohe Erwartungen, die am Anfang der Konzeption standen, ohne dass man recht wusste, mit welchem Vorgehen sie am besten eingelöst werden. Aus der Not eine Tugend machend entstand das Bild vom „lernenden Förderschwerpunkt“, in dem nicht alles schon am Anfang festgeschrieben wird, sondern sich allmählich entwickeln kann. Es sollte möglich sein, die Erfahrungen der Förderer und der Geförderten im Vollzug des Förderschwerpunktes aufzunehmen und daraus zu lernen. Dies betraf sowohl die Art der Durchführung des Schwerpunktes als auch die Generierung der Themen. Forschung sollte nicht nur für bereits anerkannte Probleme Lösungskonzepte vorschlagen, sondern der Schwerpunkt sollte in offenen Suchprozessen auch neue Themen und neue Sichtweisen für die Forschung (und für die Politik) erschließen. In diesem Sinn bildet der Förderschwerpunkt ein Experimentierfeld, auf dem neue Formen der Zusammenarbeit und gemeinsamer Problemlösung von der Forschung erprobt werden können und Raum ist für das Explorieren neuer Aufgaben und Forschungsthemen.

Konkret umgesetzt wurden diese Anforderungen durch ein *Rahmenkonzept* (Bundesministerium für Bildung und Forschung 2000), das in enger Wechselwirkung und nachvollziehbarer Weise mit der Forschung entwickelt wurde (Jahn u.a. 2000). Danach gliedert sich die auf insgesamt zehn Jahre angelegte Fördermaßnahme in mehrere Phasen, unterbrochen jeweils durch Auswertungs- und Evaluierungsschritte. Den thematischen Ausschreibungen wurde eine Sondierungsphase vorangestellt. Sondierungsprojekte (mit bis zu 50.000 Euro und maximal zwölf Monaten Laufzeit) hatten die Aufgabe, die Relevanz, die Machbarkeit und die möglichen Partnerschaften für neue Fragestellungen bei vereinfachten Begutachtungsverfahren und Berichtspflichten zu erkunden und zu testen. Die Sondierungsprojekte wurden im Wettbewerb vergeben (Balzer/Wächter 2002). Aus den seit Sommer 2000 realisierten 25 Projekten haben sich im Wesentlichen die Themen der Ausschreibungen herausgebildet, zu denen seit Sommer 2002 die ersten Verbundprojekte angelaufen sind: „Ernährung im Spannungsfeld von Umwelt und Gesundheit"; „Politikstrategien für Nachhaltigkeit"; „Nachhaltige Ver- und Entsorgungssysteme"; „Regionale Nachhaltigkeit". Weitere Themen sind in Vorbereitung.

Die Offenheit der Themenentwicklung hat ihren Preis. Durch die vorgeschaltete Sondierungsphase dauert es länger, bis die inhaltlichen Konturen des Förderschwerpunktes in der Öffentlichkeit sichtbar werden können. Auch sind die Antragsteller mehr zur eigenständigen Fokussierung aufgefordert als in stärker spezifizierten Förderbereichen. Gleichzeitig verhindert es aber der Typ der problemorientierten Projekte, schlicht eigene Vorarbeiten in die Zukunft fortzudenken. Die Positionierung auf teilweise unbekanntem Terrain scheuten manche Antragsteller und versuchten ihr Glück mit vagen oder aber allumfassenden Projektdesigns – beides gleichermaßen chancenlos.

Die Resonanz der Wissenschaft auf die Sondierungsphase war insgesamt sehr positiv. Das Instrument trifft offenbar das wichtige Bedürfnis, Spielraum für Kreativität zu erhalten, der sich als disziplinen- und forschungssektorübergreifender „Raum von Möglichkeiten" an Hochschulen nicht naturwüchsig einstellt, auch wenn man dort eigentlich aufgrund genügender Heterogenität der Fachdisziplinen bei räumlicher Nähe ein solch fruchtbares Klima erwarten könnte. Für die Forschungspolitik ist dieser Spielraum ebenso wichtig, denn er erlaubt es integrierte Themen (z.B. „Ernährungswende", „Agrobiodiversität") aufzugreifen, die in Fachprogrammen üblicherweise nur in Einzelaspekten förderfähig wären.

2.2 Infrastrukturprojekte

Ziel des Förderschwerpunkts ist es, neue sozial-ökologische Forschungskapazitäten aufzubauen und zugleich die Kreativität und Innovationsfähigkeit sowie Ausstrahlungskraft der vorhandenen Institutionen zu unterstützen. Dabei spielten die nicht staatlich finanzierten gemeinnützigen Umweltforschungsinstitute eine ganz wesentliche Rolle. Sie haben in der Vergangenheit aufgrund ihrer Anwendungsorientierung und Kooperation mit Praxisakteuren wie Umweltverbänden, Kommunen und auch Unternehmen, Pionierarbeit in der problemorientierten interdisziplinären Zusammenarbeit geleistet. Um nicht nur kurzfristige Effekte mit der Projektförderung auszulösen, wurde deshalb ein besonderer Förderbereich gebildet, in dem diese Institute – nach vorausgehender Evaluation – auf Projektbasis die Möglichkeit erhalten, ihre eigenen wissenschaftlichen Grundlagen weiter zu entwickeln. Bei Instituten ohne Grundfinanzierung fehlt oft die Möglichkeit, die Erträge aus erfolgreichen Projekten zu bündeln, zu publizieren, international anzubieten. Auch die Möglichkeiten zu strategischen Arbeiten sind bei rein auf Drittmittel basierenden Instituten sehr beschränkt – eben auf das, was sich in einem inhaltlichen Projekt unterbringen lässt. Der zweite Förderbereich der Sozial-Ökologie, die Infrastrukturförderung, versucht diese Lücke zu schließen – mit inzwischen elf laufenden Vorhaben zur Qualitätssicherung (Evaluationsnetzwerk der Institute), zur Entwicklung der internationalen Beziehungen, zur Ausbildung von Schnittstellen zu den Hochschulen oder zur besseren, verständlichen Kommunikation von Forschungsergebnissen an die Öffentlichkeit.

2.3 Nachwuchsgruppen

Mit dem dritten Förderbereich der sozial-ökologischen Forschung, der Nachwuchsförderung, wird ein Anliegen aufgegriffen, das beim Regierungswechsel 1998 im Forschungsministerium hohen Neuheitswert hatte: die frühe Verselbständigung des wissenschaftlichen Nachwuchses. In den zehn inzwischen laufenden Gruppen arbeiten im Durchschnitt fünf junge Wissenschaftler bzw. Wissenschaftlerinnen über den für Projektförderung vergleichsweise langen Zeitraum von fünf Jahren zusammen. Sie sollen in dieser Zeit ein sozial-ökologisches Problem bearbeiten, ihre eigene Qualifizierung vorantreiben und zugleich ein wenig „Brückenbauer“ zwischen akademischer und außeruniversitärer Forschung spielen, das heißt jede Gruppe ist sowohl an einer Hochschule als auch an einem außeruniversitären Forschungsinstitut beheimatet. In jedem einzelnen Projekt werden NaturwissenschaftlerInnen mit SozialwissenschaftlerInnen eng zusammenarbeiten. In den Nachwuchsgruppen sind Frauen übrigens weit stärker beteiligt als dies in vergleichbaren Förderschwerpunkten der Umweltforschung oder in den thematischen Verbundprojekten des Schwerpunktes der Fall ist.

Die Nachwuchsgruppen sind – das ist derzeit schon zu erkennen – hochmotiviert und gut organisiert; sie dürften sich als eine wesentliche treibende Kraft im Förderschwerpunkt erweisen.

2.4 Transdisziplinarität durch Akteursbezug auf allen Ebenen

Die Forschungsaufgaben eines Projektes sollen sich nicht aus der Perspektive einer Fachdisziplin herleiten, sondern aus dem Anliegen, wissenschaftliches Wissen zur Lösung eines realen Problems im Verhältnis von Menschen zu ihrer Umwelt zusammenzutragen und zu bewerten. Um das zu erreichen, muss man Verfahren vorsehen, mit denen auch nichtwissenschaftliches Wissen artikuliert und in die Problemstellung aufgenommen werden kann. In den Verbundprojekten der sozial-ökologischen Forschung stellen die Praxispartner – Kommunen, Versorgungsunternehmen, Landwirte, Verbraucher, Ernährungsberater – deshalb nicht nur ein Untersuchungsfeld bereit, das dann „beforscht“ wird, sondern sie bringen ihr Wissen von Beginn an, schon bei der Definition der Forschungsaufgabe, ein: Wissen darüber, welche Faktoren für ein Problem wichtig sind, welche Zusammenhänge wirksam sind, welche Akteure für die Problemlösung zu berücksichtigen sind.

Eine weitere Rückkopplung wollen wir erreichen durch den *Strategiebeirat* Sozial-ökologische Forschung. In ihm wirken außer WissenschaftlerInnen auch ExpertInnen aus den Handlungsfeldern Konsum/Verbraucher, Arbeit/Gewerkschaften und Umwelt/Nachhaltigkeit mit. Sie bringen Perspektiven und Erfahrungen außerhalb der Wissenschaft in die Entscheidung über Förderthemen ein und sollen die Vermittlung der Ergebnisse in die Handlungsfelder unterstützen.

3. Perspektiven und Erwartungen

Integrativ soll der Förderschwerpunkt in zweifacher Hinsicht wirken: einerseits durch die problemorientierte Bündelung von Fachwissen und nichtwissenschaftlichem Wissen über die Grenzen der Disziplinen und die Schwelle zwischen Wissenschaft und Praxis hinweg. Hier sind wir auf einem guten Weg. Andererseits wird mit dem Förderschwerpunkt auch die Erwartung verbunden, einen Beitrag zu stärkerer *Politikintegration* zu leisten – über die Grenzen von Fachprogrammen und Ressorts hinweg. Angelika Zahrnt hat als Mitglied des Nachhaltigkeitsrats anlässlich der Auftaktkonferenz des Förderschwerpunktes Sozial-ökologische Forschung im Mai 2002 ihre Erwartung formuliert:

> „Nachhaltigkeitspolitik bringt neue Themen für die Wissenschaft und neue Rollen für die Wissenschaftler; sie werden vom Beobachter zum Mitgestalter."

Nachhaltigkeit konfrontiert die Wissenschaft mit einer neuen, noch ungeübten Rolle. Auch hier bewegt sich die sozial-ökologische Forschung auf einem Experimentierfeld und muss ihren Weg erst noch finden zwischen Wertfreiheit und akademischer Selbstbeschränkung auf der einen Seite und change management auf der anderen Seite.

Anders als in den früheren Förderschwerpunkten der „Stadtökologie" oder der „Modellprojekte für nachhaltiges Wirtschaften" hat der offene Prozess der Themenbestimmung zu einer großen thematischen Bandbreite im Förderschwerpunkt geführt. Die Berührungs- und Anknüpfungspunkte – sicher auch das Konfliktpotential – sowohl zu den Fachprogrammen des BMBF als auch zur Politik anderer Bundesressorts sind ungleich vielfältiger. Damit gibt es sehr viel bessere Voraussetzungen, nicht in der Nische stecken zu bleiben, sondern Dialogpartner zu den laufenden Forschungsprojekten zu finden. Im Zuge der Durchführung der Projekte soll systematisch die Kommunikation über ihre Ergebnisse – mit Ressorts, mit Akteuren der nationalen Nachhaltigkeitsstrategie, mit anderen Forschungsförderern – aufgenommen werden. Es ist Zeit und Gelegenheit, die sozial-ökolo'-gische Forschung im positiven Sinn „ins Gerede" zu bringen – im Interesse an einer Mehrung der Antworten auf die Grundfrage, wie eine nachhaltige Entwicklung moderner Gesellschaften möglich ist.

Literatur

Balzer, Ingrid/Wächter, Monika (Hrsg.): Sozial-ökologische Forschung. Ergebnisse der Sondierungsprojekte aus dem BMBF-Förderschwerpunkt. München 2002

Bundesministerium für Bildung, Wissenschaft, Forschung und Technologie (BMBWFT): Forschung für die Umwelt. Programm der Bundesregierung. Bonn 1997

Bundesministerium für Bildung und Forschung: Rahmenkonzept Sozial-ökologische Forschung. Bonn 2000

Deutscher Bundestag: Antrag für ein Programm zur Förderung nichtstaatlicher Forschungsinstitute in der interdisziplinären Umweltforschung (Bundestagsdrucksache 13/10265). Bonn 1998

Deutscher Bundestag: Bericht des Ausschusses für Bildung, Forschung und Technikfolgenabschätzung. Forschungs- und Technologiepolitik für eine nachhaltige Entwicklung (Bundestagsdrucksache 14/571). Bonn 1999

Jahn, Thomas/Sons, Eric/Stieß, Immanuel: Konzeptionelles Fokussieren und partizipatives Vernetzen von Wissen. Bericht zur Genese des Förderschwerpunkts „Sozial-ökologische Forschung" des BMBF. Frankfurt 2000

Wissenschaftsrat: Stellungnahme zur Umweltforschung in Deutschland. Band 1. Köln 1994

Interdisziplinarität und Transdisziplinarität. Eine „Wissenschaft neuen Typs" oder „vergebliche Liebesmüh"?

Hellmuth Lange

Es gibt gegenwärtig vermutlich wenige wissenschaftspolitische Forderungen, die sich einer so breiten Akzeptanz erfreuen wie die nach Interdisziplinarität. Das ressourcen- und gesellschaftspolitische Ziel der Nachhaltigkeit bildet dabei den mit Abstand am Häufigsten bemühten Begründungs- und Rechtfertigungshorizont. Die Karriere des Nachhaltigkeitsziels in der Folge der United Nations Conference on Environmental Development (UNCED) von Rio de Janeiro im Jahre 1992 legt dabei die Vorstellung nahe, es handele sich bei der Interdisziplinarität um eine ebenfalls relativ neue Problemstellung. Vielfach ist damit die weitere Idee verbunden, Interdisziplinarität verlange eine mehr oder minder weitgehende Relativierung überkommener disziplinärer und subdisziplinärer Grenzen. Interdisziplinarität laufe insofern letztlich auf eine Wissenschaft bzw. eine Forschung neuen Typs hinaus. Damit kontrastiert die Tatsache, dass es bislang noch erstaunlich wenige Untersuchungen gibt, die entsprechende Versuche systematisch evaluieren würden. Daraus ließe sich vielleicht noch ein zusätzliches Argument für die Annahme gewinnen, Interdisziplinarität sei eine besonders neue Aufgabenstellung, zu der es eben deshalb noch gar keine empirischen Befunde und systematischen Evaluationen geben könne.

Von einer grundsätzlich neuen Herausforderung des Wissenschaftsbetriebs kann jedoch kaum die Rede sein. Interdisziplinarität ist in verschiedenen Wellen durch das gesamte vergangene Jahrhundert hindurch immer wieder auf die wissenschaftspolitische Tagesordnung gesetzt worden. Dem entsprechend liegen auch beachtenswerte praktische Erfahrungen vor, wie Interdisziplinarität zu realisieren ist. Ein Blick auf diese Erfahrungen kann vielleicht helfen, in der gegenwärtigen Hochkonjunktur der Forderung nach Interdisziplinarität Umwege zu vermeiden und die Gunst der Stunde auf dieser Grundlage besser zu nutzen.

Einstweilen gehen die Meinungen noch weit auseinander. Interessanterweise gibt es noch erstaunlich wenige Texte, die sich systematisch mit der zur Debatte stehenden Problematik auseinandersetzen. Anstelle dessen überwiegen Bekundungen alltagsweltlicher Überzeugungen. Eines der Hauptthemen ist, als wie formbar Disziplinen – und deren subdisziplinäre Ausdifferenzierungen angesehen werden[1]. Am einen Ende des Spektrums steht der Verdacht, Disziplinen verkörperten eine spezielle Form institutionalisierter intellektueller Borniertheit und in diesem Sinne ein falsches Bewusstsein. Damit verbindet sich die professionssoziologisch ausgerichtete Vorstellung, Disziplinen seien primär Ausdruck eines erfolgreichen Bemühens spezieller communities um forschungsstrategische (und allzu oft auch um materielle) Besitzstandswahrung. Das Problem der Überwindung so verstandener

1 Auch in den folgenden Zusammenhängen, in denen von Disziplinarität die Rede ist, ist immer auch die Dimension der subdisziplinären Strukturen gemeint.

Disziplinarität stellt sich in diesem Rahmen als eine Art wissenschaftspolitische Machtfrage dar. Dem steht – als skeptische Variante dieser Sichtweise – die Sorge entgegen, die vorfindlichen disziplinären Grenzverläufe überwinden zu wollen, sei eine vergebliche Liebesmühe. Beiden Varianten steht die Perspektive gegenüber, dass die historisch gewachsenen Disziplinen primär eine Ressource darstellen, ohne die eine inhaltlich gehaltvolle Erforschung gerade auch neuer Phänomene der Wirklichkeit kaum vorstellbar ist. Eine anhaltende Infragestellung disziplinärer Strukturen erscheint in diesem Vorstellungsrahmen ebenfalls nur schwer machbar – und zugleich auch nur bedingt wünschbar[2].

Meine eigene Sichtweise läuft auf ein entschiedenes „Sowohl – als auch!" hinaus. Eine nennenswerte Intensivierung von Interdisziplinarität, ohne die eine auch nur annähernd adäquate Erfassung zentraler Nachhaltigkeitsprobleme tatsächlich undenkbar ist, wird dadurch nur insoweit in Frage gestellt, wie Interdisziplinarität als ein grundsätzlicher Neubeginn verstanden wird. In diesem Sinne könnte Interdisziplinarität tatsächlich nur auf den kognitiven und methodischen Trümmern der überkommenen *disziplinären und subdisziplinären Strukturen* errichtet werden. Aussichtsreicher erscheint mir eine spürbare Intensivierung *forschungsorganisatorischer Anstrengungen* zur Beförderung von interdisziplinärer Kooperation, nicht zuletzt mit dem Ziel, überkommene disziplinäre Alleinvertretungsansprüche und damit verbundene Formen des kognitiven Autismus zugunsten der Erarbeitung gemeinsamer Lösungen zurückzudrängen. Auch Transdisziplinarität kann meines Erachtens am ehesten auf diesem Wege unterstützt werden.

Meine Argumente für diese Auffassung beziehe ich vor allem aus einer Reihe wissenschaftshistorischer Prozesse, in denen Interdisziplinarität bereits eine mehr oder minder explizite Rolle gespielt hat – sei es als Forderung, sei es als Tatsache.

1. Wissenschaftliche Disziplinen

1.1 Disziplinen: Geronnene Geschichte und Medium der Veränderung in einem

So fest gefügt, überzeitlich stabil und über jeden Zweifel erhaben, wie sich Disziplinen mitunter noch immer zu präsentieren belieben (man denke etwa an das demonstrative Selbstbewusstsein mancher Fakultätentage), sind sie weder heute, noch in der Vergangenheit gewesen. Viele von ihnen, von ihren diversen subdisziplinären Differenzierungen ganz zu schweigen, haben sich erst im Verlaufe des 20. Jahrhunderts zu einigermaßen stabilen und anerkannten Disziplinen herausgebildet: man denke etwa an die Biologie oder an die Soziologie. Aber auch ein so klassisches naturwissenschaftliches Fach wie die Chemie entwickelte sich nach mühsamen Anläufen im 18. Jahrhundert erst im Verlaufe des 19.

2 In Bezug auf die soziologische Befassung mit ökologischen Problemstellungen wurde eine entsprechende Debatte etwa im Zusammenhang der Frage geführt, inwieweit es ausreiche, wenn die Soziologie auf die ökologischen Herausforderungen mit der Bildung einer speziellen Subdisziplin, „Umweltsoziologie", reagiere, oder ob die Umweltproblematik nicht vielmehr als eine „grundlegende theoretische Herausforderung" verstanden werden müsse (Brand 1998: 13). Eine skeptische Auffassung haben in diesem Zusammenhang etwa Conrad 1997, Bechmann 1996 und Japp 1997 vertreten. Von anderen Autoren, etwa von Jahn und Wehling 1998, wurde die Frage, wie schon 20 Jahre zuvor durch Catton und Dunlap (rückblickend Dunlap 1997), nachdrücklich bejaht und zu einer Art sozialökologischem Reset der Sozialwissenschaften aufgerufen. Siehe dazu auch den Beitrag von Jahn in diesem Band.

Jahrhunderts zu einer theoretisch und institutionell einigermaßen gefestigten Disziplin. Nur die Physik und die Mathematik erreichen bereits im 17. Jahrhundert eine erste nennenswerte Konsistenz.

Die Abfolge der Herausbildung von Disziplinen steht dabei in unübersehbarem Zusammenhang mit den sachlichen Besonderheiten der erfassten Gegenstandsbereiche: die Entwicklung verläuft von der Bearbeitung einfacher zu komplizierten Strukturen, vom Sichtbaren zum Unsichtbaren und von sich wiederholenden (und experimentell wiederholbaren) Veränderungen zu einmaligen, evolutiven Veränderungen. Wissenschaftliche Disziplinen stellen in diesem Sinne unterschiedliche Fragen, und sie fokussieren damit auf unterschiedliche Seiten der Realität. Die damit gesetzten Unterscheidungen und Grenzlinien lassen sich nicht beliebig miteinander verbinden oder ineinander auflösen. Sie entwickeln sich, wenigstens in groben Zügen, auch historisch in einer Reihenfolge, die nicht beliebig wählbar gewesen ist und in der institutionelle Fixierungen von Gegenstandsbereichen, etwa in Gestalt der Fakultätsstrukturen der frühneuzeitlichen Universitäten, nur eine Randrolle spielen – es sei denn, man versteht die philosophische Fakultät als gemeinsame Ausgangsinstitution, die als solche unterschiedslos alles Weitere ermöglicht hat.

Die historische Ausdifferenzierung von Disziplinen, Subdisziplinen und einzelnen Theoriekomplexen lässt sich in diesem Zusammenhang als sukzessive Produktion von *Landkarten* verstehen, die sich auf unterschiedliche Bereiche der Realität beziehen. Sie sind dabei freilich keine einfachen Spiegelungen der betreffenden Seiten der Realität, sondern sie entwickeln sich in der Form sozialer Konstruktionen. In diesem Sinne lassen sie sich als unterschiedliche *Sprachen* verstehen. Beide Aspekte, der der Landkarte und der der Sprache, sind unlösbar miteinander verbunden. Theoretische Entwicklungen und disziplinäre Differenzierungen berühren daher auch immer beides zugleich: Es werden neue, bis dahin noch nicht beachtete und untersuchte „Territorien" untersucht. Der Wissensbestand wird darüber erweitert. Er wird zum Teil auch detaillierter und genauer. Er drückt sich aber vielfach auch in veränderten „Sprachen" im Sinne eigentümlicher Begriffe und Theoreme der betreffenden neuen Diskursgemeinschaften und – entsprechende kognitive und institutionelle Stabilisierungsfortschritte vorausgesetzt – neuer subdisziplinärer Strukturen aus. Ältere „Sprachen" verlieren darüber, wie etwa im Übergang von der klassischen zur modernen Physik, einen Teil ihrer vormaligen Bedeutung.

Diese Art von Veränderungsprozessen ist die Bedingung und in gewisser Hinsicht die Grundform wissenschaftlicher Entwicklung überhaupt. Disziplinen lassen sich insofern einerseits als *Produkte* spezifischer historischer Entwicklungen und in diesem Sinne als geronnene Geschichte verstehen. Sie sind jedoch zugleich der Rahmen für unablässige weitere subdisziplinäre Veränderungen, in deren Gefolge sie nicht zuletzt selbst *in stetem Fluss* begriffen sind. So umfassen etwa Physik, Chemie und Biologie heute Mehr und Anderes als vor fünfzig oder vor hundert Jahren. Auch die Einflussfaktoren dieser Veränderungen haben sich im Maße des Erkenntnisfortschritts und der fortschreitenden Vergesellschaftung von Wissenschaft verändert[3]. Der konkrete Verlauf der Wissenschaftsentwicklung ist folglich das Resultat historisch singulärer Bedingungen und seine aktuellen Resultate sind ad hoc auch nur bedingt modifizierbar.

3 Solche Veränderungen sind als Prozesse der „Finalisierung der Wissenschaft" genauer untersucht worden (Böhme u.a. 1973).

1.2 Disziplinen: Ressourcen und Hindernisse der Wissenschaftsentwicklung in einem

Immerhin war dieser Entwicklungsprozess in seiner konkreten historischen Form außerordentlich ertragreich. Die Disziplinen stellen, zumindest seit dem 19. Jahrhundert, in vieler Hinsicht den Diskursrahmen und das Gravitationsfeld dar, in welchen sich die kognitive Dynamik der Wissenschaftsentwicklung entfaltet hat. Disziplinen und ihre jeweiligen Untergliederungen, Seitentriebe und Konkurrenzstrukturen bilden insofern eine zentrale Ressource des zurückliegenden und, in wie modifizierter Form auch immer, auch des gegenwärtigen und künftigen wissenschaftlichen Erkenntnisfortschritts.

Andererseits lässt sich die gesamte moderne Wissenschaftsentwicklung auch als eine Geschichte von Behinderungen neuer Erkenntnis lesen, die nicht allein von außen (etwa durch weltliche und kirchliche Obrigkeiten), sondern auch durch die Grenzen der jeweils überkommenen disziplinären und subdisziplinären Diskursgemeinschaften bewirkt worden sind. Diskursgemeinschaften sind ihrer Natur nach exklusiv: sie versammeln ihre Mitglieder um Themen, Paradigmen, Methoden etc., und sie unterscheiden sich eben darin von anderen Diskursgemeinschaften.

In der Dimension von Wissenschaft als sozialem Prozess erhält dieser Effekt weitere Nahrung (Felt u.a. 1995: 57ff.). Berufliche Ambitionen von Wissenschaftlern, institutionelle Verteilungen von Entscheidungskompetenzen und der Verfügung über Ressourcen und nicht zuletzt informelle und formelle (rechtliche) Strukturierungen von Laufbahnen und der Erbringung laufbahnrelevanter Leistungen (Publikationswesen, Promotions- und Habilitationsordnungen etc.) haben immer tiefgreifende Wirkungen auf den Fortgang des wissenschaftlichen Forschungsprozesses ausgeübt[4].

Dabei besteht das Problem nicht in der Existenz derartiger Faktoren schlechthin. Sie sind ja zugleich immer auch ein Mittel der Unterstützung und Absicherung produktiven wissenschaftlichen Arbeitens. Das Problem besteht eher darin, dass sich institutionalisierte Strukturen und daran gebundene fachliche Geltungsansprüche und Routinen in der Regel nur sehr langsam verändern lassen und dass wissenschaftspolitisch gewollte Beschleunigungen derartiger Prozesse geometrische Steigerungen des Kraftaufwandes erfordern – ohne entsprechende Steigerung der Ergebnisgewissheit. Neue Diskursgemeinschaften entwickeln sich dagegen meist sehr viel schneller. Finden sie innerhalb der gegebenen Strukturen keine positive Resonanz oder bilden sie sich gar als explizite Gegengründungen, so drohen sie zwischen die Mühlsteine zu geraten.

Im Anschluss an Kuhns Arbeiten zum Paradigmenwandel ist freilich auch vielfach dargelegt worden, in welcher Weise sich konkurrierende theoretische Angebote trotz widriger innerwissenschaftlicher Machtstrukturen durchsetzen können. Tatsächlich lässt sich die Wissenschaftsentwicklung auch als beständige Reproduktion eines Grundprozesses von diskursiven Schließungen und entsprechenden Behinderungen alternativer Richtungen beschreiben. Derlei kann aber – wegen der prinzipiellen Unabschließbarkeit wissenschaftlicher Diskussions- und Erkenntnisprozesse – einen Wandel und schließlich die Neubildung dominanter Diskursstrukturen letztlich nicht verhindern.

---

4 Gelegentlich könnte auch hier, wie etwa in der Physik des ausgehenden 19. Jahrhunderts in Deutschland, die List der Geschichte mit am Werk gewesen sein. In diesem Sinne deutet Hermann die Weigerung zahlreicher Ordinarien, „ihre“ Labore auch den Extraordinarien oder gar den Privatdozenten zu öffnen, als eine der Triebkräfte für den Aufschwung der theoretischen Physik in jener Zeit: mangels Gelegenheit zu experimentellem Arbeiten (Hermann 1978).

Die Skala der Entwicklungsstufen reicht (ohne Anspruch auf Vollständigkeit) – immer vorausgesetzt, es kommt nicht zu einem zwischenzeitlichen Abbruch – von der Bildung kleiner Diskussionsgruppen über deren Stabilisierung zur Bildung eines Korrespondenzorgans (neudeutsch Newsletter) und dessen Überführung in eine etablierte Zeitschrift bis zur Kanonisierung von Inhalten in Gestalt von Lehrbüchern und schließlich zur Formalisierung von Ausbildungsgängen und Berufsordnungen. Die Universitäten hatten sich in dieser Hinsicht im Verlaufe des 19. Jahrhunderts zu einer Art Schlüsselinstitution entwickelt. Sie waren ebenso Entwicklungsrahmen für die Herausbildung neuer Disziplinen, Subdisziplinen und Diskursgemeinschaften wie sie andererseits – und gerade deshalb – auch immer wieder als Hemmschuh derartiger Entwicklungen gewirkt haben.

2. Erfahrungen bei der Förderung von Interdisziplinarität

Die Leidtragenden waren – und sind bis heute – in erster Linie einzelne Wissenschaftler und Gruppen, die mit ihren Ansätzen an den etablierten disziplinären Strukturen gescheitert sind. Im Falle von Doktorarbeiten kann sich daran das gesamte weitere Fortkommen von Wissenschaftlern entscheiden. Interdisziplinäre Doktorarbeiten haben sich in diesem Zusammenhang als besonders heikle Unterfangen erwiesen. Das dürfte sich auch in Zukunft nicht wesentlich ändern.

Bemühungen um disziplinübergreifende Brückenschläge sind jedoch durchaus nicht grundsätzlich zum Scheitern verdammt. Sie verlangen aber, wie zumindest die bisherige Entwicklung nahelegt, spezielle Organisationsformen. Soweit es in der Vergangenheit zu erfolgreicher interdisziplinärer Kooperation kam, trug sie, so weit ich sehe, stets Projektcharakter: Die Kooperation war auf das Erreichen mehr oder minder klar umrissener disziplinübergreifender wissenschaftlich-technischer Ziele gerichtet, und mit der Beendigung des Projekts – sei es durch Erfolg, sei es durch Abbruch – wurden die zwischenzeitlich entstandenen Kooperationsstrukturen ganz oder zumindest in Teilen wieder zurückgenommen.

2.1 Interdisziplinarität I: Das Manhattan-Projekt

Das sicherlich spektakulärste Projekt und eines der sehr großen war das Manhattan-Projekt zum Bau der amerikanischen Atombombe (Rhodes 1986). Charakteristischerweise spielte hier die außerwissenschaftliche „Nachfrage“ aus Politik und Militär (wie in vielen nachfolgenden Projekten auch) in dem Sinne eine Schlüsselrolle, dass nur in diesem Rahmen die notwendigen Mittel und der Auftrag zur Durchführung des Projektes zu erhalten waren. Als nicht minder charakteristisch kann die Tatsache gelten, dass die enorm breite interdisziplinäre Kooperation innerhalb des Projekts von einem eigenen Management bewirkt und sichergestellt wurde[5]. Die hier gesammelten Erfahrungen bilden in der Folge die Eckpunkte

5 Das Manhattan-Projekt war allerdings keineswegs der einzige oder wenigstens der früheste Fall einer systematisch angelegten interdisziplinären Kooperation. So lässt sich etwa in Deutschland schon die Gründung der Kaiser-Wilhelm-Gesellschaft (der Vorläuferinstitution der Max-Planck-Gesellschaft) unter anderem als eine Reaktion auf die disziplinäre Verfassung der Universitätsforschung und deren unvermeidliche Grenzen begreifen (Vierhaus/Brocke 1990). Das Spektrum der vertretenen Disziplinen bzw. Subdisziplinen war zwar von Institut zu Institut recht unterschiedlich und insgesamt noch ziemlich begrenzt. Aber bereits hier erwiesen sich eine hinreichend starke außerwissenschaftliche Nachfra-

für den Versuch, wissenschaftlich-technische Schlüsselinnovationen im Rahmen sogenannter Großforschung auch auf anderen Gebieten zu entwickeln (Weinberg 1970; Radnitzky/Anderson 1970). Derartige Projekte wurden ihrerseits als Grundpfeiler einer zunehmend breiter angelegten nationalen (und in Teilen internationalen) Forschungs- und Technologiepolitik verstanden (Stamm 1981; Stucke 1993), die auf dem Wege der planmäßigen Allokation von Mitteln, Personen, Themen und – nicht zuletzt – von unterschiedlichen Disziplinen maximale Effektivität erbringen sollte. Daran hat sich trotz mancherlei Enttäuschungen und darauf bezogener Variantenwechsel bis heute auch nichts Wesentliches geändert (Kuhlmann/Holland 1995; Martinsen/Simonis 1995).

Interessanterweise ist aber die disziplinäre Struktur der Wissenschaft bzw. der Wissenschaften zu keinem Zeitpunkt dieser Entwicklung als solche ernsthaft in Frage gestellt worden – im Gegenteil: Die Disziplinen (und ihre subdisziplinären Ausdifferenzierungen) sind stets als die tragenden wissenschaftlichen Ressourcen verstanden worden, aus denen der Effektivitätsgewinn projektbezogener interdisziplinärer Kooperationen erwartet wurde.

2.2 Interdisziplinarität II: Hochschulreformkonzepte

In Deutschland kommt es nach 1945 zu einer ersten öffentlichen hochschulpolitischen Kritik negativer Seiten von Disziplinarität. Das „Blaue Gutachten“[6] machte die Beschränkung der bisherigen Ausbildung auf theoretische Fachkenntnisse und hier wiederum auf das jeweilige Studienfach dafür mitverantwortlich, dass die Hochschulen gegenüber der Herausforderung des Nationalsozialismus versagt hätten (Neuhaus 1961: 294). Als Ausweg wurde unter anderem die Eröffnung interdisziplinärer Perspektiven in Gestalt eines „Studium Generale“ empfohlen. Dieser Empfehlung sind tatsächlich auch relativ viele Universitäten gefolgt, allerdings nur im Sinne eines rein additiven Konzepts und ohne jeden Verpflichtungscharakter[7]. Es verwundert nicht, dass die Wirkungen dieses Studium Generale nicht besonders tiefgreifend waren.

Als Kritik des sogenannten „Fachidiotentums“ taucht die gleiche Problematik dann auch fast unverändert in der Hochschulreformbewegung der zweiten Hälfte der sechziger Jahre wieder auf – zusammen mit einer Reihe weiterer Forderungen des Blauen Gutachtens (Friedeburg 1989; Schreiterer 1989). Zu ihnen gehörte die Forderung, die fachsystematisch-disziplinäre Orientierung der Forschung spürbar zu reduzieren und anstelle dessen stärker von Problemen der gesellschaftlichen Praxis auszugehen. Dabei sollten insbesondere Probleme derjenigen Bevölkerungsteile in den Mittelpunkt gestellt werden, die bis dahin materiell und kulturell nicht nennenswert über Möglichkeiten verfügten, gegenüber der Wissenschaft als Auftraggeber aufzutreten: also die breite Mehrheit der Bevölkerung. Zum Kern der Reformideen gehörte ferner die Forderung, nicht allein die Forschung, sondern auch die Lehre projektförmig, also problembezogen und wo nötig disziplinübergreifend als forschendes Lernen, zu organisieren.

Bekanntlich konnten diese Forderungen nur an wenigen Universitäten in nennenswertem Maße zur Grundlage von praktischen Reformen gemacht werden, und wo dies aus-

---

ge und ein internes Kooperationsmanagement als zentrale Erfolgsbedingungen einer Überwindung einzeldisziplinärer Fragestellungen und Kooperationsstrukturen.

6 Das Gutachten wurde im Auftrag der britischen Besatzungsmacht erstellt, um Empfehlungen für die Reform der Universitäten in der Britischen Zone zu erarbeiten. Beteiligt war u. a. Carl-Friedrich von Weizsäcker.

7 Vorlesungen, die von den betreffenden Professoren als hinreichend allgemeinbildend angesehen wurden, wurden für „Hörer aller Fakultäten“ freigegeben und ihnen zum Besuch empfohlen (Papenkort 1993).

nahmsweise doch der Fall war – wie etwa an der Universität Bremen – sind diese Reformen bis zum Beginn der achtziger Jahre so weit zurückgeschnitten worden, dass die Unterschiede zu anderen Hochschulen seither nicht mehr ernsthaft ins Gewicht fallen. Dafür werden bis heute vor allem politische (wissenschaftspolitische und allgemeinpolitische) Gründe genannt. In der Tat: Die Verweigerung zugesagter Finanzierungen durch CDU-geführte Länder (und später auch durch SPD-geführte Länder) bildete einen sehr wirksamen Hebel der Disziplinierung. Die Delegitimierung von weitgehenden Mitbestimmungsregelungen durch das Bundesverfassungsgericht zugunsten einer Restitution professoraler Entscheidungsmacht bildete ein weiteres Feld, in dem sich wirksame Opposition gegen die betreffenden Reformunternehmen formierte. Eine wissenschaftspolitische Provokation ersten Ranges stellte nicht zuletzt auch der Versuch der beteiligten, überwiegend jüngeren Wissenschaftler dar, an den genannten Reformideen orientierte karrierebezogene Entscheidungen, wie etwa Berufungen, in bewusstem Gegensatz zu nennenswerten Teilen des damaligen wissenschaftlichen Establishments zu treffen. Die Tatsache, dass diese Fachkreise in hohem Maße disziplinär organisiert waren und naheliegenderweise im Rahmen dieser Strukturen reagierten, wurde auf Seiten der Reformer als weitere Bestätigung der Kritikwürdigkeit disziplinärer Strukturen verstanden, hier im Sinne von Bollwerken konservativen Machtwillens.

Erst mit beträchtlicher Verzögerung setzte sich innerhalb dieses Denk- und Erfahrungsrahmens ein Verständnis dafür durch, in welchem Maße disziplinäres Wissen und entsprechende Strukturen der Produktion und Reproduktion von Wissen jenseits aller problematischen Aspekte auch eine elementare Ressource produktiver wissenschaftlicher Forschung und Lehre darstellen – gerade auch für die interdisziplinäre Bearbeitung der eigenen gesellschaftlichen Reformziele.

2.3 Versuche transdisziplinärer Wissenschafts- und Technologieentwicklung

Eine Art Neuauflage der skizzierten Widersprüche des Versuchs, disziplinäre Verengungen der etablierten Themen- und Methodenarsenale der Forschung zu überwinden, brachten diverse Versuche der ausgehenden siebziger und frühen achtziger Jahre. Spätestens hier tritt nun auch die Problematik der Transdisziplinarität im Sinne kooperativer Problembearbeitung durch Angehörige des universitären Wissenschaftssystems und außeruniversitärer Akteure deutlicher in den Vordergrund.

Eine erste Variante entwickelte sich auf der Grundlage von Fördermitteln, die von der Bundesregierung im Rahmen des Programms zur „Humanisierung der Arbeit" (HdA) zur Verfügung gestellt wurden. Eine Art Neuauflage und thematische Ausweitung brachte dann auch das nordrhein-westfälische Programm „Sozialverträgtliche Technikgestaltung" (SoTech). Mittels dieser hinreichend zahlungskräftigen gesellschaftlichen Nachfrage konnten sich innerhalb der Institution Hochschule und zumindest teilweise jenseits ihrer überkommenen disziplinären Strukturen Elemente einer neuen Diskursgemeinschaft formieren.

Deren Angehörige mussten jedoch von Beginn an mit dem Problem zurechtkommen, dass ihre außeruniversitären Adressaten und Partner zum Teil andere inhaltliche Akzente, andere methodische Vorgehensweisen und andere Präsentationsformen von Ergebnissen wünschten als sie im Wissenschaftssystem üblich waren und sind. Jedoch sahen sich die universitären Partner allein schon deshalb genötigt, den akademischen Üblichkeiten einschließlich einer expliziten disziplinären Verortung Rechnung zu tragen, weil die betreffenden Forschungsarbeiten oft zugleich akademische Qualifizierungsarbeiten der Forscher und Forscherinnen waren. Der unvermeidliche Spagat wurde vielfach ebenfalls als eine Konsequenz der Fortexistenz hinderlicher disziplinärer Strukturen gedeutet. Dies war in Teilen gewiss auch zutreffend.

Zugleich spiegelt die Problematik aber einen Widerspruch, der nicht nur für Sozialwissenschaften im Rahmen transdisziplinärer Forschung relevant wird: Insofern sie auf konkrete Gestaltungslösungen aus ist, erfordert sie die Mobilisierung von Wissensbeständen und Methoden aus unterschiedlichen Disziplinen (etwa aus Arbeitswissenschaften, Ökonomie, Soziologie und Ingenieurwesen) und eine Verschränkung fachspezifischer Perspektiven mit dem Ziel konkreter Lösungen für ein mehr oder minder singuläres Problem. Dieses Wissen eignet sich nicht zuletzt deshalb als Ressource zur Problemlösung, weil es Ergebnisse zurückliegender Forschung in verallgemeinerter, theoretisch reflektierter Form enthält. Erst das macht es auch für den speziellen Zusammenhang einer konkreten neuen Problemlage fruchtbar. Die Dimension der theoretischen Reflexion ist jedoch immer an spezielle theoretische Diskurslinien mit entsprechenden eigenen Sprachen und Sprachstilen und an deren disziplinäres und subdisziplinäres Hinterland gebunden. Doktorarbeiten bilden einen Paradefall – im Guten wie im Schlechten: im Guten, insofern eine Doktorarbeit akzeptierterweise disziplinären Erkenntnisfortschritt bewirkt; im Schlechten, sofern sich eine Arbeit auf zwei unterschiedliche disziplinäre Kontexte bezieht, die als solche miteinander nicht oder nur schwach kompatibel sind: Es ist dies der Weg zwischen die sprichwörtlichen zwei Stühle. Aber auch eine erfolgreiche Doktorarbeit eignet sich in der Regel wenig für die transdisziplinäre Verständigung.

Im Kontext der HdA- und SoTech-Forschung wurde mit diesem Widerspruch sehr unterschiedlich umgegangen. Der Versuch, einen Mittelweg zu gehen, der es beiden Seiten recht macht, enthält die Gefahr, dass am Ende keine Seite zufrieden ist. Eine eindeutige Entscheidung für eine der beiden Seiten läuft hingegen Gefahr, Problementlastung auf der einen mit Problemverschärfung auf der anderen Seite zu erkaufen. So bleibt als Drittes nur die Möglichkeit, beide Wege parallel zu gehen. Dies ist unter arbeitsökonomischen Gesichtspunkten sicherlich die unangenehmste Variante. Daher ist sie im Kontext der fraglichen Projekte auch besonders ungern gewählt worden.

In systematischer Hinsicht erscheint sie dagegen als einzige „saubere“ Lösung: Wissenschaftliche Arbeit mit dem Ziel der Theorieentwicklung stellt Fragen und zielt auf *Verallgemeinerungen:* Über deren Gewicht wird im Rahmen spezieller und notwendigerweise disziplinärer bzw. subdisziplinärer Diskursgemeinschaften entschieden. Wissenschaftliche Beiträge zu praktischen Gestaltungslösungen suchen Antworten. Sie müssen sich am betreffenden *Einzelfall bewähren*, und über ihre Qualität wird in nennenswertem Umfang von „Praktikern“ entschieden. Es handelt sich, mit anderen Worten, um zwei sehr unterschiedliche Typen von wissenschaftlicher Tätigkeit. Beide verlangen ihr je eigenes Recht. Der Versuch, beide Typen in einem zu bearbeiten, erscheint wenig aussichtsreich. Er erlaubt, jedenfalls in der Regel, nur eine Bearbeitung in zwei zeitlich und hinsichtlich der jeweils leitenden Ziele von einander entkoppelten Schritten bzw. Arbeitsphasen[8].

Das erfordert freilich geeignete institutionelle Strukturen, ausreichende finanzielle Spielräume und passfähige berufsbiographische Voraussetzungen auf Seiten des Forschungspersonals. In den Projekten der genannten Förderprogramme hat es oft an allen drei Voraussetzungen gemangelt. Immerhin konnten sich – auf der Grundlage erheblicher externer Unterstützung in Gestalt von Finanzmitteln, Feldzugängen und Kontakten – eine neue Diskursgemeinschaften bilden und fachlich etablieren. Die Industrie – und Arbeitsso-

8 Das gilt auch in dem umfassenderen Zusammenhang von sozialwissenschaftlicher Berufsausübung als Forschung einerseits und Beratung anderseits (Lange 1997).

ziologie, Teile der Risikosoziologie, der sozialwissenschaftlichen Umweltforschung und der angewandten Informatik sind in ihrer heutigen Gestalt ohne die betreffenden Inputs aus der Humanisierungs- und SoTech-Forschung kaum denkbar.

Im Kontext der heutigen Nachhaltigkeitsproblematik reproduzieren sich die meisten derjenigen Fragen – unter Einschluss der ungelösten-, die schon seinerzeit eine Rolle gespielt haben. Daher ist es vielleicht hilfreich, die im Vorangehenden skizzierten Erfahrungen mit den Problemen der Interdisziplinarität und der Transdisziplinarität für einen reflektierteren und produktiveren Umgang mit der Nachhaltigkeitsthematik in Betracht zu ziehen.

3. Nachhaltigkeit und Interdisziplinarität

Im Mittelpunkt des Nachhaltigkeitsziels steht das Problem der Ressourcenökonomie, allerdings in einer sehr anspruchsvollen Weise: Als Herausforderung zu einer tiefgreifenden Umgestaltung der Stoffwechselprozesse zwischen Gesellschaft und Natur im globalen Maßstab. Die Beachtung der Komplexität und der Eigenlogik von Naturprozessen bildet dabei ebenso eine Schlüsselproblematik wie die Herstellung gesellschaftlicher Übereinkünfte, die als gerecht akzeptiert werden können. Nachhaltigkeit geht insofern weit über Umweltschutz hinaus: Sie thematisiert die unterschiedliche gesellschaftliche Teilhabe an der Nutzung, der Belastung und der Gestaltung von Natur. Sie zielt letztlich auf die Herstellung von Bedingungen auskömmlicher Lebensverhältnisse in Gegenwart und Zukunft. Nachhaltigkeit bezeichnet insofern einen eminent gesellschaftlichen Sachverhalt. Nachhaltigkeitsförderliche Lösungen müssen dabei aber einer Fülle heterogener Relevanzkriterien gerecht werden: Die viel beschworene Unterscheidung zwischen ökologischen, ökonomischen und sozialen Relevanzkriterien bildet dabei nur die summarischste Form.

Dass die Bearbeitung von Nachhaltigkeit von der Wissenschaft interdisziplinäre und transdisziplinäre Kooperationsstrukturen erfordert, die weit über das bisher entwickelte Maß hinausgehen, bedarf insofern keiner näheren Erläuterung. Dies ist auch unstrittig. Gleichwohl bleibt die Praxis hinter diesem Einverständnis noch immer weit zurück. Dafür gibt es gewiss sehr verschiedene Gründe. Einer könnte darin liegen, dass ein problematisches Verständnis von Inter- und Transdisziplinarität auf Wege führt, die nicht zielführend sind. Vor dem Hintergrund der bisherigen Erwägungen und Befunde lassen sich in summarischer Form die drei folgenden Optionen unterscheiden:

- Man könnte *erstens* versuchen, die hochgradig *disziplinären bzw. subdisziplinären Strukturen* der Wissenschaften und die daran gebundenen Professionskulturen und Reproduktionsmuster (vor allem Karrierewege, Publikationswesen) *zurückzudrängen*. Die vorangehend erörterten Fälle lassen eine solche Option als nicht besonders realistisch erscheinen. Disziplinäre und subdisziplinäre Methoden, Theorien, Routinen und Erfahrungen bilden sogar einen entscheidenden Fundus für die Bewältigung komplexer Problemstellungen in interdisziplinären Forschungs- und Gestaltungszusammenhängen. Die Forderung nach einer Überwindung disziplinärer und subdisziplinärer Fragestellungen und Arbeitsweisen führt daher in den meisten Fällen nicht zu höherer wissenschaftlicher Problemlösungskompetenz. Es ist eher das Gegenteil zu erwarten. Der Ausweg aus der Zwickmühle liegt daher vermutlich auf einem deutlich anderen Weg.
- Man könnte *zweitens* auf die *Entstehung neuer Diskursgemeinschaften und Subdisziplinen* hoffen, die das vorhandene Spektrum erweitern und die helfen, bestehende „Lücken“ zu verkleinern. Ein solcher Prozess ist allerdings ohnehin immer im Gange.

Nur verläuft er im Zweifelsfalle langsamer und in andere Richtungen, als es unter dem Gesichtspunkt der Nachhaltigkeit wünschenswert ist. Um dies zu verhindern, müssten entsprechende Prozesse gezielt beeinflusst werden.

- Damit wäre man *drittens* schon auf dem Wege *forschungsorganisatorischer und institutioneller Vorkehrungen*, die darauf abzielen, disziplinäre Beiträge optimal auf einander zu beziehen und miteinander zu verknüpfen, anstatt sie als solche zurückdrängen zu wollen[9]. Dieser Weg ist, wie die erörterten früheren Fälle zeigen, auch in der Vergangenheit schon mit Erfolg beschritten worden. Bis zu einem gewissen Grade bildet er sogar das Grundelement moderner Forschungs- und Technologiepolitik seit dem Manhattan-Projekt. Durch entsprechende thematische Fokussierungen und deren politische Legitimierung, durch den konzentrierten Einsatz von Geld, durch die Schaffung geeigneter neuer Institutionen, beruflicher und fachlicher Entwicklungsmöglichkeiten etc. lässt sich zweifellos Einiges in Bewegung bringen. Die Förderung sozialökologischer Forschung in der Bundesrepublik, die EU-Förderung des fünften und des entstehenden sechsten Rahmenprogramms und andere mehr haben tatsächlich auch begonnen, diesen Weg verstärkt zu gehen.

Derartige Forschung erfordert über die genannten forschungspolitischen Voraussetzungen hinaus auch spezifische Formen des Projektmanagements, um zu helfen, die beteiligten disziplinären Problemsichten, Methodiken etc. in einen produktiven wechselseitigen Bezug zu bringen. Wie sich die disziplinären Inputs im Rahmen von gemeinsamen Problemdefinitionen, Problembearbeitungen, Bewertungen von Lösungen verschränken lassen, lässt sich freilich nur bedingt durch das Management beantworten. Es kann nur für organisatorische Voraussetzungen und ausreichend starke Anreize zur kooperativen Bearbeitung von Aufgaben sorgen. Die interdisziplinäre Verschränkung fachlicher Perspektiven selbst kann nur im Zuge von diskursiven Prozessen durch die Fachleute selbst entstehen.

Disziplinäre Zwei- und Mehrsprachigkeit von Akteuren ist dabei teilweise zwingend und gewiss immer hilfreich. Sie ist aber noch nicht die Lösung des Problems: Auch wenn Beteiligte etwa sowohl in der Physik als auch in der Soziologie zu Hause sind, bewegen sie sich fallweise immer nur in der einen oder der anderen „Sprache". Eine übergreifende Metasprache gibt es nicht. So bleibt nur der Weg der wiederholten diskursiven Vergewisserung in Bezug auf die Bestimmung des gemeinsamen Problems und den erreichten Grad seiner Bewältigung. Das schließt Konflikte nicht aus, sondern produziert sie bis zum gewissen Grade sogar stets aufs Neue.

Im Übrigen benötigen alle Beteiligten derartiger inter- und transdisziplinärer Arbeitsprozesse in kognitiver und möglichst auch in institutioneller Hinsicht disziplinäre Rückzugsräume, denn nur hier können sie sich der fachlichen Angemessenheit ihrer eigenen Inputs in den gemeinsamen Prozess vergewissern. Ihre Inputs werden – in interdisziplinären ebenso wie in transdisziplinären Projekten – von anderen Beteiligten benötigt, können aber von diesen Personen in der Mehrzahl der Fälle fachlich nicht bewertet, geschweige denn selbst erarbeitet werden. Insofern genießen diese Beiträge dort den Status von externem Expertenwissen. Allerdings können sie als solche trotzdem nicht auf fraglose Akzeptanz rechnen: Sie müssen sich ja eben nicht (nur) in ihrem disziplinären Herkunftszusammen-

---

9 In der an Dynamik gewinnenden jüngeren Befassung mit der Frage nach möglichst produktiven Formen der interdisziplinären Bearbeitung von Nachhaltigkeitsproblemen zeichnet sich trotz fortbestehender Meinungsverschiedenheiten eine relativ eindeutige Übereinstimmung im Sinne der im Folgenden skizzierten dritten Variante ab. Siehe dazu für Deutschland Bechmann u.a. 1996, Brand 2000 und Coenen 2001; siehe ferner den Evaluationsleitfaden für inter- und transdisziplinäre Forschung von Defila und Di Giulio 1999 sowie Rayner und Malone 1998, Kates u.a. 2000 und Clark 2001.

hang, sondern (auch) im übergreifenden Zusammenhang der Suche nach einer notwendigerweise gemeinsamen Problem- und Gestaltungslösung bewähren. Hier können sie, wie alle anderen Inputs auch, immer nur den Status von lokalem Wissen (Jaeger 1996) beanspruchen, das seine Produktivität für den übergeordneten Problemzusammenhang im disziplinüberschreitenden Diskurs erst unter Beweis stellen muss[10].

Mit anderen Worten: Nachhaltigkeitsprobleme verlangen keine Wissenschaft neuen Typs im Sinne einer disziplinbezogenen Entdifferenzierung, wohl aber eine Forschungsorganisation, die vor allem über bisherige Gepflogenheiten insoweit hinausgeht, dass sie disziplinäre und subdisziplinäre Potentiale für die inter- und transdisziplinäre Bearbeitung von Nachhaltigkeitsfragen produktiv werden lässt (vgl. dazu auch Spangenberg in diesem Band). Dabei handelt es sich – auf Projektebene ebenso wie in der Dimension der forschungspolitischen Entscheidungen auf übergeordneter (lokaler, regionaler, sektoraler, nationaler, internationaler) Ebene – in erster Linie um Managementaufgaben. Wie in anderen Feldern auch, zählen dabei allerdings nicht so sehr „Command and Control", sondern in erster Linie die Fähigkeit zur Unterstützung eines eigenverantwortlichen und produktiven Austauschs zwischen den beteiligten Akteuren aus verschiedenen Disziplinen und Subdisziplinen.

Literatur

Bechmann, Gotthard u.a.: Sozialwissenschaftliche Konzepte einer interdisziplinären Klimaforschung. Karlsruhe 1996

Bechmann, Gotthard/Japp, Klaus: Zur gesellschaftlichen Konstruktion von Natur. In: Hradil, Stefan (Hrsg.): Differenz und Integration. Die Zukunft moderner Gesellschaften. Verhandlungen des 28. Kongresses der Deutschen Gesellschaft für Soziologie in Dresden 1996. Frankfurt/Main 1997, S. 551-567

Böhme, Gernot/van den Daele, Wolfgang/Krohn, Wolfgang: Finalisierung der Wissenschaft. In: Zeitschrift für Soziologie 2 (1973) 2, S. 128-144

Brand, Karl-Werner (Hrsg.): Nachhaltige Entwicklung und Transdisziplinarität: Besonderheiten, Probleme und Erfordernisse der Nachhaltigkeitsforschung. Berlin 2000

Brand, Karl-Werner (Hrsg.): Nachhaltige Entwicklung. Eine Herausforderung an die Soziologie (Soziologie und Ökologie, Band 1). Opladen 1997

Brand, Karl-Werner: Soziologie und Natur – eine schwierige Beziehung. In: Brand, Karl-Werner (Hrsg.): Soziologie und Natur. Theoretische Perspektiven (Soziologie und Ökologie, Band 2). Opladen 1998, S. 9-32

Clark, William C.: Research Systems for a Transition Toward Sustainability. In: Gaia (2001) 4, S. 264-266

Coenen, Reinhard (Hrsg.): Integrative Forschung zum globalen Wandel. Herausforderungen und Probleme. Frankfurt/Main 2001

Conrad, Jobst: Umweltsoziologie und das soziologische Grundparadigma. In: Brand, Karl-Werner (Hrsg.): Soziologie und Natur. Theoretische Perspektiven (Soziologie und Ökologie, Band 2). Opladen 1998, S. 33-52

Defila, Rico/Di Giulio, Antonietta: Transdisziplinarität evaluieren – aber wie? (Panorama. Sondernummer 99). Bern 1999

Dunlap, Riley E.: The Evolution of Environmental Sociology: a Brief History and Assessment of the American Experience. In: Redclift, Michael/Woodgate, Graham (Hrsg.): The International Handbook of Environmental Sociology. Elgar, Cheltenham (UK)/Northampton, Mass. (USA) 1997, S. 21-39

Felt, Ulrike/Nowotny, Helga/Taschwer, Klaus: Wissenschaftsforschung. Eine Einführung. Frankfurt/Main/New York 1995

10 Diese Bedingung ist schon im Rahmen des skandinavischen „soziotechnischen Ansatzes" der Technikgestaltung und der dabei erprobten Formen von Aktionsforschung dargelegt worden (Gustavsen 1997).

Friedeburg, Ludwig von: Bildungsreform in Deutschland. Geschichte und gesellschaftlicher Widerspruch. Frankfurt/Main 1989

Gustavsen, Björn: Zur Verortung des Konzepts konstruktiver Sozialwissenschaft. In: Lange, Hellmuth/Senghaas-Knobloch, Eva (Hrsg.): Konstruktive Sozialwissenschaft. Herausforderung Arbeit, Technik, Organisation. Münster/Hamburg 1997, S. 27-32

Herman, Armin: Theoretische Physik in Deutschland. In: Berichte zur Wissenschaftsgeschichte 1 (1978), S. 163-172

Jaeger, Carlo C.: Humanökologie und der blinde Fleck der Wissenschaft. In: Diekmann, Andreas/Jaeger, Carlo C. (Hrsg.): Umweltsoziologie. Opladen 1996, S. 64-192

Jahn, Thomas/Wehling, Peter: Gesellschaftliche Naturverhältnisse – Konturen eines theoretischen Konzepts. In: Brand, Karl-Werner (Hrsg.): Soziologie und Natur. Theoretische Perspektiven (Soziologie und Ökologie, Band 2). Opladen 1998, S. 75-96

Kates, Robert W. u.a.: Sustainability Science. Harvard 2000

Kuhlmann, Stefan/Holland, Doris: Evaluation von Technologiepolitik in Deutschland. Heidelberg 1995

Lange, Hellmuth: Sozialwissenschaften zwischen akademischer Etablierung und außerakademischer Herausforderung. In: Lange, Hellmuth/Senghaas-Knobloch, Eva (Hrsg.): Konstruktive Sozialwissenschaft. Herausforderung Arbeit, Technik, Organisation. Münster/Hamburg 1997

Martinsen, Renate/Simonis, Georg (Hrsg.): Paradigmenwechsel in der Technologiepolitik. Opladen 1995

Neuhaus, Rolf: Dokumente zur Hochschulreform 1945-1959. Wiesbaden 1961

Papenkort, Ulrich: Studium generale. Geschichte und Gegenwart eines hochschulpädagogischen Schlagwortes. Weinheim 1993

Radnitzky, Gerard/Anderson, Gunnar: Wissenschaftspolitik und Organisationsformen der Forschung. In: Weinberg, Alvin: Probleme der Großforschung. Frankfurt/Main 1970, S. 9-64

Rayner, Steve/Malon, Elisabeth: Human Choice and Climate Change. What have we learned? Volume 4. Columbus, Ohio (USA) 1998

Reusswig, Fritz: Nicht-nachhaltige Entwicklungen. Zur interdisziplinären Beschreibung und Analyse von Syndromen des Globalen Wandels. In: Brand, Karl-Werner (Hrsg.): Nachhaltige Entwicklung. Eine Herausforderung an die Soziologie (Soziologie und Ökologie, Band 1). Opladen 1997, S. 71-92

Rhodes, Richard: Die Atombombe oder die Geschichte des 8. Schöpfungstages. Nördlingen 1988

Schreiterer, Ulrich: Politische Steuerung des Hochschulsystems. Programm und Wirklichkeit der staatlichen Studienreform 1975-86 (Hochschule und Beruf, Nr. 616). Frankfurt/Main/New York 1989

Stamm, Thomas: Zwischen Staat und Selbstverwaltung. Die deutsche Forschung im Wiederaufbau 1945-1975. Köln 1981

Stucke, Andreas: Institutionalisierung der Forschungspolitik. Entstehung, Entwicklung und Steuerungsprobleme des Bundesforschungsministeriums (Schriften aus dem MPI für Gesellschaftsforschung, Nr. 12). Frankfurt/Main/New York 1993

Vierhaus, Volker/vom Brocke, Bernhard: Forschung im Spannungsfeld von Politik und Gesellschaft. Zum 75-jährigen Bestehen der Kaiser-Wilhelm-Gesellschaft. Stuttgart 1990

Weinberg, Alvin: Probleme der Großforschung. Frankfurt/Main 1970

Forschung für Nachhaltigkeit. Herausforderungen, Hemmnisse, Perspektiven

Joachim Hans Spangenberg

Die folgende Darstellung bezieht sich ausschließlich auf die öffentliche Forschungsförderung. Das Forschungsdefizit der Industrie, die konzeptionell nur in Ausnahmefällen die Kriterien nachhaltiger Entwicklung berücksichtigt, kann im Rahmen dieses Beitrags nicht abgedeckt werden.

1. Warum Nachhaltigkeitsforschung?

Nachhaltigkeit ist das vielleicht anspruchsvollste Politikkonzept, das je als Leitlinie für staatliches Handeln formuliert wurde. Nach deutschem Verständnis umfasst es zunächst drei Säulen, die ökonomische, die soziale und die ökologische. Diese werden ergänzt durch eine vierte Dimension der Nachhaltigkeit, die der Institutionen, die im engeren Sinne die Organisationsformen nachhaltigkeitsorientierter Politik beinhaltet, im weiteren Sinne Fragen von Partizipation und Demokratie. Nachhaltigkeit bedeutet dann die systemische Integration dieser Aspekte.

Entlang jeder der vier Koordinaten-Achsen politischen Handelns fordert das Konzept Nachhaltigkeit eine Erweiterung des Blickfeldes und die Ausweitung der politischen Verantwortung auch auf räumlich wie zeitlich (noch) ferne Personen und Ereignisse. Zeitlich postuliert Nachhaltigkeit die intergenerationelle Verantwortung, die Pflicht für die jetzt Verantwortung Tragenden, folgenden Generationen eine Welt zu hinterlassen, in der diese die Freiheit haben, einen angemessenen Lebensstil zu wählen. Räumlich weist Nachhaltigkeit darauf hin, dass in einer globalisierten Welt gerade die reichen Nationen Europas nicht nur eine europäische, sondern auch eine weltweite Verantwortung haben.

Nachhaltigkeitsforschung ist einerseits Dienstleisterin der Gesellschaft, die Suchprozesse unterstützt und die Folgen in der Diskussion befindlicher Entscheidungen klären hilft (so z.B. das Intergovernmental Panel on Climate Change [IPCC] in der Klimapolitik), andererseits warnt sie als unabhängige Mahnerin vor bisher unterbewerteten Risiken (wie die Welt Meteorologie Organisation [WMO] zum Thema Klimawandel). Nicht zuletzt prägen Wissenschaft und ihre Artefakte heute mehr denn je sowohl die Erscheinungsformen unserer physischen und sozialen Umwelt als auch ihre individuelle und gesellschaftliche Wahrnehmung (z.B. Weltbilder, Menschenbild oder Raumvorstellungen). Damit beeinflusst Wissenschaft die Entstehung ökologischer und sozialer Probleme ebenso wie die Auswahl derjenigen, die wahrgenommen und damit überhaupt erst einer Bearbeitung zugänglich werden; Nachhaltigkeitsforschung, die diese Probleme frühzeitig detektieren und zu ihrer

Vermeidung beitragen soll, wird so auch zur reflexiven Forschung, zur Wissenschaftsfolgenwissenschaft.

Dieser Bezug der Nachhaltigkeitsforschung auf Problemvermeidung und -lösung schließt zwar die Generierung verwertbarer natur- und ingenieurwissenschaftliche Ergebnisse ein, geht aber weit über sie hinaus und konstituiert einen breiteren, nicht szientizistisch oder ökonomistisch verengten Handlungsbezug. Eine nachhaltigkeitsorientierte Wissenschaftspolitik ist insofern mehr als reine Fachpolitik, sie ist letztlich und in einem umfassenderen Sinne als jemals zuvor Gesellschaftspolitik. Zeichnen sich demokratische Gesellschaften dadurch aus, dass sie über ihre Zukunft selbst bestimmen, sich also zum Beispiel für nachhaltige Entwicklung als Leitziel entscheiden können, so müssen sie auch in der Lage sein, über Ziele und Themen von Wissenschaft und Technikentwicklung mitzubestimmen und dann nachhaltige Entwicklung als gesellschaftliche Zielvorgabe oben auf der wissenschaftlichen Prioritätenliste zu verankern. Es reicht nicht, die Anwendungen der Wissenschaft kontrollieren zu wollen; ihre Paradigmen und Fragestellungen sind es, die das Weltbild der modernen Gesellschaften prägen (Hohlfeld 1988).

> „Ihr mögt mit der Zeit alles entdecken, was es zu entdecken gibt, und Euer Fortschritt wird doch nur ein Fortschritt von der Menschheit weg sein. Die Kluft zwischen Euch und ihr kann eines Tages so groß werden, dass Euer Jubelschrei über irgendeine Errungenschaft von einem globalen Entsetzensschrei beantwortet werden könnte" (Bertolt Brecht 1938/39).

Während jedoch Naturwissenschaft und Technik in der Diskussion allgegenwärtig sind und wirtschaftswissenschaftliche Erkenntnisse zumindest in fachlich ab- und ideologisch angereicherter Form die politische Debatte mit prägen, ist die Relevanz der Sozial- und Politikwissenschaften gerade für ein integriertes Verständnis von Nachhaltigkeit längst noch nicht hinreichend im politischen Diskurs verankert. Diese Ungleichgewichtigkeit ist ein deutliches Erschwernis für die Entwicklung der Nachhaltigkeitsforschung in Deutschland.

2. Gesellschaft, Wissenschaft, Politik: der Rahmen für Nachhaltigkeitsforschung

Nachhaltigkeit als normatives Konzept mit nicht wissenschaftlich, sondern gesellschaftlich-politisch definierten und infolge der unterschiedlichen Wertesysteme in der Gesellschaft richtungssicher, aber nicht eindeutig bestimmbaren Zielen bietet einen *Orientierungsrahmen* für wissenschaftliche Arbeiten. Deren Ergebnisse beeinflussen natürlich – geeignet kommuniziert – wiederum den gesellschaftlichen Diskurs und bieten staatlichen wie zivilgesellschaftlichen Entscheidungsträgern/innen eine wertvolle Informationsgrundlage, da die wahrscheinlichen Folgen besser als zuvor in die Entscheidungsfindung einbezogen werden können (Beispiel: ökologische, soziale und ökonomische Folgen des Klimawandels).

2.1 Wissenschaft und Politik

Das Verhältnis von Forschung und Gesellschaft ist ambivalent. Forschung hat – nicht erst seit Galilei – gesellschaftliche Werte aktiv beeinflusst, wie diese auch umgekehrt die Fragestellungen und Methoden der Wissenschaft prägen (Wertheim 2000). Wissenschaft hat Werte, und als ein legitimer gesellschaftlicher Akteur fordert, verteidigt, verändert sie

Werte. Dabei darf sie jedoch nicht der Versuchung erliegen, disziplinäre Einsichten als wissenschaftliche Wahrheiten verkünden und den Wertekonsens einer Disziplin als allgemeinverbindlich erklären zu wollen, sondern sie muss im gesellschaftlichen Diskurs um Akzeptanz werben (eine Aufgabe, deren Lösung nicht Teil der erworbenen akademischen Qualifikation ist). Erst die politisch-gesellschaftliche Legitimation konstituiert eine Situation gesellschaftlicher Handlungsbereitschaft, nicht das mit wissenschaftlicher Autorität vorgetragene Argument. Dieses bietet zwar Warnungen vor Risiken in „Wenn-dann" Form, aber die Auswahl an zu treffenden Maßnahmen erfolgt immer nach Maßgabe des als hinnehmbar Angesehenen wie der Bereitschaft, die Lasten der Vermeidung zu tragen – beides höchst subjektive Entscheidungen, für die auch Wissenschaftler/innen keine über die des/der besorgten Staatsbürgers/in hinausreichende Autorität reklamieren können.

Nachhaltigkeitsforschung wirkt durch ihre Ziele, die Kommunikation der Ergebnisse und deren Umsetzung auf soziale Verhältnisse ein; sie ist als Alimentationsempfänger rechenschaftspflichtig und bedarf als zivilgesellschaftlicher Akteur der Sozialbindung. Dazu stellte der Deutsche Bundestag 1987 fest:

> „Wissenschaft und Forschung müssen einer gesellschaftlichen Rechenschaftslegung unterliegen. Dazu ist vor allem die Pluralität der Forschungsansätze zu sichern. (...) Die Forschungsfreiheit (...) muss deshalb ergänzt werden durch eine ‚Sozialbindung' von Wissenschaft. Nur so kann der Pluralismus der Forschungsansätze als ein Wesensmerkmal öffentlicher Forschungseinrichtungen und öffentlicher Forschungsförderungen sichergestellt werden" (Catenhusen/Neumeister 1987: 278f.).

Für Nachhaltigkeitsforschung gilt die Bindung an den Pluralismus gesellschaftlicher Diskurse in besonderer Weise, da sie einerseits zur Exploration vielfältiger Umsetzungsmöglichkeiten gesellschaftlicher Zielvorgaben auf diesen angewiesen ist und andererseits als reflektierende Wissenschaft Raum für Pluralismus schafft, indem sie Paradigmen, präanalytische Visionen und Leitbilder zahlreicher Disziplinen hinterfragt. Pluralitätsschutz ist besonders wichtig, wenn

- wissenschaftliche Großvorhaben („Big Science") (de Solla Price 1963) oder eine einseitige Ausrichtung der Forschung zum Beispiel auf die ökonomische Verwertbarkeit drohen, erhebliche Teile der Forschungsmittel zu Gunsten weniger Fragestellungen zu okkupieren,
- in einer Disziplin eine Denkschule derart hegemonial wird, dass die Monopolisierung den aus dem Ideenwettbewerb resultierenden Erkenntnisforschritt blockiert oder zumindest stark verzögert.

Drohen der Gesellschaft Handlungsoptionen durch die Engführung der Wissenschaft verloren zu gehen, so sind politische Interventionen gefordert, wie sie durch die neuen Forschungsprogramme zur sozial-ökologischen Forschung realisiert worden sind[1] (allerdings ohne durchgreifende Änderungen der unter Nachhaltigkeitsaspekten nicht unproblematischen Gesamtforschungslandschaft).

2.2 Jenseits der Grenzen der Disziplinen

Die realitätsprägende Kraft von Wissenschaft und Technik erfordert eine auf spezifische Aufgaben zugeschnittene Forschungsorganisation. So nennen Hennen und Krings (1998:

1 Zur sozial-ökologischen Forschung vgl. ausführlich Jahn und Willms-Herget in diesem Band.

12ff.) als Kriterien für eine an Nachhaltigkeit orientierte Forschungs- und Technologiepolitik:

- *die Verbindung von grundlagen- und theoriebezogener Forschung mit Anwendungs- und Gestaltungsorientierung*, also nicht nur Anwendung vorhandenen Wissens, sondern auch Generierung neuer konzeptioneller Ansätze (um noch nicht von Theorien zu sprechen), die die Neuformulierung von Fragen ebenso erlauben wie neue Kontextualisierungen und damit andere Interpretationen bekannter Sachverhalte und die Erhebung von Daten, deren Relevanz bisher nicht erkannt war.
- *Langfrist- und Folgenorientierung* in der Definition der Probleme wie in der Folgenbewertung der vorgeschlagenen Maßnahmen. Insbesondere für diese gilt die Notwendigkeit, Möglichkeiten der Interaktion sozioökonomischer, institutioneller (Normen, Leitbilder, Wertvorstellungen) und naturwissenschaftlicher Sachverhalte soweit möglich ex ante zu evaluieren.
- *Akteursorientierung* zur Schließung der Lücke zwischen Grundlagen- und Handlungswissen.
- *Verbindung von regionalen und globalen Analyseebenen*; weder lassen globale Trends die lokale Ebene unbeeinflusst, noch können sie ohne Verständnis der meist regionalen Verursachungsmechanismen (von Lebensstilen und Konsummustern bis zu konkreten Eingriffen) adäquat diskutiert werden.
- Die *Orientierung an gesellschaftlichen Bedürfnisfeldern* spiegelt besonders die Interaktion von Gesellschaft, Politik und Wissenschaft im Forschungsfeld.
- *Problemorientierte Interdisziplinarität* ist notwendige Voraussetzung für die Konkretisierung des Leitbildes nachhaltiger Entwicklung, für sachgerechte Problemdefinitionen und ihre Umsetzung in erfolgversprechende Lösungsstrategien.

Es geht also im wesentlichen um theoretische wie angewandte Forschung mit dem Ziel, gesellschaftlich erkannte Probleme in der Gegenwart oder in erkennbaren Trends in ihrem ganzen Facettenreichtum besser zu verstehen. Die Diskrepanz von Erwartung und normativer Orientierung (Nachhaltigkeit) konstituiert dann Handlungsbedarf und verlangt die Entwicklung praktikabler Lösungsvorschläge. Der Nachhaltigkeitsbezug erfordert dabei eine Selbstüberprüfung der Einzeldisziplinen bezüglich der Eignung ihrer tradierten Methoden, hinsichtlich der ihnen inhärenten Fristigkeiten, räumlichen Bezugsrahmen und angenommenen Ursache-Wirkungs-Mechanismen. Letztere machen in ihrer fachlichen Begrenztheit häufig eine über die Disziplingrenzen hinausgehende Arbeitsweise notwendig, denn disziplinäres Arbeiten ist immer eine spezifische Realitätskonstruktion, eine Form der Komplexitätsreduktion zu Gunsten der Bearbeitbarkeit mit dem (begrenzten) Instrumentarium eines Faches. Viele Probleme der Moderne lassen sich jedoch nicht anhand der traditionellen disziplinären Scheidelinien in separat bearbeitbare Unterthemen zerlegen, da für das Gesamtergebnis essentielle Wechselwirkungen so aus dem Blick geraten. Diese Anforderung begrenzt auch den Wert disziplinären feed-backs auf Basis der unhinterfragten disziplinären präanalytischen Grundannahmen.

„Disziplinäre Mehrsprachigkeit“ ist zwar keine hinreichende, wohl aber eine notwendige Bedingung dieser Grenzüberschreitung in erfolgreicher interdisziplinärer Arbeit. Ari Rabl, Co-Koordinator des europäischen ExternE – Forschungsprogramms, beschreibt diesen Prozess als intellektuelle Herausforderung:

> „Dieses Projekt hat die Zusammenarbeit zahlreicher Spezialisten aus sehr unterschiedlichen Fachbereichen – Wirtschaftswissenschaftler, Physiker, Chemiker, Epidemiologen, Ökologen – notwendig gemacht. Es war eine sehr fesselnde geistige Übung, da jeder sich ein bisschen auf alles spezialisieren musste, um genau zu verstehen, was seine Kollegen von ihm erwarten“ (Rabl 2002).

Solche interdisziplinären Lernprozesse sind zeitaufwendig, mühsam und setzen voraus, dass jede beteiligte Disziplin die Kompetenz der übrigen anerkennt: Naturwissenschaftler/innen tendieren häufig zu einem szientistischen Solipsismus, der die Relevanz nicht naturwissenschaftlich fassbarer Phänomene ausblendet, während Ökonomen/innen diese zwar zur Kenntnis nehmen, aber die Interpretationshoheit auch über fremde Wissensgebiete reklamieren. Annahmen einer Disziplin über Gegenstandsbereiche einer anderen dürfen jedoch deren Kernbestand gesicherten Wissens nicht widersprechen. Erfolgreiche Lernprozesse führen dann zu einer neuen Qualität wissenschaftlicher Arbeit und einer Relevanz der Ergebnisse, die mit disziplinären Arbeiten nicht erreicht worden wäre (so z.B. die Veröffentlichungen des IPCC).

2.3 Transdisziplinaritität und „post-normal science"

Transdisziplinarität treibt die Wissensintegration noch einen Schritt weiter: nicht nur die Arbeitsweise ist interdisziplinär, sondern bereits die Formulierung der Fragestellungen. Diese bezieht zudem – wie der gesamte Forschungsprozess – neben der wissenschaftlichen Expertise auch nichtwissenschaftliches Wissen mit ein („post modern science") (vgl. Funtowicz/Ravetz 1993). Die Einbeziehung gesellschaftlicher Gruppen als „Experten für sozialen Wandel" ist insbesondere deswegen unverzichtbar, weil die Wissenschaft, Politik und Unternehmen zur Verfügung stehenden Instrumente nicht ausreichen, um die Änderungen zu bewirken, die für die Durchsetzung von Nachhaltigkeitszielen notwendig sind (UBA 1997). Nicht-Fachwissenschaftler/innen können zwar in der Regel weder die wissenschaftliche Neuartigkeit einer Fragestellung noch die Validität einer wissenschaftlichen Arbeit beurteilen, wohl aber als Praxisvertreter/innen die Relevanz der Fragestellung und zumindest teilweise die Eignung der Methode feststellen, indem sie die den Methoden inhärenten Annahmen daraufhin bewerten, ob diese relevante Aspekte der ihnen vertrauten Realität beinhalten, ignorieren oder gar gegen sie verstoßen. Durch eine solche Relevanzprüfung nach außerdisziplinären Kriterien kann der nicht-fachwissenschaftliche Sachverstand die Nutzbarkeit der potentiellen Ergebnisse oft besser abschätzen als dies den Vertretern/innen der Wissenschaft gelingt. Eines der Probleme in diesem Kontext ist der Umgang mit heterogenen Relevanzkriterien, die nicht nach disziplinären oder anderen Normen, sondern nur diskursiv abgewogen, teils integriert, teils als Bestandteil der gesellschaftlichen Pluralität auch in Forschungsprojekten berücksichtigt werden müssen.

Relevanz-Zuschreibung ist zudem immer kontextual; was wissenschaftsimmanent von hoher Wichtigkeit ist, kann in der Praxis von Problemlösung, Politikentwicklung etc. von marginaler Bedeutung sein (so die wirtschaftswissenschaftliche Unterscheidung von starker und schwacher Nachhaltigkeit, die in anderen Disziplinen und in der Praxis nicht darstellbar ist). Partizipation nicht-fachwissenschaftlichen Wissens bedeutet dabei nicht, disziplinäre Erkenntnisse zu verwerfen, wohl aber aus ihnen eine problembezogene Auswahl zu treffen, die den Fachvertretern/innen provokant vorkommen mag, da sie mit anderen als den innerdisziplinären Relevanzkriterien begründet ist (was wiederum die Notwendigkeit des Wissenschaftspluralismus deutlich macht). Diese Vorgehensweise lässt die Formulierung von Forschungsfragen wie ihren das Erkenntnisinteresse reflektierenden Inhalt nicht unbeeinflusst und führt auch zu einer Erweiterung des innerwissenschaftlichen Erkenntnisvermögens, teilweise zu Lasten etablierter Interpretationsmuster.

Gleichzeitig entwickelt sich eine neue Sprache, die sich (auch wegen der Einbeziehung der Nicht-Wissenschaftler/innen) durch eine enge Anlehnung an die Umgangssprache auszeichnet, andererseits aber auch Bezüge zu den Fachsprachen haben muss (und so teils als

Metasprache fungieren kann). Dabei ist die Sprachwahl nicht nur personen-, sondern auch rollenspezifisch: Wenn Wissenschaft in der Rolle der „Gebenden“ gefordert ist, wird die Erkenntnisbeschreibung trotz des Bemühens um allgemeinverständliche Vermittlung häufig fachlich geprägt sein. Wenn aber transdisziplinäre Wissenschaft um Beiträge Dritter bittet, ist sie gezwungen, in *deren* Sprache zu argumentieren.

3. Nachhaltigkeitsforschung und Gesellschaft: Erfahrungen aus der Praxis

Die Notwendigkeit einer neuen Art der Forschung trifft sicher nicht jede Disziplin in gleicher Weise. Auch wenn es aus disziplinärer Sicht oft schwer fällt, sie zu akzeptieren – schließlich relativiert sich damit die Bedeutung der eigenen Disziplin – wird erst durch eine Organisationsform, die der Komplexität der Aufgaben adäquat ist, die Bearbeitung der zunehmend komplexeren Probleme der Gegenwart sinnvoll möglich. Nachhaltigkeitsforschung ist die der reflexiven Moderne (Beck u.a. 1996) zugehörige reflektierende Wissenschaft.

3.1 Interdisziplinarität

Interdisziplinäre Arbeitsstrukturen und Kooperationen von Forschern/innen verschiedener Disziplinen, mit unterschiedlicher Sozialisation und bei divergierenden Fachagenden zu gemeinsamen Themen, entsprechen nicht der dominierenden Forschungspraxis. Schon die Konkurrenz um begrenzte Forschungsmittel und die disziplinär akzentuierten Ausschreibungen von Forschungsmitteln verhindern bisher häufig, dass Nachhaltigkeitsprobleme mit adäquaten Forschungsansätzen angegangen werden. Hinzu kommt die massive Kompetenzkonkurrenz bei Problemdefinitionen, geboren aus einem Mangel an wissenschaftlicher Bescheidenheit, der durch ökonomische Verwertungs- und Publikationszwänge, mangelnde wissenschaftstheoretische Vorbildung, fehlende Kenntnisse anderer Denkschulen und Disziplinen sowie durch die geringe Verantwortlichkeit für in der Praxis als Entscheidungsgrundlage genutzten Aussagen teils hervorgerufen, teils verstärkt wird.

Tabelle 1: Einbeziehung externer Expertise: Pro und contra (Quelle: übersetzt nach Spangenberg 2002)

Maßnahme	Ergebnis
Beiräte	+: Kontinuierliche Beratung über die Projektdauer, Vertrautheit mit Details des Forschungsvorhabens. Positive Gruppendynamik kann das Projekt bereichern –: Konflikte (z.B. unter den Vertretern/innen verschiedener Disziplinen oder Denkschulen) wirken in das Projekt hinein und hindern den Forschungsprozess
Hearings	+: Situationsspezifische Hinweise, aber außerhalb des Projektkontextes –: Disziplinäre Vielfalt wird leicht erreicht, aber kaum Interdisziplinarität
Internet-Diskussionen	+: Breiter Zugang zu externer Expertise –: Geringe Selektionsmöglichkeiten seitens der Veranstalter, auch bei mangelnder Repräsentativität der Teilnehmer/innen

Zur interdisziplinären Erweiterung der Wissensgrundlage gehört die Einbeziehung externer Expertise, die – geeignet ausgewählt und zu passender Zeit involviert – eine wesentliche Bereicherung des Forschungsprozesses darstellen kann. Andererseits stellen externe Experten insofern ein Risiko dar, als sie nicht Teil der projektinternen, oft personenbezogenen Respektbildung waren, die Grundlage der interdisziplinären Zusammenarbeit ist. Sie erlauben eine Prüfung der Projektarbeit an disziplinären Relevanzkritierien, können aber auch die Integration der Beteiligten hemmen, die um ihren Rückhalt in den jeweiligen Einzeldisziplinen fürchten (vgl. Tabelle 1).

3.2 Transdiziplinarität und „post normal science"

Forschung für Nachhaltigkeit muss problemlösungsbezogen sein, ihre Ergebnisse müssen anwendbar und effektiv sein und eine deutliche Erweiterung gegenüber dem ökonomischen Verwertbarkeitskriterium darstellen. Die faktische Nutzung der Forschungsergebnisse beruht aber auf der gesellschaftlichen, ökonomischen und politischen Situation – ein Grund, Repräsentanten gesellschaftlicher Gruppen *auch als Multiplikatoren* in die wissenschaftliche Arbeit einzubeziehen. Vielversprechend ist dabei ein Ansatz wie der des früheren niederländischen Forschungsprogramms für nachhaltige Technologieentwicklung (DTO), im Diskurs aller relevanten Akteure einen in der nationalen Kultur gründenden Konsens über die Wünschbarkeit zukünftiger Entwicklungen zu erarbeiten und ihn zur Leitlinie politischer Zukunftsgestaltung zu machen. Diese hätte dann die Aufgabe, die in einer gemeinsamen „Vision" festgehaltenen Ziele retroprojektiv in Politikziele und –maßnahmen zu übersetzen und die Forschungs- und Technologiepolitik auf das Schließen von Lücken in der Handlungsfähigkeit zu konzentrieren, um in diesem Sinne integrierte technische, sozioökonomische und institutionelle Innovationen voranzutreiben. Das Programm scheiterte letztlich daran, dass sein Konzept in der Praxis nicht durchgehalten wurde, und an der vorzeitigen Orientierung auf die Entwicklung marktfähiger Produkte statt intelligenter Problemlösungen (ein Fehler, der auch den ähnlich begründeten futur-Prozess des Bundesministeriums für Bildung und Forschung [BMBF] zum partizipativsten Fehlschlag der deutschen Wissenschaftsgeschichte werden ließ).

Die diskursive Integration unter den Projektbeteiligten sowie die Rückkoppelung mit externen Experten und Nichtwissenschaftlern/innen müssen regelmäßig, können aber nicht dauernd stattfinden. Sie sollten nur zu Zeitpunkten erfolgen (dann aber auch nie unterlassen werden), wenn sie das weitere Vorgehen und das Forschungsergebnis signifikant beeinflussen können, beginnend mit der Definition des zu bearbeitenden Problems, über die Relevanzprüfung bei der endgültigen Formulierung der Forschungsfragen bis zu Diskussionen über die Eignung von Lösungswegen, die Interpretation von Ergebnissen und die Planung der abschließenden Präsentationen. Einige Folgerungen aus solchen Prozessen zeigt Tabelle 2.

Ein ausgewogenes Verhältnis zwischen den Akteuren herzustellen, also die Forschungsarbeit auf gesellschaftliche Relevanz auszurichten, ohne die wissenschaftliche Qualität zu beeinträchtigen, erfordert eine Art von Sensitivität und Diplomatie, die Wissenschaftler/innen üblicherweise nicht in ihrer Ausbildung erlernen. Im Gegenteil: Gerade Forscher/innen, die sich gegen den sozialen Druck der Konvention auf Grenzüberschreitungen einlassen und damit auch Grundannahmen der Disziplin herausfordern, sind oft starke Persönlichkeiten mit ausgeprägter Konfliktfähigkeit und starkem Selbstbewusstsein. Treffen solche Personen in einem transdisziplinären Projekt aufeinander, so bedarf es oft einer konfliktreichen Zeit bis auch emotional die Einsicht reift, in einem Team unterschiedlicher, aber gleichwertiger Partner/innen zu arbeiten.

Tabelle 2: Partizipation nicht-wissenschaftlichen Wissens (Quelle: übersetzt nach Spangenberg 2002)

Maßnahme	Ergebnis
Steuerungs-kommittees	+: Sichern die Relevanz der Forschungsthemen und die Glaubwürdigkeit der eingesetzten Methoden –: Können versuchen, Annahmen und Vorgehensweisen vorzuschreiben, die aus fachlicher Sicht nicht geeignet sind
Gemischte wissenschaftlich-gesellschaftliche Beiräte	+: Verbinden, bestenfalls integrieren wissenschaftlichen und gesellschaftlichen Input, produzieren Innovationsanstöße, die originärer Teil der Projektarbeit sind –: Können zu Blockaden führen, wenn kommunikationsunfähige Positionen vertreten sind. Komplementäre Beiräte haben sich als erfolgreicher erwiesen
Fachbeiräte	+: Selektiv einbindbar als Kompetenzlieferanten zur Diskussion von Forschungszielen, Relevanz und Präsentation –: Ergebnis eher individuelle Meinungen denn eine gemeinsame Position, heterogene Ergebnisse aus politisch heterogenen Gruppen sind zu erwarten
Konsultationsprozesse	+: Breiter Zugang zu externem Fachwissen zu ausgewählten Gegenständen –: Nicht immer kohärente Vorschläge, Auswahl notwendig

Weitere Herausforderungen stellen zum einen die für eine gemeinsame wissenschaftliche Bearbeitung notwendige Integration von Fragen und Problemen dar, die wissenschaftsextern auf Basis von fachfremden Relevanzkriterien definiert worden sind, und zum anderen die Vermittlung von *aus wissenschaftlicher Sicht* nicht hinreichend beachteten Problemen an die Öffentlichkeit und/oder an die relevanten Entscheidungsträger. Wird die erste Aufgabe gelöst, so werden die „Externen“ als informierte Multiplikatoren und „geistige Miteigentümer“ des Projekts dazu beitragen, die zweite Herausforderung zu bestehen.

3.3 Ex-post Transferprozesse

In einem an die Forschungsarbeit anschließenden Transferprozess geht es nicht mehr um die Einbeziehung externer Partner/innen in die Generierung von Ergebnissen, sondern darum, die vorliegenden Ergebnisse in einer möglichst aussagekräftigen und resonanzfähigen Weise Dritten zu präsentieren. In dieser Phase bestimmen Forscher/innen und Förderer die Agenda; sie laden das von ihnen als relevant erachtete Publikum ein (oft mit Hilfe der nichtwissenschaftlichen Beiräte), aber sie bestimmen die Präsentationsform nur insoweit, als die spezifische Aufnahmebereitschaft der jeweiligen Zielgruppe ihnen Spielräume gewährt. Da keine Möglichkeit mehr besteht, eine „Miteigentümerschaft“ zu erzeugen, entsteht Interesse am Projekt am ehesten durch die Nutzbarkeit der Ergebnisse für die jeweilige Zielgruppe. Die unterschiedlichen Verwendungsinteressen erfordern deshalb spezifisch ausgerichtete Präsentationen je nach Zielgruppe, wie in Tabelle 3 dargestellt.

Tabelle 3: Transferprozesse (Quelle: übersetzt nach Spangenberg 2002)

Maßnahme	Ergebnis
Präsentationen	Für Entscheidungsträger/innen: Diskussion der Ergebnisse Für Wissenschaftler/innen: Diskussion der Methodik Für Nichtwissenschaftler/innen: Diskussion der Relevanz für den Lebensalltag (bedarf einer anderen Sprache)
Produzenten-Nutzer-Netzwerke	Schaffen kontinuierlichen Austausch, gegenseitiges Vertrauen und Vertrautheit mit den Problemen der anderen Seite, dadurch fokussiertere und effiziente Arbeit. Risiko der intellektuellen Inzucht, mangelnde Auseinandersetzung mit externen Entwicklungen und Positionen

4. Transdisziplinäre Nachhaltigkeitsforschung: Anforderungen an den Prozess und seine Rahmenbedingungen

Wissenschaft ist ein zutiefst elitärer Prozess; sie beruht auf einer Autokratie der Forschung bei Plutokratie der Themenwahl: während finanzielle Anreize akzeptiert werden, sind dirigistische Eingriffe verpönt. In diesem Umfeld bedarf die Einführung inter- und transdisziplinärer Arbeitsformen einer systematisch-prozessualen Verankerung.

4.1 Forschungsförderung

Die Forschungs- und Technologiepolitik der sechziger und siebziger Jahre kann durch die drei Schlagwörter „Förderung der Grundlagenforschung", „Demonstration des technischen Fortschritts" und „Staatstechnologien" gekennzeichnet werden, während in den achtziger und neunziger Jahren die Stichworte „anwendungsorientierte Grundlagenforschung", „Förderung der Wettbewerbsfähigkeit", „Industrietechnologien" und (in den neunziger Jahren) „Standortsicherung" lauten. Die Irrationalität dieser Forschungsförderung liegt in dem Glauben, mit vergleichsweise beschränkten öffentlichen Forschungsmitteln bei der Entwicklung von „Industrietechnologien" (d.h. überwiegend in Eigeninitiative und -finanzierung der Industrie entwickelten, marktnahen Technologien) Wettbewerbs- und Strukturpolitik betreiben zu können, sowie darin, eine längst global vernetzte Wissenschaft in den Dienst einer nationalen Standortsicherungspolitik stellen zu wollen. Stattdessen sollten die zu leistenden Forschungs- und Entwicklungsarbeiten vorrangig auf drei Ebenen ansetzen (vgl. ICSU 2002):

- Konzeptionelle Integration der Dimensionen von Zukunftsfähigkeit; insbesondere Anpassungsfähigkeit, Verletzbarkeit und Regenerationsfähigkeit komplexer sozio-ökologischer Systeme und Nachhaltigkeit in komplexen Produktions-Konsum-Systemen,
- Institutionen (Organisationen, Mechanismen, Orientierungen) für nachhaltige Entwicklung, einschließlich verallgemeinerbarer Leitbilder zukunftsfähigen Lebens und Arbeitens,
- Entwicklung von Entscheidungshilfen für die Praxis zur Überwindung kurzfristiger Zielkonflikte von Beschäftigung, Verteilung und Ökologie.

Dazu ist einerseits wieder der präkompetitiven Grundlagenforschung breiterer Raum einzuräumen, andererseits ist Forschung und sind die Forscher/innen verstärkt in die gesellschaftliche Zielfindung einzubeziehen und Forschungsprogramme an gesellschaftlichen Zielen auszurichten (Beispiele siehe u.a. Spangenberg 1997). Forschungsförderung leistet einen Beitrag, indem sie

- einen klar auf transdisziplinäre Arbeitsweisen (als Evaluationskriterium des Förderers) verpflichtenden Forschungsauftrag als Gegengewicht zu den zentrifugalen Kräften in Projekten und der „Anziehungskraft" disziplinärer Diskurse (verbunden mit Reputation und Finanzierung) formuliert,
- Zeit zur „Sprachentwicklung" und deren Dokumentation als Beitrag zur Theoriebildung einer Nachhaltigkeitswissenschaft fördert,
- Partizipations- und Transferphasen (auch in Hoffnung auf eine Verflüssigung erstarrter Diskurse durch erweiterte Perspektiven) in die Projektausschreibungen integriert.

4.2 Qualifizierung der Wissenschaftler/innen

Nachhaltigkeitsforschung bedarf einer spezifischen identitätsstiftenden Sozialisation von Wissenschaftler/innen: Wissenschaftliche Ausbildung muss mehr sein als die Vermittlung von Methoden und Kenntnissen. Das betrifft zum Beispiel

- die Ausbildung der Fähigkeit zu Kritik und Selbstkritik, die Erkenntnis, dass Wissenschaft eine *Denkweise*, keine *Glaubensweise* ist,
- die Fähigkeit, eigene und fremde Ergebnisse zu hinterfragen, die Grenzen der Aussagefähigkeit von Erkenntnissen nicht überzustrapazieren und so methodische Sauberkeit auch unter gegebenen Verwertungszwängen zu bewahren,
- die Befähigung zu und die Gewöhnung an „Grenzüberschreitungen“ und transdisziplinäres Arbeiten,
- die Erziehung zu Folgenverantwortung und dazu notwendiger Sozialkompetenz.

4.3 Forschungsorganisation

Transdisziplinäre Forschung bedarf einer bindenden gemeinsamen Zieldefinition und eigener Qualitätskriterien, die den Ansprüchen integrativer Forschung gerecht werden, aber auch eine Verständigungsbasis für eine disziplinäre Vermittlung sein können. Hinzu kommen

- offene Methoden-Diskussion (einschließlich Annahmen und Grenzen der Aussagefähigkeit), gegenseitige Bewertung und ein regelmäßiger Austausch, wie die Kritik aufgenommen oder warum sie nicht integriert wurde (Reflexivität der Methodik, leben mit Widersprüchen),
- Entwicklung von Präsentationsformen der Ergebnisse, die internen Widersprüchen und unterschiedlichen Darstellungsformen Raum lassen und eine externe Bewertung der Ergebnisse und Priorisierung der zu nutzenden Resultate ermöglichen,
- Überwindung von Sprachbarrieren durch permanente Interaktion als Folge heterogener Zusammensetzung auch der fachlich spezialisierten Teams, das heißt keine rein disziplinären Arbeitsgruppen, sondern „Brückenfunktionen“ in allen Subgruppen.

4.4 Partizipationsformen und Zeitfenster

Partizipation als essentieller Bestandteil institutioneller Nachhaltigkeit muss bereits bei der Generierung von Wissen ansetzen. Form und Ergebnis der kommunikativen Öffnung sind jedoch je nach Projektphase unterschiedlich:

- Beteiligung bei der Formulierung der Forschungsfragen verbessert die gesellschaftliche Relevanz der Forschung,
- regelmäßige Konsultationen während des Forschungsprozesses fokussieren den Forschungsprozess auf Themen mit gesellschaftlicher Resonanz,
- die Evaluation von Zwischenergebnissen mit Rückbindung in den Forschungsprozess dient der Qualitätssicherung,
- eine Vorabprüfung der Ergebnisse schafft ein Gefühl gemeinsamer Urheberschaft und verbessert die Resonanz,
- gemeinsame Ergebnispräsentationen erhöhen Glaubwürdigkeit, Wirksamkeit und Akzeptanz der Forschungsergebnisse,
- ein Transferprozess nach den Bedürfnissen der Akteure verstärkt dann die Wirksamkeit der Ergebnisse, wenn die Akzeptanz bei den Empfängern gegeben ist.

5. Fazit

Die Anforderungen, die Nachhaltigkeit als Forschungsgegenstand an Selbstverständnis, Rolle und Organisation von Wissenschaft stellt, sind im Rahmen des Status Quo wissenschaftlicher Arbeit nicht zu erfüllen. Systematische interdisziplinäre Zusammenarbeit und die situationsspezifische Einbeziehung nichtwissenschaftlichen Wissens in allen Phasen der Forschung sind notwendige und schwierige Schritte auf dem Weg zu einer problemadäquaten Nachhaltigkeitsforschung. Die Erfahrung zeigt jedoch, dass die Probleme gelöst werden können und diese Prozessinnovation zu einer verbesserten Relevanz der Ergebnisse beiträgt. Sollen solche Prozessinnovationen nicht auf Einzelprojekte beschränkt bleiben, so setzt dies Strukturinnovationen in Ausbildung und Forschungsförderung wie in der Selbstorganisation der „scientific community" voraus, die angesichts der allen Organisationen inhärenten sozialen und strukturellen Trägheit nicht einfach sein werden.

Individuell handelt es sich eher um ein Hemmschwellenphänomen. Jede Wissenschaftlerin, jeder Wissenschaftler, die und der einmal an transdisziplinären Forschungsprojekten mitgewirkt hat, in denen Forschungsfragen und -inhalte ebenso wie die Lösungskonzeptionen im fachübergreifenden Diskurs erarbeitet wurden, kennt das Faszinosum einer derartigen Arbeitsweise ebenso wie die immensen Probleme: der Weg zur post-normalen Wissenschaft ist noch lang und steinig. Gerade eine solche Herausforderung sollte es aber Wissenschaftlerinnen und Wissenschaftlern erlauben, sich mit neuem Enthusiasmus in das „Abenteuer Forschung" zu stürzen.

Literatur

Beck, Ulrich/Giddens, Anthony/Lash, Scott: Reflexive Modernisierung – Eine Kontroverse. Frankfurt/Main 1996

Brecht, Bertolt: Leben des Galilei. Frankfurt/Main, 13. Auflage 1972 (zuerst 1938/39)

Catenhusen Wolf-Michael/Neumeister, Hanna: Chancen und Risiken der Gentechnologie – Dokumentation des Berichts der Enquetekommission Gentechnologie. München 1987

de Solla Price, Derek J.: Little Science, Big Science. Boston 1963

Funtowicz Silvio/Ravetz, Jerome: Science for the post-normal age. In: Futures 25 (1993) 7, S. 739-755

Hennen, Leonhard/Krings, Bettina-Johanna: TA-Projekt „Forschungs- und Entwicklungspolitik für eine nachhaltige Entwicklung" (Büro für Technologiefolgenabschätzung des Deutschen Bundestags, TAB Arbeitsbericht, Band 58). Bonn 1998

Hohlfeld, Rainer: Biologie als Ingenieurskunst. Zur Dialektik von Naturbeherrschung und synthetischer Biologie. In: Ästhetik und Kommunikation 18 (1988) 69, S. 17-39

ICSU International Council for Science: Science and Technology for Sustainable Development (Science for Sustainable Development, Band 9). Paris 2002

Rabl, Ari: Research for Sustainability and Energy. In: EU FTE Info (2002) 35, S. 17

Spangenberg, Joachim Hans: Visionen, Wege, Aufgaben. Zehn Schritte zu einem zukunftsfähigen Europa. In: Braun, Reiner/Imiela, Ulf/Scherer, Klaus-Jürgen (Hrsg.): Brückenschlag ins 21. Jahrhundert. Baden – Baden 1997, S. 63-79

Spangenberg, Joachim Hans: Sustainability Science: Science must go public for Sustainable Development. In: van der Sluijs, Jeroen (Hrsg.): Management of Uncertainty in Science for Sustainability. Utrecht 2002, S. 52-60

Umweltbundesamt (UBA): Nachhaltiges Deutschland. Berlin 1997

Wertheim, Margret: Die Hosen des Pythagoras. München 2000

System Nachhaltiges Wirtschaften. Ein Wohlstands- und Wettbewerbsfaktor?

Christa Liedtke und Holger Rohn

„Sie sägten die Äste ab, auf denen sie saßen
Und schrien sich zu ihre Erfahrungen
Wie man schneller sägen konnte, und fuhren
Mit Krachen in die Tiefe, und die ihnen zusahen,
Schüttelten die Köpfe beim Sägen
Und sägten weiter."
(Bertolt Brecht 1964)

In diesem Beitrag werden der Begriff der Nachhaltigkeit und mögliche Schlüsselkomponenten nachhaltigen Wirtschaftens diskutiert, die bei der Entwicklung eines „Systems Nachhaltigkeit" auf der Basis der Ergebnisse unserer wissenschaftlichen Forschung von großer Bedeutung sind. Wir werden in diesem Rahmen somit diejenigen Passagen bearbeiten, die unsere eigene Forschungsarbeit bereits bereichern und unseren Fokus auf nachhaltiges Wirtschaften grundlegend verändern bzw. verändert haben (Liedtke 2003). Einige Leser und Leserinnen, die unsere Forschungsarbeit verfolgen bzw. kennen, werden vielleicht über die Themenwahl und Ausführung überrascht sein, vielleicht identifizieren sie auch Schwächen in der Argumentation oder fehlende Themenfelder. So werden zum Beispiel Potenziale der Umsetzung wissenschaftlicher Erkenntnisse, Harmonisierung, Berichterstattung, Institutionalisierung, mesowirtschaftliche Strukturen, Aspekte der Innovationsforschung, der sektoralen nachhaltige Entwicklung sowie konkrete Methoden und Konzepte nicht behandelt. Wichtig ist uns hier, den *Fokus auf Forschungsfelder* zu lenken, deren integrative Betrachtung aus unserer Forschungsperspektive gegenwärtig als dringend erscheint. Dabei begreifen wir uns selbst als lernende Akteure, als „aktiv Suchende" nach Wegen einer zukunftsfähigen Entwicklung. Vor diesem Hintergrund erhoffen wir eine offene wissenschaftliche Diskussion mit den unterschiedlichen Fachdisziplinen. Kommentare und konstruktive Kritik sind uns sehr willkommen.

Es geht in diesem Beitrag um zukunftsfähiges Wirtschaften mit dem Fokus auf Unternehmen. Aufbauend auf einer knappen Analyse der Rahmenbedingungen und Entwicklungen hinsichtlich des Leitbilds „Nachhaltiges Wirtschaften" wird anschließend der Frage nachgegangen, inwieweit sich nachhaltiges Wirtschaften denn überhaupt lohnt. Im dritten Abschnitt werden hierzu einige Akteure, ihre Rolle und ihr Handeln im „Gesamtsystem Nachhaltiges Wirtschaften" beleuchtet. Nachfolgend diskutieren die Autoren einige aus ihrer Sicht relevante Schlüssel- und zugleich Problembereiche, die es für eine zukunftsfähige Entwicklung zu beachten und zu lösen gilt. Diese Sammlung erhebt keinen Anspruch auf Vollständigkeit und dient nur dem *Beginn einer Strukturierung eines entsprechenden Forschungsfeldes*.

1. Nachhaltiges Wirtschaften – was hat sich getan?

Die Rahmenbedingungen für die Umsetzung nachhaltigen Wirtschaftens haben sich national, in Europa und international, nicht zuletzt durch die Impulse von Rio 1992, stetig verändert und werden sich auch absehbar – trotz der für viele enttäuschenden Ergebnisse des zweiten Weltgipfels im September dieses Jahres in Johannesburg – beständig weiterentwickeln[1].

Nachhaltigkeit entwickelt sich ganz offensichtlich zu einem „Megatrend" dieses 21. Jahrhunderts (Radermacher 2002). Damit verbunden müssen notwendigerweise weit reichende Reformen in nahezu allen Politikbereichen sein, die bislang jedoch nur in wenigen Bereichen ansatzweise erkennbar sind. So determiniert zum Beispiel die traditionelle Umweltpolitik der zurückliegenden Jahrzehnte bis heute zumeist durch Ge- und Verbote die Handlungsoptionen der Unternehmen, in der Sozialpolitik sind allenfalls langsam flexiblere Instrumente und Anreizstrukturen, zum Beispiel in der Aus- und Weiterbildung erkennbar?[2] Gleiches lässt sich im für eine Weichenstellung auf nachhaltiges Wirtschaften dringend notwendigen Umbau des Finanzierungs- und Abgabensystems erkennen. Auch hier ist die Diskussion um notwendige Reformen beständig und flammt mit jeder Arbeitslosenstatistik erneut auf.

Die Zukunft zeichnet mit dem Übergang zu einer am Vorsorgeprinzip orientierten Nachhaltigkeitspolitik einen anderen, vielleicht flexibleren Weg, bei dem die Politik einen Rahmen setzt, in dem experimentiert, adaptiert, optimiert und verhandelt werden kann. Wollen Unternehmen von dieser wachsenden Flexibilität, die klare Anreizstrukturen in Richtung nachhaltige Entwicklung setzt, profitieren, müssen sie ihre Strategien, ihr Management, ihre Produktpolitik entsprechend ausrichten.

Unter diesen Bedingungen werden proaktive Strategien für eine zukunftsfähige Unternehmensentwicklung zunehmend relevant. Ein Unternehmen kann aus verschiedenen Gründen proaktiv agieren, zum einen, weil es sich als fortschrittliches, risikoarmes Unternehmen am Markt mit interessanten, kundenfreundlichen Produkten präsentieren will, weil es bereits erfolgte Leistungen – win-win- oder triple-win-Strategien – darstellen und im Kundenverhalten prämiert wissen will, weil es bereits absehbare zukünftige Rahmenbedingungen frühzeitig antizipieren oder auch und immer mehr, weil es in entsprechenden Finanzprodukten berücksichtigt werden will, um die eigene Liquidität zu steigern (Lehner/Schmidt-Bleek 1999). Dazu benötigen Unternehmen Konzepte, Instrumente und marktwirtschaftliche Rahmenbedingungen, die ihnen solche Strategien in der Umsetzung erleichtern[3]. Notwendige Voraussetzungen sind gut ausgebildete Beschäftigte, interessierte und offene Stakeholder (Konsumenten, Kunden, Shareholder, Nachbarn etc.), Institutionen in Politik, Gesellschaft und Wirtschaft, die dies fördern und die notwendige Kompetenz dazu haben. Nachhaltige Entwicklung, insbesondere nachhaltige wirtschaftliche Entwicklung verläuft nur mit System und im System erfolgreich. Die Marktakteure spielen als Teil der Zivilgesellschaft genauso wie die politischen Akteure eine entscheidende Rolle.

---

1 www.johannesburgsummit.org; www.corporateeurope.org; www.unice.org; www.wbcsd.ch.
2 www.bibb.de; www.bn.shuttle.de/adapt; www.ina-netzwerk.de.
3 www.ina-netzwerk.de; care.oekoeffizienz.de.

2. Lohnt sich zukunftsfähiges Wirtschaften?

Für Unternehmen ist entscheidend, dass das vorherrschende marktwirtschaftliche System ausreichende Anreize und Chancen bietet, sich nachhaltig zu verhalten. Das hängt zum einen von verlässlichen, möglichst harmonisierten politischen Rahmenbedingungen ab. Viele solcher Rahmenbedingungen sind derzeit sowohl national, EU-weit als auch international in Bearbeitung und Entwicklung. Sie lassen aber zumeist Richtungssicherheit vermissen, wie zum Beispiel der Kyoto-Prozess und seine Folgen.

Bei aller Unsicherheit ist ein Trend ganz klar: eine nachhaltige Entwicklung ohne eine drastische Reduzierung des Ressourcenverbrauchs ist nicht mehr vorstellbar (vgl. u.a. Schmidt-Bleek 1997). Die Ausgestaltung der Umsetzung dieses Ziels ist allerdings noch offen. Konzepte und Instrumente auf der Mikroebene gibt es bereits, die Entwicklung eines Instrumentenmixes, um dies makroökonomisch zu forcieren, steckt in den Anfängen.

Mittel- bis langfristig werden die politischen Rahmenbedingungen nachhaltige Wirtschaftsweisen fördern, zum Teil hat dieser Trend, wie zum Beispiel die Öko-Steuer zeigt, schon begonnen. Dies führt zu einem Strukturwandel, dessen genauer Verlauf nur schwer zu prognostizieren ist. Zentrale Aufgabe vor diesem Hintergrund ist es, „Leitplanken" zu definieren, innerhalb derer diese Entwicklung in Richtung Nachhaltigkeit verlaufen soll. Eine solche Leitplanke, dies erscheint sicher, ist, dass nicht-nachhaltige Ressourcennutzung teurer und die entsprechenden ressourcenintensiven Geschäftsfelder unattraktiver werden. Unternehmen und Branchen, die diese Entwicklung bereits heute in ihrer Geschäftspolitik antizipieren, sind vorbereitet, senken damit ihre Anpassungskosten und gehören tendenziell zu den Gewinnern dieser Entwicklung.

Eine andere, immer deutlicher werdende Entwicklung ist, dass Banken und Versicherungen, die Risiken, die sich aus Fehlmanagement und Umweltkatastrophen ergeben, möglichst minimieren wollen[4] (Seiler-Hausmann 2003). Banken und Versicherungen waren schon immer bei der Fremdkapitalausstattung bemüht, das von ihnen zu tragende Risiko bei der Geschäftsbeziehung zu Unternehmen möglichst gering zu halten bzw. sich erhöhte Risiken auch entsprechend vergüten zu lassen. Bereits heute sind daher viele Versicherungen und Kreditinstitute sehr sensibel, wenn es sich um altlastenverdächtige Standorte oder Produktionen mit einem hohen Gefährdungspotenzial für Mensch und Umwelt handelt. Ein anderes Beispiel sind die sich häufenden verheerenden Naturkatastrophen, wie zuletzt im Sommer 2002 in vielen Ländern Mitteleuropas, insbesondere auch in Deutschland. Auf Basis der internationalen Entwicklungen in Richtung Zukunftsfähigkeit wird der Einbezug von Zukunftsfähigkeitskriterien bei Versicherungspolicen und in die Kreditwürdigkeitsprüfung kaum umgehbar sein. Ressourcenproduktivität und Ökoeffizienz werden auch hierbei eine wichtige Rolle spielen.

---

4 Expertengespräch „Bewertung der Nachhaltigkeitsleistung von Finanzdienstleistern", 16. Oktober 2002 am Wuppertal Institut im Rahmen einer Machbarkeitsstudie für das BMBF.

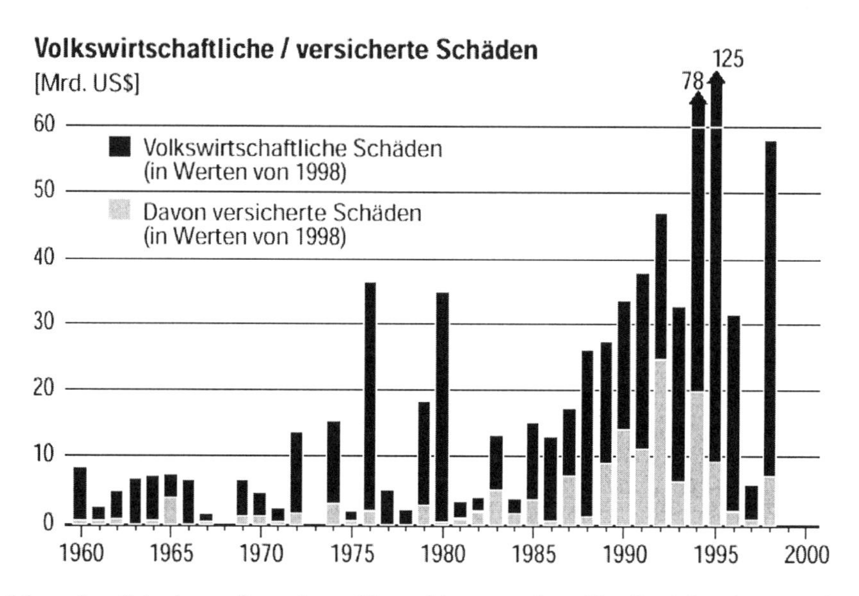

Abbildung 1: Schäden aufgrund von Umweltkatastrophen (Quelle: Münchner Rück)

Was für die Ökosysteme als Grenzfaktor für wirtschaftliches und gesellschaftliches Handeln gilt, gilt ebenso für die zukunftsfähige Nutzung der so genannten Humanressource. Wirtschaften, die für die Erziehung und Bildung ihrer BürgerInnen und für Forschung und Entwicklung einen relativ hohen Anteil ihres Bruttosozialprodukts investieren, sind diejenigen, die gleichzeitig den größten Wohlstand verzeichnen (Radermacher 2002). Dies läuft parallel mit den auf der Mikroebene wirtschaftlichen Handelns existenten hohen Standards. Standards für Arbeits- und Gesundheitsschutz (z.B. ISO- und ILO-Standards) wie auch Mechanismen und Instrumente der Konfliktbewältigung zwischen Interessensgruppen (z.B. zwischen Gewerkschaften und Arbeitgebern) stabilisieren den sozialen Frieden und damit die Rahmenbedingungen stabiler wirtschaftlicher Produktionsfaktoren. Ein gutes Beispiel eines zukunftsfähigen Systemausgleichs ist die Strategie der EU-Erweiterung mit Partnern aus Ost- und Südeuropa: die Annahme und Umsetzung von Standards durch die beitretenden Länder im Tausch mit einer Ko-Finanzierung durch die bisherigen Mitgliedsländer der EU führt dazu, dass zum einen der Wohlstand dort wie hier gesteigert wird, zum anderen, dass der Raubbau an der Umwelt begrenzt wird. Sichere soziale Systeme sichern zudem verlässliche wirtschaftliche Handelspartner (Radermacher 2002). Kurzum, zukunftsfähig gestaltete Sozialsysteme und wirtschaftspolitische Rahmenbedingungen wie auch in wichtigen Schlüsselqualifikationen gut ausgebildete Menschen, die lebenslanges Lernen mit Lust leben, sind ebenso notwendig wie Unternehmen, die ebensolche Anforderungen in ihrer Unternehmensstrategie spiegeln – Aus- und Weiterbildung ihrer MitarbeiterInnen, Konflikt- und Kommunikationsmanagement, nachhaltige Produktentwicklung etc.

3. Akteure – ihr Profil, ihre Aufgaben, ihr Handeln

Wichtigster Akteur in einer nachhaltigen Entwicklung ist das einzelne Individuum in all seinen Funktionen; als BürgerIn, als Beschäftigte/r, als ManagerIn, als PolitikerIn, als Familienmitglied, als gemeinhin soziales Wesen. Dabei sind sicherlich auch die Institutionen und Organisationen bedeutend, in denen sich einzelne Akteure bewegen, denn sie stellen einen wesentlichen Handlungsrahmen dar, der sowohl limitierend als auch förderlich sein kann. Um aber nachhaltige Entwicklung zu leben, ist jedes Individuum und jede Institution darauf angewiesen, gemeinsam Strukturen und Wissen zu entwickeln, die diese fördern. Lebenslanges Lernen und organisationales Lernen bilden hier Schlüsselfaktoren für die Initiierung und strukturelle Förderung einer nachhaltigen Entwicklung.

Die Menschen haben einen Konsens darin gefunden, ihre Gemeinsamkeiten und Notwendigkeiten in zwei Schlüsselsystemen zu organisieren: der Staat und seine legitimierten VertreterInnen organisieren das öffentliche Leben und die Verteilung oder Inanspruchnahme der so genannten „Common Goods" (Heritier 2002), die Wirtschaft produziert die zum Leben und Vergnügen notwendigen Güter und Dienstleistungen, schafft die Grundlage von Wohlstand und Lebensqualität. Beide sind der Zivilgesellschaft verantwortlich und sollten deren Wohl dienen. Den Rahmen, um Zivilgesellschaft und deren Leben zu organisieren, bildet die Natur – sie gibt die Ressourcen und ihre Ökosysteme als Vorbedingung allen Lebens auf der Erde. Ohne sie können Zivilgesellschaft und deren Subsysteme Wirtschaft und Staat nicht existieren. Alle Subsysteme einer Zivilgesellschaft sind daher – um langfristiges Überleben zu sichern – nicht nur individual- und sozialverträglich zu gestalten, sondern auch und vor allem umweltverträglich. Nur eine solche Art des Risikomanagements verhindert langfristig ökonomische Destabilisierungen sowie ökologische und soziale Eskalationen. Dazu kann die Zivilgesellschaft die Politik und ihre Akteure beauftragen, entsprechende globale, nationale und regionale Rahmenbedingungen zu schaffen, die es den einzelnen gesellschaftlichen Akteuren der unterschiedlichsten Kulturen ermöglichen, entsprechend zu handeln. Die Verantwortung des Einzelnen wird nicht durch seine politischen VertreterInnen aufgehoben. Jede/r Einzelne kontrolliert und schafft Konsens. Allerdings sind dazu entsprechende Foren und Prozesse notwendig. Dies alles wird zur Zeit nur sehr unzureichend organisiert und entwickelt – weder für die Akzeptanz oder Ablehnung neuer Technologien, noch für gewollte oder ungewollte Trends der Globalisierung. Teilweise initiieren sogar große multinationale Unternehmen solche Prozesse (Kuhndt u.a. 2002; Seiler-Hausmann 2003), um ihr eigenes Risiko bei Markteintritt bzw. der weiteren Marktentwicklung zu minimieren. Sie suchen aktiv den Dialog, die Auseinandersetzung mit Stakeholdergruppen als Hilfsmittel, um längst notwendige zivilgesellschaftlich zu organisierende Prozesse zu initiieren. Seltsam muten einem diese Prozesse häufig an, da doch gerade Unternehmen – wie jeder Einzelne auch – im Wettbewerb zur Zerstörung, weiteren Entwicklung und Veränderung sozialer und ökologischer Systeme beitragen. Diese Dialektik, Täter und Opfer zugleich zu sein, vereinigt Bürger und Unternehmen in ihrer Situation. Gerade multinationale Unternehmen organisieren solche Prozesse, weil sie mögliche Risiken weltweit für ihr „Geschäft" minimieren wollen. Sie sind somit gleichzeitig Akteur und Kontrolleur in einem System, mit den hinlänglich bekannten Zielkonflikten. Langfristig scheint diese Situation nicht tragfähig zu sein, weder für die Unternehmen noch für die Zivilgesellschaft. Politische Entscheidungsträger zeigen sich hier allerdings bislang wenig innovativ, neue, den anstehenden Problemen adäquate Politik- und Entscheidungsstrukturen zu entwickeln und einzuführen (Heritier 2002).

Betrachtet man das Zusammenspiel und die Zusammensetzung der wirtschaftlichen Akteure, so fällt auf, dass zumeist die oben genannten großen Unternehmen, die multinationalen Konzerne im Blickpunkt stehen. Betrachtet man die Fakten, so wird deutlich, dass die kleinen und mittelständischen Unternehmen (KMU) in Deutschland zu unrecht nicht auch im Fokus der Öffentlichkeit stehen (Klemisch/Rohn 2002). Der Mittelstand umfasst in Deutschland ca. 1,1 Millionen Betriebe (Umsatz größer als 125.000 Euro) und damit etwa

70 Prozent aller Erwerbstätigen. Aufgrund des Beschäftigungsanteils haben die KMU eine immense gesellschafts- und arbeitsmarktpolitische Bedeutung. Mit einem Anteil von etwa 80 Prozent an allen abgeschlossenen Ausbildungsverträgen tragen die KMU ebenso eine hohe Verantwortung für die Wissensgesellschaft von morgen.

KMU benötigen – wie andere für Nachhaltigkeit wichtige Akteursgruppen auch – für sie spezifisch gestaltete mikro- wie makrowirtschaftliche Rahmenbedingungen, um ihr Potenzial für eine nachhaltige Entwicklung nutzen zu können. Sie benötigen Instrumente und eine entsprechende Qualifizierung, um den Anforderungen einer nachhaltigen Entwicklung nachzukommen. Vor allem benötigen sie die entsprechenden Rahmenbedingungen, wirtschaftliche und gesellschaftliche Anreize, dieses zu tun. Ebenso benötigen sie in den Schlüsselqualifikationen gut ausgebildete Beschäftigte. Oftmals sind dazu „maßgeschneiderte Lösungen" notwendig, viele der gängigen „Standardlösungen" gehen an den Bedarfen von KMU vorbei. Studien und auch erfolgreiche Pilot-Projekte, die dies zeigen, gibt es viele[5]. Eine Institutionalisierung der Nutzung dieser Ergebnisse fehlt jedoch fast völlig.

Umfeld- und Situationsprofile der wichtigen Akteursgruppen können helfen, Handlungsoptionen zu definieren, Vernetzungen zu analysieren bzw. zu initiieren und makrowirtschaftliche Rahmenbedingungen zu spezifizieren. Wichtig erscheint in diesem Zusammenhang auch, den „top-down" Ansatz der Politik durch einen stark partizipativ gestalteten und effektiven „bottom-up" Ansatz zu ergänzen, der sicherlich durch eine effektive mesowirtschaftliche Struktur unterstützt werden kann. Hierzu müssen neue Beteiligungsinstrumente nicht nur in Unternehmen, sondern auch in allen anderen Teilbereichen der Gesellschaft entwickelt und erprobt werden. Verantwortungsbewusste Beschäftigte und BürgerInnen mit großen Sach- und Schlüsselkompetenzen können ihre Persönlichkeit und ihre Fähigkeiten nur in einem entsprechend gestalteten und gelebten System entwickeln. Die Frage, ob unsere Erziehungs- und Bildungssysteme diese Voraussetzung und eine solche Qualität zur Zeit bieten können, sei an dieser Stelle nur angerissen; es ist aber eine wichtige Komponente nachhaltigen Wirtschaftens (siehe unten).

4. Welche Probleme gilt es zu lösen? – Von der Integration des Wissens zum Handeln

Lebenslanges Lernen und Organisationales Lernen – Individualisierung und Sozialisierung

Zur Umsetzung einer nachhaltigen Entwicklung bedarf es sowohl der Bereitschaft und Fähigkeit lebenslanger Lernprozesse jedes und jeder Einzelnen als auch der verstärkten Berücksichtigung von Konzepten organisationalen Lernens in Unternehmen, Institutionen und Organisationen. Beide Aspekte für sich und in ihren vielschichtigen Wechselwirkungen miteinander sind eine wesentliche Voraussetzung für ein nachhaltigkeitsorientiertes Handeln von Individuen und Organisationen (vgl. dazu u.a. Brentel u.a. 2002 sowie Brentel in diesem Band).

> „Bildung hat u.a. die Aufgabe, das Wissen und die Kompetenzen zu vermitteln, die zur Partizipation und aktiven Gestaltung eines nachhaltigen, zukunftsfähigen Lebens und Wirtschaftens befähigen" (BMBF 2002: 14).

---

5 www.bn.shuttle.de/adapt; www.ina-netzwerk.de.

Bisher hat sich die Forschung zur nachhaltigen Entwicklung, insbesondere zu einer nachhaltigen Wirtschaftsentwicklung, hauptsächlich um die ökologischen und ökonomischen Komponenten der Nachhaltigkeit bemüht. Besonders in dem Bereich der Verknüpfung von sozial-ökologischer Forschung fehlen konkret wirtschaftsrelevante Forschungsinitiativen, die sowohl unternehmensinterne und -übergreifende als auch bildungspolitische Belange berücksichtigen (Reusswig 1999). Geht man einen Schritt weiter, fehlt zusätzlich die Umsetzung in entsprechende Bildungskonzepte und Lehrmaterialien, die erst eine Breitenwirksamkeit praxisbezogener wissenschaftlicher Erkenntnisse bewirken können. Der Weg „wissenschaftliche Erkenntnis – Anwendungsforschung – Zielgruppenorientierung – gesellschaftspolitisch relevante Umsetzung“ scheitert häufig an der nicht vorhandenen Vernetzung der beteiligten Akteure. Vielfach sind die beteiligten Akteure frustriert – zum einen, weil sie in dem Prozess nicht berücksichtigt werden, zum anderen, weil sie sich missverstanden fühlen oder aber die Ausdrucksweise so unterschiedlich ist, dass ein „Verstehen“ und ein „Umsetzen“ unmöglich werden.

Für die Umsetzung sozial-ökologischer Bildungskonzepte und zur Erlangung wirtschaftlicher, sozialer und ökologischer Nachhaltigkeit spielen die konkreten Handlungskompetenzen der Akteure eine Schlüsselrolle. Die wirtschaftlichen Akteure und gesellschaftlichen Institutionen sollten sich als „lernende Organisationen“ begreifen, der notwendige organisationale Wandel in seiner sozialen Prozesshaftigkeit durchsichtig werden[6]. Das Erlernen von Schlüsselqualifikationen wie Kommunikations- und Konfliktfähigkeit und die Intervention in betriebliche Handlungskonstellationen erweisen sich als unabdingbare Ergänzung, als Voraussetzung für nachhaltige Lern- und Qualifizierungsprozesse. Solche relationalen Handlungsfähigkeiten der Akteure können frühzeitig auf allen Ebenen der Bildung vermittelt und als integrative Bestandteile sozial-ökologischer Forschung entwickelt werden[7].

Die Erfahrungen aus der wirtschaftsnahen Forschung zeigen, dass bei einer Integration der umsetzenden Akteure in den Prozess der Methoden- und Konzeptentwicklung von Beginn an, diese die Forschung dazu veranlassen, umsetzungsorientierter und systemischer zu denken. Auf der anderen Seite erkennen die „Umsetzer“, dass auch die Wissenschaft mit Problemen in der Grundlagenforschung zu kämpfen hat, um überhaupt positiv für eine zukunftsfähige gesellschaftliche, wirtschaftliche und ökologische Entwicklung wirken zu können. Das bedeutet für die Forschung, dass sie sich bei aller kurzfristigen Notwendigkeit die Zeit nehmen sollte, Irrwege von zukunftsfähigen Wegen zu unterscheiden. Das kann nur im Dialog zwischen Wissenschaftlern/innen und Praktikern/innen geschehen und nicht in abgeschlossenen Fachkreisen.

Das Wissen und der Umgang mit Wissen bildet die Grundlage für Innovation in Gesellschaft und Wirtschaft. Deshalb ist eine nachhaltige Entwicklung ohne ein modernes, offenes Bildungssystem nicht machbar. Die individuellen Fähigkeiten der einzelnen Menschen können lebenslang entwickelt und gefördert werden. Um diese Ressource für eine nachhaltige Entwicklung in Wirtschaft und Gesellschaft nutzbar zu machen, müssen die Erkenntnisse aus unterschiedlichen Fachbereichen (z.B. aus der Anthropologie, Ethnologie, Psychologie, Neurobiologie, Medienwissenschaft etc.) zusammengetragen und der Frage nachgegangen werden: Wann und warum nimmt ein Mensch in welcher Lebensphase wie Wissen auf, wie verarbeitet und setzt er es um?

---

6 Zum Verhältnis von organisationalem Lernen, betrieblichen Qualifikationsprozessen und ökologischem Lernen vgl. Ammon u.a. 1997, Argyris 1999 sowie Felsch 1996.

7 Zu entsprechenden Beiträgen der Organisations- und Mikropolitikforschung vgl. Birke/Burschel/Schwarz 1997, Crozier/Friedberg 1979 sowie Küpper/Ortmann 2000.

Wertekanon – Demokratie wahrnehmen

Gerade nach der PISA-Studie[8] flammt die Diskussion um den Bildungsnotstand in Deutschland wieder auf (Fahrholz 2002; Hentig 2002). Positiv dabei ist, dass die Bildungsdiskussion, die Mitte der achtziger Jahre abbrach, wieder aufgenommen wird und mit den Erkenntnissen der Nachhaltigkeitsforschung verbunden werden kann. Negativ scheint hingegen die von Dogmen und Ideologien beherrschte Diskussion um das erfolgreichste Bildungs- und Familienmodell. Dabei werden Bildung, Wertewandel, familiäre und frühkindliche/schulische Erziehung häufig als „Notstandsgebiet" definiert. Allgemein anerkannt scheint die Notwendigkeit, sich auch abseits von Religionen auf gemeinsame Werte zu verständigen, deren Ausübung vielen geforderten Schlüsselqualifikationen entsprechen (Jach 1999; Thiel 2000), deren institutioneller Rahmen aber in Form entsprechend organisierter Erziehungs- und Entfaltungssysteme fehlt. Das Grundgesetz wie auch die deutsche Verfassung, die der Organisation unserer Gesellschaft zugrunde liegen, beschreiben bereits viele dieser Werte. Auch die Erklärung zum Weltethos[9] (Küng/Kuschel 1993) und die Charta der Menschenrechte der Vereinten Nationen (Stiftung Entwicklung und Frieden 2001) weisen auf allen Kulturen gemeinsame Grundwerte hin (Kalff 2002):

1. Die so genannte Goldene Regel: Behandle andere stets so, wie du selbst behandelt werden möchtest.
2. Globale Werte:
   - Respekt und Achtung vor dem Leben
   - Gerechtigkeit, Fairness, Solidarität
   - Aufrichtigkeit
   - Liebevolles Miteinander von Mann und Frau (mit eher kollektivem Aufforderungscharakter (Küng/Kuschel 1993)
   - Freude am Leben
   - Entwicklung der Persönlichkeit
   - Selbstbestimmung in Freiheit (mit eher individualisiertem und zubilligendem Charakter (Stiftung Entwicklung und Frieden 2001)

Wer möchte nicht gerne Beschäftigte, Vorgesetzte, Familienmitglieder haben, die diese Grundsätze verwirklichen bzw. leben? Es ist auch nicht überraschend, dass Jugendliche, die Verhaltensgrundsätze untereinander frei in einem Rollenspiel aushandeln, diese ebenso ausformulieren, wie dies die Vereinten Nationen und Weltreligionen gemeinsam taten[10]. Der Wunsch nach entsprechenden Werten ist vorhanden, Orte des Aushandelns, am eigenen Leib Erlebens, gemeinsamen Übens und Erlernens in sozial organisierten Gruppen fehlen. Weder Schule, Kindergarten oder Familien bilden gegenwärtig „demokratische" Strukturen ab (Jach 1999; Thiel 2000). Wie aber sollen Menschen Demokratie und die daraus resultierenden Pflichten und Freiheiten erlernen, wenn sie von den Orten ausgeschlossen sind, wo diese letztendlich praktiziert werden oder werden sollten. Eine Ausnahme bilden hier mancherorts Horte und engagierte Kindergartenkonzepte – hier lernen Kinder häufig zum ersten Mal Verantwortung, Demokratie, Konfliktfähigkeit, Problemlösungsstrategien in Gruppen zu leben und zu organisieren, Wissen gemeinsam zu erarbeiten und zu teilen. Die Akzeptanz unterschiedlicher Fähigkeiten, die Förderung des Individuums in der Gemeinschaft ist

---

8 www.mpib-berlin.mpg.de/pisa.

9 Verabschiedet vom Weltparlament der Religionen 1993 in Chicago.

10 Mit Jugendlichen und jungen Erwachsenen aus fünf verschiedenen Religionen erarbeitet (vgl. dazu Kalff 2002).

eine wichtige Voraussetzung wirtschaftlichen und gesellschaftlichen Fortschritts sowie wirtschaftlicher und gesellschaftlicher Innovation (Küng 2000; Töpfer 2000). Gesellschaftliche und technische Innovationen sind immer mehr abhängig von kooperativen, interkulturell organisierten Aktionsstrukturen[11]. Deshalb sind Unternehmen darauf angewiesen, dass die Bildungssysteme und sie selbst sich diesen Anforderungen anpassen und lebenslanges Lernen fördern. Ein gemeinsamer Wertekanon bildet die Voraussetzung langfristig organisierter, erfolgreicher wirtschaftlicher Strukturen des Handelns und Austauschens von Gütern, Informationen und kulturellen und technischen Innovationen (Küng/Kuschel 1998; Küng 2001).

Forschung und Entwicklung

Auch wenn es in den vergangenen zehn Jahren gerade bei Unternehmen eine Vielzahl von Aktivitäten und Initiativen hinsichtlich einer umwelt- und nachhaltigkeitsorientierten Wirtschaftsweise gegeben hat, bei denen unbestritten auch eine Menge geleistet wurde, so ist bislang jedoch noch kein durchgreifender Wandel zu beobachten, der wirklich die breite Masse der Unternehmen mit einbezieht. Als Gründe für dieses immer noch zögerliche Engagement der Unternehmen erscheinen im Wesentlichen:

1. Unternehmen fehlt der Zugang zur Nachhaltigkeit.

Die Unternehmen befürchten vor allem, dass Nachhaltigkeit ihre Wettbewerbsfähigkeit schwächt und Arbeitsplätze gefährdet. Sie sind nur begrenzt über das Konzept der Nachhaltigkeit informiert und haben in der Regel keinen Zugang zu Fachinformationen. Selbst wenn sie jedoch über die notwendigen Informationen verfügen, so sind diese oft nur schwer auf den Unternehmensalltag übertragbar und können somit kaum in die Geschäftsprozesse integriert werden.

2. Unternehmen wissen nicht, was die Stakeholder von ihnen erwarten.

Die Unternehmen haben keine klare Vorstellung von den Erwartungen, die Stakeholder an sie richten. Ihnen fehlen klar definierte Nachhaltigkeitsziele auf der Makro- und Meso-Ebene, die es ihnen ermöglichen würden, sich an einem einheitlichen Indikatorenset zu orientieren. Hier ist insbesondere die Politik gefragt, die durch die Setzung von verbindlichen Rahmenvorgaben und langfristigen Zielen Planungssicherheit schaffen kann und muss.

3. Unternehmen fehlt die Anerkennung ihrer Leistung.

Die Unternehmen brauchen Informationskanäle, über die sie ihre Leistungen kommunizieren können. In Unternehmen besteht die Erwartung, dass ihre Bemühungen von der Öffentlichkeit wahrgenommen werden. Bislang gibt es noch kein wirklich effizientes System, um den relevanten Stakeholder-Gruppen diese Informationen nahe zu bringen.

4. Unternehmen fehlt Unterstützung auf dem Weg zur Nachhaltigkeit.

Die Unternehmen sehen die Regierungen gefordert, Rahmenbedingungen zu schaffen, die Investitionen in eine nachhaltige Entwicklung rentabler und sicher machen. Sie fordern Anreize zum Beispiel in Form von mehr Eigenverantwortung statt Regulierung. Schließlich muss auch die Forschung die Besonderheiten der Unternehmen anerkennen und unter Be-

11 www.earthdialogues.org.

rücksichtigung der Bedürfnisse stärker unternehmensbezogene Konzepte und Strategien anbieten[12].

Daraus leitet sich für die Forschung die Herausforderung ab, bestehende Konzepte und Instrumente noch stärker unternehmensspezifisch zu „konfigurieren", das heißt auf die speziellen Bedürfnisse der Unternehmen anzupassen und die Unternehmen dabei zu unterstützen, das für sie passende Instrument auszuwählen und einzuführen. Ein Hilfsmittel zur Systematisierung kann eine vergleichende Zusammenstellung sein, bei der nach Art und Anwendungsbereich der Instrumente differenziert wird (vgl. Abbildung 2). Eine umfassende Übersicht – eine Landkarte – der bestehenden Instrumente und Konzepte, deren Vergleich und anwender- und problemorientierte Aufbereitung, insbesondere auch für KMU, steht bislang allerdings noch aus[13].

	Responsible entrepreneurship (unternehmerische Verantwortung)		
	Efficient entrepreneurship (Ökoeffizienz)		
	Green entrepreneurship (Umweltschutz)		
Gegenstand	**Umwelt**	**Wirtschaft und Umwelt**	**Umwelt und Soziales**
Analytische Instrumente	• Ökologischer Fußabdruck • Umweltleistungsbewertung • Ökobilanzierung • Stoffstromanalyse • Material Input Per Service Unit (MIPS) • Ökoaudit	• Gesamtkosten-Rechnung • Lebenszykluskosten-Rechnung • Ökoeffizienz-Analyse • Kosten-Nutzen-Analyse	• Sozial-Audit • Stakeholder-Value-Ansatz
Umsetzungs-instrumente	• Umweltmanagement-systeme • Öko-Design	• Umweltfreundliche Beschaffung • „Efficient Entrepreneur Calendar"	• Companies' and Sectors' Pass to Sustainability (COMPASS) • Lieferantenbewertung
Kommunikations-instrumente und Stakeholder-Dialog	• Öko-Labels • Umweltproduktpass • Umweltberichte • Umwelt-Benchmarking • und Rating	• Öko-Vermarktungs-strategien • Ökoeffizienz-Bericht • Ökoeffizienz-Benchmarking und Rating	• Sozialberichte • Sustainability Assessment for Enterprises (SAFE) • Triple Bottom Line-Benchmarking und Rating

Abbildung 2: Überblick der Managementtools im Unternehmen (Kuhndt/Geibler 2001: 138).

Um den dauerhaften Erfolg solcher Instrumente in Unternehmen zu gewährleisten, müssen darüber hinaus verstärkt Aspekte der Organisationsforschung bei der Implementierung beachtet werden.

Gesamtwirtschaftlich liegt die Herausforderung besonders für Deutschland darin, Möglichkeiten aufzuzeigen, wie eine nachhaltige Entwicklung mit dem Ziel der Beschäftigungsförderung in Einklang gebracht werden kann, um das drängende Problem der Ar-

12 www.club-of-wuppertal.org.

13 Mit dieser Problemstellung befasst sich aktuell die Entwicklungspartnerschaft „Zukunftssicherung durch nachhaltige Kompetenzentwicklung" im Rahmen der europäischen Gemeinschaftsinitiative EQUAL, die vom Wuppertal Institut koordiniert wird (2002-2005).

beitslosigkeit in Deutschland und Europa zu entschärfen. Hier könnten große Potenziale in der Verknüpfung der Innovations- mit der Nachhaltigkeitsforschung sowie in den neuen Technologien liegen. Von besonderer Relevanz für eine nachhaltige Entwicklung (positiv wie negativ) und mehr Beschäftigung sind dabei die Nano- und Biotechnologie sowie die Informations- und Kommunikationstechnologie.

(Inter-)kultureller Austausch, Kooperation, Netzwerke

Was nachhaltige Entwicklung für den (inter)kulturellen Austausch bedeutet, wie diese davon profitieren kann und welche interkulturellen Prozesse bereits institutionalisiert wurden, wurde in Hinsicht auf die nachhaltige Entwicklung von Produktlinien und Unternehmen wenig untersucht. Sicher ist, dass sozial stabilisierte, formelle und informelle Austauschbeziehungen von Informationen und Wissen im globalen Handel eine zentrale Rolle spielen und gerade auch für Unternehmen, die weltweit vernetzt sind, ein wichtiger Wettbewerbs- und Erfolgsfaktor sind[14]. Im Grunde wissen wir wenig über die Rückkopplung und genaue Wirkung auf die gesellschaftlichen und wirtschaftlichen Systeme, die die Intensivierung der Globalisierung mit sich bringt (Küng 2001; OECD 1999; Link 1998). In einem Brainstorming mit Medienvertretern aus Kultur und Wirtschaft wurden beispielhaft folgende Indikatoren für eine nachhaltige kulturelle Entwicklung von Gesellschaften Europas genannt[15]:

1. Zahl der gesamt weltweit gesprochenen Sprachen
2. Zahl der Menschen, die nicht mehr als eine Sprache sprechen
3. Zahl der kulturellen Websites, die verfügbar sind: Musik, Kino, Bücher, Messen
4. Zahl der kulturellen Produkte (kultureller Warenkorb): Bücher, Übersetzungsprogramme, Unterindikatoren: Fernsehen, Radio
5. Zahl der Kulturgüter, die lokal produziert werden (insbesondere Musikinstrumente, Kleidung)
6. Zahl der grenzüberschreitenden Austausche
7. Zahl der in einem Land im Kulturbetrieb beschäftigten Menschen
8. Wie viele Leute an ausländischen Unis – wie viele ausländische Studenten studieren in Deutschland
9. Zahl der Jugendlichen, die an internationalen Austauschen teilnehmen
10. Zahl der unabhängigen Produzenten medialer Produkte
11. Zahl der verschiedenen NGOs, die sich mit kulturellen Angelegenheiten befassen
12. Zahl der international gehandelten Kulturprogramme

Wenn diese Indikatoren auch nicht konsensual mit Stakeholdern erarbeitet wurden, sondern nur Ergebnis eines spontanen Brainstormings zwischen Wissenschaft und Medien waren, so zeigen sie doch, dass auch im Bereich der kulturellen Entwicklung gerade bei Wissensgesellschaften große Defizite zum einen in der Information des „Vorhandenen" – also der Datenverfügbarkeit, in der Berichterstattung wie auch in der Bewertung des Nutzens und der Potenziale liegen. Zum anderen zeigen diese Indikatoren, dass Möglichkeiten existieren, dieses mit allen Grenzen und Unsicherheiten zu bemessen und zu bewerten. Eine Integration in die Nachhaltigkeitsforschung, besonders auch was den Forschungsbereich Nachhaltiges Produzieren und Konsumieren betrifft, ist dringend notwendig (Mintcheva 2002). Denn die unterschiedlichen Kulturen bestimmen nicht nur unterschiedlich ausgestaltete

---

14 europa.eu.int/information_society/themes/index_en-htm.

15 Persönliche Mitteilung Prof. Dr. Friedrich Schmidt-Bleek 2002.

Märkte, sondern auch die Stabilität, die Wettbewerbsfähigkeit und gleichzeitig die Flexibilität von weltumspannenden Produktlinien.

Ein anderer Faktor und sicherlich Defizit auf dem Weg in ein „System Nachhaltiges Wirtschaften" sind die Potenziale, die in den Bereichen der Produktlinien integrierenden Kooperationen wie auch der Kooperationen (Schilde u.a. 2002) mit externen Stakeholdern liegen. Von Kooperationen versprechen sich die Beteiligten einen Vorteil für die eigene Situation – es geht hier um eher symbiotische Beziehungen zum „Profit" aller Beteiligten: Entwicklung zu einem international wettbewerbsfähigen Anbieter, Schaffung neuer Arbeitsplätze, bessere Auslastung des eigenen Betriebs, Vergrößerung des Kunden- und Aufgabenspektrums sowie Gewinnmaximierung bzw. schlicht und einfach das Überleben des Unternehmens zu sichern.

In der Literatur wird der Begriff „Kooperation" uneinheitlich definiert. Er bewegt sich zwischen einer weit gefassten Definition, die

> „...Kooperationen (als) jede Form der Zusammenarbeit zwischen verschiedenen oder gleichen gesellschaftlichen Einheiten ..."

sieht (Götzelmann 1992), und einer eng gefassten Definition:

> „Auf freiwilliger, vertraglicher Vereinbarung beruhende Zusammenarbeit mindestens zweier rechtlich und wirtschaftlich selbständig bleibender Unternehmen in bestimmten Teilbereichen auf kurze oder lange Dauer mit gemeinsamen Zielen oder zumindest einer gleichgerichteten Zielbeziehung sowie möglichst einer win-win-Situation für die beteiligten Unternehmen" (Aulinger 1996).

Die Motivation zur Initiierung einer Kooperation liegt in der Erwartung einer Verbesserung der Wettbewerbsposition der beteiligten Unternehmen. Erreicht wird dies durch die folgenden drei Zielvorstellungen:

1. das Ausnutzen von Kostensenkungspotenzialen,
2. die Realisierung qualitativer Wettbewerbsvorteile und
3. eine Veränderung von Markt- und Mobilitätsbarrieren (Rotering 1993). Hieran wird deutlich, dass, anders als im wiederholt propagierten Wettbewerbsmodell des „survival of the fittest", ein Interesse aller Beteiligten an der Prosperität ihrer Transaktionspartner besteht (Schilde u.a. 2002).

Fazit des vom BMBF und der Wirtschaftswoche ausgeschriebenen Wettbewerbs „Die beste Kooperation" ist:

> „Kooperationen stärken starke Unternehmen, sie sind keine Abhilfe bei internen Schwächen."

Und:

> „Um zukünftig im Wettbewerb um die besten Partnerunternehmen selber ein ‚attraktiver' Partner zu sein, müssen Unternehmen sowohl kooperations- als auch leistungsfähig werden" (www.die-beste-kooperation.de und Engelbrecht 2002).

Außerdem zeigen Kooperationen Unternehmen – Unternehmen und Unternehmen – Stakeholder keine Breitenwirksamkeit. Die meisten Unternehmen nutzen sie nicht als strategische Option für die Stärkung ihrer Marktposition. Die Gründe hierfür sind vielschichtig und häufig nicht eingehend untersucht. Kooperationen unter dem Aspekt der nachhaltigen Entwicklung erlangen deshalb eine große Bedeutung, weil Kooperationsbeziehungen den Strukturwandel in Richtung nachhaltige Entwicklung innerhalb von Produktlinien und Regionen unterstützen können. Hierin liegt eine weitere Forschungsperspektive der nächsten Jahre.

Makro-/mikrowirtschaftliche Rahmenbedingungen – Kopplung

> „Gesellschaftliche Zielvorstellungen und ökonomische Prozesse werden heute in der Regel weltweit über Märkte organisiert. Das ist in der einzigartigen Fähigkeit von Märkten begründet, Wertschöpfungsprozesse geeignet zu orientieren, zu organisieren und zu optimieren. Deshalb kommt Märkten und ihrer Organisation eine zentrale Bedeutung für eine nachhaltige Entwicklung zu. Bei Märkten geht es um Wettbewerb unter vereinbarten Rahmenbedingungen, wobei die einzelnen Staaten sehr unterschiedliche Rahmenbedingungen entwickelt haben“ (Radermacher 2002).

Besondere Bedeutung haben dabei die Rahmenbedingungen, unter denen sich die Märkte organisieren. Rahmenbedingungen betreffen die Bedürfnisorientierung, die Art und Weise der Nutzung der „common goods“, die sozialen Belange (Konventionen wie z.B. das Grundgesetz, „Generationenvertrag“ etc.), die kulturelle Vielfalt und eben auch den Umweltschutz (Ayres/Weaver 1998; Factor-10-Club 1994-2002; Friewald-Hofbauer/Scheiber 2001). Für den Aushandelungsprozess sind die einzelnen nationalen, demokratisch legitimierten Politiksysteme bzw. deren gewählte VertreterInnen zuständig und ebenso der einzelne Bürger, die einzelne Bürgerin. Hier geht es um die Interaktion der sozialen und kulturellen Systeme mit den Ökosystemen und den wirtschaftlichen Systemen. Ziel dabei ist im Sinne einer nachhaltigen Entwicklung, das wirtschaftliche System individual-, sozial- und umweltverträglich zu gestalten.

Marktwirtschaft basiert darauf, dass sich Marktteilnehmer frei über den Inhalt von Verträgen einigen können (Vertragsfreiheit). Bei einer öko-sozialen Marktwirtschaft (Friewald-Hofbauer/Scheiber 2001) geht es darum, diese Möglichkeit zu erhalten und gleichzeitig gesellschaftlich und ökologisch unerwünschte Ergebnisse zu vermeiden. Daher greift der Staat im Konzept der öko-sozialen Marktwirtschaft (Radermacher 2002; Friewald-Hofbauer/Scheiber 2001) durch Rahmensetzung in das Marktgeschehen ein. Dabei werden bis heute makro- und mikrowirtschaftlich genutzte und entwickelte Instrumente kaum integriert beforscht. Der bereits zur Verfügung stehende Instrumentenkanon kann so für eine nachhaltige Entwicklung nicht optimal genutzt werden. Ein wichtige Aufgabe der Forschung in den nächsten Jahren wird die Entwicklung integrierter mikro- und makrowirtschaftlicher Instrumentenmixe sein, die zudem nicht nur auf einzelne Unternehmen oder Akteure (z.B. Eigenheimzulage) wirken, sondern Akteursgruppen und ganze Produktlinien („von der Wiege bis zur Bahre“) betreffen. Eine nachhaltige Optimierung von Produktlinien, im engeren Sinne nachhaltiges Produzieren und Konsumieren, setzt die Integration und ein übergreifendes Management von Produktion und Konsum voraus, wie auch die spezifische Entwicklung kulturell angepasster wirtschaftpolitischer Instrumente entlang der Produktlinie über alle Grenzen hinweg, deren Zielfokussierung, das nachhaltige Produzieren und Konsumieren, einheitlich und konsensual definiert ist. Zur Zeit scheint eine Politik der Nachhaltigkeit eher im Bereich der Produktlinien und daran beteiligten Akteure möglich als in Gestalt einer global ausgerichteten, versierten und effektiven Konventionenpolitik. Anwendungsorientierte Forschung benötigen beide Ansätze dringend und schnell. Zusammenfassend lässt sich sagen, dass integrierte Konzepte und Instrumente globaler Nachhaltigkeitspolitik/-strategien für alle Ebenen gesellschaftlichen und wirtschaftlichen Handelns bis dato fehlen.

Literatur

Ammon, Ursula/Becke, Guido/Peter, Gerd: Unternehmenskooperation und Mitarbeiterbeteiligung. Eine Chance für ökologische und soziale Innovationen (Dortmunder Beiträge zur Sozial- und Gesellschaftspolitik, Band 12). Dortmund 1997

Argyris, Chris/Schön, Donald A.: Die lernende Organisation: Grundlagen, Methode, Praxis. Stuttgart 1999

Aulinger, Andreas: Kooperationen im Rahmen ökologischer Unternehmenspolitik. Marburg 1996

Ayres, Robert U./Weaver Paul M. (Hrsg.): Eco-restructuring: Implications for Sustainable Development. Tokio u.a. 1998

Bartelmus, Peter u.a.: Application of European-Based Policies on Resource Flows and Energy to Japanese Development Policies. Interim Report for the Economic Planning Agency of Japan and Mitsubishi Research Institute. Wuppertal 2001

Birke, Martin/Burschel, Carlo/Schwarz, Michael (Hrsg.): Handbuch Umweltschutz und Organisation. Ökologisierung, Organisationswandel, Mikropolitik. München/Wien 1997

BMBF: Bericht der Bundesregierung zur Bildung für eine nachhaltige Entwicklung. Bonn 2002

Brecht, Bertolt: Exil. In: Brecht, Bertolt: Gedichte 5. Frankfurt/Main 1964, S. 62

Brentel, Helmut/Klemisch, Herbert/Rohn, Holger (Hrsg.): Lernendes Unternehmen – Konzepte und Instrumente für eine zukunftsfähige Unternehmens- und Organisationsentwicklung. Opladen 2003

Crozier, Michel/Friedberg, Erhard: Macht und Organisation. Die Zwänge kollektiven Handelns. Königstein/Ts. 1979

Engelbrecht, Arne: Die beste Kooperation 2002 – Erfahrungen eines Wettbewerbs des BMBF und der Wirtschaftswoche (Vortrag im Rahmen des Wuppertaler Unternehmergesprächs des Club of Wuppertal am 7. November 2002 in Wuppertal). Ms. (unveröff.) 2002

European Commission (Hrsg.) : Visions and Roadmaps for Sustainable Development in a Networked Knowledged Society: europa.eu.int/information_society/themes /index_en-htm

Factor-10-Club (Hrsg.) The Carnoules Declarations. Carnoules, France 1994-2002

Fahrholz Bernd: Nach dem PISA-Schock. Plädoyers für eine Bildungsreform. Hamburg 2002

Felsch, Anke: Personalentwicklung und Organisationales Lernen. Personal, Organisation, Management. Band 3. Hamburg 1996

Friewald-Hofbauer, Teres/Scheiber Ernst: The Eco-Social Market Economy. Strategies for the Survival of Humankind. Wien 2001

Götzelmann, Frank: Umweltschutzinduzierte Kooperation der Unternehmung. Anlässe, Typen und Gestaltungspotentiale. Frankfurt 1992

Hentig, Hartmut von: Ach, die Werte! Über eine Erziehung für das 21. Jahrhundert. Weinheim/Basel 2002

Heritier, Adrienne (Hrsg.): Common Goods: Reinventing European and International Governance. Lanham 2002

Heritier, Adrienne: Mountain or Molehill?: A critical Appraisal of the Commission White Paper on Governance. In: Joerges, Christian/Mény, Yves/Weiler, Joseph (Hrsg.): The White Paper on Governance: A Response to Shifting Weights in Interinstitutional Decision-making. New York 2002

Heritier, Adrienne: Policy-Making and Diversity in Europe: Escape from Deadlock. Cambridge 1999

Heritier, Adrienne: Politikimplementation – Ziel und Wirklichkeit politischer Entscheidungen. Königstein/Ts. 1980

Heritier, Adrienne/Kerwer, Dieter u.a.: Differential Europe: EU Impact on National Policymaking. Boulder 2001

Jach, Frank-Rüdiger: Schulverfassung und Bürgergesellschaft in Europa. Berlin 1999

Kalff, Michael: Open World – Happy People: Globale Werte als Basis für interkulturelle Verständigung?. In: Projektarbeit (2002) 1, S. 9-12

Klemisch, Herbert/Rohn, Holger: Mittelständische Unternehmen machen sich fit für die Zukunft. In: Liedtke, Christa/Baedeker, Carolin/Rohn, Holger/Klemisch, Herbert (Hrsg.): Der Mittelstand gewinnt. Stuttgart/Leipzig 2002, S. 73-99

Kreibich Rolf (Hrsg.): Nachhaltige Entwicklung. Weinheim 1996

Küng, Hans: Weltethos für Weltpolitik und Weltwirtschaft. München 2000

Küng Hans: Globale Unternehmen und globales Ethos: Der globale Markt erfordert neue Standards und eine globale Rahmenordnung. Frankfurt/Main 2001

Küng, Hans/Kuschel, Karl Josef (Hrsg.): Erklärung zum Weltethos: Die Deklaration des Parlaments der Welreligionen. München 1993

Küng, Hans/Kuschel, Karl Josef (Hrsg.): Wissenschaft und Weltethos. München 1998

Küpper, Willi/Ortmann, Günther (Hrsg.): Mikropolitik. Rationalität, Macht und Spiele in Organisationen. Opladen 2000

Kuhndt, Michael/Geibler, Justus v./Liedtke, Christa: Towards a Sustainable Aluminium Industry: Stakeholder Expectations and Core Indicatores. Final Report for the GDA (Gesamtverband der Aluminiumindustrie) and the European Aluminium Industry. Wuppertal 2002, S. 122

Lehner, Franz/Schmidt-Bleek, Friedrich: Die Wachstumsmaschine. Der ökonomische Charme der Ökologie. München 1999

Liedtke, Christa: Wir Reformer – gestalten Unternehmen neu. Stuttgart, Leipzig 2003

Link, Werner: Die Neuordnung der Weltpolitik. München 1998

Mintcheva, Verginia: Indicators for Environmental Policy Integration in the Food Supply Chain: The Integrated Product Policy Framework and the Tomato Ketchup case (Master of Science Thesis. University of Lund, Sweden). 2002

Organisation for Economic Co-Operation and Development (OECD) (Hrsg.): The Future of the Global Economy: Towards a Long Boom? Paris 1999

Radermacher Franz Josef: Balance oder Zerstörung – Ökosoziale Marktwirtschaft als Schlüssel zu einer weltweiten nachhaltigen Entwicklung. Wien 2002

Reusswig, Fritz: Im Spannungsfeld globaler und lokaler Entwicklungen – Der Syndromansatz und Nachhaltigkeit in der Umweltbildung – Der Lebensstilansatz. In: Forum Umweltbildung (Hrsg.): Lust auf Zukunft. Reader zum Thema Nachhaltige Entwicklung. Grundlagen, Initiativen und Methoden in den Bereichen Erwachsenenbildung, Gemeinde, Universität, Unternehmen, Jugendarbeit und Schule. Wien 1999

Rotering, Joachim: Zwischenbetriebliche Kooperation als alternative Organisationsform. Ein transaktionstheoretischer Erklärungsansatz. Stuttgart 1993

Schilde, Angela/Salzig, Daniel/Liedtke, Christa: Unternehmenskooperation – Was ist dran am neuen Zauberwort? Unternehmen und Betriebe kommen zu Wort. Wuppertal 2002

Schmidt-Bleek, Friedrich: Wieviel Umwelt braucht der Mensch? Faktor 10 – das Maß für ökologisches Wirtschaften. München 1997

Seiler-Hausmann, Jan-Dirk (Hrsg.): Eco-efficiency and beyond. Toward the sustainable enterprise. Sheffield 2003

Stiftung Entwicklung und Frieden (Hrsg.): Brücken in die Zukunft: Ein Manifest für den Dialog der Kulturen. Eine Initiative von Kofi Annan. Frankfurt/Main 2001

Thiel, Markus: Der Erziehungsauftrag des Staates in der Schule. Grundlagen und Grenzen staatlicher Erziehungstätigkeit im öffentlichen Schulwesen. Berlin 2000

Töpfer, Klaus: Environmental Security, Stable Social Order, and Culture. In: Environmental Change and Security Project Report 2000, 6

Von der Vogelperspektive der Leitbildsteuerung zur organisationalen Bodenhaftung. Anforderungen an eine anwendungsbezogene Nachhaltigkeitsforschung

Michael Schwarz

Im Kern reformuliert und reaktiviert das Leitbild der nachhaltigen Entwicklung den Gedanken der Solidargemeinschaft und die Notwendigkeit entsprechender politischer, institutioneller, organisatorischer, sozialer, ökonomischer und technischer Innovationen. In dem „Drei-Säulen-Modell" der Nachhaltigkeit bleibt allerdings die Frage nach den institutionellen Arrangements und mikropolitischen Handlungskonstellationen, die für Erhalt und Interdependenz der drei Systeme von zentraler Bedeutung sind, zunächst unbeantwortet. Die allmähliche Verschiebung der Aufmerksamkeit auf das Problem, wie nachhaltiges Wirtschaften praktisch werden kann, und auf die damit verbundenen Anforderungen an Wissenschaft, Praxis und Beratung lenkt den Blick sowohl auf die intraorganisationale Handlungsebene in Unternehmen als auch auf die im Sinne einer „Sustainable Governance" relevanten rekursiven Interaktionsbeziehungen mit dem institutionellen und organisationalen Umfeld, innerhalb dessen Unternehmen agieren und auf das sie ihrerseits Einfluss nehmen.

Im Diskurs über notwendige forschungsprogrammatische und –konzeptionelle Innovationen im Hinblick auf die Entwicklung und Umsetzung von Strategien der Nachhaltigkeit in den Handlungsfeldern Politik, Wirtschaft und Gesellschaft bleibt diese Perspektive bislang eher unterbelichtet. Es dominiert die Behandlung methodischer, forschungsorganisatorischer und wissenschaftspolitischer Aspekte, wobei das Postulat der Interdisziplinarität und Transdisziplinarität einerseits sowie die Bedingungen der Problemadäquanz und des Ergebnistransfers andererseits im Mittelpunkt der Suche nach einem „neuen Forschungsprogramm" (siehe z.B. Jahn und Willms-Herget, kritisch dazu Lange in diesem Band) bzw. dem „Weg zur post-normalen Wissenschaft" (Spangenberg in diesem Band) stehen. Inhaltlich konzentriert sich die Erforschung des Problems, wie nachhaltiges Wirtschaften praktisch werden kann, weitgehend und meistenteils exklusiv auf politische und steuerungstheoretische Aspekte (siehe die Beiträge in Kapitel 1 und 2 dieses Bandes), auf den Entwurf praxistauglicher Umsetzungsinstrumente sowie Nachhaltigkeit fördernder Qualifizierungs- und Beratungsprozesse. Dieser Beitrag plädiert aus strukturationstheoretischer Perspektive und im Interesse der Entwicklung und Durchführung eines gleichermaßen grundlagen- wie anwendungsorientierten Forschungsprogramms[1] für eine systematische organisationsanalytische Unterfütterung von institutionellen Innovationen für nachhaltiges Wirtschaften und eine dementsprechende forschungskonzeptionelle Aufwertung der intra- und interorganisationalen Handlungsebenen.

1 Unter Mitarbeit von Martin Birke, Marcel Braun, Paul Hild, Guido Lauen, Martin Rüttgers und Sabine Meister in Anwendung und Erprobung als Leitlinien des Forschungsschwerpunktes Organisation und Ökologie am ISO Institut zur Erforschung sozialer Chancen (Köln).

1. Vom „Was" zum „Wie" der Nachhaltigkeit

Wie die programmatischen Verlautbarungen auf Seiten der kollektiven Akteure in Politik, Wirtschaft und Gesellschaft einerseits und eine Vielzahl von bereits eingeleiteten politischen und institutionellen Reformansätzen andererseits verdeutlichen, ist das Leitbild der nachhaltigen Entwicklung inzwischen trotz – oder auch gerade wegen – seiner inhaltlichen Unschärfe und Konkretisierungsbedürftigkeit handlungsebenenübergreifend sehr breit akzeptiert. Die funktionalen Erfordernisse einer zukunftstauglichen Alternative zu einer gesellschaftlichen Entwicklung, die tendenziell und progressiv die ökonomischen, ökologischen und sozialen Ressourcen für ihre Reproduktion verzehrt, und zu der damit im globalen Maßstab offenbar gewordenen Selbstgefährdung der Moderne sind allgemein bekannt und nicht ernsthaft umstritten. Gefordert ist demnach eine präventive, auf die langfristigen ökologischen Bestandsbedingungen gerichtete, am Prinzip internationaler Solidarität und sozialer Gerechtigkeit orientierte, kooperativ und partizipativ angelegte Politik, die anstelle einer im Zuge der funktionellen Differenzierung moderner Gesellschaften immer weiter sektoral segmentierten eine integrierte Form der Problembearbeitung praktiziert (siehe Brand/Fürst 2002: 27).

Der damit – wie auch unlängst anlässlich des „Weltgipfels für Nachhaltige Entwicklung" in Johannesburg – aufgeworfene „Generalverdacht des Illusorischen" (ebd.) provoziert die Frage nach den Realisierungsbedingungen und –möglichkeiten eines derartig anspruchsvollen Lern- und Umorientierungsprozesses und lenkt mithin die Aufmerksamkeit auf die damit verbundenen institutionellen Anforderungen und Erfordernisse der Handlungskoordination und Steuerung ebenso wie auf die dafür vorhandenen Ressourcen und die damit tangierten Macht- und Interessenskonstellationen. Mit dem Übergang vom „Was" zum „Wie" im Nachhaltigkeitsdiskurs wird deutlich, dass die normativen Leitbildimplikationen in Gestalt von Zielvorgaben und Regularien ergänzungsbedürftig sind um die Analyse von Nachhaltigkeit fördernden Governance-Formen und der prozessualen Aspekte im Zusammenhang mit den Handlungskonstellationen und –möglichkeiten auf Seiten der relevanten Akteure, Organisationen und Institutionen.

2. Rekursive Leitbild-„Steuerung"

An die Stelle einer arbeitsteilig auf die klassischen Steuerungsmedien Markt, Hierarchie und Gemeinschaft setzenden sowie einseitig auf die Bereitstellung von entsprechend konfigurierten Umsetzungs- und Anreizinstrumenten gestützten mechanischen Konzeption tritt eine eher dynamische, rekursive Konzeption der „Leitbildsteuerung" (siehe die folgende Abbildung 1). Nachhaltige Entwicklung ist nicht „einfach" über eine aus eindeutigen Zielvorgaben ableitbare Umsetzungsstrategie realisierbar (vgl. Schneidewind 2002: 24f.), sondern nur im Sinne einer entwicklungsoffenen und langfristig anzulegenden Reformdynamik. Leitbildentwicklung wie -umsetzung vollziehen sich in reflexiven Schleifen sozialer Praxis (vgl. Ortmann 1997), wobei Fragen der organisationalen Einbettung und institutionellen Arrangements von zentraler Bedeutung sind. So gesehen wird deutlich, dass sich der Übergang auf einen nachhaltigen Entwicklungspfad nicht top down vollzieht, sondern als ein „dynamischer, innengeleiteter Prozess", der die jeweiligen internen Entwicklungspotenziale nutzt und externe Ansprüche in den Bezugsrahmen integriert (Gellrich u.a. 1997: 543f.).

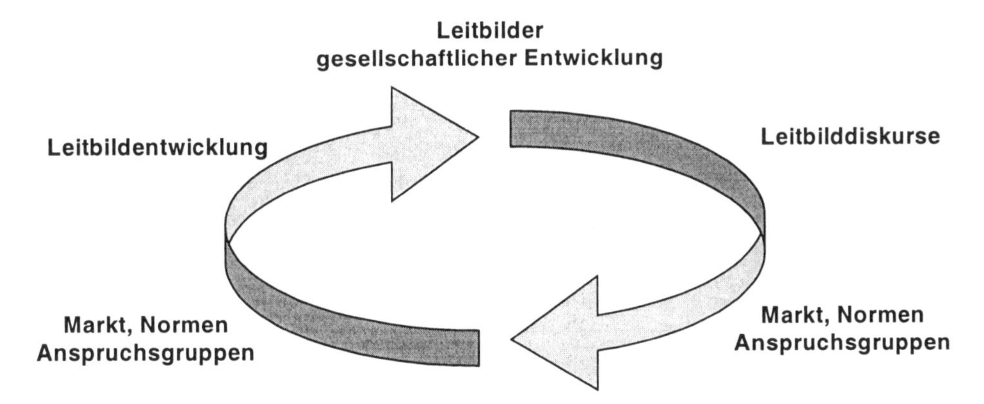

Abbildung 1: Dynamisch-rekursive Leitbildsteuerung (Quelle: eigene)

3. Basisstrategien für institutionelle Reformen

Die grundlegenden Realisierungsbarrieren für eine nachhaltige Entwicklung (aus institutionalistischer Perspektive betrachtet) sind

a. fehlendes Wissen und mangelnde Resonanz (Folgenwahrnehmung und –berücksichtigung),
b. unzureichende Kooperation und Vernetzung der Akteure innerhalb und zwischen den relevanten Handlungsebenen,
c. unzureichende Ressourcen zur Veränderung „falscher" Anreizstrukturen,
d. blockierte soziale, technische und ökonomische Innovationen.

> „Vor diesem Hintergrund hilft es wenig, wenn Wissenschaftlerinnen und Wissenschaftler und andere engagierte Personen immer neue Entwürfe für eine schöne Zukunft und eine zukunftsfähige Wirtschaft entwickeln, weil sich diese Entwürfe im Rahmen der vorhandenen institutionellen Strukturen nicht umsetzen lassen" (Lehner 2000: 27).

Als „Basisstrategien für institutionelle Reformen einer Politik der Nachhaltigkeit" (Minsch u.a. 1998, Schneidewind 2002) wurden dementsprechend identifiziert:

a. Erhöhte *Reflexivität* des Handelns, über intendierte Wirkungen und nicht-intendierte Nebenwirkungen von Interventionen und Maßnahmen auf allen Handlungsebenen. Das kann auf Unternehmensebene zum Beispiel geschehen durch Formen der Umwelt-, Sozial- und Nachhaltigkeitsberichterstattung, die Organisation von Stakeholder-Dialogen (vgl. die Beiträge von Schaltegger und Leitschuh-Fecht/Steger in diesem Band) sowie durch eine systematische Einbeziehung der Mitarbeiter (vgl. Pfeiffer/Walther und Lauen in diesem Band), wie aber auch durch eine auf Erhöhung der organisationalen Lernfähigkeit zielende externe Beratung (vgl. Brentel; Mohe/Pfriem; Birke; Becke in diesem Band).

b. *Partizipation* durch Bürgerbeteiligung, vorausschauende Konsultationen zwischen politischen Entscheidungsträgern und gesellschaftlichen Anspruchsgruppen, immaterielle und materielle Beteiligung der Mitglieder/Mitarbeiter in Organisationen aber auch durch aktives Nachhaltigkeit förderndes Engagement von Unternehmen im Sinne von Corporate Social Responsibility oder Corporate Citizenship (vgl. Ebinger/Schwarz in diesem Band).
c. *Sozialer Ausgleich, Chancengerechtigkeit und Konfliktregelung* zwischen unterschiedlich betroffenen gesellschaftlichen Gruppen durch Einbeziehung von diversen Anspruchsgruppen in nachhaltigkeitsrelevante Entscheidungsprozesse unter Berücksichtigung der jeweiligen Machtungleichgewichte.
d. *Innovationen* beim Umbau der sozialen Institutionen, in der Technologieentwicklung und beim Management knapper natürlicher, sozialer und ökonomischer Ressourcen. Hierbei kommt es – auch auf der Ebene von Unternehmen (vgl. Fichter/Arnold in diesem Band) – vorrangig darauf an, organisatorische und organisationsübergreifende Maßnahmen zur besseren Nutzung der endogenen Innovationspotenziale umzusetzen sowie eine kontinuierliche Erhöhung der Innovationsfähigkeit zu ermöglichen (vgl. Ebinger/Schwarz in diesem Band), wie zum Beispiel auf der Grundlage einer prozessorientierten Integration von Spezialmanagementsystemen (vgl. Lehmann in diesem Band) oder im Rahmen von regionalen Nachhaltigkeitsnetzwerken (vgl. Kirschten und Störmer in diesem Band).

4. Vom „Government" zur „Sustainable Governance"?

Diese Eckpfeiler institutioneller Reformen und die Umsetzung von entsprechenden „Instrumenten" implizieren ein dezentrales, partizipativ und dialogisch ausgerichtetes, lern- und entwicklungsoffenes Steuerungsmodell und Organisationsverständnis, in dem

> „formale Steuerung zu einem großen Teil durch eine kulturelle Steuerung und organisationales Lernen abgelöst" (Lehner 2000: 27) wird.

Damit knüpft der prozessual orientierte Nachhaltigkeitsdiskurs an die aus politikwissenschaftlicher, gesellschaftstheoretischer und institutionalistischer Perspektive erfolgte Thematisierung der Grenzen hierarchischer Steuerung und Regulierung, die Verabschiedung von einem instrumentellen, masterplan-artigen Steuerungsoptimismus und die damit einhergehende Differenzierung zwischen Government und Governance an. Es kommt – wenn man so will – zu einer analytisch relevanten Korrespondenz von der Wahrnehmung der Selbstgefährdung der Moderne (Beck 1986) einerseits und der „Entzauberung des Staates" (Willke 1987) andererseits.

Die Governance-Diskussion geht davon aus, dass die Bearbeitung von regelungsbedürftigen Problemen, die sich auf verschiedenen gesellschaftlichen Ebenen stellen, typischerweise Gegenstand von Interaktionen mehrerer Akteure in einer bestimmten Konstellation und mit interdependenten Handlungsoptionen ist. Insofern ist das Gesamtergebnis auch nicht einem einzelnen Akteur zuzuschreiben. Häufig ist nicht einmal ein zentraler

Akteur auszumachen. Das Gesamtergebnis entsteht aus der komplexen Interdependenz aufeinander bezogener Handlungen. Die Koordination der Handlungen kann – zielgerichtet intendiert, kontingent, emergent, unintendiert – innerhalb des Spektrums staatlicher oder hierarchischer Intervention, gesellschaftlicher Selbstorganisation (interessierter Akteure) oder ungesteuerter gesellschaftlicher Eigendynamik ablaufen. Der Governance-Begriff bezieht sich auf die gesamte Bandbreite empirischer Konstellationen von Steuerung, Selbstorganisation und Eigendynamik und fokussiert auf unterscheidbare Modi der sozialen Handlungskoordination innerhalb der komplexen Beziehungen zwischen Staat, Gesellschaft und Wirtschaft. Er schließt dabei Politiken, formelle und informelle Regelungen ebenso ein wie Kooperation, Verhandlung und institutionelle Arrangements.

In anwendungsorientierter Perspektive zielt die Erforschung von Governance-Formen auf eine funktional angepasste Verknüpfung der Steuerungsmedien Markt, Hierarchie, Netzwerke und Gemeinschaft/Zivilgesellschaft. Wenn eine nicht-nachhaltige Entwicklung das Ergebnis einer umfassenden Steuerungskrise ist, dann kommt im Hinblick auf die institutionellen Anforderungen an eine Politik oder Strategie der Nachhaltigkeit die Frage nach „Sustainable Governance“ auf. Die Anforderungen an eine nachhaltige Entwicklung erhöhen den ohnehin problematisch gewordenen Integrations- und Koordinationsaufwand. Unter den Vorzeichen funktional ausdifferenzierter Gesellschaften stellt sich damit die Frage nach Nachhaltigkeit fördernden Governancestrukturen. Das Institut für sozialökologische Forschung (ISOE) spricht in diesem Zusammenhang von der „reflexiven Wende des Nachhaltigkeitsdiskurses“, die darin zum Ausdruck komme, dass die im Nachhaltigkeitsbegriff enthaltenen Ansprüche

> „auf die Gestaltung von Übergangsprozessen selbst angewendet“

werden und damit

> „ungelöste Konflikte und krisenhafte Transformationen in basalen Lebensbereichen mit ihren Folgen für politische Aushandlungsprozesse (...) Teil der Suche nach langfristigen Problemlösungen in unterschiedlichen Handlungsfeldern und bezogen auf verschiedene raum-zeitliche Dimensionen“ (ISOE 2002: 5)

werden.

Unter Berücksichtigung von je speziellen wirtschaftlichen, politischen und räumlichen Bezügen (local, regional, corporate, global etc.) ist „New Governance“ zu einem Feld der sozialökologischen Forschung avanciert (siehe Balzer/Wächter 2002), in dem es – empirisch im Wesentlichen auf Netzwerke, Kooperations- und Verhandlungsbeziehungen heterogener Akteure und Akteursgruppen sowie Prozesse der Selbstregulation gestützt – um die Frage geht, welche Steuerungsformen unter der Berücksichtigung der Nicht-Existenz zentraler Steuerungsmöglichkeiten in der Lage sein könnten, einen Transformationsprozess im Sinne nachhaltiger Entwicklung zu bewirken (siehe Petschow u.a. 2002).

5. Mikropolitische und strukturationstheoretische Erweiterung des Governance-Konzepts

In der mit der Leitfrage, wie nachhaltiges Wirtschaften praktisch realisierbar ist, verbundenen anwendungsorientierten Perspektive greift jedoch die makro- bzw. mesopolitische Konzentration auf Nachhaltigkeit fördernde Steuerungs- und Koordinationsmechanismen bzw. auf die Bedingungen sozial-ökologischer Transformation analytisch zu kurz. Sie reproduziert in gewisser Weise die steuerungs- und machbarkeitsoptimistische Perspektive auf höherem Niveau und unter veränderten Vorzeichen. An die Stelle von „government"-, markt- und hierarchielastigen Steuerungskonzepten tritt der „intelligente" Sustainable Governancemix (mit entsprechenden institutionellen und strategischen Reformanforderungen bzw. -vorschlägen) als Transmissionsriemen für Nachhaltigkeit.

Doch auch „New-Sustainable Governance" kommt nicht um die Konfrontation mit organisationaler Praxis bzw. um eine macht- und interessenbesetzte, von bestimmten Routinen, Ressourcen und Spielregeln geprägte mikropolitische Transformation herum, wenn sie praxisverändernd wirksam sein soll. Außerdem vollziehen und kreieren sich weder „new" noch „old" Governance im luftleeren Raum, sondern sie sind vielmehr selbst Gegenstand vielfältiger mikropolitischer Einflussnahmen und Strukturierungsprozesse im Sinne „rekursiver Regulation" (siehe zusammenfassend Zimmer 2001).

Im Hinblick auf eine anwendungsorientierte Überwindung des *normativen bias* der Nachhaltigkeitsdiskussion bedarf es somit forschungskonzeptioneller Ergänzungen in mindestens zweifacher Hinsicht: Ebenso wie der *organisationale und deskriptive bias* der mikropolitischen Perspektive ergänzungsbedürftig ist um die Berücksichtigung von Veränderungen im institutionellen Umfeld der Organisation sowie von Strategien der gesellschaftlichen und politischen Steuerung in Richtung auf Nachhaltigkeit, kann auch die Frage nach dem „richtigen" Governance-mix nur hinreichend beantwortet werden, wenn die Nachhaltigkeit fördernden und blockierenden intra- und interorganisationalen Handlungskonstellationen zur Kenntnis genommen werden.

Die „Vogelperspektive" der (Leitbild-)Steuerung und Governances bedarf mithin auch des genau umgekehrten Blicks bzw. der organisationalen „Bodenhaftung". Im Hinblick auf die Konzeptionalisierung eines pragmatischen, nicht normativ überhöhten und damit praxistauglichen Verständnisses nachhaltigen Wirtschaftens (siehe Abbildung 2) sind dabei die folgenden Fragen prioritär zu klären:

- Was sind eigentlich die nachhaltigkeitsrelevanten endogenen Potenziale und innerorganisatorischen Restriktionen in den Unternehmen?
- Wie ist es mit der intra- und interorganisationalen Resonanz- und Innovationsfähigkeit in Richtung auf nachhaltiges Wirtschaften bestellt?
- Wie lässt sich die Anschlussfähigkeit von Unternehmensentwicklung und darauf bezogener Beratung mit gesellschaftspolitischen Anforderungen an nachhaltiges Wirtschaften aus der Perspektive der Organisation und des organisationalen Lernens „herstellen"?

Abbildung 2: Organisation und Nachhaltigkeit (Quelle: eigene)

6. Das „organisationale Feld" nachhaltigen Wirtschaftens

Der mit nachhaltiger Entwicklung reklamierte integrative Ansatz der Handlungskoordination schärft den Blick für die ohnehin stattfindenden Austausch- und Interaktionsbeziehungen zwischen Unternehmen und ihrer institutionellen Umwelt sowie den rechtlichen und politischen Strukturen, die das Handeln von Unternehmen restringieren und ermöglichen (siehe Abbildung 3).

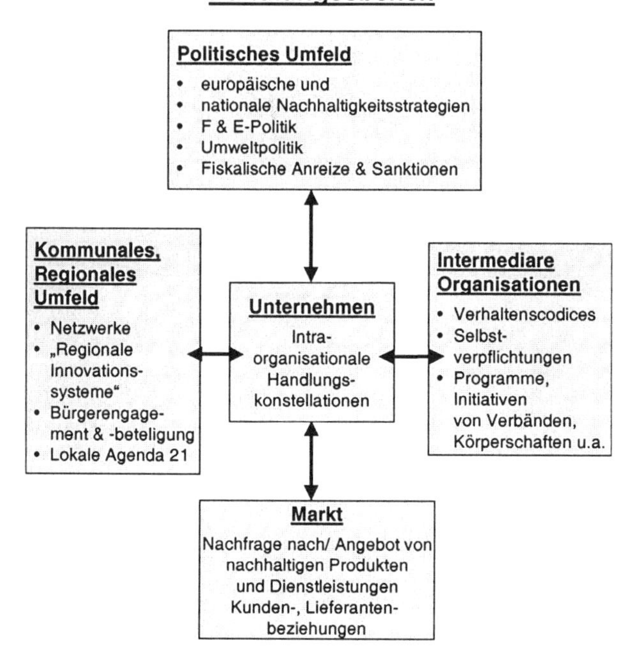

Abbildung 3: Nachhaltigkeitsrelevante Handlungsebenen (Quelle: eigene)

In analytischer wie praxisbezogener Hinsicht ist dabei von Bedeutung, dass die Umwelt eines Unternehmens diesem keineswegs abstrakt, sondern in Form konkreter, in der Regel kooperativer Akteure und Organisationen begegnet, die sich in einem sozial strukturierten „organisationalen Feld" (DiMaggio/Powell 1983) bewegen und sich dabei strategisch aufeinander beziehen. Was nachhaltiges Wirtschaften konkret bedeutet und welche Anforderungen damit für Unternehmen verbunden sind, wird auf diesem Feld in der Interaktion der daran Beteiligten – einschließlich der Unternehmen – definiert. Um aber praktisch wirksam werden zu können, müssen externe Impulse unausweichlich zunächst einmal durch das Nadelöhr eines mikropolitischen Transformationsprozesses hindurch. Erst bei der Konfrontation mit den innerbetrieblichen Handlungskonstellationen sowie den darin enthaltenen endogenen Innovationspotentialen wird sich erweisen, inwieweit sich das Leitbild des nachhaltigen Wirtschaftens in die Unternehmensorganisation einbauen, praxistauglich konkretisieren und praxisverändernd entfalten lässt. Ob und inwieweit es dabei zu einem „Business Case" für nachhaltige Entwicklung (Leitschuh-Fecht/Steger in diesem Band) kommt, wird letztlich darüber entschieden, inwieweit es gelingt, unternehmensspezifisch einen Prozess des Organisationswandels und -lernens in Gang zu setzen (siehe Brentel in diesem Band), der daran orientiert ist,

> „die Auswirkungen der Organisation auf die Umwelt und damit wieder zurück auf die Organisation in den Operationen der Organisation in Rechnung zu stellen" (Baecker 2000: 8),

und die damit verbundenen Anforderungen an Rekursivität, Partizipation, Konflikt- und Interessenausgleich sowie Innovation strategisch zu nutzen: nach innen gerichtet, im Sinne einer Nachhaltigkeit fördernden Unternehmenskultur und nach außen gerichtet im „Management“ unternehmensübergreifender Kooperationsbeziehungen und Netzwerke sowie als „strukturpolitischer Akteur“ (Schneidewind 1998) und „corporate citizen“ (siehe z.B. Janning/Bartjes 1999).

Produkt- und verfahrensbezogene Innovationen im Sinne einer nachhaltigen und zukunftsfähigen Unternehmensentwicklung sind nicht nur strategische Reaktionen des Managements auf externe Anreize und veränderte Anforderungen und Ansprüche aus der Umwelt des Unternehmens. Sie sind letztlich „Ergebnis“ eines endogenen, organisationsintern ablaufenden, machtdurchwirkten Entwicklungsprozesses, an dem individuelle und kollektive Akteure mit jeweils unterschiedlichen Interessen, Positionen und Durchsetzungschancen beteiligt sind.

Nachhaltiges Wirtschaften ist immer nur näherungsweise zu erreichen und hat strategisch betrachtet eine Doppelfunktion: als Richtungssinn für das Management von aufeinander abgestimmten technischen, organisatorischen und sozialen Innovationen sowie als Bewertungsmaßstab für das damit Bewirkte. Eine erfolgversprechende ökologische, ökonomische und sozialverträgliche Reorganisation ist auf die Aktivierung der organisatorischen Wissensbasis, auf selbstreflexive, sich selbst befähigende Lernprozesse angewiesen.

Organisationen, die sich auf die effiziente Verarbeitung von Informationen beschränken, sind unter Bedingungen von Unsicherheit überraschungsanfällig, innovationsschwach und blind für die Folgen des eigenen Handelns. Unter Rückgriff auf neuere Erkenntnisse der Organisationsforschung in den Themenfeldern Organisationslernen, Wissensmanagement, Human-Ressource-Management und Arbeitsgestaltung (siehe z.B. Brödner/Knuth 2002) lassen sich hingegen typische Struktur- und Prozessmerkmale für eine lernfähige und flexible Organisation identifizieren, die in hohem Maße anschlussfähig sind an die weiter oben skizzierten Basisstrategien institutioneller Reformen einer Politik für Nachhaltigkeit: die Vernetzung intra- und interorganisatorischer Kooperationsbeziehungen, eine umfassendere Kommunikation, Informationsverarbeitung und Wissensgenerierung, die kompetenzfördernde Arbeitsstrukturierung und Nutzung von Human-Ressourcen und eine höhere Sensibilität für die symbolische Dimension intra- und interorganisatorischer Prozesse.

Während von der traditionalen Organisationsentwicklung, in der Management- und Beratungsliteratur noch immer allgemeingültige, jeweils schnell wechselnde „neue“ Organisationsprinzipien und -strategien als Erfolgsgaranten versprochen werden und auch die Umweltökonomie Nachhaltigkeit einseitig als effizienzsichernde Optimierungsstrategie (fehl-)versteht, kommt es darauf an, Nachhaltigkeit als strukturierendes und prozessuales Prinzip für ein Lernmodell der Organisation zu erschließen, das die rekursiven Austauschbeziehungen und Governance-Formen im „organisationalen Feld“ (s.o.) systematisch mit einbezieht (siehe die folgende Abbildung 4).

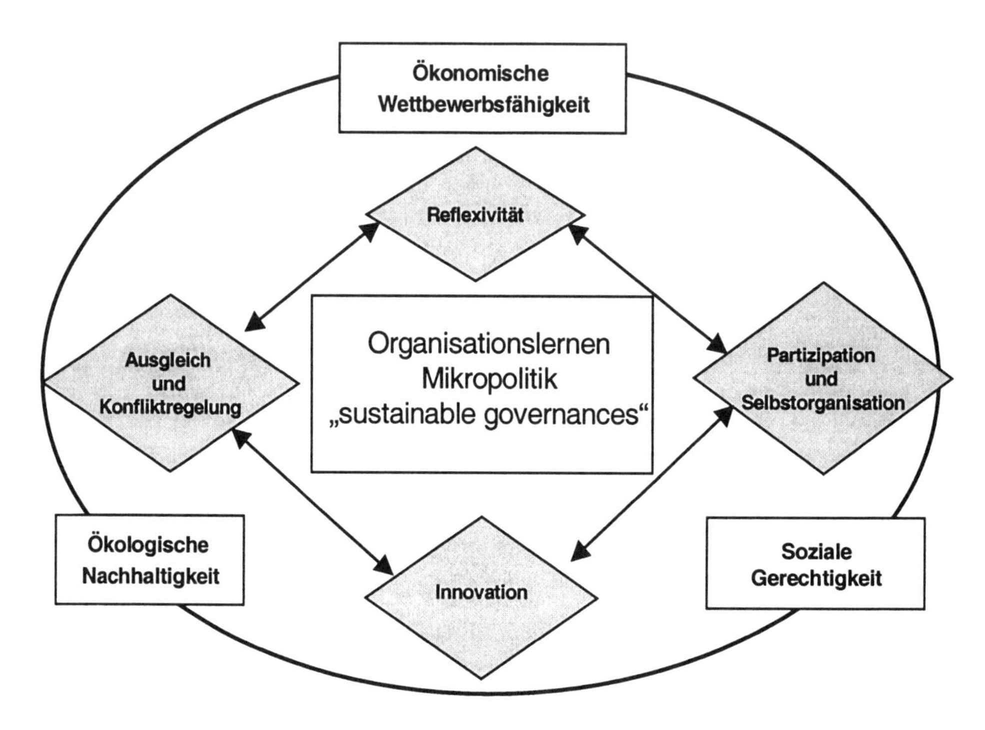

Abbildung 4: Nachhaltigkeit als Balance und Lernprozess (Quelle: eigene, in Anlehnung an Birke 2003)

7. Leitfragen für die Analyse von (inter-)organisationalen Prozessen einer sustainable Governance

Ausgehend von der dargelegten, am Handlungs- und Innovationsbedarf im Zusammenhang mit nachhaltigem Wirtschaften orientierten Argumentation und den sich daraus ergebenden forschungsprogrammatischen Konsequenzen lassen sich die folgenden Leitfragen für eine struktur- wie akteursbezogene Analyse der Steuerung, Selbstorganisation und Eigendynamik von (inter)organisationalen Prozessen der Sustainable Governance formulieren:

- Wie verändert sich Corporate Governance angesichts des Leitbildes der nachhaltigen Entwicklung? Welche Entwicklungspfade eröffnen Sustainable Governances für große wie kleine und mittelständische Unternehmen?
- Welche Regeln und Ressourcen sind nötig und möglich, um die mit dem Anspruch der dreidimensionalen Nachhaltigkeit verbundenen Anforderungen an die „Konzeptkunst“ (Luhmann) des Unternehmens- und Netzwerkmanagements zu erfüllen?
- Welche neue Formen des Wissens, Lernens und Beratens erweisen sich dabei als unentbehrlich und gleichzeitig viabel?
- Wie gelingt es, Unternehmen als strukturpolitische Akteure in Governance-Strukturen auf allen Ebenen einzubinden?

- Wie sind die (inter-)organisationalen Entwicklungsprozesse mit zivilgesellschaftlichen Parallelstrukturen von Government und Governance zu flankieren?

Die systematische und themenübergreifende Bearbeitung dieser Leitfragen durch eine theoretisch fundierte und zugleich anwendungsorientierte Nachhaltigkeitsforschung kann dazu beitragen, über den Entwurf von mehr oder minder praxisfernen Anforderungskatalogen und „Werkzeugen" hinausgehend konkrete Wege aufzuzeigen, *wie* nachhaltiges Wirtschaften praktisch machbar ist und welche Anforderungen damit im Einzelnen verbunden sind.

Literatur

Baecker, Dirk: Ausgangspunkte einer soziologischen Managementlehre (Wittener Diskussionspapiere, Heft 62). Universität Witten/Herdecke 2000

Balzer, Ingrid/ Wächter, Monika (Hrsg.): Sozialökologische Forschung. Ergebnisse der Sondierungsprojekte aus dem BMBF-Förderschwerpunkt. München 2002

Beck, Ulrich: Risikogesellschaft. Auf dem Weg in eine andere Moderne. Frankfurt/Main 1986

Birke, Martin: Nachhaltiges Wirtschaften und organisationsanalytische Bringschulden. In: Brentel, Helmut/Klemisch, Herbert/Rohn, Holger: Lernendes Unternehmen – Konzepte und Instrumente für eine zukunftsfähige Unternehmens- und Organisationsentwicklung. Wiesbaden 2003 (im Erscheinen)

Birke, Martin/Schwarz, Michael: Ökologisierung als Mikropolitik. In: Birke, Martin/Burschel, Carlo/ Schwarz, Michael (Hrsg.): Handbuch Umweltschutz und Organisation. Ökologisierung, Organisationswandel, Mikropolitik. München/Wien 1997, S.189-225

Brand, Karl-Werner (Hrsg.): Politik der Nachhaltigkeit. Voraussetzungen, Probleme, Chancen – eine kritische Diskussion. Berlin 2002

Brand, Karl-Werner/Fürst, Volker: Voraussetzungen und Probleme einer Politik der Nachhaltigkeit – Eine Exploration des Forschungsfeldes In: Brand, Karl-Werner (Hrsg.): Politik der Nachhaltigkeit. Voraussetzungen, Probleme, Chancen – eine kritische Diskussion. Berlin 2002, S. 15-109

Brödner, Peter/Knuth, Matthias (Hrsg.): Nachhaltige Arbeitsgestaltung: Trendreports zur Entwicklung und Nutzung von Humanressourcen (Bilanzierung innovativer Arbeitsgestaltung, Band 3). München 2002

DiMaggio, Paul J./Powell, Walter W.: The iron cage revisited: Institutional isomorphism and collective advantage. In: American Sociological Review 48 (1983), S. 147-160

Gellrich, Carsten/Luig, Alexandra/Pfriem, Reinhard: Ökologische Unternehmenspolitik: von der Implementation zur Fähigkeitsentwicklung. In: Birke, Martin/Burschel, Carlo/Schwarz, Michael (Hrsg.): Handbuch Umweltschutz und Organisation. Ökologisierung, Organisationswandel, Mikropolitik. München/Wien 1997, S. 523-562

Giddens, Anthony: The Constitution of Society. Cambridge 1984

Hinterhuber, Hans H./Friedrich, Stephan A./Al-Ani, Ayad/Handlbauer, Gernot (Hrsg.): Das Neue Strategische Management. Wiesbaden 1996

ISOE (Hrsg.): Bericht 2002. Frankfurt am Main 2002

Janning, Heinz/Bartjes, Heinz: Ehrenamt und Wirtschaft. Internationale Beispiele bürgerschaftlichen Engagements der Wirtschaft. Stuttgart 1999

Kenis, Patrick/Schneider, Volker (Hrsg.): Organisation und Netzwerk. Institutionelle Steuerung in Wirtschaft und Politik. Frankfurt/Main/New York 1996

Küpper, Willi/Ortmann, Günther (Hrsg.): Mikropolitik. Rationalität, Macht und Spiele in Organisationen. Opladen 1998

Lehner, Franz: Zukunftsfähigkeit: Eine institutionelle Perspektive In: Wissenschaftszentrum Nordrhein-Westfalen (Hrsg.): Das Magazin 3 (2000), 11, S. 26f.

Minsch, Jürg u.a.: Institutionelle Reformen für eine Politik der Nachhaltigkeit. Berlin u.a. 1998

Offe, Claus: Staat, Markt und Gemeinschaft. Wandel und Widersprüche der sozialen und politischen Ordnung. In: Anselm, Elisabeth u.a. (Hrsg.): Die neue Ordnung des Politischen. Frankfurt/Main/New York 1999

Ortmann, Günther: Das Kleist-Theorem. Über Ökologie, Organisation und Rekursivität. In: Birke, Martin/ Burschel, Carlo/Schwarz, Michael (Hrsg.): Handbuch Umweltschutz und Organisation. Ökologisierung, Organisationswandel, Mikropolitik. München/Wien 1997, S. 23-91

Ortmann, Günther/Sydow, Jörg (Hrsg.): Strategie und Strukturation. Strategisches Management von Unternehmen, Netzwerken und Konzernen. Wiesbaden 2001
Peters, B. Guy: Governance and Comparative Politics. In: Pierre, Jon (Hrsg.): Debating Governanace. Oxford 2000
Petschow, Ulrich/Clausen, Jens/Keil, Michael: Die Zivilgesellschaft als Akteur der Unternehmenssteuerung im Rahmen von Global Governance. In: Balzer, Ingrid/Wächter, Monika (Hrsg.): Sozialökologische Forschung. Ergebnisse der Sondierungsprojekte aus dem BMBF-Förderschwerpunkt. München 2002, S. 153-173
Schneidewind, Uwe: Die Unternehmung als strukturpolitischer Akteur. Kooperatives Schnittmengenmanagement im ökologischen Kontext. Marburg 1998
Schneidewind, Uwe: Zukunftsfähige Unternehmen – ein Bezugsrahmen. In: BUND/UnternehmensGrün (Hrsg.): Zukunftsfähige Unternehmen. Wege zur nachhaltigen Wirtschaftsweise in Unternehmen. München 2002, S. 22-35
Willke, Helmut: Entzauberung des Staates. Überlegungen zu einer gesellschaftlichen Steuerungstheorie. Königstein/Ts. 1987
Zimmer, Marco: Rekursive Regulation zur Sicherung organisationaler Autonomie. In: Ortmann, Günther/Sydow, Jörg (Hrsg.): Strategie und Strukturation. Strategisches Management von Unternehmen, Netzwerken und Konzernen. Wiesbaden 2001

Verzeichnis der Autorinnen und Autoren

Arnold, Marlen Gabriele, Diplom-Kauffrau, geb. 1976, wissenschaftliche Mitarbeiterin am Institut für Betriebswirtschaftslehre I an der Carl von Ossietzky-Universität Oldenburg

Baur, Angelika, Diplom-Ingenieurin, Diplom-Umweltwissenschaftlerin, geb. 1960, Organisationsberaterin bei Netzwerk Management Consulting, Berlin

Becke, Guido, Dr. rer.pol., Diplom-Sozialwissenschaftler, geb. 1963, wissenschaftlicher Assistent bei artec, Forschungszentrum Arbeit – Umwelt –Technik, an der Universität Bremen

Birke, Martin, Dr. rer.soc., Diplom-Volkswirt, geb. 1947, wissenschaftlicher Angestellter im Forschungsschwerpunkt Organisation und Ökologie am ISO-Institut zur Erforschung sozialer Chancen, Köln

Brandl, Sebastian, Diplom-Sozialökonom, geb. 1963, Doktorand im Forschungsschwerpunkt Arbeit, Sozialstruktur, Sozialstaat, Abteilung Arbeitsmarktpolitik und Beschäftigung am Wissenschaftszentrum Berlin (WZB), und Promotionsstipendiat der Hans-Böckler-Stiftung

Brentel, Helmut, Privatdozent, Dr. phil., Diplom-Soziologe, geb. 1949, geschäftsführender Direktor des Internationalen Promotions-Centrums Gesellschaftswissenschaften und Leiter des Studienprogramms „Organisation und Umwelt im Wandel" am Fachbereich Gesellschaftswissenschaften der Johann Wolfgang Goethe-Universität, Frankfurt/Main

Burschel, Carlo, Dr. phil., Diplom-Kaufmann, Diplom-Soziologe, geb. 1962, geschäftsführender Direktor des Deutschen Kompetenzzentrums für Nachhaltiges Wirtschaften (dknw), Fakultät Wirtschaftswissenschaften an der Universität Witten/Herdecke

Daly, Herman Edward, Ph.D., B.A. (economics), geb. 1938, Professor für Ökonomie an der School of Public Affairs, University of Maryland, College Park, USA

Dreher, Carsten, Dr. rer.pol., Diplom-Wirtschaftsingenieur, geb. 1962, Leiter der Abteilung Innovationen in der Produktion am Fraunhofer Institut für Systemtechnik und Innovationsforschung, Karlsruhe

Dyllick, Thomas, Dr. oec., Diplom-Betriebswirt, geb. 1953, Professor für Betriebswirtschaftslehre mit besonderer Berücksichtigung des Umweltmanagements an der Universität St. Gallen, Direktor des Instituts für Wirtschaft und Ökologie (IWÖ-HSG) und Prorektor der Universität St. Gallen, Schweiz

Ebinger, Frank, Dipl.-Betriebswirt, geb. 1967, wissenschaftlicher Mitarbeiter im Bereich Produkte und Stoffströme am Öko-Institut für angewandte Ökologie, Freiburg

Fichter, Klaus, Dr. rer.pol., Diplom-Ökonom, geb. 1962, Geschäftsführer von Borderstep – Institut für Innovation und Nachhaltigkeit, Berlin

Gabaglio, Emilio, Degree in Economics, geb. 1937, seit 1991 Generalsekretär des Europäischen Gewerkschaftsbundes (EGB), Brüssel

Gärtner, Edgar Ludwig, Diplom-Hydrobiologie (F), geb. 1949, Fachredakteur, Unternehmensberater und Korrespondent des Fachmagazins Chemische Rundschau, Frankfurt/Main

Hauff, Volker, Dr. rer.pol., geb. 1940, Mitglied der Geschäftsführung der BearingPoint GmbH (ehemals KPMG Consulting AG), Berlin, Vorsitzender des Rates für Nachhaltige Entwicklung

Heigl, Andreas, Dr. rer.pol., Diplom-Politikwissenschaftler, geb. 1967, Analyst bei der Abteilung Volkswirtschaft der Hypovereinsbank, München

Hild, Paul, Dr. rer.soc., Diplom-Volkswirt, Diplom-Betriebswirt, geb. 1946, wissenschaftlicher Angestellter im Forschungsschwerpunkt Organisation und Ökologie am ISO-Institut zur Erforschung sozialer Chancen, Köln

Hildebrandt, Eckart, Dr. habil. rer.pol., Diplom-Wirtschaftsingenieur, geboren 1943, wissenschaftlicher Angestellter im Forschungsschwerpunkt Arbeit, Sozialstruktur, Sozialstaat, Abteilung Arbeitsmarktpolitik und Beschäftigung am Wissenschaftszentrum Berlin (WZB)

Hülsmann, Michael, Dr. rer.pol., Diplom-Kaufmann, geb. 1968, wissenschaftlicher Assistent am Lehrstuhl für Allgemeine Betriebswirtschaftslehre, insbesondere Nachhaltiges Management, am Fachbereich Wirtschaftswissenschaften an der Universität Bremen

Ihde, Volker, Diplom-Handelslehrer, geb. 1947, Referent für Berufliche Schulen und Modellversuche beim Bundesministerium für Bildung und Forschung, Bonn

Jacoby, Klaus-Peter, M.A. (Soziologie), geb. 1971, wissenschaftlicher Mitarbeiter am Centrum für Evaluation (CEval) der Universität des Saarlandes, Saarbrücken

Jahn, Thomas, Dr.phil., Diplom-Soziologe, geb. 1952, Leiter des Instituts für sozial-ökologische Forschung (ISOE) GmbH, Frankfurt/Main

Kirschten, Uta, Dr.rer.pol., Diplom-Kauffrau, geb. 1965, Forschungsstipendiatin am Lehrstuhl für Betriebliches Umweltmanagement, wirtschaftswissenschaftliche Fakultät der Martin-Luther-Universität, Halle-Wittenberg

Kleiber, Oliver, Diplom-Umweltnaturwissenschaftler, geb. 1972, wissenschaftlicher Mitarbeiter am Center for Sustainability Management (CSM) an der Universität Lüneburg

Klemisch, Herbert, M.A. (Sozialwissenschaften) und Umweltberater, geb. 1954, wissenschaftlicher Angestellter und Leiter des Referats Arbeit und Umwelt am Klaus-Novy-Institut, Köln

Lange, Hellmuth, Dr. phil., geb. 1942, Professor für Soziologie an der Universität Bremen und Leiter von artec, Forschungszentrum Arbeit – Umwelt – Technik, an der Universität Bremen

Lauen, Guido, Diplom-Sozialwissenschaftler, geb. 1969, wissenschaftlicher Mitarbeiter im Forschungsschwerpunkt Organisation und Ökologie am ISO-Institut zur Erforschung sozialer Chancen, Köln, und Lehrbeauftragter im Fachbereich Erziehungswissenschaften an der Bergischen Universität Wuppertal

Lehmann, Christian, Diplom-Ökonom, geb. 1969, Umweltmanagementbeauftragter im Unternehmen Muckenhaupt & Nusselt GmbH & Co KG, Wuppertal, Lehrbeauftragter am Deutschen Kompetenzzentrum für Nachhaltiges Wirtschaften (dknw) an der Fakultät Wirtschaftswissenschaften der Universität Witten/Herdecke

Leitschuh-Fecht, Heike, Diplom-Politologin, geb. 1958, Autorin, selbständige Moderatorin und Beraterin auf dem Gebiet der nachhaltigen Entwicklung

Liedtke, Christa, Dr. rer.nat., Diplom-Biologin, geb. 1964, Leiterin der AG Ökoeffizienz und zukunftsfähige Unternehmen (AGZU) am Wuppertal Institut für Klima, Umwelt, Energie, Wuppertal

Linne, Gudrun, Dr. disc.pol., Diplom-Sozialwirtin, geb. 1956, Referatsleiterin in der Abteilung Forschungsförderung der Hans-Böckler-Stiftung, Düsseldorf

Lübke, Volkmar, Diplom-Pädagoge, geb. 1947, wissenschaftlicher Angestellter und Vorstandsmitglied beim Bundesverband Die Verbraucherinitiative e.V., Berlin

Martinuzzi, André, Magister, geb. 1964, Forschungsassistent und Projektleiter im Forschungsschwerpunkt Nachhaltigkeit und Umweltmanagement an der Wirtschaftsuniversität Wien

Merten, Thomas, Diplom-Ingenieur, geb. 1967, Unternehmensberater beim Projektbüro MR-ten, Rosbach v.d. Höhe

Meyer, Wolfgang, Dr.phil., Diplom-Soziologe, geb. 1959, wissenschaftlicher Mitarbeiter am Lehrstuhl für Soziologie und Bereichsleiter Umwelt, am Centrum für Evaluation (CEval) der Universität des Saarlandes, Saarbrücken

Mohe, Michael, Diplom-Ökonom, geb. 1971, wissenschaftlicher Mitarbeiter und Koordinator von CORE (Consulting Research) an der Carl von Ossietzky-Universität Oldenburg

Müller, Jan, Diplom-Forstwirt, geb. 1966, wissenschaftlicher Mitarbeiter am Center for Sustainability Management (CSM) an der Universität Lüneburg

Müller-Christ, Georg, Dr. rer.pol., Diplom-Kaufmann, geb. 1963, Professor für Allgemeine Betriebswirtschaftslehre, insbesondere Nachhaltiges Management, am Fachbereich Wirtschaftswissenschaften an der Universität Bremen

Notz, Gisela, Dr. phil., Diplom-Pädogogin, geb. 1942, wissenschaftliche Referentin für Frauenforschung bei der Forschungsabteilung Sozial- und Zeitgeschichte an der Friedrich-Ebert-Stiftung, Bonn

Pahl, Veronika, Diplom-Soziologin, geb. 1952, Leiterin der Abteilung Allgemeine Bildung/Berufliche Bildung im Bundesministerium für Bildung und Forschung, Bonn

Pfeiffer, Jörg, Dr. phil., Diplom-Berufspädagoge, geb. 1964, wissenschaftlicher Mitarbeiter in der Forschungsgruppe Betriebliche Umweltpolitik am Fachbereich Wirtschaftswissenschaften an der Universität Kassel

Pfriem, Reinhard, Dr. rer.oec., geb. 1949, Professor für Allgemeine Betriebswirtschaftslehre, Unternehmensführung und betriebliche Umweltpolitik an der Carl von Ossietzki-Universität, Oldenburg

Putzhammer, Heinz, geb. 1941, Mitglied des Geschäftsführenden Bundesvorstands des Deutschen Gewerkschaftsbundes (DGB), Vorstandsbereich Wirtschafts-, Tarif- und Strukturpolitik, Berlin

Rid, Urban, Dr. jur., Jurist, geb. 1952, Leiter der Gruppe Umwelt-, Agrar-, Verkehrs-, Bau- und Wohnungspolitik sowie Nachhaltige Entwicklung im Bundeskanzleramt, Berlin

Rohn, Holger, Diplom-Ingenieur, geb. 1965, Gesellschafter der Trifolium Beratungsgesellschaft für zukunftsfähiges Wirtschaften, Friedberg, und freier wissenschaftlicher Mitarbeiter der AG Ökoeffizienz und zukunftsfähige Unternehmen (AGZU) am Wuppertal Institut für Klima, Umwelt, Energie, Wuppertal

Schaltegger, Stefan, Dr. rer.pol., geb. 1964, Professor für Betriebswirtschaftslehre, insbesondere Umweltmanagement, und Leiter des Center for Sustainability Management (CSM) an der Universität Lüneburg

Schirrmeister, Elna, Diplom-Wirtschaftsingenieurin, geb. 1971, wissenschaftliche Mitarbeiterin in der Abteilung Innovationen in der Produktion am Fraunhofer Institut für Systemtechnik und Innovationsforschung, Karlsruhe

Schneidewind, Uwe, Dr. oec., Diplom-Kaufmann, geb. 1966, Professor für Betriebswirtschaftslehre, insbesondere Produktionswirtschaft und Umwelt, am Institut für Betriebswirtschaftslehre und Dekan des Fachbereichs Wirtschafts- und Rechtswissenschaften an der Carl von Ossietzky-Universität Oldenburg

Schultz, Irmgard, Dr. phil., geb. 1949, Leiterin des Forschungsbereichs Alltagsökologie, Konsum, Stoffströme am Institut für sozial-ökologische Forschung (ISOE), Frankfurt/Main

Schwarz, Michael, Dr. rer.soc., Diplom-Soziologe, geb. 1953, Sprecher des Forschungsschwerpunkts Organisation und Ökologie am ISO-Institut zur Erforschung sozialer Chancen, Köln

Simonis, Udo Ernst, Dr. sc.pol., Diplom-Volkswirt, geb. 1937, Professor für Umweltpolitik am Wissenschaftszentrum Berlin (WZB)

Spangenberg, Joachim Hans, Diplom-Biologe, geb. 1955, Vizepräsident des Sustainable Europe Research Institute (SERI), Wien

Steger, Ulrich, Dr. rer.pol., Diplom-Ökonom, geb. 1943, Professor für Umweltmanagement am International Institute for Management Development (IMD) in Lausanne, Schweiz, Vorsitzender des Instituts für Ökologie und Unternehmensführung an der European Business School in Oestrich-Winkel

Stieß, Immanuel, M.A. (Philosophie), geb. 1962, wissenschaftlicher Mitarbeiter im Forschungsbereich Alltagsökologie, Konsum und Stoffströme am Institut für sozial-ökologische Forschung (ISOE), Frankfurt/Main

Stockmann, Reinhard, Dr. phil., Diplom-Soziologe, geb. 1955, Professor für Soziologie an der Fakultät Empirische Humanwissenschaften und Leiter des Centrums für Evaluation (CEval) an der Universität des Saarlandes, Saarbrücken

Störmer, Eckhard, Dr. oec.publ., Diplom-Geograph, geb. 1970, wissenschaftlicher Mitarbeiter am Landesamt für Wasserwirtschaft – Geschäftsbereich des Bayrischen Staatsministeriums für Landesentwicklung und Umweltfragen, München

Walther, Michael, Diplom-Ökonom, geb. 1972, wissenschaftlicher Mitarbeiter in der Forschungsgruppe Betriebliche Umweltpolitik am Fachbereich Wirtschaftswissenschaften an der Universität Kassel

Warsewa, Günter, Dr. rer.pol., Diplom-Sozialwirt, geb. 1955, wissenschaftlicher Mitarbeiter am Institut Arbeit und Wirtschaft an der Universität Bremen

Weinzierl, Hubert, Diplom-Forstwirt, geb. 1935, Präsident des Deutschen Naturschutzrings (DNR), Bonn, und Mitglied im Rat für Nachhaltige Entwicklung

Wengel, Jürgen, Diplom-Sozialwirt, M.A. (Verwaltungswissenschaften), geb. 1958, stellvertretender Leiter der Abteilung Innovationen in der Produktion am Fraunhofer Institut für Systemtechnik und Innovationsforschung, Karlsruhe

Westermann, Udo, Dr. rer.nat., Diplom-Physiker, geb. 1960, Geschäftsführer von future e.V. – Umweltinitiative von Unternehme(r)n, Münster

Widuckel, Werner, Diplom-Sozialwirt, geb. 1958, Referent des Gesamt- und Konzernbetriebsrats der Volkswagen AG, Wolfsburg

Willms-Herget, Angelika, Dr. phil., Diplom-Soziologin, geb. 1954, Leiterin des Referats Sozial- und Wirtschaftswissenschaften im Bundesministerium für Bildung und Forschung (BMBF), Berlin

Winter, Georg, Dr. jur., Jurist, geb. 1941, Vorstandsvorsitzender des Bundesdeutschen Arbeitskreises für Umweltbewusstes Management e.V. (B.A.U.M. e.V.), Hamburg, Vorstandsvorsitzender des International Network for Environmental Management e.V. (INEM e.V.) und Leiter vom Haus der Zukunft – Kompetenzzentrum für zukunftsfähiges Wirtschaften

Zahrnt, Angelika, Dr. rer.pol., Diplom-Volkswirtin, geb. 1944, Vorsitzende des Bundes Umwelt- und Naturschutz in Deutschland (BUND), Berlin, und Mitglied im Rat für Nachhaltige Entwicklung

Zinn, Karl Georg, Dr. rer.pol., Diplom-Volkswirt, geb. 1939, Professor für Volkswirtschaftslehre (Makroökonomie) an der Rheinisch-Westfälischen Technischen Hochschule (RWTH), Aachen